HZ BOOKS
华章图书

一本打开的书，
一扇开启的门，
通向科学殿堂的阶梯，
托起一流人才的基石。

智能科学与技术丛书

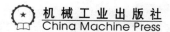

NEURAL NETWORK DESIGN

Second Edition

神经网络设计

（原书第2版）

[美] 马丁 T. 哈根（Martin T. Hagan）
霍华德 B. 德姆斯（Howard B. Demuth）
马克 H. 比勒（Mark H. Beale）
奥兰多·德·赫苏斯（Orlando De Jesús） 著

章毅 等译

机械工业出版社
China Machine Press

图书在版编目（CIP）数据

神经网络设计（原书第 2 版）/（美）马丁 T. 哈根（Martin T. Hagan）等著；章毅等译．—北京：机械工业出版社，2017.11（2020.3 重印）
（智能科学与技术丛书）
书名原文：Neural Network Design，Second Edition

ISBN 978-7-111-58674-6

I. 神…　II. ①马…　②章…　III. 人工神经网络－设计　IV. TP183

中国版本图书馆 CIP 数据核字（2017）第 305617 号

本书版权登记号：图字　01-2017-0150

本书是一本易学易懂的神经网络教材，主要讨论网络结构、学习规则、训练技巧和工程应用，紧紧围绕“设计”这一视角组织材料和展开讲解，强调基本原理和训练方法，概念清晰，数学论述严谨，包含丰富的实例和练习，并配有课件和 MATLAB 演示程序。

本书要求读者具备线性代数、概率论和微分方程的基础知识，可作为高年级本科生或一年级研究生的神经网络导论课程教材，也可供有兴趣的读者自学或参考。

出版发行：机械工业出版社（北京市西城区百万庄大街 22 号　邮政编码：100037）
责任编辑：曲　熠　　责任校对：殷　虹
印　　刷：北京市荣盛彩色印刷有限公司　　版　　次：2020 年 3 月第 1 版第 4 次印刷
开　　本：185mm×260mm　1/16　　印　　张：27.25
书　　号：ISBN 978-7-111-58674-6　　定　　价：99.00 元

凡购本书，如有缺页、倒页、脱页，由本社发行部调换
客服热线：（010）88378991　88361066　　投稿热线：（010）88379604
购书热线：（010）68326294　88379649　68995259　　读者信箱：hzjsj@hzbook.com

译者序

多年前，因要给研究生讲授神经网络这门课，我选择了本书第1版作为教材。当时神经网络的书五花八门，要从众多书中选择一本合适的教材并非易事。最终选择这本书的一个重要原因是：本书是难得的数学上比较严谨、完整的神经网络教科书。我们曾用本书为多届研究生讲授神经网络，许多学生反映该书易学易懂。

本书内容涵盖了神经网络领域的许多基础理论。除了严谨的数学论述外，本书另一个重要特点是从神经网络设计的角度阐述方法，使得学生能够快速理解神经网络的本质。书中提供了大量的例题解析、课后练习等。此外，书中还叙述了一些神经网络的相关历史，读来有趣。

感谢机械工业出版社邀请我们翻译本书第2版。和第1版相比，第2版增加了不少新的内容。同时，第1版优秀的中译本也为我们翻译第2版提供了非常有价值的参考。在此，我们要向第1版的译者致以深深的感谢！

参加本书翻译的人员有四川大学章毅、陈媛媛、贺喆南、郭际香、于佳丽、彭玺、陈盈科、张海仙、罗川、吕建成、张蕾、彭德中、桑永胜、陈杰、屈鸿、毛华，以及实验室许多在读博士生如高振涛、戚晓峰等。本书内容较多，翻译时间仓促，难免有不足之处，恳请读者批评指正！

译者

2017年12月于成都

前 言

本书介绍基本的神经网络结构和学习规则，重点阐述网络的数学分析、训练方法，以及网络在非线性回归、模式识别、信号处理、数据挖掘和控制系统等领域实际工程问题中的应用。

我们尽最大努力以清晰和一致的方式安排本书内容，以期本书易懂易用。书中使用了许多例子来解释每个讨论的主题。在书的最后几章，我们提供了一些学习实例，以展示神经网络在实际应用中可能遇到的问题。

由于本书是关于神经网络设计的，因此在内容的选择上依据了两个原则。首先，我们希望提供最有用且实际的神经网络结构、学习规则和训练技巧。其次，我们希望本书能够自成体系，并且章节间的过渡自然流畅。为了实现这个目的，我们将有关应用数学的各种介绍材料和章节放在了需要用到这些材料的特定主题之前。简言之，一些内容的选择是因为它们对神经网络的实际应用有重要作用，而另一些内容的选择则是由于它们对解释神经网络的运行机制有重要意义。

我们省略了许多本可以包含的内容。例如，我们没有把本书写成一个涵盖所有已知神经网络结构和学习规则的目录或纲要，而是集中精力介绍基础概念。其次，我们没有讨论神经网络的实现技术，如 VLSI、光学器件和并行计算机等。再有，我们没有提供神经网络的生物学和心理学方面的基础知识。虽然这些内容都是重要的，不过，我们希望重点讨论那些我们认为对神经网络设计最有用的内容，并进行深入阐释。

本书可作为高年级本科生或一年级研究生一个学期的神经网络导论课程教材(也适合短期课程、自学或参考)。读者需要具有一定的线性代数、概率论和微分方程的基础知识。

书中每章按如下方式分节：目标、理论与例子、小结、例题、结束语、扩展阅读和习题。理论与例子是每章的主要部分，包含基本思想的发展以及例子解析。小结部分提供一个方便的列表，包含重要方程和概念，以易于工程参考。每章将大约 1/3 的篇幅用在例题部分，为所有关键的概念提供详细的例题解析。

下页的框图说明了各章之间的依赖关系。

第 1～6 章涵盖后面所有章节需要的基本概念。第 1 章是本书的引言，简要介绍神经网络的历史背景和一些生物学基础。第 2 章描述基本的神经网络结构，这一章引入的记号体系将贯穿全书。第 3 章给出一个简单的模式识别问题，并展示该问题可以分别由三类不同的神经网络来解决。这三类网络是本书后面的网络类型的代表。此外，这里的模式识别问题也提供了本书解决问题的一般思路。

本书主要专注于训练神经网络完成各种任务的方法。在第 4 章中，我们介绍学习算法并给出第一个实际算法：感知机学习规则。感知机网络虽然有其本质的局限性，但却具有重要的历史意义，并且可作为一个有用的工具来引入后面章节中强大神经网络的关键概念。

本书的主要目的之一是阐述神经网络的工作原理。为此，我们将神经网络的内容和一些重要的辅助材料组织在一起。例如，在第 5、6 章中提供了线性代数的相关材料，这是理解神经网络所需的核心数学知识。这两章讨论的概念将广泛用于本书后面章节。

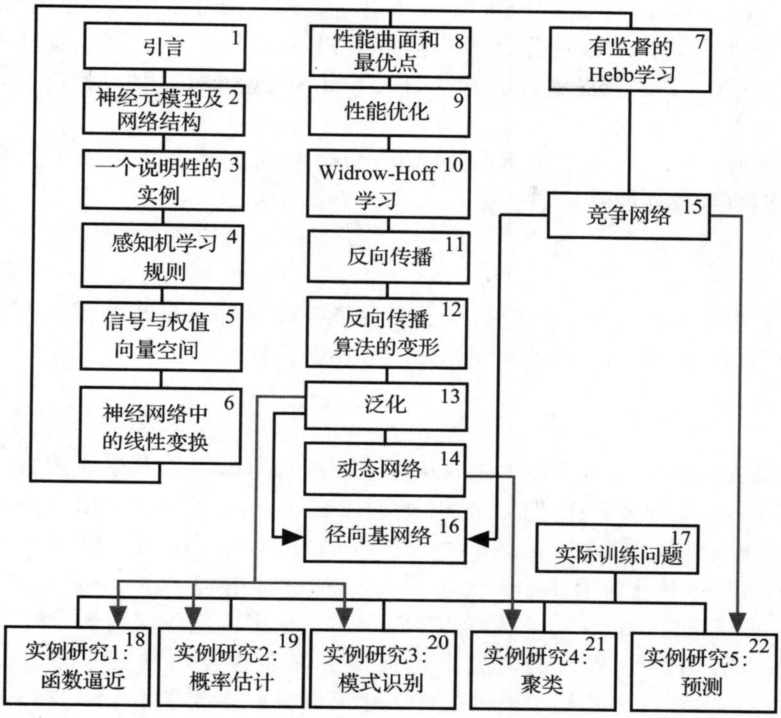

第 7 章和第 15 章阐述主要受生物学和心理学启发的神经网络及其学习规则。它们分为两类：联想网络和竞争网络。联想网络安排在第 7 章，而竞争网络安排在第 15 章。

第 8～14 章以及第 16 章论述一类称为性能学习的方法，该方法用于训练网络以优化其性能。第 8、9 章介绍性能学习的基本概念。第 10～13 章中将这些概念用于逐步强大和复杂的前馈神经网络。第 14 章将这些概念用于动态神经网络。在第 16 章中，这些概念则被用于径向基神经网络，这类网络也用到了来自竞争学习的概念。

第 17～22 章和前面的章节不同。前面的章节主要关注每种网络的基础理论和相应的学习规则，要点是理解核心概念。在第 17～22 章中，我们讨论神经网络在实际应用中的具体问题。第 17 章阐述许多实际的训练技巧，第 18～22 章给出一系列实例研究，这些实例包括将神经网络用于函数逼近、概率估计、模式识别、聚类和预测。

软件

MATLAB 软件并非是使用本书所必需的，上机练习可以用任何编程语言来完成。另外，本书提供的神经网络设计演示(Neural Network Design Demonstrations)程序虽然有助于理解书中内容，但非关键所在。

不过，我们还是采用 MATLAB 软件包来提供本书的辅助材料。该软件使用广泛，而且由于它的矩阵/向量表示法和图形化显示，为神经网络实验提供了方便的环境。我们用两种不同的方法使用 MATLAB。第一种，我们为读者准备了一些用 MATLAB 去完成的练习。神经网络的一些重要特性仅在大型问题中才能体现出来，这需要大量计算，不适合手工演算。利用 MATLAB 可以快速实现神经网络算法，也可以方便地测试大型问题。(如果没有 MATLAB 软件，可以使用任何其他编程语言来完成这些练习。)

第二种使用 MATLAB 的方法是利用 Neural Network Design Demonstrations 软件，

你可以从网站 hagan. okstate. edu/nnd. html 下载它。这些交互式的演示程序解释了每章中的重要概念。把这个软件加载到你计算机的 MATLAB 目录下之后(或者放在 MATLAB 路径上)，就可在 MATLAB 提示符下通过输入 nnd 命令进行调用。所有的演示程序都可以方便地由一个主菜单访问。

这些演示需要 2010a 或更高版本的 MATLAB，也可使用 MATLAB 学生版。附录 C 给出了关于这个演示软件的具体信息。

课件

为了帮助使用本书的教师，我们为本书配备了一套课件。每章的课件(PPT 格式或者 PDF 格式)可以从网站 hagan. okstate. edu/nnd. html 下载。

致谢

我们对审稿人致以深切的感谢！他们花费了大量时间审阅本书全部或部分书稿，并测试了本书软件的各个版本。我们要特别感谢 Canterbury 大学的 John Andreae 教授、AT&T 的 Dan Foresee、Oklahoma 州立大学的 Carl Latino 博士、MCI 的 Jack Hagan、SRI 的 Gerry Andeen 博士以及 Idaho 大学的 Joan Miller 和 Margie Jenks。来自 Oklahoma 州立大学 ECEN 5733、Canterbury 大学 ENEL 621、法国国立应用科学学院 INSA 0506 和 Colorado 大学 ECE 5120 课程班的研究生也提出了许多建设性意见，他们阅读了本书初稿，测试了软件，并在过去几年中提出了许多建议以进一步改进本书。我们还要感谢为本书提供过许多建议的匿名审稿人。

感谢 Peter Gough 博士邀请我们加入位于新西兰 Christchurch 的 Canterbury 大学电气电子工程系，感谢 Andre Titli 博士邀请我们加入位于法国 Toulouse 的法国国家科学研究中心的系统分析与体系结构实验室。Oklahoma 州立大学的学术休假和 Idaho 大学的一年假期给了我们写作本书的时间。感谢 Texas Instruments、Halliburton、Cummins、Amgen 以及 NSF 对我们在神经网络研究上的资助。感谢 The Mathworks 许可我们使用 Neural Network Toolbox 中的材料。

关于本书软件和课件：本书网站由作者维护，网站上提供的英文电子书版本比中文版多 5 章，因此软件和课件中涉及的章号与中文版章号不完全对应。例如，书中第 15 章的 MATLAB 实验用到的是网站上第 16 章的演示程序。有需要的读者请及时关注网站更新，根据实际内容灵活使用相关资源。——编辑注

引　言

1.1 目标

当你翻开本书时，大脑正在调用复杂的生物神经网络用于阅读。你拥有大约10^{11}个高度连接的神经元，它们帮助你完成阅读、呼吸、运动和思考。每一个生物神经元都含有丰富的组织与化学成分，它的复杂程度相当于一个低速微处理器。你的一部分神经结构是与生俱来的，而其他部分则是后期随着人生经历而建立起来的。

科学家对于生物神经网络如何工作的认识尚处于起步阶段。一般认为，所有的生物神经功能，包括记忆，都存储在神经元及神经元之间的连接中。学习，被认为是神经元之间建立新的连接或者修改已有连接的过程。如此，便引出了这样一个问题：尽管目前对生物神经网络的理解尚处在初级阶段，但我们能否构造一些简单的人工“神经元”，或许还可以训练它们，去实现一些有用的功能？这个答案是肯定的。本书正是一本关于人工神经网络的著作。

我们这里谈论的神经元并不是指生物神经元，而是指通过对生物神经元的高度简单的抽象而产生的人工神经元，它们可以由程序或者硅电子电路来实现。由这种人工神经元构成的网络不具备人类大脑那样的能力，但可以通过训练实现一些有用的功能。本书将论述这类神经元，以及由它们构成的网络和相应的网络训练方法。 1-1

1.2 历史

神经网络的历史充满传奇色彩，来自不同领域的充满创造力的先驱们奋斗了数十载，为我们探索出许多今天看来已是理所当然的概念。这段历史曾被多位作者在书中描述过，其中特别有趣的是由 John Anderson 和 Edward Rosenfeld 合著的《Neurocomputing: Foundations of Research》(《神经计算：研究基础》)。该书收集了 43 篇具有特殊历史意义的文章，每篇文章前面都有一段从历史角度对这篇文章的介绍。

本书每章的开篇都将介绍对神经网络做出贡献的主要人物的历史，这里就不再重复。下面我们将简要介绍一下神经网络的主要发展脉络。

对一项技术的发展而言，至少有两个方面是必需的：概念与实现。首先，我们必须要有概念，它提供一种思考问题的方式，其中包含的观点会澄清之前的认识。概念可能是一个简单的想法，也可能是比较具体的且包含数学的描述。为了进一步阐述这点，让我们回顾一下人类认识心脏的历史。在历史上的不同时期，心脏曾被认为是灵魂的归宿或者是热量的源泉。直到 17 世纪，医学家终于开始认识到心脏是一个泵，并设计了实验来研究心脏作为泵的活动。这些实验革新了我们对循环系统的认识。如果不是因为有泵的概念，就无法把握对心脏的理解。

仅有概念和它们的数学描述还不足以促进一项技术走向成熟，还需要有某种方法来实现与之相关的系统。例如，用于对计算机辅助断层(CAT)扫描的图像进行重构所需要的数学早在许多年前就存在了，然而，直到高速计算机和相关高效率的算法出现后，可用的

CAT 系统才得以实现。

神经网络的历史是通过概念创新和系统实现两个方面发展起来的。然而，发展的道路是崎岖的。

神经网络的一些基础性工作始于 19 世纪后期和 20 世纪初期。这些工作主要来自物理学、心理学、神经生理学等交叉领域的科学家，如 Hermann von Helmholtz、Ernst Mach、Ivan Pavlov。这些早期工作致力于学习、视觉、条件反射等方面的一般理论研究，
1-2 没有包括神经元活动的数学模型。

现代神经网络起源于 Warren McCulloch 和 Walter Pitts[McPi43]在 20 世纪 40 年代的工作。他们展示了由人工神经元组成的网络原则上能完成任何算术或者逻辑运算。这项工作通常被认为是神经网络领域的起源。

在 McCulloch 和 Pitts 之后，Donald Hebb[Hebb49]指出经典的条件反射(如 Pavlov 所发现的)源于个体神经元的性质。他提出了一套关于生物神经元学习机制的学说(参见第 7 章)。

人工神经网络的第一个实际应用出现于 20 世纪 50 年代后期，这源于 Frank Rosenblatt[Rose58]发明了感知机以及相应的学习算法。Rosenblatt 和他的同事构建了感知机网络，并展示了这种网络的模式识别能力。这一早期的成功应用掀起了神经网络研究的巨大热潮。遗憾的是，稍后的工作显示了原始的感知机网络仅能解决一小类问题(更多 Rosenblatt 及感知机学习规则的内容详见第 4 章)。

几乎同时，Bernard Widrow 和 Ted Hoff[WiHo60]提出了一种新的学习算法用于训练自适应线性网络，这种网络在结构和能力上都类似于 Resenblatt 的感知机。Widrow-Hoff 学习算法直到今天还在使用(更多内容见第 10 章 Widrow-Hoff 学习)。

不幸的是，Rosenblatt 和 Widrow 的网络都具有同样的内在局限性。这一局限性通过 Marvin Minsky 和 Seymour Papert[MiPa69]的著作被广泛传播。虽然 Rosenblatt 和 Widrow 当时也意识到了这种局限性，并提出了能够克服这种局限性的新网络，然而，他们没能成功地改进感知机学习算法以训练更为复杂的网络。

受 Minsky 和 Papert 的影响，许多人认为进一步研究神经网络是死路一条，加之当时没有足够计算能力的计算机帮助实验，许多人放弃了神经网络的研究，致使神经网络的研究停顿了约 10 年时间。

虽然对神经网络的兴趣骤然停止，不过，20 世纪 70 年代仍然有一些重要的研究工作持续出现。1972 年，Teuvo Kohonen[Koho72]和 James Anderson[Ande72]独立发明了具有记忆功能的新型神经网络。Stephen Grossberg[Gros76]也在那个年代积极从事自组织神经网络的研究。进入 20 世纪 80 年代，计算设备和研究路线这两个困难均被克服，对神经
1-3 网络的研究兴趣显著增加。新式个人电脑和工作站的计算能力快速增长并广泛应用。此外，一些重要的新概念也涌现出来。

有两个新的概念对神经网络的重生起着重要作用。第一个是使用统计机制去解释一类回复神经网络的运行，这种网络可以用于联想记忆。这一奠基性的工作是由物理学家 John Hopfield[Hopf82]做出的。

第二个重要的发展是 20 世纪 80 年代的用于训练多层感知机网络的反向传播算法，该算法由多位科学家独立提出。最具影响的关于反向传播算法的著作是由 David Rumelhart 和 James McClelland[RuMc86]合著的。这个算法是对 20 世纪 60 年代 Minsky 和 Papert 对感知机批评的回答(详见第 11 章反向传播算法的发展)。

这些新的发展重新点燃了人们对神经网络的热情。自 20 世纪 80 年代以来，人们发表了数以千计的神经网络论文，开发了无数神经网络应用，整个领域忙碌于新的理论和实践工作。

上面给出的简短历史并非要细数为本领域做出主要贡献的所有科学家，而是想让读者感受一下神经网络领域的知识是如何发展起来的。大家可能已感受到，这个发展过程并不是持续稳定的，它有急剧发展的时期，也有平淡无奇的日子。

神经网络的许多进步都和新的概念密切相关，比如新颖的结构和训练方法。与之同等重要的是新型计算机的出现，强大的计算能力能够测试新的概念。

有关神经网络的历史就讲到这里。一个现实的问题是："未来会发生什么？"神经网络作为一种数学或者工程工具，已占据牢不可破的地位。它们不会解答所有问题，而是某些适当情形下的重要工具。此外，不要忘记我们对大脑是如何工作的还知之甚少，神经网络最重要的发展毫无疑问将是在未来。

神经网络大量而广泛的应用是非常鼓舞人心的。下节，我们将介绍一些各方面的应用。 1-4

1.3 应用

报刊曾报道过 Aston 大学将神经网络用于文学研究。它这样写道："网络可以经训练用于个体写作风格识别，研究者们用它来比较莎士比亚及其同龄人的工作。"一档科普电视节目曾报道，在意大利的一个研究所，他们采用神经网络对橄榄油进行纯度检测。Google 将神经网络用于图像标记(自动识别图像并给出关键字)，Microsoft 发展出能把英文语音转换为中文语音的神经网络。来自瑞典 Lund 大学和 Skåne 大学医学院的研究人员利用神经网络，通过识别接受者与捐献者的最优匹配，提高心脏移植患者的长期存活率。这些例子展示了神经网络广阔的应用领域。因为神经网络善于解决问题，其应用还在不断扩张，不仅在工程、科学和数学上，而且在医学、商业、金融以及文学等领域。神经网络在许多领域的广泛应用，使得其极具吸引力。另一方面，更高速计算机和更高效率算法的出现，使得利用神经网络去解决过去需要大量计算的复杂工业问题成为可能。

下面列出的神经网络应用来自于 MATLAB 神经网络工具箱，已获得 MathWorks 公司许可。

DARPA[DARP88]在 1988 年的一份神经网络研究中列出了神经网络的多项应用，其中第一个是大约出现于 1984 年的自适应频道均衡器。这是一个非常成功的商业产品，它是一个单神经元网络，用于稳定长途电话系统的声音信号。DARPA 的报告还列出了其他商业应用产品，包括单词识别器、过程监控器、声呐分类器和风险分析系统。

在 DARPA 报告发布后的很多年里，数以千计的神经网络被用于数百个不同的领域，部分应用列举如下。

- 航空。高性能飞行器自动驾驶，飞行路线模拟，飞行器控制系统，自动驾驶增强，飞行器部件模拟，飞行器部件故障检查。 1-5
- 汽车。汽车自动导航系统，燃油喷射器控制，自动刹车系统，熄火检测，虚拟排放传感器，保修活动分析。
- 银行。支票和其他文档阅读器，信用评估，现金流预测，公司分类，汇率预测，贷款回收率预测，信用风险评估。
- 国防。武器操控，目标追踪，目标辨识，人脸识别，新型传感器，声呐，雷达和图像信号处理(包含数据压缩、特征提取、噪声抑制、信号/图像识别)。

- 电子。代码序列预测，集成电路芯片布局，过程控制，芯片故障分析，机器视觉，语音合成，非线性建模。
- 娱乐。动画，特效，市场预测。
- 金融。不动产评估，借贷咨询，抵押贷款审查，企业债券分级，信贷额度使用分析，组合交易规划，公司财务分析，货币价格预测。
- 保险。决策评估，产品优化。
- 制造。制造流程控制，产品设计与分析，过程与机器诊断，实时微粒识别，可视化质量监测系统，啤酒检测，焊接质量分析，纸张质量预测，计算机芯片质量分析，磨床运转分析，化工产品设计分析，机器维护分析，项目投标，计划与管理，化工
1-6 过程系统动态建模分析。
- 医疗。乳腺癌细胞分析，EEG 和 ECG 分析，假肢设计，移植时间优化，医疗费用节约，医疗质量改进，急诊室检测建议。
- 石油与天然气。勘探，智能传感器，油藏建模，油井处理决策，地震解释。
- 机器人。轨迹控制，铲车机器人，操作器控制，视觉系统，无人驾驶汽车。
- 语音。语音识别，语音压缩，元音分类，文本语音合成。
- 证券。市场分析，自动债券评级，股票交易咨询系统。
- 电信。图像和数据压缩，自动信息服务，实时口语翻译，客户支付处理系统。
- 交通。卡车制动诊断系统，车辆调度，路径规划。

可见，神经网络应用的数量、投入到神经网络软硬件方面的资金，以及人们对这些神
1-7 经网络器件兴趣的广度和深度，都是巨大的。

1.4 生物学启示

本书所描述的人工神经网络与对应的生物神经网络仅有很少的联系。本节，我们将简要阐述一些大脑的功能特征，它们启发了人工神经网络的发展。

大脑含有大量(大约10^{11}个)高度连接(每个神经元大约有10^4个连接)的神经元。对我们来说，这些神经元都由三个主要部分构成：树突、胞体和轴突。树突是一种用于接收电信号并传给胞体的树状神经纤维接收网。胞体有效地叠加这些传入的信息并用阈值控制电信号信息的输出。轴突是一条长的神经纤维，用于将信息从胞体传送到其他神经元。一个神经元的轴突和另一个神经元树突的连接点称为突触。正是因为神经元的结构，以及由复杂化学过程决定的每个突触的连接强度，建立起了神经网络的功能。图 1.1 是一个简化的两个神经元连接的示意图。

当我们生下来时，有些神经结构就存在了。另外一些则是后天通过学习，伴随神经元之间新连接的建立和旧连接的删减而发展
1-8 出来的。这种发展在每个人的幼儿时期尤其明显。例如，科学家们发现，如果一只小猫在其成长的关键期不使用它的一只眼睛，那这只眼睛就再也发展不出正常的视力。语言学家们发现，婴儿在前六个月中必须要接触某些发音，否则他们之后就再也无法区分这些发音[WeTe84]。

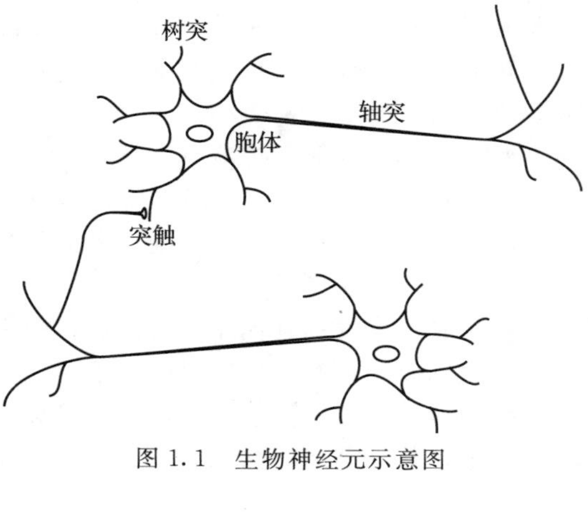

图 1.1 生物神经元示意图

神经结构在一生中会持续改变。这些变化倾向于加强或减弱突触的连接。例如，新的记忆被认为是通过这些突触连接强度的修改而产生的。所以，记住一个新朋友面孔的过程实际是由许多突触连接的改变而来的。又如，神经科学家们发现[MaGa2000]，伦敦出租车司机的海马体明显大于平均水平，这是因为他们必须记住大量的导航信息，这个过程需要两年以上的时间。

人工神经网络并非旨在模仿大脑的复杂性，不过，在生物神经网络和人工神经网络之间有两个基本的相似性。首先，两个网络的组成模块都是由简单的计算单元(虽然人工神经网络比起生物神经网络要简单得多)通过高度连接构成的。其次，网络的功能是由神经元之间的连接决定的。本书的基本目的，就是去设计适当的连接进而解决一些实际问题。

需要指出的是，虽然生物神经元相比于电子电路要慢得多(10^{-3}秒相比于10^{-10}秒)，但大脑完成许多任务的速度却比任何传统的计算机要快许多。部分原因在于生物神经网络是大规模的并行计算结构，所有的神经元同时进行运算。人工神经网络继承了这种并行结构。虽然目前大部分的人工神经网络是由传统的数字计算机来实现的，然而，这样的并行结构使其非常适合由 VLSI、光学器件、并行处理器来实现。

下面的章节中，我们将介绍基本的人工神经元，以及如何由神经元组合成神经网络。这将为第 3 章提供背景基础，在那里我们将首次看到神经网络粉墨登场。 1-9

1.5　扩展阅读

[**Ande72**] J. A. Anderson，"A simple neural network generating an interactive memory，" Mathematical Biosciences，Vol. 14，pp. 197-220，1972.

Anderson 提出了一个"线性联想器"模型用于联想记忆。这一模型使用推广的 Hebb 假说来训练，用于学习输入向量和输出向量之间的关联关系。它强调网络在生理学层面的合理性。与此同时，Kohonen[Koho72]发表了一篇内容相近的论文，他们的工作是独立进行的。

[**AnRo88**] J. A. Anderson and E. Rosenfeld，Neurocomputing：Foundations of Research，Cambridge，MA：MIT Press，1989.

该书是一本基础参考书，收录了 40 余篇神经网络计算领域的重要文献。每篇文章都附有一个成果简介，以及该文在领域历史上的地位描述。

[**DARP88**] DARPA Neural Network Study，Lexington，MA：MIT Lincoln Laboratory，1988.

这是到 1988 年为止，据作者所知关于神经网络知识的最全面的摘要总结。其中介绍了神经网络的理论基础，并讨论了它们当前的应用。书中包含线性联想器、递归神经网络、视频、语音识别、机器人等内容，最后还讨论了仿真工具和实现技术。

[**Gros76**] S. Grossberg，"Adaptive pattern classification and universal recoding：I. Parallel development and coding of neural feature detectors，" Biological Cybernetics，Vol. 23，pp. 121-134，1976.

Grossberg 描述了一个基于视觉系统的自组织神经网络。这一网络含有短期记忆和长期记忆两种记忆机制，是一种连续时间竞争网络。它是自适应谐振理论(ART)网络的基础。 1-10

[**Gros80**] S. Grossberg，"How does the brain build a cognitive code?" Psychological Review，Vol. 88，pp. 375-407，1980.

Grossberg 于 1980 年发表的这篇论文提出了神经结构和机制，它可以解释很多生理行为，如空间频率自适应和双目竞争等。该系统可以在无外界帮助的情况下完成自我校正。

[**Hebb49**]D. O. Hebb, The Organization of Behavior. New York: Wiley, 1949.

这本重要著作的核心思想是：行为可以由生物神经元的活动来解释。在书中，Hebb 提出了第一个神经网络学习规则，这是一个在细胞级别上的学习机制假说。

Hebb 指出生物学中的传统条件反射现象的出现是由个体神经元的性质造成的。

[**Hopf82**] J. J. Hopfield, "Neural networks and physical systems with emergent collective computational abilities," Proceedings of the National Academy of Sciences, Vol. 79, pp. 2554-2558, 1982.

Hopfield 提出了按内容寻址的神经网络。他清楚地描述了该网络是如何工作的，以及该网络可以胜任何种工作。

[**Koho72**] T. Kohonen, "Correlation matrix memories," IEEE Transactions on Computers, vol. 21, pp. 353-359, 1972.

Kohonen 为联想记忆提出了相关矩阵模型。这种模型用外积规则(也称 Hebb 规则)训练，用于学习输入向量和输出向量之间的相关性，强调网络的数学结构。与此同时，Anderson[Ande72]也发表了一篇内容相近的论文，他们的工作是独立进行的。

[**MaGa00**] E. A. Maguire, D. G. Gadian, I. S. Johnsrude, C. D. Good, J. Ashburner, R. S. J. Frackowiak, and C. D. Frith, "Navigation-related structural change in the hippocampi of taxi drivers," Proceedings of the National Academy of Sciences, Vol. 97, No. 8, pp. 4398-4403, 2000.

伦敦出租车司机必须经历在数千个城市地标中准确导航的广泛训练和学习，完成这种
1-11 俗称“经历学习”的训练大约需要 2 年时间。这项研究表明出租车司机的后海马体与这些导航控制有重要相关性。

[**McPi43**] W. McCulloch and W. Pitts, "A logical calculus of the ideas immanent in nervous activity," Bulletin of Mathematical Biophysics., Vol. 5, pp. 115-133, 1943.

这篇论文介绍了神经元的第一个数学模型。这个模型通过比较多个输入信号的加权和与阈值来决定是否激发该神经元。这是基于当时对计算单元的认识，第一次尝试描述大脑的工作原理。论文展示了这种简单的神经网络可以计算任何算术或逻辑函数。

[**MiPa69**] M. Minsky and S. Papert, Perceptrons, Cambridge, MA: MIT Press, 1969.

这本标志性著作第一次严谨地研究了感知机的学习能力。通过严格的论述，阐述了感知机的局限性，以及克服该局限性的方法。但是，该书悲观地认为感知机的局限性意味着神经网络研究是没有前景的。这一失实的观点为后续若干年的神经网络研究和基金资助造成了极大的负面影响。

[**Rose58**] F. Rosenblatt, "The perceptron: A probabilistic model for information storage and organization in the brain," Psychological Review, Vol. 65, pp. 386-408, 1958.

Rosenblatt 提出了第一个实际的神经网络模型：感知机。

[**RuMc86**] D. E. Rumelhart and J. L. McClelland, eds., Parallel Distributed Processing: Explorations in the Microstructure of Cognition, Vol. 1, Cambridge, MA: MIT Press, 1986.

20 世纪 80 年代重新燃起人们对神经网络研究兴趣的两大重要论著之一。书中包含了许多主题，训练多层网络的反向传播算法是其中之一。

[**WeTe84**] J. F. Werker and R. C. Tees，"Cross-language speech perception：Evidence for perceptual reorganization during the first year of life，" Infant Behavior and Development，Vol. 7，pp. 49-63，1984. 1-12

这篇文章介绍了对 British Columbia 省 Interior Salish 族和非 Interior Salish 族婴儿进行的区别 Thompson 语音调的测试——Thompson 语是 Interior Salish 族所使用的语言。这项研究发现无论是否属于 Interior Salish 族，小于 6 到 8 个月的婴儿都普遍能够区分这种不同的音调。但对于 10 到 12 月大小的婴儿的音调实验发现，仅有 Interior Salish 族婴儿才能够区分这种音调的不同。

[**WiHo60**] B. Widrow and M. E. Hoff，"Adaptive switching circuits，" 1960 IRE WESCON Convention Record，New York：IRE Part 4，pp. 96-104，1960.

这篇重要论文描述了一个自适应的类似感知机的网络，它能快速准确地学习。作者假定系统有输入和每个输入对应的期望输出，且系统能计算实际输出和期望输出之间的误差。为了最小化均方误差，网络使用梯度下降法来调整权值(最小均方误差或 LMS 算法)。

该论文在[AnRo88]中被重印。 1-13

神经元模型及网络结构

2.1 目标

第 1 章对生物神经元以及神经网络进行了简单的描述。本章将介绍神经元的简化数学模型，并阐述如何将人工神经元连接起来以构成多种网络结构。另外，本章将通过几个简单的例子来阐述这些网络的基本运算。这一章引入的概念以及记号将适用于本书的所有章节。

本章并没有涵盖书中涉及的所有网络结构，而是旨在给出基本的神经网络构建模块。更多复杂的网络结构将会在以后的章节中需要时才引入并讨论。尽管如此，这一章还是给出了许多细节。对于读者而言，并不需要第一次阅读就记住本章的所有内容，而应该把它
2-1 当作一个开启本书学习的样例，以及以后返回来查阅的资料。

2.2 理论与例子

2.2.1 记号

很遗憾，目前在神经网络领域并没有一个被大家普遍认可的记号体系。神经网络方面的论文和书籍来自许多不同的研究领域，包括工程学、物理学、心理学和数学等，许多作者喜欢使用那些适用于各自领域的专业词汇。这导致神经网络领域的许多论著难以阅读，概念被弄得比其本身还复杂。这令人遗憾，因为它阻碍了该领域重要思想的传播，也导致了相同的理论被多次重复发明。

在本书中，我们尽可能使用标准的记号，简单明了且不失严谨性。特别地，我们尽量保留已有的使用习惯，并保持一致。

本书中所用的图、数学公式以及对它们进行的解释都将使用以下记号：

- 标量——小写斜体字母 a，b，c
- 向量——小写**黑斜体**字母 $\boldsymbol{a}$，$\boldsymbol{b}$，$\boldsymbol{c}$
- 矩阵——大写**黑斜体**字母 $\boldsymbol{A}$，$\boldsymbol{B}$，$\boldsymbol{C}$

其他有关网络结构的记号将会在本章的后续内容中引入。本书中所使用的完整的记号列表详见附录 B，有疑问时可查阅。

2.2.2 神经元模型

1. 单输入神经元

图 2.1 所示为一个单输入神经元模型。标量输入 p 乘以标量权值(weight)w，得到 wp，作为其中的一项送入累加器。另一个输入“1”乘以一个偏置值(bias)b，再送入累加器。累加器的输出结果 n，通常被称作净输入(net input)，送给传输函数(transfer function)f 作用后，产生标量 a，作为神经元的输出。(一些作者使用“激活函数”而不是“传输函数”，“补偿”而不是“偏置值”。)

如果我们把这里简单的神经元模型和第 1 章讨论的生物神经元联系起来，则数学模型

中的权值 w 对应的就是生物神经元的突触连接的强度，胞体由累加器和传输函数来表达，神经元的输出 a 代表细胞轴突上的信号。 2-2

神经元的输出由下式计算

$$a = f(wp + b)$$

例如，当 $w=3$，$p=2$，$b=-1.5$ 时，有

$$a = f(3 \times 2 - 1.5) = f(4.5)$$

神经元的实际输出依赖于不同传输函数的选择，下节将讨论传输函数。

偏置值更像是个权值，只是这里的输入为常量 1。但是，如果不想在某一神经元上设置偏置值，也可以忽略。我们将在第 3 章、第 7 章以及第 15 章见到这样的例子。

注意，这里的 w 和 b 都是可以调节的神经元标量参数。通常，传输函数是由设计者给出的，而参数 w 和 b 则是由某种学习规则调节得到的，调节的目的是使得网络的输入/输出关系满足某种具体目标(参见第 4 章有关学习规则的介绍)。在下一节的讨论中将会看到，不同的目的需要不同的传输函数。

2. 传输函数

图 2.1 中所示的传输函数可以是一个关于净输入 n 的线性或非线性函数。传输函数的选择是依据神经元所要解决的问题来确定的。本书包括多种传输函数，下面讨论最常用的 3 种。

图 2.2 左图所示为硬限值传输函数，如果函数的自变量小于 0，神经元的输出为 0，如果函数的自变量大于或者等于 0，神经元的输出为 1。我们将使用这个函数构造用于将输入分成两类的神经元。这个传输函数将在第 4 章中被广泛使用。 2-3

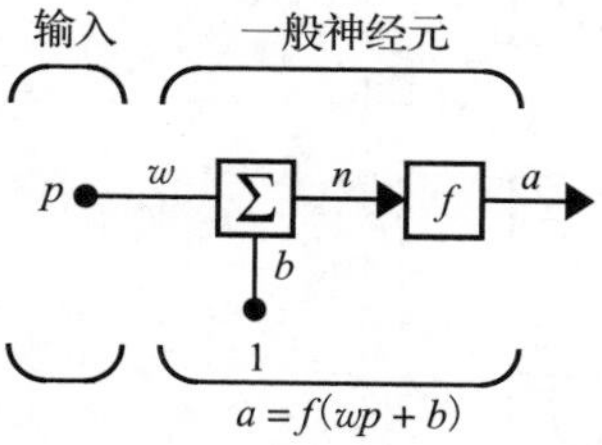

图 2.1 单输入神经元

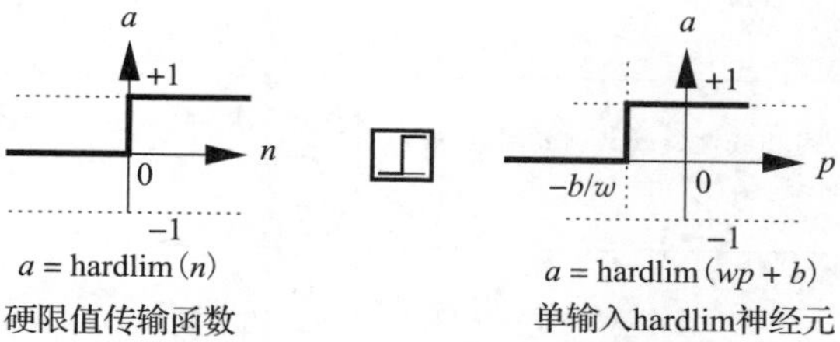

图 2.2 硬限值传输函数

图 2.2 右图描述了使用硬限值传输函数的单输入神经元的输入/输出特征。这里，我们可以看到权值和偏置值起到的作用。注意在两图中间，我们放置了一个硬限值传输函数的图标。为了显示网络当中所使用的传输函数，这样的图标将用于替代网络图中常用的传输函数 f。

图 2.3 所示为线性传输函数，其输出等于输入：

$$a = n \tag{2.1}$$

图 2.3 的右图描述了带偏置值的单输入线性神经元的输出(a)对应输入(p)的特性。线性传输函数将用于第 10 章所讨论的 ADALINE 网络当中。

图 2.4 所示为对数-S 型传输函数。该传输函数把输入(输入值可以是负无穷到正无穷的任意值)挤压到 0 和 1 之间的输出，其数学表达式为 2-4

$$a = \frac{1}{1 + e^{-n}} \tag{2.2}$$

对数-S 型传输函数被广泛应用于使用反向传播算法训练的多层网络中，部分原因在于该函数是可微的(见第 11 章)。

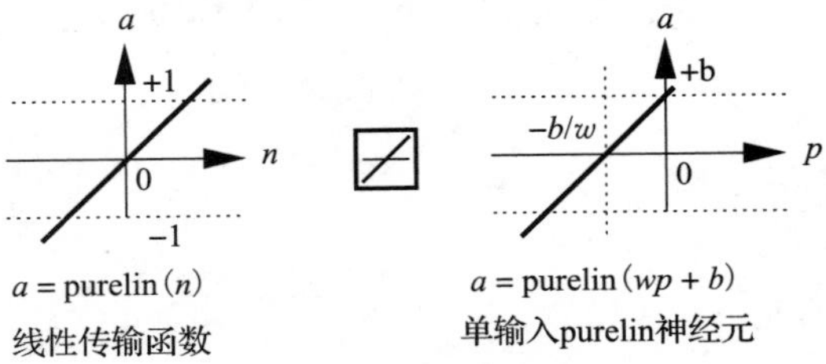

图 2.3　线性传输函数

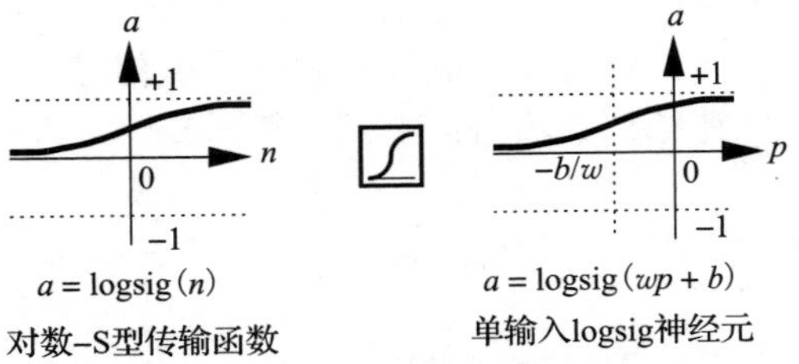

图 2.4　对数-S 型传输函数

本书中所使用的大部分的传输函数如表 2.1 所示。当然，也可以定义不同于表 2.1 的其他的传输函数。

表　2.1

函数名	输入/输出关系	图标	MATLAB 函数
硬限值(hard limit)传输函数	$a=0 \quad n<0$ $a=1 \quad n\geqslant 0$		hardlim
对称硬限值(symmetrical hard limit)传输函数	$a=-1 \quad n<0$ $a=+1 \quad n\geqslant 0$		hardlims
线性(linear)传输函数	$a=n$		purelin
饱和线性(saturating linear)传输函数	$a=0 \quad n<0$ $a=n \quad 0\leqslant n\leqslant 1$ $a=1 \quad n>1$		satlin
对称饱和线性(symmetric saturating linear)传输函数	$a=-1 \quad n<-1$ $a=n \quad -1\leqslant n\leqslant 1$ $a=1 \quad n>1$		satlins
对数-S 型(log-sigmoid)传输函数	$a=\frac{1}{1+e^{-n}}$		logsig
双曲正切 S 型(hyperbolic tangent sigmoid)传输函数	$a=\frac{e^n-e^{-n}}{e^n+e^{-n}}$		tansig
正线性(positive linear)传输函数	$a=0 \quad n<0$ $a=n \quad 0\leqslant n$		poslin
竞争(competitive)传输函数	$a=1$　取最大值神经元 $a=0$　其他神经元		compet

MATLAB 实验 使用 Neural Network Design Demonstration One-Input Neuron(nnd2n1)测试单输入神经元。

2-5 ~ 2-6

3. 多输入神经元

一般情况下，一个神经元有不止一个输入。图 2.5 所示为具有 R 个输入的神经元。输入 p_1，p_2，…，p_R 的权值分别对应权值矩阵(weight matrix)$\boldsymbol{W}$ 中的元素 $w_{1,1}$，$w_{1,2}$，…，$w_{1,R}$。

神经元有一个偏置值 b，与加权输入求和后构成网络的净输入 n：

$$n = w_{1,1}p_1 + w_{1,2}p_2 + \cdots + w_{1,R}p_R + b \quad (2.3)$$

该表达式也可以写为矩阵形式：

$$n = \mathbf{W}\mathbf{p} + b \quad (2.4)$$

其中单个神经元的权值矩阵 $\mathbf{W}$ 只有一行。

于是，神经元的输出可以写为：

$$a = f(\mathbf{W}\mathbf{p} + b) \quad (2.5)$$

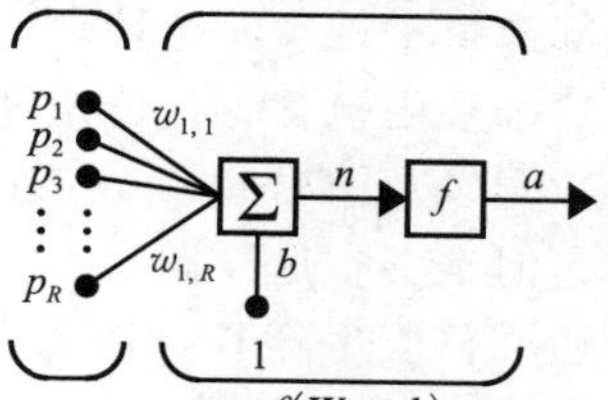

图 2.5 多输入神经元

很幸运，神经网络通常可以用矩阵来描述。本书当中所有的神经网络都将采用这种矩阵的表达形式。如果你对矩阵和向量运算感到生疏，不用担心，我们将会在第 5 章和第 6 章复习相关的内容，并使用许多例子详尽说明细节。

本书采用惯用的方法分配矩阵元素的下标。权值的第一个下标代表该权值所要连接的目标神经元编号，第二个下标代表发送给该神经元的信号源。因此，权值 $w_{1,2}$ 指的是从第二个信号源到第一个神经元(仅此一个)的连接。本章后面将会看到，当神经元数目不止一个时，这种习惯表达将更加有用。

2-7

我们可以画出具有多个神经元的网络，每一个神经元有多个输入。进一步，网络还可以有多个层。可以想象如果画出所有神经元之间的连线会构成一个多么复杂的网络。那将耗费许多墨水，不仅很难读懂，而且网络的主要特征也会淹没在庞杂的细节当中。因此，本书将采用一种简化记号(abbreviated notation)来表达。图 2.6 给出了一个多输入神经元的这种简化记号图。

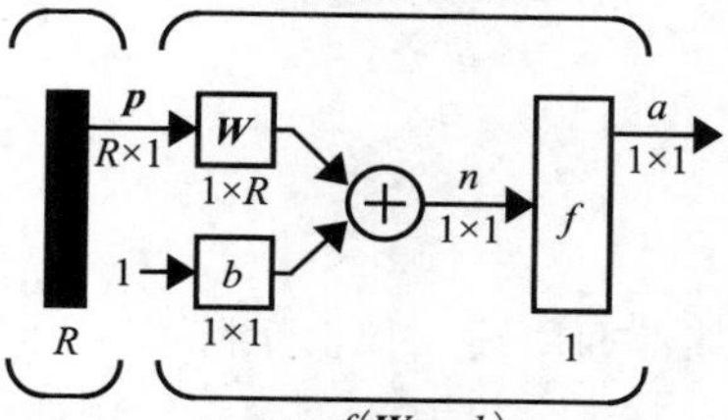

图 2.6 R 个输入的神经元，简化记号图

如图 2.6 所示，输入向量 $\mathbf{p}$ 由位于最左边的一个实心的竖条来描述。$\mathbf{p}$ 下面的变量 $R\times1$ 代表 $\mathbf{p}$ 的维数，表示输入是一个由 R 个元素构成的一维向量。这个输入将传给权值矩阵 $\mathbf{W}$，该权值矩阵在单神经元情况下是 1 行 R 列的。常数 1 作为神经元的一个输入与标量偏置值 b 相乘。传输函数 f 的净输入为 n，它是偏置值 b 与乘积 $\mathbf{Wp}$ 的和。在这种情况下，神经元的输出 a 为标量。如果输出层有不止一个神经元，那么网络的输出就将是一个向量。

在简化记号图中一般会标注变量的维数，这样就可以立即知道要讨论的变量是一个标量还是一个向量或矩阵，而不需要揣测变量的类型或维度。

需要注意的是，网络的输入神经元个数是由问题的外部描述所确定的。例如，如果要设计一个神经网络来预测风筝的飞行条件，输入就是空气的温度、风速以及湿度，那么网络就有三个输入。

MATLAB 实验 使用 Neural Network Design Demonstration **Two-Input Neuron** (nnd2n2)测试一个有两个输入的神经元。

2-8

2.2.3 网络结构

通常情况下，若只有一个神经元，那么即使再多的输入也是不够的。我们可能需要 5 个或者 10 个神经元，以并行方式运算，这些神经元称为一个“层”。下面讨论层的概念。

1. 单层神经网络

图 2.7 所示是由 S 个神经元构成的单层(layer)神经网络。注意，R 个输入中的每一个输入都和每个神经元连接，这样，权值矩阵含有 S 行。

这个层中包含了权值矩阵、累加器、偏置向量 $\mathbf{b}$、传输函数盒以及输出向量 $\mathbf{a}$。有一些作者把输入作为另一层看待，但本书不这样做。

通过权值矩阵 $\mathbf{W}$，输入向量 $\mathbf{p}$ 的每一个分量连接到每一个神经元。每一个神经元都有一个偏置值 b_i、一个累加器、一个传输函数 f 以及一个输出 a_i。所有这些输出共同构成了输出向量 $\mathbf{a}$。

通常情况下，输入的个数不等于神经元的个数(也就是 $R \neq S$)。

你或许有这样的疑问，是否同一层中所有神经元的传输函数必须相同？答案是否定的。你可以把上面的两个网络并起来，形成一个单层(复合的)神经元网络，其
2-9 中神经元具有不同的传输函数。两个网络具有相同的输入，每一个网络产生部分的输出。

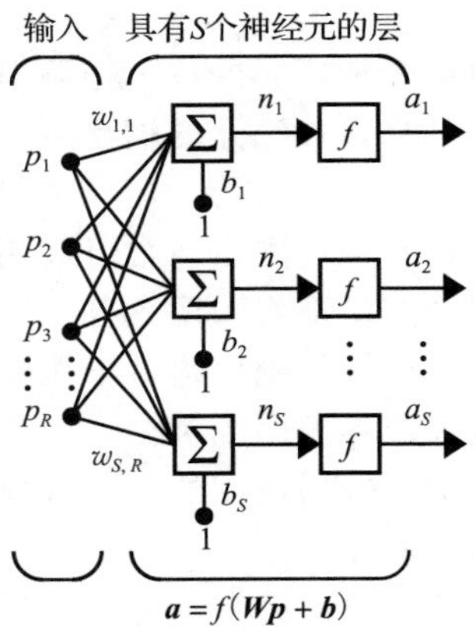

图 2.7 具有 S 个神经元的层

输入向量通过如下权值矩阵 $\mathbf{W}$ 进入网络：

$$\mathbf{W} = \begin{bmatrix} w_{1,1} & w_{1,2} & \cdots & w_{1,R} \\ w_{2,1} & w_{2,2} & \cdots & w_{2,R} \\ \vdots & \vdots & & \vdots \\ w_{S,1} & w_{S,2} & \cdots & w_{S,R} \end{bmatrix} \tag{2.6}$$

如前面所述，权值矩阵 $\mathbf{W}$ 中元素的行下标对应于该权值连接的目标神经元，而列下标则对应这个权值的源输入。例如，权值 $W_{3,2}$ 表示从第二个源神经元到第三个神经元的连接权值。

很幸运，S 个神经元、R 个输入的单层网络也可以用一个简化记号图画出来，如图 2.8 所示。

同样，变量下面的符号表示该变量的维度，$\mathbf{p}$ 是一个长度为 R 的向量，$\mathbf{W}$ 是一个 $S \times R$ 的矩阵，$\mathbf{a}$ 和 $\mathbf{b}$ 是长度为 S 的向量。如前所述，这个层包含了权值矩阵、求和及乘法运算、偏置向量 $\mathbf{b}$、传输函数盒以及输出向量。

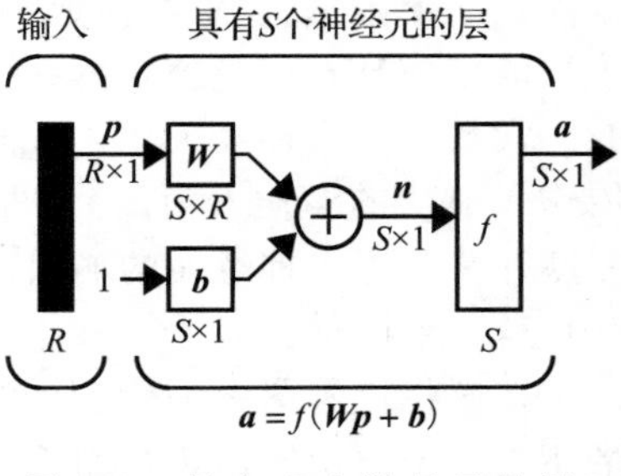

图 2.8 具有 S 个神经元的层，简化记号图

2. 多层神经网络

现在，让我们考虑具有多层的神经网络。每一层都有各自的权值矩阵 $\mathbf{W}$、各自的偏置向量 $\mathbf{b}$、一个净输入向量 $\mathbf{n}$ 以及一个输出向量 $\mathbf{a}$。我们需
2-10 要引入一些其他的记号来区别这些不同的层。我们使用上标(superscript)来标注这些层。特别地，我们附加了层的编号作为一个上标来重新命名这些变量。因而，第一层的权值矩阵记作 $\mathbf{W}^1$，第二层的权值矩阵记作 $\mathbf{W}^2$。图 2.9 给出了一个使用这种标记法的三层网络示意图。

如图所示，第一层有 R 个输入，S^1 个神经元，第二层有 S^2 个神经元，依次类推。注意，不同层可以有不同的神经元数目。

第一层和第二层的输出分别是第二层和第三层的输入。这样，第二层可以看作具有

$R=S^1$ 个输入、$S=S^2$ 个神经元以及维数为 $S^2\times S^1$ 的权值矩阵 $\boldsymbol{W}^1$ 的单层网络。第二层的输入是 $\boldsymbol{a}^1$，输出为 $\boldsymbol{a}^2$。

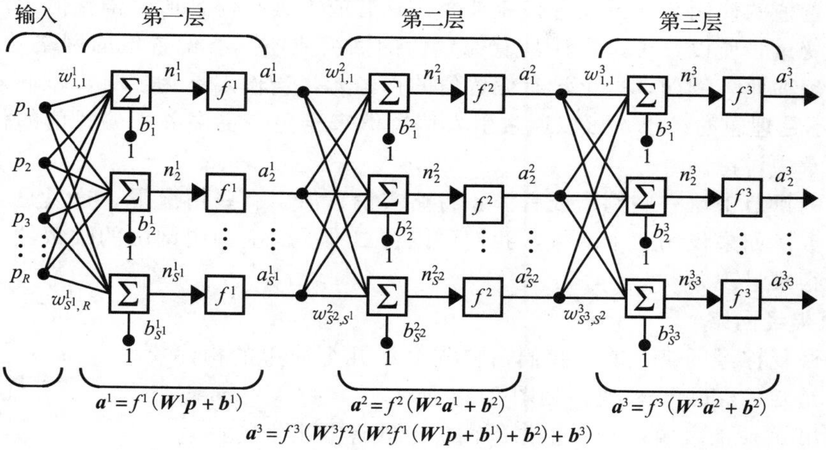

图 2.9 三层网络

如果某一层的输出为网络的输出，则这一层被称作*输出层*(output layer)。其他的层统称为*隐层*(hidden layers)。上述网络具有一个输出层(第三层)和两个隐层(第一层和第二层)。

前面讨论的三层网络可以用简化记号图画出，如图 2.10 所示。 2-11

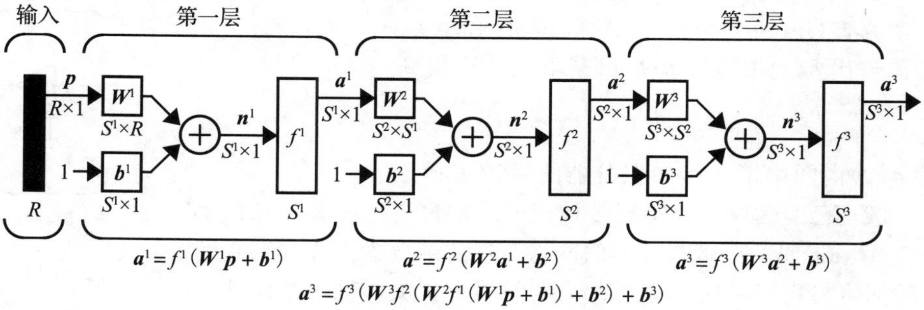

图 2.10 三层网络，简化记号

多层网络比单层网络的功能更加强大。例如，一个两层的网络，第一层传输函数为 sigmoid 函数，第二层为线性函数，通过训练后能够以任意精度逼近大多数的函数，而单层网络却不能做到这点。

到此可以发现，神经元的数量对网络的设计似乎是非常重要的，让我们来考虑这个问题。这个问题并没有看起来那么麻烦。首先，我们注意到，网络的输入和输出神经元数量都是由外部问题所确定的。所以，如果有 4 个外部变量作为输入，网络就有 4 个输入神经元。同样，如果网络需要有 7 个输出，那么，网络输出层的神经元个数就必须是 7 个。最后，所期望的输出信号的特征也能为我们选择输出层的传输函数提供帮助。如果网络输出是 -1 或者 1，就可以使用对称硬限值函数作为传输函数。因此，单层的网络结构几乎完全由问题本身的描述所决定，包括具体的输入和输出数量以及确定的输出信号特征。

如果网络具有 2 层以上呢？这里，外部问题不会直接告诉你隐层所需要的神经元的数量。事实上，关于隐层所需要的最佳的神经元数目的预测还存在着问题。这个问题是神经网络领域一个活跃的研究课题。我们会在第 11 章讨论反向传播时进一步讨论这个问题。

至于网络层的数量的确定，大多数实际的神经网络仅有 2 层或者 3 层。4 层或者以上的网络非常少见[⊖]。

关于偏置值的使用，你可以选择让神经元具有或不具有偏置值。偏置值为网络带来了
2-12 一个额外的变量，所以，可以预计具有偏置值的网络比不具有偏置值的网络功能要强大，而且事实的确如此。例如，一个没有偏置值的神经元，当输入 $\boldsymbol{p}$ 为零时，净输入 n 也总是为 0。这并不是理想的结果，可以通过引入偏置值来避免。更多关于偏置值的作用，将在第 3、4、5 章中讨论。

在下面的章节中，一些例题或者演示将略去偏置值。有些情况下，这只是为了减少网络参数的个数。如果仅用两个变量，我们可以在二维平面上画出网络的收敛性，而三个以上的变量就很难呈现。

3. 回复神经网络

在讨论回复神经网络之前，我们需要先介绍几个简单的构建模块。第一个是延迟(delay)模块，如图 2.11 所示。

延迟输出 $\boldsymbol{a}(t)$ 是由输入 $\boldsymbol{u}(t)$ 根据下面的公式计算出来的：

$$\boldsymbol{a}(t)=\boldsymbol{u}(t-1) \tag{2.7}$$

因此，输出是延迟一步的输入(这里假设时间步长的更新是离散的，并且只取整数值)。式(2.7)要求输出在 $t=0$ 时进行初始化。这个初始条件在图 2.11 中由箭头指向延迟模块底部来表示。

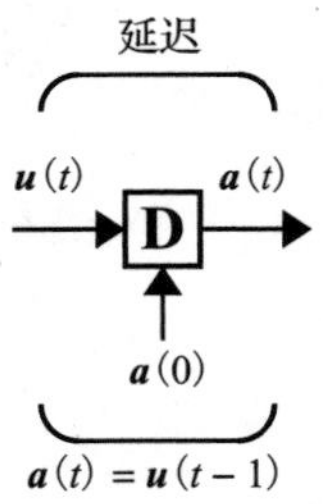

图 2.11 延迟模块

另一个相关的构建模块可以用于连续时间的回复神经网络的构
2-13 建，称作积分器(integrator)，如图 2.12 所示。

积分器输出 $\boldsymbol{a}(t)$ 由输入 $\boldsymbol{u}(t)$ 根据下式计算得到：

$$\boldsymbol{a}(t)=\int_0^t \boldsymbol{u}(\tau)\mathrm{d}\tau+\boldsymbol{a}(0) \tag{2.8}$$

初始条件 $\boldsymbol{a}(0)$ 由图中箭头指向积分器的底端表示。

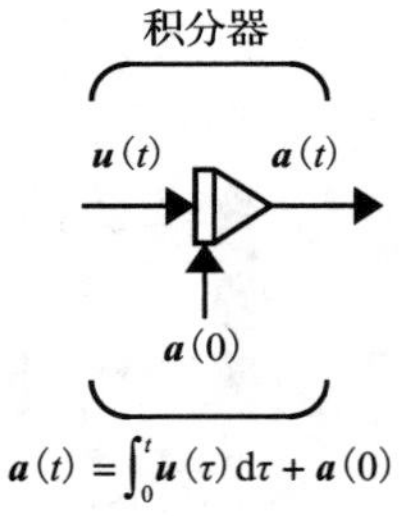

图 2.12 积分器模块

现在，我们已经做好了介绍回复神经网络的准备。回复神经网络(recurrent network)是一个带有反馈的网络，它的部分输出连接到它的输入。这种网络与我们目前为止所讨论的网络有很大不同，前面涉及的网络是严格前馈式网络，没有反馈连接。如图 2.13 所示为一种离散时间的回复神经网络。

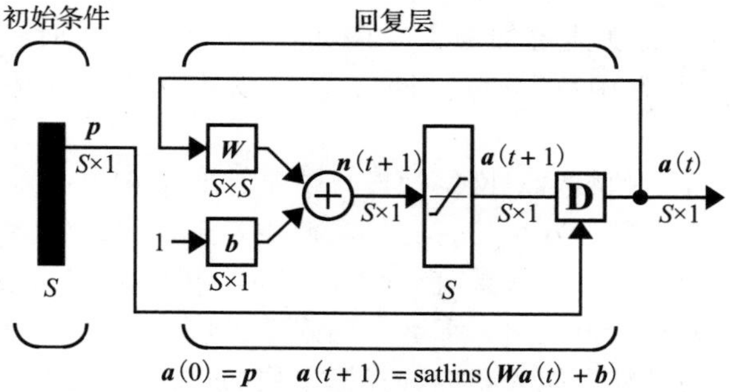

2-14 图 2.13 回复网络

在这种特殊的网络中，向量 $\boldsymbol{p}$ 作为初始条件(也就是 $\boldsymbol{a}(0)=\boldsymbol{p}$)。网络未来的输出是由

⊖ 这和当前热门的深度学习神经网络唱反调。——译者注

前面的输出计算而来：

$$\boldsymbol{a}(1) = \text{satlins}(\boldsymbol{Wa}(0) + \boldsymbol{b}), \boldsymbol{a}(2) = \text{satlins}(\boldsymbol{Wa}(1) + \boldsymbol{b}), \cdots$$

回复神经网络本质上比前馈式网络的功能更加强大，并且表现出时间行为。本书将在第 3 章和第 14 章讨论这类网络。 2-15

2.3 小结

单输入神经元

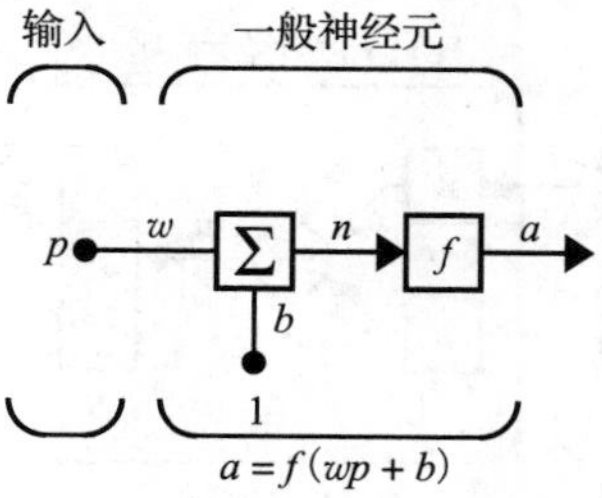

多输入神经元

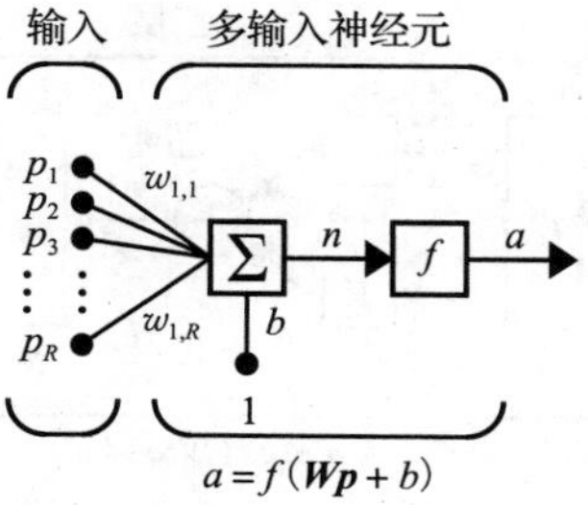

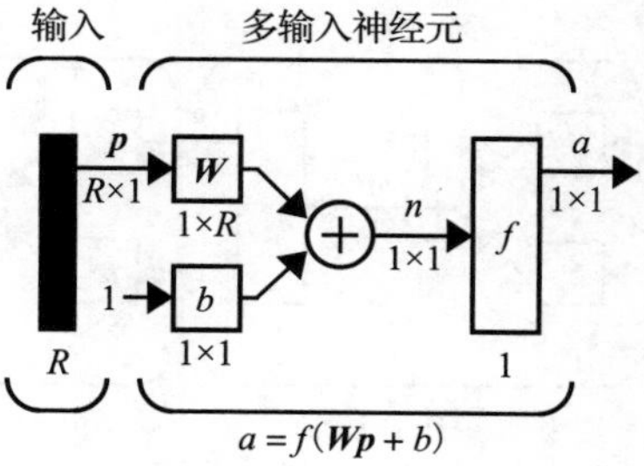

2-16

传输函数

函数名	输入/输出关系	图标	MATLAB 函数
硬限值(hard limit)传输函数	$a=0 \quad n<0$ $a=1 \quad n\geqslant 0$		hardlim
对称硬限值(symmetrical hard limit)传输函数	$a=-1 \quad n<0$ $a=+1 \quad n\geqslant 0$		hardlims
线性(linear)传输函数	$a=n$		purelin
饱和线性(saturating linear)传输函数	$a=0 \quad n<0$ $a=n \quad 0\leqslant n\leqslant 1$ $a=1 \quad n>1$		satlin
对称饱和线性(symmetric saturating linear)传输函数	$a=-1 \quad n<-1$ $a=n \quad -1\leqslant n\leqslant 1$ $a=1 \quad n>1$		satlins
对数-S 型(log-sigmoid)传输函数	$a=\dfrac{1}{1+e^{-n}}$		logsig
双曲正切 S 型(hyperbolic tangent sigmoid)传输函数	$a=\dfrac{e^{n}-e^{-n}}{e^{n}+e^{-n}}$		tansig

（续）

函数名	输入/输出关系	图标	MATLAB 函数
正线性（positive linear）传输函数	$a=0 \quad n<0$ $a=n \quad 0\leqslant n$		poslin
竞争（competitive）传输函数	$a=1$ 取最大值神经元 $a=0$ 其他神经元		compet

2-17

单层神经网络

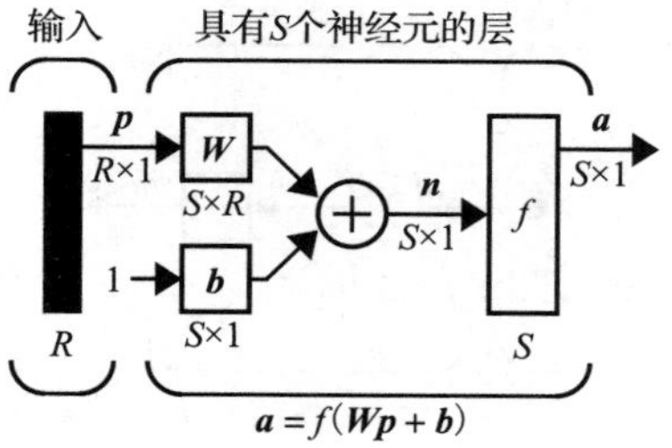

多层（三层）神经网络

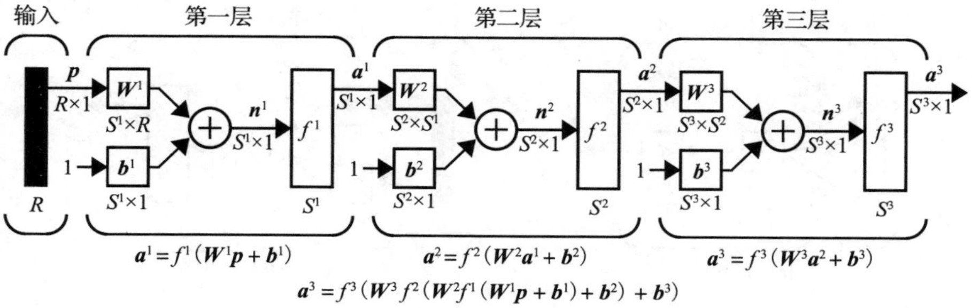

延迟与积分器

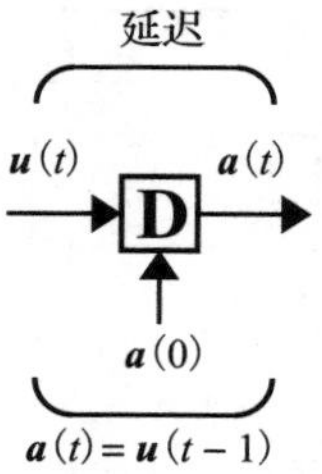

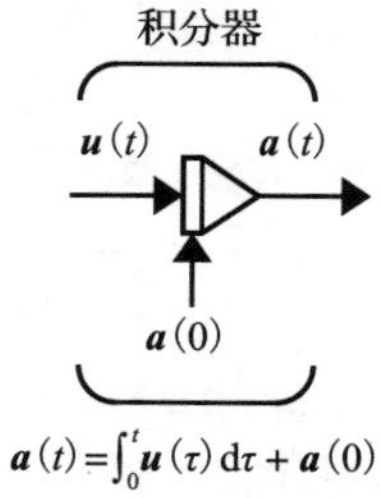

2-18

回复神经网络

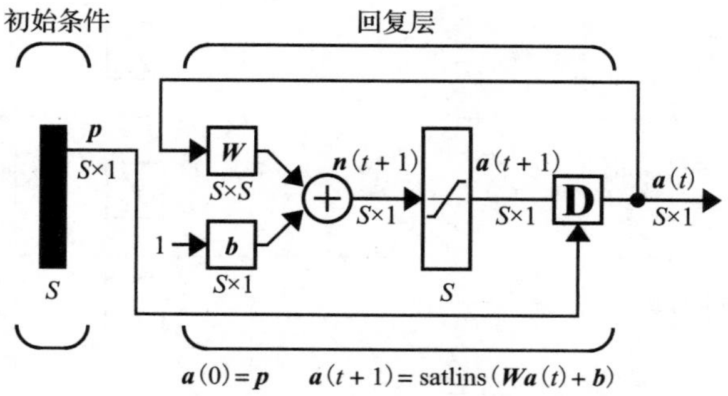

如何选择网络结构

待解决问题的具体描述有助于确定网络的结构，这体现在几个方面：

- 网络输入的个数＝待解决问题输入的个数
- 输出层神经元的个数＝待解决问题输出的个数
- 输出层传输函数的选择至少部分地由待解决问题的输出特点决定 2-19

2.4 例题

P2.1 一个单输入神经元的输入为2.0，对应权值为2.3，偏置值为−3。

i. 传输函数的净输入是多少？

ii. 神经元的输出是什么？

解 i. 净输入由下式计算可得：

$$n = wp + b = 2.3 \times 2 + (-3) = 1.6$$

ii. 因为传输函数没有给出，所以网络输出不能确定。

P2.2 如果P2.1中的传输函数为下列各式，对应的神经元输出是什么？

i. 硬限值传输函数

ii. 线性传输函数

iii. 对数-S型传输函数

解 i. 对于硬限值传输函数：

$$a = \text{hardlim}(1.6) = 1.0$$

ii. 对于线性传输函数：

$$a = \text{purelin}(1.6) = 1.6$$

iii. 对于对数-S型传输函数：

$$a = \text{logsig}(1.6) = \frac{1}{1 + e^{-1.6}} = 0.8320$$

MATLAB练习 使用传输函数logsig，并利用MATLAB验证结果。其中，logsig在MININNET路径下面(查看附录B)。

P2.3 给定一个两输入的神经元，其中参数$b=1.2$，$\boldsymbol{W}=[3 \quad 2]$，$\boldsymbol{p}=[-5 \quad 6]^{\mathrm{T}}$，计算该神经元在以下各传输函数时的输出：

i. 对称硬限值传输函数。

ii. 饱和线性传输函数。 2-20

iii. 双曲正切S型(tansig)传输函数。

解 首先计算净输入n：

$$n = \boldsymbol{Wp} + b = [3 \quad 2]\begin{bmatrix}-5 \\ 6\end{bmatrix} + 1.2 = -1.8$$

接下来计算在每一个传输函数下对应的输出值：

i. $a=\text{hardlims}(-1.8)=-1$

ii. $a=\text{satlin}(-1.8)=0$

iii. $a=\text{tansig}(-1.8)=-0.9468$

P2.4 一个单层神经网络有6个输入和两个输出。输出值是限制在0到1之间的连续实数。那么，网络的结构是什么？特别地：

i. 需要多少个神经元？

ii. 权值矩阵的维数是多少？
iii. 使用什么样的传输函数？
iv. 需要使用偏置值吗？

解 通过问题的描述，我们可以确定网络结构以下几个方面的内容。

i. 需要两个神经元，每一个神经元输出一个结果。
ii. 权值矩阵有两行，分别对应两个神经元，有 6 列，分别对应 6 个输入。（乘积 $\boldsymbol{Wp}$ 是一个二维向量。）
iii. 从已经讨论过的传输函数的性质来看，logsig 传输函数是最合适的。
2-21 iv. 没有提供足够的信息来决定是否选择偏置值。

2.5 结束语

本章介绍了一个简单的人工神经元模型，并阐述了多个神经元之间如何通过不同的连接构成不同的神经网络。本章的一个主要目的是介绍基本的记号系统。当进入到后面章节中讨论更多关于神经网络的细节时，可查阅第 2 章回顾这些记号。

本章的目的并非对这里讨论的网络给出一个完整的介绍，更多细节将在后面的章节中展开。在第 3 章中，将展示使用了本章网络的一个简单例子，你将有机会看到这些网络是
2-22 如何工作的。第 3 章讨论的网络是本书以后要介绍的网络类型的代表。

2.6 习题

E2.1 一个单输入神经元的权值为 1.3，偏置值为 3.0。当网络输出为以下值时，从表 2.1 中选出适当的传输函数。并给出在每一种情况下，能够产生以下结果的输入值。

i. 1.6
ii. 1.0
iii. 0.9963
iv. −1.0

E2.2 考虑一个有偏置值的单输入神经元。在输入小于 3 时输出为−1，并且在输入大于等于 3 时，输出为+1。

i. 需要什么样的传输函数？
ii. 建议使用的偏置值是什么？该偏置值与输入权值相关吗？如果是，如何相关？
iii. **MATLAB 练习** 指定传输函数、偏置值以及权值以后，总结一下新的网络。画出该网络的图形。用 MATLAB 验证网络的性能。

E2.3 给定一个两输入的神经元，其权值矩阵和输入向量分别为 $\boldsymbol{W}=[3\quad 2]$，$\boldsymbol{p}=[-5\quad 7]^{\mathrm{T}}$，期望该网络的输出为 0.5。能否找到一个偏置值和传输函数的组合以满足这样的要求？

i. 如果偏置值为 0，能否在表 2.1 中找出满足要求的传输函数？
ii. 如果使用线性传输函数，能否找到一个满足要求的偏置值？如果有，是什么？
iii. 如果使用对数-S 型传输函数，能否找到一个满足要求的偏置值？如果有，是什么？
iv. 如使用对称硬限值传输函数，能否找到一个满足要求的偏置值？同样的，如果有，是什么？

E2.4 一个两层的神经网络有 4 个输入和 6 个输出，输出值为 0 到 1 之间的连续实数。那
2-23 么，网络结构是什么？特别地，每一层需要多少个神经元？

i. 第一层和第二层权值矩阵的维数分别是多少？

ii. 每一层可以使用的传输函数是什么？

iii. 每一层是否需要偏置值？

E2.5 考虑右图所示的神经元。画出下面各种情况下神经元的反应(即 a 与 p 的对应关系，$-2<p<2$)。

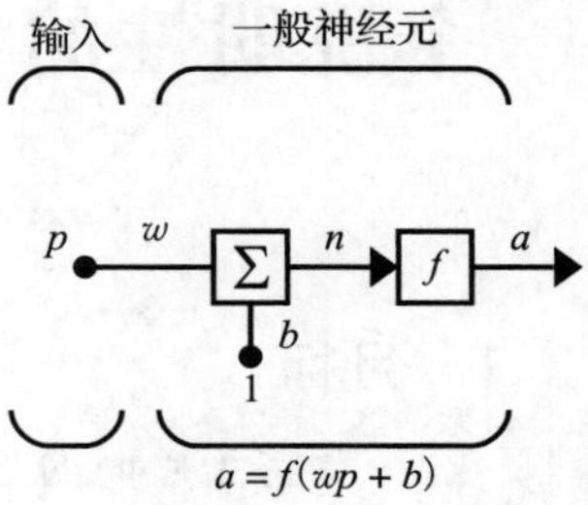

i. $w=1$，$b=1$，$f=$hardlims

ii. $w=-1$，$b=1$，$f=$hardlims

iii. $w=2$，$b=3$，$f=$purelin

iv. $w=2$，$b=3$，$f=$satlins

v. $w=-2$，$b=-1$，$f=$poslin

2-24

E2.6 考虑如下神经网络。

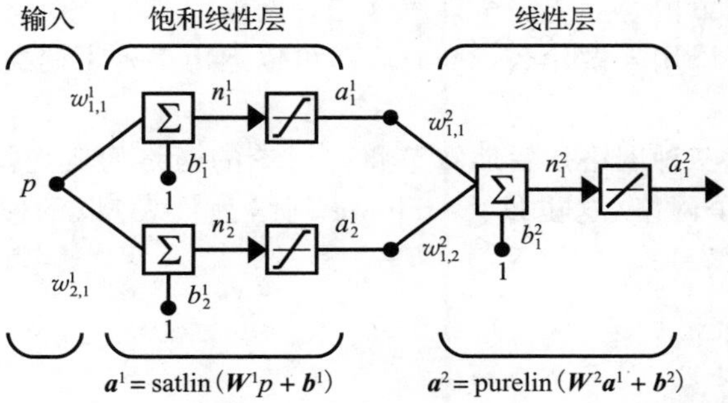

$$w_{1,1}^1=2, w_{2,1}^1=1, b_1^1=2, b_2^1=-1, w_{1,1}^2=1, w_{1,2}^2=-1, b_1^2=0$$

画出下面各种情况下对应的图(即变量与 p 的对应关系，$-3<p<3$)。

i. n_1^1

ii. a_1^1

iii. n_2^1

iv. a_2^1

v. n_1^2

vi. a_1^2

2-25

一个说明性的实例

3.1 目标

这一章将为后面的更多精彩内容拉开序幕。我们将以一个简单的模式识别问题为例，向大家展示如何运用三种不同的神经网络结构来解决这一问题。读者将有机会了解如何利用前面章节中所描述的网络结构去解决一个实际问题(虽然这个问题非常简单)。但是请不要期望在阅读完本章内容后能完全理解这三种网络。我们介绍这三种网络是为了让读者初步了解神经网络可以用来做什么，同时展示可以运用多种不同类型的网络来解决一个给定的问题。

本章所描述的三种网络是后面章节将要讨论的网络的典型代表：前馈网络(这里以感知机为代表)，竞争网络(这里以 Hamming 网络为代表)以及回复联想记忆网络(这里以
3-1 Hopfield 网络为代表)。

3.2 理论与例子

3.2.1 问题描述

某生产商有一个仓库，里面储存了各种各样的水果和蔬菜。每当有水果被放进仓库时，不同种类的水果可能会混放在一起。所以，这位商人希望拥有一台能够根据种类把水果进行分类的机器。水果通过一条传送带进行运输，载有水果的传送带会通过一组传感器，这些传感器可以检测到水果的三种特征：形状、纹理和重量。这组传感器的功能设计有些简陋：当水果形状近似圆形时，形状传感器输出 1，近似椭圆则输出 −1；当水果的表面光滑时，纹理传感器输出 1，表面粗糙则输出 −1；当水果的重量大于一磅时，重量传感器输出 1，小于一磅则输出 −1。

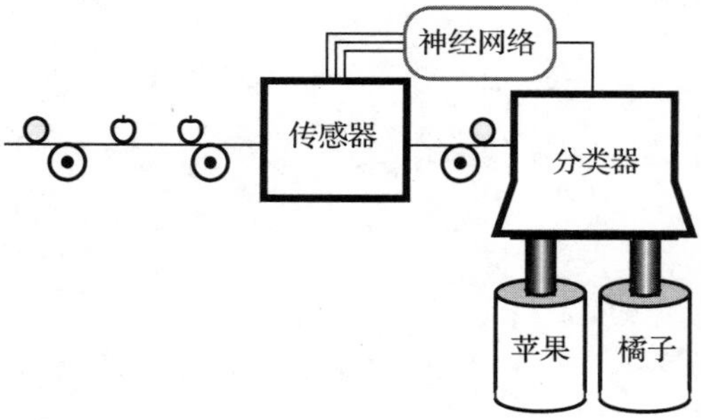

这三个传感器的输出将会作为一个神经网络的输入。这个网络的目的是判断传送带上送来的是哪种水果，然后根据判断把水果送往正确的储存仓。为了让问题更加简单，这里先假设传送带上只有两种水果：苹果和橘子。

当每个水果通过传感器时，它会被表示成一个三维向量。这个向量的第一个元素代表
3-2 形状，第二个元素代表纹理，第三个元素代表重量：

$$\boldsymbol{p}=\begin{bmatrix}\text{形状}\\ \text{纹理}\\ \text{重量}\end{bmatrix} \tag{3.1}$$

所以，一个标准的橘子可以表示为

$$p_1 = \begin{bmatrix} 1 \\ -1 \\ -1 \end{bmatrix} \tag{3.2}$$

一个标准的苹果可以表示为

$$p_2 = \begin{bmatrix} 1 \\ 1 \\ -1 \end{bmatrix} \tag{3.3}$$

对于传送带上的每一个水果，神经网络都会收到一个与之对应的三维的输入向量，并且需要判断出它是橘子($\boldsymbol{p}_1$)还是苹果($\boldsymbol{p}_2$)。

上面就定义好了这个简单的(太容易了?)模式识别问题，下面简短了解一下如何用三种不同类型的神经网络解决这个问题。该问题的简单性将会帮助我们理解神经网络的运行方式。

3.2.2 感知机

将要讨论的第一个网络是感知机。图 3.1 展示了一个采用对称硬限值传输函数 handlims的单层感知机。 3-3

1. 两个输入的实例

在利用这个感知机去解决橘子和苹果识别问题之前(这个问题需要三个输入的感知机，即 $R=3$)，可以先研究一下两个输入/一个神经元的感知机($R=2$)的能力，这很容易通过图形来分析。图 3.2 所示为这个两个输入的感知机。

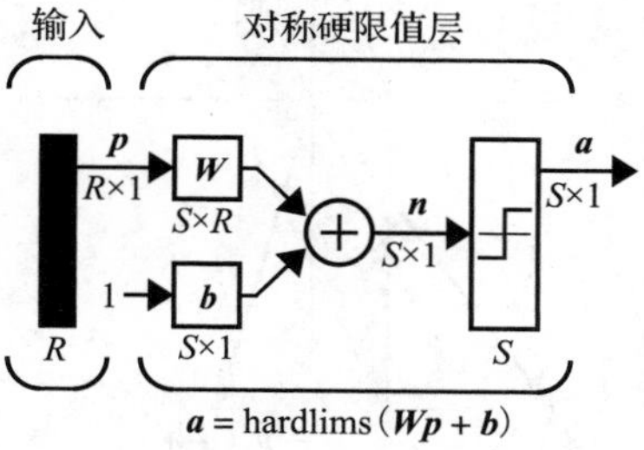

图 3.1 单层感知机

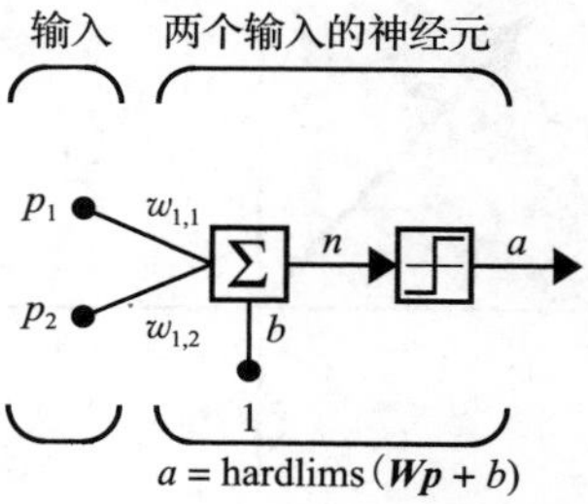

图 3.2 两个输入/一个神经元的感知机

单神经元的感知机能够把输入向量分成两类。例如，对于两个输入的感知机而言，如果 $w_{1,1}=-1$ 而且 $w_{1,2}=1$，那么

$$a = \text{hardlims}(n) = \text{hardlims}([-1 \quad 1]\boldsymbol{p} + b) \tag{3.4}$$

因此，如果权值矩阵(这里是一个行向量)和输入向量的内积大于或者等于 $-b$，则感知机的输出为 1。如果该内积小于 $-b$，则感知机的输出为 -1。这样就将输入空间划分为两个部分。图 3.3 描述了当 $b=-1$ 时输入空间的划分情况。图中灰色斜线表示所有净输入 n 等于 0 的点：

$$n = [-1 \quad 1]\boldsymbol{p} - 1 = 0 \tag{3.5}$$

请注意，决策边界总是正交于权值矩阵，而且边界的位置随着 b 的改变会发生移动。(一般来说，$\boldsymbol{W}$ 是由多个行向量组成的矩阵，$\boldsymbol{W}$ 的每一个行向量都可以代入一个类似式(3.5)的公式进行计算。$\boldsymbol{W}$ 的每一行都会有一个决策边界。第 4 章将对这个问题进行更充分的讨论。)图 3.3 中的阴影区域包含了所有使得网络输出为 1 的输入向量，对于其他区域的输入向量而言，网络的输出将会是-1。 3-4

因此，单神经元感知机最主要的特征就是能够把输入向量分为两类。这两种类别间的决策边界由以下公式给出

$$\mathbf{W}\mathbf{p}+b=0 \tag{3.6}$$

因为决策边界必须是线性的，所以单层感知机仅仅能够用于识别一些线性可分(能够被一个线性的边界区分)的模式。这些概念将会在第 4 章中更详细地讨论。

2. 模式识别实例

现在考虑苹果和橘子的模式识别问题。因为只有两种类别，所以这里可以采用一个单神经元的感知机。因为输入向量是三维的($R=3$)，所以感知机的计算公式如下：

$$a=\text{hardlims}\left(\begin{bmatrix}w_{1,1} & w_{1,2} & w_{1,3}\end{bmatrix}\begin{bmatrix}p_1\\p_2\\p_3\end{bmatrix}+b\right) \tag{3.7}$$

现在需要选择恰当的偏置值 b 和权值矩阵的元素，使得感知机能够区分苹果和橘子。例如，如果苹果作为输入，则希望感知机的输出是 1，而当橘子作为输入时，则希望感知机
3-5 的输出是 −1。下面让我们根据图 3.3 给出的概念，找到一个能够区分橘子和苹果的线性边界。两个标准向量 $\mathbf{p}_1$ 和 $\mathbf{p}_2$(分别在式(3.2)和式(3.3)中给出)如图 3.4 所示。从图中可以看出能对称区分这两个向量的线性边界是 p_1，p_3 平面。

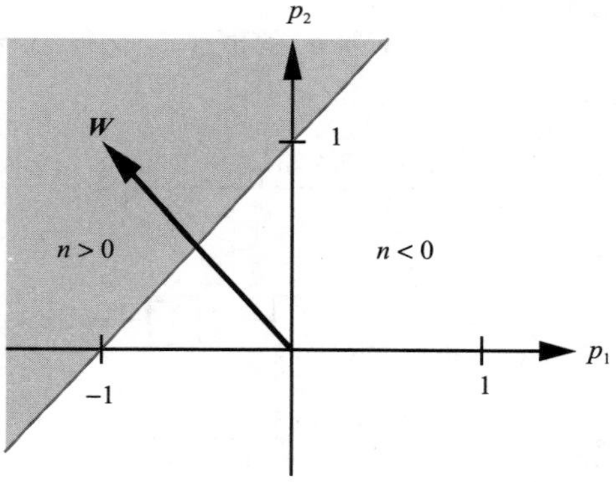

图 3.3 感知机的决策边界

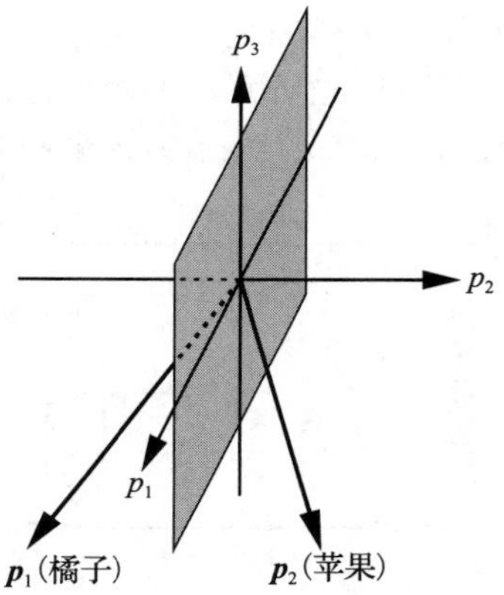

图 3.4 标准向量

p_1，p_3 平面即为决策边界，可以用如下公式进行描述

$$p_2=0 \tag{3.8}$$

或者

$$\begin{bmatrix}0 & 1 & 0\end{bmatrix}\begin{bmatrix}p_1\\p_2\\p_3\end{bmatrix}+0=0 \tag{3.9}$$

由此可知权值矩阵和偏置值分别为

$$\mathbf{W}=\begin{bmatrix}0 & 1 & 0\end{bmatrix},\quad b=0 \tag{3.10}$$

权值矩阵正交于决策边界，而且指向包含着标准模式 $\mathbf{p}_2$(苹果)的区域，这里希望感知机对该区域的输出都为 1。因为决策边界通过原点，所以偏置值为 0。

现在，我们对感知机模式分类器进行测试。它可以准确区分标准的苹果和橘子，
3-6 因为：

$$a = \text{hardlims}\left(\begin{bmatrix}0 & 1 & 0\end{bmatrix}\begin{bmatrix}1\\-1\\-1\end{bmatrix}+0\right) = -1(\text{橘子}) \tag{3.11}$$

$$a = \text{hardlims}\left(\begin{bmatrix}0 & 1 & 0\end{bmatrix}\begin{bmatrix}1\\1\\-1\end{bmatrix}+0\right) = 1(\text{苹果}) \tag{3.12}$$

但是，如果把一个并不是十分标准的橘子放进分类器，会发生什么呢？比如说，让一个椭圆形的橘子通过传感器。那么输入向量是

$$\boldsymbol{p} = \begin{bmatrix}-1\\-1\\-1\end{bmatrix} \tag{3.13}$$

网络的输出则是

$$a = \text{hardlims}\left(\begin{bmatrix}0 & 1 & 0\end{bmatrix}\begin{bmatrix}-1\\-1\\-1\end{bmatrix}+0\right) = -1(\text{橘子}) \tag{3.14}$$

事实上，相对于苹果的标准向量，任何更接近于橘子的标准向量的输入向量(按照欧式距离计算)都会被分类成橘子(反之亦然)。

MATLAB 实验 使用 Neural Network Design Demonstration **Perceptron Classification** (nnd3pc)测试感知机网络和苹果/橘子分类问题。

这个实例已经展示了感知机网络的一些特征，但是我们对感知机的全面探索才刚刚开始。之后从第 4 章到第 13 章都会对该网络以及它的各种变形进行研究。这里先思考一些今后会讨论的问题。

在这个苹果/橘子实例中，通过选择能够明显区分出两种模式的决策边界，可以图形化地设计出一个网络。那么对于一些需要高维度输入空间的实际问题，又该怎么做呢？在第 4、7、10 和 11 章中将会介绍一些学习算法，这些算法利用一组正确反映网络行为的样本来训练网络，以解决复杂的问题。 3-7

单层感知机最重要的特性是它生成了一个能够区分输入向量类型的线性决策边界。如果输入向量的类型不能被一个线性边界区分开，又该怎么办呢？本书将在第 11 章解决这个问题，我们将在那一章介绍多层感知机。这种多层网络可以解决任意复杂的分类问题。

3.2.3 Hamming 网络

下面将要讨论的是 Hamming 网络[Lipp87]。它是为了解决二值模式识别的问题而特别设计的(这里输入向量中的每一个元素都只有两个可能的取值——在本例中取值为 1 或者 −1)。这是一个很有意思的网络，因为它既使用了前馈层也使用了回复(反馈)层，这两种结构在第 2 章中都有描述。一个标准的 Hamming 网络如图 3.5 所示。请注意图中 Hamming 网络的第一层(前馈层)和第二层(回复层)的神经元个数是相同的。

Hamming 网络的目标是判断哪个标准向量最接近输入向量。判断结果由回复层的输出表示。对于每一个标准模式而言，在回复层中都有一个与之对应的神经元。当回复层收敛后，只有一个神经元会输出非零值，该神经元就表示哪一个标准模式最接近输入向量。现在让我们详细地研究一下 Hamming 网络中前馈层和回复层的结构。

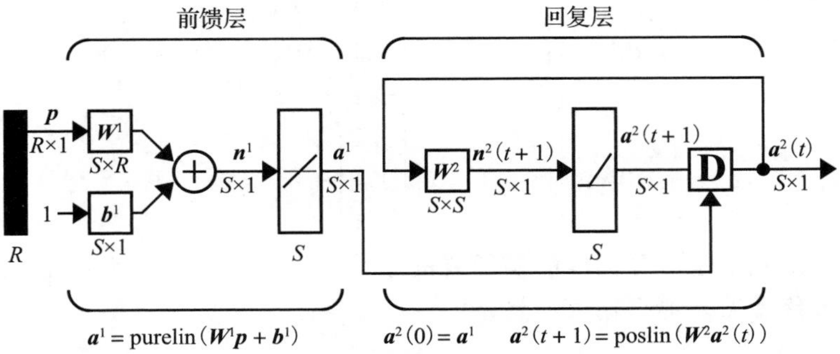

3-8 图 3.5 Hamming 网络

1. 前馈层

网络的前馈层用于计算每个标准模式和输入模式之间的相关性或内积(参照式(3.17))。为了达到计算相关性的目的，前馈层中权值矩阵用连接矩阵 $\boldsymbol{W}^1$ 表示，该矩阵的每一行都设置为一个标准模式。在苹果和橘子实例中，这意味着

$$\boldsymbol{W}^1 = \begin{bmatrix} \boldsymbol{p}_1^{\mathrm{T}} \\ \boldsymbol{p}_2^{\mathrm{T}} \end{bmatrix} = \begin{bmatrix} 1 & -1 & -1 \\ 1 & -1 & -1 \end{bmatrix} \tag{3.15}$$

前馈层中使用线性传输函数，偏置向量中的每一个元素都等于 R，其中 R 等于输入向量中元素的个数。在本实例中偏置向量为

$$\boldsymbol{b}^1 = \begin{bmatrix} 3 \\ 3 \end{bmatrix} \tag{3.16}$$

通过选择权值矩阵和偏置向量，前馈层的输出为

$$\boldsymbol{a}^1 = \boldsymbol{W}^1\boldsymbol{p} + \boldsymbol{b}^1 = \begin{bmatrix} \boldsymbol{P}_1^{\mathrm{T}} \\ \boldsymbol{P}_2^{\mathrm{T}} \end{bmatrix}\boldsymbol{p} + \begin{bmatrix} 3 \\ 3 \end{bmatrix} = \begin{bmatrix} \boldsymbol{P}_1^{\mathrm{T}}\boldsymbol{P} + 3 \\ \boldsymbol{P}_2^{\mathrm{T}}\boldsymbol{P} + 3 \end{bmatrix} \tag{3.17}$$

注意，前馈层的输出等于每个标准模式和输入向量的内积加上 R。对于两个长度(范数)相同的向量而言，当它们方向相同时内积最大，方向相反时则内积最小(在之后的第 5、8、9 章中将对这个概念进行更深入的讨论)。我们通过给内积加上 R，来确保前馈层的输出永远都不会为负数。这也是回复层正常运行所必需的。

这个网络之所以叫作 Hamming 网络是因为前馈层中输出值最大的神经元正好对应着与输入模式 Hamming 距离最小的标准模式(两个向量的 Hamming 距离等于向量中不同元素的个数，仅针对二值向量定义)。请读者自行证明：前馈层的输出等于 $2R$ 减去两倍的从
3-9 标准模式到输入向量之间的 Hamming 距离。

2. 回复层

Hamming 网络中的回复层正是所谓的“竞争”层。回复层的神经元初始值为前馈层的输出，这个输出代表着标准模式和输入向量的相关性。然后该层的神经元互相竞争决定一个胜者。竞争结束后，只会有一个神经元的输出非零。获胜的神经元表明了网络输入的类别(在本实例中两个类别分别为苹果和橘子)。用以描述竞争的公式如下所示：

$$\boldsymbol{a}^2(0) = \boldsymbol{a}^1 \text{(初始条件)} \tag{3.18}$$

以及

$$\boldsymbol{a}^2(t+1) = \mathrm{poslin}(\boldsymbol{W}^2\boldsymbol{a}^2(t)) \tag{3.19}$$

(请注意这里的上标表示网络层数，不是 2 次幂。)当输入值为正数时 poslin 传输函数为线

性函数，当输入值为负时，取值为 0。权值矩阵 $\boldsymbol{W}^2$ 如下所示：

$$\boldsymbol{W}^2 = \begin{bmatrix} 1 & -\varepsilon \\ -\varepsilon & 1 \end{bmatrix} \tag{3.20}$$

其中 ε 是一个小于 $1/(S-1)$ 的数，S 为回复层中神经元的个数。(你能解释为什么 ε 必须小于 $1/(S-1)$ 吗?)

回复层的一次迭代计算过程如下所示：

$$\boldsymbol{a}^2(t+1) = \text{poslin}\left(\begin{bmatrix} 1 & -\varepsilon \\ -\varepsilon & 1 \end{bmatrix}\boldsymbol{a}^2(t)\right) = \text{poslin}\left(\begin{bmatrix} a_1^2(t) & -\varepsilon a_2^2(t) \\ a_2^2(t) & -\varepsilon a_1^2(t) \end{bmatrix}\right) \tag{3.21}$$

向量中的每一个元素都要同等比例地减去另一个元素的一部分。值较大的元素减幅小一些，值较小的元素减幅大一些，因此值较大的元素与值较小的元素之间的差异就会增大。回复层的作用就在于将除了初始值最大的神经元外的其他所有神经元的输出逐步缩小为 0(最终输出值最大的神经元对应着与输入的 Hamming 距离最小的标准模式)。

为了说明 Hamming 网络的运行过程，再次考虑用于验证感知机的椭圆形橘子： 3-10

$$\boldsymbol{p} = \begin{bmatrix} -1 \\ -1 \\ -1 \end{bmatrix} \tag{3.22}$$

前馈层的输出为：

$$\boldsymbol{a}^1 = \begin{bmatrix} 1 & -1 & -1 \\ 1 & 1 & -1 \end{bmatrix}\begin{bmatrix} -1 \\ -1 \\ -1 \end{bmatrix} + \begin{bmatrix} 3 \\ 3 \end{bmatrix} = \begin{bmatrix} 1+3 \\ -1+3 \end{bmatrix} = \begin{bmatrix} 4 \\ 2 \end{bmatrix} \tag{3.23}$$

上式的结果将作为回复层的初始条件。

回复层的权值矩阵由式(3.20)给出，其中 $\varepsilon=1/2$(任何小于 1 的数都可以)。回复层的第一次迭代结果如下

$$\boldsymbol{a}^2(1) = \text{poslin}(\boldsymbol{W}^2\boldsymbol{a}^2(0)) = \begin{cases} \text{poslin}\left(\begin{bmatrix} 1 & -0.5 \\ -0.5 & 1 \end{bmatrix}\begin{bmatrix} 4 \\ 2 \end{bmatrix}\right) \\ \text{poslin}\left(\begin{bmatrix} 3 \\ 0 \end{bmatrix}\right) = \begin{bmatrix} 3 \\ 0 \end{bmatrix} \end{cases} \tag{3.24}$$

第二次迭代结果如下

$$\boldsymbol{a}^2(2) = \text{poslin}(\boldsymbol{W}^2\boldsymbol{a}^2(1)) = \begin{cases} \text{poslin}\left(\begin{bmatrix} 1 & -0.5 \\ -0.5 & 1 \end{bmatrix}\begin{bmatrix} 3 \\ 0 \end{bmatrix}\right) \\ \text{poslin}\left(\begin{bmatrix} 3 \\ -1.5 \end{bmatrix}\right) = \begin{bmatrix} 3 \\ 0 \end{bmatrix} \end{cases} \tag{3.25}$$

由于后续迭代的输出都相同，所以网络是收敛的。因为只有第一个神经元输出了非零值，所以选择第一个标准模式橘子作为正确的匹配结果(其中 $\boldsymbol{a}^1$ 的第一个元素是($\boldsymbol{p}_1^{\mathrm{T}}\boldsymbol{p}+3$))。因为橘子的标准模式与输入模式的 Hamming 距离为 1，而苹果的标准模式和输入模式的 Hamming 距离为 2，所以网络做出的选择是正确的。

MATLAB 实验 使用 Neural Network Design Demonstration Hamming Classification (nnd3hamc)测试 Hamming 网络和苹果/橘子分类问题。 3-11

本书中许多网络的运行方式都是基于与 Hamming 网络同样的规则，也就是在内积运

算(前馈层)之后紧跟着一个动态竞争层。这些竞争网络将在第 15 章中进行讨论。它们又称为自组织(self-organizing)网络，可以根据输入来学习适应网络的标准向量。

3.2.4 Hopfield 网络

最后要讨论的是 Hopfield 网络。它是一个回复网络，虽然功能与 Hamming 网络中回复层的某些方面相似，但是它却可以完成 Hamming 网络两层结构才能完成的工作。Hopfield 网络的结构如图 3.6 所示(图中的网络是标准 Hopfield 网络的一种变形。之所以采用该网络，是因为其描述简单，同时又能展示基本的概念)。

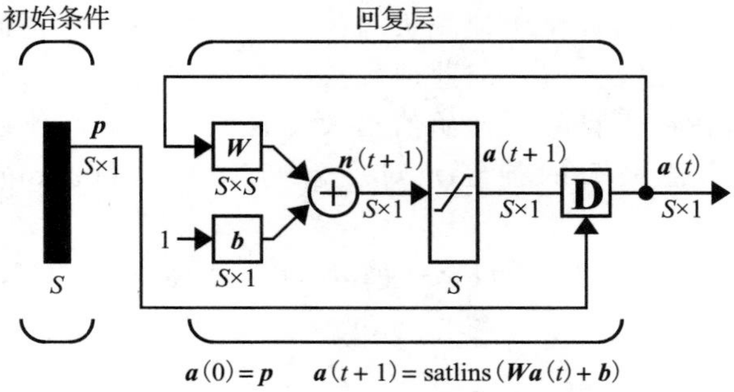

图 3.6 Hopfield 网络

使用输入向量来初始化该网络的神经元，然后网络不断地迭代直到收敛。当网络计算正确时，其输出结果将会是某一个标准向量。因此，在 Hamming 网络中由输出非零值的神经元来表明选定了哪种标准模式，而 Hopfield 网络则是直接生成一个选定的标准模式作为输出。

以下公式描述了该网络的运算

$$\boldsymbol{a}(0) = \boldsymbol{p} \tag{3.26}$$

3-12 而且

$$\boldsymbol{a}(t+1) = \text{satlins}(\boldsymbol{W}\boldsymbol{a}(t) + \boldsymbol{b}) \tag{3.27}$$

其中传输函数 satlins 在[−1，1]的区间内是线性的，当输入值大于 1 时，函数将饱和，取值为 1，当输入值小于−1 时，函数将饱和，取值为−1。

Hamming 网络中前馈层的权值为标准模式，在 Hopfield 网络中权值矩阵和偏置向量的设置则要复杂许多。

为了说明网络的运行过程，这里给出了一个权值矩阵和偏置向量用于解决橘子和苹果模式识别问题。如式(3.28)所示。

$$\boldsymbol{W} = \begin{bmatrix} 0.2 & 0 & 0 \\ 0 & 1.2 & 0 \\ 0 & 0 & 0.2 \end{bmatrix}, \quad \boldsymbol{b} = \begin{bmatrix} 0.9 \\ 0 \\ -0.9 \end{bmatrix} \tag{3.28}$$

虽然计算 Hopfield 网络中权值和偏置值的过程超出了本章的内容，但这里还是可以谈谈式(3.28)中的参数为什么可以解决苹果和橘子的识别问题。

我们希望网络的输出能够收敛到橘子模式 $\boldsymbol{p}_1$ 或者苹果模式 $\boldsymbol{p}_2$ 中的一个。在两个模式中，第一个元素都为 1，第三个元素都为−1。两个模式的不同之处在于第二个元素的值。因此，不论把何种模式输入到网络里，这里都希望输出模式的第一个元素收敛到 1，第三个元素收敛到−1。而第二个元素收敛到 1 或者−1，使其更接近输入向量的第二个元素。

利用式(3.28)中所给出的参数，Hopfield 网络运算公式如下：

$$\begin{aligned} a_1(t+1) &= \text{satlins}(0.2a_1(t)+0.9) \\ a_2(t+1) &= \text{satlins}(1.2a_2(t)) \\ a_3(t+1) &= \text{satlins}(0.2a_3(t)-0.9) \end{aligned} \quad (3.29)$$

不论网络的初始值 $a_i(0)$是什么，输出向量的第一个元素会一直增加直到等于1，第三个元素会一直减少直到等于－1。第二个元素则会一直乘上一个大于1的数。所以，如果第二个元素的初始值为负数，它将会收敛到－1；如果它的初始为正数，则会收敛到1。 3-13

(值得注意的是($\boldsymbol{W}$，$\boldsymbol{b}$)的取值不是唯一的，读者可以尝试其他的取值，看能否发现解决该问题的取值。)

下面将再次利用椭圆形的橘子来测试 Hopfield 网络。前三次迭代的输出为

$$\boldsymbol{a}(0)=\begin{bmatrix}-1\\-1\\-1\end{bmatrix},\quad \boldsymbol{a}(1)=\begin{bmatrix}0.7\\-1\\-1\end{bmatrix},\quad \boldsymbol{a}(2)=\begin{bmatrix}1\\-1\\-1\end{bmatrix},\quad \boldsymbol{a}(3)=\begin{bmatrix}1\\-1\\-1\end{bmatrix} \quad (3.30)$$

尽管三种网络的运算方式不同，但和 Hamming 网络还有感知机一样，Hopfield 网络最终也收敛到了橘子模式。感知机只有一个输出，取值为1(橘子)或者－1(苹果)。Hamming 网络则由唯一一个输出为非零值的神经元决定何种标准模式为最佳匹配。如果第一个神经元输出为非零值，则表明输入为橘子；如果第二个神经元输出为非零值，则表明输入为苹果。在 Hopfield 网络中，标准模式本身就是网络的输出。

MATLAB 实验 使用 Neural Network Design Demonstration **Hopfield Classification** (nnd3hopc)测试 Hopfield 网络和苹果/橘子分类问题。

就像本章中所展示的其他网络一样，请不要以为自己已经完全掌握了 Hopfield 网络。这里还有很多问题有待讨论。例如，如何知道网络最后一定会收敛？回复网络表现出振荡或者混沌都是有可能的。另外，这里也没有讨论设置权值矩阵和偏置向量的一般方法。 3-14

3.3 结束语

本章中所介绍的三种网络展示了全书其他网络结构也具有的特性。

前馈网络将会在第4、7、11、12、13和16章中进行介绍，其中感知机是前馈网络的一个实例。在这些网络中，输出是直接根据输入计算得到的，中间没有任何的反馈。前馈网络可以用于模式识别，如苹果和橘子实例，同时也可以用于函数逼近(参见第11章)。函数逼近在自适应滤波(参见第10章)和自动化控制等领域已有所应用。

以 Hamming 网络为代表的竞争网络有两个主要的特性。第一，它们计算了已存储的标准模式和输入模式之间的距离。第二，它们通过竞争来决定哪个神经元所代表的标准模式最接近输入。而在第15章要讨论的竞争网络中，随着网络获得新的输入，标准模式得以不断调整。这些自适应网络将通过学习把输入模式进行聚类。

以 Hopfield 网络为代表的回复网络，最初是受统计力学的启发。它们被用作联想记忆，其中已存储的数据可以通过与输入数据的关联关系而不是基于地址被提取。回复网络已被用来解决各种优化问题。

我们希望本章已经激发了读者对神经网络能力的好奇心，并且已经提出了许多问题。在之后的章节中将会回答以下问题：

- 在不能可视化决策边界的情况下，如何确定多输入感知机网络的权值矩阵和偏置值？（第 4 章和第 10 章）
- 如果要识别的类别不是线性可分的，能否通过扩展标准的感知机来解决这个问题？（第 11 章、第 12 章和第 13 章）

3-15
- 当不知道标准模式时，Hamming 网络能否学习到权值和偏置值？（第 15 章）

3.4 习题

E3.1 本章设计了三种不同的神经网络，可以根据三个传感器测量值（形状、纹理和重量）来区分苹果和橘子。假设现要区分香蕉和菠萝：

$$\boldsymbol{p}_1 = \begin{bmatrix} -1 \\ 1 \\ -1 \end{bmatrix}（香蕉），\quad \boldsymbol{p}_2 = \begin{bmatrix} -1 \\ -1 \\ 1 \end{bmatrix}（菠萝）$$

i. 设计一个感知机来识别这两种模式。

ii. 设计一个 Hamming 网络来识别这两种模式。

iii. 设计一个 Hopfield 网络来识别这两种模式。

iv. 请使用几种不同的输入模式来测试你所设计的网络，并讨论各网络的优缺点。

E3.2 请考虑以下标准模式。

$$\boldsymbol{p}_1 = \begin{bmatrix} 1 \\ 0.5 \end{bmatrix}, \quad \boldsymbol{p}_2 = \begin{bmatrix} 2 \\ 1 \end{bmatrix}$$

i. 找到并画出一个感知机的决策边界，这个感知机能够识别上述两个向量。

ii. 求出能够生成问题 i 中所求得的决策边界的权值和偏置值，并且描绘出网络结构图。

iii. 当以下向量作为网络的输入时，请计算网络的输出。网络的输出（判断）合理吗？解释其原因。

$$\boldsymbol{p} = \begin{bmatrix} 1 \\ 0 \end{bmatrix}$$

3-16
iv. 设计一个 Hamming 网络来识别上述两个标准向量。

v. 当问题 iii 中的向量作为 Hamming 网络的输入时，请逐步计算网络的输出。Hamming 网络是否得出了和感知机同样的结果？解释其原因。哪种网络更适合解决上述问题？解释其原因。

E3.3 请考虑以下 Hopfield 网络，其中权值和偏置值给出如下。

$$\boldsymbol{W} = \begin{bmatrix} 1 & -1 \\ -1 & 1 \end{bmatrix}, \quad \boldsymbol{b} = \begin{bmatrix} 0 \\ 0 \end{bmatrix}$$

i. 将以下向量（初始条件）作为网络的输入。求出网络的输出（请列出网络每一次迭代的计算输出，直到网络收敛）。

$$\boldsymbol{p} = \begin{bmatrix} 0.9 \\ 1 \end{bmatrix}$$

ii. 画出输入空间中与问题 i 所求得的输出结果相同的区域（换句话说，其他哪些向量 $\boldsymbol{p}$ 可以让网络收敛到与问题 i 中相同的结果）。并解释说明计算过程。

iii. 请问网络还可以收敛到哪些其他的标准模式，以及每种模式对应着输入空间中的哪部分区域（请画图标明各个不同的区域）？并解释说明计算过程。

E3.4 考虑以下感知机网络。

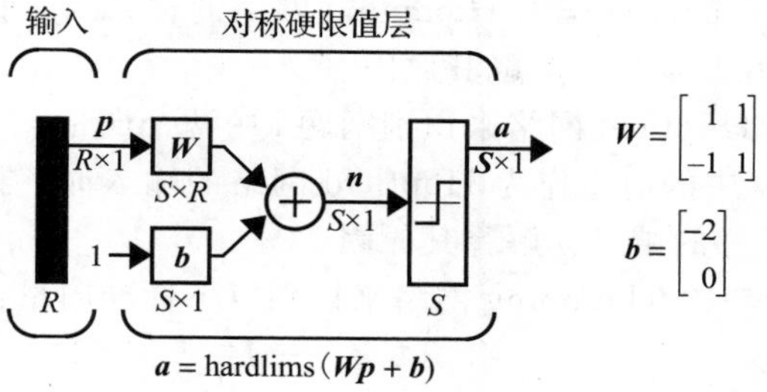

i. 请问网络可以识别出多少个不同的类别？

ii. 请画图表示输入空间中对应不同类别的各区域。然后根据网络的输出给每个区域打上相应的标签。

iii. 当以下向量作为输入时，请计算网络的输出 3-17

$$\boldsymbol{p}=\begin{bmatrix}1\\-1\end{bmatrix}$$

iv. 在问题 ii 中所作的输入空间内画出问题 iii 所给出的输入向量，并验证该输入向量位于正确的分类区域中。

E3.5 这里想要设计一个感知机网络，当网络的输入是以下两个向量之一时，网络的输出都为 1：

$$\left\{\begin{bmatrix}-1\\0\end{bmatrix},\ \begin{bmatrix}1\\2\end{bmatrix}\right\}$$

当网络的输入是以下两个向量之一时，则输出都为－1：

$$\left\{\begin{bmatrix}-1\\1\end{bmatrix},\ \begin{bmatrix}0\\2\end{bmatrix}\right\}$$

i. 找到并画出一个感知机的决策边界，使得这个感知机能够解决上述问题。

ii. 求出能够生成问题 i 中所求得的决策边界的权值和偏置值。并说明全部的计算过程。

iii. 画出网络结构图，并标注各个符号的缩写。

iv. 对于上述四个向量中的每一个，请利用你前面设计的网络，分别计算网络的净输入 n 和网络的输出 a。并验证这个网络可以解决上述问题。

v. 是否还存在其他的权值和偏置值可以解决上述问题？假如存在的话，你是否认为你求出的权值是最佳的？解释其原因。

E3.6 有以下两个标准向量：

$$\left\{\begin{bmatrix}-1\\1\end{bmatrix},\ \begin{bmatrix}1\\1\end{bmatrix}\right\}$$

i. 找到并画出一个感知机的决策边界，来识别上述两个向量。

ii. 求出能生成问题 i 中所求得的决策边界的权值矩阵和偏置值。

iii. 画出网络结构图，并标注各个符号的缩写。 3-18

iv. 将以下给出的向量作为网络输入，请利用你前面设计的网络，分别计算网络的净输入 n 和网络的输出 a。网络是否得出了好的结果？解释其原因。

$$\begin{bmatrix}0.5\\-0.5\end{bmatrix}$$

v. 设计一个 Hamming 网络来识别问题 i 中的两个向量。

vi. 当问题 iv 中的向量作为 Hamming 网络的输入时，请计算网络的输出。网络是否得出了好的结果？解释其原因。

vii. 设计一个 Hopfield 网络来识别问题 i 中两个向量。

viii. 当问题 iv 中的向量作为 Hopfield 网络的输入时，请计算网络的输出。网络是否得出了好的结果？解释其原因。

E3.7 这里想要设计一个 Hamming 网络来识别以下标准向量：

$$\left\{\begin{bmatrix}1\\1\end{bmatrix},\ \begin{bmatrix}-1\\-1\end{bmatrix},\ \begin{bmatrix}-1\\1\end{bmatrix}\right\}$$

i. 求出这个 Hamming 网络的权值矩阵和偏置向量。

ii. 画出网络结构图。

iii. 用下面向量作为输入时，请计算整个网络的输出(不断迭代第二层直到收敛)，并解释最后网络输出的含义。

$$\boldsymbol{p}=\begin{bmatrix}1\\0\end{bmatrix}$$

3-19 iv. 画出网络的决策边界，并解释说明确定过程。

感知机学习规则

4.1 目标

第 3 章中提出了一个问题："在不能可视化决策边界的情况下，如何确定多输入感知机网络的权值矩阵和偏置值?"本章中，我们将介绍一种训练感知机网络用于分类问题的学习算法。我们首先将说明什么是学习规则，然后介绍感知机的学习规则，最后讨论单层感知机网络的优点和局限性。这些讨论将引导大家进行后续章节的学习。 4-1

4.2 理论与例子

1943 年，Warren McCulloch 和 Walter Pitts 提出了早期的人工神经元模型[McPi43]。这些神经元模型的主要特性是：将神经元输入信号的加权和与一个阈值进行比较，以此决定该神经元的输出值。当加权和的值大于或等于阈值时，神经元输出 1，反之则输出 0。他们进一步证明了，包含这种神经元的网络原则上能进行任何数学或者逻辑运算。与生物神经网络不同，由于没有合适的训练算法，该网络的权值必须人为设定。然而，这种生物学与数字计算机之间的联系引起了人们的极大兴趣。

在 20 世纪 50 年代末期，Frank Rosenblatt 和其他几个研究者设计出了一类称为感知机的神经网络模型。这类网络中的神经元和 McCulloch、Pitts 曾经提出的人工神经元模型极为相似。Rosenblatt 等人的主要贡献在于：他们引入了一种学习规则，用来训练感知机网络去解决模式识别问题[Rose58]。Rosenblatt 证明：只要最优权值存在，他所提出的学习规则就一定会使网络收敛到该权值上。这一学习规则过程简单，并且能自动完成。将训练样本集输入网络，网络根据实际输出与目标输出的差值进行学习。即使采用随机数初始化权值和偏置值，这种感知机也能进行学习。

遗憾的是，这种感知机网络存在固有的局限性。这些局限性被 Marvin Minsky 和 Seymour Papert 在其合著《Perceptrons》[MiPa69]一书中被大事渲染。他们论证了感知机网络无法实现一些基本的函数。直到 80 年代，通过改进的(多层)感知机网络及其相应的学习规则，这些局限才被克服。我们将在第 11 和 12 章中讨论这些改进。

今天，感知机仍然被看作一类重要的神经网络模型。对于那些它能够解决的问题，感知机是一种快速并且可靠的网络。此外，对感知机的理解有助于理解其他更加复杂的网络模型。因此，感知机网络及其相应的学习规则非常值得探讨。

在本章的后续小节，将定义我们所说的学习规则，再详细说明感知机网络及其学习规则，并讨论感知机网络的局限。

4.2.1 学习规则

在介绍感知机学习规则前，我们先讨论一般意义下的学习规则。学习规则(learning rule)是指修改网络权值和偏置值的方法和过程(该过程也称为训练算法)。学习规则是为了训练网络来完成某些任务。神经网络存在多种学习规则。总体而言，这些学习规则可归纳为三大类：有监督学习、无监督学习和增强(评分)学习。 4-2

在有监督学习(supervised learning)中，学习规则需要一个能够代表网络正确行为的样本集(训练集)(training set)：

$$\{\boldsymbol{p}_1, \boldsymbol{t}_1\}, \{\boldsymbol{p}_2, \boldsymbol{t}_2\}, \cdots, \{\boldsymbol{p}_Q, \boldsymbol{t}_Q\} \tag{4.1}$$

其中，$\boldsymbol{p}_q$ 是网络的输入，而 $\boldsymbol{t}_q$ 是相应的正确(目标)(target)输出。在样本输入给网络后，将网络实际输出与目标输出进行对比。学习规则调节网络的权值和偏置值以使网络产生的实际输出和目标输出尽可能接近。感知机学习规则属于有监督学习。我们将在第 7～14 章中继续讨论有监督学习算法。

增强学习(reinforcement learning)和有监督学习大体上相似，区别在于，增强学习不会为每个输入给出相应的目标输出，而仅仅给出一个评分。该评分(分数)用来衡量网络在一个序列输入后的性能。目前，增强学习算法不如有监督学习算法那么普遍，它最适合应用于控制系统中(参见[BaSu83]、[WhSo92])。

在无监督学习(unsupervised learning)中，网络没有目标输出，其权值和偏置值仅仅依据网络的输入来调节。乍一看，这似乎是不切实际的。如果不知道网络的目标输出，如何来训练网络呢？事实上，大多数这类算法用来进行聚类。它们学习把输入数据归到有限的类别中，在向量量化的应用中效果尤其显著。我们会在第 15 章中看到更多的无监督学习算法。

4.2.2 感知机结构

在介绍感知机学习规则前，我们进一步研究在第 3 章所提及的感知机网络。感知机网络如图 4.1 所示。

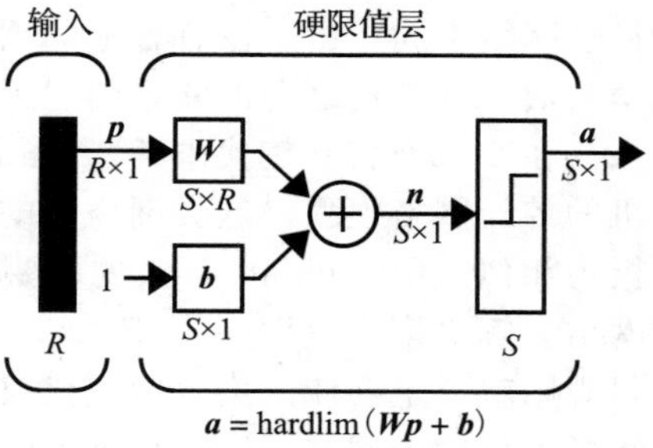

图 4.1 感知机网络

该网络的输出为：

$$\boldsymbol{a} = \text{hardlim}(\boldsymbol{Wp} + \boldsymbol{b}) \tag{4.2}$$

(注意，在第 3 章中使用的是 hardlims 作为传输函数，而不是上式中的 hardlim，这不会影响网络的性能。具体请参见练习 E4.10。)

4-3

在推导感知机学习规则时，如果可以便捷地使用网络输出中的每个元素将非常有用。这如何实现呢？首先，考虑网络权值矩阵：

$$\boldsymbol{W} = \begin{bmatrix} w_{1,1} & w_{1,2} & \cdots & w_{1,R} \\ w_{2,1} & w_{2,2} & \cdots & w_{2,R} \\ \vdots & \vdots & & \vdots \\ w_{S,1} & w_{S,2} & \cdots & w_{S,R} \end{bmatrix} \tag{4.3}$$

定义一个由 $\boldsymbol{W}$ 的第 i 行构成的向量：

$$_{i}\boldsymbol{w} = \begin{bmatrix} w_{i,1} \\ w_{i,2} \\ \vdots \\ w_{i,R} \end{bmatrix} \tag{4.4}$$

这样，可将权值矩阵划分为：

$$\boldsymbol{W} = \begin{bmatrix} _{1}\boldsymbol{w}^{\mathrm{T}} \\ _{2}\boldsymbol{w}^{\mathrm{T}} \\ \vdots \\ _{S}\boldsymbol{w}^{\mathrm{T}} \end{bmatrix} \tag{4.5}$$

网络输出向量的第 i 个元素可写作：

$$a_i = \text{hardlim}(n_i) = \text{hardlim}({}_i\mathbf{w}^{\mathrm{T}}\mathbf{p} + b_i) \tag{4.6}$$ 4-4

回顾 hardlim 传输函数（如右图所示）的定义：

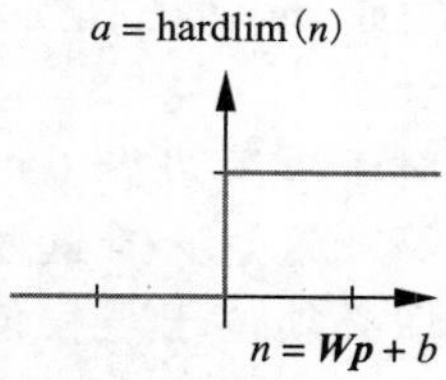

$$a = \text{hardlim}(n) = \begin{cases} 1 & n \geqslant 0 \\ 0 & \text{其他} \end{cases} \tag{4.7}$$

因此，如果权值矩阵的第 i 行和输入向量的内积大于或者等于 $-b_i$，那么输出为 1，否则输出为 0。所以网络中的每个神经元把输入空间划分成了两个区域。研究分开这两个区域的决策边界很有意义。我们将从最为简单的具有两个输入的单神经元开始讨论。

1. 单神经元感知机

考虑图 4.2 所示的两个输入的单神经元感知机。该网络的输出可计算为：

$$\begin{aligned} a &= \text{hardlim}(n) = \text{hardlim}(\mathbf{W}\mathbf{p} + b) \\ &= \text{hardlim}({}_1\mathbf{W}^{\mathrm{T}}\mathbf{P} + b) = \text{hardlim}(w_{1,1}p_1 + w_{1,2}p_2 + b) \end{aligned} \tag{4.8}$$

决策边界（decision boundary）通过使得网络的净输入 n 等于 0 的输入向量来确定：

$$n = {}_1\mathbf{w}^{\mathrm{T}}\mathbf{p} + b = w_{1,1}p_1 + w_{1,2}p_2 + b = 0 \tag{4.9}$$

再具体一点，令权值和偏置值为： 4-5

$$w_{1,1} = 1, \quad w_{1,2} = 1, \quad b = -1 \tag{4.10}$$

那么，决策边界为：

$$n = {}_1\mathbf{w}^{\mathrm{T}}\mathbf{p} + b = w_{1,1}p_1 + w_{1,2}p_2 + b = p_1 + p_2 - 1 = 0 \tag{4.11}$$

该式定义了输入空间中的一条直线。在这条直线的一侧，网络输出为 0，另一侧网络输出为 1。要画出这条直线，需要找出与 p_1、p_2 轴相交的点。为求 p_2 轴上的截距，可令 $p_1 = 0$，则有：

$$p_2 = -\frac{b}{w_{1,2}} = -\frac{-1}{1} = 1, \quad p_1 = 0 \tag{4.12}$$

同理，为求 p_1 上的截距，可令 $p_2 = 0$，那么：

$$p_1 = -\frac{b}{w_{1,1}} = -\frac{-1}{1} = 1, \quad p_2 = 0 \tag{4.13}$$

相应的决策边界如图 4.3 所示。

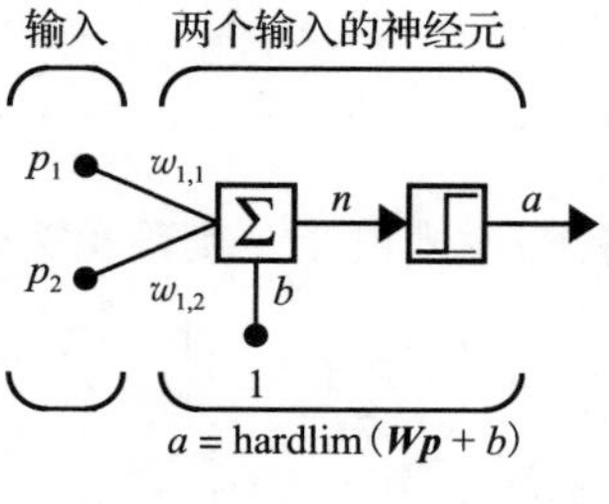

图 4.2 两个输入/单输出感知机

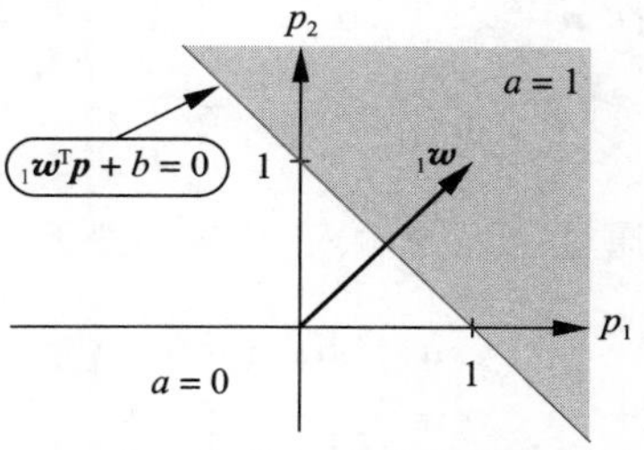

图 4.3 两个输入感知机的决策边界

为了找出决策边界输出为 1 的一侧，只需要测试一个点即可。例如，输入 $\mathbf{p} = [2 \quad 0]^{\mathrm{T}}$ 时，网络的输出为：

$$a = \text{hardlim}({}_1\mathbf{w}^{\mathrm{T}}\mathbf{p} + b) = \text{hardlim}\left([1 \quad 1]\begin{bmatrix} 2 \\ 0 \end{bmatrix} - 1\right) = 1 \tag{4.14}$$

因此，网络的输出在决策边界上方和右侧的区域都将等于 1。该区域如图 4.3 中阴影部分

4-6 所示。

我们也可以利用作图法找出决策边界。首先注意到决策边界总是垂直于$_1\boldsymbol{w}$(如右图所示),则决策边界可定义为:

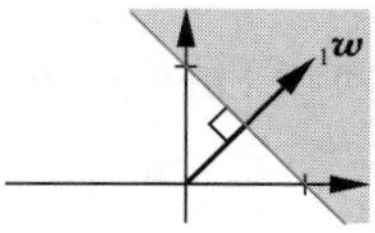

$$_1\boldsymbol{w}^{\mathrm{T}}\boldsymbol{p}+b=0 \tag{4.15}$$

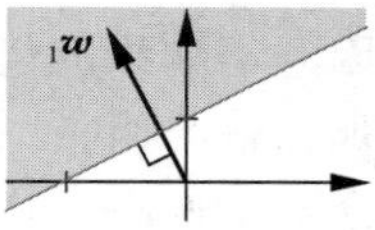

对于决策边界上的所有点而言,输入向量与权值向量间的内积都相等。这意味着这些输入向量在权值向量上都有相同的投影。所以它们必须位于与权值向量正交的一条直线上(第 5 章将详细讨论这一概念)。此外,图 4.3 阴影区域中的任何向量都有大于$-b$的内积,而非阴影区域中的向量则有小于$-b$的内积。所以,权值向量$_1\boldsymbol{w}$将总是指向神经元输出为 1 的区域。

一旦选择好具有正确角度指向的权值向量,偏置值就可以通过在决策边界上选择满足式(4.15)的点计算得到。

举例 基于上述概念可设计出感知机网络来实现“与门”这个简单的逻辑函数。与门的输入/目标对为:

$$\left\{\boldsymbol{p}_1=\begin{bmatrix}0\\0\end{bmatrix},t_1=0\right\}\left\{\boldsymbol{p}_2\begin{bmatrix}0\\1\end{bmatrix},t_2=0\right\}\left\{\boldsymbol{p}_3\begin{bmatrix}1\\0\end{bmatrix},t_3=0\right\}\left\{\boldsymbol{p}_4\begin{bmatrix}1\\1\end{bmatrix},t_4=0\right\}$$

该问题可由右图描述出来。图中画出了输入空间,每个输入根据其目标输出作不同标识。目标值为 1 的输入向量用●表示,而目标值为 0 的输入向量用○表示。

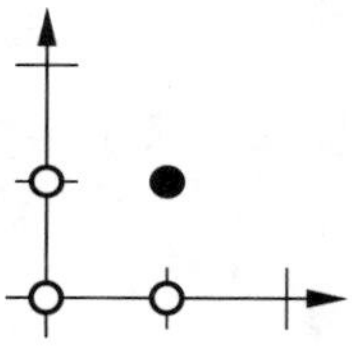

网络设计的第一步是确定决策边界。我们希望用一条直线将黑色圆点和空心圆圈分开。而事实上,有无数多的直线可以做到,但最合理的直线应刚好处于这两类输入的正中间。

下面将选择一个与决策边界正交的权值向量。由于该权值向量可以是任意长度的,因此它可以有无数可能的选择。这里选择

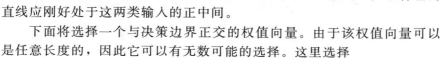

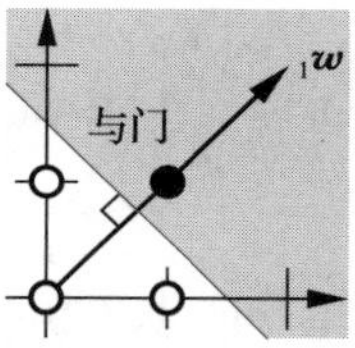

$$_1\boldsymbol{w}=\begin{bmatrix}2\\2\end{bmatrix} \tag{4.16}$$

4-7 如右图所示。

最后,需要求解偏置值b,可从决策边界上选取一个满足式(4.15)的点。选择$\boldsymbol{p}=[1.5\quad 0]^{\mathrm{T}}$,并代入式(4.15),有:

$$_1\boldsymbol{w}^{\mathrm{T}}\boldsymbol{p}+\mathrm{b}=[2\quad 2]\begin{bmatrix}1.5\\0\end{bmatrix}+b=3+b=0\quad\Rightarrow\quad b=-3 \tag{4.17}$$

现在可以通过上述的输入/目标对来测试网络。如果将$\boldsymbol{p}_2$输入网络,则输出为:

$$a=\mathrm{hardlim}({}_1\boldsymbol{w}^{\mathrm{T}}\boldsymbol{p}_2+b)=\mathrm{hardlim}\left([2\quad 2]\begin{bmatrix}0\\1\end{bmatrix}-3\right)$$

$$a=\mathrm{hardlim}(-1)=0 \tag{4.18}$$

可以看出,网络的实际输出等于目标输出t_2。读者可以自行验证,该网络对所有的输入都能进行正确的分类。

MATLAB 实验 使用 Neural Network Design Demonstration Decision Boundaries(nnd4db)测试决策边界的问题。

2. 多神经元感知机

对于图 4.1 所示的多神经元感知机,每个神经元都有一个决策边界。第i个神经元的

决策边界定义为：

$$ {}_{i}\boldsymbol{w}^{\mathrm{T}}\boldsymbol{p}+b_i=0 \tag{4.19}$$

由于单神经元感知机的输出只能为 0 或者 1，所以它可以将输入向量分为两类。而多神经元感知机则可以将输入分为许多类，每一类都由不同的输出向量来表示。由于输出向量的每一个元素可取值为 0 或 1，所以共有 2^S 种可能的类别，其中 S 是多神经元感知机中神经元的数目。

4.2.3 感知机的学习规则

在研究了一些感知机网络的行为之后，现在，我们将讨论感知机的学习规则。这里的学习规则是一种有监督训练，而有监督训练的学习规则是从一组能够正确反映网络行为的样本集中获得的：

$$\{\boldsymbol{p}_1,\boldsymbol{t}_1\},\{\boldsymbol{p}_2,\boldsymbol{t}_2\},\cdots,\{\boldsymbol{p}_Q,\boldsymbol{t}_Q\} \tag{4.20}$$ 4-8

其中，$\boldsymbol{p}_q$ 是网络的输入，$\boldsymbol{t}_q$ 是该输入相应的目标输出。当每个输入作用到网络上时，将网络的实际输出与目标输出相比较。为了使网络的实际输出尽量靠近目标输出，学习规则将调整该网络的权值和偏置值。

1. 测试问题

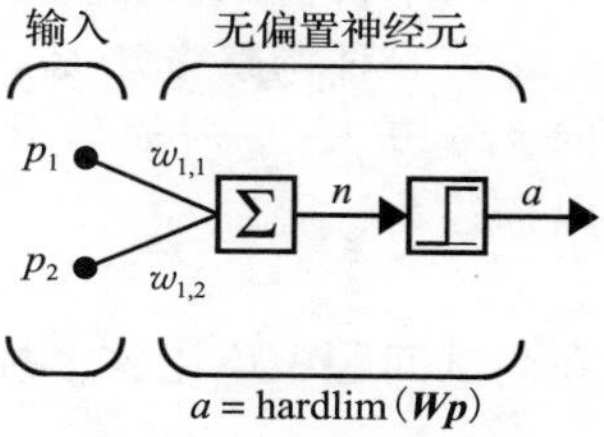

图 4.4 测试问题的网络

在讨论感知机学习规则时，首先将给出一个简单的测试问题，并对一些可能的学习规则进行测试，以便读者对这些学习规则的工作原理有直观的了解。在我们的测试问题中，输入/目标对为：

$$\left\{\boldsymbol{p}_1=\begin{bmatrix}1\\2\end{bmatrix},t_1=1\right\}\left\{\boldsymbol{p}_2=\begin{bmatrix}-1\\2\end{bmatrix},t_2=0\right\}$$

$$\left\{\boldsymbol{p}_3=\begin{bmatrix}0\\-1\end{bmatrix},t_3=0\right\}$$

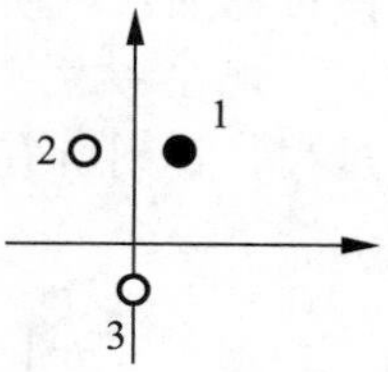

该问题可以由右图说明。图中目标输出为 0 的两个输入向量用○表示，目标输出为 1 的输入向量用●表示。从右图可以看出该问题实际上非常简单，通过观察就可以得出答案。尽管简单，它却可以帮助我们对感知机学习规则的基本概念有一些直观的理解。

该问题对应的网络有两个输入和一个输出。为简化学习规则的设计，这里首先假设网络没有偏置值。这样，网络只需调整参数 $w_{1,1}$ 和 $w_{1,2}$ 即可(如图 4.4 所示)。

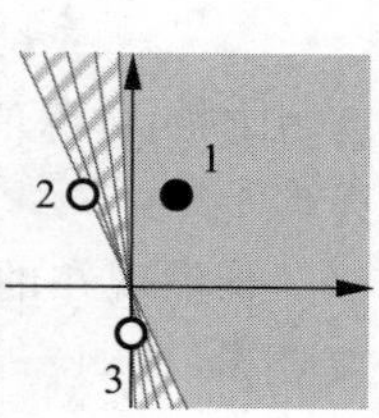

由于在网络中去掉了偏置，所以网络的决策边界必定穿过坐标轴的原点。为保证简化后的网络依然能解决上述测试问题，须找到一个决策边界将向量 $\boldsymbol{p}_1$ 和 $\boldsymbol{p}_2$、$\boldsymbol{p}_3$ 分开。从右图可以看出，这样的决策边界有无穷多个。 4-9

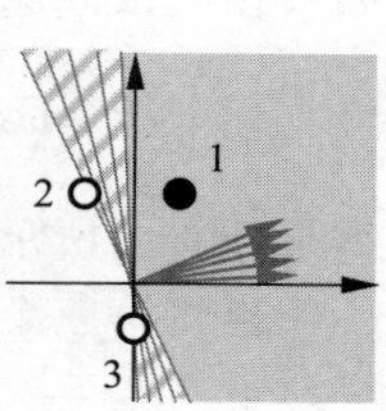

右图给出了这些决策边界对应的权值向量(权值向量与决策边界正交)。我们希望学习规则能够找到指向这些方向中的一个权值向量。权值向量的长度无关紧要，它的方向才是关键所在！

2. 学习规则的构建

在训练开始时，需要给网络的参数赋予初始值。由于训练的是两输入/单输出的无偏置网络，所以仅需对两个权值进行初始化。这里将权值向量$_1\boldsymbol{w}$ 的两个元素设置为如下两个随机生成的数：

$$_1\boldsymbol{w}^{\mathrm{T}} = [1.0 \quad -0.8] \tag{4.21}$$

现在将向量输入网络。首先是 $\boldsymbol{p}_1$：

$$a = \mathrm{hardlim}(_1\boldsymbol{w}^{\mathrm{T}}\boldsymbol{p}_1) = \mathrm{hardlim}\left([1.0 \quad -0.8]\begin{bmatrix}1\\2\end{bmatrix}\right)$$

$$a = \mathrm{hardlim}(-0.6) = 0 \tag{4.22}$$

然而，网络没有返回正确的值。网络实际输出为 0，而目标输出值 t_1 为 1。

从右图可以看出，初始权值向量确定的决策边界导致了对 $\boldsymbol{p}_1$ 的误分。因此需调整权值向量，使它的指向更加偏向 $\boldsymbol{p}_1$，以便随后更有可能得到正确的分类结果。

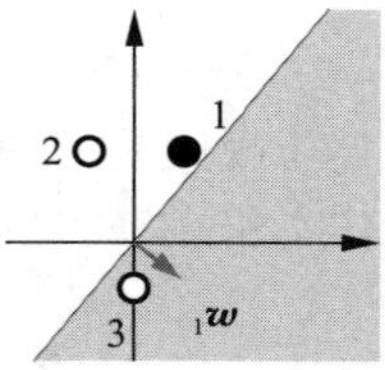

一种调整方法是令$_1\boldsymbol{w}=\boldsymbol{p}_1$。这种简单的处理方式能够保证 $\boldsymbol{p}_1$ 被正确分类。然而不幸的是，我们也能轻而易举地构造出一个这种学习规则无法解决的问题。右图就给出了一个这样的例子。在图中，如果令权值向量直接指向类 1 中两个向量的任一个，便无法得到正确的分类结果。如果每次都令$_1\boldsymbol{w}=p$，那么这两个输入向量中必定有一个会被误分，以至于网络权值来回振荡，始终得不到正确的解。

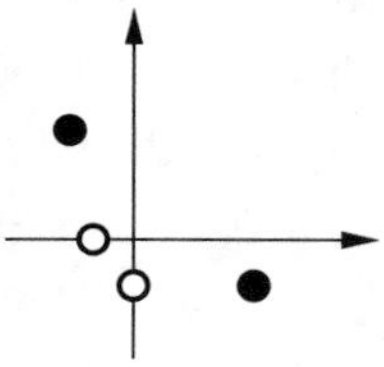

另一种调整方法是，将 $\boldsymbol{p}_1$ 加到$_1\boldsymbol{w}$ 上。这样会使$_1\boldsymbol{w}$ 的指向更加偏向 $\boldsymbol{p}_1$。重复这一操作，将使$_1\boldsymbol{w}$ 的方向逐步接近 $\boldsymbol{p}_1$ 的方向。这一规则可以描述为：

4-10 $$\text{如果 } t=1 \text{ 且 } a=0, \quad \text{那么 } {_1\boldsymbol{w}^{\mathrm{new}}} = {_1\boldsymbol{w}^{\mathrm{old}}} + \boldsymbol{p} \tag{4.23}$$

在测试问题中应用这个规则，将会得到新的$_1\boldsymbol{w}$ 值：

$$_1\boldsymbol{w}^{\mathrm{new}} = {_1\boldsymbol{w}^{\mathrm{old}}} + \boldsymbol{p}_1 = \begin{bmatrix}1.0\\-0.8\end{bmatrix} + \begin{bmatrix}1\\2\end{bmatrix} = \begin{bmatrix}2.0\\1.2\end{bmatrix} \tag{4.24}$$

该过程如右图所示。

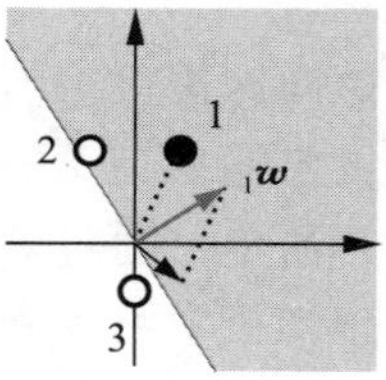

现在考虑下一个输入向量，并继续对权值进行调整。不断重复这一过程，直到所有输入向量都被正确分类为止。

下一个输入向量是 $\boldsymbol{p}_2$。当它被输入网络后，计算可得

$$a = \mathrm{hardlim}(_1\boldsymbol{w}^{\mathrm{T}}\boldsymbol{p}_2) = \mathrm{hardlim}\left([2.0 \quad 1.2]\begin{bmatrix}-1\\2\end{bmatrix}\right)$$

$$= \mathrm{hardlim}(0.4) = 1 \tag{4.25}$$

$\boldsymbol{p}_2$ 相应的目标值 t_2 等于 0，网络的实际输出 a 等于 1。所以，一个属于类 0 的向量被误分为类 1。

既然现在的目标是将$_1\boldsymbol{w}$ 从输入向量所指向的方向偏离，可以将式(4.23)中的加法变为减法：

$$\text{如果 } t=0 \text{ 且 } a=1, \quad \text{那么 } {_1\boldsymbol{w}^{\mathrm{new}}} = {_1\boldsymbol{w}^{\mathrm{old}}} - \boldsymbol{p} \tag{4.26}$$

如果在测试问题中应用这一规则，可得：

$$_1\boldsymbol{w}^{\mathrm{new}} = {_1\boldsymbol{w}^{\mathrm{old}}} - \boldsymbol{p}_2 = \begin{bmatrix}2.0\\1.2\end{bmatrix} - \begin{bmatrix}-1\\2\end{bmatrix} = \begin{bmatrix}3.0\\-0.8\end{bmatrix} \tag{4.27}$$

结果如右图所示。

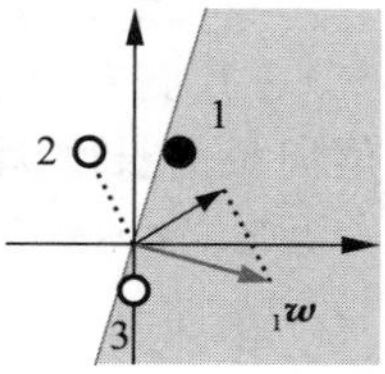

再将第三个向量 $\boldsymbol{p}_3$ 输入网络中：

$$a = \text{hardlim}({}_1\boldsymbol{w}^{\text{T}}\boldsymbol{p}3) = \text{hardlim}\left(\begin{bmatrix}3.0 & -0.8\end{bmatrix}\begin{bmatrix}0\\-1\end{bmatrix}\right)$$
$$= \text{hardlim}(0.8) = 1 \tag{4.28}$$

当前的${}_1\boldsymbol{w}$所形成的决策边界误分了$\boldsymbol{p}_3$。我们已经有了应对这种情况的规则，按照式(4.26)对${}_1\boldsymbol{w}$进行更新：

$${}_1\boldsymbol{w}^{\text{new}} = {}_1\boldsymbol{w}^{\text{old}} - \boldsymbol{p}_3 = \begin{bmatrix}3.0\\-0.8\end{bmatrix} - \begin{bmatrix}0\\-1\end{bmatrix} = \begin{bmatrix}3.0\\0.2\end{bmatrix} \tag{4.29}$$ 4-11

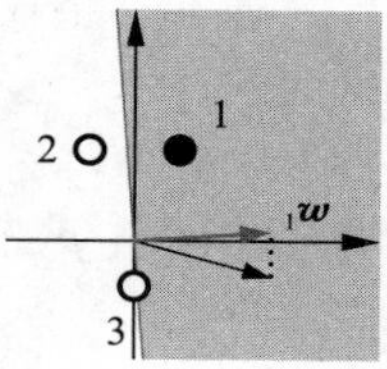

右图表明该感知机最终能够对上述三个输入向量进行正确的分类。将上述任意向量输入神经元，感知机将输出相应的正确类别。

这样，可以得到第三条，也是最后一条规则：如果感知机能够正确分类，则不用修改权值向量：

$$\text{如果 } t = a, \quad \text{那么 } {}_1\boldsymbol{w}^{\text{new}} = {}_1\boldsymbol{w}^{\text{old}} \tag{4.30}$$

考虑实际输出值和目标值所有可能组合，下面给出三条规则：

$$\begin{aligned}&\text{如果 } t = 1 \text{ 且 } a = 0, \quad \text{那么 } {}_1\boldsymbol{w}^{\text{new}} = {}_1\boldsymbol{w}^{\text{old}} + \boldsymbol{p}\\&\text{如果 } t = 0 \text{ 且 } a = 1, \quad \text{那么 } {}_1\boldsymbol{w}^{\text{new}} = {}_1\boldsymbol{w}^{\text{old}} - \boldsymbol{p}\\&\text{如果 } t = a, \quad \text{那么 } {}_1\boldsymbol{w}^{\text{new}} = {}_1\boldsymbol{w}^{\text{old}}\end{aligned} \tag{4.31}$$

3. 统一的学习规则

可以将式(4.31)的三个规则重写为一个表达式。首先定义一个新的变量，即感知机的误差e：

$$e = t - a \tag{4.32}$$

将式(4.31)的三个规则重写为：

$$\begin{aligned}&\text{如果 } e = 1, \quad \text{那么 } {}_1\boldsymbol{w}^{\text{new}} = {}_1\boldsymbol{w}^{\text{old}} + \boldsymbol{p}\\&\text{如果 } e = 1, \quad \text{那么 } {}_1\boldsymbol{w}^{\text{new}} = {}_1\boldsymbol{w}^{\text{old}} - \boldsymbol{p}\\&\text{如果 } e = 0, \quad \text{那么 } {}_1\boldsymbol{w}^{\text{new}} = {}_1\boldsymbol{w}^{\text{old}}\end{aligned} \tag{4.33}$$

仔细观察式(4.33)的前两条规则，不难发现$\boldsymbol{p}$的正负和误差e的正负一致。此外，在第三条规则中，由于没有出现$\boldsymbol{p}$，所以$e=0$。因此，可以将上述三条规则统一为一个表达式：

$${}_1\boldsymbol{w}^{\text{new}} = {}_1\boldsymbol{w}^{\text{old}} + e\boldsymbol{p} = {}_1\boldsymbol{w}^{\text{old}} + (t - a)\boldsymbol{p} \tag{4.34}$$

如果把偏置值看作一个输入总是1的权值，可以将上述规则扩展到对偏置值的训练过程中。将式(4.34)中的$\boldsymbol{p}$用偏置值的输入1替换，得到感知机偏置值的学习规则：

$$b^{\text{new}} = b^{\text{old}} + e \tag{4.35}$$ 4-12

4. 多神经元感知机的训练

由式(4.34)和式(4.35)给出的感知机规则，可更新单神经元感知机的权值向量。我们将这种规则按照如下方法推广到图4.1所示的多神经元感知机。权值矩阵第i行的更新方法为：

$${}_i\boldsymbol{w}^{\text{new}} = {}_i\boldsymbol{w}^{\text{old}} + e_i\boldsymbol{p} \tag{4.36}$$

偏置向量的第i个元素的更新方法为：

$$b_i^{\text{new}} = b_i^{\text{old}} + e_i \tag{4.37}$$

感知机规则(perceptron rule)可以方便地用矩阵形式表示为：

$$\boldsymbol{W}^{\text{new}} = \boldsymbol{W}^{\text{old}} + \boldsymbol{e}\boldsymbol{p}^{\text{T}} \tag{4.38}$$

和

$$\boldsymbol{b}^{\text{new}} = \boldsymbol{b}^{\text{old}} + \boldsymbol{e} \tag{4.39}$$

举例 为了验证感知机的学习规则，再次考虑第 3 章的苹果/橘子识别问题。其输入/输出标准向量为：

$$\left\{\boldsymbol{p}_1=\begin{bmatrix}1\\-1\\-1\end{bmatrix},t_1=0\right\}\quad\left\{\boldsymbol{p}_2=\begin{bmatrix}1\\1\\-1\end{bmatrix},t_2=1\right\}\tag{4.40}$$

（请注意：这里橘子模式 $\boldsymbol{p}_1$ 的目标输出用 0 表示，而不是用第 3 章中的−1 表示。这是因为本章使用的是 hardlim 传输函数，而不是 hardlims 传输函数。）

通常，将权值和偏置值初始化为较小的随机数。假设这里的初始权值矩阵和偏置值分别为：

$$\boldsymbol{W}=[0.5\quad -1\quad -0.5],\quad b=0.5\tag{4.41}$$

首先将向量 $\boldsymbol{p}_1$ 输入网络：

$$a=\mathrm{hardlim}(\boldsymbol{W}\boldsymbol{p}_1+b)=\mathrm{hardlim}\left([0.5\quad -1\quad -0.5]\begin{bmatrix}1\\-1\\-1\end{bmatrix}+0.5\right)$$

4-13 $$=\mathrm{hardlim}(2.5)=1\tag{4.42}$$

然后计算误差：

$$e=t_1-a=0-1=-1\tag{4.43}$$

权值更新为：

$$\boldsymbol{W}^{\mathrm{new}}=\boldsymbol{W}^{\mathrm{old}}+e\boldsymbol{p}^{\mathrm{T}}=[0.5\quad -1\quad -0.5]+(-1)\times[1\quad -1\quad -1]$$
$$=[-0.5\quad 0\quad 0.5]\tag{4.44}$$

偏置值更新为：

$$b^{\mathrm{new}}=b^{\mathrm{old}}+e=0.5+(-1)=-0.5\tag{4.45}$$

至此，第一次迭代完成。

该感知机规则的第二次迭代为：

$$a=\mathrm{hardlim}(\boldsymbol{W}\boldsymbol{p}_2+b)=\mathrm{hardlim}\left([-0.5\quad 0\quad 0.5]\begin{bmatrix}1\\1\\-1\end{bmatrix}+(-0.5)\right)$$

$$=\mathrm{hardlim}(-0.5)=0\tag{4.46}$$

$$e=t_2-a=1-0=1\tag{4.47}$$

$$\boldsymbol{W}^{\mathrm{new}}=\boldsymbol{W}^{\mathrm{old}}+e\boldsymbol{p}^{\mathrm{T}}=[-0.5\quad 0\quad -0.5]+1\times[1\quad 1\quad -1]=[0.5\quad 1\quad -0.5]\tag{4.48}$$

$$b^{\mathrm{new}}=b^{\mathrm{old}}+e=-0.5+1=0.5\tag{4.49}$$

第三次迭代再次从第一个输入向量开始：

$$a=\mathrm{hardlim}(\boldsymbol{W}\boldsymbol{p}_1+b)=\mathrm{hardlim}\left([0.5\quad 1\quad -0.5]\begin{bmatrix}1\\-1\\-1\end{bmatrix}+0.5\right)$$

$$=\mathrm{hardlim}(0.5)=0\tag{4.50}$$

$$e=t_1-a=0-1=-1\tag{4.51}$$

$$\boldsymbol{W}^{\mathrm{new}}=\boldsymbol{W}^{\mathrm{old}}+e\boldsymbol{p}^{\mathrm{T}}=[0.5\quad 1\quad -0.5]+(-1)\times[1\quad -1\quad -1]$$
$$=[-0.5\quad 2\quad 0.5]\tag{4.52}$$

4-14 $$b^{\mathrm{new}}=b^{\mathrm{old}}+e=0.5+(-1)=-0.5\tag{4.53}$$

如果继续迭代下去，将会发现两个输入向量都会被正确分类，那么算法收敛到了相应的解。请注意：虽然最后得到的决策边界和第 3 章中得到的决策边界并不相同，但它们都能够正确区分两个输入向量。

MATLAB 实验 使用 Neural Network Design Demonstration Perceptron Rule(nnd4pr)测试感知机学习规则。

4.2.4 收敛性证明

虽然感知机的学习规则简单，但是却非常有效。可以证明：该规则总能收敛到能实现正确分类的权值上(假设这样的权值是存在的)。本节将给出如图 4.5 所示的单神经元感知机学习规则的收敛性证明。

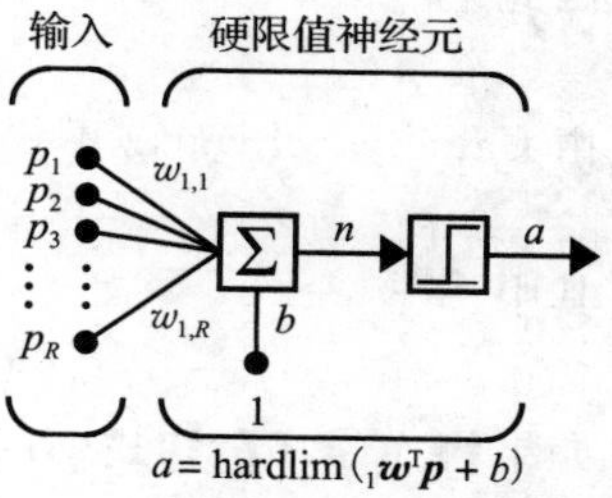

图 4.5 单神经元感知机

该感知机的输出可由下式得出：

$$a=\text{hardlim}({}_1\boldsymbol{w}^{\mathrm{T}}\boldsymbol{p}+b) \tag{4.54}$$

网络可以使用反映正确网络行为的如下样本：

$$\{\boldsymbol{p}_1,t_1\},\{\boldsymbol{p}_2,t_2\},\cdots,\{\boldsymbol{p}_Q,t_Q\} \tag{4.55}$$

其中，每一个目标输出 t_q 取值为 0 或者 1。

1. 数学符号

为便于描述证明过程，首先引入几个新的数学符号。这里将权值矩阵和偏置值组合为单个向量： 4-15

$$\boldsymbol{x}=\begin{bmatrix}{}_1\boldsymbol{w}\\ b\end{bmatrix} \tag{4.56}$$

同样，在输入向量中也增加一个参数 1，对应于偏置输入：

$$\boldsymbol{z}_q=\begin{bmatrix}\boldsymbol{p}_q\\ 1\end{bmatrix} \tag{4.57}$$

可将神经元的净输入表示为：

$$n={}_1\boldsymbol{w}^{\mathrm{T}}\boldsymbol{p}+b=\boldsymbol{x}^{\mathrm{T}}\boldsymbol{z} \tag{4.58}$$

那么，单神经元感知机的学习规则(式(4.34)和式(4.35))可写作：

$$\boldsymbol{x}^{\text{new}}=\boldsymbol{x}^{\text{old}}+e\boldsymbol{z} \tag{4.59}$$

误差 e 可取 1、−1 或 0。如 $e=0$，权值保持不变；如果 $e=1$，将输入向量和权值向量相加；如果 $e=-1$，则用权值向量减去输入向量。如只考虑权值向量发生改变的那些迭代，则该学习规则为：

$$\boldsymbol{x}(k)=\boldsymbol{x}(k-1)+\boldsymbol{z}'(k-1) \tag{4.60}$$

其中 $\boldsymbol{z}'(k-1)$ 是下面集合中的一项

$$\{\boldsymbol{z}_1,\boldsymbol{z}_2,\cdots,\boldsymbol{z}_Q,-\boldsymbol{z}_1,-\boldsymbol{z}_2,\cdots,-\boldsymbol{z}_Q\} \tag{4.61}$$

假设存在对所有 Q 个输入向量进行正确分类的权值向量，并将这一解记为 $\boldsymbol{x}^*$。对该权值向量，假设：

$$\boldsymbol{x}^{*\mathrm{T}}\boldsymbol{z}_q>\delta>0,\quad t_q=1 \tag{4.62}$$

$$\boldsymbol{x}^{*\mathrm{T}}\boldsymbol{z}_q<-\delta<0,\quad t_q=0 \tag{4.63}$$

2. 证明

下面开始证明感知机收敛定理。其目标是找出算法每一阶段权值向量长度的上界和下界。 4-16

假设算法的初始权值向量为 **0**，即 $\mathbf{x}(0)=\mathbf{0}$(这并不影响证明的普遍性)。在迭代 k 次(k 次改变权值向量)后，由式(4.60)得到：

$$\mathbf{x}(k) = \mathbf{z}'(0) + \mathbf{z}'(1) + \cdots + \mathbf{z}'(k-1) \tag{4.64}$$

求迭代 k 次后的权值向量和最终的权值向量之间的内积，可得

$$\mathbf{x}^{*\mathrm{T}}\mathbf{x}(k) = \mathbf{x}^{*\mathrm{T}}\mathbf{z}'(0) + \mathbf{x}^{*\mathrm{T}}\mathbf{z}'(1) + \cdots + \mathbf{x}^{*\mathrm{T}}\mathbf{z}'(k-1) \tag{4.65}$$

由式(4.61)～式(4.63)可知：

$$\mathbf{x}^{*\mathrm{T}}\mathbf{z}'(i) > \delta \tag{4.66}$$

因此

$$\mathbf{x}^{*\mathrm{T}}\mathbf{x}(k) > k\delta \tag{4.67}$$

由 Cauchy-Schwartz 不等式(见[Brog91])可得：

$$(\mathbf{x}^{*\mathrm{T}}\mathbf{x}(k))^2 \leqslant \|\mathbf{x}^*\|^2\|\mathbf{x}(k)\|^2 \tag{4.68}$$

其中

$$\|\mathbf{x}\|^2 = \mathbf{x}^{\mathrm{T}}\mathbf{x} \tag{4.69}$$

如果将式(4.67)和式(4.68)相结合，则可得到迭代 k 次后权值向量长度平方的下界为：

$$\|\mathbf{x}(k)\|^2 \geqslant \frac{(\mathbf{x}^{*\mathrm{T}}\mathbf{x}(k))^2}{\|\mathbf{x}^*\|^2} > \frac{(k\delta)^2}{\|\mathbf{x}^*\|^2} \tag{4.70}$$

下面求权值向量长度的上界。从第 k 次迭代时权值向量长度的改变量入手：

$$\begin{aligned}\|\mathbf{x}(k)\|^2 &= \mathbf{x}^{\mathrm{T}}(k)\mathbf{x}(k) = [\mathbf{x}(k-1)+\mathbf{z}'(k-1)]^{\mathrm{T}}[\mathbf{x}(k-1)+\mathbf{z}'(k-1)]\\ &= \mathbf{x}^{\mathrm{T}}(k-1)\mathbf{x}(k-1) + 2\mathbf{x}^{\mathrm{T}}(k-1)\mathbf{z}'(k-1) + \mathbf{z}'^{\mathrm{T}}(k-1)\mathbf{z}'(k-1)\end{aligned} \tag{4.71}$$

注意到

4-17

$$\mathbf{x}^{\mathrm{T}}(k-1)\mathbf{z}'(k-1) \leqslant 0 \tag{4.72}$$

因为权值向量只有在前一输入向量被误分时才会被更新。因此，式(4.71)可简化为：

$$\|\mathbf{x}(k)\|^2 \leqslant \|\mathbf{x}(k-1)\|^2 + \|\mathbf{z}'(k-1)\|^2 \tag{4.73}$$

对 $\|\mathbf{x}(k-1)\|^2$、$\|\mathbf{x}(k-2)\|^2$ 等重复上述过程，可得：

$$\|\mathbf{x}(k)\|^2 \leqslant \|\mathbf{z}'(0)\|^2 + \cdots + \|\mathbf{z}'(k-1)\|^2 \tag{4.74}$$

令 $\Pi=\max\{\|\mathbf{z}'(i)\|^2\}$，该上界可简化为：

$$\|\mathbf{x}(k)\|^2 \leqslant k\Pi \tag{4.75}$$

至此，已求出了第 k 次迭代时权值向量长度平方的上界(式(4.75))和下界(式(4.70))，将这两个不等式合并可得：

$$k\Pi \geqslant \|\mathbf{x}(k)\|^2 > \frac{(k\delta)^2}{\|\mathbf{x}^*\|^2} \quad 或 \quad k < \frac{\Pi\|\mathbf{x}^*\|^2}{\delta^2} \tag{4.76}$$

因为 k 是有上界的，这意味着权值的改变次数是有限的，所以感知机的学习规则将在有限次迭代后收敛。

迭代次数(权值向量的改变次数)的最大值与 δ 的平方成反比关系。该参数刻画了输入模式与决策边界的解的靠近程度。这意味着，如果输入向量难以分开(靠近决策边界)，就需要迭代更多次才能使算法收敛。

注意到该证明仅建立在三条关键假设的基础之上：

- 问题的解存在，即满足式(4.66)。
- 仅在输入向量被误分时才改变权值，即满足式(4.72)。
- 输入向量长度的上界 Π 存在。

由于证明的一般性，所以感知机学习规则的许多变形同样也可以被证明是收敛的(参见习题 E4.13)。

3. **局限性**

只要问题的解存在，那么感知机学习规则就一定能够在有限步数内收敛到问题的一个解上。这又带来了一个重要的问题：感知机能够求解哪些问题？前面已经说明了单神经元感知机可将输入空间划分为两个区域，区域之间的决策边界可定义为： 4-18

$$_1\boldsymbol{w}^{\mathrm{T}}\boldsymbol{p}+b=0 \tag{4.77}$$

这是一个线性边界(超平面)，因而感知机可对那些能够被线性边界分开的输入向量进行分类。这样的向量称为是*线性可分的*(linearly separable)。4.2.2 节中"逻辑与门"的例子就是一个二维线性可分的问题，第 3 章中的苹果/橘子识别问题则是一个三维线性可分的实例。

不幸的是，许多问题并非是线性可分的。一个典型的例子就是异或门，异或门的输入/目标对是：

$$\left\{\boldsymbol{p}_1=\begin{bmatrix}0\\0\end{bmatrix},t_1=0\right\}\left\{\boldsymbol{p}_2=\begin{bmatrix}0\\1\end{bmatrix},t_2=1\right\}\left\{\boldsymbol{p}_3=\begin{bmatrix}1\\0\end{bmatrix},t_3=1\right\}\left\{\boldsymbol{p}_4=\begin{bmatrix}1\\1\end{bmatrix},t_4=0\right\}$$

该问题可以用图 4.6 中的左图来表示。图 4.6 同时还给出了另外两个线性不可分问题。读者可以尝试一下在这几个图中所有目标为 0 的向量和所有目标为 1 的向量之间画一条直线。

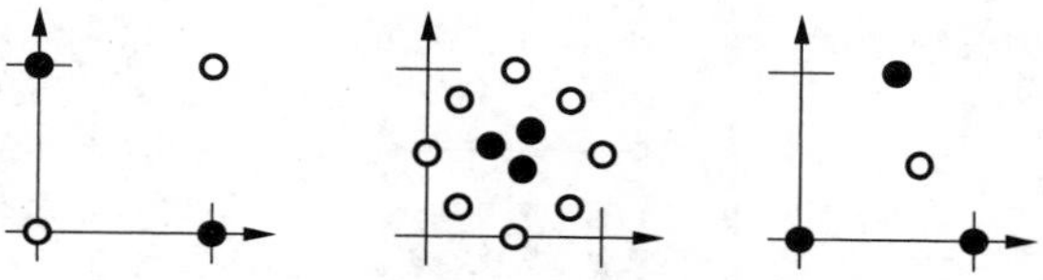

图 4.6　线性不可分问题

基本的感知机不能解决这种简单的问题。在某种程度上，这一缺陷导致了 20 世纪 70 年代人们对神经网络研究兴趣的减退。Rosenblatt 也曾研究过更加复杂的网络，他觉得复杂的网络能克服基本感知机的局限性，但是他未能将感知机的学习规则有效地扩展到这样的复杂网络中。第 11 章将介绍能够求解任意分类问题的多层感知机，以及能用于训练多层感知机的反向传播算法。 4-19

4.3　小结

感知机结构

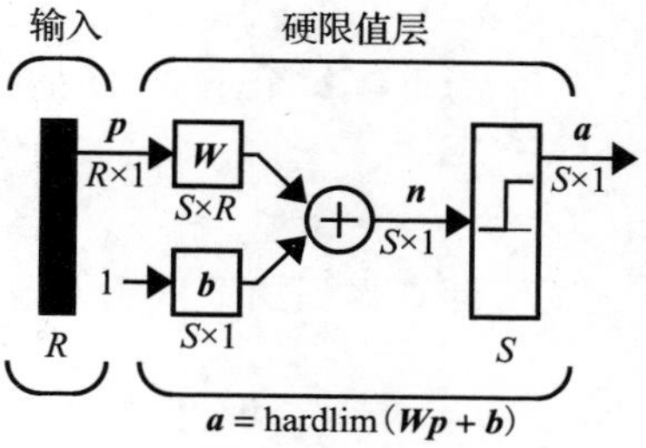

$$\boldsymbol{W}=\begin{bmatrix}{}_1\boldsymbol{w}^{\mathrm{T}}\\{}_2\boldsymbol{w}^{\mathrm{T}}\\\vdots\\{}_S\boldsymbol{w}^{\mathrm{T}}\end{bmatrix}$$

$\boldsymbol{a}=\mathrm{hardlim}(\boldsymbol{Wp}+\boldsymbol{b})$

$a_i=\mathrm{hardlim}(n_i)=\mathrm{hardlim}({}_i\boldsymbol{w}^{\mathrm{T}}\boldsymbol{p}+b_i)$

决策边界

$${}_i\boldsymbol{w}^{\mathrm{T}}\boldsymbol{p}+b_i=0$$

决策边界总与权值向量正交。

单层感知机只能对线性可分的向量进行分类。

感知机学习规则

$$\boldsymbol{W}^{\text{new}} = \boldsymbol{W}^{\text{old}} + \boldsymbol{e}\boldsymbol{p}^{\text{T}}$$

$$\boldsymbol{b}^{\text{new}} = \boldsymbol{b}^{\text{old}} + \boldsymbol{e}$$

4-20 $$\boldsymbol{e} = \boldsymbol{t} - \boldsymbol{a}$$

4.4 例题

P4.1 请画出图 P4.1 中三个简单分类问题的决策边界。求使得单神经元感知机有这样决策边界对应的权值和偏置值。

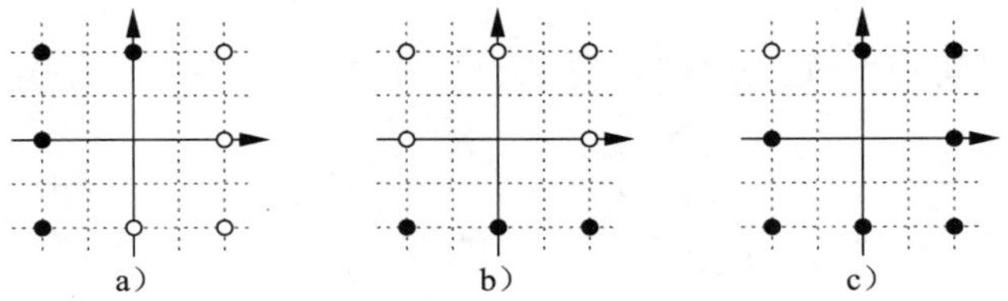

图 P4.1 简单的分类问题

解 首先在黑色数据点集和空心数据点集之间画一条直线将它们分开。

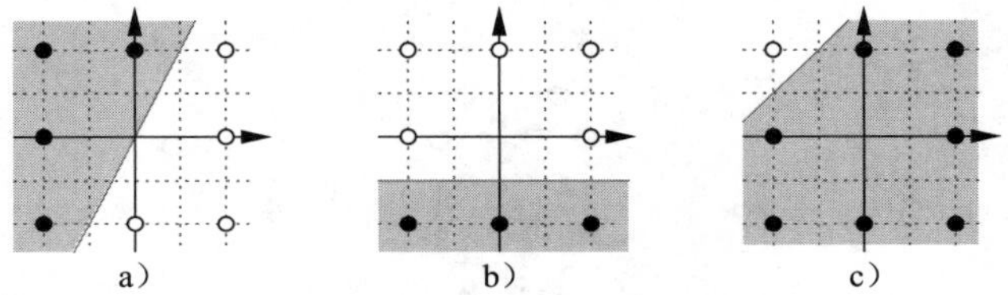

下一步求解相应的权值和偏置值。权值向量必须与决策边界正交，并指向类 1(黑色圆点)一方，权值向量的长度则可以任意选择。

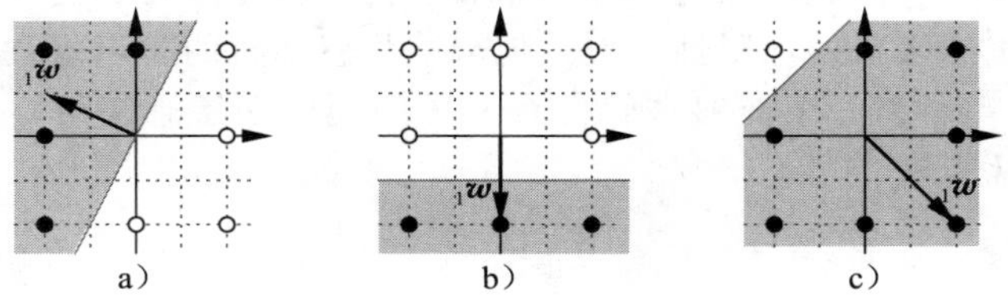

下面是选出的一组权值向量：

4-21 (a) ${}_1\boldsymbol{w}^{\text{T}} = [-2 \quad 1]$， (b) ${}_1\boldsymbol{w}^{\text{T}} = [0 \quad -2]$， (c) ${}_1\boldsymbol{w}^{\text{T}} = [2 \quad -2]$

为求解每个感知机的偏置值，可在决策边界上选择满足式(4.15)的点：

$${}_1\boldsymbol{w}^{\text{T}}\boldsymbol{p} + b = 0$$

$$b = -{}_1\boldsymbol{w}^{\text{T}}\boldsymbol{p}$$

计算得到如下三个偏置值：

$$\text{(a) } b = -[-2 \quad 1]\begin{bmatrix}0\\0\end{bmatrix} = 0,\quad \text{(b) } b = -[0 \quad -2]\begin{bmatrix}0\\-1\end{bmatrix} = -2,$$

$$\text{(c) } b = -[2 \quad -2]\begin{bmatrix}-2\\1\end{bmatrix} = 6$$

我们利用问题所给出的数据点来验证这些解。下面用输入向量 $\boldsymbol{p} = [-2 \quad 2]^{\text{T}}$ 来验证第一个网络：

$$a = \text{hardlim}({}_1\boldsymbol{w}^{\mathrm{T}}\boldsymbol{p} + b) = \text{hardlim}\left(\begin{bmatrix}-2 & 1\end{bmatrix}\begin{bmatrix}-2\\2\end{bmatrix} + 0\right)$$
$$= \text{hardlim}(6) = 1$$

MATLAB 练习 读者可以利用 MATLAB 对这些数据进行自动验证，还可以对另外的数据进行测试。例如，使用第一个网络对一个不在原问题中的数据点进行分类：

```
w=[-2 1]; b = 0;
a = hardlim(w*[1;1]+b)
a =
      0
```

P4.2 将下面定义的分类问题转换为由约束权值和偏置值的不等式组所定义的等价问题。

$$\left\{\boldsymbol{p}_1 = \begin{bmatrix}0\\2\end{bmatrix}, t_1 = 1\right\}\left\{\boldsymbol{p}_2 = \begin{bmatrix}1\\0\end{bmatrix}, t_2 = 1\right\}$$
$$\left\{\boldsymbol{p}_3 = \begin{bmatrix}0\\-2\end{bmatrix}, t_3 = 0\right\}\left\{\boldsymbol{p}_4 = \begin{bmatrix}2\\0\end{bmatrix}, t_4 = 0\right\}$$

4-22

解 每个目标 t_i 表明了相应于 $\boldsymbol{p}_i$ 的净输入是小于 0 还是大于等于 0。比如，由于 t_1 是 1，则相应于 $\boldsymbol{p}_1$ 的净输入一定大于等于 0。因此，可以得到下列不等式：

$$\boldsymbol{W}\boldsymbol{p}_1 + b \geqslant 0$$
$$0w_{1,1} + 2w_{1,2} + b \geqslant 0$$
$$2w_{1,2} + b \geqslant 0$$

对输入/目标对 $\{\boldsymbol{p}_2, t_2\}$、$\{\boldsymbol{p}_3, t_3\}$ 和 $\{\boldsymbol{p}_4, t_4\}$ 应用上述过程，可得到如下一组不等式：

$$2w_{1,2} + b \geqslant 0 \quad \text{(i)}$$
$$w_{1,1} + b \geqslant 0 \quad \text{(ii)}$$
$$-2w_{1,2} + b < 0 \quad \text{(iii)}$$
$$2w_{1,1} + b < 0 \quad \text{(iv)}$$

解不等式组比解方程组要困难，其难点在于通常情况下不等式组都有无数个解（就像是线性可分的分类问题通常有无数条线性决策边界一样）。

不过，由于这个问题比较简单，所以可以通过画出由不等式组定义的解空间来求解。注意 $w_{1,1}$ 仅出现在不等式(ii)和(iv)中，而 $w_{1,2}$ 仅出现在不等式(i)和(iii)中。所以，两组不等式可用如下两个图来表示：

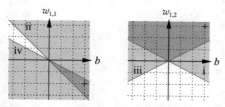

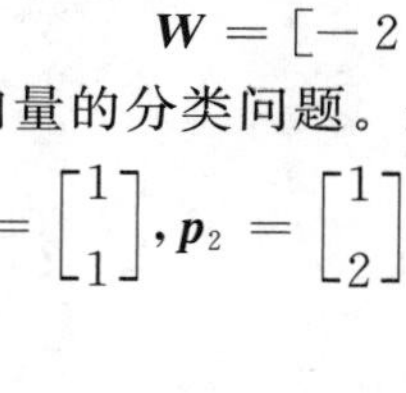

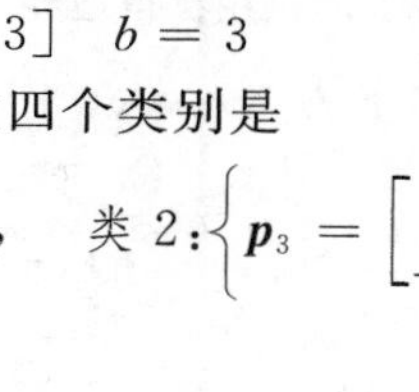

任何落于暗灰色区域中的权值和偏置值都可作为此分类问题的解。其中一个解为：

$$\boldsymbol{W} = \begin{bmatrix}-2 & 3\end{bmatrix} \quad b = 3$$

4-23

P4.3 考虑具有四类输入向量的分类问题。这四个类别是

$$\text{类 1}:\left\{\boldsymbol{p}_1 = \begin{bmatrix}1\\1\end{bmatrix}, \boldsymbol{p}_2 = \begin{bmatrix}1\\2\end{bmatrix}\right\}, \quad \text{类 2}:\left\{\boldsymbol{p}_3 = \begin{bmatrix}2\\-1\end{bmatrix}, \boldsymbol{p}_4 = \begin{bmatrix}2\\0\end{bmatrix}\right\}$$

$$类\ 3:\left\{p_5=\begin{bmatrix}-1\\2\end{bmatrix},p_6=\begin{bmatrix}-2\\1\end{bmatrix}\right\},\quad 类\ 4:\left\{p_7=\begin{bmatrix}-1\\-1\end{bmatrix},p_8=\begin{bmatrix}-2\\-2\end{bmatrix}\right\}$$

试设计一种感知机网络求解此问题。

解 由于包含 S 个神经元的感知机可对 2^S 个类别进行分类，所以求解这一包含四个类别的分类问题至少需要两个神经元。这种双神经元的感知机如图 P4.2 所示。

首先将这些输入向量画在图 P4.3 中，用○表示第 1 类输入向量，用□表示第 2 类输入向量，用●表示第 3 类输入向量，用■表示第 4 类输入向量。

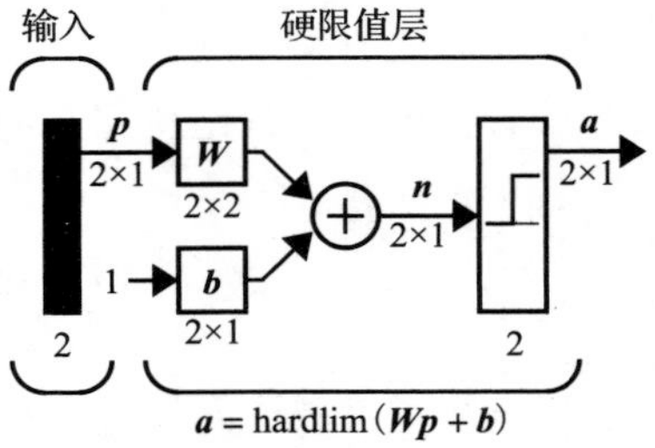

图 P4.2 双神经元的感知机

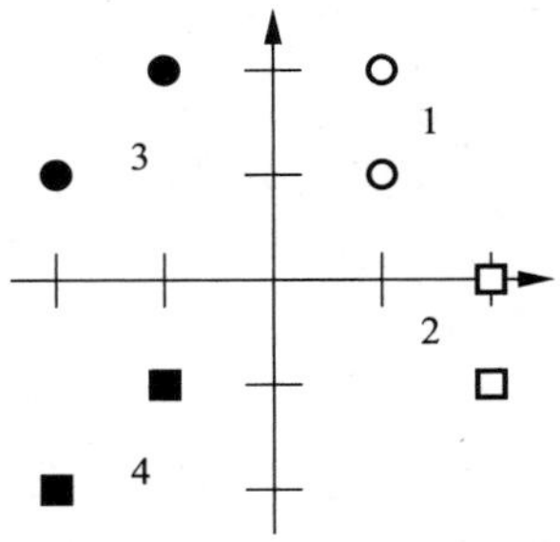

图 P4.3 例题 P4.3 的输入向量

双神经元感知机可以生成两条决策边界。因此，为了将输入空间分为四类，我们需要有一条决策边界将四类输入分为两组，每组分别包含两类输入。而另一条决策边界必须能够将各类输入区分开。图 P4.4 展示了两条满足以上条件的边界。可知该

4-24 问题的模式是线性可分的。

权值向量必须与决策边界正交，且指向神经元输出为 1 的区域。下一步将确定每条边界的哪一边应该输出 1。图 P4.5 中给出了一种形式。图中浅色阴影部分表示存在神经元输出为 1 的输入区域，而深色阴影表示两个神经元的输出部分都为 1 的输入区域。请注意，这个解对应的目标值分别为：

$$类\ 1:\left\{t_1=\begin{bmatrix}0\\0\end{bmatrix},t_2=\begin{bmatrix}0\\0\end{bmatrix}\right\},\quad 类\ 2:\left\{t_3=\begin{bmatrix}0\\1\end{bmatrix},t_4=\begin{bmatrix}0\\1\end{bmatrix}\right\}$$

$$类\ 3:\left\{t_5=\begin{bmatrix}1\\0\end{bmatrix},t_6=\begin{bmatrix}1\\0\end{bmatrix}\right\},\quad 类\ 4:\left\{t_7=\begin{bmatrix}1\\1\end{bmatrix},t_8=\begin{bmatrix}1\\1\end{bmatrix}\right\}$$

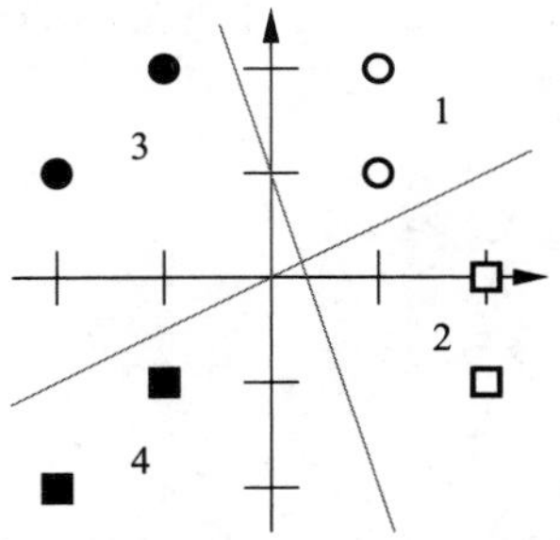

图 P4.4 例题 P4.3 的试用决策边界

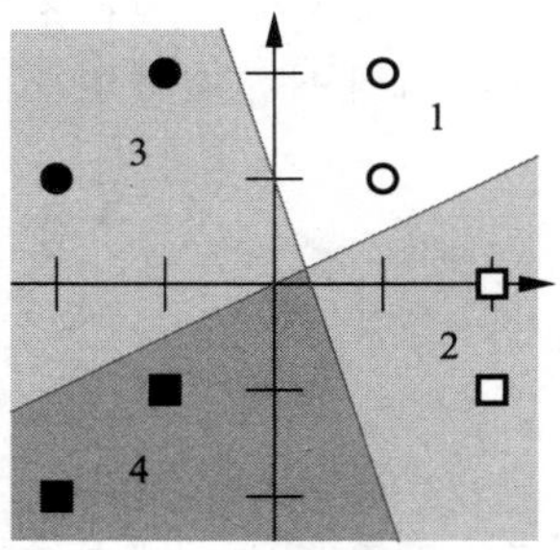

图 P4.5 例题 P4.3 的判定区域

4-25 可以选择权值向量为

$${}_1w=\begin{bmatrix}-3\\-1\end{bmatrix},\quad {}_2w=\begin{bmatrix}1\\-2\end{bmatrix}$$

请注意：权值向量的长度并不重要，关键是它们的方向。它们必须和决策边界正交。现在可以在决策边界上选择满足式(4.15)的一个点来计算偏置值：

$$b_1 = -{}_1\boldsymbol{w}^{\mathrm{T}}\boldsymbol{p} = -\begin{bmatrix}-3 & -1\end{bmatrix}\begin{bmatrix}0\\1\end{bmatrix} = 1$$

$$b_2 = -{}_2\boldsymbol{w}^{\mathrm{T}}\boldsymbol{p} = -\begin{bmatrix}1 & -2\end{bmatrix}\begin{bmatrix}0\\0\end{bmatrix} = 0$$

用矩阵方式可计算出

$$\boldsymbol{W} = \begin{bmatrix}{}_1\boldsymbol{w}^{\mathrm{T}}\\{}_2\boldsymbol{w}^{\mathrm{T}}\end{bmatrix} = \begin{bmatrix}-3 & -1\\1 & -2\end{bmatrix},\quad \boldsymbol{b} = \begin{bmatrix}1\\0\end{bmatrix}$$

这样就完成了感知机的设计。

P4.4 请用感知机学习规则求解如下分类问题。按顺序重复使用各个输入向量，直至最终求得问题的解，并在求出解后画出问题的图解。 4-26

$$\left\{\boldsymbol{p}_1 = \begin{bmatrix}2\\2\end{bmatrix}, t_1 = 0\right\}\left\{\boldsymbol{p}_2 = \begin{bmatrix}1\\-2\end{bmatrix}, t_2 = 1\right\}\left\{\boldsymbol{p}_3 = \begin{bmatrix}-2\\2\end{bmatrix}, t_3 = 0\right\}\left\{\boldsymbol{p}_4 = \begin{bmatrix}-1\\1\end{bmatrix}, t_4 = 1\right\}$$

请使用如下的初始权值和偏置值：

$$\boldsymbol{W}(0) = \begin{bmatrix}0 & 0\end{bmatrix} \quad b(0) = 0$$

解 首先利用初始的权值和偏置值计算第一个输入向量 $\boldsymbol{p}_1$ 的感知机输出 a：

$$a = \mathrm{hardlim}(\boldsymbol{W}(0)\boldsymbol{p}_1 + b(0))$$
$$= \mathrm{hardlim}\left(\begin{bmatrix}0 & 0\end{bmatrix}\begin{bmatrix}2\\2\end{bmatrix} + 0\right) = \mathrm{hardlim}(0) = 1$$

感知机实际输出值 a 不等于输入向量 $\boldsymbol{p}_1$ 的目标值 t_1，因此按学习规则根据误差求解新的权值和偏置值：

$$e = t_1 - a = 0 - 1 = -1$$
$$\boldsymbol{W}(1) = \boldsymbol{W}(0) + e\boldsymbol{p}_1^{\mathrm{T}} = \begin{bmatrix}0 & 0\end{bmatrix} + (-1)\times\begin{bmatrix}2 & 2\end{bmatrix} = \begin{bmatrix}-2 & -2\end{bmatrix}$$
$$b(1) = b(0) + e = 0 + (-1) = -1$$

再用更新的权值和偏置值计算输入向量为 $\boldsymbol{p}_2$ 时网络的输出：

$$a = \mathrm{hardlim}(\boldsymbol{W}(1)\boldsymbol{p}_2 + b(1))$$
$$= \mathrm{hardlim}\left(\begin{bmatrix}-2 & -2\end{bmatrix}\begin{bmatrix}1\\-2\end{bmatrix} - 1\right) = \mathrm{hardlim}(1) = 1$$

这次感知机的实际输出 a 等于输入向量 $\boldsymbol{p}_2$ 的目标值 t_2。根据感知机的学习规则可知，不修改权值和偏置值：

$$\boldsymbol{W}(2) = \boldsymbol{W}(1)$$
$$b(2) = b(1)$$

现在处理第三个输入向量： 4-27

$$a = \mathrm{hardlim}(\boldsymbol{W}(2)\boldsymbol{p}_3 + b(2))$$
$$= \mathrm{hardlim}\left(\begin{bmatrix}-2 & -2\end{bmatrix}\begin{bmatrix}-2\\2\end{bmatrix} - 1\right) = \mathrm{hardlim}(-1) = 0$$

可以看出感知机的实际输出值等于输入向量 $\boldsymbol{p}_3$ 的目标值 t_3，同样不修改权值和偏置值。

$$\boldsymbol{W}(3) = \boldsymbol{W}(2)$$

$$b(3) = b(2)$$

再看最后一个向量 $\boldsymbol{p}_4$：

$$a = \text{hardlim}(\boldsymbol{W}(3)\boldsymbol{p}_4 + b(3)) = \text{hardlim}\left(\begin{bmatrix}-2 & -2\end{bmatrix}\begin{bmatrix}-1\\1\end{bmatrix} - 1\right) = \text{hardlim}(-1) = 0$$

感知机当前的实际输出值 a 不等于输入向量 $\boldsymbol{p}_4$ 的目标值 t_4。所以，根据感知机的学习规则将对权值 $\boldsymbol{W}$ 和偏置值 b 进行修改：

$$e = t_4 - a = 1 - 0 = a$$

$$\boldsymbol{W}(4) = \boldsymbol{W}(3) + e\boldsymbol{p}_4^{\mathrm{T}} = \begin{bmatrix}-2 & -2\end{bmatrix} + 1 \times \begin{bmatrix}-1 & 1\end{bmatrix} = \begin{bmatrix}-3 & -1\end{bmatrix}$$

$$b(4) = b(3) + e = -1 + 1 = 0$$

再次检测第一个输入向量 $\boldsymbol{p}_1$。感知机这次的实际输出值 a 等于第一个输入向量 $\boldsymbol{p}_1$ 的目标值 t_1。

$$a = \text{hardlim}(\boldsymbol{W}(4)\boldsymbol{p}_1 + b(4)) = \text{hardlim}\left(\begin{bmatrix}-3 & -1\end{bmatrix}\begin{bmatrix}2\\2\end{bmatrix} + 0\right) = \text{hardlim}(-8) = 0$$

那么权值和偏置值不改变。

$$\boldsymbol{W}(5) = \boldsymbol{W}(4)$$

4-28

$$b(5) = b(4)$$

第二次输入向量 $\boldsymbol{p}_2$ 后，感知机的实际输出和目标输出之间存在误差，所以又需修改权值和偏置值：

$$a = \text{hardlim}(\boldsymbol{W}(5)\boldsymbol{p}_2 + b(5)) = \text{hardlim}\left(\begin{bmatrix}-3 & -1\end{bmatrix}\begin{bmatrix}1\\-2\end{bmatrix} + 0\right) = \text{hardlim}(-1) = 0$$

各参数的值更新为：

$$e = t_2 - a = 1 - 0 = 1$$

$$\boldsymbol{W}(6) = \boldsymbol{W}(5) + e\boldsymbol{p}_2^{\mathrm{T}} = \begin{bmatrix}-3 & -1\end{bmatrix} + 1 \times \begin{bmatrix}1 & -2\end{bmatrix} = \begin{bmatrix}-2 & -3\end{bmatrix}$$

$$b(6) = b(5) + e = 0 + 1 = 1$$

重复上述过程，再次处理每个输入向量，没有误差产生。

$$a = \text{hardlim}(\boldsymbol{W}(6)\boldsymbol{p}_3 + b(6)) = \text{hardlim}\left(\begin{bmatrix}-2 & -3\end{bmatrix}\begin{bmatrix}-2\\2\end{bmatrix} + 1\right) = 0 = t_3$$

$$a = \text{hardlim}(\boldsymbol{W}(6)\boldsymbol{p}_4 + b(6)) = \text{hardlim}\left(\begin{bmatrix}-2 & -3\end{bmatrix}\begin{bmatrix}-1\\1\end{bmatrix} + 1\right) = 1 = t_4$$

$$a = \text{hardlim}(\boldsymbol{W}(6)\boldsymbol{p}_1 + b(6)) = \text{hardlim}\left(\begin{bmatrix}-2 & -3\end{bmatrix}\begin{bmatrix}2\\2\end{bmatrix} + 1\right) = 0 = t_1$$

$$a = \text{hardlim}(\boldsymbol{W}(6)\boldsymbol{p}_2 + b(6)) = \text{hardlim}\left(\begin{bmatrix}-2 & -3\end{bmatrix}\begin{bmatrix}1\\-2\end{bmatrix} + 1\right) = 1 = t_2$$

这时算法收敛。最终的解为：

$$\boldsymbol{W} = \begin{bmatrix}-2 & -3\end{bmatrix} \quad b = 1$$

可以画出训练数据和最终决策边界。决策边界为：

$$n = \boldsymbol{W}\boldsymbol{p} + b = w_{1,1}p_1 + w_{1,2}p_2 + b = -2p_1 - 3p_2 + 1 = 0$$

令 $p_1 = 0$，可以求得决策边界在坐标轴 p_2 上的截距为：

4-29

$$p_2 = -\frac{b}{w_{1,2}} = -\frac{1}{-3} = \frac{1}{3}, \quad p_1 = 0$$

令 $p_2=0$，同样可以求得决策边界在坐标轴 p_1 上的截距为：

$$p_1=-\frac{b}{w_{1,1}}=-\frac{1}{-2}=\frac{1}{2},\quad p_2=0$$

求解得到的决策边界如图 P4.6 所示。

请注意：上述决策边界刚好穿过一个训练向量。这是可以的，因为该问题中使用了硬限值函数，当其输入为 0 时，函数值为 1，在例题中，该向量的目标值就是 1。

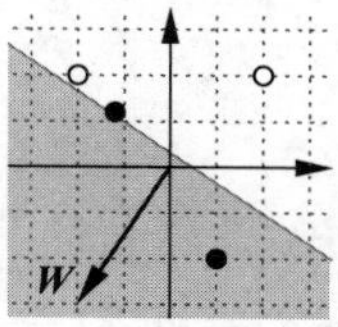

图 P4.6 例题 P4.4 的决策边界

P4.5 再次考虑例题 P4.3 中的四类判定问题。利用感知机学习规则训练一种感知机网络来求解这个问题。

解 如果采用与例题 P4.3 中相同的目标向量，训练集为：

$$\left\{\boldsymbol{p}_1=\begin{bmatrix}1\\1\end{bmatrix},\boldsymbol{t}_1=\begin{bmatrix}0\\0\end{bmatrix}\right\}\quad\left\{\boldsymbol{p}_2=\begin{bmatrix}1\\2\end{bmatrix},\boldsymbol{t}_2=\begin{bmatrix}0\\0\end{bmatrix}\right\}\quad\left\{\boldsymbol{p}_3=\begin{bmatrix}2\\-1\end{bmatrix},\boldsymbol{t}_3=\begin{bmatrix}0\\1\end{bmatrix}\right\}$$

$$\left\{\boldsymbol{p}_4=\begin{bmatrix}2\\0\end{bmatrix},\boldsymbol{t}_4=\begin{bmatrix}0\\1\end{bmatrix}\right\}\quad\left\{\boldsymbol{p}_5=\begin{bmatrix}-1\\2\end{bmatrix},\boldsymbol{t}_5=\begin{bmatrix}1\\0\end{bmatrix}\right\}\quad\left\{\boldsymbol{p}_6=\begin{bmatrix}-2\\1\end{bmatrix},\boldsymbol{t}_6=\begin{bmatrix}1\\0\end{bmatrix}\right\}$$

$$\left\{\boldsymbol{p}_7=\begin{bmatrix}-1\\-1\end{bmatrix},\boldsymbol{t}_7=\begin{bmatrix}1\\1\end{bmatrix}\right\}\left\{\boldsymbol{p}_8=\begin{bmatrix}-2\\-2\end{bmatrix},\boldsymbol{t}_8=\begin{bmatrix}1\\1\end{bmatrix}\right\}$$

假设算法的初始权值和偏置值分别为：

$$\boldsymbol{W}(0)=\begin{bmatrix}1&0\\0&1\end{bmatrix},\quad \boldsymbol{b}(0)=\begin{bmatrix}1\\1\end{bmatrix}$$

第 1 次迭代结果为： 4-30

$$\boldsymbol{a}=\text{hardlim}(\boldsymbol{W}(0)\boldsymbol{p}_1+\boldsymbol{b}(0))=\text{hardlim}\left(\begin{bmatrix}1&0\\0&1\end{bmatrix}\begin{bmatrix}1\\1\end{bmatrix}+\begin{bmatrix}1\\1\end{bmatrix}\right)=\begin{bmatrix}1\\1\end{bmatrix}$$

$$\boldsymbol{e}=\boldsymbol{t}_1-\boldsymbol{a}=\begin{bmatrix}0\\0\end{bmatrix}-\begin{bmatrix}1\\1\end{bmatrix}=\begin{bmatrix}-1\\-1\end{bmatrix}$$

$$\boldsymbol{W}(1)=\boldsymbol{W}(0)+\boldsymbol{e}\boldsymbol{p}_1^{\mathrm{T}}=\begin{bmatrix}1&0\\0&1\end{bmatrix}+\begin{bmatrix}-1\\-1\end{bmatrix}\begin{bmatrix}1&1\end{bmatrix}=\begin{bmatrix}0&-1\\-1&0\end{bmatrix}$$

$$\boldsymbol{b}(1)=\boldsymbol{b}(0)+\boldsymbol{e}=\begin{bmatrix}1\\1\end{bmatrix}+\begin{bmatrix}-1\\-1\end{bmatrix}=\begin{bmatrix}0\\0\end{bmatrix}$$

第 2 次迭代的结果为：

$$\boldsymbol{a}=\text{hardlim}(\boldsymbol{W}(1)\boldsymbol{p}_2+\boldsymbol{b}(1))=\text{hardlim}\left(\begin{bmatrix}0&-1\\-1&0\end{bmatrix}\begin{bmatrix}1\\2\end{bmatrix}+\begin{bmatrix}0\\0\end{bmatrix}\right)=\begin{bmatrix}0\\0\end{bmatrix}$$

$$\boldsymbol{e}=\boldsymbol{t}_2-\boldsymbol{a}=\begin{bmatrix}0\\0\end{bmatrix}-\begin{bmatrix}0\\0\end{bmatrix}=\begin{bmatrix}0\\0\end{bmatrix}$$

$$\boldsymbol{W}(2)=\boldsymbol{W}(1)+\boldsymbol{e}\boldsymbol{p}_2^{\mathrm{T}}=\begin{bmatrix}0&-1\\-1&0\end{bmatrix}+\begin{bmatrix}0\\0\end{bmatrix}\begin{bmatrix}1&2\end{bmatrix}=\begin{bmatrix}0&-1\\-1&0\end{bmatrix}$$

$$\boldsymbol{b}(2)=\boldsymbol{b}(1)+\boldsymbol{e}=\begin{bmatrix}0\\0\end{bmatrix}+\begin{bmatrix}0\\0\end{bmatrix}=\begin{bmatrix}0\\0\end{bmatrix}$$

第 3 次迭代的结果为：

$$a = \text{hardlim}(W(2)p_3 + b(2)) = \text{hardlim}\left(\begin{bmatrix} 0 & -1 \\ -1 & 0 \end{bmatrix}\begin{bmatrix} 2 \\ -1 \end{bmatrix} + \begin{bmatrix} 0 \\ 0 \end{bmatrix}\right) = \begin{bmatrix} 1 \\ 0 \end{bmatrix}$$

4-31

$$e = t_3 - a = \begin{bmatrix} 0 \\ 1 \end{bmatrix} - \begin{bmatrix} 1 \\ 0 \end{bmatrix} = \begin{bmatrix} -1 \\ 1 \end{bmatrix}$$

$$W(3) = W(2) + ep_3^T = \begin{bmatrix} 0 & -1 \\ -1 & 0 \end{bmatrix} + \begin{bmatrix} -1 \\ 1 \end{bmatrix}\begin{bmatrix} 2 & -1 \end{bmatrix} = \begin{bmatrix} -2 & 0 \\ 1 & -1 \end{bmatrix}$$

$$b(3) = b(2) + e = \begin{bmatrix} 0 \\ 0 \end{bmatrix} + \begin{bmatrix} -1 \\ 1 \end{bmatrix} = \begin{bmatrix} -1 \\ 1 \end{bmatrix}$$

在第 4 次迭代到第 8 次迭代的过程中，权值和偏置向量均没有任何修改：

$$W(8) = W(7) = W(6) = W(5) = W(4) = W(3)$$

$$b(8) = b(7) = b(6) = b(5) = b(4) = b(3)$$

第 9 次迭代结果为：

$$a = \text{hardlim}(W(8)p_1 + b(8)) = \text{hardlim}\left(\begin{bmatrix} -2 & 0 \\ 1 & -1 \end{bmatrix}\begin{bmatrix} 1 \\ 1 \end{bmatrix} + \begin{bmatrix} -1 \\ 1 \end{bmatrix}\right) = \begin{bmatrix} 0 \\ 1 \end{bmatrix}$$

$$e = t_1 = a = \begin{bmatrix} 0 \\ 0 \end{bmatrix} - \begin{bmatrix} 0 \\ 1 \end{bmatrix} = \begin{bmatrix} 0 \\ -1 \end{bmatrix}$$

$$W(9) = W(8) + ep_1^T = \begin{bmatrix} -2 & 0 \\ 1 & -1 \end{bmatrix} + \begin{bmatrix} 0 \\ -1 \end{bmatrix}\begin{bmatrix} 1 & 1 \end{bmatrix} = \begin{bmatrix} -2 & 0 \\ 0 & -2 \end{bmatrix}$$

$$b(9) = b(8) + e = \begin{bmatrix} -1 \\ 1 \end{bmatrix} + \begin{bmatrix} 0 \\ -1 \end{bmatrix} = \begin{bmatrix} -1 \\ 0 \end{bmatrix}$$

由于所有的输入模式都被正确分类，这时算法已经收敛。最终的决策边界如图 P4.7所示。请读者将这个结果与例题 P4.3 中设计的网络相比较。

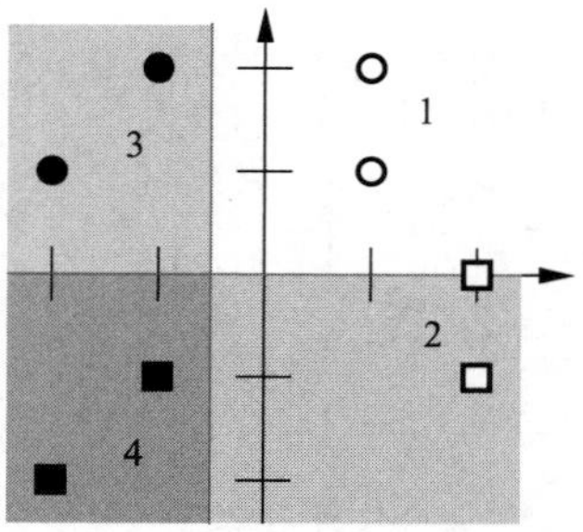

图 P4.7 例题 P4.5 最终的决策边界

4-32 ~ 4-33

4.5 结束语

本章介绍了我们的第一个学习规则——感知机学习规则。感知机学习规则属于有监督学习类型。将一组正确反映网络行为的样本输入网络，当每个样本都输入网络后，该规则调整网络参数，使网络的实际输出逐步接近相应的目标。

感知机的学习规则非常简单，但它的功能十分强大。前面已经证明：只要问题的解存在，那么学习规则总能收敛到正确的解上。感知机的不足并不在于它的学习规则，而是在于其简单的网络结构。标准的感知机模型只能对线性可分的向量进行分类。本书的第 11 章将会把感知机结构扩展到多层感知机，以求解任意的分类问题。在第 11 章介绍的反向传播学习规则可以用于训练这些网络。

第 3 章和第 4 章使用了线性代数的许多概念，如内积、投影、距离(范数)等。在后面各章，读者将会发现良好的线性代数基础对理解神经网络模型是十分必要的。第 5 章和第 6 章将回顾一些对学习神经网络最为重要的线性代数的关键概念，目的是为深入理解神经网络奠定良好的基础知识。 4-34

4.6 扩展阅读

[BaSu83] A. Barto，R. Sutton and C. Anderson，"Neuron-like adaptive elements can solve difficult learning control problems，" IEEE Transactions on Systems，Man and Cybernetics，Vol. 13，No. 5，pp. 834-846，1983.

一篇采用增强学习算法训练神经网络来平衡逆向振荡的经典论文。

[Brog91] W. L. Brogan，Modern Control Theory，3rd Ed.，Englewood Cliffs，NJ：Prentice-Hall，1991.

这是一本关于线性系统的佳作，书的前半部分致力于讨论线性代数。此外关于线性微分方程求解以及线性和非线性系统的稳定性部分也不错，书中还包含了许多例题。

[McPi43] W. McCulloch and W. Pitts，"A logical calculus of the ideas immanent in nervous activity，" Bulletin of Mathematical Biophysics，Vol. 5，pp. 115-133，1943.

这篇论文介绍了神经元的第一个数学模型。这个模型通过比较多个输入信号的加权和与阈值来决定是否激发该神经元。

[MiPa69] M. Minsky and S. Papert，Perceptrons，Cambridge，MA：MIT Press，1969.

这本标志性著作第一次严谨地研究了感知机的学习能力。通过严格的论述，阐述了感知机的局限性，以及克服该局限性的方法。但是，该书悲观地认为感知机的局限性意味着神经网络研究是没有前景的。这一失实的观点为后续若干年的神经网络研究和基金资助造成了极大的负面影响。

[Rose58] F. Rosenblatt，"The perceptron：A probabilistic model for information storage and organization in the brain，" Psychological Review，Vol. 65，pp. 386-408，1958.

Rosenblatt 提出了第一个实际的神经网络模型：感知机。 4-35

[Rose61] F. Rosenblatt，Principles of Neurodynamics，Washington DC：Spartan Press，1961.

首批关于神经计算的书之一。

[WhSo92] D. White and D. Sofge（Eds.），Handbook of Intelligent Control，New York：Van Nostrand Reinhold，1992.

该书收集了当时一些关于控制系统中的神经网络和模糊逻辑的研究和应用方面的论文。 4-36

4.7 习题

E4.1 考虑下面定义的分类问题：

$$\left\{\boldsymbol{p}_1=\begin{bmatrix}-1\\1\end{bmatrix},t_1=1\right\}\quad\left\{\boldsymbol{p}_2=\begin{bmatrix}0\\0\end{bmatrix},t_2=1\right\}\quad\left\{\boldsymbol{p}_3=\begin{bmatrix}1\\-1\end{bmatrix},t_3=1\right\}$$

$$\left\{\boldsymbol{p}_4=\begin{bmatrix}1\\0\end{bmatrix},t_4=0\right\}\quad\left\{\boldsymbol{p}_5=\begin{bmatrix}0\\1\end{bmatrix},t_5=0\right\}$$

i. 画出能求解此问题的单神经元感知机结构图。其中需要多少个输入？

ii. 画出输入数据点的分布图，根据它们的目标值区别标记。这个问题能用你在问题 i 中设计的网络来解决吗？为什么？

E4.2 考虑下面定义的分类问题：

$$\left\{\boldsymbol{p}_1=\begin{bmatrix}-1\\1\end{bmatrix},t_1=1\right\}\left\{\boldsymbol{p}_2=\begin{bmatrix}-1\\-1\end{bmatrix},t_2=1\right\}\left\{\boldsymbol{p}_3=\begin{bmatrix}0\\0\end{bmatrix},t_3=0\right\}\left\{\boldsymbol{p}_4=\begin{bmatrix}1\\0\end{bmatrix},t_4=0\right\}$$

i. 设计一个单神经元感知机来求解此问题。选择垂直于决策边界的权值向量，设计该网络结构图。

ii. 用这四个输入向量来验证 i。

iii. MATLAB 练习 用你设计的网络对下列向量分类。手写验证或用 MATLAB 验证均可。

$$\boldsymbol{p}_5=\begin{bmatrix}-2\\0\end{bmatrix}\quad \boldsymbol{p}_6=\begin{bmatrix}1\\1\end{bmatrix}\quad \boldsymbol{p}_7=\begin{bmatrix}0\\1\end{bmatrix}\quad \boldsymbol{p}_8=\begin{bmatrix}-1\\-2\end{bmatrix}$$

iv. 无论 $\boldsymbol{W}$ 和 b 取何值，在问题 iii 中的哪个向量总是被分为同一类？哪个向量又会随着 $\boldsymbol{W}$ 和 b 值的改变而改变分类？为什么？

E4.3 用解不等式的方法（参考例题 P4.2）来解决习题 E4.2 中的分类问题，并重做习题 E4.2 的问题 ii 和 iii。（此时的解法比 P4.2 更复杂一些，因为无法以成对的方式分
4-37 离权值和偏置值。）

E4.4 采用如下的初始参数值，应用感知机规则，求解习题 E4.2 的分类问题，并重做习题 E4.2 的问题 ii 和 iii。

$$\boldsymbol{W}(0)=\begin{bmatrix}0 & 0\end{bmatrix}\quad b(0)=0$$

E4.5 通过数学推导（非画图方式）证明两输入/单神经元感知机无法解决如下分类问题。

$$\left\{\boldsymbol{p}_1=\begin{bmatrix}-1\\1\end{bmatrix},t_1=1\right\}\left\{\boldsymbol{p}_2=\begin{bmatrix}-1\\-1\end{bmatrix},t_2=0\right\}\left\{\boldsymbol{p}_3=\begin{bmatrix}1\\-1\end{bmatrix},t_3=1\right\}\left\{\boldsymbol{p}_4=\begin{bmatrix}1\\1\end{bmatrix},t_4=0\right\}$$

（提示：先将输入/目标的需求写成约束权值和偏置值的不等式。）

E4.6 有四个类别的向量：

$$\text{类 I}:\left\{\begin{bmatrix}-1\\1\end{bmatrix},\begin{bmatrix}-1\\0\end{bmatrix}\right\},\quad \text{类 II}:\left\{\begin{bmatrix}0\\2\end{bmatrix},\begin{bmatrix}1\\2\end{bmatrix}\right\}$$

$$\text{类 III}:\left\{\begin{bmatrix}2\\0\end{bmatrix},\begin{bmatrix}2\\1\end{bmatrix}\right\},\quad \text{类 IV}:\left\{\begin{bmatrix}1\\-1\end{bmatrix},\begin{bmatrix}0\\-1\end{bmatrix}\right\}$$

i. 设计一个由双神经元构成的感知机网络（单层）来对这四类向量进行分类。画出决策边界。

ii. 画出网络结构图。

iii. 现将下面的向量加入类 I：

$$\begin{bmatrix}-1\\-3\end{bmatrix}$$

将此向量代入感知机学习规则并迭代一次（使用你在问题 i 中确定的权值）。重新画出决策边界。

E4.7 有两类向量，类 I 包括

4-38 $$\left\{\begin{bmatrix}0\\0\end{bmatrix},\begin{bmatrix}-1\\0\end{bmatrix},\begin{bmatrix}0\\1\end{bmatrix}\right\}$$

类Ⅱ包括

$$\left\{\begin{bmatrix}-1\\1\end{bmatrix},\begin{bmatrix}0\\2\end{bmatrix},\begin{bmatrix}-2\\0\end{bmatrix}\right\}$$

i. 设计一个单神经元感知机网络对上面的向量进行分类。

ii. 画出网络结构图。

iii. 画出决策边界。

iv. 若将下面的向量加入类Ⅰ，你设计的神经网络是否还能正确分类？请通过计算网络的响应来证明。

$$\begin{bmatrix}-3\\0\end{bmatrix}$$

v. 是否能通过改变权值和偏置值使得网络能够对这个新向量进行正确分类(同时保证其他的向量分类正确)？试说明。

E4.8 使用下面的训练集训练一个感知机网络：

$$\left\{\boldsymbol{p}_1=\begin{bmatrix}-1\\-1\end{bmatrix},t_1=0\right\}\left\{\boldsymbol{p}_2=\begin{bmatrix}0\\0\end{bmatrix},t_2=0\right\}\left\{\boldsymbol{p}_3=\begin{bmatrix}-1\\1\end{bmatrix},t_3=1\right\}$$

初始权值和偏置值为：

$$\boldsymbol{W}(0)=[0\quad 0]\quad b(0)=0.5$$

i. 画出初始的决策边界、权值向量和输入/目标对。哪种模式可以在使用初始权值和偏置的情况下正确分类？

ii. 使用感知机规则训练网络，依次代入每个向量。

iii. 画出最终的决策边界，并画图证明哪个输入/目标对被正确分类。

iv. 无论使用任何初始权值，感知机规则(假设迭代足够多次)是否总能对训练集的所有输入/目标对进行正确分类？试详细说明。 4-39

E4.9 使用下面的训练集训练一个感知机网络：

$$\left\{\boldsymbol{p}_1=\begin{bmatrix}1\\0\end{bmatrix},t_1=0\right\}\left\{\boldsymbol{p}_2=\begin{bmatrix}-1\\2\end{bmatrix},t_2=0\right\}\left\{\boldsymbol{p}_3=\begin{bmatrix}1\\2\end{bmatrix},t_3=1\right\}$$

初始参数为：

$$\boldsymbol{W}(0)=[0\quad 1],\quad b(0)=1$$

i. 画出初始的决策边界，并标出权值向量和三个训练集输入向量 $\boldsymbol{p}_1$、$\boldsymbol{p}_2$、$\boldsymbol{p}_3$。指出每个输入向量的分类，并标出哪些向量能够被初始决策边界正确分类。

ii. 将 $\boldsymbol{p}_1$ 输入网络，并迭代一次感知机规则。

iii. 画出新的决策边界和权值向量，并标出三个输入向量中哪些被正确分类。

iv. 将 $\boldsymbol{p}_2$ 代入网络，再用感知机规则进行一次迭代。

v. 再画出新的决策边界和权值向量，并标出此时三个输入向量中哪些被正确分类。

vi. 如果继续迭代感知机规则，并多次代入输入/目标对，网络最终能否正确分类？请说明原因(这一问不需要计算)。

E4.10 对称硬限值函数 hardlims 有时会用在感知机中，代替硬限值函数 hardlim。目标值也将变成在集合[−1，1]中取值，而不是在集合[0，1]中取值。

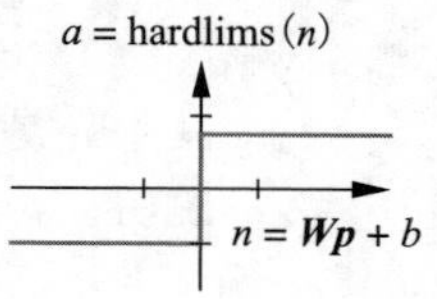

i. 写出分别将有序集[0，1]的数映射到有序集[−1，1]的简单

表达式，以及执行逆映射的表达式。

ii. 考虑两个具有相同权值和偏置值的单神经元感知机。第一个感知机采用在集合[0，1]中取值的硬限值函数 hardlim，第二个感知机采用对称硬限值函数 hardlims。如果提交给两个网络的输入向量都是 $\boldsymbol{p}$，并按照感知机学习规则更新，它们的权值是否仍相同？

4-40 iii. 如果这两个神经元的权值变化不同，那么它们有什么不同？为什么？

iv. 给定采用标准硬限值函数的感知机的初始权值和偏置值，试为采用对称硬限值函数的感知机构造一个初始化方法，使得这两个神经元能够对相同的训练数据做出相同的响应。

E4.11 **MATLAB 练习** 下面定义的有序集是通过测量 Fuzzy Wuzzy 动物玩具工厂的玩具兔和玩具熊的重量和耳朵的长度得到的。目标值 0 和 1 分别表示对应的输入向量来自玩具兔和玩具熊。输入向量的第一个元素是玩具重量，第二个元素是玩具耳朵的长度。

$$\left\{\boldsymbol{p}_1=\begin{bmatrix}1\\4\end{bmatrix},t_1=0\right\}\left\{\boldsymbol{p}_2=\begin{bmatrix}1\\5\end{bmatrix},t_2=0\right\}\left\{\boldsymbol{p}_3=\begin{bmatrix}2\\4\end{bmatrix},t_3=0\right\}\left\{\boldsymbol{p}_4=\begin{bmatrix}2\\5\end{bmatrix},t_4=0\right\}$$

$$\left\{\boldsymbol{p}_5=\begin{bmatrix}3\\1\end{bmatrix},t_5=1\right\}\left\{\boldsymbol{p}_6=\begin{bmatrix}3\\2\end{bmatrix},t_6=1\right\}\left\{\boldsymbol{p}_7=\begin{bmatrix}4\\1\end{bmatrix},t_7=1\right\}\left\{\boldsymbol{p}_8=\begin{bmatrix}4\\2\end{bmatrix},t_8=1\right\}$$

i. 用 MATLAB 初始化并训练一个网络解决该实际问题。

ii. 用 MATLAB 和输入向量来验证所求得的权值和偏置值。

iii. 增加训练集的输入向量，来确保任何解的决策边界都不会与任何最初的输入向量重合(即保证只会得到鲁棒性解)，然后重新训练网络。所设计的增加输入向量的方法应具有通用性(不能只针对解决此问题)。

E4.12 重新考虑例题 P4.3 和 P4.5 的四类别分类问题。假如将向量 $\boldsymbol{p}_3$ 改为

$$\boldsymbol{p}_3=\begin{bmatrix}2\\2\end{bmatrix}$$

i. 此时问题仍然是线性可分的吗？画图证明。

ii. **MATLAB 练习** 用MATLAB初始化并训练一个网络来解决此问题。并说明求解结果。

iii. 若 $\boldsymbol{p}_3$ 改为

4-41
$$\boldsymbol{p}_3=\begin{bmatrix}2\\1.5\end{bmatrix}$$

此时问题是否仍线性可分？

iv. 仍采用问题 iii 的 $\boldsymbol{p}_3$，用 MATLAB 初始化并训练一个网络来解决此问题。并解释求解结果。

E4.13 下面是一种变形的感知机学习规则：

$$\boldsymbol{W}^{\text{new}}=\boldsymbol{W}^{\text{old}}+\alpha\boldsymbol{e}\boldsymbol{p}^{\mathrm{T}}$$

$$\boldsymbol{b}^{\text{new}}=\boldsymbol{b}^{\text{old}}+\alpha\boldsymbol{e}$$

其中 α 是学习率。证明该算法的收敛性。请问该证明是否需要限制学习率？试

4-42 说明。

信号与权值向量空间

5.1 目标

从第 3、4 章可以看出，将神经网络的输入/输出以及权值矩阵的行看成向量形式非常有助于理解。本章将详细考察这些向量空间，回顾一些最有助于分析神经网络的向量空间性质。我们将从一般的定义出发，然后将这些定义应用到具体的神经网络问题上。本章及第 6 章中讨论的概念将广泛用于本书后续章节。它们对于理解神经网络为什么能工作是至关重要的。 5-1

5.2 理论与例子

线性代数是理解神经网络所需要的核心数学知识。在第 3、4 章中我们已经看到用向量表示神经网络的输入/输出所带来的便利。此外，我们也发现将权值矩阵的行看作输入空间中的向量通常是一种有用的方法。

回顾一下第 3 章中的 Hamming 网络，前馈层权值矩阵的行就是标准向量。实际上，前馈层的目的就是计算标准向量和输入向量的内积。

在单神经元感知机网络中决策边界总是正交于权值矩阵(一个行向量)。

本章将回顾与神经网络相关的向量空间的一些基本概念(比如内积、正交性)。这里将从向量空间的一般定义开始，介绍神经网络应用中最为有用的向量的基本性质。

首先说明一下记号方法。到目前为止所有涉及的向量都是有序的 n 元实数组(列)，并以小写黑体字母表示，例如：

$$\mathbf{x} = [x_1 \quad x_2 \quad \cdots \quad x_n]^{\mathrm{T}} \tag{5.1}$$

这些都是标准的 n 维欧氏空间$\mathfrak{R}^n$ 中的向量。此外，本章还会讨论比$\mathfrak{R}^n$ 空间更广义的向量空间。这些向量空间用手写字体来表示，比如$\mathcal{X}$。本章将会描述如何用一列数字来表示一般的向量。

5.2.1 线性向量空间

什么是向量空间？这里先给出一个一般的定义。这个定义可能会显得抽象，后面将给出一些具体的例子。使用一般化的定义可以解决更多类型的问题，并且可以加深对这些概念的理解。

一个线性向量空间 X，是一组定义在标量域 F 上的元素(向量)的集合，并且满足如下条件：

1) 向量加法：如果$\mathcal{X} \in X$($\mathcal{X}$是 X 的一个元素)并且 $\mathcal{Y} \in X$，那么$\mathcal{X} + \mathcal{Y} \in X$。 5-2

2) $\mathcal{X} + \mathcal{Y} = \mathcal{Y} + \mathcal{X}$

3) $(\mathcal{X} + \mathcal{Y}) + \mathcal{Z} = \mathcal{X} + (\mathcal{Y} + \mathcal{Z})$

4) 存在一个唯一的向量 $0 \in X$，称为零向量，对于所有的$\mathcal{X} \in X$，有$\mathcal{X} + 0 = \mathcal{X}$。

5) 对于每一个向量$\mathcal{X} \in X$，在 X 中存在唯一的向量$-\mathcal{X}$，使得$\mathcal{X} + (-\mathcal{X}) = 0$。

6）数乘：对于所有的标量 $a \in F$ 和所有的向量 $\boldsymbol{\chi} \in X$，有 $a\,\boldsymbol{\chi} \in X$。

7）对于任意的 $\boldsymbol{\chi} \in X$ 和标量 1，有 $1\,\boldsymbol{\chi} = \boldsymbol{\chi}$。

8）对于任意两个标量 $a \in F$ 和 $b \in F$ 以及任意的 $\boldsymbol{\chi} \in X$，有 $a(b\,\boldsymbol{\chi}) = (ab)\,\boldsymbol{\chi}$。

9）$(a+b)\,\boldsymbol{\chi} = a\,\boldsymbol{\chi} + b\,\boldsymbol{\chi}$

10）$a(\boldsymbol{\chi} + \boldsymbol{y}) = a\,\boldsymbol{\chi} + a\,\boldsymbol{y}$

为了具体说明上述条件，下面将给出一些例子，并判断它们是否为向量空间。首先考虑如右上图所示的标准二维欧氏空间$\Re^2$。显然它是一个向量空间，并且对于向量加和数乘的标准定义而言，上述十个条件均满足。

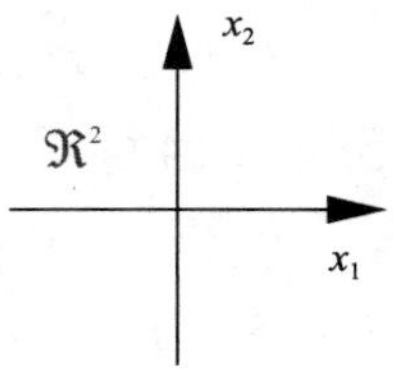

那么$\Re^2$ 空间的子集呢？什么样的$\Re^2$ 子集仍然是向量空间（子空间）？考虑右中图所示的方形区域（X）。它是否满足所有的十个条件？显然，条件 1 不满足。图中所示的向量$\boldsymbol{\chi}$和$\boldsymbol{y}$都在 X 区域中，然而$\boldsymbol{\chi} + \boldsymbol{y}$却不在 X 区域中。从这个例子中可以明显看出，任何有界的集合都不是向量空间。

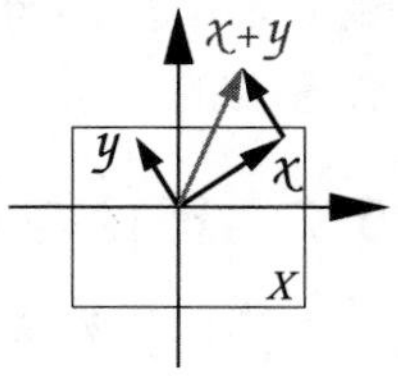

那么$\Re^2$ 中是否存在一个子集是向量空间？考虑右下图中的直线（X）。（假设直线在两个方向上都无限延伸。）这条直线是向量空间吗？请读者自行验证它的确满足上述十个条件。那么是否任何无限长度的直线都满足上述十个条件？实际上，任何过原点的直线都满足上述十个条件。如果它没有通过原点，条件 4 是不满足的。

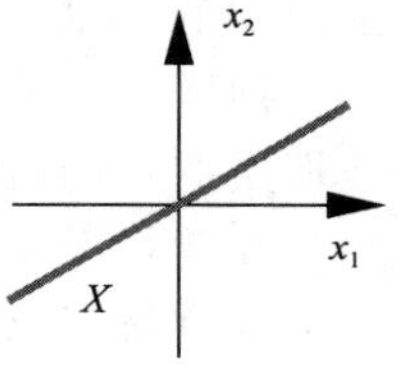

除了标准欧氏空间以外，还有其他的集合同样满足向量空间的十个条件。例如，考虑所有阶数小于等于 2 的多项式集合 P^2。下面是该集

5-3 合中的两个元素：

$$\boldsymbol{\chi} = 2 + t + 4t^2$$
$$\boldsymbol{y} = 1 + 5t \tag{5.2}$$

如果你习惯于认为向量只是一列数字，把这两个元素看作向量的确有点奇怪。但是回想一下，一个集合是向量空间，仅需满足上述十个条件。P^2 满足这些条件吗？如果我们将两个阶数小于等于 2 的多项式相加，结果仍然是阶数小于等于 2 的多项式。所以，条件 1 是满足的。同样，将一个多项式乘一个标量也不会改变该多项式的阶数，因此条件 6 是满足的。不难验证上述十个条件均满足，因此 P^2 是一个向量空间。

考虑定义在区间[0，1]上所有连续函数的集合 $C_{[0,1]}$。如下是这个集合中的两个元素：

$$\boldsymbol{\chi} = \sin(t)$$
$$\boldsymbol{y} = e^{-2t} \tag{5.3}$$

右图所示为该集合中的另外一个元素。

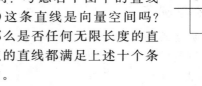

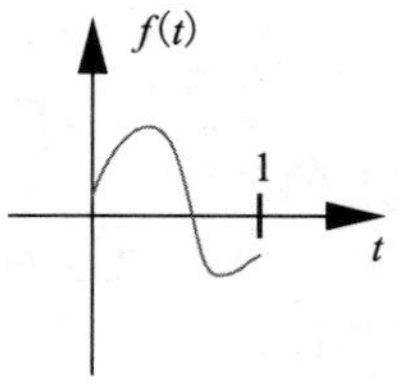

因为两个连续函数的和还是一个连续函数，一个标量乘以一个连续函数也还是一个连续函数，所以集合 $C_{[0,1]}$ 同样是一个向量空间。但是这个集合不同于我们已经讨论过的其他向量空间，它是无限维度的。本章后面部分将会定义空间的维度是什么。

5.2.2 线性无关

前面已经给出了向量空间的定义，接下来将继续研究向量的一些性质。第一个性质是线性相关和线性无关。

对于 n 个向量$\{\boldsymbol{\chi}_1, \boldsymbol{\chi}_2, \cdots, \boldsymbol{\chi}_n\}$，如果存在 n 个标量 $a_1, a_2, \cdots, a_n$，其中至少一

个不为零，使得

$$a_1 \mathcal{X}_1 + a_2 \mathcal{X}_2 + \cdots + a_n \mathcal{X}_3 = 0 \tag{5.4}$$

那么$\{\mathcal{X}_i\}$是线性相关的。

反之，如果$a_1 \mathcal{X}_1 + a_2 \mathcal{X}_2 + \cdots + a_n \mathcal{X}_n = 0$，当且仅当所有$a_i = 0$，那么$\{\mathcal{X}_i\}$是一组线性无关的向量。 5-4

实际上这些定义等价于：如果一组向量是线性无关的，那么它们中任何一个向量都不能表示为其他向量的线性组合。

举例 作为一个线性无关的例子，考虑第 3 章中的模式识别问题。两个标准模式（橘子和苹果）表示为如下的向量形式：

$$\boldsymbol{p}_1 = \begin{bmatrix} 1 \\ -1 \\ -1 \end{bmatrix}, \quad \boldsymbol{p}_2 = \begin{bmatrix} 1 \\ 1 \\ -1 \end{bmatrix} \tag{5.5}$$

令$a_1 \boldsymbol{p}_1 + a_2 \boldsymbol{p}_2 = 0$，则有

$$\begin{bmatrix} a_1 + a_2 \\ -a_1 + a_2 \\ -a_1 + (-a_2) \end{bmatrix} = \begin{bmatrix} 0 \\ 0 \\ 0 \end{bmatrix} \tag{5.6}$$

但这个等式只有在$a_1 = a_2 = 0$时才成立，所以$\boldsymbol{p}_1$和$\boldsymbol{p}_2$线性无关。

举例 接下来考虑阶数小于等于 2 的多项式空间P^2中的向量。设该空间中的三个向量为：

$$\mathcal{X}_1 = 1 + t + t^2, \quad \mathcal{X}_2 = 2 + 2t + t^2, \quad \mathcal{X}_3 = 1 + t \tag{5.7}$$

如果令$a_1 = 1$，$a_2 = -1$，$a_3 = 1$，那么

$$a_1 \mathcal{X}_1 + a_2 \mathcal{X}_2 + a_3 \mathcal{X}_3 = 0 \tag{5.8}$$

因此这三个向量线性相关。

5.2.3 生成空间

下面将对向量空间的维度（大小）进行定义。为此，首先需定义一个生成集合的概念。

令X表示一个线性向量空间并且令$\{\boldsymbol{u}_1, \boldsymbol{u}_2, \cdots, \boldsymbol{u}_m\}$为$X$中广义向量的一个子集。该子集可以生成$X$，当且仅当对于所有的向量$\mathcal{X} \in X$存在标量$x_1, x_2, \cdots, x_n$，使得$\mathcal{X} = x_1 \boldsymbol{u}_1 + x_2 \boldsymbol{u}_2 + \cdots x_m \boldsymbol{u}_m$。换句话说，如果在这个空间里的每一个向量都可以表示为这个子集中向量的线性组合，那么这个子集可以生成一个空间。

一个向量空间的维度由生成这个空间所需要的最少向量个数决定。由此引出了基集的概念。X的基集是一组可以生成X的线性无关的向量构成的集合。任何基集都包含了生成这个空间所需要的最少个数的向量。因此X的维度就等于基集中元素的个数。向量空间可以有很多基集，但是每个基集必定包含相同数量的元素。（参考[Stra80]中的有关证明。） 5-5

举个例子，线性空间P^2的一组可能的基是：

$$\boldsymbol{u}_1 = 1, \quad \boldsymbol{u}_2 = t, \quad \boldsymbol{u}_3 = t^2 \tag{5.9}$$

显然，任何阶数小于等于 2 的多项式都可以通过这三个向量的线性组合来表示。此外，请注意，P^2中任何三个线性无关的向量都可以组成这个空间的一组基，比如该空间的基也可以是：

$$\boldsymbol{u}_1 = 1, \quad \boldsymbol{u}_2 = 1 + t, \quad \boldsymbol{u}_3 = 1 + t + t^2 \tag{5.10}$$

5.2.4 内积

通过第 3、4 章中对神经网络的接触可以看出，内积是很多神经网络的基本运算。这里将介绍内积的一般定义，并给出一些例子。

任何满足如下条件的关于χ和$\mathscr{y}$的标量函数都可以定义为内积$(\chi, \mathscr{y})$：

1) $(\chi, \mathscr{y}) = (\mathscr{y}, \chi)$

2) $(\chi, a\mathscr{y}_1 + b\mathscr{y}_2) = a(\chi, \mathscr{y}_1) + b(\chi, \mathscr{y}_2)$

3) $(\chi, \chi) \geqslant 0$，当且仅当χ为零向量时等号成立

$\mathfrak{R}^n$ 空间中向量的标准内积定义为：

$$\boldsymbol{x}^{\mathrm{T}}\boldsymbol{y} = x_1y_1 + x_2y_2 + \cdots + x_ny_n \tag{5.11}$$

但这并不是内积的唯一形式。再次考虑所有定义在区间[0，1]上的连续函数的集合 $C_{[0,1]}$。验证下面的标量函数也是一种形式的内积(参见例题 P5.6)：

5-6

$$(\chi, \mathscr{y}) = \int_0^1 \chi(t)\,\mathscr{y}(t)\,\mathrm{d}t \tag{5.12}$$

5.2.5 范数

下一个要定义的运算是范数，它基于向量长度的概念。

满足如下性质的标量函数$\|\chi\|$称为范数：

1) $\|\chi\| \geqslant 0$

2) $\|\chi\| = 0$，当且仅当$\chi = 0$

3) 对于标量 a，$\|a\chi\| = |a|\,\|x\|$

4) $\|\chi + \mathscr{y}\| \leqslant \|\chi\| + \|\mathscr{y}\|$

有很多函数满足这些条件。一个常见的基于内积的范数是：

$$\|\chi\| = (\chi, \chi)^{1/2} \tag{5.13}$$

对于欧氏空间$\mathfrak{R}^n$，这是我们最为熟悉的范数形式：

$$\|\boldsymbol{x}\| = (\boldsymbol{x}^{\mathrm{T}}\boldsymbol{x})^{1/2} = \sqrt{x_1^2 + x_2^2 + \cdots + x_n^2} \tag{5.14}$$

在神经网络应用中，对输入向量进行归一化通常是有用的，也即对于每个输入向量都有$\|\boldsymbol{p}_i\| = 1$。

利用范数和内积的定义，可以把夹角的概念推广到二维以上的向量空间中。两个向量χ和$\mathscr{y}$的夹角可以定义为：

$$\cos\theta = \frac{(\chi, \mathscr{y})}{\|\chi\|\,\|\mathscr{y}\|} \tag{5.15}$$

5.2.6 正交性

前面定义了内积运算，接下来将要介绍一个重要的概念：正交性。

对于两个向量χ，$\mathscr{y} \in X$，当$(\chi, \mathscr{y}) = 0$时，称它们为正交的。

正交性是神经网络中一个重要的概念。在第 7 章中将会看到，如果一个模式识别问题中的标准向量是正交的和归一化的，那么使用 Hebb 规则来训练一个线性联想神经网络可以得到完美的识别效果。

除正交向量以外，还有一个概念叫作正交空间。如果一个向量$\chi \in X$和子空间 X_1 中每
5-7 一个向量都正交，那么χ正交于子空间 X_1。通常记为$\chi \perp X$。如果子空间 X_1 中的所有向量

都正交于子空间 X_2 中的所有的向量，那么子空间 X_1 正交于子空间 X_2，用 $X_1 \perp X_2$ 来表示。

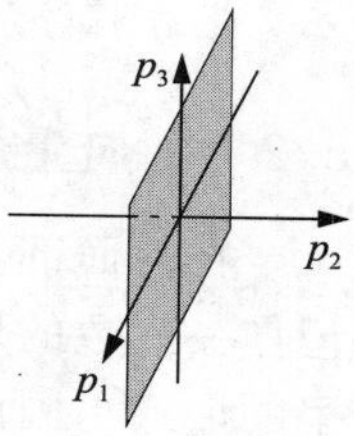

右图描绘了在第 3 章感知机例子中用到的两个正交空间(见图 3.4)。p_1，p_3 平面是 $\mathfrak{R}^3$ 的子空间，并且正交于 p_2 轴($\mathfrak{R}^3$ 的另外一个子空间)。p_1，p_3 平面是感知机网络的决策边界。在例题 P5.1 中会看到，只要偏置值为 0，感知机的决策边界就是一个向量空间。

Gram-Schmidt 正交化

正交性和线性无关之间存在一种关系。一组线性无关的向量可以转化为一组正交向量，它们能生成同一个向量空间。标准的转化过程称为 Gram-Schmidt 正交化。

假设有 n 个线性无关的向量 $\boldsymbol{y}_1$，$\boldsymbol{y}_2$，…，$\boldsymbol{y}_n$。要把它们转化为 n 个正交向量 $\boldsymbol{v}_1$，$\boldsymbol{v}_2$，…，$\boldsymbol{v}_n$。首先选择第一个线性无关向量作为第一个正交向量：

$$\boldsymbol{v}_1 = \boldsymbol{y}_1 \tag{5.16}$$

为了得到第二个正交向量，将 $\boldsymbol{y}_2$ 减去它在 $\boldsymbol{v}_1$ 方向上的分量。由此可以得到下式：

$$\boldsymbol{v}_2 = \boldsymbol{y}_2 - a\,\boldsymbol{v}_1 \tag{5.17}$$

其中 a 的选择需要使 $\boldsymbol{v}_2$ 正交于 $\boldsymbol{v}_1$，这需要满足：

$$(\boldsymbol{v}_1, \boldsymbol{v}_2) = (\boldsymbol{v}_1, \boldsymbol{y}_2 - a\,\boldsymbol{v}_1) = (\boldsymbol{v}_1, \boldsymbol{y}_2) - a(\boldsymbol{v}_1, \boldsymbol{v}_1) = 0 \tag{5.18}$$

或者

$$a = \frac{(\boldsymbol{v}_1, \boldsymbol{y}_2)}{(\boldsymbol{v}_1, \boldsymbol{v}_1)} \tag{5.19}$$

因此，为了得到 $\boldsymbol{y}_2$ 在 $\boldsymbol{v}_1$ 方向上的分量 $a\,\boldsymbol{v}_1$，需要求这两个向量的内积。$a\,\boldsymbol{v}_1$ 也被称为 $\boldsymbol{y}_2$ 在 $\boldsymbol{v}_1$ 上的投影。

如果继续这一过程，那么第 k 步是：

$$\boldsymbol{v}_k = \boldsymbol{y}_k - \sum_{i=1}^{k-1} \frac{(\boldsymbol{v}_i, \boldsymbol{y}_k)}{(\boldsymbol{v}_i, \boldsymbol{v}_i)} \boldsymbol{v}_i \tag{5.20}$$ 5-8

举例 为了说明这个过程，考虑如下 $\mathfrak{R}^2$ 中线性无关的向量：

$$\boldsymbol{y}_1 = \begin{bmatrix} 2 \\ 1 \end{bmatrix}, \quad \boldsymbol{y}_2 = \begin{bmatrix} 1 \\ 2 \end{bmatrix} \tag{5.21}$$

第一个正交向量为：

$$\boldsymbol{v}_1 = \boldsymbol{y}_1 = \begin{bmatrix} 2 \\ 1 \end{bmatrix} \tag{5.22}$$

第二个正交向量按照如下方式来计算：

$$\boldsymbol{v}_2 = \boldsymbol{y}_2 - \frac{\boldsymbol{v}_1^{\mathrm{T}} \boldsymbol{y}_2}{\boldsymbol{v}_1^{\mathrm{T}} \boldsymbol{v}_1} \boldsymbol{v}_1 = \begin{bmatrix} 1 \\ 2 \end{bmatrix} - \frac{\begin{bmatrix} 2 & 1 \end{bmatrix} \begin{bmatrix} 1 \\ 2 \end{bmatrix}}{\begin{bmatrix} 2 & 1 \end{bmatrix} \begin{bmatrix} 2 \\ 1 \end{bmatrix}} \begin{bmatrix} 2 \\ 1 \end{bmatrix}$$

$$= \begin{bmatrix} 1 \\ 2 \end{bmatrix} - \begin{bmatrix} 1.6 \\ 0.8 \end{bmatrix} = \begin{bmatrix} -0.6 \\ 1.2 \end{bmatrix} \tag{5.23}$$

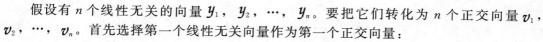

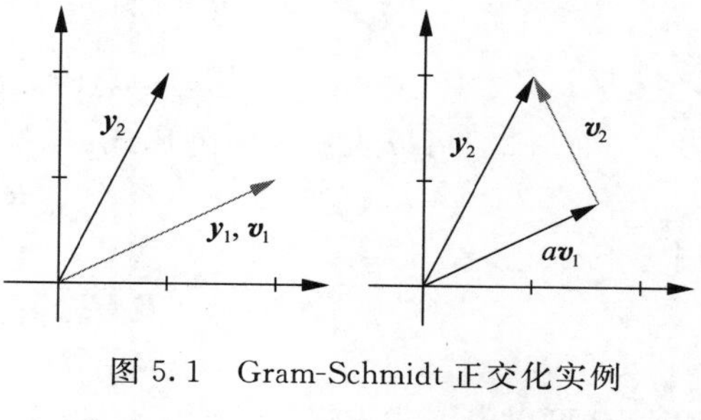

图 5.1 Gram-Schmidt 正交化实例

图 5.1 展示了这个过程。

通过将 $\boldsymbol{v}_1$ 和 $\boldsymbol{v}_2$ 除以各自的范数可以将它们转化为一组标准正交化(正交化的并且归一化的)向量。

MATLAB 实验 使用 Neural Network Design Demonstration Gram-Schmidt(nnd5gs)测试该正交化过程。

5.2.7 向量展开式

在前面部分，手写字体(χ)用来表示广义向量，$\mathfrak{R}^n$ 中的向量用黑体($\boldsymbol{x}$)来表示，可以
5-9 记作一列数的形式。在这一节中会看到有限维向量空间中的广义向量也可以表示成一列数字的形式，因此在某种意义上等价于$\mathfrak{R}^n$ 中的向量。

如果一个向量空间 X 有一个基集$\{\boldsymbol{v}_1, \boldsymbol{v}_2, \cdots, \boldsymbol{v}_n\}$，那么任何$\chi \in X$ 有如下唯一的向量展开式：

$$\chi = \sum_{i=1}^{n} x_i \boldsymbol{v}_i = x_1 \boldsymbol{v}_1 + x_2 \boldsymbol{v}_2 + \cdots + x_n \boldsymbol{v}_n \tag{5.24}$$

因此在有限维向量空间中的任何向量都可以用一列数的形式来表示：

$$\boldsymbol{x} = [x_1 \quad x_2 \quad \cdots \quad x_n]^{\mathrm{T}} \tag{5.25}$$

这里的 $\boldsymbol{x}$ 就是广义向量χ的一种表达。当然，为了解释 $\boldsymbol{x}$ 的意义，需要知道基集是什么。对于同一个广义向量 $\boldsymbol{x}$ 而言，如果基集发生了变化，那么 $\boldsymbol{x}$ 也会随着发生变化。下一小节将对更多细节进行讨论。

如果基集中的向量都是相互正交的($(\boldsymbol{v}_i, \boldsymbol{v}_j)=0$，$i \neq j$)，可以很容易计算出展开式中的系数。只需在式(5.24)的两边同时求与 v_j 的内积即可：

$$(\boldsymbol{v}_j, \chi) = (\boldsymbol{v}_j, \sum_{i=1}^{n} x_i \boldsymbol{v}_i) = \sum_{i=1}^{n} x_i (\boldsymbol{v}_j, \boldsymbol{v}_i) = x_j (\boldsymbol{v}_j, \boldsymbol{v}_j) \tag{5.26}$$

所以展开式的系数可以由此求出：

$$x_j = \frac{(\boldsymbol{v}_j, \chi)}{(\boldsymbol{v}_j, \boldsymbol{v}_j)} \tag{5.27}$$

若基集中的向量不是正交的，对向量展开式系数的计算就会复杂很多。下面的小节将会介绍这种情况。

互逆基向量

如果需要对向量进行展开，但是基集又不正交，就需要引入互逆基向量。其定义如下：

5-10

$$(r_i, v_j) = \begin{cases} 0 & i \neq j \\ 1 & i = j \end{cases} \tag{5.28}$$

其中基向量为$\{\boldsymbol{v}_1, \boldsymbol{v}_2, \cdots, \boldsymbol{v}_n\}$，互逆基向量为$\{\boldsymbol{r}_1, \boldsymbol{r}_2, \cdots, \boldsymbol{r}_n\}$。

如果这些向量都已经用一列数的形式来表示(通过向量展开式)，并且使用了标准内积：

$$(\boldsymbol{r}_i, \boldsymbol{v}_j) = \boldsymbol{r}_i^{\mathrm{T}} \boldsymbol{v}_j \tag{5.29}$$

那么，式(5.28)可以表示为矩阵形式：

$$\boldsymbol{R}^{\mathrm{T}} \boldsymbol{B} = \boldsymbol{I} \tag{5.30}$$

其中

$$\boldsymbol{B} = [\boldsymbol{v}_1 \quad \boldsymbol{v}_2 \quad \cdots \quad \boldsymbol{v}_n] \tag{5.31}$$

$$\boldsymbol{R} = [\boldsymbol{r}_1 \quad \boldsymbol{r}_2 \quad \cdots \quad \boldsymbol{r}_n] \tag{5.32}$$

所以，$\boldsymbol{R}$ 可以由下式求出：

$$\boldsymbol{R}^{\mathrm{T}} = \boldsymbol{B}^{-1} \tag{5.33}$$

则互逆基向量可以从 $\boldsymbol{R}$ 的列得出。

再次考虑向量展开式

$$\boldsymbol{\chi} = x_1 \boldsymbol{v}_1 + x_2 \boldsymbol{v}_2 + \cdots + x_n \boldsymbol{v}_n \tag{5.34}$$

将式(5.34)的两边同时与 r_1 做内积，可以得到：

$$(r_1, \boldsymbol{\chi}) = x_1(\boldsymbol{r}_1, \boldsymbol{v}_1) + x_2(\boldsymbol{r}_1, \boldsymbol{v}_2) + \cdots + x_n(\boldsymbol{r}_1, \boldsymbol{v}_n) \tag{5.35}$$

根据定义有：

$$\begin{aligned} &(\boldsymbol{r}_1, \boldsymbol{v}_2) = (\boldsymbol{r}_1, \boldsymbol{v}_3) = \cdots = (\boldsymbol{r}_1, \boldsymbol{v}_n) = 0 \\ &(\boldsymbol{r}_1, \boldsymbol{v}_1) = 1 \end{aligned} \tag{5.36}$$

因此，展开式的第一个系数为：

$$x_1 = (\boldsymbol{r}_1, \boldsymbol{\chi}) \tag{5.37}$$

一般地：

$$x_j = (\boldsymbol{r}_j, \boldsymbol{\chi}) \tag{5.38}$$ 5-11

举例 举个例子，设有如下两个基向量：

$$\boldsymbol{v}_1^s = \begin{bmatrix} 2 \\ 1 \end{bmatrix}, \quad \boldsymbol{v}_2^s = \begin{bmatrix} 1 \\ 2 \end{bmatrix} \tag{5.39}$$

假设我们要根据这两个基向量来展开下面这个向量(此处使用上标 s 表示这些数字列是根据$\mathfrak{R}^2$ 空间中的标准基进行向量展开，标准基中的元素在右图中由向量 s_1 和 s_2 表示。因为我们要使用两种不同的基集进行展开，所以在这个例子中需要明确地进行标注)：

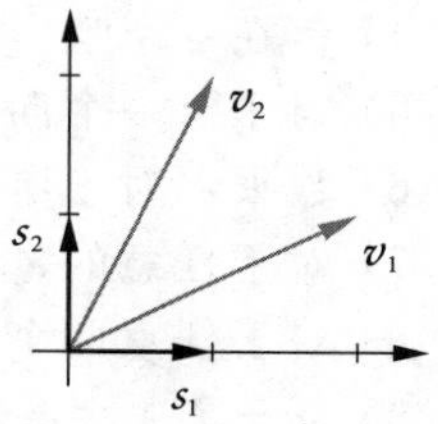

$$\boldsymbol{x}^s = \begin{bmatrix} 0 \\ \frac{3}{2} \end{bmatrix} \tag{5.40}$$

向量展开的第一步就是找互逆基向量：

$$\boldsymbol{R}^{\mathrm{T}} = \begin{bmatrix} 2 & 1 \\ 1 & 2 \end{bmatrix}^{-1} = \begin{bmatrix} \frac{2}{3} & -\frac{1}{3} \\ -\frac{1}{3} & \frac{2}{3} \end{bmatrix} \quad \boldsymbol{r}_1 = \begin{bmatrix} \frac{2}{3} \\ -\frac{1}{3} \end{bmatrix} \quad \boldsymbol{r}_2 = \begin{bmatrix} -\frac{1}{3} \\ \frac{2}{3} \end{bmatrix} \tag{5.41}$$

然后就可以找到展开式的系数：

$$\begin{aligned} x_1^v &= \boldsymbol{r}_1^{\mathrm{T}} \boldsymbol{x}^s = \begin{bmatrix} \frac{2}{3} & -\frac{1}{3} \end{bmatrix} \begin{bmatrix} 0 \\ \frac{3}{2} \end{bmatrix} = -\frac{1}{2} \\ x_2^v &= \boldsymbol{r}_2^{\mathrm{T}} \boldsymbol{x}^s = \begin{bmatrix} -\frac{1}{3} & \frac{2}{3} \end{bmatrix} \begin{bmatrix} 0 \\ \frac{3}{2} \end{bmatrix} = 1 \end{aligned} \tag{5.42}$$

或者以矩阵的形式写为：

$$\boldsymbol{x}^v \boldsymbol{R}^{\mathrm{T}} \boldsymbol{x}^s = \boldsymbol{B}^{-1} \boldsymbol{x}^s = \begin{bmatrix} \frac{2}{3} & -\frac{1}{3} \\ -\frac{1}{3} & \frac{2}{3} \end{bmatrix} \begin{bmatrix} 0 \\ \frac{3}{2} \end{bmatrix} = \begin{bmatrix} -\frac{1}{2} \\ 1 \end{bmatrix} \tag{5.43}$$

于是有(如图 5.2 所示)

$$\boldsymbol{\chi} = -\frac{1}{2} \boldsymbol{v}_1 + 1 \boldsymbol{v}_2 \tag{5.44}$$

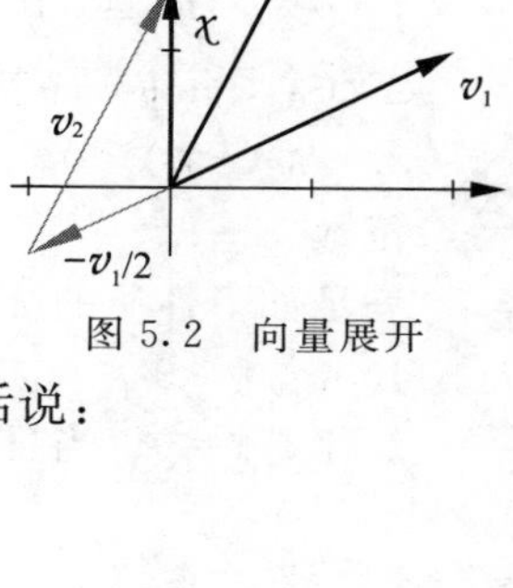

图 5.2 向量展开 5-12

现在对于$\boldsymbol{\chi}$有两种不同的向量展开式，分别由 $\boldsymbol{x}^s$ 和 $\boldsymbol{x}^v$ 表示。换句话说：

$$\boldsymbol{\chi} = 0\ \boldsymbol{s}_1 + \frac{3}{2}\ \boldsymbol{s}_2 = -\frac{1}{2}\ \boldsymbol{v}_1 + 1\ \boldsymbol{v}_2 \tag{5.45}$$

将一个广义向量表示为一列数的时候，需要知道用于展开的基集。在本书中，如果没有其他说明，一般都假设使用标准基集。

式(5.43)说明了$\boldsymbol{\chi}$两种不同表达之间的关系：$\boldsymbol{x}^v = \boldsymbol{B}^{-1}\boldsymbol{x}^s$。这种运算叫作基变换，这在后面章节中分析某些神经网络性能的时候非常重要。

MATLAB 实验 使用 Neural Network Design Demonstration Reciprocal Basis(nnd5rb)

5-13 测试向量展开过程。

5.3 小结

线性向量空间

一个线性向量空间 X，是一组定义在标量域 F 上的元素(向量)的集合，并且满足如下条件：

1) 向量加：如果$\boldsymbol{\chi} \in X$($\boldsymbol{\chi}$是 X 的一个元素)并且$\boldsymbol{y} \in X$，那么$\boldsymbol{\chi} + \boldsymbol{y} \in X$。

2) $\boldsymbol{\chi} + \boldsymbol{y} = \boldsymbol{y} + \boldsymbol{\chi}$

3) $(\boldsymbol{\chi} + \boldsymbol{y}) + \boldsymbol{z} = \boldsymbol{\chi} + (\boldsymbol{y} + \boldsymbol{z})$

4) 存在一个唯一的向量 $0 \in X$，称为零向量，对于所有的$\boldsymbol{\chi} \in X$，有$\boldsymbol{\chi} + 0 = \boldsymbol{\chi}$。

5) 对于每一个向量$\boldsymbol{\chi} \in X$，在 X 中存在唯一的向量$-\boldsymbol{\chi}$，使得$\boldsymbol{\chi} + (-\boldsymbol{\chi}) = 0$。

6) 数乘：对于所有的标量 $a \in F$ 和所有的向量$\boldsymbol{\chi} \in X$，有 $a\ \boldsymbol{\chi} \in X$。

7) 对于任意的$\boldsymbol{\chi} \in X$ 和标量 1，有 $1\ \boldsymbol{\chi} = \boldsymbol{\chi}$。

8) 对于任意两个标量 $a \in F$ 和 $b \in F$ 以及任意的$\boldsymbol{\chi} \in X$，有 $a(b\ \boldsymbol{\chi}) = (ab)\boldsymbol{\chi}$。

9) $(a+b)\boldsymbol{\chi} = a\ \boldsymbol{\chi} + b\ \boldsymbol{\chi}$

10) $a(\boldsymbol{\chi} + \boldsymbol{y}) = a\ \boldsymbol{\chi} + a\ \boldsymbol{y}$

线性无关

对于 n 个向量$\{\boldsymbol{\chi}_1, \boldsymbol{\chi}_2, \cdots, \boldsymbol{\chi}_n\}$，如果存在 n 个标量 $a_1, a_2, \cdots, a_n$，其中至少一个不为零，使得

$$a_1\ \boldsymbol{\chi}_1 + a_2\ \boldsymbol{\chi}_2 + \cdots + a_n\ \boldsymbol{\chi}_n = 0$$

5-14 那么$\{\boldsymbol{\chi}_i\}$是线性相关的。

生成空间

令 X 表示一个线性向量空间并且令$\{\boldsymbol{u}_1, \boldsymbol{u}_2, \cdots, \boldsymbol{u}_m\}$为 X 中广义向量的一个子集。该子集可以生成 X，当且仅当对于所有的向量$\boldsymbol{\chi} \in X$ 存在标量 $x_1, x_2, \cdots, x_n$，使得$\boldsymbol{\chi} = x_1\ \boldsymbol{u}_1 + x_2\ \boldsymbol{u}_2 + \cdots x_m\ \boldsymbol{u}_m$。

内积

任何满足如下条件的关于$\boldsymbol{\chi}$和$\boldsymbol{y}$的标量函数都可以定义为内积$(\boldsymbol{\chi}, \boldsymbol{y})$：

1. $(\boldsymbol{\chi}, \boldsymbol{y}) = (\boldsymbol{y}, \boldsymbol{\chi})$
2. $(\boldsymbol{\chi}, a\ \boldsymbol{y}_1 + b\ \boldsymbol{y}_2) = a(\boldsymbol{\chi}, \boldsymbol{y}_1) + b(\boldsymbol{\chi}, \boldsymbol{y}_2)$
3. $(\boldsymbol{\chi}, \boldsymbol{\chi}) \geqslant 0$，当且仅当$\boldsymbol{\chi}$为零向量时等号成立

范数

满足如下性质的标量函数$\|\boldsymbol{\chi}\|$称为范数：

1. $\|\boldsymbol{\chi}\| \geqslant 0$
2. $\|\boldsymbol{\chi}\| = 0$，当且仅当$\boldsymbol{\chi} = 0$

3. 对于标量 a，$\|a\boldsymbol{\chi}\|=|a|\,\|\boldsymbol{\chi}\|$
4. $\|\boldsymbol{\chi}+\boldsymbol{y}\|\leqslant\|\boldsymbol{\chi}\|+\|\boldsymbol{y}\|$

夹角

向量 $\boldsymbol{\chi}$ 和 $\boldsymbol{y}$ 之间的夹角 θ 定义为：

$$\cos\theta=\frac{(\boldsymbol{\chi},\boldsymbol{y})}{\|\boldsymbol{\chi}\|\,\|\boldsymbol{y}\|}$$

正交性

对于两个向量 $\boldsymbol{\chi}$，$\boldsymbol{y}\in X$，当 $(\boldsymbol{\chi},\boldsymbol{y})=0$ 时，称它们为正交的。

Gram-Schmidt 正交化

假设有 n 个线性无关的向量 $\boldsymbol{y}_1$，$\boldsymbol{y}_2$，…，$\boldsymbol{y}_n$。从这些向量可以得到 n 个正交向量 $\boldsymbol{v}_1$，$\boldsymbol{v}_2$，…，$\boldsymbol{v}_n$。

$$\boldsymbol{v}_1=\boldsymbol{y}_1$$ 5-15

$$\boldsymbol{v}_k=\boldsymbol{y}_k-\sum_{i=1}^{k-1}\frac{(\boldsymbol{v}_i,\boldsymbol{y}_i)}{(\boldsymbol{v}_i,\boldsymbol{v}_i)}\boldsymbol{v}_i$$

其中 $\frac{(\boldsymbol{v}_i,\boldsymbol{y}_k)}{(\boldsymbol{v}_i,\boldsymbol{v}_i)}\boldsymbol{v}_i$ 是 $\boldsymbol{y}_k$ 在 v_i 上的投影

向量展开式

$$\boldsymbol{\chi}=\sum_{i=1}^{n}x_i\boldsymbol{v}_i=x_1\boldsymbol{v}_1+x_2\boldsymbol{v}_2+\cdots+x_n\boldsymbol{v}_n$$

对于正交向量：

$$x_j=\frac{(\boldsymbol{v}_j,\boldsymbol{\chi})}{(\boldsymbol{v}_i,\boldsymbol{v}_i)}$$

互逆基向量

$$(\boldsymbol{r}_i,\boldsymbol{v}_j)=\begin{cases}0 & i\neq j\\ 1 & i=j\end{cases}$$

$$x_j=(\boldsymbol{r}_j,\boldsymbol{\chi})$$

互逆基向量的计算：

$$\boldsymbol{B}=[\boldsymbol{v}_1\quad\boldsymbol{v}_2\quad\cdots\quad\boldsymbol{v}_n]$$

$$\boldsymbol{R}=[\boldsymbol{r}_1\quad\boldsymbol{r}_2\quad\cdots\quad\boldsymbol{r}_n]$$

$$\boldsymbol{R}^{\mathrm{T}}=\boldsymbol{B}^{-1}$$

矩阵形式为：

$$\boldsymbol{x}^{v}=\boldsymbol{B}^{-1}\boldsymbol{x}^{s}$$ 5-16

5.4 例题

P5.1 考虑图 P5.1 所示的单神经元感知机网络。在第 3 章中(见式 3.6)给出的该网络的决策边界为 $\boldsymbol{Wp}+b=0$。证明：当 $b=0$ 时，决策边界是一个向量空间。

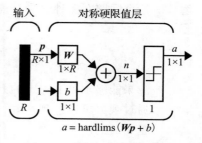

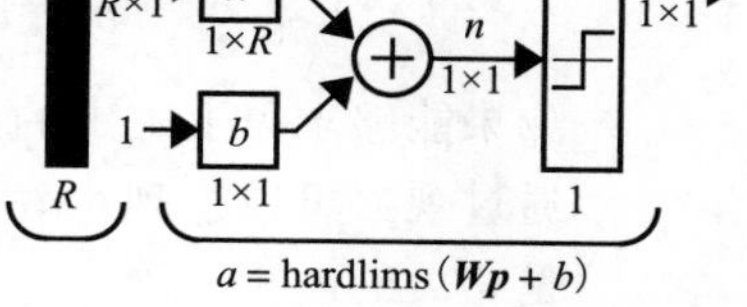

图 P5.1 单神经元感知机网络

解 若决策边界为向量空间，则需满足本章开头给出的十个条件。条件 1 要求向量空间中两个向量之和仍然在该空间中。令 $\boldsymbol{p}_1$ 和 $\boldsymbol{p}_2$ 为决策边界上的两个向量。为了使它们在这个边界上，需要

满足：

$$\boldsymbol{W}\boldsymbol{p}_1 = 0 \quad \boldsymbol{W}\boldsymbol{p}_2 = 0$$

两式相加可得：

$$\boldsymbol{W}(\boldsymbol{p}_1 + \boldsymbol{p}_2) = 0$$

因此这两个向量的和仍然在决策边界上。

条件 2、3 显然都满足。条件 4 要求零向量在决策边界上。由于 $\boldsymbol{W}\boldsymbol{0}=0$，所以零向量在决策边界上。条件 5 则意味着：如果 $\boldsymbol{p}$ 在决策边界上，那么 $-\boldsymbol{p}$ 也必须在决策边界上。如果 $\boldsymbol{p}$ 在决策边界上，那么

$$\boldsymbol{W}\boldsymbol{p} = 0$$

等式两边同时乘以 -1 可以得到：

$$\boldsymbol{W}(-\boldsymbol{p}) = 0$$

5-17 因此满足条件 5。

如果对于在决策边界上任意的 $\boldsymbol{p}$，$a\boldsymbol{p}$ 同样在决策边界上，则条件 6 满足。这可以用证明条件 5 的方式来证明。不同之处在于两边同乘 a 而不是 1。

$$\boldsymbol{W}(a\boldsymbol{p}) = 0$$

条件 7～10 显然是满足的。因此这个感知机的决策边界是一个向量空间。

P5.2 证明非负连续函数（$f(t)\geqslant 0$）的集合 Y 不是一个向量空间。

解 这个集合不满足构成向量空间所需的多个条件。比如，不存在负向量，因此条件 5 无法满足。同样，对于条件 6，由于函数 $f(t)=|t|$ 是集合 Y 的一个元素。令 $a=-2$，则有

$$af(2) = -2|2| = -4 < 0$$

因此 $af(t)$ 不是 Y 的元素，条件 6 不满足。

P5.3 下面哪一组向量组是线性无关的？找出每个集合的生成向量空间的维度。

i. $\begin{bmatrix}1\\1\\1\end{bmatrix} \quad \begin{bmatrix}1\\0\\1\end{bmatrix} \quad \begin{bmatrix}1\\2\\1\end{bmatrix}$

ii. $\sin t \quad \cos t \quad 2\cos\left(t+\frac{\pi}{4}\right)$

iii. $\begin{bmatrix}1\\1\\1\\1\end{bmatrix} \quad \begin{bmatrix}1\\0\\1\\1\end{bmatrix} \quad \begin{bmatrix}1\\2\\1\\1\end{bmatrix}$

解 i. 这个问题有多种解法。首先，假设这些向量是线性相关的，则有：

$$a_1\begin{bmatrix}1\\1\\1\end{bmatrix} + a_2\begin{bmatrix}1\\0\\1\end{bmatrix} + a_3\begin{bmatrix}1\\2\\1\end{bmatrix} = \begin{bmatrix}0\\0\\0\end{bmatrix}$$

5-18

如果能够求得上式中的系数，且这些系数不全为 0，那么这些向量就是相关的。通过观察可以发现，$a_1=2$，$a_2=-1$，$a_3=-1$ 能够使上式成立，所以这些向量是相关的。

当有 $\mathfrak{R}^n$ 空间中的 n 个向量时，另一种方法是将上式写为矩阵形式：

$$\begin{bmatrix}1 & 1 & 1\\1 & 0 & 2\\1 & 1 & 1\end{bmatrix}\begin{bmatrix}a_1\\a_2\\a_3\end{bmatrix}=\begin{bmatrix}0\\0\\0\end{bmatrix}$$

如果上式中的矩阵可逆，那么该等式的解要求所有的系数都是零。在这种情况下，这些向量是线性无关的。如果矩阵是奇异的(不可逆)，则存在系数非零的解。在这种情况下，这些向量是线性相关的。所以，以这些向量为列构造一个矩阵。如果该矩阵的行列式为0(奇异矩阵)，那么这些向量就是相关的。否则，它们是线性无关的。将矩阵的第一列用 Laplace 展开式[Brog91]展开，这个矩阵的行列式为：

$$\begin{vmatrix}1 & 1 & 1\\1 & 0 & 2\\1 & 1 & 1\end{vmatrix}=1\begin{vmatrix}0 & 2\\1 & 1\end{vmatrix}+(-1)\begin{vmatrix}1 & 1\\1 & 1\end{vmatrix}+1\begin{vmatrix}1 & 1\\0 & 2\end{vmatrix}=-2+0+2=0$$

所以这些向量是线性相关的。

此外，由于可以证明这三个向量中的任意两个向量都是线性无关的，所以由这三个向量生成的向量空间的维数为2。

ii. 根据三角等式，可以写成：

$$\cos\left(t+\frac{\pi}{4}\right)=\frac{-1}{\sqrt{2}}\sin t+\frac{1}{\sqrt{2}}\cos t$$

因此，这些向量是线性相关的。因为 $\sin t$ 和 $\cos t$ 的任何线性组合都不等于0，所以这些向量的生成空间的维度为2。

iii. 这和 i 相似，只是向量个数小于它们所在向量空间的大小(只有$\Re^4$空间中的3个向量)。在这种情况下，由这3个向量所构成的矩阵不再是一个方阵，所以不能计算行列式的值。不过可以采用 Gram 方法[Brog91]，求出另一个矩阵的行列式，这个矩阵的第 i 行第 j 列的元素是向量 i 和向量 j 的内积。当且仅当 Gram 矩阵的行列式为零，这些向量是线性相关的。 5-19

这里的 Gram 行列式为：

$$G=\begin{vmatrix}(\boldsymbol{x}_1,\boldsymbol{x}_1) & (\boldsymbol{x}_1,\boldsymbol{x}_2) & (\boldsymbol{x}_1,\boldsymbol{x}_3)\\(\boldsymbol{x}_2,\boldsymbol{x}_1) & (\boldsymbol{x}_2,\boldsymbol{x}_2) & (\boldsymbol{x}_2,\boldsymbol{x}_3)\\(\boldsymbol{x}_3,\boldsymbol{x}_1) & (\boldsymbol{x}_3,\boldsymbol{x}_2) & (\boldsymbol{x}_3,\boldsymbol{x}_3)\end{vmatrix}$$

其中

$$\boldsymbol{x}_1=\begin{bmatrix}1\\1\\1\\1\end{bmatrix}\quad\boldsymbol{x}_2=\begin{bmatrix}1\\0\\1\\1\end{bmatrix}\quad\boldsymbol{x}_3=\begin{bmatrix}1\\2\\1\\1\end{bmatrix}$$

所以

$$G=\begin{vmatrix}4 & 3 & 5\\3 & 3 & 3\\5 & 3 & 7\end{vmatrix}=4\begin{vmatrix}3 & 3\\3 & 7\end{vmatrix}+(-3)\begin{vmatrix}3 & 5\\3 & 7\end{vmatrix}+5\begin{vmatrix}3 & 5\\3 & 3\end{vmatrix}$$
$$=48-18-30=0$$

同样，也可以按如下方法证明这些向量是线性相关的：

$$2\begin{bmatrix}1\\1\\1\\1\end{bmatrix}-1\begin{bmatrix}1\\0\\1\\1\end{bmatrix}-1\begin{bmatrix}1\\2\\1\\1\end{bmatrix}=\begin{bmatrix}0\\0\\0\\0\end{bmatrix}$$

因此，这些向量生成空间的维数一定小于 3。可以证明 $\boldsymbol{x}_1$ 和 $\boldsymbol{x}_2$ 是线性无关的，因为

$$G=\begin{vmatrix}4 & 3\\3 & 3\end{vmatrix}=4\neq 0$$

所以向量空间的维度为 2。

P5.4 在第 3 章和第 4 章曾经讨论过，单层感知机只适用于识别线性可分的模式(可以用线性边界分开，参见图 3.3)。如果两个模式是线性可分的，它们就是线性无关的吗？

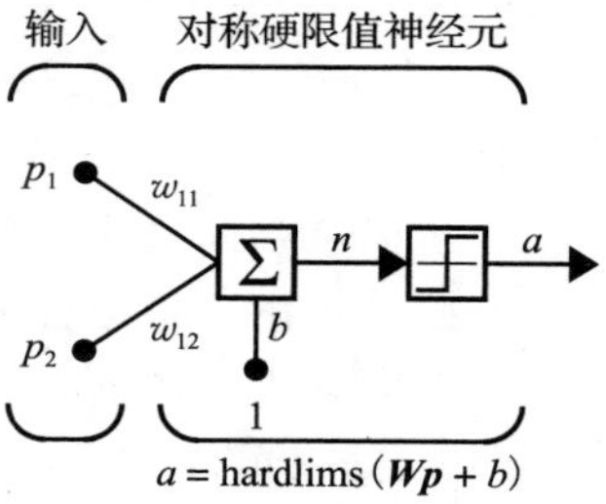

图 P5.2　两个输入的感知机网络

解　不是，这是两个没有任何关联的概念。让我们举下面一个简单例子。考虑如图 P5.2 所示的两个输入的感知机。假设希望分开如下两个向量：

5-20

$$\boldsymbol{p}_1=\begin{bmatrix}0.5\\0.5\end{bmatrix}\quad \boldsymbol{p}_2=\begin{bmatrix}1.5\\1.5\end{bmatrix}$$

如果将权值和偏置值分别设定为 $w_{11}=1$，$w_{12}=1$ 和$b=-2$，那么其决策边界($\boldsymbol{Wp}+b=0$)如右图所示。显然，这两个向量是线性可分的。但由于 $\boldsymbol{p}_2=3\boldsymbol{p}_1$，所以它们不是线性无关的。

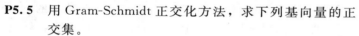

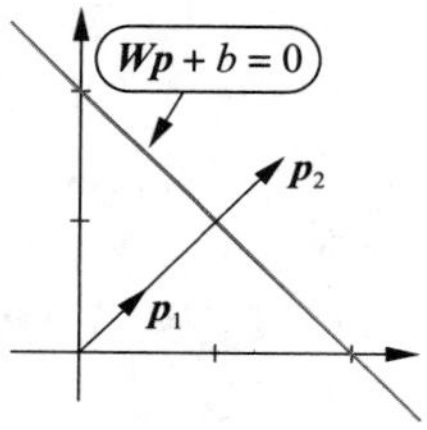

P5.5 用 Gram-Schmidt 正交化方法，求下列基向量的正交集。

$$\boldsymbol{y}_1=\begin{bmatrix}1\\1\\1\end{bmatrix}\quad \boldsymbol{y}_2=\begin{bmatrix}1\\0\\0\end{bmatrix}\quad \boldsymbol{y}_3=\begin{bmatrix}0\\1\\0\end{bmatrix}$$

解　第一步

5-21

$$\boldsymbol{v}_1=\boldsymbol{y}_1=\begin{bmatrix}1\\1\\1\end{bmatrix}$$

第二步

$$\boldsymbol{v}_2=\boldsymbol{y}_2-\frac{\boldsymbol{v}_1^{\mathrm{T}}\boldsymbol{y}_2}{\boldsymbol{v}_1^{\mathrm{T}}\boldsymbol{v}_1}\boldsymbol{v}_1=\begin{bmatrix}1\\0\\0\end{bmatrix}-\frac{\begin{bmatrix}1 & 1 & 1\end{bmatrix}\begin{bmatrix}1\\0\\0\end{bmatrix}}{\begin{bmatrix}1 & 1 & 1\end{bmatrix}\begin{bmatrix}1\\1\\1\end{bmatrix}}\begin{bmatrix}1\\1\\1\end{bmatrix}=\begin{bmatrix}1\\0\\0\end{bmatrix}-\begin{bmatrix}1/3\\1/3\\1/3\end{bmatrix}=\begin{bmatrix}2/3\\-1/3\\-1/3\end{bmatrix}$$

第三步

$$\boldsymbol{v}_3=\boldsymbol{y}_3-\frac{\boldsymbol{v}_1^{\mathrm{T}}\boldsymbol{y}_3}{\boldsymbol{v}_1^{\mathrm{T}}\boldsymbol{v}_1}\boldsymbol{v}_1-\frac{\boldsymbol{v}_2^{\mathrm{T}}\boldsymbol{y}_3}{\boldsymbol{v}_2^{\mathrm{T}}\boldsymbol{v}_2}\boldsymbol{v}_2$$

$$\boldsymbol{v}_3=\begin{bmatrix}0\\1\\0\end{bmatrix}-\frac{\begin{bmatrix}1&1&1\end{bmatrix}\begin{bmatrix}0\\1\\0\end{bmatrix}}{\begin{bmatrix}1&1&1\end{bmatrix}\begin{bmatrix}1\\1\\1\end{bmatrix}}\begin{bmatrix}1\\1\\1\end{bmatrix}-\frac{\begin{bmatrix}2/3&-1/3&-1/3\end{bmatrix}\begin{bmatrix}0\\1\\0\end{bmatrix}}{\begin{bmatrix}2/3&-1/3&-1/3\end{bmatrix}\begin{bmatrix}2/3\\-1/3\\-1/3\end{bmatrix}}\begin{bmatrix}2/3\\-1/3\\-1/3\end{bmatrix}$$

$$\boldsymbol{v}_3=\begin{bmatrix}0\\1\\0\end{bmatrix}-\begin{bmatrix}1/3\\1/3\\1/3\end{bmatrix}-\begin{bmatrix}-1/3\\1/6\\1/6\end{bmatrix}=\begin{bmatrix}0\\1/2\\-1/2\end{bmatrix}$$

P5.6 考虑由定义在区间[-1，1]上的所有多项式所构成的向量空间。证明 $(\chi,y)=\int_{-1}^{1}\chi(t)y(t)\mathrm{d}t$ 是一个有效的内积。

解 内积必须满足如下三个性质：

1）$(\chi,y)=(y,\chi)$

$$(\chi,y)=\int_{-1}^{1}\chi(t)y(t)\mathrm{d}t=\int_{-1}^{1}y(t)\chi(t)\mathrm{d}t=(y,\chi)$$

2）$(\chi,a y_1+b y_2)=a(\chi,y_1)+b(\chi,y_2)$ 5-22

$$\begin{aligned}(\chi,a y_1+b y_2)&=\int_{-1}^{1}\chi(t)(a y_1(t)+b y_2(t))\mathrm{d}t\\&=a\int_{-1}^{1}\chi(t)y_1(t)\mathrm{d}t+b\int_{-1}^{1}\chi(t)y_2(t)\mathrm{d}t\\&=a(\chi,y_1)+b(\chi,y_2)\end{aligned}$$

3）$(\chi,\chi)\geqslant 0$，当且仅当 x 为零向量，等式成立。

$$(\chi,\chi)=\int_{-1}^{1}\chi(t)\chi(t)\mathrm{d}t=\int_{-1}^{1}\chi^2(t)\mathrm{d}t\geqslant 0$$

当且仅当 $x(t)=0(-1\leqslant t\leqslant 1)$，即 $x(t)$ 是零向量时，上面等号才成立。

P5.7 上题所定义的向量空间(区间[-1，1]上定义的多项式)中有两个向量 $1+t$ 和 $1-t$。计算基于这两个向量的一个正交向量集。

解 第1步：

$$\boldsymbol{v}_1=y_1=1+t$$

第2步：

$$\boldsymbol{v}_2=y_2-\frac{(\boldsymbol{v}_1,y_2)}{(\boldsymbol{v}_1,\boldsymbol{v}_1)}\boldsymbol{v}_1$$

其中，

$$(\boldsymbol{v}_1,y_2)=\int_{-1}^{1}(1+t)(1-t)\mathrm{d}t=\left(t-\frac{t^3}{3}\right)\bigg|_{-1}^{1}=\frac{2}{3}-\left(-\frac{2}{3}\right)=\frac{4}{3}$$

$$(\boldsymbol{v}_1,\boldsymbol{v}_1)=\int_{-1}^{1}(1+t)^2\mathrm{d}t=\frac{(1+t)^3}{3}\bigg|_{-1}^{1}=\frac{8}{3}-0=\frac{8}{3}$$

因此，

$$v_2=(1-t)-\frac{4/3}{8/3}(1+t)=\frac{1}{2}-\frac{3}{2}t$$ 5-23

P5.8 将 $\boldsymbol{x}=[6\quad 9\quad 9]^{\mathrm{T}}$ 按如下基集展开。

$$\boldsymbol{v}_1=\begin{bmatrix}1\\1\\1\end{bmatrix}\quad \boldsymbol{v}_2=\begin{bmatrix}1\\2\\3\end{bmatrix}\quad \boldsymbol{v}_3=\begin{bmatrix}1\\3\\2\end{bmatrix}$$

解 首先计算互逆基向量：

$$\boldsymbol{B}=\begin{bmatrix}1&1&1\\1&2&3\\1&3&2\end{bmatrix}\quad \boldsymbol{B}^{-1}=\begin{bmatrix}\frac{5}{3}&-\frac{1}{3}&-\frac{1}{3}\\-\frac{1}{3}&-\frac{1}{3}&\frac{2}{3}\\-\frac{1}{3}&\frac{2}{3}&-\frac{1}{3}\end{bmatrix}$$

取 $\boldsymbol{B}^{-1}$的行：

$$\boldsymbol{r}_1=\begin{bmatrix}5/3\\-1/3\\-1/3\end{bmatrix}\quad \boldsymbol{r}_2=\begin{bmatrix}-1/3\\-1/3\\2/3\end{bmatrix}\quad \boldsymbol{r}_3=\begin{bmatrix}-1/3\\2/3\\-1/3\end{bmatrix}$$

计算展开式的系数：

$$x_1^v=\boldsymbol{r}_1^{\mathrm{T}}\boldsymbol{x}=\begin{bmatrix}\frac{5}{3}&-\frac{1}{3}&-\frac{1}{3}\end{bmatrix}\begin{bmatrix}6\\9\\9\end{bmatrix}=4$$

$$x_2^v=\boldsymbol{r}_2^{\mathrm{T}}\boldsymbol{x}=\begin{bmatrix}-\frac{1}{3}&-\frac{1}{3}&\frac{2}{3}\end{bmatrix}\begin{bmatrix}6\\9\\9\end{bmatrix}=1$$

$$x_3^v=\boldsymbol{r}_3^{\mathrm{T}}\boldsymbol{x}=\begin{bmatrix}-\frac{1}{3}&\frac{2}{3}&-\frac{1}{3}\end{bmatrix}\begin{bmatrix}6\\9\\9\end{bmatrix}=1$$

5-24 最后展开式写成：

$$\boldsymbol{X}=x_1^v\boldsymbol{v}_1+x_2^v\boldsymbol{v}_2+x_3^v\boldsymbol{v}_3=4\begin{bmatrix}1\\1\\1\end{bmatrix}+1\begin{bmatrix}1\\2\\3\end{bmatrix}+1\begin{bmatrix}1\\3\\2\end{bmatrix}$$

这个过程可以写成矩阵形式：

$$\boldsymbol{x}^v=\boldsymbol{B}^{-1}\boldsymbol{x}=\begin{bmatrix}\frac{5}{3}&-\frac{1}{3}&-\frac{1}{3}\\-\frac{1}{3}&-\frac{1}{3}&\frac{2}{3}\\-\frac{1}{3}&\frac{2}{3}&-\frac{1}{3}\end{bmatrix}\begin{bmatrix}6\\9\\9\end{bmatrix}=\begin{bmatrix}4\\1\\1\end{bmatrix}$$

注意 $\boldsymbol{x}^v$ 和 $\boldsymbol{x}$ 表示的是同一个向量，但是它们分别是在不同的基集下展开的(如果没
5-25 有特别说明，假定 $\boldsymbol{x}$ 采用的是标准基集)。

5.5 结束语

本章描述了一些向量空间的基本概念，这些内容对理解神经网络的工作原理非常重要。向量空间的内容非常多，我们也没有打算介绍得面面俱到，而是介绍了我们认为和神经网络最相关的概念。本章所涵盖的内容几乎会在所有后续章节中用到。

下一章将继续讨论和神经网络最相关的线性代数内容，主要集中于线性变换和矩阵。 5-26

5.6 扩展阅读

[**Brog91**] W. L. Brogan，Modern Control Theory，3rd Ed.，Englewood Cliffs，NJ：Prentice-Hall，1991.

这是一本关于线性系统的佳作，书的前半部分致力于讨论线性代数。此外关于线性微分方程求解以及线性和非线性系统的稳定性部分也不错，书中还包含了许多例题。

[**Stra76**] G. Strang，Linear Algebra and Its Applications，New York：Academic Press，1980.

这是 Strang 写的一本优秀的线性代数基础教材。书中给出了许多线性代数的应用实例。 5-27

5.7 习题

E5.1 再次考虑 P5.1 中描述的感知机，证明当 $b \neq 0$ 时，决策边界不是一个向量空间。

E5.2 例题 P5.1 中的向量空间的维度是多少？

E5.3 证明：所有满足条件 $f(0)=0$ 的连续函数的集合是一个向量空间。

E5.4 证明：2×2 的矩阵的集合是一个向量空间。

E5.5 对于具有如下权值和偏置值的感知机网络：

$$\mathbf{W} = [1 \quad 0 \quad -1], \quad b = 0$$

i. 写出决策边界的方程。

ii. 证明决策边界是向量空间(证明边界上任意的点都满足 10 条准则)。

iii. 这个向量空间的维度是多少？

iv. 找出这个向量空间的一组基。

E5.6 本题的三个小题均针对定义在[0，1]区间上的实值连续函数集合的子集。请指出哪些子集是向量空间，若不是向量空间，指出 10 条准则中有哪些不满足。

i. 所有 $f(0.5)=2$ 的函数。

ii. 所有 $f(0.75)=0$ 的函数。

iii. 所有 $f(0.5)=-f(0.75)-3$ 的函数。

E5.7 以下三个问题均针对定义在实值曲线上的实多项式集合的子集(比如 $3+2t+6t^2$)。指出哪些是向量空间，若不是向量空间，指出 10 条准则中有哪些不满足。

i. 小于等于 5 阶的多项式。

ii. 当 t 为正数时，值为正数的多项式。

iii. 当 t 趋近于 0 时，值也趋于 0 的多项式。 5-28

E5.8 MATLAB 练习 下列哪些向量集是线性无关的？找出每个集合生成的向量空间的维度。(使用 MATLAB 的 rank 函数验证问题 i 和 iv 的答案。)

i. $\begin{bmatrix}1\\2\\3\end{bmatrix} \quad \begin{bmatrix}1\\0\\1\end{bmatrix} \quad \begin{bmatrix}1\\2\\1\end{bmatrix}$

ii. $\sin t \quad \cos t \quad \cos(2t)$

iii. $1+t \quad 1-t$

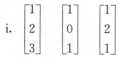

iv. $\begin{bmatrix}1\\2\\2\\1\end{bmatrix}$ $\begin{bmatrix}1\\0\\0\\1\end{bmatrix}$ $\begin{bmatrix}3\\4\\4\\3\end{bmatrix}$

E5.9 回顾第 3 章中的苹果和橘子的模式识别问题。计算出标准模式(橘子和苹果)和测试输入模式(椭圆形橘子)之间的夹角，验证夹角具有的直观意义。

$$\boldsymbol{p}_1=\begin{bmatrix}1\\-1\\-1\end{bmatrix}(\text{橘子})\quad \boldsymbol{p}_2=\begin{bmatrix}1\\1\\-1\end{bmatrix}(\text{苹果})\quad \boldsymbol{p}=\begin{bmatrix}-1\\-1\\-1\end{bmatrix}$$

E5.10 MATLAB 练习 通过 Gram-Schmidt 正交化方法，求下列基向量的一个正交集。(使用 MATLAB 验证你的答案。)

$$\boldsymbol{y}_1=\begin{bmatrix}1\\0\\0\end{bmatrix}\quad \boldsymbol{y}_2=\begin{bmatrix}1\\1\\0\end{bmatrix}\quad \boldsymbol{y}_3=\begin{bmatrix}1\\1\\1\end{bmatrix}$$

E5.11 考虑区间[0，1]上所有分段连续函数构成的向量空间。如图 E5.1 所示，集合 $\{f_1, f_2, f_3\}$ 包含了这个向量空间的三个向量。

i. 证明这个集合是线性无关的。

5-29 ii. 用 Gram-Schmidt 正交化方法生成正交集。内积的定义为：

$$(f, g)=\int_0^1 f(t)\, g(t)\,\mathrm{d}t$$

E5.12 考虑定义在区间[0，1]上所有分段连续函数构成的向量空间。如图 E5.2 所示，集合 $\{f_1, f_2\}$ 包含了这个向量空间的两个向量。

i. 用 Gram-Schmidt 正交化方法生成一个正交集。内积的定义为：

$$(f, g)=\int_0^1 f(t)\, g(t)\,\mathrm{d}t$$

ii. 根据问题 i 中生成的正交集来对图 E5.3 中的向量 g 和 h 进行展开，并解释你遇到的问题。

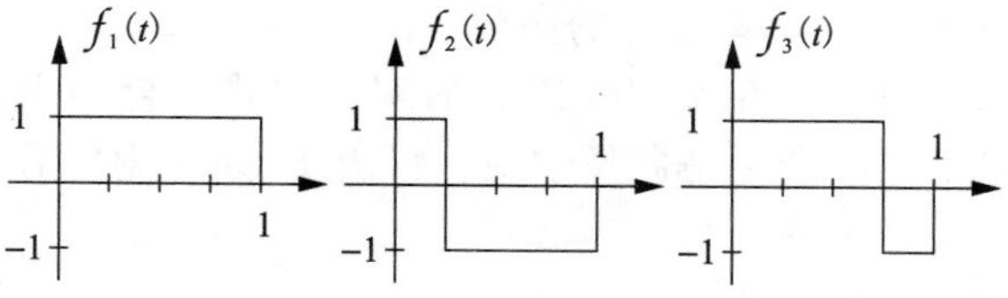

图 E5.1 练习 E5.11 中的基集

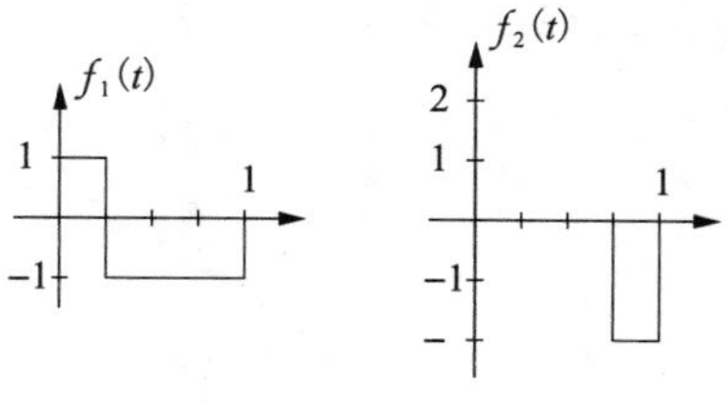

5-30 图 E5.2 练习 E5.12 中的基集

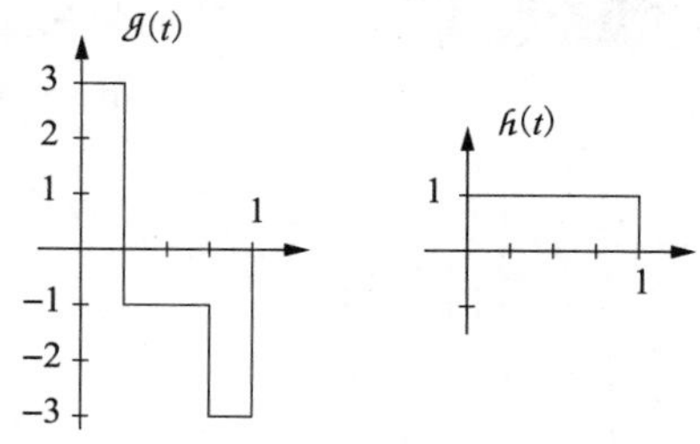

图 E5.3 练习 E5.12 问题 ii 中的向量 g 和 h

E5.13 考虑小于等于 1 阶的多项式的集合，它是一个线性空间，这个空间的一组基为：

$$\{\boldsymbol{u}_1 = 1, \quad \boldsymbol{u}_2 = t\}$$

使用这个基集，多项式 $\boldsymbol{y} = 2 + 4t$ 可以表示为

$$\mathbf{y}^u = \begin{bmatrix} 2 \\ 4 \end{bmatrix}$$

若使用新的基集

$$\{\boldsymbol{v}_1 = 1 + t, \quad \boldsymbol{v}_2 = 1 - t\}$$

请利用互逆基向量找出 y 在这组基上的表达。

E5.14 向量 $\boldsymbol{x}$ 可以用基集 $\{\boldsymbol{v}_1, \boldsymbol{v}_2\}$ 展开为：

$$\boldsymbol{x} = 1\,\boldsymbol{v}_1 + 1\,\boldsymbol{v}_2$$

向量 $\boldsymbol{v}_1$ 和 $\boldsymbol{v}_2$ 可以根据 $\{\boldsymbol{s}_1, \boldsymbol{s}_2\}$ 展开为

$$\boldsymbol{v}_1 = 1\,\boldsymbol{s}_1 - 1\,\boldsymbol{s}_2$$

$$\boldsymbol{v}_2 = 1\,\boldsymbol{s}_1 + 1\,\boldsymbol{s}_2$$ 5-31

i. 求出 $\boldsymbol{x}$ 用基集 $\{\boldsymbol{s}_1, \boldsymbol{s}_2\}$ 的向量展开式。

ii. 向量 $\boldsymbol{y}$ 可以用基集 $\{\boldsymbol{s}_1, \boldsymbol{s}_2\}$ 展开为

$$\boldsymbol{y} = 1\,\boldsymbol{s}_1 + 1\,\boldsymbol{s}_2$$

求出 $\boldsymbol{y}$ 用基集 $\{\boldsymbol{v}_1, \boldsymbol{v}_2\}$ 的向量展开式。

E5.15 考虑在区间[0，1]上所有连续函数构成的向量空间。如图 E5.4 所示，集合 $\{\boldsymbol{f}_1, \boldsymbol{f}_2\}$ 包含该空间的两个向量。

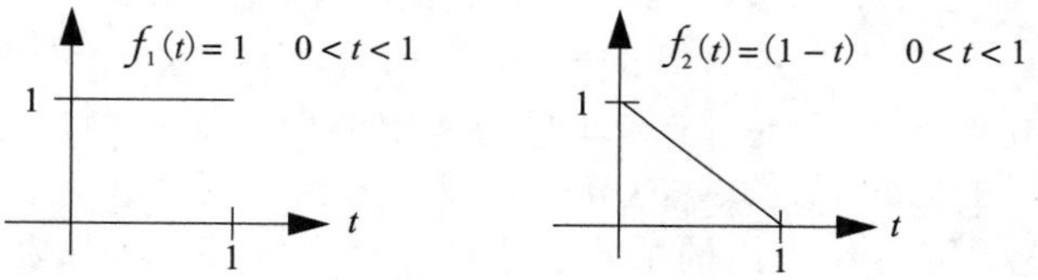

图 E5.4 练习 E5.15 中的线性无关向量

i. 通过这两个向量，使用 Gram-Schmidt 正交化方法生成一个正交集合 $\{\boldsymbol{g}_1, \boldsymbol{g}_2\}$。内积的定义为

$$(\boldsymbol{f}, \boldsymbol{g}) = \int_0^1 \boldsymbol{f}(t)\, \boldsymbol{g}(t)\, \mathrm{d}t$$

画出两个正交向量 $\boldsymbol{g}_1$ 和 $\boldsymbol{g}_2$ 关于时间的函数图像。

ii. 利用式(5.27)根据问题 i 中生成的正交集来展开如图 E5.5 所示的向量 $\boldsymbol{h}$。通过重新将 $\boldsymbol{h}$ 表示为 $\boldsymbol{g}_1$ 和 $\boldsymbol{g}_2$ 的线性组合来验证展开式的正确性。

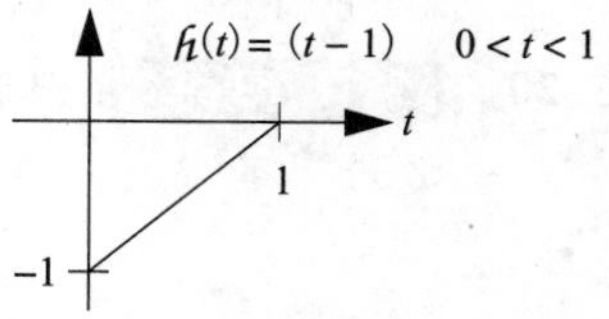

图 E5.5 练习 E5.15 中向量 $\boldsymbol{h}$

E5.16 考虑所有复数的集合，它可以被认为是一个向量空间，因为它满足 10 条定义的性质。同样可以定义这个向量空间的内积为 $(\boldsymbol{x}, \boldsymbol{y}) = \mathrm{Re}(\boldsymbol{x})\mathrm{Re}(\boldsymbol{y}) + \mathrm{Im}(\boldsymbol{x})\mathrm{Im}(\boldsymbol{y})$，其中 $\mathrm{Re}(\boldsymbol{x})$ 是 5-32 $\boldsymbol{x}$ 的实部，$\mathrm{Im}(\boldsymbol{x})$ 是 $\boldsymbol{x}$ 的虚部。这样可以得出如下的范数定义：$\|\boldsymbol{x}\| = \sqrt{(\boldsymbol{x}, \boldsymbol{y})}$。

i. 对于上述的向量空间，考虑如下基集 $\boldsymbol{v}_1 = 1 + 2\mathrm{j}$，$\boldsymbol{v}_2 = 2 + \mathrm{j}$。使用 Gram-Schmidt 正交化方法求出一组正交基集。

ii. 使用问题 i 中求出的基集，求出基集为 $\boldsymbol{u}_1 = 1 - \mathrm{j}$，$\boldsymbol{u}_2 = 1 + \mathrm{j}$，$\boldsymbol{x} = 3 + \mathrm{j}$ 时的向

量展开式。这样，χ，u_1，u_2 可以记作一列数字 x，u_1，u_2。

iii. 现在要用基集{u_1，u_2}来表示向量 χ。利用互逆基向量求出 χ 用基向量{u_1，u_2}的展开式，这样，χ 可以记作一列新的数字 x^u。

iv. 证明在问题 ii 和 iii 中求出的 χ 的表达是等价的(两列数 x 和 x^u 表示同样的向量 χ)。

E5.17 考虑图 E5.6 中定义的向量，{s_1，s_2}是一组标准基集，{u_1，u_2}是另一组基集，我们希望将向量 x 分别通过这两个基集进行表示。

i. 使用标准基{s_1，s_2}写出 χ 的向量展开式。

5-33 ii. 使用标准基{s_1，s_2}写出 u_1 和 u_2 的向量展开式。

iii. 利用互逆基向量写出 χ 用{u_1，u_2}的向量展开式。

iv. 画出类似图 5.2 的草图，表明问题 i 和 iii 中的向量展开式是等价的。

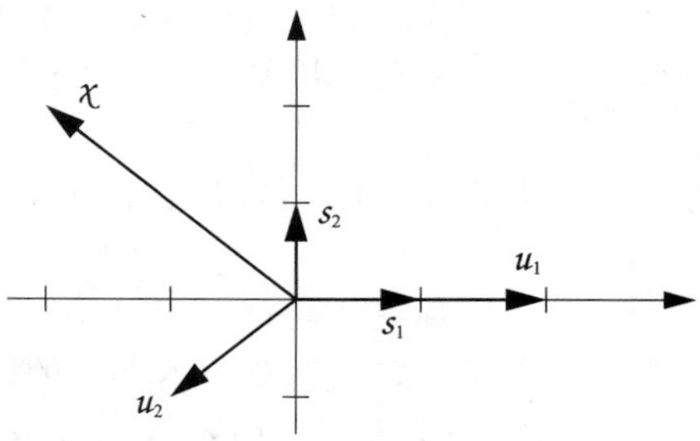

图 E5.6 练习 E5.17 中的向量定义

E5.18 考虑所有可以写成 $A\sin(t+\theta)$ 形式的函数的集合，因为满足 10 条定义的性质，所以可以认为它是一个向量空间。

i. 考虑上述向量空间的如下基集：$v_1=\sin(t)$，$v_2=\cos(t)$。使用此基集将向量 $\chi=2\sin(t)+4\cos(t)$ 表示为一列数 x^v(求出向量展开式)。

ii. 使用问题 i 中的基集，求出 $u_1=2\sin(t)+\cos(t)$，$u_2=3\sin(t)$的向量展开式。

iii. 现在使用基集{u_1，u_2}来表示问题 i 中的向量 χ，利用互逆基向量求出 χ 用{u_1，u_2}的向量展开式，这样，χ 可以记作一列新数 x^u。

iv. 证明问题 i 和 iii 中求出的 χ 的表达是等价的(x^v 和 x^u 都表达了相同的向量 χ)。

E5.19 假设有 3 个向量 χ，y，$z\in X$。要在 χ 上加 y 的倍数，使得到的向量正交于 z。

i. 如何确定要在 χ 上加多少倍的 y？

ii. 使用下列向量验证问题 i 中的结果。

$$x=\begin{bmatrix}1\\0\end{bmatrix}\quad y=\begin{bmatrix}1\\0.5\end{bmatrix}\quad z=\begin{bmatrix}0.5\\1\end{bmatrix}$$

iii. 使用草图来描述问题 ii 中的结果。

E5.20 MATLAB 练习 根据下面的基集展开 $x=[1\quad 2\quad 2]^T$(使用 MATLAB 验证你的答案)。

$$v_1=\begin{bmatrix}-1\\1\\0\end{bmatrix}\quad v_2=\begin{bmatrix}1\\1\\-2\end{bmatrix}\quad v_3=\begin{bmatrix}1\\1\\0\end{bmatrix}$$

E5.21 求出使 $\|\chi-a\,y\|$ 取最小值的 a(使用 $\|\chi\|=(\chi,\chi)^{1/2}$)。证明当 a 取这个值的时候，向量 $z=\chi-a\,y$ 正交于 y 并且有：

$$\|\chi-a\,y\|^2+\|a\,y\|^2=\|\chi\|^2$$

5-34 ~ 5-35 (向量 $a\,y$ 是 χ 在 y 上的投影。)画出二维情况下 χ 和 y 的图形，并解释这个概念和 Gram-Schmidt 正交化的关系。

第 6 章

Neural Network Design, Second Edition

神经网络中的线性变换

6.1 目标

本章将接着第 5 章的工作，为我们分析神经网络奠定数学基础。在第 5 章中，我们回顾了向量空间的相关内容，本章将探讨在神经网络中运用的线性变换。

正如我们在前面章节中已经看到的，输入向量与权值矩阵相乘是神经网络的一个关键运算。该运算是线性变换的一个例子。本章将研究一般形式的线性变换并确定它们的基本特性。本章涉及的特征值、特征向量和基变换等概念对于我们理解性能学习(包括 Widrow-Hoff 规则和反向传播)以及 Hopfield 网络的收敛性等神经网络的关键知识是至关重要的。 6-1

6.2 理论与例子

回顾第 3 章讨论的 Hopfield 网络(如图 6.1)，该网络根据下式对网络的输出进行同步更新：

$$\boldsymbol{a}(t+1) = \mathrm{satlins}(\boldsymbol{W}\boldsymbol{a}(t)+\boldsymbol{b}) \tag{6.1}$$

注意，在每次迭代过程中，都将网络输出与权值矩阵 $\boldsymbol{W}$ 再次相乘。这种重复运算的作用是什么？能否确定网络的输出是会收敛到某个稳定的状态值，还是趋于无穷，抑或是振荡？本章将为回答这些问题以及本书中讨论的神经网络的许多其他问题奠定基础。

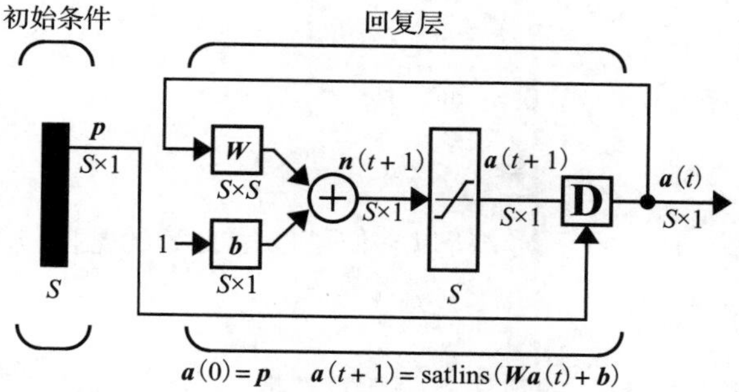

图 6.1 Hopfield 网络

6.2.1 线性变换

我们从一些基本定义开始讨论。

变换(transformation)由三个部分组成：

1) 一个被称为定义域的元素集合 $X=\{\chi_i\}$。

2) 一个被称为值域的元素集合 $Y=\{y_i\}$。

3) 一个将每一个元素 $\chi_i \in X$ 关联到一个元素 $y_i \in Y$ 的规则。 6-2

变换 $\mathcal{A}$ 是线性的(linear)，如果：

1) 对任意 χ_1，$\chi_2 \in X$，有 $\mathcal{A}(\chi_1+\chi_2)=\mathcal{A}(\chi_1)+\mathcal{A}(\chi_2)$。

2）对任意$\mathcal{X}\in X$，$a\in R$，有$\mathcal{A}(a\mathcal{X})=a\mathcal{A}(\mathcal{X})$。

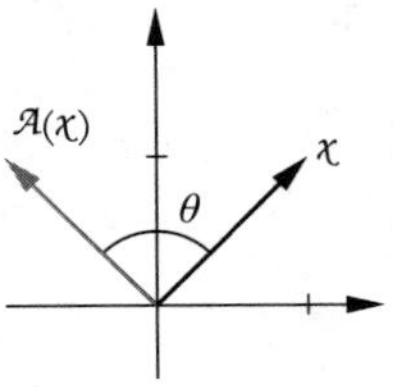

例如，考虑右图中所示的变换，该变换是将$\Re^2$空间中的向量旋转角度θ得到的。其下面的两幅图显示了旋转变换满足线性变换定义中的性质 1。它们显示了如果需要将两个向量的和向量进行旋转，可以首先对这两个向量分别进行旋转，然后再求和。再下面的第四幅图显示了旋转变换满足线性变换定义中的性质 2。如果需要将一个伸缩后的向量进行旋转，可以先旋转伸缩前的向量，再对其进行伸缩。因此，旋转变换是一种线性变换。

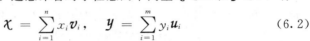

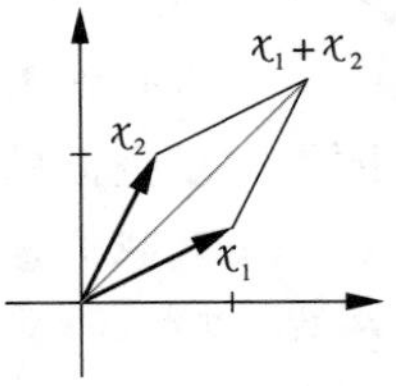

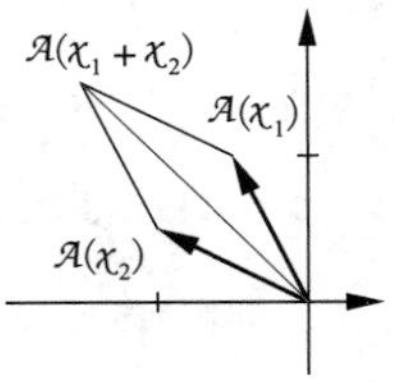

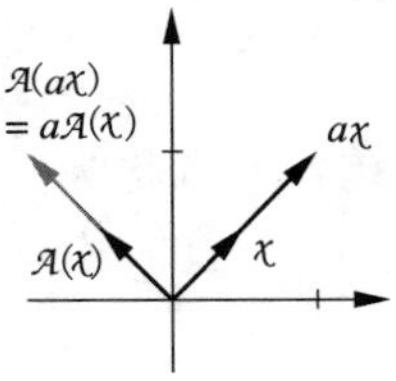

6.2.2 矩阵表示

正如我们在本章开始所提到的，矩阵乘法是线性变换的一个例子。我们也能证明在两个有限维向量空间之间的任意线性变换都可以用一个矩阵来表示(类似地，我们在上一章中证明了在一个有限维向量空间中的任意向量都能够用一列数字来表示)。为了说明这一点，我们将用到上一章给出的大多数概念。

设$\{\boldsymbol{v}_1,\ \boldsymbol{v}_2,\ \cdots,\ \boldsymbol{v}_n\}$是向量空间 X 的一个基，$\{\boldsymbol{u}_1,\ \boldsymbol{u}_2,\ \cdots,\ \boldsymbol{u}_m\}$是向量空间 Y 的一个基。这意味着对于任意两个向量$\mathcal{X}\in X$和$\mathcal{Y}\in Y$，有

$$\mathcal{X}=\sum_{i=1}^{n}x_i\boldsymbol{v}_i,\quad \mathcal{Y}=\sum_{i=1}^{m}y_i\boldsymbol{u}_i \tag{6.2}$$

设$\mathcal{A}$是一个定义域为 X、值域为 Y 的线性变换($\mathcal{A}$：$X\to Y$)。那么

$$\mathcal{A}(\mathcal{X})=\mathcal{Y} \tag{6.3}$$

可以写成

$$\mathcal{A}\left(\sum_{j=1}^{n}x_j\boldsymbol{v}_j\right)=\sum_{i=1}^{m}y_i\boldsymbol{u}_i \tag{6.4}$$

因为$\mathcal{A}$是一个线性运算，所以式(6.4)可写成

6-3

$$\sum_{j=1}^{n}x_j\mathcal{A}(\boldsymbol{v}_j)=\sum_{i=1}^{m}y_i\boldsymbol{u}_i \tag{6.5}$$

因为向量$\mathcal{A}(\boldsymbol{v}_j)$是值域 Y 中的元素，所以它们可以写成 Y 的基向量的线性组合

$$\mathcal{A}(\boldsymbol{v}_j)=\sum_{i=1}^{m}a_{ij}\boldsymbol{u}_i \tag{6.6}$$

(注意，在这个展开式中系数a_{ij}的记法不是随意选取的。)如果将式(6.6)代入式(6.5)可得

$$\sum_{j=1}^{n}x_j\sum_{i=1}^{m}a_{ij}\boldsymbol{u}_i=\sum_{i=1}^{m}y_i\boldsymbol{u}_i \tag{6.7}$$

交换求和的顺序，有

$$\sum_{i=1}^{m}\boldsymbol{u}_i\sum_{j=1}^{n}a_{ij}x_j=\sum_{i=1}^{m}y_i\boldsymbol{u}_i \tag{6.8}$$

重新组织这个公式，可得

$$\sum_{i=1}^{m}\boldsymbol{u}_i\left(\sum_{j=1}^{n}a_{ij}x_j-y_i\right)=0 \tag{6.9}$$

因为$\boldsymbol{u}_i$构成了一个基集，所以它们必定是相互独立的。这意味着式(6.9)中和$\boldsymbol{u}_i$相乘的每个系数必须都等于 0(见式(5.4))，因此

$$\sum_{j=1}^{n} a_{ij}x_j = y_i \tag{6.10}$$

这正是如下所示的矩阵乘法：

$$\begin{bmatrix} a_{11} & a_{12} & \cdots & a_{1n} \\ a_{21} & a_{22} & \cdots & a_{2n} \\ \vdots & \vdots & & \vdots \\ a_{m1} & a_{m2} & \cdots & a_{mn} \end{bmatrix} \begin{bmatrix} x_1 \\ x_2 \\ \vdots \\ x_n \end{bmatrix} = \begin{bmatrix} y_1 \\ y_2 \\ \vdots \\ y_m \end{bmatrix} \tag{6.11}$$

我们总结一下上述结果：对于两个有限维向量空间之间的任意线性变换，都存在一个矩阵表示形式。该矩阵和定义域向量χ的向量展开式相乘，可以得到变换后的向量$\mathcal{Y}$的向量展开式。 6-4

请记住：矩阵表示不是唯一的(正如广义向量表示为一列数时表示并不唯一，参见第5章)。如果改变定义域或值域的基集，那么矩阵表示也会改变。在后面各章，我们将用到这个结论。

举例 以旋转变换作为矩阵表示的例子，让我们为这个变换找到一个矩阵表示。关键步骤已经在式(6.6)中给出。我们必须对定义域中的每个基向量进行变换，然后将其展开为值域中的基向量的线性组合。在这个例子中，定义域和值域是相同的($X=Y=\Re^2$)。为简单起见，我们对二者都使用标准基($\boldsymbol{u}_i=\boldsymbol{v}_i=\boldsymbol{s}_i$)，如右侧上方的插图所示。

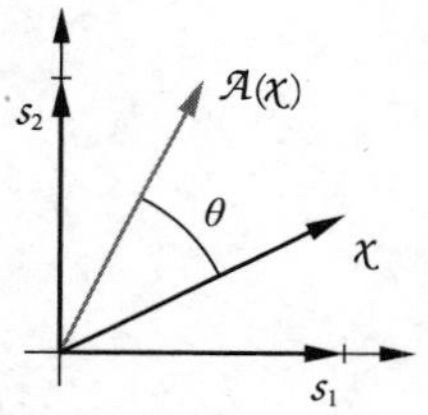

第一步是对第一个基向量进行变换，然后将变换后的向量展开为基向量的线性组合。如果将$\boldsymbol{s}_1$逆时针旋转角度θ，可得

$$\mathcal{A}(\boldsymbol{s}_1) = \cos\theta\,\boldsymbol{s}_1 + \sin\theta\,\boldsymbol{s}_2 = \sum_{i=1}^{2} a_{i1}\boldsymbol{s}_i = a_{11}\boldsymbol{s}_1 + a_{21}\boldsymbol{s}_2 \tag{6.12}$$

如右侧中间的插图所示。在这个展开式中的两个系数构成了矩阵表示中的第一列。

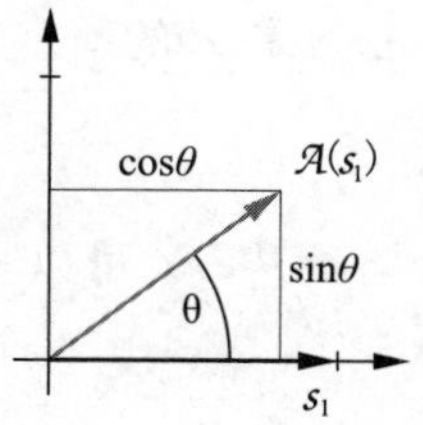

下一步是对第二个基向量进行变换。如果将向量$\boldsymbol{s}_2$逆时针旋转角度θ，可得到

$$\mathcal{A}(\boldsymbol{s}_2) = -\sin\theta\,\boldsymbol{s}_1 + \cos\theta\,\boldsymbol{s}_2 = \sum_{i=1}^{2} a_{i2}\boldsymbol{s}_i = a_{12}\boldsymbol{s}_1 + a_{22}\boldsymbol{s}_2 \tag{6.13}$$

如右侧下方的插图所示。从这个展开式中，可以得到矩阵表示的第二列。这样，完整的矩阵可表示为

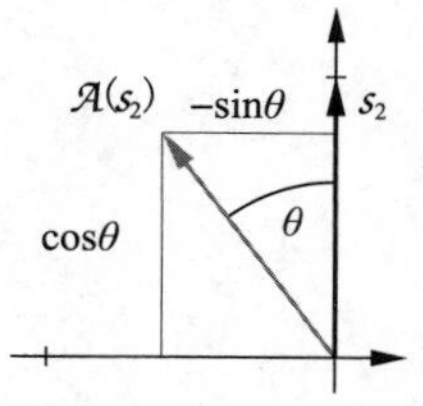

$$\mathbf{A} = \begin{bmatrix} \cos\theta & -\sin\theta \\ \sin\theta & \cos\theta \end{bmatrix} \tag{6.14}$$

读者可以自行验证一下，当一个向量乘以式(6.14)中的矩阵时，该向量将被旋转角度θ。

总的来说，使用式(6.6)可以得到一个变换的矩阵表示。首先对定义域中的每个基向量进行变换，然后将变换后的向量利用值域的基向量组进行线性展开。每一个基向量的展开系数构成了变换矩阵中的一列。 6-5

MATLAB实验 使用 Neural Network Design Demonstration Linear Transformations (nnd6lt) 直观地观察矩阵表示的生成过程。

6.2.3 基变换

在上一节中，我们注意到一个线性变换的矩阵表示不是唯一的。矩阵表示将依赖于变换的定义域和值域所使用的基集。在这一节，我们将准确地说明矩阵表示是如何随着基集改变而改变的。

考虑一个线性变换：$\mathcal{A}$：$X \to Y$。设$\{\boldsymbol{v}_1, \boldsymbol{v}_2, \cdots, \boldsymbol{v}_n\}$是向量空间 X 的一个基，$\{\boldsymbol{u}_1, \boldsymbol{u}_2, \cdots, \boldsymbol{u}_m\}$是向量空间 Y 的一个基。因此，任意向量$\chi \in X$ 可以写作

$$\chi = \sum_{i=1}^{n} x_i \boldsymbol{v}_i \tag{6.15}$$

而任意向量 $y \in Y$ 可以写作

$$y = \sum_{i=1}^{m} y_i \boldsymbol{u}_i \tag{6.16}$$

所以，如果

$$\mathcal{A}(\chi) = y \tag{6.17}$$

则变换的矩阵表示为

$$\begin{bmatrix} a_{11} & a_{12} & \cdots & a_{1n} \\ a_{21} & a_{22} & \cdots & a_{2n} \\ \vdots & \vdots & & \vdots \\ a_{m1} & a_{m2} & \cdots & a_{mn} \end{bmatrix} \begin{bmatrix} x_1 \\ x_2 \\ \vdots \\ x_n \end{bmatrix} = \begin{bmatrix} y_1 \\ y_2 \\ \vdots \\ y_m \end{bmatrix} \tag{6.18}$$

或

$$\mathbf{A}\mathbf{x} = \mathbf{y} \tag{6.19}$$

现在假设对 X 和 Y 使用不同的基集。设$\{\boldsymbol{t}_1, \boldsymbol{t}_2, \cdots, \boldsymbol{t}_n\}$是 X 的新基集，$\{\boldsymbol{w}_1, \boldsymbol{w}_2, \cdots,$
6-6 $\boldsymbol{w}_m\}$是 Y 的新基集。使用新的基集，向量$\chi \in X$ 可以写作

$$\chi = \sum_{i=1}^{n} x'_i \boldsymbol{t}_i \tag{6.20}$$

向量 $y \in Y$ 可以写作

$$y = \sum_{i=1}^{m} y'_i \boldsymbol{w}_i \tag{6.21}$$

这产生了一个新的矩阵表示：

$$\begin{bmatrix} a'_{11} & a'_{12} & \cdots & a'_{1n} \\ a'_{21} & a'_{22} & \cdots & a'_{2n} \\ \vdots & \vdots & & \vdots \\ a'_{m1} & a'_{m2} & \cdots & a'_{mn} \end{bmatrix} \begin{bmatrix} x'_1 \\ x'_2 \\ \vdots \\ x'_n \end{bmatrix} = \begin{bmatrix} y'_1 \\ y'_2 \\ \vdots \\ y'_m \end{bmatrix} \tag{6.22}$$

或

$$\mathbf{A}'\mathbf{x}' = \mathbf{y}' \tag{6.23}$$

矩阵 $\mathbf{A}$ 和 $\mathbf{A}'$之间是什么关系？要找到这个关系，需要找出两个基集之间的关系。首先，由于每个 $\boldsymbol{t}_i$ 是 X 的一个元素，它们能够使用 X 的原基集进行展开：

$$\boldsymbol{t}_i = \sum_{j=1}^{n} t_{ji} \boldsymbol{v}_j \tag{6.24}$$

接下来，由于每个 $\boldsymbol{w}_i$ 是 Y 的一个元素，它们能够使用 Y 的原基集进行展开：

$$\boldsymbol{w}_i = \sum_{j=1}^{m} w_{ji} \boldsymbol{u}_j \tag{6.25}$$

所以，基向量能够表示成如下的数字列：

$$\boldsymbol{t}_i = \begin{bmatrix} t_{1i} \\ t_{2i} \\ \vdots \\ t_{ni} \end{bmatrix} \quad \boldsymbol{w}_i = \begin{bmatrix} w_{1i} \\ w_{2i} \\ \vdots \\ w_{mi} \end{bmatrix} \tag{6.26}$$

定义一个列为 $\boldsymbol{t}_i$ 的矩阵：

6-7

$$\boldsymbol{B}_t = (\boldsymbol{t}_1 \quad \boldsymbol{t}_2 \quad \cdots \quad \boldsymbol{t}_n) \tag{6.27}$$

那么，式(6.20)可以表示为矩阵形式：

$$\boldsymbol{x} = x'_1\boldsymbol{t}_1 + x'_2\boldsymbol{t}_2 + \cdots + x'_n\boldsymbol{t}_n = \boldsymbol{B}_t\boldsymbol{x}' \tag{6.28}$$

这个等式说明了向量χ的两个不同表示之间的关系。(注意这和式(5.43)实际上是相同的。读者可以复习一下第 5 章中关于互逆基向量的讨论。)

现在，定义一个列为 $\boldsymbol{w}_i$ 的矩阵：

$$\boldsymbol{B}_w = [\boldsymbol{w}_1 \quad \boldsymbol{w}_2 \quad \cdots \quad \boldsymbol{w}_m] \tag{6.29}$$

据此，我们可以把式(6.21)写成矩阵形式：

$$\boldsymbol{y} = \boldsymbol{B}_w\boldsymbol{y}' \tag{6.30}$$

这说明了向量$\mathcal{Y}$的两个不同表示之间的关系。

现在将式(6.28)和式(6.30)代入式(6.19)中，可得

$$\boldsymbol{A}\boldsymbol{B}_t\boldsymbol{x}' = \boldsymbol{B}_w\boldsymbol{y}' \tag{6.31}$$

如果将这个等式的两边同乘以 $\boldsymbol{B}_w^{-1}$，可以得到

$$[\boldsymbol{B}_w^{-1}\boldsymbol{A}\boldsymbol{B}_t]\boldsymbol{x}' = \boldsymbol{y}' \tag{6.32}$$

比较式(6.32)和式(6.23)可以得到如下的基变换(change of basis)运算：

$$\boldsymbol{A}' = [\boldsymbol{B}_w^{-1}\boldsymbol{A}\boldsymbol{B}_t] \tag{6.33}$$

这个重要结果描述了一个给定线性变换的任意两个矩阵表示之间的关系，称之为相似变换(similarity transform)[Brog91]。相似变换在后面章节中将非常有用。已经证明，如果选择一组合适的基向量，可以得到揭示线性变换关键特征的一个矩阵表示。这将在下一节中进行讨论。

举例 作为基集变换的一个实例，让我们回顾一下上一节中向量旋转的例子。在上一节中，使用标准基集$\{\boldsymbol{s}_1, \boldsymbol{s}_2\}$得到了一个矩阵表示。现在让我们使用基$\{\boldsymbol{t}_1, \boldsymbol{t}_2\}$寻找一个新的矩阵表示(如右图所示)。(注意，在这个例子中，定义域和值域使用同一个基集。)

6-8

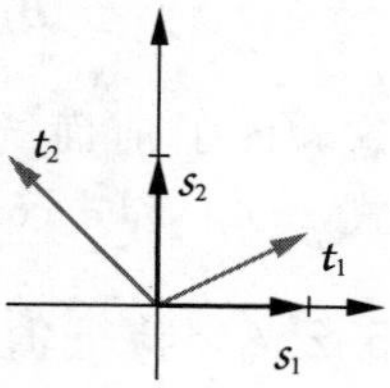

第一步类似于式(6.24)和式(6.25)，把$\boldsymbol{t}_1$ 和$\boldsymbol{t}_2$ 按照标准基展开。通过观察右图，可知：

$$\boldsymbol{t}_1 = \boldsymbol{s}_1 + 0.5\boldsymbol{s}_2 \tag{6.34}$$

$$\boldsymbol{t}_2 = -\boldsymbol{s}_1 + \boldsymbol{s}_2 \tag{6.35}$$

因此，可以写成

$$\boldsymbol{t}_1 = \begin{bmatrix} 1 \\ 0.5 \end{bmatrix} \quad \boldsymbol{t}_2 = \begin{bmatrix} -1 \\ 1 \end{bmatrix} \tag{6.36}$$

现在，构造矩阵

$$\boldsymbol{B}_t = [\boldsymbol{t}_1 \quad \boldsymbol{t}_2] = \begin{bmatrix} 1 & -1 \\ 0.5 & 1 \end{bmatrix} \tag{6.37}$$

因为对变换的定义域和值域使用的是相同的基集，所以

$$\boldsymbol{B}_w = \boldsymbol{B}_t = \begin{bmatrix} 1 & -1 \\ 0.5 & 1 \end{bmatrix} \tag{6.38}$$

根据式(6.33)，可以计算得到新的矩阵表示：

$$\begin{aligned} \boldsymbol{A}' = [\boldsymbol{B}_w^{-1}\boldsymbol{A}\boldsymbol{B}_t] &= \begin{bmatrix} 2/3 & 2/3 \\ -1/3 & 2/3 \end{bmatrix} \begin{bmatrix} \cos\theta & -\sin\theta \\ \sin\theta & \cos\theta \end{bmatrix} \begin{bmatrix} 1 & -1 \\ 0.5 & 1 \end{bmatrix} \\ &= \begin{bmatrix} \frac{1}{3}\sin\theta + \cos\theta & -\frac{4}{3}\sin\theta \\ \frac{5}{6}\sin\theta & -\frac{1}{3}\sin\theta + \cos\theta \end{bmatrix} \end{aligned} \tag{6.39}$$

以 $\theta = 30°$为例，

$$\boldsymbol{A}' = \begin{bmatrix} 1.033 & -0.667 \\ 0.417 & 0.699 \end{bmatrix} \tag{6.40}$$

6-9 和

$$\boldsymbol{A} = \begin{bmatrix} 0.866 & -0.5 \\ 0.5 & 0.866 \end{bmatrix} \tag{6.41}$$

为了验证这些矩阵表示是正确的，我们选取一个测试向量

$$\boldsymbol{x} = \begin{bmatrix} 1 \\ 0.5 \end{bmatrix}, \quad 对应着\ \boldsymbol{x}' = \begin{bmatrix} 1 \\ 0 \end{bmatrix} \tag{6.42}$$

(注意：$\boldsymbol{x}$ 和 $\boldsymbol{x}'$表示的向量 $\boldsymbol{t}_1$ 是第二个基集中的一个元素。)变换后的测试向量是

$$\boldsymbol{y} = \boldsymbol{A}\boldsymbol{x} = \begin{bmatrix} 0.866 & -0.5 \\ 0.5 & 0.866 \end{bmatrix} \begin{bmatrix} 1 \\ 0.5 \end{bmatrix} = \begin{bmatrix} 0.616 \\ 0.933 \end{bmatrix} \tag{6.43}$$

它对应着：

$$\boldsymbol{y}' = \boldsymbol{A}'\boldsymbol{x}' = \begin{bmatrix} 1.033 & -0.667 \\ 0.416 & 0.699 \end{bmatrix} \begin{bmatrix} 1 \\ 0 \end{bmatrix} = \begin{bmatrix} 1.033 \\ 0.416 \end{bmatrix} \tag{6.44}$$

如何验证 $\boldsymbol{y}'$和 $\boldsymbol{y}$ 是相对应的呢？它们应该是同一个向量 $\mathcal{y}$ 在两个不同基集下的表示，$\boldsymbol{y}$ 使用的基是$\{\boldsymbol{s}_1, \boldsymbol{s}_2\}$，$\boldsymbol{y}'$使用的基是$\{\boldsymbol{t}_1, \boldsymbol{t}_2\}$。在第 5 章中，我们利用互逆基向量将一个表示转换成另一个表示(见式(5.43))。使用这个概念，我们有

$$\boldsymbol{y}' = \boldsymbol{B}^{-1}\boldsymbol{y} = \begin{bmatrix} 1 & -1 \\ 0.5 & 1 \end{bmatrix}^{-1} \begin{bmatrix} 0.616 \\ 0.933 \end{bmatrix} = \begin{bmatrix} 2/3 & 2/3 \\ -1/3 & 2/3 \end{bmatrix} \begin{bmatrix} 0.616 \\ 0.933 \end{bmatrix} = \begin{bmatrix} 1.033 \\ 0.416 \end{bmatrix} \tag{6.45}$$

这验证了前面的结果。这些向量显示在右图中。从图中可以看出，式(6.43)和式(6.44)给出的两种表示 $\boldsymbol{y}$ 和 $\boldsymbol{y}'$是合理的。

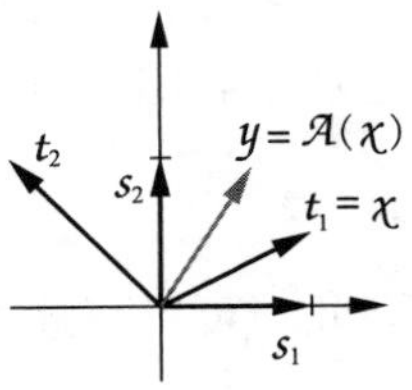

6.2.4 特征值与特征向量

在这最后一个小节中，我们想讨论线性变换的两个关键性质：特征值和特征向量。关于这些性质的知识将使我们能够回答有关神经网络性能的一些关键问题，例如在本章开始提到的 Hopfield 网络的稳定性问题。

让我们首先定义什么是特征值和特征向量。考虑线性变换 $\mathcal{A}$: $X \to X$(定义域与值域相
6-10 同)。线性变换

$$\mathcal{A}(\boldsymbol{z}) = \lambda \boldsymbol{z} \tag{6.46}$$

的非零向量 $\boldsymbol{z} \in X$ 和标量 λ 分别称为特征向量(z)和特征值(λ)。请注意，特征向量这个术语有点误导性，因为如果 $\boldsymbol{z}$ 满足式(6.46)，那么 $a\boldsymbol{z}$ 也满足该式。所以，特征向量实际上

并不是一个向量，而是一个向量空间。

因此，给定变换的一个特征向量表示一个方向，当对该方向上的任何向量进行变换后，它将继续指向相同的方向，但将按照特征值对向量长度进行缩放。再次考虑前几节使用的旋转变换的例子。如右图所示，是否存在一个向量，在它被旋转 30°后，继续指向相同的方向？答案是否定的。这是一个没有实数特征值的例子。（后面将会看到，如果允许使用复数，那么该变换存在两个特征值。）

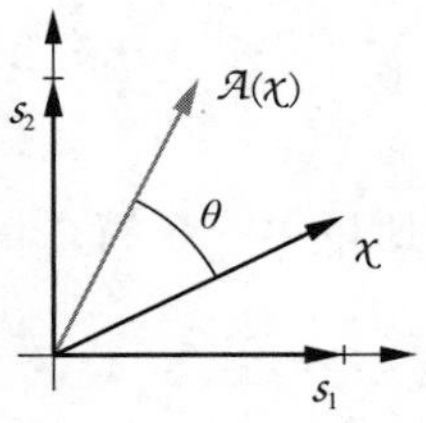

那么，如何计算特征值和特征向量？假设已经选取了 n 维向量空间 X 的一个基。那么式(6.46)中的矩阵表示可以写作：

$$\mathbf{A}\boldsymbol{z} = \lambda\boldsymbol{z} \tag{6.47}$$

或

$$[\mathbf{A} - \lambda\boldsymbol{I}]\boldsymbol{z} = \mathbf{0} \tag{6.48}$$

这意味着矩阵$[\mathbf{A}-\lambda\boldsymbol{I}]$的各列是线性相关的，因此该矩阵的行列式必为 0：

$$|[\mathbf{A} - \lambda\boldsymbol{I}]| = 0 \tag{6.49}$$

这个行列式是一个 n 次多项式。所以式(6.49)通常有 n 个根，其中某些根可能是复数，某些根可能是重根。

举例 让我们再来看看旋转变换的例子。如果使用标准基集，那么变换的矩阵表示是

$$\mathbf{A} = \begin{bmatrix} \cos\theta & -\sin\theta \\ \sin\theta & \cos\theta \end{bmatrix} \tag{6.50}$$

式(6.49)可以写成

$$\left|\begin{bmatrix} \cos\theta - \lambda & -\sin\theta \\ \sin\theta & \cos\theta - \lambda \end{bmatrix}\right| = 0 \tag{6.51}$$

或

$$\lambda^2 - 2\lambda\cos\theta + ((\cos\theta)^2 + (\sin\theta)^2) = \lambda^2 - 2\lambda\cos\theta + 1 = 0 \tag{6.52}$$ 6-11

该方程的根是

$$\lambda_1 = \cos\theta + \mathrm{j}\sin\theta \quad \lambda_2 = \cos\theta - \mathrm{j}\sin\theta \tag{6.53}$$

因此，正如我们预料的，这个变换没有实特征值(如果 $\sin\theta \neq 0$)。这意味着任何实向量被变换以后，将指向一个新的方向。

举例 考虑另外一个矩阵：

$$\mathbf{A} = \begin{bmatrix} -1 & 1 \\ 0 & -2 \end{bmatrix} \tag{6.54}$$

为求其特征值，必须求解

$$\left|\begin{bmatrix} -1-\lambda & 1 \\ 0 & -2-\lambda \end{bmatrix}\right| = 0 \tag{6.55}$$

或

$$\lambda^2 + 3\lambda + 2 = (\lambda + 1)(\lambda + 2) = 0 \tag{6.56}$$

其特征值为

$$\lambda_1 = -1 \quad \lambda_2 = -2 \tag{6.57}$$

为寻找特征向量，必须求解方程(6.48)。在这个例子中，它的形式为：

$$\begin{bmatrix} -1-\lambda & 1 \\ 0 & -2-\lambda \end{bmatrix} \boldsymbol{z} = \begin{bmatrix} 0 \\ 0 \end{bmatrix} \tag{6.58}$$

我们将对该方程求解两次，第一次使用 λ_1，第二次使用 λ_2。首先使用 λ_1，可得

$$\begin{bmatrix}0 & 1\\0 & -1\end{bmatrix}\boldsymbol{z}_1=\begin{bmatrix}0 & 1\\0 & -1\end{bmatrix}\begin{bmatrix}z_{11}\\z_{21}\end{bmatrix}=\begin{bmatrix}0\\0\end{bmatrix} \tag{6.59}$$

或

$$z_{21}=0,\quad z_{11}\text{ 无约束} \tag{6.60}$$

6-12 所以第一个特征向量是

$$\boldsymbol{z}_1=\begin{bmatrix}1\\0\end{bmatrix} \tag{6.61}$$

或者是该向量与任意标量的乘积。对于第二个特征向量，我们使用 λ_2，可得

$$\begin{bmatrix}1 & 1\\0 & 0\end{bmatrix}\boldsymbol{z}_2=\begin{bmatrix}1 & 1\\0 & 0\end{bmatrix}\begin{bmatrix}z_{12}\\z_{22}\end{bmatrix}=\begin{bmatrix}0\\0\end{bmatrix} \tag{6.62}$$

或

$$z_{22}=-z_{12} \tag{6.63}$$

因此，第二个特征向量是

$$\boldsymbol{z}_2=\begin{bmatrix}1\\-1\end{bmatrix} \tag{6.64}$$

或者是该向量与任意标量的乘积。

下面两个等式验证了上述结果的正确性：

$$\boldsymbol{A}\boldsymbol{z}_1=\begin{bmatrix}-1 & 1\\0 & -2\end{bmatrix}\begin{bmatrix}1\\0\end{bmatrix}=\begin{bmatrix}-1\\0\end{bmatrix}=(-1)\begin{bmatrix}1\\0\end{bmatrix}=\lambda_1\boldsymbol{z}_1 \tag{6.65}$$

$$\boldsymbol{A}\boldsymbol{z}_2=\begin{bmatrix}-1 & 1\\0 & -2\end{bmatrix}\begin{bmatrix}1\\-1\end{bmatrix}=\begin{bmatrix}-2\\2\end{bmatrix}=(-2)\begin{bmatrix}1\\-1\end{bmatrix}=\lambda_2\boldsymbol{z}_2 \tag{6.66}$$

MATLAB 实验 使用 Neural Network Design Demonstration Eigenvector Game(nnd6eg)测试对特征向量的理解。

对角化

每当某个变换有 n 个不同的特征值时，肯定能够得到 n 个线性无关的特征向量[Brog91]。因此这些特征向量组成了该变换的向量空间的一个基集。让我们使用特征向量作为基向量，寻找前述变换(式 6.54)所对应的矩阵表示。从式(6.33)可得

$$\boldsymbol{A}'=[\boldsymbol{B}^{-1}\boldsymbol{A}\boldsymbol{B}]=\begin{bmatrix}1 & 1\\0 & -1\end{bmatrix}\begin{bmatrix}-1 & 1\\0 & -2\end{bmatrix}\begin{bmatrix}1 & 1\\0 & -1\end{bmatrix}=\begin{bmatrix}-1 & 0\\0 & -2\end{bmatrix} \tag{6.67}$$

注意，这是一个对角矩阵，特征值位于对角线上。这不是一个巧合。每当一个变换有不同
6-13 的特征值时，我们就能使用特征向量作为基向量将该变换的矩阵表示对角化。这个对角化(diagonalization)过程总结如下：

设

$$\boldsymbol{B}=[\boldsymbol{z}_1\quad \boldsymbol{z}_2\quad \cdots\quad \boldsymbol{z}_n] \tag{6.68}$$

其中$\{\boldsymbol{z}_1, \boldsymbol{z}_2, \cdots, \boldsymbol{z}_n\}$是矩阵 $\boldsymbol{A}$ 的特征向量。那么

$$[\boldsymbol{B}^{-1}\boldsymbol{A}\boldsymbol{B}]=\begin{bmatrix}\lambda_1 & 0 & \cdots & 0\\0 & \lambda_2 & \cdots & 0\\\vdots & \vdots & & \vdots\\0 & 0 & \cdots & \lambda_n\end{bmatrix} \tag{6.69}$$

其中$\{\lambda_1, \lambda_2, \cdots, \lambda_n\}$是矩阵$\boldsymbol{A}$的特征值。

这个结果对后面各章分析许多神经网络的性能是非常有帮助的。 6-14

6.3 小结

变换

变换由三个部分组成：

1）一个被称为定义域的元素集合$X=\{\chi_i\}$。

2）一个被称为值域的元素集合$Y=\{y_i\}$。

3）一个将每一个元素$\chi_i \in X$关联到一个元素$y_i \in Y$的规则。

线性变换

变换$\mathcal{A}$是线性的，如果：

1）对任意χ_1，$\chi_2 \in X$，有$\mathcal{A}(\chi_1+\chi_2)=\mathcal{A}(\chi_1)+\mathcal{A}(\chi_2)$，

2）对任意$\chi \in X$，$a \in R$，有$\mathcal{A}(a\chi)=a\mathcal{A}(\chi)$。

矩阵表示

设$\{\boldsymbol{v}_1, \boldsymbol{v}_2, \cdots, \boldsymbol{v}_n\}$是向量空间$X$的一个基，$\{\boldsymbol{u}_1, \boldsymbol{u}_2, \cdots, \boldsymbol{u}_m\}$是向量空间$Y$的一个基。$\mathcal{A}$是一个定义域为$X$和值域为$Y$的线性变换：

$$\mathcal{A}(\chi) = y$$

变换的矩阵表示中的系数可以由下式得到：

$$\mathcal{A}(\boldsymbol{v}_j) = \sum_{i=1}^{m} a_{ij}\boldsymbol{u}_i$$

基变换

$$\boldsymbol{B}_t = [\boldsymbol{t}_1 \quad \boldsymbol{t}_2 \quad \cdots \quad \boldsymbol{t}_n]$$
$$\boldsymbol{B}_w = [\boldsymbol{w}_1 \quad \boldsymbol{w}_2 \quad \cdots \quad \boldsymbol{w}_m]$$
$$\boldsymbol{A}' = [\boldsymbol{B}_w^{-1}\boldsymbol{A}\boldsymbol{B}_t]$$

6-15

特征值和特征向量

$$\boldsymbol{A}\boldsymbol{z} = \lambda\boldsymbol{z}$$
$$|(\boldsymbol{A}-\lambda\boldsymbol{I})| = 0$$

对角化

$\boldsymbol{B} = [\boldsymbol{z}_1 \quad \boldsymbol{z}_2 \quad \cdots \quad \boldsymbol{z}_n]$，其中$\{\boldsymbol{z}_1, \boldsymbol{z}_2, \cdots, \boldsymbol{z}_n\}$是方阵$\boldsymbol{A}$的特征向量

$$[\boldsymbol{B}^{-1}\boldsymbol{A}\boldsymbol{B}] = \begin{bmatrix} \lambda_1 & 0 & \cdots & 0 \\ 0 & \lambda_2 & \cdots & 0 \\ \vdots & \vdots & & \vdots \\ 0 & 0 & \cdots & \lambda_n \end{bmatrix}$$

6-16

6.4 例题

P6.1 考虑图 P6.1 中具有线性传输函数的单层网络。从输入向量到输出向量之间的变换是一个线性变换吗？

解 该网络的方程是

$$\boldsymbol{a} = \mathcal{A}(\boldsymbol{p}) = \boldsymbol{W}\boldsymbol{p} + \boldsymbol{b}$$

为了使这个变换是线性的，它必须满足：

1）$\mathcal{A}(\boldsymbol{p}_1+\boldsymbol{p}_2)=\mathcal{A}(\boldsymbol{p}_1)+\mathcal{A}(\boldsymbol{p}_2)$

2) $\mathcal{A}(a\boldsymbol{p})=a\,\mathcal{A}(\boldsymbol{p})$

首先验证条件 1。

$\mathcal{A}(\boldsymbol{p}_1+\boldsymbol{p}_2)=\boldsymbol{W}(\boldsymbol{p}_1+\boldsymbol{p}_2)+\boldsymbol{b}=\boldsymbol{W}\boldsymbol{p}_1+\boldsymbol{W}\boldsymbol{p}_2+\boldsymbol{b}$

将其和下式比较：

$$\begin{aligned}\mathcal{A}(\boldsymbol{p}_1)+\mathcal{A}(\boldsymbol{p}_2)&=\boldsymbol{W}\boldsymbol{p}_1+\boldsymbol{b}+\boldsymbol{W}\boldsymbol{p}_2+\boldsymbol{b}\\&=\boldsymbol{W}\boldsymbol{p}_1+\boldsymbol{W}\boldsymbol{p}_2+2\boldsymbol{b}\end{aligned}$$

显然，仅当 $\boldsymbol{b}=\boldsymbol{0}$ 时，这两个表达式相等。所以，尽管该网络具有一个线性传输函数，但它完成的是一个非线性变换。这种特殊类型的非线性变换称为

6-17 仿射变换。

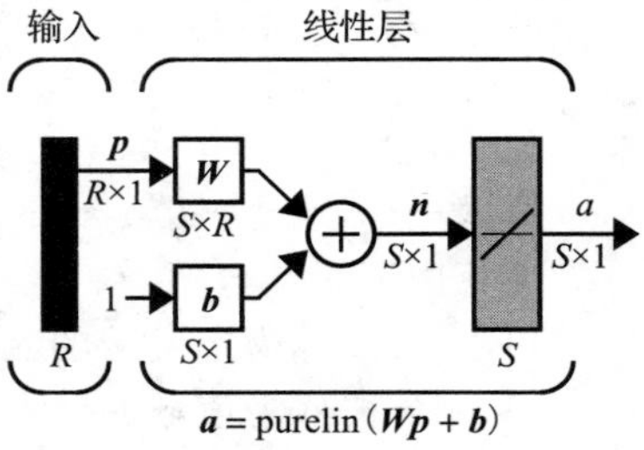

图 P6.1 单神经元感知机

P6.2 我们在第 5 章中讨论了投影。投影是一个线性变换吗？

解 向量 χ 到向量 v 上的投影通过下式计算：

$$y=\mathcal{A}(\chi)=\frac{(\chi,v)}{(v,v)}v$$

其中$(\chi,\ v)$是χ和v的内积。

我们需要验证这个变换是否满足线性的两个条件。首先验证条件 1：

$$\begin{aligned}\mathcal{A}(\chi_1+\chi_2)&=\frac{(\chi_1+\chi_2,v)}{(v,v)}v=\frac{(\chi_1,v)+(\chi_2,v)}{(v,v)}v\\&=\frac{(\chi_1,v)}{(v,v)}v+\frac{(\chi_2,v)}{(v,v)}v\\&=\mathcal{A}(\chi_1)+\mathcal{A}(\chi_2)\end{aligned}$$

(这里利用了内积的线性特性。)接下来验证条件 2：

$$\mathcal{A}(a\chi)=\frac{(a\chi,v)}{(v,v)}v=\frac{a(\chi,v)}{(v,v)}v=a\mathcal{A}(\chi)$$

由此可见，投影是一个线性变换。

P6.3 考虑一个变换 $\mathcal{A}$，它将$\Re^2$ 中的向量 χ 做关于直线 $x_1+x_2=0$ 的镜像变换(如图 P6.2 所示)。求该变换相对于$\Re^2$ 中标准基的矩阵表示。

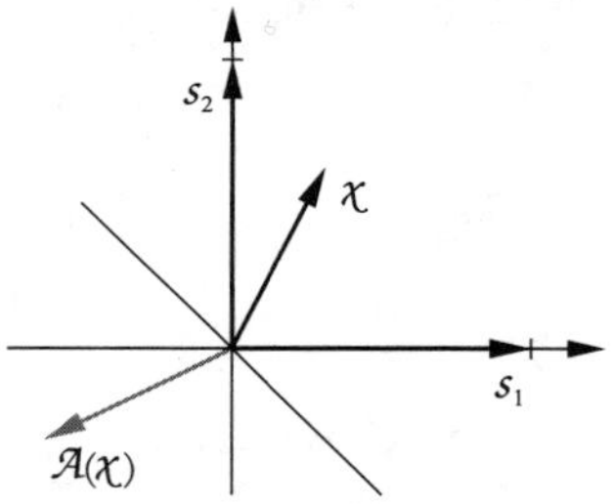

图 P6.2 镜像变换

6-18 **解** 式(6.6)给出了寻找一个变换的矩阵表示的关键方法：

$$\mathcal{A}(v_j)=\sum_{i=1}^{m}a_{ij}u_i$$

我们需要对定义域中的每个基向量进行变换，然后将变换结果用值域的基向量进行线性展开。每次展开得到矩阵表示中的一列。在这个例子中，定义域和值域的基集都是$\{s_1,\ s_2\}$。所以首先对 s_1 进行变换。如果我们将 s_1 做关于直线 $x_1+x_2=0$ 的镜像变换，可得

$$\begin{aligned}\mathcal{A}(s_1)=-s_2&=\sum_{i=1}^{2}a_{i1}s_i=a_{11}s_1+a_{21}s_2\\&=0s_1+(-1)s_2\end{aligned}$$

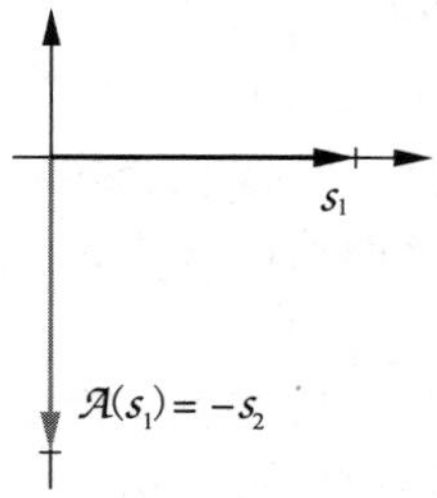

如右图所示，此式给出了矩阵的第一列。接着对 s_2 进行变换：

$$\mathcal{A}(s_2) = -s_1 = \sum_{i=1}^{2} a_{i2} s_i = a_{12} s_1 + a_{22} s_2 = (-1) s_1 + 0 s_2$$

（如右图所示），它给出了矩阵的第二列。最后结果是

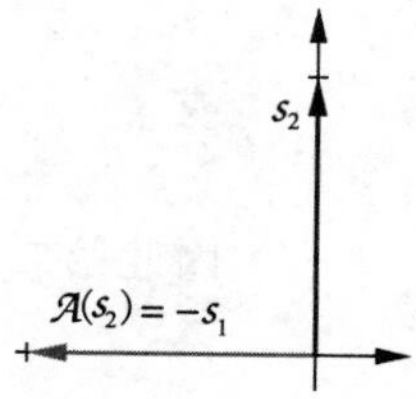

$$\begin{bmatrix} 0 & -1 \\ -1 & 0 \end{bmatrix}$$

下面通过对向量 $\boldsymbol{x} = [1 \quad 1]^T$ 进行变换来验证上述结果：

$$\boldsymbol{Ax} = \begin{bmatrix} 0 & -1 \\ -1 & 0 \end{bmatrix} \begin{bmatrix} 1 \\ 1 \end{bmatrix} = \begin{bmatrix} -1 \\ -1 \end{bmatrix}$$

如图 P6.3 所示，这的确是向量 $\boldsymbol{x}$ 关于直线 $x_1 + x_2 = 0$ 的镜像。 6-19

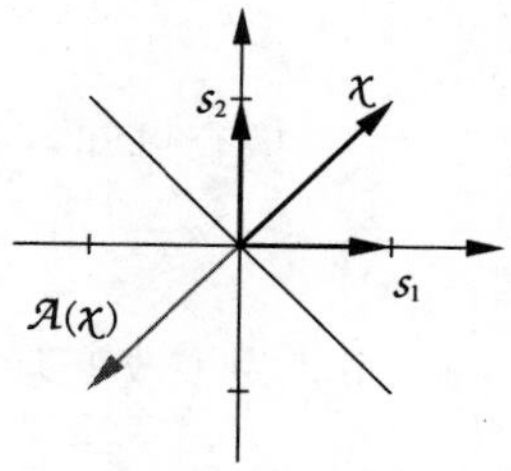

图 P6.3 镜像运算的结果

MATLAB 实验 你能猜出该变换的特征值和特征向量吗？使用 Neural Network Design Demonstration Linear Transformations (nnd6lt) 直观地研究一下这个问题。利用 MATLAB 的 eig 函数计算特征值和特征向量，检验你的猜测。

P6.4 考虑复数空间。令它是向量空间 X，设 X 的基是 $\{1+j, 1-j\}$。设变换 $\mathcal{A}: X \to X$ 是共轭算子(即 $\mathcal{A}(\chi) = \chi^*$)。

i. 求变换 $\mathcal{A}$ 相对于上述基集的矩阵表示。

ii. 求该变换的特征值和特征向量。

iii. 当上述特征向量作为基向量时，求变换 $\mathcal{A}$ 的矩阵表示。

解 i. 为了寻找该变换的矩阵表示，对每个基向量进行变换(求每个基向量的共轭)：

$$\mathcal{A}(\boldsymbol{v}_1) = \mathcal{A}(1+j) = 1-j = \boldsymbol{v}_2 = a_{11}\boldsymbol{v}_1 + a_{21}\boldsymbol{v}_2 = 0\,\boldsymbol{v}_1 + 1\,\boldsymbol{v}_2$$

$$\mathcal{A}(\boldsymbol{v}_2) = \mathcal{A}(1-j) = 1+j = \boldsymbol{v}_1 = a_{12}\boldsymbol{v}_1 + a_{22}\boldsymbol{v}_2 = 1\,\boldsymbol{v}_1 + 0\,\boldsymbol{v}_2$$

这给出了变换的矩阵表示

$$\boldsymbol{A} = \begin{bmatrix} 0 & 1 \\ 1 & 0 \end{bmatrix}$$

ii. 为了求特征值，需要使用式(6.49)： 6-20

$$|[\boldsymbol{A} - \lambda \boldsymbol{I}]| = \left| \begin{bmatrix} -\lambda & 1 \\ 1 & -\lambda \end{bmatrix} \right| = \lambda^2 - 1 = (\lambda - 1)(\lambda + 1) = 0$$

所以特征值为 $\lambda_1 = 1$，$\lambda_2 = -1$。为了求特征向量，使用式(6.48)：

$$[\boldsymbol{A} - \lambda \boldsymbol{I}]\boldsymbol{z} = \begin{bmatrix} -\lambda & 1 \\ 1 & -\lambda \end{bmatrix} \boldsymbol{z} = \begin{bmatrix} 0 \\ 0 \end{bmatrix}$$

当 $\lambda = \lambda_1 = 1$ 时，有

$$\begin{bmatrix} -1 & 1 \\ 1 & -1 \end{bmatrix} \boldsymbol{z}_1 = \begin{bmatrix} -1 & 1 \\ 1 & -1 \end{bmatrix} \begin{bmatrix} z_{11} \\ z_{21} \end{bmatrix} = \begin{bmatrix} 0 \\ 0 \end{bmatrix}$$

或

$$z_{11} = z_{21}$$

因此第一个特征向量是

$$\boldsymbol{z}_1 = \begin{bmatrix} 1 \\ 1 \end{bmatrix}$$

或是该向量与任意标量的乘积。为了求第二个特征向量，令 $\lambda=\lambda_2=-1$，可得：

$$\begin{bmatrix}1 & 1\\1 & 1\end{bmatrix}\boldsymbol{z}_1=\begin{bmatrix}1 & 1\\1 & 1\end{bmatrix}\begin{bmatrix}z_{12}\\z_{22}\end{bmatrix}=\begin{bmatrix}0\\0\end{bmatrix}$$

或

$$z_{12}=-z_{22}$$

因此第二个特征向量是

$$\boldsymbol{z}_2=\begin{bmatrix}1\\-1\end{bmatrix}$$

或是该向量与任意标量的乘积。

注意，虽然这些特征向量能使用数字列来表示，但它们实际上都是复数。例如：

6-21

$$\mathcal{z}_1=1\boldsymbol{v}_1+1\boldsymbol{v}_2=(1+\mathrm{j})+(1-\mathrm{j})=2$$
$$\mathcal{z}_2=1\boldsymbol{v}_1+(-1)\boldsymbol{v}_2=(1+\mathrm{j})-(1-\mathrm{j})=2\mathrm{j}$$

检查可知，它们的确是特征向量：

$$\mathcal{A}(\mathcal{z}_1)=(2)^*=2=\lambda_1\mathcal{z}_1$$
$$\mathcal{A}(\mathcal{z}_2)=(2\mathrm{j})^*=-2\mathrm{j}=\lambda_2\ \mathcal{z}_2$$

iii. 为了改变基集，需要使用式(6.33)：

$$\boldsymbol{A}'=[\boldsymbol{B}_w^{-1}\boldsymbol{A}\boldsymbol{B}_t]=[\boldsymbol{B}^{-1}\boldsymbol{A}\boldsymbol{B}]$$

其中

$$\boldsymbol{B}=[\boldsymbol{z}_1\quad\boldsymbol{z}_2]=\begin{bmatrix}1 & 1\\1 & -1\end{bmatrix}$$

(定义域和值域使用同一个基集。)所以有

$$\boldsymbol{A}'=\begin{bmatrix}0.5 & 0.5\\0.5 & -0.5\end{bmatrix}\begin{bmatrix}0 & 1\\1 & 0\end{bmatrix}\begin{bmatrix}1 & 1\\1 & -1\end{bmatrix}=\begin{bmatrix}1 & 0\\0 & -1\end{bmatrix}=\begin{bmatrix}\lambda_1 & 0\\0 & \lambda_2\end{bmatrix}$$

正如式(6.69)，我们实现了对矩阵表示的对角化。

P6.5 对角化下列矩阵：

$$\boldsymbol{A}=\begin{bmatrix}2 & -2\\-1 & 3\end{bmatrix}$$

解 第一步是求矩阵的特征值：

$$|[\boldsymbol{A}-\lambda\boldsymbol{I}]|=\left|\begin{bmatrix}2-\lambda & -2\\-1 & 3-\lambda\end{bmatrix}\right|=\lambda^2-5\lambda+4=(\lambda-1)(\lambda-4)=0$$

所以，特征值为 $\lambda_1=1$，$\lambda_2=4$。为了求特征向量：

$$[\boldsymbol{A}-\lambda\boldsymbol{I}]\boldsymbol{z}=\begin{bmatrix}2-\lambda & -2\\-1 & 3-\lambda\end{bmatrix}\boldsymbol{z}=\begin{bmatrix}0\\0\end{bmatrix}$$

6-22 当 $\lambda=\lambda_1=1$ 时，有

$$\begin{bmatrix}1 & -2\\-1 & 2\end{bmatrix}\boldsymbol{z}_1=\begin{bmatrix}1 & -2\\-1 & 2\end{bmatrix}\begin{bmatrix}z_{11}\\z_{21}\end{bmatrix}=\begin{bmatrix}0\\0\end{bmatrix}$$

或

$$z_{11}=2z_{21}$$

所以第一个特征向量是

$$\boldsymbol{z}_1=\begin{bmatrix}2\\1\end{bmatrix}$$

或该向量与任意标量的乘积。

当 $\lambda=\lambda_2=4$ 时，有

$$\begin{bmatrix}-2 & -2\\-1 & -1\end{bmatrix}\boldsymbol{z}_1=\begin{bmatrix}-2 & -2\\-1 & -1\end{bmatrix}\begin{bmatrix}z_{12}\\z_{22}\end{bmatrix}=\begin{bmatrix}0\\0\end{bmatrix}$$

或

$$z_{12}=-z_{22}$$

所以第二个特征向量是

$$\boldsymbol{z}_2=\begin{bmatrix}1\\-1\end{bmatrix}$$

或该向量与任意标量的乘积。

为了对角化矩阵，我们使用式(6.69)：

$$\boldsymbol{A}'=[\boldsymbol{B}^{-1}\boldsymbol{A}\boldsymbol{B}]$$

其中

$$\boldsymbol{B}=[\boldsymbol{z}_1\quad\boldsymbol{z}_2]=\begin{bmatrix}2 & 1\\1 & -1\end{bmatrix}$$

所以有 6-23

$$\boldsymbol{A}'=\begin{bmatrix}\frac{1}{3} & \frac{1}{3}\\\frac{1}{3} & -\frac{2}{3}\end{bmatrix}\begin{bmatrix}2 & -2\\-1 & 3\end{bmatrix}\begin{bmatrix}2 & 1\\1 & -1\end{bmatrix}=\begin{bmatrix}1 & 0\\0 & 4\end{bmatrix}=\begin{bmatrix}\lambda_1 & 0\\0 & \lambda_2\end{bmatrix}$$

P6.6 考虑一个变换 $\mathcal{A}$：$R^3\to R^2$，它相对于标准基集的矩阵表示为

$$\boldsymbol{A}=\begin{bmatrix}3 & -1 & 0\\0 & 0 & 1\end{bmatrix}$$

求该变换相对于如下基集的矩阵表示：

$$T=\left\{\begin{bmatrix}2\\0\\1\end{bmatrix},\begin{bmatrix}0\\-1\\0\end{bmatrix},\begin{bmatrix}0\\-2\\3\end{bmatrix}\right\}\quad W=\left\{\begin{bmatrix}1\\0\end{bmatrix},\begin{bmatrix}0\\-2\end{bmatrix}\right\}$$

解 第一步是构造如下矩阵：

$$\boldsymbol{B}_t=\begin{bmatrix}2 & 0 & 0\\0 & -1 & -2\\1 & 0 & 3\end{bmatrix}\quad\boldsymbol{B}_w=\begin{bmatrix}1 & 0\\0 & -2\end{bmatrix}$$

使用式(6.33)构造新的矩阵表示：

$$\boldsymbol{A}'=[\boldsymbol{B}_w^{-1}\boldsymbol{A}\boldsymbol{B}_t]$$

$$\boldsymbol{A}'=\begin{bmatrix}1 & 0\\0 & -\frac{1}{2}\end{bmatrix}\begin{bmatrix}3 & -1 & 0\\0 & 0 & 1\end{bmatrix}\begin{bmatrix}2 & 0 & 0\\0 & -1 & -2\\1 & 0 & 3\end{bmatrix}=\begin{bmatrix}6 & 1 & 2\\-\frac{1}{2} & 0 & -\frac{3}{2}\end{bmatrix}$$

因此，上述矩阵是该变换相对于基集 T 和 W 的矩阵表示。

P6.7 考虑一个变换 $\mathcal{A}$：$\Re^2\to\Re^2$，$\Re^2$ 的一个基集是 $V=\{\boldsymbol{v}_1,\ \boldsymbol{v}_2\}$。

i. 如果变换 $\mathcal{A}$ 如下式定义，求该变换相对于基集 V 的矩阵表示。 6-24

$$\mathcal{A}(\boldsymbol{v}_1)=\boldsymbol{v}_1+2\boldsymbol{v}_2$$
$$\mathcal{A}(\boldsymbol{v}_2)=\boldsymbol{v}_1+\boldsymbol{v}_2$$

ii. 考虑一个新的基集 $W=\{\boldsymbol{w}_1,\ \boldsymbol{w}_2\}$。如果这个基集如下式定义，求变换 $\mathcal{A}$ 相对于

该基集的矩阵表示。

$$\boldsymbol{w}_1 = \boldsymbol{v}_1 + \boldsymbol{v}_2$$
$$\boldsymbol{w}_2 = \boldsymbol{v}_1 - \boldsymbol{v}_2$$

解 i. 如式(6.6)中的定义，两个等式中的每一个给出了矩阵的一列。因此该矩阵是

$$\boldsymbol{A} = \begin{bmatrix} 1 & 1 \\ 2 & 1 \end{bmatrix}$$

ii. 使用 V 中的基向量能够将 W 中的基向量表示为数字列：

$$\boldsymbol{w}_1 = \begin{bmatrix} 1 \\ 1 \end{bmatrix} \quad \boldsymbol{w}_2 = \begin{bmatrix} 1 \\ -1 \end{bmatrix}$$

现在，我们能够构造出用来进行相似变换的基矩阵：

$$\boldsymbol{B}_w = \begin{bmatrix} 1 & 1 \\ 1 & -1 \end{bmatrix}$$

接着，由式(6.33)可以得到新的矩阵表示：

$$\boldsymbol{A}' = [\boldsymbol{B}_w^{-1}\boldsymbol{A}\boldsymbol{B}_w]$$

6-25
$$\boldsymbol{A}' = \begin{bmatrix} \frac{1}{2} & \frac{1}{2} \\ \frac{1}{2} & -\frac{1}{2} \end{bmatrix} \begin{bmatrix} 1 & 1 \\ 2 & 1 \end{bmatrix} \begin{bmatrix} 1 & 1 \\ 1 & -1 \end{bmatrix} = \begin{bmatrix} \frac{5}{2} & \frac{1}{2} \\ -\frac{1}{2} & -\frac{1}{2} \end{bmatrix}$$

P6.8 考虑阶数小于等于 2 的所有多项式的向量空间 P^2。该向量空间的一个基是 $V=\{1, t, t^2\}$。考虑微分变换 $\mathcal{D}$。

i. 求该变换相对于基集 V 的矩阵表示。

ii. 求该变换的特征值和特征向量。

解 i. 第一步是对每个基向量进行变换：

$$\mathcal{D}(1) = 0 = (0)1 + (0)t + (0)t^2$$
$$\mathcal{D}(t) = 1 = (1)1 + (0)t + (0)t^2$$
$$\mathcal{D}(t^2) = 2t = (0)1 + (2)t + (0)t^2$$

变换的矩阵表示是

$$\boldsymbol{D} = \begin{bmatrix} 0 & 1 & 0 \\ 0 & 0 & 2 \\ 0 & 0 & 0 \end{bmatrix}$$

ii. 为了寻找特征值，必须求解

$$|[\boldsymbol{D} - \lambda\boldsymbol{I}]| = \left|\begin{bmatrix} -\lambda & 1 & 0 \\ 0 & -\lambda & 2 \\ 0 & 0 & -\lambda \end{bmatrix}\right| = -\lambda^3 = 0$$

因此，所有三个特征值都为 0。为了寻找特征向量，需要求解

$$[\boldsymbol{D} - \lambda\boldsymbol{I}]\boldsymbol{z} = \left|\begin{bmatrix} -\lambda & 1 & 0 \\ 0 & -\lambda & 2 \\ 0 & 0 & -\lambda \end{bmatrix}\right|\boldsymbol{z} = \begin{bmatrix} 0 \\ 0 \\ 0 \end{bmatrix}$$

对于 $\lambda=0$，有

6-26
$$\begin{bmatrix} 0 & 1 & 0 \\ 0 & 0 & 2 \\ 0 & 0 & 0 \end{bmatrix} \begin{bmatrix} z_1 \\ z_2 \\ z_3 \end{bmatrix} = \begin{bmatrix} 0 \\ 0 \\ 0 \end{bmatrix}$$

这意味着

$$z_2 = z_3 = 0$$

所以，我们有单个的特征向量：

$$\boldsymbol{z} = \begin{bmatrix} 1 \\ 0 \\ 0 \end{bmatrix}$$

因此，导数是其自身倍数的唯一多项式是一个常数(零阶多项式)。

P6.9 考虑一个变换 $\mathcal{A}: R^2 \to R^2$。图 P6.4 给出了经过变换的两个向量。求该变换相对于标准基集的矩阵表示。

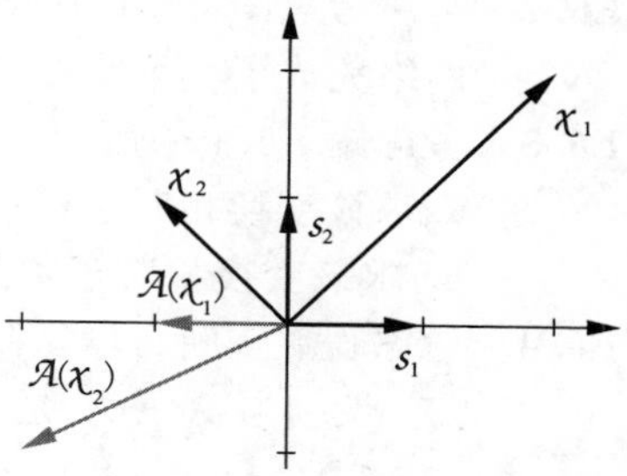

图 P6.4 例题 P6.9 中的变换

解 对于这个问题，由于不知道基向量是如何变换的，所以不能用式(6.6)求解变换的矩阵表示。但是，我们知道两个向量是如何进行变换的，也知道如何使用标准基集来表示这两个向量。根据图 P6.4，能够写出下面的等式：

$$\mathbf{A}\begin{bmatrix} 2 \\ 2 \end{bmatrix} = \begin{bmatrix} -1 \\ 0 \end{bmatrix}, \quad \mathbf{A}\begin{bmatrix} -1 \\ 1 \end{bmatrix} = \begin{bmatrix} -2 \\ -1 \end{bmatrix}$$

将这两个等式合并，可以得到

$$\mathbf{A}\begin{bmatrix} 2 & -1 \\ 2 & 1 \end{bmatrix} = \begin{bmatrix} -1 & -2 \\ 0 & -1 \end{bmatrix}$$ 6-27

所以

$$\mathbf{A} = \begin{bmatrix} -1 & -2 \\ 0 & -1 \end{bmatrix}\begin{bmatrix} 2 & -1 \\ 2 & 1 \end{bmatrix}^{-1} = \begin{bmatrix} -1 & -2 \\ 0 & -1 \end{bmatrix}\begin{bmatrix} \frac{1}{4} & \frac{1}{4} \\ -\frac{1}{2} & \frac{1}{2} \end{bmatrix} = \begin{bmatrix} \frac{3}{4} & -\frac{5}{4} \\ \frac{1}{2} & -\frac{1}{2} \end{bmatrix}$$

这就是该变换在标准基集下的矩阵表示。

MATLAB 实验 使用 Neural Network Design Demonstration Linear Transformations (nnd6lt)实验这个过程。 6-28

6.5 结束语

本章复习了线性变换及其矩阵表示的性质，这些内容对我们学习神经网络非常重要。特征值、特征向量、基变换(相似变换)以及对角化这些概念在本书的后面章节中将被反复使用。如果没有这些线性代数的背景知识，我们对神经网络的学习只能停留在表面。

下一章将使用线性代数来分析第一个神经网络训练算法——Hebb 规则的运算。 6-29

6.6 扩展阅读

[**Brog91**] W. L. Brogan, Modern Control Theory, 3rd Ed., Englewood Cliffs, NJ: Prentice-Hall, 1991.

这是一本关于线性系统的佳作，书的前半部分致力于讨论线性代数。此外关于线性微分方程求解以及线性和非线性系统的稳定性部分也不错，书中还包含了许多例题。

[**Stra76**] G. Strang, Linear Algebra and Its Applications, New York: Academic Press, 1980.

这是 Strang 写的一本优秀的线性代数基础教材。书中给出了许多线性代数的应用
6-30 实例。

6.7 习题

E6.1 矩阵转置操作是一个线性变换吗?

E6.2 再次考虑图 P6.1 中所示的神经网络。请证明:如果偏置向量 $\boldsymbol{b}$ 等于 0,那么神经网络完成了一个线性变换。

E6.3 考虑图 E6.1 中所示的线性变换。

i. 求该变换相对于标准基集的矩阵表示。

ii. 求该变换相对于基集$\{\boldsymbol{v}_1, \boldsymbol{v}_2\}$的矩阵表示。

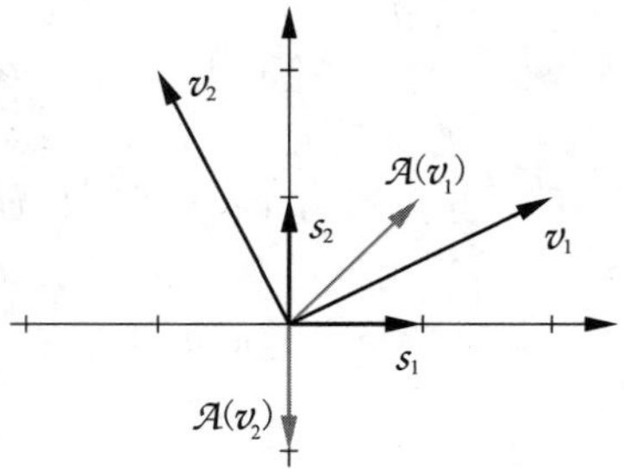

图 E6.1 习题 E6.3 中的变换

E6.4 考虑复数空间。设复向量空间 X 的基是$\{1+\mathrm{j}, 1-\mathrm{j}\}$。设 $\mathcal{A}: X \to X$ 是一个乘以$(1+\mathrm{j})$的运算(即 $\mathcal{A}(\mathcal{X})=(1+\mathrm{j})\mathcal{X}$)。

i. 求变换 $\mathcal{A}$ 相对于上面所给的基集的矩阵表示。

ii. 求该变换的特征值和特征向量。

iii. 将特征向量作为基向量,求变换 $\mathcal{A}$ 的矩阵表示。

6-31 iv. **MATLAB 练习** 用 MATLAB 验证问题 ii 和 iii 的答案。

E6.5 考虑一个从二次多项式空间到三次多项式空间的变换 $\mathcal{A}: P^2 \to P^3$,其定义如下:

$$\mathcal{X} = a_0 + a_1 t + a_2 t^2$$

$$\mathcal{A}(\mathcal{X}) = a_0(t+1) + a_1(t+1)^2 + a_2(t+1)^3$$

求这个线性变换相对于基集$V^2=\{1, t, t^2\}$和$V^3=\{1, t, t^2, t^3\}$的矩阵表示。

E6.6 考虑阶数小于等于 2 的多项式向量空间。这些多项式的形式为 $f(t)=a_0+a_1t+a_2t^2$。现在考虑将变量 t 替换成 $t+1$ 的变换。(例如,$t^2+2t+3 \Rightarrow (t+1)^2+2(t+1)+3=t^2+4t+6$。)

i. 求该变换相对于基集$\{1, t-1, t^2\}$的矩阵表示。

ii. 求该变换的特征值和特征向量。请将特征向量表示成数字列的形式以及 t 的函数(多项式)形式。

E6.7 考虑形如 $\alpha\sin(t+\phi)$的函数空间。这个空间的一个基集是 $V=\{\sin t, \cos t\}$。设 $\mathcal{D}$ 是一个微分变换。

i. 求变换 $\mathcal{D}$ 相对于基集 V 的矩阵表示。

ii. 求该变换的特征值和特征向量。请将特征向量表示成数字列和 t 的函数形式。

iii. 将特征向量作为基向量,求该变换的矩阵表示。

E6.8 考虑形如 $\alpha+\beta e^{2t}$ 的函数向量空间。这个向量空间的一个基集是 $V=\{1+e^{2t}, 1-e^{2t}\}$。设 $\mathcal{D}$ 是一个微分变换。

i. 使用式(6.6),求变换 $\mathcal{D}$ 相对于基集 V 的矩阵表示。

ii. 验证这个矩阵对函数 $2e^{2t}$ 的运算。

iii. 求该变换的特征值和特征向量。请将特征向量表示成数字列(相对于基集 V)和 t
6-32 的函数形式。

iv. 将特征向量作为基向量,求该变换的矩阵表示。

E6.9 考虑所有 2×2 矩阵构成的集合。这个集合是一个向量空间，记为 X(矩阵也可以被认为是向量)。如果 $\boldsymbol{M}$ 是这个向量空间的一个元素，定义变换 $\mathcal{A}$：$X\to X$，使得 $\mathcal{A}(\boldsymbol{M})=\boldsymbol{M}+\boldsymbol{M}^{\mathrm{T}}$。考虑向量空间 X 的以下基集：

$$\boldsymbol{v}_1=\begin{bmatrix}1&0\\0&0\end{bmatrix},\quad \boldsymbol{v}_2=\begin{bmatrix}0&1\\0&0\end{bmatrix},\quad \boldsymbol{v}_3=\begin{bmatrix}0&0\\1&0\end{bmatrix},\quad \boldsymbol{v}_4=\begin{bmatrix}0&0\\0&1\end{bmatrix}$$

i. 求变换 $\mathcal{A}$ 相对于基集 $\{\boldsymbol{v}_1, \boldsymbol{v}_2, \boldsymbol{v}_3, \boldsymbol{v}_4\}$ 的矩阵表示(定义域和值域都使用该基集)(利用式(6.6))。

ii. 验证从问题 i 得到的矩阵表示在下面给出的 X 元素上的运算。(验证矩阵乘法和变换 $\mathcal{A}$ 产生相同的结果。)

$$\begin{bmatrix}1&2\\0&1\end{bmatrix}$$

iii. 求该变换的特征值和特征向量。不需要使用在问题 i 中求出的矩阵表示。可以直接从变换的定义求出特征值和特征向量。求出的特征向量应该是 2×2 的矩阵(向量空间 X 的元素)。这不需要太多的计算。请使用式(6.46)中特征向量的定义。

E6.10 考虑从一阶多项式空间到二阶多项式空间的变换 $\mathcal{A}$：$P^1\to P^2$，其定义如下：

$$\mathcal{A}(a+bt)=at+\frac{b}{2}t^2$$

(例如 $\mathcal{A}(2+6t)=2t+3t^2$。)$U=\{1, t\}$是空间 P^1 的一个基集，$V=\{1, t, t^2\}$是空间 P^2 的一个基集。

i. 使用式(6.6)，求变换 $\mathcal{A}$ 相对于基集 U 和 V 的矩阵表示。

ii. 验证该矩阵在多项式 $6+8t$ 上的运算(验证矩阵乘法和变换产生相同的结果)。 6-33

iii. 使用相似变换，找到变换在基集 $S=\{1+t, 1-t\}$和 V 下的矩阵表示。

E6.11 设 $\mathcal{D}$ 是微分运算($\mathcal{D}(f)=\mathrm{d}f/\mathrm{d}t$)，变换 $\mathcal{D}$ 的定义域和值域都使用基集：

$$\{\boldsymbol{u}_1, \boldsymbol{u}_2\}=\{\mathrm{e}^{5t}, t\mathrm{e}^{5t}\}$$

i. 证明变换 $\mathcal{D}$ 是线性的。

ii. 相对于上述基集，求变换的矩阵表示。

iii. 求变换 $\mathcal{D}$ 的特征值和特征向量。

E6.12 某线性变换有如下特征值和特征向量(相对于标准基集的表示)：

$$\left\{\boldsymbol{z}_1=\begin{bmatrix}1\\2\end{bmatrix},\lambda_1=1\right\},\quad \left\{\boldsymbol{z}_2=\begin{bmatrix}-1\\2\end{bmatrix},\lambda_2=2\right\}$$

i. 求该变换相对于标准基集的矩阵表示。

ii. 将特征向量作为基向量，求该变换的矩阵表示。

E6.13 考虑一个变换 $\mathcal{A}$：$\Re^2\to\Re^2$。图 E6.2 给出了一个基向量集合 $V=\{\boldsymbol{v}_1, \boldsymbol{v}_2\}$和变换后的基向量。

6-34

i. 相对于基向量 $V=\{\boldsymbol{v}_1, \boldsymbol{v}_2\}$，求该变换的矩阵表示。

ii. 求该变换相对于标准基向量的矩阵表示。

iii. 求该变换的特征值和特征向量，并绘制出特征向量及其变换。

iv. 将特征向量作为基向量，求该变换的矩阵表示。

E6.14 设 P^2 和 P^3 分别是二阶和三阶多项式的向量空间。求积分变换 I：$P^2\to P^3$ 相对于基集 $V^2=\{1, t, t^2\}$和 $V^3=\{1, t, t^2, t^3\}$的矩阵表示。

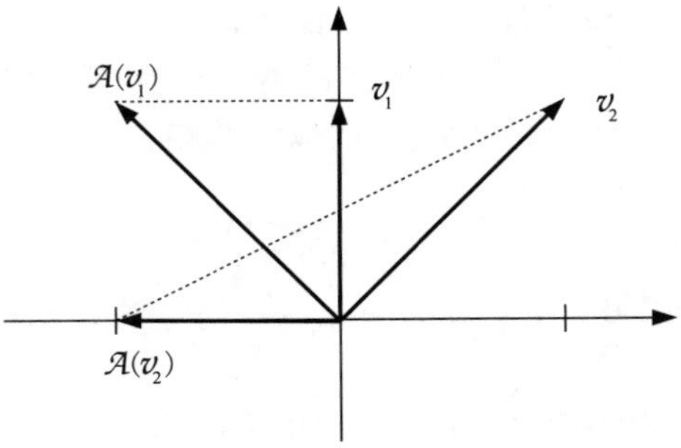

图 E6.2　习题 E6.13 中定义的变换

E6.15　某线性变换 $\mathcal{A}: \Re^2 \to \Re^2$ 相对于标准基集有如下矩阵表示：

$$\mathbf{A} = \begin{bmatrix} 1 & 2 \\ 3 & 4 \end{bmatrix}$$

求该变换相对于如下新基集的矩阵表示：

$$V = \left\{ \begin{bmatrix} 1 \\ 3 \end{bmatrix}, \begin{bmatrix} 2 \\ 5 \end{bmatrix} \right\}$$

E6.16　已知某线性变换 $\mathcal{A}: R^2 \to R^2$ 有如下特征值和特征向量(特征向量是相对于标准基集表示的)：

$$\lambda_1 = 1 \quad \boldsymbol{z}_1 = \begin{bmatrix} 1 \\ 1 \end{bmatrix} \quad \lambda_2 = 2 \quad \boldsymbol{z}_2 = \begin{bmatrix} 1 \\ 2 \end{bmatrix}$$

i. 求变换 $\mathcal{A}$ 相对于标准基集的矩阵表示。

6-35 ii. 求变换相对于如下新基集的矩阵表示：

$$V = \left\{ \begin{bmatrix} 1 \\ 1 \end{bmatrix}, \begin{bmatrix} -1 \\ 1 \end{bmatrix} \right\}$$

E6.17　考虑线性变换 $\mathcal{A}$，该变换将一个向量 χ 投影到图 E6.3 中所示的直线上。该变换的一个例子显示在了图中。

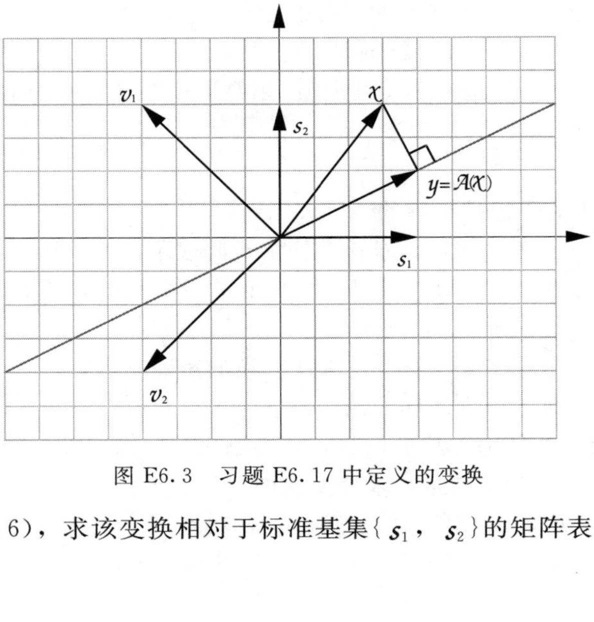

图 E6.3　习题 E6.17 中定义的变换

i. 使用式(6.6)，求该变换相对于标准基集 $\{\boldsymbol{s}_1, \boldsymbol{s}_2\}$ 的矩阵表示。

ii. 使用问题 i 求得的答案，以图 E6.3 中所示的{ $\boldsymbol{v}_1$， $\boldsymbol{v}_2$ }为基集，求该变换的矩阵表示。

iii. 该变换的特征值和特征向量是什么？绘制出特征向量及其变换。

E6.18 考虑如下基集$\Re^2$(基向量是相对于标准基集表示的)： 6-36

$$V=\{\boldsymbol{v}_1,\boldsymbol{v}_2\}=\left\{\begin{bmatrix}1\\-1\end{bmatrix},\begin{bmatrix}1\\-2\end{bmatrix}\right\}$$

i. 求这个基集的互逆基向量。

ii. 考虑一个变换 $\mathcal{A}:\Re^2\rightarrow\Re^2$。$\mathcal{A}$ 相对于$\Re^2$ 的标准基集的矩阵表示为

$$\mathbf{A}=\begin{bmatrix}0 & 1\\-2 & -3\end{bmatrix}$$

求 $\boldsymbol{Av}_1$ 在基集 V 下的展开形式(利用互逆基向量)。

iii. 求 $\boldsymbol{Av}_2$ 在基集 V 下的展开形式。

iv. 求变换 $\mathcal{A}$ 相对于基集 V 的矩阵表示(这一步应无须更多的计算)。 6-37

有监督的 Hebb 学习

7.1 目标

Hebb 规则是最早的神经网络学习规则之一。自 Donald Hebb 于 1949 年提出至今，它作为一种可能的大脑神经元突触调整机制，一直用于训练人工神经网络。

本章将利用前面两章中介绍的线性代数概念，来阐释 Hebb 学习原理，并展示如何应
7-1 用这一规则训练神经网络，解决模式识别问题。

7.2 理论与例子

20 世纪初，Donald O. Hebb 出生于加拿大 Nova Scotia 的 Chester。他原本立志成为一名小说家，并于 1925 年在 Halifax 的 Dalhousie 大学获得英语专业学位。考虑到一流的小说家通常需要对人类本性有着深入的理解，Hebb 在毕业后便开始研究弗洛伊德，继而对心理学萌发了浓厚的兴趣。之后，他前往 McGill 大学继续攻读心理学硕士学位，并在那里撰写了关于巴甫洛夫条件反射的学位论文。1936 年，Hebb 获得哈佛大学博士学位，他的博士论文研究了早期经历对于老鼠视觉的影响。之后他加入 Montreal Neuralogical 研究院，主要研究脑外科手术对病人智力的影响程度。1942 年，他加入位于佛罗里达州的专门研究灵长类生物的 Yerkes 实验室，开始对黑猩猩行为进行研究。

1949 年，Hebb 在其出版的专著《The Organization of Behavior》(《行为自组织》)[Hebb49]中，总结了自己 20 余年的研究工作。全书基于一个重要前提：行为是可以由神经元的活动来解释的。这一观点与以 B. F. Skinner 为代表的行为主义心理学派提出的理论大相径庭——他们强调外界刺激与个人反应的关联性并拒绝一切生理学假说。这是一场自顶向下学说与自底向上学说的碰撞。Hebb 这样阐述他的方法：“这一方法首先需要竭力学习大脑各部位的功能(主要从生理学角度)，并尽可能地将这些知识与行为联系起来(主要从心理学角度)，继而通过比较实际的行为与通过综合大脑各部位已知的活动而预测的行为之间的差别，获得对大脑整体工作机制的深入了解。”

《The Organization of Behavior》一书中最著名的思想就是被称为 Hebb 学习(Hebb's Learning)的假说：

“当神经细胞 A 的轴突足够接近到能够激发神经细胞 B，且反复或持续地刺激细胞 B，那么 A 或 B 中一个或者两个细胞将会产生某种增长过程或代谢变化，从而增强细胞 A 对细胞 B 的刺激效果。”

这一假说提出了一种在细胞层次进行学习的物理机制。尽管当时 Hebb 从未宣称这一理论具有坚实的生理学依据，但是之后的研究发现某些细胞的确表现出 Hebb 学习规律。直至今日，Hebb 理论依然影响着神经科学的研究。

和历史上的很多思想一样，Hebb 假说并非横空出世，他本人也强调了这一点。包括弗洛伊德在内的许多科学家也曾提出过类似的理论。例如，1890 年心理学家和哲学家
7-2 William James 提出的关联原理：“当两个大脑过程同时活跃或者在很短时刻内相继活跃

时，往往其中之一会把活跃状态传播给另一个。”

7.2.1 线性联想器

Hebb 学习规则能适用于多种神经网络结构。在此，我们将采用线性联想器(linear associator)这个非常简单的网络结构(如图 7.1 所示)来介绍 Hebb 学习。这样，我们就能专注于学习规则本身而不是网络结构。(这个网络由 James Anderson [Ande72]和 Teuvo Kohonen [Koho72]各自独立提出。)

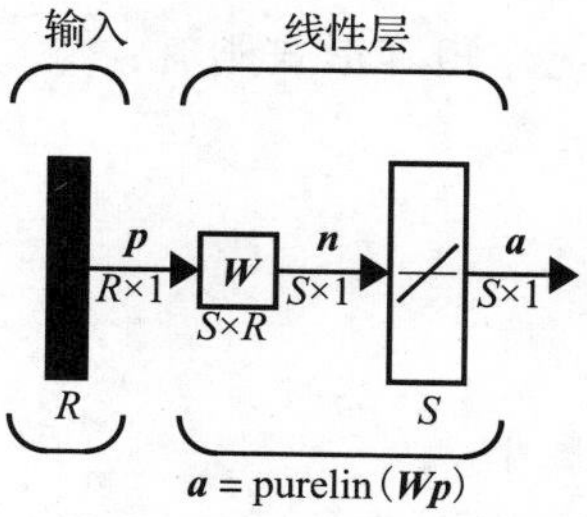

图 7.1 线性联想器

网络的输出向量 $\boldsymbol{a}$ 由输入向量 $\boldsymbol{p}$ 根据下式决定：

$$\boldsymbol{a} = \boldsymbol{W}\boldsymbol{p} \tag{7.1}$$

也可记作：

$$a_i = \sum_{j=1}^{R} w_{ij} p_j \tag{7.2}$$

线性联想器属于一类被称为联想记忆(associative memory)模型的神经网络。联想记忆模型用于学习 Q 个标准输入/输出对向量之间的关系：

$$\{\boldsymbol{p}_1, \boldsymbol{t}_1\}, \{\boldsymbol{p}_2, \boldsymbol{t}_2\}, \cdots, \{\boldsymbol{p}_Q, \boldsymbol{t}_Q\} \tag{7.3}$$

也就是说，针对任意 $q=1, 2, \cdots, Q$，给定输入 $\boldsymbol{p}=\boldsymbol{p}_q$，网络必然输出 $\boldsymbol{a}=\boldsymbol{t}_q$。此外，如果输入向量发生微小变化(即 $\boldsymbol{p}=\boldsymbol{p}_q+\delta$)，那么网络的输出也只会发生轻微的改变(即 $\boldsymbol{a}=\boldsymbol{t}_q+\varepsilon$)。 7-3

7.2.2 Hebb 规则

应该怎样从数学角度来阐释 Hebb 规则，才能将其用于训练线性联想器的权值矩阵？首先，让我们再回顾一下该假说：如果突触两侧的两个神经元被同时激活，那么突触的连接强度将会增加。注意在式(7.2)中，输入 p_j 和输出 a_i 之间的连接(突触)正好就是权值 w_{ij}。因此，Hebb 假说意味着如果一个正输入 p_j 能够产生一个正输出 a_i，那么权值 w_{ij} 就应该增加。这意味着该假说的数学解释可以表达为：

$$w_{ij}^{\text{new}} = w_{ij}^{\text{old}} + \alpha f_i(a_{iq}) g_j(p_{jq}) \tag{7.4}$$

这里 p_{jq} 是第 q 个输入向量 $\boldsymbol{p}_q$ 中的第 j 个元素，a_{iq} 是网络给定输入向量 $\boldsymbol{p}_q$ 后输出的第 i 个元素，α 是一个被称为学习率的正常数。这个等式表明权值 w_{ij} 的变化与突触两侧传输函数值的乘积成正比。在本章中，我们把式(7.4)简写成如下形式：

$$w_{ij}^{\text{new}} = w_{ij}^{\text{old}} + \alpha a_{iq} p_{jq} \tag{7.5}$$

值得注意的是，这一表达式事实上扩展了 Hebb 假说中的严格解释：权值的变化与突触两侧传输函数值的乘积成正比。因此，权值不仅在 p_j 和 a_i 均为正时增长，而且在 p_j 和 a_i 均为负时也增长。此外，当 p_j 和 a_i 的符号相反时，这一形式的 Hebb 规则将减小权值。

式(7.5)中定义的 Hebb 规则是一种无监督的学习规则：它并不需要目标输出的任何信息。在本章中，我们只关注将 Hebb 规则用于有监督学习，即每个输入向量的目标输出是已知的。对于有监督的 Hebb 规则来说，我们用目标输出代替实际输出。这样，学习算法将了解网络应该做什么，而不是网络当前正在做什么。于是，有：

$$w_{ij}^{\text{new}} = w_{ij}^{\text{old}} + t_{iq} p_{jq} \tag{7.6}$$

其中 t_{iq} 是第 q 个目标向量 $\boldsymbol{t}_q$ 中的第 i 个元素(为简化起见，设学习率 α 为 1)。

式(7.6)也可写作如下向量形式：

7-4
$$\boldsymbol{W}^{\text{new}} = \boldsymbol{W}^{\text{old}} + \boldsymbol{t}_q \boldsymbol{p}_q^{\text{T}} \tag{7.7}$$

如果假设权值矩阵初始为 0，将式(7.7)依次应用于 Q 个输入/输出对，可得：

$$\boldsymbol{W} = \boldsymbol{t}_1 \boldsymbol{p}_1^{\text{T}} + \boldsymbol{t}_2 \boldsymbol{p}_2^{\text{T}} + \cdots + \boldsymbol{t}_Q \boldsymbol{p}_Q^{\text{T}} = \sum_{q=1}^{Q} \boldsymbol{t}_q \boldsymbol{p}_q^{\text{T}} \tag{7.8}$$

记作矩阵形式则有：

$$\boldsymbol{W} = [\boldsymbol{t}_1 \quad \boldsymbol{t}_2 \quad \cdots \quad \boldsymbol{t}_Q] \begin{bmatrix} \boldsymbol{p}_1^{\text{T}} \\ \boldsymbol{p}_2^{\text{T}} \\ \vdots \\ \boldsymbol{p}_Q^{\text{T}} \end{bmatrix} = \boldsymbol{T}\boldsymbol{P}^{\text{T}} \tag{7.9}$$

其中

$$\boldsymbol{T} = [\boldsymbol{t}_1 \quad \boldsymbol{t}_2 \quad \cdots \quad \boldsymbol{t}_Q], \quad \boldsymbol{P} = [\boldsymbol{p}_1 \quad \boldsymbol{p}_2 \quad \cdots \quad \boldsymbol{p}_Q] \tag{7.10}$$

性能分析

下面我们将基于线性联想器来分析 Hebb 学习的性能。首先，假设所有输入向量为标准正交向量 $\boldsymbol{p}_q$(即向量之间正交，向量为单位长度)。如果将 $\boldsymbol{p}_k$ 作为网络输入，则网络输出为

$$\boldsymbol{a} = \boldsymbol{W}\boldsymbol{p}_k = \left(\sum_{q=1}^{Q} \boldsymbol{t}_q \boldsymbol{p}_q^{\text{T}}\right)\boldsymbol{p}_k = \sum_{q=1}^{Q} \boldsymbol{t}_q (\boldsymbol{p}_q^{\text{T}} \boldsymbol{p}_k) \tag{7.11}$$

由于 $\boldsymbol{p}_q$ 为标准正交向量，所以有：

$$\boldsymbol{p}_q^{\text{T}} \boldsymbol{p}_k = \begin{cases} 1 & q = k \\ 0 & q \neq k \end{cases} \tag{7.12}$$

因此式(7.11)可以重写为

$$\boldsymbol{a} = \boldsymbol{W}\boldsymbol{p}_k = \boldsymbol{t}_k \tag{7.13}$$

显然，网络的输出等于目标输出。所以，当输入标准向量为标准正交向量时，应用 Hebb
7-5 规则对每个输入向量都能产生正确的输出结果。

当标准向量并不正交时，情况将会如何呢？让我们假设所有的标准向量 $\boldsymbol{p}_q$ 依然是单位长度的，但是它们之间不再正交。那么式(7.11)将变为

$$\boldsymbol{a} = \boldsymbol{W}\boldsymbol{p}_k = \boldsymbol{t}_k + \overbrace{\boxed{\sum_{q \neq k} \boldsymbol{t}_q (\boldsymbol{p}_q^{\text{T}} \boldsymbol{p}_k)}}^{\text{误差}} \tag{7.14}$$

因为这些向量不正交，所以网络并不能输出正确的结果，而误差的大小取决于标准输入模式之间相关性的总和。

举例 例如，假设有标准输入/输出向量(可以验证这两个输入向量是标准正交的)：

$$\left\{\boldsymbol{P}_1 = \begin{bmatrix} 0.5 \\ -0.5 \\ 0.5 \\ -0.5 \end{bmatrix}, \boldsymbol{t}_1 = \begin{bmatrix} 1 \\ -1 \end{bmatrix}\right\} \quad \left\{\boldsymbol{P}_2 = \begin{bmatrix} 0.5 \\ 0.5 \\ -0.5 \\ -0.5 \end{bmatrix}, \boldsymbol{t}_2 = \begin{bmatrix} 1 \\ 1 \end{bmatrix}\right\} \tag{7.15}$$

那么权值矩阵将会是：

$$\boldsymbol{W} = \boldsymbol{T}\boldsymbol{P}^{\text{T}} = \begin{bmatrix} 1 & 1 \\ -1 & 1 \end{bmatrix} \begin{bmatrix} 0.5 & -0.5 & 0.5 & -0.5 \\ 0.5 & 0.5 & -0.5 & -0.5 \end{bmatrix} = \begin{bmatrix} 1 & 0 & 0 & -1 \\ 0 & 1 & -1 & 0 \end{bmatrix} \tag{7.16}$$

我们用上述两个标准输入向量验证该权值矩阵，得到：

$$\mathbf{W}\mathbf{p}_1 = \begin{bmatrix} 1 & 0 & 0 & -1 \\ 0 & 1 & -1 & 0 \end{bmatrix} \begin{bmatrix} 0.5 \\ -0.5 \\ 0.5 \\ -0.5 \end{bmatrix} = \begin{bmatrix} 1 \\ -1 \end{bmatrix} \tag{7.17}$$

以及

$$\mathbf{W}\mathbf{p}_2 = \begin{bmatrix} 1 & 0 & 0 & -1 \\ 0 & 1 & -1 & 0 \end{bmatrix} \begin{bmatrix} 0.5 \\ 0.5 \\ -0.5 \\ -0.5 \end{bmatrix} = \begin{bmatrix} 1 \\ 1 \end{bmatrix} \tag{7.18}$$

成功了！网络的输出和目标输出保持一致。 7-6

举例 现在让我们再回到第 3 章中关于苹果和橘子的识别问题。我们有标准输入向量：

$$\mathbf{p}_1 = \begin{bmatrix} 1 \\ -1 \\ -1 \end{bmatrix}（橘子），\quad \mathbf{p}_2 = \begin{bmatrix} 1 \\ 1 \\ -1 \end{bmatrix}（苹果） \tag{7.19}$$

（注意，它们并不正交。）我们先将 $\mathbf{p}_1$ 和 $\mathbf{p}_2$ 归一化，并将 -1 和 1 作为它们的目标输出，则有：

$$\left\{\mathbf{p}_1 = \begin{bmatrix} 0.5774 \\ -0.5774 \\ -0.5774 \end{bmatrix}, t_1 = -1\right\} \quad \left\{\mathbf{p}_2 = \begin{bmatrix} 0.5774 \\ 0.5774 \\ -0.5774 \end{bmatrix}, t_2 = 1\right\} \tag{7.20}$$

接着，可以得到权值矩阵：

$$\mathbf{W} = \mathbf{T}\mathbf{P}^{\mathrm{T}} = \begin{bmatrix} -1 & 1 \end{bmatrix} \begin{bmatrix} 0.5774 & -0.5774 & -0.5774 \\ 0.5774 & 0.5774 & -0.5774 \end{bmatrix} = \begin{bmatrix} 0 & 1.1548 & 0 \end{bmatrix} \tag{7.21}$$

再将标准向量 $\mathbf{p}_1$ 和 $\mathbf{p}_2$ 输入网络，得到

$$\mathbf{W}\mathbf{p}_1 = \begin{bmatrix} 0 & 1.1548 & 0 \end{bmatrix} \begin{bmatrix} 0.5774 \\ -0.5774 \\ -0.5774 \end{bmatrix} = -0.6668 \tag{7.22}$$

$$\mathbf{W}\mathbf{p}_2 = \begin{bmatrix} 0 & 1.1548 & 0 \end{bmatrix} \begin{bmatrix} 0.5774 \\ 0.5774 \\ -0.5774 \end{bmatrix} = 0.6668 \tag{7.23}$$

此时的输出虽然接近目标输出，但是并不十分吻合。

7.2.3 伪逆规则

如前文提到的，当标准输入模式之间不正交时，Hebb 规则学习到的网络将会产生误差。有一些方法可以用来减小这种误差。本节中，我们将讨论其中一种：伪逆规则。

线性联想器的任务是对于输入 $\mathbf{p}_q$ 产生目标输出 $\mathbf{t}_q$，即

$$\mathbf{W}\mathbf{p}_q = \mathbf{t}_q \quad q = 1,2,\cdots,Q \tag{7.24}$$ 7-7

如果无法找到一个权值矩阵完全精确满足上述等式，那么我们希望它至少能够近似地满足。一种方法就是，选取一个能最小化以下性能指标的权值矩阵：

$$F(\mathbf{W}) = \sum_{q=1}^{Q} \| \mathbf{t}_q - \mathbf{W}\mathbf{p}_q \|^2 \tag{7.25}$$

当输入标准向量 $\boldsymbol{p}_q$ 是标准正交时，用 Hebb 规则得到权值矩阵 $\boldsymbol{W}$，那么 $F(\boldsymbol{W})$为零。当输入向量 $\boldsymbol{p}_q$ 并不正交时，通过 Hebb 规则得到的 $F(\boldsymbol{W})$将不为零，而且也不清楚 $F(\boldsymbol{W})$是否是最小的。那么我们用接下来定义的伪逆矩阵得到最小化 $F(\boldsymbol{W})$的权值矩阵。

首先，将式(7.24)写成矩阵形式：

$$\boldsymbol{WP} = \boldsymbol{T} \tag{7.26}$$

其中

$$\boldsymbol{T} = [\boldsymbol{t}_1 \quad \boldsymbol{t}_2 \quad \cdots \quad \boldsymbol{t}_Q], \quad \boldsymbol{P} = [\boldsymbol{p}_1 \quad \boldsymbol{p}_2 \quad \cdots \quad \boldsymbol{p}_Q] \tag{7.27}$$

那么式(7.25)可以写成

$$F(\boldsymbol{W}) = \|\boldsymbol{T} - \boldsymbol{WP}\|^2 = \|\boldsymbol{E}\|^2 \tag{7.28}$$

其中

$$\boldsymbol{E} = \boldsymbol{T} - \boldsymbol{WP} \tag{7.29}$$

且

$$\|\boldsymbol{E}\|^2 = \sum_i \sum_j e_{ij}^2 \tag{7.30}$$

当式(7.26)有解时，$F(\boldsymbol{W})$可为零。当矩阵 $\boldsymbol{P}$ 可逆时，解可以记作：

$$\boldsymbol{W} = \boldsymbol{TP}^{-1} \tag{7.31}$$

然而，这种情况很少出现。通常，矩阵 $\boldsymbol{P}$ 的列向量 $\boldsymbol{p}_q$ 之间是线性无关的，但 $\boldsymbol{p}_q$ 的维数 R
7-8 会比 $\boldsymbol{p}_q$ 的向量个数 Q 要大，在这一情况下 $\boldsymbol{P}$ 不是一个方阵，不存在准确的逆矩阵。

文献[Albe72]指出，能够最小化式(7.25)的权值矩阵可以通过以下**伪逆规则**(pseudo-inverse rule)求得：

$$\boldsymbol{W} = \boldsymbol{TP}^{+} \tag{7.32}$$

这里 $\boldsymbol{P}^+$ 是 Moore-Penrose 伪逆矩阵。对于实数矩阵 $\boldsymbol{P}$，它的伪逆矩阵唯一存在，且满足下列条件：

$$\begin{aligned} \boldsymbol{PP}^+\boldsymbol{P} &= \boldsymbol{P} \\ \boldsymbol{P}^+\boldsymbol{PP}^+ &= \boldsymbol{P}^+ \\ \boldsymbol{P}^+\boldsymbol{P} &= (\boldsymbol{P}^+\boldsymbol{P})^{\mathrm{T}} \\ \boldsymbol{PP}^+ &= (\boldsymbol{PP}^+)^{\mathrm{T}} \end{aligned} \tag{7.33}$$

当矩阵 $\boldsymbol{P}$ 的行数 R 大于其列数 Q，且 $\boldsymbol{P}$ 的列向量线性无关时，其伪逆矩阵为：

$$\boldsymbol{P}^+ = (\boldsymbol{P}^{\mathrm{T}}\boldsymbol{P})^{-1}\boldsymbol{P}^{\mathrm{T}} \tag{7.34}$$

举例 我们再次使用苹果和橘子的识别问题来验证伪逆规则(式(7.32))，这里输入/输出标准向量为：

$$\left\{\boldsymbol{p}_1 = \begin{bmatrix} 1 \\ -1 \\ -1 \end{bmatrix}, t_1 = -1\right\} \quad \left\{\boldsymbol{p}_2 = \begin{bmatrix} 1 \\ 1 \\ -1 \end{bmatrix}, t_2 = 1\right\} \tag{7.35}$$

(注意，使用伪逆规则时不需要对输入向量进行归一化。)

权值矩阵可根据式(7.32)计算：

$$\boldsymbol{W} = \boldsymbol{TP}^+ = [-1 \quad 1]\begin{bmatrix} 1 & 1 \\ -1 & 1 \\ -1 & -1 \end{bmatrix}^+ \tag{7.36}$$

这里伪逆矩阵可根据式(7.34)计算：

7-9 $$\boldsymbol{P}^+ = (\boldsymbol{P}^{\mathrm{T}}\boldsymbol{P})^{-1}\boldsymbol{P}^{\mathrm{T}} = \begin{bmatrix} 3 & 1 \\ 1 & 3 \end{bmatrix}^{-1}\begin{bmatrix} 1 & -1 & -1 \\ 1 & 1 & -1 \end{bmatrix} = \begin{bmatrix} 0.25 & -0.5 & -0.25 \\ 0.25 & 0.5 & -0.25 \end{bmatrix} \tag{7.37}$$

这样就得到了如下权值矩阵：

$$W = TP^{+} = \begin{bmatrix} -1 & 1 \end{bmatrix} \begin{bmatrix} 0.25 & -0.5 & -0.25 \\ 0.25 & 0.5 & -0.25 \end{bmatrix} = \begin{bmatrix} 0 & 1 & 0 \end{bmatrix} \tag{7.38}$$

尝试将权值矩阵应用于两个标准模式时，我们得到：

$$Wp_1 = \begin{bmatrix} 0 & 1 & 0 \end{bmatrix} \begin{bmatrix} 1 \\ -1 \\ -1 \end{bmatrix} = -1 \tag{7.39}$$

$$Wp_2 = \begin{bmatrix} 0 & 1 & 0 \end{bmatrix} \begin{bmatrix} 1 \\ 1 \\ -1 \end{bmatrix} = 1 \tag{7.40}$$

这时，网络输出与目标输出完全一致。相比于之前采用 Hebb 规则所得到的近似结果，如式(7.22)和式(7.23)所示，应用伪逆规则所得到的结果是精确的。

7.2.4 应用

现将 Hebb 规则应用于一个已极度简化的实际模式识别问题。这里，将使用一种特殊类型的联想记忆模型——自联想记忆模型(autoassociative memory)。在自联想记忆模型中，目标输出向量等同于输入向量(即 $t_q = p_q$)。我们将应用自联想记忆模型存储一组模式然后恢复这些模式，即使输入模式遭到损坏，它依然能将其复原。

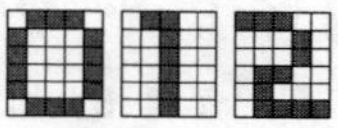

p_1,t_1　p_2,t_2　p_3,t_3

需要存储的模式如右图所示(由于我们设计的是自联想记忆模型，所以这些模式既是输入向量，又是目标输出向量)，这些模式表达了展示在 6×5 网格里的数字{0，1，2}。这里，先将这些数字表达为向量形式作为网络的标准模式。每个白色方格用－1 表示，每个深色方格用 1 表示。通过逐列扫描每一个 6×5 网格，就可以得到输入向量。例如，表达第一个网格的标准模式向量为：

$$p_1 = \begin{bmatrix} -1 & 1 & 1 & 1 & 1 & -1 & 1 & -1 & -1 & -1 & -1 & 1 & 1 & -1 & \cdots & 1 & -1 \end{bmatrix}^T \tag{7.41}$$

向量 p_1，p_2，p_3 分别对应于数字“0”“1”“2”。应用 Hebb 规则，可计算权值矩阵： 7-10

$$W = p_1 p_1^T + p_2 p_2^T + p_3 p_3^T \tag{7.42}$$

(因为这是一个自联想记忆模型，所以式(7.8)中 p_q 代替了 t_q。)

由于标准向量中的元素仅能取两个值，所以需要对线性联想器进行修改，使其输出单元也仅能取－1 或 1 两个值。这里，可以用对称硬限值传输函数来代替原来的线性传输函数。修改后的网络如图 7.2 所示。

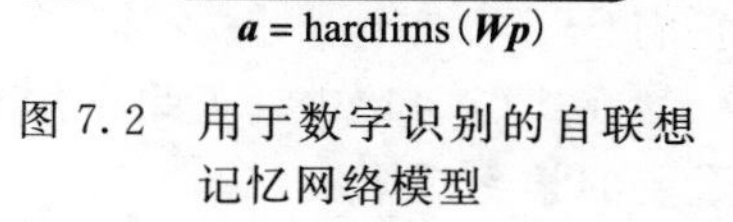

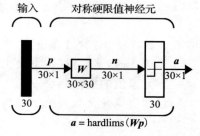

图 7.2　用于数字识别的自联想记忆网络模型

现在将通过向网络输入各种“受损”的标准模式，来检测网络的输出，从而研究网络的运行情况。首先，把标准模式的下半部分抹去后再输入网络，网络能够正确输出每个完整的标准模式(如图 7.3 示)。

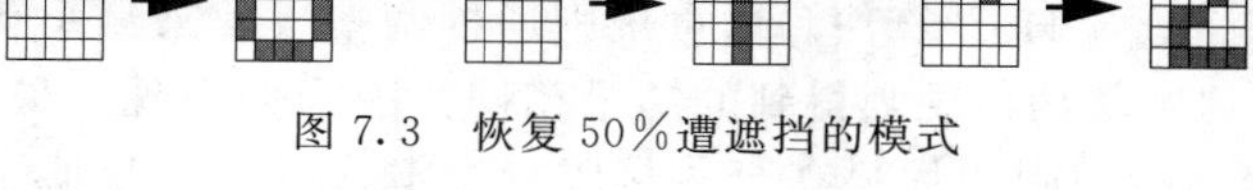

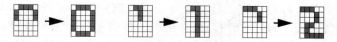

图 7.3　恢复 50%遭遮挡的模式

接着抹去标准模式中更多的部分。如图 7.4 所示，将标准模式下方 2/3 部分抹去后输入网络，网络只能将“1”正确恢复。另外两个模式的输出结果与任何标准模式都不相同。这是联想记忆模型普遍存在的问题。网络设计的目标就是尽最大可能减少这种杂乱模式的
7-11 产生。

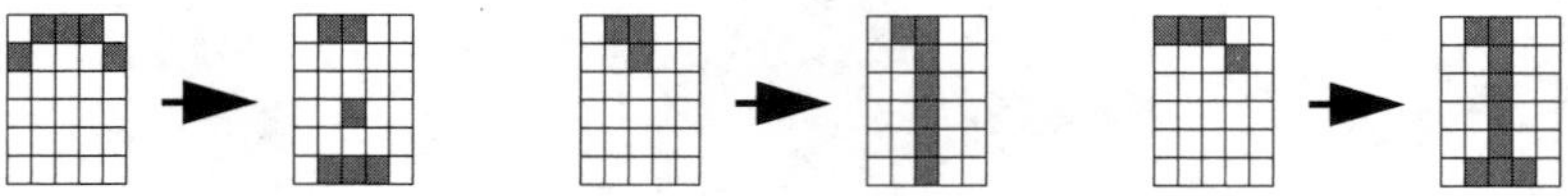

图 7.4　恢复 67%遭遮挡的模式

最后，含有噪声的标准模式将被输入网络。这里，通过随机改变每个标准模式中 7 个元素的值来引入噪声。测试的结果如图 7.5 所示：所有的模式均被正确地恢复。

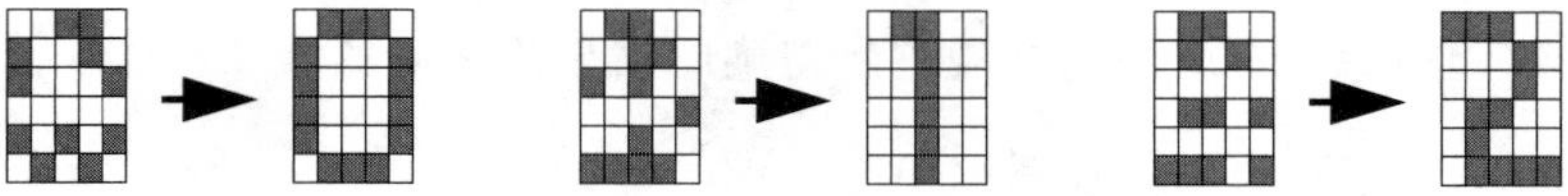

图 7.5　恢复有噪声的模式

MATLAB 实验 使用 Neural Network Design Demonstration Supervised Hebb(nnd7sh) 测试这类模式识别问题。

7.2.5 Hebb 学习的变形

基本的 Hebb 规则可以有诸多变化。事实上，本书后面章节讨论的很多学习算法都与 Hebb 规则有关。

Hebb 规则面临的一个难题是：当训练数据集包含大量输入模式时，权值矩阵将会包含一些高数值元素。回顾一下最基本的 Hebb 规则：

$$\boldsymbol{W}^{new} = \boldsymbol{W}^{old} + \boldsymbol{t}_q \boldsymbol{p}_q^{T} \tag{7.43}$$

这里，可以通过一个称为学习率的正参数 $\alpha(\alpha<1)$来限制权值矩阵元素值的增加量，即

$$\boldsymbol{W}^{new} = \boldsymbol{W}^{old} + \alpha \boldsymbol{t}_q \boldsymbol{p}_q^{T} \tag{7.44}$$

或者，可以再添加一项衰减项，让学习规则表现得像一个平滑滤波器，使得最近一次的输入变得更重要(而慢慢淡忘之前的输入)：

$$\boldsymbol{W}^{new} = \boldsymbol{W}^{old} + \alpha \boldsymbol{t}_q \boldsymbol{p}_q^{T} - \gamma \boldsymbol{W}^{old} = (1-\gamma)\boldsymbol{W}^{old} + \alpha \boldsymbol{t}_q \boldsymbol{p}_q^{T} \tag{7.45}$$

这里，γ 是一个小于 1 的正常数。当 γ 趋于零时，学习规则趋于 Hebb 规则的标准形式；
7-12 当 γ 趋于 1 时，学习规则将很快忘记之前的输入，而仅记得最近一次的输入。这限制了权值矩阵元素值的无限制增长。

过滤权值变化和调整学习率的思想非常重要，本书将在第 10 章和第 12 章继续讨论它们。

在式(7.44)中，如果采用目标输出与实际输出之差来代替目标输出，可以得到另一个重要的学习规则：

$$\boldsymbol{W}^{new} = \boldsymbol{W}^{old} + \alpha(\boldsymbol{t}_q - \boldsymbol{a}_q)\boldsymbol{p}_q^{T} \tag{7.46}$$

因为使用了目标输出与实际输出之差，所以这一规则被称为增量规则。这一规则也以它的发明人命名，称为 Widrow-Hoff 算法。增量规则通过调整权值来最小化均方误差(参见第 10 章)。因此，这一规则与伪逆规则得到的结果相同，因为伪逆规则最小化的是误差的平方和(见式(7.25))。增量规则的优势在于每接收一个输入模式，权值矩阵就会进行更新，

而伪逆规则在接收到所有输入/输出对之后，进行一次计算而得到权值矩阵。这种依次更新方式使得增量规则能适用于动态变化的环境。本书的第 10 章将详细讨论增量规则。

本章讨论了有监督的 Hebb 学习，即假设学习规则中的目标输出 $\boldsymbol{t}_q$ 是已知的。在无监督的 Hebb 学习中，网络的目标输出将由其实际输出来代替：

$$\boldsymbol{W}^{new} = \boldsymbol{W}^{old} + \alpha \boldsymbol{a}_q \boldsymbol{p}_q^{T} \tag{7.47}$$

其中 $\boldsymbol{a}_q$ 是输入为 $\boldsymbol{p}_q$ 时的网络实际输出(见式(7.5))。这种无监督的 Hebb 学习并不需要知道目标输出，实际上相比有监督的 Hebb 学习，无监督的 Hebb 学习是 Hebb 假说更直接的解释。 7-13

7.3 小结

Hebb 假说

“当神经细胞 A 的轴突足够接近到能够激发神经细胞 B，且反复或持续地刺激细胞 B，那么 A 或 B 中一个或者两个细胞将会产生某种增长过程或代谢变化，从而增强细胞 A 对细胞 B 的刺激效果。”

线性联想器

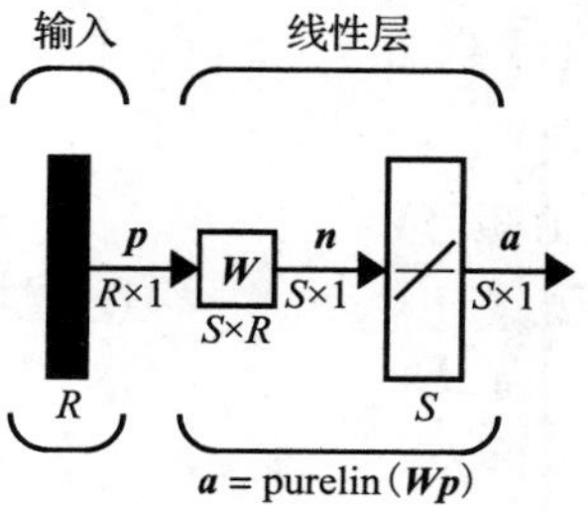

Hebb 规则

$$w_{ij}^{new} = w_{ij}^{old} + t_{qi} p_{qj}$$

$$\boldsymbol{W} = \boldsymbol{t}_1 \boldsymbol{p}_1^T + \boldsymbol{t}_2 \boldsymbol{p}_2^T + \cdots + \boldsymbol{t}_Q \boldsymbol{p}_Q^T$$

$$\boldsymbol{W} = [\boldsymbol{t}_1 \quad \boldsymbol{t}_2 \quad \cdots \quad \boldsymbol{t}_Q] \begin{bmatrix} \boldsymbol{p}_1^T \\ \boldsymbol{p}_2^T \\ \vdots \\ \boldsymbol{p}_Q^T \end{bmatrix} = \boldsymbol{T}\boldsymbol{P}^T$$

伪逆规则

$$\boldsymbol{W} = \boldsymbol{T}\boldsymbol{P}^{+}$$ 7-14

当矩阵 $\boldsymbol{P}$ 的行数 R 大于其列数 Q，且 $\boldsymbol{P}$ 的列向量线性无关时，其伪逆矩阵为：

$$\boldsymbol{P}^{+} = (\boldsymbol{P}^T \boldsymbol{P})^{-1} \boldsymbol{P}^T$$

Hebb 学习的变形

过滤学习(参见第 15 章)

$$\boldsymbol{W}^{new} = (1-\gamma)\boldsymbol{W}^{old} + \alpha \boldsymbol{t}_q \boldsymbol{p}_q^T$$

增量规则(参见第 10 章)

$$\boldsymbol{W}^{new} = \boldsymbol{W}^{old} + \alpha(\boldsymbol{t}_q - \boldsymbol{a}_q)\boldsymbol{p}_q^T$$

无监督的 Hebb 学习

$$\boldsymbol{W}^{new} = \boldsymbol{W}^{old} + \alpha \boldsymbol{a}_q \boldsymbol{p}_q^T$$ 7-15

7.4 例题

P7.1 考虑图 P7.1 中的线性联想器，假设输入/输出标准向量为：

$$\left\{\boldsymbol{p}_1=\begin{bmatrix}1\\-1\\1\\-1\end{bmatrix},\boldsymbol{t}_1=\begin{bmatrix}1\\-1\end{bmatrix}\right\}\left\{\boldsymbol{p}_2=\begin{bmatrix}1\\1\\-1\\-1\end{bmatrix},\boldsymbol{t}_2=\begin{bmatrix}1\\1\end{bmatrix}\right\}$$

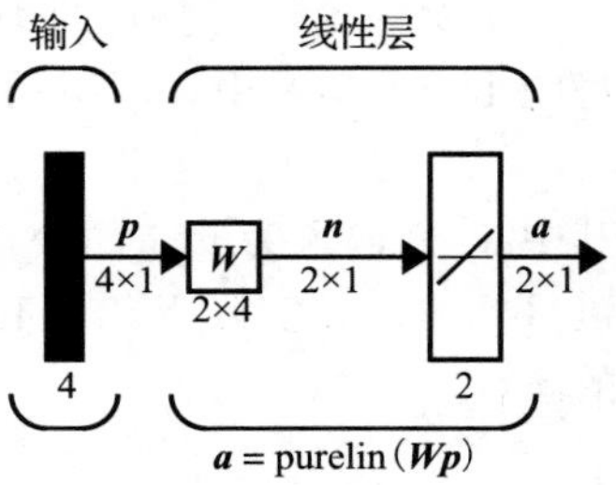

图 P7.1 单神经元感知机

i. 运用 Hebb 规则，为线性联想器寻找合适的权值矩阵。

ii. 运用伪逆规则，重复问题 i。

iii. 使用问题 i 得到的权值矩阵，输入 $\boldsymbol{p}_1$ 到线性联想器，再使用 ii 得到的权值矩阵，输入 $\boldsymbol{p}_1$ 到线性联想器。

解 i. 首先，根据式(7.10)构造矩阵 $\boldsymbol{P}$ 和 $\boldsymbol{T}$：

$$\boldsymbol{P}=\begin{bmatrix}1&1\\-1&1\\1&-1\\-1&-1\end{bmatrix},\quad \boldsymbol{T}=\begin{bmatrix}1&1\\-1&1\end{bmatrix}$$

7-16 然后根据式(7.9)计算权值矩阵：

$$\boldsymbol{W}^h=\boldsymbol{T}\boldsymbol{P}^{\mathrm{T}}=\begin{bmatrix}1&1\\-1&1\end{bmatrix}\begin{bmatrix}1&-1&1&-1\\1&1&-1&-1\end{bmatrix}=\begin{bmatrix}2&0&0&-2\\0&2&-2&0\end{bmatrix}$$

ii. 伪逆规则如式(7.32)所示：

$$\boldsymbol{W}=\boldsymbol{T}\boldsymbol{P}^{+}$$

由于矩阵 $\boldsymbol{P}$ 的行数(4)大于其列数(2)，且其列向量线性无关，可用式(7.34)计算其伪逆矩阵 $\boldsymbol{P}^{+}$：

$$\boldsymbol{P}^{+}=(\boldsymbol{P}^{\mathrm{T}}\boldsymbol{P})^{-1}\boldsymbol{P}^{\mathrm{T}}$$

$$\boldsymbol{P}^{+}=\left(\begin{bmatrix}1&-1&1&-1\\1&1&-1&-1\end{bmatrix}\begin{bmatrix}1&1\\-1&1\\1&-1\\-1&-1\end{bmatrix}\right)^{-1}\begin{bmatrix}1&-1&1&-1\\1&1&-1&-1\end{bmatrix}$$

$$=\begin{bmatrix}4&0\\0&4\end{bmatrix}^{-1}\begin{bmatrix}1&-1&1&-1\\1&1&-1&-1\end{bmatrix}$$

$$=\begin{bmatrix}\frac{1}{4}&0\\0&\frac{1}{4}\end{bmatrix}\begin{bmatrix}1&-1&1&-1\\1&1&-1&-1\end{bmatrix}=\begin{bmatrix}\frac{1}{4}&-\frac{1}{4}&\frac{1}{4}&-\frac{1}{4}\\\frac{1}{4}&\frac{1}{4}&-\frac{1}{4}&-\frac{1}{4}\end{bmatrix}$$

继而，可得权值矩阵：

$$\boldsymbol{W}^p=\boldsymbol{T}\boldsymbol{P}^{+}=\begin{bmatrix}1&1\\-1&1\end{bmatrix}\begin{bmatrix}\frac{1}{4}&-\frac{1}{4}&\frac{1}{4}&-\frac{1}{4}\\\frac{1}{4}&\frac{1}{4}&-\frac{1}{4}&-\frac{1}{4}\end{bmatrix}=\begin{bmatrix}\frac{1}{2}&0&0&-\frac{1}{2}\\0&\frac{1}{2}&-\frac{1}{2}&0\end{bmatrix}$$

iii. 现在测试这两个权值矩阵：

$$\mathbf{W}^h\mathbf{p}_1=\begin{bmatrix}2&0&0&-2\\0&2&-2&0\end{bmatrix}\begin{bmatrix}1\\-1\\1\\-1\end{bmatrix}=\begin{bmatrix}4\\-4\end{bmatrix}\neq\mathbf{t}_1$$ 7-17

$$\mathbf{W}^p\mathbf{p}_1=\begin{bmatrix}\frac{1}{2}&0&0&-\frac{1}{2}\\0&\frac{1}{2}&-\frac{1}{2}&0\end{bmatrix}\begin{bmatrix}1\\-1\\1\\-1\end{bmatrix}=\begin{bmatrix}1\\-1\end{bmatrix}=\mathbf{t}_1$$

为什么 Hebb 规则不能产生正确的结果呢？请回顾式(7.11)。因为向量 $\mathbf{p}_1$ 和 $\mathbf{p}_2$ 正交(请验证这一点)，此等式可被写作：

$$\mathbf{W}^h\mathbf{p}_1=\mathbf{t}_1(\mathbf{p}_1^{\mathrm{T}}\mathbf{p}_1)$$

但向量 $\mathbf{p}_1$ 并未被归一化，即 $\mathbf{p}_1^{\mathrm{T}}\mathbf{p}_1\neq1$，所以网络的输出不等于 $\mathbf{t}_1$。

另一方面，伪逆规则可以确保最小化

$$\sum_{q=1}^{2}\|\mathbf{t}_q-\mathbf{W}\mathbf{p}_q\|^2$$

这一项在本题中为零。

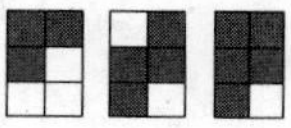

$\mathbf{p}_1$ $\mathbf{p}_2$ $\mathbf{p}_t$

P7.2 考虑右图中所示的标准模式 $\mathbf{p}_1$ 和 $\mathbf{p}_2$。

i. 这些模式是否正交？

ii. 采用 Hebb 规则，针对这些模式设计一个自联想存储器。

iii. 对于右图中的测试输入模式 $\mathbf{p}_t$，求网络输出。

解 i. 首先将模式向量化。假设实心方格值为 1，空心方格值为 0。然后通过逐列扫描，将二维模式转化为如下向量(也可以逐行扫描)：

$$\mathbf{p}_1=[1\quad1\quad-1\quad1\quad-1\quad-1]^{\mathrm{T}}\qquad\mathbf{p}_2=[-1\quad1\quad1\quad1\quad1\quad-1]^{\mathrm{T}}$$

接着，通过计算内积来判断 $\mathbf{p}_1$ 和 $\mathbf{p}_2$ 是否正交： 7-18

$$\mathbf{p}_1^{\mathrm{T}}\mathbf{p}_2=[1\quad1\quad-1\quad1\quad-1\quad-1]\begin{bmatrix}-1\\1\\1\\1\\1\\-1\end{bmatrix}=0$$

显然，$\mathbf{p}_1$ 和 $\mathbf{p}_2$ 是正交的。(由于 $\mathbf{p}_1^{\mathrm{T}}\mathbf{p}_1=\mathbf{p}_2^{\mathrm{T}}\mathbf{p}_2=6$，所以 $\mathbf{p}_1$ 和 $\mathbf{p}_2$ 没有进行归一化。)

ii. 采用图 7.2 中的自联想记忆模型，不过这里输入和输出向量的维数为 6。接着，采用 Hebb 规则计算权值矩阵：

$$\mathbf{W}=\mathbf{T}\mathbf{P}^{\mathrm{T}}$$

其中，

$$\mathbf{P}=\mathbf{T}=\begin{bmatrix}1&-1\\1&1\\-1&1\\1&1\\-1&1\\-1&-1\end{bmatrix}$$

因此，权值矩阵为：

$$\boldsymbol{W}=\boldsymbol{T}\boldsymbol{P}^{\mathrm{T}}=\begin{bmatrix}1&-1\\1&1\\-1&1\\1&1\\-1&1\\-1&-1\end{bmatrix}\begin{bmatrix}1&1&-1&1&-1&-1\\-1&1&1&1&1&-1\end{bmatrix}$$

$$=\begin{bmatrix}2&0&-2&0&-2&0\\0&2&0&2&0&-2\\-2&0&2&0&2&0\\0&2&0&2&0&-2\\-2&0&2&0&2&0\\0&-2&0&-2&0&2\end{bmatrix}$$

iii. 为了将测试模式输入网络，首先将其向量化：

$$\boldsymbol{p}_t=[1\quad 1\quad 1\quad 1\quad 1\quad -1]^{\mathrm{T}}$$

7-19 那么网络输出为：

$$\boldsymbol{a}=\mathrm{hardlims}(\boldsymbol{W}\boldsymbol{p}_t)$$

$$=\mathrm{hardlims}\left(\begin{bmatrix}2&0&-2&0&-2&0\\0&2&0&2&0&-2\\-2&0&2&0&2&0\\0&2&0&2&0&-2\\-2&0&2&0&2&0\\0&-2&0&-2&0&2\end{bmatrix}\begin{bmatrix}1\\1\\1\\1\\1\\-1\end{bmatrix}\right)$$

$$\boldsymbol{a}=\mathrm{hardlims}\left(\begin{bmatrix}-2\\6\\2\\6\\2\\-6\end{bmatrix}\right)=\begin{bmatrix}-1\\1\\1\\1\\1\\-1\end{bmatrix}=\boldsymbol{p}_2$$

这是令人满意的网络输出吗？我们期望网络对这个输入模式如何响应？一般来说，网络应该产生与输入模式最接近的模式。在本题中，测试输入模式 $\boldsymbol{p}_t$ 与 $\boldsymbol{p}_2$ 的 Hamming 距离为 1，而与 $\boldsymbol{p}_1$ 的 Hamming 距离为 2。因此，该网络的确产生了正确的响应。（关于 Hamming 距离的讨论，请参见第 3 章。）

值得注意的是，本题中标准向量并未归一化。但这并未导致出现题 P7.1 中的网络性能问题，这是因为硬限值函数的非线性特性使得网络输出只能是 1 或者 −1。实际上，神经网络模型中诸多有趣有用的特性都来源于非线性特性的作用。

P7.3 考虑有三个标准模式 $\boldsymbol{p}_1$，$\boldsymbol{p}_2$，$\boldsymbol{p}_3$（如下所示）的自联想问题。分别采用 Hebb 规则和伪逆规则各设计一个自联想网络来识别这些模式，并用测试模式 $\boldsymbol{p}_t$ 检测网络的性能。

$$p_1=\begin{bmatrix}1\\1\\-1\\-1\\1\\1\\1\end{bmatrix}\quad p_2=\begin{bmatrix}1\\1\\1\\-1\\1\\-1\\1\end{bmatrix}\quad p_3=\begin{bmatrix}-1\\1\\-1\\1\\1\\-1\\1\end{bmatrix}\quad p_t=\begin{bmatrix}-1\\1\\-1\\-1\\1\\-1\\1\end{bmatrix}$$

7-20

解 MATLAB 练习 用手工计算求解这个问题显得有些乏味，所以我们采用MATLAB。

首先，建立标准向量：

```
p1=[ 1  1 -1 -1  1  1  1]';
p2=[ 1  1  1 -1  1  -1  1]';
p3=[-1  1 -1  1  1 -1  1]';
P=[p1 p2 p3];
```

根据 Hebb 规则计算权值矩阵：

```
wh=P*P';
```

为了测试网络性能，先生成如下测试向量：

```
pt=[-1  1 -1 -1  1 -1  1]';
```

再计算网络的响应：

```
ah=hardlims(wh*pt);
ah'
ans =
     1     1    -1    -1     1    -1     1
```

注意，这个响应与任何标准向量都不匹配。这并不奇怪，因为标准模式并不正交。

现在再采用伪逆规则计算权值矩阵与测试模式的网络响应：

```
pseu=inv(P'*P)*P';
wp=P*pseu;
ap=hardlims(wp*pt);
ap'
ans =
    -1     1    -1     1     1    -1     1
```

这时，网络响应与 p_3 相等。这是正确的响应吗？通常，我们希望响应是与输入标准模式最接近的模式。在本题中，p_t 与 p_1、p_2 的 Hamming 距离均为 2，而与 p_3 的距离为 1。因此，由伪逆规则求得的网络产生了正确的响应。

请用其他测试输入检测是否额外存在同样的情形，使得伪逆规则比 Hebb 规则产生更好的结果。

7-21

P7.4 考虑右侧图中的三个标准模式(p_1，p_2，p_3)。

i. 利用 Hebb 规则设计一个感知机网络来识别这三个模式。

ii. 求网络对测试模式 p_t 的响应，并判断该响应是否正确。

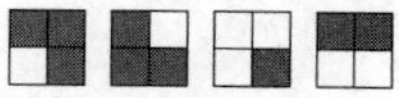

p_1　p_2　p_3　p_t

解 i. 和前面例题一样，先将模式转化为向量形式：

$$\boldsymbol{p}_1=\begin{bmatrix}1\\-1\\1\\1\end{bmatrix}\quad \boldsymbol{p}_2=\begin{bmatrix}1\\1\\-1\\1\end{bmatrix}\quad \boldsymbol{p}_3=\begin{bmatrix}-1\\-1\\-1\\1\end{bmatrix}\quad \boldsymbol{p}_t=\begin{bmatrix}1\\-1\\1\\-1\end{bmatrix}$$

这里需要为每个标准输入向量选择一个期望输出向量。由于一共有三个标准向量需要区分，所以输出向量需要有两个元素。这里，可以将三个输出向量设置为：

$$\boldsymbol{t}_1=\begin{bmatrix}-1\\-1\end{bmatrix}\quad \boldsymbol{t}_2=\begin{bmatrix}-1\\1\end{bmatrix}\quad \boldsymbol{t}_3=\begin{bmatrix}1\\-1\end{bmatrix}$$

（注意，这里的选择可以是任意的，仅需要为每个向量设定−1 和 1 的不同组合。）所设计的感知机网络如图 P7.2 所示。

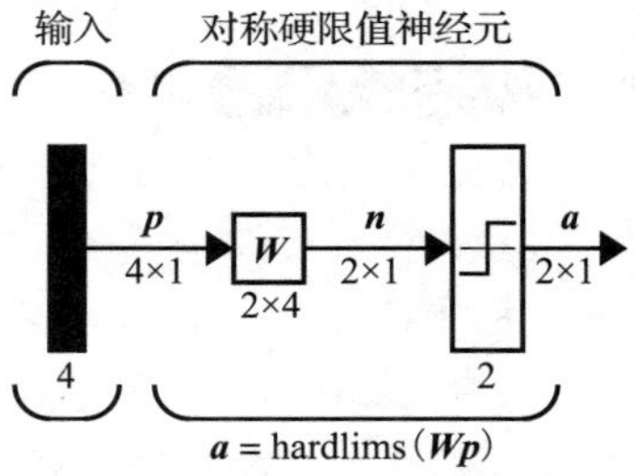

图 P7.2 例题 P7.4 的感知机网络图

7-22 接着，应用 Hebb 规则计算权值矩阵：

$$\boldsymbol{W}=\boldsymbol{TP}^{\mathrm{T}}=\begin{bmatrix}-1&-1&1\\-1&1&-1\end{bmatrix}\begin{bmatrix}1&-1&1&1\\1&1&-1&1\\-1&-1&-1&1\end{bmatrix}=\begin{bmatrix}-3&-1&-1&-1\\1&3&-1&-1\end{bmatrix}$$

ii. 计算网络对于测试输入模式的响应如下所示：

$$\boldsymbol{a}=\mathrm{hardlims}(\boldsymbol{W}\boldsymbol{p}_t)=\mathrm{hardlims}\left(\begin{bmatrix}-3&-1&-1&-1\\1&3&-1&-1\end{bmatrix}\begin{bmatrix}1\\-1\\1\\-1\end{bmatrix}\right)$$

$$=\mathrm{hardlims}\left(\begin{bmatrix}-2\\-2\end{bmatrix}\right)=\begin{bmatrix}-1\\-1\end{bmatrix}\rightarrow \boldsymbol{p}_1$$

网络响应表明测试输入模式与 $\boldsymbol{p}_1$ 最接近。这是正确的吗？是的。因为 $\boldsymbol{p}_t$ 到 $\boldsymbol{p}_1$ 的 Hamming 距离为 1，而到 $\boldsymbol{p}_2$ 和 $\boldsymbol{p}_3$ 的 Hamming 距离为 3。

P7.5 针对 Q 个长度为 R 的正交标准向量，假设有一个根据 Hebb 规则设计的线性自联想记忆模型。向量的元素为 1 或−1。

i. 证明 Q 个标准模式是权值矩阵的特征向量。

ii. 求权值矩阵另外$(R-Q)$个特征向量。

解 i. 设标准向量为：

$$\boldsymbol{p}_1,\boldsymbol{p}_2,\cdots,\boldsymbol{p}_Q$$

由于这是一个自联想记忆模型，上述向量同时是输入向量与目标输出向量。因此：

$$\boldsymbol{T}=[\boldsymbol{p}_1\quad \boldsymbol{p}_2\quad \cdots\quad \boldsymbol{p}_Q]\quad \boldsymbol{P}=[\boldsymbol{p}_1\quad \boldsymbol{p}_2\quad \cdots\quad \boldsymbol{p}_Q]$$

接着，根据式(7.8)中的 Hebb 规则计算权值矩阵，可得：

7-23

$$\boldsymbol{W}=\boldsymbol{TP}^{\mathrm{T}}=\sum_{q=1}^{Q}\boldsymbol{p}_q\boldsymbol{p}_q^{\mathrm{T}}$$

当将一个标准向量输入网络时，可得：

$$\boldsymbol{a}=\boldsymbol{W}\boldsymbol{p}_k\left(\sum_{q=1}^{Q}\boldsymbol{p}_q\boldsymbol{p}_q^{\mathrm{T}}\right)\boldsymbol{p}_k=\sum_{q=1}^{Q}\boldsymbol{p}_q(\boldsymbol{p}_q^{\mathrm{T}}\boldsymbol{p}_k)$$

因为这些模式都是正交的，所以上式可以简化为：

$$a = p_k(p_k^T p_k)$$

又由于 p_k 的每个元素只能是 1 或 −1，于是：

$$a = p_k R$$

综上所述，可得：

$$Wp_k = Rp_k$$

这表明，p_k 是 W 的特征向量，而 R 是相应的特征值。事实上，每个标准向量都是具有相同特征值的一个特征向量。

ii. 值得注意，多重特征值 R 有一个相关的 Q 维特征空间：由 Q 个标准向量共轭生成的子空间。考虑一个与特征空间正交的子空间，这个子空间内的所有向量将与每个标准向量都正交。正交子空间的维数为 $R-Q$。考虑这个正交空间的任意一个基集：

$$z_1, z_2, \cdots, z_{R-Q}$$

任意取一个基向量输入网络，可得：

$$a = Wz_k = \left(\sum_{q=1}^{Q} p_q p_q^T\right) z_k = \sum_{q=1}^{Q} p_q (p_q^T z_k) = 0$$

由于每个 z_k 与所有 p_q 都正交。这表明 z_k 是 W 以 0 为特征值的特征向量。

综上所述，权值矩阵 W 有两个特征值 R 和 0。这意味着，由标准向量共轭生成的空间中的任意向量都将被放大 R 倍，而任何与标准向量正交的向量都将被置为 0。

P7.6 本章目前为止所涉及的网络都不包含偏置向量。请设计一个感知机网络（参见图 P7.3）来识别以下模式： 7-24

$$p_1 = \begin{bmatrix} 1 \\ 1 \end{bmatrix} \quad p_2 = \begin{bmatrix} 2 \\ 2 \end{bmatrix}$$

i. 为什么求解这个问题需要引入偏置值？

ii. 运用伪逆规则设计一个包含偏置值的网络求解此问题。

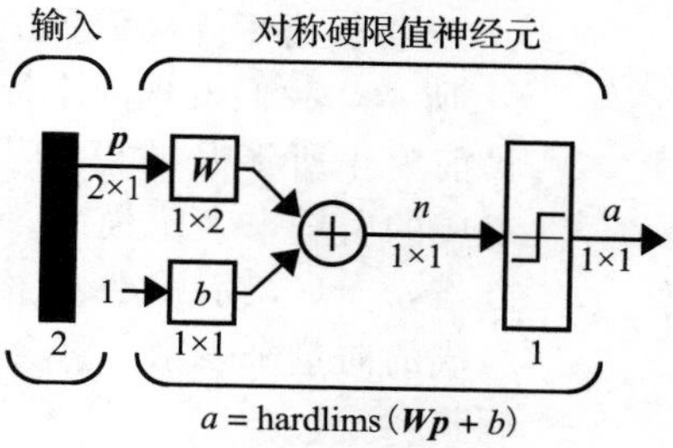

图 P7.3 单神经元感知器

解 i. 回顾在第 3 章和第 4 章中，感知机网络的决策边界可以表达为如下直线：

$$Wp + b = 0$$

如果不存在偏置值，即 $b=0$，那么决策边界可记作：

$$Wp = 0$$

即一条穿过坐标原点的直线。考虑本题中给出的两个向量 p_1 和 p_2，现将它们和任意一条经过坐标原点的决策边界一起画在右图中。显然，任意一条穿过原点的决策边界线都不能将向量 p_1 和 p_2 分开。所以，需要引入偏置值来解决本问题。

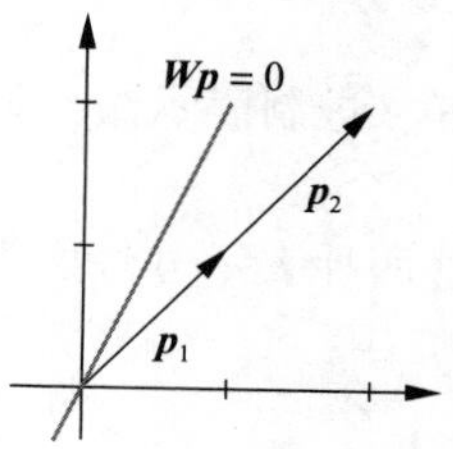

ii. 为了在有偏置值的情形下运用伪逆规则（抑或 Hebb 规则），可以将偏置值看作一个具有输入值 1 的权值（在网络结构图中已有体现），并在每个输入向量最后添加一个值为 1 的元素： 7-25

$$\boldsymbol{p}_1' = \begin{bmatrix}1\\1\\1\end{bmatrix} \quad \boldsymbol{p}_2' = \begin{bmatrix}2\\2\\1\end{bmatrix}$$

假设输入向量的期望输出分别为：

$$t_1 = 1 \quad t_2 = -1$$

所以有：

$$\boldsymbol{P} = \begin{bmatrix}1 & 2\\1 & 2\\1 & 1\end{bmatrix} \quad \boldsymbol{T} = [1 \quad -1]$$

可得相应的伪逆矩阵：

$$\boldsymbol{P}^{+} = \left(\begin{bmatrix}1 & 1 & 1\\2 & 2 & 1\end{bmatrix}\begin{bmatrix}1 & 2\\1 & 2\\1 & 1\end{bmatrix}\right)^{-1}\begin{bmatrix}1 & 1 & 1\\2 & 2 & 1\end{bmatrix} = \begin{bmatrix}3 & 5\\5 & 9\end{bmatrix}^{-1}\begin{bmatrix}1 & 1 & 1\\2 & 2 & 1\end{bmatrix}$$

$$= \begin{bmatrix}-0.5 & -0.5 & 2\\0.5 & 0.5 & -1\end{bmatrix}$$

而基于添加了元素的输入向量的权值矩阵为：

$$\boldsymbol{W}' = \boldsymbol{TP}^{+} = [1 \quad -1]\begin{bmatrix}-0.5 & -0.5 & 2\\0.5 & 0.5 & -1\end{bmatrix} = [-1 \quad -1 \quad 3]$$

接着便可以分离出标准权值矩阵和偏置值：

$$\boldsymbol{W} = [-1 \quad -1] \quad b = 3$$

由该权值矩阵和偏置值确定的决策边界如图 P7.4 所示，我们发现两个标准向量被很好地分离了。

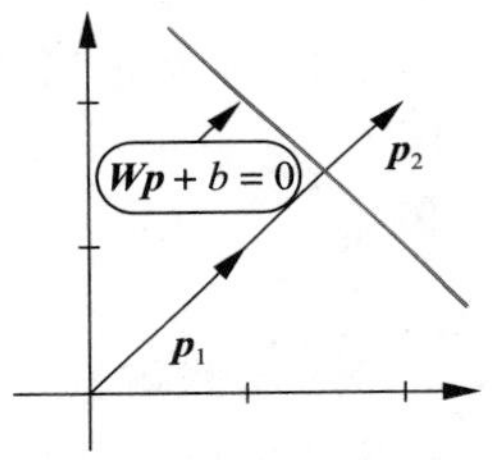

图 P7.4 例题 P7.6 的决策边界

7-26

P7.7 目前为止所涉及的模式识别例子都是用由 1 和 −1 组成的向量来表示模式，其中 1 表示图片中的深色方格，−1 表示浅色方格。如果用由“1”和“0”组成的向量来表示，将会怎样？Hebb 规则应该如何调整？

解 首先介绍一些用于区分这两种表示方法(通常称为双极表示法{−1, 1}和二进制表示法{0, 1})的符号。标准输入/输出向量的双极表示法可记为：

$$\{\boldsymbol{p}_1, \boldsymbol{t}_1\}, \{\boldsymbol{p}_2, \boldsymbol{t}_2\}, \cdots, \{\boldsymbol{p}_Q, \boldsymbol{t}_Q\}$$

其二进制表示法可记为：

$$\{\boldsymbol{p}_1', \boldsymbol{t}_1'\}, \{\boldsymbol{p}_2', \boldsymbol{t}_2'\}, \cdots, \{\boldsymbol{p}_Q', \boldsymbol{t}_Q'\}$$

这两种表示方法之间的关系为：

$$\boldsymbol{p}_q' = \frac{1}{2}\boldsymbol{p}_q + \frac{1}{2}\boldsymbol{1} \quad \boldsymbol{p}_q = 2\boldsymbol{p}_q' - \boldsymbol{1}$$

其中 $\boldsymbol{1}$ 是一个元素全为 1 的向量。

基于二进制表示的联想网络结构如图 P7.5 所示。它与图 7.2 所示的基于双极表示的联想网络相比有两点不同。第一，它使用非对称的硬限值非线性函数，而不是对称硬限值函数，因为其输出必须是 0 或者 1。第二，它使用了偏置向量，因为所有二进制向量都落在向量空间第一象限，所以穿过坐标原点的决策边界不足以分离所有的模式(参见例题 P7.6)。

下一步需要确定这个网络的权值矩阵和偏置向量。如果要使图 P7.5 中的二进制网络具有与图 P7.2 中的双极网络产生相同的有效响应，必须使网络的净输入相同，即 7-27

$$\boldsymbol{W}'\boldsymbol{p}' + \boldsymbol{b} = \boldsymbol{W}\boldsymbol{p}$$

这样就能保证当双极网络输出"1"时，二进制网络也输出"1"；当双极网络输出"−1"时，二进制网络输出"0"。如果 $\boldsymbol{p}'$可以由一个以 $\boldsymbol{p}$ 为参数的函数代替，可得：

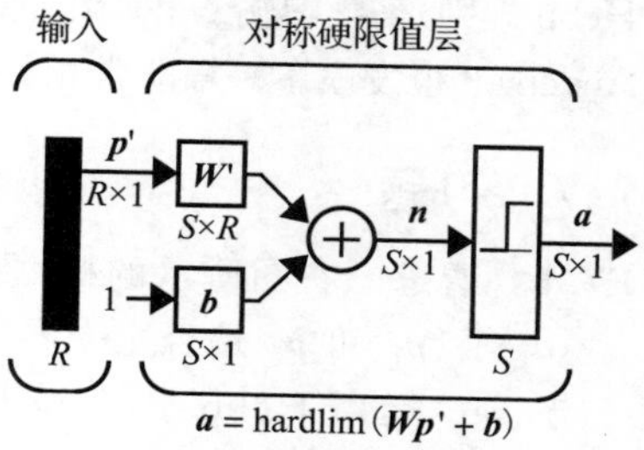

图 P7.5 二进制自联想网络

$$\boldsymbol{W}'\left(\frac{1}{2}\boldsymbol{p} + \frac{1}{2}\boldsymbol{1}\right) + \boldsymbol{b} = \frac{1}{2}\boldsymbol{W}'\boldsymbol{p} + \frac{1}{2}\boldsymbol{W}'\boldsymbol{1} + \boldsymbol{b} = \boldsymbol{W}\boldsymbol{p}$$

所以，为了生成与双极网络一样的输出结果，应选择

$$\boldsymbol{W}' = 2\boldsymbol{W} \quad \boldsymbol{b} = -\boldsymbol{W}\boldsymbol{1}$$

作为二进制网络的权值矩阵与偏置向量，这里 $\boldsymbol{W}$ 是双极网络的权值矩阵。 7-28

7.5 结束语

本章有两个主要目的。第一，介绍一个影响深远的神经网络学习规则：Hebb 规则。这一规则是最早提出的神经网络学习规则之一，而且仍然影响着当前神经网络学习理论的发展。第二，利用前面两章介绍的线性代数概念对 Hebb 学习规则的性能进行解读。这也是本书的重点之一，我们力图展示这些重要的数学概念如何构成一切人工神经网络运行的基础。后面的章节将继续把数学思想和神经网络的应用紧密结合，希望加深读者对这两者的理解。

接下来的两章将介绍一些重要数学概念，这些概念对于第 10 章和第 11 章将要介绍的两个学习规则至关重要。这些学习算法被归类于性能学习理论，因为它们都试图优化网络的性能。要理解这些性能学习规则，需要引入一些基本的最优化概念。正如本章讨论 Hebb 规则一样，之前的线性代数知识也将十分有助于我们理解最优化理论。 7-29

7.6 扩展阅读

[**Albe72**] A. Albert，Regression and the Moore-Penrose Pseudoinverse，New York：Academic Press，1972.

Albert 的著作是关于伪逆矩阵理论和基本性质的主要参考文献，包括主要伪逆定理的证明。

[**Ande72**] J. Anderson，"A simple neural network generating an interactive memory，" Mathematical Biosciences，vol. 14，pp. 197-220，1972.

Anderson 提出了一个"线性联想器"模型用于联想记忆。这一模型使用推广的 Hebb 假说来训练，用于学习输入向量和输出向量之间的关联关系。它强调网络在生理学层面的合理性。与此同时，Kehonen 发表了一篇内容相近的论文[Koho72]，他们的工作是独立进行的。

[**Hebb49**] D. O. Hebb，The Organization of Behavior，New York：Wiley，1949.

这本重要著作的核心思想是行为能由神经元的活动来解释。在本书中，Hebb 提出了最早的学习规则之一：一个在细胞级别上学习机制的假说。

[**Koho72**] T. Kohonen，"Correlation matrix memories，" IEEE Transactions on Computers，vol. 21，pp. 353-359，1972.

Kohonen 提出了一种用于联想记忆的关联矩阵模型。该模型采用外积存储规则(也就是 Hebb 规则)来学习输入和输出向量之间的关联关系。他主要强调该模型的数学结构。同一时期，
7-30 Anderson 也发表了一篇非常相关的论文[Ande72]，虽然他们是独立地进行各自的研究工作。

7.7 习题

E7.1 请考虑右图所示的标准模式：

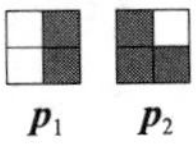

i. $\boldsymbol{p}_1$ 和 $\boldsymbol{p}_2$ 是否正交？

ii. 运用 Hebb 学习规则设计一个针对这些模式的自联想器网络。

iii. 请使用右图中的输入模式 $\boldsymbol{p}_t$ 测试该网络。网络能否按预期运行？请给出相应的解释。

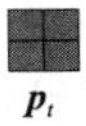

E7.2 请运用伪逆规则再次求解 E7.1。

E7.3 试用 Hebb 规则确定图 E7.1 所示的感知机网络的权值矩阵，以识别右侧图中的模式 $\boldsymbol{p}_1$ 和 $\boldsymbol{p}_2$。

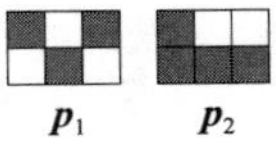

E7.4 在例题 P7.7 中阐述了当标准向量为二进制形式(不同于双极形式)时，如何运用 Hebb 规则训练网络。请用二进制形式表示习题 E7.1 中的标准向量，并求解之。说明二进制网络的输出与原先的双极网络的输出是相等的。

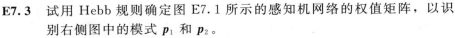

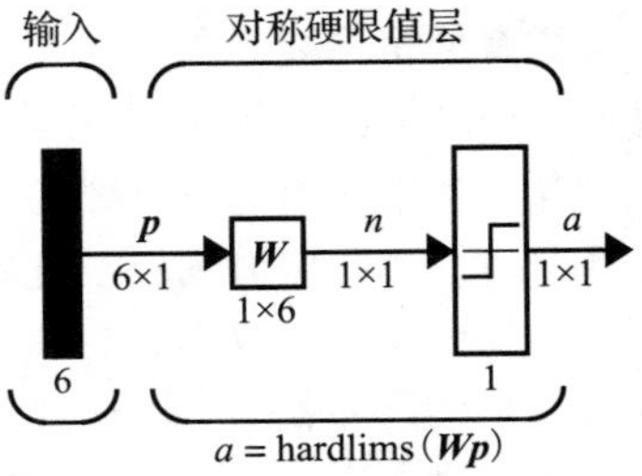

图 E7.1 习题 E7.3 中的感知机网络

E7.5 在自联想网络中，试证明：如果将由 Hebb 规则训练得到的权值矩阵的对角线元素均设为 0，网络依然能够正常工作。假设权值矩阵由下式确定：

7-31
$$\boldsymbol{W} = \boldsymbol{P}\boldsymbol{P}^{\mathrm{T}} - Q\boldsymbol{I}$$

其中 Q 是标准向量的个数。(提示：证明标准向量依然是新权值矩阵的特征向量。)

E7.6 考虑以下三对输入/输出标准向量：

$$\left\{\boldsymbol{p}_1 = \begin{bmatrix}1\\0\end{bmatrix}, t_1 = -1\right\} \quad \left\{\boldsymbol{p}_2 = \begin{bmatrix}1\\1\end{bmatrix}, t_2 = -1\right\} \quad \left\{\boldsymbol{p}_3 = \begin{bmatrix}0\\1\end{bmatrix}, t_3 = 1\right\}$$

i. 请说明，除非使用偏置值，否则这个问题无法求解。

ii. 请运用伪逆规则设计一个针对这些模式的网络，并验证网络能否正确处理标准向量。

E7.7 针对以下参考模式与期望输出，训练一个线性联想网络：

$$\left\{\boldsymbol{p}_1 = \begin{bmatrix}2\\4\end{bmatrix}, t_1 = 26\right\} \quad \left\{\boldsymbol{p}_2 = \begin{bmatrix}4\\2\end{bmatrix}, t_2 = 26\right\} \quad \left\{\boldsymbol{p}_3 = \begin{bmatrix}-2\\-2\end{bmatrix}, t_3 = -26\right\}$$

i. 运用 Hebb 规则，计算网络的权值矩阵。

ii. 依据 Hebb 规则得到的权值，求解并简略画出网络模型的决策边界。

iii. 运用伪逆规则计算网络的权值矩阵。因为矩阵 $\boldsymbol{P}$ 的行数 R 小于其列数 Q，其伪逆矩阵可由 $\boldsymbol{P}^{+} = \boldsymbol{P}^{\mathrm{T}}(\boldsymbol{P}\boldsymbol{P}^{\mathrm{T}})^{-1}$ 得到。

iv. 依据伪逆规则得到的权值，求解并简略画出网络模型的决策边界。

v. 比较并讨论由 Hebb 规则和伪逆规则分别训练得到的决策边界和权值。

E7.8 考虑图 E7.2 中的三个标准模式：

i. 请证明这些模式是否正交。

ii. 运用 Hebb 规则计算能识别这些模式的线性自联想网络的权值矩阵。

iii. 画出网络模型结构。

iv. 计算网络权值矩阵的特征值和特征向量(不求解方程 $|W-\lambda I|=0$，通过分析 Hebb 规则求解此题)。

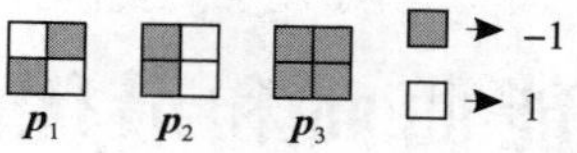

图 E7.2 习题 E7.8 的标准模式

7-32

E7.9 考虑以下三对参考模式与目标输出：

$$\left\{p_1=\begin{bmatrix}3\\6\end{bmatrix}, t_1=75\right\} \quad \left\{p_2=\begin{bmatrix}6\\3\end{bmatrix}, t_2=75\right\} \quad \left\{p_3=\begin{bmatrix}-6\\3\end{bmatrix}, t_3=-75\right\}$$

i. 画出能够通过以上模式训练的线性联想网络模型的网络结构图。

ii. 使用 Hebb 规则计算网络权值矩阵。

iii. 依据 Hebb 规则得到的权值，求解并简略画出网络模型的决策边界。说明此决策边界能否区分这些模式?

iv. 使用伪逆规则计算网络权值矩阵，阐述利用伪逆规则和 Hebb 规则分别训练得到的网络决策边界的区别。

E7.10 针对以下输入/输出对：

$$\left\{p_1=\begin{bmatrix}1\\1\end{bmatrix}, t_1=1\right\} \quad \left\{p_2=\begin{bmatrix}1\\-1\end{bmatrix}, t_2=-1\right\}$$

i. 运用 Hebb 规则计算图 E7.3 中的感知机网络的权值矩阵。

ii. 画出决策边界，这是一个“好”的决策边界吗？为什么?

iii. 运用伪逆规则重新求解问题 i。

iv. 使用伪逆规则训练的网络模型在进行识别时是否有所不同，请详细阐述。

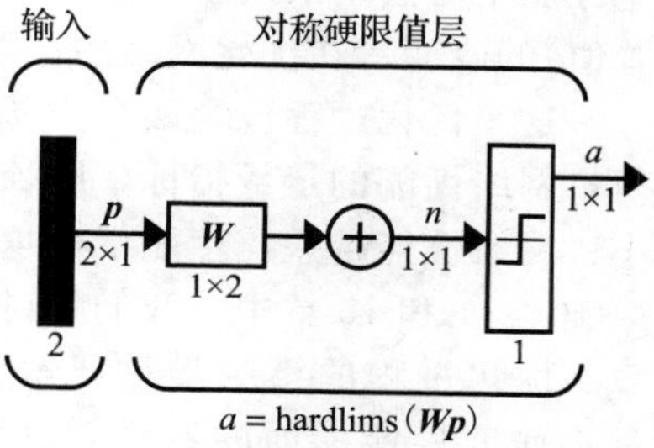

图 E7.3 习题 E7.10 的网络模型

7-33

E7.11 MATLAB 练习 考虑一个关于 Hebb 规则和伪逆规则的问题：一个网络的权值矩阵可以存储多少标准模式？请利用 7.2.4 节中讨论的数字识别问题进行实验测试。从数字“0”和“1”开始，一次加一个数字直到数字“6”，测试当随机改变 2、4 和 6 个像素时网络重构数字的正确率。

i. 先运用 Hebb 规则生成针对数字“0”和“1”的权值矩阵。然后随机地改变每个数字模式的 2 个像素，再将带噪声的模式输入网络。重复此过程 10 次，记录网络输出层复原模式的正确率。接着改变每个数字模式 4 个像素和 6 个像素，重复上述实验。然后针对数字“0”“1”和“2”，完全重复上述过程。实验一直进行下去，每次增加一个数字，直到所有“0～6”的 7 个数字用来学习并测试网络。完成以上测试后，画出三条表示复原错误率和所存储数字个数之间关系的曲线，这里每条曲线分别对应于包含 2 个、4 个或 6 个像素噪声的测试模式。

ii. 请使用伪逆规则重复问题 i 中的实验，对比两种学习规则的实验结果。

7-34

第 8 章

Neural Network Design, Second Edition

性能曲面和最优点

8.1 目标

本章为性能学习这类神经网络训练方法奠定基础。神经网络有多种不同类型的学习法则，包括关联学习(如第 7 章的 Hebbian 学习)和竞争学习(将在第 15 章讨论)。性能学习是另外一类重要的神经网络学习法则。在性能学习中，网络参数调整的目标是优化网络性能。接下来两章将介绍发展性能学习方法的基本理论，而第 10～14 章将详细讨论性能学习方法。本章的主要目标是研究性能曲面并确定性能曲面存在极小点和极大点的条件。第
8-1 9 章将接着讨论寻找性能曲面极小点或极大点的过程。

8.2 理论与例子

性能学习(performance learning)包含几种不同的学习法则，本书将涉及其中两种。这些性能学习法则区别于其他学习法则的依据是：在网络训练过程中，网络参数(权值和偏置值)的改变旨在优化网络的性能。

这个优化过程包含两个步骤。第一步是定义所谓的“性能”。换言之，必须寻找一个衡量网络性能的定量指标，即性能指标(performance index)。网络性能越好，性能指标越小；网络性能越差，性能指标越大。在本章和第 9 章，我们都假设性能指标是已知的。在第 10、11 和 13 章中，我们将讨论性能指标的选取。

优化过程的第二步是搜索参数空间(调整网络权值和偏置值)以减小性能指标。本章将研究性能曲面的特性，并建立一些保证一个曲面存在极小点(所寻找的最优点)的条件。所以，我们将在本章理解性能曲面的概况，而在第 9 章将讨论寻找最优点的方法。

8.2.1 泰勒级数

假设我们要最小化的性能指标表达为 $F(x)$，其中 x 是需要调整的标量参数。假设性能指标是一个解析函数，则它的各级导数均存在。于是，性能指标可以表示为该函数在某个指定点 x^* 处的泰勒级数展式(Taylor series expansion)：

$$F(x)=F(x^*)+\frac{\mathrm{d}}{\mathrm{d}x}F(x)\Big|_{x=x^*}(x-x^*)+\frac{1}{2}\frac{\mathrm{d}^2}{\mathrm{d}x^2}F(x)\Big|_{x=x^*}(x-x^*)^2+\cdots$$
$$+\frac{1}{n!}\frac{\mathrm{d}^n}{\mathrm{d}x^n}F(x)\Big|_{x=x^*}(x-x^*)^n+\cdots \tag{8.1}$$

举例 通过限制泰勒级数展式的项数，可以用泰勒级数展式来近似性能指标。例
8-2 如，令

$$F(x)=\cos(x) \tag{8.2}$$

$F(x)$在点 $x^*=0$ 处的泰勒级数展式为：

$$F(x)=\cos(x)=\cos(0)-\sin(0)(x-0)-\frac{1}{2}\cos(0)(x-0)^2$$

$$+\frac{1}{6}\sin(0)(x-0)^3+\cdots=1-\frac{1}{2}x^2+\frac{1}{24}x^4+\cdots \tag{8.3}$$

$F(x)$的零阶近似(仅使用 x 的零次幂)为:

$$F(x)\approx F_0(x)=1 \tag{8.4}$$

其二阶近似为:

$$F(x)\approx F_2(x)=1-\frac{1}{2}x^2 \tag{8.5}$$

(注意，此例中，一阶近似与零阶近似是相同的，因为一阶导数为 0。)其四阶近似为:

$$F(x)\approx F_4(x)=1-\frac{1}{2}x^2+\frac{1}{24}x^4 \tag{8.6}$$

图 8.1 展示了 $F(x)$及其三种近似。

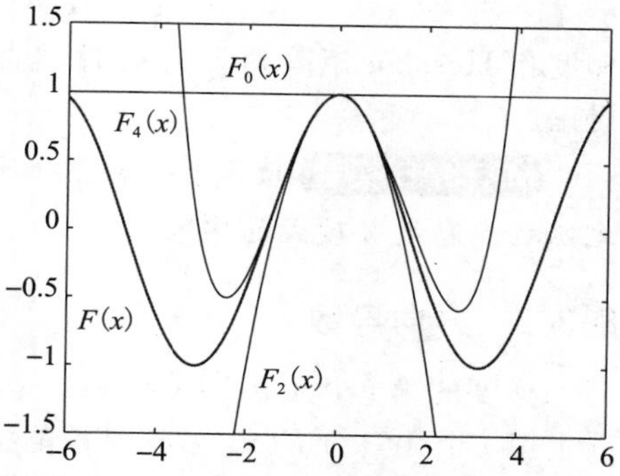

图 8.1 余弦函数及其泰勒级数近似

从图中可以看出，当 x 趋近 $x^*=0$ 时，这三种近似都是精确的。然而，当 x 远离 x^* 时，只有高阶近似是精确的。二阶近似比零阶近似有更宽的精确范围，四阶近似比二阶近似有更宽的精确范围。该现象可以由式(8.1)解释。级数中的每一个后继项都引入了$(x-x^*)$的更高次幂。当 x 趋近 x^* 时，这些项呈几何级数减小。 8-3

我们将用泰勒级数去近似性能指标，以探究性能指标在其可能存在最优点的邻域内的形状。

MATLAB 实验 使用 Neural Network Design Demonstration **Taylor Series**(nnd8ts1)进行余弦函数的泰勒级数展式的实验。

向量的情况

神经网络的性能指标是所有网络参数(权值和偏置值)的函数，而不仅仅是一个标量 x 的函数。神经网络参数的规模可能是巨大的，故而我们需要将泰勒级数展式推广到多元函数。考虑下列 n 元函数:

$$F(\boldsymbol{x})=F(x_1,x_2,\cdots,x_n) \tag{8.7}$$

这个函数在点 x^* 处的泰勒级数展式为:

$$\begin{aligned}F(\boldsymbol{x})=&F(\boldsymbol{x}^*)+\frac{\partial}{\partial x_1}F(\boldsymbol{x})\Big|_{\boldsymbol{x}=\boldsymbol{x}^*}(x_1-x_1^*)+\frac{\partial}{\partial x_2}F(\boldsymbol{x})\Big|_{\boldsymbol{x}=\boldsymbol{x}^*}(x_2-x_2^*)\\&+\cdots+\frac{\partial}{\partial x_n}F(\boldsymbol{x})\Big|_{\boldsymbol{x}=\boldsymbol{x}^*}(x_n-x_n^*)+\frac{1}{2}\frac{\partial^2}{\partial x_1^2}F(\boldsymbol{x})\Big|_{\boldsymbol{x}=\boldsymbol{x}^*}(x_1-x_1^*)^2\\&+\frac{1}{2}\frac{\partial^2}{\partial x_1\partial x_2}F(\boldsymbol{x})\Big|_{\boldsymbol{x}=\boldsymbol{x}^*}(x_1-x_1^*)(x_2-x_2^*)+\cdots\end{aligned} \tag{8.8}$$

该式比较繁琐，将其写为矩阵形式会更加方便，即:

$$\begin{aligned}F(\boldsymbol{x})=&F(\boldsymbol{x}^*)+\nabla F(\boldsymbol{x})^{\mathrm{T}}\Big|_{\boldsymbol{x}=\boldsymbol{x}^*}(\boldsymbol{x}-\boldsymbol{x}^*)\\&+\frac{1}{2}(\boldsymbol{x}-\boldsymbol{x}^*)^{\mathrm{T}}\nabla^2F(\boldsymbol{x})\Big|_{\boldsymbol{x}=\boldsymbol{x}^*}(\boldsymbol{x}-\boldsymbol{x}^*)+\cdots\end{aligned} \tag{8.9}$$

其中，$\nabla F(\boldsymbol{x})$是梯度(gradient)，定义为: 8-4

$$\nabla F(\boldsymbol{x})=\left[\frac{\partial}{\partial x_1}F(\boldsymbol{x})\ \frac{\partial}{\partial x_2}F(\boldsymbol{x})\cdots\frac{\partial}{\partial x_n}F(\boldsymbol{x})\right]^{\mathrm{T}} \tag{8.10}$$

而$\nabla^2 F(\boldsymbol{x})$为 Hessian 矩阵，定义为：

$$\nabla^2 F(\boldsymbol{x}) = \begin{bmatrix} \frac{\partial^2}{\partial x_1^2}F(\boldsymbol{x}) & \frac{\partial^2}{\partial x_1 \partial x_2}F(\boldsymbol{x}) & \cdots & \frac{\partial^2}{\partial x_1 \partial x_n}F(\boldsymbol{x}) \\ \frac{\partial^2}{\partial x_2 \partial x_1}F(\boldsymbol{x}) & \frac{\partial^2}{\partial x_2^2}F(\boldsymbol{x}) & \cdots & \frac{\partial^2}{\partial x_2 \partial x_n}F(\boldsymbol{x}) \\ \vdots & \vdots & & \vdots \\ \frac{\partial^2}{\partial x_n \partial x_1}F(\boldsymbol{x}) & \frac{\partial^2}{\partial x_n \partial x_2}F(\boldsymbol{x}) & \cdots & \frac{\partial^2}{\partial x_n^2}F(\boldsymbol{x}) \end{bmatrix} \tag{8.11}$$

梯度和 Hessian 矩阵对于理解性能曲面都非常重要。这两个概念的实际意义将在下节讨论。

MATLAB 实验 使用 Neural Network Design Demonstration Taylor Series(nnd8ts2)进行二元函数泰勒级数展式的实验。

8.2.2 方向导数

梯度的第 i 个元素 $\partial F(\boldsymbol{x})/\partial x_i$ 是性能指标 F 沿着 x_i 轴的一阶导数。Hessian 矩阵对角线上第 i 个元素 $\partial^2 F(\boldsymbol{x})/\partial x_i^2$ 是性能指标 F 沿着 x_i 轴的二阶导数。如何计算性能指标在任意方向上的导数呢？设向量 $\boldsymbol{p}$ 为我们想要计算导数的方向上的一个向量，则这个方向导数(directional derivative)可以由下式求出：

$$\frac{\boldsymbol{p}^{\mathrm{T}} \nabla F(\boldsymbol{x})}{\|\boldsymbol{p}\|} \tag{8.12}$$

沿方向 $\boldsymbol{p}$ 的二阶梯度可以由下式计算：

8-5

$$\frac{\boldsymbol{p}^{\mathrm{T}} \nabla^2 F(\boldsymbol{x})\boldsymbol{p}}{\|\boldsymbol{p}\|^2} \tag{8.13}$$

举例 为了阐明这些概念，考虑函数：

$$F(\boldsymbol{x}) = x_1^2 + 2x_2^2 \tag{8.14}$$

假设我们想要知道该函数在点 $\boldsymbol{x}^* = [0.5 \quad 0.5]^{\mathrm{T}}$ 处沿方向 $\boldsymbol{p} = [2 \quad -1]^{\mathrm{T}}$ 的导数。首先，我们计算其在点 $\boldsymbol{x}^*$ 处的梯度：

$$\nabla F(\boldsymbol{x})\big|_{\boldsymbol{x}=\boldsymbol{x}^*} = \begin{bmatrix} \frac{\partial}{\partial x_1}F(\mathbf{x}) \\ \frac{\partial}{\partial x_2}(\boldsymbol{x}) \end{bmatrix}\Bigg|_{\boldsymbol{x}=\boldsymbol{x}^*} = \begin{bmatrix} 2x_1 \\ 4x_2 \end{bmatrix}\Bigg|_{\boldsymbol{x}=\boldsymbol{x}^*} = \begin{bmatrix} 1 \\ 2 \end{bmatrix} \tag{8.15}$$

则也可以求出沿方向 $\boldsymbol{p}$ 的导数：

$$\frac{\boldsymbol{p}^{\mathrm{T}} \nabla F(\boldsymbol{x})}{\|\boldsymbol{p}\|} = \frac{[2 \quad -1]\begin{bmatrix} 1 \\ 2 \end{bmatrix}}{\left\|\begin{bmatrix} 2 \\ -1 \end{bmatrix}\right\|} = \frac{0}{\sqrt{5}} = 0 \tag{8.16}$$

因此，该函数在 $\boldsymbol{x}^*$ 点处沿 $\boldsymbol{p}$ 方向的斜率为 0。为什么会这样呢？这些斜率为 0 的方向的意义何在？细致考察式(8.12)中关于方向导数的定义，我们可以发现在分子上面的部分是方向向量和梯度的内积。因此，任何和梯度正交的方向，其斜率都为 0。

哪个方向具有最大的斜率呢？当方向向量和梯度的内积最大时，斜率最大，即当方向向量和梯度方向相同时。(注意：方向向量的长度对此没有影响，因为它已被标准化。)图 8.2 展示了 $F(\boldsymbol{x})$的等高线图和 3D 图，可以有效说明这一现象。等高线图展示了从指定

点 $\boldsymbol{x}^*$ 出发的 5 条不同方向的向量，并在这些向量的末端展示了它们的一阶方向导数。沿梯度方向的导数最大，与梯度(正切于等高线)正交的方向上的导数为 0。

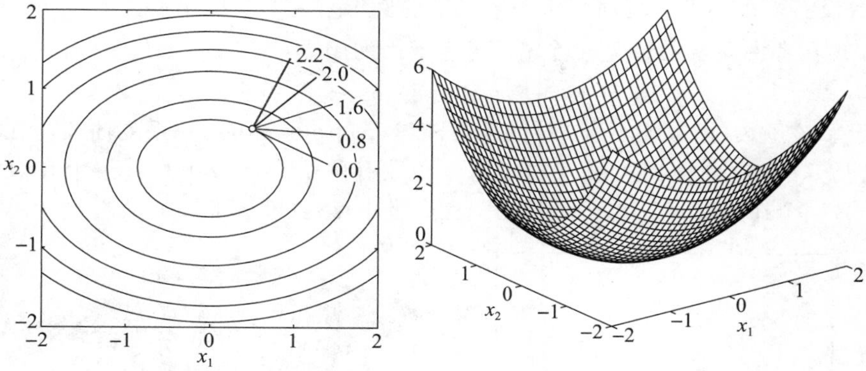

图 8.2 二次函数和方向导数

MATLAB 实验 使用 Neural Network Design Demonstration **Directional Derivatives**(nnd8dd)进行方向导数的实验。 8-6

8.2.3 极小点

回顾之前所讲，性能学习的目标是优化性能指标。本节将定义所谓的最优点。假设最优点是性能指标的一个极小点。对于最大值问题，最优点是一个极大点。

强极小点(strong minimum) 给定函数 $F(\boldsymbol{x})$和点 $\boldsymbol{x}^*$，如果存在一个标量 $\delta>0$，使得对于所有满足 $\delta>\|\Delta\boldsymbol{x}\|>0$ 的 $\Delta\boldsymbol{x}$ 都有 $F(\boldsymbol{x}^*)<F(\boldsymbol{x}^*+\Delta\boldsymbol{x})$，则 $\boldsymbol{x}^*$ 是 $F(\boldsymbol{x})$的一个强极小点。

换言之，从一个强极小点出发，向任意一个方向移动很小的距离都会使函数值增大。

全局极小点(global minimum) 给定函数 $F(\boldsymbol{x})$和点 $\boldsymbol{x}^*$，如果对于所有的 $\Delta\boldsymbol{x}$，都有 $F(\boldsymbol{x}^*)<F(\boldsymbol{x}^*+\Delta\boldsymbol{x})$，则 $\boldsymbol{x}^*$ 是 $F(\boldsymbol{x})$的唯一全局极小点。

对于一个简单的强极小点 $\boldsymbol{x}^*$，在其较小的邻域之外可能存在一些点的函数值比 $F(\boldsymbol{x}^*)$小，因此它又被称作局部极小点。对于全局极小点，参数空间中所有其他点的函数值都比全局极小点大。

弱极小点(weak minimum) 如果 $\boldsymbol{x}^*$ 不是函数 $F(\boldsymbol{x})$的强极小点，并且存在一个标量 $\delta>0$，使得对于所有满足 $\delta>\|\Delta\boldsymbol{x}\|>0$ 的 $\Delta\boldsymbol{x}$ 都有 $F(\boldsymbol{x}^*)\leqslant F(\boldsymbol{x}^*+\Delta x)$，则 $\boldsymbol{x}^*$ 是 $F(\boldsymbol{x})$的一个弱极小点。 8-7

从一个弱极小点，无论沿着任何方向移动，函数值都不会减小，即使在某些方向上函数值不变。

举例 举一个局部极小点和全局极小点的例子，考虑下列标量函数：

$$F(x)=3x^4-7x^2-\frac{1}{2}x+6 \quad (8.17)$$

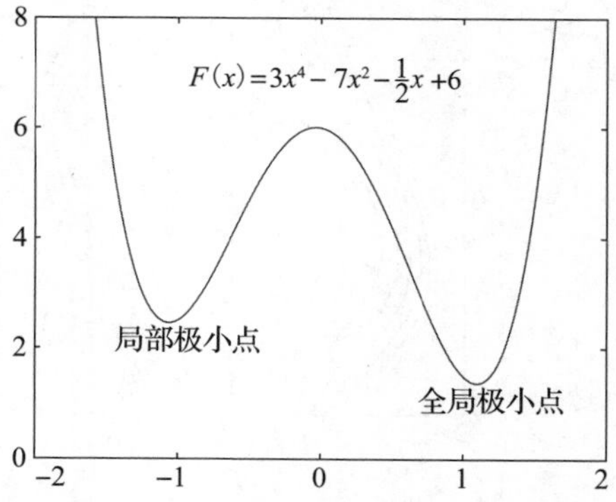

图 8.3 局部极小点和全局极小点的标量例子

图 8.3 展示了该函数。注意，大约在点 −1.1 和

1.1 处有两个强极小点。函数值在这两个点的局部邻域内都增大。极小点 1.1 是全局极小点，因为该函数在任何其他点的值都比在这个点的值大。

该函数没有弱极小点。后面将举一个二维的例子来说明弱极小点。

举例 现在考虑向量的情况。首先，考虑下面的函数：

$$F(\boldsymbol{x}) = (x_2 - x_1)^4 + 8x_1x_2 - x_1 + x_2 + 3 \tag{8.18}$$

图 8.4 显示了该函数(函数值小于 12)的等高线图(contour plot)(一系列曲线，在线上函数值相同)以及一个 3D 曲面图。可以发现这个函数有两个局部极小点：一个在点(−0.42，0.42)处，另一个在点(0.55，−0.55)处。全局极小点是(0.55，−0.55)。

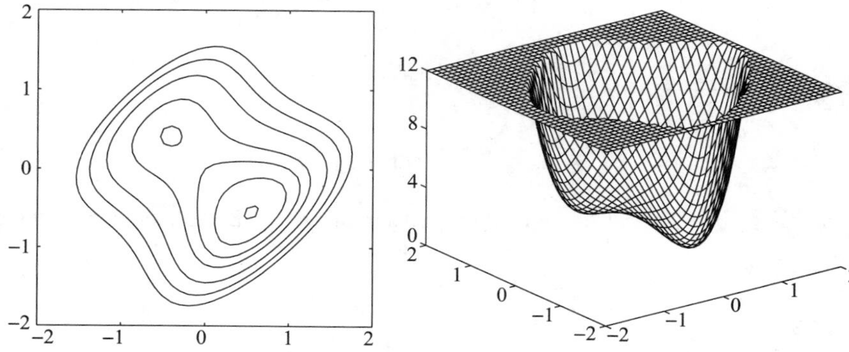

图 8.4　极小点和鞍点的向量例子

函数在点(−0.13，0.13)处有另一个有趣的特性。由于在该点邻域内的曲面的形状像一个马鞍，所以该点被称为*鞍点*(saddle point)。它的特点是：沿直线 $x_1 = -x_2$，鞍点是一个局部极大点，然而沿着垂直于该线的方向它是一个局部极小点。我们将在例题 P8.2

8-8 和 P8.5 中详细讨论这个例子。

MATLAB 实验 Neural Network Design Demonstration **Vector Taylor Series**(nnd8ts2)也使用了上述函数。

举例 作为最后一个例子，考虑由式(8.19)定义的函数：

$$F(\boldsymbol{x}) = (x_1^2 - 1.5x_1x_2 + 2x_2^2)x_1^2 \tag{8.19}$$

图 8.5 显示了该函数的等高线图和 3D 图。可以看出直线 $x_1 = 0$ 上的所有点都是弱极小点。

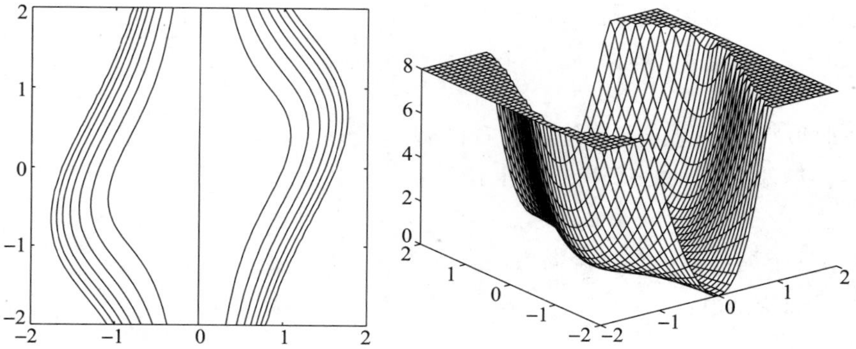

图 8.5　弱极小点的例子

8.2.4 优化的必要条件

我们已经定义了最优点(极小点)，下面给出这种点需要满足的条件。我们将再次使用泰勒级数展式来推导这些条件： 8-9

$$F(\boldsymbol{x})=F(\boldsymbol{x}^*+\Delta\boldsymbol{x})=F(\boldsymbol{x}^*)+\nabla F(\boldsymbol{x})^{\mathrm{T}}\big|_{\boldsymbol{x}=\boldsymbol{x}^*}\Delta\boldsymbol{x}+\frac{1}{2}\Delta\boldsymbol{x}^{\mathrm{T}}\nabla^2F(\boldsymbol{x})\big|_{\boldsymbol{x}=\boldsymbol{x}^*}\Delta\boldsymbol{x}+\cdots \tag{8.20}$$

其中，

$$\Delta\boldsymbol{x}=\boldsymbol{x}-\boldsymbol{x}^* \tag{8.21}$$

1. 一阶条件

如果$\|\Delta\boldsymbol{x}\|$非常小，则式(8.20)中的高阶项可以省略，进而该函数可以近似为：

$$F(\boldsymbol{x}^*+\Delta\boldsymbol{x})\cong F(\boldsymbol{x}^*)+\nabla F(\boldsymbol{x})^{\mathrm{T}}\big|_{\boldsymbol{x}=\boldsymbol{x}^*}\Delta\boldsymbol{x} \tag{8.22}$$

点$\boldsymbol{x}^*$是一个可能的极小点。它意味着如果$\Delta\boldsymbol{x}$不等于0，函数值会变大(至少不会减小)。要实现这个目标，式(8.22)中第二项应该非负，换言之：

$$\nabla F(\boldsymbol{x})^{\mathrm{T}}\big|_{\boldsymbol{x}=\boldsymbol{x}^*}\Delta\boldsymbol{x}\geqslant 0 \tag{8.23}$$

但是，若此项为正，即

$$\nabla F(\boldsymbol{x})^{\mathrm{T}}\big|_{\boldsymbol{x}=\boldsymbol{x}^*}\Delta\boldsymbol{x}> 0 \tag{8.24}$$

则意味着：

$$F(\boldsymbol{x}^*-\Delta\boldsymbol{x})\cong F(\boldsymbol{x}^*)-\nabla F(\boldsymbol{x})^{\mathrm{T}}\big|_{\boldsymbol{x}=\boldsymbol{x}^*}\Delta\boldsymbol{x}<F(\boldsymbol{x}^*) \tag{8.25}$$

这是矛盾的，因为$\boldsymbol{x}^*$应是一个极小点。因此，为了使得式(8.23)为真而式(8.24)为假，唯一的选择是：

$$\nabla F(\boldsymbol{x})^{\mathrm{T}}\big|_{\boldsymbol{x}=\boldsymbol{x}^*}\Delta\boldsymbol{x}=0 \tag{8.26}$$

由于对任意的$\Delta\boldsymbol{x}$上式均正确，故而：

$$\nabla F(\boldsymbol{x})\big|_{\boldsymbol{x}=\boldsymbol{x}^*}=\boldsymbol{0} \tag{8.27}$$

因此极小点处梯度必须为0。这是$\boldsymbol{x}^*$是局部极小点的一阶必要(但不充分)条件。任何满足式(8.27)的点均称为驻点(stationary points)。 8-10

2. 二阶条件

给定驻点$\boldsymbol{x}^*$，由于$F(\boldsymbol{x})$在所有驻点处的梯度均为0，所以泰勒级数展式变为：

$$F(\boldsymbol{x}^*+\Delta\boldsymbol{x})=F(\boldsymbol{x}^*)+\frac{1}{2}\Delta\boldsymbol{x}^{\mathrm{T}}\nabla^2F(\boldsymbol{x})\big|_{\boldsymbol{x}=\boldsymbol{x}^*}\Delta\boldsymbol{x}+\cdots \tag{8.28}$$

与前面一样，我们只考虑$\boldsymbol{x}^*$一个较小邻域内的点，因此$\|\Delta x\|$足够小并且$F(\boldsymbol{x})$可以由式(8.28)的前两项近似。所以，$\boldsymbol{x}^*$是强极小点的条件是：

$$\Delta\boldsymbol{x}^{\mathrm{T}}\nabla^2F(\boldsymbol{x})\big|_{\boldsymbol{x}=\boldsymbol{x}^*}\Delta\boldsymbol{x}>\boldsymbol{0} \tag{8.29}$$

要使上式对任意$\Delta\boldsymbol{x}\neq 0$均成立，要求 Hessian 矩阵是正定矩阵。(根据定义，如果对任意向量$\boldsymbol{z}\neq 0$，均有

$$\boldsymbol{z}^{\mathrm{T}}\boldsymbol{A}\boldsymbol{z}>0 \tag{8.30}$$

则矩阵$\boldsymbol{A}$是正定(positive definite)矩阵，而如果

$$\boldsymbol{z}^{\mathrm{T}}\boldsymbol{A}\boldsymbol{z}\geqslant 0 \tag{8.31}$$

则矩阵$\boldsymbol{A}$是半正定(positive semidefinite)矩阵。这些条件可以通过矩阵的特征值进行检验。如果所有特征值均为正，则矩阵是正定矩阵。如果所有的特征值均非负，则矩阵是半正定矩阵。)

正定的 Hessian 矩阵是强极小点存在的一个二阶充分条件(sufficient condition)，但不是必要条件。当泰勒级数的二阶项为 0，而三阶项为正时，一个极小点仍然是强极小点。因此强极小点存在的二阶必要条件是 Hessian 为半正定矩阵。

举例 为了说明这些条件，考虑下面的二元函数：

$$F(\boldsymbol{x}) = x_1^4 + x_2^2 \tag{8.32}$$

首先，计算梯度以确定所有驻点：

8-11

$$\nabla F(\boldsymbol{x}) = \begin{bmatrix} 4x_1^3 \\ 2x_2 \end{bmatrix} = \boldsymbol{0} \tag{8.33}$$

所以，唯一的驻点是 $\boldsymbol{x}^* = \boldsymbol{0}$。接着需计算 Hessian 矩阵来检验二阶条件：

$$\nabla^2 F(\boldsymbol{x})\big|_{\boldsymbol{x}=\boldsymbol{0}} = \begin{bmatrix} 12x_1^2 & 0 \\ 0 & 2 \end{bmatrix}\Bigg|_{\boldsymbol{x}=\boldsymbol{0}} = \begin{bmatrix} 0 & 0 \\ 0 & 2 \end{bmatrix} \tag{8.34}$$

这个矩阵是半正定矩阵，它是 $\boldsymbol{x}^* = \boldsymbol{0}$ 是强极小点的必要条件。虽然不能从一阶条件和二阶条件判断该点是一个极小点，但是并不排除这个可能性。事实上，即使 Hessian 矩阵仅仅是半正定矩阵，$\boldsymbol{x}^* = \boldsymbol{0}$ 仍是强极小点，只是不能从已有的条件证明而已。

综上所述，$\boldsymbol{x}^*$ 是函数 $F(\boldsymbol{x})$的极小点(强极小点或弱极小点)的必要条件是：$\nabla F(\boldsymbol{x})\big|_{\boldsymbol{x}=\boldsymbol{x}^*} = \boldsymbol{0}$ 并且$\nabla^2 F(x)\big|_{\boldsymbol{x}=\boldsymbol{x}^*}$ 是半正定矩阵。$\boldsymbol{x}^*$ 是函数 $F(\boldsymbol{x})$的强极小点的充分条件是：$\nabla F(\boldsymbol{x})\big|_{\boldsymbol{x}=\boldsymbol{x}^*} = \boldsymbol{0}$ 并且$\nabla^2 F(\boldsymbol{x})\big|_{\boldsymbol{x}=\boldsymbol{x}^*}$ 是正定矩阵。

8.2.5 二次函数

我们可以发现在本书中二次函数是一种使用最多的性能指标。这不仅是因为二次函数有很多应用，更是因为在某点(特别是局部极小点)的小邻域内，许多函数都可以用二次函数近似。故而，我们需要用一些篇幅来探究二次函数的特性。

二次函数(quadratic function)的一般形式为：

$$F(\boldsymbol{x}) = \frac{1}{2}\boldsymbol{x}^{\mathrm{T}}\boldsymbol{A}\boldsymbol{x} + \boldsymbol{d}^{\mathrm{T}}\boldsymbol{x} + c \tag{8.35}$$

其中矩阵 $\boldsymbol{A}$ 是对称矩阵。(如果矩阵不是对称矩阵，它可以由一个对称矩阵替代产生相同的 $F(\boldsymbol{x})$。请尝试一下!)

为了计算该函数的梯度，我们需要使用下列有用的梯度性质：

$$\nabla(\boldsymbol{h}^{\mathrm{T}}\boldsymbol{x}) = \nabla(\boldsymbol{x}^{\mathrm{T}}\boldsymbol{h}) = \boldsymbol{h} \tag{8.36}$$

8-12 其中 $\boldsymbol{h}$ 是一个恒定向量，并且

$$\nabla \boldsymbol{x}^{\mathrm{T}}\boldsymbol{Q}\boldsymbol{x} = \boldsymbol{Q}\boldsymbol{x} + \boldsymbol{Q}^{\mathrm{T}}\boldsymbol{x} = 2\boldsymbol{Q}\boldsymbol{x} \quad (\text{对于对称矩阵 } \boldsymbol{Q}) \tag{8.37}$$

现在可以计算 $F(\boldsymbol{x})$的梯度：

$$\nabla F(\boldsymbol{x}) = \boldsymbol{A}\boldsymbol{x} + \boldsymbol{d} \tag{8.38}$$

同样可以计算 Hessian 矩阵：

$$\nabla^2 F(\boldsymbol{x}) = \boldsymbol{A} \tag{8.39}$$

二次函数所有的高阶导数均为 0。因此，该函数可以由其泰勒级数展式(如式(8.20)所示)的前三项精确表示。也可以说，所有的解析函数在一个很小的邻域内(也就是当$\|\Delta\boldsymbol{x}\|$很小)与一个二次函数类似。

Hessian 矩阵的特征系统

现在我们想要探讨二次函数的一般形状。事实表明，研究 Hessian 矩阵的特征值和特征向量可以了解许多二次函数形状的信息。考虑以原点为驻点且在该点函数值为 0 的二次

函数：

$$F(\boldsymbol{x}) = \frac{1}{2}\boldsymbol{x}^{\mathrm{T}}\boldsymbol{A}\boldsymbol{x} \tag{8.40}$$

如果施加一个基变换(见第 6 章)，该函数的形状会更加清晰。这里使用 Hessian 矩阵 $\boldsymbol{A}$ 的特征向量作为新基向量。由于 $\boldsymbol{A}$ 是对称矩阵，因此它的特征向量是两两正交的(参见[Brog91])。所以，假如按照式(6.68)所示，以特征向量作为列向量，构成如下矩阵：

$$\boldsymbol{B} = [\boldsymbol{z}_1 \quad \boldsymbol{z}_2 \quad \cdots \quad \boldsymbol{z}_n] \tag{8.41}$$

该矩阵的逆等于其转置(假设特征向量都是被标准化的)：

$$\boldsymbol{B}^{-1} = \boldsymbol{B}^{\mathrm{T}} \tag{8.42}$$

如果我们现在施加一个基变换使得特征向量作为基向量(见式(6.69))，则新的矩阵 $\boldsymbol{A}$ 是：

$$\boldsymbol{A}' = [\boldsymbol{B}^{\mathrm{T}}\boldsymbol{A}\boldsymbol{B}] = \begin{bmatrix} \lambda_1 & 0 & \cdots & 0 \\ 0 & \lambda_2 & \cdots & 0 \\ \vdots & \vdots & & \vdots \\ 0 & 0 & \cdots & \lambda_n \end{bmatrix} = \boldsymbol{\Lambda} \tag{8.43}$$ 8-13

其中，λ_i 是 $\boldsymbol{A}$ 的特征值。上式也可写为：

$$\boldsymbol{A} = \boldsymbol{B}\boldsymbol{\Lambda}\boldsymbol{B}^{\mathrm{T}} \tag{8.44}$$

我们将使用方向导数的概念来解释矩阵 $\boldsymbol{A}$ 的特征值和特征向量的物理意义，并解释它们是如何决定二次函数曲面的形状的。

回顾式(8.13)，函数 $F(\boldsymbol{x})$在向量 $\boldsymbol{p}$ 方向上的二阶导数由下式给出：

$$\frac{\boldsymbol{p}^{\mathrm{T}}\ \nabla^2 F(\boldsymbol{x})\boldsymbol{p}}{\|\boldsymbol{p}\|^2} = \frac{\boldsymbol{p}^{\mathrm{T}}\boldsymbol{A}\boldsymbol{p}}{\|\boldsymbol{p}\|^2} \tag{8.45}$$

现在，定义

$$\boldsymbol{p} = \boldsymbol{B}\boldsymbol{c} \tag{8.46}$$

其中 $\boldsymbol{c}$ 是向量 $\boldsymbol{p}$ 在 $\boldsymbol{A}$ 的特征向量上的一个表达(见式(6.28)和后面的讨论)。根据这个定义以及式(8.44)，式(8.45)可以重写为：

$$\frac{\boldsymbol{p}^{\mathrm{T}}\boldsymbol{A}\boldsymbol{p}}{\|\boldsymbol{p}\|^2} = \frac{\boldsymbol{c}^{\mathrm{T}}\boldsymbol{B}^{\mathrm{T}}(\boldsymbol{B}\boldsymbol{\Lambda}\boldsymbol{B}^{\mathrm{T}})\boldsymbol{B}\boldsymbol{c}}{\boldsymbol{c}^{\mathrm{T}}\boldsymbol{B}^{\mathrm{T}}\boldsymbol{B}\boldsymbol{c}} = \frac{\boldsymbol{c}^{\mathrm{T}}\boldsymbol{\Lambda}\boldsymbol{C}}{\boldsymbol{c}^{\mathrm{T}}\boldsymbol{c}} = \frac{\sum_{i=1}^{n}\lambda_i c_i^2}{\sum_{i=1}^{n} c_i^2} \tag{8.47}$$

这个结果告诉我们几个有用的事实。首先，注意到这个二阶导数是特征值的加权平均，因此它不可能比最大的特征值大，也不会比最小的特征值小。换言之：

$$\lambda_{\min} \leqslant \frac{\boldsymbol{p}^{\mathrm{T}}\boldsymbol{A}\boldsymbol{p}}{\|\boldsymbol{p}\|^2} \leqslant \lambda_{\max} \tag{8.48}$$

在什么条件(假如存在的话)下，这个二阶导数等于最大的特征值？如果我们选取

$$\boldsymbol{p} = \boldsymbol{z}_{\max} \tag{8.49}$$

其中 $\boldsymbol{z}_{\max}$是最大特征值 $\lambda_{\max}$所对应的特征向量，会怎样呢？在这种情况下，向量 $\boldsymbol{c}$ 将变成

$$\boldsymbol{c} = \boldsymbol{B}^{\mathrm{T}}\boldsymbol{p} = \boldsymbol{B}^{\mathrm{T}}\boldsymbol{z}_{\max} = [0 \quad 0 \quad \cdots \quad 0 \quad 1 \quad 0 \quad \cdots \quad 0]^{\mathrm{T}} \tag{8.50}$$ 8-14

这里 1 仅存在于最大特征值(例如，$c_{\max}=1$)相应的位置，因为特征向量是正交化的。

如果用 $\boldsymbol{z}_{\max}$来替代式(8.47)中的 $\boldsymbol{p}$，则可得到

$$\frac{\boldsymbol{z}_{\max}^{\mathrm{T}}\boldsymbol{A}\boldsymbol{z}_{\max}}{\|\boldsymbol{z}_{\max}\|^2}=\frac{\sum_{i=1}^{n}\lambda_i c_i^2}{\sum_{i=1}^{n}c_i^2}=\lambda_{\max} \tag{8.51}$$

所以二阶导数的最大值存在于最大特征值所对应的特征向量的方向上。事实上，在每一个特征向量方向上，二阶导数都等于相应的特征值。在其他方向上，二阶导数是特征值的加权平均。特征值是相应特征向量方向上的二阶导数。

特征向量定义了一个新的二次交叉项衰减的坐标系。特征向量被称为函数等高线的主轴。右图形象地说明了这些概念在二维时的情形。该图阐明了第一个特征值小于第二个特征值的情况。因此，最小曲率(二阶导数)落在第一个特征值对应的特征向量的方向上。也就是说在这个方向上，等高线密度较低。最大曲率落在第二特征向量的方向上。因此在这个方向上，等高线更加稠密。

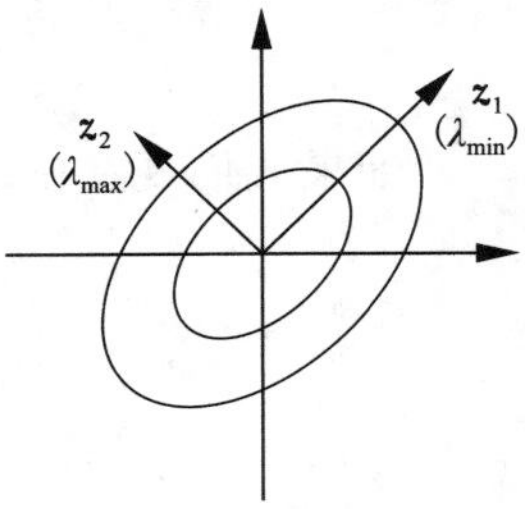

需要说明的是：只有当两个特征值具有相同符号时此图才是有效的，此时，我们才能获得一个强极小点或强极大点。在这些情况下这些等高线总是椭圆。接下来我们会给出特征值符号相反以及其中一个特征值是 0 的例子。

举例 作为第一个例子，考虑下面的函数：

$$F(\boldsymbol{x})=x_1^2+x_2^2=\frac{1}{2}\boldsymbol{x}^{\mathrm{T}}\begin{bmatrix}2 & 0\\0 & 2\end{bmatrix}\boldsymbol{x} \tag{8.52}$$

Hessian 矩阵以及它的特征值、特征向量为：

8-15

$$\nabla^2 F(\boldsymbol{x})=\begin{bmatrix}2 & 0\\0 & 2\end{bmatrix},\quad \lambda_1=2,\quad \boldsymbol{z}_1=\begin{bmatrix}1\\0\end{bmatrix},\quad \lambda_2=2,\quad \boldsymbol{z}_2=\begin{bmatrix}0\\1\end{bmatrix} \tag{8.53}$$

(事实上，在这种情况下任意两个线性无关的向量都可以是特征向量。这里特征值的重数大于 1，并且它的特征向量是一个平面。)由于所有特征值都相等，所有方向上的曲率也都会相同，因此该函数的等高线是一系列同心圆。图 8.6 展示了该函数的等高线和 3D 图(一个圆形空洞)。

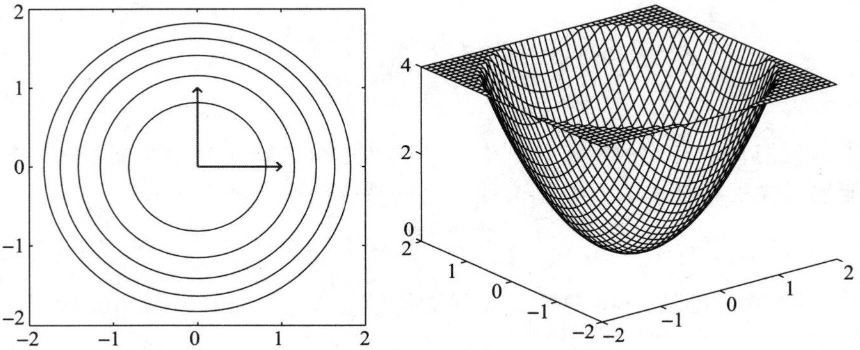

图 8.6 圆形空洞

举例 下面讨论具有不同特征值的例子。考虑下面的二次函数：

$$F(\boldsymbol{x})=x_1^2+x_1x_2+x_2^2=\frac{1}{2}\boldsymbol{x}^{\mathrm{T}}\begin{bmatrix}2 & 1\\1 & 2\end{bmatrix}\boldsymbol{x} \tag{8.54}$$

Hessian 矩阵以及它的特征值、特征向量为：

$$\nabla^2 F(\boldsymbol{x}) = \begin{bmatrix} 2 & 1 \\ 1 & 2 \end{bmatrix}, \quad \lambda_1 = 1, \quad \boldsymbol{z}_1 = \begin{bmatrix} 1 \\ -1 \end{bmatrix}, \quad \lambda_2 = 3, \quad \boldsymbol{z}_2 = \begin{bmatrix} 1 \\ 1 \end{bmatrix} \tag{8.55}$$

(如我们在第 6 章所讨论的，特征向量不是唯一的，他们的任意非零倍数都是该特征值对应的特征向量。)在这种情况下，最大曲率落在 $\boldsymbol{z}_2$ 的方向上，因此该方向上的等高线更加稠密。图 8.7 展示了该函数的等高线图和 3D 图(一个椭圆空洞)。 8-16

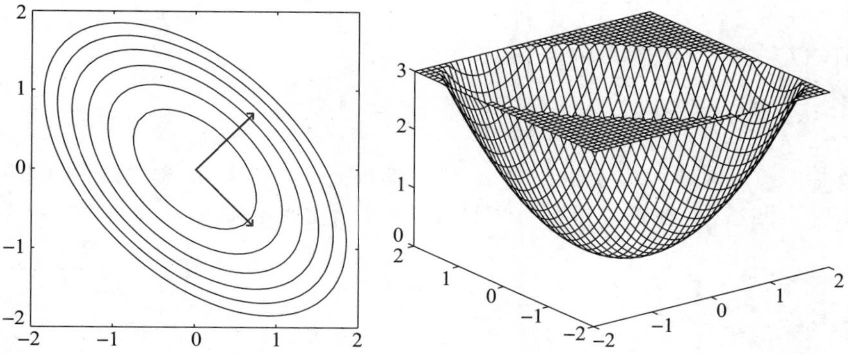

图 8.7 椭圆空洞

举例 如果特征值异号会怎样呢？考虑下面的函数：

$$F(\boldsymbol{x}) = -\frac{1}{4}x_1^2 - \frac{3}{2}x_1x_2 - \frac{1}{4}x_2^2 = \frac{1}{2}\boldsymbol{x}^{\mathrm{T}}\begin{bmatrix} -0.5 & -1.5 \\ -1.5 & -0.5 \end{bmatrix}\boldsymbol{x} \tag{8.56}$$

Hessian 矩阵以及它的特征值、特征向量为：

$$\nabla^2 F(\boldsymbol{x}) = \begin{bmatrix} -0.5 & -1.5 \\ -1.5 & -0.5 \end{bmatrix}, \quad \lambda_1 = 1, \quad \boldsymbol{z}_1 = \begin{bmatrix} -1 \\ 1 \end{bmatrix}, \quad \lambda_2 = -2, \quad \boldsymbol{z}_2 = \begin{bmatrix} -1 \\ -1 \end{bmatrix} \tag{8.57}$$

第一个特征值为正，因此在 $\boldsymbol{z}_1$ 方向曲率为正。第二个特征值为负，因此在 $\boldsymbol{z}_2$ 方向曲率为负。此外，因为第二个特征值的值大于第一个特征值的值，所以 $\boldsymbol{z}_2$ 方向上的等高线更加稠密。

图 8.8 所示为该函数的等高线和 3D 图(一个拉伸的鞍面)。注意，驻点

$$\boldsymbol{x}^* = \begin{bmatrix} 0 \\ 0 \end{bmatrix} \tag{8.58}$$

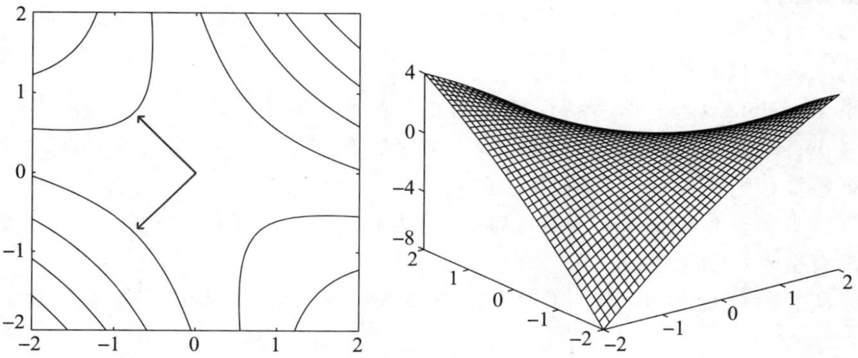

图 8.8 拉伸的鞍面

不再是强极小点，因为 Hessian 矩阵不是正定矩阵。由于特征值是异号的，Hessian 矩阵是不定的(参考[Brog91])。因此驻点是鞍点。它是第一特征向量方向(正特征值)上的极小
8-17 点，而在第二特征向量方向(负特征值)上是极大点。

举例 作为最后一个例子，让我们验证其中一个特征值为 0 的情况。给出该情况的一个例子，使用如下函数：

$$F(\boldsymbol{x}) = \frac{1}{2}x_1^2 - x_1x_2 + \frac{1}{2}x_2^2 = \frac{1}{2}\boldsymbol{x}^{\mathrm{T}}\begin{bmatrix} 1 & -1 \\ -1 & 1 \end{bmatrix}\boldsymbol{x} \tag{8.59}$$

Hessian 矩阵以及它的特征值、特征向量为：

$$\nabla^2 F(\boldsymbol{x}) = \begin{bmatrix} 1 & -1 \\ -1 & 1 \end{bmatrix}, \quad \lambda_1 = 2, \quad \boldsymbol{z}_1 = \begin{bmatrix} -1 \\ 1 \end{bmatrix}, \quad \lambda_2 = 0, \quad \boldsymbol{z}_2 = \begin{bmatrix} -1 \\ -1 \end{bmatrix} \tag{8.60}$$

第二个特征值是 0，因此我们希望在 $\boldsymbol{z}_2$ 方向上曲率是 0。图 8.9 展示了该函数的等高线和 3D 图(一个驻点凹槽)。在这种情况下，Hessian 矩阵是半正定的，并且在以下直线上存在弱极小点

$$x_1 = x_2 \tag{8.61}$$

该直线对应于第二个特征向量。

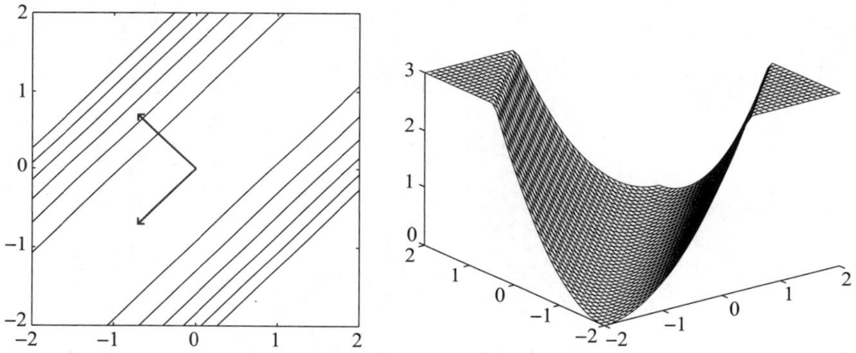

图 8.9 驻点凹槽

对于二次函数，为了保证强极小点存在，Hessian 矩阵必须是正定的。对于高阶函数，即使 Hessian 矩阵是半正定矩阵，也有可能存在强极小点，正如我们先前在极小点的章节
8-18 所讨论的一样。

MATLAB 实验 使用 Neural Network Design Demonstration Quadratic Function(nnd8qf)做其他二次函数的实验。

现总结二次函数的特性如下：

- 如果 Hessian 矩阵的所有特征值都为正，则函数存在一个唯一的强极小点。
- 如果 Hessian 矩阵的特征值都为负，则函数存在一个唯一的强极大点。
- 如果特征值有正有负，则函数存在一个唯一的鞍点。
- 如果所有特征值都非负，但某些特征值为 0，则函数存在一个弱极小点(如图 8.9)，或没有驻点(见例题 P8.7)。
- 如果所有特征值都非正，但某些特征值为 0，则函数存在一个弱极大点，或没有驻点。

需要注意，为了简单起见，在上述讨论中我们假设二次函数的驻点是原点并且函数值

为 0。它要求式(8.35)中 $\boldsymbol{d}$ 和 c 都为 0。假如 c 为非零值，则函数只是在每个点上简单地增加 c，等高线的形状并不会改变。当 $\boldsymbol{d}$ 是非零的，并且 $\boldsymbol{A}$ 可逆时，等高线的形状也不会改变，但是函数的驻点移动到

$$\boldsymbol{x}^* = -\boldsymbol{A}^{-1}\boldsymbol{d} \tag{8.62}$$

假如 $\boldsymbol{A}$ 是不可逆的(有 0 特征值)并且 $\boldsymbol{d}$ 是非零的，则驻点可能不存在(见例题 P8.7)。 8-19

8.3 小结

泰勒级数

$$F(\boldsymbol{x}) = F(\boldsymbol{x}^*) + \nabla F(\boldsymbol{x})^{\mathrm{T}}\big|_{\boldsymbol{x}=\boldsymbol{x}^*}(\boldsymbol{x}-\boldsymbol{x}^*) + \frac{1}{2}(\boldsymbol{x}-\boldsymbol{x}^*)^{\mathrm{T}}\nabla^2 F(\boldsymbol{x})\big|_{\boldsymbol{x}=\boldsymbol{x}^*}(\boldsymbol{x}-\boldsymbol{x}^*) + \cdots$$

梯度

$$\nabla F(\boldsymbol{x}) = \left[\frac{\partial}{\partial x_1}F(\boldsymbol{x})\ \frac{\partial}{\partial x_2}F(\boldsymbol{x})\cdots\ \frac{\partial}{\partial x_n}F(\boldsymbol{x})\right]^{\mathrm{T}}$$

Hessian 矩阵

$$\nabla^2 F(\boldsymbol{x}) = \begin{bmatrix} \frac{\partial^2}{\partial x_1^2}F(\boldsymbol{x}) & \frac{\partial^2}{\partial x_1\partial x_2}F(\boldsymbol{x}) & \cdots & \frac{\partial^2}{\partial x_1\partial x_n}F(\boldsymbol{x}) \\ \frac{\partial^2}{\partial x_2\partial x_1}F(\boldsymbol{x}) & \frac{\partial^2}{\partial x_2^2}F(\boldsymbol{x}) & \cdots & \frac{\partial^2}{\partial x_2\partial x_n}F(\boldsymbol{x}) \\ \vdots & \vdots & & \vdots \\ \frac{\partial^2}{\partial x_n\partial x_1}F(\boldsymbol{x}) & \frac{\partial^2}{\partial x_n\partial x_2}F(\boldsymbol{x}) & \cdots & \frac{\partial^2}{\partial x_n^2}F(\boldsymbol{x}) \end{bmatrix}$$

方向导数

一阶方向导数

$$\frac{\boldsymbol{p}^{\mathrm{T}}\nabla F(\boldsymbol{x})}{\|\boldsymbol{p}\|}$$

二阶方向导数

$$\frac{\boldsymbol{p}^{\mathrm{T}}\nabla^2 F(\boldsymbol{x})\boldsymbol{p}}{\|\boldsymbol{p}\|^2}$$

8-20

极小点

强极小点　给定函数 $F(\boldsymbol{x})$和点 $\boldsymbol{x}^*$，如果存在一个标量 $\delta>0$，使得对于所有满足 $\delta>\|\Delta\boldsymbol{x}\|>0$ 的 $\Delta\boldsymbol{x}$ 都有 $F(\boldsymbol{x}^*)<F(\boldsymbol{x}^*+\Delta\boldsymbol{x})$，则 $\boldsymbol{x}^*$ 是 $F(\boldsymbol{x})$的一个强极小点。

全局极小点　给定函数 $F(\boldsymbol{x})$和点 $\boldsymbol{x}^*$，如果对于所有的 $\Delta\boldsymbol{x}$，都有 $F(\boldsymbol{x}^*)<F(\boldsymbol{x}^*+\Delta\boldsymbol{x})$，则 $\boldsymbol{x}^*$ 是 $F(\boldsymbol{x})$的唯一全局极小点。

弱极小点　如果 $\boldsymbol{x}^*$ 不是函数 $F(\boldsymbol{x})$的强极小点，并且存在一个标量 $\delta>0$，使得对于所有满足 $\delta>\|\Delta\boldsymbol{x}\|>0$ 的 $\Delta\boldsymbol{x}$ 都有 $F(\boldsymbol{x}^*)\leqslant F(\boldsymbol{x}^*+\Delta\boldsymbol{x})$，则 $\boldsymbol{x}^*$ 是 $F(\boldsymbol{x})$的一个弱极小点。

优化的必要条件

一阶条件　$\nabla F(\boldsymbol{x})\big|_{\boldsymbol{x}=\boldsymbol{x}^*} = \boldsymbol{0}$　(驻点)

二阶条件　$\nabla^2 F(\boldsymbol{x})\big|_{\boldsymbol{x}=\boldsymbol{x}^*} \geqslant 0$　(半正定 Hessian 矩阵)

二次函数

$$F(\boldsymbol{x}) = \frac{1}{2}\boldsymbol{x}^{\mathrm{T}}\boldsymbol{A}\boldsymbol{x} + \boldsymbol{d}^{\mathrm{T}}\boldsymbol{x} + c$$

梯度

$$\nabla F(\boldsymbol{x}) = \boldsymbol{A}\boldsymbol{x} + \boldsymbol{d}$$

Hessian 矩阵

$$\nabla^2 \boldsymbol{F}(\boldsymbol{x}) = \boldsymbol{A}$$

方向导数

8-21
$$\lambda_{\min} \leqslant \frac{\boldsymbol{p}^{\mathrm{T}}\boldsymbol{A}\boldsymbol{p}}{\|\boldsymbol{p}\|^2} \leqslant \lambda_{\max}$$

8.4 例题

P8.1 图 8.1 展示了余弦函数在点 $x^*=0$ 处的 3 个近似。请在点 $x^*=\pi/2$ 处重复这个过程。

解 我们想要近似的函数是：

$$F(x) = \cos(x)$$

$F(x)$在点 $x^*=\pi/2$ 处的泰勒级数展式为

$$F(x) = \cos(x) = \cos\left(\frac{\pi}{2}\right) - \sin\left(\frac{\pi}{2}\right)\left(x-\frac{\pi}{2}\right) - \frac{1}{2}\cos\left(\frac{\pi}{2}\right)\left(x-\frac{\pi}{2}\right)^2 + \frac{1}{6}\sin\left(\frac{\pi}{2}\right)\left(x-\frac{\pi}{2}\right)^3 + \cdots$$

$$= -\left(x-\frac{\pi}{2}\right) + \frac{1}{6}\left(x-\frac{\pi}{2}\right)^3 - \frac{1}{120}\left(x-\frac{\pi}{2}\right)^5 + \cdots$$

$F(x)$的零阶近似为

$$F(x) \approx F_0(x) = 0$$

而一阶近似为

$$F(\boldsymbol{x}) \approx F_1(x) = -\left(x-\frac{\pi}{2}\right) = \frac{\pi}{2} - x$$

（注意，在这个例子中二阶近似和一阶近似相同，因为二阶导数是 0。）

三阶近似为

$$F(\boldsymbol{x}) \approx F_3(x) = -\left(x-\frac{\pi}{2}\right) + \frac{1}{6}\left(x-\frac{\pi}{2}\right)^3$$

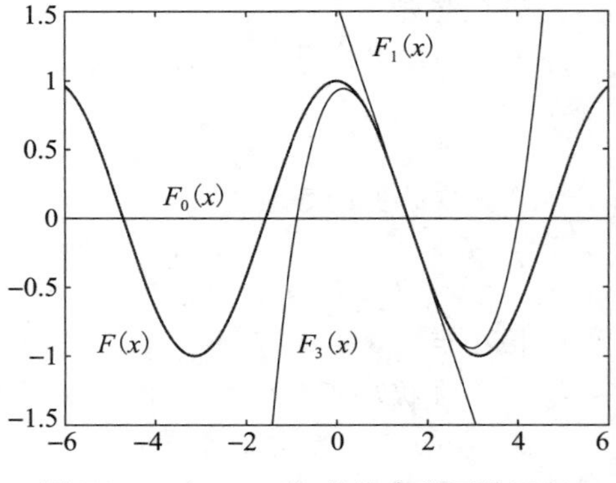

图 P8.1 点 $x=\pi/2$ 处的余弦函数近似

图 P8.1 展示了 $F(x)$和这三个近似。注意，在这个例子中，零阶近似非常粗糙，然而一阶近似在相当大的范围上是精确的。将这个结果和图 8.1 进行比较。在那个例子中，我们在一个局部极大值点 $x^*=0$ 处进行展开，所以一阶导数是 0。

MATLAB 实验 使用 Neural Network Design Demonstration Taylor Series(nnd8ts1)检验在其他点的泰勒级数展式。

8-22

P8.2 回顾图 8.4 所示函数。我们知道这个函数有两个强极小点。求出该函数在这两个极小点处的二阶泰勒级数展式。

解 该函数的方程为

$$F(\boldsymbol{x})=(x_2-x_1)^4+8x_1x_2-x_1+x_2+3$$

为了算出二阶泰勒级数展式，需要先计算函数 $F(\boldsymbol{x})$的梯度和 Hessian 矩阵。梯度为

$$\nabla F(\boldsymbol{x})=\begin{bmatrix}\dfrac{\partial}{\partial x_1}F(\boldsymbol{x})\\ \dfrac{\partial}{\partial x_2}F(\boldsymbol{x})\end{bmatrix}=\begin{bmatrix}-4(x_2-x_1)^3+8x_2-1\\ 4(x_2-x_1)^3+8x_1+1\end{bmatrix}$$

且 Hessian 矩阵为

$$\nabla^2F(\boldsymbol{x})=\begin{bmatrix}\dfrac{\partial^2}{\partial x_1^2}F(\boldsymbol{x}) & \dfrac{\partial^2}{\partial x_1\partial x_2}F(\boldsymbol{x})\\ \dfrac{\partial^2}{\partial x_2\partial x_1}F(\boldsymbol{x}) & \dfrac{\partial^2}{\partial x_2^2}F(\boldsymbol{x})\end{bmatrix}$$

$$=\begin{bmatrix}12(x_2-x_1)^2 & -12(x_2-x_1)^2+8\\ -12(x_2-x_1)^2+8 & 12(x_2-x_1)^2\end{bmatrix}$$

8-23

该函数有两个强极小点：$\boldsymbol{x}^1=[-0.42\quad 0.42]^{\mathrm{T}}$ 和 $\boldsymbol{x}^2=[0.55\quad -0.55]^{\mathrm{T}}$。假如在这两个点对函数 $F(\boldsymbol{x})$进行二阶泰勒级数展开，可以得到：

$$F^1(\boldsymbol{x})=F(\boldsymbol{x}^1)+\nabla F(\boldsymbol{x})^{\mathrm{T}}|_{\boldsymbol{x}=\boldsymbol{x}^1}(\boldsymbol{x}-\boldsymbol{x}^1)+\frac{1}{2}(\boldsymbol{x}-\boldsymbol{x}^1)^{\mathrm{T}}\nabla^2F(\boldsymbol{x})|_{\boldsymbol{x}=\boldsymbol{x}^1}(\boldsymbol{x}-\boldsymbol{x}^1)$$

$$=2.93+\frac{1}{2}\left(\boldsymbol{x}-\begin{bmatrix}-0.42\\ 0.42\end{bmatrix}\right)^{\mathrm{T}}\begin{bmatrix}8.42 & -0.42\\ -0.42 & 8.42\end{bmatrix}\left(\boldsymbol{x}-\begin{bmatrix}-0.42\\ 0.42\end{bmatrix}\right)$$

简化上式，可以发现

$$F^1(\boldsymbol{x})=4.49-[-3.7128\quad 3.7128]\boldsymbol{x}+\frac{1}{2}\boldsymbol{x}^{\mathrm{T}}\begin{bmatrix}8.42 & -0.42\\ -0.42 & 8.42\end{bmatrix}\boldsymbol{x}$$

对于 $\boldsymbol{x}^2$ 重复上述过程，得到

$$F^2(\boldsymbol{x})=7.41-[11.781\quad -11.781]\boldsymbol{x}+\frac{1}{2}\boldsymbol{x}^{\mathrm{T}}\begin{bmatrix}14.71 & -6.71\\ -6.71 & 14.71\end{bmatrix}\boldsymbol{x}$$

原函数和这两个近似都展示在图 P8.2～图 P8.4 中。

MATLAB 实验 使用 Neural Network Design Demonstration Vector Taylor Series (nnd8ts2)检验在其他点的泰勒级数展式。

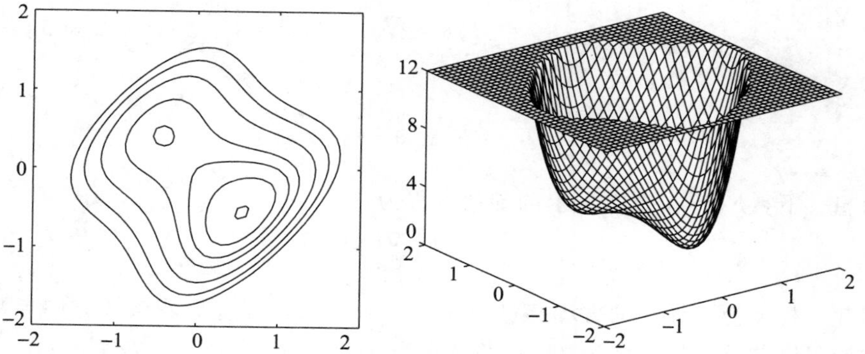

图 P8.2 例题 P8.2 中的函数 $F(\boldsymbol{x})$

8-24

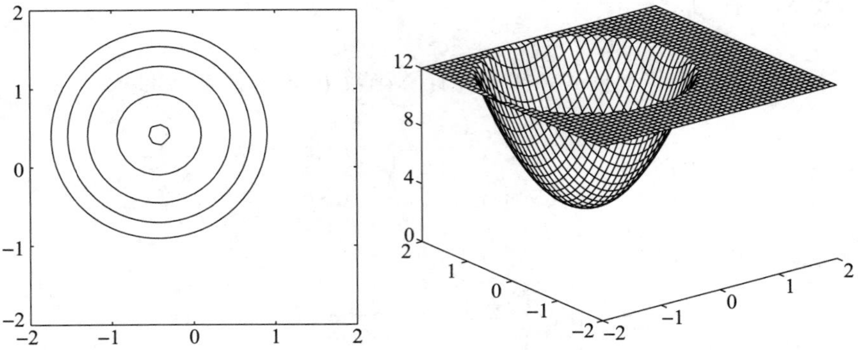

图 P8.3 例题 P8.2 中的函数 $F^1(\boldsymbol{x})$

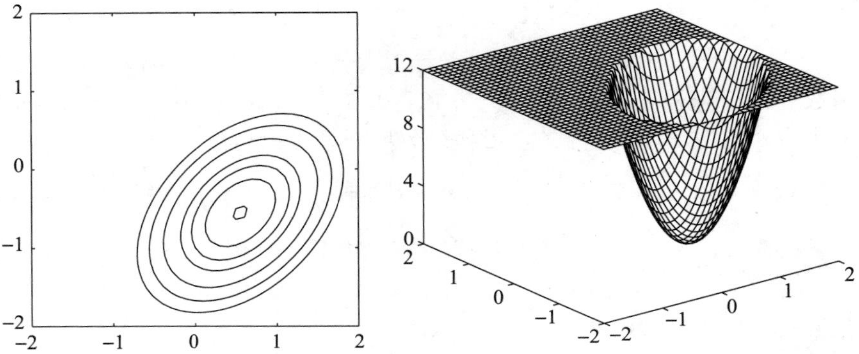

图 P8.4 例题 P8.2 中的函数 $F^2(\boldsymbol{x})$

P8.3 给定如下函数 $F(\boldsymbol{x})$，计算在点 $\boldsymbol{x}=[0 \quad 0]^{\mathrm{T}}$ 处与等高线相切的切线方程。

$$F(\boldsymbol{x}) = (2+x_1)^2 + 5(1-x_1-x_2^2)^2$$

解 我们可以使用方向导数来解决这个问题。在与等高线相切的切线方向上，$F(\boldsymbol{x})$的导数是多少呢？因为等高线上函数值相等，所以 $F(\boldsymbol{x})$在等高线方向上的导数为 0。因此，通过设方向导数等于 0，我们便可以得到等高线的切线方程。

8-25 首先，需要计算梯度：

$$\nabla F(\boldsymbol{x}) = \begin{bmatrix} 2(2+x_1)+10(1-x_1-x_2^2)(-1) \\ 10(1-x_1-x_2^2)(-2x_2) \end{bmatrix} = \begin{bmatrix} -6+12x_1+10x_2^2 \\ -20x_2+20x_1x_2+20x_2^3 \end{bmatrix}$$

在 $\boldsymbol{x}^* = [0 \quad 0]^{\mathrm{T}}$处，有

$$\nabla F(\boldsymbol{x}^*) = \begin{bmatrix} -6 \\ 0 \end{bmatrix}$$

回想一下，$F(\boldsymbol{x})$在方向 $\boldsymbol{p}$ 上的导数方程为

$$\frac{\boldsymbol{p}^{\mathrm{T}} \nabla F(\boldsymbol{x})}{\|\boldsymbol{p}\|}$$

因此，想要使得该线的方程穿过点 $\boldsymbol{x}^* = [0 \quad 0]^{\mathrm{T}}$，并且沿着该线方向导数为 0，只需使得沿着 Δx 方向的方向导数的分子为 0：

$$\Delta\boldsymbol{x}^{\mathrm{T}} \nabla F(\boldsymbol{x}^*) = 0$$

其中 $\Delta\boldsymbol{x}=\boldsymbol{x}-\boldsymbol{x}^*$。在这个情况下，有

$$\boldsymbol{x}^{\mathrm{T}}\begin{bmatrix}-6\\0\end{bmatrix}=0 \quad 或 \quad x_1=0$$

图 P8.5 说明了该结果。

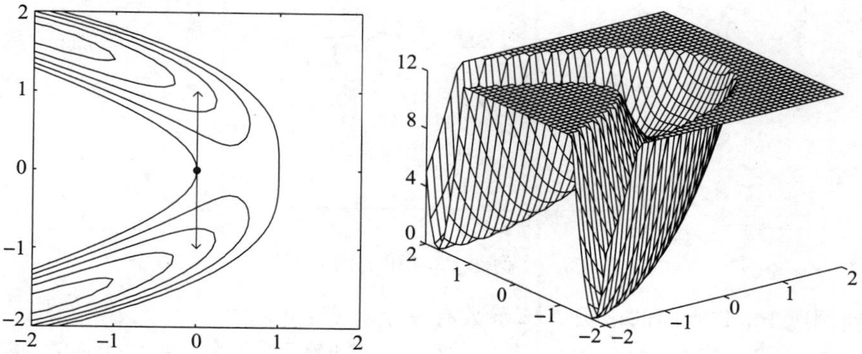

图 P8.5 例题 P8.3 中的函数 $F(\boldsymbol{x})$ 8-26

P8.4 考虑下面的四阶多项式：

$$F(x)=x^4-\frac{2}{3}x^3-2x^2+2x+4$$

求解所有的驻点，并验证其是否是极小点。

解 为了求解驻点，需让 $F(\boldsymbol{x})$ 导数为 0：

$$\frac{\mathrm{d}}{\mathrm{d}x}F(x)=4x^3-2x^2-4x+2=0$$

我们可以使用 MATLAB 求解上式的根：

```
coef=[4 -2 -4 2];
stapoints=roots(coef);
stapoints'
ans =
   1.0000    -1.0000     0.5000
```

现在我们需要检验在这些点处的二阶导数。$F(x)$的二阶导数为

$$\frac{\mathrm{d}^2}{\mathrm{d}x^2}F(x)=12x^2-4x-4$$

在所有驻点计算上式，得到

$$\left(\frac{\mathrm{d}^2}{\mathrm{d}x^2}F(1)=4\right),\quad\left(\frac{\mathrm{d}^2}{\mathrm{d}x^2}F(-1)=12\right),\quad\left(\frac{\mathrm{d}^2}{\mathrm{d}x^2}F(0.5)=-3\right)$$

因此，点 1 和 -1 为强局部极小点(因为这两点的二阶导数为正)，点 0.5 是强局部极大点(因为此处二阶导数为负)。为了求解全局极小点，我们必须计算函数在这两个局部极小点的函数值：

$$(F(1)=4.333),\quad(F(-1)=1.667)$$

因此，点 -1 为全局极小点。但是我们能够确定这是全局极小点吗？当 $x\to\infty$ 或 $x\to-\infty$ 时，会怎样呢？在这种情况下，由于 x 最高次幂的系数为正，并且它是一个偶次项(x^4)，函数正负极限都趋于正无穷。因此，我们可以确定点 -1 为全局极小点。图 P8.6 展示了该函数。 8-27

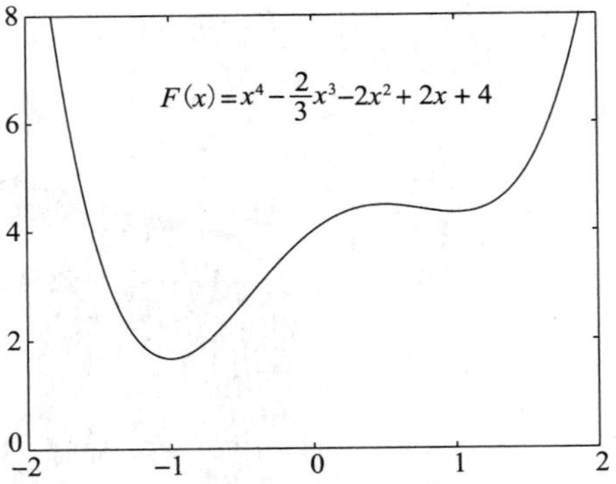

图 P8.6　例题 P8.4 中的函数 $F(\boldsymbol{x})$

P8.5　回到例题 P8.2 所用的函数。该函数有三个驻点：

$$\boldsymbol{x}^1=\begin{bmatrix}-0.41878\\0.41878\end{bmatrix},\quad \boldsymbol{x}^2=\begin{bmatrix}-0.134797\\0.134797\end{bmatrix},\quad \boldsymbol{x}^3=\begin{bmatrix}0.55358\\-0.55358\end{bmatrix}$$

请检验这三个点是否是局部极小点。

解　从问题 P8.2 得知，该函数的 Hessian 矩阵为：

$$\nabla^2 F(\boldsymbol{x})=\begin{bmatrix}12(x_2-x_1)^2 & -12(x_2-x_1)^2+8\\-12(x_2-x_1)^2+8 & 12(x_2-x_1)^2\end{bmatrix}$$

通过 Hessian 矩阵的特征值可以判断它的正定性。假如特征值均为正，则 Hessian 是正定矩阵，因此确定存在一个强极小点。假如特征值均非负，则 Hessian 矩阵为半正定矩阵，因此要么存在一个强极小点，要么存在一个弱极小点。假如一个特征值为正，另一个为负，则 Hessian 矩阵为不定矩阵，即说明有一个鞍点。

计算在点 $\boldsymbol{x}^1$ 处的 Hessian 矩阵，可得

$$\Delta^2 F(\boldsymbol{x}^1)=\begin{bmatrix}8.42 & -0.42\\-0.42 & 8.42\end{bmatrix}$$

该矩阵的特征值是

$$\lambda_1=8.84,\quad \lambda_2=8.0$$

8-28 因此，$\boldsymbol{x}^1$ 一定是一个强极小点。

计算在点 $\boldsymbol{x}^2$ 处的 Hessian 矩阵，可得

$$\nabla^2 F(\boldsymbol{x}^2)=\begin{bmatrix}0.87 & 7.13\\7.13 & 0.87\end{bmatrix}$$

该矩阵的特征值是

$$\lambda_1=-6.26,\quad \lambda_2=8.0$$

所以点 $\boldsymbol{x}^2$ 一定是鞍点。在一个方向曲率为负，另一个方向曲率为正。负曲率落在第一个特征向量的方向上，而正曲率落在第二个特征向量的方向上。特征向量为

$$\boldsymbol{z}_1=\begin{bmatrix}1\\-1\end{bmatrix},\quad \boldsymbol{z}_1=\begin{bmatrix}1\\1\end{bmatrix}$$

（注意，这和先前我们在 8.2.3 节对该函数的讨论是一致的。）

计算在点 $\boldsymbol{x}^3$ 处的 Hessian 矩阵，可得

$$\nabla^2 F(\boldsymbol{x}^3)=\begin{bmatrix}14.7 & -6.71\\-6.71 & 14.7\end{bmatrix}$$

该矩阵的特征值为

$$\lambda_1 = 21.42, \quad \lambda_2 = 8.0$$

因此 $\boldsymbol{x}^3$ 必定是一个强极小点。

MATLAB 实验 使用 Neural Network Design Demonstration Vector Taylor Series (nnd8ts2)检验上述结果。

P8.6 现在将本章的概念应用于一个神经网络的问题中。考虑图 P8.7 中的线性网络，假设其期望的输入/输出为

$$\{(p_1 = 2),(t_1 = 0.5)\}, \quad \{(p_2 = -1),(t_2 = 0)\}$$

该网络的性能指标如下，请画出其示意图。

$$F(\boldsymbol{x}) = (t_1 - a_1(\boldsymbol{x}))^2 + (t_2 - a_2(\boldsymbol{x}))^2$$ 8-29

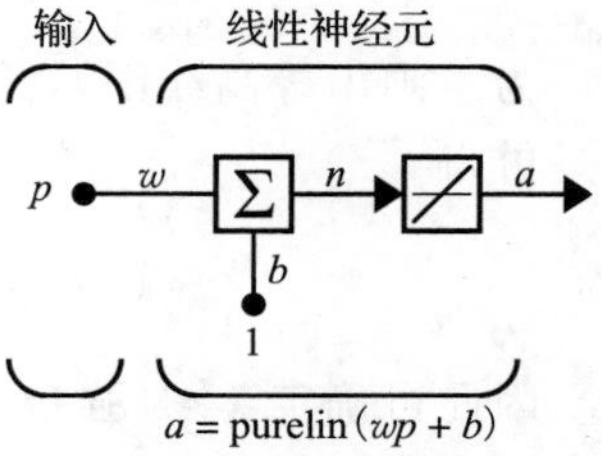

图 P8.7 例题 P8.6 中的线性网络

解 该网络的参数为 w 和 b，它们构成参数向量

$$\boldsymbol{x} = \begin{bmatrix} w \\ b \end{bmatrix}$$

我们想画出性能指标 $F(\boldsymbol{x})$的示意图。首先我们将证明性能指标为二次函数。接着，我们将计算 Hessian 矩阵的特征值和特征向量，并使用它们画出函数的等高线图。首先将 $F(\boldsymbol{x})$写成参数向量 $\boldsymbol{x}$ 的显式函数：

$$F(\boldsymbol{x}) = e_1^2 + e_2^2$$

其中，

$$(e_1 = t_1 - (wp_1 + b)),(e_2 = t_2 - (wp_2 + b))$$

上式可以改写为矩阵形式：

$$F(\boldsymbol{x}) = \boldsymbol{e}^{\mathrm{T}}\boldsymbol{e}$$

其中

$$\boldsymbol{e} = \boldsymbol{t} - \begin{bmatrix} p_1 & 1 \\ p_2 & 1 \end{bmatrix}\boldsymbol{x} = \boldsymbol{t} - \boldsymbol{G}\boldsymbol{x}$$

现在性能指标可以改写为：

$$F(\boldsymbol{x}) = [\boldsymbol{t} - \boldsymbol{G}\boldsymbol{x}]^{\mathrm{T}}[\boldsymbol{t} - \boldsymbol{G}\boldsymbol{x}] = \boldsymbol{t}^{\mathrm{T}}\boldsymbol{t} - 2\boldsymbol{t}^{\mathrm{T}}\boldsymbol{G}\boldsymbol{x} + \boldsymbol{x}^{\mathrm{T}}\boldsymbol{G}^{\mathrm{T}}\boldsymbol{G}\boldsymbol{x}$$ 8-30

将之与式(8.35)进行比较

$$F(\boldsymbol{x}) = \frac{1}{2}\boldsymbol{x}^{\mathrm{T}}\boldsymbol{A}\boldsymbol{x} + \boldsymbol{d}^{\mathrm{T}}\boldsymbol{x} + c$$

可知该线性网络的性能指标是一个二次函数，其中：

$$c = \boldsymbol{t}^{\mathrm{T}}\boldsymbol{t}, \quad \boldsymbol{d} = -2\boldsymbol{G}^{\mathrm{T}}\boldsymbol{t}, \quad \boldsymbol{A} = 2\boldsymbol{G}^{\mathrm{T}}\boldsymbol{G}$$

上述二次函数的梯度由式(8.38)给出：

$$\nabla F(\boldsymbol{x}) = \boldsymbol{A}\boldsymbol{x} + \boldsymbol{d} = 2\boldsymbol{G}^{\mathrm{T}}\boldsymbol{G}\boldsymbol{x} - 2\boldsymbol{G}^{\mathrm{T}}\boldsymbol{t}$$

驻点(也是函数等高线的中心)位于梯度等于 0 的位置：

$$\boldsymbol{x}^* = -\boldsymbol{A}^{-1}\boldsymbol{d} = [\boldsymbol{G}^{\mathrm{T}}\boldsymbol{G}]^{-1}\boldsymbol{G}^{\mathrm{T}}\boldsymbol{t}$$

因为

$$\boldsymbol{G} = \begin{bmatrix} p_1 & 1 \\ p_2 & 1 \end{bmatrix} = \begin{bmatrix} 2 & 1 \\ -1 & 1 \end{bmatrix}, \quad \boldsymbol{t} = \begin{bmatrix} 0.5 \\ 0 \end{bmatrix}$$

所以

$$x^* = [G^TG]^{-1}G^Tt = \begin{bmatrix}5 & 1\\1 & 2\end{bmatrix}^{-1}\begin{bmatrix}1\\0.5\end{bmatrix} = \begin{bmatrix}0.167\\0.167\end{bmatrix}$$

(因此，最优网络参数为 $w=0.167$ 且 $b=0.167$。)

该二次函数的 Hessian 矩阵见式(8.39)：

$$\nabla^2 F(x) = A = 2G^TG = \begin{bmatrix}10 & 2\\2 & 4\end{bmatrix}$$

为了画出等高线图，需要计算 Hessian 矩阵的特征值和特征向量。在这个例子中，可得

$$\left\{\lambda_1 = 10.6, z_1 = \begin{bmatrix}1\\0.3\end{bmatrix}\right\}, \quad \left\{\lambda_2 = 3.4, z_2 = \begin{bmatrix}0.3\\-1\end{bmatrix}\right\}$$

因此可确定 x^* 是强极小点。同样，因为第一特征值大于第二特征值，可知等高线
8-31 是椭圆形并且椭圆长轴是第二特征向量的方向。等高线将以 x^* 为中心。图 P8.8 对此进行了说明。

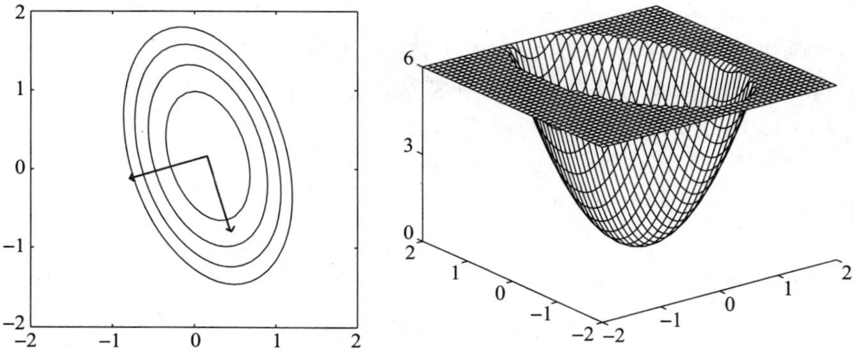

图 P8.8 例题 P8.6 的函数图

P8.7 有些二次函数没有驻点。本例题阐述了这种情况。考虑如下函数：

$$F(x) = [1 \quad -1]x + \frac{1}{2}x^T\begin{bmatrix}1 & 1\\1 & 1\end{bmatrix}x$$

请画出该函数的等高线图。

解 同问题 P8.6 一样，我们需要计算 Hessian 矩阵的特征向量和特征值。通过考察二次函数，我们发现 Hessian 矩阵为

$$\nabla^2 F(x) = A = \begin{bmatrix}1 & 1\\1 & 1\end{bmatrix} \tag{8.63}$$

其特征值和特征向量为

$$\left\{\lambda_1 = 0, z_1 = \begin{bmatrix}1\\-1\end{bmatrix}\right\}, \quad \left\{\lambda_2 = 2, z_2 = \begin{bmatrix}1\\1\end{bmatrix}\right\}$$

注意，第一个特征值是 0，因此沿着第一个特征方向不存在曲率。第二个特征值为正，因此沿着第二个特征向量方向曲率为正。假如 $F(x)$ 中无线性项，该函数图将显示一个驻点凹槽，如图 8.9 所示。在这个例子中，我们必须确定线性项是否在凹
8-32 槽方向(第一个特征向量方向)形成了一个斜坡。

线性项是

$$F_{\text{lin}}(\boldsymbol{x}) = [1 \quad -1]\boldsymbol{x}$$

通过式(8.36)得知，该项的梯度是

$$\nabla F_{\text{lin}}(\boldsymbol{x}) = \begin{bmatrix} 1 \\ -1 \end{bmatrix}$$

这说明线性项在这个梯度方向增长最快。因为二次项在这个方向没有曲率，所以整个函数会在这个方向形成一个线性斜坡。因而 $F(\boldsymbol{x})$ 在第二特征向量方向有正曲率，而在第一特征向量方向有线性斜坡。该函数的等高线图和 3D 图如图 P8.9所示。

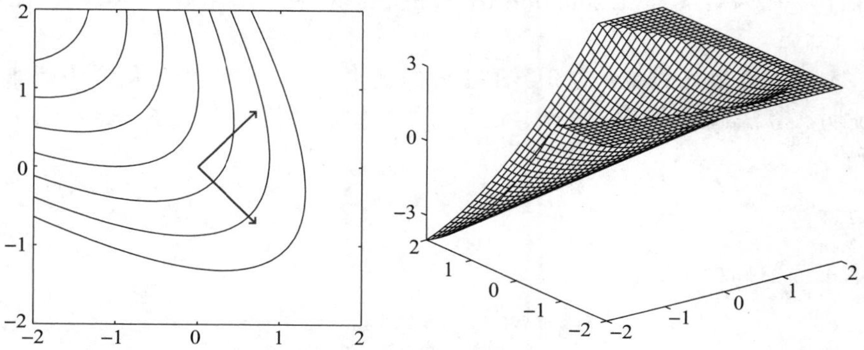

图 P8.9 例题 P8.7 的下降凹槽函数

只要 Hessian 矩阵有一个特征值为 0，都不能使用

$$\boldsymbol{x}^* = -\boldsymbol{A}^{-1}\boldsymbol{d}$$

求解二次函数的驻点，因为 Hessian 矩阵不可逆。这种不可逆说明要么如图 8.9 所阐释的一样，存在一个弱极小点，要么如本例子所展示的一样，不存在驻点。 8-33

8.5 结束语

性能学习是最重要的神经网络学习规则之一。在性能学习中，网络参数被调整以优化网络性能。本章介绍了理解性能学习规则所需要的工具。学习本章并做完习题之后，你将可以做到：

- 展开泰勒展式并用它做函数近似
- 计算方向导数
- 求解驻点并检验其是否是极小点
- 画二次函数的等高线图

这些概念将在后续几个章节中使用，包括性能学习的章节(第 9～14 章)和径向基函数网络的章节(第 16 章)。在下一章，我们将基于这里讲述的概念，设计优化性能函数的算法。接着，后续章节将运用这些算法训练神经网络。 8-34

8.6 扩展阅读

[**Brog91**] W. L. Brogan, Modern Control Theory, 3rd Ed., Englewood Cliffs, NJ: Prentice-Hall, 1991.

这是一本关于线性系统的佳作，书的前半部分致力于讨论线性代数。此外关于线性微分方程求解以及线性和非线性系统的稳定性部分也不错，书中还包含了许多例题。

[**Gill81**] P. E. Gill, W. Murray, and M. H. Wright, Practical Optimization, New York: Academic Press, 1981.

正如书名所说，该书着重于优化算法的实际实现。它提供了优化算法的动机，以及影响算法性能的实现细节。

[**Himm72**] D. M. Himmelblau, Applied Nonlinear Programming, New York: McGraw-Hill, 1972.

这本书全面地介绍了非线性优化。它同时覆盖了有约束优化和无约束优化问题。该书非常完整，配备了许多解释详尽的示例。

[**Scal85**] L. E. Scales, Introduction to Non-Linear Optimization, New York: Springer-Verlag, 1985.

这是一本可读性很强的书，它介绍了主要的优化算法，着重于优化方法而非收敛的存在定理和证明。算法通过直观的解释、说明性的图示以及例子来描述。也给出了大部分算
8-35 法的伪代码。

8.7 习题

E8.1 考虑下面的标量函数：

$$F(x) = \frac{1}{x^3 - \frac{3}{4}x - \frac{1}{2}}$$

i. 求解 $F(x)$在点 $x=-0.5$ 处的二阶泰勒级数近似。

ii. 求解 $F(x)$在点 $x=1.1$ 处的二阶泰勒级数近似。

iii. 画图表示 $F(x)$和这两个近似，并讨论它们的精确度。

E8.2 考虑下面的二元函数：

$$F(\boldsymbol{x}) = e^{(2x_1^2+2x_2^2+x_1-5x_2+10)}$$

i. 求解 $F(\boldsymbol{x})$在点 $\boldsymbol{x}=[0 \quad 0]^T$ 处的二阶泰勒级数近似。

ii. 求解该近似的驻点。

iii. 求解 $F(\boldsymbol{x})$的驻点。(注意，$F(\boldsymbol{x})$的指数是一个简单的二次函数。)

iv. MATLAB 练习 解释这两个驻点的差别(使用 MATLAB 画出这两个函数)。

E8.3 对于下列函数，请求解其在点 $\boldsymbol{x}=[1 \quad 1]^T$ 上沿着方向 $\boldsymbol{p}=[-1 \quad 1]^T$ 的一阶、二阶方向导数。

i. $F(\boldsymbol{x})=\frac{7}{2}x_1^2-6x_1x_2-x_2^2$

ii. $F(\boldsymbol{x})=5x_1^2-6x_1x_2+5x_2^2+4x_1+4x_2$

iii. $F(\boldsymbol{x})=\frac{9}{2}x_1^2-2x_1x_2+3x_2^2+2x_1-x_2$

iv. $F(\boldsymbol{x})=-\frac{1}{2}(7x_1^2+12x_1x_2-2x_2^2)$

8-36 v. $F(\boldsymbol{x})=x_1^2+x_1x_2+x_2^2+3x_1+3x_2$

vi. $F(\boldsymbol{x})=\frac{1}{2}x_1^2-3x_1x_2+\frac{1}{2}x_2^2-4x_1+4x_2$

vii. $F(\boldsymbol{x})=\frac{1}{2}x_1^2-2x_1x_2+2x_2^2+x_1-2x_2$

viii. $F(\boldsymbol{x})=\frac{3}{2}x_1^2+2x_1x_2+4x_1+4x_2$

ix. $F(\boldsymbol{x})=-\frac{3}{2}x_1^2+4x_1x_2+\frac{3}{2}x_2^2+5x_1$

x. $F(\boldsymbol{x})=2x_1^2-2x_1x_2+\frac{1}{2}x_2^2+x_1+x_2$

E8.4 对于下列函数：

$$F(x) = x^4 - \frac{1}{2}x^2 + 1$$

i. 求解驻点。

ii. 检验驻点以确定极小点和极大点。

iii. MATLAB 练习 用 MATLAB 画出函数图形以验证你的答案。

E8.5 考虑下面的二元函数：

$$F(\boldsymbol{x}) = (x_1 + x_2)^4 - 12x_1x_2 + x_1 + x_2 + 1$$

i. 验证函数是否有以下三个驻点

$$\boldsymbol{x}^1 = \begin{bmatrix} -0.6504 \\ -0.6504 \end{bmatrix}, \quad \boldsymbol{x}^2 = \begin{bmatrix} 0.085 \\ 0.085 \end{bmatrix}, \quad \boldsymbol{x}^3 = \begin{bmatrix} 0.5655 \\ 0.5655 \end{bmatrix}$$

ii. 检验驻点以确定极小点、极大点或者鞍点。

iii. 分别求解函数在每个驻点的二阶泰勒级数近似。

iv. MATLAB 练习 使用 MATLAB 画出函数和这些近似的图形。

E8.6 对于练习 E8.3 中的函数：

i. 求解驻点。

ii. 检验驻点以确定极小点、极大点或者鞍点。

iii. 使用 Hessian 矩阵特征值和特征向量粗略画出等高线图。 8-37

iv. MATLAB 练习 使用 MATLAB 画出函数图以验证你的答案。

E8.7 考虑下面的二次函数：

$$F(\boldsymbol{x}) = \frac{1}{2}\boldsymbol{x}^{\mathrm{T}}\begin{bmatrix} 1 & -3 \\ -3 & 1 \end{bmatrix}\boldsymbol{x} + \begin{bmatrix} 4 & -4 \end{bmatrix}\boldsymbol{x} + 2$$

i. 求解函数 $F(\boldsymbol{x})$的梯度和 Hessian 矩阵。

ii. 画出 $F(\boldsymbol{x})$的等高线示意图。

iii. 求解 $F(\boldsymbol{x})$在点 $\boldsymbol{x}=[0 \quad 0]^{\mathrm{T}}$ 处沿 $\boldsymbol{p}=[1 \quad 1]^{\mathrm{T}}$ 方向的方向导数。

iv. 问题 iii 的答案是否与问题 ii 中的等高线图形一致？请解释原因。

E8.8 使用下面的二次函数来重复习题 E8.7：

$$F(\boldsymbol{x}) = \frac{1}{2}\boldsymbol{x}^{\mathrm{T}}\begin{bmatrix} 3 & -2 \\ -2 & 0 \end{bmatrix}\boldsymbol{x} + \begin{bmatrix} 4 & 4 \end{bmatrix}\boldsymbol{x} + 2$$

E8.9 考虑下面的函数：

$$F(\boldsymbol{x}) = (1 + x_1 + x_2)^2 + \frac{1}{4}x_1^4$$

i. 求解 $F(\boldsymbol{x})$在点 $\boldsymbol{x}_0=[1 \quad 0]^{\mathrm{T}}$ 处的二次近似。

ii. 请画出问题 i 中二次近似的等高线示意图。

E8.10 考虑下面的函数：

$$F(\boldsymbol{x}) = \frac{3}{2}x_1^2 + 2x_1x_2 + x_2^3 + 4x_1 + 4x_2$$

i. 求解 $F(\boldsymbol{x})$在点 $\boldsymbol{x}_0=[1 \quad 0]^{\mathrm{T}}$ 处的二次近似。

8-38 ii. 确定问题 i 中二次近似的驻点。

iii. 问题 ii 中的驻点是否是 $F(\boldsymbol{x})$的极小点？

E8.11 考虑下面的函数：

$$F(\boldsymbol{x}) = x_1x_2 - x_1 + 2x_2$$

i. 求解所有的驻点。

ii. 对于问题 i 中的每一个驻点，请确定(如果可能的话)其是否为极小点、极大点或者鞍点。

iii. 求解函数在点 $\boldsymbol{x}_0=[-1 \quad 1]^{\mathrm{T}}$ 处沿着方向 $\boldsymbol{p}=[-1 \quad 1]^{\mathrm{T}}$ 的方向导数。

E8.12 考虑下面的函数：

$$F(\boldsymbol{x}) = x_1^2 + 2x_1x_2 + x_2^2 + (x_1 - x_2)^3$$

i. 求解函数在点 $\boldsymbol{x}_0=[2 \quad 1]^{\mathrm{T}}$ 处的二次近似。

ii. 画出这个二次近似的等高线示意图。

E8.13 回顾例题 P8.7 中的函数。该函数不存在驻点。可以仅改变向量 $\boldsymbol{d}$ 来使得驻点存

8-39 在。求解一个新的非零向量 $\boldsymbol{d}$ 使得函数有一个弱极小点。

性能优化

9.1 目标

我们从第 8 章开始了性能优化问题的讨论，介绍了一个性能曲面的分析工具——泰勒级数展式，并运用这个工具确定了最优点必须满足的条件。本章将再次使用泰勒级数展式，讨论寻找最优点的算法。我们将讨论三种不同类别的优化算法：最速下降法、牛顿法以及共轭梯度法。在第 10～14 章，我们将使用这些算法来训练神经网络。 9-1

9.2 理论与例子

在上一章中，我们开始了性能曲面的研究。现在，我们来讨论算法以搜索参数空间并寻找性能曲面的极小点(寻找一个给定的神经网络的最优权值和偏置值)。

有意思的是，本章中的绝大多数算法都是在数百年前提出的。优化的基本原理是由开普勒、费马、牛顿、莱布尼茨这些科学家以及数学家于 17 世纪发现的。自 1950 年以来，这些原理又被再次发现并在“高速”(与牛顿使用的笔和纸相比)数字计算机上实现。这些工作的成功激发了新算法方面的重要研究，使得优化理论成为数学的一个主要分支。现在，神经网络研究者拥有一个关于优化理论和实践的巨大知识宝库，并可以将它用于训练神经网络。

本章的目标是讨论优化性能指标 $F(\boldsymbol{x})$ 的算法。对于我们的目标，“优化”一词的意思是寻找使得 $F(\boldsymbol{x})$ 极小化的 $\boldsymbol{x}$ 值。所有将要讨论的优化算法都是迭代形式的。我们从某个初始的猜测值 $\boldsymbol{x}_0$ 开始，然后按照如下形式的等式逐步更新猜测值：

$$\boldsymbol{x}_{k+1} = \boldsymbol{x}_k + \alpha_k \boldsymbol{p}_k \tag{9.1}$$

或

$$\Delta \boldsymbol{x}_k = (\boldsymbol{x}_{k+1} - \boldsymbol{x}_k) = \alpha_k \boldsymbol{p}_k \tag{9.2}$$

其中，向量 $\boldsymbol{p}_k$ 表示一个搜索方向，正数标量 α_k 表示学习率，它决定了学习步长。

本章将讨论的算法的不同之处在于搜索方向 $\boldsymbol{p}_k$ 的选择，我们将讨论三种可能。此外，还存在多种选择学习率 α_k 的方法，我们将讨论其中的几种。

9.2.1 最速下降法

当使用式(9.1)更新最优(极小)点的猜测值时，我们希望函数值在每次迭代时都减小。换言之，

$$F(\boldsymbol{x}_{k+1}) < F(\boldsymbol{x}_k) \tag{9.3}$$ 9-2

对于足够小的学习率 α_k，如何选择方向 $\boldsymbol{p}_k$ 才能使得函数值递减？考虑 $F(\boldsymbol{x})$ 在旧猜测值 $\boldsymbol{x}_k$ 的一阶泰勒级数展式(见式(8.9))：

$$F(\boldsymbol{x}_{k+1}) = F(\boldsymbol{x}_k + \Delta \boldsymbol{x}_k) \approx F(\boldsymbol{x}_k) + \boldsymbol{g}_k^{\mathrm{T}} \Delta \boldsymbol{x}_k \tag{9.4}$$

其中，$\boldsymbol{g}_k$ 是在旧猜测值 $\boldsymbol{x}_k$ 处的梯度：

$$\boldsymbol{g}_k \equiv \nabla F(\boldsymbol{x}) \big|_{\boldsymbol{x}=\boldsymbol{x}_k} \tag{9.5}$$

为了使 $F(\boldsymbol{x}_{k+1})<F(\boldsymbol{x}_k)$，式(9.4)右边的第二项必须为负：

$$\boldsymbol{g}_k^{\mathrm{T}}\Delta\boldsymbol{x}_k=\alpha_k\boldsymbol{g}_k^{\mathrm{T}}\boldsymbol{p}_k<0 \tag{9.6}$$

我们将选择一个较小但是大于零的 α_k，这意味着：

$$\boldsymbol{g}_k^{\mathrm{T}}\boldsymbol{p}_k<0 \tag{9.7}$$

任一满足上式的向量 $\boldsymbol{p}_k$ 均被称作一个*下降方向*(descent direction)。如果沿此方向取足够小的步长，函数值一定减小。这就带来了另外一个问题：最速下降的方向在哪里(在什么方向上函数值下降得最快)？当

$$\boldsymbol{g}_k^{\mathrm{T}}\boldsymbol{p}_k \tag{9.8}$$

最小时，最速下降将会发生。(假设 $\boldsymbol{p}_k$ 的长度不变，只改变方向。)这是梯度和方向向量之间的内积。当方向向量与梯度反向时，该内积取最小值。(请复习 8.2.2 节中关于方向导数的讨论。)因此最速下降方向上的一个向量为：

$$\boldsymbol{p}_k=-\boldsymbol{g}_k \tag{9.9}$$

在式(9.1)的迭代中使用上式就得到了*最速下降法*(steepest descent)：

$$\boldsymbol{x}_{k+1}=\boldsymbol{x}_k-\alpha_k\boldsymbol{g}_k \tag{9.10}$$

对于最速下降法，有两个一般的方法来确定*学习率*(learning rate)α_k。一个方法是在每一次迭代时，选择使性能指标 $F(\boldsymbol{x})$ 最小的 α_k。这种情况下，我们将沿着下列直线进行最小化：

9-3

$$\boldsymbol{x}_k-\alpha_k\boldsymbol{g}_k \tag{9.11}$$

另一种选择 α_k 的方法是使用一个固定值(例如，$\alpha_k=0.02$)，或使用预先设定的变量值(例如，$\alpha_k=1/k$)。在下面的例子中，我们将详细讨论 α_k 的选取问题。

举例 对下面的函数应用最速下降算法，

$$F(\boldsymbol{x})=x_1^2+25x_2^2 \tag{9.12}$$

并且初始猜测值取：

$$\boldsymbol{x}_0=\begin{bmatrix}0.5\\0.5\end{bmatrix} \tag{9.13}$$

第一步，计算梯度：

$$\nabla F(\boldsymbol{x})=\begin{bmatrix}\dfrac{\partial}{\partial x_1}F(\boldsymbol{x})\\[2ex]\dfrac{\partial}{\partial x_2}F(\boldsymbol{x})\end{bmatrix}=\begin{bmatrix}2x_1\\50x_2\end{bmatrix} \tag{9.14}$$

如果在初始猜测值处计算梯度，可得

$$\boldsymbol{g}_0=\nabla F(\boldsymbol{x})\big|_{\boldsymbol{x}=\boldsymbol{x}_0}=\begin{bmatrix}1\\25\end{bmatrix} \tag{9.15}$$

假设我们采用固定的学习率 $\alpha=0.01$。最速下降算法的第一次迭代为

$$\boldsymbol{x}_1=\boldsymbol{x}_0-\alpha\boldsymbol{g}_0=\begin{bmatrix}0.5\\0.5\end{bmatrix}-0.01\begin{bmatrix}1\\25\end{bmatrix}=\begin{bmatrix}0.49\\0.25\end{bmatrix} \tag{9.16}$$

第二次迭代为

$$\boldsymbol{x}_2=\boldsymbol{x}_1-\alpha\boldsymbol{g}_1=\begin{bmatrix}0.49\\0.25\end{bmatrix}-0.01\begin{bmatrix}0.98\\12.5\end{bmatrix}=\begin{bmatrix}0.4802\\0.125\end{bmatrix} \tag{9.17}$$

9-4 如果继续迭代，将会得到图 9.1 中所示的轨迹。

注意到对于较小的学习率，最速下降的轨迹总是沿着与等高线正交的路径。这是因为

梯度与等高线正交(见 8.2.2 节的讨论)。

学习率的改变将如何影响算法的性能?如果将学习率增加到 $\alpha=0.035$,可得图 9.2 中所示的轨迹。注意这时的轨迹是振荡的。如果学习率过大,算法会变得不稳定;振荡不会衰减,而是增大。

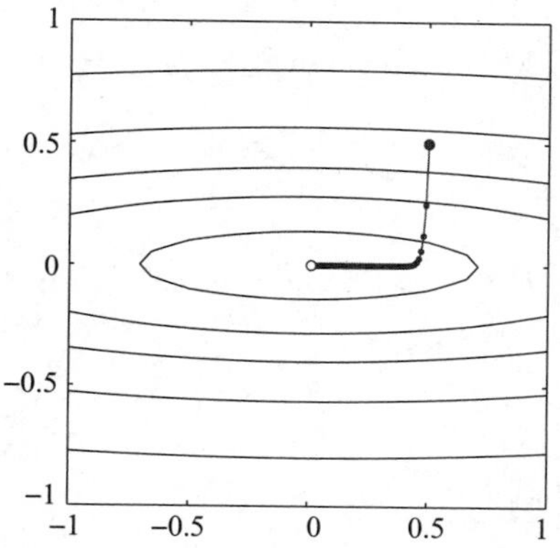

图 9.1 $\alpha=0.01$ 时最速下降的轨迹

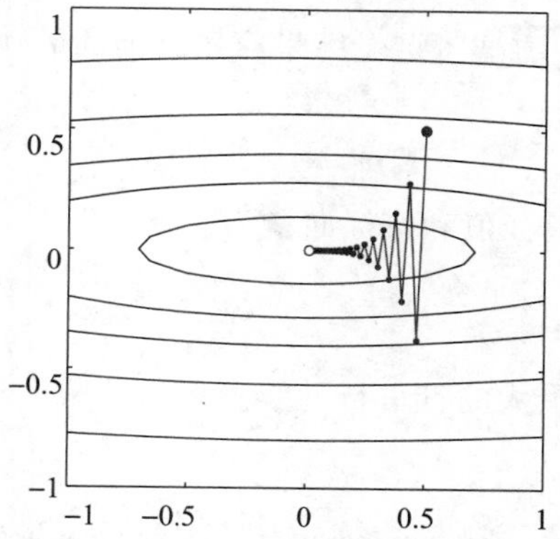

图 9.2 $\alpha=0.035$ 时最速下降的轨迹

我们希望取较大的学习率,因为这样可以增大学习步长,使得算法更快收敛。然而,从这个例子可以看到,如果学习率过大,算法将变得不稳定。那么是否存在某种方法可以预测最大且可行的学习率?对于任意给定的函数,这是不可能的。但是对于二次函数,我们可以确定一个上界。

9-5

1. 稳定的学习率

假设性能指标是一个二次函数:

$$F(\boldsymbol{x}) = \frac{1}{2}\boldsymbol{x}^{\mathrm{T}}\boldsymbol{A}\boldsymbol{x} + \boldsymbol{d}^{\mathrm{T}}\boldsymbol{x} + c \tag{9.18}$$

由式(8.38),二次函数的梯度为

$$\nabla F(\boldsymbol{x}) = \boldsymbol{A}\boldsymbol{x} + \boldsymbol{d} \tag{9.19}$$

如果将这个表达式代入最速下降算法(假定使用固定的学习率),可得

$$\boldsymbol{x}_{k+1} = \boldsymbol{x}_k - \alpha\boldsymbol{g}_k = \boldsymbol{x}_k - \alpha(\boldsymbol{A}\boldsymbol{x}_k + \boldsymbol{d}) \tag{9.20}$$

或

$$\boldsymbol{x}_{k+1} = [\boldsymbol{I} - \alpha\boldsymbol{A}]\boldsymbol{x}_k - \alpha\boldsymbol{d} \tag{9.21}$$

这是一个线性动力学系统,如果矩阵$[\boldsymbol{I}-\alpha\boldsymbol{A}]$的特征值的绝对值小于 1,该系统就是稳定的(见[Brog91])。可以用 Hessian 矩阵 $\boldsymbol{A}$ 的特征值来表示该矩阵的特征值。设该 Hessian 矩阵的特征值和特征向量分别为$\{\lambda_1, \lambda_2, \cdots, \lambda_n\}$和$\{\boldsymbol{z}_1, \boldsymbol{z}_2, \cdots, \boldsymbol{z}_n\}$。那么

$$[\boldsymbol{I} - \alpha\boldsymbol{A}]\boldsymbol{z}_i = \boldsymbol{z}_i - \alpha\boldsymbol{A}\boldsymbol{z}_i = \boldsymbol{z}_i - \alpha\lambda_i\boldsymbol{z}_i = (1-\alpha\lambda_i)\boldsymbol{z}_i \tag{9.22}$$

因此,$[\boldsymbol{I}-\alpha\boldsymbol{A}]$的特征向量与 $\boldsymbol{A}$ 的特征向量相同,并且$[\boldsymbol{I}-\alpha\boldsymbol{A}]$的特征值为$(1-\alpha\lambda_i)$。那么,最速下降法的稳定性条件为

$$|(1-\alpha\lambda_i)| < 1 \tag{9.23}$$

如果我们假设二次函数有一个强极小点,那么它的特征值一定为正数。则式(9.23)可化简为

$$\alpha < \frac{2}{\lambda_i} \tag{9.24}$$

因为该式对 Hessian 矩阵所有的特征值都成立,所以有

$$\alpha < \frac{2}{\lambda_{max}} \tag{9.25}$$

9-6 最大的稳定学习率与二次函数的最大曲率成反比。曲率说明梯度变化的快慢程度。如果梯度变化太快，我们可能跳过极小点，以至于在新位置上的梯度大于上一个位置上的梯度值(但方向相反)。这会导致每次迭代的步长增大。

举例 将这个结果应用到前面的例子中，则二次函数的 Hessian 矩阵为

$$\mathbf{A} = \begin{bmatrix} 2 & 0 \\ 0 & 50 \end{bmatrix} \tag{9.26}$$

$\mathbf{A}$ 的特征值和特征向量为

$$\left\{\lambda_1 = 2, \boldsymbol{z}_1 = \begin{bmatrix} 1 \\ 0 \end{bmatrix}\right\}, \quad \left\{\lambda_2 = 50, \boldsymbol{z}_2 = \begin{bmatrix} 0 \\ 1 \end{bmatrix}\right\} \tag{9.27}$$

所以最大的且可行的学习率为

$$\alpha < \frac{2}{\lambda_{max}} = \frac{2}{50} = 0.04 \tag{9.28}$$

图 9.3 说明了上述结果，它展示了当学习率略小于这个最大稳定值($\alpha=0.039$)和略大于这个最大稳定值($\alpha=0.041$)时的最速下降轨迹。

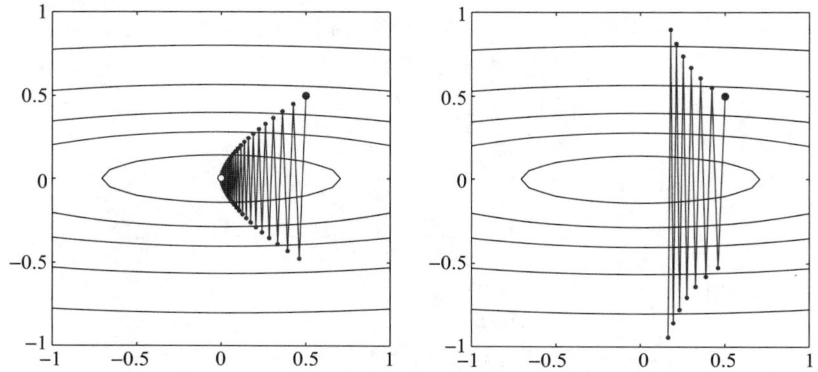

图 9.3 $\alpha=0.039$(左)和 $\alpha=0.041$(右)时的轨迹

这个例子说明了以下几点。学习率受限于 Hessian 矩阵的最大特征值(二阶导数)。在最大特征值对应的特征向量方向上算法收敛最快，并且我们不希望在这个方向越过极小点
9-7 太远(注意，本例中的初始迭代方向几乎与 x_2 轴(即 $\boldsymbol{z}_2$)平行)。但是，在最小特征值对应的特征向量(本例中为 $\boldsymbol{z}_1$)方向上，算法收敛最慢。最后，最小特征值与学习率共同决定了算法收敛的快慢。最大特征值与最小特征值的绝对值相差悬殊将导致最速下降算法收敛缓慢。

MATLAB 实验 使用 Neural Network Design Demonstration Steepest Descent for a Quadratic(nnd9sdq)进行该二次函数的实验。

2. 沿直线最小化

选择学习率的另外一种方法是在每次迭代中选择使得性能指标最小化的 α_k 值。换言之，选择 α_k 使下式最小化：

$$F(\boldsymbol{x}_k + \alpha_k \boldsymbol{p}_k) \tag{9.29}$$

对任意函数的这种最小化需要线性搜索(这将在第 12 章中讨论)。对二次函数，提供线性

最小化的解析解是可能的。式(9.29)对 α_k 的导数($F(\boldsymbol{x})$为二次函数)为

$$\frac{\mathrm{d}}{\mathrm{d}\alpha_k}F(\boldsymbol{x}_k+\alpha_k\boldsymbol{p}_k)=\nabla F(\boldsymbol{x})^{\mathrm{T}}\big|_{\boldsymbol{x}=\boldsymbol{x}_k}\boldsymbol{p}_k+\alpha_k\boldsymbol{p}_k^{\mathrm{T}}\,\nabla^2F(\mathbf{x})\big|_{\boldsymbol{x}=\boldsymbol{x}_k}\boldsymbol{p}_k \tag{9.30}$$

设该导数为0，并求解 α_k，可以得到：

$$\alpha_k=-\frac{\nabla F(\boldsymbol{x})^{\mathrm{T}}\big|_{\boldsymbol{x}=\boldsymbol{x}_k}\boldsymbol{p}_k}{\boldsymbol{p}_k^{\mathrm{T}}\,\nabla^2F(\boldsymbol{x})\big|_{\boldsymbol{x}=\boldsymbol{x}_k}\boldsymbol{p}_k}=-\frac{\boldsymbol{g}_k^{\mathrm{T}}\boldsymbol{p}_k}{\boldsymbol{p}_k^{\mathrm{T}}\boldsymbol{A}_k\boldsymbol{p}_k} \tag{9.31}$$

其中，$\boldsymbol{A}_k$ 为之前的猜测点 $\boldsymbol{x}_k$ 处的 Hessian 矩阵：

$$\boldsymbol{A}_k\equiv\nabla^2F(\boldsymbol{x})\big|_{\boldsymbol{x}=\boldsymbol{x}_k} \tag{9.32}$$

(对于二次函数，Hessian 矩阵不是 k 的函数。)

举例 现在将使用直线最小化的最速下降法应用于下列二次函数：

$$F(\boldsymbol{x})=\frac{1}{2}\boldsymbol{x}^{\mathrm{T}}\begin{bmatrix}2&1\\1&2\end{bmatrix}\boldsymbol{x} \tag{9.33}$$

且初始猜测点为 9-8

$$\boldsymbol{x}_0=\begin{bmatrix}0.8\\-0.25\end{bmatrix} \tag{9.34}$$

该函数的梯度为

$$\nabla F(\boldsymbol{x})=\begin{bmatrix}2x_1+x_2\\x_1+2x_2\end{bmatrix} \tag{9.35}$$

最速下降的搜索方向是梯度的反方向。第一次迭代为

$$\boldsymbol{p}_0=-\boldsymbol{g}_0=-\nabla F(\boldsymbol{x})\big|_{\boldsymbol{x}=\boldsymbol{x}_0}=\begin{bmatrix}-1.35\\-0.3\end{bmatrix} \tag{9.36}$$

由式(9.31)，第一次迭代的学习率为

$$\alpha_0=\frac{\begin{bmatrix}1.35&0.3\end{bmatrix}\begin{bmatrix}-1.35\\-0.3\end{bmatrix}}{\begin{bmatrix}-1.35&-0.3\end{bmatrix}\begin{bmatrix}2&1\\1&2\end{bmatrix}\begin{bmatrix}-1.35\\-0.3\end{bmatrix}}=0.413 \tag{9.37}$$

最速下降的第一次迭代结果为

$$\boldsymbol{x}_1=\boldsymbol{x}_0-\alpha_0\boldsymbol{g}_0=\begin{bmatrix}0.8\\-0.25\end{bmatrix}-0.413\begin{bmatrix}1.35\\0.3\end{bmatrix}=\begin{bmatrix}0.24\\-0.37\end{bmatrix} \tag{9.38}$$

图9.4显示了该算法的前5次迭代。

注意：算法的逐次迭代都是正交的。为什么会如此？首先，沿直线的最小化总会在等高线的切线上停止。其次，因为梯度正交于等高线，所以沿梯度相反方向的下一步迭代将与前一步迭代正交。

我们可以对式(9.30)使用链式法则来分析此问题：

$$\begin{aligned}\frac{\mathrm{d}}{\mathrm{d}\alpha_k}F(\boldsymbol{x}_k+\alpha_k\boldsymbol{p}_k)&=\frac{\mathrm{d}}{\mathrm{d}\alpha_k}F(\boldsymbol{x}_{k+1})\\&=\nabla F(\boldsymbol{x})^{\mathrm{T}}\big|_{\boldsymbol{x}=\boldsymbol{x}_{k+1}}\frac{\mathrm{d}}{\mathrm{d}\alpha_k}[\boldsymbol{x}_k+\alpha_k\boldsymbol{p}_k]\\&=\nabla F(\boldsymbol{x})^{\mathrm{T}}\big|_{\boldsymbol{x}=\boldsymbol{x}_{k+1}}\boldsymbol{p}_k=\boldsymbol{g}_{k+1}^{\mathrm{T}}\boldsymbol{p}_k\end{aligned} \tag{9.39}$$

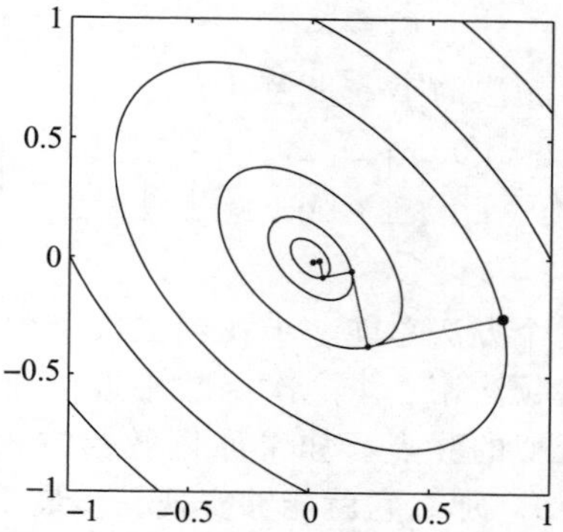

图9.4 沿直线最小化的最速下降法 9-9

所以，在极小点，该导数为 0，梯度与前一步的搜索方向正交。由于下一次搜索方向与梯度方向相反，连续的搜索方向都是正交的。（注意，这个结果说明在任何方向上的极小化，即使未用最速下降法，在极小点的梯度都与搜索方向正交。在后面关于共轭方向的讨论中将使用这个结果。）

MATLAB 实验 使用 Neural Network Design Demonstration **Method Comparison**（nnd9mc）进行沿直线最小化的最速下降法实验。

在本章后面，我们将发现调整搜索方向可以提高性能，即用共轭（这个术语将在后面定义）代替正交。如果使用共轭方向，函数能在最多 n 步迭代内被极小化，n 为 x 的维数。（存在某些类型的二次函数使用最速下降法能在一步迭代后被极小化。你能否想到这样一个函数？它的 Hessian 矩阵具有什么样的特征？）

9.2.2 牛顿法

最速下降算法中的推导是基于一阶泰勒级数展式（式（9.4））。牛顿法则是基于二阶泰勒级数：

$$F(\boldsymbol{x}_{k+1}) = F(\boldsymbol{x}_k + \Delta\boldsymbol{x}_k) \approx F(\boldsymbol{x}_k) + \boldsymbol{g}_k^{\mathrm{T}}\Delta\boldsymbol{x}_k + \frac{1}{2}\Delta\boldsymbol{x}_k^{\mathrm{T}}\boldsymbol{A}_k\Delta\boldsymbol{x}_k \tag{9.40}$$

牛顿法的原理是寻找 $F(\boldsymbol{x})$ 的二次近似的驻点。使用式（8.38）求这个二次近似对 $\Delta\boldsymbol{x}_k$ 的梯度，并将其设置为 0，则有

9-10

$$\boldsymbol{g}_k + \boldsymbol{A}_k\Delta\boldsymbol{x}_k = \boldsymbol{0} \tag{9.41}$$

求解 $\Delta\boldsymbol{x}_k$，可以得到

$$\Delta\boldsymbol{x}_k = -\boldsymbol{A}_k^{-1}\boldsymbol{g}_k \tag{9.42}$$

于是，牛顿法（Newton's method）被定义为

$$\boldsymbol{x}_{k+1} = \boldsymbol{x}_k - \boldsymbol{A}_k^{-1}\boldsymbol{g}_k \tag{9.43}$$

举例 为了说明牛顿法的运算，将其应用于前面式（9.12）的例子：

$$F(\boldsymbol{x}) = x_1^2 + 25x_2^2 \tag{9.44}$$

其梯度和 Hessian 矩阵为

$$\nabla F(\boldsymbol{x}) = \begin{bmatrix} \frac{\partial}{\partial x_1}F(\boldsymbol{x}) \\ \frac{\partial}{\partial x_2}F(\boldsymbol{x}) \end{bmatrix} = \begin{bmatrix} 2x_1 \\ 50x_2 \end{bmatrix}, \quad \nabla^2 F(\boldsymbol{x}) = \begin{bmatrix} 2 & 0 \\ 0 & 50 \end{bmatrix} \tag{9.45}$$

如果开始于相同的猜测点

$$\boldsymbol{x}_0 = \begin{bmatrix} 0.5 \\ 0.5 \end{bmatrix} \tag{9.46}$$

牛顿法的第一步为

$$\boldsymbol{x}_1 = \begin{bmatrix} 0.5 \\ 0.5 \end{bmatrix} - \begin{bmatrix} 2 & 0 \\ 0 & 50 \end{bmatrix}^{-1} \begin{bmatrix} 1 \\ 25 \end{bmatrix} = \begin{bmatrix} 0.5 \\ 0.5 \end{bmatrix} - \begin{bmatrix} 0.5 \\ 0.5 \end{bmatrix} = \begin{bmatrix} 0 \\ 0 \end{bmatrix} \tag{9.47}$$

这个方法总能一步找到二次函数的极小点。这是因为牛顿法用一个二次函数来近似原函数，然后求该二次近似的驻点。如果原函数为二次函数（有一个强极小点），那么它就能够实现一步最小化。图 9.5 描述了针对上述问题的牛顿法的轨迹。

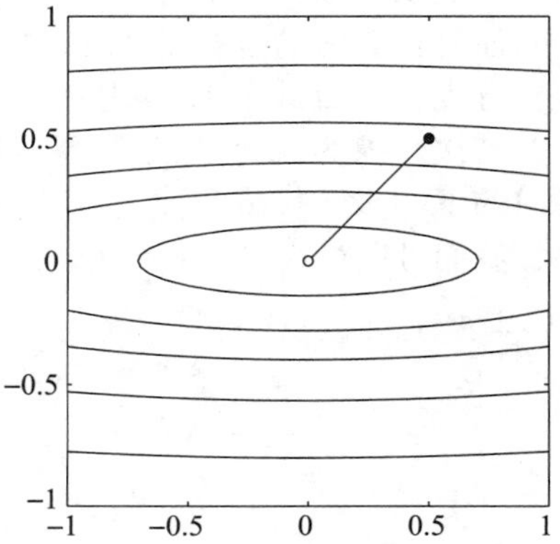

图 9.5 牛顿法的轨迹

如果函数 $F(\boldsymbol{x})$不是二次函数，那么牛顿法一般不能在一步内收敛。实际上，根本无法确定它是否收敛，因为这取决于原函数和初始猜测点。 9-11

举例 回顾一下式(8.18)中给出的函数：

$$F(\boldsymbol{x}) = (x_2 - x_1)^4 + 8x_1x_2 - x_1 + x_2 + 3 \tag{9.48}$$

从第 8 章(见例题 P8.5)，我们知道该函数有 3 个驻点：

$$\boldsymbol{x}^1 = \begin{bmatrix} -0.41878 \\ 0.41878 \end{bmatrix}, \quad \boldsymbol{x}^2 = \begin{bmatrix} -0.134797 \\ 0.134797 \end{bmatrix}, \quad \boldsymbol{x}^3 = \begin{bmatrix} 0.55358 \\ -0.55358 \end{bmatrix} \tag{9.49}$$

第一个点是一个强局部极小点，第二个点是一个鞍点，第三个点是一个强全局极小点。

如果用牛顿法解决这个问题，且初始猜测点为 $\boldsymbol{x}_0 = [1.5 \quad 0]^T$，那么第一次迭代如图 9.6 所示。该图左侧的图形是原函数的等高线图，右图是该函数在初始猜测点上的二次近似。

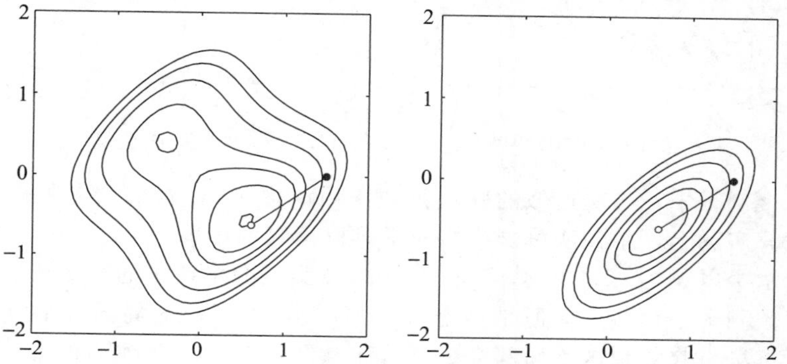

图 9.6 牛顿法从点 $\boldsymbol{x}_0 = [1.5 \quad 0]^T$ 处的一次迭代

该函数不能实现一步最小化，因为它不是二次函数。然而，第一步迭代确实是朝全局极小点前进了一步，并且如果继续迭代两次以上，算法将收敛到全局极小点的 0.01 邻域之内。因为在一个强极小点的较小邻域内，解析函数能够被二次函数精确近似，所以牛顿法在许多应用中都能快速收敛。离极小点越近，牛顿法越能精确地预测它的位置。从本例中，可以发现在初始点附近，二次近似的等高线图与原函数的等高线图很相似。 9-12

图 9.7 展示了以 $\boldsymbol{x}_0 = [-1.5 \quad 0]^T$ 为初始猜测点的牛顿法的一次迭代。可以看出，它正向局部极小点收敛。显然，牛顿法不能区分局部极小点和全局极小点，这是因为它将原函数近似为二次函数，而二次函数只有一个极小点。同最速下降法一样，牛顿法也依赖于曲面的局部特征(一阶和二阶导数)。它缺乏对函数全局特征的了解。

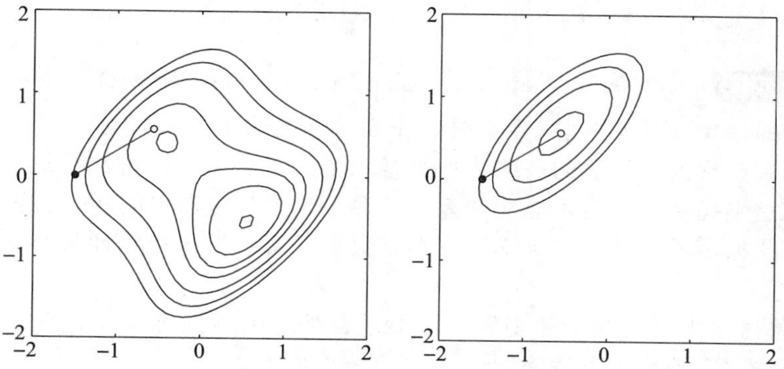

图 9.7 牛顿法从点 $\boldsymbol{x}_0 = [-1.5 \quad 0]^T$ 处的一次迭代

图 9.8 展示了以 $\boldsymbol{x}_0=[0.75 \quad 0.75]^T$ 为初始猜测点的牛顿法的一次迭代。这次将收敛到函数的鞍点。需要注意的是，牛顿法是寻找在当前猜测点上原函数的二次近似的驻点，
9-13 它不能区分极小点、极大点和鞍点。在这个例子中，二次近似有一个鞍点(Hessian 矩阵为不定矩阵)，它在原函数的鞍点附近。如果继续迭代，算法就会收敛到 $F(\boldsymbol{x})$的鞍点。

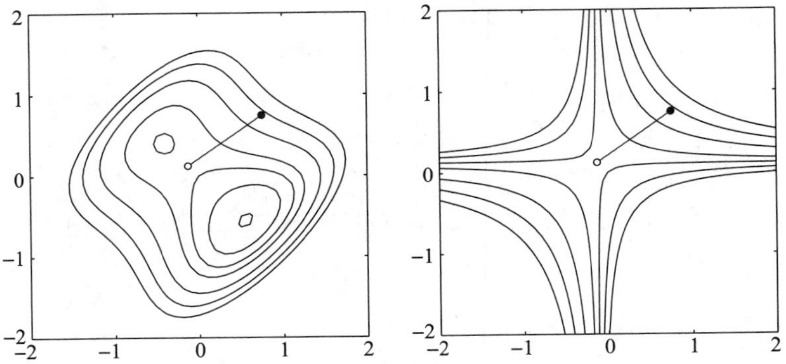

图 9.8 牛顿法从点 $\boldsymbol{x}_0=[0.75 \quad 0.75]^T$ 处的一次迭代

在以上各个例子中，二次近似的驻点都位于原函数 $F(\boldsymbol{x})$对应驻点的附近。实际情况并不总是如此。实际上，牛顿法可能产生非常难以预料的结果。

图 9.9 展示了以 $\boldsymbol{x}_0=[1.15 \quad 0.75]^T$ 为初始猜测点的牛顿法的一次迭代。在这个例子中，二次近似预测了一个鞍点，但是这个鞍点离原函数 $F(\boldsymbol{x})$的局部极小点很近。如果继续迭代下去，算法将收敛到这个局部极小点。注意到，与上一个例子相比，这个例子中初始猜测点离局部极小点更远，但在上例中却收敛到了鞍点。

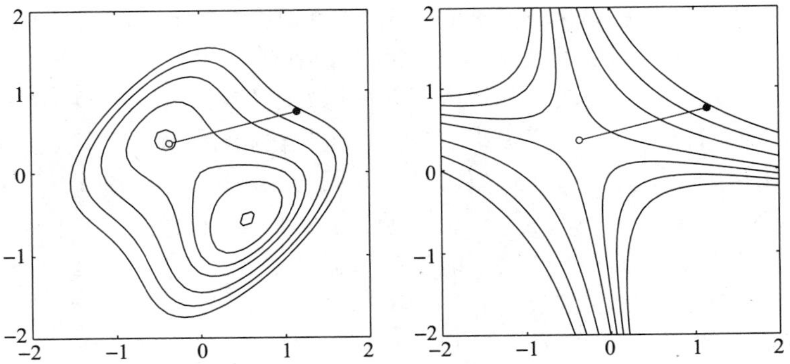

9-14 图 9.9 牛顿法从点 $\boldsymbol{x}_0=[1.15 \quad 0.75]^T$ 处的一次迭代

MATLAB 实验 使用 Neural Network Design Demonstration **Newton's Method** (nnd9nm) 和 **Steepest Descent**(nnd9sd)对该函数进行牛顿法和最速下降法的实验。

下面对所观察到的牛顿法的一些特性进行总结。虽然牛顿法通常比最速下降法产生更快的收敛，但是牛顿法的行为可能非常复杂。除了收敛到鞍点的问题(与最速下降法迥异)外，算法还可能振荡或发散。如果学习率不是太大或每步都进行线性最小化，最速下降法能够确保收敛。

第 12 章将讨论牛顿法的一种变形，它很适合神经网络训练。通过在每次发散开始时使用最速下降法，它消除了发散问题。

牛顿法的另一个问题是它需要对 Hessian 矩阵及其逆矩阵进行计算和存储。如果将最

速下降法(式(9.10))与牛顿法(式(9.43))相比，可以发现当下式成立时，它们的搜索方向是相同的：

$$\boldsymbol{A}_k = \boldsymbol{A}_k^{-1} = \boldsymbol{I} \tag{9.50}$$

由此可以导出一类被称为quasi-牛顿法或一步正切法的优化算法。这些方法用一个正定矩阵 $\boldsymbol{H}_k$ 来代替 $\boldsymbol{A}_k^{-1}$，它在每次迭代中被更新，而且不需要计算矩阵的逆。这类算法的设计能够使二次函数 $\boldsymbol{H}_k$ 收敛于 $\boldsymbol{A}^{-1}$(二次函数的Hessian矩阵为常数)。有关这类算法的讨论见文献[Gill81]、[Scal85]或[Batt92]。

9.2.3 共轭梯度法

牛顿法有一个性质被称为*二次终结*(quadratic termination)，即它能在有限的迭代次数内使二次函数极小化。但是，这需要计算和存储二阶导数。当参数的数量 n 很大时，计算所有的二阶导数是不可行的。(注意，梯度有 n 个元素，而Hessian矩阵有 n^2 个元素。)在神经网络中这个问题尤为严重，因为这里的实际应用需要数百甚至数千个权值。对这些情况，我们希望找到只需要计算一阶导数但是仍具有二次终结性质的方法。

回顾一下最速下降法在每次迭代使用线性搜索时的性能。连续两次迭代的搜索方向相互正交(见图9.4)。对于等高线为椭圆的二次函数，这将产生短步长的锯齿形轨迹。或许二次搜索方向并非最好的选择。那么是否存在一个确保二次终结的搜索方向的集合？其中的一个可能就是共轭方向。 9-15

假设需要寻找如下二次函数的极小点：

$$F(\boldsymbol{x}) = \frac{1}{2}\boldsymbol{x}^{\mathrm{T}}\boldsymbol{A}\boldsymbol{x} + \boldsymbol{d}^{\mathrm{T}}\boldsymbol{x} + c \tag{9.51}$$

当且仅当

$$\boldsymbol{p}_k^{\mathrm{T}}\boldsymbol{A}\boldsymbol{p}_j = 0 \quad k \neq j \tag{9.52}$$

向量集合 $\{\boldsymbol{p}_k\}$ 关于一个正定的Hessian矩阵 $\boldsymbol{A}$ 相互*共轭*(conjugate)。对于正交向量，存在无穷多个共轭向量集，它们将张成一个给定的 n 维空间。$\boldsymbol{A}$ 的特征向量组成了一个共轭向量集。设 $\{\lambda_1, \lambda_2, \cdots, \lambda_n\}$ 和 $\{\boldsymbol{z}_1, \boldsymbol{z}_2, \cdots, \boldsymbol{z}_n\}$ 分别为Hessian矩阵的特征值和特征向量。为了验证特征向量的共轭性，用 $\boldsymbol{z}_k$ 代替式(9.52)中的 $\boldsymbol{p}_k$，可以得到

$$\boldsymbol{z}_k^{\mathrm{T}}\boldsymbol{A}\boldsymbol{z}_j = \lambda_j \boldsymbol{z}_k^{\mathrm{T}}\boldsymbol{z}_j = 0 \quad k \neq j \tag{9.53}$$

其中，因为对称矩阵的特征向量两两正交，所以最后一个等式成立。因此特征向量既是共轭又是正交的。(能否找出所有的正交向量都共轭的二次函数?)

因为特征向量构成了函数等高线的主轴，所以沿Hessian矩阵的特征向量搜索就能准确地使二次函数极小化。(参见8.2.5节中的讨论)但是，这并没有多大的实际价值，因为要知道特征向量必须先求出Hessian矩阵。我们希望找到一种不需要计算二阶导数的算法。

已经证明(见[Scal85]或[Gill81])，如果沿着任意的共轭向量集合 $\{\boldsymbol{p}_1, \boldsymbol{p}_2, \cdots, \boldsymbol{p}_n\}$ 进行连续的线性搜索，那么能在最多 n 次搜索内实现对有 n 个参数的任意二次函数的极小化。问题是如何构造这些共轭的搜索方向？首先，我们希望在不使用Hessian矩阵的情况下，重新表示式(9.52)中的共轭条件。回顾一下，对于二次函数有如下结果：

$$\nabla F(\boldsymbol{x}) = \boldsymbol{A}\boldsymbol{x} + \boldsymbol{d} \tag{9.54}$$

$$\nabla^2 F(\boldsymbol{x}) = \boldsymbol{A} \tag{9.55}$$

9-16

将这些等式组合起来，可知在第 $k+1$ 次迭代时梯度的变化：

$$\Delta \boldsymbol{g}_k = \boldsymbol{g}_{k+1} - \boldsymbol{g}_k = (\boldsymbol{A}\boldsymbol{x}_{k+1} + \boldsymbol{d}) - (\boldsymbol{A}\boldsymbol{x}_k + \boldsymbol{d}) = \boldsymbol{A}\Delta\boldsymbol{x}_k \tag{9.56}$$

其中，由式(9.2)可得

$$\Delta \boldsymbol{x}_k = \boldsymbol{x}_{k+1} - \boldsymbol{x}_k = \alpha_k \boldsymbol{p}_k \tag{9.57}$$

并且 α_k 选择为使函数 $F(\boldsymbol{x})$在 $\boldsymbol{p}_k$ 方向极小化的值。

现在，我们可以将式(9.52)中的共轭条件重新表示为：

$$\alpha_k \boldsymbol{p}_k^{\mathrm{T}} \boldsymbol{A} \boldsymbol{p}_j = \Delta \boldsymbol{x}_k^{\mathrm{T}} \boldsymbol{A} \boldsymbol{p}_j = \Delta \boldsymbol{g}_k^{\mathrm{T}} \boldsymbol{p}_j = 0 \quad k \neq j \tag{9.58}$$

注意，现在不再需要计算 Hessian 矩阵。我们已经把共轭条件表示成算法相邻两次迭代的梯度变化。如果搜索方向与梯度变化正交，那么它们一定是共轭的。

注意第一次的搜索方向 $\boldsymbol{p}_0$ 是任意的，并且 $\boldsymbol{p}_1$ 可以是与 $\Delta\boldsymbol{g}_0$ 正交的任意向量。因此，存在无穷多个共轭向量集。通常从最速下降方向开始搜索：

$$\boldsymbol{p}_0 = -\boldsymbol{g}_0 \tag{9.59}$$

然后，每次迭代都需要构造一个与$\{\Delta\boldsymbol{g}_0，\Delta\boldsymbol{g}_2 \cdots，\Delta\boldsymbol{g}_{k-1}\}$正交的向量 $\boldsymbol{p}_k$。这与第 5 章讨论的 Gram-Schmidt 正交过程类似。可将这一过程简化为下面的迭代形式(见[Scal85])：

$$\boldsymbol{p}_k = -\boldsymbol{g}_k + \beta_k \boldsymbol{p}_{k-1} \tag{9.60}$$

有许多不同的方法可以用来选择标量 β_k。对于二次函数，他们都将得到等价的结果。最常见的选择如下(见[Scal85])。

得益于 Hestenes 和 Steifel，有

$$\beta_k = \frac{\Delta \boldsymbol{g}_{k-1}^{\mathrm{T}} \boldsymbol{g}_k}{\Delta \boldsymbol{g}_{k-1}^{\mathrm{T}} \boldsymbol{p}_{k-1}} \tag{9.61}$$

得益于 Fletcher 和 Reeves，有

9-17

$$\beta_k = \frac{\boldsymbol{g}_k^{\mathrm{T}} \boldsymbol{g}_k}{\boldsymbol{g}_{k-1}^{\mathrm{T}} \boldsymbol{g}_{k-1}} \tag{9.62}$$

得益于 Polak 和 Ribiére，有

$$\beta_k = \frac{\Delta \boldsymbol{g}_{k-1}^{\mathrm{T}} \boldsymbol{g}_k}{\boldsymbol{g}_{k-1}^{\mathrm{T}} \boldsymbol{g}_{k-1}} \tag{9.63}$$

对上述讨论进行总结，**共轭梯度(conjugate gradient)法**由以下步骤组成：

1）选择与梯度相反的方向作为第一次搜索方向，如式(9.59)所示。

2）根据式(9.57)进行一步搜索，其中选择学习率 α_k 以使函数沿搜索方向极小化。第 12 章将讨论通用的线性极小化技术。对于二次函数，我们可使用式(9.31)。

3）根据式(9.60)确定下一个搜索方向，其中使用式(9.61)、式(9.62)或式(9.63)来计算 β_k。

4）如果算法未收敛，返回第 2 步。

举例 为了说明这个算法的性能，我们再次使用前面用于说明线性极小化的最速下降法的例子：

$$F(\boldsymbol{x}) = \frac{1}{2}\boldsymbol{x}^{\mathrm{T}} \begin{bmatrix} 2 & 1 \\ 1 & 2 \end{bmatrix} \boldsymbol{x} \tag{9.64}$$

且初始猜测点为：

$$\boldsymbol{x}_0 = \begin{bmatrix} 0.8 \\ -0.25 \end{bmatrix} \tag{9.65}$$

该函数的梯度为

$$\nabla F(\boldsymbol{x}) = \begin{bmatrix} 2x_1 + x_2 \\ x_1 + 2x_2 \end{bmatrix} \tag{9.66}$$

和最速下降法相同，第一次搜索方向为梯度的反方向：

$$\boldsymbol{p}_0 = -\boldsymbol{g}_0 = -\nabla F(\boldsymbol{x})^{\mathrm{T}}\big|_{\boldsymbol{x}=\boldsymbol{x}_0} = \begin{bmatrix} -1.35 \\ -0.3 \end{bmatrix} \tag{9.67}$$

9-18

由式(9.31)，可得第一次迭代的学习率为

$$\alpha_0 = \frac{\begin{bmatrix} 1.35 & 0.3 \end{bmatrix}\begin{bmatrix} -1.35 \\ -0.3 \end{bmatrix}}{\begin{bmatrix} -1.35 & -0.3 \end{bmatrix}\begin{bmatrix} 2 & 1 \\ 1 & 2 \end{bmatrix}\begin{bmatrix} -1.35 \\ -0.3 \end{bmatrix}} = 0.413 \tag{9.68}$$

所以共轭梯度法的第一步迭代为

$$\boldsymbol{x}_1 = \boldsymbol{x}_0 + \alpha_0 \boldsymbol{p}_0 = \begin{bmatrix} 0.8 \\ -0.25 \end{bmatrix} + 0.413\begin{bmatrix} -1.35 \\ -0.3 \end{bmatrix} = \begin{bmatrix} 0.24 \\ -0.37 \end{bmatrix} \tag{9.69}$$

它与沿直线极小化的最速下降法的第一步相同。

现在需要从式(9.60)寻找第二次搜索方向。这需要在 $\boldsymbol{x}_1$ 处的梯度：

$$\boldsymbol{g}_1 = \nabla F(\boldsymbol{x})\big|_{\boldsymbol{x}=\boldsymbol{x}_1} = \begin{bmatrix} 2 & 1 \\ 1 & 2 \end{bmatrix}\begin{bmatrix} 0.24 \\ -0.37 \end{bmatrix} = \begin{bmatrix} 0.11 \\ -0.5 \end{bmatrix} \tag{9.70}$$

我们使用 Fletcher 和 Reeves 的方法(式(9.62))来计算出 β_1：

$$\beta_1 = \frac{\boldsymbol{g}_1^{\mathrm{T}}\boldsymbol{g}_1}{\boldsymbol{g}_0^{\mathrm{T}}\boldsymbol{g}_0} = \frac{\begin{bmatrix} 0.11 & -0.5 \end{bmatrix}\begin{bmatrix} 0.11 \\ -0.5 \end{bmatrix}}{\begin{bmatrix} 1.35 & 0.3 \end{bmatrix}\begin{bmatrix} 1.35 \\ 0.3 \end{bmatrix}} = \frac{0.2621}{1.9125} = 0.137 \tag{9.71}$$

由式(9.60)可以计算得到第二次的搜索方向：

$$\boldsymbol{p}_1 = -\boldsymbol{g}_1 + \beta_1 \boldsymbol{p}_0 = \begin{bmatrix} -0.11 \\ 0.5 \end{bmatrix} + 0.137\begin{bmatrix} -1.35 \\ -0.3 \end{bmatrix} = \begin{bmatrix} -0.295 \\ 0.459 \end{bmatrix} \tag{9.72}$$

由式(9.31)，可得第二次迭代的学习率为

$$\alpha_1 = \frac{\begin{bmatrix} 0.11 & -0.5 \end{bmatrix}\begin{bmatrix} -0.295 \\ 0.459 \end{bmatrix}}{\begin{bmatrix} -0.295 & 0.459 \end{bmatrix}\begin{bmatrix} 2 & 1 \\ 1 & 2 \end{bmatrix}\begin{bmatrix} -0.295 \\ 0.459 \end{bmatrix}} = \frac{0.262}{0.325} = 0.807 \tag{9.73}$$

9-19

因此，共轭梯度法的第二步为

$$\boldsymbol{x}_2 = \boldsymbol{x}_1 + \alpha_1 \boldsymbol{p}_1 = \begin{bmatrix} 0.24 \\ -0.37 \end{bmatrix} + 0.807\begin{bmatrix} -0.295 \\ 0.459 \end{bmatrix} = \begin{bmatrix} 0 \\ 0 \end{bmatrix} \tag{9.74}$$

和预期一致，两次迭代后，该算法就精确收敛到极小点(因为这是一个二维的二次函数)，如图 9.10 所示。把这个结果与图 9.4 中最速下降算法的结果相比较。与最速下降法使用正交搜索方向不同，共轭梯度算法调整了第二次搜索的方向以使它能够通过函数的极小点(函数等高线的中心)。

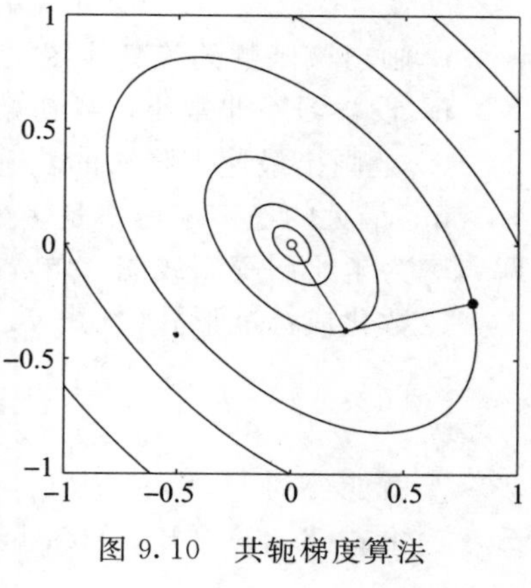

图 9.10　共轭梯度算法

在第 12 章，我们将再次讨论共轭梯度算法。在

该章中，我们将讨论如何调整共轭梯度法使其可以应用于非二次函数。

MATLAB 实验 使用 Neural Network Design Demonstration Method Comparison
9-20 (nnd9mc)进行共轭梯度算法的实验并与最速下降法比较。

9.3 小结

一般的最小化算法

$$\mathbf{x}_{k+1} = \mathbf{x}_k + \alpha_k \mathbf{p}_k \quad \text{或} \quad \Delta\mathbf{x}_k = (\mathbf{x}_{k+1} - \mathbf{x}_k) = \alpha_k \mathbf{p}_k$$

最速下降算法

$$\mathbf{x}_{k+1} = \mathbf{x}_k - \alpha_k \mathbf{g}_k, \quad \text{其中 } \mathbf{g}_k \equiv \nabla F(\mathbf{x})\big|_{\mathbf{x}=\mathbf{x}_k}$$

稳定的学习率($\alpha_k=\alpha$，常数)

$$\alpha < \frac{2}{\lambda_{\max}}, \quad \{\lambda_1, \lambda_2, \cdots, \lambda_n\} \text{ 为 Hessian 矩阵 } \mathbf{A} \text{ 的特征值}$$

沿直线 $\mathbf{x}_{k+1}=\mathbf{x}_k+\alpha_k\mathbf{p}_k$ 最小化的学习率

$$\alpha_k = -\frac{\mathbf{g}_k^{\mathrm{T}}\mathbf{p}_k}{\mathbf{p}_k^{\mathrm{T}}\mathbf{A}\mathbf{p}_k} \quad \text{(对于二次函数)}$$

沿直线 $\mathbf{x}_{k+1}=\mathbf{x}_k+\alpha_k\mathbf{p}_k$ 最小化之后

$$\mathbf{g}_{k+1}^{\mathrm{T}}\mathbf{p}_k = 0$$

牛顿法

9-21
$$\mathbf{x}_{k+1} = \mathbf{x}_k - \mathbf{A}_k^{-1}\mathbf{g}_k, \quad \text{其中 } \mathbf{A}_k \equiv \nabla^2 F(\mathbf{x})\big|_{\mathbf{x}=\mathbf{x}_k}$$

共轭梯度法

$$\Delta\mathbf{x}_k = \alpha_k \mathbf{p}_k$$

沿直线 $\mathbf{x}_{k+1}=\mathbf{x}_k+\alpha_k\mathbf{p}_k$ 进行最小化以确定学习率 α_k。

9-22
$$\mathbf{p}_0 = -\mathbf{g}_0$$

$$\mathbf{p}_k = -\mathbf{g}_k + \beta_k \mathbf{p}_{k-1}$$

$$\beta_k = \frac{\Delta\mathbf{g}_{k-1}^{\mathrm{T}}\mathbf{g}_k}{\Delta\mathbf{g}_{k-1}^{\mathrm{T}}\mathbf{p}_{k-1}} \quad \text{或} \quad \beta_k = \frac{\mathbf{g}_k^{\mathrm{T}}\mathbf{g}_k}{\mathbf{g}_{k-1}^{\mathrm{T}}\mathbf{g}_{k-1}} \quad \text{或} \quad \beta_k = \frac{\Delta\mathbf{g}_{k-1}^{\mathrm{T}}\mathbf{g}_k}{\mathbf{g}_{k-1}^{\mathrm{T}}\mathbf{g}_{k-1}}$$

其中，$\mathbf{g}_k \equiv \nabla F(\mathbf{x})\big|_{\mathbf{x}=\mathbf{x}_k}$ 且 $\Delta\mathbf{g}_k \equiv \mathbf{g}_{k+1} - \mathbf{g}_k$

9.4 例题

P9.1 求下列函数的极小点：

$$F(\mathbf{x}) = 5x_1^2 - 6x_1x_2 + 5x_2^2 + 4x_1 + 4x_2$$

i. 画出该函数的等高线图。

ii. 设学习率非常小，且初始猜测点为 $\mathbf{x}_0=[-1 \quad -2.5]^{\mathrm{T}}$，在问题 i 中的等高线图上画出最速下降法的轨迹。

iii. 最大的稳定学习率是多少？

解 i. 为了绘制等高线图，首先需要计算出 Hessian 矩阵。对于二次函数，只需将该函数化成标准形式(见式(8.35))：

$$F(\mathbf{x}) = \frac{1}{2}\mathbf{x}^{\mathrm{T}}\mathbf{A}\mathbf{x} + \mathbf{d}^{\mathrm{T}}\mathbf{x} + c = \frac{1}{2}\mathbf{x}^{\mathrm{T}}\begin{bmatrix} 10 & -6 \\ -6 & 10 \end{bmatrix}\mathbf{x} + [4 \quad 4]\mathbf{x}$$

就能得到 Hessian 矩阵。

由式(8.39)可知，Hessian 矩阵为

$$\nabla^2 F(\boldsymbol{x}) = \boldsymbol{A} = \begin{bmatrix} 10 & -6 \\ -6 & 10 \end{bmatrix}$$

该矩阵的特征值和特征向量为

$$\lambda_1 = 4, \quad \boldsymbol{z}_1 = \begin{bmatrix} 1 \\ 1 \end{bmatrix}, \quad \lambda_2 = 16, \quad \boldsymbol{z}_2 = \begin{bmatrix} 1 \\ -1 \end{bmatrix}$$

由 8.2.5 节中关于二次函数的讨论，可知该函数的等高线是椭圆形的。因为 λ_2 大于 λ_1，所以 $F(\boldsymbol{x})$的最大曲率在 $\boldsymbol{z}_2$ 方向上，且最小曲率在 $\boldsymbol{z}_1$ 方向上(椭圆的长轴)。

下面需要找到等高线的中心(驻点)，即梯度为零的点。由式(8.38)有

$$\nabla F(\boldsymbol{x}) = \boldsymbol{A}\boldsymbol{x} + \boldsymbol{d} = \begin{bmatrix} 10 & -6 \\ -6 & 10 \end{bmatrix}\boldsymbol{x} + \begin{bmatrix} 4 \\ 4 \end{bmatrix} = \begin{bmatrix} 0 \\ 0 \end{bmatrix}$$

因此 9-23

$$\boldsymbol{x}^* = -\begin{bmatrix} 10 & -6 \\ -6 & 10 \end{bmatrix}^{-1}\begin{bmatrix} 4 \\ 4 \end{bmatrix} = \begin{bmatrix} -1 \\ -1 \end{bmatrix}$$

等高线是椭圆的，中心点在 $\boldsymbol{x}^*$，长轴在 $\boldsymbol{z}_1$ 方向。等高线图如图 P9.1 所示。

ii. 我们知道梯度总是与等高线正交的，因此，如果步长足够小，最速下降法的轨迹将与每条相交的等高线垂直。所以不需要任何计算就可以绘制这一轨迹，如图 P9.1 所示

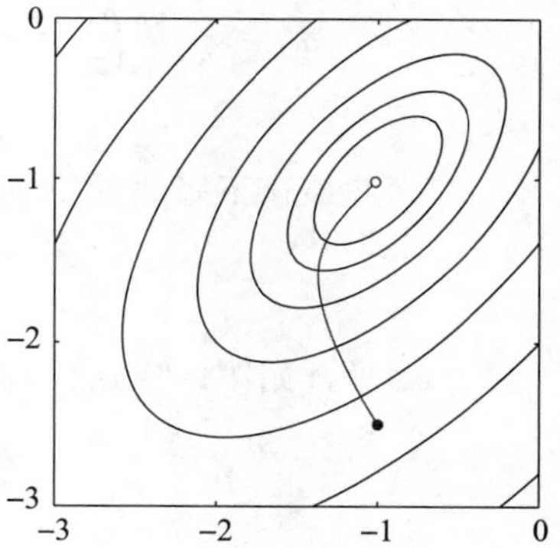

图 P9.1　例题 P9.1 的等高线图和最速下降法的轨迹

iii. 由式(9.25)可知二次函数的最大稳定学习率由 Hessian 矩阵的最大特征值决定：

$$\alpha < \frac{2}{\lambda_{\max}}$$

本例题中最大特征值为 $\lambda_2 = 16$，因此，为了使学习稳定

$$\alpha < \frac{2}{16} = 0.125$$

图 P9.2 实验性的验证了这一结果。它展示了学习率略低于($\alpha=0.12$)和略高于($\alpha=0.13$)最大稳定学习率时的最速下降轨迹。 9-24

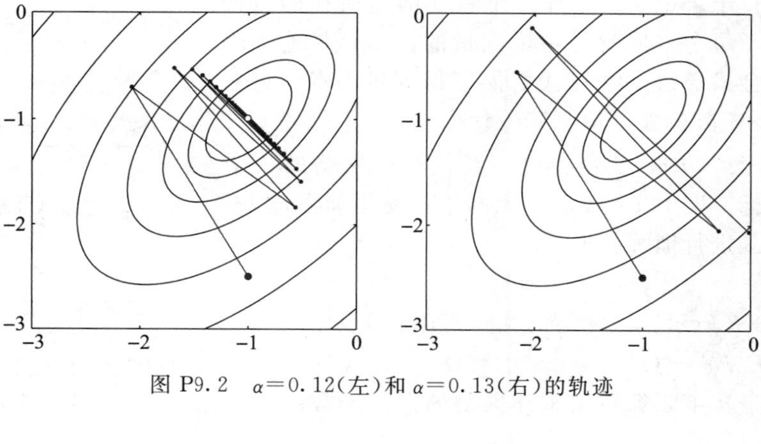

图 P9.2　$\alpha=0.12$(左)和 $\alpha=0.13$(右)的轨迹

P9.2 再次考虑例题 P9.1 中的二次函数。采用沿直线最小化，执行两步最速下降法。使用如下初始条件：

$$\boldsymbol{x}_0 = [0 \quad -2]^{\mathrm{T}}$$

解 在例题 P9.1 中，我们得到函数梯度为：

$$\nabla F(\boldsymbol{x}) = \boldsymbol{A}\boldsymbol{x} + \boldsymbol{d} = \begin{bmatrix} 10 & -6 \\ -6 & 10 \end{bmatrix}\boldsymbol{x} + \begin{bmatrix} 4 \\ 4 \end{bmatrix}$$

函数在 $\boldsymbol{x}_0$ 处的梯度为：

$$\boldsymbol{g}_0 = \nabla F(\boldsymbol{x}_0) = \boldsymbol{A}\boldsymbol{x}_0 + \boldsymbol{d} = \begin{bmatrix} 10 & -6 \\ -6 & 10 \end{bmatrix}\begin{bmatrix} 0 \\ -2 \end{bmatrix} + \begin{bmatrix} 4 \\ 4 \end{bmatrix} = \begin{bmatrix} 16 \\ -16 \end{bmatrix}$$

因此，第一次搜索的方向为：

$$\boldsymbol{p}_0 = -\boldsymbol{g}_0 = \begin{bmatrix} -16 \\ 16 \end{bmatrix}$$

为了对二次函数沿直线最小化，我们使用式(9.31)：

9-25

$$\alpha_0 = -\frac{\boldsymbol{g}_0^{\mathrm{T}}\boldsymbol{p}_0}{\boldsymbol{p}_0^{\mathrm{T}}\boldsymbol{A}\boldsymbol{p}_0} = -\frac{[16 \quad -16]\begin{bmatrix} -16 \\ 16 \end{bmatrix}}{[-16 \quad 16]\begin{bmatrix} 10 & -6 \\ -6 & 10 \end{bmatrix}\begin{bmatrix} -16 \\ 16 \end{bmatrix}} = -\frac{-512}{8192} = 0.0625$$

因此最速下降法的第一次迭代为：

$$\boldsymbol{x}_1 = \boldsymbol{x}_0 - \alpha_0\boldsymbol{g}_0 = \begin{bmatrix} 0 \\ -2 \end{bmatrix} - 0.0625\begin{bmatrix} 16 \\ -16 \end{bmatrix} = \begin{bmatrix} -1 \\ -1 \end{bmatrix}$$

为了开始第二次迭代，我们需要在 $\boldsymbol{x}_1$ 处的梯度：

$$\boldsymbol{g}_1 = \nabla F(\boldsymbol{x}_1) = \boldsymbol{A}\boldsymbol{x}_1 + \boldsymbol{d} = \begin{bmatrix} 10 & -6 \\ -6 & 10 \end{bmatrix}\begin{bmatrix} -1 \\ -1 \end{bmatrix} + \begin{bmatrix} 4 \\ 4 \end{bmatrix} = \begin{bmatrix} 0 \\ 0 \end{bmatrix}$$

因此，我们到达一个驻点，算法已经收敛。由例题 P9.1 可知，$\boldsymbol{x}_1$ 上确实是这个二次函数的一个极小点。图 9.3 展示了轨迹。

这是一个特例，在这里最速下降法通过一步迭代就得到极小点。注意，这是因为相对于极小点，初始猜测点位于 Hessian 矩阵一个特征向量所在的方向上。对于每个方向都是特征向量的情形，最速下降算法都会只通过一次迭代就能够得到极小点。这对 Hessian 矩阵的特征值意味着什么？

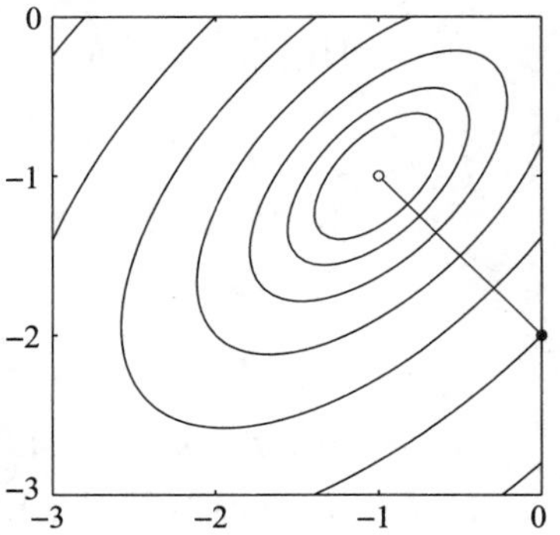

图 P9.3　例题 P9.2 中采用沿直线极小化的最速下降法

P9.3 在例题 P8.6 中，我们得到了线性神经网络的一个性能指标。图 P9.4 展示了该网络。使用如下输入/输出对其进行训练：

$$\{p_1 = 2, t_1 = 0.5\}, \quad \{p_2 = -1, t_2 = 0\}$$

如图 P8.8 所示，该网络的性能指标定义为：

9-26

$$F(\boldsymbol{x}) = (t_1 - a_1(\boldsymbol{x}))^2 + (t_2 - a_2(\boldsymbol{x}))^2$$

i. 使用最速下降算法求解该网络的最优参数(注意，

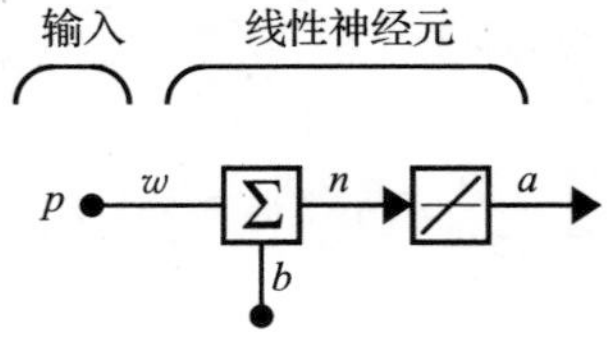

图 P9.4　例题 P9.3 和 P8.6 中的线性网络

$\boldsymbol{x}=[w \quad b]^{\mathrm{T}}$)，初始猜测点为 $\boldsymbol{x}_0=[1 \quad 1]^{\mathrm{T}}$，且学习率为 $\alpha=0.05$。

ii. 最大的稳定学习率是多少？

解 i. 在例题 P8.6 中，我们知道该性能指标可以表示为二次形式：

$$F(\boldsymbol{x}) = \frac{1}{2}\boldsymbol{x}^{\mathrm{T}}\boldsymbol{A}\boldsymbol{x} + \boldsymbol{d}^{\mathrm{T}}\boldsymbol{x} + c$$

其中

$$c = \boldsymbol{t}^{\mathrm{T}}\boldsymbol{t} = [0.5 \quad 0]\begin{bmatrix}0.5\\0\end{bmatrix} = 0.25, \quad \boldsymbol{d} = -2\boldsymbol{G}^{\mathrm{T}}\boldsymbol{t} = -2\begin{bmatrix}2 & -1\\1 & 1\end{bmatrix}\begin{bmatrix}0.5\\0\end{bmatrix} = \begin{bmatrix}-2\\-1\end{bmatrix}$$

$$\boldsymbol{A} = 2\boldsymbol{G}^{\mathrm{T}}\boldsymbol{G} = \begin{bmatrix}10 & 2\\2 & 4\end{bmatrix}$$

在 $\boldsymbol{x}_0$ 点的梯度为

$$\boldsymbol{g}_0 = \nabla F(\boldsymbol{x}_0) = \boldsymbol{A}\boldsymbol{x}_0 + \boldsymbol{d} = \begin{bmatrix}10 & 2\\2 & 4\end{bmatrix}\begin{bmatrix}1\\1\end{bmatrix} + \begin{bmatrix}-2\\-1\end{bmatrix} = \begin{bmatrix}10\\5\end{bmatrix}$$ 9-27

最速下降算法的第一次迭代为

$$\boldsymbol{x}_1 = \boldsymbol{x}_0 - \alpha\boldsymbol{g}_0 = \begin{bmatrix}1\\1\end{bmatrix} - 0.05\begin{bmatrix}10\\5\end{bmatrix} = \begin{bmatrix}0.5\\0.75\end{bmatrix}$$

第二次迭代为

$$\boldsymbol{x}_2 = \boldsymbol{x}_1 - \alpha\boldsymbol{g}_1 = \begin{bmatrix}0.5\\0.75\end{bmatrix} - 0.05\begin{bmatrix}4.5\\3\end{bmatrix} = \begin{bmatrix}0.275\\0.6\end{bmatrix}$$

接下来的迭代见图 P9.5。算法收敛于极小点 $\boldsymbol{x}^* = [0.167 \quad 0.167]^{\mathrm{T}}$。因此网络的最优权值与偏置值都是 0.167。

注意，为了训练网络，我们需要知道所有的输入/输出对，然后执行最速下降法的迭代，直至算法收敛。在第 10 章，我们将介绍一种基于最速下降的自适应算法来训练线性网络。在该自适应算法中，每当一个输入/输出对提供给网络后，网络参数就会更新一次。我们将展示它如何使网络适应于变化的环境。

ii. 本例题中，Hessian 矩阵最大特征值为 $\lambda_1=10.6$（见例题 P8.6），因此为了使学习稳定

$$\alpha < \frac{2}{10.6} = 0.1887$$

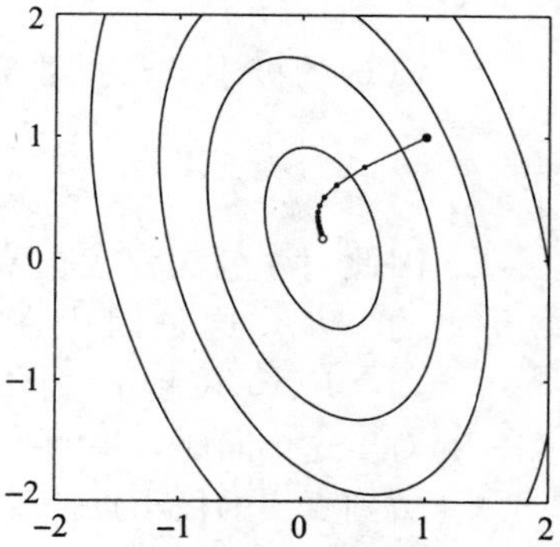

图 P9.5 例题 P9.3 中 $\alpha=0.05$ 时最速下降法的轨迹

9-28

P9.4 考虑如下函数

$$F(\boldsymbol{x}) = \mathrm{e}^{(x_1^2 - x_1 + 2x_2^2 + 4)}$$

求以 $\boldsymbol{x}_0=[1 \quad -2]^{\mathrm{T}}$ 为初始猜测点执行一次牛顿法的迭代。此结果与 $F(\boldsymbol{x})$ 的极小点相距有多近？解释之。

解 首先，求梯度和 Hessian 矩阵。梯度为

$$\nabla F(\boldsymbol{x}) = \begin{bmatrix}\dfrac{\partial}{\partial x_1}F(\boldsymbol{x})\\[2ex] \dfrac{\partial}{\partial x_2}F(\boldsymbol{x})\end{bmatrix} = \mathrm{e}^{(x_1^2 - x_1 + 2x_2^2 + 4)}\begin{bmatrix}2x_1 - 1\\4x_2\end{bmatrix}$$

且 Hessian 矩阵为：

$$\nabla^2 F(\boldsymbol{x}) = \begin{bmatrix} \frac{\partial^2}{\partial x_1^2}F(\boldsymbol{x}) & \frac{\partial^2}{\partial x_1 \partial x_2}F(\boldsymbol{x}) \\ \frac{\partial^2}{\partial x_2 \partial x_1}F(\boldsymbol{x}) & \frac{\partial^2}{\partial x_2^2}F(\boldsymbol{x}) \end{bmatrix} = e^{(x_1^2-x_1+2x_2^2+4)}\begin{bmatrix} 4x_1^2-4x_1+3 & (2x_1-1)(4x_2) \\ (2x_1-1)(4x_2) & 16x_2^2+4 \end{bmatrix}$$

在初始猜测点有：

$$\boldsymbol{g}_0 = \nabla F(\boldsymbol{x})\,|_{\boldsymbol{x}=\boldsymbol{x}_0} = \begin{bmatrix} 0.163\times 10^6 \\ -1.302\times 10^6 \end{bmatrix}$$

和

$$\boldsymbol{A}_0 = \nabla^2 F(\boldsymbol{x})\,|_{\boldsymbol{x}=\boldsymbol{x}_0} = \begin{bmatrix} 0.049\times 10^7 & -0.130\times 10^7 \\ -0.130\times 10^7 & 1.107\times 10^7 \end{bmatrix}$$

9-29 因此，由式(9.43)可得，牛顿法的第一次迭代为

$$\boldsymbol{x}_1 = \boldsymbol{x}_0 - \boldsymbol{A}_o^{-1}\boldsymbol{g}_0 = \begin{bmatrix} 1 \\ -2 \end{bmatrix} - \begin{bmatrix} 0.049\times 10^7 & -0.130\times 10^7 \\ -0.130\times 10^7 & 1.107\times 10^7 \end{bmatrix}^{-1}\begin{bmatrix} 0.163\times 10^6 \\ -1.302\times 10^6 \end{bmatrix}$$

$$= \begin{bmatrix} 0.971 \\ -1.886 \end{bmatrix}$$

这一点距离 $F(\boldsymbol{x})$真实的极小点有多近呢？首先，注意到 $F(\boldsymbol{x})$的指数部分为一个二次函数：

$$x_1^2 - x_1 + 2x_2^2 + 4 = \frac{1}{2}\boldsymbol{x}^{\mathrm{T}}\boldsymbol{A}\boldsymbol{x} + \boldsymbol{d}^{\mathrm{T}}\boldsymbol{x} + c = \frac{1}{2}\boldsymbol{x}^{\mathrm{T}}\begin{bmatrix} 2 & 0 \\ 0 & 4 \end{bmatrix}\boldsymbol{x} + \begin{bmatrix} -1 & 0 \end{bmatrix}\boldsymbol{x} + 4$$

F($\boldsymbol{x}$)的极小点与指数部分的极小点相同，即

$$\boldsymbol{x}^* = -\boldsymbol{A}^{-1}\boldsymbol{d} = -\begin{bmatrix} 2 & 0 \\ 0 & 4 \end{bmatrix}^{-1}\begin{bmatrix} -1 \\ 0 \end{bmatrix} = \begin{bmatrix} 0.5 \\ 0 \end{bmatrix}$$

因此，牛顿法仅仅向真实的极小点前进了非常小的一步。这是因为在点 $\boldsymbol{x}_0 = [1 \quad -2]^{\mathrm{T}}$ 的邻域内，$F(\boldsymbol{x})$不能由一个二次函数精确地逼近。

对于这个问题，牛顿法需要通过多次迭代才能够收敛到真实的极小点。牛顿法的轨迹如图 P9.6 所示。 9-30

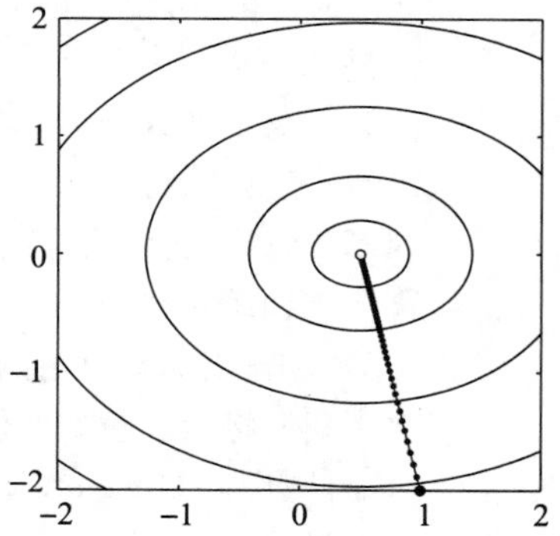

图 P9.6 例题 P9.4 中的牛顿法轨迹

P9.5 对于如下函数，比较牛顿法和最速下降法的性能。

$$F(\boldsymbol{x}) = \frac{1}{2}\boldsymbol{x}^{\mathrm{T}}\begin{bmatrix} 1 & -1 \\ -1 & 1 \end{bmatrix}\boldsymbol{x}$$

初始猜测点为：

$$\boldsymbol{x}_0 = \begin{bmatrix} 1 \\ 0 \end{bmatrix}$$

解 注意，这个函数是关于驻点凹槽的例子(见式(8.59)和图 8.9)。其梯度为

$$\nabla F(\boldsymbol{x}) = \boldsymbol{A}\boldsymbol{x} + \boldsymbol{d} = \begin{bmatrix} 1 & -1 \\ -1 & 1 \end{bmatrix}\boldsymbol{x}$$

且 Hessian 矩阵为

$$\nabla^2 F(\boldsymbol{x}) = \boldsymbol{A} = \begin{bmatrix} 1 & -1 \\ -1 & 1 \end{bmatrix}$$

牛顿法为

$$\boldsymbol{x}_{k+1} = \boldsymbol{x}_k - \boldsymbol{A}_k^{-1}\boldsymbol{g}_k$$

但是，请注意由于 Hessian 矩阵是奇异的，实际上我们不能够运行这个算法。从第 8 章关于此函数的讨论可知，此函数没有强极小点，但是沿直线 $x_1=x_2$ 有一个弱极小点。对于最速下降算法又是怎样的呢？如果我们从初始点出发，且设学习率为 $\alpha=0.1$，则前两次迭代为

$$\boldsymbol{x}_1 = \boldsymbol{x}_0 - \alpha\boldsymbol{g}_0 = \begin{bmatrix}1\\0\end{bmatrix} - 0.1\begin{bmatrix}1\\-1\end{bmatrix} = \begin{bmatrix}0.9\\0.1\end{bmatrix}$$

$$\boldsymbol{x}_2 = \boldsymbol{x}_1 - \alpha\boldsymbol{g}_1 = \begin{bmatrix}0.9\\0.1\end{bmatrix} - 0.1\begin{bmatrix}0.8\\-0.8\end{bmatrix} = \begin{bmatrix}0.82\\0.18\end{bmatrix}$$ 9-31

图 P9.7 展示了完整的轨迹。这是一个最速下降法性能优于牛顿法的例子。最速下降法收敛到一个极小点(弱极小点)，而牛顿法不收敛。在第 12 章，我们将讨论一种将最速下降法与牛顿法相结合的技术来克服 Hessian 矩阵奇异(或类奇异)的问题。

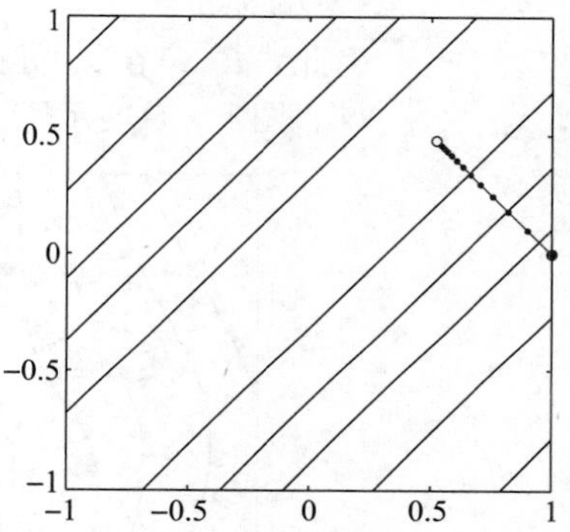

图 P9.7 例题 P9.5 中 $\alpha=0.1$ 时的最速下降法轨迹

P9.6 考虑如下函数：

$$F(\boldsymbol{x}) = x_1^3 + x_1x_2 - x_1^2x_2^2$$

i. 从初始猜测点 $\boldsymbol{x}_0=[1\quad 1]^{\mathrm{T}}$，执行牛顿法的一次迭代。

ii. 求 $F(\boldsymbol{x})$关于 $\boldsymbol{x}_0$ 的二阶泰勒级数展式。这个二次函数能否在问题 i 中所找到的点 $\boldsymbol{x}_1$ 上取得极小值？解释之。

解 i. $F(\boldsymbol{x})$的梯度为：

$$\nabla F(\boldsymbol{x}) = \begin{bmatrix}\dfrac{\partial}{\partial x_1}F(\boldsymbol{x})\\[2mm]\dfrac{\partial}{\partial x_2}F(\boldsymbol{x})\end{bmatrix} = \begin{bmatrix}3x_1^2 + x_2 - 2x_1x_2^2\\ x_1 - 2x_1^2x_2\end{bmatrix}$$

且 Hessian 矩阵为： 9-32

$$\nabla^2 F(\boldsymbol{x}) = \begin{bmatrix}6x_1 - 2x_2^2 & 1 - 4x_1x_2\\ 1 - 4x_1x_2 & -2x_1^2\end{bmatrix}$$

在初始猜测点有：

$$\boldsymbol{g}_0 = \nabla F(\boldsymbol{x})\,|_{\boldsymbol{x}=\boldsymbol{x}_0} = \begin{bmatrix}2\\-1\end{bmatrix}$$

$$\boldsymbol{A}_0 = \nabla^2 F(\boldsymbol{x})\,|_{\boldsymbol{x}=\boldsymbol{x}_0} = \begin{bmatrix}4 & -3\\-3 & -2\end{bmatrix}$$

那么，牛顿法的第一次迭代为：

$$\boldsymbol{x}_1 = \boldsymbol{x}_0 - \boldsymbol{A}_0^{-1}\boldsymbol{g}_0 = \begin{bmatrix}1\\1\end{bmatrix} - \begin{bmatrix}4 & -3\\-3 & -2\end{bmatrix}^{-1}\begin{bmatrix}2\\-1\end{bmatrix} = \begin{bmatrix}0.5882\\1.1176\end{bmatrix}$$

ii. 由式(9.40)可知，$F(\boldsymbol{x})$在 $\boldsymbol{x}_0$ 处的二阶泰勒级数展式为

$$F(\boldsymbol{x}) = F(\boldsymbol{x}_0 + \Delta\boldsymbol{x}_0) \approx F(\boldsymbol{x}_0) + \boldsymbol{g}_0^{\mathrm{T}}\Delta\boldsymbol{x}_0 + \frac{1}{2}\Delta\boldsymbol{x}_0^{\mathrm{T}}\boldsymbol{A}_0\Delta\boldsymbol{x}_0$$

将 $\boldsymbol{x}_0$、$\boldsymbol{g}_0$ 和 $\boldsymbol{A}_0$ 代入上式，可得：

$$F(\boldsymbol{x}) \approx 1 + \begin{bmatrix} 2 & -1 \end{bmatrix}\left(\boldsymbol{x} - \begin{bmatrix} 1 \\ 1 \end{bmatrix}\right) + \frac{1}{2}\left(\boldsymbol{x} - \begin{bmatrix} 1 \\ 1 \end{bmatrix}\right)^{\mathrm{T}}\begin{bmatrix} 4 & -3 \\ -3 & -2 \end{bmatrix}\left(\boldsymbol{x} - \begin{bmatrix} 1 \\ 1 \end{bmatrix}\right)$$

化简得：

$$F(\boldsymbol{x}) \approx -2 + \begin{bmatrix} 1 & 4 \end{bmatrix}\boldsymbol{x} + \frac{1}{2}\boldsymbol{x}^{\mathrm{T}}\begin{bmatrix} 4 & -3 \\ -3 & -2 \end{bmatrix}\boldsymbol{x}$$

此函数在 $\boldsymbol{x}_1$ 处有一个驻点，问题是这个驻点是否为一个强极小点。这个问题可由Hessian矩阵的特征值来确定。如果两个特征值均为正，则它是一个强极小点。如果两个特征值都为负，则它是一个强极大点。如果两个特征值异号，则它是一个鞍点。在这个例子中，$\boldsymbol{A}_0$ 的特征值为：

9-33

$$\lambda_1 = 5.24, \quad \lambda_2 = -3.24$$

因此，$F(\boldsymbol{x})$在 $\boldsymbol{x}_0$ 处的二次近似在 $\boldsymbol{x}_1$ 处不能取得极小值，这是因为 $\boldsymbol{x}_1$ 是一个鞍点。图 P9.8 展示了 $F(\boldsymbol{x})$及其二次近似的等高线图。

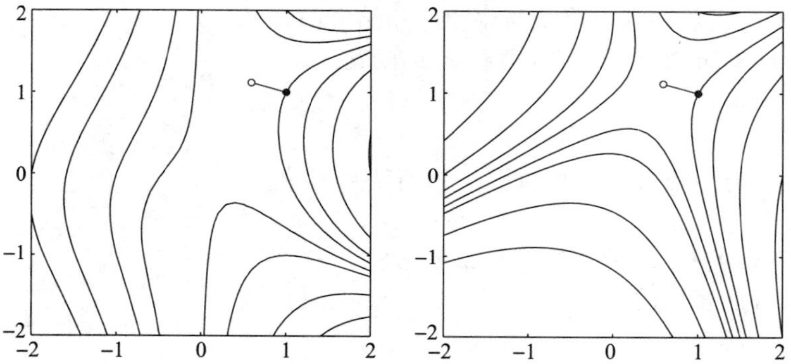

图 P9.8 牛顿法从点 $\boldsymbol{x}_0 = [1 \quad 1]^{\mathrm{T}}$ 处的一次迭代

这类问题同样也在图 9.8 和图 9.9 中有说明。牛顿法确实能找到原函数在当前猜测点的二次近似的驻点，但是它不能区分出极小点、极大点和鞍点。

P9.7 使用共轭梯度法，重复例题 P9.3 的问题 i。

解 回顾一下，需要极小化的函数为

$$F(\boldsymbol{x}) = 0.25 + \begin{bmatrix} -2 & -1 \end{bmatrix}\boldsymbol{x} + \frac{1}{2}\boldsymbol{x}^{\mathrm{T}}\begin{bmatrix} 10 & 2 \\ 2 & 4 \end{bmatrix}\boldsymbol{x}$$

在 $\boldsymbol{x}_0$ 处的梯度为

$$\boldsymbol{g}_0 = \nabla F(\boldsymbol{x}_0) = \boldsymbol{A}\boldsymbol{x}_0 + \boldsymbol{d} = \begin{bmatrix} 10 & 2 \\ 2 & 4 \end{bmatrix}\begin{bmatrix} 1 \\ 1 \end{bmatrix} + \begin{bmatrix} -2 \\ -1 \end{bmatrix} = \begin{bmatrix} 10 \\ 5 \end{bmatrix}$$

则第一次搜索方向为：

$$\boldsymbol{p}_0 = -\boldsymbol{g}_0 = \begin{bmatrix} -10 \\ -5 \end{bmatrix}$$

9-34 为了沿着一条直线极小化二次函数，我们可以使用式(9.31)：

$$\alpha_0 = -\frac{\boldsymbol{g}_0^{\mathrm{T}}\boldsymbol{p}_0}{\boldsymbol{p}_0^{\mathrm{T}}\boldsymbol{A}\boldsymbol{p}_0} = -\frac{\begin{bmatrix} 10 & 5 \end{bmatrix}\begin{bmatrix} -10 \\ -5 \end{bmatrix}}{\begin{bmatrix} -10 & -5 \end{bmatrix}\begin{bmatrix} 10 & 2 \\ 2 & 4 \end{bmatrix}\begin{bmatrix} -10 \\ -5 \end{bmatrix}} = -\frac{-125}{1300} = 0.0962$$

因此，共轭梯度法的第一次迭代为

$$\boldsymbol{x}_1 = \boldsymbol{x}_0 + \alpha_0 \boldsymbol{p}_0 = \begin{bmatrix} 1 \\ 1 \end{bmatrix} + 0.0962 \begin{bmatrix} -10 \\ -5 \end{bmatrix} = \begin{bmatrix} 0.038 \\ 0.519 \end{bmatrix}$$

现在需要利用式(9.60)找到第二个搜索方向。首先需要计算在 $\boldsymbol{x}_1$ 处的梯度

$$\boldsymbol{g}_1 = \nabla F(\boldsymbol{x})\big|_{\boldsymbol{x}=\boldsymbol{x}_1} = \begin{bmatrix} 10 & 2 \\ 2 & 4 \end{bmatrix} \begin{bmatrix} 0.038 \\ 0.519 \end{bmatrix} + \begin{bmatrix} -2 \\ -1 \end{bmatrix} = \begin{bmatrix} -0.577 \\ 1.154 \end{bmatrix}$$

使用 Polak 和 Ribiére 的方法(式(9.63))，我们可以得到 β_1

$$\beta_1 = \frac{\Delta \boldsymbol{g}_0^{\mathrm{T}} \boldsymbol{g}_1}{\boldsymbol{g}_0^{T} \boldsymbol{g}_0} = \frac{\begin{bmatrix} -10.577 & -3.846 \end{bmatrix} \begin{bmatrix} -0.577 \\ 1.154 \end{bmatrix}}{\begin{bmatrix} 10 & 5 \end{bmatrix} \begin{bmatrix} 10 \\ 5 \end{bmatrix}} = \frac{1.665}{125} = 0.0133$$

(对于一个二次函数，另外两种计算 β_1 的方法将产生相同的结果。读者可以尝试一下。)然后，由式(9.60)可计算得到第二个搜索方向：

$$\boldsymbol{p}_1 = -\boldsymbol{g}_1 + \beta_1 \boldsymbol{p}_0 = \begin{bmatrix} 0.577 \\ -1.154 \end{bmatrix} + 0.0133 \begin{bmatrix} -10 \\ -5 \end{bmatrix} = \begin{bmatrix} 0.444 \\ -1.220 \end{bmatrix}$$

根据式(9.31)，可得第二次迭代的学习率为

$$\alpha_1 = -\frac{\begin{bmatrix} -0.577 & 1.154 \end{bmatrix} \begin{bmatrix} 0.444 \\ -1.220 \end{bmatrix}}{\begin{bmatrix} 0.444 & 1.220 \end{bmatrix} \begin{bmatrix} 10 & 2 \\ 2 & 4 \end{bmatrix} \begin{bmatrix} 0.444 \\ -1.220 \end{bmatrix}} = -\frac{-1.664}{5.758} = 0.2889$$

因此，共轭梯度法的第二步为 9-35

$$\boldsymbol{x}_2 = \boldsymbol{x}_1 + \alpha_1 \boldsymbol{p}_1 = \begin{bmatrix} 0.038 \\ 0.519 \end{bmatrix} + 0.02889 \begin{bmatrix} 0.444 \\ -1.220 \end{bmatrix}$$

$$= \begin{bmatrix} 0.1667 \\ 0.1667 \end{bmatrix}$$

经过两次迭代，如期到达了极小点。其轨迹如图 P9.9 所示。

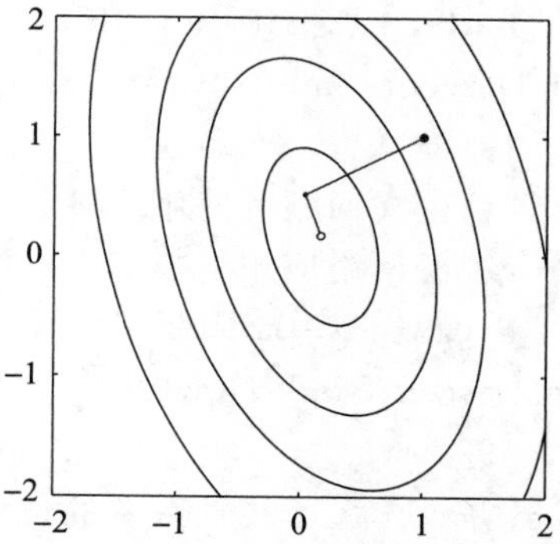

图 P9.9 例题 P9.7 中共轭梯度法的轨迹

P9.8 证明共轭向量线性无关。

解 假设有向量集{$\boldsymbol{p}_0$，$\boldsymbol{p}_1$，…，$\boldsymbol{p}_{n-1}$,}，它们关于 Hessian 矩阵 $\boldsymbol{A}$ 共轭。如果这些向量线性相关，则由式(5.4)可知，下式为真：

$$\sum_{j=0}^{n-1} a_j \boldsymbol{p}_j = \boldsymbol{0}$$

其中，常数 α_0，α_1，…，α_{n-1} 至少有一个非零。

假如在上式两边同时乘以 $\boldsymbol{p}_k^{\mathrm{T}} \boldsymbol{A}$，可得：

$$\boldsymbol{p}_k^{\mathrm{T}} \boldsymbol{A} \sum_{j=0}^{n-1} a_j \boldsymbol{p}_j = \sum_{j=0}^{n-1} a_j \boldsymbol{p}_k^{\mathrm{T}} \boldsymbol{A} \boldsymbol{p}_j = a_k \boldsymbol{p}_k^{\mathrm{T}} \boldsymbol{A} \boldsymbol{p}_k = 0$$

其中第二个等式来自于式(9.52)中共轭向量的定义。如果 $\boldsymbol{A}$ 是正定的(存在唯一的强极小点)，那么 $\boldsymbol{p}_k^{\mathrm{T}} \boldsymbol{A} \boldsymbol{p}_k$ 必定为正。这意味着对于所有的 k，α_k 必为零。因此共轭方向必定线性无关。 9-36

9.5 结束语

本章介绍了三种不同的优化算法：最速下降法、牛顿法以及共轭梯度法。这些算法的基础是泰勒级数展式。最速下降法是由一阶展式导出的，而牛顿法和共轭梯度法则是为二阶(二次)函数所设计的。

最速下降法的优点是非常简单，只需要计算梯度。如果学习率足够小，它能够保证收敛到一个驻点。最速下降法的缺点是训练时间通常要比其他算法长，特别是当二次函数的 Hessian 矩阵的特征值相差很大时。

牛顿法通常会比最速下降法快很多。对于二次函数，它能够在一次迭代之后收敛到一个驻点。它的一个缺点是需要计算和存储 Hessian 矩阵及其逆矩阵。此外，牛顿法的收敛性质非常复杂。在第 12 章，我们将介绍一种对牛顿法的改进，它克服了标准算法的部分缺点。

共轭梯度法是最速下降法与牛顿法折中的产物。它可以在有限的迭代次数内找到二次函数的极小点，并且无须计算和存储 Hessian 矩阵。它很适合解决那些具有大量参数的问题，此时计算和存储 Hessian 矩阵都是不现实的。

在后续的章节中，我们将这些优化算法应用于神经网络的训练。在第 10 章，我们将展示如何使用一种近似的最速下降算法，即 Widrow-Hoff 学习算法，来训练线性网络。在第 11 章，我们将 Widrow-Hoff 学习算法推广用于训练多层网络。在第 12 章，共轭梯度
9-37 算法和牛顿法的一个变形将用于加速多层网络的训练。

9.6 扩展阅读

[**Batt92**] R. Battiti，“First and Second Order Methods for Learning: Between Steepest Descent and Newton's Method,” Neural Computation，Vol. 4，No. 2，pp. 141-166，1992.

这篇论文回顾了使用一阶和二阶导数的非约束优化研究的最新进展。文中讨论的都是最适合神经网络应用的技术。

[**Brog91**] R. Battiti，“First and Second Order Methods for Learning: Between Steepest Descent and Newton's Method,” Neural Computation，Vol. 4，No. 2，pp. 141-166，1992.

这是一本关于线性系统的佳作，书的前半部分致力于讨论线性代数。此外关于线性微分方程求解以及线性和非线性系统的稳定性部分也不错，书中还包含了许多例题。

[**Gill81**] P. E. Gill，W. Murray and M. H. Wright，Practical Optimization，New York: Academic Press，1981.

正如书名所说，该书着重于优化算法的实际实现。它提供了优化算法的动机，以及影响算法性能的实现细节。

[**Himm72**] D. M. Himmelblau，Applied Nonlinear Programming，New York: McGraw-Hill，1972.

这本书全面地介绍了非线性优化。它同时覆盖了有约束优化和无约束优化问题。该书非常完整，配备了许多解释详尽的示例。

[**Scal85**] L. E. Scales，Introduction to Non-Linear Optimization，New York: Springer-Verlag，1985.

这是一本可读性很强的书，它介绍了主要的优化算法，着重于优化方法而非收敛的存在定理和证明。算法通过直观的解释、说明性的图示以及例子来描述，也给出了大部分算法的伪代码。

9-38

9.7 习题

E9.1 在例题 P9.1 中，我们获得了将最速下降法应用于一个特定的二次函数时的最大稳定学习率。如果采用一个更大的学习率，算法是否一定发散？或者是否存在什么条件可以使得算法仍然收敛？

E9.2 我们想要寻找下列函数的极小点：

$$F(\boldsymbol{x}) = \frac{1}{2}\boldsymbol{x}^{\mathrm{T}}\begin{bmatrix} 6 & -2 \\ -2 & 6 \end{bmatrix}\boldsymbol{x} + \begin{bmatrix} -1 & -1 \end{bmatrix}\boldsymbol{x}$$

i. 绘制这个函数的等高线图。

ii. 假设初始猜测点为 $\boldsymbol{x}_0 = \begin{bmatrix} 0 & 0 \end{bmatrix}^{\mathrm{T}}$，且采用一个很小的学习率，在问题 i 的等高线图上绘制最速下降法的轨迹。

iii. 采用学习率 $\alpha = 0.1$，执行两次最速下降法的迭代。

iv. 最大的稳定学习率是多少？

iv. 对于问题 ii 中给定的初始猜测值，最大的稳定学习率是多少？（见习题 E9.1）

vi. **MATLAB 练习** 写一个 MATLAB 程序实现本题中的最速下降法，并利用它来检验从问题 i 到问题 v 的答案。

E9.3 对于二次函数

$$F(\boldsymbol{x}) = x_1^2 + 2x_2^2$$

i. 求此函数沿下列直线的极小点

$$\boldsymbol{x} = \begin{bmatrix} 1 \\ 1 \end{bmatrix} + \alpha\begin{bmatrix} -1 \\ -2 \end{bmatrix}$$

ii. 证明 $F(\boldsymbol{x})$ 在问题 i 的极小点处的梯度与最小化所沿的直线正交。 9-39

E9.4 **MATLAB 练习** 对于习题 E8.3 给出的函数，从初始猜测点 $\boldsymbol{x}_0 = \begin{bmatrix} 1 & 1 \end{bmatrix}^{\mathrm{T}}$ 开始，用线性最小化的最速下降算法进行两次迭代。写出 MATLAB 程序来检验你的答案。

E9.5 考虑如下的函数：

$$F(\boldsymbol{x}) = [1 + (x_1 + x_2 - 5)^2][1 + (3x_1 - 2x_2)^2]$$

i. 从初始猜测点 $\boldsymbol{x}_0 = \begin{bmatrix} 10 & 10 \end{bmatrix}^{\mathrm{T}}$ 开始，执行一次牛顿法的迭代。

ii. 从初始猜测点 $\boldsymbol{x}_0 = \begin{bmatrix} 2 & 2 \end{bmatrix}^{\mathrm{T}}$ 开始，重复问题 i 中的操作。

iii. 求此函数的极小点，并与前两个问题的结果进行比较。

E9.6 考虑如下的二次函数：

$$F(\boldsymbol{x}) = \frac{1}{2}\boldsymbol{x}^{\mathrm{T}}\begin{bmatrix} 3 & 2 \\ 2 & 0 \end{bmatrix}\boldsymbol{x} + \begin{bmatrix} 4 & 4 \end{bmatrix}\boldsymbol{x}$$

i. 绘制 $F(\boldsymbol{x})$ 的等高线图。展示所有的工作。

ii. 从初始猜测点 $\boldsymbol{x}_0 = \begin{bmatrix} 0 & 0 \end{bmatrix}^{\mathrm{T}}$ 开始，执行一次牛顿法的迭代。

iii. 在问题 ii 中，是否得到了 $F(\boldsymbol{x})$ 的极小点？请解释。

E9.7 考虑如下的函数：

$$F(\boldsymbol{x}) = (x_1 + x_2)^4 + 2(x_2 - 1)^2$$

i. 求该函数在点 $\boldsymbol{x}_0=[-1\quad -1]^{\mathrm{T}}$ 处的二阶泰勒级数展式。

ii. 这个点是否是一个极小点？它是否满足一阶和二阶条件？

9-40 iii. 从初始猜测点 $\boldsymbol{x}_0=[0.5\quad 0]^{\mathrm{T}}$ 开始，执行一次牛顿法的迭代。

E9.8 考虑如下的二次函数：

$$F(\boldsymbol{x})=\frac{1}{2}\boldsymbol{x}^{\mathrm{T}}\begin{bmatrix}7 & -9\\ -9 & -17\end{bmatrix}\boldsymbol{x}+[16\quad 8]\boldsymbol{x}$$

i. 绘制这个函数的等高线图。

ii. 从初始猜测点 $\boldsymbol{x}_0=[2\quad 2]^{\mathrm{T}}$ 开始，执行一次牛顿法的迭代。

iii. 在问题 ii 中，一次牛顿法迭代之后是否得到了此函数的极小点？请解释。

iv. 从问题 ii 中的初始猜测点出发，在问题 i 中的等高线图上绘制使用非常小的学习率时的最速下降法的路径。请解释你是如何确定这条路径的。最速下降法最终是否同样收敛到问题 ii 中得到的结果？请解释。

E9.9 考虑如下函数：

$$F(\boldsymbol{x})=(1+x_1+x_2)^2+\frac{1}{4}x_1^4$$

i. 求 $F(\boldsymbol{x})$关于点 $\boldsymbol{x}_0=[2\quad 2]^{\mathrm{T}}$ 的二次近似。

ii. 绘制问题 i 中二次近似的等高线图。

iii. 从问题 i 中给出的初始条件 $\boldsymbol{x}_0$ 开始，对函数 $F(\boldsymbol{x})$进行一次牛顿法的迭代。在问题 ii 中得到的等高线图中绘制出由 $\boldsymbol{x}_0$ 到 $\boldsymbol{x}_1$ 的路径。

iv. 在问题 iii 中的 $\boldsymbol{x}_1$ 是否是二次近似的强极小点？它是否是原函数 $F(\boldsymbol{x})$的一个强极小点？请解释。

v. 如果进行足够次数的迭代，牛顿法是否总能够收敛到 $F(\boldsymbol{x})$的一个强极小点？它是否总能够收敛到 $F(\boldsymbol{x})$的二阶近似的一个强极小点？请详细解释。

E9.10 MATLAB 练习 回顾习题 E8.5 中的函数。对于该函数，写一个 MATLAB 程序实现最速下降法和牛顿法。对于不同的初始猜测点，测试算法的性能。

E9.11 使用共轭梯度法重做习题 E9.4。对于式(9.61)～式(9.63)中的三种方法，每种方

9-41 法至少使用一次。

E9.12 证明或者反驳下面的结论：

9-42 如果 $\boldsymbol{p}_1$ 共轭于 $\boldsymbol{p}_2$ 且 $\boldsymbol{p}_2$ 共轭于 $\boldsymbol{p}_3$，那么 $\boldsymbol{p}_1$ 共轭于 $\boldsymbol{p}_3$

Widrow-Hoff 学习

10.1 目标

在前面两章中，我们奠定了性能学习的基础，即神经网络通过训练来优化其性能。本章将把性能学习的原理应用于单层线性神经网络。

Widrow-Hoff 学习算法是一个以均方误差为性能指标的近似最速下降算法。该算法的重要性体现在两个方面：首先，该算法被广泛应用于现今诸多信号处理的实际问题中，我们将在本章介绍其中的几个应用；其次，它是多层网络学习算法——BP 算法的前导工作(BP 算法将在第 11 章介绍)。 10-1

10.2 理论与例子

Bernard Widrow 在 20 世纪 50 年代末就开始了神经网络的研究工作。几乎在同一时期，Frank Rosenblatt 提出了感知机学习规则。1960 年，Widrow 和他的研究生 Marcian Hoff 发明了 ADALINE(ADAptive LInear NEuron，自适应线性神经元)网络和 LMS(Least Mean Square，最小均方)学习算法[WiHo60]。

ADALINE 网络与感知机网络非常相似，不同之处在于它的传输函数是线性函数而不是硬限值函数。ADALINE 和感知机具有相同的内在局限性：它们只能解决线性可分问题(回顾第 3 章和第 4 章的讨论)。但是，LMS 算法比感知机学习规则要强大得多。尽管感知机规则能保证网络收敛到正确分类训练模式的解，但由于训练模式通常接近网络的决策边界，训练得到的网络可能对噪声敏感。而 LMS 算法最小化均方误差，从而使网络的决策边界尽可能远离训练模式。

LMS 算法比感知机学习规则有更为广泛的实际应用，尤其在数字信号处理领域。例如，大多数长距离电话线路使用 ADALINE 网络来消除回声。本章后续部分将详细讨论这些应用。

LMS 算法在信号处理应用中取得了巨大成功，而其应用于多层神经网络却不成功，所以在 20 世纪 60 年代早期，Widrow 停止了他在神经网络方面的工作，开始全身心研究自适应信号处理。直到 80 年代，他才重返神经网络领域，研究自适应控制中神经网络的应用。在研究中，他使用了由最初的 LMS 算法发展而来的时间反向传播(temporal backpropagation)算法。

10.2.1 ADALINE 网络

ADALINE 网络如图 10.1 所示。注意，它与第 4 章中所讨论的感知机网络的基本结构相同。唯一的不同点是它使用了一个线性传输函数。 10-2

该网络输出由下式计算：

$$\boldsymbol{a} = \mathrm{purelin}(\boldsymbol{W}\boldsymbol{p} + \boldsymbol{b}) = \boldsymbol{W}\boldsymbol{p} + \boldsymbol{b} \tag{10.1}$$

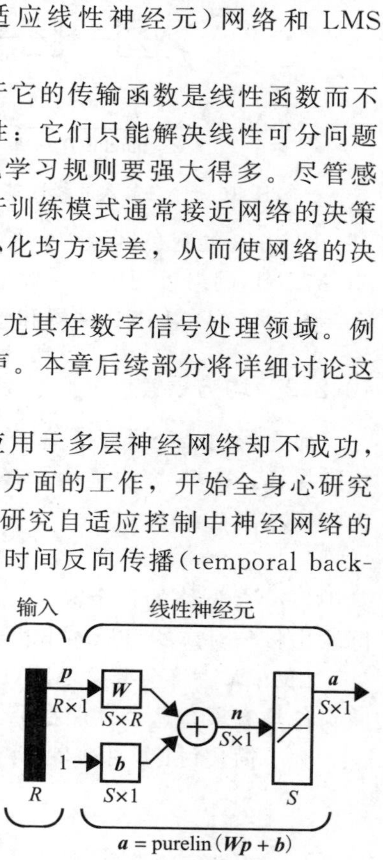

图 10.1 ADALINE 网络

根据之前对感知机网络的讨论，网络输出向量的第 i 个元素可记为：

$$a_i = \text{purelin}(n_i) = \text{purelin}({}_i\boldsymbol{w}^{\mathrm{T}}\boldsymbol{p} + b_i) = {}_i\boldsymbol{w}^{\mathrm{T}}\boldsymbol{p} + b_i \tag{10.2}$$

其中，${}_i\boldsymbol{w}$ 是 $\boldsymbol{W}$ 的第 i 行元素构成的向量：

$${}_i\boldsymbol{w} = \begin{bmatrix} w_{i,1} \\ w_{i,2} \\ \vdots \\ w_{i,R} \end{bmatrix} \tag{10.3}$$

单神经元 ADALINE 网络

为了简化讨论，我们考虑有两个输入的单神经元 ADALINE 网络，如图 10.2 所示。

网络的输出由下式计算：

10-3

$$\begin{aligned} a &= \text{purelin}(n) = \text{purelin}({}_1\boldsymbol{w}^{\mathrm{T}}\boldsymbol{p} + b) = {}_1\boldsymbol{w}^{\mathrm{T}}\boldsymbol{p} + b \\ &= {}_1\boldsymbol{w}^{\mathrm{T}}\boldsymbol{p} + b = w_{1,1}p_1 + w_{1,2}p_2 + b \end{aligned} \tag{10.4}$$

回顾第 4 章，感知机有一个决策边界，它由净输入 n 为 0 的输入向量所决定。那么，ADALINE 网络是否也存在这样的决策边界？显然是的。如图 10.3 所示，若设 $n=0$，那么${}_i\boldsymbol{w}^{\mathrm{T}}\boldsymbol{p}+b=0$ 定义了一条直线。

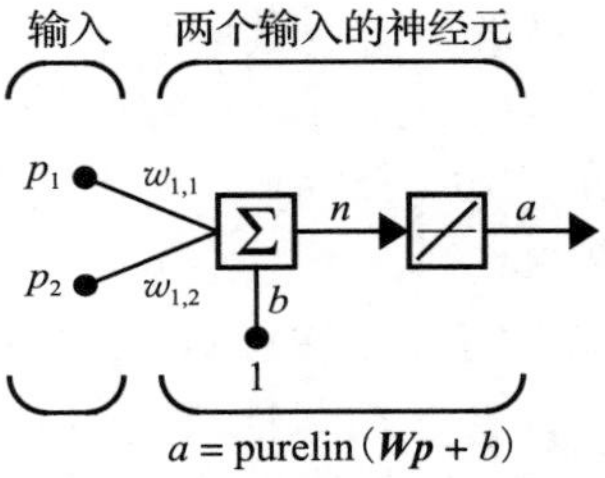

图 10.2 二输入的线性神经元

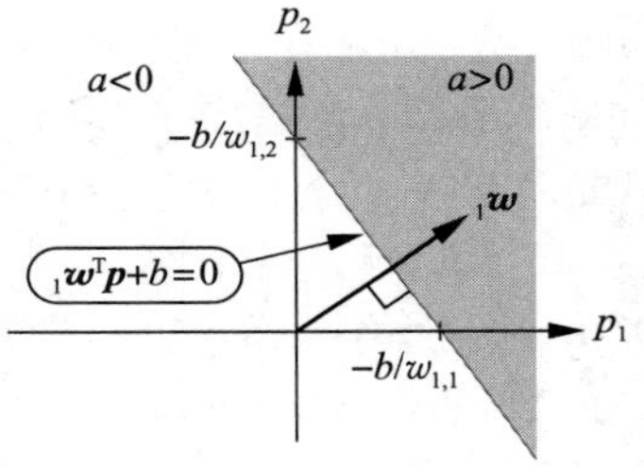

图 10.3 二输入 ADALINE 网络的决策边界

图 10.3 的灰色区域中，神经元输出大于 0；白色区域中，神经元输出小于 0。这表明 ADALINE 网络可用于将目标分为两类。然而，只有当目标是线性可分时才行。因此，在这一点上，ADALINE 网络和感知机网络具有同样的局限性。

10.2.2 均方误差

前面我们已经研究了 ADALINE 网络的特性，接下来开始讨论 LMS 算法。与感知机规则一样，LMS 算法是一个有监督的训练算法。其学习规则将使用一个表征网络正确行

10-4 为的样本集合：

$$\{\boldsymbol{p}_1, \boldsymbol{t}_1\}, \{\boldsymbol{p}_2, \boldsymbol{t}_2\}, \cdots, \{\boldsymbol{p}_Q, \boldsymbol{t}_Q\} \tag{10.5}$$

其中，$\boldsymbol{p}_q$ 是网络的一个输入，而 $\boldsymbol{t}_q$ 是对应的目标输出。对于每一个网络输入，网络的实际输出将与对应的目标输出相比较，其差值称为误差。

LMS 算法将会调整 ADALINE 网络的权值和偏置值来最小化均方误差。这一小节中将讨论均方误差这个性能指标。首先，考虑单个神经元的情况。

为了简化讨论，我们将所有需要调整的参数(包括偏置值)构成一个向量：

$$\boldsymbol{x} = \begin{bmatrix} {}_1\boldsymbol{w} \\ b \end{bmatrix} \tag{10.6}$$

类似地，我们将偏置值输入“1”作为输入向量的一部分：

$$z = \begin{bmatrix} \boldsymbol{p} \\ 1 \end{bmatrix} \tag{10.7}$$

那么，网络的实际输出表示为：

$$a = {}_1\boldsymbol{w}^{\mathrm{T}}\boldsymbol{p} + b \tag{10.8}$$

也可以记为：

$$a = \boldsymbol{x}^{\mathrm{T}}\boldsymbol{z} \tag{10.9}$$

现在，我们能够方便地写出 ADALINE 网络均方误差(mean square error)的表达式：

$$F(\boldsymbol{x}) = E[e^2] = E[(t-a)^2] = E[(t-\boldsymbol{x}^{\mathrm{T}}\boldsymbol{z})^2] \tag{10.10}$$

其中，期望值在所有输入/目标对的集合上求得。(这里我们使用 $E[\,]$来表示期望值，使用期望的一个广义定义，即确定信号的时间平均值。参考[WiSt85]。)我们可以将上式扩展成：

$$F(\boldsymbol{x}) = E[t^2 - 2t\boldsymbol{x}^{\mathrm{T}}\boldsymbol{z} + \boldsymbol{x}^{\mathrm{T}}\boldsymbol{z}\boldsymbol{z}^{\mathrm{T}}\boldsymbol{x}] = E[t^2] - 2\boldsymbol{x}^{\mathrm{T}}E[t\boldsymbol{z}] + \boldsymbol{x}^{\mathrm{T}}E[\boldsymbol{z}\boldsymbol{z}^{\mathrm{T}}]\boldsymbol{x} \tag{10.11}$$ 10-5

该表达式可简单记作：

$$F(\boldsymbol{x}) = c - 2\boldsymbol{x}^{\mathrm{T}}\boldsymbol{h} + \boldsymbol{x}^{\mathrm{T}}\boldsymbol{R}\boldsymbol{x} \tag{10.12}$$

其中，

$$c = E[t^2],\quad \boldsymbol{h} = E[t\boldsymbol{z}],\quad \boldsymbol{R} = E[\boldsymbol{z}\boldsymbol{z}^{\mathrm{T}}] \tag{10.13}$$

这里，向量 $\boldsymbol{h}$ 给出了输入向量和对应目标输出之间的相关性，$\boldsymbol{R}$ 是输入相关矩阵(correlation matrix)。矩阵的对角线元素等于输入向量元素的均方值。

回顾式(8.35)，二次函数的一般形式为：

$$F(\boldsymbol{x}) = c + \boldsymbol{d}^{\mathrm{T}}\boldsymbol{x} + \frac{1}{2}\boldsymbol{x}^{\mathrm{T}}\boldsymbol{A}\boldsymbol{x} \tag{10.14}$$

将它与式(10.12)仔细比较，可以看出，ADALINE 网络的均方误差性能指标是一个二次函数。其中，

$$\boldsymbol{d} = -2\boldsymbol{h},\quad \boldsymbol{A} = 2\boldsymbol{R} \tag{10.15}$$

这是一个非常重要的结果。从第 8 章中我们已经知道，二次函数的性质主要取决于其 Hessian 矩阵 $\boldsymbol{A}$。例如，当 Hessian 矩阵的特征值全为正时，函数存在唯一全局极小点。

这里，Hessian 矩阵是相关矩阵 $\boldsymbol{R}$ 的两倍。显然，所有相关矩阵是正定或半正定的，即它们不会有负的特征值。因此，性能指标存在两种可能性：若相关矩阵只有正的特征值，性能指标将有一个唯一的全局极小点(见图 8.7)；若相关矩阵有一些特征值为 0，那么性能指标将有一个弱极小点(见图 8.9)或者没有极小点(见例题 P8.7)，这取决于向量 $\boldsymbol{d}=-2\boldsymbol{h}$。

现在我们来确定性能指标的驻点。基于之前对二次函数的讨论，我们知道，其梯度是：

$$\nabla F(\boldsymbol{x}) = \nabla\left(c + \boldsymbol{d}^{\mathrm{T}}\boldsymbol{x} + \frac{1}{2}\boldsymbol{x}^{\mathrm{T}}\boldsymbol{A}\boldsymbol{x}\right) = \boldsymbol{d} + \boldsymbol{A}\boldsymbol{x} = -2\boldsymbol{h} + 2\boldsymbol{R}\boldsymbol{x} \tag{10.16}$$

$F(\boldsymbol{x})$的驻点可以通过令梯度等于 0 来求得：

$$-2\boldsymbol{h} + 2\boldsymbol{R}\boldsymbol{x} = 0 \tag{10.17}$$ 10-6

因此，若相关矩阵是正定的，则仅存在唯一驻点，而且它是一个强极小点：

$$\boldsymbol{x}^* = \boldsymbol{R}^{-1}\boldsymbol{h} \tag{10.18}$$

值得注意的是，唯一解是否存在仅取决于相关矩阵 $\boldsymbol{R}$。因此，输入向量的性质决定了是否存在唯一解。

10.2.3 LMS 算法

前面我们已经分析了性能指标，下一步将设计一个计算极小点的算法。如果能计算出统计量 $\boldsymbol{h}$ 和 $\boldsymbol{R}$，我们就能根据式(10.18)直接求出极小点。若不想计算矩阵 $\boldsymbol{R}$ 的逆，可以由式(10.16)计算梯度并使用最速下降法。然而，通常不希望或不方便计算 $\boldsymbol{h}$ 和 $\boldsymbol{R}$。因此，我们将使用一个近似的最速下降法，即这里的梯度值是一个估计值。

Widrow 和 Hoff 的关键思想在于使用下式来估计均方误差 $F(\boldsymbol{x})$：

$$\hat{F}(\boldsymbol{x}) = (t(k) - a(k))^2 = e^2(k) \tag{10.19}$$

其中，均方误差的期望被第 k 次迭代的均方误差所代替。因此，每次迭代我们都有一个如下形式的梯度估计：

$$\hat{\nabla} F(\boldsymbol{x}) = \nabla e^2(k) \tag{10.20}$$

该梯度有时被称为随机梯度(stochastic gradient)。当该梯度用于梯度下降算法时，每当一个样本输入网络，权值都会被更新，因此该方法通常被称为“在线”学习或者增量学习。

$\nabla e^2(k)$的前 R 个元素是关于网络权值的导数值，而第$(R+1)$个元素是关于偏置值的导数值。于是有：

$$[\nabla e^2(k)]_j = \frac{\partial e^2(k)}{\partial w_{1,j}} = 2e(k)\frac{\partial e(k)}{\partial w_{1,j}}, \quad j = 1,2,\cdots,R \tag{10.21}$$

和

10-7

$$[\nabla e^2(k)]_{R+1} = \frac{\partial e^2(k)}{\partial b} = 2e(k)\frac{\partial e(k)}{\partial b} \tag{10.22}$$

接下来，我们考虑上述等式中后部的偏导数项。首先，计算 $e(k)$对于网络权值 $w_{1,j}$ 的偏导数：

$$\begin{aligned}\frac{\partial e(k)}{\partial w_{1,j}} &= \frac{\partial[t(k) - a(k)]}{\partial w_{1,j}} = \frac{\partial}{\partial w_{1,j}}[t(k) - ({}_1\boldsymbol{w}^{\mathrm{T}}\boldsymbol{p}(k) + b)] \\ &= \frac{\partial}{\partial w_{1,j}}\left[t(k) - \left(\sum_{i=1}^{R} w_{1,i}p_i(k) + b\right)\right]\end{aligned} \tag{10.23}$$

其中，$p_i(k)$是第 k 次迭代中输入向量的第 i 个元素。上式可简化为：

$$\frac{\partial e(k)}{\partial w_{1,j}} = -p_j(k) \tag{10.24}$$

类似的，我们能够得到梯度的最后一项：

$$\frac{\partial e(k)}{\partial b} = -1 \tag{10.25}$$

注意，因为 $p_j(k)$和 1 是输入向量 $\boldsymbol{z}$ 的元素，所以第 k 次迭代的均方误差的梯度可记作：

$$\hat{\nabla} F(\boldsymbol{x}) = \nabla e^2(k) = -2e(k)\boldsymbol{z}(k) \tag{10.26}$$

现在我们可以看到在式(10.19)中用第 k 次迭代时的瞬时误差来近似均方误差的精妙之处：这个梯度的近似值的计算只需要将误差与输入相乘。

$\nabla F(\boldsymbol{x})$的近似值可被用于最速下降算法。根据式(9.10)，具有固定学习率的最速下降算法可写作：

$$\boldsymbol{x}_{k+1} = \boldsymbol{x}_k - \alpha \nabla F(\boldsymbol{x})\big|_{\boldsymbol{x}=\boldsymbol{x}_k} \tag{10.27}$$

如果我们用式(10.26)中的$\hat{\nabla} F(\boldsymbol{x})$代替$\nabla F(\boldsymbol{x})$，可得：

$$\boldsymbol{x}_{k+1} = \boldsymbol{x}_k + 2\alpha e(k)\boldsymbol{z}(k) \tag{10.28}$$

或者

$$ {}_1\boldsymbol{w}(k+1) = {}_1\boldsymbol{w}(k) + 2\alpha e(k)\boldsymbol{p}(k) \tag{10.29} $$

以及

$$ b(k+1) = b(k) + 2\alpha e(k) \tag{10.30} $$ 10-8

最后两个等式构成了最小均方(LMS)算法。它也被称为 δ 规则或 Widrow-Hoff 学习算法。

前面的结果加以修改可用来处理有多个输出(即有多个神经元)的情况，如图 10.1 所示。权值矩阵的第 i 行的更新可记作：

$$ {}_i\boldsymbol{w}(k+1) = {}_i\boldsymbol{w}(k) + 2\alpha e_i(k)\boldsymbol{p}(k) \tag{10.31} $$

其中 $e_i(k)$ 是第 k 次迭代时误差的第 i 个元素。偏置值的第 i 个元素的更新可记作：

$$ b_i(k+1) = b_i(k) + 2\alpha e_i(k) \tag{10.32} $$

采用矩阵形式，LMS 算法可简洁地记为：

$$ \boldsymbol{W}(k+1) = \boldsymbol{W}(k) + 2\alpha \boldsymbol{e}(k)\boldsymbol{p}^{\mathrm{T}}(k) \tag{10.33} $$

和

$$ \boldsymbol{b}(k+1) = \boldsymbol{b}(k) + 2\alpha \boldsymbol{e}(k) \tag{10.34} $$

注意，上式中的误差 $\boldsymbol{e}$ 和偏置值 $\boldsymbol{b}$ 都是向量。

10.2.4 收敛性分析

第 9 章中分析了最速下降算法的稳定性，我们发现二次函数的最大稳定学习度 $\alpha < 2/\lambda_{max}$，其中 λ_{max} 是 Hessian 矩阵的最大特征值。下面分析 LMS 算法(一种近似最速下降算法)的收敛性，我们将发现结果是相同的。

首先，在 LMS 算法(式(10.28))中，$\boldsymbol{x}_k$ 仅是 $\boldsymbol{z}(k-1)$，$\boldsymbol{z}(k-2)$，…，$\boldsymbol{z}(0)$ 的函数。若假定后续的输入向量是统计独立的，则 $\boldsymbol{x}_k$ 独立于 $\boldsymbol{z}(k)$。下面我们将讨论，只要稳态输入过程满足这个条件，权值向量的期望值将收敛于：

$$ \boldsymbol{x}^* = \boldsymbol{R}^{-1}\boldsymbol{h} \tag{10.35} $$

如式(10.18)中所示，这正好是最小均方误差 $\{E[e_k^2]\}$ 的解。

回顾 LMS 算法(式(10.28))：

$$ \boldsymbol{x}_{k+1} = \boldsymbol{x}_k + 2\alpha e(k)\boldsymbol{z}(k) \tag{10.36} $$ 10-9

对等式两边求期望，可得：

$$ E[\boldsymbol{x}_{k+1}] = E[\boldsymbol{x}_k] + 2\alpha E[e(k)\boldsymbol{z}(k)] \tag{10.37} $$

将 $t(k) - \boldsymbol{x}_k^{\mathrm{T}}\boldsymbol{z}(k)$ 代入误差可得：

$$ E[\boldsymbol{x}_{k+1}] = E[\boldsymbol{x}_k] + 2\alpha\{E[t(k)\boldsymbol{z}(k)] - E[(\boldsymbol{x}_k^{\mathrm{T}}\boldsymbol{z}(k))\boldsymbol{z}(k)]\} \tag{10.38} $$

最后，用 $\boldsymbol{z}^{\mathrm{T}}(k)\boldsymbol{x}_k$ 代替 $\boldsymbol{x}_k^{\mathrm{T}}\boldsymbol{z}(k)$，整理后得：

$$ E[\boldsymbol{x}_{k+1}] = E[\boldsymbol{x}_k] + 2\alpha\{E[t_k\boldsymbol{z}(k)] - E[(\boldsymbol{z}(k)\boldsymbol{z}^{\mathrm{T}}(k))\boldsymbol{x}_k]\} \tag{10.39} $$

由于 $\boldsymbol{x}_k$ 独立于 $\boldsymbol{z}(k)$，于是有：

$$ E[\boldsymbol{x}_{k+1}] = E[\boldsymbol{x}_k] + 2\alpha\{\boldsymbol{h} - \boldsymbol{R}E[\boldsymbol{x}_k]\} \tag{10.40} $$

可记作：

$$ E[\boldsymbol{x}_{k+1}] = [\boldsymbol{I} - 2\alpha\boldsymbol{R}]E[\boldsymbol{x}_k] + 2\alpha\boldsymbol{h} \tag{10.41} $$

当矩阵$[\boldsymbol{I} - 2\alpha\boldsymbol{R}]$的所有特征值落在单位圆内时，此动力系统是稳定的(见[Brog91])。从第 9 章中我们知道，$[\boldsymbol{I} - 2\alpha\boldsymbol{R}]$的特征值为 $1-2\alpha\lambda_i$，其中 λ_i 是 $\boldsymbol{R}$ 的特征值。因此，当

$$ 1 - 2\alpha\lambda_i > -1 \tag{10.42} $$

时，系统稳定。由于 $\lambda_i > 0$，$1-2\alpha\lambda_i$ 总是小于 1。由此，我们可以得到系统稳定的条件：

$$ \alpha < 1/\lambda_i \tag{10.43} $$

或者

$$0 < \alpha < 1/\lambda_{max} \tag{10.44}$$

注意，此条件等价于第 9 章中推导出的最速下降算法的条件，不过在第 9 章中使用的是 Hessian 矩阵 $\boldsymbol{A}$ 的特征值，而这里使用输入的相关矩阵 $\boldsymbol{R}$ 的特征值(关系式 $\boldsymbol{A}=2\boldsymbol{R}$)。

若满足上面的稳定性条件，则 LMS 算法的稳态解为：

$$E[\boldsymbol{x}_{ss}] = [\boldsymbol{I} - 2\alpha\boldsymbol{R}]E[\boldsymbol{x}_{ss}] + 2\alpha\boldsymbol{h} \tag{10.45}$$

或者

10-10
$$E[\boldsymbol{x}_{ss}] = \boldsymbol{R}^{-1}\boldsymbol{h} = \boldsymbol{x}^* \tag{10.46}$$

因此，通过一次输入一个向量获得的 LMS 算法的解，与式(10.18)中最小均方误差的解相同。

举例 为了测试 ADALINE 网络和 LMS 算法，我们再次使用在第 3 章中讨论过的苹果/橘子分类问题作为例子。为了简化，假定 ADALINE 网络的偏置值为 0。

在网络训练的每一步中，式(10.29)中的 LMS 权值更新算法被用来计算新的权值：

$$\boldsymbol{W}(k+1) = \boldsymbol{W}(k) + 2\alpha e(k)\boldsymbol{p}^{\mathrm{T}}(k) \tag{10.47}$$

首先，通过计算输入相关矩阵的特征值，我们可以得到最大稳定学习率 α。回顾第 3 章，橘子和苹果输入向量以及它们的相应目标输出为：

$$\left\{\boldsymbol{p}_1 = \begin{bmatrix} 1 \\ -1 \\ -1 \end{bmatrix}, t_1 = -1\right\} \quad \left\{\boldsymbol{p}_2 = \begin{bmatrix} 1 \\ 1 \\ -1 \end{bmatrix}, t_2 = 1\right\} \tag{10.48}$$

如果假定输入向量都以相同概率随机产生，我们可以通过下式计算输入相关矩阵：

$$\begin{aligned} \boldsymbol{R} &= E[\boldsymbol{p}\boldsymbol{p}^{\mathrm{T}}] = \frac{1}{2}\boldsymbol{p}_1\boldsymbol{p}_1^{\mathrm{T}} + \frac{1}{2}\boldsymbol{p}_2\boldsymbol{p}_2^{\mathrm{T}} \\ &= \frac{1}{2}\begin{bmatrix} 1 \\ -1 \\ -1 \end{bmatrix}\begin{bmatrix} 1 & -1 & -1 \end{bmatrix} + \frac{1}{2}\begin{bmatrix} 1 \\ 1 \\ -1 \end{bmatrix}\begin{bmatrix} 1 & 1 & -1 \end{bmatrix} = \begin{bmatrix} 1 & 0 & -1 \\ 0 & 1 & 0 \\ -1 & 0 & 1 \end{bmatrix} \end{aligned} \tag{10.49}$$

矩阵 $\boldsymbol{R}$ 的特征值为：

$$\lambda_1 = 1.0, \quad \lambda_2 = 0.0, \quad \lambda_3 = 2.0 \tag{10.50}$$

因此，最大稳态学习率是

$$\alpha < \frac{1}{\lambda_{max}} = \frac{1}{2.0} = 0.5 \tag{10.51}$$

保守起见，我们取 $\alpha=0.2$。(注意，在实际应用中，计算 $\boldsymbol{R}$ 可能是不实际的，学习率 α 可以通过试错的方法来选择。其他选择 α 的方法请参见[WiSt85]。)

首先，我们将所有权值设置为 0，然后按顺序交替输入 $\boldsymbol{p}_1$、$\boldsymbol{p}_2$、$\boldsymbol{p}_1$、$\boldsymbol{p}_2$ 等。每次输入
10-11 后，我们计算新的权值。(以交替输入顺序来计算权值不是必需的，随机输入序列会很好。)应用输入 $\boldsymbol{p}_1$(即橘子)和它的目标输出 -1，我们得到：

$$a(0) = \boldsymbol{W}(0)\boldsymbol{p}(0) = \boldsymbol{W}(0)\boldsymbol{p}_1 = \begin{bmatrix} 0 & 0 & 0 \end{bmatrix}\begin{bmatrix} 1 \\ -1 \\ -1 \end{bmatrix} = 0 \tag{10.52}$$

和

$$e(0) = t(0) - a(0) = t_1 - a(0) = -1 - 0 = -1 \tag{10.53}$$

现在，我们可以计算新的权值矩阵：

$$\boldsymbol{W}(1) = \boldsymbol{W}(0) + 2\alpha e(0)\boldsymbol{p}^{\mathrm{T}}(0) = [0 \quad 0 \quad 0] + 2 \times 0.2 \times (-1)\begin{bmatrix} 1 \\ -1 \\ -1 \end{bmatrix}^{\mathrm{T}}$$

$$= [-0.4 \quad 0.4 \quad 0.4] \tag{10.54}$$

我们再输入苹果(即 $\boldsymbol{p}_2$)，并应用它的目标输出 1：

$$a(1) = \boldsymbol{W}(1)\boldsymbol{P}(1) = \boldsymbol{W}(1)\boldsymbol{P}_2 = [-0.4 \quad 0.4 \quad 0.4]\begin{bmatrix} 1 \\ 1 \\ -1 \end{bmatrix} = -0.4 \tag{10.55}$$

计算误差值是：

$$e(1) = t(1) - a(1) = t_2 - a(1) = 1 - (-0.4) = 1.4 \tag{10.56}$$

计算新的权值：

$$\boldsymbol{W}(2) = \boldsymbol{W}(1) + 2\alpha e(1)\boldsymbol{P}^{\mathrm{T}}(1) = [-0.4 \quad 0.4 \quad 0.4] + 2 \times 0.2 \times 1.4 \times \begin{bmatrix} 1 \\ 1 \\ -1 \end{bmatrix}^{\mathrm{T}}$$

$$= [0.16 \quad 0.96 \quad -0.16] \tag{10.57}$$

接下来，我们再次输入橘子(即 $\boldsymbol{p}_1$)：

$$a(2) = \boldsymbol{W}(2)\boldsymbol{p}(2) = \boldsymbol{W}(2)\boldsymbol{p}_1 = [0.16 \quad 0.96 \quad -0.16]\begin{bmatrix} 1 \\ -1 \\ -1 \end{bmatrix} = -0.64 \tag{10.58}$$ 10-12

计算其误差：

$$e(2) = t(2) - a(2) = t_1 - a(2) = -1 - (-0.64) = -0.36 \tag{10.59}$$

和新的权值：

$$\boldsymbol{W}(3) = \boldsymbol{W}(2) + 2\alpha e(2)\boldsymbol{p}^{\mathrm{T}}(2) = [0.016 \quad 1.1040 \quad -0.0160] \tag{10.60}$$

如果我们继续这个过程，算法将会收敛到

$$\boldsymbol{W}(\infty) = [0 \quad 1 \quad 0] \tag{10.61}$$

可以注意到，ADALINE 网络产生的决策边界和第 3 章中为苹果/橘子问题设计的决策边界是相同的。这个边界处于两个样本模式之间。然而，与第 4 章中由感知机学习规则得到的结果相比较，我们能发现感知机规则没有得到这样的决策边界。这是因为，尽管一些模式可能接近边界，但是一旦模式被正确划分，感知机规则的学习就终止了。LMS 算法最小化均方误差，因此它尽可能使决策边界远离样本模式。

10.2.5 自适应滤波器

正如在本章开始时提到的，ADALINE 网络和感知机网络具有相同的局限性：它们只能解决线性可分问题。尽管如此，ADALINE 网络比感知机网络有更广泛的应用。事实上，可以有把握地说，在实际应用中，ADALINE 是使用最广泛的神经网络之一。ADALINE 的一个主要应用领域是自适应滤波。直到现在，它仍被广泛地使用。本节中我们将介绍一个自适应滤波的例子。

为了将 ADALINE 网络用作自适应滤波器，我们先介绍一个新的构建模块：抽头延迟线。图 10.4 展示了一个有 R 个输出的*抽头延迟线*(tapped delay line)模块。

输入信号从左侧输入。抽头延迟线的输出端是一个 R 维的向量，由当前时刻的输入信号和分别经过 1 到 $R-1$ 时间步延迟的输入信号所构成。 10-13

如果把一个抽头延迟线模块与一个 ADALINE 网络结合起来，我们就能设计一个自适应滤波器(adaptive filter)，如图 10.5 所示。滤波器的输出为：

$$a(k) = \text{purelin}(\mathbf{W}\mathbf{p} + b) = \sum_{i=1}^{R} w_{1,i} y(k - i + 1) + b \tag{10.62}$$

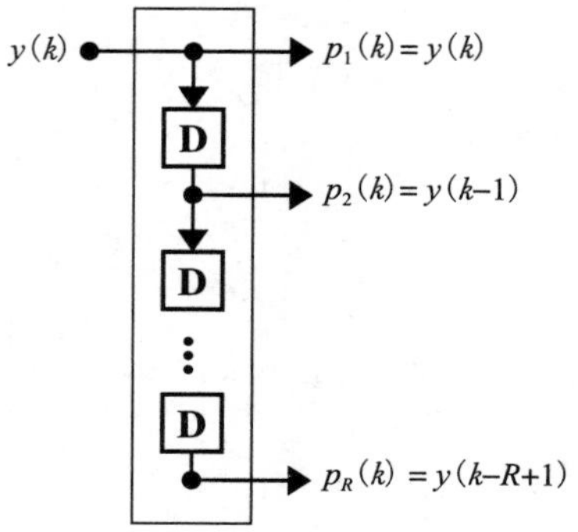

10-14 图 10.4 抽头延迟线

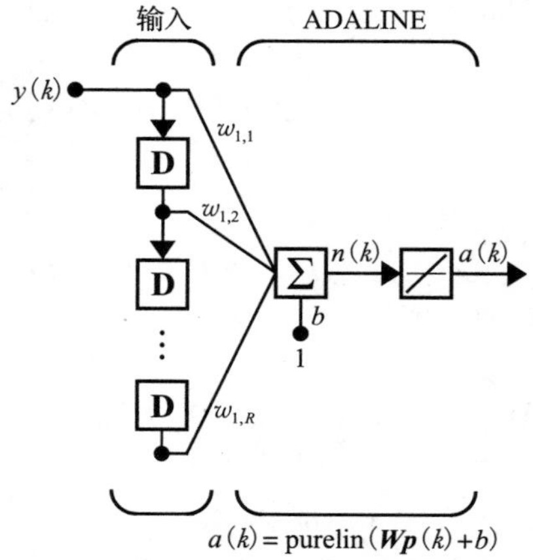

图 10.5 自适应滤波器 ADALINE

如果读者熟悉数字信号处理的话，可以看到图 10.5 中的网络就是一个有限脉冲响应(Finite Impulse Response，FIR)滤波器[WiSt85]。数字信号处理领域的内容已超出本书的范围，不过我们仍可以通过一个简单但实用的例子来展示这个自适应滤波器的用处。

1. **自适应噪声消除**

举例 自适应滤波器有多种新颖的使用方法。在下面的例子中，我们将用它来消除噪声。读者最好多花一点时间在这个例子上，因为它与你所期望的可能有点不一样。例如，网络所最小化的输出“误差”，实际上是一个近似于我们试图要恢复的信号！

假设医生正试图检查一个心烦意乱的研究生的脑电图(Electroencephalogram，EEG)，发现他想看的信号被 60Hz 噪声源发出的噪声所污染。他以在线的方式诊治病人，希望能观测到最好的信号。图 10.6 展示了如何用一个自适应滤波器来消除噪声信号。

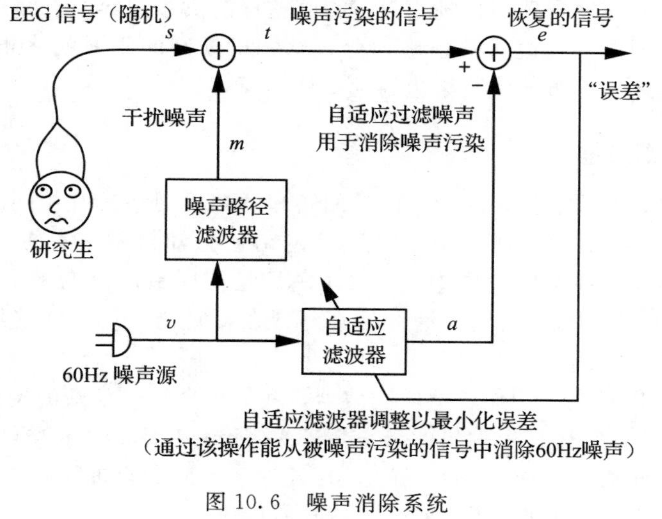

图 10.6 噪声消除系统

如图所示，最初的 60Hz 信号样本输入一个自适应滤波器中，并通过调整它的元件来使“误差” e 达到最小。因此，自适应滤波器的期望输出是被噪声污染的 EEG 信号 t。由于自适应滤波器仅仅知道初始的噪声源 v，在滤波器试图重现被污染信号的过程中，它只能复制 t 中与 v 线性相关的部分，即 m。事实上，自适应滤波器试图模拟噪声路径滤波器，因而自适应滤波器的输出 a 将接近于干扰噪声 m。通过用这样的方法，误差 e 将接近于未被污染的初始 EEG 信号 s。 10-15

在噪声源为单正弦波的简单情况下，有两个权值且没有偏置值的一个神经元就足以实现这个滤波器。滤波器的输入是噪声源的当前值和前一时刻的值。如图 10.7 所示，这个两输入滤波器可以使噪声 v 以所期望的方式被削弱和发生相移。

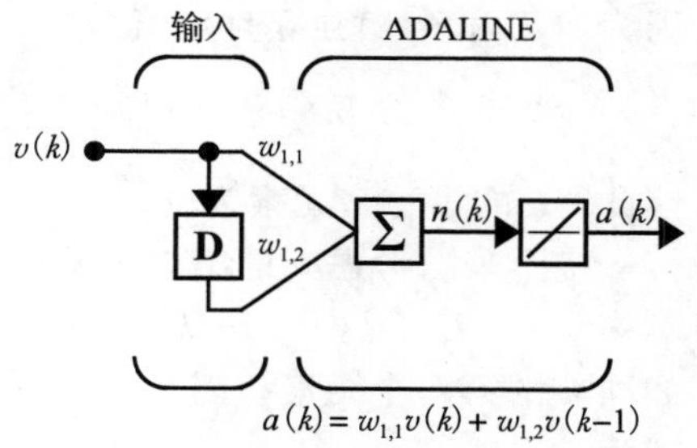

图 10.7　自适应滤波器用于噪声消除

我们可以用本章前面小节所得到的数学关系式来分析这个系统。首先，需要得到输入相关矩阵 $\boldsymbol{R}$ 和输入/目标的互相关向量 $\boldsymbol{h}$：

$$\boldsymbol{R} = [\boldsymbol{z}\boldsymbol{z}^{\mathrm{T}}], \quad \boldsymbol{h} = E[t\boldsymbol{z}] \tag{10.63}$$

在这个例子中，输入向量由噪声源的当前值和前一时刻的值构成：

$$\boldsymbol{z}(k) = \begin{bmatrix} v(k) \\ v(k-1) \end{bmatrix} \tag{10.64}$$

而目标输出是当前信号和将过滤的噪声信号之和：

$$t(k) = s(k) + m(k) \tag{10.65}$$

现在通过展开 $\boldsymbol{R}$ 和 $\boldsymbol{h}$ 的表达式得到

$$\boldsymbol{R} = \begin{bmatrix} E[v^2(k)] & E[v(k)v(k-1)] \\ E[v(k-1)v(k)] & E[v^2(k-1)] \end{bmatrix} \tag{10.66}$$ 10-16

和

$$\boldsymbol{h} = \begin{bmatrix} E[(s(k)+m(k))v(k)] \\ E[(s(k)+m(k))v(k-1)] \end{bmatrix} \tag{10.67}$$

要得到这两个量的具体值，我们必须定义噪声信号 v、EEG 信号 s 和被过滤的噪声 m。这里假定：EEG 信号是白随机信号(即在当前时刻和下一时刻不相关)，且均匀分布于 -0.2 和 0.2 之间。噪声源(以 180Hz 频率采样的 60Hz 正弦波)为：

$$v(k) = 1.2\sin\left(\frac{2\pi k}{3}\right) \tag{10.68}$$

另外，干扰 EEG 信号且需要滤波处理的噪声是来自于衰减 10 倍并相移了 $\pi/2$ 的噪声源：

$$m(k) = 0.12\sin\left(\frac{2\pi k}{3} + \frac{\pi}{2}\right) \tag{10.69}$$

现在可以计算输入相关矩阵 $\boldsymbol{R}$ 的各个元素：

$$E[v^2(k)] = 1.2^2 \times \frac{1}{3}\sum_{k=1}^{3}\left(\sin\left(\frac{2\pi k}{3}\right)\right)^2 = 1.2^2 \times 0.5 = 0.72 \tag{10.70}$$

$$E[v^2(k-1)] = E[v^2(k)] = 0.72 \tag{10.71}$$

$$\begin{aligned} E[v(k)v(k-1)] &= \frac{1}{3}\sum_{k=1}^{3}\left(1.2\sin\frac{2\pi k}{3}\right)\left(1.2\sin\frac{2\pi(k-1)}{3}\right) \\ &= 1.2^2 \times 0.5\cos\left(\frac{2\pi}{3}\right) = -0.36 \end{aligned} \tag{10.72}$$

(这里我们使用了一些三角恒等式。)

于是 $\boldsymbol{R}$ 为

$$\boldsymbol{R}=\begin{bmatrix}0.72 & -0.36\\ -0.36 & 0.72\end{bmatrix} \tag{10.73}$$

可以用类似的方法求得 $\boldsymbol{h}$。首先考虑式(10.67)中的上面一项：

10-17
$$E[(s(k)+m(k))v(k)]=E[s(k)v(k)]+E[m(k)v(k)] \tag{10.74}$$

因为 $s(k)$和 $v(k)$独立且均值为 0，所以右边的第一项是 0，第二项也是 0：

$$E[m(k)v(k)]=\frac{1}{3}\sum_{k=1}^{3}\left(0.12\sin\left(\frac{2\pi k}{3}+\frac{\pi}{2}\right)\right)\left(1.2\sin\frac{2\pi k}{3}\right)=0 \tag{10.75}$$

因此，$\boldsymbol{h}$ 的第一个元素为 0。

接下来，考虑 $\boldsymbol{h}$ 的第二个元素：

$$E[(s(k)+m(k))v(k-1)]=E[s(k)v(k-1)]+E[m(k)v(k-1)] \tag{10.76}$$

如同 $\boldsymbol{h}$ 的第一个元素，因为 $s(k)$和 $v(k)$独立且均值为 0，所以右边的第一项是 0，第二项为：

$$E[m(k)v(k-1)]=\frac{1}{3}\sum_{k=1}^{3}\left(0.12\sin\left(\frac{2\pi k}{3}+\frac{\pi}{2}\right)\right)\left(1.2\sin\frac{2\pi(k-1)}{3}\right)=-0.0624 \tag{10.77}$$

因此，$\boldsymbol{h}$ 为

$$\boldsymbol{h}=\begin{bmatrix}0\\ -0.0624\end{bmatrix} \tag{10.78}$$

通过式(10.18)，可以得到权值的最小均方误差算法的解

$$\boldsymbol{x}^{*}=\boldsymbol{R}^{-1}\boldsymbol{h}=\begin{bmatrix}0.72 & -0.36\\ -0.36 & 0.72\end{bmatrix}^{-1}\begin{bmatrix}0\\ -0.0624\end{bmatrix}=\begin{bmatrix}-0.0578\\ -0.1156\end{bmatrix} \tag{10.79}$$

在算法的这个极小点，我们会有什么样的误差呢？为求出这一误差值，回顾式(10.12)：

$$F(\boldsymbol{x})=c-2\boldsymbol{x}^{\mathrm{T}}\boldsymbol{h}+\boldsymbol{x}^{\mathrm{T}}\boldsymbol{R}\boldsymbol{x} \tag{10.80}$$

由于已求得 $\boldsymbol{x}^{*}$、$\boldsymbol{h}$ 和 $\boldsymbol{R}$，因此我们只需要求出 c：

10-18
$$\begin{aligned}c&=E[t^{2}(k)]=E[(s(k)+m(k))^{2}]\\&=E[s^{2}(k)]+2E[s(k)m(k)]+E[m^{2}(k)]\end{aligned} \tag{10.81}$$

$s(k)$和 $m(k)$是独立的且均值为 0，因而中间项为 0。第一项为随机信号的均方值，计算如下：

$$E[s^{2}(k)]=\frac{1}{0.4}\int_{-0.2}^{0.2}s^{2}\,\mathrm{d}s=\frac{1}{3\times0.4}s^{3}\Big|_{-0.2}^{0.2}=0.0133 \tag{10.82}$$

被过滤噪声的均方值为：

$$E[m^{2}(k)]=\frac{1}{3}\sum_{k=1}^{3}\left(0.12\sin\left(\frac{2\pi}{3}+\frac{\pi}{2}\right)\right)^{2}=0.0072 \tag{10.83}$$

从而

$$c=0.0133+0.0072=0.0205 \tag{10.84}$$

将 $\boldsymbol{x}^{*}$、$\boldsymbol{h}$ 和 $\boldsymbol{R}$ 代入式(10.80)，求得最小均方误差为：

$$F(\boldsymbol{x}^{*})=0.0205-2\times0.0072+0.0072=0.0133 \tag{10.85}$$

该最小均方误差与 EEG 信号的均方值相同。这正是我们所期望的，因为自适应噪声消除器的“误差”实际上是恢复的 EEG 信号。

图 10.8 演示了学习率 $\alpha=0.1$ 时 LMS 算法在权值空间的轨迹。在这个仿真实验中，初始系统的权值 $w_{1,1}$ 和 $w_{1,2}$ 分别被随意地设为 0 和 −2。从图中可以看到，LMS 算法的轨迹看起来像带噪声的最速下降算法所产生的轨迹。 10-19

注意，图中的轮廓线表示 Hessian 矩阵($\boldsymbol{A}=2\boldsymbol{R}$)的特征值和特征向量为：

$$\lambda_1=2.16,\quad \boldsymbol{z}_1=\begin{bmatrix}-0.7071\\0.7071\end{bmatrix}$$
$$\lambda_2=0.72,\quad \boldsymbol{z}_2=\begin{bmatrix}-0.7071\\-0.7071\end{bmatrix} \tag{10.86}$$

(参见第 8 章中对 Hessian 矩阵的特征系统的讨论。)

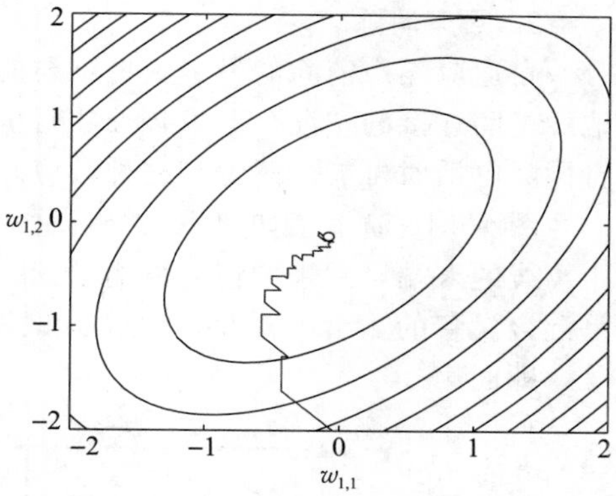

图 10.8　$\alpha=0.1$ 时 LMS 算法的轨迹

若减小学习率，LMS 的轨迹将比图 10.8 中的轨迹更加光滑，但是学习过程将更加缓慢。若增大学习率，轨迹将带更多的锯齿状且出现振荡。事实上，如本章开始时所述，若学习率太大，系统将不会收敛。这里，最大稳态学习速度为 $\alpha<2/2.16=0.926$。

为了判断噪声消除器的性能，我们考虑图 10.9 所示情况。该图说明了滤波器如何自适应消除噪声。上面的图中显示了恢复后和初始时的 EEG 信号。开始阶段，恢复后的信号与初始的 EEC 信号极不相似。滤波器用了约 0.2 秒($\alpha=0.1$)的时间作调整，给出一个合理的恢复信号。实验的后半段中，初始信号和恢复后的信号之间的均方差为 0.002，与信号的均方值 0.0133 相当。初始信号和恢复后的信号之间的差显示在下面的图中。

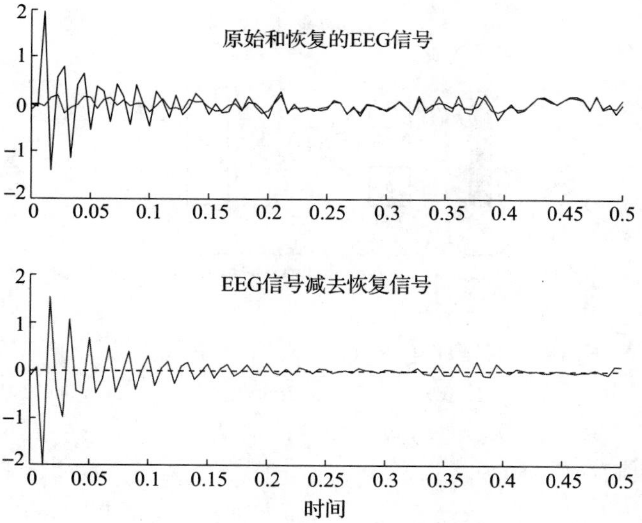

图 10.9　污染噪声的自适应滤波消除 10-20

读者也许想知道误差为什么不变为 0。这是因为 LMS 算法是一个近似的最速下降算法，它使用梯度的估计值而不是真正的梯度值来更新网络权值。梯度的估计值是有噪声的梯度值。这使得即使均方误差达到最小时，权值仍会继续作轻微的改变。图 10.8 说明了这一现象。

MATLAB 实验 使用 Neural Network Design Demonstration **Adaptive Noise Cancellation** (nnd10nc)进行自适应噪声消除滤波器的实验。更复杂的噪声源和实际的 EEG 数据在 Demonstration **Electroencephalogram Noise Cancellation** (nnd10eeg)中。

2. 回声消除

自适应噪声消除的另一个更重要的实际应用是回声消除。因为在长途电话线和用户本地线之间连接的“混合”设备处的阻抗不匹配，所以长途电话线上的回声普遍存在。你在打国际电话时可能会感觉到这种效应。

图 10.10 演示了如何用一个自适应噪声消除滤波器来减少这类回声[WiWi85]。在长距离线的末端，到来的信号被输送到一个自适应滤波器以及混合设备。滤波器的目标输出是混合设备的输出，因此，滤波器试图消除混合设备输出中与输入信号相关的那部分信号，即回声。

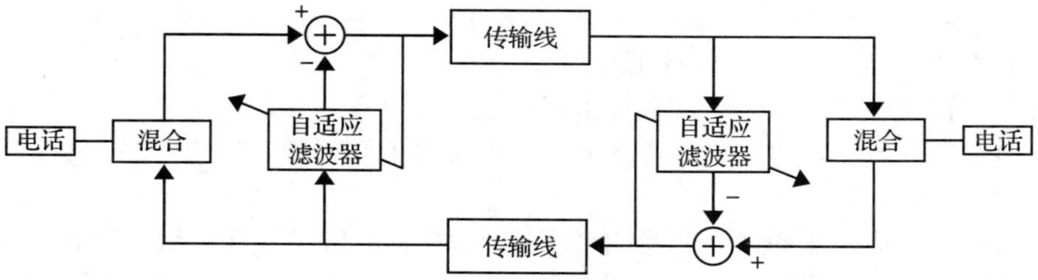

10-21 图 10.10 回声消除系统

10.3 小结

ADALINE 网络

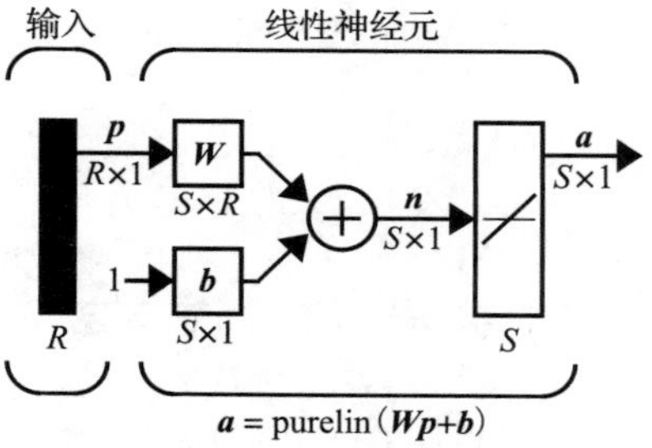

均方误差

$$F(\mathbf{x}) = E[e^2] = E[(t-a)^2] = E[(t-\mathbf{x}^{\mathrm{T}}\mathbf{z})^2]$$

$$F(\mathbf{x}) = c - 2\mathbf{x}^{\mathrm{T}}\mathbf{h} + \mathbf{x}^{\mathrm{T}}\mathbf{R}\mathbf{x}$$

$$c = E[t^2], \quad \mathbf{h} = E[t\mathbf{z}], \quad \mathbf{R} = E[\mathbf{z}\mathbf{z}^{\mathrm{T}}]$$

如果唯一极小值存在，则为

$$\mathbf{x}^* = \mathbf{R}^{-1}\mathbf{h}，\text{其中，} \mathbf{x} = \begin{bmatrix} {}_1\mathbf{w} \\ b \end{bmatrix} \text{且 } \mathbf{z} = \begin{bmatrix} \mathbf{p} \\ 1 \end{bmatrix}$$

LMS 算法

$$\mathbf{W}(k+1) = \mathbf{W}(k) + 2\alpha\mathbf{e}(k)\mathbf{p}^{\mathrm{T}}(k)$$

$$\mathbf{b}(k+1) = \mathbf{b}(k) + 2\alpha\mathbf{e}(k)$$

收敛点

10-22

$$\mathbf{x}^* = \mathbf{R}^{-1}\mathbf{h}$$

稳定学习率

$$0 < \alpha < 1/\lambda_{max}, \quad 其中 \lambda_{max} 是 \boldsymbol{R} 的最大特征值$$

抽头延迟线

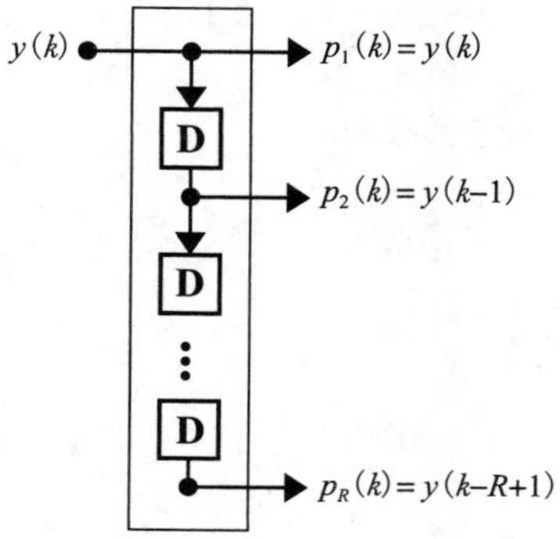

自适应滤波 ADALINE 网络

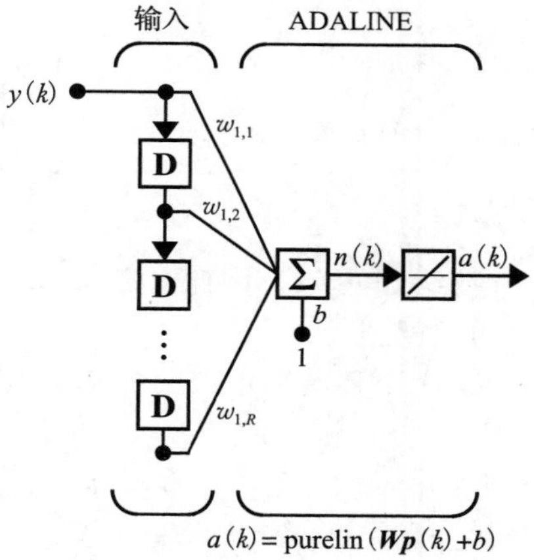

$$a(k) = \text{purelin}(\boldsymbol{W}\boldsymbol{p} + b) = \sum_{i=1}^{R} w_{1,i}\, y(k - i + 1) + b \tag{10-23}$$

10.4 例题

P10.1 考虑图 P10.1 中的 ADALINE 滤波器。

假设

$$w_{1,1} = 2, \quad w_{1,2} = -1, \quad w_{1,3} = 3$$

且输入序列为

$$\{y(k)\} = \{\cdots, 0, 0, 0, 5, -4, 0, 0, 0, \cdots\}$$

其中，$y(0)=5$，$y(1)=-4$，等。

i. 在 $k=0$ 之前滤波器的输出是什么？

ii. 从 $k=0$ 到 $k=5$，滤波器的输出是什么？

iii. $y(0)$对输出的影响持续了多长时间？

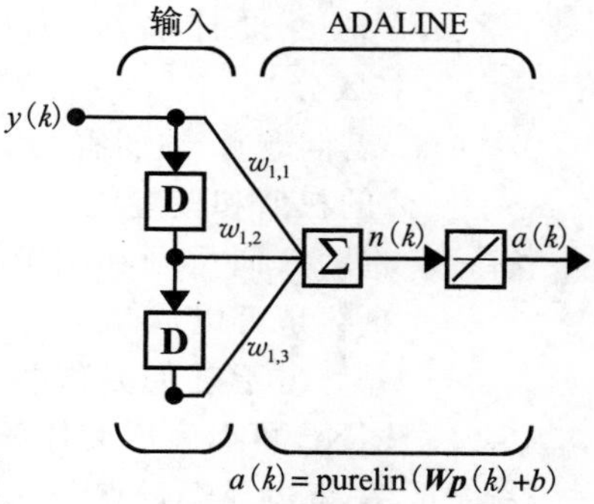

图 P10.1 ADALINE 滤波器

解 i. 在 $k=0$ 以前，3 个 0 已经输入滤波器，因而输出为 0。

ii. 在 $k=0$ 时，数字“5”输入滤波器，它将被乘以 $w_{1,1}$，其值为 2。因而 $a(0)=$
10-24 10。这可以通过矩阵运算得到：

$$a(0)=\mathbf{Wp}(0)=\begin{bmatrix} w_{1,1} & w_{1,2} & w_{1,3} \end{bmatrix}\begin{bmatrix} y(0) \\ y(-1) \\ y(-3) \end{bmatrix}=\begin{bmatrix} 2 & -1 & 3 \end{bmatrix}\begin{bmatrix} 5 \\ 0 \\ 0 \end{bmatrix}=10$$

类似地，可以计算接下来的输出：

$$a(1)=\mathbf{WP}(1)=\begin{bmatrix} 2 & -1 & 3 \end{bmatrix}\begin{bmatrix} -4 \\ 5 \\ 0 \end{bmatrix}=-13$$

$$a(2)=\mathbf{WP}(2)=\begin{bmatrix} 2 & -1 & 3 \end{bmatrix}\begin{bmatrix} 0 \\ -4 \\ 5 \end{bmatrix}=19$$

$$a(3)=\mathbf{Wp}(3)=\begin{bmatrix} 2 & -1 & 3 \end{bmatrix}\begin{bmatrix} 0 \\ 0 \\ -4 \end{bmatrix}=12$$

$$a(4)=\mathbf{Wp}(4)=\begin{bmatrix} 2 & -1 & 3 \end{bmatrix}\begin{bmatrix} 0 \\ 0 \\ 0 \end{bmatrix}=0$$

其余的输出均为 0。

iii. $y(0)$的影响从 $k=0$ 持续到 $k=2$，因此它影响了 3 个时间区间。这对应于该滤波器的脉冲响应时间长度。

P10.2 假设我们要设计一个 ADALINE 网络用来区分不同类别的输入向量。首先考虑如下的类别：

$$类\ \mathrm{I}: \mathbf{p}_1=\begin{bmatrix} 1 & 1 \end{bmatrix}^T \quad 和 \quad \mathbf{p}_2=\begin{bmatrix} -1 & -1 \end{bmatrix}^T$$

$$类\ \mathrm{II}: \mathbf{p}_3=\begin{bmatrix} 2 & 2 \end{bmatrix}^T$$

i. 能否设计一个 ADALINE 网络来加以区分？

ii. 若对问题 i 的回答为“是”，该采用什么样的权值和偏置值？

再考虑另一组不同的类别：

10-25

$$类\ \mathrm{III}: \mathbf{p}_1=\begin{bmatrix} 1 & 1 \end{bmatrix}^T \quad 和 \quad \mathbf{p}_2=\begin{bmatrix} 1 & -1 \end{bmatrix}^T$$

$$类\ \mathrm{IV}: \mathbf{p}_3=\begin{bmatrix} 1 & 0 \end{bmatrix}^T$$

iii. 能否设计一个 ADALINE 网络来加以区分？

iv. 若问题 iii 的回答为“是”，该采用什么样的权值和偏置值？

解 i. 将输入向量画在图 P10.2 中。图中的灰色直线是可以成功区分这两个类别的决策边界。由于它们是线性可分的，因而 ADALINE 可以完成此任务。

ii. 决策边界经过点(3，0)和(0，3)。我们知道这两点刚好就是交点 $-b/w_{1,1}$ 和 $-b/w_{1,2}$。因此，下面的解可满足要求：

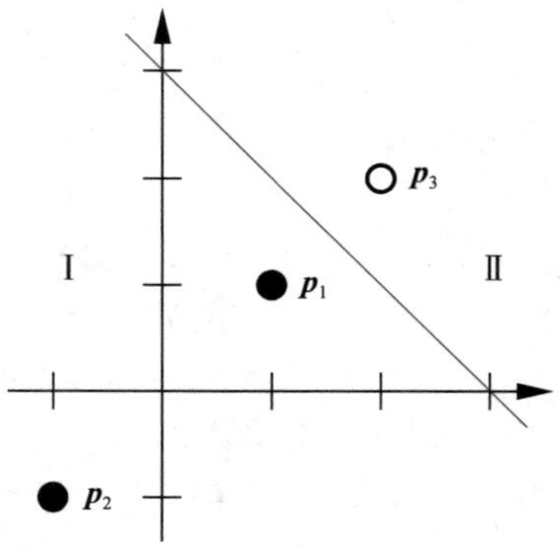

图 P10.2 例题 P10.2 i 的输入向量

$$b = 3, \quad w_{1,1} = -1, \quad w_{1,2} = -1$$

注意，若 ADALINE 网络的输出为正或者零，则输入向量为类别Ⅰ；若输出为负，则输入向量为类别Ⅱ。这个解也存在误差，因为决策边界平分了 $\boldsymbol{p}_1$ 和 $\boldsymbol{p}_3$ 的连线。

iii. 需要被区分的输入向量如图 P10.3 中所示。因为图中的这些向量不是线性可分的，因此 ADALINE 网络不能对它们进行区分。

iv. 如问题 iii 中所述，ADALINE 不能完成任务，因此没有满足要求的权值和偏置值。 10-26

P10.3 假定有如下的输入/目标输出对：

$$\left\{\boldsymbol{p}_1 = \begin{bmatrix}1\\1\end{bmatrix}, t_1 = 1\right\}, \quad \left\{\boldsymbol{p}_2 = \begin{bmatrix}1\\-1\end{bmatrix}, t_2 = -1\right\}$$

这些模式以相等的概率产生，并用来训练一个无偏置值的 ADALINE 网络。请描述其均方误差的性能曲面的形状。

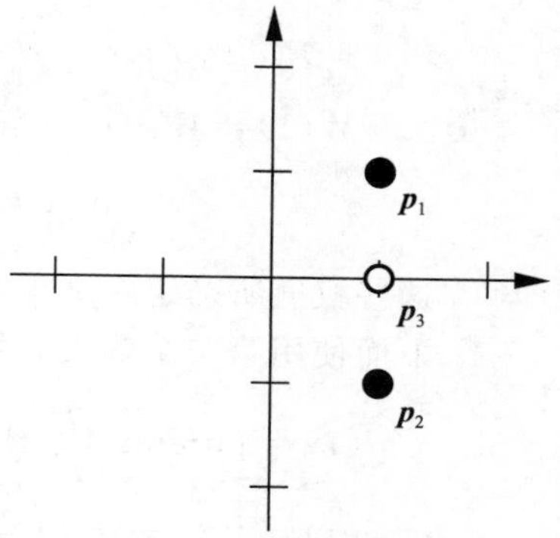

图 P10.3 例题 P10.2 iii 的输入向量

解 首先我们需要计算二次函数各项的值。根据式(10.11)，性能函数可记为：

$$F(\boldsymbol{x}) = c - 2\boldsymbol{x}^{\mathrm{T}}\boldsymbol{h} + \boldsymbol{x}^{\mathrm{T}}\boldsymbol{R}\boldsymbol{x}$$

因此，我们需要计算 c、$\boldsymbol{h}$ 和 $\boldsymbol{R}$ 的值。

由于每个输入产生的概率为 0.5，因此每个目标输出产生的概率也为 0.5。于是，目标输出的平方的期望值为：

$$c = E[t^2] = 1^2 \times 0.5 + (-1)^2 \times 0.5 = 1$$

类似地，输入和目标输出的互相关系数为

$$\boldsymbol{h} = E[t\boldsymbol{z}] = 0.5 \times 1 \times \begin{bmatrix}1\\1\end{bmatrix} + 0.5 \times (-1)\begin{bmatrix}1\\-1\end{bmatrix} = \begin{bmatrix}0\\1\end{bmatrix}$$ 10-27

最后，输入相关矩阵 $\boldsymbol{R}$ 为

$$\boldsymbol{R} = E[\boldsymbol{z}\boldsymbol{z}^{\mathrm{T}}] = \boldsymbol{p}_1\boldsymbol{p}_1^{\mathrm{T}}(0.5) + \boldsymbol{p}_2\boldsymbol{p}_2^{\mathrm{T}}(0.5)$$
$$= 0.5\left(\begin{bmatrix}1\\1\end{bmatrix}\begin{bmatrix}1 & 1\end{bmatrix} + \begin{bmatrix}1\\-1\end{bmatrix}\begin{bmatrix}1 & -1\end{bmatrix}\right) = \begin{bmatrix}1 & 0\\0 & 1\end{bmatrix}$$

因此，均方误差的性能函数为：

$$F(\boldsymbol{x}) = c - 2\boldsymbol{x}^{\mathrm{T}}\boldsymbol{h} + \boldsymbol{x}^{\mathrm{T}}\boldsymbol{R}\boldsymbol{x}$$
$$= 1 - 2\begin{bmatrix}w_{1,1} & w_{1,2}\end{bmatrix}\begin{bmatrix}0\\1\end{bmatrix} + \begin{bmatrix}w_{1,1} & w_{1,2}\end{bmatrix}\begin{bmatrix}1 & 0\\0 & 1\end{bmatrix}\begin{bmatrix}w_{1,1}\\w_{1,2}\end{bmatrix}$$
$$= 1 - 2w_{1,2} + w_{1,1}^2 + w_{1,2}^2$$

$F(\boldsymbol{x})$ 的 Hessian 矩阵等于 $2\boldsymbol{R}$，其两个特征值均为 2。因此，性能曲面的轮廓线是圆形。为了找到轮廓线的中心（即极小点），需要求解式(10.18)中的方程：

$$\boldsymbol{x}^* = \boldsymbol{R}^{-1}\boldsymbol{h} = \begin{bmatrix}1 & 0\\0 & 1\end{bmatrix}^{-1}\begin{bmatrix}0\\1\end{bmatrix} = \begin{bmatrix}0\\1\end{bmatrix}$$

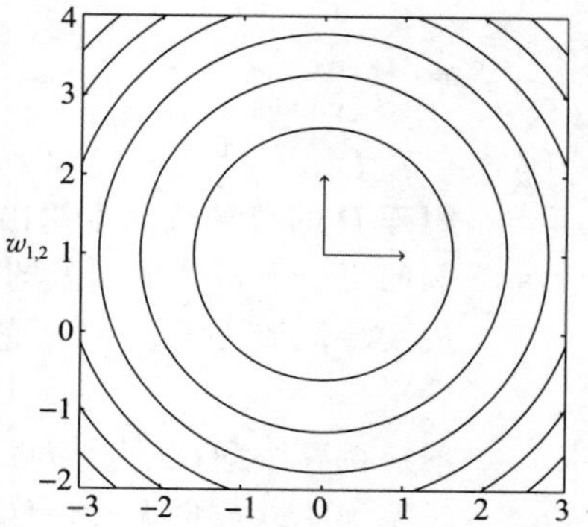

图 P10.4 例题 P10.3 中 $F(\boldsymbol{x})$ 的轮廓线

10-28 因此，极小点在 $w_{1,1}=0$，$w_{1,2}=1$。最终的均方误差性能曲面如图 P10.4 所示。

P10.4 再次考虑例题 P10.3 中的系统。使用 LMS 算法对网络进行训练，其中设置初始值为 0，学习率 $\alpha=0.25$。在训练中，每个样本模式仅使用一次。画出每一步的决策边界。

解 假定首先使用输入向量 $\boldsymbol{p}_1$。网络输出、误差和新的权值计算如下：

$$a(0)=\text{purelin}\left(\begin{bmatrix}0 & 0\end{bmatrix}\begin{bmatrix}1\\1\end{bmatrix}\right)=0$$

$$e(0)=t(0)-a(0)=1-0=1$$

$$\boldsymbol{W}(1)=\boldsymbol{W}(0)+2\alpha e(0)\boldsymbol{p}(0)^{\mathrm{T}}$$

$$=\begin{bmatrix}0 & 0\end{bmatrix}+2\times\frac{1}{4}\times 1\times\begin{bmatrix}1 & 1\end{bmatrix}=\begin{bmatrix}\frac{1}{2} & \frac{1}{2}\end{bmatrix}$$

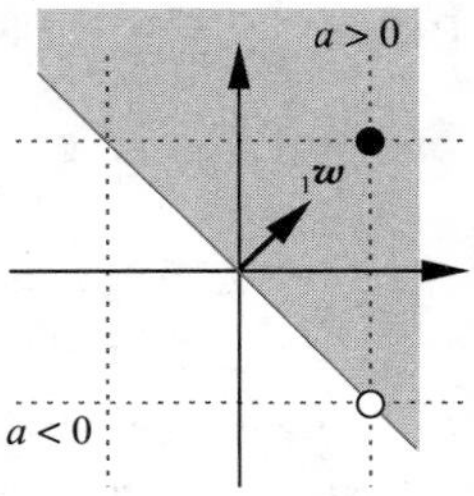

这些权值所确定的决策边界如右图所示。

下面使用第二个输入向量 $\boldsymbol{p}_2$，可得到：

$$a(1)=\text{purelin}\left(\begin{bmatrix}\frac{1}{2} & \frac{1}{2}\end{bmatrix}\begin{bmatrix}1\\-1\end{bmatrix}\right)=0,$$

$$e(1)=t(1)-a(1)=-1-0=-1$$

$$\boldsymbol{W}(2)=\boldsymbol{W}(1)+2\alpha e(1)\boldsymbol{p}(1)^{\mathrm{T}}$$

$$=\begin{bmatrix}\frac{1}{2} & \frac{1}{2}\end{bmatrix}+2\times\frac{1}{4}\times(-1)\begin{bmatrix}1 & -1\end{bmatrix}=\begin{bmatrix}0 & 1\end{bmatrix}$$

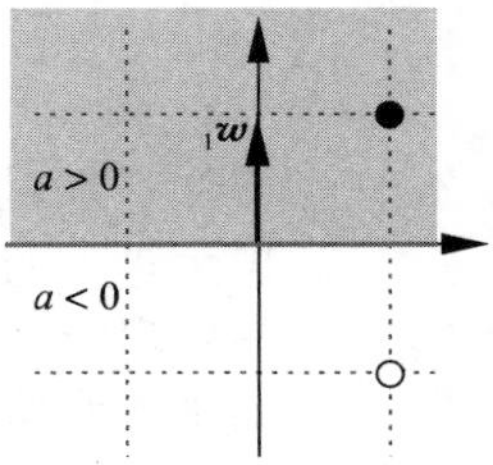

这些权值所确定的决策边界如右图所示。

这个决策边界展现了算法优秀的特性：它正好处于两个输入向量的中间。可以验证，每当输入一个向量时，网络将产生正确的目标输出。(若将两个输入向量的对应目标输出互换，什么权值集合是最优的?)

P10.5 MATLAB 练习 考虑例题 P10.3 和 P10.4 中系统的收敛性。LMS 算法的最大稳态学习率是多少？

解 LMS 算法的收敛性由学习率 α 所决定。它不应超过 $\boldsymbol{R}$ 的最大特征值的倒数。我们

10-29 用 MATLAB 找到这些特征值，继而确定学习率的界限。

```
[V,D] = eig (R)
V =
        1       0
        0       1

D=
        1       0
        0       1
```

矩阵 $\boldsymbol{D}$ 的对角线元素给出了特征值 1 和 1，而矩阵 $\boldsymbol{V}$ 的每一列是特征向量。注意，顺便说一下，特征向量的方向与图 P10.4 中所示方向刚好相同。

最大特征值为 $\lambda_{\max}=1$，它限定了学习率的上界：

$$\alpha<1/\lambda_{\max}=1/1=1$$

前一例题中建议的学习率为 0.25，你(或许)会发现 LMS 算法收敛得很快。当学习率为 1.0 或更大时，你会发现什么情况呢？

P10.6 考虑图 P10.5 中的 ADALINE 自适应滤波器。这个滤波器将基于输入信号的前两个时刻的值来预测下一时刻的值。假定输入信号是一个稳态随机过程，其自相关函数为：

$$C_y(n) = E[y(k)y(k+n)]$$

$$C_y(0) = 3,\quad C_y(1) = -1,\quad C_y(2) = -1$$

i. 画出性能函数(均方误差)的轮廓线图。

ii. LMS 算法的最大稳态学习率(α)是多少?

iii. 假定 α 的值很小。从初始值 $\boldsymbol{W}(0) = [0.75\quad 0]^{\mathrm{T}}$ 开始,画出 LMS 算法的权值变化轨迹,解释画出此轨迹的过程。 10-30

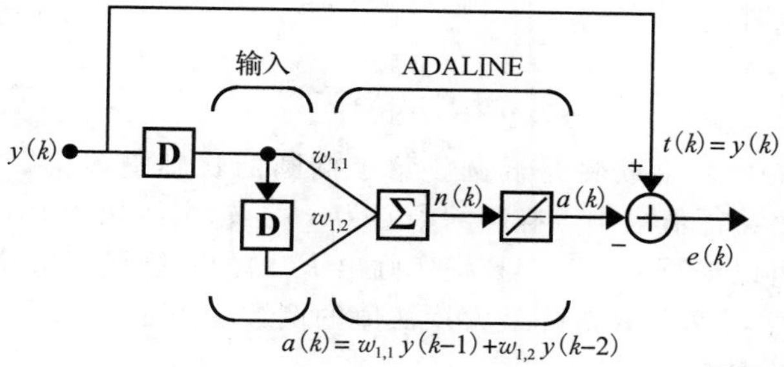

图 P10.5 自适应预测器

解 i. 为了画出轮廓图,我们首先需要求得性能函数及其 Hessian 矩阵的特征值和特征向量。注意到输入向量为:

$$\boldsymbol{z}(k) = \boldsymbol{p}(k) = \begin{bmatrix} y(k-1) \\ y(k-2) \end{bmatrix}$$

对于性能函数,回顾式(10.12)有:

$$F(\boldsymbol{x}) = c - 2\boldsymbol{x}^{\mathrm{T}}\boldsymbol{h} + \boldsymbol{x}^{\mathrm{T}}\boldsymbol{R}\boldsymbol{x}$$

计算性能函数中的系数:

$$c = E[t^2(k)] = E[y^2(k)] = C_y(0) = 3$$

$$\boldsymbol{R} = E[\boldsymbol{z}\boldsymbol{z}^{\mathrm{T}}] = E\begin{bmatrix} y^2(k-1) & y(k-1)y(k-2) \\ y(k-1)y(k-2) & y^2(k-2) \end{bmatrix}$$

$$= \begin{bmatrix} C_y(0) & C_y(1) \\ C_y(1) & C_y(0) \end{bmatrix}\begin{bmatrix} 3 & -1 \\ -1 & 3 \end{bmatrix}$$

$$\boldsymbol{h} = E[t\quad \boldsymbol{z}] = E\begin{bmatrix} y(k)y(k-1) \\ y(k)y(k-2) \end{bmatrix} = \begin{bmatrix} C_y(1) \\ C_y(2) \end{bmatrix} = \begin{bmatrix} -1 \\ -1 \end{bmatrix}$$

最优的权值为: 10-31

$$\boldsymbol{x}^* = \boldsymbol{R}^{-1}\boldsymbol{h} = \begin{bmatrix} 3 & -1 \\ -1 & 3 \end{bmatrix}^{-1}\begin{bmatrix} -1 \\ -1 \end{bmatrix} = \begin{bmatrix} 3/8 & 1/8 \\ 4/8 & 3/8 \end{bmatrix}\begin{bmatrix} -1 \\ -1 \end{bmatrix} = \begin{bmatrix} -1/2 \\ -1/2 \end{bmatrix}$$

Hessian 矩阵为:

$$\nabla^2 F(\boldsymbol{x}) = \boldsymbol{A} = 2\boldsymbol{R} = \begin{bmatrix} 6 & -2 \\ -2 & 6 \end{bmatrix}$$

现在我们可得到特征值:

$$|\boldsymbol{A} - \lambda\boldsymbol{I}| = \begin{vmatrix} 6-\lambda & -2 \\ -2 & 6-\lambda \end{vmatrix} = \lambda^2 - 12\lambda + 32 = (\lambda - 8)(\lambda - 4)$$

因此,有

$$\lambda_1 = 4, \quad \lambda_2 = 8$$

我们通过下式计算特征向量：

$$[\boldsymbol{A} - \lambda \boldsymbol{I}]\boldsymbol{v} = 0$$

当 $\lambda_1 = 4$ 时，

$$\begin{bmatrix} 2 & -2 \\ -2 & 2 \end{bmatrix} \boldsymbol{v}_1 = 0 \quad \boldsymbol{v}_1 = \begin{bmatrix} -1 \\ -1 \end{bmatrix}$$

而当 $\lambda_2 = 8$ 时，

$$\begin{bmatrix} -2 & -2 \\ -2 & -2 \end{bmatrix} \boldsymbol{v}_2 = 0 \quad \boldsymbol{v}_2 = \begin{bmatrix} -1 \\ 1 \end{bmatrix}$$

因此，$F(\boldsymbol{x})$的轮廓线将是椭圆。每个椭圆的长轴沿着第 1 个特征向量的方向，
10-32 因为第 1 个特征值最小。椭圆的中心为 $\boldsymbol{x}^*$，轮廓线如图 P10.6 所示。

同时，你可以编写 MATLAB 程序画出 $F(\boldsymbol{x})$的轮廓线图来检验此结果。

ii. 最大稳态学习率是 $\boldsymbol{R}$ 矩阵最大特征值的倒数，也是 Hessian 矩阵$\nabla^2 F(\boldsymbol{x}) = \boldsymbol{A}$ 最大特征值倒数的 2 倍：

$$\alpha < 2/\lambda_{\max} = 2/8 = 0.25$$

iii. LMS 算法是近似最速下降算法。因此，如图 P10.7 所示，对于小的学习率，算法权值轨迹将垂直于轮廓线移动。

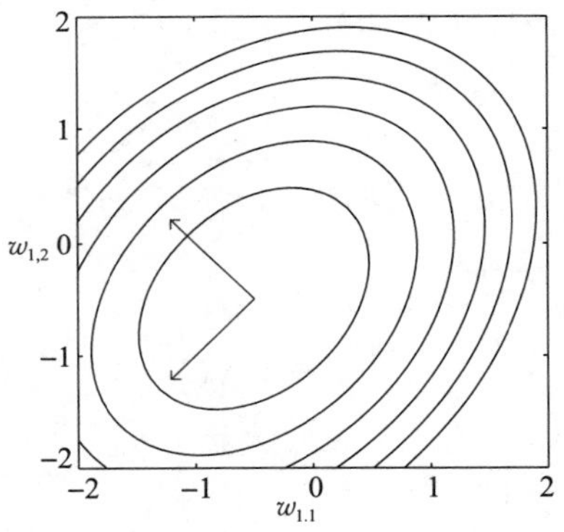

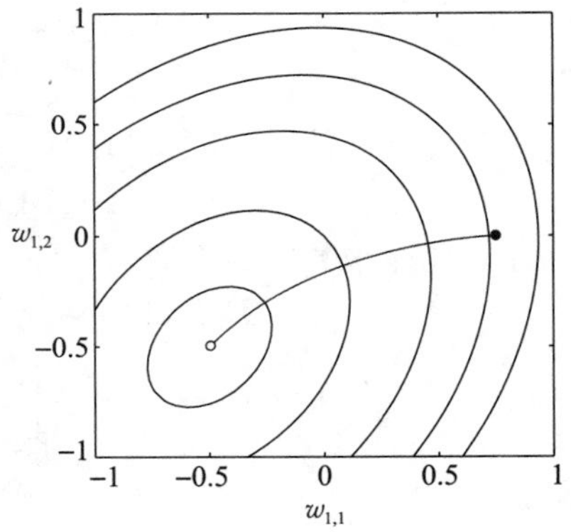

10-33 图 P10.6 例题 P10.6 中的误差轮廓线　　图 P10.7 LMS 算法的权值轨迹

P10.7 飞机中的飞行员正通过座舱中的麦克风讲话。麦克风接收到的飞行员的语音信号被飞机发动机噪声干扰，控制塔内的空中交通控制员不能接收到正确的语音。你能设计一个自适应的 ADALINE 滤波器，从而帮助减小控制塔收到的信号的噪声吗？请解释你的系统。

解 通过用图 P10.8 中的自适应过滤系统，无意中输入麦克风的发动机噪声能够被减小到最低限度。通过座舱中的麦克风，发动机噪声样本被输入自适应滤波器中。滤波器的期望输出是从飞行员麦克风传来的被污染了的声音信号。滤波器试图将“误差”信号减至最小。它能做的只是将被干扰了的信号中与发动机噪声线性相关的部分减去(假定发动机噪声和飞行员的语音不相关)。尽管发动机噪声和飞行员的声音信号一起进入飞行员的麦克风，结果却是一个清晰的语音信号被送到控制塔。(参见[WiSt85]中对类似的噪声消除系统的讨论。)

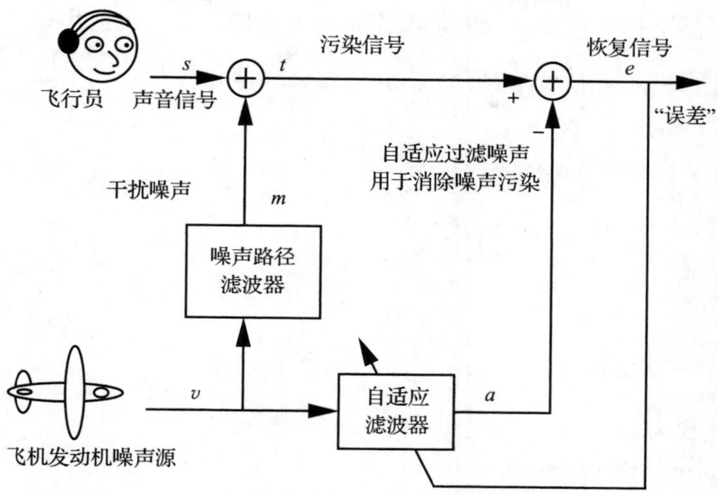

图 P10.8 从飞行员的声音信号中过滤发动机噪声

P10.8 本题是一个与例题 P4.3 和 P4.5 类似的分类问题，但是我们需要使用 ADALINE 网络和 LMS 学习规则而不是感知机学习规则。这个分类问题中有 4 类输入向量，分别为： 10-34

$$类\ 1:\left\{\boldsymbol{p}_1=\begin{bmatrix}1\\1\end{bmatrix},\boldsymbol{p}_2=\begin{bmatrix}1\\2\end{bmatrix}\right\},\qquad 类\ 2:\left\{\boldsymbol{p}_3=\begin{bmatrix}2\\-1\end{bmatrix},\boldsymbol{p}_4=\begin{bmatrix}2\\0\end{bmatrix}\right\}$$

$$类\ 3:\left\{\boldsymbol{p}_5=\begin{bmatrix}-1\\2\end{bmatrix},\boldsymbol{p}_6=\begin{bmatrix}-2\\1\end{bmatrix}\right\},\qquad 类\ 4:\left\{\boldsymbol{p}_7=\begin{bmatrix}-1\\-1\end{bmatrix},\boldsymbol{p}_8=\begin{bmatrix}-2\\-2\end{bmatrix}\right\}$$

使用 LMS 学习规则训练一个 ADALINE 网络以求解此问题。假定每种模式发生的概率均为 1/8。

解 首先画出输入向量，如图 P10.9 所示。○表示第 1 类向量，□表示第 2 类向量，●表示第 3 类向量，■表示第 4 类向量。

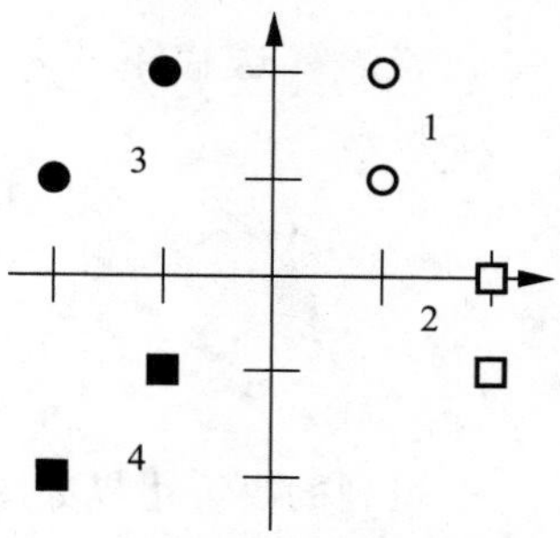

图 P10.9 例题 P10.8 的输入向量

我们将使用与例题 P4.3 中相类似的目标向量，但是将目标输出中的 0 替换为 −1(感知机只能输出 0 或 1)。至此，得到训练集合：

$$\left\{\boldsymbol{p}_1=\begin{bmatrix}1\\1\end{bmatrix},\boldsymbol{t}_1=\begin{bmatrix}-1\\-1\end{bmatrix}\right\}\left\{\boldsymbol{p}_2=\begin{bmatrix}1\\2\end{bmatrix},\boldsymbol{t}_2=\begin{bmatrix}-1\\-1\end{bmatrix}\right\}\left\{\boldsymbol{p}_3=\begin{bmatrix}2\\-1\end{bmatrix},\boldsymbol{t}_3=\begin{bmatrix}-1\\1\end{bmatrix}\right\}$$

$$\left\{\boldsymbol{p}_4=\begin{bmatrix}2\\0\end{bmatrix},\boldsymbol{t}_4=\begin{bmatrix}-1\\1\end{bmatrix}\right\}\left\{\boldsymbol{p}_5=\begin{bmatrix}-1\\2\end{bmatrix},\boldsymbol{t}_5=\begin{bmatrix}1\\-1\end{bmatrix}\right\}\left\{\boldsymbol{p}_6=\begin{bmatrix}-2\\1\end{bmatrix},\boldsymbol{t}_6=\begin{bmatrix}1\\-1\end{bmatrix}\right\}$$

$$\left\{\boldsymbol{p}_7=\begin{bmatrix}-1\\-1\end{bmatrix},\boldsymbol{t}_7=\begin{bmatrix}1\\1\end{bmatrix}\right\}\left\{\boldsymbol{p}_8=\begin{bmatrix}-2\\-2\end{bmatrix},\boldsymbol{t}_8=\begin{bmatrix}1\\1\end{bmatrix}\right\}$$ 10-35

与例题 P4.5 中一样，初始权值和偏置值为：

$$\boldsymbol{W}(0)=\begin{bmatrix}1&0\\0&1\end{bmatrix},\quad \boldsymbol{b}(0)=\begin{bmatrix}1\\1\end{bmatrix}$$

至此，我们已经基本准备好用 LMS 算法训练一个 ADALINE 网络。设学习率 $\alpha=$

0.04。根据下标的顺序，我们依次使用输入向量。第一次迭代为：

$$a(0)=\text{purelin}(W(0)P(0)+b(0))=\text{purelin}\left(\begin{bmatrix}1&0\\0&1\end{bmatrix}\begin{bmatrix}1\\1\end{bmatrix}+\begin{bmatrix}1\\1\end{bmatrix}\right)=\begin{bmatrix}2\\2\end{bmatrix}$$

$$e(0)=t(0)-a(0)=\begin{bmatrix}-1\\-1\end{bmatrix}-\begin{bmatrix}2\\2\end{bmatrix}=\begin{bmatrix}-3\\-3\end{bmatrix}$$

$$W(1)=W(0)+2\alpha e(0)p^{\mathrm{T}}(0)$$

$$=\begin{bmatrix}1&0\\0&1\end{bmatrix}+2\times0.04\times\begin{bmatrix}-3\\-3\end{bmatrix}[1\quad 1]=\begin{bmatrix}0.76&-0.24\\-0.24&0.76\end{bmatrix}$$

$$b(1)=b(0)+2\alpha e(0)=\begin{bmatrix}1\\1\end{bmatrix}+2\times0.04\times\begin{bmatrix}-3\\-3\end{bmatrix}=\begin{bmatrix}0.76\\0.76\end{bmatrix}$$

第二次迭代为：

$$a(1)=\text{purelin}(W(1)p(1)+b(1))$$

$$=\text{purelin}\left(\begin{bmatrix}0.76&-0.24\\-0.24&0.76\end{bmatrix}\begin{bmatrix}1\\2\end{bmatrix}+\begin{bmatrix}0.76\\0.76\end{bmatrix}\right)=\begin{bmatrix}1.04\\2.04\end{bmatrix}$$

$$e(1)=t(1)-a(1)=\begin{bmatrix}-1\\-1\end{bmatrix}-\begin{bmatrix}1.04\\2.04\end{bmatrix}=\begin{bmatrix}-2.04\\-3.04\end{bmatrix}$$

$$W(2)=W(1)+2\alpha e(1)p^{\mathrm{T}}(1)$$

10-36

$$=\begin{bmatrix}0.76&-0.24\\-0.24&0.76\end{bmatrix}+2\times0.04\times\begin{bmatrix}-2.04\\-3.04\end{bmatrix}[1\quad 2]=\begin{bmatrix}0.5968&-0.5664\\-0.4832&0.2736\end{bmatrix}$$

$$b(2)=b(1)+2\alpha e(1)=\begin{bmatrix}0.76\\0.76\end{bmatrix}+2\times0.04\times\begin{bmatrix}-2.04\\-3.04\end{bmatrix}=\begin{bmatrix}0.5968\\0.5168\end{bmatrix}$$

若继续迭代下去，直到权值收敛，则可以得到

$$W(\infty)=\begin{bmatrix}-0.5948&-0.0523\\0.1667&-0.6667\end{bmatrix}$$

$$b(\infty)=\begin{bmatrix}0.0131\\0.1667\end{bmatrix}$$

得到的决策边界如图P10.10所示。我们将此结果与例题P4.5中由感知机学习规则得到的最终决策边界(图P4.7)相比较。当所有的模式被正确分类时，感知机规则就停止了训练；而LMS算法使决策边界尽可能远离训练模式。

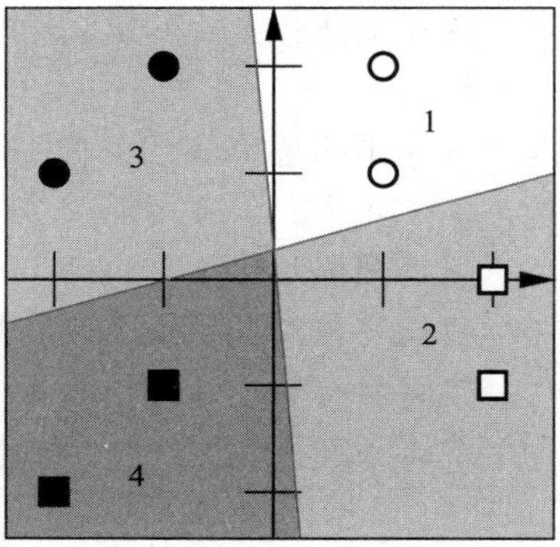

图P10.10 例题P10.8的最终决策边界

P10.9 重做Widrow和Hoff在1960年发表的经典论文中的模式识别问题[WiHo60]。他

10-37 们想设计一个能将图P10.11中的6个模式分类的识别系统。

这些模式表示字母T、G和F，上面一排是它们的原始形式，下面一排则是将它们移动后的模式。这些字母的目标输出分别是+60、0、−60。(Widrow和Hoff使用+60、0和−60的原因是为了很好地在他们使用的仪器表面显示网络输出结果。)工作的目标是训练网络，使得它能将6个模式划分到相应的T、G和F组中。

解 首先，我们将字母的每个模式转换为一个 16 维的向量。将每个模式图中灰色方格赋值为+1，白色方格赋值为−1。转换时从左上角开始，先转换左边第 1 列，接着转换第 2 列，等等。例如，对应于未经移动的字母 T，其对应的向量为

$$\boldsymbol{p}_1 = [1\ \ -1\ \ -1\ \ -1\ \ 1\ \ 1\ \ 1\ \ 1\ \ 1\ \ -1\ \ -1\ \ -1\ \ -1\ \ -1\ \ -1\ \ -1]^{\mathrm{T}}$$

按照这种方式，字母的每个模式都对应一个输入向量。

接下来，我们使用如图 P10.12 所示的 ADALINE 网络。

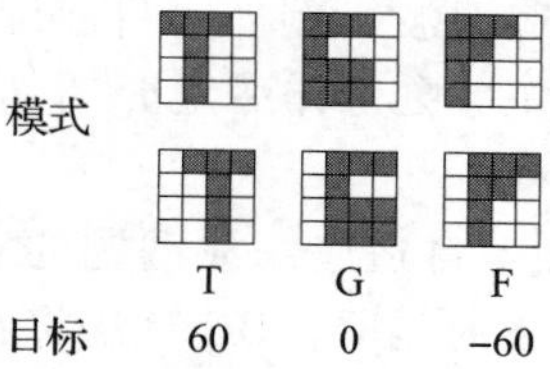

图 P10.11 模式和它们的分类目标

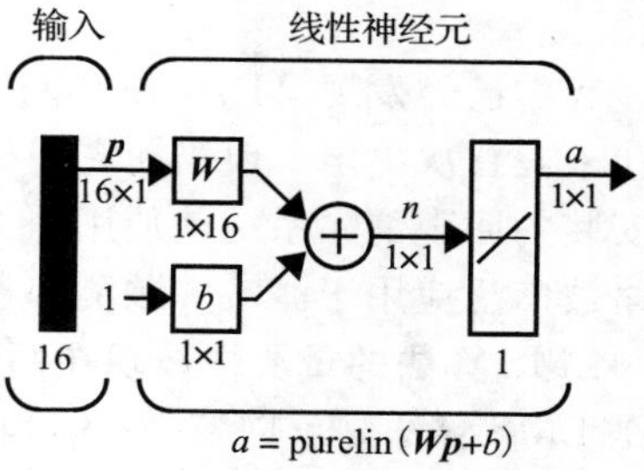

图 P10.12 自适应模式分类器

(Widrow 和 Hoff 搭建了实现 ADALINE 网络的机器。据他们所述，它“像一个午餐桶那么大”。)

现在将 6 个输入向量以随机的顺序输入网络中。针对每一次输入，LMS 算法将调整网络的权值，学习率 $\alpha=0.03$。每一次调整权值后，将 6 个输入向量输入网络中，得到相应的输出并计算误差。这里将采用误差平方和来检测网络的性能。

图 P10.13 展示了网络的收敛情况。为了识别 6 个字符，网络经过了大约 60 次训练，即每个字符的输入向量大约学习了 10 次。

图 P10.13 中的结果与 Widrow 和 Hoff 在 35 年前得到的和发表的结果非常相似。Widrow 和 Hoff 做了很好的科学工作。甚至几十年后，人们还可以重现他们以前的工作(但是不再需要一个午餐桶了)。 10-38

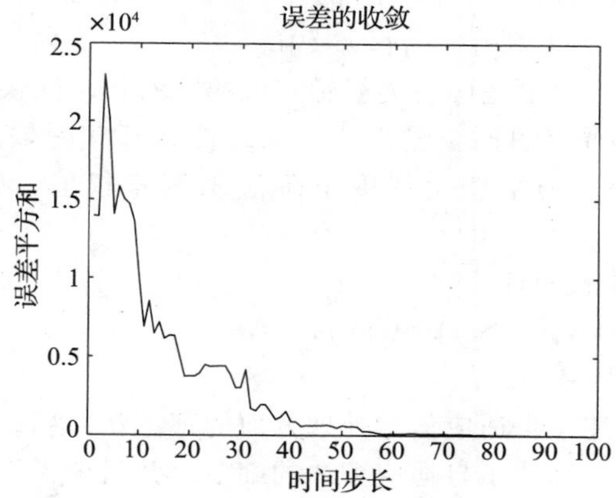

图 P10.13 学习率为 0.03 时的误差收敛曲线

MATLAB 实验 使用 Neural Network Design Demonstration **Linear Pattern Classification**(nnd10lc)进行字符分类问题的实验。注意网络在输入模式上对噪声的敏感性。 10-39

10.5 结束语

在本章中，我们介绍了 ADALINE 神经网络和 LMS 学习规则。ADALINE 网络与第 4 章中的感知机网络很相似，两者具有相同的根本局限性：它们只能分类线性可分的模式。尽管有这个局限性，事实上 LMS 算法仍比感知机学习规则更有效。因为它最小化均方误差，所以 LMS 算法产生的决策边界比由感知机学习规则得到的决策边界对噪声更加鲁棒。

我们已经发现 ADALINE 网络和 LMS 算法有许多实际应用。尽管它们在 20 世纪 50 年代末被首次提出，但当前它们仍然非常适用于自适应滤波。例如，目前许多长途电话线上安装的回声消除系统就使用了 LMS 算法。(第 14 章将更为详尽地介绍动态网络，这类网络被广泛应用于滤波、预测和控制中。)

LMS 算法的重要性体现在两个方面：一是作为许多自适应滤波问题的实际解决方案，二是 LMS 算法是反向传播(Backpropagation，BP)算法的先驱。BP 算法将在第 11 章至第 14 章中讨论。和 LMS 算法一样，反向传播算法也是最小化均方误差的近似最速下降算法。两个算法唯一的区别在于导数的计算方式。BP 算法是 LMS 算法针对多层神经网络的

10-40 推广。这类更复杂的网络将不局限于解决线性可分问题，它们能解决任意分类问题。

10.6 扩展阅读

[**AnRo89**] J. A. Anderson, E. Rosenfeld, Neurocomputing: Foundations of Research, Cambridge, MA: MIT Press, 1989.

这是一本基础参考书，包含 40 多篇神经计算方面的最重要的文章。每篇文章均附有一段引言，总结了该文章的结果并评价了该文章在该研究领域中的历史地位。

[**StDo84**] W. D. Stanley, G. R. Dougherty, R. Dougherty, Digital Signal Processing, Reston VA: Reston, 1984.

[**WiHo60**] B. Widrow, M. E. Hoff, "Adaptive switching circuits," 1960 IRE WESCON Convention Record, New York: IRE Part 4, pp. 96-104.

这篇重要文章描述了一个自适应的类似感知机的网络，它能快速准确地学习。作者假定系统有输入和每个输入对应的期望输出，且系统能计算实际输出和期望输出之间的误差。为了最小化均方误差，网络使用梯度下降法来调整权值。(最小均方误差或 LMS 算法。)

该论文在[AnRo88]中被重印。

[**WiSt85**] B. Widrow and S. D. Stearns, Adaptive Signal Processing, Englewood Cliffs, NJ: Prentice-Hall, 1985.

这本内容翔实的书描述了自适应信号处理方面的理论和应用。作者在书中提供了关于所需数学背景知识的综述，阐述了自适应算法的细节，并讨论了许多实际应用。

[**WiWi88**] B. Widrow and R. Winter, "Neural nets for adaptive filtering and adaptive pattern recognition," IEEE Computer Magazine, March 1988, pp. 25-39.

这篇极具可读性的文章总结了自适应多层神经网络的应用，比如系统建模、统计预

10-41 测、回声消除、逆向建模和模式识别等。

10.7 习题

E10.1 图 E10.1 展示了一个自适应滤波器 ADALINE。假设网络的权值为：

$$w_{1,1}=1,\quad w_{1,2}=-4,\quad w_{1,3}=2$$

滤波器的输入为：

$$\{y(k)\}=\{\cdots,0,0,0,1,1,2,0,0,\cdots\}$$

求滤波器的响应 $\{a(k)\}$。

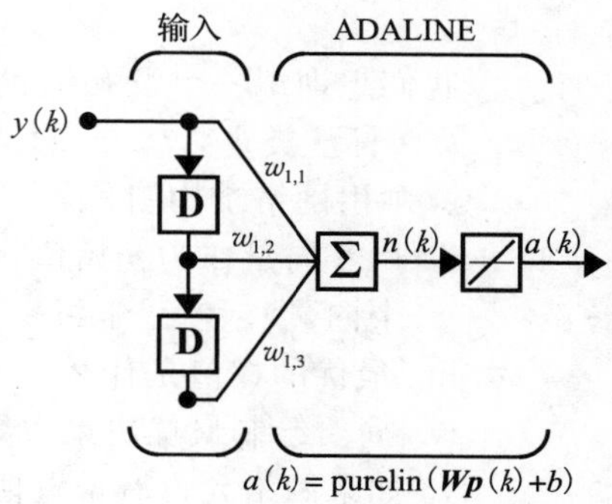

图 E10.1　习题 E10.1 中的自适应滤波器 ADALINE

10-42

E10.2 在图 E10.2 中给出了两类模式。

i. 用 LMS 算法训练一个 ADALINE 网络，使之能区分类Ⅰ和类Ⅱ中的模式（即要求网络能区分水平线和垂直线）。

ii. 你能解释为什么 ADALINE 网络难以解决这类问题吗？

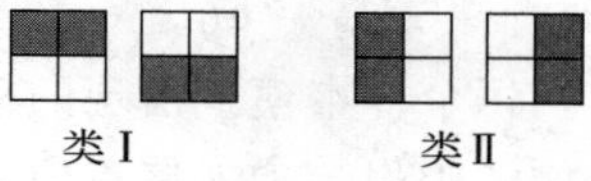

图 E10.2　习题 E10.2 中的模式分类问题

E10.3 假定有下面的两个样本模式和它们的目标输出：

$$\left\{\boldsymbol{p}_1=\begin{bmatrix}1\\1\end{bmatrix},t_1=1\right\},\quad \left\{\boldsymbol{p}_2=\begin{bmatrix}1\\-1\end{bmatrix},t_2=-1\right\}$$

在例题 P10.3 中，我们假定输入 ADALINE 的这些向量以等概率产生。现在假定向量 $\boldsymbol{p}_1$ 产生的概率为 0.75，向量 $\boldsymbol{p}_2$ 产生的概率为 0.25。概率的改变是否会改变均方误差的性能曲面？若是，现在曲面的形状如何？最大稳态学习率是多少？

E10.4 本习题中，我们修改例题 P10.3 中的样本模式 $\boldsymbol{p}_2$ 为：

$$\left\{\boldsymbol{p}_1=\begin{bmatrix}1\\1\end{bmatrix},t_1=1\right\},\quad \left\{\boldsymbol{p}_2=\begin{bmatrix}-1\\-1\end{bmatrix},t_2=-1\right\}$$

i. 假定两种模式以等概率产生。求均方误差并描绘出轮廓线图。

ii. 求最大稳态学习率。

iii. **MATLAB 练习** 编写 MATLAB 程序实现 LMS 算法。设零向量作为初始值，给定一个稳态学习率让算法执行 40 步，在轮廓线图上画出变化轨迹。

iv. 在将两个参数的初始值均设为 1 后，让算法执行 40 步。画出最终的判定边界。

v. 比较问题 iii 和问题 iv 的最终参数值。解释比较的结果。

E10.5 再次使用例题 P10.3 中的样本模式和目标输出，假定模式以等概率产生。这里我们要训练一个有偏置值的 ADALINE 网络。求三个参数 $w_{1,1}$、$w_{1,2}$ 和 b。

i. 求均方误差和最大稳态学习率。

ii. **MATLAB 练习** 写 MATLAB 程序实现 LMS 算法。设零向量作为初始值，给定一个稳态学习率让算法执行 40 步，画出最终的决策边界。

iii. 将所有参数的初始值均设为 1，让算法执行 40 步，画出最终的决策边界。

iv. 比较问题 ii 和问题 iii 中得到的最终参数值和决策边界。解释比较的结果。　10-43

E10.6 有两类向量。类Ⅰ包含以下向量：

$$\left\{\begin{bmatrix}1\\1\end{bmatrix},\begin{bmatrix}-1\\2\end{bmatrix}\right\}$$

类Ⅱ包含有：

$$\left\{\begin{bmatrix}0\\-1\end{bmatrix},\begin{bmatrix}-4\\1\end{bmatrix}\right\}$$

我们想训练一个没有偏置值的单神经元 ADALINE 网络来识别这些类别(这里用 $t=1$标注类Ⅰ，$t=-1$ 标注类Ⅱ)。假定每个模式以等概率发生。

i. 画出网络结构图。

ii. 用零向量作为初始值，采用 LMS 算法四次(遍历上面四个向量——一次输入一个向量)。使用学习率 0.1。

iii. 最优的权值是什么?

iv. 简要绘制最优决策边界。

v. 如果网络允许有偏置值，决策边界会如何改变呢?如果决策边界能够改变，在问题 iv 的简图中画出大概的新位置。你不需要进行任何计算——只需要解释推理过程。

E10.7 假定我们有如下三个样本模式和它们相应的目标值：

$$\left\{\boldsymbol{p}_1=\begin{bmatrix}3\\6\end{bmatrix},t_1=75\right\},\quad\left\{\boldsymbol{p}_2=\begin{bmatrix}6\\3\end{bmatrix},t_2=75\right\},\quad\left\{\boldsymbol{p}_3=\begin{bmatrix}-6\\3\end{bmatrix},t_3=-75\right\}$$

每个样本模式出现的概率相同。

i. 画出一个无偏置值 ADALINE 网络结构图，可以用这些模式进行训练。

ii. 我们希望用这些样本训练一个无偏置值的 ADALINE 网络。画出均方误差性能函数的轮廓线图。

10-44 iii. 找到 LMS 算法的最大稳态学习率。

iv. 在轮廓线图上绘制 LMS 算法的轨迹。假定有一个非常小的学习率，而所有的权值都是零。注意，这并不要求任何计算。

E10.8 假定我们有如下两个样本模式和它们对应的目标值：

$$\left\{\boldsymbol{p}_1=\begin{bmatrix}1\\2\end{bmatrix},t_1=-1\right\},\quad\left\{\boldsymbol{p}_2=\begin{bmatrix}-2\\1\end{bmatrix},t_2=1\right\}$$

向量 $\boldsymbol{p}_1$ 出现的概率是 0.5，向量 $\boldsymbol{p}_2$ 出现的概率也是 0.5。我们将在这个数据集上训练一个无偏置值的 ADALINE 网络。

i. 绘制均方误差性能函数的轮廓线。

ii. 绘制最优决策边界。

iii. 找到最大稳态学习率。

iv. 在轮廓线图上绘制 LMS 算法的轨迹。假定使用一个很小的学习率，初始化权值为 $\boldsymbol{W}(0)=[0\quad 1]$。

E10.9 我们有如下的输入/目标对：

$$\left\{\boldsymbol{p}_1=\begin{bmatrix}4\\2\end{bmatrix},t_1=5\right\},\quad\left\{\boldsymbol{p}_2=\begin{bmatrix}2\\-4\end{bmatrix},t_2=-2\right\},\quad\left\{\boldsymbol{p}_3=\begin{bmatrix}-4\\4\end{bmatrix},t_3=9\right\}$$

前两个模式均以 0.25 的概率出现，而第三个模式以 0.5 的概率出现。我们将训练一个无偏置值的单神经元 ADALINE 网络来实现映射。

i. 绘制网络结构图。

ii. 最大稳态学习率是多少？

iii. 执行 LMS 算法的一个迭代。使用输入 $\boldsymbol{p}_1$，设置学习率 $\alpha=0.1$，初始权值 $\boldsymbol{x}_0=[0\quad 0]^{\mathrm{T}}$。 10-45

E10.10 针对如下的输入/目标对，重复习题 E10.9 的练习：

$$\left\{\boldsymbol{p}_1=\begin{bmatrix}2\\-4\end{bmatrix},t_1=1\right\},\quad\left\{\boldsymbol{p}_2=\begin{bmatrix}-4\\4\end{bmatrix},t_2=-1\right\},\quad\left\{\boldsymbol{p}_3=\begin{bmatrix}4\\2\end{bmatrix},t_3=1\right\}$$

前两个模式均以 0.25 的概率出现，而第三个模式以 0.5 的概率出现。我们将训练一个无偏置值的单神经元 ADALINE 网络来实现映射。

E10.11 我们将训练一个无偏置值的单神经元 ADALINE 网络来把下面训练集中的向量分为两类。每个模式以等概率出现。

$$\left\{\boldsymbol{P}_1=\begin{bmatrix}-1\\2\end{bmatrix},t_1=-1\right\}\quad\left\{\boldsymbol{P}_2=\begin{bmatrix}2\\-1\end{bmatrix},t_2=-1\right\}$$

$$\left\{\boldsymbol{P}_3=\begin{bmatrix}0\\-1\end{bmatrix},t_3=1\right\}\quad\left\{\boldsymbol{P}_4=\begin{bmatrix}-1\\0\end{bmatrix},t_4=1\right\}$$

i. 画出网络结构图。

ii. 初始权值 $\boldsymbol{W}(0)=[0\quad 0]$，学习率为 0.1。使用向量 $\boldsymbol{p}_1$ 执行 LMS 算法的一次迭代。

iii. 最优权值是多少？写下所有计算步骤。

iv. 简要绘制最优决策边界。

v. 当网络允许有偏置值时，决策边界将如何改变？在问题 iv 中绘制的轮廓线中指出大概的新位置。

vi. LMS 算法的最大稳态学习率是多少？

vii. 绘制均方误差的性能曲面的轮廓线图。

viii. 在问题 vii 中的轮廓线图中绘制 LMS 算法的轨迹。初始权值为 $\boldsymbol{W}(0)=[2\quad 0]$，使用一个较小的学习率(例如 0.001)。此题不要求任何计算，但是请解释你是如何求得答案的。

E10.12 假定有如下三个样本模式和它们的目标值： 10-46

$$\left\{\boldsymbol{p}_1=\begin{bmatrix}2\\4\end{bmatrix},t_1=26\right\},\quad\left\{\boldsymbol{p}_2=\begin{bmatrix}4\\2\end{bmatrix},t_2=26\right\},\quad\left\{\boldsymbol{p}_3=\begin{bmatrix}-2\\-2\end{bmatrix},t_3=-26\right\}$$

向量 $\boldsymbol{p}_1$ 出现的概率是 0.25，向量 $\boldsymbol{p}_2$ 出现的概率是 0.25，向量 $\boldsymbol{p}_3$ 出现的概率是 0.5。

i. 画出一个无偏置值的 ADALINE 网络结构图，可以用这些模式进行训练。

ii. 绘制均方误差性能函数的轮廓线图。

iii. 求最优决策边界(即最小化均方误差的权值)并且验证它能够把样本分成可能的类别。

iv. 找到 LMS 算法的最大稳态学习率。如果目标值从 26 和 −26 改为 2 和 −2，最大稳态学习率会有什么变化呢？

v. 执行 LMS 算法的一次迭代。初始化所有权值为 0，学习率 $\alpha=0.5$，使用输入向量 $\boldsymbol{p}_1$。

vi. 在轮廓图上绘制 LMS 算法的轨迹。假定使用一个小的学习率，且初始权值均为 0。

E10.13 考虑在图 E10.3 中的自适应预测器：

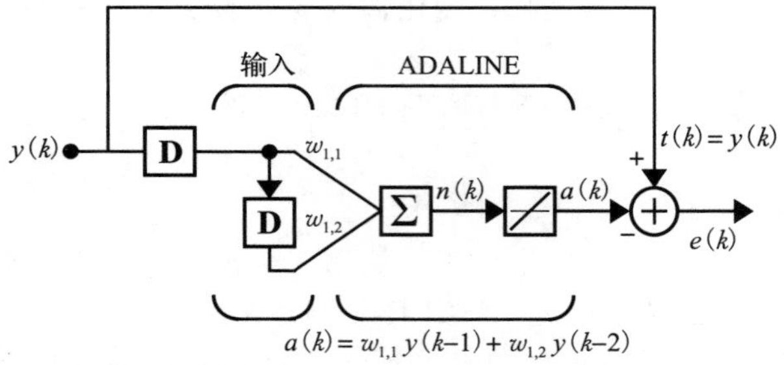

图 E10.3 习题 E10.13 中的自适应预测器

假定 $y(k)$是一个稳态过程，其自相关函数为：

$$C_y(n) = E[y(k)(y(k+n))]$$

i. 写出一个基于 $C_y(n)$的均方误差表达式。

10-47 ii. 写出一个满足下式条件的均方误差的具体表达式。

$$y(k) = \sin\left(\frac{k\pi}{5}\right)$$

iii. 找出均方误差的 Hessian 矩阵的特征值和特征向量。定位最小点并且绘制粗略的轮廓线图。

iv. 求 LMS 算法的最大稳态学习率。

v. 使用一个稳定的学习率，设零向量作为初始值，执行 LMS 算法的三次迭代。

vi. MATLAB 练习 编写 MATLAB 程序实现 LMS 算法。设零向量作为初始值，给定一个稳定学习率，让算法执行 40 次迭代。画出轮廓线图上权值的轨迹，并验证算法收敛于最优点。

vii. 以实验方式验证当学习率大于问题 iv 中求得的学习率时，算法不稳定。

E10.14 MATLAB 实验 再次求解例题P10.9，不过用数字“1”“2”和“4”，代替字母“T”“G”和“F”。对每个样本模式和噪声模式，测试经过训练后的网络。讨论网络的敏感性。(使用 Neural Network Design Demonstration Linear Pattern Classification(nnd101c)进行实验。)

10-48

反向传播

11.1 目标

本章我们通过推广第10章的LMS算法来继续讨论第8章提出的性能学习。这个推广被称为反向传播，可以用来训练多层神经网络。和LMS学习法则一样，反向传播算法也是一种近似最速下降算法，它采用均方误差作为性能指标。LMS算法和反向传播算法的差异仅在于它们计算导数的方式。对于单层的线性网络来说，误差是网络权值的显式线性函数，它关于网络权值的导数可以轻易地通过计算得到。然而，多层网络采用非线性的传输函数，网络权值和误差之间的关系更为复杂。为了计算这些导数，我们需要利用微积分中的链式法则。事实上，本章大部分内容是在说明如何运用链式法则。 11-1

11.2 理论与例子

Frank Rosenblatt提出的感知机学习法则和Bernard Widrow、Marcian Hoff提出的LMS算法是为训练单层类似感知机的网络而设计的。前面章节中我们讨论过，这些单层的网络具有只能解决线性可分问题的缺陷。虽然Rosenblatt和Widrow都意识到了这些局限，并且提出了可以突破这些局限的多层网络，但是他们并没有能够推广自己的算法来训练这些更为强大的多层网络。

多层网络训练算法的首次描述出现在1974年Paul Werbos的毕业论文中[Werbos74]。论文中提出的是训练一般网络的方法，神经网络只是其中的一个特例，这篇论文并没有在神经网络学术界得到传播。直到80年代中期，反向传播算法才被重新发现并得到广泛宣传。David Rumelhart、Geoffrey Hinton和Ronald Williams[RuHi86]，David Parker[Park85]，以及Yann Le Cun[LeCu85]分别独立重新发现了这个算法。此算法被收录进《Parallel Distributed Processing》[RuMc86]一书，得以广泛流传。此书描述了由心理学家David Rumelhart和James Mc-Clelland领导的并行分布式处理小组所做的工作。此书的出版激发了对神经网络连续不断的研究。如今，通过反向传播算法训练的多层感知机网络是应用最广泛的神经网络。

本章我们将首先研究多层网络的能力，然后阐述反向传播算法。

11.2.1 多层感知机

我们首先介绍第2章中多层网络的记号。为便于参照，我们在图11.1中重画了三层感知机的示意图。注意我们只是简单地级联了三个感知机网络。第一个网络的输出作为第二个网络的输入，第二个网络的输出又作为第三个网络的输入。每一层可以设置不同数目的神经元甚至不同类型的传输函数。回忆一下，我们在第2章中用上标来标明不同的层号。因此，第一层的权值矩阵记为$\boldsymbol{W}^1$，第二层的权值矩阵记为$\boldsymbol{W}^2$。

为了标明多层网络的结构，有时候我们会采用下面的简化记号，将输入的神经元个数与每层中神经元的个数依次列出。

11-2
$$R\text{-}S^1\text{-}S^2\text{-}S^3 \tag{11.1}$$

现在，我们来研究多层感知机网络的能力。首先，我们用多层网络来进行模式分类，随后将讨论它们在函数逼近中的应用。

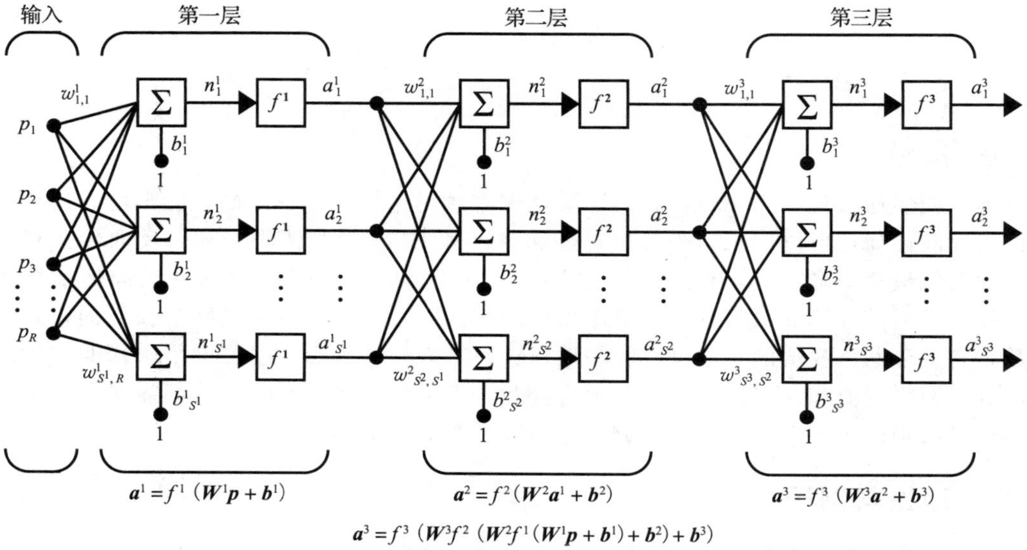

图 11.1 三层网络

1. **模式分类**

举例 为了说明多层感知机在模式分类中的能力，我们在这里考虑经典的异或问题。异或门的输入/目标输出对如下：

$$\left\{\boldsymbol{P}_1=\begin{bmatrix}0\\0\end{bmatrix},t_1=0\right\}\left\{\boldsymbol{P}_2=\begin{bmatrix}0\\1\end{bmatrix},t_2=1\right\}\left\{\boldsymbol{P}_3=\begin{bmatrix}1\\0\end{bmatrix},t_3=1\right\}\left\{\boldsymbol{P}_4=\begin{bmatrix}1\\1\end{bmatrix},t_4=0\right\}$$

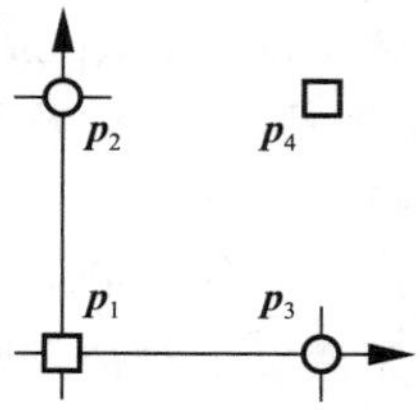

右侧用图示描绘了异或问题，1969 年 Minsky 和 Papert 用该问题说明了单层感知机的局限性。由于这两个类不是线性可分的，单层感知机不能对它们进行分类。

两层网络则能够解决异或问题。事实上有多种不同的多层解决方案。其中一个是在第一层用两个神经元来构造两个决策边界。第一个决策边界将 $\boldsymbol{p}_1$ 和其他模式区分开，第二个决策边界再将 $\boldsymbol{p}_4$ 区分出来。

11-3 之后在第二层用逻辑“与”运算将这两个决策边界结合起来。第一层的每一个神经元的决策边界如图 11.2 所示。

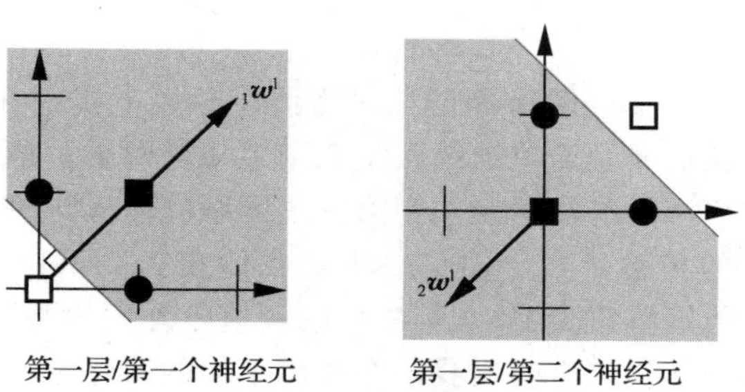

图 11.2 异或网络的决策边界

得到的结构为 2-2-1 的两层网络，如图 11.3 所示。右下图给出了这个网络最终的决策区域。阴影部分内的输入将会令网络输出 1。

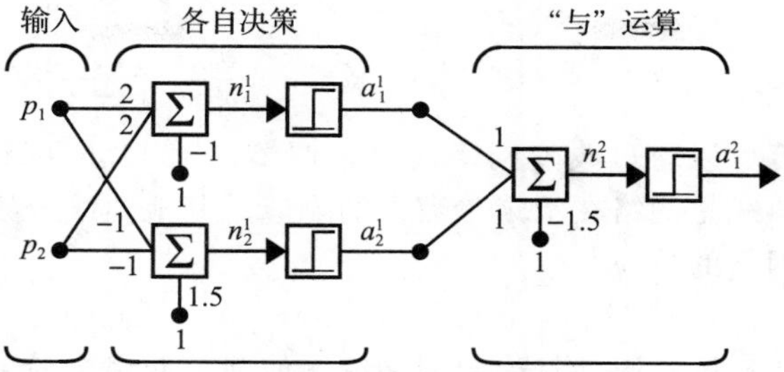

图 11.3　两层异或网络

多层网络在模式分类中的更多应用请参见例题 P11.1 和 P11.2。

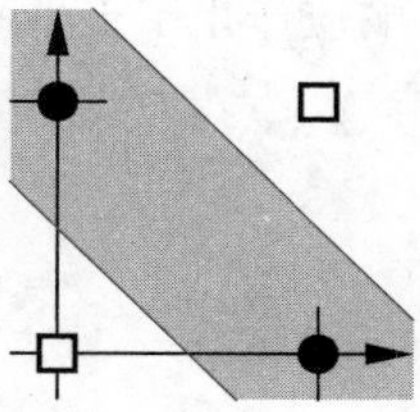

2. 函数逼近

本书到目前为止讨论的神经网络主要都是用于模式分类的。将神经网络看作函数逼近器同样有启发意义。例如，在控制系统中，目标是找到合适的反馈函数，从而建立从测得输出到控制输入的映射。在自适应滤波(第 10 章)中，目标是找到一个函数，建立从延迟输入信号到合适的输出信号的映射。后面的例子将会阐明多层感知机在实现函数逼近中是多么游刃有余。 11-4

举例 考虑图 11.4 中结构为 1-2-1 的两层网络。在这个例子里，网络第一层的传输函数采用对数-S 型，第二层采用线性函数。即

$$f^1(n)=\frac{1}{1+e^{-n}} \quad 和 \quad f^2(n)=n \tag{11.2}$$

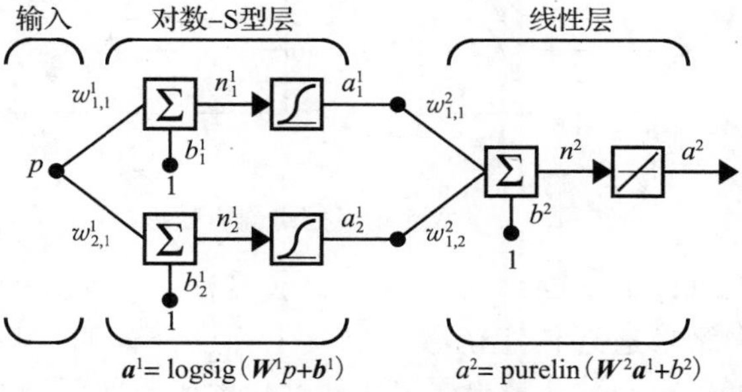

图 11.4　函数逼近器网络示例

假设这个网络中给定的权值和偏置值为

$$w_{1,1}^1=10,\quad w_{2,1}^1=10,\quad b_1^1=-10,\quad b_2^1=10,$$

$$w_{1,1}^2=1,\quad w_{1,2}^2=1,\quad b^2=0$$

则网络在给定参数下的响应曲线如图 11.5 所示，图中画出了当输入 p 在[−2, 2]之间变动时网络的输出 a^2 的变化情况。

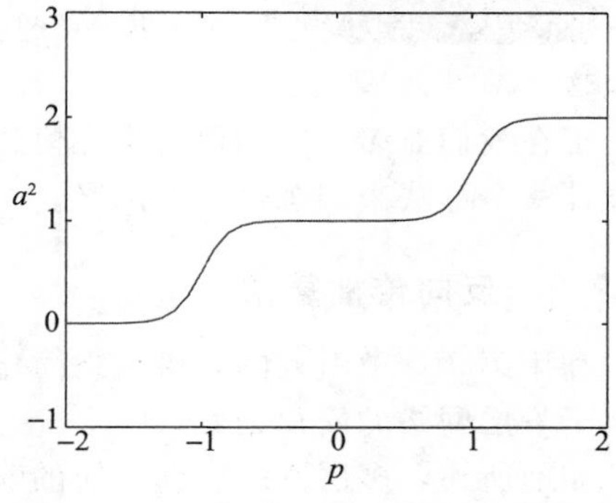

图 11.5　图 11.4 中的网络在给定参数下的响应

注意，网络的响应由两级台阶组成，每一级分别对应第一层两个对数-S 型神经元中的一个。我们可以通过调整网络参数来改变每一级台阶的形状和位置，下面展开讨论。

两级台阶的中心分别出现在第一层两个神经元各自净输入为零的位置：

11-5
$$n_1^1 = w_{1,1}^1 p + b_1^1 = 0 \quad \Rightarrow \quad p = -\frac{b_1^1}{w_{1,1}^1} = -\frac{-10}{10} = 1 \tag{11.3}$$

$$n_2^1 = w_{2,1}^1 p + b_2^1 = 0 \quad \Rightarrow \quad p = -\frac{b_2^1}{w_{2,1}^1} = -\frac{10}{10} = -1 \tag{11.4}$$

每一级台阶的陡峭程度可以通过改变网络权值来调整。图 11.6 展示了参数变化对网络输出的影响。图中灰色曲线是网络在给定参数下的响应。其他曲线分别对应于以下参数在如下范围内单独变动时网络的响应：

$$-1 \leqslant w_{1,1}^2 \leqslant 1, \quad -1 \leqslant w_{1,2}^2 \leqslant 1, \quad 0 \leqslant b_2^1 \leqslant 20, \quad -1 \leqslant b^2 \leqslant 1 \tag{11.5}$$

图 11.6a 展示了如何通过第一层（隐层）的网络偏置值确定两级台阶的位置。图 11.6b 展示了权值如何确定两级台阶的坡度。图 11.6d 则展示了第二层（输出层）的偏置值对网络整体响应产生了上下平移的影响。

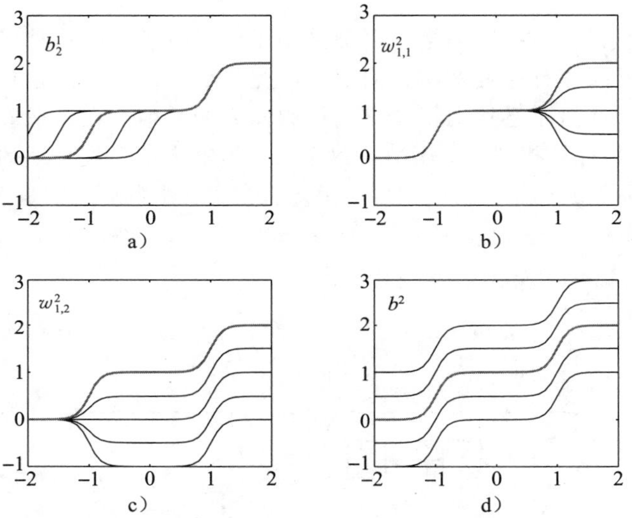

图 11.6　参数变动对网络响应的影响

通过这个例子我们可以了解到多层网络有多么灵活。看来，只要有足够的隐层神经元，就可以用这样的网络来逼近任意函数。事实上，已经证明：只要有足够多的隐层单元，一个隐层采用 S 型传输函数、输出层采用线性传输函数的两层网络几乎可以以任意精度逼近任意函数（参见[HoSt89]）。

MATLAB 实验 使用 Neural Network Design Demonstration **Network Function**（nnd11nf）

11-6
测试这个两层网络响应。

现在我们对多层感知机网络在模式识别和函数逼近中的能力有了一定了解，接下来需要设计一个算法来训练这样的网络。

11.2.2　反向传播算法

利用第 2 章中引入的多层网络简化记号可以方便我们对反向传播算法的推演。图 11.7 展示了三层网络的简化记号。

如前所述，多层网络中前一层的输出作为后一层的输入。该运算用等式表达为：

$$\boldsymbol{a}^{m+1} = \boldsymbol{f}^{m+1}(\boldsymbol{W}^{m+1}\boldsymbol{a}^m + \boldsymbol{b}^{m+1}), \quad m = 0,1,\cdots,M-1 \tag{11.6}$$

其中 M 是网络的层数，第一层的神经元接收外部输入：

$$a^0 = p \tag{11.7}$$

它为式(11.6)的计算提供起始点。最后一层神经元的输出作为网络的输出：

$$a = a^M \tag{11.8}$$ 11-7

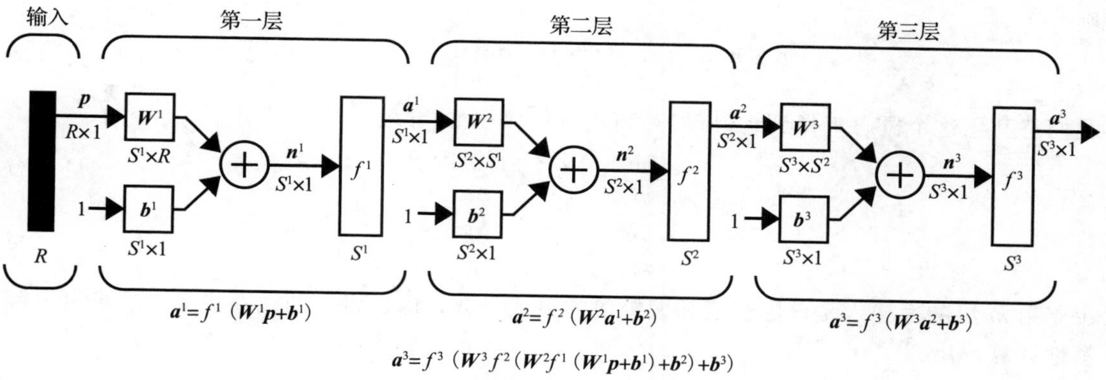

图 11.7　三层网络，简化记号

1. 性能指标

多层网络的反向传播算法是第 10 章中 LMS 算法的推广，并且两个算法都使用均方误差作为性能指标。算法需要一组反映正确网络行为的样本：

$$\{p_1, t_1\}, \{p_2, t_2\}, \cdots, \{p_Q, t_Q\} \tag{11.9}$$

其中，p_q 是网络的一个输入，t_q 是对应的目标输出。每一个输入传给网络后，网络的输出都将和目标输出进行比较。算法则调整网络的参数以最小化均方误差：

$$F(x) = E[e^2] = E[(t-a)^2] \tag{11.10}$$

其中 x 是网络权值和偏置值构成的向量(同第 10 章)。如果网络有多个输出，则可以推广为

$$F(x) = E[e^{\mathrm{T}} e] = E[(t-a)^{\mathrm{T}}(t-a)] \tag{11.11}$$

和 LMS 算法一样，我们用下式近似表示均方误差：

$$\hat{F}(x) = (t(k)-a(k))^{\mathrm{T}}(t(k)-a(k)) = e^{\mathrm{T}}(k)e(k) \tag{11.12}$$

原来的误差平方的期望被第 k 次迭代时的误差平方代替。

近似均方误差的最速下降算法(随机梯度下降)为 11-8

$$w_{i,j}^m(k+1) = w_{i,j}^m(k) - \alpha \frac{\partial \hat{F}}{\partial w_{i,j}^m} \tag{11.13}$$

$$b_i^m(k+1) = b_i^m(k) - \alpha \frac{\partial \hat{F}}{\partial b_i^m} \tag{11.14}$$

其中 α 是学习率。

到这里，上面的推导都和 LMS 算法如出一辙。现在我们开始推导困难的部分——偏导数的计算。

2. 链式法则

单层线性网络(ADALINE)的偏导数可以利用式(10.33)和式(10.34)方便地计算得出。对于多层网络来说，误差并不是隐层网络权值的显式函数，因此这些导数的计算并不那么容易。

由于误差是隐层权值的间接函数，我们将用微积分中的链式法则来计算这些导数。复习一下链式法则，假设有一个函数 f，它仅是变量 n 的显式函数。我们要计算 f 关于另一个变量 w 的导数，链式法则为：

$$\frac{\mathrm{d}f(n(w))}{\mathrm{d}w}=\frac{\mathrm{d}f(n)}{\mathrm{d}n}\times\frac{\mathrm{d}n(w)}{\mathrm{d}w} \tag{11.15}$$

举例 例如，若

$$f(n)=\mathrm{e}^n \text{ 且 } n=2w,\text{即 } f(n(w))=\mathrm{e}^{2w} \tag{11.16}$$

则

$$\frac{\mathrm{d}f(n(w))}{\mathrm{d}w}=\frac{\mathrm{d}f(n)}{\mathrm{d}n}\times\frac{\mathrm{d}n(w)}{\mathrm{d}w}=\mathrm{e}^n\times 2 \tag{11.17}$$

我们将利用这个概念来得到式(11.13)和式(11.14)中的导数：

$$\frac{\partial\hat{F}}{\partial w_{i,j}^m}=\frac{\partial\hat{F}}{\partial n_i^m}\times\frac{\partial n_i^m}{\partial w_{i,j}^m} \tag{11.18}$$

11-9

$$\frac{\partial\hat{F}}{\partial b_i^m}=\frac{\partial\hat{F}}{\partial n_i^m}\times\frac{\partial n_i^m}{\partial b_i^m} \tag{11.19}$$

由于第 m 层的净输入是该层权值和偏置值的显式函数，因此以上两式右边第二项可以很容易地计算得出：

$$n_i^m=\sum_{j=1}^{S^{m-1}}w_{i,j}^m a_j^{m-1}+b_i^m \tag{11.20}$$

因此

$$\frac{\partial n_i^m}{\partial w_{i,j}^m}=a_j^{m-1},\quad \frac{\partial n_i^m}{\partial b_i^m}=1 \tag{11.21}$$

定义

$$s_i^m\equiv\frac{\partial\hat{F}}{\partial n_i^m} \tag{11.22}$$

即$\hat{F}$对第 m 层中净输入的第 i 个元素变化的敏感度(sensitivity)，则式(11.18)和式(11.19)可以简化为

$$\frac{\partial\hat{F}}{\partial w_{i,j}^m}=s_i^m a_j^{m-1} \tag{11.23}$$

$$\frac{\partial\hat{F}}{\partial b_i^m}=s_i^m \tag{11.24}$$

近似梯度下降算法可以表示为

$$w_{i,j}^m(k+1)=w_{i,j}^m(k)-\alpha s_i^m a_j^{m-1} \tag{11.25}$$

$$b_i^m(k+1)=b_i^m(k)-\alpha s_i^m \tag{11.26}$$

矩阵形式为：

$$\boldsymbol{W}^m(k+1)=\boldsymbol{W}^m(k)-\alpha\boldsymbol{s}^m(\boldsymbol{a}^{m-1})^{\mathrm{T}} \tag{11.27}$$

$$\boldsymbol{b}^m(k+1)=\boldsymbol{b}^m(k)-\alpha\boldsymbol{s}^m \tag{11.28}$$

11-10 其中

$$\boldsymbol{s}^m\equiv\frac{\partial\hat{F}}{\partial\boldsymbol{n}^m}=\begin{bmatrix}\dfrac{\partial\hat{F}}{\partial n_1^m}\\[2ex]\dfrac{\partial\hat{F}}{\partial n_2^m}\\\vdots\\\dfrac{\partial\hat{F}}{\partial n_{S^m}^m}\end{bmatrix} \tag{11.29}$$

(请注意这个算法和式(10.33)、式(10.34)对应的 LMS 算法之间的紧密联系。)

3. 敏感度的反向传播

现在剩下的工作就是计算敏感度 $\mathbf{s}^m$，这需要再次利用链式法则。反向传播正是由这个过程而得名，因为它描述了一种递归关系，即第 m 层敏感度是由第 $m+1$ 层敏感度计算得到的。

为了推导敏感度的递归关系，我们将使用如下的 Jacobian 矩阵：

$$\frac{\partial \mathbf{n}^{m+1}}{\partial \mathbf{n}^m} \equiv \begin{bmatrix} \frac{\partial n_1^{m+1}}{\partial n_1^m} & \frac{\partial n_1^{m+1}}{\partial n_2^m} & \cdots & \frac{\partial n_1^{m+1}}{\partial n_{S^m}^m} \\ \frac{\partial n_2^{m+1}}{\partial n_1^m} & \frac{\partial n_2^{m+1}}{\partial n_2^m} & \cdots & \frac{\partial n_2^{m+1}}{\partial n_{S^m}^m} \\ \vdots & \vdots & & \vdots \\ \frac{\partial n_{S^{m+1}}^{m+1}}{\partial n_1^m} & \frac{\partial n_{S^{m+1}}^{m+1}}{\partial n_2^m} & \cdots & \frac{\partial n_{S^{m+1}}^{m+1}}{\partial n_{S^m}^m} \end{bmatrix} \tag{11.30}$$

接下来要找到该矩阵的一种计算表达式。考虑矩阵的第 i，j 项元素： 11-11

$$\frac{\partial n_i^{m+1}}{\partial n_j^m} = \frac{\partial\left(\sum_{l=1}^{S^m} w_{i,l}^{m+1} a_l^m + b_i^{m+1}\right)}{\partial n_j^m} = w_{i,j}^{m+1} \frac{\partial a_j^m}{\partial n_j^m}$$

$$= w_{i,j}^{m+1} \frac{\partial f^m(n_j^m)}{\partial n_j^m} = w_{i,j}^{m+1} \dot{f}^m(n_j^m) \tag{11.31}$$

其中，

$$\dot{f}^m(n_j^m) = \frac{\partial f^m(n_j^m)}{\partial n_j^m} \tag{11.32}$$

故这个 Jacobian 矩阵可以写为

$$\frac{\partial \mathbf{n}^{m+1}}{\partial \mathbf{n}^m} = \mathbf{W}^{m+1} \dot{\mathbf{F}}^m(\mathbf{n}^m) \tag{11.33}$$

其中

$$\dot{\mathbf{F}}^m(\mathbf{n}^m) = \begin{bmatrix} \dot{f}^m(n_1^m) & 0 & \cdots & 0 \\ 0 & \dot{f}^m(n_2^m) & \cdots & 0 \\ \vdots & \vdots & & \vdots \\ 0 & 0 & \cdots & \dot{f}^m(n_{S^m}^m) \end{bmatrix} \tag{11.34}$$

现在，我们可以利用矩阵形式的链式法则写出敏感度之间的递归关系：

$$\mathbf{s}^m = \frac{\partial \hat{F}}{\partial \mathbf{n}^m} = \left(\frac{\partial \mathbf{n}^{m+1}}{\partial \mathbf{n}^m}\right)^{\mathrm{T}} \frac{\partial \hat{F}}{\partial \mathbf{n}^{m+1}} = \dot{\mathbf{F}}^m(\mathbf{n}^m)(\mathbf{W}^{m+1})^{\mathrm{T}} \frac{\partial \hat{F}}{\partial \mathbf{n}^{m+1}}$$

$$= \dot{\mathbf{F}}^m(\mathbf{n}^m)(\mathbf{W}^{m+1})^{\mathrm{T}} \mathbf{s}^{m+1} \tag{11.35}$$

由此可以看出反向传播算法名称的由来。敏感度在网络中从最后一层反向传播到第一层：

$$\mathbf{s}^M \to \mathbf{s}^{M-1} \to \cdots \to \mathbf{s}^2 \to \mathbf{s}^1 \tag{11.36}$$ 11-12

在此需要强调的是，反向传播算法利用了和 LMS 算法相同的近似最速下降方法。唯一复杂的地方在于，为了计算梯度我们首先要反向传播敏感度。反向传播的精妙之处在于链式法则的有效实现。

还差一步我们便可以完成反向传播算法。我们需要一个起始点 $\mathbf{s}^M$ 来实现式(11.35)中的递归关系。它可以在最后一层得到：

$$s_i^M = \frac{\partial \hat{F}}{\partial n_i^M} = \frac{\partial (\boldsymbol{t}-\boldsymbol{a})^{\mathrm{T}}(\boldsymbol{t}-\boldsymbol{a})}{\partial n_i^M} = \frac{\partial \sum_{j=1}^{S^M}(t_j-a_j)^2}{\partial n_i^M} = -2(t_i-a_i)\frac{\partial a_i}{\partial n_i^M} \tag{11.37}$$

由于

$$\frac{\partial a_i}{\partial n_i^M} = \frac{\partial a_i^M}{\partial n_i^M} = \frac{\partial f^M(n_i^M)}{\partial n_i^M} = \dot{f}^M(n_i^M) \tag{11.38}$$

可以得到

$$s_i^M = -2(t_i-a_i)\dot{f}^M(n_i^M) \tag{11.39}$$

写成矩阵形式

$$\boldsymbol{s}^M = -2\dot{\boldsymbol{F}}^M(\boldsymbol{n}^M)(\boldsymbol{t}-\boldsymbol{a}) \tag{11.40}$$

4. 总结

让我们总结一下反向传播算法。第一步是将输入向前传过网络：

$$\boldsymbol{a}^0 = \boldsymbol{p} \tag{11.41}$$

$$\boldsymbol{a}^{m+1} = \boldsymbol{f}^{m+1}(\boldsymbol{W}^{m+1}\boldsymbol{a}^m + \boldsymbol{b}^{m+1}),\quad m = 0,1,\cdots,M-1 \tag{11.42}$$

$$\boldsymbol{a} = \boldsymbol{a}^M \tag{11.43}$$

接着，将敏感度反向传过网络：

11-13

$$\boldsymbol{s}^M = -2\dot{\boldsymbol{F}}^M(\boldsymbol{n}^M)(\boldsymbol{t}-\boldsymbol{a}) \tag{11.44}$$

$$\boldsymbol{s}^m = \dot{\boldsymbol{F}}^m(\boldsymbol{n}^m)(\boldsymbol{W}^{m+1})^{\mathrm{T}}\boldsymbol{s}^{m+1},\quad m = M-1,\cdots,2,1 \tag{11.45}$$

最后，利用近似最速下降规则更新网络的权值和偏置值：

$$\boldsymbol{W}^m(k+1) = \boldsymbol{W}^m(k) - \alpha\boldsymbol{s}^m(\boldsymbol{a}^{m-1})^{\mathrm{T}} \tag{11.46}$$

$$\boldsymbol{b}^m(k+1) = \boldsymbol{b}^m(k) - \alpha\boldsymbol{s}^m \tag{11.47}$$

11.2.3 例子

举例 为演示反向传播算法，需要选择一个网络并把它应用到一个实际的问题中。我们从本章前面讨论过的 1-2-1 网络开始。方便起见，我们将网络重画在图 11.8 中。

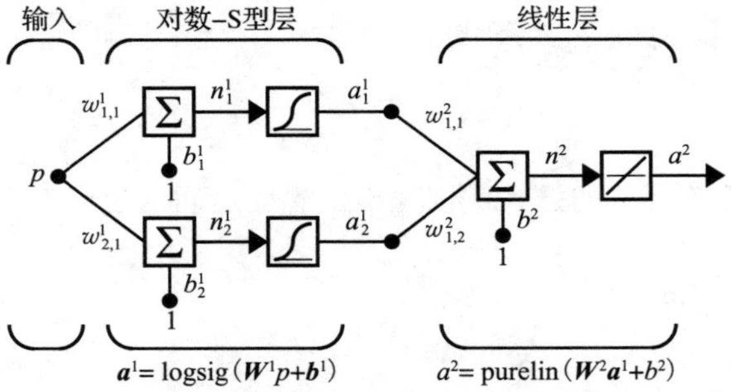

图 11.8 函数逼近网络示例

接下来，我们设计一个需要这个网络解决的问题。假设我们想用这个网络来逼近下面的函数：

$$g(p) = 1 + \sin\left(\frac{\pi}{4}p\right),\quad -2 \leqslant p \leqslant 2 \tag{11.48}$$

我们在多个 p 值处计算该函数以得到训练集。

在开始反向传播算法之前，我们还需要选定网络权值和偏置值的初始值。通常它们都被设为比较小的随机数，下一章我们将讨论这一做法的一些原因。现在，先将其设为： 11-14

$$\mathbf{W}^1(0)=\begin{bmatrix}-0.27\\-0.41\end{bmatrix},\quad \mathbf{b}^1(0)=\begin{bmatrix}-0.48\\-0.13\end{bmatrix},\quad \mathbf{W}^2(0)=\begin{bmatrix}0.09 & -0.17\end{bmatrix},\quad \mathbf{b}^2(0)=0.48$$

图 11.9 展示了采用这些初始值的网络的响应情况，以及我们想要逼近的正弦函数图像。

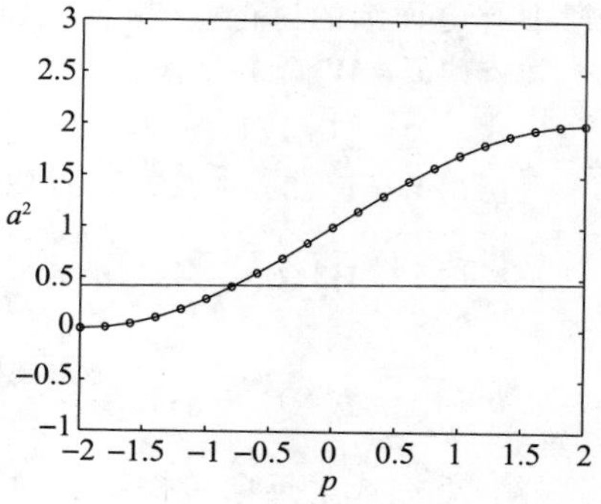

图 11.9 初始网络响应

接下来，需要选定一个训练集 $\{p_1, t_1\}$，$\{p_2, t_2\}$，…，$\{p_Q, t_Q\}$。这里，我们在[−2，2]范围内对函数进行 21 次间距为 0.2 的等距采样。训练样本点已在图 11.9 中用圆点表示出来。

现在，可以开始执行算法了，虽然训练样本可以以任意顺序选择，但通常会采用随机的方式去选取。第一个输入我们选择 $p=1$，即第 16 个训练样本：

$$\mathbf{a}^0=\mathbf{p}=1$$

于是，网络第一层的输出为

$$\mathbf{a}^1=\mathbf{f}^1(\mathbf{W}^1\mathbf{a}^0+\mathbf{b}^1)=\operatorname{logsig}\left(\begin{bmatrix}-0.27\\-0.41\end{bmatrix}\times 1+\begin{bmatrix}-0.48\\-0.13\end{bmatrix}\right)$$

$$=\operatorname{logsig}\left(\begin{bmatrix}-0.75\\-0.54\end{bmatrix}\right)=\begin{bmatrix}\dfrac{1}{1+\mathrm{e}^{0.75}}\\[2ex]\dfrac{1}{1+\mathrm{e}^{0.54}}\end{bmatrix}=\begin{bmatrix}0.321\\0.368\end{bmatrix}$$

第二层的输出为 11-15

$$\mathbf{a}^2=f^2(\mathbf{W}^2\mathbf{a}^1+\mathbf{b}^2)=\operatorname{purelin}\left(\begin{bmatrix}0.09 & -0.17\end{bmatrix}\begin{bmatrix}0.321\\0.368\end{bmatrix}+0.48\right)=0.446$$

误差为

$$e=t-a=\left\{1+\sin\left(\frac{\pi}{4}p\right)\right\}-a^2=\left\{1+\sin\left(\frac{\pi}{4}\times 1\right)\right\}-0.446=1.261$$

反向传播算法的下一步是回传敏感度。在开始反向传播之前，我们还需要计算传输函数的导数 $\dot{f}^1(n)$ 和 $\dot{f}^2(n)$。对第一层

$$\dot{f}^1(n)=\frac{\mathrm{d}}{\mathrm{d}n}\left(\frac{1}{1+\mathrm{e}^{-n}}\right)=\frac{\mathrm{e}^{-n}}{(1+\mathrm{e}^{-n})^2}=\left(1-\frac{1}{1+\mathrm{e}^{-n}}\right)\left(\frac{1}{1+\mathrm{e}^{-n}}\right)=(1-a^1)a^1$$

对第二层

$$\dot{f}^2(n)=\frac{\mathrm{d}}{\mathrm{d}n}(n)=1$$

现在可以开始进行反向传播，起点在第二层，利用式(11.44)：

$$\mathbf{s}^2=-2\dot{\mathbf{F}}^2(\mathbf{n}^2)(\mathbf{t}-\mathbf{a})=-2[\dot{f}^2(n^2)]\times 1.261=-2\times 1\times 1.261=-2.522$$

通过反向传播第二层的敏感度可以计算出第一层的敏感度，利用式(11.45)：

$$\mathbf{s}^1=\dot{\mathbf{F}}^1(\mathbf{n}^1)(\mathbf{W}^2)^{\mathrm{T}}\mathbf{s}^2$$

$$=\begin{bmatrix}(1-a_1^1)a_1^1 & 0\\ 0 & (1-a_2^1)a_2^1\end{bmatrix}\begin{bmatrix}0.09\\-0.17\end{bmatrix}(-2.522)$$

$$= \begin{bmatrix} (1-0.321)\times 0.321 & 0 \\ 0 & (1-0.368)\times 0.368 \end{bmatrix} \begin{bmatrix} 0.09 \\ -0.17 \end{bmatrix} (-2.522)$$

$$= \begin{bmatrix} 0.218 & 0 \\ 0 & 0.233 \end{bmatrix} \begin{bmatrix} -0.227 \\ 0.429 \end{bmatrix} = \begin{bmatrix} -0.0495 \\ 0.0997 \end{bmatrix}$$

算法的最后一步是更新网络的权值。简单起见，学习率设为 $\alpha=0.1$(学习率的选择在第 12
11-16 章中有更详细的讨论)。根据式(11.46)和式(11.47)，可得

$$\boldsymbol{W}^2(1) = \boldsymbol{W}^2(0) - \alpha \boldsymbol{s}^2(\boldsymbol{a}^1)^{\mathrm{T}} = [0.09 \quad -0.17] - 0.1 \times (-2.522)[0.321 \quad 0.368]$$
$$= [0.171 \quad -0.0772]$$

$$\boldsymbol{b}^2(1) = \boldsymbol{b}^2(0) - \alpha \boldsymbol{s}^2 = 0.48 - 0.1 \times (-2.522) = 0.732$$

$$\boldsymbol{W}^1(1) = \boldsymbol{W}^1(0) - \alpha \boldsymbol{s}^1(\boldsymbol{a}^0)^{\mathrm{T}} = \begin{bmatrix} -0.27 \\ -0.41 \end{bmatrix} - 0.1 \begin{bmatrix} -0.0495 \\ 0.0997 \end{bmatrix} \times 1 = \begin{bmatrix} -0.265 \\ -0.420 \end{bmatrix}$$

$$\boldsymbol{b}^1(1) = \boldsymbol{b}^1(0) - \alpha \boldsymbol{s}^1 = \begin{bmatrix} -0.48 \\ -0.13 \end{bmatrix} - 0.1 \begin{bmatrix} -0.0495 \\ 0.0997 \end{bmatrix} = \begin{bmatrix} -0.475 \\ -0.140 \end{bmatrix}$$

这样，就完成了反向传播算法的第一次迭代。接着再从训练集中随机选取另一个输入并执行一次新的算法迭代。这样的迭代一直进行下去直到网络输出和目标函数之间的差异达到可以接受的程度(请注意这通常需要在整个训练集上运行很多遍)。我们将在第 12 章详细讨论收敛的标准。

MATLAB 实验 使用 Neural Network Design Demonstration Backpropagation Calculation(nnd11bc)测试这个两层网络的反向传播计算。

11.2.4 批量训练和增量训练

上面描述的是随机梯度下降算法，它引入了“在线训练”或者*增量训练*(incremental training)方法，也就是说网络的连接权值和偏置值在每一个样本传过网络后都被更新(和第 10 章的 LMS 算法一样)。我们也可以执行*批量训练*(batch training)，先计算完整梯度(即在所有输入都传给网络进行计算之后)再更新连接权值和偏置值。例如，假设每个样本出现的概率是一样的，均方误差性能指标可以写为：

$$F(\boldsymbol{x}) = E[\boldsymbol{e}^{\mathrm{T}}\boldsymbol{e}] = E[(\boldsymbol{t}-\boldsymbol{a})^{\mathrm{T}}(\boldsymbol{t}-\boldsymbol{a})] = \frac{1}{Q}\sum_{q=1}^{Q}(\boldsymbol{t}_q-\boldsymbol{a}_q)^{\mathrm{T}}(\boldsymbol{t}_q-\boldsymbol{a}_q) \tag{11.49}$$

11-17 这个性能指标的总梯度为

$$\nabla F(\boldsymbol{x}) = \nabla\left\{\frac{1}{Q}\sum_{q=1}^{Q}(\boldsymbol{t}_q-\boldsymbol{a}_q)^{\mathrm{T}}(\boldsymbol{t}_q-\boldsymbol{a}_q)\right\} = \frac{1}{Q}\sum_{q=1}^{Q}\nabla\{(\boldsymbol{t}_q-\boldsymbol{a}_q)^{\mathrm{T}}(\boldsymbol{t}_q-\boldsymbol{a}_q)\} \tag{11.50}$$

因此，均方误差的总梯度等于每个样本平方误差梯度的平均。所以，为了实现反向传播算法的批量训练，我们首先对训练集中所有的样本按式(11.41)到式(11.45)处理一遍，接着求单个样本梯度的平均以得到总梯度。这样，批量训练最速下降算法的更新公式就是：

$$\boldsymbol{W}^m(k+1) = \boldsymbol{W}^m(k) - \frac{\alpha}{Q}\sum_{q=1}^{Q}\boldsymbol{s}_q^m(\boldsymbol{a}_q^{m-1})^{\mathrm{T}} \tag{11.51}$$

$$\boldsymbol{b}^m(k+1) = \boldsymbol{b}^m(k) - \frac{\alpha}{Q}\sum_{q=1}^{Q}\boldsymbol{s}_q^m \tag{11.52}$$

11.2.5 使用反向传播

本节我们介绍一些在反向传播算法具体实现中会遇到的问题，包括网络结构的选择、

网络收敛性以及网络的泛化能力。(在第 12 章中我们将会再次讨论具体的实现问题，研究改进算法的过程。)

1. **网络结构的选择**

我们在本章前面部分讨论过，只要有足够多的隐层神经元，多层网络几乎可以逼近任意函数。然而却不能断定，一般情况下达到足够的性能需要多少层或者多少神经元。本节我们希望通过几个例子来为这个问题提供一些深入见解。

举例 作为第一个例子，假定我们想要逼近如下函数：

$$g(p) = 1 + \sin\left(\frac{i\pi}{4}p\right), \quad -2 \leqslant p \leqslant 2 \tag{11.53}$$

其中 i 取值为 1、2、4、8。随着 i 的增加，在区间 $-2\leqslant p\leqslant 2$ 上正弦曲线的完整周期越来越多，函数也会变得更复杂。同时，对于隐层神经元数目固定的神经网络来说逼近函数 $g(p)$ 的难度也会逐渐增大。 11-18

本例中我们将采用一个 1-3-1 网络，第一层选取对数-S 型传输函数，第二层选取线性传输函数。回忆一下 11.2.1 节的例子可知，这种两层网络可以产生的响应是三个对数-S 型函数之和(或者说等于隐层神经元个数的对数-S 型函数之和)。显然，这个网络能实现的函数复杂度是有限的。图 11.10 展示了经过训练的网络分别逼近 $i=1$，2，4，8 时 $g(p)$ 的响应。网络最后的响应曲线由灰色曲线表示。

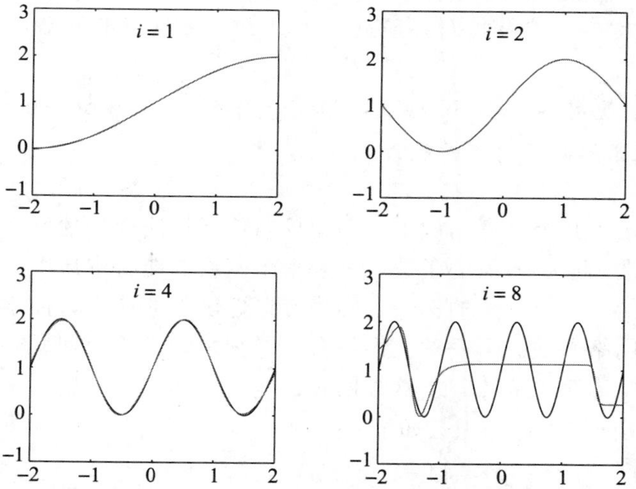

图 11.10 使用一个 1-3-1 网络进行函数逼近

我们可以看出，$i=4$ 时这个 1-3-1 网络达到了能力的极限。当 $i>4$ 时，它已经不能准确逼近 $g(p)$。我们可以在图 11.10 右下方的图中看到这个 1-3-1 网络是怎样试图逼近 $i=8$ 时的 $g(p)$ 的。虽然网络响应和 $g(p)$ 之间的均方误差被最小化了，但它却只能匹配函数的一小部分。

举例 下面的例子中，我们将会从一个稍微不同的角度来考察这个问题。这次选定一个函数 $g(p)$，然后不断增大网络，直到能够精确地表达出这个函数。选用以下 $g(p)$：

$$g(p) = 1 + \sin\left(\frac{6\pi}{4}p\right), \quad -2 \leqslant p \leqslant 2 \tag{11.54}$$

为逼近这个函数，我们使用第一层对数-S 型传输函数、第二层线性传输函数的两层网络 $(1\text{-}S^1\text{-}1)$。前面说过，这个网络的响应是 S^1 个 S 型函数的叠加。 11-19

图 11.11 展示了在第一层（隐层）神经元数目不断增加时网络的响应情况。除非隐层神经元个数不少于 5 个，否则网络无法准确表达 $g(p)$。

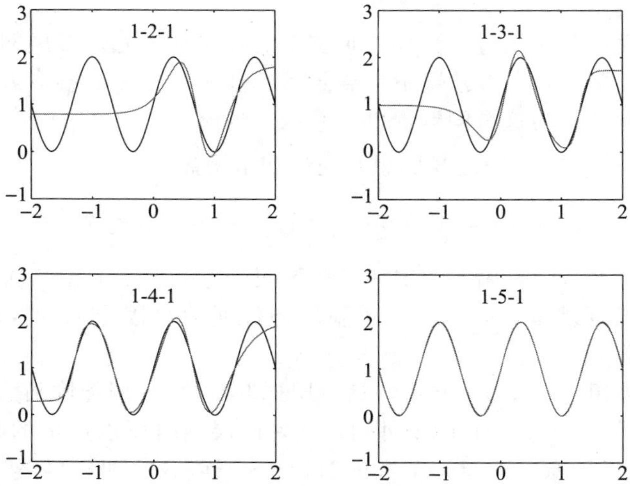

图 11.11　增加隐层神经元数目的效果

总结一下，一个隐层采用 S 型神经元、输出层采用线性神经元的 $1\text{-}S^1\text{-}1$ 网络的响应由 S^1 个 S 型函数叠加构成。如果我们要逼近一个具有大量拐点的函数，就需要隐层中具有大量的神经元。

MATLAB 实验 使用 Neural Network Design Demonstration **Function Approximation** (nnd11fa)更深入地了解两层网络的能力。

2. 收敛性

前一节我们展示了几个这样的例子，即使反向传播算法产生的网络参数能最小化均方误差，网络也不能准确逼近所需的函数。这是由于网络的能力本质上受到隐层神经元数量的限制。本节我们给出一个这样的例子：网络有逼近函数的能力，而学习算法却不能产生能准确逼近函数的网络参数。下一章我们将会更详细地讨论这个问题，并解释问题出现的

11-20 原因。这里我们只是简单地描述一下这个问题。

举例 我们想用网络逼近的函数如下：

$$g(p) = 1 + \sin(\pi p), \quad -2 \leqslant p \leqslant 2 \tag{11.55}$$

我们用一个 1-3-1 网络来逼近这个函数，网络第一层用对数-S 型传输函数，第二层用线性传输函数。

图 11.12 展示了学习算法收敛到一个能最小化均方误差的解的实例。灰色细线表示网络在迭代过程中的响应，灰色粗线表示算法收敛时网络的最终响应（每条曲线边上的数字表示迭代的顺序，0 表示初始状态，5 表示最终结果。这些数字并不对应迭代的次数，还有很多次迭代的曲线没有画出来，这些数字仅仅表明迭代的顺序）。

图 11.13 展示了学习算法收敛到一个没能最小化均方误差的解的实例。灰色粗线（标为 5）表示网络最后一次迭代的响应。在最后一次迭代时均方误差的梯度等于 0，因此获得的是一个局部极小点，而从图 11.12 中可以看出，还有更好的解存在。这个结果和图 11.12中结果唯一的区别在于初始条件不同。从一个初始状态开始算法收敛到全局最小点，而从另一个初始状态开始算法却收敛到局部极小点。

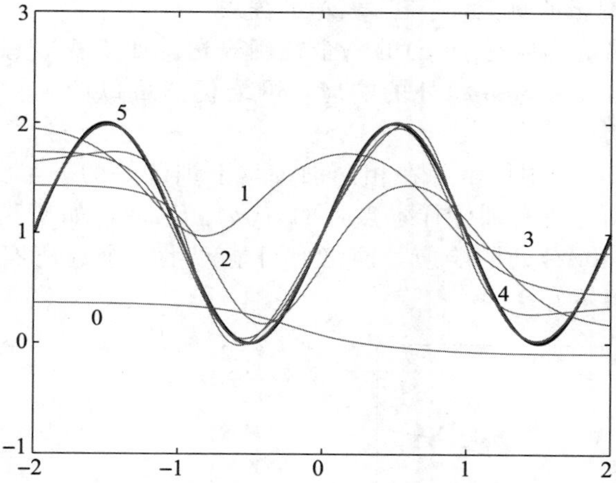

图 11.12 收敛到一个全局最小点 11-21

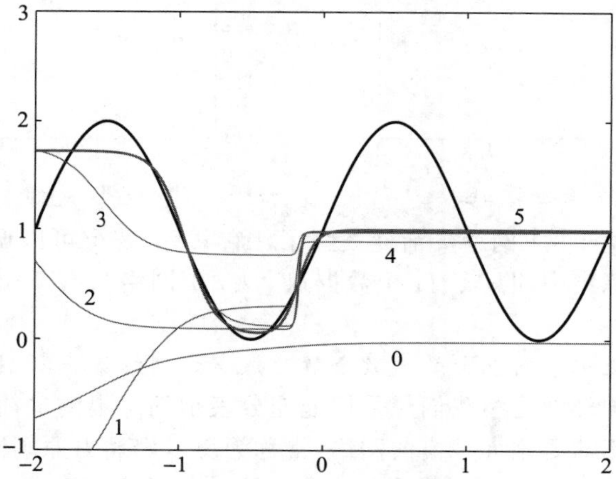

图 11.13 收敛到一个局部极小点

注意这个结果在 LMS 算法中是不会发生的。ADALINE 网络的均方误差性能指标是一个只有单个极小点的二次函数(大部分情况下)。因此，只要学习率足够小，LMS 算法必然收敛到全局最小点。而多层网络的均方误差通常要复杂得多，并有很多局部极小点(下一章我们会看到)。反向传播算法收敛的时候我们并不能确定得到的就是最优解。为了确保能得到一个最优的解，最好尝试多个不同的初始条件。

3. 泛化

大多数情况下多层网络都由有限个描述网络恰当行为的样本来训练：

$$\{\boldsymbol{p}_1, \boldsymbol{t}_1\}, \{\boldsymbol{p}_2, \boldsymbol{t}_2\}, \cdots, \{\boldsymbol{p}_Q, \boldsymbol{t}_Q\} \tag{11.56}$$

这个训练集通常足以代表更大范围内可能出现的输入/输出对。网络成功地将它所学到的知识泛化到所有输入/输出情况，这一点十分重要。

举例 假设训练集是通过在点 $p=-2, -1.6, -1.2, \cdots, 1.6, 2$(共 11 个输入/目标对)处采样以下函数得到的：

$$g(p) = 1 + \sin\left(\frac{\pi}{4}p\right) \tag{11.57}$$

在图 11.14 中我们可以看到这个训练集上训练好的一个 1-2-1 网络的响应。黑色曲线代表 11-22

$g(p)$，灰色曲线代表网络的响应，"+"表示训练集。

我们可以看到网络的响应是 $g(p)$ 的一个精确表达。如果我们想要找到网络在训练集之外的某个点 p(例如，$p=-0.2$)处的响应，网络仍然可以产生一个接近 $g(p)$ 的输出。这说明网络泛化得不错。

现在考虑图 11.15，图中展示了在相同训练集上训练好的一个 1-9-1 网络的响应。注意网络的响应精确刻画了所有训练样本点处的 $g(p)$。然而，如果我们计算网络在训练集外一点 p(例如，$p=-0.2$)处的响应，网络有可能产生一个远离实际响应 $g(p)$ 的输出。这说明这个网络泛化得不好。

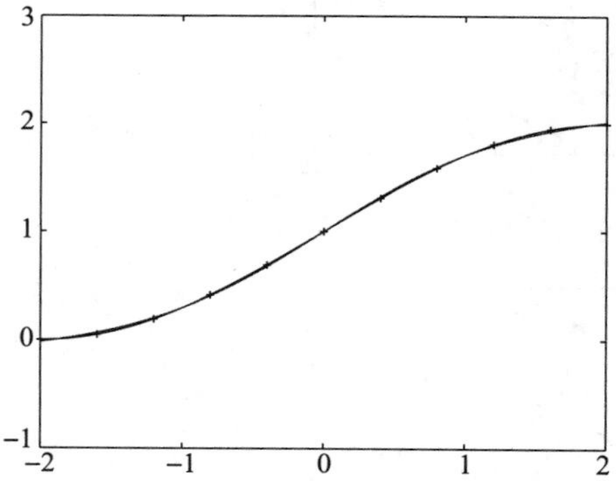

图 11.14　1-2-1 网络逼近 $g(p)$

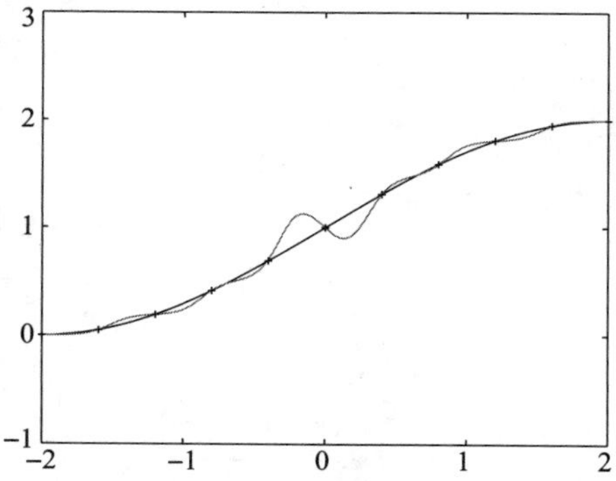

图 11.15　1-9-1 网络逼近 $g(p)$

对于这个问题来说 1-9-1 网络灵活性太强了，它共有 28 个可以调节的参数(18 个权值
11-23 和 10 个偏置值)，训练集中却只有 11 个数据点。1-2-1 网络只有 7 个参数，因此它能实现的函数种类相当有限。

*一个网络要能够泛化，它包含的参数个数应该少于训练集中数据点的个数。*和所有其他建模问题一样，在神经网络中我们想采用能充分表示训练集的最简单的网络。如果小规模的网络能够胜任就不需要用大规模的网络(常称为奥卡姆剃刀原则)。

除了使用最简单的网络，还可以采取的办法是在网络过拟合之前停止训练。这一过程及其他增强泛化能力的技巧可参考第 13 章。

MATLAB 实验 使用 Neural Network Design Demonstration Generalization(nnd11gn)测试
11-24 神经网络的泛化。

11.3 小结

多层网络

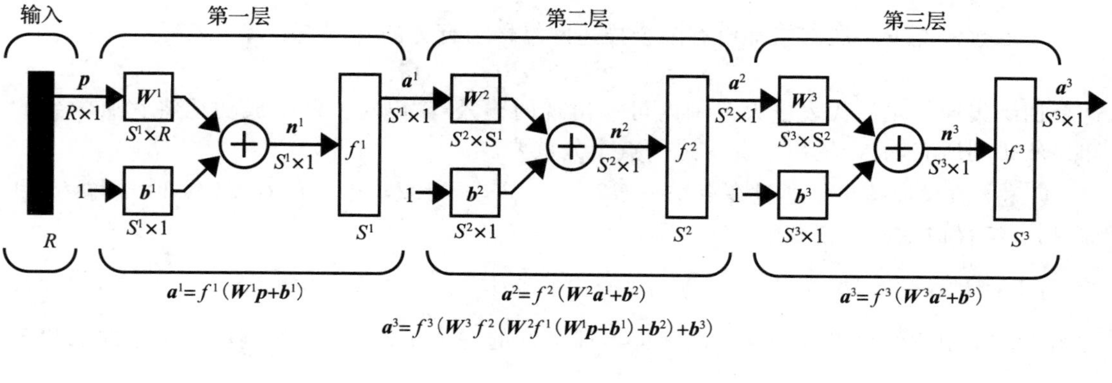

反向传播算法

性能指标

$$F(\boldsymbol{x}) = E[\boldsymbol{e}^{\mathrm{T}}\boldsymbol{e}] = E[(\boldsymbol{t}-\boldsymbol{a})^{\mathrm{T}}(\boldsymbol{t}-\boldsymbol{a})]$$

近似性能指标

$$\hat{F}(\boldsymbol{x}) = \boldsymbol{e}^{\mathrm{T}}(k)\boldsymbol{e}(k) = (\boldsymbol{t}(k)-\boldsymbol{a}(k))^{\mathrm{T}}(\boldsymbol{t}(k)-\boldsymbol{a}(k))$$

敏感度

$$\boldsymbol{s}^m \equiv \frac{\partial \hat{F}}{\partial \boldsymbol{n}^m} = \begin{bmatrix} \dfrac{\partial \hat{F}}{\partial n_1^m} \\ \dfrac{\partial \hat{F}}{\partial n_2^m} \\ \vdots \\ \dfrac{\partial \hat{F}}{\partial n_{S^m}^m} \end{bmatrix}$$ 11-25

前向传播

$$\boldsymbol{a}^0 = \boldsymbol{p}$$
$$\boldsymbol{a}^{m+1} = \boldsymbol{f}^{m+1}(\boldsymbol{W}^{m+1}\boldsymbol{a}^m + \boldsymbol{b}^{m+1}), \quad m = 0,1,\cdots,M-1$$
$$\boldsymbol{a} = \boldsymbol{a}^M$$

反向传播

$$\boldsymbol{s}^M = -2\dot{\boldsymbol{F}}^M(\boldsymbol{n}^M)(\boldsymbol{t}-\boldsymbol{a})$$
$$\boldsymbol{s}^m = \dot{\boldsymbol{F}}^m(\boldsymbol{n}^m)(\boldsymbol{W}^{m+1})^{\mathrm{T}}\boldsymbol{s}^{m+1}, \quad m = M-1,\cdots,2,1$$

$$\text{其中}, \dot{\boldsymbol{F}}^m(\boldsymbol{n}^m) = \begin{bmatrix} \dot{f}^m(n_1^m) & 0 & \cdots & 0 \\ 0 & \dot{f}^m(n_2^m) & \cdots & 0 \\ \vdots & \vdots & & \vdots \\ 0 & 0 & \cdots & \dot{f}^m(n_{S^m}^m) \end{bmatrix}$$

$$\dot{f}^m(n_j^m) = \frac{\partial f^m(n_j^m)}{\partial n_j^m}$$

权值更新(近似最速下降)

$$\boldsymbol{W}^m(k+1) = \boldsymbol{W}^m(k) - \alpha\boldsymbol{s}^m(\boldsymbol{a}^{m-1})^{\mathrm{T}}$$
$$\boldsymbol{b}^m(k+1) = \boldsymbol{b}^m(k) - \alpha\boldsymbol{s}^m$$ 11-26

11.4 例题

P11.1 考虑图 P11.1 中的两类模式。类 I 表示垂直线条，类 II 表示水平线条。

i. 这些类线性可分吗?

ii. 设计一个多层网络来区分这些类。

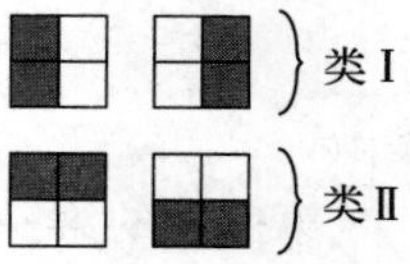

图 P11.1 例题 P11.1 中的模式类别

解 i. 让我们从将这些模式转换为向量开始，逐列扫描每一个 2×2 的网格。每个白色的方格表示为“−1”，而灰色的方格表示为“1”。则垂直线条(类 I 的模式)表示为

$$\boldsymbol{p}_1 = \begin{bmatrix} 1 \\ 1 \\ -1 \\ -1 \end{bmatrix} \quad 和 \quad \boldsymbol{p}_2 = \begin{bmatrix} -1 \\ -1 \\ 1 \\ 1 \end{bmatrix}$$

而水平线条(类Ⅱ的模式)表示为

$$\boldsymbol{p}_3 = \begin{bmatrix} 1 \\ -1 \\ 1 \\ -1 \end{bmatrix} \quad 和 \quad \boldsymbol{p}_4 = \begin{bmatrix} -1 \\ 1 \\ -1 \\ 1 \end{bmatrix}$$

为了让这些类线性可分，我们必须能够在这两个类之间放置一个超平面。这意味着存在一个权值矩阵 $\boldsymbol{W}$ 和偏置值 b 使得

$$\boldsymbol{W}\boldsymbol{p}_1 + b > 0, \quad \boldsymbol{W}\boldsymbol{p}_2 + b > 0, \quad \boldsymbol{W}\boldsymbol{p}_3 + b < 0, \quad \boldsymbol{W}\boldsymbol{p}_4 + b < 0$$

11-27 这些条件可以转化为

$$[w_{1,1} \quad w_{1,2} \quad w_{1,3} \quad w_{1,4}] \begin{bmatrix} 1 \\ 1 \\ -1 \\ -1 \end{bmatrix} = [w_{1,1} + w_{1,2} - w_{1,3} - w_{1,4}] > 0$$

$$[-w_{1,1} - w_{1,2} + w_{1,3} + w_{1,4}] > 0$$

$$[w_{1,1} - w_{1,2} + w_{1,3} - w_{1,4}] < 0$$

$$[-w_{1,1} + w_{1,2} - w_{1,3} + w_{1,4}] < 0$$

前两个条件简化为

$$w_{1,1} + w_{1,2} > w_{1,3} + w_{1,4} \quad 和 \quad w_{1,3} + w_{1,4} > w_{1,1} + w_{1,2}$$

它们是矛盾的。后两个条件简化为

$$w_{1,1} + w_{1,3} > w_{1,2} + w_{1,4} \quad 和 \quad w_{1,2} + w_{1,4} > w_{1,1} + w_{1,3}$$

也是矛盾的，因此不存在可以分开这两个类的超平面。

ii. 可以解决这个问题的多层网络有很多。我们设计一个这样的网络，首先注意到类Ⅰ的向量要么前两个元素为“1”，要么后两个元素为“1”。类Ⅱ的向量“1”和“−1”交替出现。由此可得图 P11.2 中的网络。

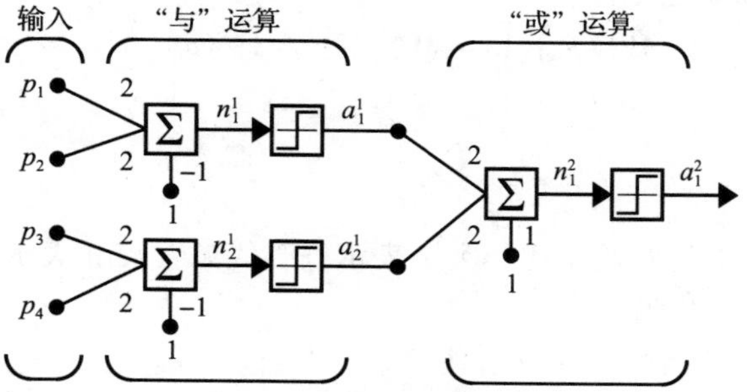

11-28 图 P11.2 用来区分水平和垂直线条的网络

第一层的第一个神经元检测输入向量的前两个元素。如果它们均为“1”则输出“1”，否则输出“−1”。第一层的第二个神经元用同样的方式检测输入向量的后两个元素。第一层的神经元都执行逻辑与运算。网络的第二层检测第一层

有没有神经元输出为“1”，它执行逻辑或运算。这样，如果输入向量的前两个元素或后两个元素都为“1”，网络就输出“1”。

P11.2 图 P11.3 展示了一个分类问题，类Ⅰ的向量表示为空心圆圈，类Ⅱ的向量表示为实心圆圈。这些类线性不可分。设计一个多层网络来正确地区分它们。

解 我们将用一个可以用于任意分类问题的流程来解决这个问题，这需要一个每层都是硬限值神经元的三层网络。在第一层我们设置一组线性决策边界，它们可以把所有类Ⅰ的向量同所有类Ⅱ的向量区分开。在这个问题中我们用 11 个这样的决策边界，如图 P11.4 所示。

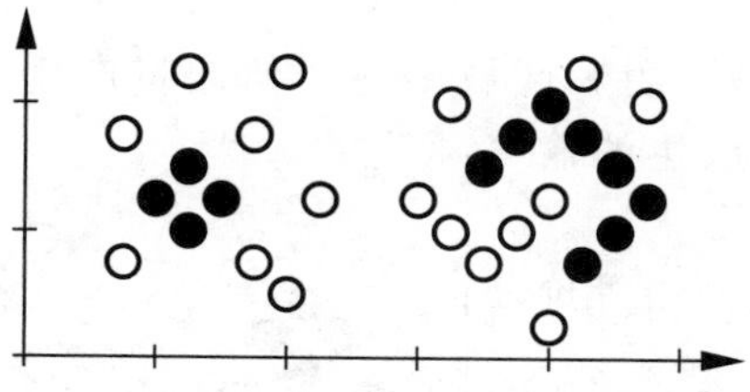

图 P11.3 分类问题

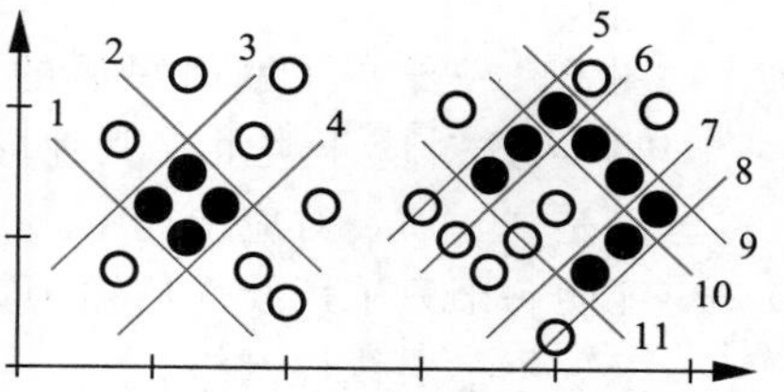

图 P11.4 第一层的决策边界

第一层的权值矩阵中每一行对应一个决策边界。第一层的权值矩阵和偏置向量为

$$(\boldsymbol{W}^1)^{\mathrm{T}} = \begin{bmatrix} 1 & -1 & 1 & -1 & 1 & -1 & 1 & -1 & -1 & 1 & 1 \\ 1 & -1 & -1 & 1 & -1 & 1 & -1 & 1 & -1 & 1 & 1 \end{bmatrix}$$ 11-29

$$(\boldsymbol{b}^1)^{\mathrm{T}} = [-2 \quad 3 \quad 0.5 \quad 0.5 \quad -1.75 \quad 2.25 \quad -3.25 \quad 3.75 \quad 6.25 \quad -5.75 \quad -4.75]$$

（给定一个决策边界，计算合适的权值矩阵和偏置值的过程请回顾第 3、4、10 章。）现在，和例题 P11.1 中网络的第一层一样，我们可以用第二层的逻辑与神经元来将第一层中 11 个神经元的输出分组。第二层的权值矩阵和偏置值为

$$\boldsymbol{W}^2 = \begin{bmatrix} 1 & 1 & 1 & 1 & 0 & 0 & 0 & 0 & 0 & 0 & 0 \\ 0 & 0 & 0 & 0 & 1 & 1 & 0 & 0 & 1 & 0 & 1 \\ 0 & 0 & 0 & 0 & 1 & 0 & 0 & 1 & 1 & 1 & 0 \\ 0 & 0 & 0 & 0 & 0 & 0 & 1 & 1 & 1 & 0 & 1 \end{bmatrix}, \quad \boldsymbol{b}^{\mathrm{T}} = \begin{bmatrix} -3 \\ -3 \\ -3 \\ -3 \end{bmatrix}$$

第二层的四个决策边界在图 P11.5 中展示。例如，第二个神经元的决策边界是组合了第一层的 5、6、9、11 决策边界。这可以通过观察 $\boldsymbol{W}^2$ 的第二行得出。

第三层中网络将会利用一个逻辑或运算来把第二层的四个决策区域组合为一个决策区域，这和例题 P11.1 中网络最后一层所做的一样。第三层的权值矩阵和偏置值为

$$\boldsymbol{W}^3 = [1 \quad 1 \quad 1 \quad 1], \quad b^3 = 3$$

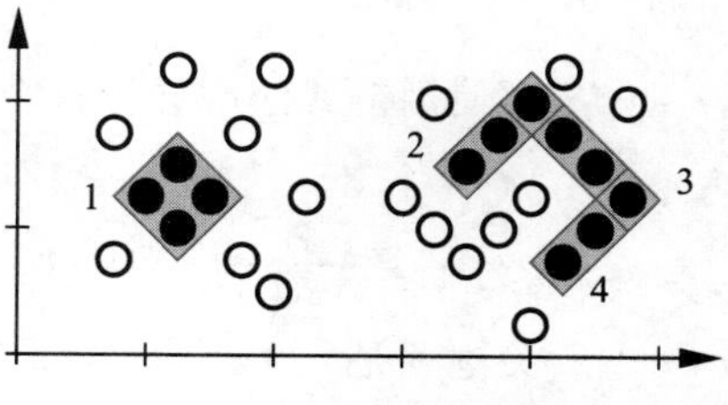

图 P11.5 第二层的决策区域

图 P11.6 展示了完整的网络结构。只要有足够多的隐层神经元，我们就可以用设计这个网络的流程来解决具有任意数目决策边界的分类问题。思想就是用第一层来创建一组线性边界，并在第二层和第三层分别用逻辑与和逻辑或运算来组合它们。第二层的决策区域是凸的，但第三层所创建的最后的决策边界却可以具有任意形状。 11-30

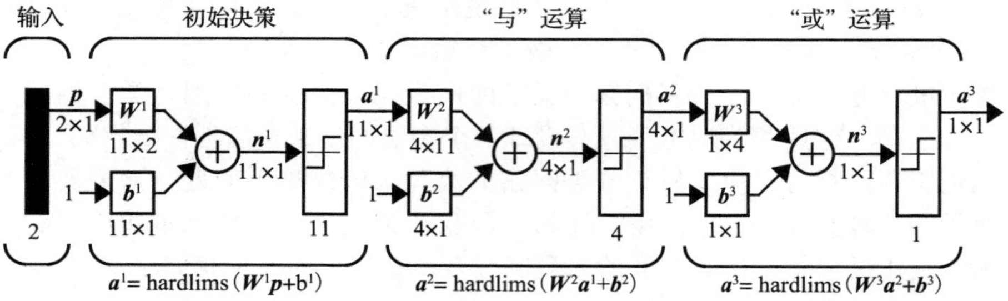

图 P11.6 问题 P11.2 中的网络

图 P11.7 给出了网络最后的决策区域。阴影区域中的任何向量产生的输出都是"1"，这对应于类Ⅱ。其他向量将会产生的输出是"−1"，对应于类Ⅰ。

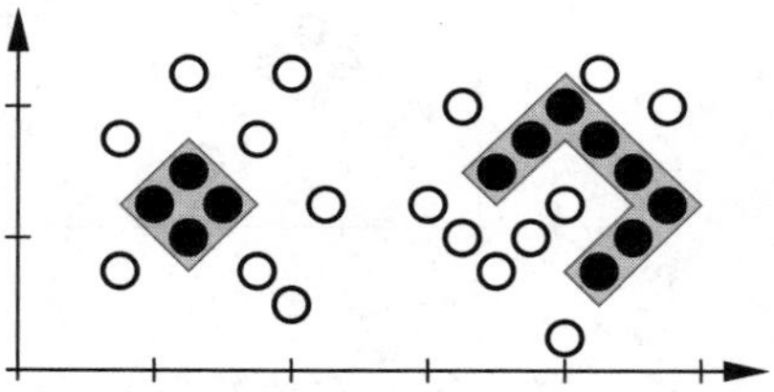

图 P11.7 最后的决策区域

P11.3 证明一个只采用线性传输函数的多层网络等价于一个单层线性网络。

解 对于一个多层线性网络来说前向传播的公式为

$$\boldsymbol{a}^1 = \boldsymbol{W}^1\boldsymbol{p} + \boldsymbol{b}^1$$

$$\boldsymbol{a}^2 = \boldsymbol{W}^2\boldsymbol{a}^1 + \boldsymbol{b}^2 = \boldsymbol{W}^2\boldsymbol{W}^1\boldsymbol{p} + [\boldsymbol{W}^2\boldsymbol{b}^1 + \boldsymbol{b}^2]$$

$$\boldsymbol{a}^3 = \boldsymbol{W}^3\boldsymbol{a}^2 + \boldsymbol{b}^3 = \boldsymbol{W}^3\boldsymbol{W}^2\boldsymbol{W}^1\boldsymbol{p} + [\boldsymbol{W}^3\boldsymbol{W}^2\boldsymbol{b}^1 + \boldsymbol{W}^3\boldsymbol{b}^2 + \boldsymbol{b}^3]$$

如果我们继续这个过程，会看到对于一个 M 层的线性网络，它等价的单层线性网络的权值矩阵和偏置向量为

11-31

$$\boldsymbol{W} = \boldsymbol{W}^M\boldsymbol{W}^{M-1}\cdots\boldsymbol{W}^2\boldsymbol{W}^1$$

$$\boldsymbol{b} = [\boldsymbol{W}^M\boldsymbol{W}^{M-1}\cdots\boldsymbol{W}^2]\boldsymbol{b}^1 + [\boldsymbol{W}^M\boldsymbol{W}^{M-1}\cdots\boldsymbol{W}^3]\boldsymbol{b}^2 + \cdots + \boldsymbol{b}^M$$

P11.4 本题的主要目的是演示链式法则的使用。考虑下面的动力学系统：

$$y(k+1) = f(y(k))$$

我们想要选择一个初始条件 $y(0)$，使得在终止时刻 $k=K$，系统的输出 $y=y(K)$ 可以尽可能接近目标输出 t。我们采用最速下降法最小化如下的性能指标

$$F(y(0)) = (t - y(K))^2$$

因此我们需要梯度

$$\frac{\partial}{\partial y(0)}F(y(0))$$

求使用链式法则计算这个梯度的步骤。

解 梯度为

$$\frac{\partial}{\partial y(0)}F(y(0)) = \frac{\partial\,(t - y(K))^2}{\partial y(0)} = 2(t - y(K))\left[-\frac{\partial}{\partial y(0)}y(K)\right]$$

关键项是

$$\left[\frac{\partial}{\partial y(0)}y(K)\right]$$

由于 $y(K)$ 不是 $y(0)$ 的显式函数，所以不能直接求解这一项。定义一个中间项

$$r(k) \equiv \frac{\partial}{\partial y(0)}y(k)$$

利用链式法则：

$$r(k+1) = \frac{\partial}{\partial y(0)}y(k+1) = \frac{\partial y(k+1)}{\partial y(k)} \times \frac{\partial y(k)}{\partial y(0)} = \frac{\partial y(k+1)}{\partial y(k)} \times r(k)$$

从系统的动力学可知

$$\frac{\partial y(k+1)}{\partial y(k)}=\frac{\partial f(y(k))}{\partial y(k)}=\dot{f}(y(k))$$

因此计算 $r(k)$ 的递归式为 11-32

$$r(k+1)=\dot{f}(y(k))r(k)$$

在 $k=0$ 时初始化为

$$r(0)=\frac{\partial y(0)}{\partial y(0)}=1$$

计算所需梯度的完整步骤为

$$r(0)=1$$

$$r(k+1)=\dot{f}(y(k))r(k),\quad k=0,1,\cdots,K-1$$

$$\frac{\partial}{\partial y(0)}F(y(0))=2(t-y(K))[-r(K)]$$

P11.5 考虑图 P11.8 中的两层网络。初始的权值和偏置值设为

$$w^1=1,\quad b^1=1,\quad w^2=-2,\quad b^2=1$$

给定一个输入/目标对

$$\{p=1,t=1\}$$

i. 将平方误差 $(e)^2$ 表示为所有权值和偏置值的显式函数。

ii. 利用问题 i 求出初始权值和偏置值处的 $\partial(e)^2/\partial w^1$。

iii. 利用反向传播计算初始权值和偏置值处的 $\partial(e)^2/\partial w^1$ 并和问题 ii 的结果进行比较。

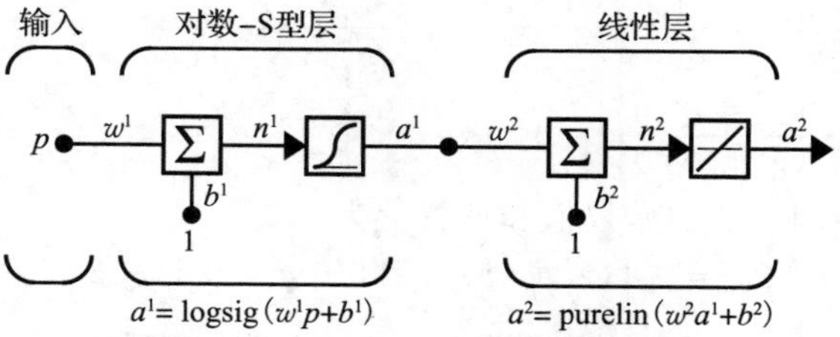

图 P11.8 例题 P11.5 的两层网络

解 i. 平方误差为 11-33

$$(e)^2=(t-a^2)^2=\left(t-\left(w^2\frac{1}{(1+\exp(-(w^1p+b^1)))}+b^2\right)\right)^2$$

ii. 导数为

$$\frac{\partial(e)^2}{\partial w^1}=2e\frac{\partial e}{\partial w^1}=2e\left(w^2\frac{1}{(1+\exp(-(w^1p+b^1)))^2}\exp(-(w^1p+b^1))(-p)\right)$$

计算它在初始权值和偏置值处的值：

$$a^1=\frac{1}{(1+\exp(-(w^1p+b^1)))}=\frac{1}{(1+\exp(-(1\times1+1)))}=0.8808$$

$$a^2=w^2a^1+b^2=-2\times0.8808+1=-0.7616$$

$$e=(t-a^2)=(1-(-0.7616))=1.7616$$

$$\frac{\partial(e)^2}{\partial w^1}=2e\left(w^2\frac{1}{(1+\exp(-(w^1p+b^1)))^2}\exp(-(w^1p+b^1))(-p)\right)$$

$$= 2 \times 1.7616\left((-2)\frac{1}{(1+\exp(-(1\times 1+1)))^2}\exp(-(1\times 1+1))(-1)\right)$$

$$= 3.5232\left(0.2707 \times \frac{1}{1.289^2}\right) = 0.7398$$

iii. 利用式(11.44)和式(11.45)回传敏感度：

$$\mathbf{s}^2 = -2\dot{\mathbf{F}}^2(\mathbf{n}^2)(\mathbf{t}-\mathbf{a}) = -2\times 1\times(1-(-0.7616)) = -3.5232$$

$$\mathbf{s}^1 = \dot{\mathbf{F}}^1(\mathbf{n}^1)(\mathbf{W}^2)^{\mathrm{T}}\mathbf{s}^2 = [a^1(1-a^1)](-2)\mathbf{s}^2$$

$$= [0.8808(1-0.8808)](-2)(-3.5232) = 0.7398$$

利用式(11.23)计算 $\partial(e)^2/\partial w^1$：

$$\frac{\partial(e)^2}{\partial w^1} = s^1 a^0 = s^1 p = 0.7398\times 1 = 0.7398$$

11-34 这和问题 ii 中的结果是一致的。

P11.6 本章前面讲过，如果一个神经元传输函数为对数-S 型函数，

$$a = f(n) = \frac{1}{1+\mathrm{e}^{-n}}$$

则它的导数可以方便地得出

$$\dot{f}(n) = a(1-a)$$

设计一个便捷的方法来计算双曲正切 S 型函数的导数，双曲正切 S 型函数为：

$$a = f(n) = \mathrm{tansig}(n) = \frac{\mathrm{e}^n - \mathrm{e}^{-n}}{\mathrm{e}^n + \mathrm{e}^{-n}}$$

解 直接计算导数可得

$$\dot{f}(n) = \frac{\mathrm{d}f(n)}{\mathrm{d}n} = \frac{\mathrm{d}}{\mathrm{d}n}\left(\frac{\mathrm{e}^n - \mathrm{e}^{-n}}{\mathrm{e}^n + \mathrm{e}^{-n}}\right) = -\frac{\mathrm{e}^n - \mathrm{e}^{-n}}{(\mathrm{e}^n + \mathrm{e}^{-n})^2}(\mathrm{e}^n - \mathrm{e}^{-n}) + \frac{\mathrm{e}^n + \mathrm{e}^{-n}}{\mathrm{e}^n + \mathrm{e}^{-n}}$$

$$= 1 - \frac{(\mathrm{e}^n - \mathrm{e}^{-n})^2}{(\mathrm{e}^n + \mathrm{e}^{-n})^2} = 1-(a)^2$$

P11.7 设图 P11.9 中网络的初始权值和偏置值为

$$w^1(0) = -1,\quad b^1(0) = 1,\quad w^2(0) = -2,\quad b^2(0) = 1$$

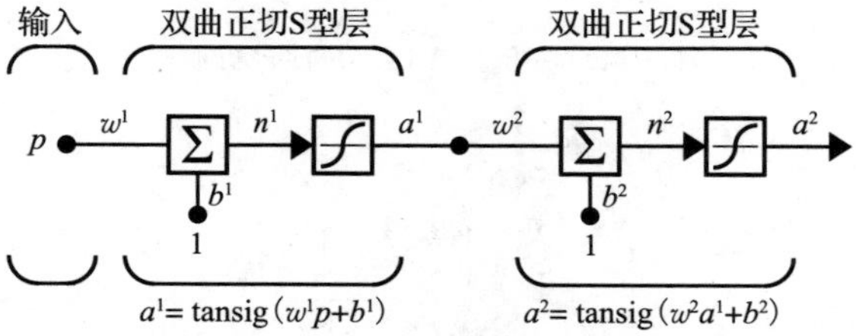

图 P11.9 两层双曲正切 S 型网络

给定一个输入/目标对

$$[p = -1, t = 1]$$

11-35 执行一步反向传播，其中 $\alpha=1$。

解 第一步，将输入传过网络。

$$n^1 = w^1 p + b^1 = (-1)(-1)+1 = 2$$

$$a^1 = \mathrm{tansig}(n^1) = \frac{\exp(n^1)-\exp(-n^1)}{\exp(n^1)+\exp(-n^1)} = \frac{\exp(2)-\exp(-2)}{\exp(2)+\exp(-2)} = 0.964$$

$$n^2 = w^2 a^1 + b^2 = (-2)(0.964) + 1 = -0.928$$

$$a^2 = \text{tansig}(n^2) = \frac{\exp(n^2) - \exp(-n^2)}{\exp(n^2) + \exp(-n^2)} = \frac{\exp(-0.928) - \exp(0.928)}{\exp(-0.928) + \exp(0.928)} = -0.7297$$

$$e = (t - a^2) = (1 - (-0.7297)) = 1.7297$$

第二步，利用式(11.44)和式(11.45)反向传播敏感度。

$$\boldsymbol{s}^2 = -2\dot{\boldsymbol{F}}^2(\boldsymbol{n}^2)(\boldsymbol{t} - \boldsymbol{a}) = -2[1 - (a^2)^2](e) = -2[1 - (-0.7297)^2] \times 1.7297 = -1.6175$$

$$\boldsymbol{s}^1 = \dot{\boldsymbol{F}}^1(\boldsymbol{n}^1)(\boldsymbol{W}^2)^{\mathrm{T}}\boldsymbol{s}^2 = [1 - (a^1)^2]w^2\boldsymbol{s}^2 = [1 - (0.964)^2](-2)(-1.6175) = 0.2285$$

最后，利用式(11.46)和式(11.47)更新权值和偏置值：

$$w^2(1) = w^2(0) - \alpha s^2 (a^1)^{\mathrm{T}} = (-2) - 1 \times (-1.6175) \times 0.964 = -0.4407$$ 11-36

$$w^1(1) = w^1(0) - \alpha s^1 (a^0)^{\mathrm{T}} = (-1) - 1 \times 0.2285 \times (-1) = -0.7715$$

$$b^2(1) = b^2(0) - \alpha s^2 = 1 - 1 \times (-1.6175) = 2.6175$$

$$b^1(1) = b^1(0) - \alpha s^1 = 1 - 1 \times 0.2285 = 0.7715$$

P11.8 图 P11.10 中的网络由一个标准的两层前向网络稍加改动而成。它有一条直接从输入到第二层的连接，请推导出这个网络的反向传播算法。

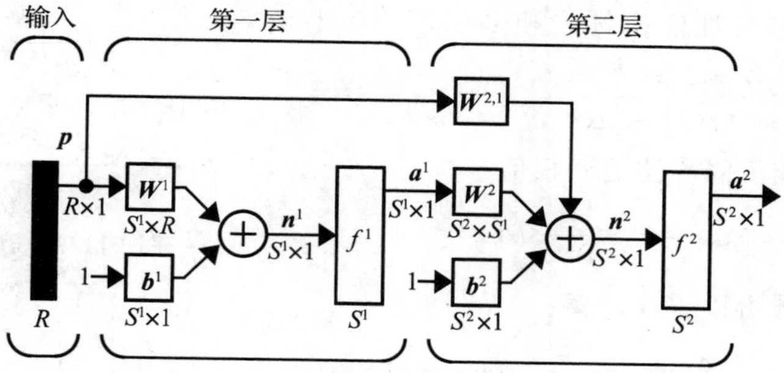

图 P11.10 带旁路连接的网络

解 我们从前向传播方程开始：

$$\boldsymbol{n}^1 = \boldsymbol{W}^1\boldsymbol{p} + \boldsymbol{b}^1$$

$$\boldsymbol{a}^1 = \boldsymbol{f}^1(\boldsymbol{n}^1) = \boldsymbol{f}^1(\boldsymbol{W}^1\boldsymbol{p} + \boldsymbol{b}^1)$$

$$\boldsymbol{n}^2 = \boldsymbol{W}^2\boldsymbol{a}^1 + \boldsymbol{W}^{2,1}\boldsymbol{p} + \boldsymbol{b}^2$$

$$\boldsymbol{a}^2 = \boldsymbol{f}^2(\boldsymbol{n}^2) = \boldsymbol{f}^2(\boldsymbol{W}^2\boldsymbol{a}^1 + \boldsymbol{W}^{2,1}\boldsymbol{p} + \boldsymbol{b}^2)$$

敏感度的反向传播公式和标准的两层网络是一样的。敏感度是平方误差对于净输入的导数，因为我们只是在净输入上加了一项，所以这些导数不发生变化。

接下来，我们需要梯度的各个元素来完成权值更新公式。对于标准的权值和偏置来说， 11-37

$$\frac{\partial \hat{F}}{\partial w_{i,j}^m} = \frac{\partial \hat{F}}{\partial n_i^m} \times \frac{\partial n_i^m}{\partial w_{i,j}^m} = s_i^m a_j^{m-1}$$

$$\frac{\partial \hat{F}}{\partial b_i^m} = \frac{\partial \hat{F}}{\partial n_i^m} \times \frac{\partial n_i^m}{\partial b_i^m} = s_i^m$$

因此 $\boldsymbol{W}^1$、$\boldsymbol{b}^1$、$\boldsymbol{W}^2$、$\boldsymbol{b}^2$ 的更新公式不发生变化。但我们需要一个额外的方程来更新 $\boldsymbol{W}^{2,1}$：

$$\frac{\partial \hat{F}}{\partial w_{i,j}^{2,1}} = \frac{\partial \hat{F}}{\partial n_i^2} \times \frac{\partial n_i^2}{\partial w_{i,j}^{2,1}} = s_i^2 \times \frac{\partial n_i^2}{\partial w_{i,j}^{2,1}}$$

为得到等式右边的导数，注意

$$n_i^2 = \sum_{j=1}^{S^1} w_{i,j}^2 a_j^1 + \sum_{j=1}^{R} w_{i,j}^{2,1} p_j + b_i^2$$

因此，

$$\frac{\partial n_i^2}{\partial w_{i,j}^{2,1}} = p_j \quad 且 \quad \frac{\partial \hat{F}}{\partial w_{ij}^{2,1}} = s_i^2 p_j$$

这样，更新公式可以用矩阵形式写出：

$$\boldsymbol{W}^m(k+1) = \boldsymbol{W}^m(k) - \alpha \boldsymbol{s}^m (\boldsymbol{a}^{m-1})^{\mathrm{T}}, \quad m = 1,2$$

$$\boldsymbol{b}^m(k+1) = \boldsymbol{b}^m(k) - \alpha \boldsymbol{s}^m, \quad m = 1,2$$

$$\boldsymbol{W}^{2,1}(k+1) = \boldsymbol{W}^{2,1}(k) - \alpha \boldsymbol{s}^2 (\boldsymbol{a}^0)^{\mathrm{T}} = \boldsymbol{W}^{2,1}(k) - \alpha \boldsymbol{s}^2 (\boldsymbol{p})^{\mathrm{T}}$$

本题的主要目的是说明反向传播的思想可以应用到比标准多层前向网络更加普遍的网络中。

P11.9 利用反向传播的思想给出一个可以更新图 P11.11中回复神经网络权值 w_1 和 w_2 的算法。

11-38

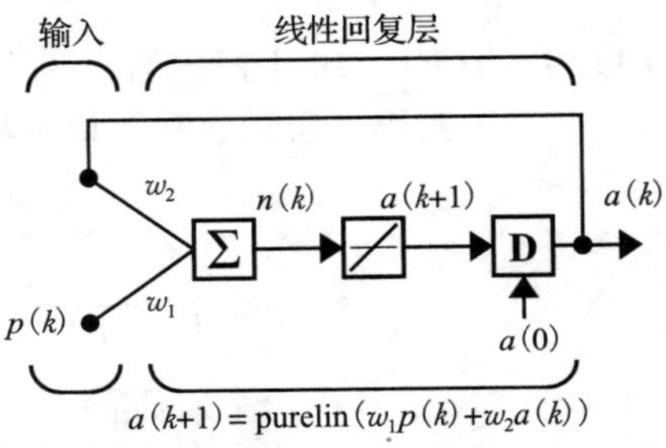

图 P11.11　线性回复网络

解 首先，要定义性能指标。和多层网络一样，我们使用平方误差：

$$\hat{F}(\boldsymbol{x}) = (t(k) - a(k))^2 = (e(k))^2$$

并采用最速下降算法更新权值：

$$\Delta w_i = -\alpha \frac{\partial}{\partial w_i} \hat{F}(\boldsymbol{x})$$

所需的导数可以这样计算：

$$\frac{\partial}{\partial w_i} \hat{F}(\boldsymbol{x}) = \frac{\partial}{\partial w_i}(t(k) - a(k))^2 = 2(t(k) - a(k))\left\{-\frac{\partial a(k)}{\partial w_i}\right\}$$

因此，需要计算的关键项是

$$\frac{\partial a(k)}{\partial w_i}$$

为计算这些项，我们先要写出网络的方程：

$$a(k+1) = \mathrm{purelin}(w_1 p(k) + w_2 a(k)) = w_1 p(k) + w_2 a(k)$$

接下来，我们在等式两边分别对网络权值求导数：

$$\frac{\partial a(k+1)}{\partial w_1} = p(k) + w_2 \frac{\partial a(k)}{\partial w_1}$$

11-39

$$\frac{\partial a(k+1)}{\partial w_2} = a(k) + w_2 \frac{\partial a(k)}{\partial w_2}$$

(注意，必须考虑到 $a(k)$ 自身也是 w_1、w_2 的函数。)然后利用这两个迭代方程计算最速下降算法权值更新所需的梯度。方程初始化为

$$\frac{\partial a(0)}{\partial w_1} = 0, \quad \frac{\partial a(0)}{\partial w_2} = 0$$

这是因为初始条件并不是权值的函数。

为了说明这个过程，不妨设 $a(0)=0$。网络的第一次更新为

$$a(1)=w_1p(0)+w_2a(0)=w_1p(0)$$

第一步的导数为

$$\frac{\partial a(1)}{\partial w_1}=p(0)+w_2\frac{\partial a(0)}{\partial w_1}=p(0),\quad \frac{\partial a(1)}{\partial w_2}=a(0)+w_2\frac{\partial a(0)}{\partial w_2}=0$$

第一步的权值更新为

$$\Delta w_i=-\alpha\frac{\partial}{\partial w_i}\hat{F}(\boldsymbol{x})=-\alpha\left[2(t(1)-a(1))\left\{-\frac{\partial a(1)}{\partial w_i}\right\}\right]$$

$$\Delta w_1=-2\alpha(t(1)-a(1))\{-p(0)\}$$

$$\Delta w_2=-2\alpha(t(1)-a(1))\{0\}=0$$

这个算法属于动态反向传播，这类算法利用差分方程计算梯度。

P11.10 证明对单层的线性网络(ADALINE)来说，反向传播算法可以简化为 LMS 算法。

解 单层线性网络的敏感度计算为：

$$\boldsymbol{s}^1=-2\dot{\boldsymbol{F}}^1(\boldsymbol{n}^1)(\boldsymbol{t}-\boldsymbol{a})=-2\boldsymbol{I}(\boldsymbol{t}-\boldsymbol{a})=-2\boldsymbol{e}$$

权值更新(式(11.46)、式(11.47))为

$$\boldsymbol{W}^1(k+1)=\boldsymbol{W}^1(k)-\alpha\boldsymbol{s}^1(\boldsymbol{a}^0)^{\mathrm{T}}=\boldsymbol{W}^1(k)-\alpha(-2\boldsymbol{e})\boldsymbol{p}^{\mathrm{T}}=\boldsymbol{W}^1(k)+2\alpha\boldsymbol{e}\boldsymbol{p}^{\mathrm{T}}$$

$$\boldsymbol{b}^1(k+1)=\boldsymbol{b}^1(k)-\alpha\boldsymbol{s}^1=\boldsymbol{b}^1(k)-\alpha(-2\boldsymbol{e})=\boldsymbol{b}^1(k)+2\alpha\boldsymbol{e}$$

这和第 10 章中的 LMS 算法完全一致。 11-40

11.5 结束语

本章中我们介绍了多层感知机网络和反向传播学习规则。多层网络是单层网络强有力的扩展。单层网络只能对线性可分的模式进行分类，多层网络则可以用于任意的分类问题。此外，多层网络可以用作通用的函数逼近器。已经证明，只要隐层神经元数目足够多，一个隐层采用 S 型传输函数的两层网络可以逼近任意实际函数。

反向传播算法是 LMS 算法的一个推广，它可以被用来训练多层网络。LMS 算法和反向传播算法都是最小化平方误差的近似最速下降算法，它们唯一的区别在于梯度计算的方式。反向传播算法利用链式法则计算平方误差对于隐层中权值和偏置值的导数。被称为反向传播是因为导数先从最后一层算起，然后利用链式法则，反向传过网络来计算隐层中的导数。

反向传播的一个主要问题是训练时间长。在实际问题中，使用基本的反向传播算法并不可行，因为即使在大型计算机上训练一个网络也可能需要数周时间。从反向传播第一次被广泛了解开始，已经有大量工作致力于研究加速算法收敛的方法。在第 12 章中，我们将会讨论反向传播收敛慢的原因，并给出一些提升算法性能的技术。

训练多层网络会遇到的另一个主要问题是过拟合。网络可能会记住训练集中的数据，但是却不能适应新的场景。在第 13 章中我们将会详细描述生成具有优秀泛化能力的网络的训练过程。

本章主要关注(训练多层网络的)反向传播学习规则的理论推演。使用此方法训练网络的实际细节将在第 17 章中讨论。示范如何训练并验证多层网络的真实案例分别在第 18 章(函数逼近)、第 19 章(概率估计)以及第 20 章(模式识别)中给出。 11-41

11.6 扩展阅读

[**HoSt89**] K. M. Hornik, M. Stinchcombe and H. White, “Multilayer feedforward networks are universal approximators," Neural Networks, vol. 2, no. 5, pp. 359-366, 1989.

这篇论文证明了具有任意压缩函数的多层前向网络可以逼近从一个有限维空间映射到另一个有限维空间的任意 Borel 可积函数。

[**LeCu85**] Y. Le Cun, "Une procedure d'apprentissage pour reseau a seuil assymetrique," Cognitiva, vol. 85, pp. 599-604, 1985.

Yann Le Cun 差不多和 Parker 及 Rumelhart、Hinton 及 Williams 同时发现了反向传播算法。这篇论文介绍了他的算法。

[**Park85**] D. B. Parker, "Learning-logic: Casting the cortex of the human brain in silicon," Technical Report TR-47, Center for Computational Research in Economics and Management Science, MIT, Cambridge, MA, 1985.

David Parker 也和 Yann Le Cun 及 Rumelhart、Hinton 及 Williams 在差不多同样的时间独立推导出了反向传播算法，这篇报告描述的是他的算法。

[**RuHi86**] D. E. Rumelhart, G. E. Hinton and R. J. Williams, "Learning representations by back-propagating errors," Nature, vol. 323, pp. 533-536, 1986.

这篇论文中对反向传播算法的阐述得到了最为广泛的传播。

[**RuMc86**] D. E. Rumelhart and J. L. McClelland, eds., Parallel Distributed Processing: Explorations in the Microstructure of Cognition, vol. 1, Cambridge, MA: MIT Press, 1986.

20 世纪 80 年代重新燃起人们对神经网络研究兴趣的两大重要论著之一。书中包含了许多主题，训练多层网络的反向传播算法是其中之一。

[**Werbo74**] P. J. Werbos, "Beyond regression: New tools for prediction and analysis in the behavioral sciences," Ph. D. Thesis, Harvard University, Cambridge, MA, 1974.

这篇博士论文包含了反向传播算法可能的首次描述(虽然并没有采用这个名字)。其中描述的算法适用于一般网络，神经网络只是其中的一个特例。反向传播算法直到 20 世纪 80 年代中期被 Rumelhart、Hinton 和 Williams [RuHi86]，以及 David Parker [Park85]和 Yann Le Cun [LeCu85]重新发现之后才广为人知。

11-42 ~ 11-43

11.7 习题

E11.1 设计多层网络来执行图 E11.1 中的分类。只要输入向量在阴影区域内(含边界)，网络就应该输出 1，其他情况输出−1。用简化记号法画出网络图，并写出权值矩阵和偏置向量。

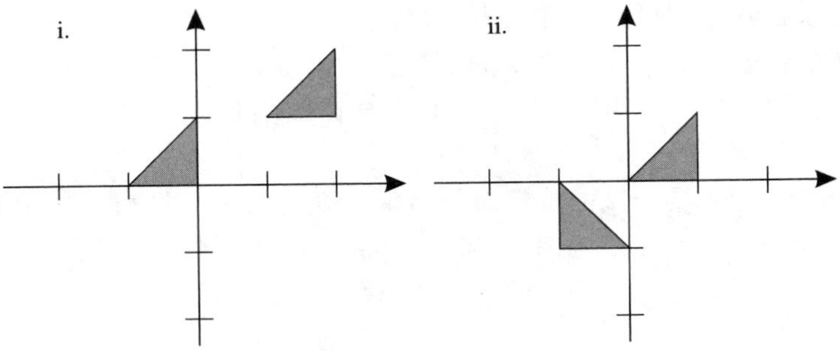

图 E11.1 模式分类任务

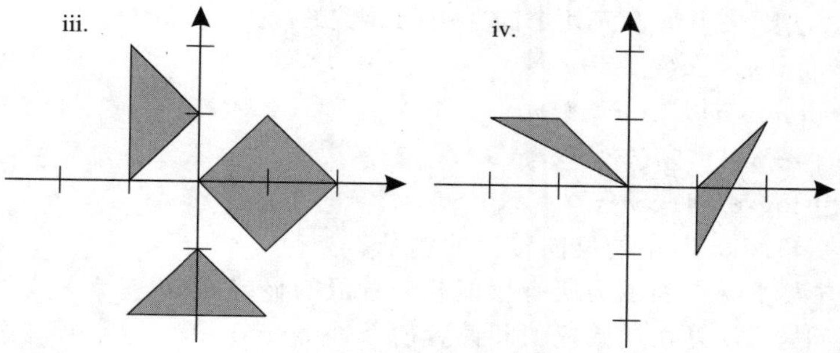

图 E11.1 （续）

E11.2 选择图 E11.4 中 1-2-1 网络的权值和偏置值，使得网络的响应通过图 E11.2 中圆圈表示的点。

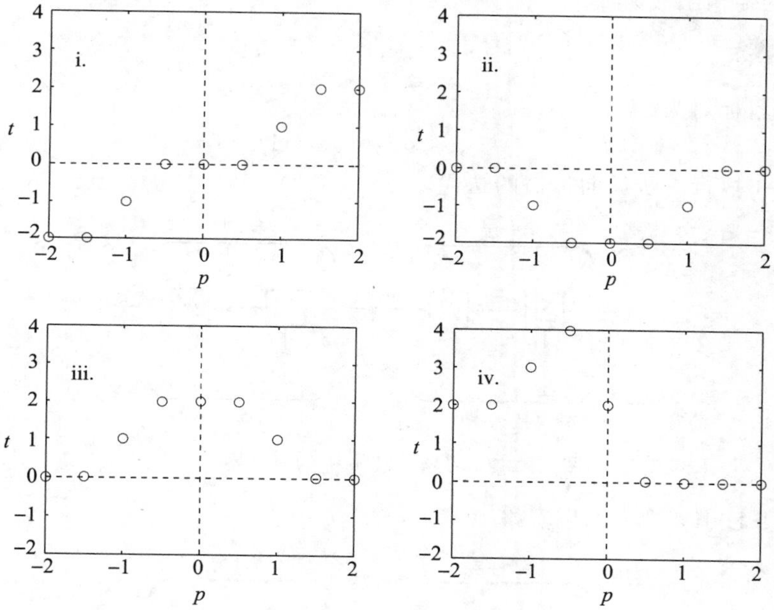

图 E11.2 函数逼近任务

MATLAB 实验 使用 Neural Network Design Demonstration Two-Layer Network Function(nnd11nf)测试你的结果。 11-44

E11.3 找出一个和图 E11.3 中网络具有相同的输入/输出特性的单层网络。

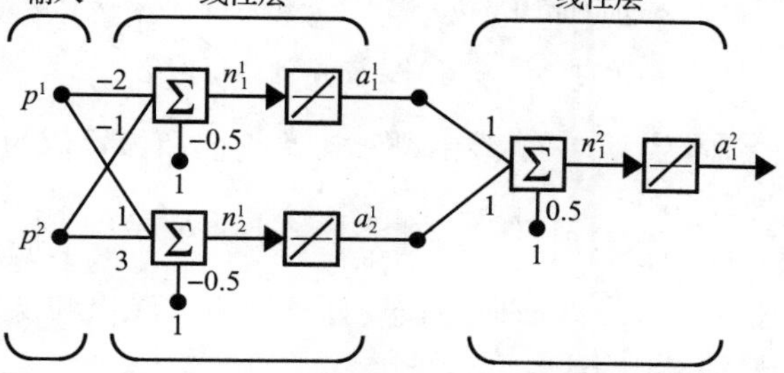

图 E11.3 两层线性网络

E11.4 使用链式法则来求解下面几个问题中的导数 $\partial f/\partial w$：

i. $f(n)=\sin(n)$，$n(w)=w^2$

ii. $f(n)=\tanh(n)$，$n(w)=5w$.

iii. $f(n)=\exp(n)$，$n(w)=\cos(w)$.

iv. $f(n)=\text{logsig}(n)$，$n(w)=\exp(w)$.

E11.5 重新思考 11.2.3 节中的反向传播的例子。

i. 将平方误差 $(e)^2$ 表示为所有权值和偏置值的显式函数。

ii. 利用问题 i 计算在初始权值和偏置值条件下的 $\partial(e)^2/\partial w_{1,1}^1$。

iii. 比较问题 ii 的结果和前文中反向传播得到的结果有什么不同。

E11.6 令图 E11.4 中神经网络的初始权值和偏置值为

$$w^1(0)=1,\quad b^1(0)=-2,\quad w^2(0)=1,\quad b^2(0)=1$$

网络的传输函数为

$$f^1(n)=(n)^2,\quad f^2(n)=\frac{1}{n}$$

输入/目标对为

$$\{p=1, t=1\}$$

设 $\alpha=1$ 执行一步反向传播的迭代。

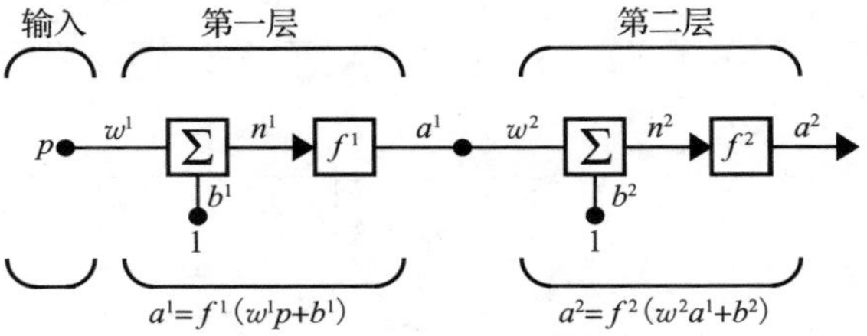

图 E11.4 习题 E11.6 中的两层网络

11-45 ~ 11-46 **E11.7** 考虑图 E11.5 中的两层网络。

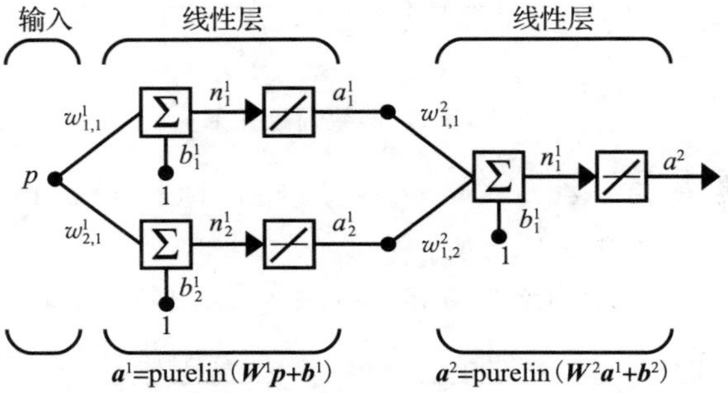

图 E11.5 习题 E11.7 中的两层网络

使用的输入/目标对为 $\{p_1=1,\ t_1=2\}$。初始权值和偏置值为

$$\mathbf{W}^1(0)=\begin{bmatrix}1\\-1\end{bmatrix},\quad \mathbf{W}^2(0)=\begin{bmatrix}-1 & 1\end{bmatrix},\quad \mathbf{b}^1(0)=\begin{bmatrix}2\\1\end{bmatrix},\quad \mathbf{b}^2(0)=3$$

i. 利用给定的输入进行一次前向传播，计算网络的输出和误差。

ii. 使用反向传播计算敏感度。

iii. 利用问题 ii 的结果计算导数 $\partial(e)^2/\partial w_{1,1}^1$（仅需少量计算）。

E11.8 令图 E11.6 中网络的传输函数为

$$f^1(n) = (n)^2$$

输入/目标对为

$$\left\{ \boldsymbol{p} = \begin{bmatrix} 1 \\ 1 \end{bmatrix}, \quad \boldsymbol{t} = \begin{bmatrix} 8 \\ 2 \end{bmatrix} \right\}$$

执行一次 $\alpha=1$ 的反向传播。 11-47

E11.9 使用标准的反向传播算法(近似最速下降)训练图 E11.7 中的网络。

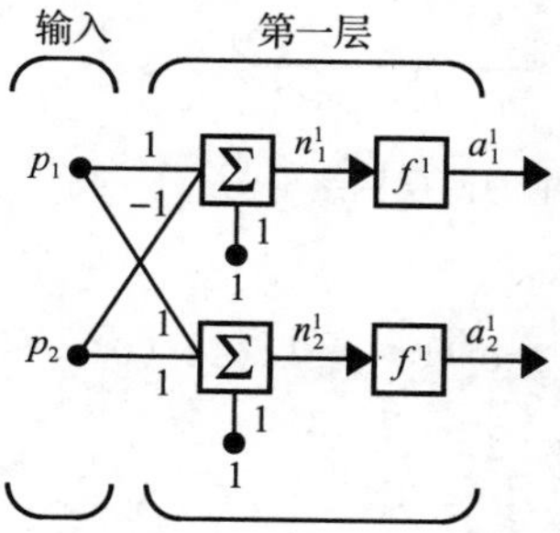

图 E11.6 习题 E11.8 中的单层网络

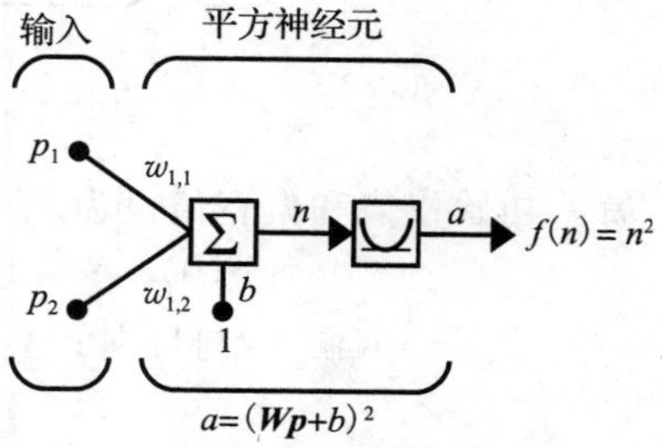

图 E11.7 平方神经元

给定输入和目标如下:

$$\left\{ \boldsymbol{p} = \begin{bmatrix} 1 \\ 1 \end{bmatrix}, t = 0 \right\}$$

初始权值和偏置值设为

$$\boldsymbol{W}(0) = \begin{bmatrix} 1 & -1 \end{bmatrix}, \quad b(0) = 1$$

i. 将输入前向传过网络。

ii. 计算误差。

iii. 将敏感度反向传过网络。 11-48

iv. 计算平方误差对权值和偏置值的梯度。

v. 更新权值和偏置(假设学习率为 $\alpha=0.1$)。

E11.10 考虑下面的多层感知机网络(隐层的传输函数为 $f(n)=n^2$)。

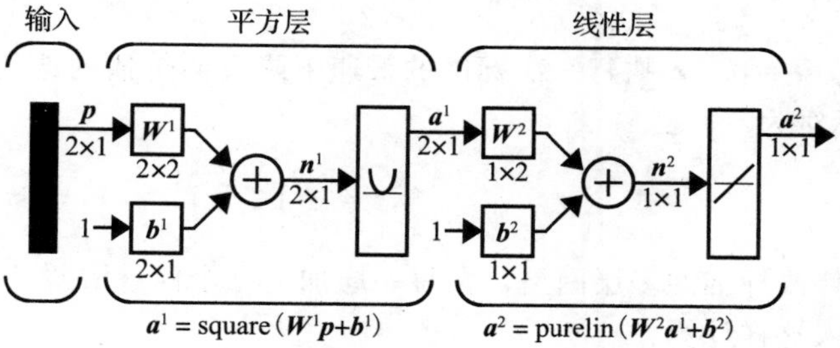

图 E11.8 两层平方网络

初始权值和偏置值设为

$$\boldsymbol{W}^1(0) = \begin{bmatrix} 1 & -1 \\ 1 & 0 \end{bmatrix}, \quad \boldsymbol{W}^2(0) = \begin{bmatrix} 2 & 1 \end{bmatrix}, \quad \boldsymbol{b}^1(0) = \begin{bmatrix} 1 \\ -1 \end{bmatrix}, \quad \boldsymbol{b}^2(0) = -1$$

设学习率为 $\alpha=0.5$,执行一次标准的最速下降反向传播的迭代(使用矩阵运算),输入/目标对为:

$$\left\{\boldsymbol{p}=\begin{bmatrix}1\\1\end{bmatrix}, t=2\right\}$$

11-49 **E11.11** 考虑图 E11.9 中的网络

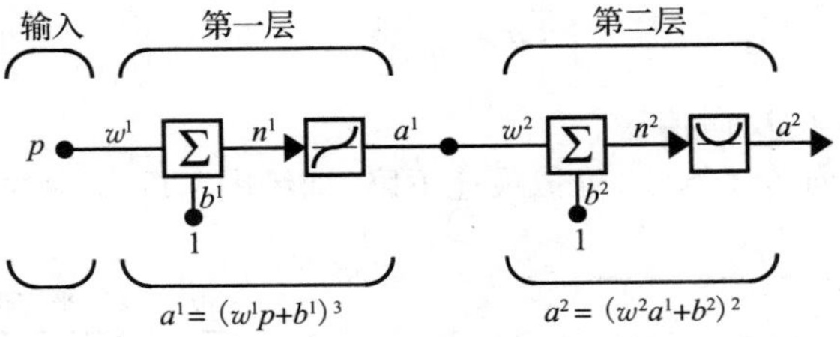

图 E11.9 习题 E11.11 中的两层网络

解 初始权值和偏置值设为

$$w^1(0)=-2,\quad b^1(0)=1,\quad w^2(0)=1,\quad b^2(0)=-2$$

给定一个输入/目标对：

$$\{p_1=1, t_1=0\}$$

设学习率为 $\alpha=1$，执行一次反向传播(最速下降)的迭代。

E11.12 考虑图 E11.10 中的多层感知机网络(隐层的传输函数为 $f(n)=n^3$)。

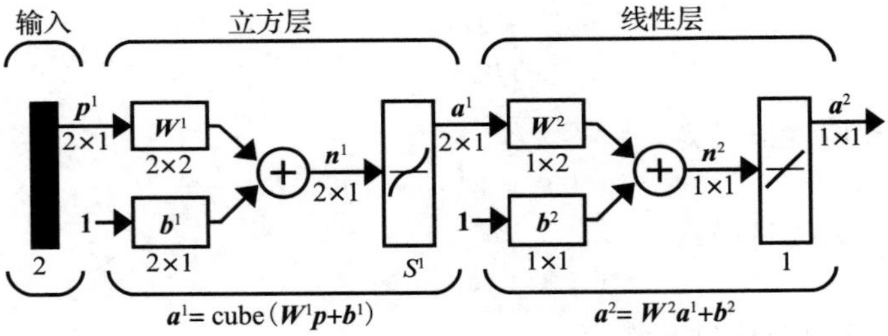

图 E11.10 立方神经网络

11-50 初始权值和偏置值为：

$$\boldsymbol{W}^1(0)=\begin{bmatrix}1 & -1\\1 & 0\end{bmatrix},\quad \boldsymbol{b}^1(0)=\begin{bmatrix}1\\2\end{bmatrix},\quad \boldsymbol{W}^2(0)=(1\quad 1),\quad \boldsymbol{b}^2(0)=1$$

设学习率为 $\alpha=0.5$，执行一次标准的最速下降反向传播的迭代(使用矩阵运算)，输入/目标对为

$$\left\{\boldsymbol{p}=\begin{bmatrix}-1\\1\end{bmatrix}, t=-1\right\}$$

E11.13 有人提出修改标准的多层网络，在每一层加上一个标量增益。这意味着网络第 m 层的净输入这样计算：

$$\boldsymbol{n}^m=\beta^m(\boldsymbol{W}^m\boldsymbol{a}^{m-1}+\boldsymbol{b}^m)$$

其中 β^m 是第 m 层的标量增益。这个增益的训练方式与网络中权值和偏置值的训练方式类似。修改反向传播算法(式(11.41)～式(11.47))使之适用于这个新的网络(需要加一个新的公式来更新 β^m，部分剩余的公式也需要修改)。

E11.14 考虑图 E11.11 中的两层网络。

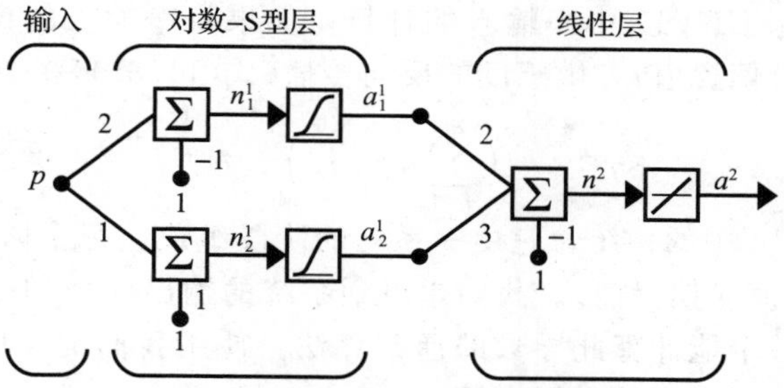

图 E11.11　习题 E11.14 中的两层网络

i. 设 $p=1$，使用(轻微)修改过的反向传播算法(如式(11.41)到式(11.47)中推演)求解 11-51

$$\frac{\partial a^2}{\partial n^2},\quad \frac{\partial a^2}{\partial n_1^1},\quad \frac{\partial a^2}{\partial n_2^1}$$

ii. 使用问题 i 的结果和链式法则计算 $\frac{\partial a^2}{\partial p}$，并对两题都给出数值结果。

E11.15 考虑图 E11.12 中的网络，神经元的输入除了原始的输入数据外还有原始输入的乘积。它属于一种高阶网络。

i. 使用近似最速下降算法(像反向传播一样)给出这个网络参数的学习法则。

ii. 给定下列初始参数、输入和目标，执行一次学习法则的迭代，设 $\alpha=1$：

$w_1=1,\quad w_2=-1,\quad w_{1,2}=0.5$

$b_1=1,\quad p_1=0,\quad p_2=1,\quad t=0.75$

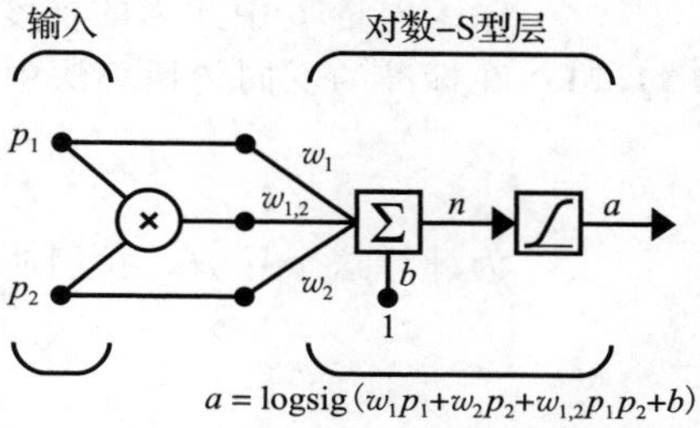

图 E11.12　高阶网络

E11.16 在图 E11.13 中，我们有一个两层网络，它附加了一个从输入直接到第二层的连接，推导这个网络的反向传播算法。 11-52

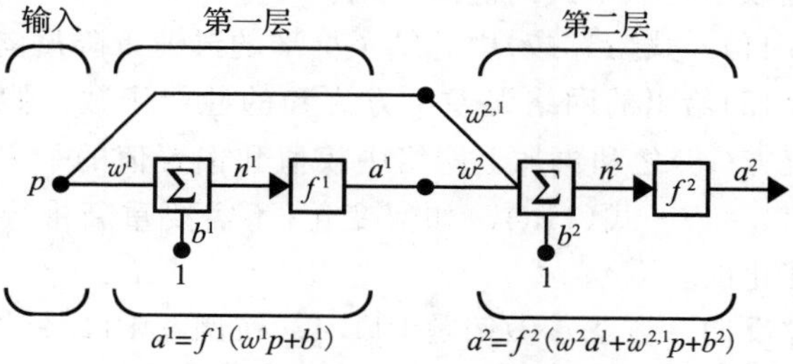

图 E11.13　带旁路连接的两层网络

E11.17 在多层网络中，净输入计算为

$$\boldsymbol{n}^{m+1}=\boldsymbol{W}^{m+1}\boldsymbol{a}^m+\boldsymbol{b}^{m+1}\quad \text{或}\quad n_i^{m+1}=\sum_{j=1}^{S^m}w_{i,j}^{m+1}a_j^m+b_i^{m+1}$$

如果将净输入的计算改为如下方程(平方距离的计算)，敏感度的反向传播(式(11.35))将会如何改变？

$$n_i^{m+1}=\sum_{j=1}^{S^m}(w_{i,j}^{m+1}-a_j^m)^2$$

E11.18 再次考虑习题 E11.17 中净输入的计算，如果将净输入的计算改为如下方程(乘以而不是加上偏置值)，敏感度的反向传播(式(11.35))将会如何改变？

$$n_i^{m+1} = \left(\sum_{j=1}^{S^m} w_{i,j}^{m+1} a_j^m \right) \times b_i^{m+1}$$

E11.19 考虑图 E11.14 中的系统。它由一系列的阶段组成，每个阶段都有不同的传输函数(不包含权值或偏置值)。我们想得到系统的输出(a^M)对于系统的输入(p)的导数。请推导一个能计算此导数的递归算法。使用我们推导反向传播算法的思路，
11-53 并在算法中使用下面的中间变量：

$$q^i = \frac{\partial a^M}{\partial a^i}$$

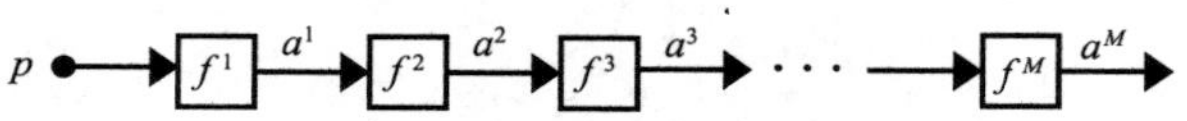

图 E11.14 级联系统

E11.20 反向传播算法用来计算一个多层网络的平方误差对于网络权值和偏置值的梯度。如果你要计算对于网络输入的梯度，算法应该怎样变化(即网络的平方误差对于输入向量 p 中元素的梯度)？仔细解释你的步骤，并给出最终的算法。

E11.21 在标准的反向传播算法中我们要计算导数

$$\frac{\partial F}{\partial w}$$

为计算这个导数，我们使用的链式法则形式为

$$\frac{\partial F}{\partial w} = \frac{\partial F}{\partial n} \cdot \frac{\partial n}{\partial w}$$

如果我们想用牛顿法，则需要计算二阶导数

$$\frac{\partial^2 F}{\partial w^2}$$

这种情况下应该用什么形式的链式法则？

E11.22 我们在式(11.41)～式(11.47)中总结了标准的最速下降反向传播算法。它可以最小化由式(11.12)给出的网络误差平方之和的性能函数。假设我们要将性能函数换成误差四次方(e^4)之和再加上网络中权值和偏置值的平方。请说明这个性能函
11-54 数将导致式(11.41)～式(11.47)如何变化(不需要重新推导本章已经给出并且不会发生任何变化的步骤)。

E11.23 使用下面的“反向”方法重做例题 P11.4。在例题 P11.4 中我们有动力学系统

$$y(k+1) = f(y(k))$$

需要选择初始条件 $y(0)$，使得在最后的时刻 $k=K$ 时，系统的输出 $y(K)$ 能够尽可能地接近特定的目标输出 t。使用最速下降来最小化下面的性能指标

$$F(y(0)) = (t - y(K))^2 = e^2(K)$$

因此需要梯度

$$\frac{\partial}{\partial y(0)} F(y(0))$$

我们开发了一个使用链式法则计算这个梯度的流程，流程中用到了下面这一项的递归方程

$$r(k) \equiv \frac{\partial}{\partial y(0)} y(k)$$

并按时间前向展开。需要求的梯度也可以用另一种方式计算，即按时间向后展开这一项

$$q(k) \equiv \frac{\partial}{\partial y(k)} e^2(K)$$

E11.24 考虑图 E11.15 中的回复神经网络。我们要找到权值 w 的值使得在最后的时刻 $k=K$ 时系统的输出 $a(K)$ 能够尽可能地接近特定的目标输出 t。我们要使用最速下降法来最小化性能指标 $F(w)=(t-a(K))^2$，因此需要得到梯度 $\partial F(w)/\partial w$。 11-55

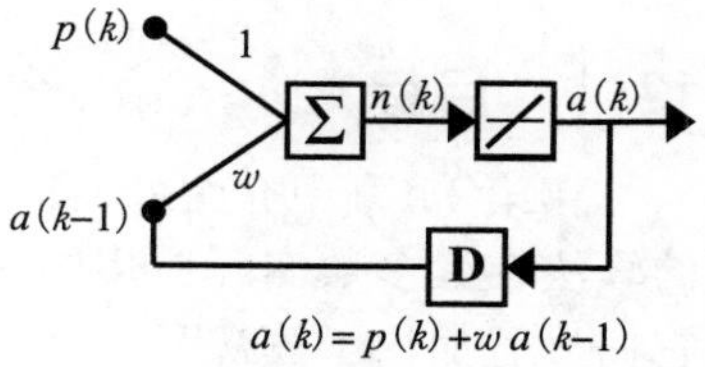

图 E11.15 回复网络

i. 利用链式法则找出一个计算这个梯度的通用流程。给出一个公式将下面的项按时间前向展开：

$$s(k) \equiv \frac{\partial}{\partial w} a(k)$$

仔细写出整个流程的每一步，包括更新 $s(k)$ 和计算梯度 $\partial F(w)/\partial w$。

ii. 设 $K=3$。写出 $a(3)$ 作为一个 $p(1)$、$p(2)$、$p(3)$ 和 w 的函数的完整表达式（假设 $a(0)=0$）。计算这个表达式关于 w 的导数，并证明它和 $s(3)$ 相等。

E11.25 MATLAB 练习 写一个MATLAB程序来实现一个 1-S^1-1 网络的反向传播算法。请使用式(11.41)～式(11.47)中的矩阵运算。选择初始权值和偏置值为 −0.5 到 0.5 之间均匀分布的随机数(使用 MATLAB 函数 rand)，并训练网络来逼近函数

$$g(p) = 1 + \sin\left(\frac{\pi}{2} p\right), \quad -2 \leqslant p \leqslant 2$$

分别选择 $S^1=2$ 和 $S^1=10$。使用多个不同的学习率 α 以及不同的初始条件进行实验。讨论学习率变化时算法的收敛性。 11-56

反向传播算法的变形

12.1 目标

在第 11 章中介绍的反向传播算法是神经网络研究的一个主要突破。然而，这个基本的算法在大多数实际应用中速度太慢。在本章中，我们将介绍几种反向传播算法的变形，它们显著加快了算法的速度，使得此算法更加实用。

我们将从函数逼近的例子开始，阐述反向传播算法为什么收敛速度慢，然后介绍此算法几个相关的改进。回忆一下，反向传播算法是一个近似最速下降算法。在第 9 章中，我们已经见到最速下降算法是一种最简单同时也是最慢的最小化方法。共轭梯度算法和牛顿法通常会提供更快的收敛速度。在这一章中，我们将解释这些更快的方法如何被用来加速
12-1 反向传播算法的收敛。

12.2 理论与例子

当最基本的反向传播算法应用于实际问题时，网络的训练时间长达几天或者几周。这引起了许多提高算法收敛速度方法的研究。

关于提高算法速度的研究，大体分为两类。第一类与启发式技术发展有关，起源于对标准反向传播算法独特性能的研究。这些启发式的技术包括可变的学习率、使用冲量以及改变变量范围等想法(例如[VoMa88]、[Jacob90]、[Toll90]和[Rilr90])。在这一章中，我们将讨论冲量和可变学习率的使用。

另外一类研究聚焦于标准的数值优化技术(例如[Shan90]、[Barn92]、[Batt92]和[Char92])。正如我们在第 10 章和第 11 章所讨论的，通过训练前向神经网络来最小化平方误差只不过是一个数值优化问题。因为数值优化是一个有三四十年研究历史的重要研究方向(详细见第 9 章)，所以从大量现有的数值优化技术中寻找快速的训练算法似乎是合理的。除非绝对需要，否则“重新发明轮子”是没有必要的。在这一章中，我们将介绍两种现有的成功用于训练多层感知机的数值优化技术：共轭梯度算法和 Levenberg-Marquardt 算法(牛顿法的一种变形)。

我们必须强调，在这一章中我们将要描述的所有算法都使用反向传播过程。在反向传播过程中，导数从网络的最后一层反向传播到第一层。正因为这个原因，它们被称为“反向传播”算法。这些算法之间的差异在于它们利用得到的导数来更新权值的方式。不巧的是，在某些情况中我们通常提及的反向传播算法实际上是最速下降算法。为了使我们的讨论更加清晰，在本章剩下的部分，我们将把基本的反向传播算法称为最速下降反向传播算法(Steepest Descent BackPropagation，SDBP)。

在下一部分中，我们将用一个简单的例子来解释为什么 SDBP 存在收敛性问题。然
12-2 后，在后面的部分中我们将介绍多种改进算法收敛性的方法。

12.2.1 反向传播算法的缺点

回顾第 10 章的内容，只要学习率的值不是太大，LMS 算法保证收敛到一个能最小化

均方误差的解。这是事实，因为对于一个单层的线性网络来说，均方误差是一个二次函数，而二次函数仅有一个驻点。此外，二次函数的 Hessian 矩阵是一个常量矩阵，因此在一个给定的方向上函数的曲率是不会改变的，函数的等高线轮廓是椭圆的。

SDBP 算法是 LMS 算法的推广。类似于 LMS 算法，它也是一种最小化均方误差的近似最速下降算法。事实上，应用于单层线性神经网络时，SDBP 算法等价于 LMS 算法(参见例题 P11.10)。然而，应用于多层神经网络时，SDBP 算法的特性非常不同。这与单层线性网络和多层非线性网络均方误差性能曲面之间的不同相关。对于单层线性网络，它的性能曲面含有一个最小值点以及恒定的曲率。然而，对于多层非线性网络，它的性能曲面可能会有多个局部极小值点，并且其曲率在参数空间的不同区域变化很大。在随后的例子中这点将体现得很清楚。

1. 性能曲面的实例

为了研究多层网络均方误差的性能曲面，我们采用一个简单的函数逼近的例子。我们将使用一个如图 12.1 所示的 1-2-1 结构的网络，其中每一层的传输函数都使用对数-S 型函数。

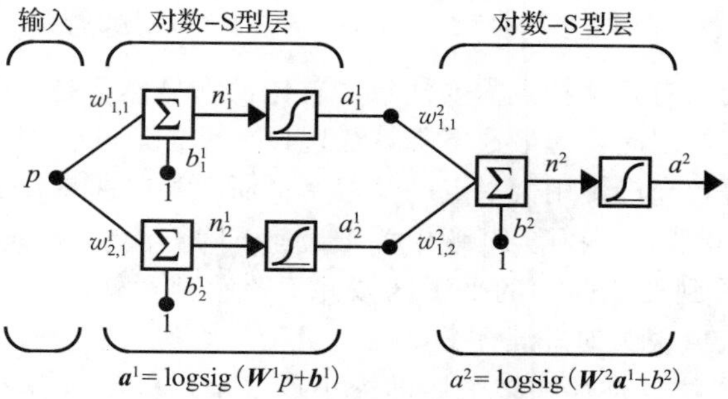

图 12.1 1-2-1 函数逼近网络

为了简化分析，我们将使用网络解决一个最优解已知的问题。我们将要逼近的函数是同一个 1-2-1 网络的输出响应，其权值和偏置值设置如下： 12-3

$$w^1_{1,1} = 10, \quad w^1_{2,1} = 10, \quad b^1_1 = -5, \quad b^1_2 = 5 \tag{12.1}$$

$$w^2_{1,1} = 1, \quad w^2_{1,2} = 1, \quad b^2 = -1 \tag{12.2}$$

网络在给定参数下的输出响应曲线如图 12.2 所示，图中画出了当输入 p 在[−2，2]之间变动时，网络的输出 a^2 的变化情况。

我们想要训练图 12.1 中的网络来逼近图 12.2中展示的函数。当这个网络的参数被设置成式(12.1)及式(12.2)中给出的值时，这个函数的逼近将是准确的。当然，这个问题是人为设计的，但是它很简单并且阐述了一些重要的概念。

现在让我们来考虑一下问题的性能指标。假设函数在以下多个 p 值处采样：

$$p = -2, -1.9, -1.8, \cdots, 1.9, 2 \tag{12.3}$$

并且每个样本出现的概率是一样的。性能指标将是这 41 个点的平方误差之和(我们省去均方

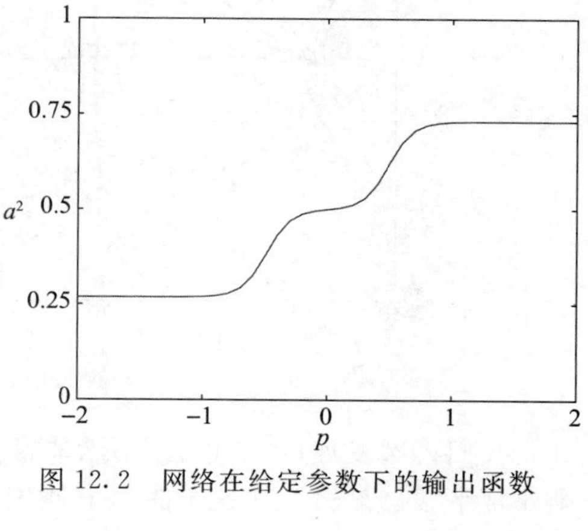

图 12.2 网络在给定参数下的输出函数

误差的计算，只需要把这个平方误差之和除以 41 即可得到它)。

为了能够绘出性能指标图，我们一次只改变两个参数。图 12.3 展示了仅调整 $w_{1,1}^1$ 和 $w_{1,1}^2$ 而其他参数被设置成式(12.1)和式(12.2)所给出的最优值时的均方误差。注意，当
12-4 $w_{1,1}^1=10$ 和 $w_{1,1}^2=1$ 时，最小的误差是 0，如图中空心圆圈所示。

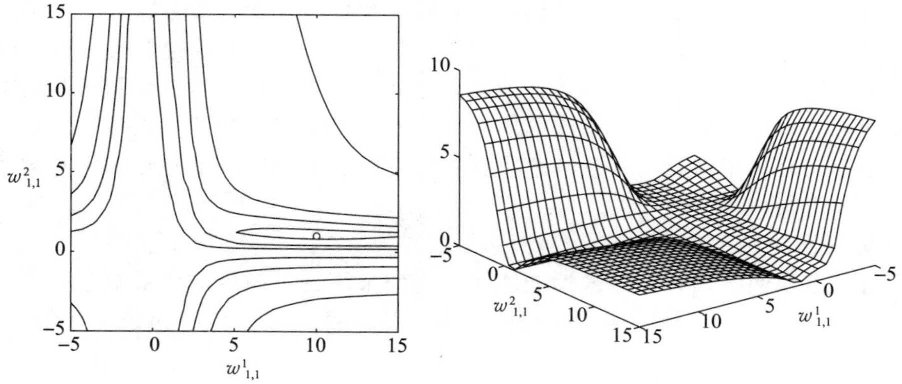

图 12.3　对应于 $w_{1,1}^1$ 和 $w_{1,1}^2$ 的平方误差曲面

关于这个误差曲面，有几个特点需要注意。首先，它显然不是一个二次函数。它的曲率在参数空间上急剧变化，因此，为最速下降算法选择一个合适的学习率是很困难的。这个曲面在某些区域非常平缓，允许使用大一点的学习率；而在某些曲率比较大的地方，则需要使用较小的学习率。(参考第 9 章和第 10 章中关于最速下降算法学习率选择的讨论。)

值得一提的是，看到性能曲面的平缓区域并不该感到意外，因为网络采用了 S 型传输函数。S 型函数在输入值很大时非常平缓。

误差曲面的第二个特点是存在多个局部极小点。全局极小点存在于与 $w_{1,1}^1$ 轴平行的凹槽中，即 $w_{1,1}^1=10$，$w_{1,1}^2=1$ 处。然而，在与 $w_{1,1}^2$ 轴平行的凹槽上还有一个局部极小点。(这个局部极小点实际上已经超出了图的范围，在 $w_{1,1}^1=0.88$，$w_{1,1}^2=38.6$ 处。)在下文中我们将会研究反向传播算法在这个曲面上的性能。

图 12.4 展示了当其他参数被设置为最优值，仅仅调节 $w_{1,1}^1$ 和 b_1^1 时产生的平方误差。注意到当 $w_{1,1}^1=10$ 和 $b_1^1=-5$ 时，这个最小的误差将会是 0，如图空心圆圈所示。

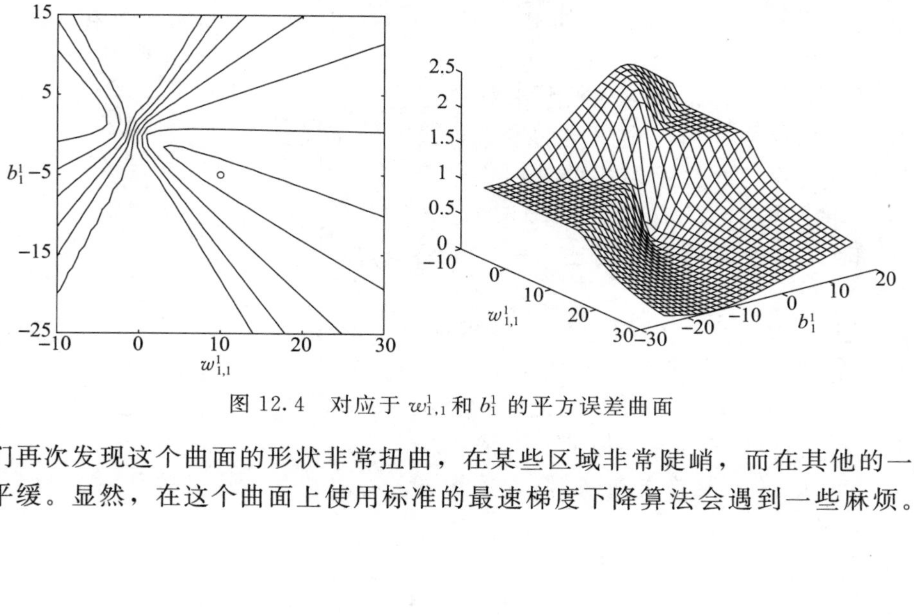

图 12.4　对应于 $w_{1,1}^1$ 和 b_1^1 的平方误差曲面

我们再次发现这个曲面的形状非常扭曲，在某些区域非常陡峭，而在其他的一些区域则非常平缓。显然，在这个曲面上使用标准的最速梯度下降算法会遇到一些麻烦。例如，

如果我们给参数取一个初始值 $w_{1,1}^1=0$，$b_1^1=-10$，梯度将会十分接近于 0；并且，尽管离局部极小点还有距离，最速下降算法实际上也会停止。 12-5

图 12.5 展示了当其他的参数被设置成它们的最优值时，仅仅调节 b_1^1 和 b_2^1 两个参数时产生的平方误差。极小点取在 $b_1^1=-5$，$b_2^1=5$ 处，如图空心圆圈所示。

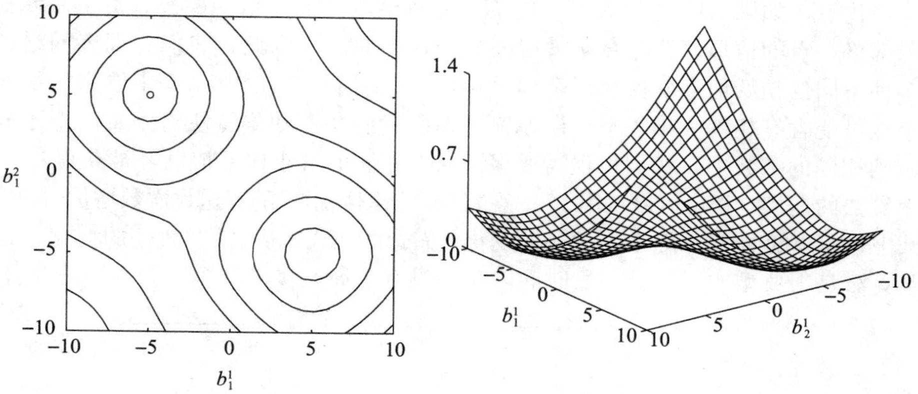

图 12.5　对应于 b_1^1 和 b_2^1 的平方误差性能函数

这个曲面展示了多层神经网络的一个重要性质：对称性。在这里我们看到了两个局部极小点，在这两个点处取得相同的平方误差。第二个解对应于被倒置的同一个网络（即第一层顶部的神经元与底部的神经元进行交换）。正是因为神经网络的这个特性，我们一般不把权值以及偏置值的初始值设置为零。对称性将会导致零点变成性能曲面上的鞍点。

对多层神经网络性能曲面的简要研究给我们带来了一些关于如何设置 SDBP 初始参数的提示。首先，不要把初始参数设置为零。这是因为参数空间的原点倾向于成为性能曲面的鞍点。其次，不要把参数的初始值设置得太大。这是因为当远离最优点时，性能曲面倾向于具有非常平缓的区域。

一般来说，我们将初始权值和偏置值设置成小的随机值。这样，我们既可以避免可能出现在参数空间原点的鞍点，也不会移动到性能曲面非常平缓的区域。（另外一个选择参数初始值的过程在[NgWi90]中有所阐述。）在下一小节中我们将会看到，为了确保这个算法收敛到全局最小值，尝试几种不同的参数初始值也是有用的。 12-6

2. 收敛性的实例

我们已经研究了性能曲面，现在来研究 SDBP 的性能。在这一节中我们将使用一种标准算法的变形：批处理（batching）。在这种方法中，参数的更新在整个训练数据集都传过网络后才进行。将对每个训练样本计算出的梯度求平均值，以得到对梯度更加准确的估计。（如果训练数据集是完整的，例如覆盖了所有的输入/输出对，那么对梯度的估计将是精确的。）

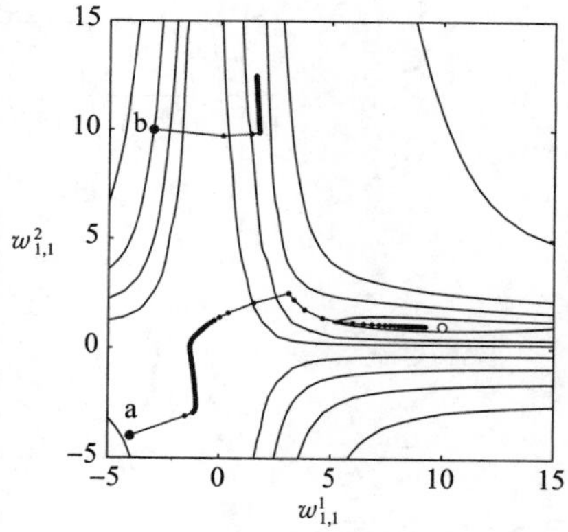

图 12.6　SDBP 性能曲面的两条轨迹（批处理模式下）

在图 12.6 中，我们可以看到当且仅当 $w_{1,1}^1$ 和 $w_{1,1}^2$ 被调节时，SDBP 的两条轨迹（在批处理模式下）。对于标记为“a”的初始化条件，算法最终会收敛到最优的结果，但是收敛的速度很慢。收敛缓慢的原因在于该轨迹的路径所经过的性能曲面曲率的变化。在最初经过一个平缓的斜坡之后，这个轨迹将通过一段平缓的表面，直到落入一个坡度平缓的凹槽之中。如果增大其学习率，那么算法在通过最初平缓区域时将会收敛得更快，但落入凹槽中时会变得不稳定，我们马上就会看到这种情况。

轨迹“b”显示了这个算法是如何收敛到局部极小点的。这条轨迹被困在了凹槽中，然后偏离了最优点。如果继续进行下去，这条轨迹将会收敛到 $w_{1,1}^{1}=0.88$，$w_{1,1}^{2}=38.6$ 处。含有多个局部极小点的情形普遍存在于多层网络的性能曲面。因此，我们在训练网络的时候最好尝试多种不同的初始值来确保获得全局最小值。（正如我们在图 12.5 中看到的那样，一些局部极小点可能含有相同大小的平方误差值，因而我们并不期望算法对于每一个不同的初始
12-7 值都收敛到相同的参数上，我们仅仅需要保证这个相同的最小误差值已经被获得。）

这个算法的迭代过程也可以从图 12.7 观察到，该图展示了随着迭代次数增加时平方误差的变化。其中，左边的曲线代表“a”轨迹的变化，右边的曲线代表“b”轨迹的变化。这些曲线对 SDBP 算法是很典型的，很长一段时间内几乎没有进展，接着在短时间内快速改善。

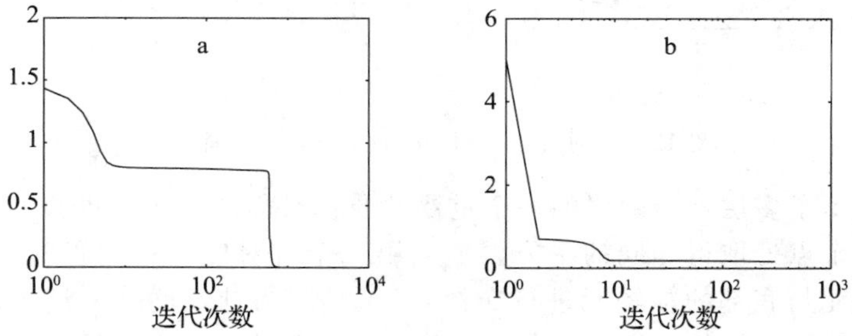

图 12.7　平方误差的收敛模式

我们可以看到图 12.7 中平缓的部分对应于这个算法穿越图 12.6 中性能曲面的平缓区域。在这一时期，我们希望增大学习率来加速收敛。然而如果我们增大学习率，那么学习算法将在到达性能曲面较陡峭的地方时变得不稳定。

这种影响如图 12.8 所示。图中的轨迹对应于图 12.6 中的轨迹“a”，但这里它使用了一个更大的学习率。算法一开始收敛得很快，但是当这个轨迹到达包含极小值点的狭窄凹槽时，算法开始偏离。这就意味着变化学习率是有用的。我们将在性能曲面平缓的区域增
12-8 大学习率，然后在斜率增大的区域减小学习率。问题是，“算法如何才能知道什么时候处于平缓的区域?”我们将会在后面的部分中讨论这个问题。

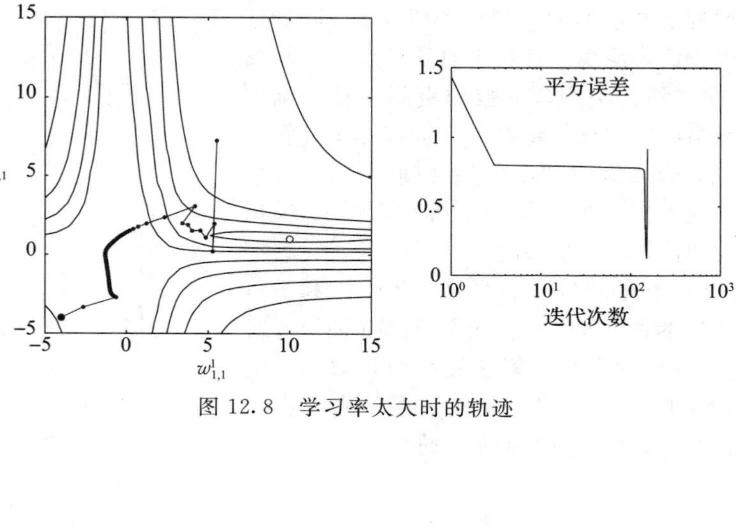

图 12.8　学习率太大时的轨迹

另外一种提高收敛性的方法是平滑轨迹。正如图 12.8 所示，当这个算法开始偏离时，它一直在狭窄的凹槽里来回振荡。如果我们通过平均参数的更新值来对这条轨迹进行滤波，有可能平滑振荡并产生一条稳定的轨迹。我们将在下一部分中讨论这个过程。

MATLAB 实验 使用 Neural Network Design Demonstration **Steepest Descent Backpropagation**(nnd12sd)实验这个反向传播算法。

12.2.2 反向传播算法的启发式改进

前面已经研究了反向传播算法的一些缺点(最速下降算法)，这里就让我们来思考一些提升算法性能的方法。在这一节中，我们将会讨论两种启发式的方法。在稍后的一个部分中，我们会给出两种基于标准数值优化算法的方法。

1. 冲量

我们将要讨论的第一个方法是冲量的使用，这个改进方法是基于我们在上一部分的观察。通过观察发现，如果我们可以平滑轨迹上的振荡，将会提升算法的收敛性。我们可以使用一个低通滤波器来平滑这种振荡。

在将冲量运用于神经网络应用之前，让我们研究一个简单的例子来阐述平滑的影响。考虑下面的一阶滤波器： 12-9

$$y(k) = \gamma y(k-1) + (1-\gamma)w(k) \tag{12.4}$$

$w(k)$是滤波器的输入，$y(k)$是滤波器的输出，而γ是冲量系数且必须满足下面的条件

$$0 \leqslant \gamma < 1 \tag{12.5}$$

滤波器的影响如图 12.9 所示。在这些例子中，用正弦波作为整个滤波器的输入：

$$w(k) = 1 + \sin\left(\frac{2\pi k}{16}\right) \tag{12.6}$$

冲量系数分别设置成γ=0.9(左图)和γ=0.98(右图)，可以看到滤波器的输出振荡小于滤波器的输入振荡(和我们对低通滤波器效果的预计一致)。另外，当γ增加的时候，滤波器的输出振荡在减小。还要注意的是滤波器的平均输出和平均输入是相同的，尽管随着γ增加滤波器(对输入)的响应也越来越慢。

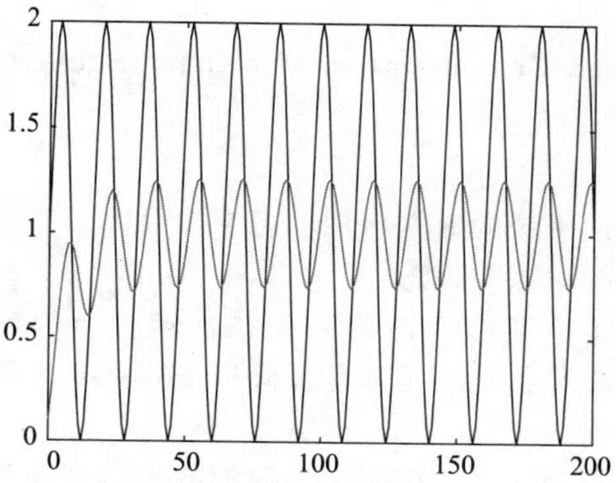

a) $\gamma = 0.9$

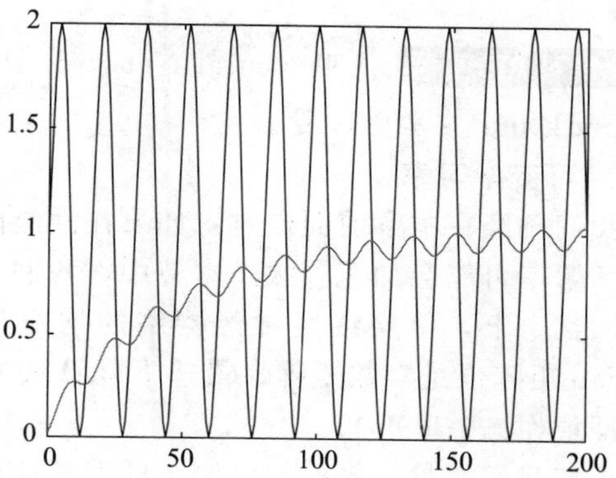

b) $\gamma = 0.98$

图 12.9 冲量的平滑效果

总的来说，滤波器将会逐渐减小振荡的总量，同时追踪着平均值。现在让我们来看一看在神经网络问题上它如何工作。首先，回顾下 SDBP 算法中参数更新(式(11.46)和式(11.47))的过程：

$$\Delta \boldsymbol{W}^m(k) = -\alpha \boldsymbol{s}^m(\boldsymbol{a}^{m-1})^{\mathrm{T}} \tag{12.7}$$

12-10

$$\Delta \boldsymbol{b}^m(k) = -\alpha \boldsymbol{s}^m \tag{12.8}$$

当冲量(momentum)滤波器被运用于参数更新时，我们可以得到下面反向传播算法的冲量改进公式(Momentum Modification to BackPropagation，MOBP)：

$$\Delta \boldsymbol{W}^m(k) = \gamma \Delta \boldsymbol{W}^m(k-1) - (1-\gamma)\alpha \boldsymbol{s}^m(\boldsymbol{a}^{m-1})^{\mathrm{T}} \tag{12.9}$$

$$\Delta \boldsymbol{b}^m(k) = \gamma \Delta \boldsymbol{b}^m(k-1) - (1-\gamma)\alpha \boldsymbol{s}^m \tag{12.10}$$

如果我们现在将这些改进的等式用于前面介绍的例子中，得到的结果将如图 12.10 所示。(这个例子中我们使用了 MOBP 的批处理模式，其中参数的更新仅在整个训练集传过网络后进行。每个训练样本上计算出的梯度被平均以得到更准确的梯度估计。)这个轨迹和图 12.8 中所示的轨迹具有相同的初始条件和学习率，但额外使用了 $\gamma=0.8$ 的冲量系数。我们可以看到算法现在是稳定的。通过使用冲量，我们可以使用较大的学习率同时保持算法的稳定性。冲量的另外一个特征是：当轨迹保持在一致的移动方向上时，会加速收敛。

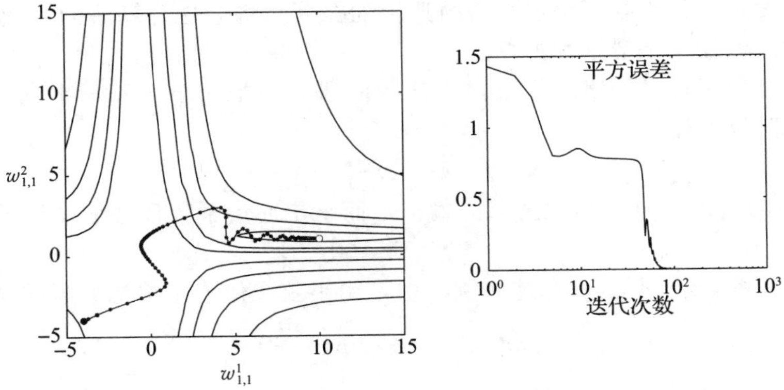

图 12.10 使用冲量的轨迹

如果仔细观察图 12.10 中的轨迹，你会明白为什么这个过程被称作“冲量”。因为该方法倾向于在相同的方向上进行梯度更新。冲量系数 γ 的值越大，轨迹所具有的冲量也越大。

MATLAB 实验 使用 Neural Network Design Demonstration Momentum Backpropagation(nnd12mo)实验该冲量。

12-11

2. 可变学习率

我们已经在本章前面提过：如果在性能曲面平缓的地方增加学习率，并在斜率增加时减小学习率可能会加速收敛。本节中，我们来探讨这一理念。

回忆一下，单层线性神经网络的均方误差性能曲面总是一个二次函数，因而它的 Hessian 矩阵也是常数矩阵。最速下降算法的最大稳定学习率是 2 除以 Hessian 矩阵的最大特征值(见式(9.25))。

正如我们所见，多层神经网络的误差曲面不是一个二次函数，曲面的形状在参数空间的不同区域可以是非常不同的。在训练的过程中，我们也许可以通过调整学习率来加速收敛。这个技巧的关键在于改变学习率的时机，以及改变的程度。

有很多不同的变化学习率的方法。这里，我们将要介绍一种非常直接的批处理过程，其中学习率根据算法性能的变化而变化。这种可变学习率(variable learning rate)反向传播算法(VLBP)的规则为：

- 当一次权值更新之后，如果平方误差(在整个训练集上)增长率超过某一个设置好的百分比 ζ(一般设置 1%～5%)，那么就丢弃这个对权值的更新，同时学习率乘以一个小于 1 的因子($0<\rho<1$)，并将冲量系数 γ(如果在此算法中使用冲量)设置为 0。
- 如果平方误差在某一次权值更新后下降，就接受这个对权值的更新，同时学习率乘以一个大于 1 的因子($\eta>1$)。如果 γ 已在之前被设置为 0，则将其设置为最初的初始值。
- 如果平方误差增长率小于 ζ，就接受这个对权值的更新，但学习率保持不变。如果 γ 已经被设置为 0，将它重新设置成最初的值。

(关于 VLBP 数值计算的例子请参考例题 P12.3。)

为了阐述 VLBP，我们把它应用到前面部分的函数逼近问题。算法中初始值、初始学习率以及冲量系数的设置与图 12.10 中的设置相同，这个算法得到的轨迹如图 12.11 所示。新的参数设置如下：

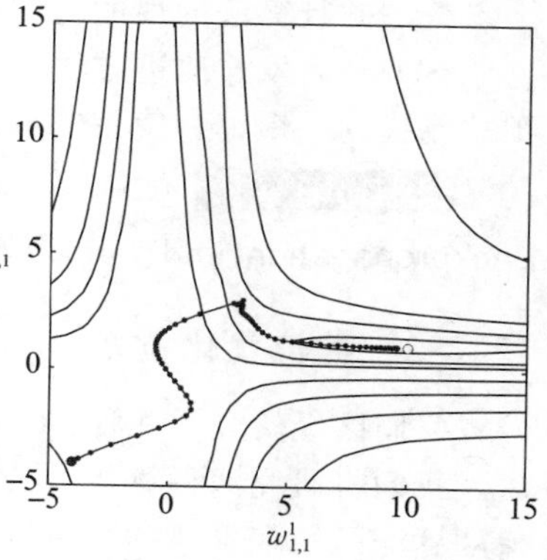

图 12.11 可变学习率的轨迹

$$\eta=1.05,\quad \rho=0.7,\quad \zeta=4\% \tag{12.11}$$ 12-12

注意在轨迹沿着一条误差持续下降的直线前进时学习率以及相应步长是如何增长的。在图 12.12 中同样可以见到这一影响，图中显示了平方误差和学习率随迭代次数的变化。

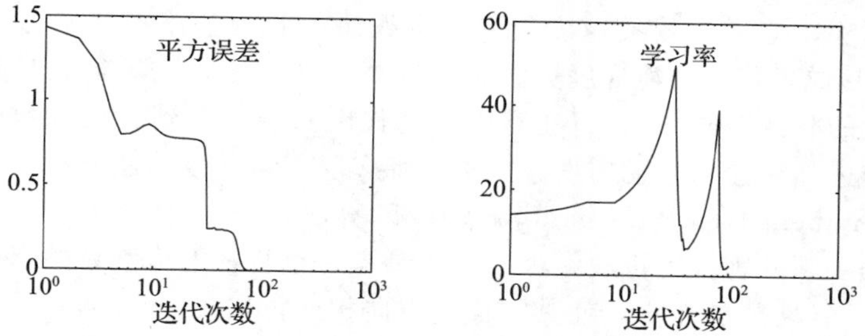

图 12.12 变学习率的收敛特征

当这条轨迹到达一个狭窄的凹槽时，学习率被迅速减小。如果不这样，轨迹会变得振荡，并且误差会急剧增加。对于每一个可能会使误差增长超过 4%的步长，学习率将被减小，同时冲量将会被消除，这样可以允许轨迹快速转到指向极小点的凹槽方向。然后学习率将会再次增加，从而加速收敛。当轨迹跨过最小值点时，此学习率将会再一次被减小，此时这个算法已经基本收敛。这个过程对可变学习率反向传播算法的轨迹来说是很典型的。

可变学习率算法有很多种变形。Jacobs[Jaco88]提出了 delta-bar-delta 学习规则。在此规则下，每一个网络参数(权值或偏置值)有它特有的学习率。如果参数在相同方向上已经发生了多次改变，此算法将会增大这个网络参数的学习率。如果参数改变的方向是交替的，那么学习率将会被减小。Tollenaere 的 SuperSAB 算法和 delta-bar-delta 规则类似，但是它有更复杂的规则来调节学习率。 12-13

另外一种 SDBP 的启发式改进方法是 Fahlman[Fahl88]的 Quickprop 算法。它假设误差曲面是抛物线，并且在最小值点附近是凹向上的，并且每一个权值的影响可以被单独考虑。

这些 SDBP 算法的启发式改进在某些问题上将会大大提高收敛速度。然而，这些方法有两个主要的缺点。第一个缺点是这些改进方法需要设置多个参数(如 ρ、ζ 和 γ 等)，而 SDBP 算法中仅需要设置学习率一个参数。一些更复杂的启发式改进算法需要选择 5 到 6 个参数，并且算法的性能对这些参数的变化非常敏感。参数的选择同样依赖于问题本身。这些 SDBP 启发式改进方法的第二个缺点是，在解决某些问题时可能无法收敛，而 SDBP 则总能找到一个解。使用的算法越复杂，这两个缺点出现得就越频繁。

MATLAB 实验 使用 Neural Network Design Demonstration Variable Learning Rate Backpropagation(nnd12vl)实验可变学习率的反向传播算法。

12.2.3 数值优化技术

我们已经研究了几种 SDBP 的启发式改进方法。现在考虑基于标准数值优化技术的方法。我们将研究两种算法：共轭梯度算法和 Levenberg-Marquardt 算法。二次函数的共轭梯度算法已经在第 9 章介绍过。我们需要添加两个步骤到这个算法中以使其运用于更普遍的函数。

本章将要讨论的第二个数值优化算法是 Levenberg-Marquardt 算法。该算法是牛顿法的变形，它非常适用于训练神经网络。

1. 共轭梯度

在第 9 章，我们展示了三种数值优化技术：最速下降、共轭梯度以及牛顿法。最速下降是最简单的算法，但通常收敛速度很慢。牛顿法的收敛速度要快一些，但是需要计算 Hessian 矩阵及其逆矩阵。共轭梯度算法是一种折中的算法，它不需要计算二阶导数，但是拥有二次函数的收敛性质。(它将在有限的迭代次数内收敛到二次函数的最小值。)在本
12-14 节中，我们将描述如何使用共轭梯度算法来训练多层网络。该算法被称为共轭梯度反向传播(Conjugate Gradient BackPropagation，CGBP)算法。

让我们回顾一下共轭梯度算法。为了便于参考，重复一下第 9 章的算法步骤：

1) 选择第一个搜索方向 $\boldsymbol{p}_0$，使其与梯度方向相反，如式(9.59)：

$$\boldsymbol{p}_0 = -\boldsymbol{g}_0 \tag{12.12}$$

其中

$$\boldsymbol{g}_k \equiv \nabla F(\boldsymbol{x})\big|_{\boldsymbol{x}=\boldsymbol{x}_k} \tag{12.13}$$

2) 根据式(9.57)，选择一个学习率 α_k 沿着此搜索方向最小化该函数：

$$\boldsymbol{x}_{k+1} = \boldsymbol{x}_k + \alpha_k \boldsymbol{p}_k \tag{12.14}$$

3) 根据式(9.60)选择下一个搜索方向，使用式(9.61)、式(9.62)或式(9.63)来计算 β_k：

$$\boldsymbol{p}_k = -\boldsymbol{g}_k + \beta_k \boldsymbol{p}_{k-1} \tag{12.15}$$

其中

$$\beta_k = \frac{\Delta\boldsymbol{g}_{k-1}^{\mathrm{T}}\boldsymbol{g}_k}{\Delta\boldsymbol{g}_{k-1}^{\mathrm{T}}\boldsymbol{p}_{k-1}} \quad 或 \quad \beta_k = \frac{\boldsymbol{g}_k^{\mathrm{T}}\boldsymbol{g}_k}{\boldsymbol{g}_{k-1}^{\mathrm{T}}\boldsymbol{g}_{k-1}} \quad 或 \quad \beta_k = \frac{\Delta\boldsymbol{g}_{k-1}^{\mathrm{T}}\boldsymbol{g}_k}{\boldsymbol{g}_{k-1}^{\mathrm{T}}\boldsymbol{g}_{k-1}} \tag{12.16}$$

4) 如果该算法还未收敛，跳转至第 2 步继续执行。

共轭梯度算法不能直接应用于神经网络的训练任务，因为性能指标不是二次的。这将在两个方面影响这一算法。首先，我们不能如第 2 步中所要求的那样，通过式(9.31)沿着一条直线来最小化这个函数。其次，准确的最小值通常不能在有限步内获得，所以算法需要在若干步迭代之后重置。

让我们首先来处理线性搜索。我们需要一个通用的过程在一个特定的方向上找到函数的最小值。这包含两个步骤：区间定位和区间缩小。区间定位的目的是找到一些包含局部极小点的初始区域。区间缩小则是不断减小初始区域的范围，直到最小值可以按所需的精度定位。 12-15

我们将使用函数比较法[Scal85]来执行区间定位(interval location)步骤。该过程如图 12.13 所示。我们首先评估一个初始点(图中用点 a_1 表示)的性能指标。该点对应着当前神经网络权值以及偏置值。换句话说，我们在评估

$$F(\boldsymbol{x}_0) \tag{12.17}$$

下一步在第二个点处评估函数(图中用点 b_1 表示，在第一个搜索方向 $\boldsymbol{p}_0$ 上距离初始点的距离为 ε)。换句话说，评估

$$F(\boldsymbol{x}_0+\varepsilon\boldsymbol{p}_0) \tag{12.18}$$

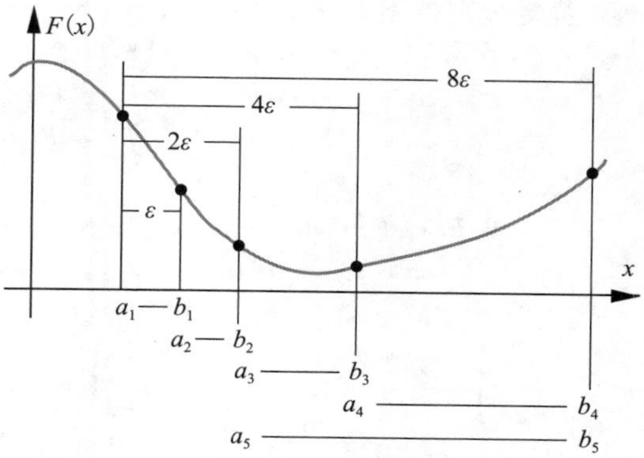

图 12.13 区间定位

接下来，通过不断将距离翻倍，我们可以继续在新的点 b_i 评估函数的性能指标。当函数在两次连续评估中增长时，这个过程停止，如图 12.13 所示，从点 b_3 到点 b_4 函数开始增长。我们可以知道这个最小值被包括在点 a_5 和点 b_5 之间。我们不能再进一步收缩这个间距，因为这个最小值可能出现在区间$[a_4，b_4]$或者区间$[a_3，b_3]$。这两种可能展示在图 12.14a 中。

我们已经确定了一个包含最小值点的区间，线性搜索的下一步就是区间缩小(interval reduction)。这将会评估通过区间确定的区间$[a_5，b_5]$内的点。从图 12.14 可以看出，为了减小不确定区间的大小，我们需要在此区间中至少再选择另外两个点来评估这个函数。图 12.14a展示了在一个区间的函数评估并不能提供任何关于最小值位置的信息。然而，如图 12.14b 所示，如果我们在点 c 与点 d 评估这个函数，就可以减少区间的不确定性。如图 12.14b 所示时，如果 $F(c)>F(d)$，那么最小值必定会出现在$[c，b]$区间内。相反，如果 $F(c)<F(d)$，那么最小值一定出现在区间$[a，d]$中。(注意，我们假定在初始区间内有单个最小值。更详细的信息稍后再介绍。) 12-16

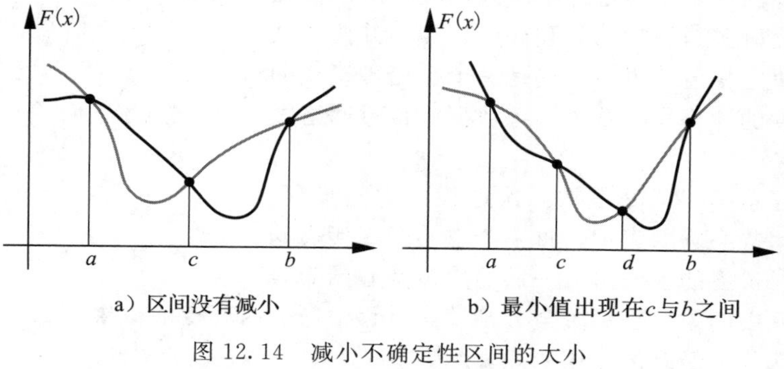

a) 区间没有减小　　b) 最小值出现在c与b之间

图 12.14 减小不确定性区间的大小

上面描述的过程提出了一个减小不确定区间大小的方法。我们现在需要决定如何确定内部点 c 和 d 的位置。有几种方法能做到这点(见[Scal85])。我们将使用一种叫作黄金分割搜索(golden section search)的方法，此方法能够减少所需的函数评估次数。在每

次迭代中需要进行一次新的函数评估。例如，在图 12.14b 所示的例子中，点 a 将会被抛弃，同时点 c 成为一个新的点 a。接着，点 d 将会成为新的点 c，并且一个新的点 d 将会被设置在初始的点 d 与点 b 之间。这个技巧的关键在于放置新点使得不确定区间尽快减小。

黄金分割搜索算法如下所示[Scal85]：

$\tau = 0.618$

set　$c_1 = a_1 + (1-\tau)(b_1 - a_1),\ F_c = F(c_1)$

　　　$d_1 = b_1 - (1-\tau)(b_1 - a_1),\ F_d = F(d_1)$

for $k = 1, 2, \cdots$, repeat

　　if $F_c < F_d$ then

　　　　set　$a_{k+1} = a_k;\ b_{k+1} = d_k;\ d_{k+1} = c_k$

　　　　　　$c_{k+1} = a_{k+1} + (1-\tau)(b_{k+1} - a_{k+1})$

　　　　　　$F_d = F_c;\ F_c = F(c_{k+1})$

12-17　　else

　　　　set　$a_{k+1} = c_k;\ b_{k+1} = b_k;\ c_{k+1} = d_k$

　　　　　　$d_{k+1} = b_{k+1} - (1-\tau)(b_{k+1} - a_{k+1})$

　　　　　　$F_c = F_d;\ F_d = F(d_{k+1})$

　　end

end until $b_{k+1} - a_{k+1} < tol$

其中，tol 是用户设置的准确度容忍因子。

(关于区间定位和区间缩小步骤的数值计算例子可以参考例题 P12.4。)

在我们将共轭梯度算法用于神经网络训练之前，还需要对其进行一些修改。对于一个二次函数，算法将会在最多 n 步内收敛到最小值，其中 n 是被优化的参数的个数。多层网络的均方误差性能指标不是二次的，因此这个算法将不会在有限的 n 步内收敛。共轭梯度算法并没有指出当一个 n 步的迭代周期完成之后采用什么搜索方向。目前已经提出了很多方法，但是最简单的方法是在 n 次迭代之后重新把最速下降的方向设置为搜索方向(梯度的反方向)[Scal85]。我们将采用这个方法。

现在让我们把共轭梯度算法用于前面用来展示其他神经网络训练算法的函数逼近例子。我们使用反向传播算法来计算梯度(使用式(12.23)和式(11.24))并使用共轭梯度算法来决定权值的更新。这是一个批处理模式的算法，因为梯度的计算是在整个训练数据集传过网络之后才进行的。

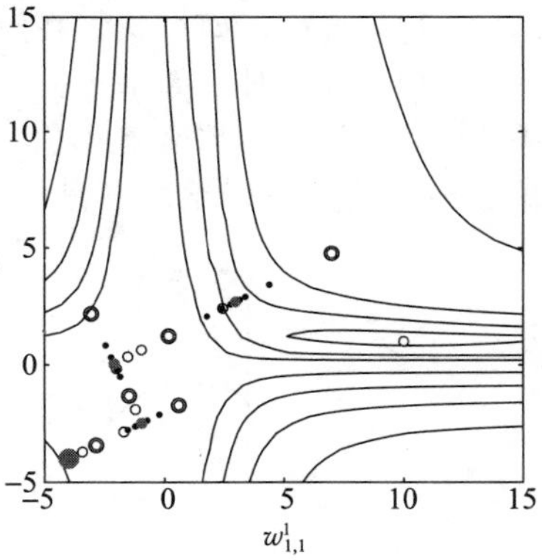

图 12.15　CGBP 的中间步骤

图 12.15 显示了 CGBP 最初三次迭代的中间步骤。区间定位过程用空心圆圈表示，每一个空心圆圈代表函数的一次评估。最终的区间由大一点的黑色空心圆圈表示。在图 12.15 中的黑点表示黄金分割搜索过程中新的内部点的位置，每一个点对应了此过程中的一次迭代。最终的点用灰点表示。

图 12.16 展示了直到收敛的全部轨迹。注意，这个 CGBP 算法的收敛用到的步数比我们测试过的其他算法少很多。这有一点欺骗性，因为 CGBP 算法的每一次迭代都比其他的算法需要更多的计算量。在每一次 CGBP 算法的迭代中，都会进行很多次的函数评

估。尽管如此，对于多层网络来说，CGBP已经被证明是最快的批处理训练算法之一[Char92]。 12-18

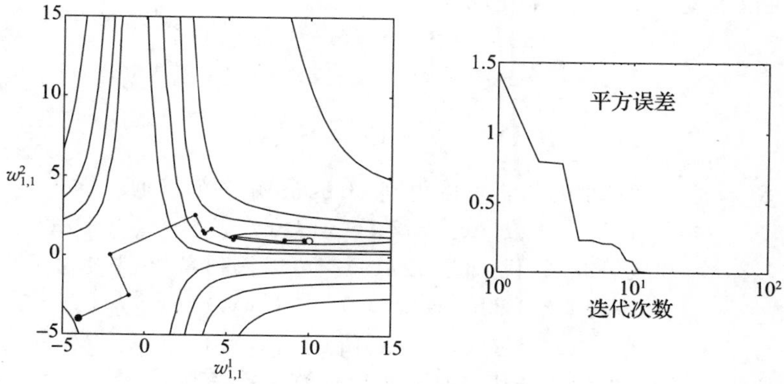

图 12.16 共轭梯度的轨迹

MATLAB 实验 使用 Neural Network Design Demonstration Conjugate Gradient Line Search(nnd121s)和 Conjugate Gradient BackPropagation(nnd12cg)实验 CGBP。

2. Levenberg-Marquardt 算法

Levenberg-Marquardt 算法是牛顿法的一种变形，用于最小化非线性函数的平方和。此方法非常适合采用均方误差为性能指标的神经网络的训练。

(1) 基本算法

让我们从采用平方和为性能指标的牛顿法开始。回顾第 9 章，优化性能指标 $F(x)$的牛顿法是 12-19

$$\boldsymbol{x}_{k+1} = \boldsymbol{x}_k - \boldsymbol{A}_k^{-1}\boldsymbol{g}_k \tag{12.19}$$

此处 $\boldsymbol{A}_k \equiv \nabla^2 F(\boldsymbol{x})\big|_{\boldsymbol{x}=\boldsymbol{x}_k}$ 以及 $\boldsymbol{g}_k \equiv \nabla F(\boldsymbol{x})\big|_{\boldsymbol{x}=\boldsymbol{x}_k}$。

如果我们假设 $F(\boldsymbol{x})$是平方函数的和：

$$F(\boldsymbol{x}) = \sum_{i=1}^{N} v_i^2(\boldsymbol{x}) = \boldsymbol{v}^{\mathrm{T}}(\boldsymbol{x})\boldsymbol{v}(\boldsymbol{x}) \tag{12.20}$$

那么梯度的第 j 个元素按照下面的方式计算

$$[\nabla F(\boldsymbol{x})]_j = \frac{\partial F(\boldsymbol{x})}{\partial x_j} = 2\sum_{i=1}^{N} v_i(\boldsymbol{x})\frac{\partial v_i(\boldsymbol{x})}{\partial x_j} \tag{12.21}$$

这些梯度可以写成下面矩阵的形式：

$$\nabla F(\boldsymbol{x}) = 2\boldsymbol{J}^{\mathrm{T}}(\boldsymbol{x})\boldsymbol{v}(\boldsymbol{x}) \tag{12.22}$$

其中，

$$\boldsymbol{J}(\boldsymbol{x}) = \begin{bmatrix} \frac{\partial v_1(\boldsymbol{x})}{\partial x_1} & \frac{\partial v_1(\boldsymbol{x})}{\partial x_2} & \cdots & \frac{\partial v_1(\boldsymbol{x})}{\partial x_n} \\ \frac{\partial v_2(\boldsymbol{x})}{\partial x_1} & \frac{\partial v_2(\boldsymbol{x})}{\partial x_2} & \cdots & \frac{\partial v_2(\boldsymbol{x})}{\partial x_n} \\ \vdots & \vdots & & \vdots \\ \frac{\partial v_N(\boldsymbol{x})}{\partial x_1} & \frac{\partial v_N(\boldsymbol{x})}{\partial x_2} & \cdots & \frac{\partial v_N(\boldsymbol{x})}{\partial x_n} \end{bmatrix} \tag{12.23}$$

是 Jacobian 矩阵。

下一步，我们想求得 Hessian 矩阵。其中 Hessian 矩阵的第(k, j)项元素将是

$$[\nabla^2 F(\boldsymbol{x})]_{k,j} = \frac{\partial^2 F(x)}{\partial x_k \partial x_j} = 2\sum_{i=1}^{N}\left\{\frac{\partial v_i(\boldsymbol{x})}{\partial x_k}\frac{\partial v_i(\boldsymbol{x})}{\partial x_j} + v_i(\boldsymbol{x})\frac{\partial^2 v_i(\boldsymbol{x})}{\partial x_k \partial x_j}\right\} \quad (12.24)$$

Hessian 矩阵可以表达成下面的矩阵形式：

$$\nabla^2 F(\boldsymbol{x}) = 2\boldsymbol{J}^{\mathrm{T}}(\boldsymbol{x})\boldsymbol{J}(\boldsymbol{x}) + 2\boldsymbol{S}(\boldsymbol{x}) \quad (12.25)$$

12-20 其中

$$\boldsymbol{S}(\boldsymbol{x}) = \sum_{i=1}^{N} v_i(\boldsymbol{x})\,\nabla^2 v_i(\boldsymbol{x}) \quad (12.26)$$

如果我们假设 $\boldsymbol{S}(\boldsymbol{x})$是一个较小的值，可以得到 Hessian 矩阵的近似：

$$\nabla^2 F(\boldsymbol{x}) \cong 2\boldsymbol{J}^{\mathrm{T}}(\boldsymbol{x})\boldsymbol{J}(\boldsymbol{x}) \quad (12.27)$$

然后我们把式(12.27)和式(12.22)代入式(12.19)，可以得到高斯-牛顿法：

$$\begin{aligned}\boldsymbol{x}_{k+1} &= \boldsymbol{x}_k - [2\boldsymbol{J}^{\mathrm{T}}(\boldsymbol{x}_k)\boldsymbol{J}(\boldsymbol{x}_k)]^{-1}2\boldsymbol{J}^{\mathrm{T}}(\boldsymbol{x}_k)\boldsymbol{v}(\boldsymbol{x}_k)\\ &= \boldsymbol{x}_k - [\boldsymbol{J}^{\mathrm{T}}(\boldsymbol{x}_k)\boldsymbol{J}(\boldsymbol{x}_k)]^{-1}\boldsymbol{J}^{\mathrm{T}}(\boldsymbol{x}_k)\boldsymbol{v}(\boldsymbol{x}_k)\end{aligned} \quad (12.28)$$

注意相比于牛顿法，高斯-牛顿法的优点是不需要计算二次导数。

高斯-牛顿法的一个问题是矩阵 $\boldsymbol{H}=\boldsymbol{J}^{\mathrm{T}}\boldsymbol{J}$ 可能不是可逆的。通过对近似的 Hessian 矩阵做下面的改进，可以解决这个问题。

$$\boldsymbol{G} = \boldsymbol{H} + \mu\boldsymbol{I} \quad (12.29)$$

为了明白该矩阵是怎样变得可逆的，假设 Hessian 矩阵的特征值和特征向量分别是$\{\lambda_1, \lambda_2, \cdots\lambda_n\}$和$\{\boldsymbol{z}_1, \boldsymbol{z}_2, \cdots, \boldsymbol{z}_n\}$。那么

$$\boldsymbol{G}\boldsymbol{z}_i = [\boldsymbol{H} + \mu\boldsymbol{I}]\boldsymbol{z}_j = \boldsymbol{H}\boldsymbol{z}_i + \mu\boldsymbol{z}_i = \lambda_i\boldsymbol{z}_i + \mu\boldsymbol{z}_i = (\lambda_i + \mu)\boldsymbol{z}_i \quad (12.30)$$

因此 $\boldsymbol{G}$ 的特征向量和 $\boldsymbol{H}$ 的特征向量是一样的，$\boldsymbol{G}$ 的特征值是$(\lambda_i+\mu)$。通过加大 μ 的值直到$(\lambda_i+\mu)>0$ 对所有取值 i 都满足，$\boldsymbol{G}$ 可以被转换成正定矩阵，然后这个矩阵将是可逆的。

这就得到了 Levenberg-Marquardt 算法[Scal85]：

$$\boldsymbol{x}_{k+1} = \boldsymbol{x}_k - [\boldsymbol{J}^{\mathrm{T}}(\boldsymbol{x}_k)\boldsymbol{J}(\boldsymbol{x}_k) + \mu_k\boldsymbol{I}]^{-1}\boldsymbol{J}^{\mathrm{T}}(\boldsymbol{x}_k)\boldsymbol{v}(\boldsymbol{x}_k) \quad (12.31)$$

或

$$\Delta\boldsymbol{x}_k = -[\boldsymbol{J}^{\mathrm{T}}(\boldsymbol{x}_k)\boldsymbol{J}(\boldsymbol{x}_k) + \mu_k\boldsymbol{I}]^{-1}\boldsymbol{J}^{\mathrm{T}}(\boldsymbol{x}_k)\boldsymbol{v}(\boldsymbol{x}_k) \quad (12.32)$$

这个算法有一个非常有用的特性：当 μ_k 增加的时候它的效果将会接近采用小学习率的最
12-21 速下降算法。

$$\boldsymbol{x}_{k+1} \cong \boldsymbol{x}_k - \frac{1}{\mu_k}\boldsymbol{J}^{\mathrm{T}}(\boldsymbol{x}_k)\boldsymbol{v}(\boldsymbol{x}_k) = \boldsymbol{x}_k - \frac{1}{2\mu_k}\nabla F(\boldsymbol{x}) \quad (12.33)$$

对于较大的 μ_k，当 μ_k 减小到 0 时，这个算法就变成了高斯-牛顿法。

算法开始的时候设置 μ_k 为某一个较小的值(比如，$\mu_k=0.01$)。如果一步之后，并没有得到 $F(x)$的一个更小的值，那么将 μ_k 乘上某一个大于 1 的因子 ϑ(例如 $\vartheta=10$)并重复这个步骤。由于我们在最速下降的方向上前进了一小步，$F(x)$将会逐渐减小。如果产生了一个较小的值 $F(x)$，那么在下一步中，μ_k 除以那个因子 ϑ，这样这个算法将接近于高斯-牛顿算法，将会提高收敛速度。此算法综合了牛顿法的训练速度以及最速下降算法确定的收敛性。

现在我们来看一下如何把 Levenberg-Marquardt 算法运用于多层网络的训练。多层网络训练的性能指标是均方误差(见式(11.11))。如果每一个目标出现的概率相同，均方误差与训练数据集上 Q 个目标的平方误差之和是成比例的：

$$\begin{aligned}F(\boldsymbol{x}) &= \sum_{q=1}^{Q}(\boldsymbol{t}_q - \boldsymbol{a}_q)^{\mathrm{T}}(\boldsymbol{t}_q - \boldsymbol{a}_q)\\ &= \sum_{q=1}^{Q}\boldsymbol{e}_q^{\mathrm{T}}\boldsymbol{e}_q = \sum_{q=1}^{Q}\sum_{j=1}^{S^M}(e_{j,q})^2 = \sum_{i=1}^{N}(v_i)^2\end{aligned} \quad (12.34)$$

其中 $e_{j,q}$ 是第 q 个输入/输出对的误差的第 j 个元素。

式(12.34)和式(12.20)的性能指标是等价的，这也是设计 Levenberg-Marquardt 算法的原因所在。因此，使算法适应于神经网络的训练是再直接不过的事情。这在理念上是正确的，但是在一些细节的实现上还要多留心。

(2) Jacobian 的计算

Levenberg-Marquardt 算法的关键步骤是 Jacobian 矩阵的计算。为了进行这一计算，我们将使用反向传播算法的一个变形。回顾一下标准的反向传播算法过程，我们计算平方误差关于网络权值以及偏置值的导数。为了建立 Jacobian 矩阵，需要计算误差的导数，而不是平方误差的导数。

从概念上来说，改进反向传播算法来计算 Jacobian 矩阵是一件简单的事情。但不幸的 12-22
是，虽然基本概念很简单，但是算法实现的细节却需要一些技巧。为此，在读者第一次阅读的时候，可能需要匆匆浏览一遍这一部分的内容，以获得对大致流程的总体了解，而后重新返回来拾起这些细节。在此之前，回顾一下第 11 章反向传播算法的发展也可能是有用的。

在给出计算 Jacobian 矩阵的步骤之前，让我们更进一步观察它的形式(式(12.23))。注意这个误差向量是

$$\boldsymbol{v}^{\mathrm{T}} = [v_1 \quad v_2 \quad \cdots \quad v_N] = [e_{1,1} \quad e_{2,1} \quad \cdots \quad e_{S^M,1} \quad e_{1,2} \quad \cdots \quad e_{S^M,Q}] \tag{12.35}$$

参数向量是

$$\boldsymbol{x}^{\mathrm{T}} = [x_1 \quad x_2 \quad \cdots \quad x_n] = [w_{1,1}^1 \quad w_{1,2}^1 \quad \cdots \quad w_{S^1,R}^1 \quad b_1^1 \quad \cdots \quad b_{S^1}^1 \quad w_{1,1}^2 \quad \cdots \quad b_{S^M}^M] \tag{12.36}$$

$N = Q \times S^M$ 且 $n = S^1(R+1) + S^2(S^1+1) + \cdots + S^M(S^{M-1}+1)$。

因此，如果把这些等式代入式(12.23)，那么多层网络训练的 Jacobian 矩阵可以写成如下形式：

$$\boldsymbol{J}(\boldsymbol{x}) = \begin{bmatrix} \frac{\partial e_{1,1}}{\partial w_{1,1}^1} & \frac{\partial e_{1,1}}{\partial w_{1,2}^1} & \cdots & \frac{\partial e_{1,1}}{\partial w_{S^1,R}^1} & \frac{\partial e_{1,1}}{\partial b_1^1} & \cdots \\ \frac{\partial e_{2,1}}{\partial w_{1,1}^1} & \frac{\partial e_{2,1}}{\partial w_{1,2}^1} & \cdots & \frac{\partial e_{2,1}}{\partial w_{S^1,R}^1} & \frac{\partial e_{2,1}}{\partial b_1^1} & \cdots \\ \vdots & \vdots & & \vdots & \vdots & \\ \frac{\partial e_{S^M,1}}{\partial w_{1,1}^1} & \frac{\partial e_{S^M,1}}{\partial w_{1,2}^1} & \cdots & \frac{\partial e_{S^M,1}}{\partial w_{S^1,R}^1} & \frac{\partial e_{S^M,1}}{\partial b_1^1} & \cdots \\ \frac{\partial e_{1,2}}{\partial w_{1,1}^1} & \frac{\partial e_{1,2}}{\partial w_{1,2}^1} & \cdots & \frac{\partial e_{1,2}}{\partial w_{S^1,R}^1} & \frac{\partial e_{1,2}}{\partial b_1^1} & \cdots \\ \vdots & \vdots & & \vdots & \vdots & \end{bmatrix} \tag{12.37}$$

Jacobian 矩阵中的每一项都可以通过对反向传播算法进行一个简单改进来求得。

标准反向传播算法按如下等式计算所有项：

$$\frac{\partial \hat{F}(\boldsymbol{x})}{\partial x_l} = \frac{\partial \boldsymbol{e}_q^{\mathrm{T}} \boldsymbol{e}_q}{\partial x_l} \tag{12.38}$$ 12-23

对于 Levenberg-Marquardt 算法所需的 Jacobian 矩阵的所有元素，我们按如下等式计算所有项：

$$[\boldsymbol{J}]_{h,l} = \frac{\partial v_h}{\partial x_l} = \frac{\partial e_{k,q}}{\partial x_l} \tag{12.39}$$

回顾式(11.18)反向传播算法的求导：

$$\frac{\partial \hat{F}}{\partial w_{i,j}^{m}} = \frac{\partial \hat{F}}{\partial n_{i}^{m}} \times \frac{\partial n_{i}^{m}}{\partial w_{i,j}^{m}} \tag{12.40}$$

其中等式右边的第一项被定义为敏感度：

$$s_{i}^{m} \equiv \frac{\partial \hat{F}}{\partial n_{i}^{m}} \tag{12.41}$$

反向传播算法通过一个回复关系计算从网络最后一层到第一层的敏感度。如果我们定义一个新的 Marquardt 敏感度，就可以使用相同的概念来计算 Jacobian 矩阵需要的项(式(12.37))，Marquardt 敏感度定义为：

$$\tilde{s}_{i,h}^{m} \equiv \frac{\partial v_{h}}{\partial n_{i,q}^{m}} = \frac{\partial e_{k,q}}{\partial n_{i,q}^{m}} \tag{12.42}$$

其中，通过式(12.35)，$h=(q-1)S^{M}+k$。

现在我们可以计算 Jacobian 矩阵的项，通过

$$[\boldsymbol{J}]_{h,l} = \frac{\partial v_{h}}{\partial x_{l}} = \frac{\partial e_{k,q}}{\partial w_{i,j}^{m}} = \frac{\partial e_{k,q}}{\partial n_{i,q}^{m}} \times \frac{\partial n_{i,q}^{m}}{\partial w_{i,j}^{m}} = \tilde{s}_{i,h}^{m} \times \frac{\partial n_{i,q}^{m}}{\partial w_{i,j}^{m}} = \tilde{s}_{i,h}^{m} \times a_{j,q}^{m-1} \tag{12.43}$$

如果 x_{l} 是偏置值，

$$[\boldsymbol{J}]_{h,l} = \frac{\partial v_{h}}{\partial x_{l}} = \frac{\partial e_{k,q}}{\partial b_{i}^{m}} = \frac{\partial e_{k,q}}{\partial n_{i,q}^{m}} \times \frac{\partial n_{i,q}^{m}}{\partial b_{i}^{m}} = \tilde{s}_{i,h}^{m} \times \frac{\partial n_{i,q}^{m}}{\partial b_{i}^{m}} = \tilde{s}_{i,h}^{m} \tag{12.44}$$

Marquardt 敏感度的计算和标准敏感度计算采用相同的回复关系，仅仅需要在最后一层作
12-24 一个改进。对于最后一层的 Marquardt 敏感度，我们有

$$\tilde{s}_{i,h}^{M} = \frac{\partial v_{h}}{\partial n_{i,q}^{M}} = \frac{\partial e_{k,q}}{\partial n_{i,q}^{M}} = \frac{\partial (t_{k,q} - a_{k,q}^{M})}{\partial n_{i,q}^{M}} = -\frac{\partial a_{k,q}^{M}}{\partial n_{i,q}^{M}}$$

$$= \begin{cases} -\dot{f}^{M}(n_{i,q}^{M}), & i = k \\ 0, & i \neq k \end{cases} \tag{12.45}$$

因此当输入 $\boldsymbol{P}_{q}$ 被应用于神经网络时，对应的网络输出 $\boldsymbol{a}_{q}^{M}$ 已经被计算出来，Levenberg-Marquardt 反向传播算法初始化如下

$$\tilde{\boldsymbol{S}}_{q}^{M} = -\dot{\boldsymbol{F}}^{M}(\boldsymbol{n}_{p}^{M}) \tag{12.46}$$

其中 $\dot{\boldsymbol{F}}^{M}(\boldsymbol{n}^{M})$在式(11.34)中定义。矩阵$\tilde{\boldsymbol{S}}_{q}^{M}$ 的每一列都需要通过式(11.35)反向传过网络，以获得 Jacobian 矩阵的一行。矩阵的列同样可以使用下面的公式来反向计算

$$\tilde{\boldsymbol{S}}_{q}^{m} = \dot{\boldsymbol{F}}^{m}(\boldsymbol{n}_{q}^{m})(\boldsymbol{W}^{m+1})^{\mathrm{T}}\,\tilde{\boldsymbol{S}}_{q}^{m+1} \tag{12.47}$$

通过对每一个输入计算得到的矩阵进行增广，可以得到每一层完整的 Marquardt 敏感度矩阵。

$$\tilde{\boldsymbol{S}}^{m} = [\tilde{\boldsymbol{S}}_{1}^{m} \mid \tilde{\boldsymbol{S}}_{2}^{m} \mid \cdots \mid \tilde{\boldsymbol{S}}_{Q}^{m}] \tag{12.48}$$

注意对于提供给神经网络的每一个输入，我们将会反向传播 S^{M} 个敏感度向量。这是因为我们正在计算每一个独立误差的导数而不是平方误差之和的导数。对于每一个神经网络的输入，将会有 S^{M} 个误差(网络输出的每一个元素都会对应一个误差)。每一个误差将会对应 Jacobian 矩阵的一行。

在敏感度被反向传播之后，Jacobian 矩阵将会通过式(12.43)和式(12.44)来计算。请看例题 P12.5 中关于 Jacobian 计算的一个数值化例证。

Levenberg-Marquardt 反向传播算法(LMBP)迭代总结如下：

1) 将所有的输入传入网络，并计算网络对应的输出(使用式(11.41)和式(11.42))以
12-25 及误差 $\boldsymbol{e}_{q}=\boldsymbol{t}_{q}-\boldsymbol{a}_{q}^{M}$。使用式(12.34)计算所有输入的平方误差之和 $F(\boldsymbol{x})$。

2）使用式(12.37)计算 Jacobian 矩阵。通过式(12.46)初始化之后，使用回复关系(式(12.47))来计算这些敏感度。使用式(12.48)增广个体矩阵到 Levenberg-Marquardt 敏感度。通过式(12.43)和式(12.44)计算 Jacobian 矩阵中的元素。

3）求解式(12.32)来获得 $\Delta \boldsymbol{x}_k$。

4）使用 $\boldsymbol{x}_k + \Delta \boldsymbol{x}_k$ 来再次计算平方误差的和。如果新的平方和小于第 1 步中计算的结果，将 μ 除以 ϑ，令 $\boldsymbol{x}_{k+1} = \boldsymbol{x}_k + \Delta \boldsymbol{x}_k$ 并回到第 1 步。如果平方和没有减小，那么使用 ϑ 乘以 μ，并回到第 3 步。

当这个梯度(式(12.22))的范数小于某一个先前设定值时，或者当平方和减小到某个目标误差时，此算法被认为是已经收敛的。

为了阐述 LMBP，我们将使用它解决在本章开头介绍的函数逼近问题。首先从观察 Levenberg-Marquardt 算法的基本步骤开始。图 12.17 展示了 LMBP 算法在第一次迭代中可能采取的步骤。

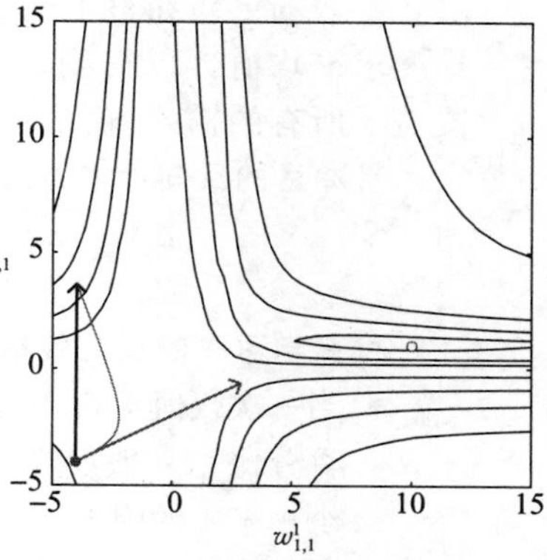

图 12.17 Levenberg-Marquardt 步骤

黑色的箭头表示取小的 μ_k 值的方向，其对应于高斯-牛顿方向。灰色的箭头代表取大的 μ_k 值的方向，对应于最速下降的方向。(这是所有以前讨论过的算法所采用的初始方向。)蓝色的曲线代表了 Levenberg-Marquardt 算法对于 μ_k 所有的中间值。注意，当 μ_k 增加的时候，此算法将会在最速下降方向移动一小步。这保证了该算法在每次迭代后平方误差之和总能减少。 12-26

图 12.18 展示了当 $\mu_0 = 0.01$ 和 $\vartheta = 5$ 时，LMBP 收敛轨迹的路径。注意此算法收敛所需的迭代数比前面讨论的所有其他算法都要少。当然，因为需要求解矩阵的逆，该算法比其他算法在每一次迭代中需要更多的计算。即使需要大量的计算，但是在网络参数个数适中的情况下，LMBP 算法似乎是最快的神经网络训练算法。

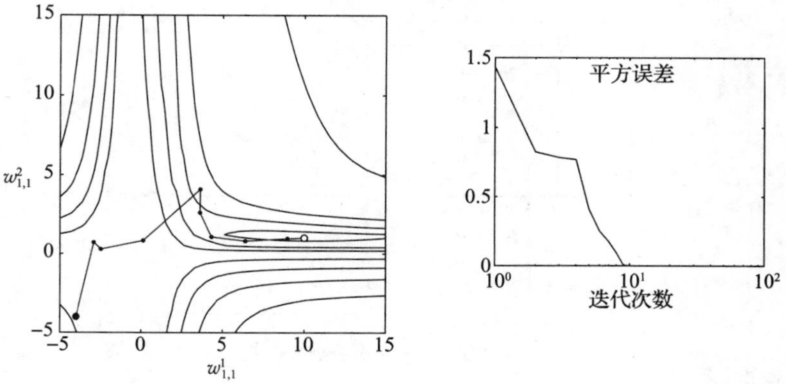

图 12.18 LMBP 收敛轨迹

MATLAB 实验 使用 Neural Network Design Demonstration **Design Demonstrations Marquardt Step**(nnd12ms)和 **Marquardt Backpropagation**(nnd12m)实验 LMBP 算法。

LMBP 的主要缺点是存储的需求。这个算法需要存储近似 Hessian 矩阵 $\boldsymbol{J}^{\mathrm{T}}\boldsymbol{J}$。这是一个 $n \times n$ 的矩阵，其中 n 是神经网络中参数(权值与偏置值)的个数。回顾一下，其他的方

法仅需要一个 n 维的向量来存储梯度。当参数的数量非常大时，Levenberg-Marquardt 算法是不实用的。(所谓“非常大”，取决于你使用的计算机上可利用的存储大小，但是一般
12-27 来说几千个参数是上限。)

12.3 小结

反向传播算法的启发式改进

批处理

参数的更新在整个训练数据集都传过网络后才进行。将对每个训练样本计算出的梯度求平均值，以得到对梯度更加准确的估计。(如果训练数据集是完整的，例如，覆盖了所有的输入/输出对，那么对梯度的估计将是精确的。)

带冲量的反向传播算法(MOBP)

$$\Delta \boldsymbol{W}^m(k) = \gamma \Delta \boldsymbol{W}^m(k-1) - (1-\gamma)\alpha \boldsymbol{s}^m (\boldsymbol{a}^{m-1})^{\mathrm{T}}$$

$$\nabla \boldsymbol{b}^m(k) = \gamma \Delta \boldsymbol{b}^m(k-1) - (1-\gamma)\alpha \boldsymbol{s}^m$$

可变学习率的反向传播算法(VLBP)

- 当一次权值更新之后，如果平方误差(在整个训练集上)增长率超过某一个设置好的百分比 ζ(一般设置 1%～5%)，那么就丢弃这个对权值的更新，同时学习率乘以一个小于 1 的因子($0<\rho<1$)，并将冲量系数 γ(如果在此算法中使用冲量)设置为 0。
- 如果平方误差在某一次权值更新后下降，就接受这个对权值的更新，同时学习率乘以一个大于 1 的因子($\eta>1$)。如果 γ 已在之前被设置为 0，则将其设置为最初的初始值。
- 如果平方误差增长率小于 ζ，就接受这个对权值的更新，但学习率和冲量系数保持
12-28 不变。

数值优化技术

区间定位

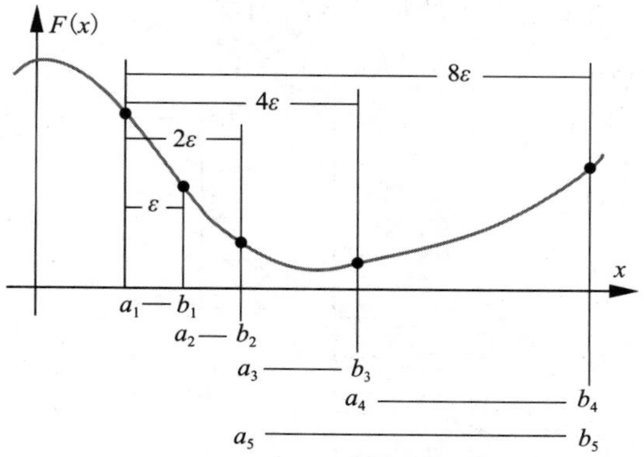

区间减小(黄金分割搜索)

共轭梯度

$\tau = 0.618$

set　$c_1 = a_1 + (1-\tau)(b_1 - a_1), F_c = F(c_1)$

　　$d_1 = b_1 - (1-\tau)(b_1 - a_1), F_d = F(d_1)$

for $k = 1, 2, \cdots$, repeat

　　if $F_c < F_d$ then

　　　　set　$a_{k+1} = a_k; b_{k+1} = d_k; d_{k+1} = c_k$

$c_{k+1} = a_{k+1} + (1-\tau)(b_{k+1} - a_{k+1})$

$F_d = F_c; F_c = F(c_{k+1})$

else

set $a_{k+1} = c_k; b_{k+1} = b_k; c_{k+1} = d_k$

$d_{k+1} = b_{k+1} - (1-\tau)(b_{k+1} - a_{k+1})$

$F_c = F_d; F_d = F(d_{k+1})$

end

end until $b_{k+1} - a_{k+1} < tol$ 12-29

Levenberg-Marquardt 反向传播算法(LMBP)

$$\Delta \boldsymbol{x}_k = -(\boldsymbol{J}^{\mathrm{T}}(\boldsymbol{x}_k)\boldsymbol{J}(\boldsymbol{x}_k) + \mu_k \boldsymbol{I})^{-1}\boldsymbol{J}^{\mathrm{T}}(\boldsymbol{x}_k)\boldsymbol{v}(\boldsymbol{x}_k)$$

$$\boldsymbol{v}^{\mathrm{T}} = [v_1 \quad v_2 \quad \cdots \quad v_N] = [e_{1,1} \quad e_{2,1} \quad \cdots \quad e_{S^M,1} \quad e_{1,2} \quad \cdots \quad e_{S^M,Q}]$$

$$\boldsymbol{x}^{\mathrm{T}} = [x_1 \quad x_2 \quad \cdots \quad x_n] = [w_{1,1}^1 \quad w_{1,2}^1 \quad \cdots \quad w_{S^1,R}^1 \quad b_1^1 \quad \cdots \quad b_{S^1}^1 \quad w_{1,1}^2 \quad \cdots \quad b_{S^M}^M]$$

$$N = Q \times S^M, \quad n = S^1(R+1) + S^2(S^1+1) + \cdots + S^M(S^{M-1}+1)$$

$$\boldsymbol{J}(\boldsymbol{x}) = \begin{bmatrix} \frac{\partial e_{1,1}}{\partial w_{1,1}^1} & \frac{\partial e_{1,1}}{\partial w_{1,2}^1} & \cdots & \frac{\partial e_{1,1}}{\partial w_{S^1,R}^1} & \frac{\partial e_{1,1}}{\partial b_1^1} & \cdots \\ \frac{\partial e_{2,1}}{\partial w_{1,1}^1} & \frac{\partial e_{2,1}}{\partial w_{1,2}^1} & \cdots & \frac{\partial e_{2,1}}{\partial w_{S^1,R}^1} & \frac{\partial e_{2,1}}{\partial b_1^1} & \cdots \\ \vdots & \vdots & & \vdots & \vdots & \\ \frac{\partial e_{S^M,1}}{\partial w_{1,1}^1} & \frac{\partial e_{S^M,1}}{\partial w_{1,2}^1} & \cdots & \frac{\partial e_{S^M,1}}{\partial w_{S^1,R}^1} & \frac{\partial e_{S^M,1}}{\partial b_1^1} & \cdots \\ \frac{\partial e_{1,2}}{\partial w_{1,1}^1} & \frac{\partial e_{1,2}}{\partial w_{1,2}^1} & \cdots & \frac{\partial e_{1,2}}{\partial w_{S^1,R}^1} & \frac{\partial e_{1,2}}{\partial b_1^1} & \cdots \\ \vdots & \vdots & & \vdots & \vdots & \end{bmatrix}$$

$$[\boldsymbol{J}]_{h,l} = \frac{\partial v_h}{\partial x_l} = \frac{\partial e_{k,q}}{\partial w_{i,j}^m} = \frac{\partial e_{k,q}}{\partial n_{i,q}^m} \times \frac{\partial n_{i,q}^m}{\partial w_{i,j}^m} = \tilde{s}_{i,h}^m \times \frac{\partial n_{i,q}^m}{\partial w_{i,j}^m} = \tilde{s}_{i,h}^m \times a_{j,q}^{m-1}, \text{对于权值 } x_l$$

$$[\boldsymbol{J}]_{h,l} = \frac{\partial v_h}{\partial x_l} = \frac{\partial e_{k,q}}{\partial b_i^m} = \frac{\partial e_{k,q}}{\partial n_{i,q}^m} \times \frac{\partial n_{i,q}^m}{\partial b_i^m} = \tilde{s}_{i,h}^m \times \frac{\partial n_{i,q}^m}{\partial b_i^m} = \tilde{s}_{i,h}^m, \text{对于偏置值 } x_l$$

$$\tilde{s}_{i,h}^m \equiv \frac{\partial v_h}{\partial n_{i,q}^m} = \frac{\partial e_{k,q}}{\partial n_{i,q}^m} (\text{Marquardt 敏感度,其中 } h = (q-1)S^M + k$$

$$\tilde{\boldsymbol{S}}_q^M = -\dot{\boldsymbol{F}}^M(\boldsymbol{n}_q^M)$$

$$\tilde{\boldsymbol{S}}_q^m = \dot{\boldsymbol{F}}^m(\boldsymbol{n}_q^m)(\boldsymbol{W}^{m+1})^{\mathrm{T}}\tilde{\boldsymbol{S}}_q^{m+1}$$

$$\tilde{\boldsymbol{S}}^m = [\tilde{\boldsymbol{S}}_1^m \mid \tilde{\boldsymbol{S}}_2^m \mid \cdots \mid \tilde{\boldsymbol{S}}_Q^m]$$

12-30

Levenberg-Marquardt 算法迭代

1) 将所有的输入传入网络，并计算网络对应的输出(使用式(11.41)和式(11.42))以及误差 $\boldsymbol{e}_q = \boldsymbol{t}_q - \boldsymbol{a}_q^M$。使用式(12.34)计算所有输入的平方误差之和 $F(x)$。

2) 使用式(12.37)计算 Jacobian 矩阵。通过式(12.46)初始化之后，使用回复关系(式(12.47))来计算这些敏感度。使用式(12.48)增广个体矩阵到 Levenberg-Marquardt 敏感度。通过式(12.43)和式(12.44)计算 Jacobian 矩阵中的元素。

3) 求解式(12.32)来获得 Δx_k。

4) 使用 $\boldsymbol{x}_k + \Delta\boldsymbol{x}_k$ 来再次计算平方误差的和。如果新的平方和小于第 1 步中计算的结果，将 μ 除以 ϑ，令 $\boldsymbol{x}_{k+1} = \boldsymbol{x}_k + \Delta\boldsymbol{x}_k$ 并回到第 1 步。如果平方和没有减小，那么使用 ϑ 乘以 μ，并回到第 3 步。 12-31

12.4 例题

P12.1 我们想要在以下数据集上训练如图 P12.1 所示的神经网络

$$\{\boldsymbol{p}_1 = -3, \boldsymbol{t}_1 = 0.5\}, \{\boldsymbol{p}_2 = 2, \boldsymbol{t}_2 = 1\}$$

从下面初始值开始

$$w(0) = 0.4, \quad b(0) = 0.15$$

分别计算使用批处理的 SDBP 和不使用批处理的 SDBP 的第一步更新的方向，来展示批处理的影响。

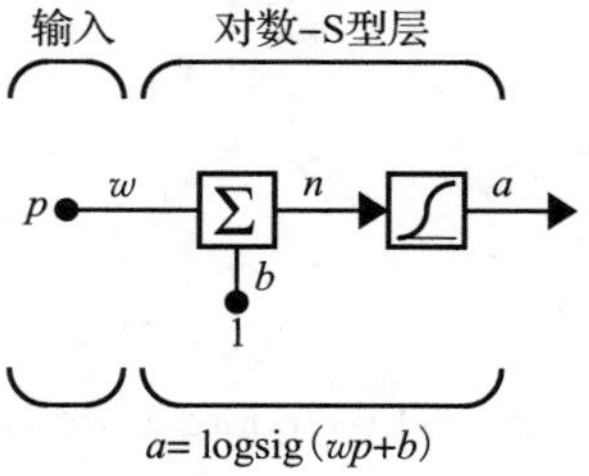

图 P12.1 问题 P12.1 的网络

解 让我们首先从不使用批处理模式开始，计算第一步更新的方向。在这个例子中，第一步是计算第一个输入/输出对。前向传播以及反向传播的步骤如下所示

$$a = \text{logsig}(wp + b) = \frac{1}{1 + \exp(-(0.4 \times (-3) + 0.15))} = 0.2592$$

$$e = t - a = 0.5 - 0.2592 = 0.2408$$

$$s = -2\dot{f}(n)e = -2a(1-a)e = -2 \times 0.2592 \times (1 - 0.2592) \times 0.2408 = -0.0925$$

第一步更新的方向与梯度方向相反。对于权值：

$$-sp = -(-0.0925) \times (-3) = -0.2774$$

对于偏置值，我们有

12-32

$$-s = -(-0.0925) = 0.0925$$

因此在(w, b)平面上，第一步更新的方向将会是

$$\begin{bmatrix} -0.2774 \\ 0.0925 \end{bmatrix}$$

下面我们研究批处理模式下算法第一步更新的方向。在这个例子中，从两个输入/输出对分别得到的独立梯度加在一起，得到最后的梯度。因而，我们需要将第二个输入传入网络中，计算前向以及反向的步骤：

$$a = \text{logsig}(wp + b) = \frac{1}{1 + \exp(-(0.4 \times 2 + 0.15))} = 0.7211$$

$$e = t - a = 1 - 0.7211 = 0.2789$$

$$s = -2\dot{f}(n)e = -2a(1-a)e = -2 \times 0.7211 \times (1 - 0.7211) \times 0.2789 = -0.1122$$

更新的方向与梯度方向相反。对于权值

$$-sp = -(-0.1122) \times 2 = 0.2243$$

对于偏置值，我们有

$$-s = -(-0.1122) = 0.1122$$

所以第二个输入/输出对的偏梯度是

$$\begin{bmatrix} 0.2243 \\ 0.1122 \end{bmatrix}$$

现在如果我们将两个输入/输出对的结果加起来，便可发现批处理模式下 SDBP 第一步更新的方向：

$$\frac{1}{2}\left(\begin{bmatrix} -0.2774 \\ 0.0925 \end{bmatrix} + \begin{bmatrix} 0.2243 \\ 0.1122 \end{bmatrix}\right) = \frac{1}{2}\begin{bmatrix} -0.0531 \\ 0.2047 \end{bmatrix} = \begin{bmatrix} -0.0265 \\ 0.1023 \end{bmatrix}$$

结果如图 P12.2 所示。黑色的圆点表示初始值。两个灰色的箭头分别表示每一个输入/输出对的局部梯度的方向，黑色的箭头代表总梯度的方向。绘出的函数是整个训练集平方误差之和。注意，单个局部梯度的方向与真实梯度的方向非常不同。然而，一般来说，在几次迭代之后，此路径大体将会跟随最速下降的轨迹。 12-33

相比增量方法，批处理模式的相对有效性非常依赖于特定的问题。增量方法需要的存储更少，并且如果网络的输入是随机的，那么轨迹也是随机的，这将稍微减少落入局部极小陷阱的可能性。与批处理模式相比，增量方法的收敛需要更长的时间。

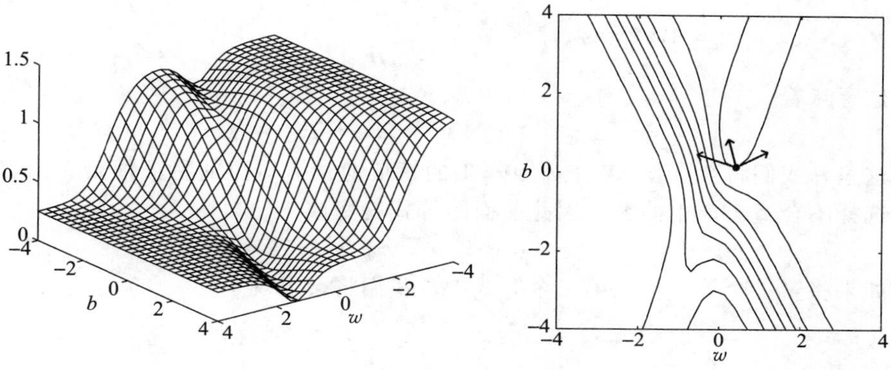

图 P12.2　例题 P12.1 中批处理的影响

P12.2　在第 9 章中，我们证明了最速下降算法运用于二次函数时，在学习率小于 2 除以 Hessian 矩阵最大特征值时，算法是稳定的。同时展示了，如果一个冲量项被加入到最速下降算法中，那么无论这个学习率是多少，总会有一个冲量系数，使得这个算法稳定。遵循 9.2.1 节证明的格式。

解　标准的最速下降算法如下所示

$$\Delta \boldsymbol{x}_k = -\alpha \nabla F(\boldsymbol{x}_k) = -\alpha \boldsymbol{g}_k$$

如果我们加入冲量，变成

$$\Delta \boldsymbol{x}_k = \gamma \Delta \boldsymbol{x}_{k-1} - (1-\gamma)\alpha \boldsymbol{g}_k$$

回顾下第 8 章，二次函数具有如下形式

$$F(\boldsymbol{x}) = \frac{1}{2}\boldsymbol{x}^{\mathrm{T}}\boldsymbol{A}\boldsymbol{x} + \boldsymbol{d}^{\mathrm{T}}\boldsymbol{x} + c$$

此二次函数的梯度是

$$\nabla F(\boldsymbol{x}) = \boldsymbol{A}\boldsymbol{x} + \boldsymbol{d}$$ 12-34

如果我们把这个等式插入带有冲量的最速下降算法等式中，将会得到

$$\Delta \boldsymbol{x}_k = \gamma \Delta \boldsymbol{x}_{k-1} - (1-\gamma)\alpha(\boldsymbol{A}\boldsymbol{x}_k + \boldsymbol{d})$$

使用定义 $\Delta \boldsymbol{x}_k = \boldsymbol{x}_{k+1} - \boldsymbol{x}_k$，可以写成

$$\boldsymbol{x}_{k+1} - \boldsymbol{x}_k = \gamma(\boldsymbol{x}_k - \boldsymbol{x}_{k-1}) - (1-\gamma)\alpha(\boldsymbol{A}\boldsymbol{x}_k + \boldsymbol{d})$$

或者

$$\boldsymbol{x}_{k+1} = [(1+\gamma)\boldsymbol{I} - (1-\gamma)\alpha\boldsymbol{A}]\boldsymbol{x}_k - \gamma\boldsymbol{x}_{k-1} - (1-\gamma)\alpha\boldsymbol{d}$$

现在定义一个新的向量

$$\widetilde{\boldsymbol{x}}_k = \begin{bmatrix} \boldsymbol{x}_{k-1} \\ \boldsymbol{x}_k \end{bmatrix}$$

最速下降算法的冲量变化可以写成

$$\tilde{\boldsymbol{x}}_{k+1}=\begin{bmatrix}0 & \boldsymbol{I}\\ -\gamma & \boldsymbol{I}((1+\gamma)\boldsymbol{I}-(1-\gamma)\alpha\boldsymbol{A})\end{bmatrix}\tilde{\boldsymbol{x}}_k+\begin{bmatrix}0\\ -(1-\gamma)\alpha\boldsymbol{d}\end{bmatrix}=\boldsymbol{W}\tilde{\boldsymbol{x}}_k+\boldsymbol{v}$$

这是一个线性动态系统。如果 $\boldsymbol{W}$ 的特征值的幅度小于 1，此系统是稳定的。通过下面的步骤可以得到 $\boldsymbol{W}$ 的特征值。首先，按如下形式重写 $\boldsymbol{W}$

$$\boldsymbol{W}=\begin{bmatrix}0 & \boldsymbol{I}\\ -\gamma\boldsymbol{I} & \boldsymbol{T}\end{bmatrix},\quad \text{其中 } \boldsymbol{T}=((1+\gamma)\boldsymbol{I}-(1-\gamma)\alpha\boldsymbol{A})$$

$\boldsymbol{W}$ 的特征值和特征向量应该满足下面的等式

$$\boldsymbol{W}\boldsymbol{z}^w=\lambda^w\boldsymbol{z}^w \quad \text{或} \quad \begin{bmatrix}\boldsymbol{0} & \boldsymbol{I}\\ -\gamma\boldsymbol{I} & \boldsymbol{T}\end{bmatrix}\begin{bmatrix}\boldsymbol{z}_1^w\\ \boldsymbol{z}_2^w\end{bmatrix}=\lambda^w\begin{bmatrix}\boldsymbol{z}_1^w\\ \boldsymbol{z}_2^w\end{bmatrix}$$

这意味着

$$\boldsymbol{z}_2^w=\lambda^w\boldsymbol{z}_1^w,\quad -\gamma\boldsymbol{z}_1^w+\boldsymbol{T}\boldsymbol{z}_2^w=\lambda^w\boldsymbol{z}_2^w$$

这里，我们将会选择 $\boldsymbol{z}_2^w$ 作为矩阵 $\boldsymbol{T}$ 的特征向量，对应的特征值是 λ^t。（如果这个
12-35 选择不合适会产生冲突。）因此前面的等式就变成

$$\boldsymbol{z}_2^w=\lambda^w\boldsymbol{z}_1^w,\quad -\gamma\boldsymbol{z}_1^w+\lambda^t\boldsymbol{z}_2^w=\lambda^w\boldsymbol{z}_2^w$$

如果将第一个等式代入第二个等式中，我们将会发现

$$-\frac{\gamma}{\lambda^w}\boldsymbol{z}_2^w+\lambda^t\boldsymbol{z}_2^w=\lambda^w\boldsymbol{z}_2^w \quad \text{或} \quad [(\lambda^w)^2-\lambda^t(\lambda^w)+\gamma]\boldsymbol{z}_2^w=0$$

因此对于 $\boldsymbol{T}$ 的每一个特征值 λ^t，$\boldsymbol{W}$ 将会有两个特征值 λ^w，它们是下面二次函数等式的根

$$(\lambda^w)^2-\lambda^t(\lambda^w)+\gamma=0$$

通过这个二次函数等式，我们得到

$$\lambda^w=\frac{\lambda^t\pm\sqrt{(\lambda^t)^2-4\gamma}}{2}$$

对于稳定的算法，每一个特征值的幅度都必须小于 1。我们将证明，始终存在一些特定范围的 γ，使得以上结论为真。

注意，如果特征值 λ^w 是复数，那么它们的幅度将是 $\sqrt{\gamma}$：

$$|\lambda^w|=\sqrt{\frac{(\lambda^t)^2}{4}+\frac{4\gamma-(\lambda^t)^2}{4}}=\sqrt{\gamma}$$

（仅当 λ^t 为实数时，上面的等式成立。稍后我们将证明 λ^t 是实数。）由于 γ 是一个在 0 和 1 之间的值，特征值的幅度必须小于 1。仍然存在一些特定范围的 γ，使得所有的特征值为复数。

为了使 λ^w 是一个复数，我们必须有

$$(\lambda^t)^2-4\gamma<0 \quad \text{或} \quad |\lambda^t|<2\sqrt{\gamma}$$

现在我们研究矩阵 $\boldsymbol{T}$ 的特征值 λ^t。这些特征值可以被矩阵 $\boldsymbol{A}$ 的特征值所表达。假设 $\{\lambda_1,\lambda_2,\cdots,\lambda_n\}$ 和 $\{\boldsymbol{z}_1,\boldsymbol{z}_2,\cdots,\boldsymbol{z}_n\}$ 是 Hessian 矩阵的特征值和特征向量。那么

$$\boldsymbol{T}\boldsymbol{z}_i=[(1+\gamma)\boldsymbol{I}-(1-\gamma)\alpha\boldsymbol{A}]\boldsymbol{z}_i=(1+\gamma)\boldsymbol{z}_i-(1-\gamma)\alpha\boldsymbol{A}\boldsymbol{z}_i$$

12-36

$$=(1+\gamma)\boldsymbol{z}_i-(1-\gamma)\alpha\lambda_i\boldsymbol{z}_i=((1+\gamma)-(1-\gamma)\alpha\lambda_i)\boldsymbol{z}_i=\lambda_i^t\boldsymbol{z}_i$$

因此矩阵 $\boldsymbol{T}$ 的特征向量和 $\boldsymbol{A}$ 的特征向量是相同的，其中矩阵 $\boldsymbol{T}$ 的特征值是

$$\lambda_i^t=(1+\gamma)-(1-\gamma)\alpha\lambda_j$$

(注意，λ_i^t 是实数，因为对于对称矩阵 $\boldsymbol{A}$，γ、α、λ_i 都是实数。)因此，为了使 λ^w 是一个复数，必须有

$$|\lambda^t| < 2\sqrt{\gamma} \quad \text{或} \quad |(1+\gamma)-(1-\gamma)\alpha\lambda_i| < 2\sqrt{\gamma}$$

当 $\gamma=1$ 时，不等式的两边都等于 2。不等式右边的函数作为 γ 的函数，在 $\gamma=1$ 处有一个等于 1 的斜率。不等式左边的函数斜率等于 $1+\alpha\lambda_i$。如果此函数有一个强极小点，那么 Hessian 矩阵的特征值将是正实数，同时它的学习率是一个正数，这个斜率将必然会大于 1。这说明当 γ 足够接近 1 时，此不等式一直成立。

总结一下这些结果，我们已经展示了对于一个二次函数，如果一个冲量项被加在最速下降算法中，那么无论学习率的大小，始终存在一个冲量常数使得算法稳定。此外，我们已经展示如果 γ 足够接近 1，那么 $\boldsymbol{W}$ 特征值的幅度将是$\sqrt{\gamma}$。可以看到(见[Brog91])，特征值的幅度决定了算法收敛速度有多快。幅度越小，收敛的速度越快。当幅度接近 1 时，收敛时间开始增加。

我们可以使用 9.2.1 节的第二个例子来展示这些结果。在该例中最速下降算法被运用于函数 $F(x)=x_1^2+25x_2^2$，当学习率 $\alpha \geqslant 0.04$ 时，算法不稳定。在图 P12.3 中，我们可以看到，当 $\alpha=0.041$ 和 $\gamma=0.2$ 时最速下降的轨迹(带有冲量)。把这个轨迹和图 9.3 中使用了相同的学习率，但没有使用冲量的轨迹进行比较。

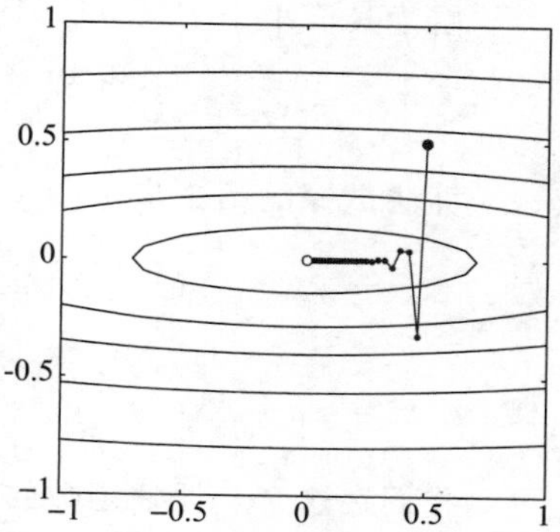

图 P12.3　$\alpha=0.041$ 和 $\gamma=0.2$ 的轨迹

12-37

P12.3　在下面的函数上执行三次可变学习率算法的迭代：

$$F(\boldsymbol{x}) = x_1^2 + 25x_2^2$$

从下面的初始值开始

$$\boldsymbol{x}_0 = \begin{bmatrix} 0.5 \\ 0.5 \end{bmatrix}$$

同时使用下面的值作为算法参数：

$$\alpha = 0.05, \quad \gamma = 0.2, \quad \eta = 1.5, \quad \rho = 0.5, \quad \zeta = 5\%$$

解　第一步是在初始参数值处评估函数：

$$F(\boldsymbol{x}_0) = \frac{1}{2}\boldsymbol{x}_0^{\mathrm{T}}\begin{bmatrix} 2 & 0 \\ 0 & 50 \end{bmatrix}\boldsymbol{x}_0 = \frac{1}{2}\begin{bmatrix} 0.5 & 0.5 \end{bmatrix}\begin{bmatrix} 2 & 0 \\ 0 & 50 \end{bmatrix}\begin{bmatrix} 0.5 \\ 0.5 \end{bmatrix} = 6.5$$

下一个步骤是找到梯度：

$$\nabla F(\boldsymbol{x}) = \begin{bmatrix} \dfrac{\partial}{\partial x_1}F(\boldsymbol{x}) \\ \dfrac{\partial}{\partial x_2}F(\boldsymbol{x}) \end{bmatrix} = \begin{bmatrix} 2x_1 \\ 50x_2 \end{bmatrix}$$

如果我们在初始参数值处计算梯度可得： 12-38

$$\boldsymbol{g}_0 = \nabla F(\boldsymbol{x})\big|_{\boldsymbol{x}=\boldsymbol{x}_0} = \begin{bmatrix} 1 \\ 25 \end{bmatrix}$$

初始化学习率为 $\alpha=0.05$，算法试探的第一步是

$$\Delta \boldsymbol{x}_0 = \gamma \Delta \boldsymbol{x}_{-1} - (1-\gamma)\alpha \boldsymbol{g}_0 = 0.2\begin{bmatrix}0\\0\end{bmatrix} - 0.8 \times 0.05\begin{bmatrix}1\\25\end{bmatrix} = \begin{bmatrix}-0.04\\-1\end{bmatrix}$$

$$\boldsymbol{x}_1^t = \boldsymbol{x}_0 + \Delta \boldsymbol{x}_0 = \begin{bmatrix}0.5\\0.5\end{bmatrix} + \begin{bmatrix}-0.04\\-1\end{bmatrix} = \begin{bmatrix}0.46\\-0.5\end{bmatrix}$$

为了验证这是有效的一步，我们必须在新的一点测试函数的值：

$$F(\boldsymbol{x}_1^t) = \frac{1}{2}(\boldsymbol{x}_1^t)^{\mathrm{T}}\begin{bmatrix}2 & 0\\0 & 50\end{bmatrix}\boldsymbol{x}_1^t = \frac{1}{2}\begin{bmatrix}0.46 & -0.5\end{bmatrix}\begin{bmatrix}2 & 0\\0 & 50\end{bmatrix}\begin{bmatrix}0.46\\-0.5\end{bmatrix} = 6.4616$$

由于其值小于 $F(\boldsymbol{x}_0)$，因此试探性的这一步可以被接受，同时学习率增加：

$$\boldsymbol{x}_1 = \boldsymbol{x}_1^t = \begin{bmatrix}0.46\\-0.5\end{bmatrix}, \quad F(\boldsymbol{x}_1) = 6.4616, \quad \alpha = \eta\alpha = 1.5 \times 0.05 = 0.075$$

算法试探的第二步是：

$$\Delta \boldsymbol{x}_1 = \gamma \Delta \boldsymbol{x}_0 - (1-\gamma)\alpha \boldsymbol{g}_1 = 0.2\begin{bmatrix}-0.04\\-1\end{bmatrix} - 0.8 \times 0.075\begin{bmatrix}0.92\\-25\end{bmatrix} = \begin{bmatrix}-0.0632\\1.3\end{bmatrix}$$

$$\boldsymbol{x}_2^t = \boldsymbol{x}_1 + \Delta \boldsymbol{x}_1 = \begin{bmatrix}0.46\\-0.5\end{bmatrix} + \begin{bmatrix}-0.0632\\1.3\end{bmatrix} = \begin{bmatrix}0.3968\\0.8\end{bmatrix}$$

我们在这个点评估函数的值：

$$F(\boldsymbol{x}_2^t) = \frac{1}{2}(\boldsymbol{x}_2^t)^{\mathrm{T}}\begin{bmatrix}2 & 0\\0 & 50\end{bmatrix}\boldsymbol{x}_2^t = \frac{1}{2}\begin{bmatrix}0.3968 & 0.8\end{bmatrix}\begin{bmatrix}2 & 0\\0 & 50\end{bmatrix}\begin{bmatrix}0.3968\\0.8\end{bmatrix} = 16.157$$

由于这个值比 $F(x_1)$的值大了不止 5%，我们拒绝这一步，减小学习率同时把冲量系数设置为 0。

12-39 $\boldsymbol{x}_2 = \boldsymbol{x}_1, \quad F(\boldsymbol{x}_2) = F(\boldsymbol{x}_1) = 6.4616, \quad \alpha = \rho\alpha = 0.5 \times 0.075 = 0.0375, \quad \gamma = 0$

现在计算试探的新的一步(冲量设置为 0)。

$$\Delta \boldsymbol{x}_2 = -\alpha \boldsymbol{g}_2 = -0.0375\begin{bmatrix}0.92\\-25\end{bmatrix} = \begin{bmatrix}-0.0345\\0.9375\end{bmatrix}$$

$$\boldsymbol{x}_3^t = \boldsymbol{x}_2 + \Delta \boldsymbol{x}_2 = \begin{bmatrix}0.46\\-0.5\end{bmatrix} + \begin{bmatrix}-0.0345\\0.9375\end{bmatrix} = \begin{bmatrix}0.4255\\0.4375\end{bmatrix}$$

$$F(\boldsymbol{x}_3^t) = \frac{1}{2}(\boldsymbol{x}_3^t)^{\mathrm{T}}\begin{bmatrix}2 & 0\\0 & 50\end{bmatrix}\boldsymbol{x}_3^t = \frac{1}{2}\begin{bmatrix}0.4255 & 0.4375\end{bmatrix}\begin{bmatrix}2 & 0\\0 & 50\end{bmatrix}\begin{bmatrix}0.4255\\0.4375\end{bmatrix} = 4.966$$

这小于 $F(\boldsymbol{x}_2)$。因此这一步被接受，冲量被重新设置为最初的值，同时学习率增加。

$$\boldsymbol{x}_3 = \boldsymbol{x}_3^t, \quad \gamma = 0.2, \quad \alpha = \eta\alpha = 1.5 \times 0.0375 = 0.05625$$

至此完成了第三次迭代。

P12.4 回顾第 9 章中我们用来展示共轭梯度算法的例子 9.2.3 节：

$$F(\boldsymbol{x}) = \frac{1}{2}\boldsymbol{x}^{\mathrm{T}}\begin{bmatrix}2 & 1\\1 & 2\end{bmatrix}\boldsymbol{x}$$

其初始参数值为

$$\boldsymbol{x}_0 = \begin{bmatrix}0.8\\-0.25\end{bmatrix}$$

执行共轭梯度算法的一次迭代。对于线性最小化，通过函数评估来进行区间定位，通过黄金分割搜索来实现区间缩小。

解 此函数的梯度是：

$$\nabla F(\boldsymbol{x}) = \begin{bmatrix} 2x_1 + x_2 \\ x_1 + 2x_2 \end{bmatrix}$$

和最速下降算法一样，共轭梯度算法的第一个搜索方向是梯度的反方向： 12-40

$$\boldsymbol{p}_0 = -\boldsymbol{g}_0 = -\nabla F(\boldsymbol{x})^{\mathrm{T}}\big|_{\boldsymbol{x}=\boldsymbol{x}_0} = \begin{bmatrix} -1.35 \\ -0.3 \end{bmatrix}$$

对于第一次迭代，我们需要沿着下面的直线最小化 $F(\boldsymbol{x})$

$$\boldsymbol{x}_1 = \boldsymbol{x}_o + \alpha_0 \boldsymbol{p}_0 = \begin{bmatrix} 0.8 \\ -0.25 \end{bmatrix} + \alpha_0 \begin{bmatrix} -1.35 \\ -0.3 \end{bmatrix}$$

第一步是区间定位。假设初始步长是 $\varepsilon=0.075$。那么区间定位进行如下：

$$F(a_1) = F\left(\begin{bmatrix} 0.8 \\ -0.25 \end{bmatrix}\right) = 0.5025$$

$$b_1 = \varepsilon = 0.075,\quad F(b_1) = F\left(\begin{bmatrix} 0.8 \\ -0.25 \end{bmatrix} + 0.075\begin{bmatrix} -1.35 \\ -0.3 \end{bmatrix}\right) = 0.3721$$

$$b_2 = 2\varepsilon = 0.15,\quad F(b_2) = F\left(\begin{bmatrix} 0.8 \\ -0.25 \end{bmatrix} + 0.15\begin{bmatrix} -1.35 \\ -0.3 \end{bmatrix}\right) = 0.2678$$

$$b_3 = 4\varepsilon = 0.3,\quad F(b_3) = F\left(\begin{bmatrix} 0.8 \\ -0.25 \end{bmatrix} + 0.3\begin{bmatrix} -1.35 \\ -0.3 \end{bmatrix}\right) = 0.1373$$

$$b_4 = 8\varepsilon = 0.6,\quad F(b_4) = F\left(\begin{bmatrix} 0.8 \\ -0.25 \end{bmatrix} + 0.6\begin{bmatrix} -1.35 \\ -0.3 \end{bmatrix}\right) = 0.1893$$

由于函数在两次连续的评估上增加，因此我们知道最小值必定出现在区间 [0.15，0.6]。这个过程在图 P12.4 中用灰色的空心圆圈表示，同时最终的区间使用大的黑色空心圆圈表示。

线性最小化的下一步是使用黄金分割搜索算法来实现区间缩小。此过程进行如下：

$$c_1 = a_1 + (1-\tau)(b_1 - a_1) = 0.15 + 0.382 \times (0.6 - 0.15) = 0.3219$$
$$d_1 = b_1 - (1-\tau)(b_1 - a_1) = 0.6 - 0.382 \times (0.6 - 0.15) = 0.4281$$
$$F_a = 0.2678,\quad F_b = 0.1893,\quad F_c = 0.1270,\quad F_d = 0.1085$$ 12-41

由于 $F_c > F_d$，我们有：

$$a_2 = c_1 = 0.3219,\quad b_2 = b_1 = 0.6,\quad c_2 = d_1 = 0.4281$$
$$d_2 = b_2 - (1-\tau)(b_2 - a_2) = 0.6 - 0.382 \times (0.6 - 0.3219) = 0.4938$$
$$F_a = F_c = 0.1270,\quad F_c = F_d = 0.1085,\quad F_d = F(d_2) = 0.1232$$

此时 $F_c < F_d$，所以：

$$a_3 = a_2 = 0.3219,\quad b_3 = d_2 = 0.4938,\quad d_3 = c_2 = 0.4281$$
$$c_3 = a_3 + (1-\tau)(b_3 - a_3) = 0.3219 + 0.382 \times (0.4938 - 0.3219) = 0.3876$$
$$F_b = F_d = 0.1232,\quad F_d = F_c = 0.1085,\quad F_c = F(c_3) = 0.1094$$

这个程序进行下去直到 $b_{k+1} - a_{k+1} < \mathrm{tol}$。图 12.4 中的黑色实心点显示了新的内部点的区域，每一个点代表程序的一次迭代。最终的点使用一个灰色实心点表示。把这个结果和图 9.10 中第一次迭代的结果进行比较。

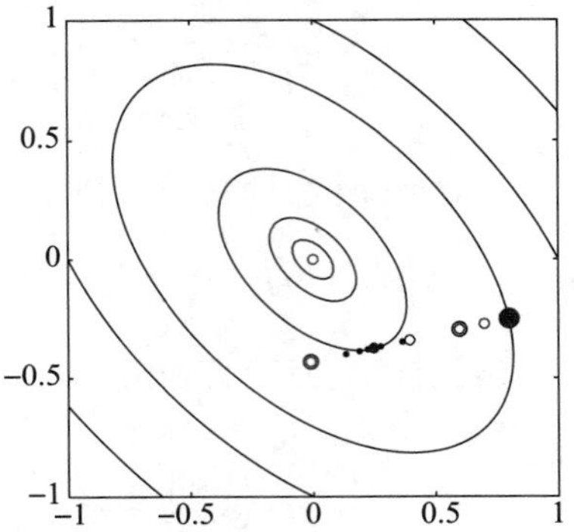

图 P12.4 线性最小化实例

P12.5 为了展示 Levenberg-Marquardt 方法中 Jacobian 矩阵的计算，考虑使用图 P12.5 中的网络进行函数逼近。此网络的传输函数选择如下

$$f^1(n) = (n)^2, \quad f^2(n) = n$$

因此它们的导数是

12-42

$$\dot{f}^1(n) = 2n, \quad \dot{f}^2(n) = 1$$

假设训练数据集包括

$$\{\boldsymbol{p}_1 = 1, \boldsymbol{t}_1 = 1\}, \quad \{\boldsymbol{p}_2 = 2, \boldsymbol{t}_2 = 2\}$$

同时参数被初始化为

$$\boldsymbol{W}^1 = 1, \quad \boldsymbol{b}^1 = 0, \quad \boldsymbol{W}^2 = 2, \quad \boldsymbol{b}^1 = 1$$

为 Levenberg-Marquardt 方法的第一步寻找 Jacobian 矩阵。

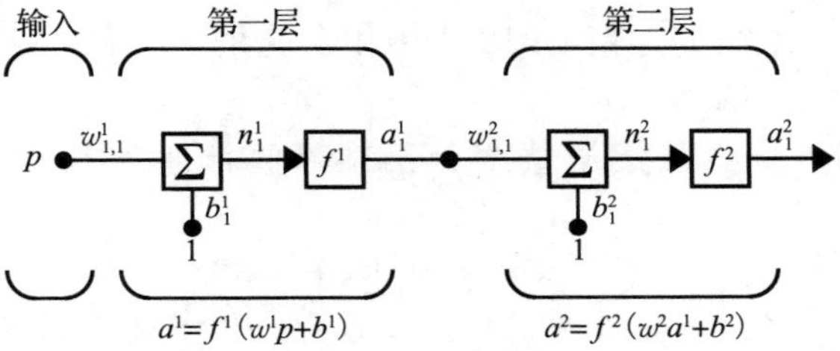

图 P12.5 两层网络的 LMBP 算法展示

解 第一步是把输入传过网络，并计算其误差：

$$\boldsymbol{a}_1^0 = \boldsymbol{p}_1 = 1$$

$$\boldsymbol{n}_1^1 = \boldsymbol{W}^1\boldsymbol{a}_1^0 + \boldsymbol{b}^1 = 1 \times 1 + 0 = 1, \quad \boldsymbol{a}_1^1 = \boldsymbol{f}^1(\boldsymbol{n}_1^1) = 1^2 = 1$$

$$\boldsymbol{n}_1^2 = \boldsymbol{W}^2\boldsymbol{a}_1^1 + \boldsymbol{b}^2 = 2 \times 1 + 1 = 3, \quad \boldsymbol{a}_1^2 = \boldsymbol{f}^2(\boldsymbol{n}_1^2) = 3$$

$$\boldsymbol{e}_1 = (\boldsymbol{t}_1 - \boldsymbol{a}_1^2) = 1 - 3 = -2$$

$$\boldsymbol{a}_2^0 = \boldsymbol{p}_2 = 2$$

$$\boldsymbol{n}_2^1 = \boldsymbol{W}^1\boldsymbol{a}_2^0 + \boldsymbol{b}^1 = 1 \times 2 + 0 = 2, \quad \boldsymbol{a}_2^1 = \boldsymbol{f}^1(\boldsymbol{n}_2^1) = 2^2 = 4$$

$$\boldsymbol{n}_2^2 = \boldsymbol{W}^2\boldsymbol{a}_2^1 + \boldsymbol{b}^2 = 2 \times 4 + 1 = 9, \quad \boldsymbol{a}_2^2 = \boldsymbol{f}^2(\boldsymbol{n}_2^2) = 9$$

12-43

$$\boldsymbol{e}_2 = (\boldsymbol{t}_2 - \boldsymbol{a}_2^2) = 2 - 9 = -7$$

下一步是初始化并使用式(12.46)和式(12.47)反向传播 Marquardt 敏感度

$$\widetilde{\boldsymbol{S}}_1^2 = -\dot{\boldsymbol{F}}^2(\boldsymbol{n}_1^2) = -1$$

$$\tilde{\boldsymbol{S}}_1^1 = \dot{\boldsymbol{F}}^1(\boldsymbol{n}_1^1)(\boldsymbol{W}^2)^{\mathrm{T}}\tilde{\boldsymbol{S}}_1^2 = 2n_{1,1}^1 \times 2 \times (-1) = 2 \times 1 \times 2 \times (-1) = -4$$

$$\tilde{\boldsymbol{S}}_2^2 = -\dot{\boldsymbol{F}}^2(\boldsymbol{n}_2^2) = -1$$

$$\tilde{\boldsymbol{S}}_2^1 = \dot{\boldsymbol{F}}^1(\boldsymbol{n}_2^1)(\boldsymbol{W}^2)^{\mathrm{T}}\tilde{\boldsymbol{S}}_2^2 = 2n_{1,2}^2 \times 2 \times (-1) = 2 \times 2 \times 2 \times (-1) = -8$$

$$\tilde{\boldsymbol{S}}^1 = [\tilde{\boldsymbol{S}}_1^1 \mid \tilde{\boldsymbol{S}}_2^1] = [-4 \quad -8], \quad \tilde{\boldsymbol{S}}^2 = [\tilde{\boldsymbol{S}}_1^2 \mid \tilde{\boldsymbol{S}}_2^2] = [-1 \quad -1]$$

现在我们可以使用式(12.43)、式(12.44)和式(12.37)计算 Jacobian 矩阵。

$$\boldsymbol{J}(\boldsymbol{x}) = \begin{bmatrix} \frac{\partial v_1}{\partial x_1} & \frac{\partial v_1}{\partial x_2} & \frac{\partial v_1}{\partial x_3} & \frac{\partial v_1}{\partial x_4} \\ \frac{\partial v_2}{\partial x_1} & \frac{\partial v_2}{\partial x_2} & \frac{\partial v_2}{\partial x_3} & \frac{\partial v_2}{\partial x_4} \end{bmatrix} = \begin{bmatrix} \frac{\partial e_{1,1}}{\partial w_{1,1}^1} & \frac{\partial e_{1,1}}{\partial b_1^1} & \frac{\partial e_{1,1}}{\partial w_{1,1}^2} & \frac{\partial e_{1,1}}{\partial b_1^2} \\ \frac{\partial e_{1,2}}{\partial w_{1,1}^1} & \frac{\partial e_{1,2}}{\partial b_1^1} & \frac{\partial e_{1,2}}{\partial w_{1,1}^2} & \frac{\partial e_{1,2}}{\partial b_1^2} \end{bmatrix}$$

$$\begin{aligned}
[\boldsymbol{J}]_{1,1} &= \frac{\partial v_1}{\partial x_1} = \frac{\partial e_{1,1}}{\partial w_{1,1}^1} = \frac{\partial e_{1,1}}{\partial n_{1,1}^1} \times \frac{\partial n_{1,1}^1}{\partial w_{1,1}^1} = \tilde{s}_{1,1}^1 \times \frac{\partial n_{1,1}^1}{\partial w_{1,1}^1} = \tilde{s}_{1,1}^1 \times a_{1,1}^0 \\
&= (-4) \times 1 = -4
\end{aligned}$$

$$[\boldsymbol{J}]_{1,2} = \frac{\partial v_1}{\partial x_2} = \frac{\partial e_{1,1}}{\partial b_1^1} = \frac{\partial e_{1,1}}{\partial n_{1,1}^1} \times \frac{\partial n_{1,1}^1}{\partial b_1^1} = \tilde{s}_{1,1}^1 \times \frac{\partial n_{1,1}^1}{\partial b_1^1} = \tilde{s}_{1,1}^1 = -4$$

$$[\boldsymbol{J}]_{1,3} = \frac{\partial v_1}{\partial x_3} = \frac{\partial e_{1,1}}{\partial n_{1,1}^2} \times \frac{\partial n_{1,1}^2}{\partial w_{1,1}^2} = \tilde{s}_{1,1}^2 \times \frac{\partial n_{1,1}^2}{\partial w_{1,1}^2} = \tilde{s}_{1,1}^2 \times a_{1,1}^1 = (-1) \times 1 = -1$$ 12-44

$$[\boldsymbol{J}]_{1,4} = \frac{\partial v_1}{\partial x_4} = \frac{\partial e_{1,1}}{\partial n_{1,1}^2} \times \frac{\partial n_{1,1}^1}{\partial b_1^2} = \tilde{s}_{1,1}^2 \times \frac{\partial n_{1,1}^2}{\partial b_1^2} = \tilde{s}_{1,1}^2 = -1$$

$$[\boldsymbol{J}]_{2,1} = \frac{\partial v_2}{\partial x_1} = \frac{\partial e_{1,2}}{\partial n_{1,2}^1} \times \frac{\partial n_{1,2}^1}{\partial w_{1,1}^1} = \tilde{s}_{1,2}^1 \times \frac{\partial n_{1,2}^1}{\partial w_{1,1}^1} = \tilde{s}_{1,2}^1 \times a_{1,2}^0 = (-8) \times 2 = -16$$

$$[\boldsymbol{J}]_{2,2} = \frac{\partial v_2}{\partial x_2} = \frac{\partial e_{1,2}}{\partial b_1^1} = \frac{\partial e_{1,2}}{\partial n_{1,2}^1} \times \frac{\partial n_{1,2}^1}{\partial b_1^1} = \tilde{s}_{1,2}^1 \times \frac{\partial n_{1,2}^1}{\partial b_1^1} = \tilde{s}_{1,2}^1 = -8$$

$$[\boldsymbol{J}]_{2,3} = \frac{\partial v_2}{\partial x_3} = \frac{\partial e_{1,2}}{\partial n_{1,2}^2} \times \frac{\partial n_{1,2}^2}{\partial w_{1,1}^2} = \tilde{s}_{1,2}^2 \times \frac{\partial n_{1,2}^2}{\partial w_{1,1}^2} = \tilde{s}_{1,2}^2 \times a_{1,2}^1 = (-1) \times 4 = -4$$

$$[\boldsymbol{J}]_{2,4} = \frac{\partial v_2}{\partial x_4} = \frac{\partial e_{1,2}}{\partial b_1^2} = \frac{\partial e_{1,2}}{\partial n_{1,2}^2} \times \frac{\partial n_{1,2}^2}{\partial b_1^2} = \tilde{s}_{1,2}^2 \times \frac{\partial n_{1,2}^2}{\partial b_1^2} = \tilde{s}_{1,2}^2 = -1$$

因此 Jacobian 矩阵是

$$\boldsymbol{J}(\boldsymbol{x}) = \begin{bmatrix} -4 & -4 & -1 & -1 \\ -16 & -8 & -4 & -1 \end{bmatrix}$$ 12-45

12.5 结束语

基本的反向传播算法(最速下降反向传播，SDBP)一个最主要的问题是训练时间过长。使用 SDBP 解决实际问题是不可行的，因为即便在一台大型计算机上，训练时间也长达几周。从反向传播算法首次普及以来，已有大量提高算法收敛速度的工作。在本章中，我们讨论了 SDBP 收敛慢的原因，并介绍了几种可以提升算法性能的技术。

提高算法速度的技术主要分为两类：启发式方法和标准数值优化方法。我们已讨论了两种启发式的方法：冲量反向传播(MOBP)以及可变学习率反向传播(VLBP)。MOBP 实现简单，可以用于批处理模式或者是增量模式；同时相较于 SDBP，收敛速度显著提高。它同样要求对冲量系数的选择，但是 γ 的值被限制在[0，1]之间，并且算法对于这个选择并不是很敏感。

VLBP 算法比 MOBP 算法具有更快的收敛速度，但是必须在批处理模式下使用。因为这个原因，该算法需要更多的存储空间。VLBP 同样需要选取总共 5 个参数。这个算法具有相当的鲁棒性，但是参数的选择会影响收敛速度，并且取决于具体的问题。

我们同样介绍了两种标准的数值优化技术：共轭梯度(CGBP)和 Levenberg-Marquardt 反向传播(LMBP)算法。CGBP 通常比 VLBP 具有更快的收敛速度。它是一个批处理模式的算法，在每次迭代中，都需要一次线性搜索，但是此算法对内存的需求和 VLBP 没有明显区别。对于神经网络的应用，共轭梯度算法的变形有很多种。在这里我们仅仅介绍了其中一种。

在规模适中的多层网络的训练过程中，LMBP 算法是我们测试的所有算法里收敛速度最快的一种，虽然 LMBP 在每一步迭代中都需要计算矩阵的逆。它有两个需要选择的参数，但是算法对于参数的选择并不是很敏感。LMBP 最主要的缺点是对内存的需求。$\boldsymbol{J}^{\mathrm{T}}\boldsymbol{J}$ 矩阵必须是一个 $n \times n$ 的可逆矩阵，其中 n 是神经网络中权值以及偏置值的总个数。如果
12-46 网络的参数超过了几千个，LMBP 算法在现有的机器上是无法实现的。

12.6 扩展阅读

[Barn92] E. Barnard, "Optimization for training neural nets," IEEE Trans. on Neural Networks, vol. 3, no. 2, pp. 232-240, 1992.

这篇论文讨论了大量训练神经网络的优化算法。

[Batt92] R. Battiti, "First- and second-order methods for learning: Between steepest descent and Newton's method," Neural Computation, vol. 4, no. 2, pp. 141-166, 1992.

这篇论文是对当前适合神经网络训练的优化算法的极为出色的总结。

[Char92] C. Charalambous, "Conjugate gradient algorithm for efficient training of artificial neural networks," IEE Proceedings, vol. 139, no. 3, pp. 301-310, 1992.

这篇论文解释了共轭梯度算法是如何用于训练多层网络的。同时比较了共轭梯度算法和其他训练算法的不同。

[Fahl88] S. E. Fahlman, "Faster-learning variations on back-propagation: An empirical study," In D. Touretsky, G. Hinton & T. Sejnowski, eds., Proceedings of the 1988 Connectionist Models Summer School, San Mateo, CA: Morgan Kaufmann, pp. 38-51, 1988.

在这篇论文中描述的 QuickProp 算法是一种对标准反向传播算法较为流行的启发式改进。它假设误差曲线可以被一个抛物线逼近，同时每一个权值的影响都可以独立考虑。在很多问题上，相比标准的反向传播算法，QuickProp 能显著提高算法的速度。

[HaMe94] M. T. Hagan and M. Menhaj, "Training feedforward networks with the Marquardt algorithm," IEEE Transactions on Neural Networks, vol. 5, no. 6, 1994.

这篇论文描述了 Levenberg-Marquardt 算法在多层神经网络中的使用，同时比较了它与可变学习率反向传播算法以及共轭梯度算法的性能区别。这个 Levenberg-Marquardt 算
12-47 法提高了收敛速度，但是需要更大的存储空间。

[Jaco88] R. A. Jacobs, "Increased rates of convergence through learning rate adaptation," Neural Networks, vol. 1, no. 4, pp. 295-308, 1988.

这是另外一篇讨论使用可变学习率反向传播算法的早期论文。这里描述的过程被称为 delta-bar-delta 学习规则，在此学习规则中，每一个网络参数有独立的学习率，同时学习率在每次迭代时都发生变化。

[**NgWi90**] D. Nguyen and B. Widrow, "Improving the learning speed of 2-layer neural networks by choosing initial values of the adaptive weights," Proceedings of the IJCNN, vol. 3, pp. 21-26, July 1990.

这篇论文描述了一种反向传播算法中权值和偏置值的初始化方法。它通过S型传输函数的形状以及输入变量的范围来决定权值的大小，然后利用偏置值来将S型函数置于运作区域的中央。反向传播算法的收敛性可以通过此过程得到有效提升。

[**RiIr90**] A. K. Rigler, J. M. Irvine and T. P. Vogl, "Rescaling of variables in back propagation learning," Neural Networks, vol. 4, no. 2, pp. 225-230, 1991.

这篇论文提出S型函数的导数在尾部非常小。这意味着与前几层关联的梯度元素通常会小于与最后一层关联的梯度元素。因此，需要重新调整梯度中各项的范围，使它们均衡。

[**Scal85**] L. E. Scales, Introduction to Non-Linear Optimization. New York: Springer-Verlag, 1985.

这是一本可读性很强的书，它介绍了主要的优化算法，着重于优化方法而非收敛的存在定理和证明。算法通过直观的解释、说明性的图示以及例子来描述，也给出了大部分算法的伪代码。 12-48

[**Shan90**] D. F. Shanno, "Recent advances in numerical techniques for large-scale optimization," Neural Networks for Control, Miller, Sutton and Werbos, eds., Cambridge MA: MIT Press, 1990.

这篇论文讨论了一些可以用在神经网络训练中的共轭梯度算法以及拟牛顿优化算法。

[**Toll90**] T. Tollenaere, "SuperSAB: Fast adaptive back propagation with good scaling properties," Neural Networks, vol. 3, no. 5, pp. 561-573, 1990.

这篇文章介绍了一种可变学习率的反向传播算法。其中，每一个权值的学习率都是不同的。

[**VoMa88**] T. P. Vogl, J. K. Mangis, A. K. Zigler, W. T. Zink and D. L. Alkon, "Accelerating the convergence of the backpropagation method," Biological Cybernetics., vol. 59, pp. 256-264, Sept. 1988.

这是介绍加速反向传播算法收敛速度的几种启发式技术最早的文章之一。它包括批处理、冲量以及可变学习率。 12-49

12.7 习题

E12.1 我们想要在以下训练数据集上训练如图E12.1中所示的网络：

$$\{\boldsymbol{p}_1=-2,\boldsymbol{t}_1=0.8\},\{\boldsymbol{p}_2=2,\boldsymbol{t}_2=1\}$$

每一个数据对出现的概率相同。

MATLAB练习 写一个MATLAB程序，为均方误差性能指标创建一个等高线图。

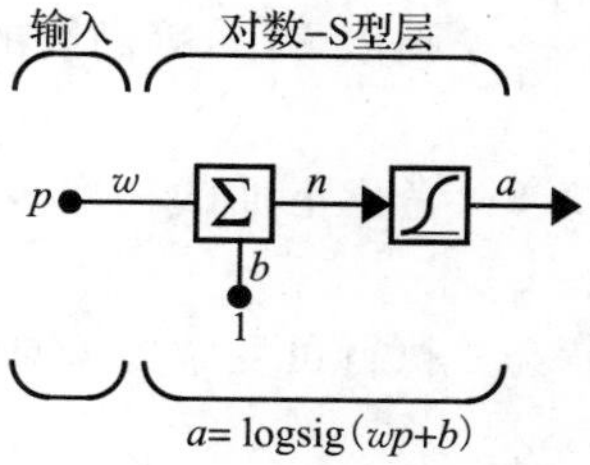

图E12.1 练习E12.1中的网络

E12.2 在练习E12.1描述的问题中，通过比较使用批处理方法和不使用批处理方法计算得到的SDBP初始步骤方向，展示批处理方法的影响，从以下初始值开始：

$$w(0)=0,\quad b(0)=0.5$$

E12.3 回顾在例题P9.1中使用的二次函数：

$$F(\boldsymbol{x})=\frac{1}{2}\boldsymbol{x}^{\mathrm{T}}\begin{bmatrix}10 & -6\\-6 & 10\end{bmatrix}\boldsymbol{x}+\begin{bmatrix}4 & 4\end{bmatrix}\boldsymbol{x}$$

我们想要使用带冲量的最速下降算法最小化这个函数。

i. 设学习率 $\alpha=0.2$。为冲量系数 γ 找到一个值使得算法是稳定的。使用例题 P12.2 给出的思路。

12-50 ii. 设学习率 $\alpha=20$。为冲量系数 γ 找到一个值使得算法是稳定的。

iii. MATLAB 练习 写一个 MATLAB 程序，分别使用问题 i 和问题 ii 中给出的 α 与 γ 值，在 $F(\boldsymbol{x})$ 等高线图上画出算法的轨迹，从以下初始值开始

$$\boldsymbol{x}_0=\begin{bmatrix}-1\\-2.5\end{bmatrix}$$

E12.4 考虑下面的二次函数：

$$F(\boldsymbol{x})=\frac{1}{2}\boldsymbol{x}^{\mathrm{T}}\begin{bmatrix}3 & -1\\-1 & 3\end{bmatrix}\boldsymbol{x}+\begin{bmatrix}4 & -4\end{bmatrix}\boldsymbol{x}$$

我们想使用带冲量的最速下降算法来最小化该函数。

i. 执行两次带冲量的最速下降迭代(找到 $\boldsymbol{x}_1$ 和 $\boldsymbol{x}_2$)，从初始条件 $\boldsymbol{x}_0=[0\quad 0]^{\mathrm{T}}$ 开始。使用学习率 $\alpha=1$，冲量系数 $\gamma=0.75$。

ii. 使用这个学习率和冲量，此算法是稳定的吗？使用例题 P12.2 给出的思路。

iii. 如果冲量为 0，在此学习率下，此算法是稳定的吗？

E12.5 考虑下面的二次函数：

$$F(\boldsymbol{x})=\frac{1}{2}\boldsymbol{x}^{\mathrm{T}}\begin{bmatrix}3 & 1\\1 & 3\end{bmatrix}\boldsymbol{x}+\begin{bmatrix}1 & 2\end{bmatrix}\boldsymbol{x}+2$$

我们想要使用带冲量的最速下降算法来最小化该函数。

i. 假设学习率 $\alpha=1$。如果算法的冲量系数 $\gamma=0$，算法是稳定的吗？使用例题 P12.2 给出的思路。

12-51 ii. 假设学习率 $\alpha=1$。如果冲量系数 $\gamma=0.6$，算法是稳定的吗？

E12.6 考虑下面的二次函数：

$$F(\boldsymbol{x})=\frac{1}{2}\boldsymbol{x}^{\mathrm{T}}\begin{bmatrix}2 & 1\\1 & 2\end{bmatrix}\boldsymbol{x}+\begin{bmatrix}1 & 2\end{bmatrix}\boldsymbol{x}+2$$

我们想使用带冲量的最速下降算法来最小化该函数。假设学习率 $\alpha=1$。找到常数 γ 的值，使得算法可以稳定。使用例题 P12.2 给出的思路。

E12.7 对于练习 E12.3 中的函数，执行可变学习率算法的三次迭代，初始值参数如下：

$$\boldsymbol{x}_0=\begin{bmatrix}-1\\-2.5\end{bmatrix}$$

画出 $F(\boldsymbol{x})$ 等高线的算法轨迹。使用算法参数

$$\alpha=0.4,\quad \gamma=0.1,\quad \eta=1.5,\quad \rho=0.5,\quad \zeta=5\%$$

E12.8 考虑下面的二次函数：

$$F(\boldsymbol{x})=x_1^2+2x_2^2$$

执行可变学习率算法的三次迭代，使用初始参数值

$$\boldsymbol{x}_o=\begin{bmatrix}0\\-1\end{bmatrix}$$

使用算法参数

$$\alpha = 1, \quad \gamma = 0.2, \quad \eta = 1.5, \quad \rho = 0.5, \quad \zeta = 5\%$$

（初始化之后，函数每一次评估时记录下迭代的次数）。

E12.9 对于练习 E12.3，执行共轭梯度算法的一次迭代，使用下面的初始参数值：

$$\boldsymbol{x}_0 = \begin{bmatrix} -1 \\ -2.5 \end{bmatrix}$$ 12-52

对于这个线性最小化问题，使用函数评估来进行区间定位，使用黄金分割搜索算法进行区间缩小。画出在 $F(\boldsymbol{x})$ 等高线上的搜索路径。

E12.10 考虑下面的二次函数：

$$F(\boldsymbol{x}) = \frac{1}{2}\boldsymbol{x}^{\mathrm{T}}\begin{bmatrix} 4 & 0 \\ 0 & 2 \end{bmatrix}\boldsymbol{x} + \begin{bmatrix} -2 & -1 \end{bmatrix}\boldsymbol{x}$$

我们想要沿着下面的直线最小化该函数：

$$\boldsymbol{x} = \begin{bmatrix} 0 \\ 0 \end{bmatrix} + \alpha\begin{bmatrix} 1 \\ 1 \end{bmatrix}$$

i. 描绘在 x_1，x_2 平面上的这条直线。

ii. 此学习率 α 必定落在 0 到 3 之间的某一处。执行黄金分割算法的一次迭代。你需要找到 a_2、b_2、c_2、d_2，并且沿着在问题 i 中画出的直线将它们标出。

E12.11 考虑下面的二次函数：

$$F(\boldsymbol{x}) = \frac{1}{2}\boldsymbol{x}^{\mathrm{T}}\begin{bmatrix} 1 & 1 \\ 1 & 1 \end{bmatrix}\boldsymbol{x} + \begin{bmatrix} 1 & 1 \end{bmatrix}\boldsymbol{x}$$

我们想要沿着下面的直线最小化该函数：

$$\boldsymbol{x} = \begin{bmatrix} 0 \\ 0 \end{bmatrix} + \alpha\begin{bmatrix} -1 \\ 0 \end{bmatrix}$$

i. 使用 12.2.3 节描述的方法来确定包括最小值的初始区间。使用 $\varepsilon = 0.5$。

ii. 执行黄金分割算法的一次迭代来缩小在问题 i 中获得的区间。

E12.12 考虑下面的二次函数：

$$F(\boldsymbol{x}) = \frac{1}{2}\boldsymbol{x}^{\mathrm{T}}\begin{bmatrix} 1 & 0 \\ 0 & 2 \end{bmatrix}\boldsymbol{x}$$

我们想要沿着下面的直线最小化该函数： 12-53

$$\boldsymbol{x} = \begin{bmatrix} 1 \\ 1 \end{bmatrix} + \alpha\begin{bmatrix} 1 \\ -1 \end{bmatrix}$$

执行两次黄金分割算法（$k=1, 2$）的迭代来找到区间 $[a_3, b_3]$。假设初始的区间定在 $a_1 = 0$ 和 $b_1 = 1$ 处。粗略地画出 $F(\boldsymbol{x})$ 的等高线，在同一个图形中画出搜索线，并且在这条线上标出搜索点（对 $F(\boldsymbol{x})$ 评估的点）。

E12.13 考虑下面的二次函数：

$$F(\boldsymbol{x}) = \frac{1}{2}\boldsymbol{x}^{\mathrm{T}}\begin{bmatrix} 2 & 0 \\ 0 & 1 \end{bmatrix}\boldsymbol{x}$$

我们想要沿着下面的直线最小化该函数：

$$\boldsymbol{x} = \begin{bmatrix} 0 \\ 1 \end{bmatrix} + \alpha\begin{bmatrix} 1 \\ -1 \end{bmatrix}$$

执行黄金分割算法($k=1$，2)的两次迭代来找到区间$[a_3, b_3]$。假设初始的区间定义在$a_1=0$和$b_1=1$处。粗略地画出$F(\boldsymbol{x})$的等高线，在同一个图形中画出搜索线，并且在这条线上标出搜索点(对$F(\boldsymbol{x})$评估的点)。

E12.14 我们想使用图 E12.2 中的网络来逼近下面的函数

$$g(p)=1+\sin\left(\frac{\pi}{4}p\right),\quad -2\leqslant p\leqslant 2$$

网络初始参数值选择如下：

$$\boldsymbol{w}^1(0)=\begin{bmatrix}-0.27\\-0.41\end{bmatrix},\quad \boldsymbol{b}^1(0)=\begin{bmatrix}-0.48\\-0.13\end{bmatrix}$$

$$\boldsymbol{w}^2(0)=[0.09\quad -0.17],\quad \boldsymbol{b}^2(0)=0.48$$

为了创建训练数据集，我们对函数$g(p)$在点$p=1$和$p=0$处进行采样。为LMBP 算法的第一步找到 Jacobian 矩阵。(其中，你需要的一些信息在 11.2.3 节
12-54 的例题中已经计算出来了)。

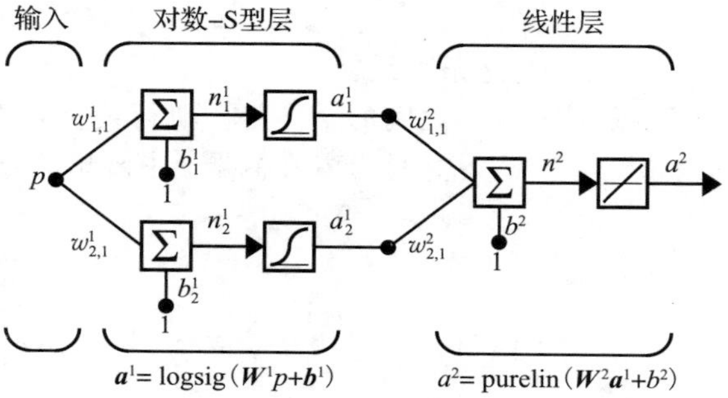

图 E12.2 练习 E12.14 中的网络

E12.15 证明对于一个线性网络，如果$\mu=0$，LMBP 算法将会在一次迭代之后收敛到最优解。

E12.16 在练习 E12.15 中，你写了一个 MATLAB 程序，对一个 1-S^1-1 的神经网络实现 SDBP 算法，然后训练网络来逼近函数

$$g(p)=1+\sin\left(\frac{\pi}{4}p\right),\quad -2\leqslant p\leqslant 2$$

MATLAB 练习 重复这个练习，使用在本章中讨论过的训练方法来调试你的程序：包括批处理 SDBP、MOBP、VLBP、CGBP 和 LMBP。比较不同方法的收敛
12-55 结果。

泛　化

13.1 目标

设计多层神经网络的一个关键问题是确定要使用的神经元个数。事实上，这也是本章学习的目标。

第11章中我们已经指出，当神经元数量过多时，在训练数据上网络将会出现过拟合。这意味着尽管在训练集上误差已经很小，但网络在新的数据上却无法具有好的表现。泛化能力出众的网络应当在训练数据和新的数据上具有同样优异的表现。

神经网络的复杂度是由其自由参数(权值和偏置值)的数量决定的，而其自由参数数量是由网络中神经元的数量决定的。对于给定的数据集，如果网络结构过于复杂，很可能造成网络过拟合而使得泛化能力不足。

本章中我们将会看到，可以通过调整网络的复杂度来适应数据的复杂度。此外，还可以在不改变神经元数量的情况下做到这一点。我们可以在不改变实际自由参数数量的前提下，对有效自由参数数量进行调整。 13-1

13.2 理论与例子

Mark Twain 曾说过："我们应该小心翼翼地从实践中获得智慧并适可而止，否则我们就会像不慎坐在热炉盖子上的猫一样。它再也不会坐在热炉盖子上，这很好，可是它也不会再坐在冷炉盖子上了。"(出自 Mark Twain 于1897出版的《Following the Equator》。)

这正是本章学习的目标。我们想要训练神经网络仅用于发掘数据中的智慧，这个概念叫作*泛化*(generalization)。具有泛化能力的网络将在新的数据环境下具有和训练数据集上同样好的表现。

获得具有良好泛化能力的神经网络的关键策略是找到能够解释数据的最简神经网络模型。这是14世纪英国逻辑学家 William of Ockham 命名的 Ockham *剃刀*(Ockham's razor)定律的变形。其核心思想是模型越复杂，出错的可能性越大。

对于神经网络来说，最简模型具有最少的自由参数数量(权值和偏置值)，换言之，该模型具有最少数量的神经元。为了得到具有良好泛化能力的网络，需要寻找适合数据的最简网络模型。

通常，至少有五种方法用于产生最简神经网络模型，包括生长法、剪枝法、全局搜索法、正则化法以及提前终止法。生长法从无到有逐渐增加神经元数量直到网络满足性能需求；剪枝法从一个庞大的可能过拟合的网络开始，逐渐减少神经元(权值)数量直到网络性能显著退化；全局搜索法(例如遗传算法)搜索全部可能的网络结构以确定能够解释数据的最简模型。

最后还有两种方法，即正则化法和提前终止法，它们不对网络权值的数量进行约束而是通过约束网络权值的大小来实现网络最简化。本章我们将集中讨论这两种方法。首先，我们将对泛化问题进行定义并且展示一些例子(包括泛化能力良好及泛化能力不佳的例子)。随后，我们将介绍用于训练网络的正则化法和提前终止法。最后，我们将揭示两种方法事实上完成的是同样的事情。

13.2.1 问题描述

让我们从定义泛化问题开始对泛化的讨论。我们从一个包括网络输入及其对应目标输出的训练样本集开始：

13-2

$$\{\boldsymbol{p}_1, \boldsymbol{t}_1\}, \{\boldsymbol{p}_2, \boldsymbol{t}_2\}, \cdots, \{\boldsymbol{p}_Q, \boldsymbol{t}_Q\} \tag{13.1}$$

为了发展泛化的概念，我们假设目标输出通过如下方式生成：

$$\boldsymbol{t}_q = \boldsymbol{g}(\boldsymbol{p}_q) + \varepsilon_q \tag{13.2}$$

其中，$g(\cdot)$为某未知函数，ε_q 为一个随机独立分布的零均值噪声源。我们的训练目标是产生一个能够逼近函数 $g(\cdot)$并且忽略噪声影响的神经网络。

神经网络训练的标准性能指标是该网络在训练集上的误差平方和：

$$F(\boldsymbol{x}) = E_D = \sum_{q=1}^{Q} (\boldsymbol{t}_q - \boldsymbol{a}_q)^{\mathrm{T}} (\boldsymbol{t}_q - \boldsymbol{a}_q) \tag{13.3}$$

其中，$\boldsymbol{a}_q$ 表示输入为 $\boldsymbol{p}_q$ 时网络的输出。由于稍后我们将添加一个额外项来对网络性能指标进行修改，因此这里使用变量 E_D 来表示训练数据上的误差平方和。

图 13.1 所示是过拟合(overfitting)问题的一个例子。灰色的曲线表示函数 $g(\cdot)$。大的空心圆圈表示带有噪声的目标点。黑色的曲线表示训练好的神经网络的响应，带叉的小圆圈表示在训练数据点上的网络响应。从图中可以看出：网络响应和训练数据点完全匹配。然而，网络没有很好地匹配潜在的函数，这说明它过拟合了。

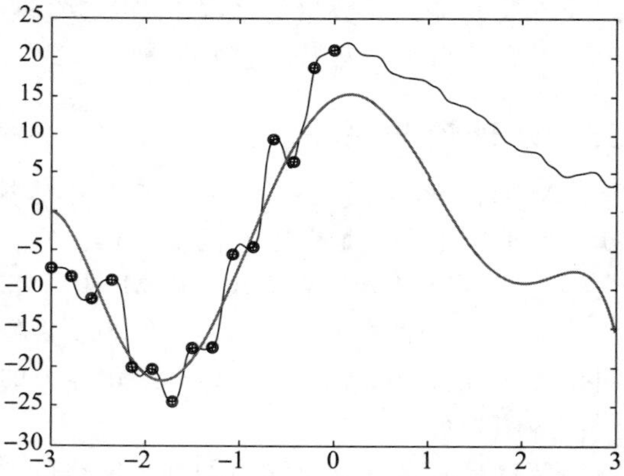

图 13.1 过拟合且外推表现不佳的实例

图 13.1 中实际上出现了两类误差。第一类误差由过拟合引起，它出现在当输入变量的取值在−3 到 0 时。所有的训练数据点都位于该区间。在该区间的网络响应将会过拟合到训练数据上，从而使网络对于训练集之外的输入表现不佳。网络对插值(interpolation)表现不佳，也无法准确地逼近在训练数据点附近的函数。

第二类误差出现在输入变量的取值在 0 到 3 时。网络在该区间表现不佳，不是由于过拟合而是因为缺少在该区间的训练数据。在输入数据范围外网络进行外推(extrapolating)。

本章我们将讨论避免插值误差(过拟合)的方法。外推引起的误差无法避免，除非训练网络的数据涵盖了网络将会用到的输入空间的所有区间。对于输入数据中没有包含的区间，网络无法知道真实函数应该是什么样子的。

13-3

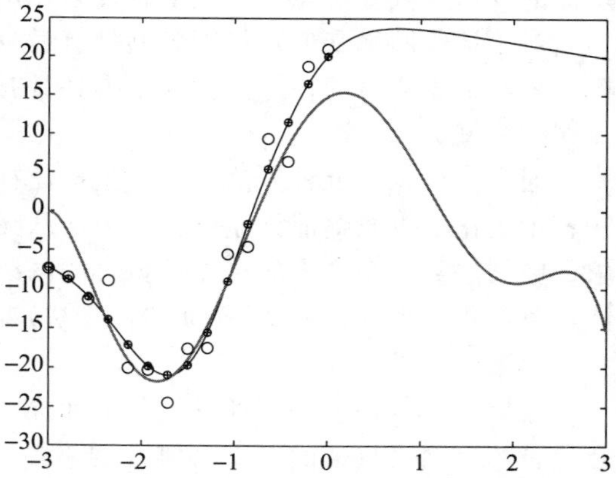

图 13.2 插值表现良好但外推表现不佳的例子

图 13.2 是一个具有良好泛化能力的网络

例子。该网络与图 13.1 中所用的网络具有相同数量的权值并且使用相同的数据集进行训练，但训练时它并不使用所有可用的权值。该网络仅仅使用了拟合数据所必需的权值。虽然网络响应没能完美地拟合函数，但基于有限并带有噪声的数据，它已经尽其所能了。

从图 13.1 和图 13.2 我们可以看出网络都不能准确地进行外推。这是可以理解的，因为没有给网络提供函数在区间 $-3\leqslant p\leqslant 0$ 外的函数特征信息。这个区间之外的网络响应是无法预测的。训练数据覆盖网络使用时整个输入空间的全部区域是很重要的，这即是原因。当网络只有单一输入时(如该例所示)，通常不难确定其所需的输入区间。然而，当网络有多个输入时，很难判断网络何时进行插值，何时进行外推。 13-4

该问题可以用图 13.3 所示的简单方法进行解释。图 13.3 中的左图是网络要逼近的函数。输入变量的范围是 $-3\leqslant p_1\leqslant 3$ 和 $-3\leqslant p_2\leqslant 3$。在这两个变量的范围内通过限定 $p_1<p_2$ 来训练网络。因此，虽然 p_1 和 p_2 都覆盖了各自的变化区间，但是总体上只覆盖了全部输入空间的一半。当 $p_1\geqslant p_2$ 时，网络将进行外推，从图 13.3b 可以看出，网络在该区间的表现并不好。(另一个外推的例子参见例题 P13.4。)如果有多个输入变量，很难确定网络何时进行插值，何时进行外推。在第 17 章中我们将会讨论处理这一问题的一些实际方法。

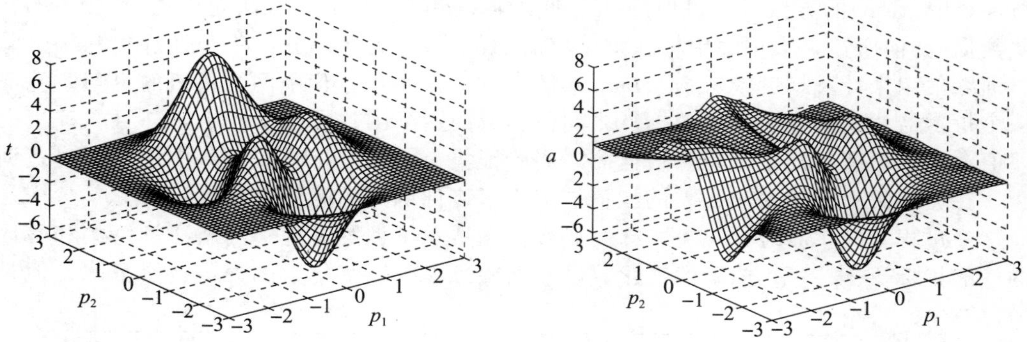

图 13.3　函数(a)和神经网络逼近(b)

13.2.2　提升泛化能力的方法

本章剩余的部分将讨论提升神经网络泛化能力的方法。正如之前所讨论的，对于这个问题有许多解决方法——所有的方法都在尝试寻找能够适合数据的最简网络。这些方法可以分为两类：限制网络中权值的数量(或者说是神经元数量)和限制权值的大小。我们将关注所发现的特别有用的两种方法：提前终止法和正则化法。尽管它们实现的方式不同，但这两种方法都试图限制网络权值的大小。在本章的最后，我们将展示这两种方法的近似等价性。 13-5

需要注意的是，在本章我们假设用于网络训练的数据是有限的。如果有无限多的训练数据，也就是说，在实践中数据点的数量比网络参数的数量大得多，那么将不会存在过拟合问题。

1. 泛化误差估计——测试集

在开始讨论提升神经网络泛化能力的方法之前，我们首先需要讨论如何估计一个特定神经网络的泛化误差。给定有限数量的可用数据，在训练过程中保留一个特定的子集用于测试是很重要的。在网络训练完成后，我们将计算训练好的网络在这个测试集(test set)上的误差。这个误差为我们指明网络在未来的表现如何，这是对网络泛化能力的一种衡量。

为了让测试集能有效地反映网络的泛化能力，需要牢记两件重要的事情。第一，测试集绝不能以任何形式用于训练网络，即使是用于从一组备选网络中挑选一个网络。测试集只能在所有的训练和模型选择完成后使用。第二，测试集必须代表网络使用中涉及的所有情形。这一点有时很难保证，尤其是当输入空间是高维的或者形状复杂时。我们将在第 17 章的实际训练问题部分详细讨论该问题。

本章的剩余小节，我们均假设在训练开始之前测试集已经从数据集中移出，并且在训练完成之后该测试集才会用于衡量网络的泛化能力。

2. 提前终止法

我们将要开始讨论的提升泛化能力的第一种方法也是最简单的方法叫作提前终止法[WaVe94]。该方法的基本思想是：随着训练的进行，网络使用越来越多的权值，直到训练结果达到误差曲面的极小值时所有的权值都被使用。通过增加训练的迭代次数，所得网络的复杂度也在增加。如果训练在达到极小误差值之前终止，那么网络将有效地使用更少的参数，并且更不容易过拟合。本章后续小节，我们将展示网络使用的参数数量是如何随着迭代次数的增加而变化的。

为了有效地使用提前终止法，需要知道何时终止训练。我们将介绍一种叫作交叉验证
13-6 (cross-validation)的方法，通过使用一个验证集(validation set)来决定何时终止[Sarl95]。可用数据(如前所述，数据集中移除测试集后的部分)分为两部分：一个训练集和一个验证集。训练集用来计算梯度或者 Jacobian 矩阵，并确定每次迭代中网络权值的更新。验证集是一个指示器，用于表明训练数据点之间所形成的网络函数发生了什么，并且验证集上的误差值在整个训练过程中都将会被监测。当验证集上的误差在几次迭代中均上升时，训练终止，在验证集上产生最小误差的权值被用作最终训练好的网络的权值。

这一过程如图 13.4 所示。图 13.4 底部的图展示了训练过程中网络在训练集和验证集上的性能指标 F(误差平方和)的变化。虽然训练过程中训练集上的误差持续下降，但是验

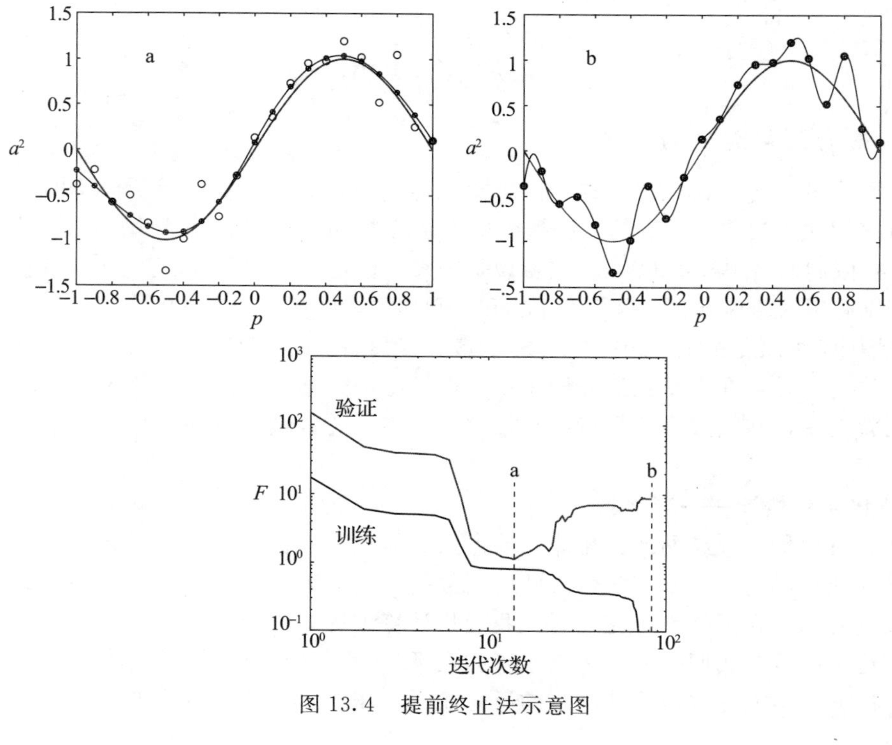

图 13.4 提前终止法示意图

证集上的误差极小值出现在“a”点处，这对应于训练过程的第 14 次迭代。图 13.4 的左上图显示了在该提前终止点的网络响应。所得的网络很好地拟合了实际函数。图 13.4 的右上图展示了继续训练(网络)到“b”点时的网络响应，这时验证集上的误差变大，网络过拟合。

13-7

提前终止法的基本概念很简单，但有几个实际应用中的问题需要说明。首先，所选的验证集必须代表网络后续使用中涉及的所有情形。正如我们之前提到的，这同样适用于测试集和训练集。尽管每个数据集的规模可能不同，但它们所覆盖的输入空间都必须大致相等。

当我们划分数据集时，通常大约 70%的数据用作训练，15%用作验证，15%用作测试。这只是近似的数字。关于如何选取验证集的数据规模，文献[AmMu97]中有完整的讨论。

提前终止法的另外一个实际问题是我们需要使用一个相对较慢的训练方法。在训练过程中，网络将使用越来越多的可用网络参数(我们将在本章的最后一节解释)。如果训练方法过快，很可能跳过使得验证集上的误差取得极小值的点。

MATLAB 实验 使用 Neural Network Design Demonstration **Early Stopping**(nnd13es)测试提前终止法的效果。

3. 正则化法

我们将要探讨的第二种提升网络泛化能力的方法叫作正则化法。对于该方法，我们修改式(13.3)所示的误差平方和性能指标使其包含一项用于惩罚网络复杂度。这一概念由 Tikhonov 提出[Tikh63]。他通过添加一个包含逼近函数(我们的例子中为神经网络)导数的惩罚项，或者说是正则化项，以平滑所得到的函数。在一定条件下，该正则化项可以写成网络权值平方和的形式，如：

$$F(\boldsymbol{x}) = \beta E_D + \alpha E_W = \beta \sum_{q=1}^{Q} (\boldsymbol{t}_q - \boldsymbol{a}_q)^{\mathrm{T}} (\boldsymbol{t}_q - \boldsymbol{a}_q) + \alpha \sum_{i=1}^{n} x_i^2 \tag{13.4}$$

其中，比率 α/β 用于控制网络解的有效复杂度。比率越大，网络响应越平滑。(注意，这里我们可以只使用一个参数，但后面小节中将需要两个参数。)

为何需要惩罚权值平方和？它又是如何类似于减少神经元数量的呢？再次考虑图 11.4 所示的多层神经网络的例子，回忆增加权值是如何增加网络函数斜率的。在图 13.5 中可以再次看出这一影响，图中权值 $w_{1,1}^2$ 从 0 变到 2。当权值很大时，网络所产生的函数具有大的斜率，因此更容易过拟合训练数据。如果我们对权值进行限制使其值很小，那么网络函数将通过训练数据产生一个平滑的插值——就像网络具有少量神经元一样。

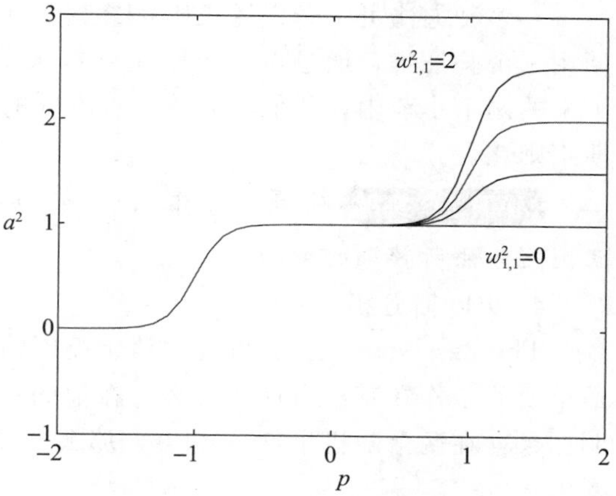

图 13.5　权值对网络响应的影响

13-8

MATLAB 实验 使用 Neural Network Design Demonstration **Network Function**(nnd11nf)测试权值变化对网络函数的影响。

正则化方法成功使神经网络具有良好泛化能力的关键在于正则化比率 α/β 的正确选择。图 13.6 展示了该比率变化所带来的影响。这里我们用 21 个采自正弦曲线的带噪声样本训练了一个结构为 1-20-1 的神经网络。

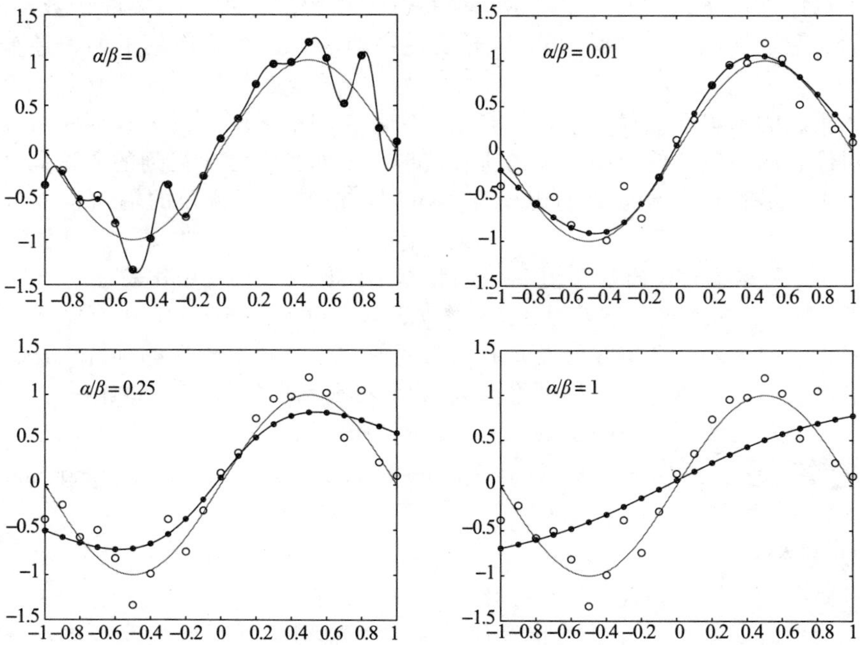

图 13.6 正则化比率的影响

图中灰色曲线表示实际函数，大的空心圆圈代表噪声数据。黑色曲线代表训练好的神经网络的响应，黑色圆点表示在训练数据点上的网络响应。从图中可以看出比率 $\alpha/\beta=0.01$ 时，网络能最好地拟合实际函数。比率大于该值时，网络响应过于平滑；比率小于该值时，网络过拟合。

有多种方法可用于设置正则化参数。其中一种方法是我们在提前终止法小节所介绍的使用一个验证集，通过设置正则化参数来最小化验证集上的误差平方和[GoLa98]。在接下来的两个小节中，我们将介绍一种不同的方法来自动设置正则化参数，该方法称为贝叶
13-9 斯正则化。

MATLAB 实验 使用 Neural Network Design Demonstration **Regularization**(nnd13reg)测试正则化方法所带来的影响。

4. 贝叶斯分析

Thomas Bayes 是 18 世纪生活于英国的长老会牧师，此外他也是一位业余数学家。他最重要的工作在其离世后才发表。在他的工作中提出了现在所谓的贝叶斯定理。该定理表明如果存在两个随机事件 A 和 B，那么已知事件 B 发生的情况下，事件 A 发生的条件概率为：

$$P(A|B)=\frac{P(B|A)P(A)}{P(B)} \tag{13.5}$$

式(13.5)称为贝叶斯法则。表达式中的每一项都有约定俗成的名字。$P(A)$称为先验概率，它反映在已知 B 之前对事件 A 的认知。$P(A|B)$称为后验概率，它反映在已知 B 之后对事件 A 的认知。$P(B|A)$是在事件 A 发生的条件下，事件 B 发生的条件概率。通常这一项通过我们已了解的关于事件 B 和 A 的关系给出。$P(B)$是事件 B 的边缘概率，在贝叶斯法

则中该项被用作归一化因子。 13-10

举例 为了说明如何使用贝叶斯法则，请考虑接下来的医学场景。假设1%的人患有某种疾病。有一项测试能够用于检测这种疾病的出现。对于已确诊患有该疾病的患者，该测试有80%的准确率。然而，对于未患病者，在10%的情况下会被误诊为患者。如果进行该测试且被诊断为患者，你可能会问：我实际患这种病的概率有多少？考虑到这项测试在检测患者时有80%的正确率，我们大多数人(许多研究显示包括大部分医生)可能会猜测这个概率会很高。然而，事实证明并非如此。当涉及概率时，贝叶斯法则能够帮助我们克服直觉上的缺陷。

令A表示患有该疾病的事件，B表示测试结果为阳性的事件。我们可以使用贝叶斯法则来计算$P(A|B)$，它表示在已知测试结果为阳性的情况下患病的概率。由于有1%的人患有该疾病，我们可以知道事件A的先验概率$P(A)=0.01$。由于对患者进行检测时，测试的准确率是80%，因此$P(B|A)=0.8$。(注意，这个条件概率是基于我们对测试过程及其准确率的了解。)为了使用贝叶斯法则，我们还需要一个概率项，即$P(B)$。这是无论是否患有该疾病，测试结果为阳性的概率。这可以通过患有疾病且测试结果为阳性的概率与并未患病但测试结果为阳性的概率相加求得：

$$P(B)=P(A\cap B)+P(\overline{A}\cap B)=P(B|A)P(A)+P(B|\overline{A})P(\overline{A}) \tag{13.6}$$

其中，使用的条件概率定义为：

$$P(B|A)=\frac{P(A\cap B)}{P(A)} \quad \text{或} \quad P(A\cap B)=P(B|A)P(A) \tag{13.7}$$

将已知的概率代入式(13.6)，可得：

$$P(B)=0.8\times 0.01+0.1\times 0.99=0.107 \tag{13.8}$$

其中，由于10%的健康人口的测试结果为阳性，因此$P(B|\overline{A})=0.1$。现在可以使用贝叶斯法则来计算后验概率$P(A|B)$：

$$P(A|B)=\frac{P(B|A)P(A)}{P(B)}=\frac{0.8\times 0.01}{0.107}=0.0748 \tag{13.9}$$

这表明即使测试结果为阳性，也仅有7.5%的可能会患病。对我们大多数人而言，这个结果并不直观。

贝叶斯法则的关键在于先验概率$P(A)$。这个例子中，患有疾病的先验概率仅有1/100，如果这个值变得非常大，那么后验概率$P(A|B)$也将显著增大。当使用贝叶斯法则时，拥有能准确地反映先验知识的先验概率$P(A)$是很重要的。 13-11

另外一个使用贝叶斯法则并反应先验密度的影响的例子请见例题P13.2以及相关的演示程序。

在下一小节，我们将应用贝叶斯分析来训练多层神经网络。贝叶斯方法的优势在于我们能够在选择先验概率的过程中嵌入先验知识。对于训练神经网络而言，我们将做出这样的先验假设：需要逼近的函数是平滑的。这意味着正如图13.5所示，权值不能过大。诀窍就是将这个先验知识融合到对先验概率适当的选择中。

5. 贝叶斯正则化

尽管存在很多自动选择正则化参数的方法，我们将重点关注David MacKay的一项研究[MacK92]。该方法将神经网络的训练置于贝叶斯统计框架中。除了选取正则化参数之外，该框架对训练过程的很多方面都有帮助，因此，我们需要熟知这一重要思想。该贝叶斯分析可以分为两个层次，我们将从第I层开始介绍。

(1) 第Ⅰ层贝叶斯框架

该贝叶斯框架假设神经网络的权值为随机变量。对于给定的数据集，我们选取能够最大化权值的条件概率的权值。贝叶斯法则用于计算如下概率函数：

$$P(\boldsymbol{x}|D,\alpha,\beta,M)=\frac{P(D|\boldsymbol{x},\beta,M)P(\boldsymbol{x}|\alpha,M)}{P(D|\alpha,\beta,M)} \tag{13.10}$$

其中，$\boldsymbol{x}$ 是包含网络所有权值和偏置值的向量；D 表示训练数据集；α 和 β 是与密度函数 $P(D|\boldsymbol{x}, \beta, M)$ 和 $P(\boldsymbol{x}|\alpha, M)$ 相关的参数；M 表示所选取的模型——所选定网络的结构(即网络有多少层以及每一层有多少神经元)。

这里花一些时间研究式(13.10)中的各项是值得的。首先，$P(D|\boldsymbol{x}, \beta, M)$ 表示对于给定权值集合 $\boldsymbol{x}$、参数 β(我们将随后介绍)以及网络模型 M 的情况下，训练数据的概率密度。如果假设式(13.2)中的噪声是相对独立的且服从高斯分布，那么可得：

13-12

$$P(D|\boldsymbol{x},\beta,M)=\frac{1}{Z_D(\beta)}\exp(-\beta E_D) \tag{13.11}$$

其中，$\beta=1/(2\sigma_\varepsilon^2)$，$\sigma_\varepsilon^2$ 是 ε_q 中每个元素的方差，E_D 是式(13.3)中定义的误差平方和，此外，

$$Z_D(\beta)=(2\pi\sigma_\varepsilon^2)^{N/2}=(\pi/\beta)^{N/2} \tag{13.12}$$

其中，N 如式(12.34)一样取值为 $Q\times S^M$。

式(13.11)也叫作*似然函数*(likelihood function)。这是一个关于网络权值 x 的函数，它描述了对于特定的网络权值集合，给定数据集出现的可能性。*最大似然*(maximum likelihood)法选择能够最大化似然函数的权值。当这个似然函数是高斯函数时，相当于最小化误差平方和 E_D。因此，标准的误差平方和性能指标可以通过假设训练数据集含有高斯噪声，从而使用统计学的方法推出。对于权值的标准选择方法是极大似然估计。

接下来考虑式(13.10)中右边第二项 $P(\boldsymbol{x}|\alpha, M)$。该项称为*先验密度*(prior density)，它体现了在收集数据前我们对于网络权值的了解。贝叶斯统计使我们能够在先验密度中融合先验知识。例如，如果假设权值是以 0 为中心的较小值，则可以选择一个零均值的高斯先验密度：

$$P(\boldsymbol{x}|\alpha,M)=\frac{1}{Z_W(\alpha)}\exp(-\alpha E_W) \tag{13.13}$$

其中，$\alpha=1/(2\sigma_w^2)$，σ_w^2 是每个权值的方差，E_W 是如式(13.4)所定义的权值平方和，此外，

$$Z_W(\alpha)=(2\pi\sigma_w^2)^{n/2}=(\pi/\alpha)^{n/2} \tag{13.14}$$

其中，n 是如式(12.35)所定义的网络中的权值和偏置值的数量。

式(13.10)右边最后一项为 $P(D|\alpha, \beta, M)$。该项被称为*证据*(evidence)，它是一个归一化项，不是 $\boldsymbol{x}$ 的函数。如果我们的目标是求最大化*后验密度*(posterior density) $P(\boldsymbol{x}|D, \alpha, \beta, M)$ 的权值 $\boldsymbol{x}$，那么我们不需要关心 $P(D|\alpha, \beta, M)$。(但是它对稍后估计参数 α 和 β 是很重要的。)

13-13 根据我们之前所做的高斯假设，可以使用式(13.10)将后验密度重写为如下形式：

$$\begin{aligned}P(\boldsymbol{x}|D,\alpha,\beta,M)&=\frac{\frac{1}{Z_W(\alpha)}\frac{1}{Z_D(\beta)}\exp(-(\beta E_D+\alpha E_w))}{\text{归一化因子}}\\&=\frac{1}{Z_F(\alpha,\beta)}\exp(-F(\boldsymbol{x}))\end{aligned} \tag{13.15}$$

其中，$Z_F(\alpha, \beta)$ 是 α 和 β 的函数(但不是 $\boldsymbol{x}$ 的函数)，$F(\boldsymbol{x})$ 是在式(13.4)中定义的正则化后的性能指标。为求权值最可能的取值，我们需要最大化后验密度 $P(\boldsymbol{x}|D, \alpha, \beta, M)$。这相当于最小化正则化性能指标 $F(\boldsymbol{x})=\beta E_D+\alpha E_W$。

因此，假设训练集含有高斯噪声并且已知网络权值的高斯先验密度，正则化性能指标可以通过贝叶斯统计推出。把能够最大化后验密度的权值定义为 $\boldsymbol{x}^{MP}$，即最可能的取值。这是为了与最大化似然函数的权值 $\boldsymbol{x}^{ML}$ 作比较。

注意这个统计框架怎样给参数 α 和 β 提供了物理意义。参数 β 与测量噪声 ε_q 的方差成反比。因此，如果噪声方差越大，那么 β 值越小，且正则化比率 α/β 的值越大。这将使得所得到的网络权值变小，网络函数变得平滑(参见图 13.6)。为了平衡噪声带来的影响，测量噪声越大，我们越要对网络函数进行平滑。

参数 α 与网络权值先验分布的方差成反比。如果方差很大，说明我们对于网络权值的取值很不确定，因此，它们有可能会非常大。那么参数 α 将很小，正则化比率 α/β 也很小。这将允许网络权值变大，网络函数可以具有更多的变化(参见图 13.6)。网络权值先验密度的方差越大，网络函数可以有的变化就越多。

(2) 第Ⅱ层贝叶斯框架

至此，我们已经对正则化性能指标进行了有趣的统计学推导，并且对参数 α 和 β 的意义有了新的见解。但是，我们真正想要知道的是怎样从数据中估计这些参数。为了实现这个目标，我们需要将贝叶斯分析纳入另外一个层次。如果想要使用贝叶斯分析来估计 α 和 β，我们需要概率密度 $P(\alpha, \beta|D, M)$。使用贝叶斯法则，它可以重写为： 13-14

$$P(\alpha,\beta|D,M)=\frac{P(D|\alpha,\beta,M)P(\alpha,\beta|M)}{P(D|M)} \tag{13.16}$$

这与式(13.10)形式相同，等式右边的分子是似然函数和先验密度。如果假设正则化参数 α 和 β 具有均匀(常数)先验密度 $P(\alpha, \beta|M)$，那么可以通过最大化似然函数 $P(D|\alpha, \beta, M)$ 来最大化后验概率。然而，需要注意的是该似然函数就是式(13.10)中的归一化因子(证据)。由于已经假设所有的概率都服从高斯分布，所以我们知道式(13.10)中后验密度的形式如式(13.15)所示。此时，可以求解式(13.10)得到归一化因子(证据)为：

$$\begin{aligned}P(D|\alpha,\beta,M)&=\frac{P(D|\boldsymbol{x},\beta,M)P(\boldsymbol{x}|\alpha,M)}{P(\boldsymbol{x}|D,\alpha,\beta,M)}\\&=\frac{\left[\dfrac{1}{Z_D(\beta)}\exp(-\beta E_D)\right]\left[\dfrac{1}{Z_W(\alpha)}\exp(-\alpha E_W)\right]}{\dfrac{1}{Z_F(\alpha,\beta)}\exp(-F(\boldsymbol{x}))}\\&=\frac{Z_F(\alpha,\beta)}{Z_D(\beta)Z_W(\alpha)}\frac{\exp(-\beta E_D-\alpha E_W)}{\exp(-F(\boldsymbol{x}))}=\frac{Z_F(\alpha,\beta)}{Z_D(\beta)Z_W(\alpha)}\end{aligned} \tag{13.17}$$

需要注意的是，从式(13.12)和式(13.14)可知常量 $Z_D(\beta)$ 和 $Z_W(\alpha)$，未知项仅剩 $Z_F(\alpha, \beta)$。然而，我们可以使用泰勒级数展式对其进行估计。

由于目标函数在极小点附近区域具有二次形式，因此我们可以将 $F(x)$ 在其极小点 x^{MP} (即梯度为零的点)附近以二阶泰勒级数展开(见式(8.9))：

$$F(\boldsymbol{x})\approx F(\boldsymbol{x}^{MP})+\frac{1}{2}(\boldsymbol{x}-\boldsymbol{x}^{MP})^{T}\boldsymbol{H}^{MP}(\boldsymbol{x}-\boldsymbol{x}^{MP}) \tag{13.18}$$

其中，$\boldsymbol{H}=\beta\nabla^2 E_D+\alpha\nabla^2 E_W$ 是 $F(\boldsymbol{x})$ 的 Hessian 矩阵，$\boldsymbol{H}^{MP}$ 是 Hessian 矩阵在 $\boldsymbol{x}^{MP}$ 处的估计。此时，我们可以将这个近似项代入式(13.15)中的后验密度表达式：

$$P(\boldsymbol{x}|D,\alpha,\beta,M)\approx\frac{1}{Z_F}\exp\left[-F(\boldsymbol{x}^{MP})-\frac{1}{2}(\boldsymbol{x}-\boldsymbol{x}^{MP})^{T}\boldsymbol{H}^{MP}(\boldsymbol{x}-\boldsymbol{x}^{MP})\right] \tag{13.19}$$

上式可以重写为： 13-15

$$P(\boldsymbol{x}|D,\alpha,\beta,M)\approx\left(\frac{1}{Z_F}\exp(-F(\boldsymbol{x}^{MP}))\right)\exp\left[-\frac{1}{2}(\boldsymbol{x}-\boldsymbol{x}^{MP})^{T}\boldsymbol{H}^{MP}(\boldsymbol{x}-\boldsymbol{x}^{MP})\right] \tag{13.20}$$

高斯密度的标准形式为：

$$P(\boldsymbol{x})=\frac{1}{\sqrt{(2\pi)^{n}\ |(\boldsymbol{H}^{\mathrm{MP}})^{-1}|}}\exp\left(-\frac{1}{2}(\boldsymbol{x}-\boldsymbol{x}^{\mathrm{MP}})^{\mathrm{T}}\boldsymbol{H}^{\mathrm{MP}}(\boldsymbol{x}-\boldsymbol{x}^{\mathrm{MP}})\right) \quad (13.21)$$

因此，联立式(13.20)和式(13.21)，可求出$Z_F(\alpha,\beta)$为：

$$Z_F(\alpha,\beta)\approx(2\pi)^{n/2}(\det((\boldsymbol{H}^{\mathrm{MP}})^{-1}))^{1/2}\exp(-F(\boldsymbol{x}^{\mathrm{MP}})) \quad (13.22)$$

将上式代入式(13.17)，可以求出 α 和 β 在极小点处的最优值。通过对式(13.17)的对数中的每一项求导，并使其导数为 0，可得(参见例题 P13.3)：

$$\alpha^{\mathrm{MP}}=\frac{\gamma}{2E_W(\boldsymbol{x}^{\mathrm{MP}})},\quad \beta^{\mathrm{MP}}=\frac{N-\gamma}{2E_D(\boldsymbol{x}^{\mathrm{MP}})} \quad (13.23)$$

其中，$\gamma=n-2\alpha^{\mathrm{MP}}\mathrm{tr}(\boldsymbol{H}^{\mathrm{MP}})^{-1}$称为有效参数数量，$n$ 代表网络全部参数数量。γ 项衡量了神经网络中多少参数(权值和偏置值)被有效地用于减少误差函数，它的取值范围是从 0 到 n。(更多关于 γ 的分析参见后文中的例子。)

(3) 贝叶斯正则化算法

正则化参数的贝叶斯优化需要计算 $F(\boldsymbol{x})$在极小点 $\boldsymbol{x}^{\mathrm{MP}}$处的 Hessian 矩阵。我们提出使用 Hessian 矩阵的高斯-牛顿逼近[FoHa97]。如果使用 Levenberg-Marquardt 优化算法(见式(12.31))确定极小点，那么用高斯-牛顿法逼近 Hessian 矩阵相当容易。正则化优化所需的额外计算量是最小的。

以下是通过高斯-牛顿法逼近 Hessian 矩阵，实现对正则化参数的贝叶斯优化所需的步骤：

0) 初始化 α、β 和权值。随机初始化权值并计算 E_D 及 E_W。令 $\gamma=n$，使用式(13.23)计算 α 和 β。

1) 执行一步 Levenberg-Marquardt 算法来最小化目标函数 $F(\boldsymbol{x})=\beta E_D+\alpha E_W$。

13-16 2) 计算有效参数数量 $\gamma=n-2\alpha\mathrm{tr}(\boldsymbol{H})^{-1}$，在 Levenberg-Marquardt 训练算法中使用高斯-牛顿法逼近 Hessian 矩阵是可行的，$\boldsymbol{H}=\nabla^2F(\boldsymbol{x})\approx2\beta\boldsymbol{J}^{\mathrm{T}}\boldsymbol{J}+2\alpha\boldsymbol{I}_n$，其中，$\boldsymbol{J}$ 为训练集上误差的 Jacobian 矩阵(见式(12.37))。

3) 计算正则化参数 $\alpha=\dfrac{\gamma}{2E_W(\boldsymbol{x})}$和 $\beta=\dfrac{N-\gamma}{2E_D(\boldsymbol{x})}$新的估计值。

4) 迭代计算步骤 1 到 3 直至收敛。

请记住：当每一次重新估计正则化参数 α 和 β 时，目标函数 $F(\boldsymbol{x})$都将改变，因此，极小点是一直变化的。如果在性能曲面上移动时总是移向下一个极小点，那么正则化参数新的估计值将更加精确。最终，精度将足够高，使得目标函数在后续的迭代中不会有明显改变。于是，网络收敛。

当使用该高斯-牛顿法逼近贝叶斯正则化(Gauss-Newton approximation to Bayesian regularization，GNBR)算法时，如果训练数据首先映射到区间[−1，1](或一些类似的区域)，那么会得到最好的结果。我们将在第 17 章中讨论训练数据的预处理。

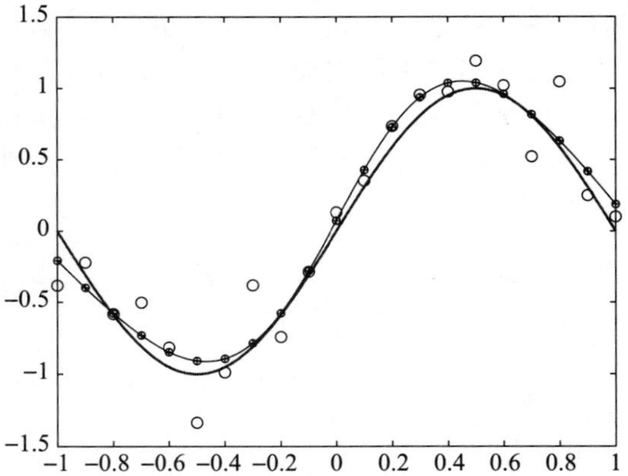

图 13.7 贝叶斯正则化拟合

在与图 13.4 和 13.6 所用的相同数据集上使用 GNBR 算法训练一个结构为 1-20-1 的神经网络的结果如图 13.7 所示。网络拟合了潜在的函数，并且对噪声点没有过拟合。当正则化比率设为 $\alpha/\beta=0.01$ 时，拟合结果看起来和图 13.6 类似。事实上，当使用 GNBR 算法完成训练后，这个例子最终的正则化比率是 $\alpha/\beta=0.0137$。

13-17 图 13.8 显示了这个例子的训练过程。图 13.8 的左上图显示了训练集上的误差平方和。注意，它并不是在每次迭代中都下降。图 13.8 的右上图显示了测试集上的误差平方和，它是通过将网络函数与实际函数在 -1 和 1 之间的一些点上进行比较得到的。这是衡量网络泛化能力的一种方法。(在实际中这是不可能的，因为实际函数是未知的。)注意，测试误差是在训练完成后到达其极小值。

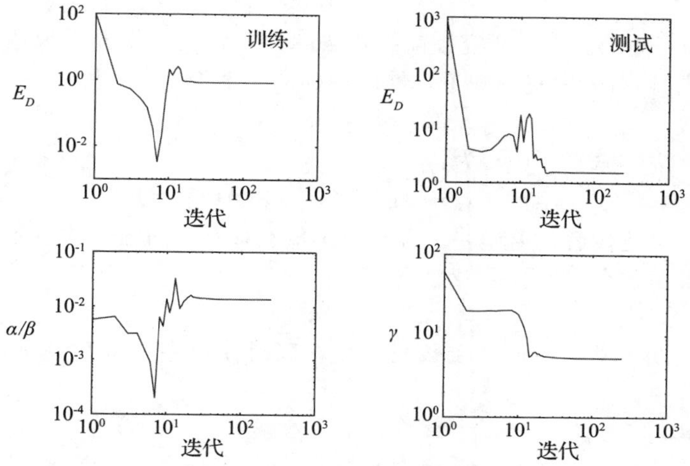

图 13.8　贝叶斯正则化训练过程

图 13.8 也显示了训练过程中的正则化比率和有效参数数量。这些参数在训练过程中没有特别的意义，但训练完成后它们意义重大。正如先前所提到的，最终的正则化比率是 $\alpha/\beta=0.0137$，这与先前对正则化的研究(如图 13.6 所示)是一致的。最终的有效参数数量为 $\gamma=5.2$，而网络总权值和偏置值数有 61 个。

事实上，这个例子中的有效参数数量比参数总数小得多(6 和 61)，这意味着我们可以使用一个更小的网络来拟合这些数据。大网络存在两个缺点：对数据可能会过拟合；需要更多的计算量来计算网络输出。通过使用 GNBR 算法我们克服了第一个缺点；尽管网络有 61 个参数，但是这与仅有 6 个参数的网络是等价的。如果网络响应的计算时间对应用是至关重要的，那么第二个缺点非常重要。通常情况并非如此，因为对于一个特定输入的网络响应，其计算时间是以毫秒衡量的。在计算时间非常重要的情况下，可以在该数据上训练一个更小的网络。 13-18

另一方面，当有效参数数量接近于网络总参数的数量时，说明网络规模不足够拟合数据。这种情况下，应当增大网络规模并在数据集上重新训练。

MATLAB 实验 使用 Neural Network Design Demonstration **Bayesian Regularization** (nnd13breg)测试贝叶斯正则化方法。

6. 提前终止法与正则化法的关系

我们已经讨论了两种提升网络泛化能力的方法：提前终止法和正则化法。虽然这两种方法以不同的方式提出，但是它们都能通过限制网络权值来提升泛化能力，从而产生一个具有更少有效参数的网络。提前终止法通过在权值收敛到误差平方和极小值之前停止训练来约束网络权值。正则化法通过在误差平方和上加上一个惩罚项来惩罚大权值从而对权值进行约束。本小节中我们想通过一个线性的例子来说明这两种方法是近似等价的。在这一过程中，我们将对有效参数数量 γ 的意义有所了解。这一发现是基于文献[SjLj94]中所描述的更一般化的过程。

(1) 提前终止法分析

考虑图 10.1 所示的单层线性网络。在式(10.12)和式(10.14)中我们已经知道，该线性网络的均方误差性能函数是二次的，其形式如下：

$$F(\boldsymbol{x}) = c + \boldsymbol{d}^{\mathrm{T}}\boldsymbol{x} + \frac{1}{2}\boldsymbol{x}^{\mathrm{T}}\boldsymbol{A}\boldsymbol{x} \tag{13.24}$$

其中，$\boldsymbol{A}$ 为 Hessian 矩阵。为了研究提前终止法的性能，我们将分析最速下降法在线性网络上的演化。从式(10.16)中我们知道，性能指标的梯度为：

13-19

$$\nabla F(\boldsymbol{x}) = \boldsymbol{A}\boldsymbol{x} + \boldsymbol{d} \tag{13.25}$$

因此，最速下降算法(见式(9.10))为：

$$\boldsymbol{x}_{k+1} = \boldsymbol{x}_k - \alpha\,\boldsymbol{g}_k = \boldsymbol{x}_k - \alpha(\boldsymbol{A}\boldsymbol{x}_k + \boldsymbol{d}) \tag{13.26}$$

我们想要了解每一次迭代后距离误差平方和极小值有多远。对于二次性能指标，我们知道极小值将出现在下面的点(见式(8.62))：

$$\boldsymbol{x}^{\mathrm{ML}} = -\boldsymbol{A}^{-1}\boldsymbol{d} \tag{13.27}$$

其中，上标 ML 表明该结果使似然函数极大化，同时使误差平方和极小化，如式(13.11)所示。

重写式(13.26)：

$$\boldsymbol{x}_{k+1} = \boldsymbol{x}_k - \alpha\boldsymbol{A}(\boldsymbol{x}_k + \boldsymbol{A}^{-1}\boldsymbol{d}) = \boldsymbol{x}_k - \alpha\boldsymbol{A}(\boldsymbol{x}_k - \boldsymbol{x}^{\mathrm{ML}}) \tag{13.28}$$

通过一些代数运算可得：

$$\boldsymbol{x}_{k+1} = [\boldsymbol{I} - \alpha\boldsymbol{A}]\boldsymbol{x}_k + \alpha\boldsymbol{A}\boldsymbol{x}^{\mathrm{ML}} = \boldsymbol{M}\boldsymbol{x}_k + [\boldsymbol{I} - \boldsymbol{M}]\boldsymbol{x}^{\mathrm{ML}} \tag{13.29}$$

其中，$\boldsymbol{M}=(\boldsymbol{I}-\alpha\boldsymbol{A})$。下一步是将 $\boldsymbol{x}_{k+1}$ 与初始化权值 $\boldsymbol{x}_0$ 进行关联。从第一次迭代开始，使用式(13.29)可得：

$$\boldsymbol{x}_1 = \boldsymbol{M}\boldsymbol{x}_0 + [\boldsymbol{I} - \boldsymbol{M}]\boldsymbol{x}^{\mathrm{ML}} \tag{13.30}$$

其中，初始值 $\boldsymbol{x}_0$ 通常由 0 附近的随机值组成。继续进行第二次迭代：

$$\begin{aligned}\boldsymbol{x}_2 &= \boldsymbol{M}\boldsymbol{x}_1 + [\boldsymbol{I} - \boldsymbol{M}]\boldsymbol{x}^{\mathrm{ML}} \\ &= \boldsymbol{M}^2\boldsymbol{x}_0 + \boldsymbol{M}[\boldsymbol{I} - \boldsymbol{M}]\boldsymbol{x}^{\mathrm{ML}} + [\boldsymbol{I} - \boldsymbol{M}]\boldsymbol{x}^{\mathrm{ML}} \\ &= \boldsymbol{M}^2\boldsymbol{x}_0 + \boldsymbol{M}\boldsymbol{x}^{\mathrm{ML}} - \boldsymbol{M}^2\boldsymbol{x}^{\mathrm{ML}} + \boldsymbol{x}^{\mathrm{ML}} - \boldsymbol{M}\boldsymbol{x}^{\mathrm{ML}} \\ &= \boldsymbol{M}^2\boldsymbol{x}_0 + \boldsymbol{x}^{\mathrm{ML}} - \boldsymbol{M}^2\boldsymbol{x}^{\mathrm{ML}} = \boldsymbol{M}^2\boldsymbol{x}_0 + [\boldsymbol{I} - \boldsymbol{M}^2]\boldsymbol{x}^{\mathrm{ML}}\end{aligned} \tag{13.31}$$

按照类似的步骤，在第 k 次迭代可得：

$$\boldsymbol{x}_k = \boldsymbol{M}^k\boldsymbol{x}_0 + [\boldsymbol{I} - \boldsymbol{M}^k]\boldsymbol{x}^{\mathrm{ML}} \tag{13.32}$$

这一关键性结果表明从初始值到 k 次迭代后的最大似然权值我们进步了多少。稍后，我们

13-20 将使用这个结果与正则化法进行对比。

(2) 正则化法分析

回想式(13.4)，在误差平方和上加上一个惩罚项作为正则化性能指标，即：

$$F(\boldsymbol{x}) = \beta E_D + \alpha E_W \tag{13.33}$$

为了便于接下来的分析，我们使用如下等价的(因为极小值出现在相同的位置)性能指标：

$$F^*(\boldsymbol{x}) = \frac{F(\boldsymbol{x})}{\beta} = E_D + \frac{\alpha}{\beta}E_W = E_D + \rho E_W \tag{13.34}$$

上式只有一个正则化参数。

权值平方和惩罚项 E_W 可以写为：

$$E_W = (\boldsymbol{x}-\boldsymbol{x}_0)^{\mathrm{T}}(\boldsymbol{x}-\boldsymbol{x}_0) \tag{13.35}$$

其中，初始值 $\boldsymbol{x}_0$ 通常为零向量。

为了寻找正则化性能指标的极小值，同时也是最可能的值 $\boldsymbol{x}^{\mathrm{MP}}$，令梯度等于零：

$$\nabla F^*(\boldsymbol{x}) = \nabla E_D + \rho\,\nabla E_W = \mathbf{0} \tag{13.36}$$

式(13.35)所示的惩罚项的梯度为：

$$\nabla E_W = 2(\boldsymbol{x}-\boldsymbol{x}_0) \tag{13.37}$$

从式(13.25)和式(13.28)可知，误差平方和的梯度为：

$$\nabla E_D = \boldsymbol{A}\boldsymbol{x}+\boldsymbol{d} = \boldsymbol{A}(\boldsymbol{x}+\boldsymbol{A}^{-1}\boldsymbol{d}) = \boldsymbol{A}(\boldsymbol{x}-\boldsymbol{x}^{\mathrm{ML}}) \tag{13.38}$$

此时，将总梯度设置为零：

$$\nabla F^*(\boldsymbol{x}) = \boldsymbol{A}(\boldsymbol{x}-\boldsymbol{x}^{\mathrm{ML}}) + 2\rho(\boldsymbol{x}-\boldsymbol{x}_0) = \mathbf{0} \tag{13.39}$$

式(13.39)的解是权值最可能的值 $\boldsymbol{x}^{\mathrm{MP}}$。通过一些替换和代数运算可得：

$$\begin{aligned}\boldsymbol{A}(\boldsymbol{x}^{\mathrm{MP}}-\boldsymbol{x}^{\mathrm{ML}}) &= -2\rho(\boldsymbol{x}^{\mathrm{MP}}-\boldsymbol{x}_0) = -2\rho(\boldsymbol{x}^{\mathrm{MP}}-\boldsymbol{x}^{\mathrm{ML}}+\boldsymbol{x}^{\mathrm{ML}}-\boldsymbol{x}_0)\\ &= -2\rho(\boldsymbol{x}^{\mathrm{MP}}-\boldsymbol{x}^{\mathrm{ML}}) - 2\rho(\boldsymbol{x}^{\mathrm{ML}}-\boldsymbol{x}_0)\end{aligned} \tag{13.40}$$

合并乘法项 $(\boldsymbol{x}^{\mathrm{MP}}-\boldsymbol{x}^{\mathrm{ML}})$，可得： 13-21

$$(\boldsymbol{A}+2\rho\boldsymbol{I})(\boldsymbol{x}^{\mathrm{MP}}-\boldsymbol{x}^{\mathrm{ML}}) = 2\rho(\boldsymbol{x}_0-\boldsymbol{x}^{\mathrm{ML}}) \tag{13.41}$$

求解 $(\boldsymbol{x}^{\mathrm{MP}}-\boldsymbol{x}^{\mathrm{ML}})$，可得：

$$(\boldsymbol{x}^{\mathrm{MP}}-\boldsymbol{x}^{\mathrm{ML}}) = 2\rho(\boldsymbol{A}+2\rho\boldsymbol{I})^{-1}(\boldsymbol{x}_0-\boldsymbol{x}^{\mathrm{ML}}) = \boldsymbol{M}_\rho(\boldsymbol{x}_0-\boldsymbol{x}^{\mathrm{ML}}) \tag{13.42}$$

其中，$\boldsymbol{M}_\rho = 2\rho(\boldsymbol{A}+2\rho\boldsymbol{I})^{-1}$。

我们想要知道正则化的解 $\boldsymbol{x}^{\mathrm{MP}}$ 与误差平方和极小值 $\boldsymbol{x}^{\mathrm{ML}}$ 的关系，那么我们可以通过式(13-42)求解 $\boldsymbol{x}^{\mathrm{MP}}$：

$$\boldsymbol{x}^{\mathrm{MP}} = \boldsymbol{M}_P\boldsymbol{x}_0 + [\boldsymbol{I}-\boldsymbol{M}_\rho]\boldsymbol{x}^{\mathrm{ML}} \tag{13.43}$$

上式是描述正则化的解与误差平方和极小值之间关系的关键性结论。通过将式(13.43)与式(13.32)对比，可以研究提前终止法和正则化法之间的关系。我们会在下一节进行讨论。

(3) 提前终止法与正则化法的关系

为了比较提前终止法和正则化法，我们需要将式(13.43)与式(13.32)进行对比。图 13.9 就这一比较进行了总结。我们想要知道什么情况下两个解是等价的，换言之，什么情况下提前终止法和正则化法产生相同的权值。

提前终止法	正则化法
$\boldsymbol{x}_k = \boldsymbol{M}^k\boldsymbol{x}_0 + [\boldsymbol{I}-\boldsymbol{M}^k]\boldsymbol{x}^{\mathrm{ML}}$	$\boldsymbol{x}^{\mathrm{MP}} = \boldsymbol{M}_\rho\boldsymbol{x}_0 + [\boldsymbol{I}-\boldsymbol{M}_\rho]\boldsymbol{x}^{\mathrm{ML}}$
$\boldsymbol{M} = [\boldsymbol{I}-\alpha\boldsymbol{A}]$	$\boldsymbol{M}_\rho = 2\rho(\boldsymbol{A}+2\rho\boldsymbol{I})^{-1}$

图 13.9　采用提前终止法和采用正则化法所产生的解

提前终止法中的关键矩阵为 $\boldsymbol{M}^k = [\boldsymbol{I}-\alpha\boldsymbol{A}]^k$，正则化法中的关键矩阵为 $\boldsymbol{M}_\rho = 2\rho(\boldsymbol{A}+2\rho\boldsymbol{I})^{-1}$。如果这两个矩阵相等，那么提前终止法和正则化法将产生相同的权值。从式(9.22)可知，$\boldsymbol{M}$ 和 $\boldsymbol{A}$ 具有相同的特征向量，$\boldsymbol{M}$ 的特征值为 $(1-\alpha\lambda_i)$，其中 $\boldsymbol{A}$ 的特征值为 λ_i。那么，$\boldsymbol{M}^k$ 的特征值为：

$$\mathrm{eig}(\boldsymbol{M}^k) = (1-\alpha\lambda_i)^k \tag{13.44}$$

接下来考虑矩阵 $\boldsymbol{M}_\rho$。首先，使用与式(9.22)相同的步骤可知，$(\boldsymbol{A}+2\rho\boldsymbol{I})$与 $\boldsymbol{A}$ 具有相同的
13-22 特征向量，且$(\boldsymbol{A}+2\rho\boldsymbol{I})$的特征值为$(2\rho+\lambda_i)$。此外，一个矩阵和其逆矩阵具有相同的特征向量，逆矩阵的特征值是原矩阵的倒数。因此，$\boldsymbol{M}_\rho$ 和 $\boldsymbol{A}$ 具有相同的特征向量，且 $\boldsymbol{M}_\rho$ 的特征向量为：

$$\text{eig}(\boldsymbol{M}_\rho)=\frac{2\rho}{(\lambda_i+2\rho)} \tag{13.45}$$

因此，为了使 $\boldsymbol{M}^k$ 与 $\boldsymbol{M}_\rho$ 相等，仅需要使其特征值相等：

$$\frac{2\rho}{(\lambda_i+2\rho)}=(1-\alpha\lambda_i)^k \tag{13.46}$$

对上式中等式两边同时取对数可得：

$$-\log\left(1+\frac{\lambda_i}{2\rho}\right)=k\log(1-\alpha\lambda_i) \tag{13.47}$$

上述表达式在 $\lambda_i=0$ 时成立，所以如果它们的导数相等则等式将一直成立。对等式两边同时求导，可得：

$$-\frac{1}{\left(1+\frac{\lambda_i}{2\rho}\right)}\frac{1}{2\rho}=\frac{k}{1-\alpha\lambda_i}(-\alpha) \tag{13.48}$$

或

$$\alpha k=\frac{1}{2\rho}\frac{(1-\alpha\lambda_i)}{(1+\lambda_i/(2\rho))} \tag{13.49}$$

如果 $\alpha\lambda_i$ 很小(缓慢、稳定的学习)且 $\lambda_i/(2\rho)$很小，那么我们有近似的结果：

$$\alpha k\cong\frac{1}{2\rho} \tag{13.50}$$

因此，提前终止法和正则化法近似相等。增加迭代次数 k 近似于减小正则化参数 ρ。可以直观地看出，增加迭代次数或者减小正则化参数都能够引起过拟合。

(4) 有效参数数量的例子及解释

举例 我们将使用一个简单的例子解释这个结果。假设有一个无偏置值的单层线性网
13-23 络。其输入/目标对如下：

$$\left\{\boldsymbol{p}_1=\begin{bmatrix}1\\1\end{bmatrix},t_1=1\right\},\quad\left\{\boldsymbol{p}_2=\begin{bmatrix}-1\\1\end{bmatrix},t_2=-1\right\}$$

其中，第一个输入/目标对出现的概率为 0.75，第二个出现的概率为 0.25。根据式(10.13)和式(10.15)可知，二次均方误差性能指标为：

$$c=E[t^2]=1^2\times0.75+(-1)^2\times0.25=1$$

$$\boldsymbol{h}=E[t\boldsymbol{z}]=0.75\times1\times\begin{bmatrix}1\\1\end{bmatrix}+0.25\times(-1)\begin{bmatrix}-1\\1\end{bmatrix}=\begin{bmatrix}1\\0.5\end{bmatrix}$$

$$\boldsymbol{d}=-2\boldsymbol{h}=(-2)\begin{bmatrix}1\\0.5\end{bmatrix}=\begin{bmatrix}-2\\-1\end{bmatrix}$$

$$\boldsymbol{A}=2\boldsymbol{R}=2(E[\boldsymbol{z}\boldsymbol{z}^{\mathrm{T}}])=2\left(0.75\times\begin{bmatrix}1\\1\end{bmatrix}[1\quad1]+0.25\begin{bmatrix}-1\\1\end{bmatrix}[-1\quad1]\right)=\begin{bmatrix}2&1\\1&2\end{bmatrix}$$

$$E_D=c+\boldsymbol{x}^{\mathrm{T}}\boldsymbol{d}+\frac{1}{2}\boldsymbol{x}^{\mathrm{T}}\boldsymbol{A}\boldsymbol{x}$$

均方误差极小值出现在

$$\boldsymbol{x}^{\mathrm{ML}} = -\boldsymbol{A}^{-1}\boldsymbol{d} = \boldsymbol{R}^{-1}\boldsymbol{h} = \begin{bmatrix} 1 & 0.5 \\ 0.5 & 1 \end{bmatrix}^{-1} \begin{bmatrix} 1 \\ 0.5 \end{bmatrix} = \begin{bmatrix} 1 \\ 0 \end{bmatrix}$$

现在让我们研究一下 E_D 的 Hessian 矩阵的特征系统：

$$\nabla^2 E_D(\boldsymbol{x}) = \boldsymbol{A} = 2\boldsymbol{R} = \begin{bmatrix} 2 & 1 \\ 1 & 2 \end{bmatrix}$$

为计算其特征值为：

$$|\boldsymbol{A} - \lambda \boldsymbol{I}| = \begin{vmatrix} 2-\lambda & 1 \\ 1 & 2-\lambda \end{vmatrix} = \lambda^2 - 4\lambda + 3 = (\lambda - 1)(\lambda - 3)$$

$$\lambda_1 = 1, \quad \lambda_2 = 3$$

为计算其特征向量： 13-24

$$[\boldsymbol{A} - \lambda \boldsymbol{I}]\boldsymbol{v} = 0$$

对于 $\lambda_i = 1$，

$$\begin{bmatrix} 1 & 1 \\ 1 & 1 \end{bmatrix} \boldsymbol{v}_1 = 0 \quad \boldsymbol{v}_1 = \begin{bmatrix} 1 \\ -1 \end{bmatrix}$$

对于 $\lambda_i = 3$，

$$\begin{bmatrix} -1 & 1 \\ 1 & -1 \end{bmatrix} \boldsymbol{v}_2 = 0 \quad \boldsymbol{v}_2 = \begin{bmatrix} 1 \\ 1 \end{bmatrix}$$

图 13.10 所示是 E_D 的等高线图。

接下来考虑式(13.34)所示的正则化性能指标，其 Hessian 矩阵为：

$$\nabla^2 F^*(\boldsymbol{x}) = \nabla^2 E_D + \rho \nabla^2 E_w = \nabla^2 E_D + 2\rho \boldsymbol{I} = \begin{bmatrix} 2 & 1 \\ 1 & 2 \end{bmatrix} + \rho \begin{bmatrix} 2 & 0 \\ 0 & 2 \end{bmatrix} = \begin{bmatrix} 2+2\rho & 1 \\ 1 & 2+2\rho \end{bmatrix}$$

图 13.11 显示了 ρ 取值分别为 0、1 及∞时 F 的等高线图。 13-25

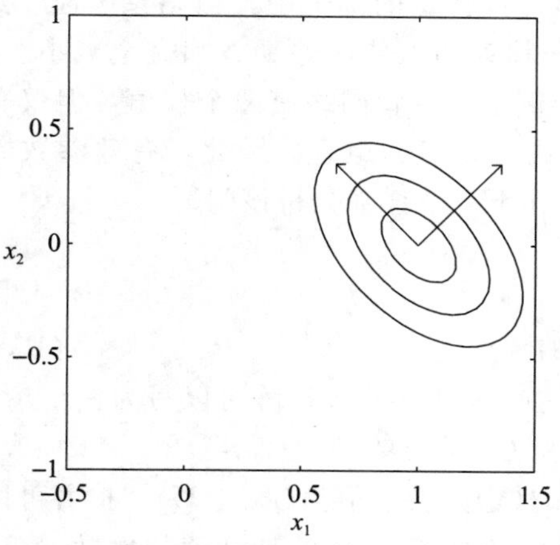

图 13.10　E_D 的等高线图

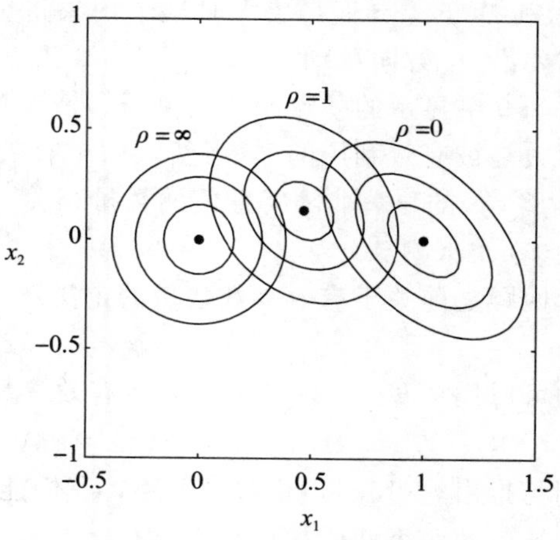

图 13.11　F 的等高线图

图 13.12 中灰色曲线代表了 ρ 变化时 $\boldsymbol{x}^{\mathrm{MP}}$ 的移动。

现在让我们比较一下正则化法的结果和提前终止法的结果。图 13.13 显示了当初始权值很小时，最小化 E_D 时最速下降法的轨迹。如果采用提前终止法，结果将沿灰色曲线下降。注意，这个曲线和图 13.12 中正则化法的曲线非常接近。当迭代次数很小时与 ρ 非常大的情况是等价的。因为增加迭代次数相当于减小 ρ。 13-26

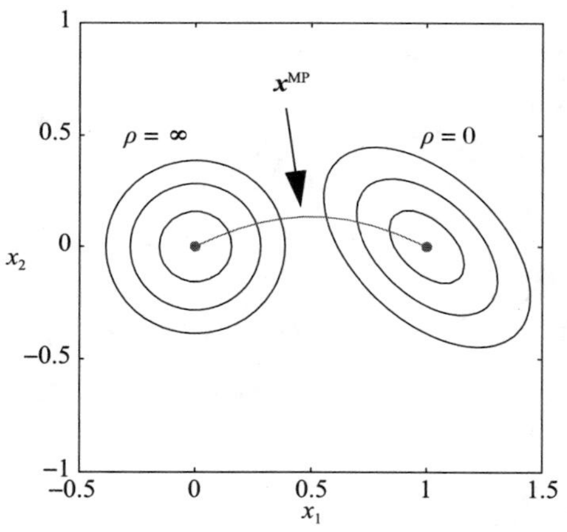

图 13.12 随着 ρ 变化的 $\boldsymbol{x}^{MP}$

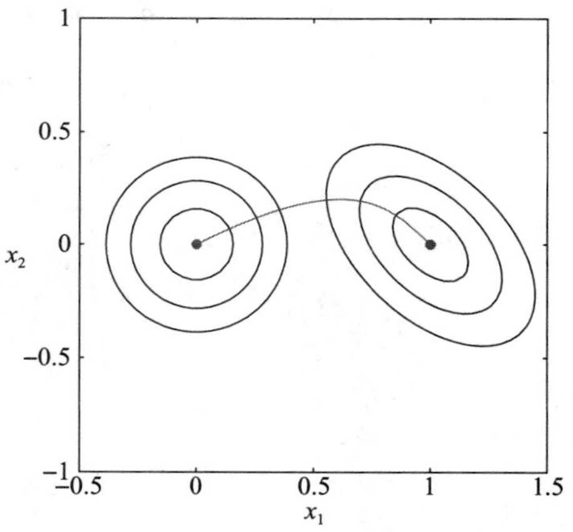

图 13.13 最速下降法的轨迹

MATLAB 实验 使用 Neural Network Design Demonstration **Early Stopping/Regularization**(nnd13esr)测试提前终止法与正则化法的关系。

考虑 Hessian 矩阵$\nabla^2 E_D(\boldsymbol{x})$的特征值和特征向量之间的关系以及正则化法和提前终止法的结果之间的关系是非常有用的。这个例子中，λ_2 比 λ_1 大，所以 E_D 在 $\boldsymbol{v}_2$ 方向具有更高的曲率。这意味着如果我们首先沿着这个方向移动，误差平方和将下降得更快。图 13.13 显示了以上结论，初始最速下降移动方向几乎和 $\boldsymbol{v}_2$ 相同。图 13.12 显示了在正则化法中当 ρ 从一个较大值减小时，权值首先沿着 $\boldsymbol{v}_2$ 方向移动。对于一个给定的权值变化，该方向使误差平方和减小得最快。

由于特征值 λ_1 比 λ_2 小，只有当 E_D 在 $\boldsymbol{v}_2$ 方向有显著下降后我们才沿着 $\boldsymbol{v}_1$ 方向移动。当 λ_1 和 λ_2 的差异变得更大时这个现象将更加明显。在特定的例子中，当 $\lambda_1=0$ 时，我们不需要沿 $\boldsymbol{v}_1$ 方向移动。此时，仅需要沿着 $\boldsymbol{v}_2$ 方向移动即可使误差平方和完全减小。(这是图 8.9 中显示的驻点凹槽的例子。)请注意，这个例子中尽管网络有两个权值，但仅有一个参数是被有效利用的。(当然，这个有效参数是两个权值的组合。)因此，有效参数数量
13-27 与$\nabla^2 E_D(\boldsymbol{x})$的显著非零特征值的数量相关。我们将在下一节详细分析该问题。

(5) 有效参数数量

回顾之前关于有效参数数量的定义：

$$\gamma = n - 2\alpha^{MP}\mathrm{tr}\{(\boldsymbol{H}^{MP})^{-1}\} \tag{13.51}$$

我们可以用$\nabla^2 E_D(\boldsymbol{x})$的特征值表达有效参数数量。首先，Hessian 矩阵可以写为：

$$\boldsymbol{H}(\boldsymbol{x}) = \nabla^2 F(\boldsymbol{x}) = \beta\nabla^2 E_D + \alpha\nabla^2 E_W = \beta\nabla^2 E_D + 2\alpha\boldsymbol{I} \tag{13.52}$$

使用与推出式(13.44)相似的思路，我们能够得到 $\boldsymbol{H}(\boldsymbol{x})$的特征值为$(\beta\lambda_i+2\alpha)$。接着可以使用特征值的两个性质来计算 $\mathrm{tr}\{\boldsymbol{H}^{-1}\}$。第一，$\boldsymbol{H}^{-1}$的特征值是 $\boldsymbol{H}$ 的特征值的倒数。第二，矩阵的迹等于其特征值的和。通过这两个性质可得：

$$\mathrm{tr}\{\boldsymbol{H}^{-1}\} = \sum_{i=1}^{n}\frac{1}{\beta\lambda_i+2\alpha} \tag{13.53}$$

现在我们可以得到有效参数数量为：

$$\gamma = n - 2\alpha^{MP}\mathrm{tr}\{(\boldsymbol{H}^{MP})^{-1}\} = n - \sum_{i=1}^{n}\frac{2\alpha}{\beta\lambda_i+2\alpha} = \sum_{i=1}^{n}\frac{\beta\lambda_i}{\beta\lambda_i+2\alpha} \tag{13.54}$$

或

$$\gamma=\sum_{i=1}^{n}\frac{\beta\lambda_i}{\beta\lambda_i+2\alpha}=\sum_{i=1}^{n}\gamma_i \tag{13.55}$$

其中，

$$\gamma_i=\frac{\beta\lambda_i}{\beta\lambda_i+2\alpha} \tag{13.56}$$

注意 $0\leqslant\gamma_i\leqslant1$，所以有效参数数量 γ 必在 0 到 n 之间。如果 $\nabla^2 E_D(\boldsymbol{x})$ 的所有特征值都很大，那么有效参数数量将与总参数数量相等。如果有一些特征值很小，那么有效参数数量将等于较大特征值的数量，这已经在我们之前小节的例子中进行了解释。特征值大意味着曲率大，曲率大则意味着性能指标沿着这些特征向量的方向变化快。每一个大的特征值代表一个性能优化的有效方向。 13-28

13.3 小结

问题描述

具有泛化能力的神经网络将在新的场景中取得与训练数据上一样好的结果。

$$E_D=\sum_{q=1}^{Q}(\boldsymbol{t}_q-\boldsymbol{a}_q)^{\mathrm{T}}(\boldsymbol{t}_q-\boldsymbol{a}_q)$$

提升泛化能力的方法

泛化误差估计—测试集

给定有限数量的可用数据，在训练过程中保留一个特定的子集用于测试是很重要的。在网络训练完成后，我们将计算训练好的网络在这个测试集上的误差。这个误差为我们指明网络在未来的表现如何，这是对网络泛化能力的一种衡量。

提前终止法

可用数据(移除测试集以后)被分为两部分：一部分作为训练集，一部分作为验证集。训练集用于计算梯度或者 Jacobian 矩阵并决定每次迭代中权值的更新。当验证集上的误差在几次迭代中均上升时，训练终止，在验证集上产生极小误差的权值被用作最终训练好的网络权值。

正则化法

$$F(\boldsymbol{x})=\beta E_D+\alpha E_W=\beta\sum_{q=1}^{Q}(\boldsymbol{t}_q-\boldsymbol{a}_q)^{\mathrm{T}}(\boldsymbol{t}_q-\boldsymbol{a}_q)+\alpha\sum_{i=1}^{n}x_i^2$$

贝叶斯正则化

第一层贝叶斯框架

$$P(\boldsymbol{x}|D,\alpha,\beta,M)=\frac{P(D|\boldsymbol{x},\beta,M)P(\boldsymbol{x}|\alpha,M)}{P(D|\alpha,\beta,M)}$$ 13-29

$$P(D|\boldsymbol{x},\beta,M)=\frac{1}{Z_D(\beta)}\exp(-\beta E_D),\quad \beta=1/(2\sigma_\varepsilon^2)$$

$$Z_D(\beta)=(2\pi\sigma_\varepsilon^2)^{N/2}=(\pi/\beta)^{N/2}$$

$$P(\boldsymbol{x}|\alpha,M)=\frac{1}{Z_W(\alpha)}\exp(-\alpha E_W),\quad \alpha=1/(2\sigma_w^2)$$

$$Z_W(\alpha)=(2\pi\sigma_w^2)^{n/2}=(\pi/\alpha)^{n/2}$$

$$P(\boldsymbol{x}|D,\alpha,\beta,M)=\frac{1}{Z_F(\alpha,\beta)}\exp(-F(\boldsymbol{x}))$$

第二层贝叶斯框架

$$P(\alpha,\beta|D,M)=\frac{P(D|\alpha,\beta,M)P(\alpha,\beta|M)}{P(D|M)}$$

$$\alpha^{\mathrm{MP}}=\frac{\gamma}{2E_W(\boldsymbol{x}^{\mathrm{MP}})},\quad \beta^{\mathrm{MP}}=\frac{N-\gamma}{2E_D(\boldsymbol{x}^{\mathrm{MP}})}$$

$$\gamma=n-2\alpha^{\mathrm{MP}}\mathrm{tr}(\boldsymbol{H}^{\mathrm{MP}})^{-1}$$

贝叶斯正则化算法

0）初始化α、β和权值。随机初始化权值并计算E_D及E_W。令$\gamma=n$，使用式(13.23)计算α和β。

1）执行一步 Levenberg-Marquardt 算法来最小化目标函数$F(\boldsymbol{x})=\beta E_D+\alpha E_W$。

2）计算有效参数数量$\gamma=n-2\alpha\mathrm{tr}(\boldsymbol{H})^{-1}$，在 Levenberg-Marquardt 训练算法中使用高斯-牛顿法逼近 Hessian 矩阵是可行的，$\boldsymbol{H}=\nabla^2F(\boldsymbol{x})\approx 2\beta\boldsymbol{J}^{\mathrm{T}}\boldsymbol{J}+2\alpha\boldsymbol{I}_n$，其中，$\boldsymbol{J}$为训练集上误差的 Jacobian 矩阵(见式(12.37))。

3）计算正则化参数$\alpha=\dfrac{\gamma}{2E_W(\boldsymbol{x})}$和$\beta=\dfrac{N-\gamma}{2E_D(\boldsymbol{x})}$新的估计值。

13-30 4）迭代计算步骤 1 到 3 直至收敛。

提前终止法与正则化法的关系

提前终止法	正则化法
$\boldsymbol{x}_k=\boldsymbol{M}^k\boldsymbol{x}_0+[\boldsymbol{I}-\boldsymbol{M}^k]\boldsymbol{x}^{\mathrm{ML}}$	$\boldsymbol{x}^{\mathrm{MP}}=\boldsymbol{M}_\rho\boldsymbol{x}_0+[\boldsymbol{I}-\boldsymbol{M}_\rho]\boldsymbol{x}^{\mathrm{ML}}$
$\boldsymbol{M}=[\boldsymbol{I}-\alpha\boldsymbol{A}]$	$\boldsymbol{M}_\rho=2\rho(\boldsymbol{A}+2\rho\boldsymbol{I})^{-1}$

$$\mathrm{eig}(\boldsymbol{M}^k)=(1-\alpha\lambda_i)^k$$

$$\mathrm{eig}(\boldsymbol{M}_\rho)=\frac{2\rho}{(\lambda_i+2\rho)}$$

$$\alpha k\cong\frac{1}{2\rho}$$

有效参数数量

$$\gamma=\sum_{i=1}^{n}\frac{\beta\lambda_i}{\beta\lambda_i+2\alpha}$$

13-31

$$0\leqslant\gamma\leqslant n$$

13.4 例题

P13.1 在这个问题以及接下来的一个问题中我们想要研究最大似然法和贝叶斯方法之间的关系。假设有一个随机变量在 0 到 x 之间服从均匀分布。我们对该变量进行一系列 Q 次相对独立的采样。计算 x 的最大似然估计。

解 在开始讨论这个问题之前，让我们回顾一下式(13.10)所示的第 I 层贝叶斯公式。对于这个简单的例子我们不需要第 II 层贝叶斯公式，因此我们不需要正则化参数。此外，我们仅有一个参数需要估计，因此 x 是一个标量。式(13.10)可以简化为：

$$P(x|D)=\frac{P(D|x)P(x)}{P(D)}$$

我们对该问题的最大似然估计感兴趣，因此需要求能够最大化似然项$P(D|x)$的 x 值。数据是来自于服从均匀分布的随机变量的 Q 个独立采样点。该均匀密度函数如图 P13.1 所示。

该函数的定义为：

$$f(t|x)=\begin{cases}\dfrac{1}{x}, & 0\leqslant t\leqslant x\\ 0, & \text{其他}\end{cases}$$ 13-32

如果有随机变量的 Q 次独立采样样本，那么我们可以通过将每个独立概率相乘得到所有样本的联合概率：

$$P(D|x)=\prod_{i=1}^{Q}f(t_i|x)=\begin{cases}\dfrac{1}{x^Q}, & 0\leqslant t_i\leqslant x,\quad i=\begin{cases}\dfrac{1}{x^Q}, & x\geqslant \max(t_i)\\ 0, & x<\max(t_i)\end{cases}\\ 0, & \text{其他}\end{cases}$$

所得到的似然函数的图形如图 P13.2 所示。

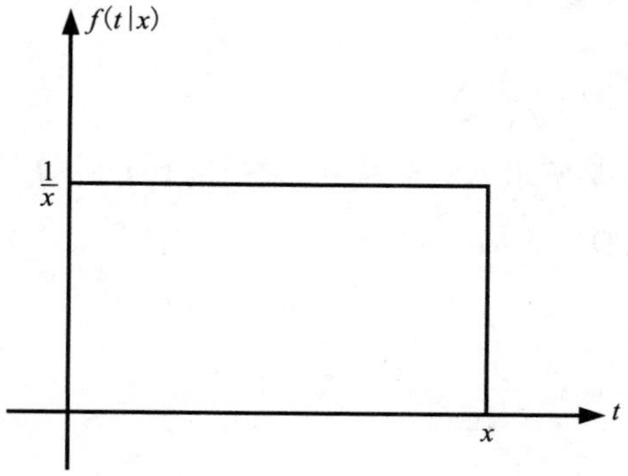

图 P13.1　均匀密度函数

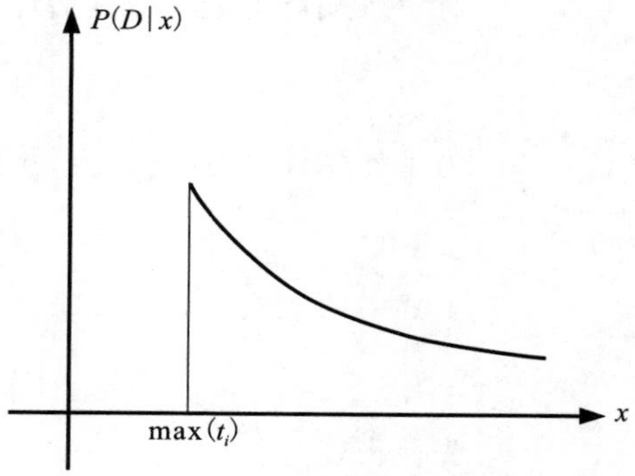

图 P13.2　例题 P13.1 的似然函数

从图中可以看出，最大化似然函数的 x 值为：

$$x^{\mathrm{ML}}=\max(t_i)$$

因此，x 的最大似然估计是随机变量的 Q 次独立采样的最大值。随机变量的上限似乎是 x 的一个合理估计。

P13.2　这个问题中我们将比较最大似然估计和贝叶斯估计。假设我们有一系列带有噪声的随机信号测量值：

$$t_i=x+\varepsilon_i$$

假设噪声具有零均值的高斯密度函数： 13-33

$$f(\varepsilon_i)=\frac{1}{\sqrt{2\pi}\sigma}\exp\left(-\frac{\varepsilon_i^2}{2\sigma^2}\right)$$

i. 计算 x 的最大似然估计。

ii. 计算 x 最可能的估计。假设 x 是一个有零均值高斯先验密度的随机变量：

$$f(x)=\frac{1}{\sqrt{2\pi}\sigma_x}\exp\left(-\frac{x^2}{2\sigma_x^2}\right)=\frac{1}{Z_W(\alpha)}\exp(-\alpha E_W)$$

解　i. 为了计算最大似然估计，我们需要计算似然函数 $P(D|x)$。对于给定的 x，这代表了数据的概率密度。第一步是利用噪声的概率密度来计算测量值的概率密度。因为对于给定的 x，测量值的概率密度与噪声的概率密度相同，但均值为 x，可得：

$$f(t_i|x)=\frac{1}{\sqrt{2\pi}\sigma}\exp\left(-\frac{(t_i-x)^2}{2\sigma^2}\right)$$

假设测量噪声是相互独立的，我们可以通过连乘这些概率密度得到：

$$P(D|x)=f(t_1,t_2,\cdots,t_Q|x)=f(t_1|x)f(t_2|x)\cdots f(t_Q|x)=P(D|x)$$

$$=\frac{1}{(2\pi)^{Q/2}\sigma^Q}\exp\left[-\frac{\sum_{i=1}^{Q}(t_i-x)^2}{2\sigma^2}\right]=\frac{1}{Z(\beta)}\exp(-\beta E_D)$$

其中，

$$\beta=\frac{1}{2\sigma^2},\quad E_D=\sum_{i=1}^{Q}(t_i-x)^2=\sum_{i=1}^{Q}e_i^2,\quad Z(\beta)=(\pi/\beta)^{Q/2}$$

为了最大化似然函数，需要最小化 E_D。令其导数为零可得：

13-34

$$\frac{\mathrm{d}E_D}{\mathrm{d}x}=\frac{\mathrm{d}}{\mathrm{d}x}\sum_{i=1}^{Q}(t_i-x)^2=-2\sum_{i=1}^{Q}(t_i-x)=-2\left[\left(\sum_{i=1}^{Q}t_i\right)-Qx\right]=0$$

对 x 求解可得最大似然估计为：

$$x^{\mathrm{ML}}=\frac{1}{Q}\sum_{i=1}^{Q}t_i$$

ii. 为了计算最可能的估计，我们需要使用贝叶斯法则(式(13.10))计算后验密度：

$$P(x|D)=\frac{P(D|x)P(x)}{P(D)}$$

上式中的似然函数 $P(D|x)$ 为：

$$P(D|x)=\frac{1}{Z(\beta)}\exp(-\beta E_D)$$

先验密度为：

$$P(x)=f(x)=\frac{1}{\sqrt{2\pi}\sigma_x}\exp\left(-\frac{x^2}{2\sigma_x^2}\right)=\frac{1}{Z_W(\alpha)}\exp(-\alpha E_w)$$

其中，

$$\alpha=\frac{1}{2\sigma_x^2},\quad Z_W(\alpha)=(\pi/\alpha)^{1/2},\quad E_W=x^2$$

因此能够计算出后验密度为：

$$P(x|D)=f(x|t_1,t_2,\cdots,t_Q)=\frac{f(t_1,t_2,\cdots,t_Q|x)f(x)}{f(t_1,t_2,\cdots,t_Q)}$$

$$=\frac{\frac{1}{Z_D(\beta)}\frac{1}{Z_W(\alpha)}\exp(-(\beta E_D+\alpha E_W))}{\text{归一化因子}}$$

为求 x 最可能的值，我们需要最大化后验密度。这相当于最小化

$$\beta E_D+\alpha E_W=\beta\sum_{i=1}^{Q}(t_i-x)^2+\alpha x^2$$

13-35 为了计算其极小值，等式两边同时对 x 求导并且令其等于零：

$$\frac{\mathrm{d}}{\mathrm{d}x}(\beta E_D+\alpha E_W)=\frac{\mathrm{d}}{\mathrm{d}x}\left(\beta\sum_{i=1}^{Q}(t_i-x)^2+\alpha x^2\right)=-2\beta\sum_{i=1}^{Q}(t_i-x)+\alpha x$$

$$=-2\beta\left[\left(\sum_{i=1}^{Q}t_i\right)-Q_x\right]+2\alpha x$$

$$=-2\left[\beta\left(\sum_{i=1}^{Q}t_i\right)-(\alpha+Q\beta)x\right]=0$$

对 x 求解可得：

$$x^{\mathrm{MP}} = \frac{\beta\left(\sum_{i=1}^{Q} t_i\right)}{\alpha + Q\beta}$$

注意：由于 α 趋于 0(方差 σ_x^2 趋于无穷大)，x^{MP} 接近于 x^{ML}。增加先验密度的方差意味着增加我们对于 x 的先验知识的不确定性。当存在很大的先验不确定性时，我们依赖于数据对 x 进行估计，这产生了极大似然估计。

图 P13.3 所示是 $\sigma_x^2=2$，$\sigma^2=1$，$Q=1$，$t_1=1$ 时的 $P(D|x)$、$P(x)$ 和 $P(x|D)$。这里测量值的方差比 x 的先验密度的方差小，因此相比于先验密度的最大值(出现在 0 处)，x^{MP} 更接近于 $x^{\mathrm{ML}}=t_1=1$。

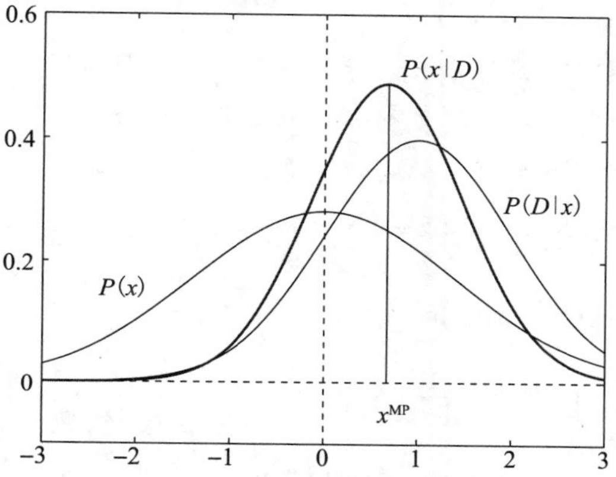

图 P13.3　先验密度函数和后验密度函数

MATLAB 实验 使用 Neural Network Design Demonstration **Signal Plus Noise** (nnd13spn)测试此处带噪声信号的例子。 13-36

P13.3 推导式(13.23)。

解 为求 α^{MP} 和 β^{MP}，我们需要用式(13.17)所示的 $P(D|\alpha, \beta, M)$ 的对数对 α 和 β 求偏导，并令其等于零。对式(13.17)求对数并代入式(13.12)、式(13.14)和式(13.22)可得：

$$\begin{aligned}
\log P(D|\alpha,\beta,M) &= \log(Z_F) - \log(Z_D(\beta)) - \log(Z_W(\alpha)) \\
&= \frac{n}{2}\log(2\pi) - \frac{1}{2}\log\det(\boldsymbol{H}^{\mathrm{MP}}) - F(\boldsymbol{x}^{\mathrm{MP}}) - \frac{N}{2}\log\left(\frac{\pi}{\beta}\right) - \frac{n}{2}\log\left(\frac{\pi}{\alpha}\right) \\
&= -F(\boldsymbol{x}^{\mathrm{MP}}) - \frac{1}{2}\log\det(\boldsymbol{H}^{\mathrm{MP}}) + \frac{N}{2}\log(\beta) + \frac{n}{2}\log(\alpha) \\
&\quad + \frac{n}{2}\log 2 - \frac{N}{2}\log\pi
\end{aligned}$$

首先，我们考虑表达式中的第二项。由于 $\boldsymbol{H}$ 是式(13.4)中 F 的 Hessian 矩阵，可以写为 $\boldsymbol{H}=\nabla^2 F=\nabla^2(\beta E_D)+\nabla^2(\alpha E_W)=\beta\boldsymbol{B}+2\alpha\boldsymbol{I}$，其中 $\boldsymbol{B}=\nabla^2 E_D$。如果令 λ^h 为 $\boldsymbol{H}$ 的一个特征值，λ^b 为 $\beta\boldsymbol{B}$ 的一个特征值，则对于所有相应的特征值有 $\lambda^h=\lambda^b+2\alpha$。现在我们将上式中的第二项对 α 求偏导。由于矩阵的行列式可以表示为其特征值的乘积，我们可以做如下化简，其中，$\mathrm{tr}(\boldsymbol{H}^{-1})$ 是 Hessian 矩阵 $\boldsymbol{H}$ 逆矩阵的迹。

$$\frac{\partial}{\partial\alpha}\frac{1}{2}\log\det\boldsymbol{H} = \frac{1}{2\det\boldsymbol{H}}\frac{\partial}{\partial\alpha}\left(\prod_{k=1}^{n}\lambda^h\right)$$ 13-37

$$= \frac{1}{2\det\boldsymbol{H}}\frac{\partial}{\partial\alpha}\Big(\prod_{i=1}^{n}(\lambda_i^b+2\alpha)\Big)$$

$$= \frac{1}{2\det\boldsymbol{H}}\Big[\sum_{i=1}^{n}\Big(\prod_{j\neq i}(\lambda_j^b+2\alpha)\Big)\frac{\partial}{\partial\alpha}(\lambda_i^b+2\alpha)\Big]$$

$$= \frac{\sum_{i=1}^{n}\Big(\prod_{j\neq i}(\lambda_j^b+2\alpha)\Big)}{\prod_{i=1}^{n}(\lambda_i^b+2\alpha)}$$

$$= \sum_{i=1}^{n}\frac{1}{\lambda_i^b+2\alpha} = \mathrm{tr}(\boldsymbol{H}^{-1})$$

接下来我们用相同的项对 β 求偏导。首先，如下所示定义参数 γ 并将其展开以在接下来的步骤中使用。参数 γ 表示有效参数数量。

$$\gamma \equiv n - 2\alpha\mathrm{tr}(\boldsymbol{H}^{-1})$$

$$= n - 2\alpha\sum_{i=1}^{N}\frac{1}{\lambda_i^b+2\alpha} = \sum_{i=1}^{n}\Big(1-\frac{2\alpha}{\lambda_i^b+2\alpha}\Big) = \sum_{i=1}^{n}\Big(\frac{\lambda_i^b}{\lambda_i^b+2\alpha}\Big) = \sum_{i=1}^{n}\frac{\lambda_i^b}{\lambda_i^h}$$

13-38 现在求 $\frac{1}{2}\log\ \det(\boldsymbol{H}^{\mathrm{MP}})$ 对 β 的偏导。

$$\frac{\partial}{\partial\beta}\frac{1}{2}\log\ \det\boldsymbol{H} = \frac{1}{2\det\boldsymbol{H}}\frac{\partial}{\partial\beta}\Big(\prod_{k=1}^{n}\lambda_k^h\Big) = \frac{1}{2\det\boldsymbol{H}}\frac{\partial}{\partial\beta}\Big(\prod_{i=1}^{n}(\lambda_i^b+2\alpha)\Big)$$

$$= \frac{1}{2\det\boldsymbol{H}}\Big[\sum_{i=1}^{n}\Big(\prod_{j\neq i}(\lambda_j^b+2\alpha)\Big)\frac{\partial}{\partial\beta}(\lambda_j^b+2\alpha)\Big]$$

$$= \frac{1}{2}\frac{\sum_{i=1}^{n}\Big(\prod_{j\neq i}(\lambda_j^b+2\alpha)\Big(\frac{\lambda_i^b}{\beta}\Big)\Big)}{\prod_{i=1}^{n}(\lambda_i^b+2\alpha)} = \frac{1}{2\beta}\sum_{i=1}^{n}\frac{\lambda_i^b}{\lambda_i^b+2\alpha} = \frac{\gamma}{2\beta}$$

其中，第四步通过 λ_i^b 是 $\beta\boldsymbol{B}$ 的特征值推出，因此 λ_i^b 对 β 的偏导就是 $\boldsymbol{B}$ 的特征值 λ_i^b/β。现在我们已经准备好对 $\log P(D|\alpha,\beta,M)$ 中所有项求偏导并令其等于零。对 α 求偏导结果为：

$$\frac{\partial}{\partial\alpha}\log P(D|\alpha,\beta,M) = -\frac{\partial}{\partial\alpha}F(\boldsymbol{W}^{\mathrm{MP}}) - \frac{\partial}{\partial\alpha}\frac{1}{2}\log\ \det(\boldsymbol{H}^{\mathrm{MP}}) + \frac{\partial}{\partial\alpha}\frac{n}{2}\log\alpha$$

$$= -\frac{\partial}{\partial\alpha}(\alpha E_W(\boldsymbol{W}^{\mathrm{MP}})) - \mathrm{tr}(\boldsymbol{H}^{\mathrm{MP}})^{-1} + \frac{n}{2\alpha^{\mathrm{MP}}}$$

$$= -E_W(\boldsymbol{W}^{\mathrm{MP}}) - \mathrm{tr}(\boldsymbol{H}^{\mathrm{MP}})^{-1} + \frac{n}{2\alpha^{\mathrm{MP}}} = 0$$

整理各项并使用我们对 γ 的定义可得：

$$E_W(\boldsymbol{W}^{\mathrm{MP}}) = \frac{n}{2\alpha^{\mathrm{MP}}} - \mathrm{tr}(\boldsymbol{H}^{\mathrm{MP}})^{-1}$$

$$2\alpha^{\mathrm{MP}}E_W(\boldsymbol{W}^{\mathrm{MP}}) = n - 2\alpha^{\mathrm{MP}}\mathrm{tr}(\boldsymbol{H}^{\mathrm{MP}})^{-1} = \gamma$$

13-39

$$\alpha^{\mathrm{MP}} = \frac{\gamma}{2E_W(\boldsymbol{W}^{\mathrm{MP}})}$$

用同样的过程对 β 求偏导：

$$\frac{\partial}{\partial\beta}\log P(D|\alpha,\beta,M) = \frac{\partial}{\partial\beta}F(\boldsymbol{W}^{\mathrm{MP}}) - \frac{\partial}{\partial\beta}\frac{1}{2}\log\ \det(\boldsymbol{H}^{\mathrm{MP}}) + \frac{\partial}{\partial\beta}\frac{N}{2}\log\beta$$

$$=-\frac{\partial}{\partial\beta}(\beta E_D(\mathbf{W}^{\mathrm{MP}}))-\frac{\gamma}{2\beta^{\mathrm{MP}}}+\frac{N}{2\beta^{\mathrm{MP}}}$$

$$=-E_D(\mathbf{W}^{\mathrm{MP}})-\frac{\gamma}{2\beta^{\mathrm{MP}}}+\frac{N}{2\beta^{\mathrm{MP}}}=0$$

整理各项可得：

$$E_D(\mathbf{W}^{\mathrm{MP}})=\frac{N}{2\beta^{\mathrm{MP}}}-\frac{\gamma}{2\beta^{\mathrm{MP}}}$$

$$\beta^{\mathrm{MP}}=\frac{N-\gamma}{2E_D(\mathbf{W}^{\mathrm{MP}})}$$

P13.4 试说明外推可以发生在被训练数据包围的区域。

解 参考图 13.3 所示的函数，在这个例子中，由于全部的训练数据都位于右下方，外推发生在输入空间的左上区域。让我们提供一些围绕在输入空间周围的训练数据，除了以下区间

$$-1.5<p_1<1.5 \qquad -1.5<p_2<1.5$$

训练数据的分布如图 P13.4 所示。

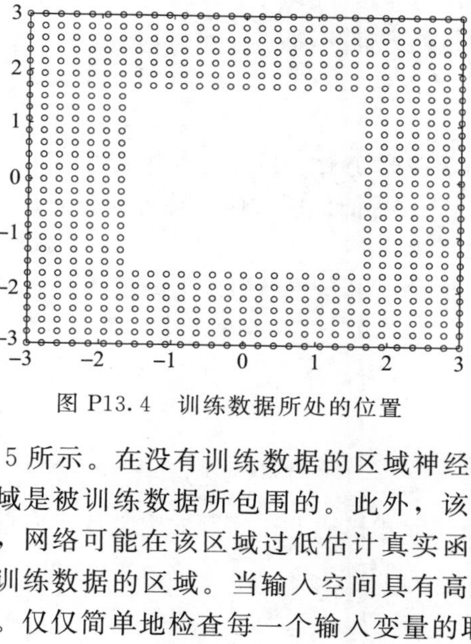

图 P13.4 训练数据所处的位置

13-40

训练结果如图 P13.5 所示。在没有训练数据的区域神经网络明显过高估计了真实函数，即使这块区域是被训练数据所包围的。此外，该结果是随机的。当随机初始化的权值不同时，网络可能在该区域过低估计真实函数。外推的出现是因为存在一个很大的没有训练数据的区域。当输入空间具有高维度时，很难得知神经网络何时进行了外推。仅仅简单地检查每一个输入变量的取值范围是不行的。

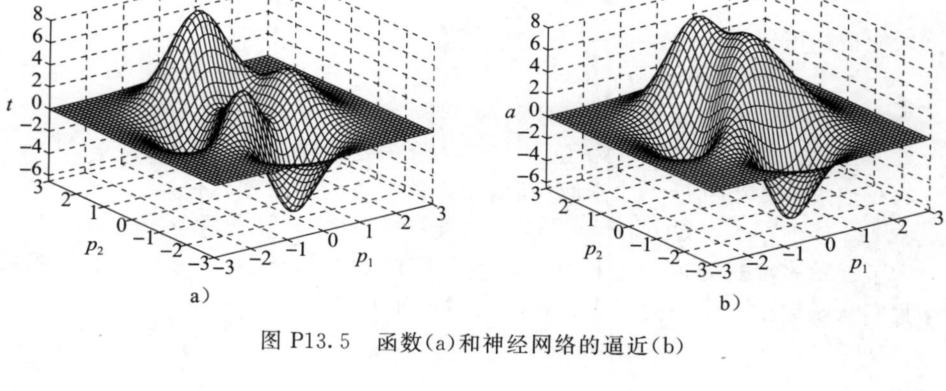

图 P13.5 函数(a)和神经网络的逼近(b)

P13.5 思考从第 254 页开始的例子，求当 $\rho=1$ 时的有效参数数量。

解 为求有效参数数量，我们可以使用式(13.55)：

$$\gamma=\sum_{i=1}^{n}\frac{\beta\lambda_i}{\beta\lambda_i+2\alpha}$$

我们已经知道特征值 $\lambda_1=1$，$\lambda_2=3$。正则化参数为：

$$\rho=\frac{\alpha}{\beta}=1$$

用 ρ 重写 γ，即：

13-41

$$\gamma=\sum_{i=1}^{n}\frac{\beta\lambda_i}{\beta\lambda_i+2\alpha}=\sum_{i=1}^{n}\frac{\lambda_i}{\lambda_i+2\dfrac{\alpha}{\beta}}=\sum_{i=1}^{n}\frac{\lambda_i}{\lambda_i+2\rho}$$

代入数值可得：

$$\gamma=\sum_{i=1}^{n}\frac{\lambda_i}{\lambda_i+2\rho}=\frac{1}{1+2}+\frac{3}{3+2}=\frac{1}{3}+\frac{3}{5}=\frac{14}{15}$$

因此，我们大约使用了两个可用参数中的一个。网络有两个参数 $w_{1,1}$ 和 $w_{1,2}$。我们使用的参数不是两者中的一个而是两者的结合。从图 13.11 中可以看出，我们沿着第二个特征向量的方向移动：

$$\boldsymbol{v}_2=\begin{bmatrix}1\\1\end{bmatrix}$$

这意味着以相同的量在改变 $w_{1,1}$ 和 $w_{1,2}$。尽管存在两个参数，我们仅有效地使用了一个。由于 $\boldsymbol{v}_2$ 是最大特征值所对应的特征向量，沿着该方向移动可以使得误差平方和最大程度地减小。

P13.6 使用多项式展示过拟合现象。考虑用一个多项式

$$g_k(p)=x_0+x_1p+x_2p^2+\cdots+x_kp^k$$

拟合一组数据 $\{p_1, t_1\}\{p_2, t_2\}$，…，$\{p_Q, t_Q\}$ 使其能够最小化如下误差平方和性能函数：

$$F(\boldsymbol{x})=\sum_{q=1}^{Q}(t_q-g_k(q))^2$$

解 首先，我们使用矩阵形式描述上述问题。定义如下向量：

$$\boldsymbol{t}=\begin{bmatrix}t_1\\t_2\\\vdots\\t_Q\end{bmatrix}\quad \boldsymbol{G}=\begin{bmatrix}1 & p_1 & \cdots & p_1^k\\1 & p_2 & \cdots & p_2^k\\\vdots & \vdots & & \vdots\\1 & p_Q & \cdots & p_Q^k\end{bmatrix}\quad \boldsymbol{x}=\begin{bmatrix}x_0\\x_1\\\vdots\\x_k\end{bmatrix}$$

性能指标可以表示为：

13-42

$$F(\boldsymbol{x})=[\boldsymbol{t}-\boldsymbol{Gx}]^{\mathrm{T}}[\boldsymbol{t}-\boldsymbol{Gx}]=\boldsymbol{t}^{\mathrm{T}}\boldsymbol{t}-2\boldsymbol{x}^{\mathrm{T}}\boldsymbol{G}^{\mathrm{T}}t+\boldsymbol{x}^{\mathrm{T}}\boldsymbol{G}^{\mathrm{T}}\boldsymbol{Gx}$$

为求极小值，我们计算梯度并使其等于零：

$$\nabla F(\boldsymbol{x})=-2\boldsymbol{G}^{\mathrm{T}}t+2\boldsymbol{G}^{\mathrm{T}}\boldsymbol{Gx}=0$$

对权值求解，得到最小二乘解(高斯噪声情况下的最大似然值)：

$$[\boldsymbol{G}^{\mathrm{T}}\boldsymbol{G}]\boldsymbol{x}^{\mathrm{ML}}=\boldsymbol{G}^{\mathrm{T}}t \quad\Rightarrow\quad \boldsymbol{x}^{\mathrm{ML}}=[\boldsymbol{G}^{\mathrm{T}}\boldsymbol{G}]^{-1}\boldsymbol{G}^{\mathrm{T}}t$$

为了展示多项式的拟合过程，我们使用简单的线性函数 $t=p$。为了生成数据集，我们从函数中五个不同的点采样并且添加如下噪声：

$$t_i=p_i+\varepsilon_j,\quad p=\{-1,-0.5,0,0.5,1\}$$

其中，ε_i 在区间[−0.25，0.25]有均匀密度。下面的代码显示了如何生成数据并用一个 4 阶多项式拟合。图 P13.6 显示了用 2 阶和 4 阶多项式拟合的结果。4 阶多项式有五个参数，这使得它可以精确地拟合五个带噪声的数据点，但是它无法准确地逼近真实函数。

```
p = -1:.5:1;
t = p + 0.5*(rand(size(p))-0.5);
Q = length(p);
ord = 4;
G = ones(Q,1);
for i=1:ord,
    G = [G (p').^i];
end
x = (G'*G)\G'*t'; % Could also use x = G\t';
```

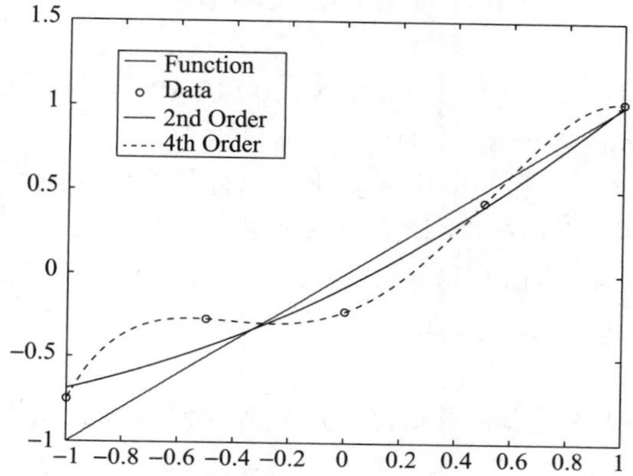

图 P13.6 多项式逼近一条直线

13-43

13.5 结束语

本章的核心在于发展多层神经网络的训练算法，使其具有良好的泛化能力。具有良好泛化能力的神经网络在新的场景中会取得和训练集上一样好的效果。

产生具有良好泛化能力的网络的基本方法是寻找能够表达数据的最简的网络，即具有少量权值和偏置值的网络。

本章中展现了两种方法——提前终止法和正则化法，通过约束网络权值进而生成最简网络，而非减少权值的数量。本章中我们揭示了约束网络权值等价于减少权值数量。

第 18 章展现了一个在实际函数逼近问题中使用贝叶斯正则化法防止过拟合的实例研究。第 20 章展现了一个在实际模式识别问题中使用提前终止法防止过拟合的实例研究。 13-44

13.6 扩展阅读

[**AmMu97**] S. Amari, N. Murata, K.-R. Muller, M. Finke, and H. H. Yang, "Asymptotic Statistical Theory of Overtraining and Cross-Validation," IEEE Transactions on Neural Networks, vol. 8, no. 5, 1997.

当使用提前终止法时，确定验证集包含的数据数量很重要。这篇论文为验证集规模的选取提供了理论基础。

[**FoHa97**] D. Foresee and M. Hagan, "Gauss-Newton Approximation to Bayesian Learning," Proceedings of the 1997 International Joint Conference on Neural Networks, vol. 3, pp. 1930-1935, 1997.

这篇论文介绍了一种使用高斯-牛顿法逼近 Hessian 矩阵以实现贝叶斯正则化的方法。

[**GoLa98**] C. Goutte and J. Larsen, "Adaptive Regularization of Neural Networks Using Conjugate Gradient," Proceedings of the IEEE International Conference on Acoustics, Speech and Signal Processing, vol. 2, pp. 1201-1204, 1998.

当使用正则化法时，一个重要的步骤是设置正则化参数。这篇论文介绍了设置正则化参数以极小化验证集误差的步骤。

[**MacK92**] D. J. C. MacKay, "Bayesian Interpolation," Neural Computation, vol. 4, pp. 415-447, 1992.

贝叶斯方法在统计学中已经使用了很多年。这篇论文展示了首次提出贝叶斯框架用于训练神经网络的方法之一。MacKay 针对该论文随后对其中的方法进行了很多描述性的改进。

[**Sarle95**] W. S. Sarle, "Stopped training and other remedies for overfitting," In Proceedings of the 27th Symposium on Interface, 1995.

这是一篇使用提前终止法和验证集来防止过拟合的早期文献之一。这篇论文介绍了提
13-45 前终止法与其他提升泛化能力方法比较的仿真结果。

[**SjLj94**] J. Sjoberg and L. Ljung, "Overtraining, regularization and searching for minimum with application to neural networks," Linkoping University, Sweden, Tech. Rep. LiTHISY-R-1567, 1994.

这个报告解释了提前终止法和正则化法是如何近似等价的过程。它证实了训练的迭代次数和正则化参数成反比。

[**Tikh63**] A. N. Tikhonov, "The solution of ill-posed problems and the regularization method," Dokl. Acad. Nauk USSR, vol. 151, no. 3, pp. 501-504, 1963.

正则化法是一种将误差平方和性能指标与一个惩罚逼近函数复杂度的惩罚项进行结合的方法。这篇论文是介绍正则化概念最早的文献。惩罚项涉及逼近函数的导数。

[**WaVe94**] C. Wang, S. S. Venkatesh, and J. S. Judd, "Optimal Stopping and Effective Machine Complexity in Learning," Advances in Neural Information Processing Systems, J. D. Cowan, G. Tesauro, and J. Alspector, Eds., vol. 6, pp. 303-310, 1994.

这篇论文介绍了训练过程中网络有效参数数量是如何变化的，以及提前结束训练是如
13-46 何提升网络泛化能力的。

13.7 习题

E13.1 考虑用一个多项式(k 阶)

$$g_k(p) = x_0 + x_1 p + x_2 p^2 + \cdots + x_k p^k$$

拟合数据集$\{p_1, t_1\}$，$\{p_2, t_2\}$，…，$\{p_Q, t_Q\}$。已有研究提出：最小化带有惩罚多项式导数的性能指标能够提升其泛化能力。研究该方法与使用权值平方和的正则化方法之间的关系。

i. 求能够最小化如下误差平方和性能指标的权值 x_i 的最小二乘解(参见例题 P13.6)。

$$F(\boldsymbol{x}) = \sum_{q=1}^{Q} (t_q - g_k(p_q))^2$$

ii. 对带有权值平方惩罚项的性能指标，求正则化最小二乘解。

$$F(\boldsymbol{x}) = \sum_{q=1}^{Q}(t_q - g_k(p_q))^2 + \rho\sum_{i=0}^{k}x_i^2$$

iii. 求能够最小化误差平方和加上导数平方和性能指标的权值。

$$F(\boldsymbol{x}) = \sum_{q=1}^{Q}(t_q - g_k(p_q))^2 + \rho\sum_{i=1}^{Q}\left[\frac{\mathrm{d}}{\mathrm{d}p}g_k(p_q)\right]^2$$

iv. 求能够最小化误差平方和加上二阶导数平方和性能指标的权值。

$$F(\boldsymbol{x}) = \sum_{q=1}^{Q}(t_q - g_k(p_q))^2 + \rho\sum_{i=1}^{Q}\left[\frac{\mathrm{d}}{\mathrm{d}p^2}g_k(p_q)\right]^2$$

E13.2 MATLAB 练习 写一个 MATLAB 程序实现求习题 E13.1 中问题 i～iv 的解。使用如下数据点，通过调整 ρ 值获得最好结果。所有的例子中都令 $k=8$。画出数据点、无噪声函数($t=p$)以及每种情况下的多项式逼近结果。比较四个逼近结果，哪种情况下产生的结果最好？哪些情况下产生的结果相近？ 13-47

$$t_i = p_i + \varepsilon_i,\quad p = \{-1, -0.5, 0, 0.5, 1\}$$

其中，ε_i 在区间[-0.1，0.1]上有均匀密度(使用 MATLAB 中的 rand 命令)。

E13.3 考虑用一个多项式(一阶)$g_1(p)=x_0+x_1p$ 拟合如下数据集：

$$\{p_1 = 1, t_1 = 4\},\quad \{p_2 = 2, t_2 = 6\}$$

i. 求能够最小化如下误差平方和性能指标的权值 x_0 和 x_1 的最小二乘解：

$$F(\boldsymbol{x}) = \sum_{q=1}^{2}(t_q - g_1(p_q))^2$$

ii. 当使用如下带有权值平方和惩罚项的性能指标时，求权值 x_0 和 x_1 的正则化最小二乘解。

$$F(\boldsymbol{x}) = \sum_{q=1}^{2}(t_q - g_1(p_q))^2 + \sum_{i=0}^{1}x_i^2$$

E13.4 研究神经网络和多项式外推的特点。考虑习题 E11.25 中在范围 $-2\leqslant p\leqslant 2$ 内拟合正弦曲线的问题。在该区间内均匀地选取 11 个训练点。

i. MATLAB 练习 使用结构为 1-2-1 的神经网络在该范围内拟合之后，画出在范围 $-4\leqslant p\leqslant 4$ 内真实正弦函数及神经网络的逼近结果。

ii. 使用五阶多项式(和结构为 1-2-1 的神经网络具有相同数量的自由参数)在范围 $-2\leqslant p\leqslant 2$ 内拟合正弦曲线(使用习题 E13.1 所得到的结果)。画出在范围 $-4\leqslant p\leqslant 4$ 内真实函数及多项式的逼近结果。

iii. 讨论神经网络和多项式外推的特点。

E13.5 假设有一个随机变量 t 服从根据如下密度函数定义的分布。对该随机变量进行一系列 Q 次相对独立的采样。求 x 的极大似然估计 x^{ML}。 13-48

$$f(t|x) = \frac{t}{x^2}\exp\left(-\frac{t}{x}\right)\qquad t\geqslant 0$$

E13.6 对于习题 E13.5 给出的随机变量 t，假设随机变量 x 有如下先验密度函数。求 x 最可能的估计 x^{MP}。

$$f(x) = \exp(-x)\qquad x\geqslant 0$$

E13.7 使用如下先验密度函数重复习题 E13.6。在什么条件下 $x^{\mathrm{MP}}=x^{\mathrm{ML}}$？

$$f(x) = \frac{1}{\sqrt{2\pi}\sigma_x}\exp\left(-\frac{(x-\mu_x)^2}{2\sigma_x{}^2}\right)$$

E13.8 在例题 P13.2 所给出的带噪声信号的例子中，对于如下的先验密度函数求 x^{MP}。

i. $f(x)=\exp(-x) \qquad x \geqslant 0$

ii. $f(x)=\dfrac{1}{2}\exp(-|x-\mu|)$

E13.9 假设有一个随机变量 t 服从根据如下密度函数定义的分布。对该随机变量进行一系列 $Q=2$ 次相对独立的采样。

$$f(t|x)=\begin{cases}\exp(-(t-x)) & t \geqslant x \\ 0 & t < x\end{cases}$$

i. 求似然函数 $f(t_1, t_2|x)$并以 x 为变量画图。

ii. 假设两个测量值为 $t_1=1$ 和 $t_2=1$。求 x 的最大似然估计 x^{ML}。

对于上述随机变量 t，假设随机变量 x 有如下先验概率密度函数：

$$f(x)=\frac{1}{\sqrt{\pi/2}}\exp(-2x^2)$$

iii. 画出后验密度 $f(x|t_1, t_2)$。（不需要计算其分母，只需要画出大致形状即可。
13-49 这里假定测量值与问题 ii 中一样。）

iv. 求 x 最可能的估计 x^{MP}。

E13.10 有一个不公平的硬币(正反两面朝上的概率不同)。我们想要估计正面朝上的概率 x。

i. 给定硬币正面朝上的概率为 x 时，如果丢 10 次硬币，则有 t 次正面朝上的概率如下所示。求 x 的最大似然估计 x^{ML}。（提示：在求最大值之前先对 $p(t|x)$ 求自然对数。）这是否合理？请解释。

$$p(t|x)=\binom{10}{t}x^t(1-x)^{(10-t)}, \quad 其中\binom{10}{t}=\frac{10!}{t!(10-t)}$$

ii. 假设正面朝上的概率 x 是一个有如下先验密度函数的随机变量。求 x 最可能的估计 x^{MP}。（提示：在求最大值之前先对 $p(t|x)p(x)$求自然对数。）请解释为何 x^{ML}与 x^{MP}不同。

$$p(x)=12x^2(1-x), \quad 0 \leqslant x \leqslant 1$$

E13.11 假设第Ⅰ层贝叶斯分析中的先验密度有非零均值 μ_x。求新的性能指标。

E13.12 假设有如下的输入和目标对：

$$\left\{\boldsymbol{p}_1=\begin{bmatrix}2\\1\end{bmatrix}, t_1=1\right\}, \quad \left\{\boldsymbol{p}_2=\begin{bmatrix}-2\\-1\end{bmatrix}, t_2=3\right\}$$

我们想要在该训练集上训练一个无偏置值的单层线性网络。假设每一个输入向量出现的概率相同。使用式(13.34)所示的正则化性能指标训练该网络。

i. 若 $\rho=1$，求 $\boldsymbol{x}^{\mathrm{MP}}$和有效参数数量 γ。

ii. 当 $\rho \to \infty$时，求 $\boldsymbol{x}^{\mathrm{MP}}$和 γ。请解释 $\boldsymbol{x}^{\mathrm{MP}}$与 $\boldsymbol{x}^{\mathrm{ML}}$的不同。（你的答案应该具体到该问题而非一般情况下的解释。）

E13.13 假设有如下的输入模式及其目标：

13-50
$$\left\{\boldsymbol{p}_1=\begin{bmatrix}2\\1\end{bmatrix}, t_1=1\right\}$$

用其训练一个无偏置值的单层线性神经网络。

i. 使用正则化性能指标函数训练该网络，其中正则化参数设置为 $\rho=\alpha/\beta=1/2$。求正则化性能指标的表达式。

ii. 求 x^{MP} 和有效参数数量 γ。

iii. 画出正则化性能指标函数的等高线图。

iv. 如果使用最速下降法训练网络，求稳定学习率的最大值。

v. 当初始化权值均为 0 时，求最速下降算法轨迹的初始方向。

vi. 当初始化权值均为 0 且学习率较小时，画出最速下降算法近似的完整轨迹（在问题 iii 中的等高线图上）。请解释画出这一轨迹的过程。

E13.14 假设具有一个无偏置值的单层线性神经网络。给定如下包含输入/输出对的训练集：

$$\left\{\boldsymbol{p}_1=\begin{bmatrix}-1\\1\end{bmatrix},t_1=-2\right\},\quad \left\{\boldsymbol{p}_2=\begin{bmatrix}1\\2\end{bmatrix},t_2=2)\right\},\quad \left\{\boldsymbol{p}_3=\begin{bmatrix}2\\1\end{bmatrix},t_3=4\right\}$$

其中，每个输入/输出对出现的概率相同。我们想要最小化式(13.34)所示的正则化性能指标。

i. 若 $\rho=1$，求有效参数数量 γ。

ii. 初始权值为 0，请估计采用最速下降法优化均方误差性能指标 E_D 时，在多少次迭代之后可以与最小化 $\rho=1$ 时的正则化性能指标产生相同的效果？假设学习率 $\alpha=0.01$。

E13.15 MATLAB 练习 重复习题 E11.25 但需要修改程序使其使用提前终止法，并且使用 30 个神经元。选择 10 个训练数据点，5 个验证数据点，并且在验证集和测试集中的数据点上都添加在 -0.1 到 0.1 之间服从均匀分布的噪声（使用 MATLAB 函数 rand）。在一个含有 20 个从无噪声函数上等间距获取的数据点的测试集上计算训练后网络的均方误差。随机尝试 10 种不同的训练集和验证集。将使用了提前终止法的结果和未使用提前终止法的结果进行比较。 13-51

E13.16 MATLAB 练习 使用正则化法替代提前终止法重复习题 E13.15。这需要修改程序来计算正则化性能指标的梯度。将通过标准反向传播算法计算的误差平方项的梯度与 ρ 和权值平方项乘积的梯度相加。尝试三个不同的 ρ 值并将结果与提前终止法的结果进行比较。

E13.17 重新考虑习题 E10.4 中描述的问题。

i. 分别计算 $\rho=0$，1，∞时的正则化性能指标。画出每种情况下的等高线图并指出其最优权值所在的位置。

ii. 分别计算 $\rho=0$，1，∞时的有效参数数量。

iii. 初始权值为 0，请估计采用最速下降法优化均方误差性能指标时，在多少次迭代之后可以与最小化 $\rho=1$ 时的正则化性能指标产生相同的效果？假设学习率$\alpha=0.01$。

iv. MATLAB 练习 写一个 MATLAB 程序实现用最速下降算法最小化问题 i 中所求出的均方误差性能指标。（这是一个二次函数。）算法采用的初始权值为 0，学习率 $\alpha=0.01$。请画出算法在均方误差函数等高线图上的轨迹（等高线图参见习题 E10.4）。验证在达到问题 iii 中所计算出的迭代次数时，网络权值与问题 i 中最小化采用 $\rho=1$ 的正则化性能指标所得到的权值相近。 13-52

动态网络

14.1 目标

神经网络可以分为静态网络和动态网络两大类。前面三章所探讨的多层网络都属于静态网络。在这些静态网络中，可以通过前馈连接直接由输入计算得到输出。而在动态网络中，输出不但依赖于当前的网络输入，而且依赖于当前或之前时刻的输入、输出以及状态等。例如，第 10 章讨论的自适应滤波网络就是一种动态网络，因为它的输出是由之前时刻输入的抽头延迟线计算而来。第 3 章讨论的 Hopfield 网络也是一种动态网络。Hopfield 网络具有回复(反馈)连接，也就是说，当前输出是之前时刻输出的一个函数。

本章首先简单介绍动态网络中的运算，然后介绍如何训练这些类型的网络。训练将会基于采用梯度(如最速下降法和共轭梯度法)或 Jacobian 矩阵(如高斯-牛顿法和 Levenberg-Marquardt 算法)的优化算法。第 10 章、第 11 章和第 12 章已经介绍了这些算法在静态网络中的使用。训练静态网络和动态网络的差异主要体现在梯度或 Jacobian 矩阵的计算方式
14-1 上。本章将介绍在动态网络中计算梯度的方法。

14.2 理论与例子

动态网络(dynamic network)是包含延迟(或连续时间网络中的积分器)并且处理序列输入的网络。(换言之，输入的顺序对网络的运算是十分重要的。)这些动态网络有些可能只含有前馈连接，如第 10 章中的动态滤波器网络，而有些可能含有反馈(*回复*)(recurrent)连接，如第 3 章中的 Hopfield 网络。动态网络含有记忆，它们在任一给定时刻的响应不但依赖当前输入，而且依赖输入序列的历史。

由于动态网络含有记忆，可以训练它们用于学习序列的模式或随时间变化的模式。不同于第 11 章中静态多层感知机网络对函数的逼近，动态网络可以逼近一个动力学系统。这在形形色色的领域中有着众多应用，如动力学系统的控制、金融市场中的预测、通信系统中的频道均衡、电力系统中的相位探测、排序、故障检测、语音识别、自然语言中的语法学习，甚至遗传学中的蛋白质结构预测等。

动态网络可以采用第 9 章至第 12 章讨论过的标准优化方法进行训练。然而这些方法所需要的梯度和 Jacobian 矩阵并不能用标准的反向传播算法计算。本章将介绍几种动态反向传播算法，动态网络需要通过这些算法进行梯度计算。

在动态网络中，梯度和 Jacobian 矩阵的计算方法总体上可分为两种：时间反向传播(BackPropagation-Through Time, BPTT)[Werb90]以及实时回复学习(Real-Time Recurrent Learning, RTRL)[WiZi89]。(它们又各有许多变化形式。)在 BPTT 算法中，首先计算每个时刻的网络响应，然后从最后一个时刻开始计算梯度，并按时间顺序的反方向进行计算。该方法在梯度计算上非常高效，然而由于该方法需要从最后一个时刻开始按时间顺序的反方向计算梯度，因此难以实现在线训练。

在 RTRL 算法中，因为梯度从第一个时刻开始计算，并且从前往后随着时间前进方

向计算，所以梯度可以与网络响应同时计算。在梯度的计算上，RTRL 比 BPTT 计算量更大，然而 RTRL 提供了一个方便实现在线计算的框架。一般而言，对于 Jacobian 矩阵的计算，RTRL 算法比 BPTT 算法更高效。

为了更方便地介绍一般性的 BPTT 和 RTRL 算法，需要为拥有回复连接的网络引入一些新的数学记号。在下一节中，我们将引入这些记号，然后本章的余下部分将会展现动态网络中一般性的 BPTT 和 RTRL 算法。 14-2

14.2.1　分层数字动态网络

本节中，我们将介绍用于表示一般性动态网络的神经网络框架，我们称此框架为分层数字动态网络(Layered Digital Dynamic Network，LDDN)。该框架扩展了用于介绍静态多层网络的数学记号。使用这些新的记号，我们可以方便地表示具有多个回复(反馈)连接及抽头延迟线(Tapped Delay Line，TDL)的网络。

为了帮助我们介绍 LDDN 中的数学记号，考虑如图 14.1 的动态网络示例。

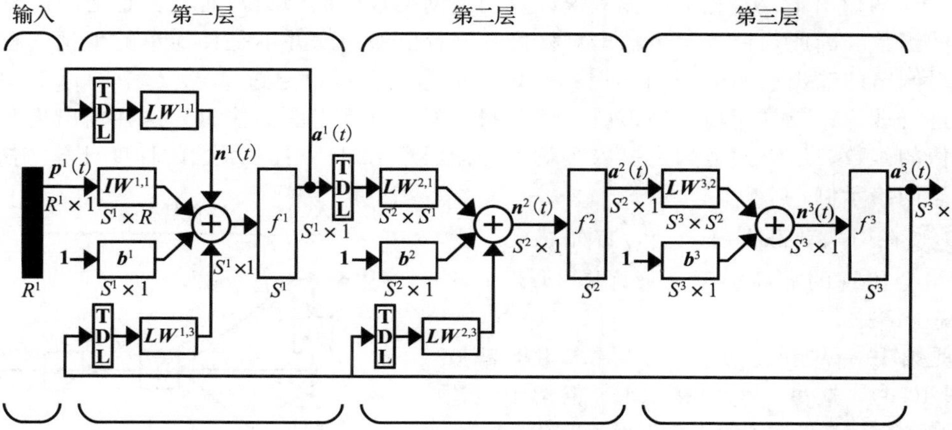

图 14.1　动态网络示例

LDDN 中第 m 层净输入 $\boldsymbol{n}^m(t)$ 的通用计算公式可以写为

$$\boldsymbol{n}^m(t) = \sum_{l \in L_m^{\mathrm{f}}} \sum_{d \in DL_{m,l}} \boldsymbol{LW}^{m,l}(d)\boldsymbol{a}^l(t-d) + \sum_{l \in I_m} \sum_{d \in DI_{m,l}} \boldsymbol{IW}^{m,l}(d)\boldsymbol{p}^l(t-d) + \boldsymbol{b}^m \quad (14.1)$$

其中 $\boldsymbol{p}^l(t)$是网络在时刻 t 的第 l 个输入向量，$\boldsymbol{IW}^{m,l}$是第 l 个输入向量与第 m 层之间的输入权值(input weight)，$\boldsymbol{LW}^{m,l}$是第 l 层与第 m 层之间的层权值(layer weight)，$\boldsymbol{b}^m$ 是第 m 层的偏置值，$DL_{m,l}$是第 l 层与第 m 层之间抽头延迟线上所有延迟的集合，$DI_{m,l}$是第 l 个 14-3
输入向量与第 m 层之间抽头延迟线上所有延迟的集合，I_m 是连接到第 m 层的输入向量下标的集合，L_m^{f} 是直接前向连接到第 m 层的层下标集合。进而第 m 层的输出计算为

$$\boldsymbol{a}^m(t) = \boldsymbol{f}^m(\boldsymbol{n}^m(t)) \quad (14.2)$$

与式(11.6)的静态多层网络相比，LDDN 网络中可以有多个层连接到第 m 层，其中的一些连接可能通过抽头延迟线形成回复连接。LDDN 网络还可以有多个输入向量，这些输入向量可以连接到网络中的任意层，相比之下，对静态多层网络我们假设只有一个输入向量，且只连接到第一层。

在静态多层网络中，层与层之间按照数值顺序依次相连，换言之，第一层连接到第二层，第二层连接到第三层，以此类推。在 LDDN 框架中，任意层可以与任意层相连，甚至是与自己相连。然而，为了计算式(14.1)，我们需要按照一定顺序计算各层的输出。为了得到正确的网络输出，各层所需要遵循的计算顺序称为模拟顺序(simulation order)。(这个顺序不一定是唯一的，可能存在多个可行的模拟顺序。)梯度计算需要通过反向传播导数进行，我们需要按模拟顺序的反向顺序进行，称之为反向传播顺序(backpropagation order)。图 14.1 中，标准数值顺序 1-2-3 恰好也是模拟顺序，而反向传播顺序为 3-2-1。

和多层网络一样，LDDN 的基本单元是层。LDDN 中的每一层由五个部分构成：

- 一组连接到该层的权值矩阵(可以是来自其他层或来自外部输入的连接)。
- 任意数量的抽头延迟线(记为 $DL_{m,l}$ 或 $DI_{m,l}$)，它们作为一组权值矩阵的输入(可以是任意一组接收抽头延迟线作为输入的权值矩阵。例如，图 14.1 中第一层包含权值矩阵 $\mathbf{LW}^{1,3}(d)$ 和对应的抽头延迟线)。
- 一个偏置向量。
- 一个求和点。
- 一个传输函数。

LDDN 的输出不仅是权值、偏置值以及当前网络输入的函数，而且也是之前时刻一些层输出的函数。因此，计算网络输出对权值和偏置值的梯度并不是件简单的事情。权值和
14-4 偏置值对网络的输出有两方面的作用：一是直接作用，可以通过第 11 章中的标准反向传播算法进行计算；二是间接作用，由于部分网络输入也是之前的输出，这些输出也是权值和偏置值的函数。以下两节的主要内容就是讨论任意 LDDN 上一般性的梯度计算方法。

动态网络示例

举例 在引入动态训练之前，首先感受一下动态网络会出现的响应类型。考虑图 14.2 中的前馈动态网络。

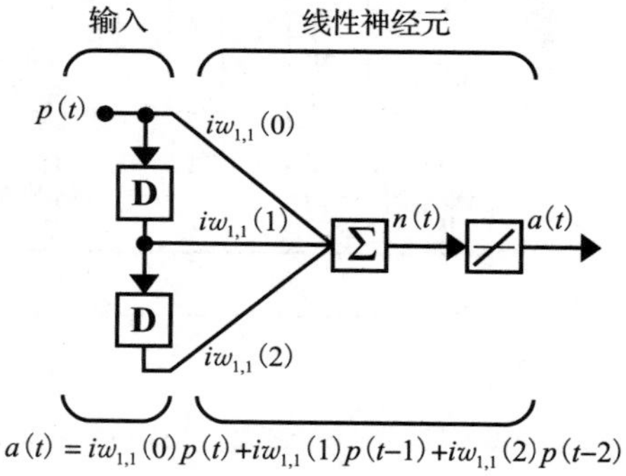

图 14.2 前馈动态网络示例

这是第 10 章中讨论过的一个 ADALINE 滤波器(见图 10.5)，这里，我们用 LDDN 框架来表达它。该网络输入中有一条抽头延迟线，其中 $DI_{1,1}=\{0, 1, 2\}$。为了演示该网络的运算，我们输入一个方波，并且将所有的权值都设为 1/3。

$$iw_{1,1}(0)=\frac{1}{3},\quad iw_{1,1}(1)=\frac{1}{3},$$
$$iw_{1,1}(2)=\frac{1}{3} \tag{14.3}$$

该网络的响应计算如下：

$$\begin{aligned}\mathbf{a}(t)=\mathbf{n}(t)&=\sum_{d=0}^{2}\mathbf{IW}(d)\mathbf{p}(t-d)=n_1(t)\\&=iw_{1,1}(0)p(t)+iw_{1,1}(1)p(t-1)\\&\quad+iw_{1,1}(2)p(t-2)\end{aligned} \tag{14.4}$$

其中，由于只有一个输入和一层网络，我们省去
14-5 了权值和输入的上标。

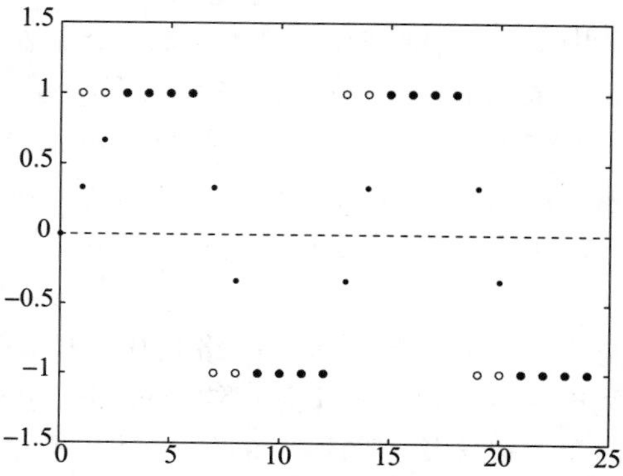

图 14.3 ADALINE 滤波网络的响应

网络的响应如图 14.3 所示。空心圆圈表示方波输入信号 $p(t)$，实心点表示网络的响应 $a(t)$。这个动态网络中，每个时刻的响应取决于之前的三个输入值。如果输入是常量，输出也会

在三个时刻后变成常量。这种类型的线性网络也称为有限脉冲响应(Finite Impulse Response，FIR)滤波器。

这个动态网络拥有记忆。它在任意时刻的响应不仅依赖当前输入，还依赖输入序列的历史。如果网络中不包含任何反馈连接，那么响应只受到一段有限长度的历史影响。下一个例子中，我们将考虑拥有无限记忆的网络。

MATLAB 实验 使用 Neural Network Design Demonstration Finite Impulse Response Network(nnd14fir)进行该有限脉冲响应示例实验。

举例 接下来考虑另一种简单线性动态网络，这个网络拥有回复连接。图 14.4 中的网络是一个回复动态网络，网络运算的公式如下

$$\begin{aligned} \boldsymbol{a}^1(t) = \boldsymbol{n}^1(t) &= \boldsymbol{LW}^{1,1}(1)\boldsymbol{a}^1(t-1) + \boldsymbol{IW}^{1,1}(0)\boldsymbol{P}^1(t) \\ &= lw_{1,1}(1)a(t-1) + iw_{1,1}p(t) \end{aligned} \tag{14.5}$$

其中，由于只有一个神经元和一层网络，我们省去了最后一行中的上标。为了演示该网络的运算，我们将权值设为

$$lw_{1,1}(1) = \frac{1}{2}, \quad iw_{1,1} = \frac{1}{2} \tag{14.6}$$ 14-6

这个网络对方波输入的响应如图 14.5 所示。对于输入序列的变化网络会产生指数式的响应。不同于图 14.2 中 FIR 滤波网络，回复动态网络在任意给定时刻的最终响应都是无限长度历史输入的函数。

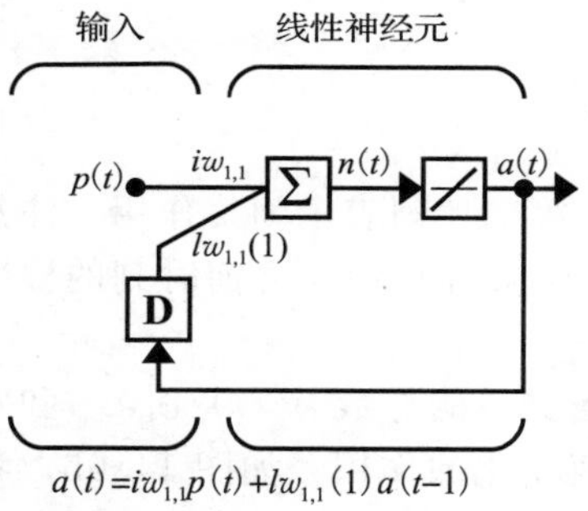

图 14.4 回复线性神经元

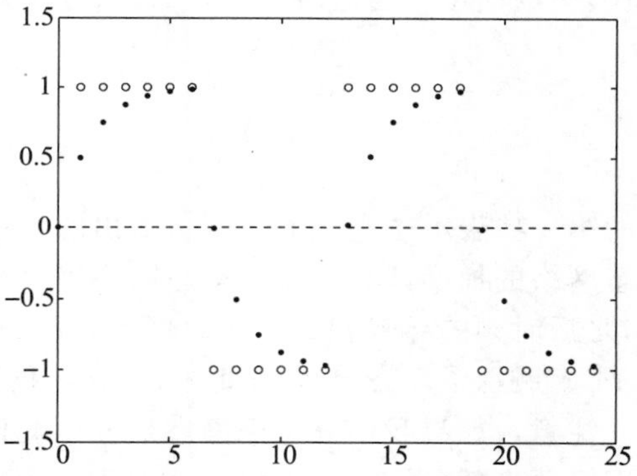

图 14.5 回复神经元的响应

MATLAB 实验 使用 Neural Network Design Demonstration Infinite Impulse Response Network(nnd14iir)进行该无限脉冲响应示例实验。

将这两个例子中的动态网络和图 11.4 中的静态两层感知机例子做对比。静态网络可以通过训练逼近静态函数，如 $\sin(p)$，其输出可以通过当前输入直接计算得到。动态网络则可以通过训练来逼近动力学系统，如机械臂、飞行器、生物过程、经济体系等，这些系统的输出依赖于之前输入和输出的历史。由于动力学系统比静态函数更为复杂，可以预想到动态网络的训练也比静态网络的训练更具有挑战性。 14-7

在接下来的小节中，我们将讨论动态网络训练中梯度的计算。对于静态网络，梯度可通过标准的反向传播算法计算得到，而对于动态网络，反向传播算法必须做出调整。

14.2.2 动态学习的基本原则

举例 在开始介绍动态网络训练细节之前，我们首先讨论一个简单的例子。再次考虑

图 14.4 中的回复网络，假如我们想通过最速下降法训练这个网络，首先要计算性能函数的梯度。此例中我们采用平方误差和：

$$F(\boldsymbol{x}) = \sum_{t=1}^{Q} e^2(t) = \sum_{t=1}^{Q} (t(t) - a(t))^2 \tag{14.7}$$

梯度的两个分量为

$$\frac{\partial F(\boldsymbol{x})}{\partial lw_{1,1}(1)} = \sum_{t=1}^{Q} \frac{\partial e^2(t)}{\partial lw_{1,1}(1)} = -2\sum_{t=1}^{Q} e(t) \frac{\partial a(t)}{\partial lw_{1,1}(1)} \tag{14.8}$$

$$\frac{\partial F(\boldsymbol{x})}{\partial iw_{1,1}} = \sum_{t=1}^{Q} \frac{\partial e^2(l)}{\partial iw_{1,1}} = -2\sum_{t=1}^{Q} e(t) \frac{\partial a(t)}{\partial iw_{1,1}} \tag{14.9}$$

上式中的关键项是网络输出对权值的导数：

$$\frac{\partial a(t)}{\partial lw_{1,1}(1)}, \quad \frac{\partial a(t)}{\partial iw_{1,1}} \tag{14.10}$$

对于静态网络，这些项非常容易计算得出，分别为 $a(t-1)$ 和 $p(t)$。然而对于回复网络，权值对网络输出有两方面作用。一是直接作用，这与静态网络中的作用相同；二是间接作用，这是由于网络输入的一部分来自于前一时刻的网络输出。我们通过计算网络输出的导数来说明这两种作用。
14-8

网络运算的公式为

$$a(t) = lw_{1,1}(1)a(t-1) + iw_{1,1}p(t) \tag{14.11}$$

式(14.10)中的项可以通过对式(14.11)求导计算得：

$$\frac{\partial a(t)}{\partial lw_{1,1}(1)} = a(t-1) + lw_{1,1}(1) \frac{\partial a(t-1)}{\partial lw_{1,1}(1)} \tag{14.12}$$

$$\frac{\partial a(t)}{\partial iw_{1,1}} = p(t) + lw_{1,1}(1) \frac{\partial a(t-1)}{\partial iw_{1,1}} \tag{14.13}$$

两式中的第一项表示每个权值对网络输出的直接作用，第二项则表示间接作用。注意，不同于静态网络的梯度计算方法，动态网络中每个时刻的导数计算都与之前时刻的导数有关(或是与之后时刻的导数相关，我们稍后会看到)。

图 14.6 展示了动态导数。如图 14.6a，我们可以看到总的导数 $\partial a(t)/\partial iw_{1,1}$ 和它的静态部分。注意，如果我们只考虑静态部分，会低估权值变化的作用。如图 14.6b，我们可以看到网络原来的(图 14.5 中也已经展示过的)响应以及将 $iw_{1,1}$ 从 0.5 变为 0.6 后的一个新响应。通过对图 14.6 两个部分的比较，我们可以看到导数如何揭示了权值 $iw_{1,1}$ 的变化对网络响应的作用。

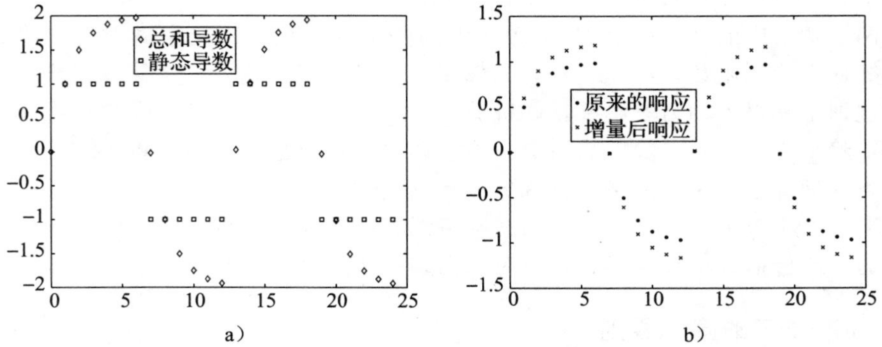

图 14.6　权值 $iw_{1,1}$ 的导数和图 14.4 中网络的响应

在图 14.7 中我们看到权值 $lw_{1,1}(1)$ 上相似的结果。理解这一例子的关键在于两点：导数有静态和动态两个成分；动态成分依赖于其他时刻。 14-9

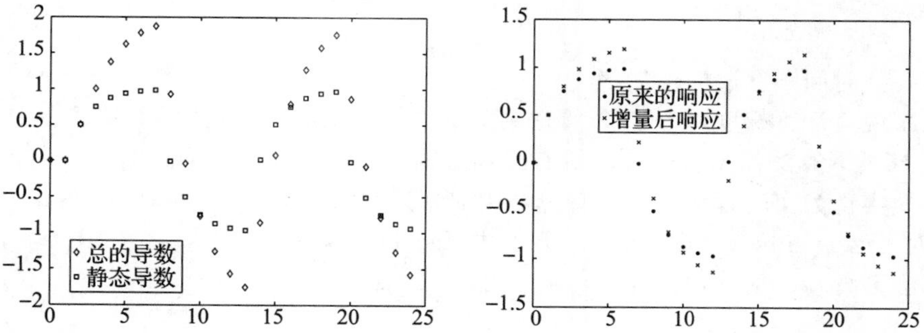

a)　　b)

图 14.7　权值 $lw_{1,1}(1)$的导数和图 14.4 中网络的响应

MATLAB 实验 使用 Neural Network Design Demonstration **Dynamic Derivatives** (nnd14dynd)进行该动态导数的实验。

对单神经元网络进行初步分析之后，我们来考虑图 14.8 中稍复杂一些的动态网络，它包含一个静态多层网络和一个从网络输出到网络输入的单步延迟反馈回路。图中，向量 $\boldsymbol{x}$ 表示网络的所有参数(权值和偏置值)，向量 $\boldsymbol{a}(t)$表示多层网络在 t 时刻的输出。这个网络可以帮助我们展示动态训练中的关键步骤。

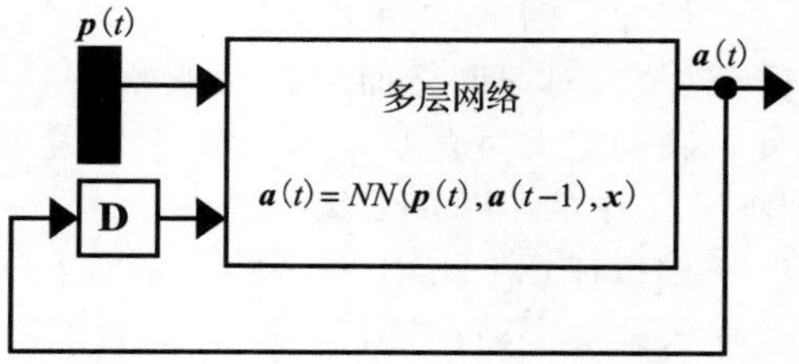

图 14.8　简单的动态网络

与标准多层网络相同，我们希望调整网络的权值和偏置值以最小化性能指标 $F(\boldsymbol{x})$，通常是均方误差。在第 11 章中，我们推导了计算 $F(\boldsymbol{x})$的梯度的反向传播算法，然后可以用第 12 章中的任意优化方法来最小化 $F(\boldsymbol{x})$。对于动态网络，我们需要修改标准反向传播算法。要解决这个问题，有两种基本方法。它们都采用链式法则，但是实现方法不同： 14-10

$$\frac{\partial F}{\partial \boldsymbol{x}}=\sum_{t=1}^{Q}\left[\frac{\partial \boldsymbol{a}(t)}{\partial \boldsymbol{x}^{\mathrm{T}}}\right]^{\mathrm{T}}\times\frac{\partial^{e} F}{\partial \boldsymbol{a}(t)} \tag{14.14}$$

或

$$\frac{\partial F}{\partial \boldsymbol{x}}=\sum_{t=1}^{Q}\left[\frac{\partial^{e} \boldsymbol{a}(t)}{\partial \boldsymbol{x}^{\mathrm{T}}}\right]^{\mathrm{T}}\times\frac{\partial F}{\partial \boldsymbol{a}(t)} \tag{14.15}$$

其中上标 e 表示显式导数，这种导数不考虑跨越时刻的间接作用。显式导数可以通过第 11 章中的标准反向传播算法获得。要求式(14.14)和式(14.15)中完整的导数，我们还需要如下公式：

$$\frac{\partial \boldsymbol{a}(t)}{\partial \boldsymbol{x}^{\mathrm{T}}}=\frac{\partial^{e} \boldsymbol{a}(t)}{\partial \boldsymbol{x}^{\mathrm{T}}}+\frac{\partial^{e} \boldsymbol{a}(t)}{\partial \boldsymbol{a}^{\mathrm{T}}(t-1)}\times\frac{\partial \boldsymbol{a}(t-1)}{\partial \boldsymbol{x}^{\mathrm{T}}} \tag{14.16}$$

和

$$\frac{\partial F}{\partial \boldsymbol{a}(t)}=\frac{\partial^{e} F}{\partial \boldsymbol{a}(t)}+\frac{\partial^{e} \boldsymbol{a}(t+1)}{\partial \boldsymbol{a}^{\mathrm{T}}(t)}\times\frac{\partial F}{\partial \boldsymbol{a}(t+1)} \tag{14.17}$$

式(14.14)和式(14.16)组成了实时回复学习(Real-Time Recurrent Learning，RTRL)算法，注意，其中关键的一项是

$$\frac{\partial \boldsymbol{a}(t)}{\partial \boldsymbol{x}^{\mathrm{T}}} \tag{14.18}$$

这一项需要按时间顺序正向传播。式(14.15)和式(14.17)组成了时序反向传播(BackPropagation-Through-Time，BPTT)算法，其中关键的一项是

$$\frac{\partial F}{\partial \boldsymbol{a}(t)} \tag{14.19}$$

这一项需要按时间顺序反向传播。

总的来说，计算梯度时 RTRL 算法一定程度上比 BPTT 算法需要更多的计算量。然而，由于 BPTT 算法需要首先计算所有时刻的输出，然后将导数通过时间反向传播到起始时刻，不便实现为实时算法。RTRL 算法则非常适合实时实现，其梯度可在各个时刻进行计算。(对于 Levenberg-Marquardt 算法中 Jacobian 矩阵的计算，RTRL 算法往往比
14-11 BPTT 算法更高效。见[DeHa07]。)

14.2.3 动态反向传播

本节中，我们将讨论 LDDN 框架表示的动态网络的一般性 RTRL 算法和 BPTT 算法，这包括对式(14.14)到式(14.17)四个公式进行推广。

1. 定义

为了简化对训练算法的描述，我们将 LDDN 中的一些层记为网络输出，一些层记为网络输入。如果一个网络层包含输入权值或通过其权值矩阵连接任意的延迟项，则称为*输入层*(input layer)；如果一个网络层在训练过程中被用于与目标比较，或通过一个具有任意延迟项的矩阵连接到输入层，则称为*输出层*(output layer)。

例如，图 14.1 中的 LDDN 有两个输出层(第一层和第三层)以及两个输入层(第一层和第二层)。对该网络而言，模拟顺序为 1-2-3，而反向传播顺序为 3-2-1。为了之后推导方便，我们定义集合 U 为所有输出层编号的集合，集合 X 为所有输入层编号的集合。对于图 14.1 中的 LDDN，$U=\{1, 3\}$，$X=\{1, 2\}$。

模拟任意 LDDN 网络的一般性公式在式(14.1)和式(14.2)中给出。在每一个时刻，这些公式逐层前向迭代，其中 m 依照模拟顺序变化，时间则从 $t=1$ 增长到 $t=Q$。

2. 实时回复学习

本节中，我们面向 LDDN 网络推广式(14.14)和式(14.16)给出的 RTRL 算法。这在多个方面遵循了在第 11 章讨论静态多层网络的反向传播算法的过程。在继续之前，你可以快速回顾之前的相关内容。

(1) 式(14.14)

推演 RTRL 算法的第一步是推广式(14.14)。对于一般性的 LDDN 网络，我们可以使用链式法则来计算梯度如下：

$$\frac{\partial F}{\partial \boldsymbol{x}} = \sum_{t=1}^{Q} \sum_{u \in U} \left[\left[\frac{\partial \boldsymbol{a}^{u}(t)}{\partial \boldsymbol{x}^{\mathrm{T}}} \right]^{\mathrm{T}} \times \frac{\partial^{e} F}{\partial \boldsymbol{a}^{u}(t)} \right] \tag{14.20}$$

如果我们将此式与式(14.14)进行比较，可以发现，对于每一个时刻，求和项包含了每一个输出层对应的项。然而，如果性能指标 $F(\boldsymbol{x})$ 不是某个特定输出 $a^{u}(t)$ 的显式函数，那么
14-12 它的显式导数为 0。

(2) 式(14.16)

推演 RTRL 算法的下一步是推广式(14.16)。同样，我们采用链式法则：

$$\frac{\partial \boldsymbol{a}^{u}(t)}{\partial \boldsymbol{x}^{\mathrm{T}}} = \frac{\partial^{e} \boldsymbol{a}^{u}(t)}{\partial \boldsymbol{x}^{u\ \mathrm{T}}} + \sum_{u' \in U} \sum_{x \in X} \sum_{d \in DLx,u'} \frac{\partial^{e} \boldsymbol{a}^{u}(t)}{\partial \boldsymbol{n}^{x}(t)^{\mathrm{T}}} \times \frac{\partial^{e} \boldsymbol{n}^{x}(t)}{\partial \boldsymbol{a}^{u'}(t-d)^{\mathrm{T}}} \times \frac{\partial \boldsymbol{a}^{u'}(t-d)}{\partial \boldsymbol{x}^{\mathrm{T}}} \tag{14.21}$$

在式(14.16)中，系统只有一个延迟项。现在，我们需要考虑每个输出以及每个输出输入

到其他层之前延迟的次数。这正是式(14.21)中的前两个求和符号的目的。由于 t 从 1 到 Q 变化，这些公式需要依时间正向更新。对于

$$\frac{\partial \boldsymbol{a}^{u}(t)}{\partial \boldsymbol{x}^{\mathrm{T}}} \tag{14.22}$$

当 $t \leqslant 0$ 时通常设为 0。

在实现式(14.21)之前，需要先计算

$$\frac{\partial^{e} \boldsymbol{a}^{u}(t)}{\partial \boldsymbol{n}^{x}(t)^{\mathrm{T}}} \times \frac{\partial^{e} \boldsymbol{n}^{x}(t)}{\partial \boldsymbol{a}^{u'}(t-d)^{\mathrm{T}}} \tag{14.23}$$

为了获得右侧第二项，我们可以使用

$$n_{k}^{x}(t) = \sum_{l \in L_{x}^{\mathrm{f}}} \sum_{d' \in DL_{x,l}} \left[\sum_{i=1}^{S^{l}} lw_{k,i}^{x,l}(d') a_{i}^{l}(t-d') \right] + \sum_{l \in I_{x}} \sum_{d' \in DI_{x,l}} \left[\sum_{i=1}^{R^{l}} iw_{k,i}^{x,l}(d') p_{i}^{l}(t-d') \right] + b_{k}^{x} \tag{14.24}$$

(请与式(11.20)比较。)现在可以写为

$$\frac{\partial^{e} n_{k}^{x}(t)}{\partial a_{j}^{u'}(t-d)} = lw_{k,j}^{x,u'}(d) \tag{14.25}$$

如果我们将敏感度项定义如下

$$s_{k,i}^{u,m}(t) \equiv \frac{\partial^{e} a_{k}^{u}(t)}{\partial n_{i}^{m}(t)} \tag{14.26}$$

并用其构成如下矩阵 14-13

$$\boldsymbol{S}^{u,m}(t) = \frac{\partial^{e} \boldsymbol{a}^{u}(t)}{\partial \boldsymbol{n}^{m}(t)^{\mathrm{T}}} = \begin{bmatrix} s_{1,1}^{u,m}(t) & s_{1,2}^{u,m}(t) & \cdots & s_{1,S_{m}}^{u,m}(t) \\ s_{2,1}^{u,m}(t) & s_{2,2}^{u,m}(t) & \cdots & s_{1,S_{m}}^{u,m}(t) \\ \vdots & \vdots & & \vdots \\ s_{S_{u},1}^{u,m}(t) & s_{S_{u},2}^{u,m}(t) & \cdots & s_{S_{u},S_{m}}^{u,m}(t) \end{bmatrix} \tag{14.27}$$

那么我们可以将式(14.23)写为

$$\left[\frac{\partial^{e} \boldsymbol{a}^{u}(t)}{\partial \boldsymbol{n}^{x}(t)^{\mathrm{T}}} \times \frac{\partial^{e} \boldsymbol{n}^{x}(t)}{\partial \boldsymbol{a}^{u'}(t-d)^{\mathrm{T}}} \right]_{i,j} = \sum_{k=1}^{S^{x}} s_{i,k}^{u,x}(t+d) \times lw_{k,j}^{x,u'}(d) \tag{14.28}$$

或者写成矩阵形式

$$\frac{\partial^{e} \boldsymbol{a}^{u}(t)}{\partial \boldsymbol{n}^{x}(t)^{\mathrm{T}}} \times \frac{\partial^{e} \boldsymbol{n}^{x}(t)}{\partial \boldsymbol{a}^{u'}(t-d)^{\mathrm{T}}} = \boldsymbol{S}^{u,x}(t) \times \boldsymbol{LW}^{x,u'}(d) \tag{14.29}$$

因此，式(14.21)可以写为

$$\frac{\partial \boldsymbol{a}^{u}(t)}{\partial \boldsymbol{x}^{\mathrm{T}}} = \frac{\partial^{e} \boldsymbol{a}^{u}(t)}{\partial \boldsymbol{x}^{\mathrm{T}}} + \sum_{u' \in U} \sum_{x \in X} \sum_{d \in DL_{x,u'}} \boldsymbol{S}^{u,x}(t) \times \boldsymbol{LW}^{x,u'}(d) \times \frac{\partial \boldsymbol{a}^{u'}(t-d)}{\partial \boldsymbol{x}^{\mathrm{T}}} \tag{14.30}$$

式(14.30)右侧求和项中许多项都为 0，不需要计算。为了充分利用这些性质，我们引入一些指标集。这些指标集可以告诉我们哪些层的权值和敏感度是非零的。

第一类指标集包含所有通过一些非零延迟与某个特定的第 x 层(该层一定是输入层)连接的输出层：

$$E_{LW}^{U}(x) = \{ u \in U \ni \exists (\boldsymbol{LW}^{x,u}(d) \neq 0, d \neq 0) \} \tag{14.31}$$

其中，$\ni$ 表示“满足”，$\exists$ 表示“存在”。

第二类指标集合包含所有与某个特定的第 u 层有非零敏感度的输入层：

$$E_{S}^{X}(u) = \{ x \in X \ni \exists (\boldsymbol{S}^{u,x} \neq 0) \} \tag{14.32}$$

(当 $\boldsymbol{S}^{u,x}$ 非零时，存在一个从第 x 层到输出层 u 的静态连接。)第三类指标集合包含所有与某个特定的第 u 层有非零敏感度的层：

14-14
$$E_S(u)=\{x \ni \exists(\boldsymbol{S}^{u,x}\neq 0)\} \tag{14.33}$$

$E_S^X(u)$和 $E_S(u)$的区别在于 $E_S^X(u)$只包含输入层。虽然 $E_S(u)$不会用于化简式(14.30)，但是它将用于式(14.38)中敏感度的计算。

借助式(14.31)和式(14.32)，我们可以重新组织式(14.30)中的求和顺序，并只对非零项进行求和：

$$\frac{\partial \boldsymbol{a}^u(t)}{\partial \boldsymbol{x}^{\mathrm{T}}}=\frac{\partial^e \boldsymbol{a}^u(t)}{\partial \boldsymbol{x}^{\mathrm{T}}}+\sum_{x\in E_S^X(u)}\boldsymbol{S}^{u,x}(t)\sum_{u'\in E_{LW}^U(x)}\sum_{d\in DL_{x,u'}}\boldsymbol{LW}^{x,u'}(d)\times\frac{\partial \boldsymbol{a}^{u'}(t-d)}{\partial \boldsymbol{x}^{\mathrm{T}}} \tag{14.34}$$

式(14.34)是式(14.16)在 LDDN 网络上的推广。其中只剩下对敏感度矩阵 $\boldsymbol{S}^{u,m}(t)$和显式导数$\partial^e \boldsymbol{a}^u(t)/\partial w$ 的计算，我们将在后面两小节展示。

(3) 敏感度

为了计算敏感度矩阵的元素，我们使用标准形式的静态反向传播方法。网络输出层的敏感度可计算如下：

$$s_{k,i}^{u,u}(t)=\frac{\partial^e a_k^u(t)}{\partial n_i^u(t)}=\begin{cases}\dot{f}^u(n_i^u(t)), & i=k\\ 0, & i\neq k\end{cases},\quad u\in U \tag{14.35}$$

或者写成矩阵形式

$$\boldsymbol{S}^{u,u}(t)=\dot{\boldsymbol{F}}^u(\boldsymbol{n}^u(t)) \tag{14.36}$$

其中，$\dot{\boldsymbol{F}}^u(\boldsymbol{n}^u(t))$定义为

$$\dot{\boldsymbol{F}}^u(\boldsymbol{n}^u(t))=\begin{bmatrix}\dot{f}^u(n_1^u(t)) & 0 & \cdots & 0\\ 0 & \dot{f}^u(n_2^u(t)) & \cdots & 0\\ \vdots & \vdots & & \vdots\\ 0 & 0 & \cdots & \dot{f}^u(n_{S^u}^u(t))\end{bmatrix} \tag{14.37}$$

(参见式(11.34))。矩阵 $\boldsymbol{S}^{u,m}(t)$可通过每一个网络输出在网络中的反向传播来计算。

14-15
$$\boldsymbol{S}^{u,m}(t)=\left[\sum_{l\in E_S(u)\cap L_m^b}\boldsymbol{S}^{u,l}(t)\,\boldsymbol{LW}^{l,m}(0)\right]\dot{\boldsymbol{F}}^m(\boldsymbol{n}^m(t)),\quad u\in U \tag{14.38}$$

其中，m 从 u 开始依反向传播顺序递减，L_m^b 是层 F 标的集合，这些层是与第 m 层直接反向相连的(即第 m 层前向连接到的层)，并且连接是没有延迟的。式(14.38)中的反向传播步骤本质上与式(11.45)中一致，但它推广到了允许层之间的任意连接。

(4) 显式导数

我们还需要计算显式导数

$$\frac{\partial^e \boldsymbol{a}^u(t)}{\partial \boldsymbol{x}^{\mathrm{T}}} \tag{14.39}$$

使用微积分的链式法则，我们可以对输入权值展开式(14.39)得：

$$\frac{\partial^e a_k^u(t)}{\partial iw_{i,j}^{m,l}(d)}=\frac{\partial^e a_k^u(t)}{\partial n_i^m(t)}\times\frac{\partial^e n_i^m(t)}{\partial iw_{i,j}^{m,l}(d)}=s_{k,i}^{u,m}(t)\times p_j^l(t-d) \tag{14.40}$$

写成向量形式为

$$\frac{\partial^e \boldsymbol{a}^u(t)}{\partial iw_{i,j}^{m,l}(d)}=\boldsymbol{s}_i^{u,m}(t)\times p_j^l(t-d) \tag{14.41}$$

写成矩阵形式为

$$\frac{\partial^e \boldsymbol{a}^u(t)}{\partial \mathrm{vec}(\boldsymbol{IW}^{m,l}(d))^{\mathrm{T}}} = [\boldsymbol{p}^l(t-d)]^{\mathrm{T}} \otimes \boldsymbol{S}^{u,m}(t) \tag{14.42}$$

同样，我们可以得到层权值和偏置值的导数：

$$\frac{\partial^e \boldsymbol{a}^u(t)}{\partial \mathrm{vec}(\boldsymbol{LW}^{m,l}(d))^{\mathrm{T}}} = [\boldsymbol{a}^l(t-d)]^{\mathrm{T}} \otimes \boldsymbol{S}^{u,m}(t) \tag{14.43}$$

$$\frac{\partial^e \boldsymbol{a}^u(t)}{\partial (\boldsymbol{b}^m)^{\mathrm{T}}} = \boldsymbol{S}^{u,m}(t) \tag{14.44}$$

其中，vec 算子通过将矩阵按列堆叠而将矩阵转换成向量，$\boldsymbol{A}\otimes\boldsymbol{B}$ 是 $\boldsymbol{A}$ 和 $\boldsymbol{B}$ 的 Kronecker 积 [MaNe99]。

LDDN 网络上完整的 RTRL 算法总结为下面的伪代码。 14-16

实时回复学习算法的梯度计算

初始化：

　对任意 $u\in U$，令 $\dfrac{\partial \boldsymbol{a}^u(t)}{\partial \boldsymbol{x}^{\mathrm{T}}}=0$，$t\leqslant 0$

for $t=1$ 到 Q

　$U'=\varnothing$，对任意 $u\in U$，令 $E_S(u)=\varnothing$ 且 $E_S^X(u)=\varnothing$

　for m 沿 BP 顺序递减

　　for 任意 $u\in U'$，if $E_S(u)\cap L_m^{\mathrm{b}}\neq\varnothing$

$$\boldsymbol{S}^{u,m}(t) = \left[\sum_{l\in E_S(u)\cap L_m^{\mathrm{b}}} \boldsymbol{S}^{u,l}(t)\,\boldsymbol{LW}^{l,m}(0)\right]\dot{\boldsymbol{F}}^m(\boldsymbol{n}^m(t))$$

　　　将 m 加入集合 $E_S(u)$

　　　if $m\in X$，将 m 加入集合 $E_S^X(u)$

　　endfor u

　　if $m\in U$

$$\boldsymbol{S}^{m,m}(t) = \dot{\boldsymbol{F}}^m(\boldsymbol{n}^m(t))$$

　　　将 m 加入集合 U' 和集合 $E_S(m)$

　　　if $m\in X$，将 m 加入集合 $E_S^X(m)$

　　endif m

　endfor m

　for $u\in U$ 沿模拟顺序递增

　　for 所有的权值和偏置值(向量 $\boldsymbol{x}$ 包含所有权值和偏置值)

$$\frac{\partial^e \boldsymbol{a}^u(t)}{\partial \mathrm{vec}(\boldsymbol{IW}^{m,l}(d))^{\mathrm{T}}} = [\boldsymbol{p}^l(t-d)]^{\mathrm{T}} \otimes \boldsymbol{S}^{u,m}(t)$$

$$\frac{\partial^e \boldsymbol{a}^u(t)}{\partial \mathrm{vec}(\boldsymbol{LW}^{m,l}(d))^{\mathrm{T}}} = [\boldsymbol{a}^l(t-d)]^{\mathrm{T}} \otimes \boldsymbol{S}^{u,m}(t)$$

$$\frac{\partial^e \boldsymbol{a}^u(t)}{\partial (\boldsymbol{b}^m)^{\mathrm{T}}} = \boldsymbol{S}^{u,m}(t)$$

　　endfor 权值和偏置值

$$\frac{\partial \boldsymbol{a}^u(t)}{\partial \boldsymbol{x}^{\mathrm{T}}} = \frac{\partial^e \boldsymbol{a}^u(t)}{\partial \boldsymbol{x}^{\mathrm{T}}} + \sum_{x\in E_S^X(u)} \boldsymbol{S}^{u,x}(t) \sum_{u'\in E_{LW}^U(x)} \sum_{d\in DL_{x,u'}} \boldsymbol{LW}^{x,u'}(d) \times \frac{\partial \boldsymbol{a}^{u'}(t-d)}{\partial \boldsymbol{x}^{\mathrm{T}}}$$

　endfor u

endfor t

计算梯度：

$$\frac{\partial F}{\partial \boldsymbol{x}} = \sum_{t=1}^{Q}\sum_{u\in U}\left[\left[\frac{\partial \boldsymbol{a}^u(t)}{\partial \boldsymbol{x}^{\mathrm{T}}}\right]^{\mathrm{T}} \times \frac{\partial^e F}{\partial \boldsymbol{a}^u(t)}\right]$$

14-17

(5) RTRL 算法实现示例(FIR 和 IIR)

举例 为了展示 RTRL 算法，再次考虑图 14.2 所示的前馈动态网络，其运算公式为

$$a(t)=n(t)=iw_{1,1}(0)p(t)+iw_{1,1}(1)p(t-1)+iw_{1,1}(2)p(t-2)$$

该网络的结构定义为

$$U=\{1\},\quad X=\{1\},\quad I_1=\{1\},\quad DI_{1,1}=\{0,1,2\},\quad L_1^f=\varnothing,\quad E_{LW}^U(1)=\varnothing$$

我们在三个时刻取如下标准性能函数：

$$F=\sum_{t=1}^{Q}(t(t)-a(t))^2=\sum_{t=1}^{3}e^2(t)=e^2(1)+e^2(2)+e^2(3)$$

以及如下输入和目标输出：

$$\{p(1),t(1)\},\quad \{p(2),t(2)\},\quad \{p(3),t(3)\}$$

RTRL 算法首先进行初始化：

$$U'=\varnothing,\quad E_S(1)=\varnothing,\quad E_S^X(1)=\varnothing$$

此外，延迟项的初始条件 $p(0)$、$p(-1)$也需要提供。

接下来计算第一个时刻的网络响应：

$$a(1)=n(1)=iw_{1,1}(0)p(1)+iw_{1,1}(1)p(0)+iw_{1,1}(2)p(-1)$$

由于 RTRL 算法沿时间方向进行计算，可以立刻计算出第一个时刻的导数。在下一节中，我们将介绍沿时间反方向进行计算的 BPTT 算法，它需要首先在所有时刻进行前向计算，然后再计算导数。

通过前面的伪代码，因为传输函数是线性的，导数计算的第一步为

$$\boldsymbol{S}^{1,1}(1)=\dot{\boldsymbol{F}}^1(\boldsymbol{n}^1(1))=1$$

同时我们更新如下集合：

14-18 $$E_S^X(1)=\{1\},\quad E_S(1)=\{1\}$$

下一步是由式(14.42)计算显式导数：

$$\frac{\partial^e \boldsymbol{a}^1(1)}{\partial \text{vec}\,(\boldsymbol{IW}^{1,1}(0))^{\mathrm{T}}}=\frac{\partial^e a(1)}{\partial iw_{1,1}(0)}=[\boldsymbol{p}^1(1)]^{\mathrm{T}}\otimes \boldsymbol{S}^{1,1}(t)=p(1)$$

$$\frac{\partial^e \boldsymbol{a}^1(1)}{\partial \text{vec}\,(\boldsymbol{IW}^{1,1}(1))^{\mathrm{T}}}=\frac{\partial^e a(1)}{\partial iw_{1,1}(1)}=[\boldsymbol{p}^1(0)]^{\mathrm{T}}\otimes \boldsymbol{S}^{1,1}(t)=p(0)$$

$$\frac{\partial^e \boldsymbol{a}^1(1)}{\partial \text{vec}\,(\boldsymbol{IW}^{1,1}(2))^{\mathrm{T}}}=\frac{\partial^e a(1)}{\partial iw_{1,1}(2)}=[\boldsymbol{p}^1(-1)]^{\mathrm{T}}\otimes \boldsymbol{S}^{1,1}(t)=p(-1)$$

接下来要利用式(14.34)计算总的导数。然而，由于 $E_{LW}^U(1)=\varnothing$，总的导数等于显式导数。

在每一个时刻重复以上所有步骤，最后由式(14.20)计算性能指标对权值的导数：

$$\frac{\partial F}{\partial \boldsymbol{x}}=\sum_{t=1}^{Q}\sum_{u\in U}\left[\left[\frac{\partial \boldsymbol{a}^u(t)}{\partial \boldsymbol{x}^{\mathrm{T}}}\right]^{\mathrm{T}}\times\frac{\partial^e F}{\partial \boldsymbol{a}^u(t)}\right]=\sum_{t=1}^{3}\left[\left[\frac{\partial \boldsymbol{a}^1(t)}{\partial \boldsymbol{x}^{\mathrm{T}}}\right]^{\mathrm{T}}\times\frac{\partial^e F}{\partial \boldsymbol{a}^1(t)}\right]$$

如果按照每一个权值分解上式，我们得到

$$\frac{\partial F}{\partial iw_{1,1}(0)}=p(1)(-2e(1))+p(2)(-2e(2))+p(3)(-2e(3))$$

$$\frac{\partial F}{\partial iw_{1,1}(1)}=p(0)(-2e(1))+p(1)(-2e(2))+p(2)(-2e(3))$$

$$\frac{\partial F}{\partial iw_{1,1}(2)}=p(-1)(-2e(1))+p(0)(-2e(2))+p(1)(-2e(3))$$

然后，我们就可以将该梯度用于第 9 章和第 12 章中介绍的任意一个标准优化算法中。注意，如果使用最速下降，上述结果是 LMS 算法的一种批量形式(参考式(10.33))。

举例 举一个回复神经网络的例子。考虑图 14.4 中的简单回复网络，由式(14.5)可知，该网络运算的公式为

$$a(t) = lw_{1,1}(1)a(t-1) + iw_{1,1}p(t)$$

该网络的结构定义为 14-19

$$U = \{1\}, \quad X = \{1\}, \quad I_1 = \{1\}, \quad DI_{1,1} = \{0\}$$

$$DL_{1,1} = \{1\}, \quad L_1^f = \{1\}, \quad E_{LW}^U(1) = \{1\}$$

我们选择和前面例子相同的性能函数：

$$F = \sum_{t=1}^{Q}(t(t) - a(t))^2 = \sum_{t=1}^{3} e^2(t) = e^2(1) + e^2(2) + e^2(3)$$

以及如下输入和目标输出：

$$\{p(1), t(1)\}, \quad \{p(2), t(2)\}, \quad \{p(3), t(3)\}$$

我们进行初始化

$$U' = \varnothing, \quad E_S(1) = \varnothing, \quad E_S^X(1) = \varnothing$$

此外，延迟项的初始条件 $a(0)$ 及初始导数

$$\frac{\partial a(0)}{\partial iw_{1,1}} \quad \text{和} \quad \frac{\partial a(0)}{\partial lw_{1,1}(1)}$$

也需要提供。(其中初始导数通常置为 0。)

接下来计算第一个时刻的网络响应：

$$a(1) = lw_{1,1}(1)a(0) + iw_{1,1}p(1)$$

因为传输函数是线性的，导数计算的第一步为

$$\boldsymbol{S}^{1,1}(1) = \dot{\boldsymbol{F}}^1(\boldsymbol{n}^1(1)) = 1$$

同时我们更新如下集合：

$$E_S^X(1) = \{1\}, \quad E_S(1) = \{1\}$$

下一步计算显式导数：

$$\frac{\partial^e \boldsymbol{a}^1(1)}{\partial \mathrm{vec}\,(\boldsymbol{IW}^{1,1}(0))^{\mathrm{T}}} = \frac{\partial^e a(1)}{\partial iw_{1,1}} = [\boldsymbol{p}^1(1)]^{\mathrm{T}} \otimes \boldsymbol{S}^{1,1}(1) = p(1)$$

$$\frac{\partial^e \boldsymbol{a}^1(1)}{\partial \mathrm{vec}\,(\boldsymbol{LW}^{1,1}(1))^{\mathrm{T}}} = \frac{\partial^e a(1)}{\partial lw_{1,1}(1)} = [\boldsymbol{a}^1(0)]^{\mathrm{T}} \otimes \boldsymbol{S}^{1,1}(1) = a(0)$$

接下来要利用式(14.34)计算总的导数：

$$\frac{\partial \boldsymbol{a}^1(t)}{\partial \boldsymbol{x}^{\mathrm{T}}} = \frac{\partial^e \boldsymbol{a}^1(t)}{\partial \boldsymbol{x}^{\mathrm{T}}} + \boldsymbol{S}^{1,1}(t)\,\boldsymbol{LW}^{1,1}(1)\,\frac{\partial \boldsymbol{a}^1(t-1)}{\partial \boldsymbol{x}^{\mathrm{T}}} \tag{14.45}$$

将该网络权值分别代入上述公式，当 $t=1$，可以得到

$$\frac{\partial a(1)}{\partial iw_{1,1}} = p(1) + lw_{1,1}(1)\frac{\partial a(0)}{\partial iw_{1,1}} = p(1)$$

$$\frac{\partial a(1)}{\partial lw_{1,1}(1)} = a(0) + lw_{1,1}(1)\frac{\partial a(0)}{\partial lw_{1,1}(1)} = a(0)$$ 14-20

注意，与前面例子中相应的公式不同，这些公式是递归的。当前时刻的导数依赖前一个时刻的导数。(需要注意的是，公式右侧的两个初始导数通常置为 0，而在下一个时刻它们将不再是 0。)正如前面所提到的，在回复网络中，权值对网络的输出有两种作用。第一种是直接作用，由式(14.45)所示的显式导数所表示。第二种是间接作用，这是因为该网络的某个输入是之前的输出，它也是权值的函数。这种作用形成了式(14.45)中的第二项。

在每一个时刻重复以上所有步骤：

$$\frac{\partial^e a(2)}{\partial iw_{1,1}} = p(2), \quad \frac{\partial^e a(2)}{\partial lw_{1,1}(1)} = a(1)$$

$$\frac{\partial a(2)}{\partial iw_{1,1}} = p(2) + lw_{1,1}(1)\frac{\partial a(1)}{\partial iw_{1,1}} = p(2) + lw_{1,1}(1)p(1)$$

$$\frac{\partial a(2)}{\partial lw_{1,1}(1)} = a(1) + lw_{1,1}(1)\frac{\partial a(1)}{\partial lw_{1,1}(1)} = a(1) + lw_{1,1}(1)a(0)$$

$$\frac{\partial^e a(3)}{\partial iw_{1,1}} = p(3), \quad \frac{\partial^e a(3)}{\partial lw_{1,1}(1)} = a(2)$$

$$\frac{\partial a(3)}{\partial iw_{1,1}} = p(3) + lw_{1,1}(1)\frac{\partial a(2)}{\partial iw_{1,1}} = p(3) + lw_{1,1}(1)p(2) + (lw_{1,1}(1))^2 p(1)$$

14-21
$$\frac{\partial a(3)}{\partial lw_{1,1}(1)} = a(2) + lw_{1,1}(1)\frac{\partial a(2)}{\partial lw_{1,1}(1)} = a(2) + lw_{1,1}(1)a(1) + (lw_{1,1}(1))^2 a(0)$$

最后由式(14.20)计算性能指标对权值的导数：

$$\frac{\partial F}{\partial \boldsymbol{x}} = \sum_{t=1}^{Q}\sum_{u\in U}\left[\left[\frac{\partial \boldsymbol{a}^u(t)}{\partial \boldsymbol{x}^{\mathrm{T}}}\right]^{\mathrm{T}} \times \frac{\partial^e F}{\partial \boldsymbol{a}^u(t)}\right] = \sum_{t=1}^{3}\left[\left[\frac{\partial \boldsymbol{a}^1(t)}{\partial \boldsymbol{x}^{\mathrm{T}}}\right]^{\mathrm{T}} \times \frac{\partial^e F}{\partial \boldsymbol{a}^1(t)}\right]$$

如果按照每一个权值分解上式，我们得到

$$\begin{aligned}\frac{\partial F}{\partial iw_{1,1}} &= \frac{\partial a(1)}{\partial iw_{1,1}}(-2e(1)) + \frac{\partial a(2)}{\partial iw_{1,1}}(-2e(2)) + \frac{\partial a(3)}{\partial iw_{1,1}}(-2e(3))\\ &= -2e(1)[p(1)] - 2e(2)[p(2) + lw_{1,1}(1)p(1)]\\ &\quad - 2e(3)[p(3) + lw_{1,1}(1)p(2) + (lw_{1,1}(1))^2 p(1)]\end{aligned}$$

$$\begin{aligned}\frac{\partial F}{\partial lw_{1,1}(1)} &= \frac{\partial a(1)}{\partial lw_{1,1}(1)}(-2e(1)) + \frac{\partial a(2)}{\partial lw_{1,1}(1)}(-2e(2)) + \frac{\partial a(3)}{\partial lw_{1,1}(1)}(-2e(3))\\ &= -2e(1)[a(0)] - 2e(2)[a(1) + lw_{1,1}(1)a(0)]\\ &\quad - 2e(3)[a(2) + lw_{1,1}(1)a(1) + (lw_{1,1}(1))^2 a(0)]\end{aligned}$$

在实际应用中，因为计算结果是一个具体的数值，以上公式最后两行(以及前面的部分公式)的展开并不是必要的。这里写出它们是为了和接下来要介绍的 BPTT 算法进行比较。

3. 时序反向传播

本节中，我们针对 LDDN 网络推演式(14.15)和式(14.17)给出的时序反向传播(Back-Propagation-Through-Time，BPTT)算法。

(1) 式(14.15)

第一步是推演式(14.15)。对于一般性的 LDDN 网络，我们可以使用链式法则来计算(层权值的)梯度如下：

$$\frac{\partial F}{\partial lw_{i,j}^{m,l}(d)} = \sum_{t=1}^{Q}\left[\sum_{u\in U}\sum_{k=1}^{S^u}\frac{\partial F}{\partial a_k^u(t)} \times \frac{\partial^e a_k^u(t)}{\partial n_i^m(t)}\right]\frac{\partial^e n_i^m(t)}{\partial lw_{i,j}^{m,l}(d)} \tag{14.46}$$

其中 u 表示一个输出层，U 是输出层的集合，S^u 是第 u 层的神经元个数。

14-22 由式(14.24)，我们可以得到

$$\frac{\partial^e n_i^m(t)}{\partial lw_{i,j}^{m,l}(d)} = a_j^l(t-d) \tag{14.47}$$

此外，我们还定义

$$d_i^m(t) = \sum_{u\in U}\sum_{k=1}^{S^u}\frac{\partial F}{\partial a_k^u(t)} \times \frac{\partial^e a_k^u(t)}{\partial n_i^m(t)} \tag{14.48}$$

那么层权值的梯度可以写为

$$\frac{\partial F}{\partial lw_{i,j}^{m,l}(d)} = \sum_{t=1}^{Q} d_i^m(t)a_j^l(t-d) \tag{14.49}$$

使用式(14.26)中定义的敏感度，

$$s_{k,i}^{u,m}(t) \equiv \frac{\partial^e a_k^u(t)}{\partial n_i^m(t)} \tag{14.50}$$

那么$d_i^m(t)$可以写为

$$d_i^m(t) = \sum_{u \in U} \sum_{k=1}^{S^u} \frac{\partial F}{\partial a_k^u(t)} \times s_{k,i}^{u,m}(t) \tag{14.51}$$

写成矩阵形式为

$$\boldsymbol{d}^m(t) = \sum_{u \in U} [\boldsymbol{S}^{u,m}(t)]^{\mathrm{T}} \times \frac{\partial F}{\partial \boldsymbol{a}^u(t)} \tag{14.52}$$

其中

$$\frac{\partial F}{\partial \boldsymbol{a}^u(t)} = \left[\frac{\partial F}{\partial a_1^u(t)} \frac{\partial F}{\partial a_2^u(t)} \cdots \frac{\partial F}{\partial a_{S_u}^u(t)^{\mathrm{T}}}\right]^{\mathrm{T}} \tag{14.53}$$

现在梯度可写为矩阵形式。

$$\frac{\partial F}{\partial \boldsymbol{LW}^{m,l}(d)} = \sum_{t=1}^{Q} \boldsymbol{d}^m(t) \times [\boldsymbol{a}^l(t-d)]^{\mathrm{T}} \tag{14.54}$$

通过类似的步骤，我们可以得到输入权值和偏置值的导数： 14-23

$$\frac{\partial F}{\partial \boldsymbol{IW}^{m,l}(d)} = \sum_{t=1}^{Q} \boldsymbol{d}^m(t) \times [\boldsymbol{p}^l(t-d)]^{\mathrm{T}} \tag{14.55}$$

$$\frac{\partial F}{\partial \boldsymbol{b}^m} = \sum_{t=1}^{Q} \boldsymbol{d}^m(t) \tag{14.56}$$

式(14.54)到式(14.56)组成了式(14.15)面向 LDDN 网络的推演。

(2) 式(14.17)

发展 BPTT 算法的下一步是推演式(14.17)。同样，我们采用链式法则：

$$\frac{\partial F}{\partial \boldsymbol{a}^u(t)} = \frac{\partial^e F}{\partial \boldsymbol{a}^u(t)} + \sum_{u' \in U} \sum_{x \in X} \sum_{b \in DL_{x,u}} \left[\frac{\partial^e \boldsymbol{a}^{u'}(t+d)}{\partial \boldsymbol{n}^x(t+d)^{\mathrm{T}}} \times \frac{\partial^e \boldsymbol{n}^x(t+d)}{\partial \boldsymbol{a}^u(t)^{\mathrm{T}}}\right]^{\mathrm{T}} \times \frac{\partial F}{\partial \boldsymbol{a}^{u'}(t+d)} \tag{14.57}$$

(以上求和项中许多项都为0，本节稍后部分我们将给出一个更高效的形式。)在式(14.17)中，系统只有一个延迟项。现在，我们需要考虑网络的每个输出，这些输出是怎么通过输入连接回网络的，以及每个输出被施加于网络输入之前延迟的次数。这就是在式(14.57)中有三个求和符号的原因。由于t从Q到1变化，这个公式需要依时间反向更新。对于

$$\frac{\partial F}{\partial \boldsymbol{a}^{u'}(t)} \tag{14.58}$$

当$t>Q$时通常设为0。

如果我们考虑式(14.57)右侧括号里的矩阵，由式(14.29)我们可以得到

$$\frac{\partial^e \boldsymbol{a}^{u'}(t+d)}{\partial \boldsymbol{n}^x(t+d)^{\mathrm{T}}} \times \frac{\partial^e \boldsymbol{n}^x(t+d)}{\partial \boldsymbol{a}^u(t)^{\mathrm{T}}} = \boldsymbol{S}^{u',x}(t+d) \times \boldsymbol{LW}^{x,u}(d) \tag{14.59}$$

这使我们能够将式(14.57)写为 14-24

$$\frac{\partial F}{\partial \boldsymbol{a}^u(t)} = \frac{\partial^e F}{\partial \boldsymbol{a}^u(t)} + \sum_{u' \in U} \sum_{x \in X} \sum_{d \in DL_{x,u}} [\boldsymbol{S}^{u',x}(t+d) \times \boldsymbol{LW}^{x,u}(d)]^{\mathrm{T}} \times \frac{\partial F}{\partial \boldsymbol{a}^{u'}(t+d)} \tag{14.60}$$

式(14.60)右侧求和项中许多求项都为0，不需要计算。为了给出式(14.60)一个更加高效的实现，我们定义如下指标集：

$$E_{LW}^{X}(u)=\{x\in X\ni\exists(\boldsymbol{LW}^{x,u}(d)\neq 0,d\neq 0)\} \tag{14.61}$$

$$E_{S}^{U}(x)=\{u\in U\ni\exists(\boldsymbol{S}^{u,x}\neq 0)\} \tag{14.62}$$

第一个集合包含所有输出层 u 通过一些非零延迟连接到的输入层。第二个集合包含与输入层 x 有非零敏感度的输出层。当敏感度 $S^{u,x}$ 非零时，存在一个从输入层 x 到输出层 u 的静态连接。

现在，我们可以重新组织式(14.60)中的求和顺序，并只对存在的项求和：

$$\frac{\partial F}{\partial \boldsymbol{a}^{u}(t)}=\frac{\partial^{e} F}{\partial \boldsymbol{a}^{u}(t)}+\sum_{x\in E_{LW}^{X}(u)}\sum_{d\in DL_{x,u}}\boldsymbol{LW}^{x,u}(d)^{\mathrm{T}}\sum_{u'\in E_{S}^{U}(x)}\boldsymbol{S}^{u',x}(t+d)^{\mathrm{T}}\times\frac{\partial F}{\partial \boldsymbol{a}^{u'}(t+d)} \tag{14.63}$$

(3) 小结

14-25 完整的 BPTT 算法总结为下面的伪代码。

时序反向传播算法的梯度计算

初始化：

　对任意 $u\in U$，令 $\dfrac{\partial F}{\partial \boldsymbol{a}^{u}(t)}=0$，$t>\boldsymbol{Q}$

for $t=Q$ 到 1

　$U'=\varnothing$，对任意 $u\in U$，令 $E_S(u)=\varnothing$ 且 $E_S^U(u)=\varnothing$

　for m 沿 BP 顺序递减

　　for 任意 $u\in U'$，if $E_S(u)\cap L_m^{b}\neq\varnothing$

$$\boldsymbol{S}^{u,m}(t)=\left[\sum_{l\in E_S(u)\cap L_m^b}\boldsymbol{S}^{u,l}(t)\,\boldsymbol{LW}^{l,m}(0)\right]\dot{\boldsymbol{F}}^{m}(\boldsymbol{n}^{m}(t))$$

　　　将 m 加入集合 $E_S(u)$

　　　将 u 加入集合 $E_S^U(m)$

　　endfor u

　　if $m\in U$

$$\boldsymbol{S}^{m,m}(t)=\dot{\boldsymbol{F}}^{m}(\boldsymbol{n}^{m}(t))$$

　　　将 m 加入集合 U'、$E_S(m)$ 和 $E_S^U(m)$

　　endif m

　endfor m

　for $u\in U$ 沿 BP 顺序递减

$$\frac{\partial F}{\partial \boldsymbol{a}^{u}(t)}=\frac{\partial^{e} F}{\partial \boldsymbol{a}^{u}(t)}+\sum_{x\in E_{LW}^{X}(u)}\sum_{d\in DL_{x,u}}\boldsymbol{LW}^{x,u}(d)^{\mathrm{T}}\sum_{u'\in E_{S}^{U}(x)}S^{u',x}(t+d)^{\mathrm{T}}\times\frac{\partial F}{\partial \boldsymbol{a}^{u'}(t+d)}$$

　endfor u

　for 所有层 m

$$\boldsymbol{d}^{m}(t)=\sum_{u\in E_S^U(m)}[\boldsymbol{S}^{u,m}(t)]^{\mathrm{T}}\times\frac{\partial F}{\partial \boldsymbol{a}^{u}(t)}$$

　endfor m

endfor t

计算梯度：

$$\frac{\partial F}{\partial \boldsymbol{LW}^{m,l}(d)}=\sum_{t=1}^{Q}\boldsymbol{d}^{m}(t)\times[\boldsymbol{a}^{l}(t-d)]^{\mathrm{T}}$$

$$\frac{\partial F}{\partial \boldsymbol{IW}^{m,l}(d)}=\sum_{t=1}^{Q}\boldsymbol{d}^{m}(t)\times[\boldsymbol{p}^{l}(t-d)]^{\mathrm{T}}$$

14-26 $$\frac{\partial F}{\partial \boldsymbol{b}^{m}}=\sum_{t=1}^{Q}\boldsymbol{d}^{m}(t)$$

(4) BPTT 算法实现实例(FIR 和 IIR)

举例 为了展示 BPTT 算法，我们使用前面在 RTRL 算法中使用的示例网络。首先，我们使用图 14.2 所示的前馈动态网络。我们在第 280 页定义了该网络的结构。

在能够使用 BPTT 计算梯度之前，需要计算每个时刻的网络响应：

$$a(1) = n(1) = iw_{1,1}(0)p(1) + iw_{1,1}(1)p(0) + iw_{1,1}(2)p(-1)$$
$$a(2) = n(2) = iw_{1,1}(0)p(2) + iw_{1,1}(1)p(1) + iw_{1,1}(2)p(0)$$
$$a(3) = n(3) = iw_{1,1}(0)p(3) + iw_{1,1}(2)p(0) + iw_{1,1}(2)p(1)$$

BPTT 算法首先进行初始化：

$$U' = \varnothing, \quad E_S(1) = \varnothing, \quad E_S^U(1) = \varnothing$$

求导的第一步是计算敏感度。对于 BPTT，我们从最后一个时刻($t=3$)开始计算。因为传输函数是线性的，

$$\boldsymbol{S}^{1,1}(3) = \dot{\boldsymbol{F}}^1(\boldsymbol{n}^1(3)) = 1$$

同时我们更新如下集合：

$$E_S^U(1) = \{1\}, \quad E_S(1) = \{1\}$$

下一步是利用式(14.63)计算以下导数：

$$\frac{\partial F}{\partial \boldsymbol{a}^1(3)} = \frac{\partial^e F}{\partial \boldsymbol{a}^1(3)} = -2e(3)$$

时刻 $t=3$ 的最后一步是式(14.52)：

$$\boldsymbol{d}^1(3) = [\boldsymbol{S}^{1,1}(3)]^{\mathrm{T}} \times \frac{\partial F}{\partial \boldsymbol{a}^1(3)} = -2e(3)$$

我们对 $t=2$ 和 $t=1$ 重复上述步骤，得到

$$\boldsymbol{d}^1(2) = [\boldsymbol{S}^{1,1}(2)]^{\mathrm{T}} \times \frac{\partial F}{\partial \boldsymbol{a}^1(2)} = -2e(2)$$

$$\boldsymbol{d}^1(1) = [\boldsymbol{S}^{1,1}(1)]^{\mathrm{T}} \times \frac{\partial F}{\partial \boldsymbol{a}^1(1)} = -2e(1)$$ 14-27

现在，将所有的时刻整合到式(14.55)中：

$$\frac{\partial F}{\partial \boldsymbol{IW}^{1,1}(0)} = \frac{\partial F}{\partial iw_{1,1}(0)} = \sum_{t=1}^{3} \boldsymbol{d}^1(t) \times [\boldsymbol{p}^1(t)]^{\mathrm{T}} = \sum_{t=1}^{3} -2e(t) \times p(t)$$
$$\frac{\partial F}{\partial \boldsymbol{IW}^{1,1}(1)} = \frac{\partial F}{\partial iw_{1,1}(1)} = \sum_{t=1}^{3} \boldsymbol{d}^1(t) \times [\boldsymbol{p}^1(t-1)]^{\mathrm{T}} = \sum_{t=1}^{3} -2e(t) \times p(t-1)$$
$$\frac{\partial F}{\partial \boldsymbol{IW}^{1,1}(2)} = \frac{\partial F}{\partial iw_{1,1}(2)} = \sum_{t=1}^{3} \boldsymbol{d}^1(t) \times [\boldsymbol{p}^1(t-2)]^{\mathrm{T}} = \sum_{t=1}^{3} -2e(t) \times p(t-2)$$

注意，此结果与第 280 页由 RTRL 算法得到的结果相同。RTRL 和 BPTT 总能得到相同的梯度。两者唯一的区别在于算法的实现。

举例 现在我们使用之前图 14.4 中回复神经网络的例子，此网络的结构在第 281 页进行了定义。

RTRL 算法必须提供导数的初始条件，而 BPTT 算法则不同，需要导数最终时刻的条件：

$$\frac{\partial a(4)}{\partial iw_{1,1}}, \quad \frac{\partial a(4)}{\partial lw_{1,1}(1)}$$

它们通常置为 0。

然后计算每个时刻的网络响应：

$$a(1) = lw_{1,1}(1)a(0) + iw_{1,1}p(1)$$
$$a(2) = lw_{1,1}(1)a(1) + iw_{1,1}p(2)$$
$$a(3) = lw_{1,1}(1)a(2) + iw_{1,1}p(3)$$

因为传输函数是线性的，求导由下式开始

$$\boldsymbol{S}^{1,1}(3) = \dot{\boldsymbol{F}}^1(\boldsymbol{n}^1(3)) = 1$$

同时我们更新如下集合：

$$E_S^X(1) = \{1\}, \quad E_S(1) = \{1\}$$

14-28 接下来我们利用式(14.63)计算下列导数：

$$\frac{\partial F}{\partial \boldsymbol{a}^1(t)} = \frac{\partial^e F}{\partial \boldsymbol{a}^1(t)} + \boldsymbol{LW}^{1,1}(1)^{\mathrm{T}} \boldsymbol{S}^{1,1}(t+1)^{\mathrm{T}} \times \frac{\partial F}{\partial \boldsymbol{a}^1(t+1)}$$

当 $t=3$ 时，我们有

$$\frac{\partial F}{\partial \boldsymbol{a}^1(3)} = \frac{\partial^e F}{\partial \boldsymbol{a}^1(3)} + lw_{1,1}(1)\boldsymbol{S}^{1,1}(4)^{\mathrm{T}} \times \cancelto{0}{\frac{\partial F}{\partial \boldsymbol{a}^1(4)}} = \frac{\partial^e F}{\partial \boldsymbol{a}^1(3)} = -2e(3)$$

和

$$\boldsymbol{d}^1(3) = [\boldsymbol{S}^{1,1}(3)]^{\mathrm{T}} \times \frac{\partial F}{\partial \boldsymbol{a}^1(3)} = -2e(3)$$

接着，当 $t=2$ 时，

$$\boldsymbol{S}^{1,1}(2) = \dot{\boldsymbol{F}}^1(\boldsymbol{n}^1(2)) = 1$$
$$\frac{\partial F}{\partial \boldsymbol{a}^1(2)} = \frac{\partial^e F}{\partial \boldsymbol{a}^1(2)} + lw_{1,1}(1)\boldsymbol{S}^{1,1}(3)^{\mathrm{T}} \frac{\partial F}{\partial \boldsymbol{a}^1(3)}$$
$$= -2e(2) + lw_{1,1}(1)(-2e(3))$$

和

$$\boldsymbol{d}^1(2) = [\boldsymbol{S}^{1,1}(2)]^{\mathrm{T}} \times \frac{\partial F}{\partial \boldsymbol{a}^1(2)} = -2e(2) + lw_{1,1}(1)(-2e(3))$$

最终，当 $t=1$ 时，

$$\boldsymbol{S}^{1,1}(1) = \dot{\boldsymbol{F}}^1(\boldsymbol{n}^1(1)) = 1$$
$$\frac{\partial F}{\partial \boldsymbol{a}^1(1)} = \frac{\partial^e F}{\partial \boldsymbol{a}^1(1)} + lw_{1,1}(1)\boldsymbol{S}^{1,1}(2)^{\mathrm{T}} \times \frac{\partial F}{\partial \boldsymbol{a}^1(2)}$$
$$= -2e(1) + lw_{1,1}(1)(-2e(2)) + (lw_{1,1}(1))^2(-2e(3))$$

和

$$\boldsymbol{d}^1(1) = [\boldsymbol{S}^{1,1}(1)]^{\mathrm{T}} \times \frac{\partial F}{\partial \boldsymbol{a}^1(1)} = -2e(1) + lw_{1,1}(1)(-2e(2)) + (lw_{1,1}(1))^2(-2e(3))$$

14-29 现在我们可以利用式(14.54)和式(14.55)计算全梯度：

$$\frac{\partial F}{\partial \boldsymbol{LW}^{1,1}(1)} = \frac{\partial F}{\partial lw_{1,1}(1)} = \sum_{t=1}^{3} \boldsymbol{d}^1(t) \times [\boldsymbol{a}^1(t-1)]^{\mathrm{T}}$$
$$= a(0)[-2e(1) + lw_{1,1}(1)(-2e(2)) + (lw_{1,1}(1))^2(-2e(3))]$$
$$+ a(1)[-2e(2) + lw_{1,1}(1)(-2e(3))] + a(0)[-2e(3)]$$

$$\frac{\partial F}{\partial \boldsymbol{IW}^{1,1}(0)} = \frac{\partial F}{\partial iw_{1,1}} = \sum_{t=1}^{3} \boldsymbol{d}^1(t) \times [\boldsymbol{p}^1(t)]^{\mathrm{T}}$$

$$= p(1)[-2e(1) + lw_{1,1}(1)(-2e(2)) + (lw_{1,1}(1))^2(-2e(3))] \\ + p(2)[-2e(2) + lw_{1,1}(1)(-2e(3))] + p(3)[-2e(3)]$$

此结果和第 282 页通过 RTRL 算法得到的结果相同。

4. 动态训练的总结与评论

RTRL 算法和 BPTT 算法代表了两种计算动态网络梯度的方法。这两种算法都计算了精确梯度，因此它们获得的最终结果是相同的。RTRL 算法从第一个时刻开始进行前向计算，适合在线(实时)的实现。BPTT 算法从最后一个时刻开始，依时间顺序反向计算。在梯度计算中，BPTT 算法一般比 RTRL 算法需要更少的计算量，但是 BPTT 需要更多的存储空间。

除了计算梯度，BPTT 和 RTRL 算法的一些版本也可以用于计算 Jacobian 矩阵。在第 12 章中介绍的 Levenberg-Marquardt 算法需要计算 Jacobian 矩阵。对于 Jacobian 矩阵的计算，RTRL 算法通常比 BPTT 算法更为高效。参见[DeHa07]中的详细介绍。

一旦计算得到了梯度或 Jacobian 矩阵，很多标准的优化算法都可以用来进行网络的训练。然而，由于诸多原因，训练动态网络一般比训练前馈网络更为困难。首先，将一个回复网络在时间上进行展开，可以把它看作一个前馈网络。例如，考虑图 14.4 中简单的单层回复网络，如果这个网络要在 5 个时刻上进行训练，我们可以将其展开形成一个具有 5 层的网络，其中每一层对应一个时刻。如果使用 S 型函数作为传输函数，在任意时刻，若网络的输出在饱和点附近，相应的梯度值将会非常小。

训练动态网络的另外一个问题是误差曲面的形状。文献[PhHa13]表明回复网络的误差曲面具有与所需要逼近的动力学系统不相关的欺骗性凹槽。这些凹槽存在的深层原因是回复网络具有潜在的不稳定性。例如，对于图 14.4 中的网络，当 $lw_{1,1}(1)$ 的幅度大于 1 时，网络将不稳定。然而，可能存在某个特定的输入序列，即使对一个值大于 1 的特定值 $lw_{1,1}(1)$，或者 $lw_{1,1}(1)$ 和 $iw_{1,1}$ 的特定组合，也能使网络的输出很小。 14-30

最后，对于动态网络，有时候很难获取充足的训练数据。这是因为一些层的输入来自抽头延迟线，这也就意味着由于采样的时间序列通常与时间相关，输入向量中的元素不能进行独立的选择。在静态网络中，网络的响应只与当前时刻的输入有关系。与此不同的是，动态网络的响应依赖于输入序列的历史输入。而训练网络所需的数据必须能够代表网络所在应用场景中的所有情况，既包括每一个输入的变化范围，也包括这些输入随着时间的变化情况。

举例 为了说明动态网络的训练，再次考虑图 14.4 中的简单回复网络，然而如图 14.9 所示，我们使用一个非线性的 S 型传输函数。

回忆第 11 章中所介绍的，静态多层网络可用于函数逼近。动态网络可用于逼近动力学系统。函数是从一个向量空间(定义域)到另一个向量空间(值域)的映射。动力学系统是从一个时间序列(输入序列 $p(t)$)集合到另一个时间序列(输出序列 $a(t)$)集合的映射。例如，图 14.9 所示网络是一个动力学系统。它将输入序列映射到输出序列。

为了简化分析，我们将一个已知最优解的问题交给网络。我们将要逼近的动力学系统是具有下列权值的相同网络：

$$lw_{1,1}(1) = 0.5, \quad iw_{1,1} = 0.5 \tag{14.64}$$

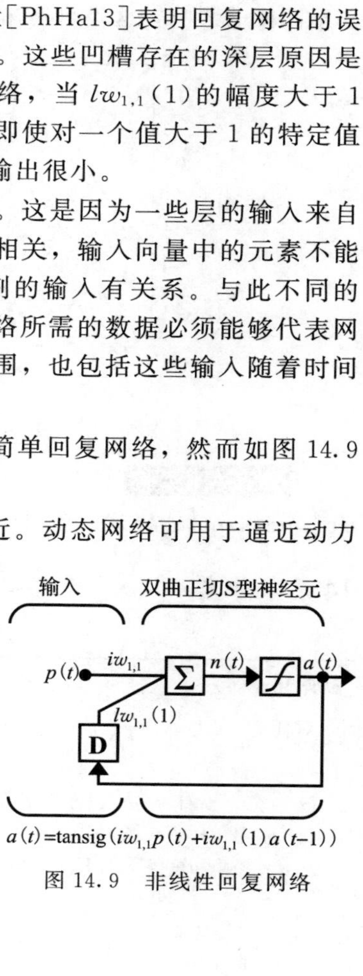

14-31

图 14.9 非线性回复网络

我们用来训练动态网络的输入序列必须对所有可能的输入序列具有代表性。因为例子中的网络较为简单，找到一个合适的输入序列并不难，但是对于很多实际的网络，这是有困难的。我们将使用一个标准形式的输入序列(称为天际线函数)，它包含了一系列不同高度和宽度的脉冲。输入序列和目标输出序列如图 14.10所示，图中的圈代表输入序列，点代表目标序列。通过将输入序列输入图 14.9 中的网络并使用式(14.64)中给出的权值，产生了目标序列。

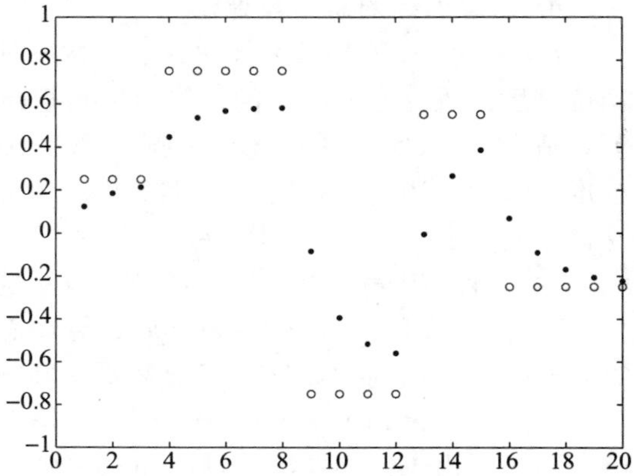

图 14.10 输入序列和目标序列

图 14.11 展示了这个问题的平方误差性能曲面。注意，当权值 $lw_{1,1}(1)$的幅度大于 1 时，平方误差陡增。当训练序列长度变得更长时，这一现象会更加明显。然而，在 $lw_{1,1}(1)$大于 1 的区域，我们也可以看到一些狭窄的凹槽(正如参考文献[PhHa13]中讨论的，这是一个常见的现象。参见习题 E14.18 考察这些凹槽出现的原因)。

因为轨迹可能会陷入这些欺骗性凹槽或被其误导，这些狭窄的凹槽会对训练产生一定
14-32 的影响。在图 14.11 的左图中我们可以看到一个最速下降的路径，受到等高线图下方一个狭窄凹槽的影响，这条轨迹在一开始就受到了误导。

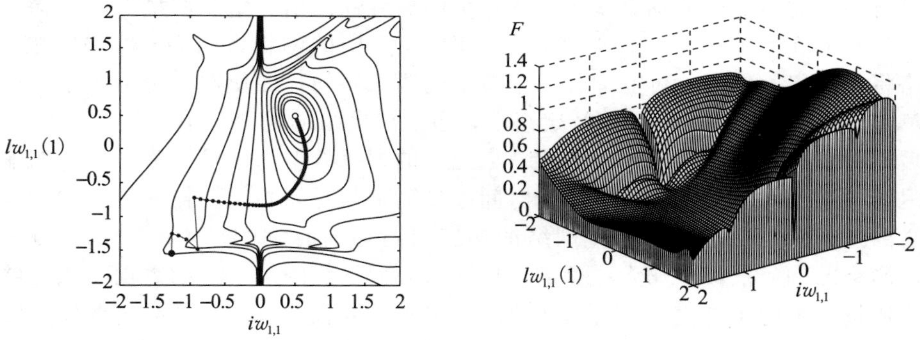

图 14.11 性能曲面和最速下降轨迹

MATLAB 实验 使用 Neural Network Design Demonstration **Recurrent Network Train-**
14-33 **ing**(nnd14rnt)进行该回复网络的训练实验。

14.3 小结

实时回复学习算法的梯度计算

初始化：

对任意 $u \in U$，令 $\frac{\partial \boldsymbol{a}^u(t)}{\partial \boldsymbol{x}^{\mathrm{T}}}=0$，$t \leqslant 0$

for $t=1$ 到 Q

$U'=\varnothing$，对任意 $u \in U$，令 $E_S(u)=\varnothing$ 且 $E_S^X(u)=\varnothing$

for m 沿 BP 顺序递减

for 任意 $u \in U'$，if $E_S(u) \cap L_m^b \neq \varnothing$

$$\boldsymbol{S}^{u,m}(t)=\left[\sum_{l\in E_S(u)\cap L_m^{\mathrm{b}}}\boldsymbol{S}^{u,l}(t)\,\boldsymbol{LW}^{l,m}(0)\right]\dot{\boldsymbol{F}}^m(\boldsymbol{n}^m(t))$$

将 m 加入集合 $E_S(u)$

if $m\in X$，将 m 加入集合 $E_S^X(u)$

endfor u

if $m\in U$

$$\boldsymbol{S}^{m,m}(t)=\dot{\boldsymbol{F}}^m(\boldsymbol{n}^m(t))$$

将 m 加入集合 U' 和集合 $E_S(m)$

if $m\in X$，将 m 加入集合 $E_S^X(m)$

endif m

endfor m

for $u\in U$ 沿模拟顺序递增

for 所有的权值和偏置值(向量 $\boldsymbol{x}$ 包含所有权值和偏置值)

$$\frac{\partial^e \boldsymbol{a}^u(t)}{\partial \mathrm{vec}(\boldsymbol{IW}^{m,l}(d))^{\mathrm{T}}}=[\boldsymbol{p}^l(t-d)]^{\mathrm{T}}\otimes\boldsymbol{S}^{u,m}(t)$$

$$\frac{\partial^e \boldsymbol{a}^u(t)}{\partial \mathrm{vec}(\boldsymbol{LW}^{m,l}(d))^{\mathrm{T}}}=[\boldsymbol{a}^l(t-d)]^{\mathrm{T}}\otimes\boldsymbol{S}^{u,m}(t)$$

$$\frac{\partial^e \boldsymbol{a}^u(t)}{\partial(\boldsymbol{b}^m)^{\mathrm{T}}}=\boldsymbol{S}^{u,m}(t)$$

endfor 权值和偏置值

$$\frac{\partial \boldsymbol{a}^u(t)}{\partial \boldsymbol{x}^{\mathrm{T}}}=\frac{\partial^e \boldsymbol{a}^u(t)}{\partial \boldsymbol{x}^{\mathrm{T}}}+\sum_{x\in E_S^X(u)}\boldsymbol{S}^{u,x}(t)\sum_{u'\in E_{LW}^U(x)}\sum_{d\in DL_{x,u'}}\boldsymbol{LW}^{x,u'}(d)\times\frac{\partial \boldsymbol{a}^{u'}(t-d)}{\partial \boldsymbol{x}^{\mathrm{T}}}$$

endfor u

endfor t

计算梯度：

$$\frac{\partial F}{\partial \boldsymbol{x}}=\sum_{t=1}^{Q}\sum_{u\in U}\left[\left[\frac{\partial \boldsymbol{a}^u(t)}{\partial \boldsymbol{x}^{\mathrm{T}}}\right]^{\mathrm{T}}\times\frac{\partial^e F}{\partial \boldsymbol{a}^u(t)}\right]$$

(14-34)

时序反向传播算法的梯度计算

初始化：

对任意 $u\in U$，令 $\frac{\partial F}{\partial \boldsymbol{a}^u(t)}=0$，$t>Q$

for $t=Q$ 到 1，

$U'=\varnothing$，对任意 $u\in U$，令 $E_S(u)=\varnothing$ 且 $E_S^U(u)=\varnothing$

for m 沿 BP 顺序递减

for 任意 $u\in U'$，if $E_S(u)\cap L_m^{\mathrm{b}}\neq\varnothing$

$$\boldsymbol{S}^{u,m}(t)=\left[\sum_{l\in E_S(u)\cap L_m^{\mathrm{b}}}\boldsymbol{S}^{u,l}(t)\,\boldsymbol{LW}^{l,m}(0)\right]\dot{\boldsymbol{F}}^m(\boldsymbol{n}^m(t))$$

将 m 加入集合 $E_S(u)$

将 u 加入集合 $E_S^U(m)$

endfor u

if $m\in U$

$$\boldsymbol{S}^{m,m}(t)=\dot{\boldsymbol{F}}^m(\boldsymbol{n}^m(t))$$

将 m 加入集合 U'、$E_S(m)$ 和 $E_S^U(m)$

endif m

endfor m

for $u\in U$ 沿 BP 顺序递减

$$\frac{\partial F}{\partial \boldsymbol{a}^u(t)}=\frac{\partial^e F}{\partial \boldsymbol{a}^u(t)}+\sum_{x\in E_{LW}^X(u)}\sum_{d\in DL_{x,u}}\boldsymbol{LW}^{x,u}(d)^{\mathrm{T}}\sum_{u'\in E_S^U(x)}S^{u',x}(t+d)^{\mathrm{T}}\times\frac{\partial F}{\partial \boldsymbol{a}^{u'}(t+d)}$$

endfor u

for 所有层 m

$$\boldsymbol{d}^m(t)=\sum_{u\in E_S^U(m)}[\boldsymbol{S}^{u,m}(t)]^{\mathrm{T}}\times\frac{\partial F}{\partial \boldsymbol{a}^u(t)}$$

endfor m

endfor t

计算梯度：

$$\frac{\partial F}{\partial \boldsymbol{LW}^{m,l}(d)}=\sum_{t=1}^{Q}\boldsymbol{d}^m(t)\times[\boldsymbol{a}^l(t-d)]^{\mathrm{T}}$$

$$\frac{\partial F}{\partial \boldsymbol{IW}^{m,l}(d)}=\sum_{t=1}^{Q}\boldsymbol{d}^m(t)\times[\boldsymbol{p}^l(t-d)]^{\mathrm{T}}$$

14-35

$$\frac{\partial F}{\partial \boldsymbol{b}^m}=\sum_{t=1}^{Q}\boldsymbol{d}^m(t)$$

定义与记号

$\boldsymbol{p}^l(t)$：在时刻 t 时，网络的第 l 个输入向量。

$\boldsymbol{n}^m(t)$：第 m 层的净输入。

$\boldsymbol{f}^m()$：第 m 层的传输函数。

$\boldsymbol{a}^m(t)$：第 m 层的输出。

$\boldsymbol{IW}^{m,l}$：输入 l 与第 m 层之间的输入权值。

$\boldsymbol{LW}^{m,l}$：第 l 层与第 m 层之间的层权值。

$\boldsymbol{b}^m$：第 m 层的偏置向量。

$DL_{m,l}$：第 l 层和第 m 层之间抽头延迟线的所有延迟项集合。

$DI_{m,l}$：输入 l 和第 m 层之间抽头延迟线的所有延迟项集合。

I_m：连接到第 m 层的输入向量的下标集合。

L_m^{f}：直接前向连接到第 m 层的层下标集合。

L_m^{b}：直接反向连接到第 m 层(即第 m 层前向接连到)且连接中不包含延迟的层下标集合。

如果一个网络层具有输入权值，或者通过权值矩阵连接延迟项时，那么此网络层是输入层。输入层的集合用 X 表示。

如果一个网络层在训练过程中被用于与目标比较，或通过一个具有任意延迟项的矩阵连接到输入层，那么此网络层是输出层。输出层的集合用 U 表示。

敏感度定义为$s_{k,i}^{u,m}(t)\equiv\dfrac{\partial^e a_k^u(t)}{\partial n_i^m(t)}$。

$\mathrm{E_{LW}^U(x)}=\{\mathrm{u}\in\mathrm{U}\ni\exists(\boldsymbol{LW}^{x,u}(d)\neq0,\ d\neq0)\}$

$E_S^X(u)=\{x\in X\ni\exists(\boldsymbol{S}^{u,x}\neq0)\}$

$E_S(u)=\{x\ni\exists(\boldsymbol{S}^{u,x}\neq0)\}$

$E_{LW}^X(u)=\{x\in X\ni\exists(\boldsymbol{LW}^{x,u}(d)\neq0,\ d\neq0)\}$

14-36 $E_S^U(x)=\{u\in U\ni\exists(\boldsymbol{S}^{u,x}\neq0)\}$

14.4 例题

P14.1 在陈述这个问题之前，首先介绍一些记号用来高效地表示动态网络：

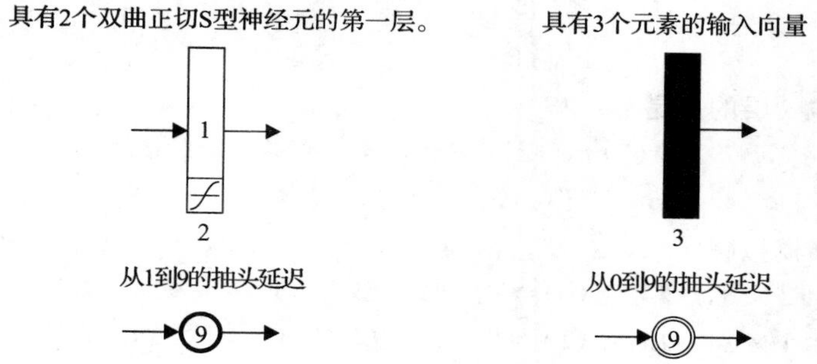

图 P14.1　动态网络结构图的模块

使用这些记号，考虑以下网络

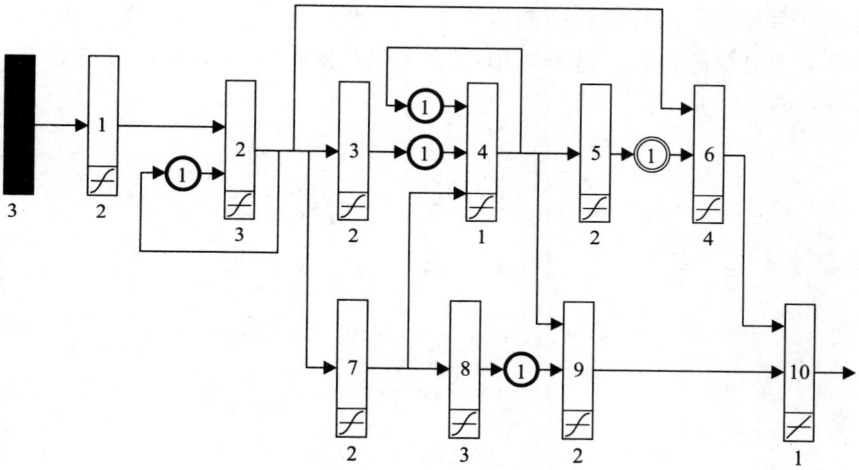

图 P14.2　问题 P14.1 的动态网络实例

通过 U、X、I_m、$DI_{m,1}$、$DL_{m,l}$、L_m^{f}、L_m^{b}、$E_{LW}^{U}(x)$、$E_{LW}^{X}(u)$来定义该网络结构。此外，选择一个模拟顺序，并指出每个权值矩阵的维度。

解　输入层有输入权值，或者其权值矩阵具有延迟。因此，$X=\{1,2,4,6,9\}$。输出层和目标输出进行比较，或者通过具有延迟的权值矩阵连接到输入层。如果我 14-37
们假定只有第 10 层和目标输出相比较，那么 $U=\{2,3,4,5,8,10\}$。因为唯一的输入向量只与第 1 层相连接，所以唯一非空输入集合是 $I_1=\{1\}$。同理，唯一的非空输入延迟集合是 $DI_{1,1}=\{0\}$。层与层之间的连接定义如下：

$$L_1^{\mathrm{f}}=\varnothing,\quad L_2^{\mathrm{f}}=\{1,2\},\quad L_3^{\mathrm{f}}=\{2\},\quad L_4^{\mathrm{f}}=\{3,4,7\},\quad L_5^{\mathrm{f}}=\{4\}$$

$$L_6^{\mathrm{f}}=\{2,5\},\quad L_7^{\mathrm{f}}=\{2\},\quad L_8^{\mathrm{f}}=\{7\},\quad L_9^{\mathrm{f}}=\{4,8\},\quad L_{10}^{\mathrm{f}}=\{6,9\}$$

$$L_1^{\mathrm{b}}=\{2\},\quad L_2^{\mathrm{b}}=\{3,6,7\},\quad L_3^{\mathrm{b}}=\varnothing,\quad L_4^{\mathrm{b}}=\{5,9\},\quad L_5^{\mathrm{b}}=\varnothing$$

$$L_6^{\mathrm{b}}=\{10\},\quad L_7^{\mathrm{b}}=\{4,8\},\quad L_8^{\mathrm{b}}=\varnothing,\quad L_9^{\mathrm{b}}=\{10\},\quad L_{10}^{\mathrm{b}}=\varnothing$$

这些连接关联如下层间延迟：

$$DL_{2,1}=\{0\},DL_{2,2}=\{1\},DL_{3,2}=\{0\},DL_{4,3}=\{1\},DL_{4,4}=\{1\}$$

$$DL_{4,7}=\{0\},DL_{5,4}=\{0\},DL_{6,2}=\{0\},DL_{6,5}=\{0,1\},DL_{7,2}=\{0\}$$

$$DL_{8,7}=\{0\},DL_{9,4}=\{0\},DL_{9,8}=\{1\},DL_{10,6}=\{0\},DL_{10,9}=\{0\}$$

输出层连接到的层是

$$E_{LW}^{U}(2)=\{2\},\quad E_{LW}^{U}(4)=\{3,4\}$$
$$E_{LW}^{U}(6)=\{5\},\quad E_{LW}^{U}(9)=\{8\}$$

连接到输入层的层是

$$E_{LW}^{X}(2)=\{2\},\quad E_{LW}^{X}(3)=\{4\},\quad E_{LW}^{X}(4)=\{4\}$$
$$E_{LW}^{X}(5)=\{6\},\quad E_{LW}^{X}(8)=\{9\}$$

可以选择模拟顺序{1，2，3，7，4，5，6，8，9，10}。权值矩阵的维度是

$\boldsymbol{IW}^{1,1}(0)\Rightarrow 2\times 3$，$\boldsymbol{LW}^{2,1}(0)\Rightarrow 3\times 2$，$\boldsymbol{LW}^{2,2}(1)\Rightarrow 3\times 3$，$\boldsymbol{LW}^{3,2}(0)\Rightarrow 2\times 3$

$\boldsymbol{LW}^{4,3}(1)\Rightarrow 1\times 2$，$\boldsymbol{LW}^{4,4}(1)\Rightarrow 1\times 1$，$\boldsymbol{LW}^{4,7}(0)\Rightarrow 1\times 2$，$\boldsymbol{LW}^{5,4}(0)\Rightarrow 2\times 1$

$\boldsymbol{LW}^{6,2}(0)\Rightarrow 4\times 3$，$\boldsymbol{LW}^{6,5}(1)\Rightarrow 4\times 2$，$\boldsymbol{LW}^{7,2}(0)\Rightarrow 2\times 3$，$\boldsymbol{LW}^{8,7}(0)\Rightarrow 3\times 2$

14-38 $\boldsymbol{LW}^{9,4}(0)\Rightarrow 2\times 1$，$\boldsymbol{LW}^{9,8}(1)\Rightarrow 2\times 3$，$\boldsymbol{LW}^{10,6}(0)\Rightarrow 1\times 4$，$\boldsymbol{LW}^{10,9}(d)\Rightarrow 1\times 2$

P14.2 写出例题 P14.1 中网络的 BPTT 公式。

解 假设已经计算了所有时刻的网络响应，因为每个时刻的过程都是相似的，我们将展示一个时刻的过程。沿着与模拟顺序相反的反向传播顺序进行计算：{10，9，8，7，6，5，4，3，2，1}。

$$\boldsymbol{S}^{10,10}(t)=\dot{\boldsymbol{F}}^{10}(\boldsymbol{n}^{10}(t))$$

$$\frac{\partial F}{\partial \boldsymbol{a}^{10}(t)}=\frac{\partial^{e} F}{\partial \boldsymbol{a}^{10}(t)}$$

$$\boldsymbol{d}^{10}(t)=[\boldsymbol{S}^{10,10}(t)]^{\mathrm{T}} X \frac{\partial F}{\partial \boldsymbol{a}^{10}(t)}$$

$$\boldsymbol{S}^{10,9}(t)=\boldsymbol{S}^{10,10}(t)\boldsymbol{LW}^{10,9}(0)\dot{\boldsymbol{F}}^{9}(\boldsymbol{n}^{9}(t))$$

$$\boldsymbol{d}^{9}(t)=[\boldsymbol{S}^{10,9}(t)]^{\mathrm{T}}\times\frac{\partial F}{\partial \boldsymbol{a}^{10}(t)}$$

$$\boldsymbol{S}^{8,8}(t)=\dot{\boldsymbol{F}}^{8}(\boldsymbol{n}^{8}(t))$$

$$\frac{\partial F}{\partial \boldsymbol{a}^{8}(t)}=\frac{\partial^{e} F}{\partial \boldsymbol{a}^{8}(t)}+\boldsymbol{LW}^{9,8}(1)^{\mathrm{T}}\boldsymbol{S}^{10,9}(t+1)^{\mathrm{T}}\times\frac{\partial F}{\partial \boldsymbol{a}^{10}(t+1)}$$

$$\boldsymbol{d}^{8}(t)=[\boldsymbol{S}^{8,8}(t)]^{\mathrm{T}}\times\frac{\partial F}{\partial \boldsymbol{a}^{8}(t)}$$

$$\boldsymbol{S}^{10,6}(t)=\boldsymbol{S}^{10,10}(t)\boldsymbol{LW}^{10,6}(0)\dot{\boldsymbol{F}}^{6}(\boldsymbol{n}^{6}(t))$$

$$\boldsymbol{d}^{6}(t)=[\boldsymbol{S}^{10,6}(t)]^{\mathrm{T}}\times\frac{\partial F}{\partial \boldsymbol{a}^{10}(t)}$$

$$\boldsymbol{S}^{5,5}(t)=\dot{\boldsymbol{F}}^{5}(\boldsymbol{n}^{5}(t))$$

$$\frac{\partial F}{\partial \boldsymbol{a}^{5}(t)}=\frac{\partial^{e} F}{\partial \boldsymbol{a}^{5}(t)}+\boldsymbol{LW}^{6,5}(1)^{\mathrm{T}}\boldsymbol{S}^{10,6}(t+1)^{\mathrm{T}}\times\frac{\partial F}{\partial \boldsymbol{a}^{10}(t+1)}$$
$$+\boldsymbol{LW}^{6,5}(0)^{\mathrm{T}}\boldsymbol{S}^{10,6}(t)^{\mathrm{T}}\times\frac{\partial F}{\partial \boldsymbol{a}^{10}(t)}$$

14-39

$$\boldsymbol{d}^{5}(t)=[\boldsymbol{S}^{5,5}(t)]^{\mathrm{T}}\times\frac{\partial F}{\partial \boldsymbol{a}^{5}(t)}$$

$$\boldsymbol{S}^{10,4}(t)=\boldsymbol{S}^{10,9}(t)\boldsymbol{LW}^{9,4}(0)\dot{\boldsymbol{F}}^{4}(\boldsymbol{n}^{4}(t))$$

$$\boldsymbol{S}^{5,4}(t)=\boldsymbol{S}^{5,5}(t)\boldsymbol{LW}^{5,4}(0)\dot{\boldsymbol{F}}^{4}(\boldsymbol{n}^{4}(t))$$

$$\boldsymbol{S}^{4,4}(t)=\dot{\boldsymbol{F}}^{4}(\boldsymbol{n}^{4}(t))$$

$$\frac{\partial F}{\partial \boldsymbol{a}^4(t)} = \frac{\partial^e F}{\partial \boldsymbol{a}^4(t)} + \boldsymbol{LW}^{4,4}(1)^{\mathrm{T}}\Big[\boldsymbol{S}^{4,4}(t+1)^{\mathrm{T}} \times \frac{\partial F}{\partial \boldsymbol{a}^4(t+1)} + \boldsymbol{S}^{5,4}(t+1)^{\mathrm{T}} \times \frac{\partial F}{\partial \boldsymbol{a}^5(t+1)} + \boldsymbol{S}^{10,4}(t+1)^{\mathrm{T}} \times \frac{\partial F}{\partial \boldsymbol{a}^{10}(t+1)}\Big]$$

$$\boldsymbol{d}^4(t) = [\boldsymbol{S}^{4,4}(t)]^{\mathrm{T}} X \frac{\partial F}{\partial \boldsymbol{a}^4(t)} + (\boldsymbol{S}^{5,4}(t))^{\mathrm{T}} \times \frac{\partial F}{\partial \boldsymbol{a}^5(t)} + [\boldsymbol{S}^{10,4}(t)]^{\mathrm{T}} \times \frac{\partial F}{\partial \boldsymbol{a}^{10}(t)}$$

$$\boldsymbol{S}^{10,7}(t) = \boldsymbol{S}^{10,4}(t)\boldsymbol{LW}^{4,7}(0)\dot{\boldsymbol{F}}^7(\boldsymbol{n}^7(t))$$

$$\boldsymbol{S}^{8,7}(t) = \boldsymbol{S}^{8,8}(t)\boldsymbol{LW}^{8,7}(0)\dot{\boldsymbol{F}}^7(\boldsymbol{n}^7(t))$$

$$\boldsymbol{S}^{5,7}(t) = \boldsymbol{S}^{5,4}(t)\boldsymbol{LW}^{4,7}(0)\dot{\boldsymbol{F}}^7(\boldsymbol{n}^7(t))$$

$$\boldsymbol{S}^{4,7}(t) = \boldsymbol{S}^{4,4}(t)\boldsymbol{LW}^{4,7}(0)\dot{\boldsymbol{F}}^7(\boldsymbol{n}^7(t))$$

$$\boldsymbol{d}^7(t) = [\boldsymbol{S}^{10,7}(t)]^{\mathrm{T}} \times \frac{\partial F}{\partial \boldsymbol{a}^{10}(t)} + [\boldsymbol{S}^{8,7}(t)]^{\mathrm{T}} \times \frac{\partial F}{\partial \boldsymbol{a}^8(t)} + [\boldsymbol{S}^{5,7}(t)]^{\mathrm{T}} \times \frac{\partial F}{\partial \boldsymbol{a}^5(t)} + [\boldsymbol{S}^{4,7}(t)]^{\mathrm{T}} \times \frac{\partial F}{\partial \boldsymbol{a}^4(t)}$$

$$\boldsymbol{S}^{3,3}(t) = \dot{\boldsymbol{F}}^3(\boldsymbol{n}^3(t))$$

$$\frac{\partial F}{\partial \boldsymbol{a}^3(t)} = \frac{\partial^e F}{\partial \boldsymbol{a}^3(t)} + \boldsymbol{LW}^{4,3}(1)^{\mathrm{T}}\Big[\boldsymbol{S}^{4,4}(t+1)^{\mathrm{T}} \times \frac{\partial F}{\partial \boldsymbol{a}^4(t+1)} + \boldsymbol{S}^{5,4}(t+1)^{\mathrm{T}} \times \frac{\partial F}{\partial \boldsymbol{a}^5(t+1)} + \boldsymbol{S}^{10,4}(t+1)^{\mathrm{T}} \times \frac{\partial F}{\partial \boldsymbol{a}^{10}(t+1)}\Big]$$

$$\boldsymbol{d}^3(t) = [\boldsymbol{S}^{3,3}(t)]^{\mathrm{T}} \times \frac{\partial F}{\partial \boldsymbol{a}^3(t)}$$

$$\boldsymbol{S}^{10,2}(t) = \boldsymbol{S}^{10,6}(t)\boldsymbol{LW}^{6,2}(0)\dot{\boldsymbol{F}}^2(\boldsymbol{n}^2(t)) + \boldsymbol{S}^{10,7}(t)\boldsymbol{LW}^{7,2}(0)\dot{\boldsymbol{F}}^2(\boldsymbol{n}^2(t))$$

$$\boldsymbol{S}^{8,2}(t) = \boldsymbol{S}^{8,7}(t)\boldsymbol{LW}^{7,2}(0)\dot{\boldsymbol{F}}^2(\boldsymbol{n}^2(t))$$

$$\boldsymbol{S}^{5,2}(t) = \boldsymbol{S}^{5,7}(t)\boldsymbol{LW}^{7,2}(0)\dot{\boldsymbol{F}}^2(\boldsymbol{n}^2(t))$$

$$\boldsymbol{S}^{4,2}(t) = \boldsymbol{S}^{4,7}(t)\boldsymbol{LW}^{7,2}(0)\dot{\boldsymbol{F}}^2(\boldsymbol{n}^2(t))$$

$$\boldsymbol{S}^{3,2}(t) = \boldsymbol{S}^{3,3}(t)\boldsymbol{LW}^{3,2}(0)\dot{\boldsymbol{F}}^2(\boldsymbol{n}^2(t))$$ 14-40

$$\boldsymbol{S}^{2,2}(t) = \dot{\boldsymbol{F}}^2(\boldsymbol{n}^2(t))$$

$$\frac{\partial F}{\partial \boldsymbol{a}^2(t)} = \frac{\partial^e F}{\partial \boldsymbol{a}^2(t)} + \boldsymbol{LW}^{2,2}(1)^{\mathrm{T}}\Big[\boldsymbol{S}^{2,2}(t+1)^{\mathrm{T}} \times \frac{\partial F}{\partial \boldsymbol{a}^2(t+1)} + \boldsymbol{S}^{3,2}(t+1)^{\mathrm{T}} \times \frac{\partial F}{\partial \boldsymbol{a}^3(t+1)} + \boldsymbol{S}^{4,2}(t+1)^{\mathrm{T}} \times \frac{\partial F}{\partial \boldsymbol{a}^4(t+1)} + \boldsymbol{S}^{5,2}(t+1)^{\mathrm{T}} \times \frac{\partial F}{\partial \boldsymbol{a}^5(t+1)} + \boldsymbol{S}^{8,2}(t+1)^{\mathrm{T}} \times \frac{\partial F}{\partial \boldsymbol{a}^8(t+1)} + \boldsymbol{S}^{10,2}(t+1)^{\mathrm{T}} \times \frac{\partial F}{\partial \boldsymbol{a}^{10}(t+1)}\Big]$$

$$\boldsymbol{d}^2(t) = [\boldsymbol{S}^{10,2}(t)]^{\mathrm{T}} \times \frac{\partial F}{\partial \boldsymbol{a}^{10}(t)} + [\boldsymbol{S}^{8,2}(t)]^{\mathrm{T}} \times \frac{\partial F}{\partial \boldsymbol{a}^8(t)} + [\boldsymbol{S}^{5,2}(t)]^{\mathrm{T}} \times \frac{\partial F}{\partial \boldsymbol{a}^5(t)} + [\boldsymbol{S}^{4,2}(t)]^{\mathrm{T}} \times \frac{\partial F}{\partial \boldsymbol{a}^4(t)} + [\boldsymbol{S}^{3,2}(t)]^{\mathrm{T}} \times \frac{\partial F}{\partial \boldsymbol{a}^3(t)} + [\boldsymbol{S}^{2,2}(t)]^{\mathrm{T}} \times \frac{\partial F}{\partial \boldsymbol{a}^2(t)}$$

$$\boldsymbol{S}^{10,1}(t) = \boldsymbol{S}^{10,2}(t)\boldsymbol{LW}^{2,1}(0)\dot{\boldsymbol{F}}^1(\boldsymbol{n}^1(t)$$

$$\boldsymbol{S}^{8,1}(t) = \boldsymbol{S}^{8,2}(t)\boldsymbol{LW}^{2,1}(0)\dot{\boldsymbol{F}}^1(\boldsymbol{n}^1(t))$$

$$\boldsymbol{S}^{5,1}(t) = \boldsymbol{S}^{5,2}(t)\boldsymbol{LW}^{2,1}(0)\dot{\boldsymbol{F}}^1(\boldsymbol{n}^1(t))$$

$$\boldsymbol{S}^{4,1}(t) = \boldsymbol{S}^{4,2}(t)\boldsymbol{LW}^{2,1}(0)\dot{\boldsymbol{F}}^1(\boldsymbol{n}^1(t))$$

$$\boldsymbol{S}^{3,1}(t) = \boldsymbol{S}^{3,2}(t)\boldsymbol{LW}^{2,1}(0)\dot{\boldsymbol{F}}^1(\boldsymbol{n}^1(t))$$

$$\boldsymbol{S}^{2,1}(t) = \boldsymbol{S}^{2,2}(t)\boldsymbol{LW}^{2,1}(0)\dot{\boldsymbol{F}}^1(\boldsymbol{n}^1(t))$$

$$\boldsymbol{d}^1(t) = [\boldsymbol{S}^{10,1}(t)]^{\mathrm{T}} \times \frac{\partial F}{\partial \boldsymbol{a}^{10}(t)} + [\boldsymbol{S}^{8,1}(t)]^{\mathrm{T}} \times \frac{\partial F}{\partial \boldsymbol{a}^{8}(t)} + [\boldsymbol{S}^{5,1}(t)]^{\mathrm{T}} \times \frac{\partial F}{\partial \boldsymbol{a}^{5}(t)}$$
$$+ [\boldsymbol{S}^{4,1}(t)]^{\mathrm{T}} \times \frac{\partial F}{\partial \boldsymbol{a}^{4}(t)} + [\boldsymbol{S}^{3,1}(t)]^{\mathrm{T}} \times \frac{\partial F}{\partial \boldsymbol{a}^{3}(t)} + [\boldsymbol{S}^{2,1}(t)]^{\mathrm{T}} \times \frac{\partial F}{\partial \boldsymbol{a}^{2}(t)}$$

从最后一个时刻到第一个时刻重复上述步骤，然后梯度可以计算如下：

14-41

$$\frac{\partial F}{\partial \boldsymbol{LW}^{m,l}(d)} = \sum_{t=1}^{Q} \boldsymbol{d}^m(t) \times [\boldsymbol{a}^l(t-d)]^{\mathrm{T}}$$

$$\frac{\partial F}{\partial \boldsymbol{IW}^{m,l}(d)} = \sum_{t=1}^{Q} \boldsymbol{d}^m(t) \times [\boldsymbol{p}^l(t-d)]^{\mathrm{T}}$$

$$\frac{\partial F}{\partial \boldsymbol{b}^m} = \sum_{t=1}^{Q} \boldsymbol{d}^m(t)$$

P14.3 写出例题 P14.1 中网络的 RTRL 公式。

解 正如前面的例题，因为每个时刻的过程都是相似的，我们将展示一个时刻的过程。我们会根据反向传播顺序逐层进行计算。RTRL 算法中敏感度矩阵 $\boldsymbol{S}^{u,m}(t)$的计算与 BPTT 算法中相同，因此我们将不再赘述例题 P14.2 中已有的那些步骤。

输入权值的显式导数计算为

$$\frac{\partial^e \boldsymbol{a}^u(t)}{\partial \mathrm{vec}(\boldsymbol{IW}^{1,1}(0))^{\mathrm{T}}} = [\boldsymbol{p}^1(t)]^{\mathrm{T}} \otimes \boldsymbol{S}^{u,1}(t)$$

对于层权值和偏置值，显式导数计算为

$$\frac{\partial^e \boldsymbol{a}^u(t)}{\partial \mathrm{vec}(\boldsymbol{LW}^{m,l}(d))^{\mathrm{T}}} = [\boldsymbol{a}^l(t-d)]^{\mathrm{T}} \otimes \boldsymbol{S}^{u,m}(t)$$

$$\frac{\partial^e \boldsymbol{a}^u(t)}{\partial (\boldsymbol{b}^m)^{\mathrm{T}}} = \boldsymbol{S}^{u,m}(t)$$

对于总的导数，我们有

14-42

$$\frac{\partial \boldsymbol{a}^2(t)}{\partial \boldsymbol{x}^{\mathrm{T}}} = \frac{\partial^e \boldsymbol{a}^2(t)}{\partial \boldsymbol{x}^{\mathrm{T}}} + \boldsymbol{S}^{2,2}(t)\left[\boldsymbol{LW}^{2,2}(1) \times \frac{\partial \boldsymbol{a}^2(t-1)}{\partial \boldsymbol{x}^{\mathrm{T}}}\right]$$

$$\frac{\partial \boldsymbol{a}^3(t)}{\partial \boldsymbol{x}^{\mathrm{T}}} = \frac{\partial^e \boldsymbol{a}^3(t)}{\partial \boldsymbol{x}^{\mathrm{T}}} + \boldsymbol{S}^{3,2}(t)\left[\boldsymbol{LW}^{2,2}(1) \times \frac{\partial \boldsymbol{a}^2(t-1)}{\partial \boldsymbol{x}^{\mathrm{T}}}\right]$$

$$\frac{\partial \boldsymbol{a}^4(t)}{\partial \boldsymbol{x}^{\mathrm{T}}} = \frac{\partial^e \boldsymbol{a}^4(t)}{\partial \boldsymbol{a}^{\mathrm{T}}} + \boldsymbol{S}^{4,4}(t)\left[\boldsymbol{LW}^{4,4}(1) \times \frac{\partial \boldsymbol{a}^4(t-1)}{\partial \boldsymbol{x}^{\mathrm{T}}} + \boldsymbol{LW}^{4,3}(1) \times \frac{\partial \boldsymbol{a}^3(t-1)}{\partial \boldsymbol{x}^{\mathrm{T}}}\right]$$
$$+ \boldsymbol{S}^{4,2}(t)\left[\boldsymbol{LW}^{2,2}(1) \times \frac{\partial \boldsymbol{a}^2(t-1)}{\partial \boldsymbol{x}^{\mathrm{T}}}\right]$$

$$\frac{\partial \boldsymbol{a}^5(t)}{\partial \boldsymbol{x}^{\mathrm{T}}} = \frac{\partial^e \boldsymbol{a}^5(t)}{\partial \boldsymbol{x}^{\mathrm{T}}} + \boldsymbol{S}^{5,4}(t)\left[\boldsymbol{LW}^{4,4}(1) \times \frac{\partial \boldsymbol{a}^4(t-1)}{\partial \boldsymbol{x}^{\mathrm{T}}} + \boldsymbol{LW}^{4,3}(1) \times \frac{\partial \boldsymbol{a}^3(t-1)}{\partial \boldsymbol{x}^{\mathrm{T}}}\right]$$
$$+ \boldsymbol{S}^{5,2}(t)\left[\boldsymbol{LW}^{2,2}(1) \times \frac{\partial \boldsymbol{a}^2(t-1)}{\partial \boldsymbol{x}^{\mathrm{T}}}\right]$$

$$\frac{\partial \boldsymbol{a}^8(t)}{\partial \boldsymbol{x}^{\mathrm{T}}} = \frac{\partial^e \boldsymbol{a}^8(l)}{\partial \boldsymbol{x}^{\mathrm{T}}} + \boldsymbol{S}^{8,2}(t)\left[\boldsymbol{LW}^{2,2}(1) \times \frac{\partial \boldsymbol{a}^2(t-1)}{\partial \boldsymbol{x}^{\mathrm{T}}}\right]$$

$$\frac{\partial \boldsymbol{a}^{10}(t)}{\partial \boldsymbol{x}^{\mathrm{T}}} = \frac{\partial^e \boldsymbol{a}^{10}(t)}{\partial \boldsymbol{x}^{\mathrm{T}}} + \boldsymbol{S}^{10,9}(t)\left[\boldsymbol{LW}^{9,8}(1) \times \frac{\partial \boldsymbol{a}^8(t-1)}{\partial \boldsymbol{x}^{\mathrm{T}}}\right]$$
$$+ \boldsymbol{S}^{10,6}(t)\left[\boldsymbol{LW}^{6,5}(0) \times \frac{\partial \boldsymbol{a}^5(t)}{\partial \boldsymbol{x}^{\mathrm{T}}} + \boldsymbol{LW}^{6,5}(1) \times \frac{\partial \boldsymbol{a}^5(t-1)}{\partial \boldsymbol{x}^{\mathrm{T}}}\right]$$

$$+\boldsymbol{S}^{10,4}(t)\left[\boldsymbol{LW}^{4,4}(1)\times\frac{\partial\boldsymbol{a}^4(t-1)}{\partial\boldsymbol{x}^{\mathrm{T}}}+\boldsymbol{LW}^{4,3}(1)\times\frac{\partial\boldsymbol{a}^3(t-1)}{\partial\boldsymbol{x}^{\mathrm{T}}}\right]$$

$$+\boldsymbol{S}^{10,2}(t)\left[\boldsymbol{LW}^{2,2}(1)\times\frac{\partial\boldsymbol{a}^2(t-1)}{\partial\boldsymbol{x}^{\mathrm{T}}}\right]$$

在所有时刻迭代完成上述步骤之后，我们可以计算梯度：

$$\frac{\partial F}{\partial\boldsymbol{x}^{\mathrm{T}}}=\sum_{t=1}^{Q}\left[\left[\frac{\partial^e F}{\partial\boldsymbol{a}^2(t)}\right]^{\mathrm{T}}\times\frac{\partial\boldsymbol{a}^2(t)}{\partial\boldsymbol{x}^{\mathrm{T}}}+\left[\frac{\partial^e F}{\partial\boldsymbol{a}^3(t)}\right]^{\mathrm{T}}\times\frac{\partial\boldsymbol{a}^3(t)}{\partial\boldsymbol{x}^{\mathrm{T}}}+\left[\frac{\partial^e F}{\partial\boldsymbol{a}^4(t)}\right]^{\mathrm{T}}\times\frac{\partial\boldsymbol{a}^4(t)}{\partial\boldsymbol{x}^{\mathrm{T}}}\right.$$

$$\left.+\left[\frac{\partial^e F}{\partial\boldsymbol{a}^5(t)}\right]^{\mathrm{T}}\times\frac{\partial\boldsymbol{a}^5(t)}{\partial\boldsymbol{x}^{\mathrm{T}}}+\left[\frac{\partial^e F}{\partial\boldsymbol{a}^8(t)}\right]^{\mathrm{T}}\times\frac{\partial\boldsymbol{a}^8(t)}{\partial\boldsymbol{x}^{\mathrm{T}}}+\left[\frac{\partial^e F}{\partial\boldsymbol{a}^{10}(t)}\right]^{\mathrm{T}}\times\frac{\partial\boldsymbol{a}^{10}(t)}{\partial\boldsymbol{x}^{\mathrm{T}}}\right]$$

P14.4 给出前一个例题中求下列显式导数项的详细计算：

$$\frac{\partial^e\boldsymbol{a}^2(t)}{\partial\mathrm{vec}(\boldsymbol{IW}^{1,1}(0))^{\mathrm{T}}}=(\boldsymbol{p}^1(t))^{\mathrm{T}}\otimes\boldsymbol{S}^{2,1}(t) \tag{14-43}$$

解 首先，我们给出式中每个向量及矩阵的详细元素组成：

$$\boldsymbol{IW}^{1,1}(0)=\begin{bmatrix} iw_{1,1}^{1,1} & iw_{1,2}^{1,1} & iw_{1,3}^{1,1} \\ iw_{2,1}^{1,1} & iw_{2,2}^{1,1} & iw_{2,3}^{1,1}\end{bmatrix}$$

$$\mathrm{vec}(\boldsymbol{IW}^{1,1}(0))^{\mathrm{T}}=\begin{bmatrix} iw_{1,1}^{1,1} & iw_{2,1}^{1,1} & iw_{1,2}^{1,1} & iw_{2,2}^{1,1} & iw_{1,3}^{1,1} & iw_{2,3}^{1,1}\end{bmatrix}$$

$$\boldsymbol{p}^1(t)=\begin{bmatrix} p_1 \\ p_2 \\ p_3\end{bmatrix}\qquad \boldsymbol{S}^{2,1}(t)=\frac{\partial^e\boldsymbol{a}^2(t)}{\partial\boldsymbol{n}^1(t)^{\mathrm{T}}}=\begin{bmatrix} s_{1,1}^{2,1} & s_{1,2}^{2,1} \\ s_{2,1}^{2,1} & s_{2,2}^{2,1} \\ s_{3,1}^{2,1} & s_{3,2}^{2,1}\end{bmatrix}$$

$$\frac{\partial^e\boldsymbol{a}^2(t)}{\partial\mathrm{vec}(\boldsymbol{IW}^{1,1}(0))^{\mathrm{T}}}=\begin{bmatrix}
\frac{\partial a_1^2}{\partial iw_{1,1}^{1,1}} & \frac{\partial a_1^2}{\partial iw_{2,1}^{1,1}} & \frac{\partial a_1^2}{\partial iw_{1,2}^{1,1}} & \frac{\partial a_1^2}{\partial iw_{2,2}^{1,1}} & \frac{\partial a_1^2}{\partial iw_{1,3}^{1,1}} & \frac{\partial a_1^2}{\partial iw_{2,3}^{1,1}} \\
\frac{\partial a_2^2}{\partial iw_{1,1}^{1,1}} & \frac{\partial a_2^2}{\partial iw_{2,1}^{1,1}} & \frac{\partial a_2^2}{\partial iw_{1,2}^{1,1}} & \frac{\partial a_2^2}{\partial iw_{2,2}^{1,1}} & \frac{\partial a_2^2}{\partial iw_{1,3}^{1,1}} & \frac{\partial a_2^2}{\partial iw_{2,3}^{1,1}} \\
\frac{\partial a_3^2}{\partial iw_{1,1}^{1,1}} & \frac{\partial a_3^2}{\partial iw_{2,1}^{1,1}} & \frac{\partial a_3^2}{\partial iw_{1,2}^{1,1}} & \frac{\partial a_3^2}{\partial iw_{2,2}^{1,1}} & \frac{\partial a_3^2}{\partial iw_{1,3}^{1,1}} & \frac{\partial a_3^2}{\partial iw_{2,3}^{1,1}}
\end{bmatrix}$$

Kronecker 积定义为：

$$\boldsymbol{A}\otimes\boldsymbol{B}=\begin{bmatrix} a_{1,1}\boldsymbol{B} & \cdots & a_{1,m}\boldsymbol{B} \\ \vdots & & \vdots \\ a_{n,1}\boldsymbol{B} & \cdots & a_{n,m}\boldsymbol{B}\end{bmatrix}$$

因此

$$[\boldsymbol{P}^1(t)]^{\mathrm{T}}\otimes\boldsymbol{S}^{2,1}(t)=\begin{bmatrix}
p_1 s_{1,1}^{2,1} & p_1 s_{1,2}^{2,1} & p_2 s_{1,1}^{2,1} & p_2 s_{1,2}^{2,1} & p_3 s_{1,1}^{2,1} & p_3 s_{1,2}^{2,1} \\
p_1 s_{2,1}^{2,1} & p_1 s_{2,2}^{2,1} & p_2 s_{2,1}^{2,1} & p_2 s_{2,2}^{2,1} & p_3 s_{2,1}^{2,1} & p_3 s_{2,2}^{2,1} \\
p_1 s_{3,1}^{2,1} & p_1 s_{3,2}^{2,1} & p_2 s_{3,1}^{2,1} & p_2 s_{3,2}^{2,1} & p_3 s_{3,1}^{2,1} & p_3 s_{3,2}^{2,1}
\end{bmatrix} \tag{14-44}$$

P14.5 求 BPTT 算法和 RTRL 算法应用于图 P14.3 中示例网络的计算复杂度函数，其中以网络第 1 层神经元数量(S^1)、抽头延迟线上的延迟数量(D)、训练序列长度(Q)为参数。

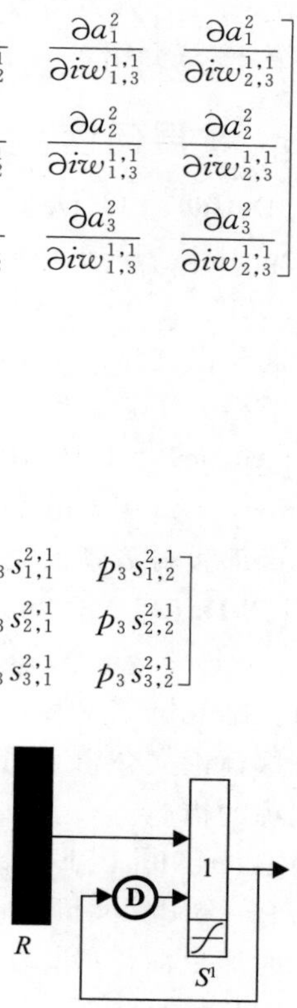

图 P14.3 例题 P14.5 的示例网络

解 BPTT 梯度计算复杂度通常由式(14.54)决定，对于该示例网络，最重要的权值为$\boldsymbol{LW}^{1,1}(d)$：

$$\frac{\partial F}{\partial\boldsymbol{LW}^{1,1}(d)}=\sum_{t=1}^{Q}\boldsymbol{d}^1(t)\times[\boldsymbol{a}^1(t-d)]^{\mathrm{T}}$$

外积计算需要进行$(S^1)^2$次操作，对Q个时刻和D个延迟都需要进行该外积计算，因此 BPTT 梯度计算的复杂度为$O[(S^1)^2DQ]$。

RTRL 梯度计算的复杂度通常基于式(14.34)。对于该示例网络，可以考虑$u=2$的情况：

$$\frac{\partial \boldsymbol{a}^2(t)}{\partial \boldsymbol{x}^{\mathrm{T}}}=\frac{\partial^e \boldsymbol{a}^2(t)}{\partial \boldsymbol{x}^{\mathrm{T}}}+\boldsymbol{S}^{2,1}(t)\left[\sum_{d=1}^{D}\boldsymbol{LW}^{1,1}(d)\times\frac{\partial \boldsymbol{a}^1(t-d)}{\partial \boldsymbol{x}^{\mathrm{T}}}\right]$$

其中求和计算中包含一个$S^1\times S^1$的矩阵与一个$S^1\times\{(DS^1+3)S^1+1\}$的矩阵相乘，这一乘法的复杂度为$O[(S^1)^4D]$，对每个$d$和每个$t$都要进行，因此 RTRL 梯度计算的复杂度为$O[(S^1)^4D^2Q]$。与敏感度矩阵相乘不会改变算法复杂度的阶数。 14-45

14.5 结束语

动态网络可以采用与第 12 章中描述的静态多层网络的优化过程相同的方法进行训练。然而，动态网络的梯度计算比静态网络的更复杂。对动态网络进行梯度计算有两个基本的算法：一是时序反向传播(Back Propagation Through Time，BPTT)算法，它从最后一个时刻开始，按时间的反方向进行梯度计算；二是实时回复学习(Real-Time Recurrent Learning，RTRL)算法，它从第一个时刻开始，沿着时间方向进行梯度计算。

对于梯度计算，RTRL 比 BPTT 需要更多的计算，但是 RTRL 为在线实现提供了方便的框架。此外，RTRL 通常比 BPTT 需要更少的存储。对于 Jacobian 矩阵计算，RTRL 通常比 BPTT 更为高效。

14-46 第 22 章介绍了一个采用动态网络解决预测问题的真实案例。

14.6 扩展阅读

[DeHa07] O. De Jesús and M. Hagan，“Backpropagation Algorithms for a Broad Class of Dynamic Networks，” IEEE Transactions on Neural Networks，vol. 18，no. 1，pp.，2007.

这篇论文介绍了 BPTT 和 RTRL 算法面向梯度和 Jacobian 矩阵的一般性推广。文中呈现了相关实验结果，比较了在不同网络架构上这两个算法的计算复杂度。

[MaNe99] J. R. Magnus and H. Neudecker，Matrix Differential Calculus，John Wiley & Sons，Ltd.，Chichester，1999.

这部教材清晰而完善地介绍了矩阵论以及矩阵微积分方法。

[PhHa13] M. Phan and M. Hagan，“Error Surface of Recurrent Networks，” IEEE Transactions on Neural Networks and Learning Systems，Vol. 24，No. 11，pp. 1709-1721，October，2013.

这篇论文介绍了回复网络误差曲面上的欺骗性凹槽，以及一系列可以用于改进回复网络训练的措施。

[Werb90] P. J. Werbos，“Backpropagation through time：What it is and how to do it，” Proceedings of the IEEE，vol. 78，pp. 1550-1560，1990.

时序反向传播算法是回复神经网络梯度计算的两个主要方法之一。这篇论文介绍了时序反向传播算法的一般性框架。

[WiZi89] R. J. Williams and D. Zipser，“A learning algorithm for continually running fully recurrent neural networks，” Neural Computation，vol. 1，pp. 270-280，1989.

这篇论文介绍了计算动态网络梯度的实时回复学习算法。采用这一方法，可以从第一个时刻开始计算梯度，并依时间顺序正向进行计算。该算法适合在线或实时的实现。 14-47

14.7 习题

E14.1 把图 14.1 所示的网络转变成例题 P14.1 中介绍的结构图形式。

E14.2 考虑图 14.4 所示的网络，其中权值为 $iw_{1,1}=2$，$lw_{1,1}(1)=0.5$。如果 $a(0)=4$ 且 $p(1)=2$，$p(2)=3$，$p(3)=2$，计算 $a(1)$、$a(2)$、$a(3)$。

E14.3 考虑图 P14.3 所示的网络，其中 $D=2$，$S^1=1$，$R=1$，$\boldsymbol{IW}^{1,1}=1$，$\boldsymbol{LW}^{1,1}(1)=0.5$，$\boldsymbol{LW}^{1,1}(2)=0.2$，$\boldsymbol{a}^1(0)=2$，$\boldsymbol{a}^1(-1)=1$，如果 $\boldsymbol{p}^1(1)=1$，$\boldsymbol{p}^1(2)=2$，$\boldsymbol{p}^1(3)=-1$，计算 $\boldsymbol{a}^1(1)$、$\boldsymbol{a}^1(2)$、$\boldsymbol{a}^1(3)$。

E14.4 考虑图 E14.1 中的网络。通过 U、X、I_m、$DI_{m,1}$、$DL_{m,l}$、L_m^f、L_m^b，$E_{LW}^U(x)$、$E_{LW}^X(u)$来定义该网络结构。此外，选择一个模拟顺序，并指出每个权值矩阵的维度。

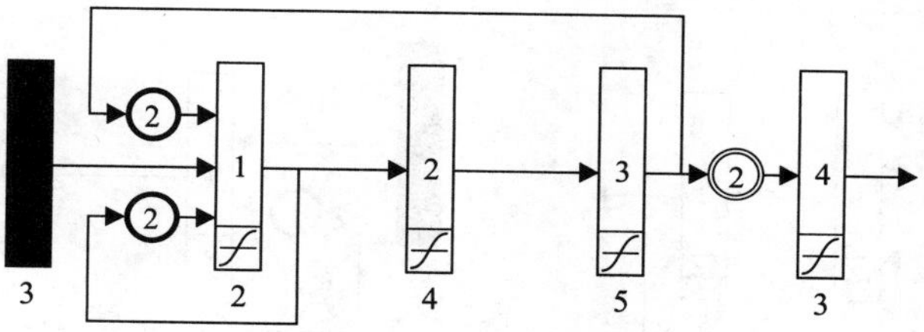

图 E14.1 习题 E14.4 的动态网络

E14.5 写出图 E14.2 所示网络的 RTRL 公式。

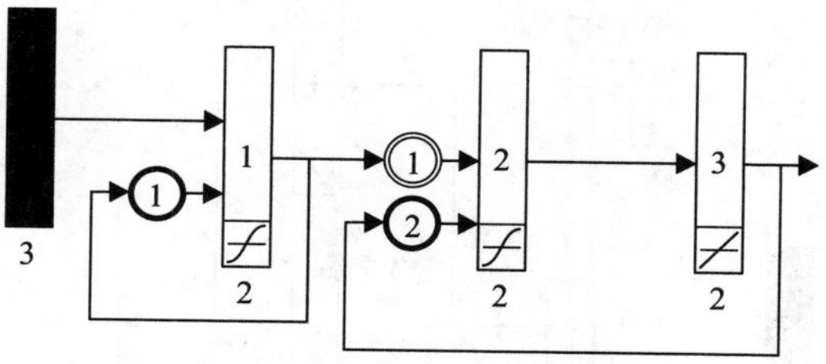

图 E14.2 习题 E14.5 的动态网络

E14.6 写出图 E14.2 所示网络的 BPTT 公式。 14-48

E14.7 写出图 E14.3 所示网络运算的公式。假设所有的权值为 0.5，所有的偏置值为 0，

i. 假设初始的网络输出为 $a(0)=0.5$，初始的网络输入为 $p(1)=1$，求出 $a(1)$。

ii. 描述你在模拟该网络过程中的任何问题。你能否使用 BPTT 和 RTRL 算法计算该网络的梯度？你用什么测试方法来确定回复网络能否被模拟和训练？

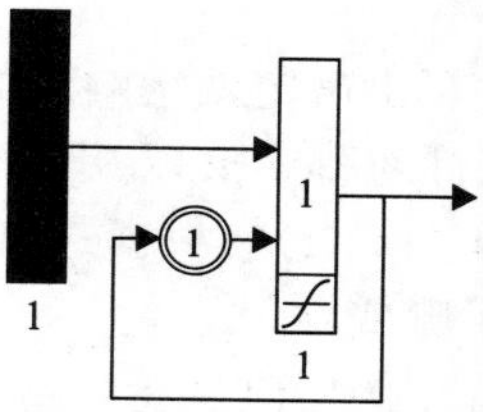

图 E14.3 习题 E14.7 中动态网络

E14.8　考虑图 E14.4 所示网络。

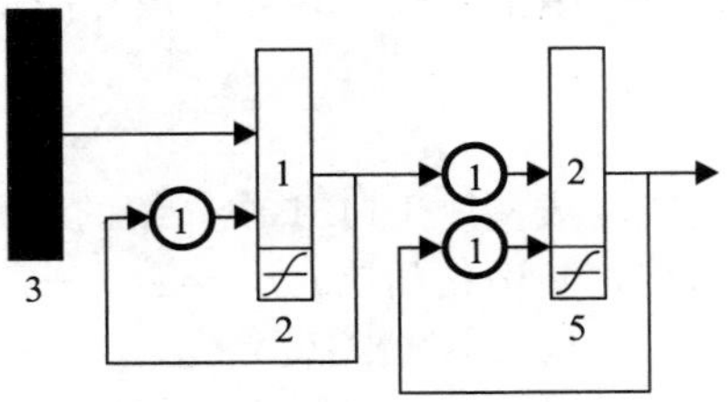

图 E14.4　习题 E14.8 中动态网络

i. 写出计算网络响应的公式。

ii. 写出网络的 BPTT 公式。

iii. 写出网络的 RTRL 公式。

14-49 **E14.9**　对下面的网络重复习题 E14.8。

i. 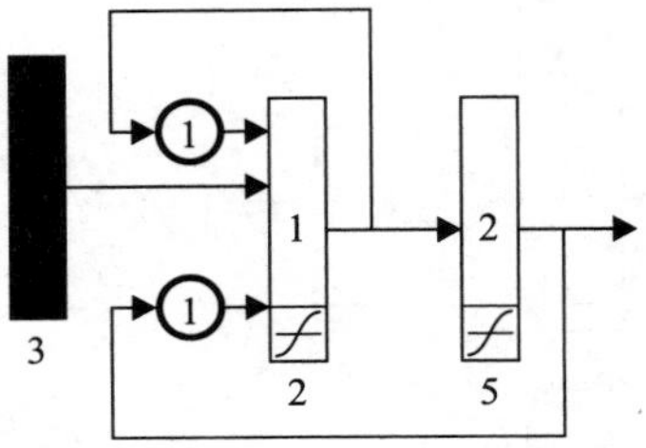

ii. 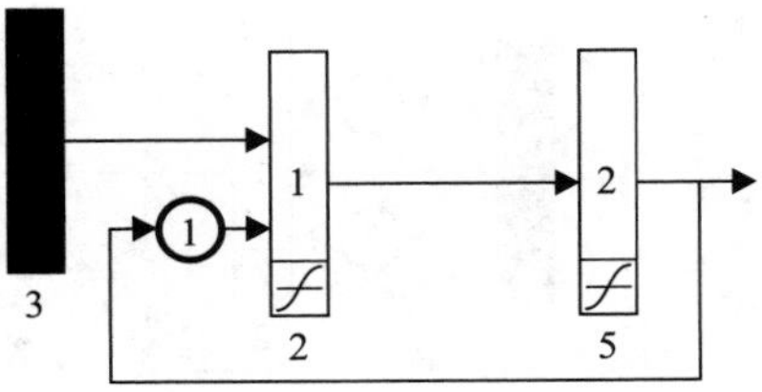

E14.10　考虑图 E14.5 中的网络。

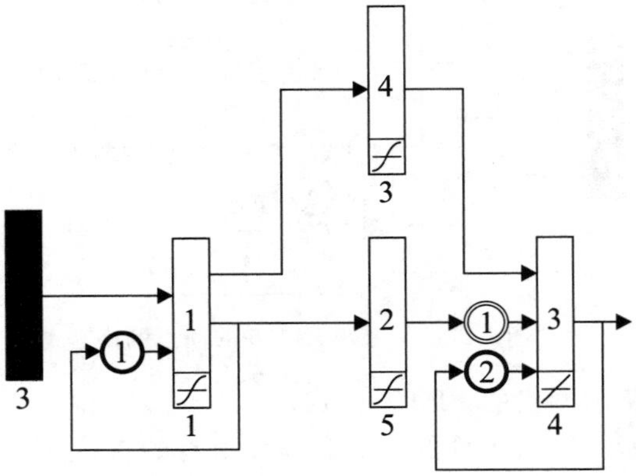

图 E14.5　习题 E14.10 的回复网络

i. 通过 U、X、I_m、$DI_{m,1}$、$DL_{m,l}$、L_m^{f}、L_m^{b}、$E_{LW}^{U}(x)$、$E_{LW}^{X}(u)$ 来定义该网络结构。

ii. 选择一个模拟顺序，并写出确定网络响应的公式。

iii. 需要计算哪个 $S^{u,x}(t)$（即对哪个 u 以及哪个 x）？

iv. 根据式(14.63)写出 $\partial F/\partial \boldsymbol{a}^3(t)$，根据式(14.34)写出 $\partial \boldsymbol{a}^3(t)/\partial \boldsymbol{x}^{\mathrm{T}}$。（展开求和
14-50 计算以展示确切包含了哪些项。）

E14.11　对下面的网络重复习题 E14.10，但是在问题 iv 中，将 a^3 变为下面指定的层。

i. 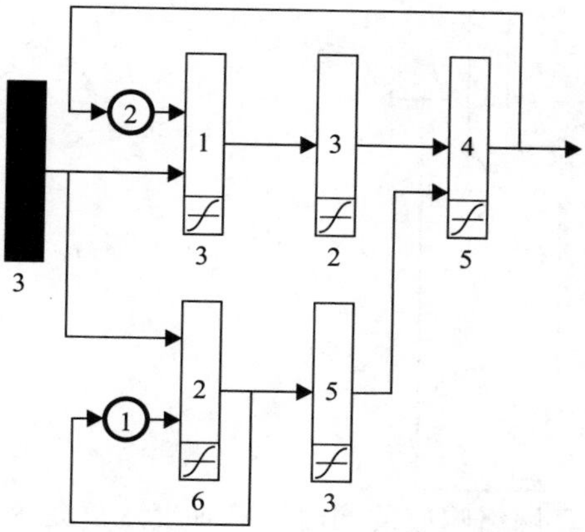

, $\boldsymbol{a}^4$

ii. 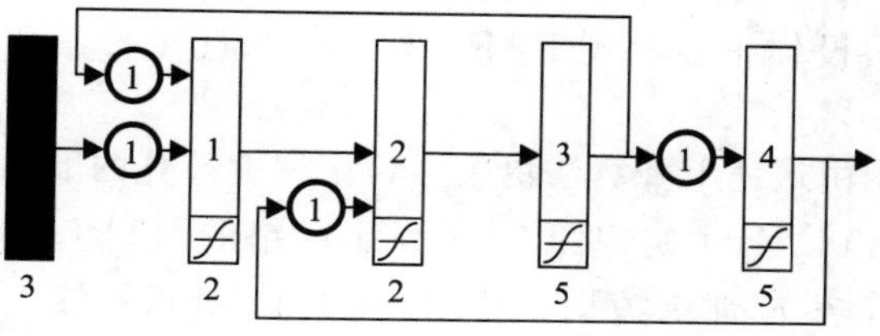

, $\boldsymbol{a}^4$

iii. 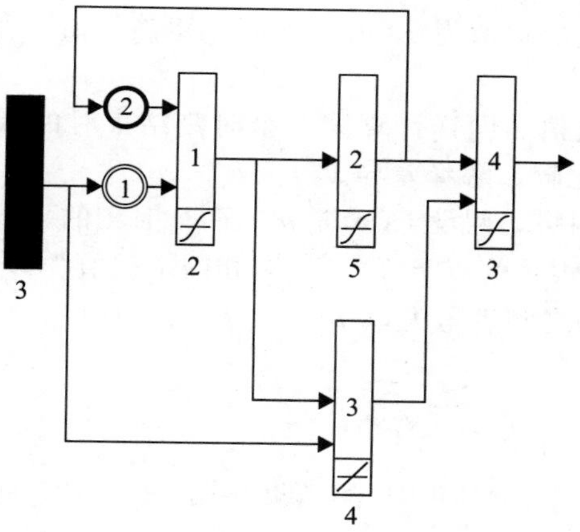

, $\boldsymbol{a}^2$

14-51

iv. 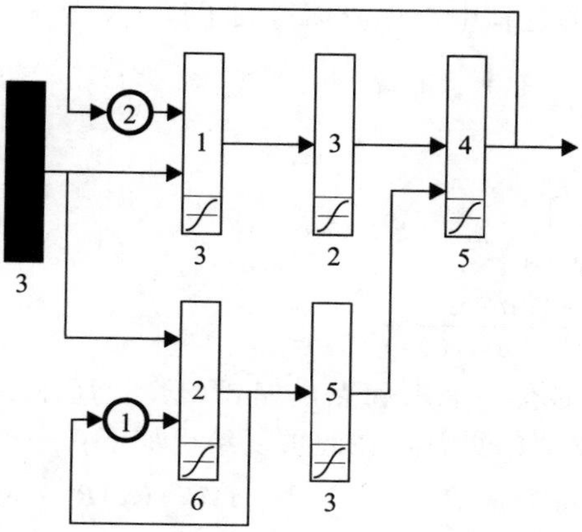

, $\boldsymbol{a}^2$

v. 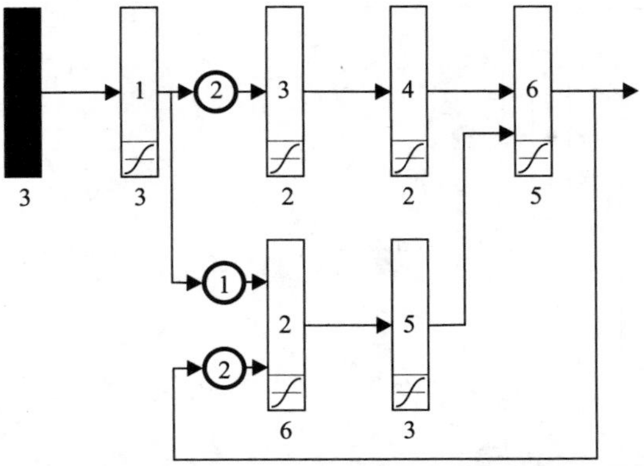

$, \boldsymbol{a}^1$

E14.12 RTRL 算法的一个优点是它在计算网络响应的同时计算梯度，这是因为梯度的计算在第一个时刻就开始，然后按时间顺序向前计算。因此，RTRL 为在线实现提供了一个方便的框架。假设你正在实现 RTRL 算法，并且在每一个时刻更新网络的权值。

i. 如果在每个时刻权值均由最速下降算法更新，讨论梯度计算的准确性。

ii. MATLAB 练习 在 MATLAB 中实现图 14.4 所示网络的 RTRL 算法。将网络的两个权值设置成 0.5 生成训练数据，使用图 14.10 所示的输入序列，并且使用网络响应 $a(t)$作为目标。在该数据集上使用最速下降算法训练网络，设置学习率 $\alpha=0.1$，设置初始的权值为 0，在每个时刻更新权值，在第 8 个时刻
14-52 结束时保存梯度。

iii. 重复问题 ii，但是不更新权值。同样计算第 8 个时刻结束时的梯度，并且与问题 ii 中得到的梯度进行比较。解释差异。

E14.13 再次考虑图 14.4 所示的回复网络。假设 $F(x)$是初始两个时刻的平方误差之和。

i. 令 $a(0)=0$，将 $a(1)$、$a(2)$表示为以 $p(1)$、$p(2)$和网络权值为参数的函数。

ii. 将初始两个时刻的平方误差之和表示为以 $p(1)$、$p(2)$、$t(1)$、$t(2)$和网络权值为参数的显式函数。

iii. 利用问题 ii 的结果求$\dfrac{\partial F}{\partial lw_{1,1}(1)}$。

iv. 将问题 iii 的结果分别与第 282 页 RTRL 的结果和第 286、287 页 BPTT 的结果进行比较。

E14.14 在习题 E14.5 推导 RTRL 算法的过程中，你应该得到了以下表达式

$$\frac{\partial^e \boldsymbol{a}^3(t)}{\partial \mathrm{vec}\,(\boldsymbol{LW}^{2,1}(1))^{\mathrm{T}}} = (\boldsymbol{a}^1(t-1))^{\mathrm{T}} \otimes \boldsymbol{S}^{3,2}(t)$$

如果

$$\boldsymbol{a}^1(1) = \begin{bmatrix} 1 \\ -1 \end{bmatrix} \quad 且 \quad \boldsymbol{S}^{3,2}(2) = \begin{bmatrix} 2 & 3 \\ 4 & -5 \end{bmatrix}$$

计算$\dfrac{\partial^e \boldsymbol{a}^3(z)}{\partial \mathrm{vec}(\boldsymbol{LW}^{2,1}(1))^{\mathrm{T}}}$并给出$\dfrac{\partial^e a_1^3(z)}{\partial \mathrm{vec}(lw_{1,2}^{2,1}(1))^{\mathrm{T}}}$。

E14.15 一个标准 LDDN 网络的每一层都有一个求和点，如式(14.1)所示，这个求和点结合了来自输入、其他层和偏置值的贡献，在此重复给出如下：

$$\boldsymbol{n}^m(t) = \sum_{l \in L_m^f} \sum_{d \in DL_{m,l}} \boldsymbol{LW}^{m,l}(d)\boldsymbol{a}^l(t-d) + \sum_{l \in I_m} \sum_{d \in DI_{m,l}} \boldsymbol{IW}^{m,l}(d)\boldsymbol{P}^l(t-d) + \boldsymbol{b}^m$$

如果对上述贡献不进行求和，而是将它们求积，RTRL 算法和 BPTT 算法会有怎样的变化？

E14.16 正如习题 E14.15 中所讨论的，其他层对于净输入的贡献由层权值矩阵和层输出相乘计算获得，即 14-53

$$\boldsymbol{LW}^{m,l}(d)\boldsymbol{a}^{l}(t-d)$$

如果不将层权值与层输出相乘，而是计算权值矩阵的每一行与层输出之间的距离，即

$$n_i = -\|{}_i\boldsymbol{w} - \boldsymbol{a}\|$$

RTRL 算法和 BPTT 算法会有怎样的变化？

E14.17 求 BPTT 算法和 RTRL 算法应用于图 E14.6 中示例网络的计算复杂度，将其表示为以第 2 层神经元数量(S^2)、抽头延迟线上的延迟数量(D)、训练序列长度(Q)为参数的函数，并进行比较。

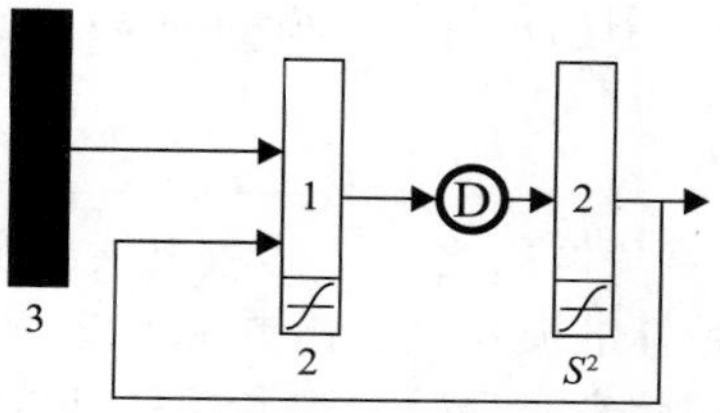

图 E14.6 习题 E14.17 中的回复网络

E14.18 再次考虑图 14.4 的网络。令网络的输入权值 $iw_{1,1}=1$，假设初始网络输出 $a(0)=0$。

i. 写出该输出仅仅以网络权值 $lw_{1,1}(1)$ 和输入序列为参数的函数表示网络在 t 时刻的输出(结果应该是 $lw_{1,1}(1)$ 的一个多项式)。

ii. MATLAB 练习 求时刻 $t=8$ 的网络输出，其中使用 $lw_{1,1}(1)=-1.4$ 和以下输入序列：

$$p(t)=\{3,1,1,6,3,5,1,6\}$$

iii. 当 $lw_{1,1}(1)=-1.4$ 时，由于反馈回路中这一权值的量大于 1，网络应该是不稳定的。不稳定网络的输出通常会随时间逐渐增长。(该特性适用于线性网络。)在问题 ii 中，应该会求得一个较小的 $a(8)$。你能否解释这一结果？(提示：探究问题 i 中的得到的多项式的根。可使用 MATLAB 命令 roots。)这一结果与前文讨论的误差曲面中的欺骗性凹槽有什么关系？ 14-54

第 15 章

竞争网络

15.1 目标

第 3 章介绍的 Hamming 网络，展示了一种使用神经网络进行模式识别的技术，这种技术要求事先知道标准模式且该标准模式用于构成网络权值矩阵的行。

本章将讨论一些在结构和操作上与 Hamming 网络都非常相似的网络。不同之处在于，这些网络使用联想学习规则进行自适应学习，以实现模式分类。本章将介绍三种这样的网
15-1 络：竞争网络、特征图网络以及学习向量量化(Learning Vector Quantization，LVQ)网络。

15.2 理论与例子

Hamming 网络是最简单的竞争网络之一，其输出层的神经元通过互相竞争从而产生一个胜者。这个胜者表明了何种标准模式最能代表输入模式。这种竞争是通过输出层神经元之间的一组负连接(即侧向抑制)来实现的。在本章我们会阐明如何将这种竞争与联想学习规则相结合从而产生强大的自组织(无监督)网络。

早在 1959 年，Frank Rosenblatt 就提出了一种简单的“自发”分类器，这是一种基于感知机的无监督网络。该网络可将输入数据分为数量大致相等的两类。

20 世纪 60 年代后期和 70 年代早期，Stephen Grossberg 提出了大量基于侧向抑制的竞争网络并取得了良好效果，获得了一些有益的网络特性——噪声抑制、对比增强和向量归一化等。

1973 年，Christoph von der Malsburg 引入了一种自组织学习规则，该规则利用相邻神经元对相似的输入进行响应的特性从而实现输入分类。他这种网络的拓扑结构在一定程度上模仿了 David Hubel 和 Torten Wiesel 发现的猫的视觉皮层结构。虽然他提出的学习规则引起了人们的极大兴趣，但由于其使用了一种非局部的计算方式来确保权值被归一化，导致该学习规则缺少生物学上的合理解释。

Grossberg 通过重新发现 instar 规则扩展了 von der Malsburg 的工作(instar 规则此前已由 Nils Nilsson 在其 1965 年的著作《Learning Machines》中提出)。Grossberg 证明了 instar 规则能去除再次归一化权值的必要性，因为权值向量在学习识别归一化的输入向量时会自动地归一化。

Grossberg 和 von der Malsburg 的工作着重于其网络在生物学上的合理性。另一位颇具影响力的研究者 Teuvo Kohonen 也是竞争网络的强烈支持者，但他的工作着重强调网络的工程应用和高效的数学描述。20 世纪 70 年代，Teuvo Kohonen 提出了 instar 规则的一种简化版本，并且在 von der Malsburg 和 Grossberg 工作的启发下，他还提出了一种将拓扑学引入竞争网络的有效方法。

在本章，我们将主要介绍 Kohonen 提出的竞争网络框架。该模型既体现了竞争网络的主
15-2 要特性，在数学上又比 Grossberg 的网络更易处理，为竞争学习提供了良好的入门内容。

首先，我们将从简单的竞争网络开始。紧接着，介绍结合网络拓扑结构的自组织特征图模型。最后，讨论学习向量量化网络，它将竞争和有监督学习框架相结合。

15.2.1 Hamming 网络

由于本章讨论的竞争网络与 Hamming 网络(如图 15.1 所示)密切相关，所以有必要先回顾 Hamming 网络的一些关键概念。

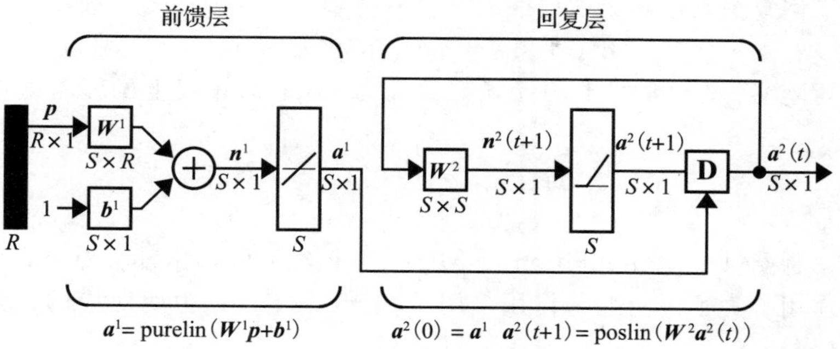

图 15.1 Hamming 网络

Hamming 网络包含两层，第一层(是一个 instar 层)将输入向量和标准向量相互关联起来。第二层采用竞争方式确定最接近于输入向量的标准向量。

1. 第一层

单个 instar 只能识别一种模式。为了实现多模式分类，需要多个 instar，Hamming 网络实现了这一点。

假设要让网络识别如下的标准向量：

$$\{p_1, p_2, \cdots, p_Q\} \tag{15.1}$$

15-3

则第一层的权值矩阵 W^1 和偏置向量 b^1 为：

$$W^1 = \begin{bmatrix} {}_1w^{\mathrm{T}} \\ {}_2w^{\mathrm{T}} \\ \vdots \\ {}_Sw^{\mathrm{T}} \end{bmatrix} = \begin{bmatrix} p_1^{\mathrm{T}} \\ p_2^{\mathrm{T}} \\ \vdots \\ p_Q^{\mathrm{T}} \end{bmatrix}, \quad b^1 = \begin{bmatrix} R \\ R \\ \vdots \\ R \end{bmatrix} \tag{15.2}$$

其中，W^1 的每一行代表了一个想要识别的标准向量，b^1 中的每一个元素都设为等于输入向量的元素个数 R。(神经元的数量 S 等于将要被识别的标准向量的个数 Q。)

因此，第一层的输出为：

$$a^1 = W^1 p + b^1 = \begin{bmatrix} p_1^{\mathrm{T}} p + R \\ p_2^{\mathrm{T}} p + R \\ \vdots \\ p_Q^{\mathrm{T}} p + R \end{bmatrix} \tag{15.3}$$

注意，第一层的输出等于标准向量与输入的内积再加上 R。正如第 3 章中讨论的那样，内积表明了标准向量与输入向量之间的接近程度。

2. 第二层

在 instar 中，使用了 hardlim 传输函数来决定输入向量是否足够接近于标准向量。Hamming 网络的第二层拥有多个 instar，因此需要确定哪个标准向量与输入最接近。我们会使用一个竞争层代替 hardlim 传输函数以选择最接近的标准向量。

第二层是一个竞争层，这一层的神经元使用前馈层的输出进行初始化，这些输出指明了标准模式和输入向量间的相互关系。然后这一层的神经元之间相互竞争以决出一个胜者，即竞争过后只有一个神经元具有非零输出。获胜的神经元指明了输入数据所属的类别(每一个标准向量代表一个类别)。

首先，使用第一层的输出 $\boldsymbol{a}^1$ 初始化第二层。

15-4
$$\boldsymbol{a}^2(0) = \boldsymbol{a}^1 \tag{15.4}$$

然后，根据以下回复关系更新第二层的输出：

$$\boldsymbol{a}^2(t+1) = \mathrm{poslin}(\boldsymbol{W}^2\boldsymbol{a}^2(t)) \tag{15.5}$$

第二层的权值矩阵 $\boldsymbol{W}^2$ 的对角线上的元素都被设为 1，非对角线上的元素被设为一个很小的负数。

$$w_{ij}^2 = \begin{cases} 1, & i = j \\ -\varepsilon, & 其他 \end{cases}, \quad 0 < \varepsilon < \frac{1}{S-1} \tag{15.6}$$

该矩阵产生侧向抑制(lateral inhibition)，即每一个神经元的输出都会对所有其他的神经元产生一个抑制作用。为了说明这种作用，用 1 和 $-\varepsilon$ 代替 $\boldsymbol{W}^2$ 中所对应的元素，针对单个神经元重写式(15.5)。

$$a_i^2(t+1) = \mathrm{poslin}\left(a_i^2(t) - \varepsilon \sum_{j \neq i} a_j^2(t)\right) \tag{15.7}$$

在每次迭代中，每一个神经元的输出将会随着其他神经元的输出之和成比例减小(最小的输出为 0)。具有最大初始条件的神经元的输出会比其他神经元的输出减小得慢些。最终该神经元成为唯一一个拥有正值输出的神经元。此时，网络将达到一个稳定的状态。第二层中拥有稳定正值输出的神经元的索引即是与输入最匹配的标准向量的索引。

由于只有一个神经元拥有非 0 输出，因此我们把上述的竞争学习规则称作*胜者全得*(winner-take-all)竞争。

MATLAB 实验 若想实验 Hamming 网络如何解决苹果/橘子分类问题，可用第 3 章介绍过的 Neural Network Design Demonstration **Hamming Classification**(nnd3hamc)。

15.2.2 竞争层

Hamming 网络第二层之所以被称为竞争(competition)层，是由于其每个神经元都激活自身并抑制其他所有神经元。为了便于后续讨论，我们定义一个传输函数来实现回复竞争层的功能：

$$\boldsymbol{a} = \mathrm{compet}(\boldsymbol{n}) \tag{15.8}$$

它找到拥有最大净输入的神经元的索引 i^*，并将该神经元的输出置为 1(平局时选索引最
15-5 小的神经元)，同时将其他所有神经元的输出置为 0。

$$a_i = \begin{cases} 1, & i = i^* \\ 0, & i \neq i^* \end{cases}, \quad n_{i^*} \geqslant n_i, \forall i \quad 且 \quad i^* \leqslant i, \forall n_i = n_{i^*} \tag{15.9}$$

使用这个竞争传输函数作用在第一层上，替代 Hamming 网络的回复层，这样将简化本章的阐述。图 15.2 展示了一个竞争层。

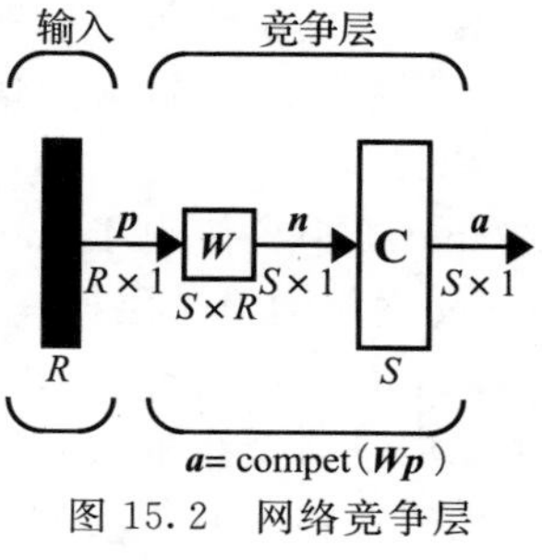

图 15.2　网络竞争层

和 Hamming 网络一样，标准向量被存储在 $\boldsymbol{W}$ 矩阵的行中。网络净输入 $\boldsymbol{n}$ 计算了输入向量 $\boldsymbol{p}$ 与每一个标准向量 ${}_i\boldsymbol{w}$ 之间的距离(假设所有的向量都被归一化，长度为 L)。每个神经元 i 的净输入 n_i 正比于 $\boldsymbol{p}$ 与标准向量 ${}_i\boldsymbol{w}$ 之间的夹角 θ_i：

$$n = Wp = \begin{bmatrix} {}_1w^T \\ {}_2w^T \\ \vdots \\ {}_Sw^T \end{bmatrix} p = \begin{bmatrix} {}_1w^Tp \\ {}_2w^Tp \\ \vdots \\ {}_Sw^Tp \end{bmatrix} = \begin{bmatrix} L^2\cos\theta_1 \\ L^2\cos\theta_2 \\ \vdots \\ L^2\cos\theta_S \end{bmatrix} \quad (15.10)$$

竞争传输函数将方向上与输入向量最接近的权值向量所对应的神经元输出设置为1：

$$a = \text{compet}(Wp) \quad (15.11)$$

MATLAB 实验 使用 Neural Network Design Demonstration Competitive Classification (nnd16cc)进行苹果/橘子分类问题的实验。 15-6

1. 竞争学习

通过将 W 的行设置为期望的标准向量，可设计一个竞争网络分类器。然而，我们更希望找到一个学习规则，使得在不知道标准向量的情况下也能训练竞争网络的权值。instar 规则便是这样的学习规则。

$$_iw(q) = {}_iw(q-1) + \alpha a_i(q)(p(q - {}_iw(q-1)) \quad (15.12)$$

因为竞争网络中仅有获胜神经元($i=i^*$)对应的 a 中的非 0 元素，所以使用 Kohonen 规则也能得到同样的结果。

$$\begin{aligned} {}_iw(q) &= {}_iw(q-1) + \alpha(p(q) - {}_iw(q-1)) \\ &= (1-\alpha)\,{}_iw(q-1) + \alpha p(q) \end{aligned} \quad (15.13)$$

及

$$_iw(q) = {}_iw(q-1) \quad i \neq i^* \quad (15.14)$$

因此，权值矩阵中最接近输入向量的行(即与输入向量的内积最大的行)向着输入向量靠近，它沿着权值矩阵原来的行向量与输入向量之间的连线移动，如图 15.3 所示。

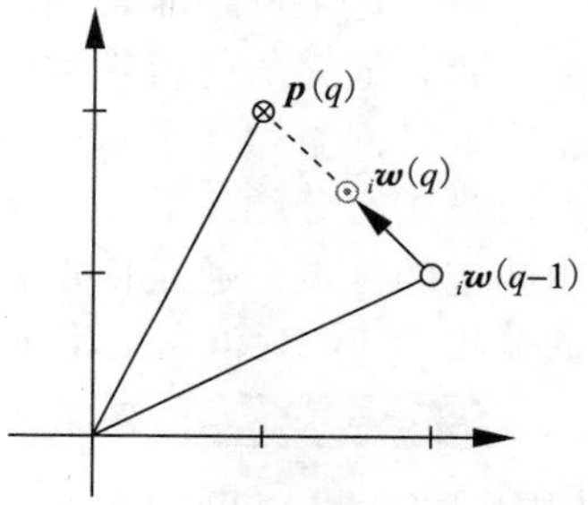

图 15.3　Kohonen 规则的图示

举例 下面使用图 15.4 中的 6 个向量来演示竞争层网络是如何学会分类的。这 6 个向量为：

$$p_1 = \begin{bmatrix} -0.1961 \\ 0.9806 \end{bmatrix}, \quad p_2 = \begin{bmatrix} 0.1961 \\ 0.9806 \end{bmatrix}, \quad p_3 = \begin{bmatrix} 0.9806 \\ 0.1961 \end{bmatrix}$$

$$p_4 = \begin{bmatrix} 0.9806 \\ -0.1961 \end{bmatrix}, \quad p_5 = \begin{bmatrix} -0.5812 \\ -0.8137 \end{bmatrix}, \quad p_6 = \begin{bmatrix} -0.8137 \\ -0.5812 \end{bmatrix} \quad (15.15)$$

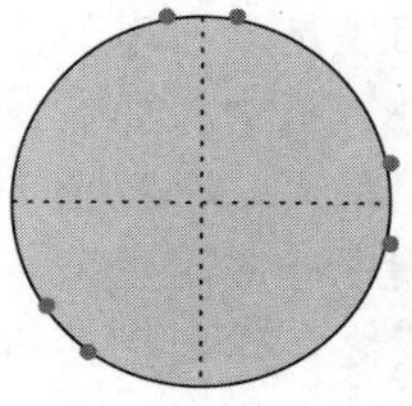
图 15.4　输入向量样本 15-7

这里使用的竞争网络将有 3 个神经元，因此它可把这些输入向量分为 3 类。下面是“随机”选择的归一化的初始权值：

$$_1w = \begin{bmatrix} 0.7071 \\ -0.7071 \end{bmatrix}, \quad {}_2w = \begin{bmatrix} 0.7071 \\ 0.7071 \end{bmatrix}, \quad {}_3w = \begin{bmatrix} -1.0000 \\ 0.0000 \end{bmatrix}, \quad W = \begin{bmatrix} {}_1w^T \\ {}_2w^T \\ {}_3w^T \end{bmatrix} \quad (15.16)$$

数据向量如右图所示，其中权值向量用箭头表示。将向量 p_2 输入到网络后可得：

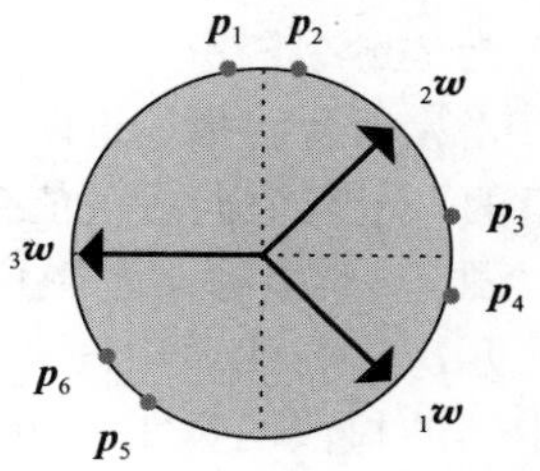

$$a = \text{compet}(Wp_2) = \text{compet}\left(\begin{bmatrix} 0.7071 & -0.7071 \\ 0.7071 & 0.7071 \\ -1.0000 & 0.0000 \end{bmatrix}\begin{bmatrix} 0.1961 \\ 0.9806 \end{bmatrix}\right)$$

$$= \text{compet}\left(\begin{bmatrix} -0.5547 \\ 0.8321 \\ -0.1961 \end{bmatrix}\right) = \begin{bmatrix} 0 \\ 1 \\ 0 \end{bmatrix} \tag{15.17}$$

从上式可见，第二个神经元的权值向量最接近于 $\boldsymbol{p}_2$，所以它竞争获胜($i^* = 2$)且输出值为 1。现在应用 Kohonen 学习规则更新获胜神经元的权值向量，其中学习率 $\alpha = 0.5$：

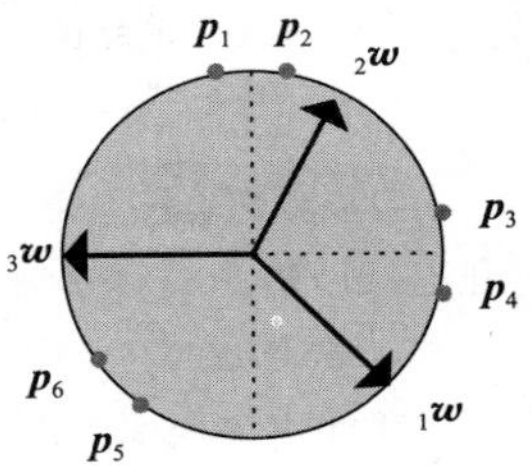

$$ {}_2\boldsymbol{w}^{new} = {}_2\boldsymbol{w}^{old} + \alpha(\boldsymbol{p}_2 - {}_2\boldsymbol{w}^{old}) = \begin{bmatrix} 0.7071 \\ 0.7071 \end{bmatrix} + 0.5\left(\begin{bmatrix} 0.1961 \\ 0.9806 \end{bmatrix} - \begin{bmatrix} 0.7071 \\ 0.7071 \end{bmatrix}\right) = \begin{bmatrix} 0.4516 \\ 0.8438 \end{bmatrix} \tag{15.18}$$

正如右上图所示，Kohonen 规则移动 ${}_2\boldsymbol{w}$，以使其接近 $\boldsymbol{p}_2$。如果继续随机选择输入向量并把它们输入网络，那么每次迭代后，与输入向
15-8 量最接近的权值向量将会向着这个输入向量移动。最终，每个权值向量将指向输入向量的不同簇，且将变成不同簇的标准向量。

由于这个例子非常简单，所以可以预测哪一权值向量将指向哪一簇，最终的权值将类似图 15.5 所示。

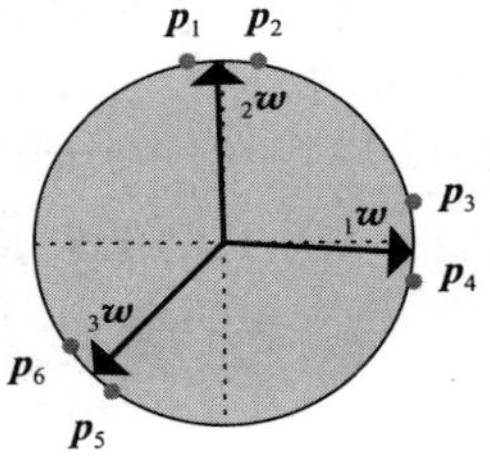

图 15.5 最终权值

一旦网络学会了将输入向量进行分类，那么它也会相应地对新向量进行分类。如右下图所示，阴影部分表示每个神经元将做出响应的区域。通过使得权值向量最接近于输入向量 $\boldsymbol{p}$ 的神经元的输出为 1，竞争网络将 $\boldsymbol{p}$ 归为某一类。

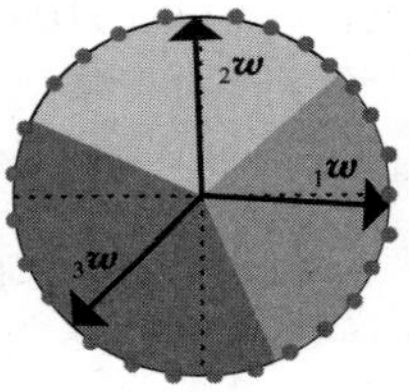

MATLAB 实验 使用 Neural Network Design Demonstration Demonstration Competitive Learning(nnd16cl)进行竞争学习的实验。

2. 竞争层存在的问题

竞争层能有效地进行自适应分类，但它也存在一些问题。第一个问题是学习率的选择必须在学习度与最终权值向量的稳定性之间进行折中。如右图所示，虽然学习率接近于 0 将导致学习很慢，但是当一个权值向量到达了一个簇的中心时，它会倾向于停留在簇中心的附近。

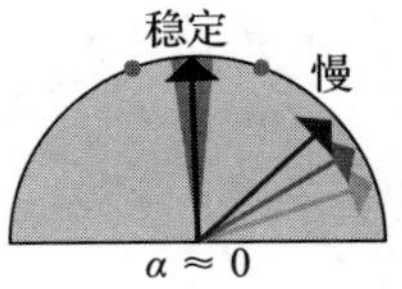

反之，学习率接近于 1.0 时学习很快。但当权值向量到达了一个簇的范围时，它却将随着这个簇中出现不同的输入向量而持续地来回振荡。

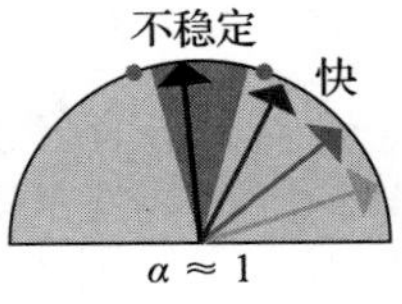

有时这种快速学习和稳定性之间的取舍可能带来好处。初始训练时，可设置一个较大的学习率来实现快速学习。随着训练过程的进行，学习率可以不断减小以获得稳定的标准向量。可惜的是，如果需要网络持续地适应输入向量的变化，这种方
15-9 法将会失效。

当簇彼此间很靠近时，会出现更严重的稳定性问题。在特定的情况下，形成某簇的标准向量的一个权值向量可能会“入侵”另一个权值向量的领地，从而扰乱当前的分类方案。

图 15.6 中的 4 个图说明了这个问题。两个输入向量(图 15.6a 中用灰色圆点表示)被输入几次后，代表中间和右侧簇的权值向量向右移动，最终导致本属于右侧簇的一个向量被中间的权值向量重新分类。若继续输入将使得中间的权值向量继续向右移动，直至它

“丢失”了一些本属于它的输入向量，这些丢失的输入向量成为了左边权值向量所代表的类的一部分。

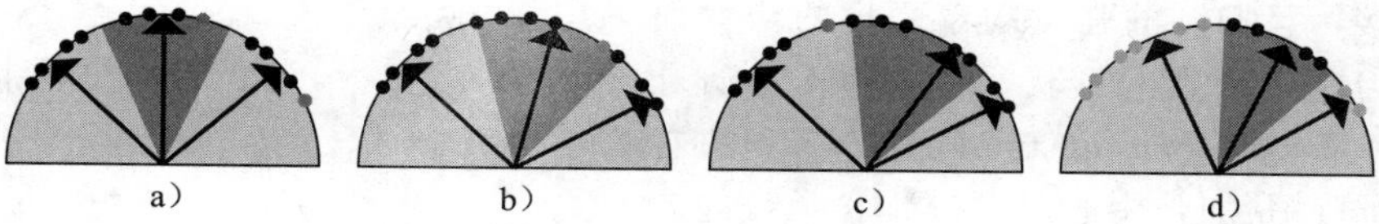

图 15.6 不稳定学习的例子

竞争学习的第三个问题是：有时某个神经元的初始权值向量离所有输入向量都太远，以至于它从未在竞争中获胜，因此也就从未得到学习。这将产生一个毫无用处的“死”神经元。例如右图中，无论以什么顺序输入向量，指向下方的那个权值向量都得不到学习。针对该问题的一种解决方案是，对每个神经元的净输入都增加一个负的偏置值，且每当神经元获胜时就减小其偏置值。这使得经常获胜的神经元会越来越难以获胜。这种机制有时被称为“良心”(conscience)(见习题 E15.4)。

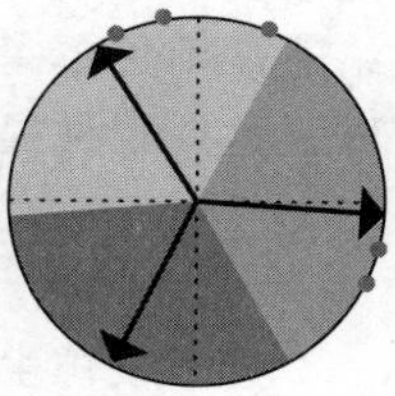

最后一个问题是，通常情况，竞争层的神经元个数等于类别数，但这在一些应用中是不适用的，尤其是在事先不知道类别数量的情况下。此外，竞争层要求每个类是由输入空间的一个凸区域构成的。因此，当类由非凸区域或由多个不连通区域构成时，竞争层将不能实现分类。

本节讨论的一些问题在后续章节介绍的特征图网络和 LVQ 网络中得到了解决。

15.2.3 生物学中的竞争层

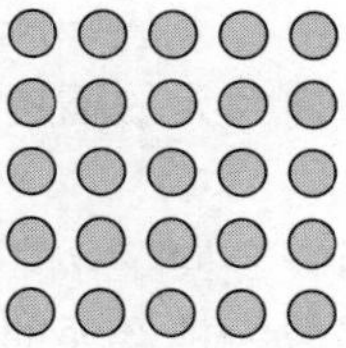

前面的章节没有提及神经元在层内是如何组织的(即网络的拓扑结构)。在生物神经网络中，神经元之间通常排列为二维层次，通过侧向反馈紧密互连。右图展示了一个由 25 个神经元以二维网格形式排列在一起的层。 15-10

通常，权值是相互连接的神经元间距离的函数。例如，Hamming 网络的第二层的权值赋值如下：

$$w_{ij}=\begin{cases}1, & i=j\\ -\varepsilon, & i\neq j\end{cases} \tag{15.19}$$

式(15.20)与式(15.19)赋值相同，只是基于神经元之间的距离 d_{ij}：

$$w_{ij}=\begin{cases}1, & d_{ij}=0\\ -\varepsilon, & d_{ij}>0\end{cases} \tag{15.20}$$

式(15.19)或式(15.20)所赋的权值如右图所示。图中，每一个神经元 i 上标记了连接权值 w_{ij}，即从它到神经元 j 的连接。

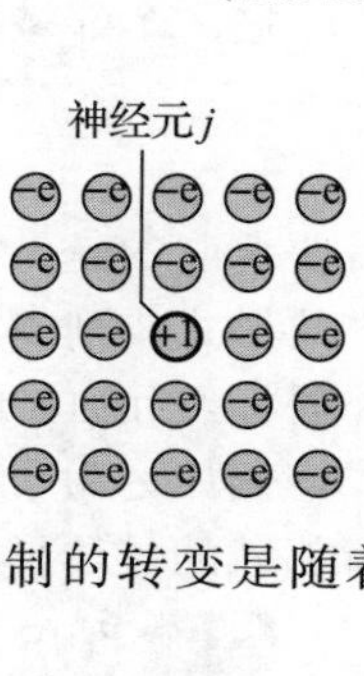

加强中心/抑制周围(on-center/off-surround)通常用来描述如下一种神经元之间的连接模式：每个神经元加强自身(中心)，同时抑制所有其他的神经元(周围)。

其实这是生物学竞争层的一种较为粗略的近似。在生物学中，一个神经元不仅加强它自己，也加强它附近的神经元。通常来说，从加强到抑制的转变是随着神经元之间距离的增加而平滑出现的。

这种转变如图 15.7 左图所示，它是一个将神经元之间的距离与它们之间的权值联系起来的函数。相互靠近的神经元之间会产生激励(加强)连接，且激励的强度随着距离的增大而减小。超过一定距离，神经元之间开始呈现抑制连接，且抑制的强度随着距离的增大而增大。因为这个函数的形状，它被称作墨西哥草帽函数(Mexican-hat function)。图 15.7 的右图是墨西哥草帽(加强中心/抑制周围)函数的二维图示。图中，每个神经元 i 上都标以它到神经
15-11 元 j 的权值 w_{ij} 的符号和相对强度。

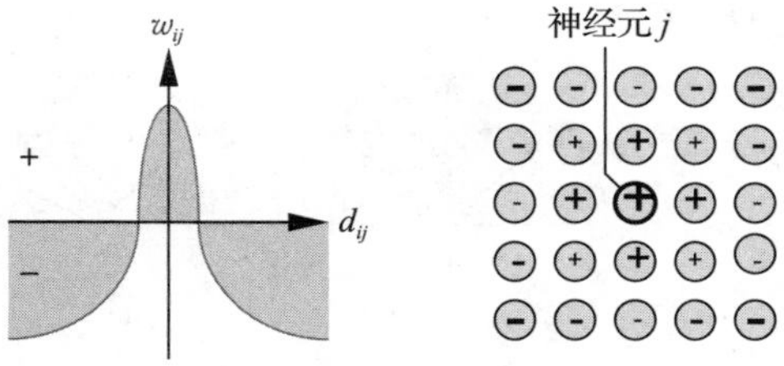

图 15.7　生物学中的加强中心/抑制周围层

生物竞争系统中，除了在加强中心/抑制周围的连接模式下，激励和抑制的区域之间是渐变以外，还有一种比 Hamming 网络中"胜者全得"的竞争较弱的竞争形式。生物网络通常不是单一神经元活跃(竞争获胜)，而是有一个以最为活跃的神经元为中心的活跃区。这在某种程度上是由于加强中心/抑制周围的连接模式和非线性的反馈连接引起的。

15.2.4　自组织特征图

为了模仿生物系统的活动区，且不必实现非线性的加强中心/抑制周围的反馈连接，Kohonen 设计了如下简化形式，提出了自组织特征图(SOFM)。SOFM 网络首先使用与竞争层网络相同的方式得到获胜的神经元 i^*，然后采用 Kohonen 规则更新获胜神经元周围某一特定邻域内所有神经元的权值向量：

$$\begin{aligned} {}_i\mathbf{w}(q) &= {}_i\mathbf{w}(q-1)+\alpha(\mathbf{p}(q)-{}_i\mathbf{w}(q-1)) \\ &= (1-\alpha)\,{}_i\mathbf{w}(q-1)+\alpha\mathbf{p}(q), \quad i\in N_{i^*}(d) \end{aligned} \tag{15.21}$$

其中，邻域(neighborhood)$N_{i^*}(d)$包括所有落在以获胜神经元 i^* 为中心、d 为半径的圆内的神经元的下标，即

$$N_i(d)=\{j,d_{ij}\leqslant d\} \tag{15.22}$$

当一个向量 p 输入网络时，获胜神经元及其邻域内神经元的权值将会向 p 移动。结果是，在向量被多次输入网络之后，邻域内的神经元将会学习到彼此相似的向量。

举例 为了展示邻域的概念，可参考图 15.8 所示的两幅图。左图描述了围绕神经元 13、半径 $d=1$ 的二维邻域，右图显示的是其半径 $d=2$ 的邻域。

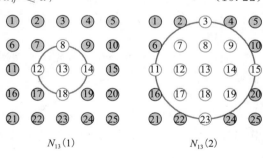

图 15.8　邻域

这两个邻域定义如下：

$$N_{13}(1)=\{8,12,13,14,18\} \tag{15.23}$$

15-12
$$N_{13}(2)=\{3,7,8,9,11,12,13,14,15,17,18,19,23\} \tag{15.24}$$

需要说明的是：SOFM 中的神经元不必排列成二维形式，它也可能以一维、三维甚至更高维的形式排列。对于一个一维 SOFM，非端点处的每个神经元半径为 1 的邻域内只有 2 个邻居神经元(位于端点处的神经元仅有 1 个邻居神经元)。当然，距离的定义可以有多种方式，例如，为了高效实现，Kohonen 提议使用矩形或者六边形邻域。事实上，网络的性能对邻域的具体形状并不敏感。

举例 现在，我们来展示一下 SOFM 网络的性能。图 15.9 是一个特征图及其神经元的二维拓扑结构。

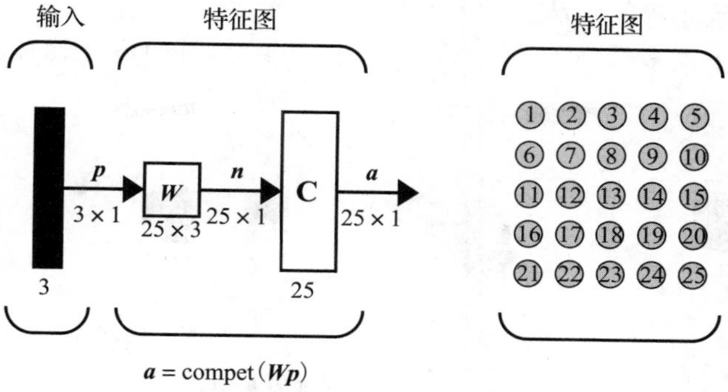

图 15.9　自组织特征图

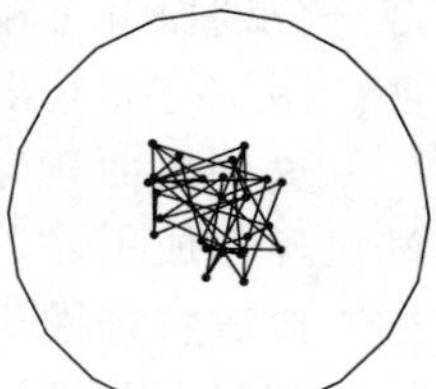

右图展示了特征图的初值权值向量。每个三元权值向量以球体上的一个点表示(权值已经归一化，因此向量会落在球面上)。邻居神经元的点都用线连接起来，因而可以看出网络拓扑结构在输入空间中是如何组织的。 15-13

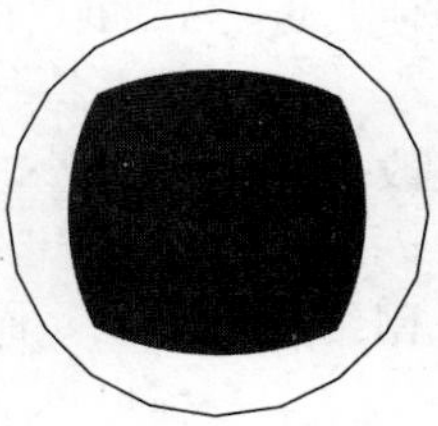

右图展示了球体表面的一个方形区域。我们将从这一区域随机选取一些向量，并将其输入特征图网络。

每当一个向量输入网络时，具有与其最近的权值向量的神经元将竞争获胜。获胜的神经元及其邻居神经元将移动它们的权值向量向输入向量靠近(因此它们也互相靠近)。本例中使用的是半径为 1 的邻域。

权值向量的变化有两个趋势：1)随着更多的向量输入网络，权值向量将分布到整个输入空间；2)邻域神经元的权值向量互相靠近。这两个趋势共同作用使得该层神经元将重新分布，最终使得网络能对输入空间进行划分。

图 15.10 所示的一系列图展示了 25 个神经元的权值是如何在活动的输入空间展开，并组织以匹配其拓扑结构的。

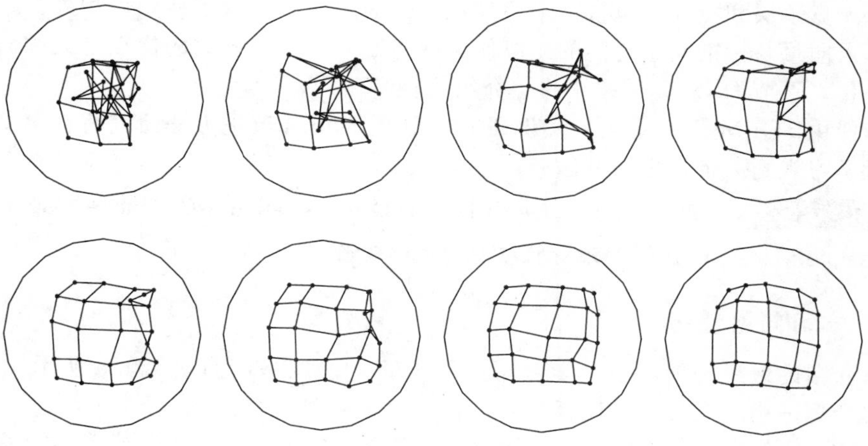

图 15.10　自组织，每个图包含 250 次迭代

本例中，由于输入向量是以同等概率从输入空间的任意一个点产生的，所以神经元将

输入空间分为了大致相等的区域。

15-14 图 15.11 提供了更多的关于输入区域以及自组织之后的特征图的例子。

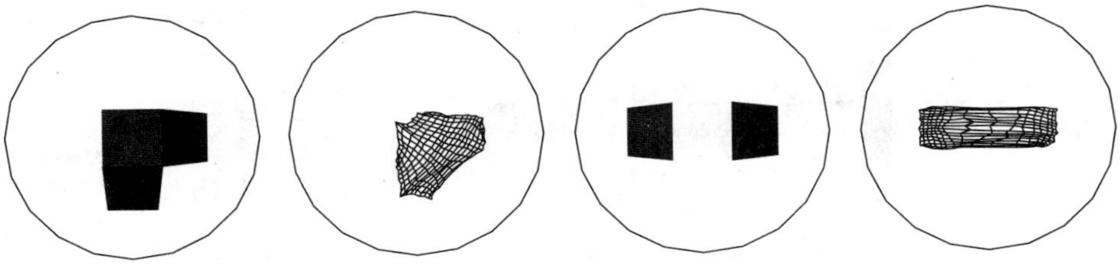

图 15.11 特征图训练的其他例子

有时，特征图无法与输入空间的拓扑结构充分匹配。这种情况通常发生在网络的两个部分分别拟合了输入空间的两个独立区域的拓扑结构，却在两个部分之间形成了一个扭曲。图 15.12 给出了一个例子。

这种扭曲现象不大可能消除，因为网络的两端已经形成了对不同区域的稳定分类。

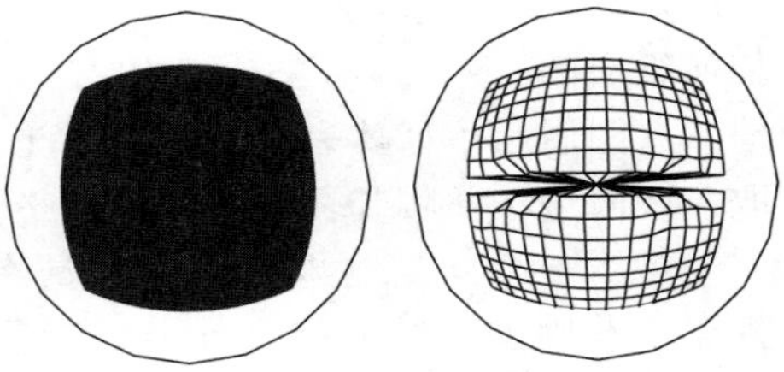

图 15.12 带扭曲的特征图

改进特征图

到目前为止，我们仅讨论了训练特征图的最基本算法。现在考虑几种能够加速自组织过程并使其更可靠的技术。

一种改进特征图性能的方法是在训练过程中改变邻域的大小。初始时，设置较大的邻域半径 d，随着训练的进行，逐渐减小 d，直到邻域只包括竞争获胜的神经元。这种方法能加速网络的自组织，而且使得网络中出现扭曲现象的可能性极小。

学习率也可以随着时间变化。初始时，值为 1 的学习率可使神经元快速学习到输入向
15-15 量。在训练过程中，学习率逐渐降至 0，使得学习变得稳定(本章的前面部分讨论过将这种技术应用于竞争层)。

另外一种加快自组织的方法是让获胜神经元使用比邻居神经元更大的学习率。

最后，竞争层和特征图也常常采用其他方式的净输入。除了使用内积外，它们还可直接计算输入向量与标准向量之间的距离作为网络输入。这种方式的优点是无须对输入向量进行归一化。下节的 LVQ 网络中将会介绍这种净输入。

作为使用 SOFM 进行聚类的实例研究，更多 SOFM 改进方法研究将在第 21 章介绍，其中包含学习规则的批量更新算法。

MATLAB 实验 使用 Neural Network Design Demonstration **1-D Feature Maps**(nnd16fm1)和 **2-D Feature Maps**(nnd16fm2)进行特征图网络的实验。

15.2.5 学习向量量化

本章介绍的最后一种网络是学习向量量化(LVQ)网络，如图 15.13 所示。LVQ 网络是一种混合型网络，它使用无监督和有监督学习来实现分类。

在 LVQ 网络中，第一层的每一个神经元都会被指定给一个类，常常会有多个神经元被指定给同一个类。每类又被指定给第二层的一个神经元。因此，第一层的神经元个数 S^1 与第二层神经元的个数 S^2 至少相同，并且通常会更大些。

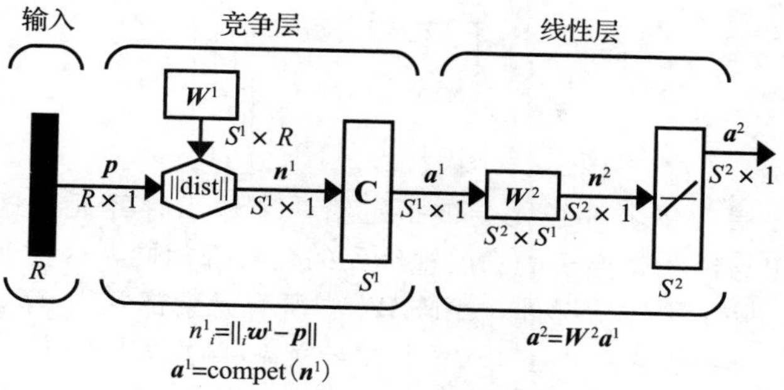

图 15.13　LVQ 网络

15-16

和竞争网络一样，LVQ 网络第一层的每一个神经元都学习一个标准向量，从而可以区分输入空间的一个区域。然而，在 LVQ 网络中我们通过直接计算输入和权值向量之间的距离来表示两者之间的相似度，而非计算内积。直接计算距离的一个优点是无须对输入向量归一化。当向量归一化之后，无论是使用内积还是直接计算距离的方法，网络的响应都是一样的。

LVQ 第一层的净输入为：

$$n_i^1 = -\|{}_i\boldsymbol{w}^1 - \boldsymbol{p}\| \tag{15.25}$$

以向量的形式可表示为：

$$\boldsymbol{n}^1 = -\begin{bmatrix} \|{}_1\boldsymbol{w}^1 - \boldsymbol{p}\| \\ \|{}_2\boldsymbol{w}^1 - \boldsymbol{p}\| \\ \vdots \\ \|{}_{S^1}\boldsymbol{w}^1 - \boldsymbol{p}\| \end{bmatrix} \tag{15.26}$$

LVQ 网络第一层的输出为：

$$\boldsymbol{a}^1 = \text{compet}(\boldsymbol{n}^1) \tag{15.27}$$

因此，与输入向量最接近的权值向量所对应的神经元的输出为 1，其他神经元的输出为 0。

至此，LVQ 网络与竞争网络的行为几乎完全相同(至少对归一化的输入向量而言)。两个网络的差异在于解释上。竞争网络中，非 0 输出的神经元指明输入向量所属的类。而 LVQ 网络中，获胜神经元表示的是一个子类(subclass)而非一个类，可能有多个不同的神经元(子类)组成一个类。

LVQ 网络的第二层使用权值矩阵 $\boldsymbol{W}^2$ 将多个子类组合成一个类。$\boldsymbol{W}^2$ 的列代表子类，而行代表类。$\boldsymbol{W}^2$ 的每列仅有一个元素为 1，其他的元素都设为 0。1 所在的行代表对应子类所属的类。

$$(w_{ki}^2 = 1) \Rightarrow \text{子类 } i \text{ 是类别 } k \text{ 的一部分} \tag{15.28}$$

这种将子类组合成一个类的过程使得 LVQ 网络可产生复杂的类边界。LVQ 网络突破了标准竞争层网络只能够形成凸决策区域的局限。 15-17

1. LVQ 学习

LVQ 网络的学习结合了竞争学习和有监督学习。正如所有的有监督学习算法一样，它需要一组带标记的数据样本：

$$\{\boldsymbol{p}_1, \boldsymbol{t}_1\}, \{\boldsymbol{p}_2, \boldsymbol{t}_2\}, \cdots, \{\boldsymbol{p}_Q, \boldsymbol{t}_Q\}$$

每一个目标向量中除一个元素为 1 外其他必须是 0。1 出现的行指明输入向量所属的类。例如，假设需要将一个三元向量分类到四个类中的第二类，可表示为：

$$\left\{\mathbf{p}_1=\begin{bmatrix}\sqrt{1/2}\\0\\\sqrt{1/2}\end{bmatrix},\mathbf{t}_1=\begin{bmatrix}0\\1\\0\\0\end{bmatrix}\right\} \tag{15.29}$$

在学习开始前，第一层的每个神经元会被指定给一个输出神经元，这就产生了矩阵 $\mathbf{W}^2$。通常，与每一个输出神经元相连接的隐层神经元的数量都相同，因此每个类都可以由相同数量的凸区域组成。除了下述情况外，矩阵 $\mathbf{W}^2$ 中所有元素都置为 0：

$$\text{如果隐层神经元 } i \text{ 被指定给类 } k\text{，则置 } w_{ki}^2=1 \tag{15.30}$$

$\mathbf{W}^2$ 一旦赋值，其值将不再改变。而隐层权值 $\mathbf{W}^1$ 则采用 Kohonen 规则的一种变化形式进行训练。

LVQ 的学习规则如下：在每次迭代中，将向量 $\mathbf{p}$ 输入网络并计算 p 与标准向量之间的距离；隐层神经元进行竞争，当神经元 i^* 竞争获胜时，将 $\mathbf{a}^1$ 的第 i^* 个元素设为 1；$\mathbf{a}^1$ 与 $\mathbf{W}^2$ 相乘得到最终输出 $\mathbf{a}^2$。$\mathbf{a}^2$ 仅含一个非 0 元素 k^*，表明输入 $\mathbf{p}$ 被归为类 k^*。

Kohonen 规则通过以下方式来改进 LVQ 网络的隐层。如果 $\mathbf{p}$ 被正确分类，则获胜神经元的权值 ${}_{i^*}\mathbf{w}^1$ 向 $\mathbf{p}$ 移动：

15-18
$$ {}_{i^*}\mathbf{w}1(q)={}_{i^*}\mathbf{w}^1(q-1)+\alpha(\mathbf{p}(q)-{}_{i^*}\mathbf{w}^1(q-1)),\quad a_{k^*}^2=t_{k^*}=1 \tag{15.31}$$

如果 $\mathbf{p}$ 没有被正确分类，那么我们知道错误的隐层神经元赢得了竞争，故移动权值 ${}_{i^*}\mathbf{w}^1$ 远离 $\mathbf{p}$：

$$ {}_{i^*}\mathbf{w}^1(q)={}_{i^*}\mathbf{w}^1(q-1)-\alpha(\mathbf{p}(q)-{}_{i^*}\mathbf{w}^1(q-1)),\quad a_{k^*}^2=1\neq t_{k^*}=0 \tag{15.32}$$

由此，每一个隐层神经元向落入其对应子类所形成的类的向量靠近，同时远离那些落入其他类中的向量。

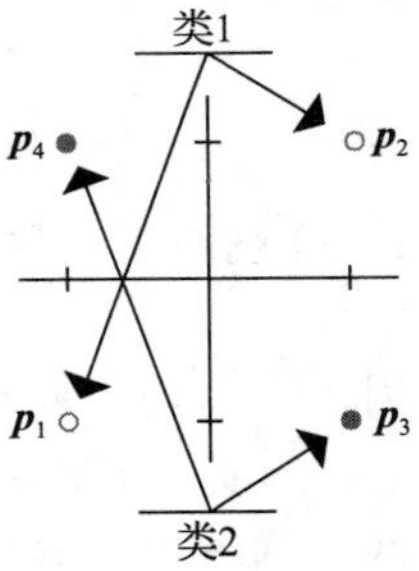

举例 让我们来看一个 LVQ 训练的例子。如右图所示，我们训练一个 LVQ 网络解决如下的分类问题：

$$\text{类 1}:\left\{\mathbf{p}_1=\begin{bmatrix}-1\\-1\end{bmatrix},\mathbf{p}_2=\begin{bmatrix}1\\1\end{bmatrix}\right\}$$
$$\text{类 2}:\left\{\mathbf{p}_3=\begin{bmatrix}1\\-1\end{bmatrix},=\mathbf{p}_4=\begin{bmatrix}-1\\1\end{bmatrix}\right\} \tag{15.33}$$

首先给每个输入指定一个目标向量：

$$\left\{\mathbf{p}_1=\begin{bmatrix}-1\\-1\end{bmatrix},\mathbf{t}_1=\begin{bmatrix}1\\0\end{bmatrix}\right\},\quad\left\{\mathbf{p}_2=\begin{bmatrix}1\\1\end{bmatrix},\mathbf{t}_2=\begin{bmatrix}1\\0\end{bmatrix}\right\} \tag{15.34}$$

$$\left\{\mathbf{p}_3=\begin{bmatrix}1\\-1\end{bmatrix}=,\mathbf{t}_3=\begin{bmatrix}0\\1\end{bmatrix}\right\},\quad\left\{\mathbf{p}_4=\begin{bmatrix}-1\\1\end{bmatrix},\mathbf{t}_4=\begin{bmatrix}0\\1\end{bmatrix}\right\} \tag{15.35}$$

下一步须决定这两个类的每个类由多少个子类组成。如果让每一个类由 2 个子类组成，则隐层有 4 个神经元。输出层的权值矩阵为：

$$\mathbf{W}^2=\begin{bmatrix}1&1&0&0\\0&0&1&1\end{bmatrix} \tag{15.36}$$

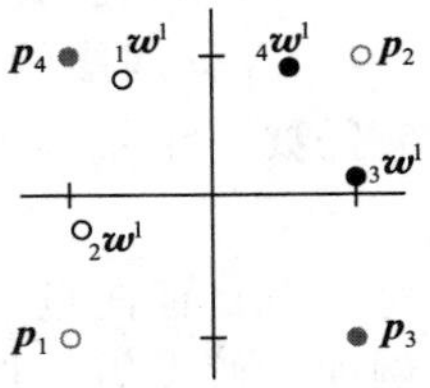

$\mathbf{W}^2$ 将隐层神经元 1 和 2 与输出神经元 1 相连，将隐层神经元 3 和 4 与输出神经元 2 相连。每个类将由 2 个凸区域组成。

$\mathbf{W}^1$ 的行向量被随机初始化。如右图所示，空心圆圈表示类 1 的 2 个神经元的权值向量，实心圆点则对应类 2。权值如下：

$$ {}_1\boldsymbol{w}^1=\begin{bmatrix}-0.543\\0.840\end{bmatrix},\quad {}_2\boldsymbol{w}^1=\begin{bmatrix}-0.969\\-0.249\end{bmatrix},\quad {}_3\boldsymbol{w}^1=\begin{bmatrix}0.997\\0.094\end{bmatrix},\quad {}_4\boldsymbol{w}^1=\begin{bmatrix}0.456\\0.954\end{bmatrix} \tag{15.37}$$ 15-19

训练过程中的每次迭代均会输入一个输入向量，获得其响应并调整权值。在本例中，将 $\boldsymbol{p}_3$ 作为第一个输入，得到：

$$\boldsymbol{a}^1=\text{compet}(\boldsymbol{n}^1)=\text{compet}\left(\begin{bmatrix}-\|{}_1\boldsymbol{w}^1-\boldsymbol{p}_3\|\\-\|{}_2\boldsymbol{w}^1-\boldsymbol{p}_3\|\\-\|{}_3\boldsymbol{w}^1-\boldsymbol{p}_3\|\\-\|{}_4\boldsymbol{w}^1-\boldsymbol{p}_3\|\end{bmatrix}\right)$$

$$=\text{compet}\left(\begin{bmatrix}-\|[-0.543\quad 0.840]^{\mathrm{T}}-[1\quad -1]^{\mathrm{T}}\|\\-\|[-0.969\quad -0.249]^{\mathrm{T}}-[1\quad -1]^{\mathrm{T}}\|\\-\|[0.997\quad 0.094]^{\mathrm{T}}-[1\quad -1]^{\mathrm{T}}\|\\-\|[0.456\quad 0.954]^{\mathrm{T}}-[1\quad -1]^{\mathrm{T}}\|\end{bmatrix}\right)=\text{compet}\left(\begin{bmatrix}-2.40\\-2.11\\-1.09\\-2.03\end{bmatrix}\right)=\begin{bmatrix}0\\0\\1\\0\end{bmatrix} \tag{15.38}$$

从上式可知，隐层的第 3 个神经元的权值向量与 $\boldsymbol{p}_3$ 最接近。为了确定该神经元属于哪个类，将 $\boldsymbol{a}^1$ 与 $\boldsymbol{W}^2$ 相乘得：

$$\boldsymbol{a}^2=\boldsymbol{W}^2\boldsymbol{a}^1=\begin{bmatrix}1&1&0&0\\0&0&1&1\end{bmatrix}\begin{bmatrix}0\\0\\1\\0\end{bmatrix}=\begin{bmatrix}0\\1\end{bmatrix} \tag{15.39}$$

该结果表明向量 $\boldsymbol{p}_3$ 属于类 2，这是正确的，于是更新 ${}_3\boldsymbol{w}^1$ 使其向 $\boldsymbol{p}_3$ 移动。

$$\begin{aligned}{}_3\boldsymbol{w}^1(1)&={}_3\boldsymbol{w}^1(0)+\alpha(\boldsymbol{p}_3-{}_3\boldsymbol{w}^1(0))\\&=\begin{bmatrix}0.997\\0.094\end{bmatrix}+0.5\left(\begin{bmatrix}1\\-1\end{bmatrix}-\begin{bmatrix}0.997\\0.094\end{bmatrix}\right)=\begin{bmatrix}0.998\\-0.453\end{bmatrix}\end{aligned} \tag{15.40}$$

图 15.14 中的左图显示了权值 ${}_3\boldsymbol{w}^1$ 在第一次迭代之后的更新结果，右图则是权值在整个算法收敛之后的结果。

图 15.14 中的右图还说明了输入空间区域是如何被分类的。图中，深灰色区域代表类 1，浅灰色区域则对应类 2。 15-20

2. 改进 LVQ 网络(LVQ2)

虽然前面讲述的 LVQ 网络能很好地解决许多问题，但仍存在一些局限。首先，和竞争网络一样，有时 LVQ 网络的隐层神经元的初始值会使它永远无法获胜，也就是一个毫无用处的死神经元。这个问题可以使用“良心”机制来解决。这个技术之前在竞争网络中讨论过，也可见习题 E15.4。

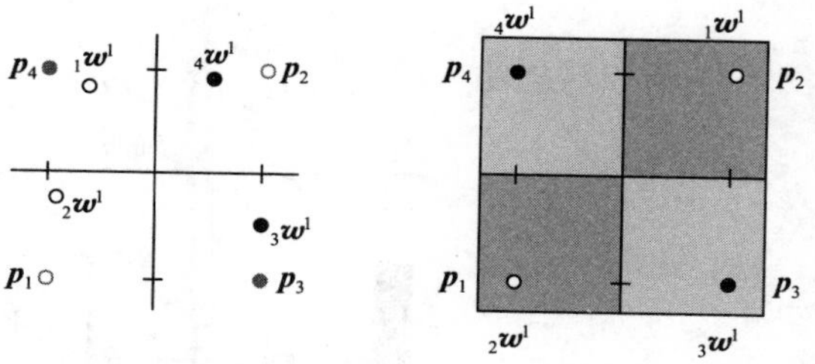

图 15.14　第一次和多次迭代之后

其次，权值向量初始值的设置可能导致某些神经元的权值向量不得不穿越一个它不代表的类的区域以到达它所代表的类的区域。由于这种神经元的权值将会被它必须要穿越的区域中的向量排斥，它可能无法通过，所以也就可能永远不能对吸引它的区域进行正确分类。上述问题通常通过对 Kohonen 规则做如下修改解决。

如果隐层中获胜的神经元错误地分类了一个输入，我们移动其权值向量远离输入向量，正如前面所做的一样。此外，还要调整将输入向量正确分类且与其最接近的神经元的权值向量，使其向输入向量靠近。

当网络正确地分类一个输入向量时，只有一个神经元的权值移向输入向量；而如果输入向量分类错误，则有两个神经元的权值被更新，使得一个权值向量远离输入向量，另一个移向输入向量。这就是 LVQ2 算法。

MATLAB 实验 使用 Neural Network Design Demonstration LVQ1 Networks(nnd16lv1)和
15-21 LVQ2 Networks(nnd16lv2)进行 LVQ 网络的实验。

15.3 小结

竞争层

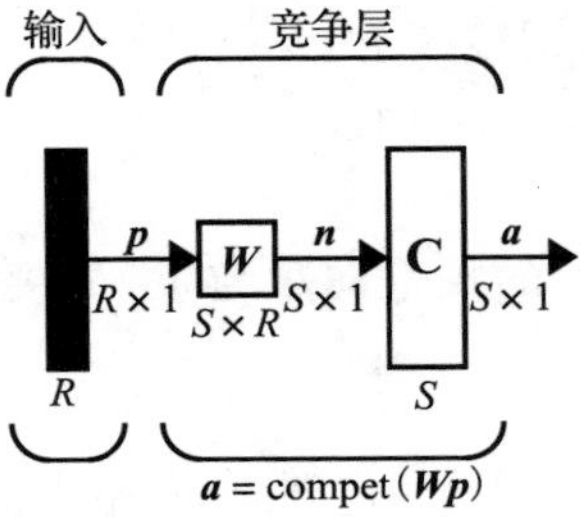

基于 Kohonen 规则的竞争学习

$$ {}_{i^*}\mathbf{w}(q) = {}_{i^*}\mathbf{w}(q-1) + \alpha(\mathbf{p}(q) - {}_{i^*}\mathbf{w}(q-1)) = (1-\alpha)\,{}_{i^*}\mathbf{w}(q-1) + \alpha\mathbf{p}(q) $$

$$ {}_{i}\mathbf{w}(q) = {}_{i}\mathbf{w}(q-1) \quad i \neq i^* $$

其中，i^* 代表获胜神经元。

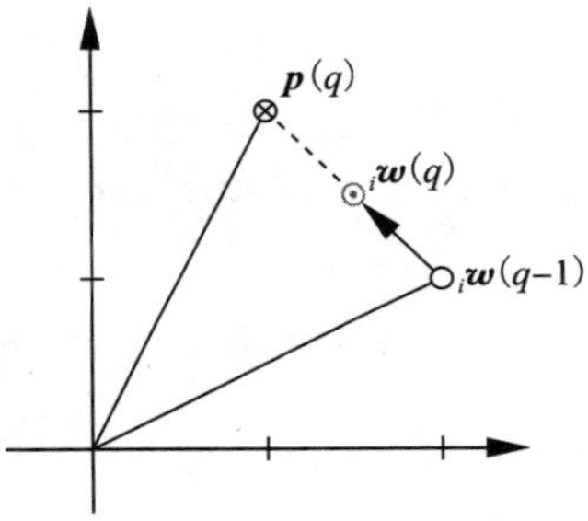

15-22

自组织特征图

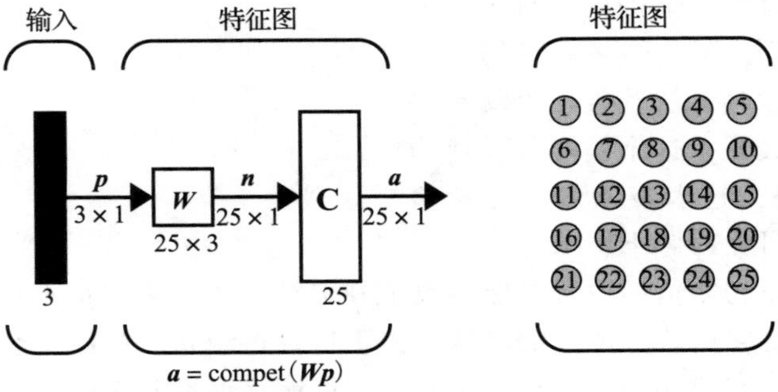

基于 Kohonen 规则的自组织算法

$$ \begin{aligned} {}_{i}\mathbf{w}(q) &= {}_{i}\mathbf{w}(q-1) + \alpha(\mathbf{p}(q) - {}_{i}\mathbf{w}(q-1)) \\ &= (1-\alpha)\,{}_{i}\mathbf{w}(q-1) + \alpha\mathbf{p}(q), \quad i \in N_{i^*}(d) \end{aligned} $$

$$N_i(d) = \{j, d_{ij} \leqslant d\}$$

LVQ 网络

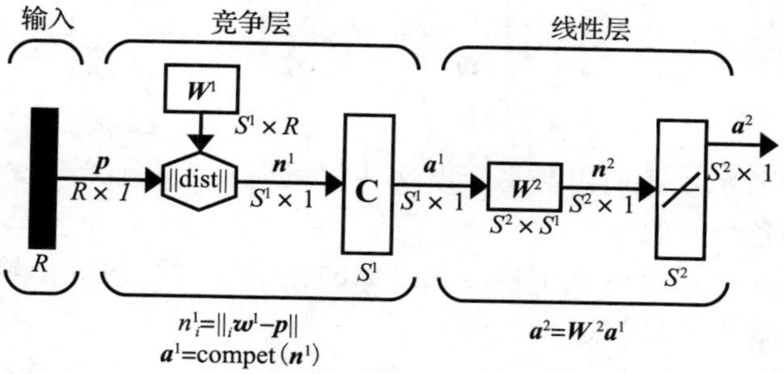

$$(w_{ki}^2 = 1) \Rightarrow \text{子类 } i \text{ 是类别 } k \text{ 的一部分}$$

基于 Kohonen 规则的 LVQ 网络学习

$${}_{i^*}\boldsymbol{w}^1(q) = {}_{i^*}\boldsymbol{w}^1(q-1) + \alpha(\boldsymbol{p}(q) - {}_{i^*}\boldsymbol{w}^1(q-1)), \quad a_{k^*}^2 = t_{k^*} = 1$$

$${}_{i^*}\boldsymbol{w}^1(q) = {}_{i^*}\boldsymbol{w}^1(q-1) - \alpha(\boldsymbol{p}(q) - {}_{i^*}\boldsymbol{w}^1(q-1)), \quad a_{k^*}^2 = 1 \neq t_{k^*} = 0$$ 15-23

15.4 例题

P15.1 图 P15.1 给出了几簇归一化的向量。

根据图 P15.2 所示的竞争网络模型设计其网络权值，使得该网络能以最少的神经元区分图 P15.1 中的向量。同时，画出所采用的权值以及不同类的区域之间的决策边界。

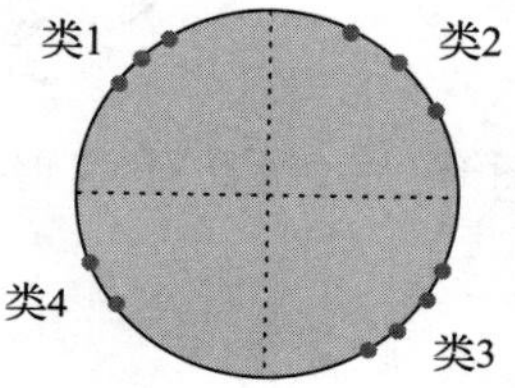

图 P15.1 例题 15.1 的输入向量簇

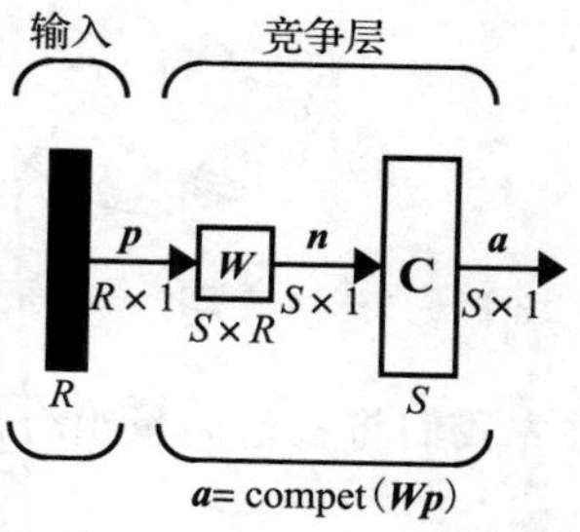

图 P15.2 例题 P15.1 的竞争网络

由于存在 4 个类，所以竞争层需要 4 个神经元。每个神经元的权值为该神经元所代表的类的标准向量，因此，我们将会为每个神经元选择距离大致处于簇中心的一个标准向量。

解 类 1、类 2、类 3 的中心分别在大约 45°倍数的方向。据此，如下 3 个权值向量已归一化(竞争层所要求的)并指向正确的方向：

$${}_1\boldsymbol{w} = \begin{bmatrix} -1/\sqrt{2} \\ 1/\sqrt{2} \end{bmatrix}, \quad {}_2\boldsymbol{w} = \begin{bmatrix} 1/\sqrt{2} \\ 1/\sqrt{2} \end{bmatrix}, \quad {}_3\boldsymbol{w} = \begin{bmatrix} 1/\sqrt{2} \\ -1/\sqrt{2} \end{bmatrix}$$ 15-24

第 4 个簇的中心距纵轴的距离大约是距横轴距离的 2 倍，其对应的归一化的权值向量为：

$${}_4\boldsymbol{w} = \begin{bmatrix} -2/\sqrt{5} \\ -1/\sqrt{5} \end{bmatrix}$$

竞争层的权值矩阵 **W** 就是转置后的标准向量所组成的矩阵：

$$\mathbf{W}=\begin{bmatrix}{}_1\mathbf{w}^{\mathrm T}\\{}_2\mathbf{w}^{\mathrm T}\\{}_3\mathbf{w}^{\mathrm T}\\{}_4\mathbf{w}^{\mathrm T}\end{bmatrix}=\begin{bmatrix}-1/\sqrt{2} & 1/\sqrt{2}\\ 1/\sqrt{2} & 1/\sqrt{2}\\ 1/\sqrt{2} & -1/\sqrt{2}\\ -2/\sqrt{5} & -1/\sqrt{5}\end{bmatrix}$$

如图 P15.3 所示，我们用箭头画出这些权值向量，并且等分相邻的权值向量之间的圆弧得到各个类的区域。

P15.2 图 P15.4 显示了一个由 3 个神经元组成的竞争层网络的 3 个输入向量和 3 个初始权值向量，输入向量为：

$$\mathbf{p}_1=\begin{bmatrix}-1\\0\end{bmatrix},\quad \mathbf{p}_2=\begin{bmatrix}0\\1\end{bmatrix},\quad \mathbf{p}_3=\begin{bmatrix}1/\sqrt{2}\\1/\sqrt{2}\end{bmatrix}$$

3 个权值向量的初始值为：

15-25 $${}_1\mathbf{w}=\begin{bmatrix}0\\-1\end{bmatrix},\quad {}_2\mathbf{w}=\begin{bmatrix}-2/\sqrt{5}\\1/\sqrt{5}\end{bmatrix},\quad {}_3\mathbf{w}=\begin{bmatrix}-1/\sqrt{5}\\2/\sqrt{5}\end{bmatrix}$$

计算使用 Kohonen 规则训练后竞争层网络的权值，学习率 $\alpha=0.5$，输入序列为：

$$\mathbf{p}_1,\mathbf{p}_2,\mathbf{p}_3,\mathbf{p}_1,\mathbf{p}_2,\mathbf{p}_3$$

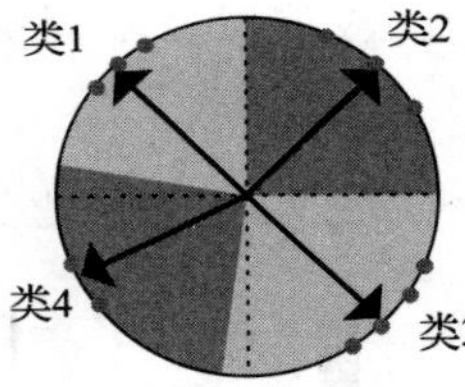

图 P15.3 例题 P15.1 的最终分类结果

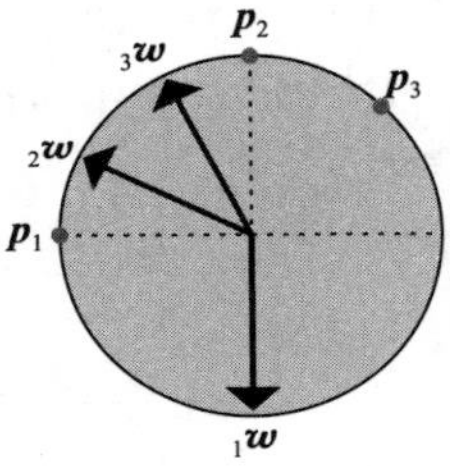

图 P15.4 例题 P15.2 的输入向量和初始权值

解 首先我们将权值向量组合成权值矩阵 **W**

$$\mathbf{W}=\begin{bmatrix}0 & -1\\ -2/\sqrt{5} & 1/\sqrt{5}\\ -1/\sqrt{5} & 2/\sqrt{5}\end{bmatrix}$$

然后，输入第一个向量 $\mathbf{p}_1$

$$\mathbf{a}=\mathrm{compet}(\mathbf{W}\mathbf{p}_1)=\mathrm{compet}\left(\begin{bmatrix}0 & -1\\ -2/\sqrt{5} & 1/\sqrt{5}\\ -1/\sqrt{5} & 2/\sqrt{5}\end{bmatrix}\begin{bmatrix}-1\\0\end{bmatrix}\right)=\mathrm{compe}\left(\begin{bmatrix}0\\0.894\\0.447\end{bmatrix}\right)=\begin{bmatrix}0\\1\\0\end{bmatrix}$$

因为 ${}_2\mathbf{w}$ 与 $\mathbf{p}_1$ 最接近，所以第 2 个神经元产生响应。因此，使用 Kohonen 规则更新 ${}_2\mathbf{w}$：

$${}_2\mathbf{w}^{\mathrm{new}}={}_2\mathbf{w}^{\mathrm{old}}+\alpha(\mathbf{p}_1-{}_2\mathbf{w}^{\mathrm{old}})=\begin{bmatrix}-2/\sqrt{5}\\1/\sqrt{5}\end{bmatrix}+0.5\left(\begin{bmatrix}-1\\0\end{bmatrix}-\begin{bmatrix}-2/\sqrt{5}\\1/\sqrt{5}\end{bmatrix}\right)=\begin{bmatrix}-0.947\\0.224\end{bmatrix}$$

如右图所示，更新后的$_2\boldsymbol{w}$ 向 $\boldsymbol{p}_1$ 靠近。对 $\boldsymbol{p}_2$ 重复上述过程： 15-26

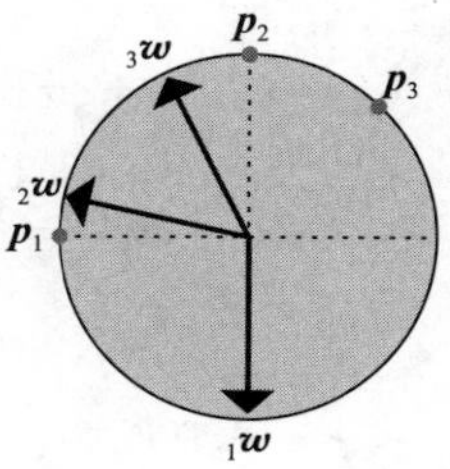

$$\boldsymbol{a}=\text{compet}(\boldsymbol{W}\boldsymbol{p}_2)=\text{compet}\left(\begin{bmatrix}0 & -1\\ -0.947 & 0.224\\ -1/\sqrt{5} & 2/\sqrt{5}\end{bmatrix}\begin{bmatrix}0\\1\end{bmatrix}\right)$$

$$=\text{compet}\left(\begin{bmatrix}-1\\0.224\\0.894\end{bmatrix}\right)=\begin{bmatrix}0\\0\\1\end{bmatrix}$$

第 3 个神经元获胜，因此使其权值向 $\boldsymbol{p}_2$ 移动：

$$_3\boldsymbol{w}^{\text{new}}={}_3\boldsymbol{w}^{\text{old}}+\alpha(\boldsymbol{p}_2-{}_3\boldsymbol{w}^{\text{old}})=\begin{bmatrix}-1/\sqrt{5}\\2/\sqrt{5}\end{bmatrix}+0.5\left(\begin{bmatrix}0\\1\end{bmatrix}-\begin{bmatrix}-1/\sqrt{5}\\2/\sqrt{5}\end{bmatrix}\right)=\begin{bmatrix}-0.224\\0.947\end{bmatrix}$$

现在输入 $\boldsymbol{p}_3$：

$$\boldsymbol{a}=\text{compet}(\boldsymbol{W}\boldsymbol{p}_3)=\text{compet}\left(\begin{bmatrix}0 & -1\\ -0.947 & 0.224\\ -0.224 & 0.947\end{bmatrix}\begin{bmatrix}1/\sqrt{2}\\1/\sqrt{2}\end{bmatrix}\right)$$

$$=\text{compet}\left(\begin{bmatrix}-0.707\\-0.512\\0.512\end{bmatrix}\right)=\begin{bmatrix}0\\0\\1\end{bmatrix}$$

第 3 个神经元再次获胜：

$$_3\boldsymbol{w}^{\text{new}}={}_3\boldsymbol{w}^{\text{old}}+\alpha(\boldsymbol{p}_2-{}_3\boldsymbol{w}^{\text{old}})=\begin{bmatrix}-0.224\\0.947\end{bmatrix}+0.5\left(\begin{bmatrix}1/\sqrt{2}\\1/\sqrt{2}\end{bmatrix}-\begin{bmatrix}-0.224\\0.947\end{bmatrix}\right)=\begin{bmatrix}0.2417\\0.8272\end{bmatrix}$$

将 $\boldsymbol{p}_1$ 至 $\boldsymbol{p}_3$ 再输入一次，第 2 个神经元将会再获胜一次，第 3 个神经元将获胜两次。如右图所示，最终的权值为：

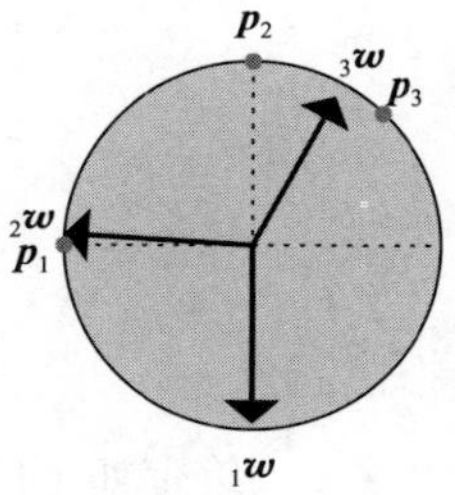

$$\boldsymbol{W}=\begin{bmatrix}0 & -1\\ -0.947 & 0.118\\ 0.414 & 0.8103\end{bmatrix}$$

需要注意的是，$_2\boldsymbol{w}$ 几乎已经学会了 $\boldsymbol{p}_1$，而$_3\boldsymbol{w}$ 位于 $\boldsymbol{p}_2$ 与 $\boldsymbol{p}_3$ 之间。另一个权值向量$_1\boldsymbol{w}$ 从未被更新过。第 1 个神经元从未在竞争中获胜过，是一个“死”神经元。

P15.3 考虑图 P15.5 所示的输入向量和初始权值。使用 Kohonen 规则训练竞争网络分类这些向量，学习率为 0.5。当所有输入向量按照所示顺序输入一次之后，画出权值的位置。 15-27

解 这个问题可以通过作图的方式解决而不需任何计算。结果见图 P15.6。

首先输入向量 $\boldsymbol{p}_1$，权值向量$_1\boldsymbol{w}$ 距离 $\boldsymbol{p}_1$ 最近，因此神经元 1 获胜从而使得$_1\boldsymbol{w}$ 向 $\boldsymbol{p}_1$ 移动一半的距离(因为 $\alpha=0.5$)。接下来，输入向量 $\boldsymbol{p}_2$，神经元 1 再次获胜。$_1\boldsymbol{w}$ 再向 $\boldsymbol{p}_2$ 移动一半的距离。前两次迭代中，$_2\boldsymbol{w}$ 没有发生改变。

第三次迭代时，输入向量 $\boldsymbol{p}_3$，$_2\boldsymbol{w}$ 竞争获胜并向 $\boldsymbol{p}_3$ 移动。第四次迭代时，输入向量 $\boldsymbol{p}_4$，神经元 2 再次获胜，权值向量$_2\boldsymbol{w}$ 向 $\boldsymbol{p}_4$ 移动一半距离。

如果我们继续训练网络，神经元 1 将会把输入向量 $\boldsymbol{p}_1$ 和 $\boldsymbol{p}_2$ 归为一类，而神经元 2 则将输入向量 $\boldsymbol{p}_3$ 和 $\boldsymbol{p}_4$ 归为一类。如果输入向量的输入顺序不同，那么最后的分类结果是否也将不同？

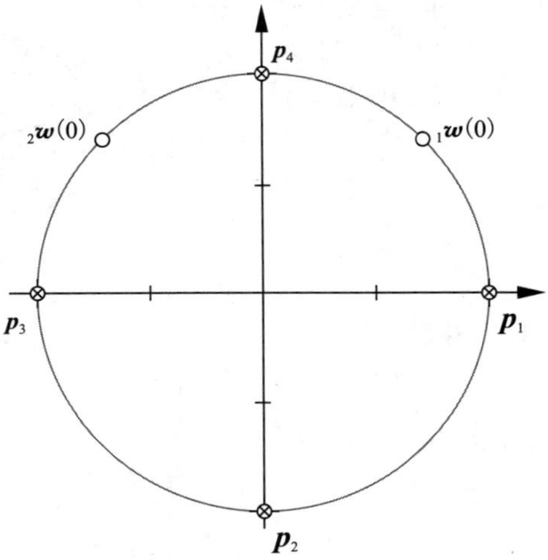

图 P15.5 例题 P15.3 的输入向量和初始权值

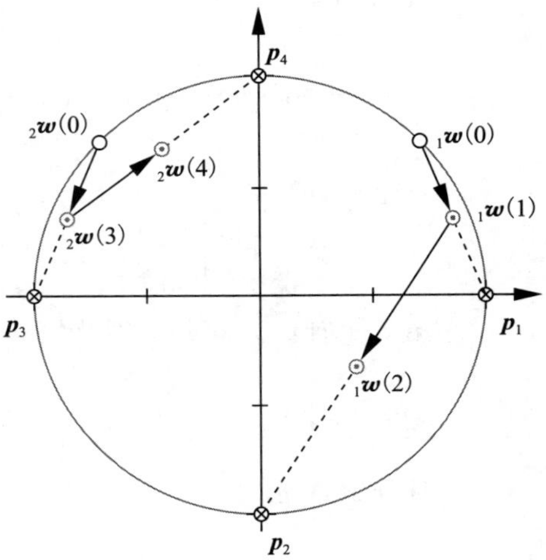

图 P15.6 例题 P15.3 的解答

P15.4 到目前为止，本章中我们仅讨论了特征图网络的神经元是二维排列的情况。图 P15.7 所示的特征图包含 9 个排列成一维的神经元。

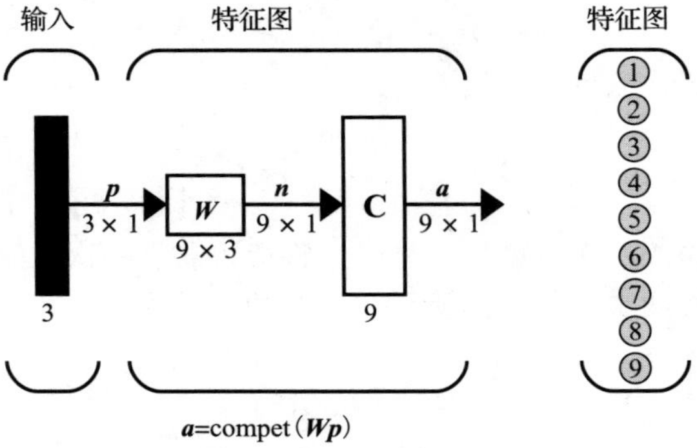

图 P15.7 9 个神经元的特征图

给定如下的初始权值，画出权值向量图，且将相邻神经元的权值向量用线连接起来。

$$\mathbf{W} = \begin{bmatrix} 0.41 & 0.45 & 0.41 & 0 & 0 & 0 & -0.41 & -0.45 & -0.41 \\ 0.41 & 0 & -0.41 & 0.45 & 0 & -0.45 & 0.41 & 0 & -0.41 \\ 0.82 & 0.89 & 0.82 & 0.89 & 1 & 0.89 & 0.82 & 0.89 & 0.82 \end{bmatrix}^{\mathrm{T}}$$

15-28 ~ 15-29

使用如下的向量迭代一次来训练特征图，其中学习率为 0.1，邻域半径为 1。重新绘制新权值矩阵的图。

$$\boldsymbol{p} = \begin{bmatrix} 0.67 \\ 0.07 \\ 0.74 \end{bmatrix}$$

初始权值的特征图如图 P15.8 所示：

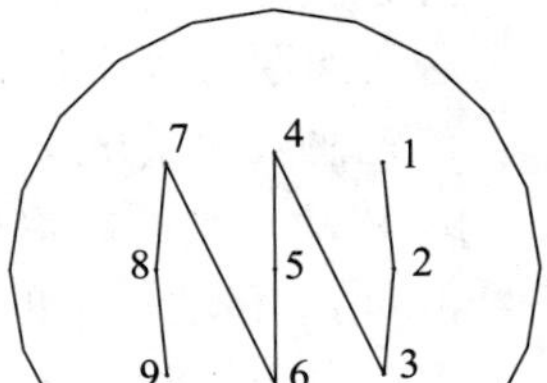

图 P15.8 原始的特征图

解 输入 $\boldsymbol{p}$ 后，开始更新网络。

$$\boldsymbol{a} = \text{compet}(\boldsymbol{Wp})$$

$$= \text{compet}\left(\begin{bmatrix} 0.41 & 0.45 & 0.41 & 0 & 0 & 0 & -0.41 & -0.45 & -0.41 \\ 0.41 & 0 & -0.41 & 0.45 & 0 & -0.45 & 0.41 & 0 & -0.41 \\ 0.82 & 0.89 & 0.82 & 0.89 & 1 & 0.89 & 0.82 & 0.89 & 0.82 \end{bmatrix}^{T} \begin{bmatrix} 0.67 \\ 0.07 \\ 0.74 \end{bmatrix}\right)$$

$$= \text{compet}([0.91 \quad 0.96 \quad 0.85 \quad 0.70 \quad 0.74 \quad 0.63 \quad 0.36 \quad 0.36 \quad 0.3]^{T})$$

$$= [0 \quad 1 \quad 0 \quad 0 \quad 0 \quad 0 \quad 0 \quad 0 \quad 0]^{T}$$

第 2 个神经元竞争获胜。参照网络图，可知第 2 个神经元的半径为 1 的邻域包括神经元 1 和 3，故须使用 Kohonen 规则更新它们的权值。 15-30

$${}_{1}\boldsymbol{w}(1) = {}_{1}\boldsymbol{w}(0) + \alpha(\boldsymbol{p} - {}_{1}\boldsymbol{w}(0)) = \begin{bmatrix} 0.41 \\ 0.41 \\ 0.82 \end{bmatrix} + 0.1\left(\begin{bmatrix} 0.67 \\ 0.07 \\ 0.74 \end{bmatrix} - \begin{bmatrix} 0.41 \\ 0.41 \\ 0.82 \end{bmatrix}\right) = \begin{bmatrix} 0.43 \\ 0.37 \\ 0.81 \end{bmatrix}$$

$${}_{2}\boldsymbol{w}(1) = {}_{2}\boldsymbol{w}(0) + \alpha(\boldsymbol{p} - {}_{2}\boldsymbol{w}(0)) = \begin{bmatrix} 0.45 \\ 0 \\ 0.89 \end{bmatrix} + 0.1\left(\begin{bmatrix} 0.67 \\ 0.07 \\ 0.74 \end{bmatrix} - \begin{bmatrix} 0.45 \\ 0 \\ 0.89 \end{bmatrix}\right) = \begin{bmatrix} 0.47 \\ 0.01 \\ 0.88 \end{bmatrix}$$

$${}_{3}\boldsymbol{w}(1) = {}_{3}\boldsymbol{w}(0) + \alpha(\boldsymbol{p} - {}_{3}\boldsymbol{w}(0)) = \begin{bmatrix} 0.41 \\ -0.41 \\ 0.82 \end{bmatrix} + 0.1\left(\begin{bmatrix} 0.67 \\ 0.07 \\ 0.74 \end{bmatrix} - \begin{bmatrix} 0.41 \\ -0.41 \\ 0.82 \end{bmatrix}\right) = \begin{bmatrix} 0.43 \\ -0.36 \\ 0.81 \end{bmatrix}$$

图 P15.9 给出了权值更新后的特征图。

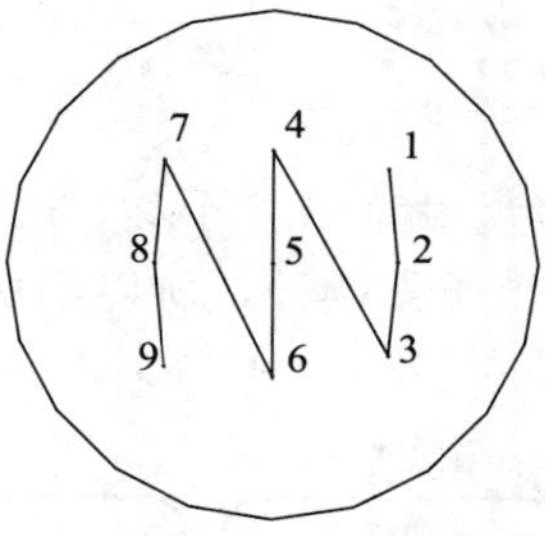

图 P15.9 更新后的特征图

P15.5 给定如图 P15.10 所示的 LVQ 网络及如下权值，画出输入空间中构成每个类的区域。

$$\boldsymbol{W}^{1} = \begin{bmatrix} 0 & 0 \\ 1 & -1 \\ 1 & 1 \\ -1 & 1 \\ -1 & -1 \end{bmatrix}, \quad \boldsymbol{W}^{2} = \begin{bmatrix} 1 & 0 & 0 & 0 & 0 \\ 0 & 1 & 0 & 0 & 0 \\ 0 & 0 & 1 & 1 & 1 \end{bmatrix}$$ 15-31

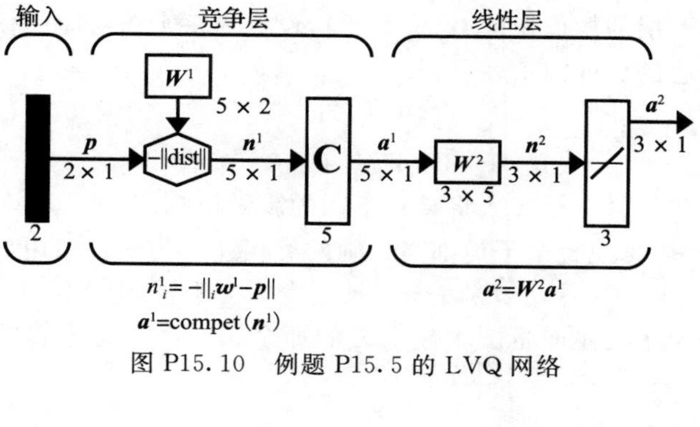

图 P15.10 例题 P15.5 的 LVQ 网络

解　我们根据 W^2 中第 i 列的非零元素所对应索引 k（表示类别）来标记 W^1 中的每个向量 ${}_i w$，可得图 P15.11。

在每对属于不同类的标准向量间划线，该连线的垂直等分线即为类的决策边界。图 P15.12 中，每个凸区域按其最接近的权值向量着色。

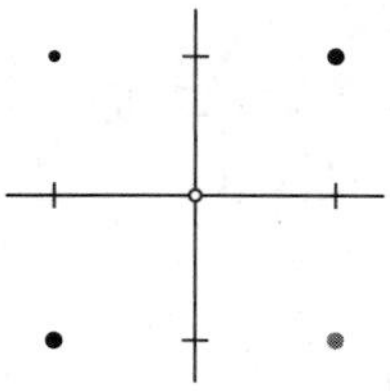

15-32　图 P15.11　带类标记的标准向量

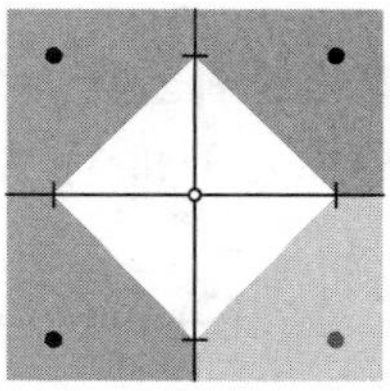

图 P15.12　类区域和决策边界

P15.6　设计一个 LVQ 网络求解图 P15.13 所示的分类问题。根据图中向量的颜色，将其分为 3 类，并画出每个类的区域。

解　首先，我们注意到由于 LVQ 网络是直接计算向量之间的距离，而不是使用内积，因此可以分类图中没有被归一化的向量。

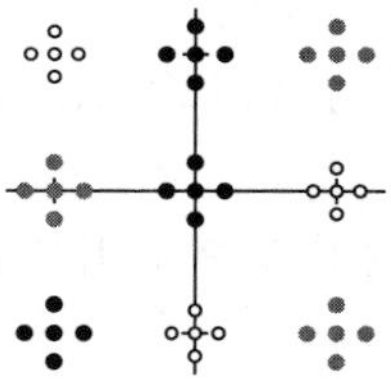

图 P15.13　分类问题

接下来分别为每种颜色指定一个类：

- 白色的点属于第 1 类。
- 黑色的点属于第 2 类。
- 灰色的点属于第 3 类。

现在选择 LVQ 网络的维度。由于有 3 个类，所以 LVQ 网络的输出层须有 3 个神经元。又因为数据包含 9 个子类（簇），所以隐层有 9 个神经元。得到的网络如图 P15.14 所示。

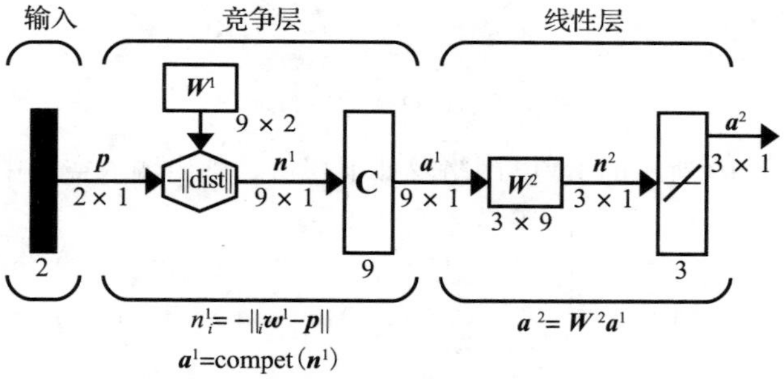

15-33　图 P15.14　例题 P15.6 的 LVQ 网络

现在设计第一层的权值矩阵 W^1。每一行设置为每个簇对应的标准向量的转置。选择每个簇中心的标准向量，可得：

$$W^1 = \begin{bmatrix} -1 & 0 & 1 & -1 & 0 & 1 & -1 & 0 & 1 \\ 1 & 1 & 1 & 0 & 0 & 0 & -1 & -1 & -1 \end{bmatrix}^T$$

此时，第一层的每个神经元将会对不同的簇做出响应。

接下来选择 W^2，使每个子类都与正确的类相连。为此，使用如下规则：

如果子类 i 属于类 k，则令 $w^2_{ki} = 1$

例如，第一个子类是向量图中左上方的那个簇，由于这个簇的颜色是白色的，故其属于第 1 类，所以设置$w_{1,1}^2$为 1。

当 9 个子类都完成了上述的操作后，可得到如下权值：

$$\boldsymbol{W}^2 = \begin{bmatrix} 1 & 0 & 0 & 0 & 0 & 1 & 0 & 1 & 0 \\ 0 & 1 & 0 & 0 & 1 & 0 & 1 & 0 & 0 \\ 0 & 0 & 1 & 1 & 0 & 0 & 0 & 0 & 1 \end{bmatrix}$$

可通过输入向量来测试设计好的网络。例如，计算$p=(10)^{\mathrm{T}}$ 的第一层输出：

$$\boldsymbol{a}^1 = \text{compet}(\boldsymbol{n}^1) = \text{compet}\left(\begin{bmatrix} -\sqrt{5} \\ -\sqrt{2} \\ -1 \\ -2 \\ -1 \\ 0 \\ -\sqrt{5} \\ -\sqrt{2} \\ -1 \end{bmatrix}\right) = \begin{bmatrix} 0 \\ 0 \\ 0 \\ 0 \\ 0 \\ 1 \\ 0 \\ 0 \\ 0 \end{bmatrix}$$

结果表明该输入向量属于第 6 个子类。再看第二层的输出结果： 15-34

$$\boldsymbol{a}^2 = \boldsymbol{W}^2\boldsymbol{a}^1 = \begin{bmatrix} 1 & 0 & 0 & 0 & 0 & 1 & 0 & 1 & 0 \\ 0 & 1 & 0 & 0 & 1 & 0 & 1 & 0 & 0 \\ 0 & 0 & 1 & 1 & 0 & 0 & 0 & 0 & 1 \end{bmatrix}\begin{bmatrix} 0 \\ 0 \\ 0 \\ 0 \\ 0 \\ 1 \\ 0 \\ 0 \\ 0 \end{bmatrix} = \begin{bmatrix} 1 \\ 0 \\ 0 \end{bmatrix}$$

该结果表明该向量属于第 1 类，与实际一致。类区域和决策边界如图 P15.15 所示。

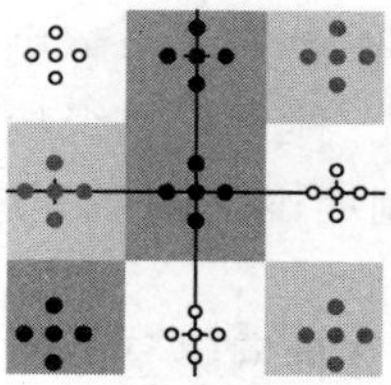

图 P15.15 类区域和决策边界

P15.7 竞争层和特征图都要求输入向量是归一化的，但若数据并未被归一化，那结果又是怎样的呢？

处理这种数据的一种方法就是简单地在将其输入网络之前进行归一化。但这种做的缺点是向量的大小信息(可能是很重要的)丢失了。

另一种解决方法是把计算净输入时通常用到的内积表达式

$$\boldsymbol{a} = \text{compet}(\boldsymbol{W}\boldsymbol{p})$$

替换为直接计算距离

$$n_i = -\|{}_i\boldsymbol{w} - \boldsymbol{p}\|, \quad \boldsymbol{a} = \text{compet}(\boldsymbol{n})$$

正如 LVQ 网络做的那样。这种做法不仅有效，而且还保留了向量的大小信息。

此外，还有第三种解决方法，那就是先对每个输入向量附加一个元素——常量 1 后，再进行归一化。那么归一化后该元素的变化就能保留向量的大小信息。 15-35

使用最后一种方法来归一化如下的向量：

$$\boldsymbol{p}_1=\begin{bmatrix}1\\1\end{bmatrix},\quad \boldsymbol{p}_2=\begin{bmatrix}0\\1\end{bmatrix},\quad \boldsymbol{p}_3=\begin{bmatrix}0\\0\end{bmatrix}$$

解 首先给每个向量添加一个值为 1 的元素：

$$\boldsymbol{p}_1'=\begin{bmatrix}1\\1\\1\end{bmatrix},\quad \boldsymbol{p}_2'=\begin{bmatrix}0\\1\\1\end{bmatrix},\quad \boldsymbol{p}_3'=\begin{bmatrix}0\\0\\1\end{bmatrix}$$

然后归一化每个向量：

$$\boldsymbol{p}_1''=\begin{bmatrix}1\\1\\1\end{bmatrix}\Bigg/\left\|\begin{bmatrix}1\\1\\1\end{bmatrix}\right\|=\begin{bmatrix}1/\sqrt{3}\\1/\sqrt{3}\\1/\sqrt{3}\end{bmatrix}$$

$$\boldsymbol{p}_2''=\begin{bmatrix}0\\1\\1\end{bmatrix}\Bigg/\left\|\begin{bmatrix}0\\1\\1\end{bmatrix}\right\|=\begin{bmatrix}0\\1/\sqrt{2}\\1/\sqrt{2}\end{bmatrix}$$

$$\boldsymbol{p}_3''=\begin{bmatrix}0\\0\\1\end{bmatrix}\Bigg/\left\|\begin{bmatrix}0\\0\\1\end{bmatrix}\right\|=\begin{bmatrix}0\\0\\1\end{bmatrix}$$

现在每个向量的第三个元素包含了原来向量的大小信息，它等于原来向量大小的
15-36 倒数。

15.5 结束语

本章我们介绍了如何将 instar 联想学习规则与竞争网络结合起来(与第 3 章的 Hamming 网络相似)，从而产生强大的自组织网络。通过将竞争和 instar 规则结合，网络学习到的每个标准向量成为输入向量的一个特定类的代表，从而使得竞争网络能将输入空间分为不同的类，其中每个类由一个标准向量(权值矩阵的行)表示。

本章讨论了由 Tuevo Kohonen 提出的三种网络。第一种是标准的竞争层网络，其简单的操作使其成为解决许多问题的实用网络。

第二种是自组织特征图。它与竞争层网络非常相似，但是更接近于生物学中加强中心/抑制周围的网络。这样，网络不仅能够实现对输入向量分类，还能学习输入空间的拓扑结构。

第三种网络是 LVQ 网络，同时使用无监督和有监督学习来识别簇。它通过第二层将多个凸区域组合在一起，可以形成任意形状的类。LVQ 网络甚至可以经过训练而识别由多个不连接区域构成的类。

第 17 章将介绍一些训练竞争网络的实用技巧，第 21 章将研究一个使用自组织特征图
15-37 解决真实世界中聚类问题的实例。

15.6 扩展阅读

[**FrSk91**] J. Freeman and D. Skapura, Neural Networks: Algorithms, Applications, and Programming Techniques, Reading, MA: Addison-Wesley, 1991.

这本书包含了一些神经网络算法的代码段，以明晰网络细节。

[**Koho87**] T. Kohonen, Self-Organization and Associative Memory, 2nd Ed., Berlin：Springer-Verlag，1987.

Kohonen 在这本书中介绍了 Kohonen 规则和几种使用该规则的网络。书中还提供了线性联想模型的完整分析，并且给出了很多扩展和例子。

[**Hech90**] R. Hecht-Nielsen，Neurocomputing，Reading，MA：Addison-Wesley，1990.

这本书的一个章节介绍了竞争学习的历史和其中的数学。

[**RuMc86**] D. Rumelhart，J. McClelland et al.，Parallel Distributed Processing，vol. 1，Cambridge，MA：MIT Press，1986.

这套两卷集著作是神经网络的经典文献。第一卷中的一章描述了竞争层网络及其是如何学会检测特征的。 15-38

15.7 习题

E15.1 假设 Hamming 网络第二层的权值矩阵为：

$$\mathbf{W}^2 = \begin{bmatrix} 1 & -\frac{3}{4} & -\frac{3}{4} \\ -\frac{3}{4} & 1 & -\frac{3}{4} \\ -\frac{3}{4} & -\frac{3}{4} & 1 \end{bmatrix}$$

这个矩阵不符合式(15.6)的条件，因为

$$\varepsilon = \frac{3}{4} > \frac{1}{S-1} = \frac{1}{2}$$

请给出第一层输出的一个例子，使得第二层不能正确运算。

E15.2 考虑图 E15.1 所示的输入向量和初始权值。

i. 画一个竞争网络，该网络能够将上图中的数据分类，从而使得三簇向量分别属于某一类。

ii. 用图表示出网络的训练过程，网络权值的初值如图所示，输入数据依次为

$$\mathbf{p}_1, \mathbf{p}_2, \mathbf{p}_3, \mathbf{p}_4$$

注意当多个神经元有相同净输入时，竞争传输函数会选择索引最小的神经元获胜。图 15.3 以图的形式介绍了 Kohonen 规则。

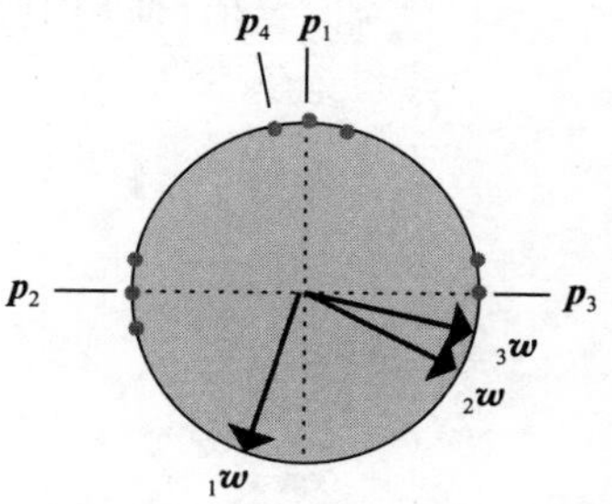

图 E15.1 簇数据向量 15-39

iii. 重新画图 E15.1，画出最终的权值向量和每一类的决策边界。

E15.3 使用如下输入训练竞争网络：

$$\mathbf{p}_1 = \begin{bmatrix} 1 \\ -1 \end{bmatrix}, \quad \mathbf{p}_2 = \begin{bmatrix} 1 \\ 1 \end{bmatrix}, \quad \mathbf{p}_3 = \begin{bmatrix} -1 \\ -1 \end{bmatrix}$$

i. 使用 Kohonen 学习规则训练网络，其中 $\alpha=0.5$。按上述顺序将数据输入一次后，图示结果。设初始权值矩阵为：

$$\mathbf{W} = \begin{bmatrix} \sqrt{2} & 0 \\ 0 & \sqrt{2} \end{bmatrix}$$

ii. 训练一遍后，这些输入模式是如何聚集的？(即哪些模式被归为同一类？)如果以不同的顺序提交输入数据，结果会改变吗？请给出解释。

iii. 用 $\alpha=0.25$ 重复问题 i，这一变化对训练有何影响？

E15.4 本章前面部分用“良心”一词表示一种技术，这种技术可以避免困扰竞争层和 LVQ 网络的“死”神经元问题。

那些离输入向量太远以至于无法竞争获胜的神经元，可以通过每次对获胜神经元使用自适应偏置而得到获胜的机会。每当神经元获胜一次，就增加其负偏置值。这样，经常获胜的神经元会感到“内疚”，直到其他神经元有机会获胜。

图 E15.2 给出了一个带偏置值的竞争网络。神经元 i 的偏置值 b_i 的学习规则是：

15-40
$$b_i^{\text{new}}=\begin{cases}0.9b_i^{\text{old}}, & i\neq i^*\\ b_i^{\text{old}}-0.2, & i=i^*\end{cases}$$

i. 检查图 E15.3 所示的向量，是否存在一种输入向量序列，使得 $_1w$ 能够赢得竞争并且移向其中一个输入向量？（注意：假设不使用自适应的偏置值。）

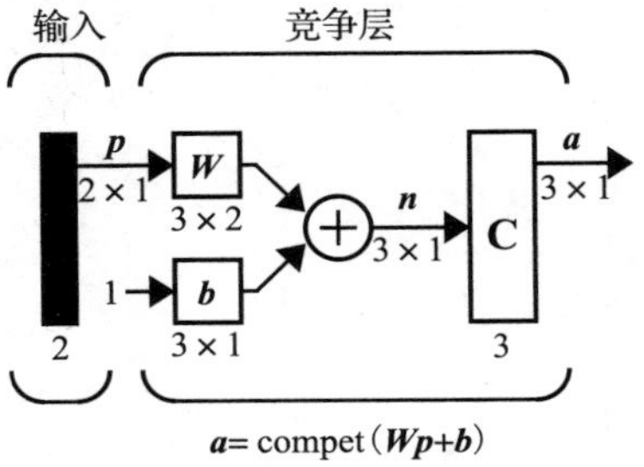

图 E15.2 具有偏置值的竞争层网络

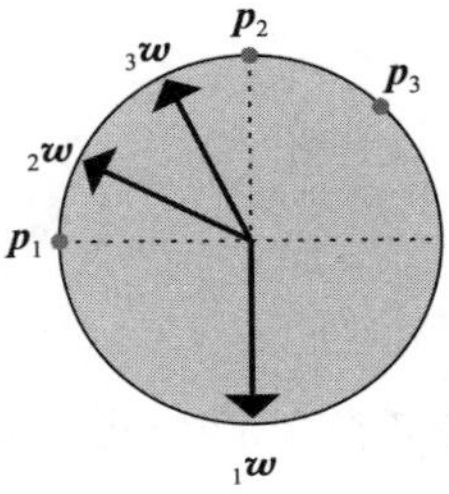

图 E15.3 输入向量和“死”神经元

ii. 给定如下的输入向量、初始化权值和偏置值，计算权值（使用 Kohonen 规则）和偏置值（使用上述偏置值规则）。重复如下输入向量序列，直到神经元 1 赢得竞争。

$$\mathbf{p}_1=\begin{bmatrix}-1\\0\end{bmatrix},\quad \mathbf{p}_2=\begin{bmatrix}0\\1\end{bmatrix},\quad \mathbf{p}_3=\begin{bmatrix}1/\sqrt{2}\\1/\sqrt{2}\end{bmatrix}$$

$${}_1\mathbf{w}=\begin{bmatrix}0\\-1\end{bmatrix},\quad {}_2\mathbf{w}=\begin{bmatrix}-2/\sqrt{5}\\-1/\sqrt{5}\end{bmatrix},\quad {}_3\mathbf{w}=\begin{bmatrix}-1/\sqrt{5}\\-2/\sqrt{5}\end{bmatrix}$$

$$b_1(0)=b_2(0)=b_3(0)=0$$

15-41 输入向量序列：$\mathbf{p}_1$，$\mathbf{p}_2$，$\mathbf{p}_3$，$\mathbf{p}_1$，$\mathbf{p}_2$，$\mathbf{p}_3$，…

iii. 需要经过多少次输入，$_1\mathbf{w}$ 才能赢得竞争？

E15.5 LVQ 网络的净输入表达式是直接计算输入与每一个权值向量的距离，而非内积，因此 LVQ 网络无须对输入向量归一化。这一技术也使得竞争层网络可分类没有归一化的向量。图 E15.4 所示的就是这样的一个网络。

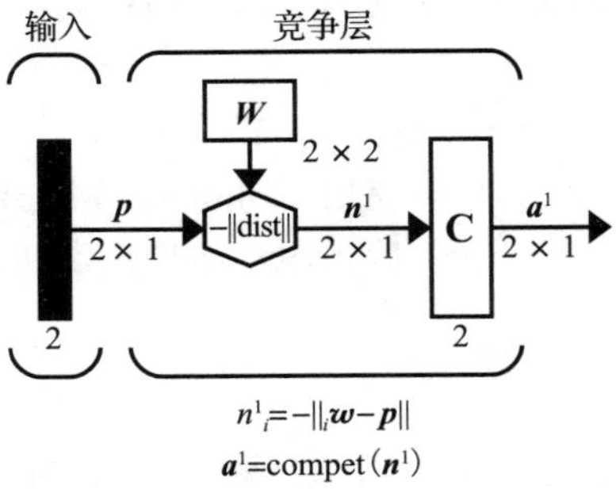

图 E15.4 替换净输入表达的竞争层网络

使用上述方法，利用如下没有归一化的向量训练一个含有 2 个神经元的竞争层，学习率 $\alpha=0.5$：

$$\mathbf{p}_1=\begin{bmatrix}1\\1\end{bmatrix},\quad \mathbf{p}_2=\begin{bmatrix}-1\\2\end{bmatrix},\quad \mathbf{p}_3=\begin{bmatrix}-2\\-2\end{bmatrix}$$

按照如下的顺序输入向量：

$$\boldsymbol{p}_1, \boldsymbol{p}_2, \boldsymbol{p}_3, \boldsymbol{p}_2, \boldsymbol{p}_3, \boldsymbol{p}_1$$

网络的初始化权值为：

$$_1\boldsymbol{w} = \begin{bmatrix} 0 \\ 1 \end{bmatrix}, \quad _2\boldsymbol{w} = \begin{bmatrix} 1 \\ 0 \end{bmatrix}$$

E15.6 使用如下所示的输入和初始权值重复习题 E15.5。以图的形式画出每一步的权值的移动。网络在进行大量迭代的训练后，这 3 个向量最终将如何聚类？ 15-42

$$\boldsymbol{p}_1 = \begin{bmatrix} 2 \\ 0 \end{bmatrix}, \quad \boldsymbol{p}_2 = \begin{bmatrix} 0 \\ 1 \end{bmatrix}, \quad \boldsymbol{p}_3 = \begin{bmatrix} 2 \\ 2 \end{bmatrix}$$

$$_1\boldsymbol{w} = \begin{bmatrix} 1 \\ 0 \end{bmatrix}, \quad _2\boldsymbol{w} = \begin{bmatrix} -1 \\ 0 \end{bmatrix}$$

E15.7 一个竞争学习问题的输入向量是：

$$\boldsymbol{p}_1 = \begin{bmatrix} 0 \\ 1 \end{bmatrix}, \quad \boldsymbol{p}_2 = \begin{bmatrix} 0 \\ 2 \end{bmatrix}, \quad \boldsymbol{p}_3 = \begin{bmatrix} 1 \\ 1 \end{bmatrix}, \quad \boldsymbol{p}_4 = \begin{bmatrix} 2 \\ 2 \end{bmatrix}$$

初始化权值矩阵为：

$$\boldsymbol{W} = \begin{bmatrix} 1 & -1 \\ -1 & 1 \end{bmatrix}$$

i. 使用 Kohonen 学习法则训练一个竞争网络，学习率 $\alpha=0.5$。(按照上述顺序将每个向量输入一次。)采用图 E15.4 所示的改进的竞争网络，它使用负的距离而非内积作为网络的净输入。

ii. 以图的形式给出问题 i 中 4 次迭代的每次结果，类似图 15.3 所示。

iii. 权值最终将会(近似地)收敛于何处？给出解释并近似地画出最终的决策边界。

E15.8 证明图 E15.4 所示的直接计算距离的改进的竞争网络与标准的使用内积的竞争网络在输入向量归一化之后会产生同样的结果。

E15.9 MATLAB 练习 设计一个分类器，将输入空间中如下定义的区间分为 5 类：

$$0 \leqslant p_1 \leqslant 1$$

i. 使用 MATLAB 在上述区域内按均匀分布随机生成 100 个值。

ii. 对每个数求平方使得数据不再呈均匀分布。

iii. 写一个 MATLAB 程序实现一个竞争层。该程序以平方后的数据作为输入，训练一个含有 5 个神经元的竞争层网络直到权值稳定。 15-43

iv. 竞争层的权值是如何分布的？权值的分布与输入数据的分布之间是否有联系？

E15.10 MATLAB 练习 设计一个分类器，将如下定义的方形区域分成 16 个面积大致相等的类：

$$0 \leqslant p_1 \leqslant 1, \quad 2 \leqslant p_2 \leqslant 3$$

i. 使用 MATLAB 在上述区域内随机生成 200 个向量。

ii. 写一个 MATLAB 程序实现一个基于 Kohonen 学习规则的竞争层。该网络和 LVQ 网络一样，通过直接计算输入与权值向量之间的距离来计算网络输入，从而不需对输入进行归一化。使用该程序训练一个竞争层对上述 200 个向量进行分类，尝试不同的学习率并比较性能。

iii. 写一个 MATLAB 程序实现 4×4 个神经元的二维特征图，并将其用于分类上述向量。同样，采用不同的学习率和邻域大小，并比较性能。

E15.11　训练如下所示的一维特征图(该特征图使用距离而非内积来计算净输入)：

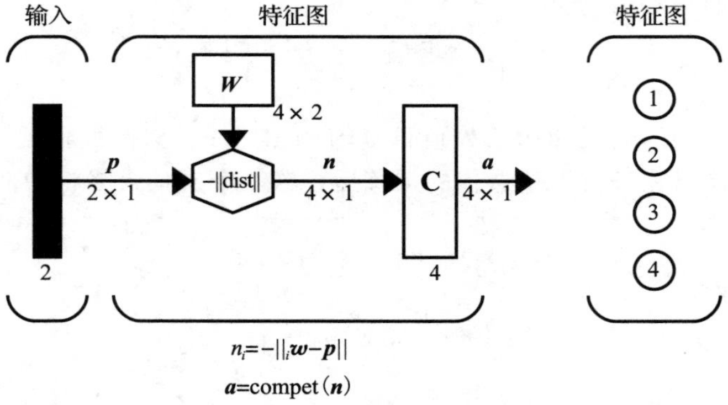

图 E15.5　习题 E15.11 用到的一维特征图

15-44　初始权值矩阵为 $\mathbf{W}(0)=\begin{bmatrix}2 & -1 & -1 & 1\\ 2 & 1 & -2 & 0\end{bmatrix}^{\mathrm{T}}$。

i. 请将初始权值向量以点的形式画出，相邻权值向量之间用线连接(和图 15.10 一样，区别在于这里是一个一维特征图)。

ii. 将如下所示的向量输入网络，以图的形式画出使用特征图学习规则执行一次迭代的过程。使用的邻域大小为 1，学习率为 $\alpha=0.5$。

$$\mathbf{p}_1=\begin{bmatrix}-2 & 0\end{bmatrix}^{\mathrm{T}}$$

iii. 将新的权值向量以点的形式画出，相邻权值向量之间用线连接。

E15.12　考虑如下使用距离代替内积计算净输入的特征图：

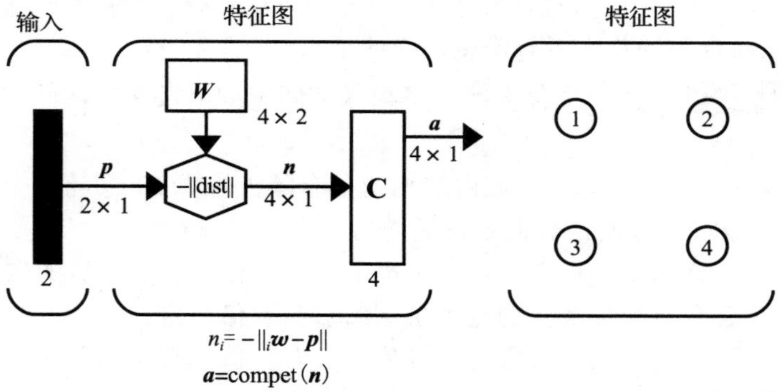

图 E15.6　习题 E15.12 用到的二维特征图

初始权值矩阵为：

$$\mathbf{W}=\begin{bmatrix}0 & 1 & 1 & 0\\ 0 & 0 & 1 & -1\end{bmatrix}^{\mathrm{T}}$$

i. 参照图 15.10 画出初始权值及其拓扑连接。

ii. 使用 $p=\begin{bmatrix}-1 & 1\end{bmatrix}^{\mathrm{T}}$ 作为网络输入，使用特征图学习规则执行一次迭代，学习率 $\alpha=0.5$，邻域半径为 1。

15-45　iii. 画出第一次迭代之后的权值及其拓扑连接。

E15.13　一个 LVQ 网络的权值如下：

$$\boldsymbol{W}^1 = \begin{bmatrix} 0 & 0 \\ 1 & 0 \\ -1 & 0 \\ 0 & 1 \\ 0 & -1 \end{bmatrix}, \quad \boldsymbol{W}^2 = \begin{bmatrix} 1 & 0 & 0 & 0 & 0 \\ 0 & 1 & 1 & 0 & 0 \\ 0 & 0 & 0 & 1 & 1 \end{bmatrix}$$

i. 该 LVQ 网络有多少个类？多少个子类？

ii. 画出第一层的权值向量和将输入空间分为子类的决策边界。

iii. 在每个子类区域上标明其所属类。

E15.14 设计一个 LVQ 网络，能根据如下的向量类别标记分类向量：

$$类\ 1:\left\{\begin{bmatrix} -1 \\ 1 \\ -1 \end{bmatrix}, \begin{bmatrix} 1 \\ -1 \\ -1 \end{bmatrix}\right\}, \quad 类\ 2:\left\{\begin{bmatrix} -1 \\ -1 \\ 1 \end{bmatrix} \begin{bmatrix} 1 \\ -1 \\ 1 \end{bmatrix}, \begin{bmatrix} 1 \\ 1 \\ -1 \end{bmatrix}\right\}, \quad 类\ 3:\left\{\begin{bmatrix} -1 \\ -1 \\ -1 \end{bmatrix}, \begin{bmatrix} -1 \\ 1 \\ 1 \end{bmatrix}\right\}$$

i. LVQ 网络的每一层需要多少个神经元？

ii. 给出第一层的权值。

iii. 给出第二层的权值。

iv. 至少用每个类中的一个向量测试网络。

E15.15 设计一个 LVQ 网络，能根据如下的向量类别标记分类向量：

$$类\ 1:\left\{\boldsymbol{p}_1 = \begin{bmatrix} 1 \\ 1 \end{bmatrix}, \boldsymbol{p}_2 = \begin{bmatrix} 0 \\ 2 \end{bmatrix}\right\}, \quad 类\ 2;\left\{\boldsymbol{p}_3 = \begin{bmatrix} -1 \\ 1 \end{bmatrix}, \boldsymbol{p}_4 = \begin{bmatrix} 1 \\ 2 \end{bmatrix}\right\}$$

i. 感知机能否解决该分类问题？为什么？

ii. 假设每个类都由两个凸形子类构成，则能够分类上述数据的 LVQ 网络的每一层需要多少个神经元？

iii. 给出该网络第二层的权值。

iv. 初始化网络第一层权值为 0，以如下顺序输入向量，计算权值在使用 Kohonen 规则(学习率 $\alpha=0.5$)后的变化。 15-46

$$\boldsymbol{p}_4, \boldsymbol{p}_2, \boldsymbol{p}_3, \boldsymbol{p}_1, \boldsymbol{p}_2$$

v. 画图展示输入向量、最终的权值向量以及两个类之间的决策边界。

E15.16 一个 LVQ 网络的权值和训练数据如下；

$$\boldsymbol{W}^1 = \begin{bmatrix} 1 & 0 \\ 0 & 1 \\ 0 & 0 \end{bmatrix}, \quad \boldsymbol{W}^2 = \begin{bmatrix} 1 & 1 & 0 \\ 0 & 0 & 1 \end{bmatrix}$$

$$\left\{\boldsymbol{p}_1 = \begin{bmatrix} -2 \\ 2 \end{bmatrix}, \boldsymbol{t}_1 = \begin{bmatrix} 1 \\ 0 \end{bmatrix}\right\}, \quad \left\{\boldsymbol{p}_2 = \begin{bmatrix} 2 \\ 0 \end{bmatrix}, \boldsymbol{t}_2 = \begin{bmatrix} 0 \\ 1 \end{bmatrix}\right\}$$

$$\left\{\boldsymbol{p}_3 = \begin{bmatrix} 2 \\ -2 \end{bmatrix}, \boldsymbol{t}_3 = \begin{bmatrix} 1 \\ 0 \end{bmatrix}\right\}, \quad \left\{\boldsymbol{p}_4 = \begin{bmatrix} -2 \\ 0 \end{bmatrix}, \boldsymbol{t}_4 = \begin{bmatrix} 1 \\ 0 \end{bmatrix}\right\}$$

i. 参照图 15.14，画出训练数据输入向量和权值向量。

ii. 按照如下序列输入数据：$\boldsymbol{p}_1$，$\boldsymbol{p}_2$，$\boldsymbol{p}_3$，$\boldsymbol{p}_4$。使用 LVQ 学习规则(学习率 $\alpha=0.5$)执行 4 次迭代(每个输入执行一次迭代)，并图示其过程(在独立于问题 i 的另一幅图中)。

iii. 完成问题 ii 的迭代后，在一个新图上画出组成每一个子类和每一个类的输入空间区域，并在每一个区域上标明所属类的标签。

E15.17 一个 LVQ 网络的权值如下：

$$W^1 = \begin{bmatrix} 0 & 1 & -1 & 0 & 0 & -1 & -1 \\ 0 & 0 & 0 & 1 & -1 & -1 & 1 \end{bmatrix}^{\mathrm{T}}, \quad W^2 = \begin{bmatrix} 1 & 0 & 1 & 0 & 1 & 1 & 0 \\ 0 & 1 & 0 & 1 & 0 & 0 & 1 \end{bmatrix}$$

i. 该 LVQ 网络有多少个类？多少个子类？

ii. 画出第一层的权值向量和将输入空间分为子类的决策边界。

15-47 iii. 在每个子类区域上标明其所属类。

iv. 假设将属于类 1 的一个输入向量 $\boldsymbol{p}=[1 \quad 0.5]^{\mathrm{T}}$ 输入网络。使用 LVQ 算法($\alpha=0.5$)执行一次迭代。

E15.18 一个有如下权值的 LVQ 网络：

$$W^1 = \begin{bmatrix} 0 & 0 & 2 & 1 & 1 & -1 \\ 0 & 2 & 2 & 1 & -1 & -1 \end{bmatrix}^{\mathrm{T}}, \quad W^2 = \begin{bmatrix} 1 & 1 & 1 & 0 & 0 & 0 \\ 0 & 0 & 0 & 1 & 1 & 1 \end{bmatrix}$$

i. 该 LVQ 网络有多少个类？多少个子类？

ii. 画出第一层的权值向量和将输入空间分为子类的决策边界。

iii. 在每个子类区域上标明其所属类。

iv. 使用 LVQ 算法执行一次迭代，输入/目标对为：$\boldsymbol{p}=[-1 \quad -2]^{\mathrm{T}}$，$\boldsymbol{t}=$
15-48 $[1 \quad 0]^{\mathrm{T}}$。学习率 $\alpha=0.5$。

径向基网络

16.1 目标

在第 11 和 12 章中讨论的多层网络代表了一类用于函数逼近和模式识别的神经网络结构。如我们在第 11 章中所见，隐层采用 S 型传输函数而输出层采用线性传输函数的多层网络是通用的函数逼近器。本章将讨论另一类通用函数逼近网络——径向基函数(RBF)网络。这种网络同样能完成多层网络所能处理的许多应用。

本章将沿用第 11 章的结构。首先以一种直观的方式展示径向基函数网络的通用逼近能力。然后给出训练这类网络的 3 种方法。径向基函数网络可以采用第 11 和 12 章中所讨论的基于梯度的算法来训练，其中导数的计算采用反向传播方式。然而，它们也可以采用一种两阶段过程来训练，在过程中第一层权值的计算独立于第二层的权值。最后，这些网络可以采用一种增量方式构建——每次增加一个神经元。 16-1

16.2 理论与例子

径向基函数网络与第 11 章的多层感知机网络紧密相关。它也是一种通用逼近器并可用于函数逼近或模式识别。我们将从对网络的简要描述及其函数逼近和模式识别能力的阐述来开始本章的内容。

RBF 最初的工作是 Powell 等人在 20 世纪 80 年代完成的[Powe87]。在他们的研究中，RBF 被用来解决多维空间中的精确插值问题。也就是说，通过径向基插值创建的函数需要精确地通过训练集中所有的目标。基于 RBF 的精确插值逐渐成为一个重要的应用领域，当然它也是一个活跃的研究领域。

然而，由于目的不同，我们不会考虑精确插值。正如第 13 章中所讨论的，神经网络常用来处理含噪声的数据，而精确插值在训练数据含噪声时容易过拟合。我们感兴趣的是，在通常受到限制并含有噪声的测量基础上，使用 RBF 对未知函数产生鲁棒的逼近结果。Broomhead 和 Lowe[BrLo88]首次研究了能产生光滑插值函数的 RBF 神经网络模型。他们没有试图强制网络响应去精确地匹配目标输出，而是着重于产生对新情形具有良好泛化性能的网络。

在下一节，我们将阐述 RBF 神经网络的能力。在后面的几节中，我们也将给出这些网络的训练过程。

16.2.1 径向基网络

径向基网络是一种两层网络。径向基函数(RBF)网络和两层感知机网络有两个主要的区别。第一，在 RBF 网络的第一层，我们计算了输入向量和权值矩阵的行向量之间的距离，而不是计算权值和输入的内积(矩阵相乘)。(这与图 15.13 所示的 LVQ 网络相似。)第二，RBF 对偏置采用乘积而非加的方式。因此，第一层中神经元 i 的净输入的计算如下所示：

16-2 $$n_i^1 = \| \mathbf{p} - {}_i\mathbf{w}^1 \| b_i^1 \tag{16.1}$$

权值矩阵的每一行作为一个中心点，在这个点处的净输入值为 0。偏置值对传输(基)函数实施一种缩放操作，即放大或者缩小。

需要注意，绝大多数关于 RBF 网络的文献使用了标准差、方差或分布常数等术语，而非偏置值。我们采用“偏置值”这一概念是为了与本书中的其他网络保持一致。这仅仅是一个符号和教学方法问题，网络的具体运行则不受影响。当使用高斯传输函数时，偏置值与标准差之间具有如下的关系：$b=1/(\sigma\sqrt{2})$。

RBF 网络中第一层所采用的传输函数不同于多层感知机(MLP)中在隐层一般采用的 S 型函数。有几种不同类型的传输函数都可以采用(见[BrLo88])，但是为了表述得更加清楚，我们将只考虑在神经网络中经常使用的高斯函数。其定义如下：

$$a = e^{-n^2} \tag{16.2}$$

其图示见图 16.1。

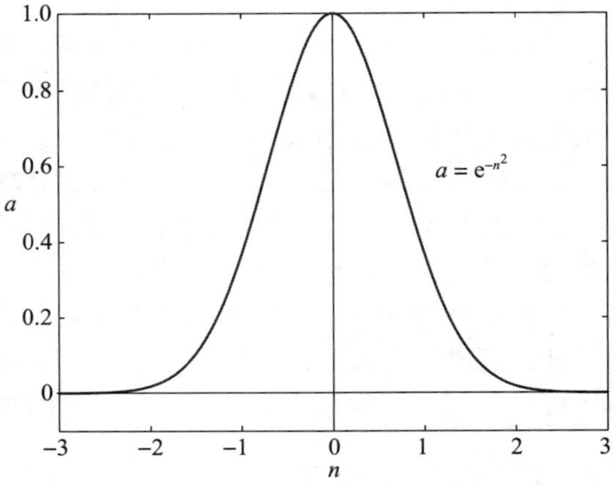

图 16.1 高斯基函数

局部性(local)是该函数的关键特性。这意味着如果在任意方向非常远离中心点的话，输出将趋近于零。与之相反，当净输入趋近于无穷时，*全局*(global)S 型函数的输出依然接近于 1。

RBF 网络的第二层是一个标准线性层：

16-3 $$\mathbf{a}^2 = \mathbf{W}^2\mathbf{a}^1 + \mathbf{b}^2 \tag{16.3}$$

图 16.2 展示了一个完整的 RBF 网络。

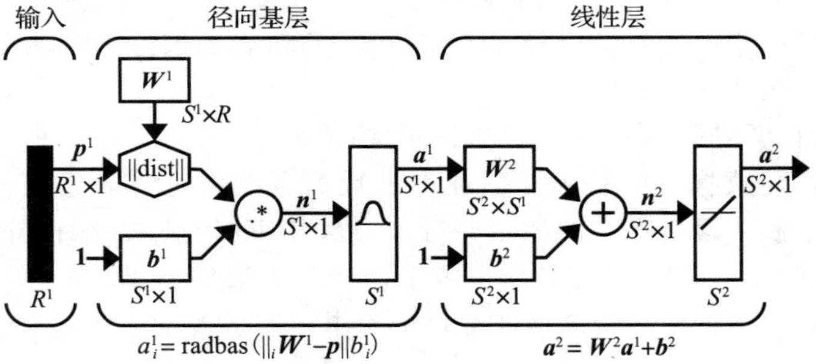

图 16.2 径向基网络

1. 函数逼近

正如 MLP 网络一样，这种 RBF 网络已经被证明是通用的逼近器[PaSa93]。为了说明这种网络的能力，考虑一个隐层有两个神经元、一个输出神经元的网络，且使用如下默认参数：

$$w_{1,1}^1 = -1,\quad w_{2,1}^1 = 1,\quad b_1^1 = 2,\quad b_2^1 = 2$$

$$w_{1,1}^2 = 1,\quad w_{1,2}^2 = 1,\quad b^2 = 0$$

图 16.3 展示了该网络使用这些默认参数值时的响应。该图显示了输入 p 在[−2, 2]之间变化时网络输出 a^2 的值。

注意，网络的响应有两个山丘，其代表了第一层中的每一个高斯神经元(偏置函数)。通过调整网络的参数值，可以改变每一个山丘的形状和位置，稍后我们会进一步讨论(当你学习这个例子的时候，可以通过将该 RBF 网络示例的响应与图 11.5 中 MLP 网络示例的响应进行对比来加深理解)。

16-4

图 16.4 说明了参数改变对网络响应的影响。其中，灰色曲线是标称响应，其余的曲线对应于一次只有一个参数在相应范围内变化时的网络响应：

$$0 \leqslant w_{2,1}^{1} \leqslant 2, \quad -1 \leqslant w_{1,1}^{2} \leqslant 1, \quad 0.5 \leqslant b_{2}^{1} \leqslant 8, \quad -1 \leqslant b^{2} \leqslant 1 \tag{16.4}$$

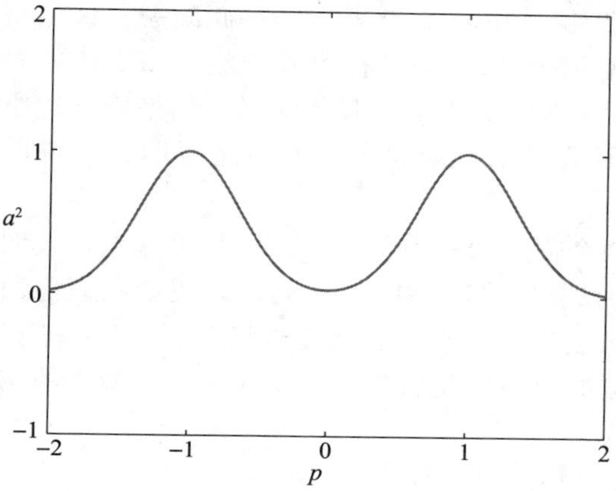

图 16.3 默认网络响应

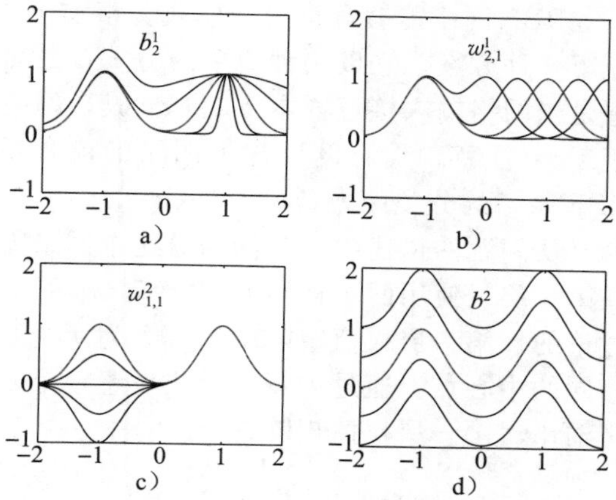

图 16.4 网络参数变化对网络响应的影响

图 16.4a 显示了第一层中的网络偏置是如何用于改变山丘的宽度的——偏置越大，山丘越窄。图 16.4b 说明了第一层中的权值如何决定山丘的位置，以第一层的每一个权值为中心存在一个山丘。对于高维输入，以权值矩阵的每一行为中心都存在一个山丘。因此，第一层权值矩阵中的每一行常被称为相应神经元(基函数)的中心(center)。 16-5

值得注意的是，RBF 网络第一层的权值和偏置值的影响与图 11.6 所示的 MLP 网络大不相同。在 MLP 网络中，S 型函数产生了位移，权值改变位移的斜率，偏置值改变位移的位置。

图 16.4c 说明了第二层中的权值如何缩放山丘的高度。如图 16.4d 所示，第二层中的偏置值让整个网络的响应上移或者下降。RBF 网络中的第二层是与图 11.6 中 MLP 网络一样的线性层，并且执行相似的函数，也就是得到第一层神经元输出的加权和。

这个例子描述了 RBF 网络用于函数逼近的灵活性。正如 MLP 一样，可以很清楚地看到如果 RBF 网络第一层拥有足够多的神经元，我们可以逼近任意感兴趣的函数，并且文献[PaSa93]也给出了相应的数学证明。然而，尽管 MLP 和 RBF 网络都是通用逼近器，但是它们采用不同的方式进行逼近。对于 RBF 网络，每一个传输函数只在输入空间的一个小区域内激活——响应是局部的。如果输入移动到距离给定中心很远的地方，对应的神经元的输出将接近于 0。这会影响 RBF 网络的设计。我们必须让中心充分地分布在网络输入范围中，并且必须选择可以使得所有的基函数充分重叠的偏置值。(不要忘记偏置值用来改变每一个基函数的宽度。)我们将会在后面的章节中讨论设计方面的各种细节考虑。

MATLAB 实验 使用 Neural Network Design Demonstration **RBF Network Function**(nnd17nf)测试 RBF 网络的响应。

2. 模式分类

举例 为了说明 RBF 网络在模式分类上的能力，再次考虑经典的异或（XOR）问题。XOR 门的类别是

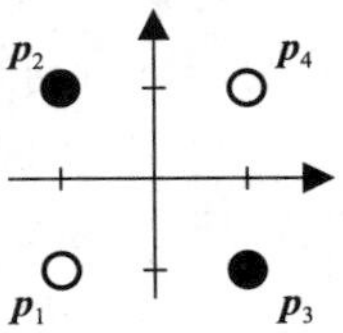

16-6 类 1：$\left\{ \mathbf{p}_2 = \begin{bmatrix} -1 \\ 1 \end{bmatrix}, \mathbf{p}_3 = \begin{bmatrix} 1 \\ -1 \end{bmatrix} \right\}$，　类 2：$\left\{ \mathbf{p}_1 = \begin{bmatrix} -1 \\ -1 \end{bmatrix}, \mathbf{p}_4 = \begin{bmatrix} 1 \\ 1 \end{bmatrix} \right\}$

右图形象地描述了这个问题。由于这两类是线性不可分的，所以一个单层的神经网络无法完成分类。

RBF 网络能够分类这些模式。事实上，有很多 RBF 方案都可以解决此问题。这里将介绍一种方案，它以一种简单的方式阐述如何使用 RBF 网络进行模式分类。该方法的思想是当网络输入接近样本 $\mathbf{p}_2$ 和 $\mathbf{p}_3$ 时，网络产生大于零的输出，其他情况下网络输出均小于零。（注意，我们设计这个网络的流程虽然不适用于复杂问题，但却能帮助我们说明 RBF 网络的分类能力。）

从问题的描述中，我们知道这个网络需要两个输入和一个输出。为了简单起见，我们在第一层只使用两个神经元（两个基函数），因为这已足以解决 XOR 问题。正如我们前面讨论的，第一层权值矩阵中的行会为两个基函数创建中心点。我们会选取与模式 $\mathbf{p}_2$ 和 $\mathbf{p}_3$ 相同的中心点。通过为每个模式设置一个基函数的中心，我们会在该模式处得到最大的网络输出。第一层权值矩阵为：

$$\mathbf{W}^1 = \begin{bmatrix} \mathbf{p}_2^{\mathrm{T}} \\ \mathbf{p}_3^{\mathrm{T}} \end{bmatrix} = \begin{bmatrix} -1 & 1 \\ 1 & -1 \end{bmatrix} \tag{16.5}$$

第一层中偏置值的选择取决于我们想让每个基函数有多大的宽度。对这个问题，我们希望网络函数在 $\mathbf{p}_2$ 和 $\mathbf{p}_3$ 这两处有两个明显的峰值。因此，两个基函数重叠不宜过多。每个基函数的中心与原点距离为$\sqrt{2}$，并且希望基函数能在这个距离内从最高点开始有明显的减小。假设令偏置值为 1，基函数在这个距离内的减小如下：

$$a = \mathrm{e}^{-n^2} = \mathrm{e}^{-(1\times\sqrt{2})^2} = \mathrm{e}^{-2} = 0.1353 \tag{16.6}$$

因此，每个基函数在中心点的峰值为 1，而到原点时会下降至 0.1353。这样的函数可以解决问题，因此，选择第一层偏置值为

$$\mathbf{b}^1 = \begin{bmatrix} 1 \\ 1 \end{bmatrix} \tag{16.7}$$

原基函数响应范围是 0 到 1（见图 16.1）。我们希望当输入与样本 $\mathbf{p}_2$ 和 $\mathbf{p}_3$ 有较大差异时输
16-7 出为负，所以设第二层的偏置值为 −1，并且为了让峰值重置为 1，第二层的权值设置为 2。第二层的权值和偏置值为：

$$\mathbf{W}^2 = [2 \quad 2], \quad b^2 = -1 \tag{16.8}$$

图 16.5 展示了当网络具有式（16.5）、式（16.7）和式（16.8）中给出的网络参数时的网络响应。该图也展示了曲面与平面 $a^2=0$相交的位置，这也是决策边界的位置。曲面下方的轮廓线也表明了这点。这是在 $a^2=0$ 处的函数轮廓线。它们几乎都是围绕向量 $\mathbf{p}_2$ 和 $\mathbf{p}_3$ 的圆。这意味着，只

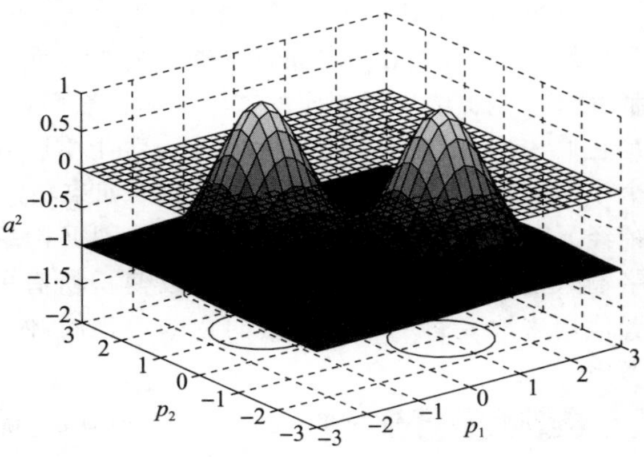

图 16.5　两输入 RBF 函数曲面示例

有当输入向量接近向量 $\boldsymbol{p}_2$ 和 $\boldsymbol{p}_3$ 时，网络输出才会大于零。

图 16.6 更清晰地说明了决策边界。只要输入落在灰色区域内，网络输出就会大于零。而当输入落在灰色区域外时，网络输出就会小于零。

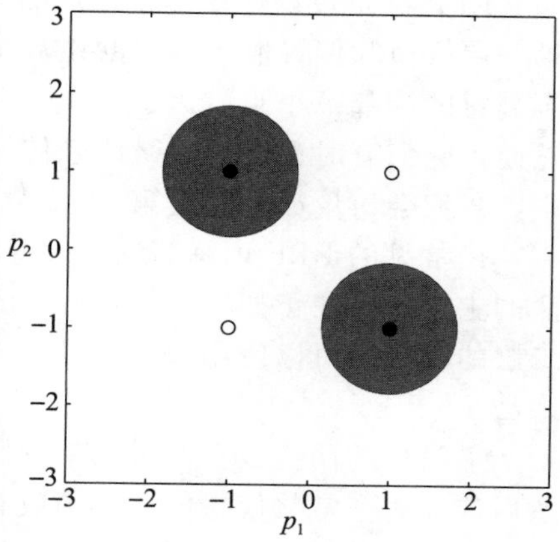

图 16.6 RBF 决策区域示例

16-8

因此，这个网络能正确分类这些模式。与图 11.2 描述的 MLP 解决方案不同，该网络并不是最好的方案，因为它不能总是将输入模式划分给最近的标准向量。你会发现不同于单层感知机的线性边界，这个 RBF 网络的决策区域是圆。MLP 可以合并多个线性分界线构成任意决策区域。RBF 网络可以组合多个圆形分界线构成任意决策区域。在这个问题上，线性分界线更有效。当然，当有更多的神经元且中心相互靠近时，RBF 基础的分界线将不再是纯粹的圆形，同时 MLP 基础的分界线也不再是纯粹的线性。然而，将 RBF 的圆形分界和 MLP 的线性分界结合起来有助于理解它们作为模式分类器的运行机制。

MATLAB 实验 使用 Neural Network Design Demonstration **RBF Pattern Classification** (nnd17pc)测试 RBF 网络的模式分类能力。

现在，我们已经了解了 RBF 网络用作函数逼近和模式识别的能力，下面讨论这类网络的通用训练算法。

3. 全局与局部

在讨论训练算法之前，我们应该对 MLP 网络使用的全局传输函数和 RBF 网络使用的局部传输函数的优缺点做一个总结。由于所有传输函数的输出均重叠，MLP 会产生分布式表达。对于任意给定的输入值，第一层的许多 S 型函数会有明显的输出值。为了在每个点产生合适的响应，必须在第二层把这些输出值加起来或者抵消掉。在 RBF 网络中，每一个基函数只会在输入的一个小范围内激活。对于任意给定的输入，只有很少的基函数被激活。 16-9

每一种方法都有不同的优缺点。全局的方法倾向于在隐层需要较少的神经元，因为每一个神经元会对输入空间的很大一部分都做出响应。然而对于 RBF 网络来说，基的中心必须涵盖输入空间的整个范围，才能得到精确的逼近。这就会带来“维度灾难”的问题，我们将会在下一节中讨论这个问题。此外，如果使用更多的神经元，必然带来更多的参数，这样就会让网络更有可能在训练数据上过拟合，不能很好地泛化到新的数据上。

另一方面，局部的方法一般会带来更快的训练，尤其是在使用下一节讨论的两阶段算法时。并且，局部的方法在自适应训练中也会非常有用，其中网络一边被使用一边在连续进行增量式训练，正如自适应的滤波器(第 10 章中滤波器的非线性版本)或者控制器一样。如果在一段时间内训练数据只出现在输入空间的一些特定区域，全局的表达会倾向于提高在这些区域的准确度而牺牲在其他区域的表达。在同样的情况下，局部表达就不会出现这样的问题。因为每个神经元只会在输入空间的一个小区域内激活，如果输入落在这个区域外，它的权值将不会被调整。

16.2.2 训练 RBF 网络

不像 MLP 网络那样经常使用一些基于梯度的算法(最速下降、共轭梯度、Levenberg-

Marquardt 方法等)来进行训练，RBF 网络可以用很多的方法来进行训练。

RBF 网络可以使用基于梯度的方法来进行训练。然而，由于传输函数的局部特性以及第一层权值和偏置值运行的方式，在 RBF 网络的误差曲面上有比 MLP 网络多得多的令人不满意的局部极小点。因此，基于梯度的算法往往难以有效完成 RBF 网络的全部训练。然而，它们有时也会用于微调已使用其他方法预训练过的 RBF 网络。在本章稍后的部分
16-10 中，我们会讨论如何修改第 11 章中的反向传播公式以计算 RBF 网络的梯度。

最常见的 RBF 训练算法包含两个阶段，分别用来训练 RBF 网络的两层。这些训练算法的主要区别在于如何选择第一层的权值和偏置值。一旦第一层的权值和偏置值选定，第二层的权值就可以使用线性最小二乘法一步计算得到。下一节，我们会讨论线性最小二乘法。

最简单的两阶段算法采用一种网格模式将中心(第一层的权值)遍布在整个输入空间，然后选择一个常数偏置值让基函数有一定程度的重叠。但是这种方法不是最好的，因为最有效的逼近是在输入空间内函数最复杂的区域放更多的基函数。并且，在许多实际应用中并不会用到整个输入空间，因此很多基函数都会被浪费掉。RBF 网络的一个缺点是遭遇维度灾难(curse of dimensionality)，尤其是采用网格法选取中心点的时候。这就是说，随着输入空间维度的增加，需要的基函数的数量将会呈几何级数增加。比如，假定有 1 个输入变量，我们定义了 10 个基函数的网格均匀分布在输入变量的范围内。现在，增加输入变量到 2 个，为了维持在这 2 个输入变量上同样的网格覆盖，我们将需要10^2 也就是 100 个基函数。

另外一种用来选择中心的方法是随机选取训练集中输入向量的子集。这样会确保基的中心被放在对网络有用的区域内。但是由于选择的随机性，这种方法也不是最优的。一种更有效的方法是使用类似第 15 章所描述的 Kohonen 竞争层或者特征图的方法来聚类输入空间。然后，聚类的中心就变成了基函数的中心。这样保证了基函数被放在显著激活的区域内，我们在稍后的小节中会讨论该方法。

最后，我们讨论关于训练 RBF 的方法：正交最小二乘法。它基于一种叫作子集选择的通用方法，用于构造线性模型。这种方法开始的时候会使用大量可能的中心，通常是训练数据中的全部输入向量。在每一步中，选择一个中心添加到第一层的权值中。这种选择取决于神经元将会降低多少误差平方和。添加神经元直到达到一定的标准。通常选择最大化网络的泛化能力作为标准。

1. 线性最小二乘

在这一节中，我们假定 RBF 网络第一层的权值和偏置值是固定的。这可以通过把中心固定在网格上或者随机地从训练数据集的输入向量中选择中心(或者使用在之后小节中提到的聚类方法)来实现。当中心被随机地选中之后，所有的偏置值可以使用下式
16-11 [Lowe89]计算得到：

$$b_i^1 = \frac{\sqrt{S^1}}{d_{\max}} \tag{16.9}$$

其中 $d_{\max}$是相邻中心之间的最大距离。这样设计是为了保证基函数之间有适当程度的重叠。使用这种方法，所有的偏置都有相同的值。也有其他的方法可为每个偏置产生不同的值，在之后聚类的小节中，我们会讨论这样的方法。

一旦第一层的参数被设置好，第二层的权值和偏置值的训练就等价于如第 10 章所提到的线性网络的训练。比如，考虑如下的训练数据点：

$$\{\boldsymbol{p}_1, \boldsymbol{t}_1\}, \{\boldsymbol{p}_2, \boldsymbol{t}_2\}, \cdots, \{\boldsymbol{p}_Q, \boldsymbol{t}_Q\} \tag{16.10}$$

其中，$\boldsymbol{p}_q$ 是网络的一个输入，$\boldsymbol{t}_q$ 是对应的目标输出。训练集中的每一个输入 $\boldsymbol{p}_q$ 所对应的第一层输出可以计算为

$$n_{i,q}^1 = \| \boldsymbol{p}_q - {}_i\boldsymbol{w}^1 \| b_i^1 \tag{16.11}$$

$$\boldsymbol{a}_q^1 = \text{radbas}(\boldsymbol{n}_q^1) \tag{16.12}$$

因为第一层中的权值和偏置值不再调整，所以第二层的训练数据集变为

$$\{\boldsymbol{a}_1^1, \boldsymbol{t}_1\}, \{\boldsymbol{a}_2^1, \boldsymbol{t}_2\}, \cdots, \{\boldsymbol{a}_Q^1, \boldsymbol{t}_Q\} \tag{16.13}$$

第二层的响应是线性的：

$$\boldsymbol{a}^2 = \boldsymbol{W}^2 \boldsymbol{a}^1 + \boldsymbol{b}^2 \tag{16.14}$$

我们想在该层上选择权值和偏置值来最小化训练集上的误差平方和性能指标：

$$F(\boldsymbol{x}) = \sum_{q=1}^{Q} (\boldsymbol{t}_q - \boldsymbol{a}_q^2)^{\mathrm{T}} (\boldsymbol{t}_q - \boldsymbol{a}_q^2) \tag{16.15}$$

我们对该线性最小二乘问题的解的推导遵从以式(10.6)为开始的线性网络的推导。为了简化讨论，假定目标是一个标量，并且将需要调整的所有参数(包括偏置值)整合到一个向量： 16-12

$$\boldsymbol{x} = \begin{bmatrix} {}_1\boldsymbol{w}^2 \\ b^2 \end{bmatrix} \tag{16.16}$$

类似地，我们将偏置输入“1”作为输入向量的一部分：

$$\boldsymbol{z}_q = \begin{bmatrix} \boldsymbol{a}_q^1 \\ 1 \end{bmatrix} \tag{16.17}$$

通常写为如下形式的网络输出：

$$a_q^2 = ({}_1\boldsymbol{w}^2)^{\mathrm{T}} \boldsymbol{a}_q^1 + b^2 \tag{16.18}$$

现在可以写为

$$a_q = \boldsymbol{x}^{\mathrm{T}} \boldsymbol{z}_q \tag{16.19}$$

这使得我们可以方便地写出误差平方和的表达式：

$$F(\boldsymbol{x}) = \sum_{q=1}^{Q} (e_q)^2 = \sum_{q=1}^{Q} (t_q - a_q)^2 = \sum_{q=1}^{Q} (t_q - \boldsymbol{x}^{\mathrm{T}} \boldsymbol{z}_q)^2 \tag{16.20}$$

为了将其以矩阵形式表示，定义如下矩阵：

$$\boldsymbol{t} = \begin{bmatrix} t_1 \\ t_2 \\ \vdots \\ t_Q \end{bmatrix}, \quad \boldsymbol{U} = \begin{bmatrix} {}_1\boldsymbol{u}^{\mathrm{T}} \\ {}_2\boldsymbol{u}^{\mathrm{T}} \\ \vdots \\ {}_Q\boldsymbol{u}^{\mathrm{T}} \end{bmatrix} = \begin{bmatrix} \boldsymbol{z}_1^{\mathrm{T}} \\ \boldsymbol{z}_2^{\mathrm{T}} \\ \vdots \\ \boldsymbol{z}_Q^{\mathrm{T}} \end{bmatrix}, \quad \boldsymbol{e} = \begin{bmatrix} e_1 \\ e_2 \\ \vdots \\ e_Q \end{bmatrix} \tag{16.21}$$

现在，可将误差写为

$$\boldsymbol{e} = \boldsymbol{t} - \boldsymbol{U}\boldsymbol{x} \tag{16.22}$$

性能指标变为

$$F(\boldsymbol{x}) = (\boldsymbol{t} - \boldsymbol{U}\boldsymbol{x})^{\mathrm{T}} (\boldsymbol{t} - \boldsymbol{U}\boldsymbol{x}) \tag{16.23}$$

如果我们使用如第 13 章讨论的正则化方法防止过拟合，可以得到如下形式的性能指标： 16-13

$$F(\boldsymbol{x}) = (\boldsymbol{t} - \boldsymbol{U}\boldsymbol{x})^{\mathrm{T}} (\boldsymbol{t} - \boldsymbol{U}\boldsymbol{x}) + \rho \sum_{i=1}^{n} x_i^2 = (\boldsymbol{t} - \boldsymbol{U}\boldsymbol{x})^{\mathrm{T}} (\boldsymbol{t} - \boldsymbol{U}\boldsymbol{x}) + \rho \boldsymbol{x}^{\mathrm{T}} \boldsymbol{x} \tag{16.24}$$

其中，由式(13.4)可知 $\rho = \alpha / \beta$。将该式展开，可得

$$\begin{aligned} F(\boldsymbol{x}) &= (\boldsymbol{t} - \boldsymbol{U}\boldsymbol{x})^{\mathrm{T}} (\boldsymbol{t} - \boldsymbol{U}\boldsymbol{x}) + \rho \boldsymbol{x}^{\mathrm{T}} \boldsymbol{x} = \boldsymbol{t}^{\mathrm{T}} \boldsymbol{t} - 2\boldsymbol{t}^{\mathrm{T}} \boldsymbol{U}\boldsymbol{x} + \boldsymbol{x}^{\mathrm{T}} \boldsymbol{U}^{\mathrm{T}} \boldsymbol{U}\boldsymbol{x} + \rho \boldsymbol{x}^{\mathrm{T}} \boldsymbol{x} \\ &= \boldsymbol{t}^{\mathrm{T}} \boldsymbol{t} - 2\boldsymbol{t}^{\mathrm{T}} \boldsymbol{U}\boldsymbol{x} + \boldsymbol{x}^{\mathrm{T}} [\boldsymbol{U}^{\mathrm{T}} \boldsymbol{U} + \rho \boldsymbol{I}] \boldsymbol{x} \end{aligned} \tag{16.25}$$

仔细观察式(16.25)，并将其与二次函数的一般形式比较，见式(8.35)或如下：

$$F(\boldsymbol{x}) = c + \boldsymbol{d}^{\mathrm{T}}\boldsymbol{x} + \frac{1}{2}\boldsymbol{x}^{\mathrm{T}}\boldsymbol{A}\boldsymbol{x} \tag{16.26}$$

性能函数是一个二次函数，其中

$$c = \boldsymbol{t}^{\mathrm{T}}\boldsymbol{t}, \quad \boldsymbol{d} = -2\boldsymbol{U}^{\mathrm{T}}\boldsymbol{t}, \quad \boldsymbol{A} = 2[\boldsymbol{U}^{\mathrm{T}}\boldsymbol{U} + \rho\boldsymbol{I}] \tag{16.27}$$

从第 8 章可知，二次函数的性质主要取决于 Hessian 矩阵 $\boldsymbol{A}$。例如，如果 Hessian 矩阵的特征值全为正，则函数将只有一个全局极小点。

在这个例子中，Hessian 矩阵为 $2[\boldsymbol{U}^{\mathrm{T}}\boldsymbol{U}+\rho\boldsymbol{I}]$，可以看出这个矩阵要么是正定矩阵要么是半正定矩阵(见习题 E16.4)，这表示矩阵永不会有负特征值。因此，只有两种可能。如果 Hessian 矩阵只存在正特征值，性能指标将有唯一的全局极小点(见图 8.7)。如果 Hessian 矩阵有一些零特征值，性能指标可能会有一个弱极小点(见图 8.9)或者没有极小点(见例题 P8.7)，具体情况取决于向量 $\boldsymbol{d}$。在这个例子中，一定存在一个极小点，因为 $F(\boldsymbol{x})$是一个平方和函数，不可能为负。

现在确定性能指标的驻点。从第 8 章中对二次函数的讨论可知，梯度为：

$$\nabla F(\boldsymbol{x}) = \nabla\left(c + \boldsymbol{d}^{\mathrm{T}}\boldsymbol{x} + \frac{1}{2}\boldsymbol{x}^{\mathrm{T}}\boldsymbol{A}\boldsymbol{x}\right) = \boldsymbol{d} + \boldsymbol{A}\boldsymbol{x} = -2\boldsymbol{U}^{\mathrm{T}}\boldsymbol{t} + 2[\boldsymbol{U}^{\mathrm{T}}\boldsymbol{U} + \rho\boldsymbol{I}]\boldsymbol{x} \tag{16.28}$$

可通过将梯度置为 0 得到 $F(\boldsymbol{x})$的驻点：

$$-2\boldsymbol{U}^{\mathrm{T}}\boldsymbol{t} + 2[\boldsymbol{U}^{\mathrm{T}}\boldsymbol{U} + \rho\boldsymbol{I}]\boldsymbol{x} = 0 \Rightarrow (\boldsymbol{U}^{\mathrm{T}}\boldsymbol{U} + \rho\boldsymbol{I})\boldsymbol{x} = \boldsymbol{U}^{\mathrm{T}}\boldsymbol{t} \tag{16.29}$$

16-14 因此，最优权值 $\boldsymbol{x}^*$ 可以从如下表达式求得：

$$[\boldsymbol{U}^{\mathrm{T}}\boldsymbol{U} + \rho\boldsymbol{I}]\boldsymbol{x}^* = \boldsymbol{U}^{\mathrm{T}}\boldsymbol{t} \tag{16.30}$$

如果 Hessian 矩阵是正定的，就会有唯一为强极小点的驻点：

$$\boldsymbol{x}^* = [\boldsymbol{U}^{\mathrm{T}}\boldsymbol{U} + \rho\boldsymbol{I}]^{-1}\boldsymbol{U}^{\mathrm{T}}\boldsymbol{t} \tag{16.31}$$

下面通过一个简单的例子来说明这个过程。

举例 为了说明最小二乘算法，我们选择一个网络并把它应用到一个具体的问题。我们将用一个第一层有 3 个神经元的 RBF 网络逼近如下函数：

$$g(p) = 1 + \sin\left(\frac{\pi}{4}p\right), \quad -2 \leqslant p \leqslant 2 \tag{16.32}$$

为了得到训练集，我们将计算 p 取如下 6 个值时的函数值：

$$p = \{-2, -1.2, -0.4, 0.4, 1.2, 2\} \tag{16.33}$$

可得如下目标值：

$$t = \{0, 0.19, 0.69, 1.3, 1.8, 2\} \tag{16.34}$$

我们在输入范围内选择等间距的三个基函数中心点：−2、0、2。简单起见，选择中心点间距的倒数为偏置值，则会有如下第一层权值和偏置值：

$$\boldsymbol{W}^1 = \begin{bmatrix} -2 \\ 0 \\ 2 \end{bmatrix}, \quad \boldsymbol{b}^1 = \begin{bmatrix} 0.5 \\ 0.5 \\ 0.5 \end{bmatrix} \tag{16.35}$$

下一步就是使用下式计算第一层的输出：

$$n_{i,q}^1 = \| \boldsymbol{p}_q - {}_i\boldsymbol{w}^1 \| b_i^1 \tag{16.36}$$

$$\boldsymbol{a}_q^1 = \mathrm{radbas}(\boldsymbol{n}_q^1) \tag{16.37}$$

16-15 可得如下的 $\boldsymbol{a}^1$ 向量：

$$a^1 = \left\{ \begin{bmatrix}1\\0.368\\0.018\end{bmatrix}, \begin{bmatrix}0.852\\0.698\\0.077\end{bmatrix}, \begin{bmatrix}0.527\\0.961\\0.237\end{bmatrix}, \begin{bmatrix}0.237\\0.961\\0.527\end{bmatrix}, \begin{bmatrix}0.077\\0.698\\0.852\end{bmatrix}, \begin{bmatrix}0.018\\0.368\\1\end{bmatrix} \right\} \tag{16.38}$$

我们可以用式(16.17)和式(16.21)生成矩阵 $\boldsymbol{U}$ 和 $\boldsymbol{t}$：

$$\boldsymbol{U}^{\mathrm{T}} = \begin{bmatrix}1 & 0.852 & 0.527 & 0.237 & 0.077 & 0.018\\0.368 & 0.698 & 0.961 & 0.961 & 0.698 & 0.368\\0.018 & 0.077 & 0.237 & 0.527 & 0.852 & 1\\1 & 1 & 1 & 1 & 1 & 1\end{bmatrix} \tag{16.39}$$

$$\boldsymbol{t}^{\mathrm{T}} = [0 \quad 0.19 \quad 0.69 \quad 1.3 \quad 1.8 \quad 2] \tag{16.40}$$

下一步是用式(16.30)求解第二层的权值和偏置值。我们先从正则化参数设为 0 开始。

$$\begin{aligned}\boldsymbol{x}^* &= [\boldsymbol{U}^{\mathrm{T}}\boldsymbol{U} + \rho\boldsymbol{I}]^{-1}\boldsymbol{U}^{\mathrm{T}}\boldsymbol{t}\\ &= \begin{bmatrix}2.07 & 1.76 & 0.42 & 2.71\\1.76 & 3.09 & 1.76 & 4.05\\0.42 & 1.76 & 2.07 & 2.71\\2.71 & 4.05 & 2.71 & 6\end{bmatrix}^{-1}\begin{bmatrix}1.01\\4.05\\4.41\\6\end{bmatrix} = \begin{bmatrix}-1.03\\0\\1.03\\1\end{bmatrix}\end{aligned} \tag{16.41}$$

因此第二层的权值和偏置值为

$$\boldsymbol{W}^2 = [-1.03 \quad 0 \quad 1.03], \quad \boldsymbol{b}^2 = 1 \tag{16.42}$$

图 16.7 展示了 RBF 网络的运行。其中，灰线表示 RBF 网络的逼近，圆圈代表 6 个数据点。上面坐标系中的虚线表示被第二层对应的权值缩放过的各个基函数(包括常数偏置项)。虚线的和就生成了灰线。从下面的小坐标系中，我们可以看到未被缩放的基函数，即第一层的输出。 16-16

RBF 网络的设计过程对中心点和偏置值的选择比较敏感。例如，如果选择 6 个基函数和 6 个数据点，且在第一层选择 8 而非 0.5 作为偏置值，那么网络的响应将会是图 16.8 所示的那样。基函数的跨度以偏置值的倒数方式递减。当偏置值这么大时，在基函数中没有足够的重叠以产生光滑的逼近。我们精确地匹配每一个数据点。然而，由于基函数的局部特质，在训练数据点之间对真实函数的逼近并不那么准确。

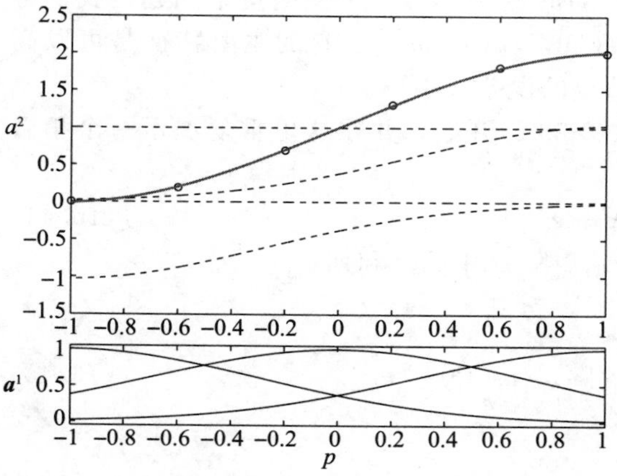

图 16.7 RBF 网络逼近 Sine 函数

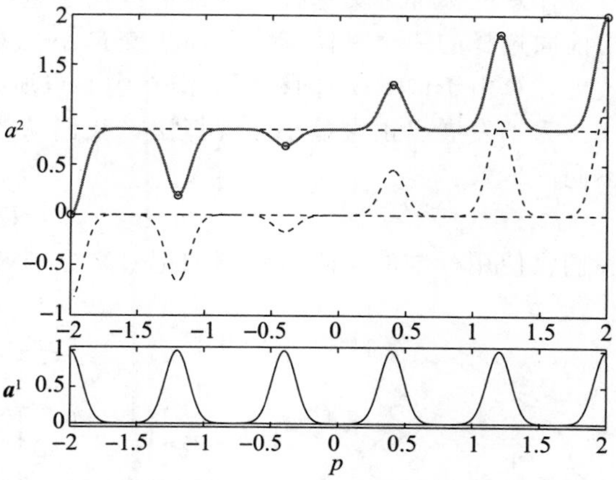

图 16.8 偏置值过大情况下的 RBF 网络响应 16-17

MATLAB 实验 使用 Neural Network Design Demonstration RBF Linear Least Squares (nnd17lls)进行最小二乘算法拟合实验。

2. 正交最小二乘

在之前的小节，我们假定第一层的权值和偏置值是固定的。(例如，中心可能被固定在一个网格上，或者从训练集的输入向量中随机选择。)在本节中，我们考虑采用不同的方法选择中心点。假设存在一定数量的潜在中心点，这些中心可能包含训练集的全部输入向量、用某种基于网格的方式选择的向量，或者是采用任意其他可能想到的方法选择的向量。然后每次从这个潜在的中心点集合中选择一个向量，直到网络性能满足要求。我们将通过一次增加一个神经元来构建网络。

这种方法的基本思想来自于统计学中的*子集选择*(subset selection)[Mill90]。子集选择方法的一般目标是选择自变量的一个合适子集以提供对目标因变量最有效的预测。例如，假设有 10 个自变量，我们想利用它们预测目标因变量。为了尽可能建立最简单的预测器，我们需要使用最少数量的自变量来实现预测。问题是：我们应该使用 10 个自变量的哪个子集？最理想的方法称为穷举搜索，它通过遍历所有的子集组合寻找能提供满意性能的最小子集。(我们将在后面定义什么是所谓的满意性能。)

不幸的是，这种策略并不实用。如果原始集合中有 Q 个变量，下面的式子给出了不同子集的个数：

$$\sum_{q=1}^{Q} \frac{Q!}{q!(Q-q)!} \tag{16.43}$$

如果 $Q=10$，这个数字是 1023。如果 $Q=20$，这个数字将超过 100 万。所以我们需要有比穷举搜索代价小的策略。有几种次优的选择方法。这些方法不能保证找到最优的子集，但计算代价却显著减小。其中一种选择方法叫作*前向选择*(forward selection)。这种方法从一个空的模型开始，然后每次添加一个变量。在每一步，我们添加一个可以最大程度地减小均方误差的自变量。当性能满足要求时，就停止添加变量。另一种方法叫作*反向排除*(backward elimination)，这种方法从模型的完整自变量集合开始。在每一步，我们排除一
16-18 个使均方误差增加最小的自变量。这个过程持续，直到性能不满足要求。也有一些其他的方法结合前向选择和反向排除的思想，使得在每一次迭代过程中可能添加或者排除独立变量。

任意的标准子集选择技术都可以用于选择 RBF 的中心。为了说明这个问题，我们考虑前向选择的一个具体形式，即正交最小二乘(OLS)[ChCo91]。它的主要特征是可以高效地计算由于向 RBF 网络添加潜在中心点所造成的误差减小。

为了发展出正交最小二乘算法，我们从式(16.22)开始，并在这里重复展示一个稍微不同的形式：

$$\boldsymbol{t} = \boldsymbol{U}\boldsymbol{x} + \boldsymbol{e} \tag{16.44}$$

我们将使用标准的矩阵行和列的记号来分别表示矩阵 $\boldsymbol{U}$ 中的行和列：

$$\boldsymbol{U} = \begin{bmatrix} {}_1\boldsymbol{u}^{\mathrm{T}} \\ {}_2\boldsymbol{u}^{\mathrm{T}} \\ \vdots \\ {}_Q\boldsymbol{u}^{\mathrm{T}} \end{bmatrix} = \begin{bmatrix} \boldsymbol{z}_1^{\mathrm{T}} \\ \boldsymbol{z}_2^{\mathrm{T}} \\ \vdots \\ \boldsymbol{z}_Q^{\mathrm{T}} \end{bmatrix} = [\boldsymbol{u}_1 \quad \boldsymbol{u}_2 \quad \cdots \quad \boldsymbol{u}_n] \tag{16.45}$$

这里，矩阵 $\boldsymbol{U}$ 的每一行代表了训练集中一个输入向量在 RBF 网络中第一层的输出。矩阵 $\boldsymbol{U}$ 中的每一列分别对应于第一层的每个神经元(基函数)加上偏置项($n=S^1+1$)。注意，对于 OLS 算法来说，基函数可能的中心点经常被选为训练集中所有的输入向量。在这种情况下，如式(16.17)所示，因为用于表示偏置项的常量 1 也被包含到了 $\boldsymbol{z}$ 中，所以 n 等于

$Q+1$。

式(16.44)是一个标准线性回归模型的表达式。矩阵 $\boldsymbol{U}$ 被称为回归矩阵(regression matrix)，$\boldsymbol{U}$ 的列被称为回归向量。

OLS 的目标是决定 $\boldsymbol{U}$ 的多少列(神经元或者基函数的个数)应该被使用。第一步是计算每一个可能的列会使平方误差减小多少。问题是 $\boldsymbol{U}$ 中的列一般是相关的，很难判断每一列到底使误差减小了多少。为此，我们需要首先正交化这些列，这意味着可以分解 $\boldsymbol{U}$ 为：

$$\boldsymbol{U}=\boldsymbol{M}\boldsymbol{R} \tag{16.46}$$

其中，$\boldsymbol{R}$ 是一个对角线上值为 1 的上三角矩阵： 16-19

$$\boldsymbol{R}=\begin{bmatrix}1 & r_{1,2} & r_{1,3} & \cdots & r_{1,n}\\ 0 & 1 & r_{2,3} & \cdots & r_{2,n}\\ \vdots & \vdots & \vdots & & \vdots\\ 0 & 0 & 0 & \cdots & r_{n-1,n}\\ 0 & 0 & 0 & \cdots & 1\end{bmatrix} \tag{16.47}$$

并且 $\boldsymbol{M}$ 是每一列 $\boldsymbol{m}_i$ 都互相正交的矩阵。这意味着 $\boldsymbol{M}$ 具有以下性质：

$$\boldsymbol{M}^{\mathrm{T}}\boldsymbol{M}=\boldsymbol{V}=\begin{bmatrix}v_{1,1} & 0 & \cdots & 0\\ 0 & v_{2,2} & \cdots & 0\\ \vdots & \vdots & & \vdots\\ 0 & 0 & \cdots & v_{n,n}\end{bmatrix}=\begin{bmatrix}\boldsymbol{m}_1^{\mathrm{T}}\boldsymbol{m}_1 & 0 & \cdots & 0\\ 0 & \boldsymbol{m}_2^{\mathrm{T}}\boldsymbol{m}_2 & \cdots & 0\\ \vdots & \vdots & & \vdots\\ 0 & 0 & \cdots & \boldsymbol{m}_n^{\mathrm{T}}\boldsymbol{m}_n\end{bmatrix} \tag{16.48}$$

现在式(16.44)可以被写为

$$\boldsymbol{t}=\boldsymbol{M}\boldsymbol{R}\boldsymbol{x}+\boldsymbol{e}=\boldsymbol{M}\boldsymbol{h}+\boldsymbol{e} \tag{16.49}$$

其中，

$$\boldsymbol{h}=\boldsymbol{R}\boldsymbol{x} \tag{16.50}$$

式(16.49)的最小二乘的解为

$$\boldsymbol{h}^{*}=[\boldsymbol{M}^{\mathrm{T}}\boldsymbol{M}]^{-1}\boldsymbol{M}^{\mathrm{T}}\boldsymbol{t}=\boldsymbol{V}^{-1}\boldsymbol{M}^{\mathrm{T}}\boldsymbol{t} \tag{16.51}$$

并且由于 $\boldsymbol{V}$ 是一个对角阵，$\boldsymbol{h}^{*}$ 的元素可以被计算为

$$h_i^{*}=\frac{\boldsymbol{m}_i^{\mathrm{T}}\boldsymbol{t}}{v_{i,i}}=\frac{\boldsymbol{m}_i^{\mathrm{T}}\boldsymbol{t}}{\boldsymbol{m}_i^{\mathrm{T}}\boldsymbol{m}_i} \tag{16.52}$$

从 $\boldsymbol{h}^{*}$ 我们可以使用式(16.50)计算出 $\boldsymbol{x}^{*}$。因为 $\boldsymbol{R}$ 是一个上三角矩阵，式(16.50)可以通过反向替代(back-substitution)的方法求解，而不需要求矩阵的逆。

有很多方法求正交向量 $\boldsymbol{m}_i$，而我们将使用式(5.20)的 Gram-Schmidt 正交化过程，从 $\boldsymbol{U}$ 的初始列开始：

$$\boldsymbol{m}_1=\boldsymbol{u}_1 \tag{16.53}$$

16-20

$$\boldsymbol{m}_k=\boldsymbol{u}_k-\sum_{i=1}^{k-1}r_{i,k}\boldsymbol{m}_i \tag{16.54}$$

其中，

$$r_{i,k}=\frac{\boldsymbol{m}_i^{\mathrm{T}}\boldsymbol{u}_k}{\boldsymbol{m}_i^{\mathrm{T}}\boldsymbol{m}_i},\quad i=1,\cdots,k-1 \tag{16.55}$$

现在让我们来看看正交化 $\boldsymbol{U}$ 中的列如何帮助我们有效地计算每一个基向量的平方误差的贡献。使用式(16.49)，目标的总平方和是

$$\boldsymbol{t}^{\mathrm{T}}\boldsymbol{t}=[\boldsymbol{M}\boldsymbol{h}+\boldsymbol{e}]^{\mathrm{T}}[\boldsymbol{M}\boldsymbol{h}+\boldsymbol{e}]=\boldsymbol{h}^{\mathrm{T}}\boldsymbol{M}^{\mathrm{T}}\boldsymbol{M}\boldsymbol{h}+\boldsymbol{e}^{\mathrm{T}}\boldsymbol{M}\boldsymbol{h}+\boldsymbol{h}^{\mathrm{T}}\boldsymbol{M}^{\mathrm{T}}\boldsymbol{e}+\boldsymbol{e}^{\mathrm{T}}\boldsymbol{e} \tag{16.56}$$

考虑这个求和公式中的第二项：

$$\mathbf{e}^{\mathrm{T}}\mathbf{M}\mathbf{h} = [\mathbf{t} - \mathbf{M}\mathbf{h}]^{\mathrm{T}}\mathbf{M}\mathbf{h} = \mathbf{t}^{\mathrm{T}}\mathbf{M}\mathbf{h} - \mathbf{h}^{\mathrm{T}}\mathbf{M}^{\mathrm{T}}\mathbf{M}\mathbf{h} \tag{16.57}$$

如果使用式(16.51)中最优的 $\mathbf{h}^*$，我们发现

$$\mathbf{e}^{\mathrm{T}}\mathbf{M}\mathbf{h}^* = \mathbf{t}^{\mathrm{T}}\mathbf{M}\mathbf{h}^* - \mathbf{t}^{\mathrm{T}}\mathbf{M}\mathbf{V}^{-1}\mathbf{M}^{\mathrm{T}}\mathbf{M}\mathbf{h}^* = \mathbf{t}^{\mathrm{T}}\mathbf{M}\mathbf{h}^* - \mathbf{t}^{\mathrm{T}}\mathbf{M}\mathbf{h}^* = 0 \tag{16.58}$$

所以式(16.56)中的总平方和变为

$$\mathbf{t}^{\mathrm{T}}\mathbf{t} = \mathbf{h}^{\mathrm{T}}\mathbf{M}^{\mathrm{T}}\mathbf{M}\mathbf{h} + \mathbf{e}^{\mathrm{T}}\mathbf{e} = \mathbf{h}^{\mathrm{T}}\mathbf{V}\mathbf{h} + \mathbf{e}^{\mathrm{T}}\mathbf{e} = \sum_{i=1}^{n} h_i^2 \mathbf{m}_i^{\mathrm{T}}\mathbf{m}_i + \mathbf{e}^{\mathrm{T}}\mathbf{e} \tag{16.59}$$

式(16.59)右侧的第一项是回归量对平方和的值的贡献，而第二项是剩余的平方和的值，这不是由回归量带来的。因此回归量(基函数)i 对平方和的值的贡献是：

$$h_i^2 \mathbf{m}_i^{\mathrm{T}}\mathbf{m}_i \tag{16.60}$$

这也代表了在网络中包含的相应基函数可以减小多少平方误差。在通过总的平方值归一化之后，我们将使用这个数来决定在每一次迭代中可以包含进来的下一个基函数：

$$o_i = \frac{h_i^2 \mathbf{m}_i^{\mathrm{T}}\mathbf{m}_i}{\mathbf{t}^{\mathrm{T}}\mathbf{t}} \tag{16.61}$$

16-21 这个数落在 0 到 1 之间。

现在，我们将所有想法融入一个中心选择算法。

OLS 算法

我们从回归矩阵 $\mathbf{U}$ 中包含的所有可能的基函数开始这个算法。(正如在式(16.45)后面说明的，如果训练集中的所有输入向量被看作基函数可能的中心点，则矩阵 $\mathbf{U}$ 就是 $Q(Q+1)$。)因为初始网络不包含基函数，所以这个矩阵只表示了可能的基函数。

OLS 算法的第一阶段包含以下三个步骤，对于每一个 $i=1, \cdots, Q$：

$$\mathbf{m}_1^{(i)} = \mathbf{u}_i \tag{16.62}$$

$$h_1^{(i)} = \frac{\mathbf{m}_1^{(i)\mathrm{T}}\mathbf{t}}{\mathbf{m}_1^{(i)\mathrm{T}}\mathbf{m}_1^{(i)}} \tag{16.63}$$

$$o_1^{(i)} = \frac{(h_1^{(i)})^2 \mathbf{m}_1^{(i)\mathrm{T}}\mathbf{m}_1^{(i)}}{\mathbf{t}^{\mathrm{T}}\mathbf{t}} \tag{16.64}$$

然后选择可以使误差减小最大的基函数：

$$o_1 = o_1^{(i_1)} = \max\{o_1^{(i)}\} \tag{16.65}$$

$$\mathbf{m}_1 = \mathbf{m}_1^{(i_1)} = \mathbf{u}_{i_1} \tag{16.66}$$

算法余下的迭代按下面的步骤继续(对于迭代 k)：对于 $i=1, \cdots, Q$，其中，$i \neq i_1, \cdots, i \neq i_{k-1}$

$$r_{j,k}^{(i)} = \frac{\mathbf{m}_j^{\mathrm{T}}\mathbf{u}_i}{\mathbf{m}_j^{\mathrm{T}}\mathbf{m}_j}, \quad j = 1, \cdots, k-1 \tag{16.67}$$

16-22

$$\mathbf{m}_k^{(i)} = \mathbf{u}_i - \sum_{j=1}^{k-1} r_{j,k}^{(i)}\mathbf{m}_j \tag{16.68}$$

$$h_k^{(i)} = \frac{\mathbf{m}_k^{(i)\mathrm{T}}\mathbf{t}}{\mathbf{m}_k^{(i)\mathrm{T}}\mathbf{m}_k^{(i)}} \tag{16.69}$$

$$o_k^{(i)} = \frac{(h_k^{(i)})^2 \mathbf{m}_k^{(i)\mathrm{T}}\mathbf{m}_k^{(i)}}{\mathbf{t}^{\mathrm{T}}\mathbf{t}} \tag{16.70}$$

$$o_k = o_k^{(i_k)} = \max\{o_k^{(i)}\} \tag{16.71}$$

$$r_{j,k} = r_{j,k}^{(i_k)}, \quad j = 1, \cdots, k-1 \tag{16.72}$$

$$\mathbf{m}_k = \mathbf{m}_k^{(i_k)} \tag{16.73}$$

连续迭代直到满足某种停止标准。一种可选的停止标准为

$$1-\sum_{j=1}^{k}o_j<\delta \tag{16.74}$$

其中 δ 是一个较小的数值。然而，太小的 δ 很容易导致网络过拟合，因为网络会变得很复杂。另一种可选的方法是采用第 13 章中讨论的验证集。在验证集错误率增加的时候停止训练。

当算法收敛之后，利用式(16.50)可以从变换后的权值 $\boldsymbol{h}$ 计算出原来的权值 $\boldsymbol{x}$。这通过反向替代可得：

$$x_n=h_n,\quad x_k=h_k-\sum_{j=k+1}^{n}r_{j,k}x_j \tag{16.75}$$

其中，n 是第二层的权值和偏置值(可调整的参数)的最终数量。

MATLAB 实验 使用 Neural Network Design Demonstration RBF Orthogonal Least Squares (nnd17ols)进行正交最小二乘学习的实验。

3. 聚类

存在另一种选择 RBF 网络第一层权值和偏置值的方法[MoDa89]。这种方法使用了第 15 章描述的竞争网络。回想 Kohonen 的竞争层(见图 15.2)和自组织特征图(见图 15.9)是在训练集的输入向量上执行聚类操作。训练之后，竞争网络每行包含着标准或者叫聚类中心。这为 RBF 网络第一层定位中心和选择偏置值提供了一种方法。如果在训练集的输入向量上执行这个聚类算法，所得到的标准(聚类中心)就可以作为 RBF 网络的中心点。另外，我们可以计算出每个聚类的方差，并使用这个值计算对应神经元合适的偏置值。 16-23

再次考虑如下的训练集：

$$\{\boldsymbol{p}_1,\boldsymbol{t}_1\}\{\boldsymbol{p}_2,\boldsymbol{t}_2\},\cdots,\{\boldsymbol{p}_Q,\boldsymbol{t}_Q\} \tag{16.76}$$

我们希望对训练集中的输入向量执行聚类：

$$\{\boldsymbol{p}_1,\boldsymbol{p}_2,\cdots,\boldsymbol{p}_Q\} \tag{16.77}$$

通过式(15.13)中的 Kohonen 学习规则训练 RBF 网络的第一层权值来聚类这些向量，这里重复这一规则：

$${}_{i^*}\boldsymbol{w}^1(q)={}_{i^*}\boldsymbol{w}^1(q-1)+\alpha(\boldsymbol{p}(q)-{}_{i^*}\boldsymbol{w}^1(q-1)) \tag{16.78}$$

其中，$\boldsymbol{p}(q)$是训练集中的一个输入向量，${}_{i^*}\boldsymbol{w}^1(q-1)$是最接近 $\boldsymbol{p}(q)$的权值向量。(也可以使用其他聚类算法，例如自组织特征图或者[MoDa89]中建议的 k 均值聚类算法。)正如第 15 章描述的，重复运算式(16.78)直到权值收敛。所得到的收敛的权值代表训练集中输入向量的聚类中心。这保证了基函数位于输入向量最可能出现的区域。

除了选择第一层的权值之外，聚类算法也提供了决定第一层偏置值的方法。对于每一个神经元(基函数)，从训练集中找到与相应的权值向量(中心)最接近的n_c个输入向量，然后计算出中心点和它相邻点的平均距离。

$$\text{dist}_i=\frac{1}{n_c}\left(\sum_{j=1}^{n_c}\|\boldsymbol{p}_j^i-{}_i\boldsymbol{w}^1\|^2\right)^{\frac{1}{2}} \tag{16.79}$$

其中，$\boldsymbol{p}_1^i$ 是与${}_i\boldsymbol{w}^1$ 最接近的输入向量，$\boldsymbol{p}_2^i$ 是第二接近的输入向量。通过这些距离，文献[MoDa89]推荐设置第一层偏置值为： 16-24

$$b_i^1=\frac{1}{\sqrt{2}\text{dist}_i} \tag{16.80}$$

因此，当一个聚类分布很广时，它对应的基函数也将很宽。注意，在这种情况下，第一层的每一个偏置值也将是不同的。这样得出的网络对基函数的使用会比使用相同偏置值的网络更有效。

在第一层的权值和偏置值确定后，用线性最小二乘法来确定第二层的权值和偏置值。

采用聚类方法来设计 RBF 网络的第一层存在一个潜在的缺点。这种方法只考虑了输入向量的分布，而没有考虑目标的分布。有可能我们尝试逼近的函数在输入样本比较少的区域会更复杂。对于这种情况，聚类方法将无法适当地分配聚类中心。另一方面，设计者可能希望训练数据分布在网络使用最多的区域，这样会使得函数逼近结果在那些区域最准确。

4. 非线性优化

我们也可以采用与 MLP 网络相同的方式训练 RBF 网络，即采用同时调整网络的所有权值和偏置值的非线性优化技术。这些方法一般不用于 RBF 网络的完整训练，因为在这些网络的误差曲面上往往有许多不满足要求的局部极小点。但是，在使用了我们在之前小节中介绍的两阶段方法进行预训练之后，非线性优化可以用于网络参数的微调。

由于第 11 和 12 章对非线性优化已经做了详细的描述，我们在这里不再完整描述，只简单地说明如何修改 MLP 网络中梯度计算的基本反向传播算法以适用于 RBF 网络。

RBF 网络的梯度推导遵循与 MLP 网络的梯度推导相同的模式，需要的读者可以回顾从式(11.9)开始的内容。这里我们仅讨论两个推导中不同的一步。不同之处出现在式(11.20)中。RBF 网络的第二层的净输入与 MLP 网络中对应的部分具有相同的形式，但
16-25 是第一层的净输入形式则不同(在式(16.1)给出，并且这里再次重复)：

$$n_i^1 = \| \boldsymbol{p} - {}_i\boldsymbol{w}^1 \| b_i^1 = b_i^1 \sqrt{\sum_{j=1}^{S^1} (p_j - w_{i,j}^1)^2} \tag{16.81}$$

如果我们求这个函数对权值和偏置值的导数，则有

$$\frac{\partial n_i^1}{\partial w_{i,j}^1} = b_i^1 \frac{1/2}{\sqrt{\sum_{j=1}^{S^1} (p_j - w_{i,j}^1)^2}} 2(p_j - w_{i,j}^1)(-1) = \frac{b_i^1 (w_{i,j}^1 - p_j)}{\| \boldsymbol{p} - {}_i\boldsymbol{w}^1 \|} \tag{16.82}$$

$$\frac{\partial n_i^1}{\partial b_i^1} = \| \boldsymbol{p} - {}_i\boldsymbol{w}^1 \| \tag{16.83}$$

这就为 RBF 网络的第一层生成了修改后的梯度公式(对比于式(11.23)和式(11.24))：

$$\frac{\partial \hat{F}}{\partial w_{i,j}^1} = s_i^1 \frac{b_i^1 (w_{i,j}^1 - p_j)}{\| \boldsymbol{p} - {}_i\boldsymbol{w}^1 \|} \tag{16.84}$$

$$\frac{\partial \hat{F}}{\partial b_i^1} = s_i^1 \| \boldsymbol{p} - {}_i\boldsymbol{w}^1 \| \tag{16.85}$$

因此，如果我们回顾一下 MLP 网络的梯度下降 BP 算法的小结，从式(11.44)到式(11.47)，我们发现对于 RBF 网络的唯一区别是：当 $m=1$ 时，用式(16.84)和式(16.85)替换了式(11.46)和式(11.47)。而当 $m=2$ 时，原始等式相同。

MATLAB 实验 使用 Neural Network Design Demonstration RBF Nonlinear Optimization (nnd17no)进行非线性优化学习的实验。

5. 其他训练方法

在本章里，我们仅仅粗浅地介绍了 RBF 网络的各种训练方法。我们试图给出主要的概念，但它们存在许多变形。例如，OLS 算法已被扩展到处理多输出[ChCo92]和正则化

的性能指标[ChCh96]的问题。它也可以与遗传算法[ChCo99]结合用于选择第一层的偏置值和正则化参数。从文献[Bish91]开始，几位研究者提出将期望最大化算法用于优化中心的位置。文献[OrHa00]采用一种回归树方法进行中心点选择。还有许多关于使用聚类以及结合使用聚类进行参数初始化和使用非线性优化进行微调的变形算法。RBF 网络的结构使得它有许多的训练方法。 16-26 ~ 16-27

16.3 小结

径向基网络

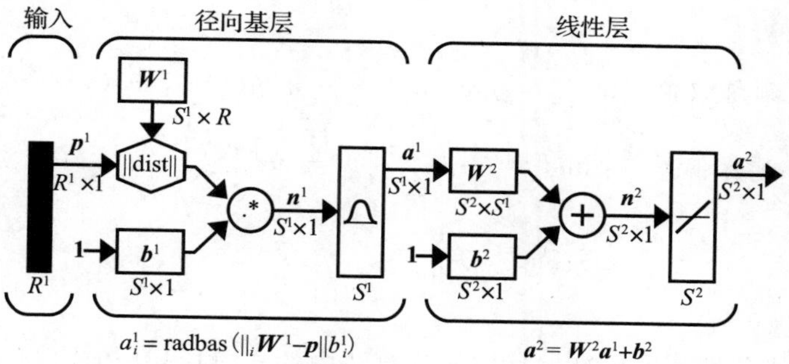

训练径向基网络

线性最小二乘

$$\boldsymbol{x}=\begin{bmatrix}{}_1\boldsymbol{w}^2\\ b^2\end{bmatrix},\quad \boldsymbol{z}_q=\begin{bmatrix}\boldsymbol{a}_q^1\\ 1\end{bmatrix}$$

$$\boldsymbol{t}=\begin{bmatrix}t_1\\ t_2\\ \vdots\\ t_Q\end{bmatrix},\quad \boldsymbol{U}=\begin{bmatrix}{}_1\boldsymbol{u}^{\mathrm{T}}\\ {}_2\boldsymbol{u}^{\mathrm{T}}\\ \vdots\\ {}_Q\boldsymbol{u}^{\mathrm{T}}\end{bmatrix}=\begin{bmatrix}\boldsymbol{z}_1^{\mathrm{T}}\\ \boldsymbol{z}_2^{\mathrm{T}}\\ \vdots\\ \boldsymbol{z}_Q^{\mathrm{T}}\end{bmatrix},\quad \boldsymbol{e}=\begin{bmatrix}e_1\\ e_2\\ \vdots\\ e_Q\end{bmatrix}$$

$$F(\boldsymbol{x})=(\boldsymbol{t}-\boldsymbol{U}\boldsymbol{x})^{\mathrm{T}}(\boldsymbol{t}-\boldsymbol{U}\boldsymbol{x})+\rho\boldsymbol{x}^{\mathrm{T}}\boldsymbol{x}$$

$$[\boldsymbol{U}^{\mathrm{T}}\boldsymbol{U}+\rho\boldsymbol{I}]\boldsymbol{x}^*=\boldsymbol{U}^{\mathrm{T}}\boldsymbol{t}$$

16-28

正交最小二乘

第 1 步：

$$\boldsymbol{m}_1^{(i)}=\boldsymbol{u}_i$$

$$h_1^{(i)}=\frac{\boldsymbol{m}_1^{(i)\mathrm{T}}\boldsymbol{t}}{\boldsymbol{m}_1^{(i)\mathrm{T}}\boldsymbol{m}_1^{(i)}}$$

$$o_1^{(i)}=\frac{(h_1^{(i)})^2\boldsymbol{m}_1^{(i)\mathrm{T}}\boldsymbol{m}_1^{(i)}}{\boldsymbol{t}^{\mathrm{T}}\boldsymbol{t}}$$

$$o_1=o_1^{(i_1)}=\max\{o_1^{(i)}\}$$

$$\boldsymbol{m}_1=\boldsymbol{m}_1^{(i_1)}=\boldsymbol{u}_{i_1}$$

第 k 步：对于 $i=1,\cdots,Q$，其中，$i\neq i_1,\cdots,i\neq i_{k-1}$，有

$$r_{j,k}^{(i)}=\frac{\boldsymbol{m}_j^{\mathrm{T}}\boldsymbol{u}_k}{\boldsymbol{m}_j^{\mathrm{T}}\boldsymbol{m}_j},\quad j=1,\cdots,k$$

$$
\begin{aligned}
\boldsymbol{m}_k^{(i)} &= \boldsymbol{u}_i - \sum_{j=1}^{k-1} r_{j,k}^{(i)} \boldsymbol{m}_j \\
h_k^{(i)} &= \frac{\boldsymbol{m}_k^{(i)\mathrm{T}} \boldsymbol{t}}{\boldsymbol{m}_k^{(i)\mathrm{T}} \boldsymbol{m}_k^{(i)}} \\
o_k^{(i)} &= \frac{(h_k^{(i)})^2 \boldsymbol{m}_k^{(i)\mathrm{T}} \boldsymbol{m}_k^{(i)}}{\boldsymbol{t}^{\mathrm{T}} \boldsymbol{t}} \\
o_k &= o_k^{(i_k)} = \max\{o_k^{(i)}\} \\
\boldsymbol{m}_k &= \boldsymbol{m}_k^{(i_k)}
\end{aligned}
$$

16-29 聚类

训练权值：$_i\boldsymbol{w}^1(q) = {}_{i^*}\boldsymbol{w}^1(q-1) + \alpha(\boldsymbol{p}(q) - {}_{i^*}\boldsymbol{w}^1(q-1))$

选择偏置值：$\text{dist}_i = \frac{1}{n_c}\left(\sum_{j=1}^{n_c} \| \boldsymbol{p}_j^i - {}_i\boldsymbol{w}^1 \|^2\right)^{\frac{1}{2}}$

$$b_i^1 = \frac{1}{\sqrt{2}\,\text{dist}_i}$$

非线性优化

使用下式分别替换标准的反向传播算法中的式(11.46)和式(11.47)：

$$\frac{\partial \hat{F}}{\partial w_{i,j}^1} = s_i^1 \frac{b_i^1(w_{i,j}^1 - p_j)}{\| \boldsymbol{p} - {}_i\boldsymbol{w}^1 \|}$$

16-30

$$\frac{\partial \hat{F}}{\partial b_i^1} = s_i^1 \| \boldsymbol{p} - {}_i\boldsymbol{w}^1 \|$$

16.4 例题

P16.1 使用 OLS 算法逼近如下函数：

$$g(p) = \cos(\pi p), \quad -1 \leqslant p \leqslant 1$$

为了获得训练集，我们将计算函数在 5 个 p 点处的值：

$$p = \{-1, -0.5, 0, 0.5, 1\}$$

将产生如下目标值：

$$t = \{-1, 0, 1, 0, -1\}$$

执行 OLS 算法的一次迭代。假定训练集中的输入都是可能的中心，并且偏置值都等于 1。

解 首先，我们计算第一层的输出：

$$n_{i,q}^1 = \| \boldsymbol{p}_q - {}_i\boldsymbol{w}^1 \| b_i^1$$

$$\boldsymbol{a}_q^1 = \text{radbas}(\boldsymbol{n}_q^1)$$

$$\boldsymbol{a}^1 = \left\{ \begin{bmatrix} 1.000 \\ 0.779 \\ 0.368 \\ 0.105 \\ 0.018 \end{bmatrix}, \begin{bmatrix} 0.779 \\ 1.000 \\ 0.779 \\ 0.368 \\ 0.105 \end{bmatrix}, \begin{bmatrix} 0.368 \\ 0.779 \\ 1.000 \\ 0.779 \\ 0.368 \end{bmatrix}, \begin{bmatrix} 0.105 \\ 0.368 \\ 0.779 \\ 1.000 \\ 0.779 \end{bmatrix}, \begin{bmatrix} 0.018 \\ 0.105 \\ 0.368 \\ 0.779 \\ 1.000 \end{bmatrix} \right\}$$

我们使用式(16.17)和(16.21)来构造矩阵 $\boldsymbol{U}$ 和 $\boldsymbol{t}$：

$$
\boldsymbol{U}^{\mathrm{T}}=\begin{bmatrix}1.000 & 0.779 & 0.368 & 0.105 & 0.018\\ 0.779 & 1.000 & 0.779 & 0.368 & 0.105\\ 0.368 & 0.779 & 1.000 & 0.779 & 0.368\\ 0.105 & 0.368 & 0.779 & 1.000 & 0.779\\ 0.018 & 0.105 & 0.368 & 0.779 & 1.000\\ 1.000 & 1.000 & 1.000 & 1.000 & 1.000\end{bmatrix}
$$

$$
\boldsymbol{t}^{\mathrm{T}}=\begin{bmatrix}-1 & 0 & 1 & 0 & -1\end{bmatrix}
$$ 16-31

现在，我们执行算法的第一步：

$$
\boldsymbol{m}_1^{(i)}=\boldsymbol{u}_i
$$

$$
\boldsymbol{m}_1^{(1)}=\begin{bmatrix}1.000\\0.779\\0.368\\0.105\\0.018\end{bmatrix},\quad \boldsymbol{m}_1^{(2)}=\begin{bmatrix}0.779\\1.000\\0.779\\0.368\\0.105\end{bmatrix},\quad \boldsymbol{m}_1^{(3)}=\begin{bmatrix}0.368\\0.779\\1.000\\0.779\\0.368\end{bmatrix}
$$

$$
\boldsymbol{m}_1^{(4)}=\begin{bmatrix}0.105\\0.368\\0.779\\1.000\\0.779\end{bmatrix},\quad \boldsymbol{m}_1^{(5)}=\begin{bmatrix}0.018\\0.105\\0.368\\0.779\\1.000\end{bmatrix},\quad \boldsymbol{m}_1^{(6)}=\begin{bmatrix}1.000\\1.000\\1.000\\1.000\\1.000\end{bmatrix}
$$

$$
h_1^{(i)}=\frac{\boldsymbol{m}_1^{(i)\mathrm{T}}\boldsymbol{t}}{\boldsymbol{m}_1^{(i)\mathrm{T}}\boldsymbol{m}_1^{(i)}}
$$

$$
h_1^{(1)}=-0.371,\quad h_1^{(2)}=-0.045,\quad h_1^{(3)}=0.106
$$

$$
h_1^{(4)}=-0.045,\quad h_1^{(5)}=-0.371,\quad h_1^{(6)}=-0.200
$$

$$
o_1^{(i)}=\frac{(h_1^{(i)})^2\boldsymbol{m}_1^{(i)\mathrm{T}}\boldsymbol{m}_1^{(i)}}{\boldsymbol{t}^{\mathrm{T}}\boldsymbol{t}}
$$

$$
o_1^{(1)}=0.0804,\quad o_1^{(2)}=0.0016,\quad o_1^{(3)}=0.0094
$$

$$
o_1^{(4)}=0.0016,\quad o_1^{(5)}=0.0804,\quad o_1^{(6)}=0.0667
$$

我们看到第一个和第五中心点将会减少 0.0804 的误差。这意味着如果第一个或者第五个中心被用在第一层的一个神经元上，误差将减少 8.04%。我们一般选择第一个中心，因为它具有最小的索引。

如果停在该点上，我们将添加第一个中心到隐层中。由式(16.75)，可知 $w_{1,1}^2=x_1=h_1=h_1^{(1)}=-0.371$。并且因为偏置中心 $\boldsymbol{m}_1^{(6)}$ 在第一次迭代中没有被选中，所以 $b_2=0$。注意，从式(16.75)中可以看出，如果我们继续在隐层中添加神经元的话，第一个权值就会改变。这个求 x_k 的公式只有在全部的 h_k 找到之后才会使用。此时，只有 x_n 精确等于 h_n。 16-32

如果我们继续该算法，$\boldsymbol{U}$ 中的第一列将会被移除掉。我们将使用式(16.54)来正交化第一次迭代中被选中的关于 $\boldsymbol{m}_1$ 的 $\boldsymbol{U}$ 中剩余的所有列。这里有一个有趣的地方，就是在第二次迭代中误差的减少要比第一次迭代中误差的减少大得多。误差减少的序列是 0.0804，0.3526，0.5074，0.0448，0.0147，0，中心点被选择的顺序是 1，2，5，3，4，6。在后面的迭代中误差减少更大的原因是网络将基函数组合起来以产生最好的逼近。这就是前向选择不能保证产生使用穷尽搜索方法所能找到的最优组合的原因。并且，偏置值最后才被选中，它并不会减少误差。

P16.2 图 P16.1 描述了一个分类问题，其中，类Ⅰ的向量使用黑色圆点来表示，类Ⅱ的向量使用黑色圆圈来表示，这些类别是线性不可分的。设计一个径向基函数网络来正确地把这两类分开。

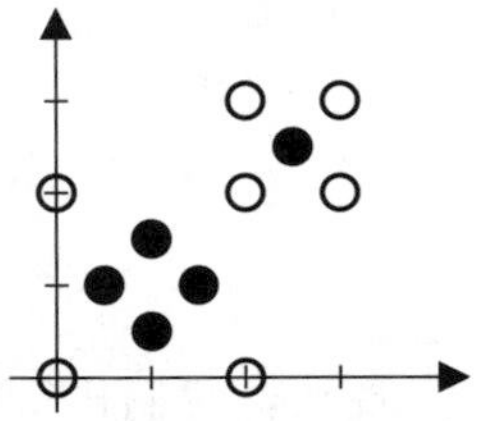

图 P16.1 例题 16.2 的分类问题

解 从问题阐述中我们知道，网络需要 2 个输入，而且可以使用一个输出来区分这两类。选择正的输出值来代表类Ⅰ的向量，负的输出值来代表类Ⅱ的向量。类Ⅰ的区域由两个简单的子区域组成，并且看起来使用 2 个神经元应该足够执行这个分类问题。第一层的权值矩阵的行将为 2 个基函数创建中心，而且我们所选择的每一个中心将位于每个子区域的中间。通过把每一个基函数置于每个子区域的中心，我们可以最大化网络在该处的输出。则第一层的权值矩阵为

$$\boldsymbol{w}^1 = \begin{bmatrix} 1 & 1 \\ 2.5 & 2.5 \end{bmatrix}$$

如何选择第一层的偏置值取决于我们想要为每个基函数设置的宽度。对于这个问题，第一个基函数应该比第二个基函数的宽度要大。因此，第一个偏置值应该比

16-33 第二个偏置值小。由第一个基函数形成的边界的半径应该近似等于 1，而第二个基函数的边界半径大约为 1/2。我们希望在这个距离内，基函数从峰值有明显的下降。如果第一个神经元的偏置值为 1，第二个神经元偏置值为 2，则在中心点的一个半径范围内会有如下下降量

$$a = e^{-n^2} = e^{-(1\times1)^2} = e^{-1} = 0.3679,\quad a = e^{-n^2} = e^{-(2\times0.5)^2} = e^{-1} = 0.3679$$

这足以解决我们的问题，所以令第一层神经元的偏置向量为

$$\boldsymbol{b}^1 = \begin{bmatrix} 1 \\ 2 \end{bmatrix}$$

原基函数响应范围是 0 到 1(见图 16.1)。我们希望当输入在决策区域之外时输出为负，因此令第二层的偏置值为－1，并且为了让函数峰值重置为 1，故而令第二层的权值为 2。所以第二层的权值和偏置值为：

$$\boldsymbol{W}^2 = [2 \quad 2],\quad b^2 = -1$$

图 P16.2 右图展示了使用这些网络参数时的网络响应。该图展示了曲面与平面 $a^2=0$ 相交的位置，这也是决策边界的位置。曲面下方的轮廓线也表明了这点。这是函数在 $a^2=0$ 处的轮廓线。图 P16.2 中左图更清楚地描述了这些决策区域。

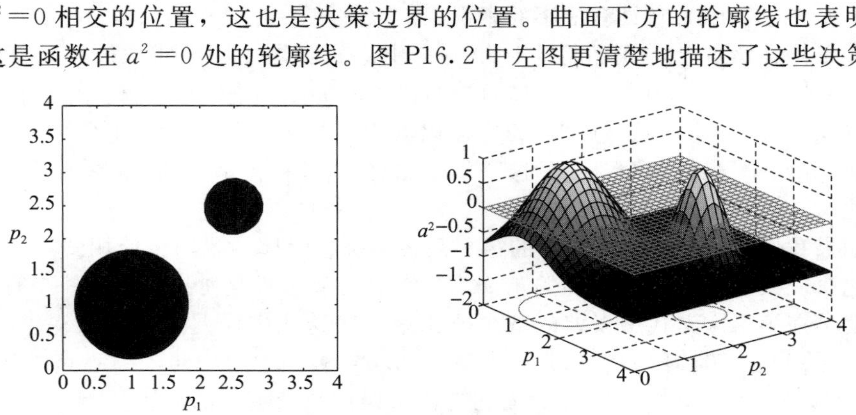

16-34 图 P16.2 例题 16.2 的决策区域

P16.3 对于具有一个输入和隐层有一个神经元的 RBF 网络，设定初始权值和偏置值为

$$w^1(0)=0,\quad b^1(0)=1,\quad w^2(0)=-2,\quad b^2(0)=1$$

给定一个输入和目标对为：

$$\{p=-1,\quad t=1\}$$

以 $\alpha=1$ 来执行最速下降反向传播的一次迭代。

解 第一步是传播输入通过整个网络：

$$n^1=\|p-w^1\|b^1=1\sqrt{(-1-0)^2}=1$$

$$a^1=\text{radbas}(n^1)=\text{e}^{-(n^1)^2}=\text{e}^{-1}=0.3679$$

$$n^2=w^2a^1+b^2=-2\times0.3679+1=0.2642$$

$$a^2=\text{purelin}(n^2)=n^2=0.2642$$

$$e=(t-a^2)=1-0.2642=0.7358$$

然后，通过式(11.44)和式(11.45)反向传播误差敏感度：

$$\boldsymbol{s}^2=-2\dot{\boldsymbol{F}}^2(\boldsymbol{n}^2)(\boldsymbol{t}-\boldsymbol{a})=-2\times1\times\text{e}=-2\times1\times0.7358=-1.4716$$

$$\boldsymbol{s}^1=\dot{\boldsymbol{F}}^1(\boldsymbol{n}^1)(\boldsymbol{W}^2)^{\text{T}}\boldsymbol{s}^2=(-2n^1\text{e}^{-(n^1)^2})w^2\boldsymbol{s}^2$$
$$=(-2\times1\times\text{e}^{-1})\times(-2)\times(-1.4716)=-2.1655$$

最后，通过式(11.46)和式(11.47)更新第二层的权值和偏置值，同时通过式(16.84)和式(16.85)更新第一层

$$w^2(1)=w^2(0)-\alpha s^2(a^1)^{\text{T}}=(-2)-1\times(-1.4716)\times0.3679=-1.4586$$

$$w^1(1)=w^1(0)-\alpha s^1\left(\frac{b^1(w^1-p)}{\|p-w^1\|}\right)=0-1\times(-2.1655)\left(\frac{1\times(0-(-1))}{\|-1-0\|}\right)=2.1655$$

$$b^2(1)=b^2(0)-\alpha s^2=1-1\times(-1.4716)=2.4716$$

$$b^1(1)=b^1(0)-\alpha s^1\|p-w^1\|=1-1\times(-2.1655)\|-1-0\|=3.1655$$ 16-35

16.5 结束语

径向基函数网络是除多层感知机网络以外的另一种解决函数逼近和模式识别问题的方法。本章我们主要描述了 RBF 网络的运行以及几种训练网络的方法。不同于 MLP 网络的训练，RBF 网络训练主要包括两个阶段。第一阶段是选择第一层的权值和偏置值。第二阶段通常涉及使用最小二乘法计算第二层的权值和偏置值。 16-36

16.6 扩展阅读

[**Bish91**] C. M. Bishop, "Improving the generalization properties of radial basis function neural networks," Neural Computation, Vol. 3, No. 4, pp. 579-588, 1991.

第一篇将最大化期望算法用于优化径向基网络的聚类中心的论文。

[**BrLo88**] D. S. Broomhead and D. Lowe, "Multivariable function interpolation and adaptive networks," Complex Systems, vol. 2, pp. 321-355, 1988.

这篇开创性论文第一次阐述了径向基函数在神经网络领域内的使用。

[**ChCo91**] S. Chen, C. F. N. Cowan, and P. M. Grant, "Orthogonal least squares learning algorithm for radial basis function networks," IEEE Transactions on Neural Networks, Vol. 2, No. 2, pp. 302-309, 1991.

第一篇使用子集选择技术为径向基函数网络选择中心点的论文。

[**ChCo92**] S. Chen, P. M. Grant, and C. F. N. Cowan, "Orthogonal least squares algorithm for training multioutput radial basis function networks," Proceedings of the Institute of Electrical Engineers, Vol. 139, Pt. F, No. 6, pp. 378-384, 1992.

这篇论文将正交最小二乘法扩展到多输出情况。

[**ChCh96**] S. Chen, E. S. Chng, and K. Alkadhimi, "Regularised orthogonal least squares algorithm for constructing radial basis function networks," International Journal of Control, Vol. 64, No. 5, pp. 829-837, 1996.

这篇论文改进了正交最小二乘法以处理正则化的性能指标。

[**ChCo99**] S. Chen, C. F. N. Cowan, and P. M. Grant, "Combined Genetic Algorithm Optimization and Regularized Orthogonal Least Squares Learning for Radial Basis Function Networks," IEEE Transactions on Neural Networks, Vol. 10, No. 5, pp. 302-309, 1999.

16-37 这篇论文将正交最小二乘法与遗传算法结合用于计算正则化参数和基函数的跨度，同时用于选择中心点和计算径向基函数网络的第二层的最优权值。

[**Lowe89**] D. Lowe, "Adaptive radial basis function nonlinearities, and the problem of generalization," Proceedings of the First IEE International Conference on Artificial Neural Networks, pp. 171-175, 1989.

这篇论文描述如何使用基于梯度的算法来训练 RBF 网络的所有参数，包括基函数中心和宽度。它也给出了当从训练数据集中随机选取中心时，一个设置基函数宽度的公式。

[**Mill90**] A. J. Miller, Subset Selection in Regression. Chapman and Hall, N. Y. , 1990.

这本书清楚完整地讨论了子集选择的一般问题。其中包括如何从一个大的输入自变量集合中选择合适子集以便高效预测一些因变量。

[**MoDa89**] J. Moody and C. J. Darken, "Fast Learning in Networks of Locally-Tuned Processing Units," Neural Computation, Vol. 1, pp. 281-294, 1989.

第一篇使用聚类方法选择径向基函数中心和方差的论文。

[**OrHa00**] M. J. Orr, J. Hallam, A. Murray, and T. Leonard, "Assessing rbf networks using delve," IJNS, 2000.

这篇论文对比了一些训练径向基函数网络的方法，其中包括正则化的前向选择和回归树。

[**PaSa93**] J. Park and I. W. Sandberg, "Universal approximation using radial-basis-function networks," Neural Computation, vol. 5, pp. 305-316, 1993.

这篇论文证明了径向基函数网络的通用逼近性能。

[**Powe87**] M. J. D. Powell, "Radial basis functions for multivariable interpolation: a review," Algorithms for Approximation, pp. 143-167, Oxford, 1987.

16-38 这篇论文回顾了径向基函数的早期工作。径向基函数最初主要用于精确的多变量插值问题。

16.7 习题

E16.1 设计一个 RBF 网络实现如图 E16.1 所示的分类。当输入向量在阴影区域时，网络需要产生正的输出；否则，网络产生负的输出。

E16.2 为具有两个隐层神经元和一个输出神经元的 RBF 网络选择恰当的权值和偏置值，使得该网络的响应能经过图 E16.2 中的圆圈所标识的点。

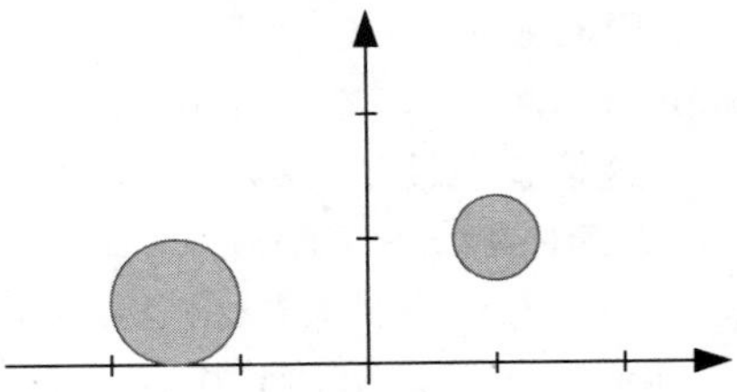

图 E16.1 模式分类区域

MATLAB 实验 使用 Neural Network Design Demonstration RBF Network Function (nnd17nf)检查自己的结果。

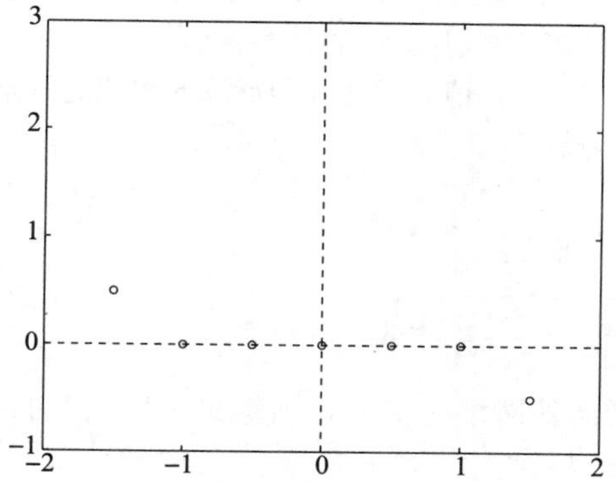

图 E16.2 函数逼近习题

16-39

E16.3 考虑一个 1-2-1 结构的 RBF 网络(隐层有两个神经元且具有一个输出神经元)。第一层权值和偏置值取固定值如下:

$$\mathbf{W}^1 = \begin{bmatrix} -1 \\ 1 \end{bmatrix}, \quad \mathbf{b}^1 = \begin{bmatrix} 0.5 \\ 0.5 \end{bmatrix}$$

假设第二层的偏置值固定为 0($b^2=0$)。训练集为如下的输入/目标对:

$$\{p_1 = 1, t_1 = -1\}, \quad \{p_2 = 0, t_2 = 0\}, \quad \{p_3 = -1, t_3 = 1\}$$

i. 假设正则化参数 $\rho=0$,用线性最小二乘法求解第二层的权值。

ii. 画出误差平方和的轮廓图,注意它将是一个二次函数(见第 8 章)。

iii. MATLAB 练习 写一个 MATLAB 程序检验问题 i 和问题 ii 的解答。

iv. 假设 $\rho=4$,重复问题 i 到问题 iii,并画出正则化的平方误差。

E16.4 式(16.25)中给出的 RBF 网络性能指标的 Hessian 矩阵为

$$2[\mathbf{U}^{\mathrm{T}}\mathbf{U} + \rho\mathbf{I}]$$

请证明:当 $\rho \geqslant 0$ 时,该矩阵至少是半正定的;当 $\rho > 0$ 时,该矩阵是正定的。

E16.5 考虑一个 RBF 网络,它的第一层权值和偏置值固定。请说明第 10 章中的 LMS 算法通过怎样的修改才可以用来学习这个 RBF 网络第二层的权值和偏置值。

E16.6 假设用一个线性传输函数替换 RBF 网络中第一层的高斯传输函数。

i. 在例题 P11.8 中,我们证明了一个在每层都使用线性传输函数的多层感知机等价于一个单层感知机。如果我们在 RBF 网络的每层都使用线性传输函数,那么它是否还等价于一个单层网络?请解释为什么。

ii. MATLAB 练习 设计一个与图 16.4 等价的例子,说明在第一层采用线性传输函数的 RBF 网络的运行机理,并用 MATLAB 画出图形。如果第一层传输函数是线性的,你是否认为这个 RBF 网络是一个通用逼近器?请说明理由。 16-40

E16.7 考虑一个径向基网络,如图 16.2 所示,但假设在第二层没有偏置值。第一层有两个神经元(两个基函数)。第一层的权值(中心)和偏置值固定,有三个输入和目标对。第一层的输出和目标如下:

$$\mathbf{a}^1 = \left\{ \begin{bmatrix} 2 \\ 1 \end{bmatrix}, \begin{bmatrix} 1 \\ 2 \end{bmatrix}, \begin{bmatrix} 0 \\ 1 \end{bmatrix} \right\}, \quad t = \{0, 1, 2\}$$

i. 用线性最小二乘法计算网络第二层的权值。

ii. 假设现在第一层的基函数中心仅仅是潜在的中心。如果用正交最小二乘法选择潜在中心，哪一个中心会首先被选中，它第二层对应的权值是多少，它会降低多少平方误差？请依次给出清晰的计算过程。

iii. 在问题 i 中计算的两个权值和问题 ii 中计算的权值之间是否有关系？请说明理由。

E16.8 在下列数据上重复习题 E16.7：

i. $\mathbf{a}^1=\left\{\begin{bmatrix}1\\2\end{bmatrix},\ \begin{bmatrix}2\\1\end{bmatrix},\ \begin{bmatrix}-1\\1\end{bmatrix}\right\}$，$t=\{1,\ 2,\ -1\}$

ii. $\mathbf{a}^1=\left\{\begin{bmatrix}2\\1\end{bmatrix},\ \begin{bmatrix}1\\1\end{bmatrix},\ \begin{bmatrix}0\\1\end{bmatrix}\right\}$，$t=\{3,\ 1,\ 2\}$

E16.9 考虑图 E16.3 中径向基网络的变形，训练集中输入和目标分别为$\{p_1=-1,\ t_1=-1\}$，$\{p_2=1,\ t_2=1\}$。

i. 找到权值矩阵 $\mathbf{W}^2$ 的线性最小二乘解。

16-41 ii. 对问题 i 中找到的权值矩阵 $\mathbf{W}^2$，请画出当输入变量在$[-2,\ 2]$区间变化时的网络响应图。

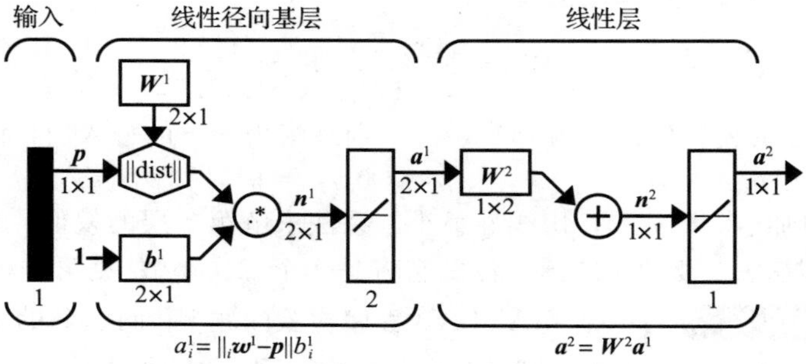

图 E16.3 习题 E16.9 的径向基网络

E16.10 MATLAB 练习 考虑一个 $1\text{-}S^1\text{-}1$ 结构的 RBF 网络，其第一层权值和偏置值固定，请编写一个 MATLAB 程序实现这个网络的线性最小二乘算法。训练这个网络逼近如下函数：

$$g(p)=1+\sin\left(\frac{\pi}{8}p\right),\quad -2\leqslant p\leqslant 2$$

i. 在区间$-2\leqslant p\leqslant 2$ 内随机选择 10 个训练点。

ii. 选择 4 个均匀分布在区间$-2\leqslant p\leqslant 2$ 中的基函数中心。接着用式(16.9)设置偏置值。最后用线性最小二乘法求解第二层的权值和偏置值，这里假设不做正则化处理。画出网络在区间$-2\leqslant p\leqslant 2$ 的响应曲线，请同时在该图上标明训练数据点。计算整个训练集上的误差平方和。

iii. 把问题 ii 中的偏置值放大到 2 倍再重复完成题目中的所有要求。

iv. 把问题 ii 中的偏置值缩小 1/2 再重复完成题目中的所有要求。

v. 比较上述各种情况中的误差平方和，并解释相应的结果。

E16.11 MATLAB 练习 使用习题 E16.10 中提到的函数，并且采用一个隐层具有 10 个神经元的 RBF 网络。

i. 假设正则化参数 $\rho=0.2$，请重复习题 E16.10 中的问题 ii，并说明 RBF 网络的响应有何变化。

ii. 在训练集的目标上添加在[−0.1，0.1]范围内均匀分布的随机噪声，在不作正则化处理和正则化参数分别为 $\rho=0.2$，2，20 的几种情况下，再重复习题 E16.10 中的问题 ii。请问，哪种情况下的结果最好？请解释其理由。 16-42

E16.12 MATLAB 练习 使用 MATLAB 程序实现正交最小二乘算法。使用正交最小二乘算法重复习题 E16.10。用 10 个随机训练点输入作为潜在的中心点，并且通过式(16.9)确定偏置值。只使用前四个中心点。请将你最后得到的误差平方和与习题 E16.10 中问题 ii 的结果作对比。

E16.13 MATLAB 练习 使用 MATLAB 程序实现 1-S^1-1 结构的 RBF 网络的最速下降算法并训练网络逼近函数

$$g(p)=1+\sin\left(\frac{\pi}{8}p\right),\quad -2\leqslant p\leqslant 2$$

使用简单修改过的习题 E11.25 的程序。

i. 从区间 $-2\leqslant p\leqslant 2$ 中随机选择 10 个数据点。

ii. 初始所有参数(两层中的权值和偏置值)为较小的随机数值，然后训练网络至收敛。(对学习率 α 进行实验，找到一个稳定的值。)在区间 $-2\leqslant p\leqslant 2$ 上画出网络响应图，并且在同一图上画出训练点。计算训练集上的误差平方和。分别使用 2、4 或 8 个中心，并尝试不同的初始权值的情况。

iii. 使用不同的初始化参数方法重复问题 ii。从如下方法开始设定参数。首先，在区间 $-2\leqslant p\leqslant 2$ 上等距地确定基函数的中心。然后通过式(16.9)设定偏置值。最后，采用线性最小二乘法确定第二层的权值和偏置值。请计算使用这些初始权值和偏置值时的平方误差。并且从这些初始条件开始，使用最速下降法训练网络参数。

iv. 请对比所有情况下最后的误差平方和并解释你的结果。

E16.14 假设一个径向基函数层(RBF 网络中的第一层)用在多层网络的第二层或者第三层。如何修改反向传播式(11.35)来适应这个改变。(注意权值更新将从式(11.23)和式(11.24)修改为式(16.84)和(16.85)。)

E16.15 MATLAB 练习 回顾习题 E15.10，题中要求训练一个特征图来聚类输入空间

$$0\leqslant p_1\leqslant 1,\quad 2\leqslant p_2\leqslant 3$$ 16-43

假设在这个输入空间上，用 RBF 网络去逼近下列函数：

$$t=\sin(2\pi p_1)\cos(2\pi p_2)$$

i. 使用 MATLAB 在上述区域内随机生成 200 个输入向量。

ii. 请编写 MATLAB 程序实现 4 个神经元乘 4 个神经元(二维)的特征图。如 LVQ 网络那样，直接通过计算输入与权值向量之间的距离来计算净输入，从而使得向量无须归一化。请用特征图聚类输入向量。

iii. 将问题 ii 中训练好的特征图权值矩阵作为 RBF 网络第一层的权值矩阵。通过式(16.79)确定每类样本和其中心之间的平均距离，然后通过式(16.80)确定 RBF 网络第一层每个神经元的偏置值。

iv. 对于问题 i 中 200 个输入向量中的每一个都计算上述函数相应的目标向量，然后使用得到的输入/输出对决定 RBF 网络第二层的权值和偏置值。

v. 使用 2×2 的特征图重复问题 ii 至问题 iv，并且比较结果。 16-44

第 17 章

Neural Network Design，Second Edition

实际训练问题

17.1 目标

前面的章节侧重于特定的神经网络结构和训练规则，强调对基础知识的理解。在本章中，我们将讨论一些应用于多种网络的实际训练技巧。这里没有对这些技巧做出相应的推导，但是在实际应用中我们发现这些方法是行之有效的。

本章包括三个小节。第一小节论述了网络训练前的步骤，如数据收集、数据预处理，以及网络结构选择。第二小节阐述了网络训练中的问题。最后一小节讨论训练后的结果
17-1 分析。

17.2 理论与例子

在前面章节中，我们讨论了多种神经网络结构和学习规则。那些章节的重点内容是每种网络背后的基本概念。在本章中，我们将着重关注训练神经网络时的一些实际方面。理论方面和实际方面并不矛盾。在使用神经网络时，只有将深入的网络基本知识与实际经验相结合，才能够将该技术发挥得淋漓尽致。

图 17.1 展示了神经网络的训练过程。整个过程是迭代进行的，首先是数据收集和数据预处理(使训练更加高效)。在这一阶段，也需要将数据分为训练集、验证集和测试集(参见第 13 章)。在确定了数据集后，需要选定合适的网络类型(多层网络、竞争网络、动态网络等)和网络结构(如网络层数以及每层神经元个数)。然后选择一个适用于该网络结构和待解决问题的训练算法。在网络训练好后，对网络的性能进行分析。这种分析会帮助我们发现数据、网络结构或是训练算法中的问题。整个过程会一直迭代到网络性能满足要求。

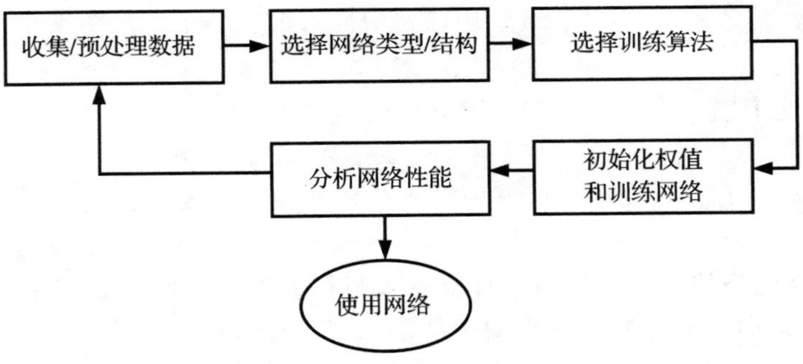

图 17.1　神经网络训练的流程图

在本章剩下的内容中，将详细讨论整个训练流程中的各个环节。我们把这部分内容分
17-2 为三个主要小节：训练前的步骤，网络训练，网络训练后的结果分析。

在开始进一步讨论网络训练的细节之前，有必要阐明一个基本观点。在开始网络训练之前，首先应当确定是否需要用神经网络来解决这个问题，或者说，是否存在某种更简单

的线性技术就足以解决该问题。例如，针对某个拟合问题，如果使用标准线性回归方法能获得理想的效果，就没有必要使用神经网络方法来解决。尽管神经网络技术更加强大，但代价是对训练要求更高。当线性方法足以解决问题时，应首选线性方法。

17.2.1 训练前的步骤

在网络训练之前有许多步骤需要执行。这些步骤可分为三类：数据选择、数据预处理、网络类型及网络结构选择。

1. 数据选择

一般来说，要在神经网络中融入先验知识是很困难的，因此神经网络的效果只会和用于训练它的数据相一致。神经网络代表了一种由数据决定效果的方法。训练神经网络的数据必须覆盖神经网络可能会用到的输入空间。正如在第 13 章讨论的，有些训练方法可以确保网络在所提供数据构成的空间内精确插值(泛化性能好)。然而，当输入在训练集范围外时，网络的性能就无法保证。就像其他的非线性“黑盒子”方法，神经网络不能很好地外推。

要确认输入空间是否被训练数据充分采样并不容易。在输入向量维度较低的简单问题中，输入向量中的每个元素可独立选取，就能够使用网格法来对输入空间采样。然而，这样的条件不是经常能满足。在很多问题中，输入空间维度高，使得网格采样法行不通。此外，各输入变量之间通常不是互相独立的。例如，在图 17.2 中，阴影区域表示两个输入变量的取值范围。尽管每个变量都在−1 到 1 的范围取值，但没有必要构造覆盖两个变量全部取值范围的网格(如图 17.2中的点所示)。神经网络只需要拟合阴影部分的函数，因为这是网络将被用到的地方。没有必要拟合网络取值范围之外的数据，尤其是输入维度很高时。

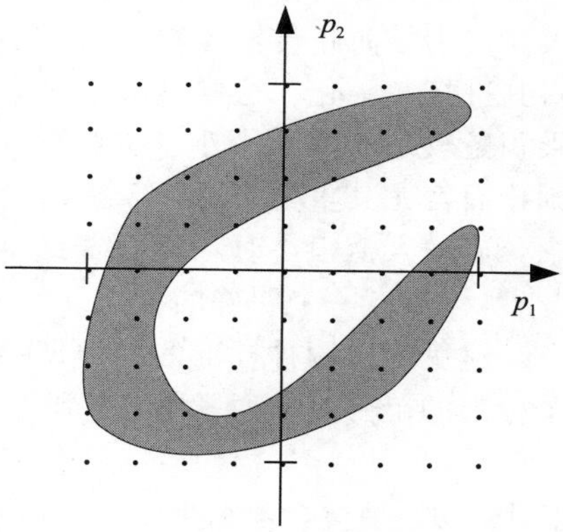

图 17.2 相互依赖输入变量的输入范围

17-3

尽管不太可能准确定义输入空间的有效区域，但通常可以通过在需要建模的系统中采用标准操作来收集数据。某些情况下，可以自行设计数据收集的实验。这时候，我们必须保证实验的设置能够遍历使用神经网络时的所有情况。

怎样才能确定输入空间已经被训练数据充分采样？这在训练网络之前难以做到，并且很多情况下我们无法控制数据收集的过程，不得不使用所有可用的数据。在后面的训练结果分析小节中会再次讨论这个问题。通过分析训练好的网络，可以知道训练数据是否充分。此外，还可以使用某些技巧来指出何时网络用在了其训练集之外的数据上。该技巧不会提升网络的性能，但是能避免我们在一个不可靠的情况下使用网络。

在收集数据后，通常会把数据划分为三个子集：训练集、验证集和测试集。正如在第 13 章讨论的，训练集的大小大概占整个数据集的 70%，验证集和测试集各占约 15%。这些子集应当能够代表整个数据集，即验证集和测试集覆盖着和训练集一样的输入空间，这一点非常重要。最简单的数据划分方法是每个子集都从整个数据集中随机选择。通常这种划分能得到比较好的结果，但最好还是再次检查每个子集中数据的主要区别。在训练结果分析阶段也可能会检查数据划分的问题。后面还会再讨论这一内容。

17-4 关于数据选择，最后一个必要的问题是“我们是否拥有足够的数据?”这个问题很难回答，尤其是在网络训练之前。所需数据量的大小取决于待逼近函数的复杂度(或是试图实现的决策边界的复杂性)。如果待逼近函数很复杂、拐点多，这时就需要大量的数据。反之，如果函数非常光滑，那么数据需求量就大大减少(除非数据含有大量噪声)。数据集大小的选择与神经网络中神经元个数的选择密切相关。这在网络结构选择一节中将讨论到。当然，我们在训练网络之前也不知道潜在函数有多复杂。正因如此，像前面讨论到的，整个网络的训练过程是迭代进行的。在网络训练结束后将分析网络的性能。该分析结果能够帮助我们判断数据是否充足。

2. 数据预处理

数据预处理阶段的主要目的是便于网络的训练。数据预处理包括归一化、非线性变换、特征提取、离散输入/目标的编码以及缺失数据的处理等步骤。其思想是对数据进行初步处理，使得神经网络在训练中更容易提取数据的相关信息。

例如，在多层网络中，隐层经常使用S型传输函数。当净输入大于3时，这类函数就基本饱和了($\exp(-3)\cong 0.05$)。在网络训练的初始阶段并不希望出现这种情况，因为这会导致梯度值变得很小。在网络的第一层，净输入是输入乘以权值加上偏置值。当输入值很大时，为了防止传输函数饱和，相应地取很小的权值。标准的做法是在输入传给网络之前对其进行归一化。这样一来，网络权值被初始化为很小的随机值，从而保证权值和输入的乘积是较小的值。另外，输入值归一化后，网络权值的大小具有一致意义，这对于使用正则化而言尤其重要(见第13章)。正则化要求网络权值较小。然而，“小”是一个相对概念，当输入值很小时，我们需要较大的权值来得到有意义的网络净输入。归一化输入使得“小”权值有一个明确的含义。

这里给出两种标准的归一化(normalization)方法。第一种是归一化数据使得数据在一个标准的范围——通常是−1到1。可以通过下面的方法实现：

$$\boldsymbol{p}^n = 2(\boldsymbol{p}-\boldsymbol{p}^{\min})./(\boldsymbol{p}^{\max}-\boldsymbol{p}^{\min})-1 \tag{17.1}$$

17-5 其中，$\boldsymbol{p}^{\min}$是包含数据集中输入向量每一维度上最小值的向量，$\boldsymbol{p}^{\max}$是包含相应最大值的向量。./表示两个向量按元素进行除法操作，$\boldsymbol{p}^n$是归一化后的输入向量。

另一种归一化方法是调整数据，使其具有特定的均值和方差——通常是0和1。可以通过如下的转换实现：

$$\boldsymbol{p}^n = (\boldsymbol{p}-\boldsymbol{p}^{\text{mean}})./\boldsymbol{p}^{\text{std}} \tag{17.2}$$

其中，$\boldsymbol{p}^{\text{mean}}$是数据集中输入向量的平均，$\boldsymbol{p}^{\text{std}}$是包含输入向量中的每个元素的标准差的向量。

通常情况下，对数据集中的输入向量和目标向量都要进行归一化。

除了包含线性变换的归一化外，非线性变换(nonlinear transformation)有时也会用于数据预处理阶段。归一化方法是一个标准的处理过程，可以用于任何数据集，与归一化不同，非线性变换则是和实例相关的。例如，许多经济变量有对数依赖性[BoJe94]。在这种情况下，最好是对输入值取对数后再传给神经网络。另一个例子是分子动力学仿真[RaMa05]。在这个例子中，原子力由原子之间距离的函数计算得到。因为已经知道原子力的大小和距离负相关，就可以对输入进行倒数变换后再传给网络。这是一种将先验知识融入网络训练中的方法。如果巧妙地选择非线性变换，可以使网络训练更有效。预处理将减少神经网络在寻找输入和目标输出之间潜在变换时的一部分工作。

另一个数据预处理步骤是特征提取(feature extraction)。这种方法通常适用于原始输入向量维度很高并且输入向量的组成有冗余的情况。特征提取的思想是通过计算每个输入向量的少量特征集合以减少输入空间的维度，并且使用提取的特征作为网络的输入。例如，神经网络能够用于分析心电图(electrocardiogram，EKG)信号来判断心脏问题[HeOh97]。EKG 可能包括 12 或者 15 个在几分钟内高频采样得到的信号(导联)。这些数据维度太高，不能直接输入神经网络。因此，我们会从 EKG 信号中提取一些特征，比如某些波形之间的平均时间间隔，某些波的平均振幅等(参见第 20 章)。

也有一些通用的特征提取方法。*主成分分析*(Principal Components Analysis，PCA)[Joll02]就是其中之一。这种方法将原始输入向量变换为各成分之间互不相关的向量。此 17-6
外，变换后的向量按照方差大小排序：第一个成分的方差最大，第二个成分的方差其次，以此类推。我们通常只会保留所转换向量的前几个主成分，它们最大程度地包含了原始向量的方差。当原始成分具有较高相关性时，这样得到的结果可以大大降低输入向量的维度。PCA 的缺点是，它只考虑了输入向量中各成分间的线性关系。当通过线性变换减少维度时，我们可能会丢失向量间的非线性关系。因为使用神经网络的主要目的是获取它的非线性映射能力，所以在将数据输入神经网络之前使用主成分分析降维时要注意这一点。也有一种非线性的主成分分析方法，称为核主成分分析[ScSm99]。

当输入或目标只能取离散值时，还需要另一个重要的预处理步骤。例如，在模式识别问题中，每个目标输出都代表几个类中的一个。在这种情况下，我们需要有一个*编码输入或目标输出*的过程。如果有一个包含四个类的模式识别问题，至少有三种常规方法来编码目标输出。第一，可以使用四个数值来表示标量目标输出(1，2，3，4)。第二，也可以使用二维的目标输出，用二进制编码来表示四个类别((0，0)，(0，1)，(1，0)，(1，1))。第三，还可以使用四维的目标输出，每次只有一个神经元处于激活状态((1，0，0，0)，(0，1，0，0)，(0，0，1，0)，(0，0，0，1))。根据经验，第三种编码方法更易取得最好的结果。(离散输入也可以使用与离散目标输出相同的编码方法。)

当编码目标输出值时，还需要考虑作用在网络输出层的传输函数。对于模式识别问题，通常会使用 S 型函数、对数- S 型函数或者双曲正切 S 型函数。如果在最后一层使用更常用的双曲正切 S 型函数，那么可能会考虑让目标输出值为 −1 或 1，它们代表了函数的渐近线。然而，这往往会给训练算法带来困难，因为训练算法通常在 S 型函数的饱和区取得目标输出值。目标值最好是在 S 型函数的二阶导数最大时获得的(参考[LeCu98])。对于双曲正切 S 型函数，当净输入值是 −1 和 1 时二阶导数最大，而对应的输出值是 −0.76和 +0.76。

另一种在多层模式识别网络输出层使用的传输函数是 softmax 函数。该传输函数形式如下：

$$a_i = f(n_i) = \exp(n_i) \div \sum_{j=1}^{S} \exp(n_j) \tag{17.3}$$ 17-7

softmax 传输函数的输出可以解释为每个类别的概率。每个输出都在 0 到 1 之间，并且所有输出之和为 1。softmax 传输函数的应用例子参见第 19 章。

另外一个需要考虑的实际问题是*数据缺失*(missing data)。这是经常会发生的，尤其是在经济数据中，一部分数据存在缺失。举个例子，有一个包含 20 个经济变量的输入向量，该数据每月收集一次。在有些月份，20 个变量中的其中一两个可能没有被正确收集。解决这一问题最简单的方法是把含有变量缺失月份的所有数据都丢掉。然而，可用的数据非常有限，收集额外的数据又会花费很高的代价。在这种情况下，我们需要充分利用已有的任何数据，即使它是不完整的。

解决数据缺失有很多方法。如果输入变量中存在缺失数据，可以用输入数据中该变量的平均值代替缺失数据的值。与此同时，可以在输入向量中增加额外的标记元素来表示输入向量中缺失的数据已经被均值替换了。这个额外的标记元素可以用 1 表示输入值是可用的，用 0 表示该向量中出现了数据缺失。这会告诉神经网络哪些数据出现了缺失。对每个包含缺失数据的输入变量都可以附加一个额外的标记元素。

如果目标中的一个元素存在缺失，那么可以修改性能指标，以便去掉与缺失的目标输出值相关联的误差信息。除缺失的目标输出值外，其他所有已知的目标输出值都会影响性能指标。

3. 网络结构选择

网络训练过程中数据预处理后的下一步是网络结构选择。网络结构的基本类型取决于待解决问题的类型。一旦选定了网络基本结构，就需要确定网络中的具体细节，如网络的层数、每层神经元的个数、网络的输出神经元个数，以及在训练中选择哪种类型的性能函数。

(1) 基本结构的选择

选择网络结构的第一步是定义待解决的问题。在本章中，我们仅限于四类问题的讨论：拟合、模式识别、聚类和预测。

17-8 拟合(fitting)也被称作函数逼近或者回归。在拟合问题中，我们想要神经网络学习输入集和对应目标输出集之间的映射关系。例如，某房地产经纪人要从税率、附近学校的学生/教师比例和犯罪率等输入变量估计房价，某汽车工程师想要依据燃油消耗和车速的测量值来估计发动机的排放等级，医生可能会根据身体指标来预测病人的体脂水平。对于拟合问题，目标输出变量取值为连续值。(训练一个用于拟合问题的神经网络的例子参见第 18 章。)

用于拟合问题的标准神经网络结构是隐层采用 tansig 神经元、输出层使用线性神经元的多层感知机。因为输入是归一化的，与 logsig 函数相比，隐层更倾向于使用 tansig 作为传输函数。tansig 传输函数产生的输出(即下一层的输入)都是在以 0 为中心的附近取值，而 logsig 传输函数的输出都为正。对于大多数拟合问题而言，单隐层网络就足够了。当单隐层网络得到的结果不太令人满意时，也会使用两个隐层。在标准拟合问题中很少使用两层以上的隐层，然而，在一些较困难的问题中会用到有多个隐层的深度网络。由于拟合问题中的目标输出是连续变量，因此输出层使用线性传输函数。正如第 11 章中所述，隐层使用 S 型传输函数、输出层使用线性传输函数的两层神经网络是一种通用的函数逼近器。

径向基网络也可以用于拟合问题。在径向基网络的隐层中通常使用高斯传输函数，输出层使用线性传输函数。

模式识别(pattern recognition)也被称作模式分类。在模式识别问题中，需要神经网络把输入划分到一些目标类别中。比如说某葡萄酒经销商想根据对葡萄酒的化学成分分析，识别生产某一瓶葡萄酒的葡萄园；医生想要依据细胞大小的均匀性、肿块厚度和有丝分裂来判断一个肿瘤是良性的还是恶性的。

除了解决拟合问题，多层感知机也可以用于模式识别问题。拟合网络和模式识别网络的主要区别在于输出层传输函数的选择。对于模式识别问题，输出层通常使用 S 型函数。同样，径向基函数网络也可以用于模式识别。

第 20 章中给出了训练一个神经网络来解决模式识别问题的例子。

聚类(clustering)或者是分割，是神经网络的另一个应用。在聚类问题中，神经网络按照数据的相似性对其进行划分。例如，企业可能想要根据顾客的消费模式对其分组进而实现市场划分，计算机科学家想通过将数据划分为相关的子集来进行数据挖掘，生物学家希望进行生物信息学分析以对具有关联表达模式的基因进行分组。 17-9

在第 15 章中讲到的任一竞争网络都可以用于聚类。其中，自组织特征图(SOFM)是经常用于聚类的网络。SOFM 网络的主要优点是它能够在高维空间可视化。

在第 21 章中给出了训练一个神经网络来解决聚类问题的例子。

预测(prediction)也属于时间序列分析、系统辨识、滤波和动态建模。其主要思想是预测一些时间序列上未来的值。股票交易者可能想预测一些有价证券的未来价值，控制工程师可能想预测某加工厂产出的化学物质今后的浓度值，电力系统工程师可能想预测电网的中断情况。

正如第 14 章中讨论到的，预测问题需要使用动态神经网络。网络的具体形式由特定的应用所决定。最简单的用于非线性预测的网络是聚焦延迟神经网络(如图 17.3 所示)。这是一个通用动态网络的一部分，叫作聚焦网络。其动态性只表现在一个静态多层前馈网络的输入层。该网络的优点是可以使用静态反向传播算法来训练，因为网络输入的抽头延迟线能够被输入延迟值的扩展向量替代。

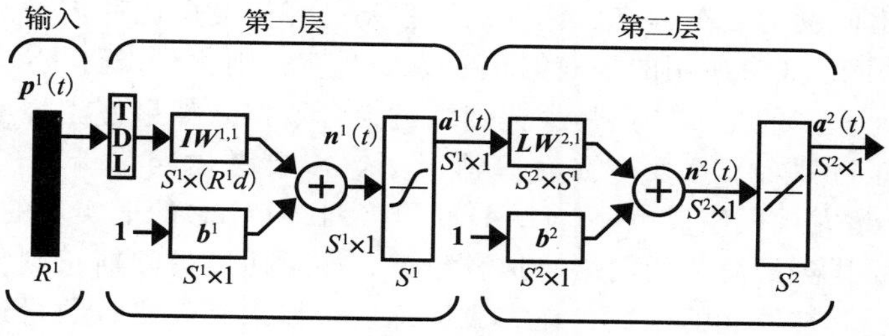

图 17.3　聚焦延迟神经网络

对于动态建模和控制问题，NARX 网络(外部输入的非线性自回归模型)是广泛使用的一种方法。其网络结构如图 17.4 所示。例如，输入信号可以表示施加到马达上的电压，输出可以表示机器人手臂的角位置。和前面的聚焦延迟神经网络一样，NARX 网络可以使用静态反向传播算法来训练。这两个抽头延迟线可以替换为延迟输入和目标的扩展向量。我们可以反馈目标而非网络输出(这需要采用动态反向传播算法进行训练)，因为当训练结束时网络的实际输出应该和目标相匹配。在第 22 章中会讨论到具体细节。 17-10

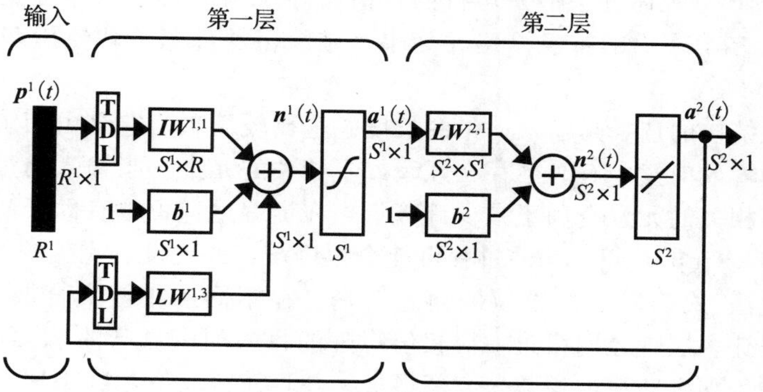

图 17.4　NARX 神经网络

还有许多其他类别的动态神经网络可以用于预测，但聚焦时滞神经网络和 NARX 网络是其中最简单的类型。

在第 22 章中给出了训练一个神经网络来解决预测问题的例子。

(2) 具体结构的选择

在选择好网络的基本结构后，我们想要选择具体的网络结构(如网络层数、每层的神经元个数等)。在有的情况下，网络基本结构会自动决定网络的层数。例如，使用 SOFM 网络进行聚类，那么网络就只有一层。如果使用多层网络用来解决拟合或模式识别问题，其隐层数不由具体问题决定，因为任意数量的隐层都可以。标准的做法是从单隐层开始。如果两层网络的性能不能满足要求，那么可以使用三层的网络。通常情况不会使用超过两个隐层的网络。当使用多个隐层时，网络训练也会变得困难。因为如果隐层使用
17-11 S 型传输函数，那么网络每层都进行了压缩操作。这使得网络性能函数对于较前面层权值的导数很小，致使最速梯度下降法收敛很慢。然而，对于困难的问题，可以使用多个隐层的深度网络。通常需要并行计算或者 GPU 计算才能在合理的时间内训练好一个深度多层网络。

还需要选择每一层神经元的个数。输出层神经元的个数和目标向量的大小相同。隐层神经元的个数由待逼近函数或者待求解决策边界的复杂度决定。不幸的是，通常在训练网络之前，并不知道问题的复杂程度。标准的过程是一开始使用比所需神经元个数多一些的神经元，然后采用第 13 章所用的提前终止法或贝叶斯正则化法来防止过拟合。

网络中神经元太多的主要缺点是会让网络过拟合数据。如果使用提前终止或贝叶斯正则化法，可以防止过拟合。然而，在有些情况下，需要考虑网络计算所需的时间和空间(如在微控制器、超大规模集成电路(VLSI)或门阵列(FPGA)的上实现的实时网络)。在这些情况下我们想要找到最简单的网络来拟合数据。如果使用贝叶斯正则化法，有效参数数量可以用于确定所需神经元的个数。在完成训练后，如果有效参数数量远少于网络总共的参数数量，那么可以减少神经元的个数并重新训练网络。也可以使用“剪枝法”来去掉一些神经元或网络权值。

网络中最后一层的神经元个数和目标向量中元素的个数相同。然而，当有多个目标时，需要做一个选择。我们可以选择有多个输出的网络，或是使用多个网络，每个网络有一个输出。例如，使用神经网络来根据血液光谱分析估计低密度脂蛋白(LDL)、超低密度脂蛋白(VLDL)、高密度脂蛋白(HDL)胆固醇水平。可以使用一个有三个输出的神经网络来估计这三个胆固醇水平，或使用三个神经网络，每个神经网络只估计三个成分中的一个。理论上，两种方法都是可行的，但实际应用中其中一种可能会更好一些。通常，先使用一个多个输出的神经网络，如果其结果不够理想，就使用多个单输出的神经网络。

另一个网络结构的选择是输入向量的长度。这比较简单，它是由训练数据决定的。然而，训练数据的输入向量中有时会存在冗余或不相关的元素。当输入向量维度很大时，去
17-12 除其中冗余和不相关的元素有利于减少计算量，在训练过程中也有助于防止过拟合。非线性网络的输入选择(input selection)过程可能会很困难，并且没有完美的解决方案。可以修改贝叶斯正则化法(式(13.23))以帮助输入选择。在不同的权值集合上参数 α 可以不同。例如，我们可以让多层神经网络第一层权值矩阵的每一列有自己的 α。如果输入向量中给定的元素不相关，那么对应的参数 α 会变得很大并且使得权值矩阵中对应列的所有元素的值变得很小。接着这个元素就会从输入向量中排除。

另一个有助于精简输入向量的方法是对训练好的网络做敏感度分析。在后面的敏感度分析小节会讨论这个方法。

17.2.2 网络训练

在数据准备好、网络结构确定之后，就准备开始训练网络。本小节中，我们将会讨论训练过程中一些需要做的决定。包括权值初始化方法、训练算法、性能指标以及训练终止条件。

1. 权值初始化

在训练网络之前，我们需要初始化权值和偏置值，所使用的方法根据网络类型会有所不同。对于多层网络，权值和偏置值一般初始化为较小的随机值(例如，当输入归一化为−1到1之间时，可以将权值初始化为在−0.5到0.5间服从均匀分布的随机值)。正如在第12章中我们所讨论的，如果初始化权值和偏置值都为0，初始条件可能会落在性能曲面的一个鞍点上。如果初始化权值很大，由于S型传输函数趋于饱和，初始条件可能落在性能曲面上的平坦部分。

对于两层网络，还有另一种权值和偏置值的初始化方法。该方法由 Widrow 和 Nguyen [WiNg90]提出。其核心思想是设置网络第一层权值的大小使得S型传输函数的线性区域能够包括输入范围的$1/S^1$。偏置值则随机初始化，这样每个S型传输函数的中心能够随机落在输入空间中。该方法的详细描述如下(假设网络输入已经归一化为−1到1之间)：

设置$\mathbf{W}^1$的第i行${}_i\mathbf{w}^1$为任意方向，其大小为

$$\|{}_i\mathbf{w}^1\| = 0.7\,(S^1)^{1/R}$$

设置b_i为在$-\|{}_i\mathbf{w}^1\|$和$\|{}_i\mathbf{w}^1\|$之间的均匀随机值。 17-13

对于竞争网络，权值也可以设置为较小的随机数。另一种初始化方法是从训练集中随机选择一些输入向量作为权值矩阵的初始行。这样一来，正如第15章中所讨论的，可以确定初始化的权值会落在输入向量空间中，就不太可能有“死”神经元。对于SOM网络，不存在“死”神经元的问题。初始邻域设置得足够大，这样所有神经元都可以在网络训练之初进行学习。这会让所有权值向量移动到输入空间的合适区域。如果权值矩阵的行是初始化在激活的输入区域，训练会更快收敛。

2. 训练算法选择

对于多层网络，通常使用第12章所讲到的基于梯度或基于 Jacobian 的算法。这些算法可以使用批量或者序列(也被称为增量、模式或随机)方式实现。例如，在最速下降法的序列模式中(见式(11.13))，在每个输入传给网络后更新权值。在批量方式中(参见12.2.1节)，则是将所有输入都传给网络后，对每个输入相应的梯度求和，计算总梯度，再更新权值。在有的情况下，序列模式会更好，例如，需要在线或者自适应操作时。然而，很多更高效的算法本身是批量算法(如共轭梯度法和牛顿法)。

对有多达几百个权值和偏置值的用于函数逼近的多层网络，Levenberg-Marquardt 算法(见式(12.31))通常是最快的训练方法。当权值数量达到上千或者更多时，Levenberg-Marquardt 算法就不如一些共轭梯度方法效率高。这主要是因为矩阵求逆的计算量随权值个数增加呈几何倍数增长。对于大规模的网络，比例共轭梯度算法[Moll93]非常高效。该方法也很适于求解模式识别问题。Levenberg-Marquardt 算法却不能很好地解决模式识别问题，在模式识别问题中，最后一层的S型函数在其线性区域之外才较为有效。

在可以用序列模式实现的算法中，最快的算法是扩展 Kalman 滤波算法。这类算法和

高斯-牛顿算法的序列实现紧密相关。和批量高斯-牛顿算法不同的是，它们不需要近似 Hessian 矩阵的逆矩阵。[PuFe97]中实现的解耦扩展 Kalman 滤波算法似乎是这类方法中
17-14 最有效的。

3. 训练的终止条件

在大多数神经网络应用中，网络训练误差不会收敛到零。正如第 4 章中所述，对线性可分问题，感知机网络的误差是可以降为零的。然而，这种情况不太可能出现在多层网络中。因此，我们需要其他的准则来决定何时终止网络训练。

我们可以在训练误差到达一个具体的限制值时就停止训练。然而，通常情况下难以确定可接受的误差水平。最简单的准则是在迭代固定次数后就停止训练。但同样也很难知道迭代多少次才是合适的，所以最大迭代次数通常设置得很大。如果到达最大迭代次数时权值仍然没有收敛，可以使用上一次训练中最后得到的权值来初始化网络并重新开始训练。(我们会在后面的训练结果分析小节再详细讨论如何判断一个网络是否收敛。)

网络训练的另一个终止条件是性能指标梯度的范数。如果范数达到一个足够小的阈值，就可以终止训练。因为在达到极小值时，性能指标的梯度是零，所以这个终止条件就会在算法接近极小值时停止训练。不幸的是，正如第 12 章所讲到的，多层网络的性能曲面可能有多个平坦区域，这些地方梯度的范数都很小。正因为这个原因，梯度最小范数的阈值应该设置得非常小(例如在采用均方误差性能指标且目标值已正则化的情况下阈值设为 10^{-6})，以此来防止训练提前结束。

同样可以在性能指标每次迭代中的减小值变得很小时停止训练。和梯度的范数一样，这种终止规则可能会使训练过早终止。在训练多层网络的过程中，性能可能会在突然下降之前的很多次迭代中保持不变。一种有用的方法是在训练结束后，在如图 17.5所示的双对数坐标图上查看训练性能曲线来验证收敛性。

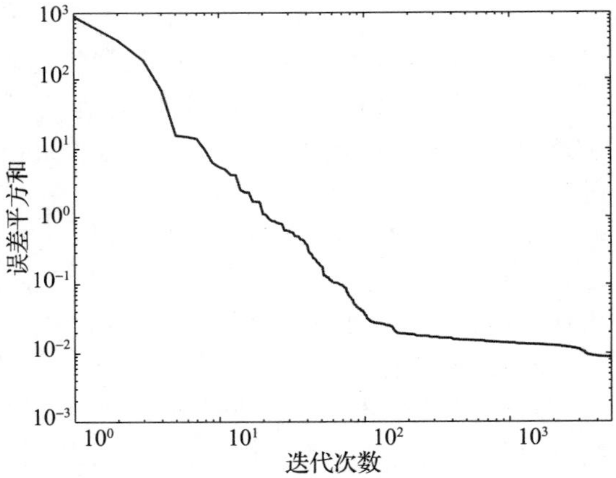

图 17.5 典型的网络训练性能曲线

如果使用第 13 章所讨论的提前终止训练的方法来防止过拟合，当验证集上的性能(指标)上升了设定的迭代次数后终止训练。除了防止过拟合，这种终止方法还会大大减少计算。在很多实际问题中，其他终止条件尚未满足时，验证误差就会开始增大。

如图 17.1 所示，神经网络是一个迭代过程。即使当训练算法收敛以后，训练结果分析可能会建议修改网络并重新训练。此外，应当对每个可能的网络进行多次训练，以确保
17-15 获得一个全局最小值。

前面提到的终止条件主要是应用在基于梯度的训练中。在训练竞争网络(如 SOFM 网络)时，没有明确的性能指标或者梯度来监控收敛情况。仅当迭代次数达到最大值时终止训练。对于 SOFM 网络，学习率和邻域大小随时间而减小。通常，邻域大小在完成训练时降为零，所以最大迭代次数决定了训练何时结束，以及邻域大小的下降率和学习率。因此，最大迭代次数是一个非常重要的参数。通常选择最大迭代次数多于神经网络中神经元个数的十倍。这只是一个近似的数字，在训练完成后也需要对网络进行分析来决定其性能

是否满足要求。(具体内容会在训练结果分析小节讲到。)网络通常需要使用不同的迭代次数进行多次训练才能达到一个满意的结果。

4. **性能函数选择**

对于多层网络，标准的性能指标是均方误差。当训练集的所有输入都同样可能发生时，可以表示为：

$$F(\boldsymbol{x}) = \frac{1}{QS^M}\sum_{q=1}^{Q}(\boldsymbol{t}_q - \boldsymbol{a}_q)^{\mathrm{T}}(\boldsymbol{t}_q - \boldsymbol{a}_q) \tag{17.4}$$

或者

17-16

$$F(\boldsymbol{x}) = \frac{1}{QS^M}\sum_{q=1}^{Q}\sum_{i=1}^{S^M}(t_{i,q} - a_{i,q})^2 \tag{17.5}$$

作用在求和符号外面的比例因子对最优权值的位置没有影响。因此，用误差平方和或均方误差作为性能指标都会得到相同的权值。然而，在不同大小的数据集上比较误差时，适当的缩放是一个有用的手段。

虽然均方误差是最常见的性能指标，但也还有其他性能指标。例如，我们可以使用平均绝对误差。这和式(17.5)相似，只是使用误差的绝对值代替误差的平方。这种性能指标通常对数据集中一两个大的误差不敏感，因此与均方误差相比，这个性能指标在离群数据上鲁棒性更强。这个概念可以拓展到绝对误差的任意幂上，如下所示：

$$F(\boldsymbol{x}) = \frac{1}{QS^M}\sum_{q=1}^{Q}\sum_{i=1}^{S^M}|t_{i,q} - a_{i,q}|^K \tag{17.6}$$

当 $K=2$ 时，上式表示均方误差；当 $K=1$ 时，表示平均绝对误差。式(17.6)给出的一般形式的误差称作 Minkowski 误差。

正如第 13 章所述，均方性能指标能够用均方权值来进行扩展，产生一个正则化性能指标用于防止过拟合。贝叶斯正则化算法是一种非常好的防止过拟合的训练算法。它用一个正则化的性能指标以及贝叶斯方法来选择正则化参数。具体参见第 13 章。

以均方误差作为性能指标在目标为连续值的函数逼近问题上效果很好。然而，在目标是离散值的模式识别问题中，其他的性能指标可能更适合。如在分类问题中使用交叉熵(cross-entropy)[Bish95]作为性能指标。交叉熵定义为：

$$F(\boldsymbol{x}) = -\sum_{q=1}^{Q}\sum_{i=1}^{S^M}t_{i,q}\ln\frac{a_{i,q}}{t_{i,q}} \tag{17.7}$$

这里设目标值只有 0 和 1，用于表示输入向量属于这两类中的哪一类。如果使用交叉熵性能指标，通常在网络的最后一层使用 softmax 传输函数。 17-17

作为性能指标选择的最后一段，回顾在第 11 章中所讲到的计算训练梯度的反向传播算法是适用于任何可微的性能指标的。如果修改了性能指标，只需要改变最后一层中敏感度的初始值即可(见式(11.37))。

5. **网络多次训练和网络委员会**

单次训练的网络不一定能获得最优的性能，因为训练过程中可能会陷入性能曲面的局部极小值。为了克服这个问题，最好能够在不同初始化条件下多次训练网络，然后选择性能最好的网络。通常情况下训练 5～10 次就能够取得网络的全局最优值[HaBo07]。

另一种进行多次网络训练并充分利用所有训练结果的方法称为网络委员会[PeCo93]。对于每一次训练，验证集随机从训练集中选取，并随机初始化权值和偏置值。在 N 个网络都训练好后，所有网络共同形成一个联合输出。对于函数逼近网络，网络的联合输出可以简单取所有网络输出的平均值。对于分类网络，联合输出可以通过投票，选择得票最多的类别作为网络委员会的输出。网络委员会的性能通常好于所有独立网络中最好的性能。此外，每个独立网络输出的差异可为委员会输出提供误差柱状图或者置信等级。

17.2.3 训练结果分析

在使用一个训练好的神经网络之前，需要对其进行分析从而确定训练是正确的。有许多分析训练结果的方法，我们将讨论一些常见的方法。由于这些方法因实际应用而异，我们将会从以下四类应用领域进行介绍：拟合、模式识别、聚类以及预测。

1. 拟合

分析拟合问题中神经网络训练结果的一种有效方法是将训练后的网络输出与对应的目标作回归。我们拟合的线性函数为：

17-18
$$a_q = mt_q + c + \varepsilon_q \tag{17.8}$$

其中 m 和 c 分别是线性函数的斜率和偏移量，t_q 是目标值，a_q 是训练后的网络输出，ε_q 是回归的残留误差。

上述回归分析中的项可以用下式进行计算：

$$\hat{m} = \frac{\sum_{q=1}^{Q}(t_q - \bar{t})(a_q - \bar{a})}{\sum_{q=1}^{Q}(t_q - \bar{t})^2} \tag{17.9}$$

$$\hat{c} = \bar{a} - \hat{m}\bar{t} \tag{17.10}$$

其中，

$$\bar{a} = \frac{1}{Q}\sum_{q=1}^{Q}a_q, \quad \bar{t} = \frac{1}{Q}\sum_{q=1}^{Q}t_q \tag{17.11}$$

图 17.6 展示了回归分析的一个例子。灰线代表线性回归，黑色的细线代表完全拟合的结果：$a_q = t_q$，圆圈代表数据点。在这个例子中，可以看到尽管有一些误差，但拟合结果已经相当不错。下一步就是对远离回归线的点进行研究，比如，在 $t=27$，$a=17$ 附近有两个离群点(outliers)。我们需要对这两个点进行分析，来检查数据中是否有问题。有可能是这两个数据本身有问题，也有可能是它们与其他训练数据相距较远。在后一种情况中，需要在该区域内采集更多的数据。

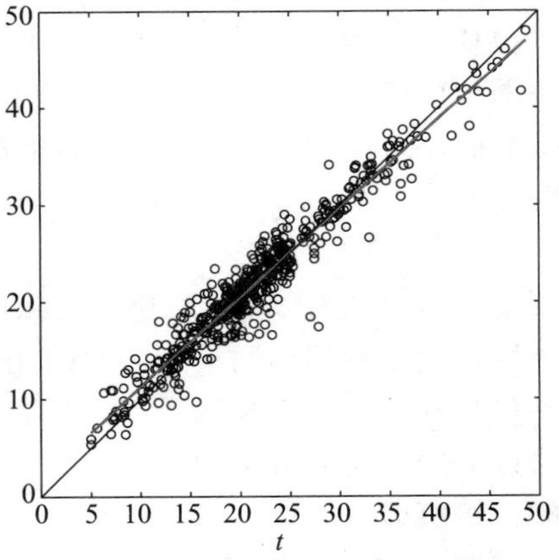

图 17.6 训练后的网络输出与目标间的回归

除了计算回归系数之外，还要计算 t_q 和 a_q 之间的相关系数，即 R 值：

$$R = \frac{\sum_{q=1}^{Q}(t_q - \bar{t})(a_q - \bar{a})}{(Q-1)s_t s_a} \tag{17.12}$$

其中，

$$s_t = \sqrt{\frac{1}{Q-1}\sum_{q=1}^{Q}(t_q - \bar{t})}, \quad s_a = \sqrt{\frac{1}{Q-1}\sum_{q=1}^{Q}(a_q - \bar{a})} \tag{17.13}$$ 17-19

R 值通常在 -1 到 1 范围内取值，但在我们的神经网络问题中希望它的值接近 1。如果 $R=1$，表示所有的数据点都精确地落在回归线上；如果 $R=0$，表示数据点随机地散开，而不是聚集在回归线上。在图 17.6 所示的数据中，$R=0.965$。可见数据点并没有完全落在回归线上，但是偏差相对较小。

有时候使用相关系数的平方 R^2 来代替 R。R^2 代表在一个数据集上，由线性回归导致的偏差在总偏差中所占的比重，又叫可决系数。在图 17.6 的数据中，$R^2=0.931$。

如果 R 和 R^2 的值比 1 小得多，那么神经网络对函数拟合得不好。仔细分析散点图有助于确定问题所在。比如，我们可能会发现当目标值变大时，图上的点更加分散(图 17.6 中不是这种情况)，也有可能看出目标值较大时的数据点比较少。这表明在训练集中针对这些目标值需要更多的训练样本。

回顾一下，原始的数据集分为训练集、验证集(如果使用了提前终止法)和测试集。应当分别对每一个集合各自作回归分析，同时也要对整个数据集进行分析。不同子集分析结果的差异会揭示出现了过拟合或外推。比如，如果训练集能够精确拟合，而验证集和测试集的拟合结果却不理想，这表明出现了过拟合的现象(即便使用了提前终止法，有时也会出现)。在这种情况下，我们可以减小网络的规模并重新训练。如果训练集和验证集的结果都很好，但是测试集的结果不好，这表明可能出现了外推(测试数据超出了训练数据和验证数据的范围)。在这种情况下，我们需要准备更多的数据用于训练和验证。如果三个集合上的拟合结果都不理想，则需要增加网络中神经元的数量，或者增加网络的层数。比如，假设最初设置了单个隐层的结果不好，再增加一层可能会有所帮助。通常，首先尝试增加单层中的神经元数量，再增加层数。 17-20

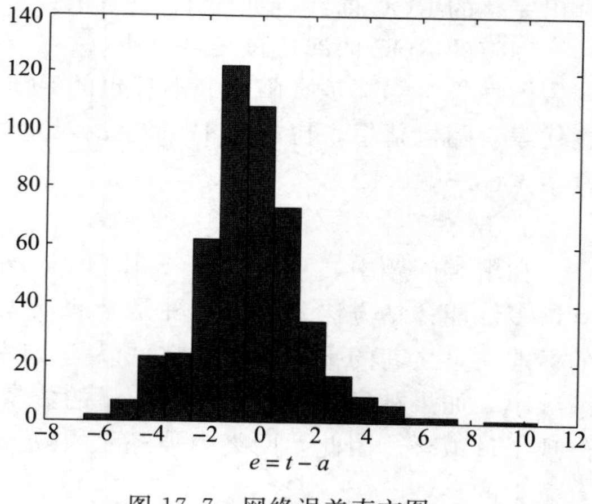

图 17.7　网络误差直方图

除了回归/散点图之外，用如图 17.7 所示的误差直方图也可以识别离群点。y 轴表示在 x 轴所划分的每一个区域中的错误数量。由图可见，在大于 8 的范围内有两个错误值，这和图 17.6 中我们讨论过的两个错误点相符合。

2. 模式识别

在模式识别问题中，由于目标值是离散的，因此回归分析法不像在拟合问题中那么有效。但是，我们有一个类似的工具——混淆矩阵(confusion matrix)(或称为错分类矩阵，misclassification matrix)。混淆矩阵的列代表目标类别，行代表网络输出的类别。比如，图 17.8 列出了一个包含 214 个数据点的混淆

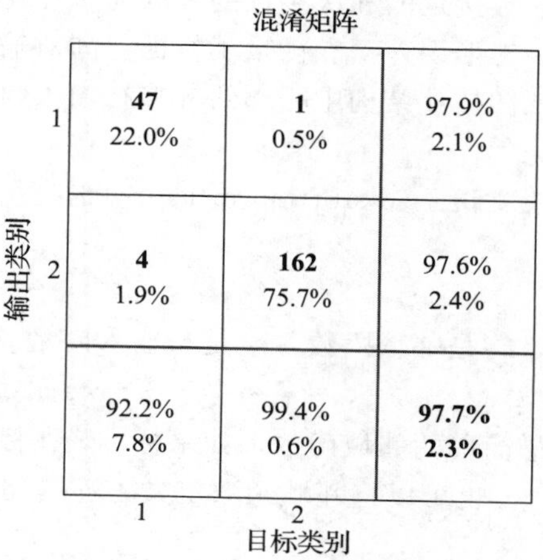
混淆矩阵
输出类别
1
2
47
22.0%
1
0.5%
97.9%
2.1%
4
1.9%
162
75.7%
97.6%
2.4%
92.2%
7.8%
99.4%
0.6%
97.7%
2.3%
1
2
目标类别
图 17.8　混淆矩阵示例

矩阵。其中，41 个输入向量属于类 1，并且被正确分类为类 1；162 个输入向量属于类 2 并且被正确分类为类 2。被正确分类的输入个数列在混淆矩阵对角线上的格子里，而被错误分类的输入个数则列在非对角线上的格子里。左下方的格子表示 4 个输入属于类 1，但是被神经网络错误分类为类 2。如果将类 1 规定为阳性输出，那么左下角的格子就代表*假*
17-21 *阴性*(false negative)，同时也被称为Ⅱ类错误。右上角的格子显示一个属于类 2 的输入被网络分类为类 1，这表示*假阳性*(false positive)或Ⅰ类错误。

分析模式识别网络的另一种有效的工具是*受试者工作特征曲线*(Receiver Operating Characteristic (ROC) Curve)。为了画出这种曲线，需要获取训练后的网络输出，并将其与一个范围为从－1 到＋1 的阈值作比较(假设最后一层的传输函数为 tansig 函数)。若输入产生的输出值大于阈值，则将此输入归为类 1，反之为类 2。对于每一个阈值，我们计算数据集中真阳性和假阳性的比例，这一对数值代表着 ROC 曲线上的一个点。随着阈值的不断变化，可以画出完整的 ROC 曲线，如图 17.9 所示。

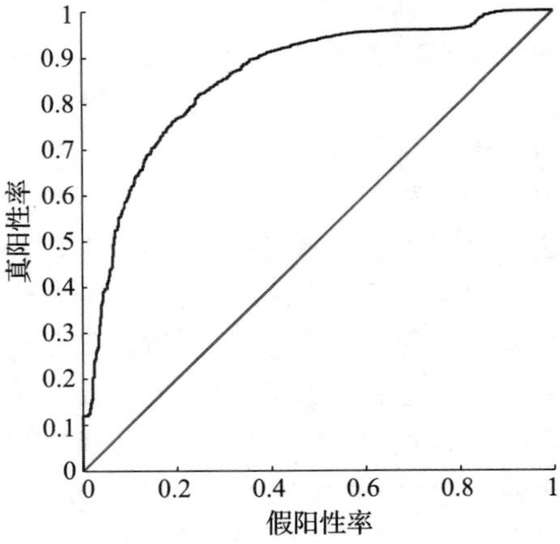

图 17.9 受试者工作特征曲线

理想的 ROC 曲线应该要经过点(0，1)，代表没有假阳性，全部都是真阳性。不理想的 ROC 曲线可能代表着随机猜想，比如图 17.9 中的对角线，它经
17-22 过了点(0.5，0.5)。

3. 聚类

在聚类问题中，自组织图(Self-Organizing Map，SOM)网络是最常用的一种网络，它有许多性能评估方法。其中一种是*量化误差*(quantization error)，表示输入向量与最接近的标准向量之间的平均距离，它可以衡量图的分辨率。当使用大量神经元时，这个误差逐渐减小，如果神经元数量和输入向量的数量一样多，量化误差可以减小至 0。这表示可能出现了过拟合。因此，网络中神经元的数量要远小于输入向量的数量，否则量化误差是没有意义的。

衡量 SOM 性能的另一种方法是*地形误差*(topographic error)。对于一个输入向量，如果与它最接近的和次接近的标准向量在特征图拓扑结构中不相邻，则把这种向量所占的比例称为地形误差。它衡量了特征空间对输入向量空间的保持程度。在训练完成的 SOM 中，在特征图拓扑结构中相邻的标准在输入向量空间里也应该是相邻的，这种情况下，地形误差应为零。

畸变误差(distortion measure)也是衡量 SOM 网络性能的一种方法：

$$E_d = \sum_{q=1}^{Q}\sum_{i=1}^{S} h_{ic_q} \| {}_i\boldsymbol{w} - \boldsymbol{p}_q \|^2 \tag{17.14}$$

17-23 其中，h_{ij} 是邻域函数，c_q 是与输入向量 $\boldsymbol{p}_q$ 最接近的标准的索引：

$$c_q = \arg\min_j \{ \| {}_j\boldsymbol{w} - \boldsymbol{p}_q \| \} \tag{17.15}$$

对于最简单的邻域函数，如果标准 i 在标准 j 的某些指定的邻域半径范围内，h_{ij} 为 1，否则为 0。也可以将邻域函数定义为连续递减函数，比如高斯函数：

$$h_{ij} = \exp\left(\frac{-\| {}_iw - {}_jw \|^2}{2d^2}\right) \tag{17.16}$$

其中 d 是邻域半径。

4. **预测**

正如我们之前讨论过的，神经网络的应用之一是预测时间序列中的未来值。对于预测问题，我们使用动态网络，比如图 17.3 所示的聚焦延迟神经网络。当分析一个训练好的网络时，有两个概念至关重要：

- 预测误差应当在时间上不相关。
- 预测误差应当与输入序列不相关。

如果预测误差在时间上相关，那么我们就能够对误差本身进行预测，从而提高原始预测的准确率；同样，如果预测误差与输入序列相关，我们也可以利用这些相关性来对误差进行预测。

为了测试预测误差在时间上的相关性，我们可以使用自相关函数(autocorrelation function)：

$$R_e(\tau) = \frac{1}{Q-\tau}\sum_{t=1}^{Q-\tau} e(t)e(t+\tau) \tag{17.17}$$

如果预测误差是不相关的(白噪声，white noise)，则除了 $\tau=0$ 的情况之外，$R_e(\tau)$应接近于零。为了确认 $R_e(\tau)$是否接近零，我们可以设置一个接近 95%置信区间[BoJe96]，边界为：

$$-\frac{2R_e(0)}{\sqrt{Q}} < R_e(\tau) < \frac{2R_e(0)}{\sqrt{Q}} \tag{17.18}$$

如果当 $\tau\neq 0$ 时 $R_e(\tau)$满足式(17.18)，我们可以将 $e(\tau)$称为“白”的。图 17.10 和图 17.11 说明了这种方法。在图 17.10 中，展示了在一个训练不充分的神经网络的预测误差上对应的自相关函数，可以看到它并没有完全落在式(17.18)所定义的边界(图中虚线)内。图 17.11展示了一个充分训练的网络预测误差上所作用的自相关函数，除了 $\tau=0$ 的情况之外，$R_e(\tau)$完全落在了边界之内。 17-24

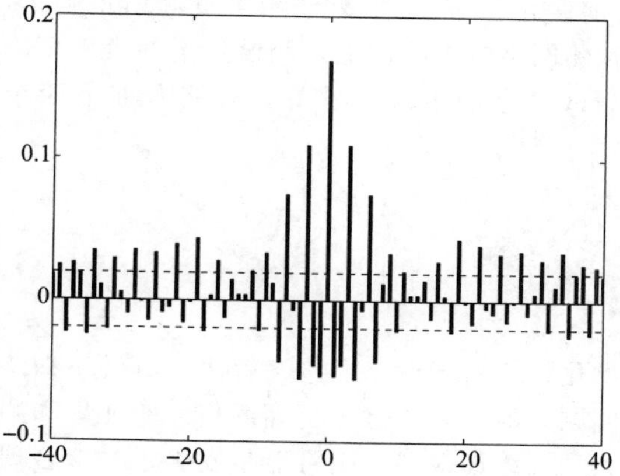

图 17.10 训练不充分的网络上的自相关函数 $R_e(\tau)$

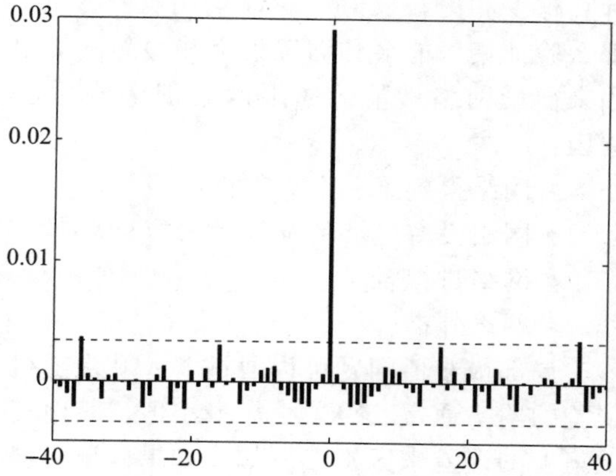

图 17.11 训练成功的网络上的自相关函数 $R_e(\tau)$

预测误差的相关性表明网络中抽头延迟线应该增加的长度。

为了检验预测误差与输入序列的相关性，可以使用互相关函数(cross-correlation function)： 17-25

$$R_{pe}(\tau) = \frac{1}{Q-\tau}\sum_{t=1}^{Q-\tau} p(t)e(t+\tau) \tag{17.19}$$

如果预测误差和输入向量之间没有相关性，则对于所有的 τ，$R_{pe}(\tau)$都应接近于零。为了确认 $R_{pe}(\tau)$是否接近零，我们可以设置一个接近 95%置信区间[BoJe96]，边界为：

$$-\frac{2\sqrt{R_e(0)}\sqrt{R_p(0)}}{\sqrt{Q}} < R_{pe}(\tau) < \frac{2\sqrt{R_e(0)}\sqrt{R_p(0)}}{\sqrt{Q}} \tag{17.20}$$

该方法如图 17.12 和 17.13 所示。图 17.12 展示了在一个没有充分训练的神经网络的预测误差上所作用的互相关函数，可以看到互相关函数并没有完全落在式(17.20)所定义的边界(图中虚线)内。图 17.13 展示了在一个训练成功的网络预测误差上所作用的互相关函数，对于所有的 τ，$R_{pe}(\tau)$完全落在了边界之内。

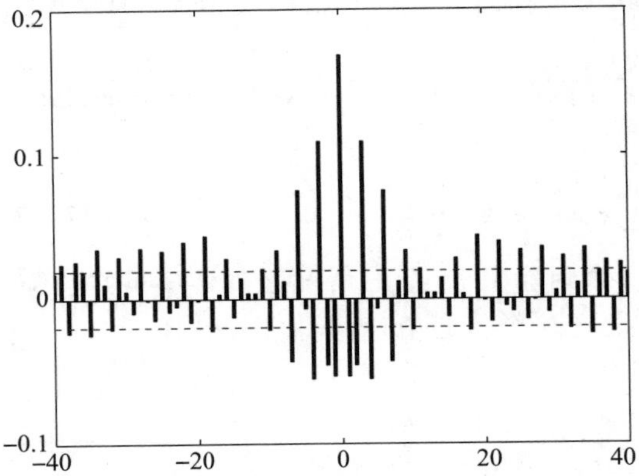

图 17.12 训练不充分的网络上的互相关函数 $R_{pe}(\tau)$

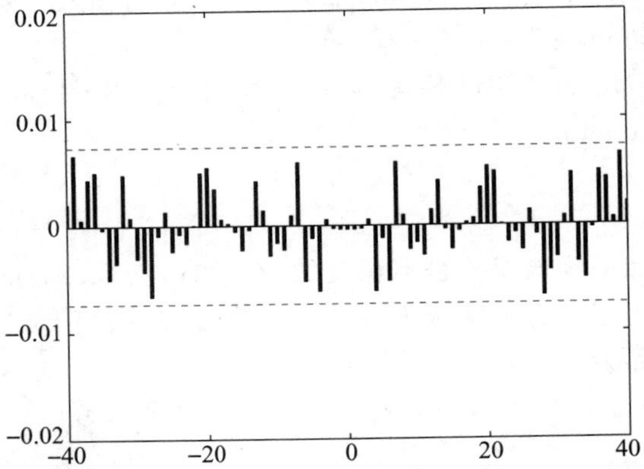

图 17.13 训练成功的网络上的互相关函数 $R_{pe}(\tau)$

使用 NARX 网络时，从预测误差和输入的相关性可以看出，输入和反馈路径中的抽头延迟线的长度应该增加。17-26

5. 过拟合与外推

第 13 章中讲到，总的数据集分为三个部分：训练集、验证集和测试集。训练集用来计算梯度和更新权值。验证集用来在过拟合之前停止训练。(如果使用了贝叶斯正则化，那么验证集可能会和训练集合并。)测试集用来预测网络将来的性能。测试集上的表现可以用来衡量网络性能。如果网络训练好后，在测试集上的表现不够好，可能有如下四个原因：

- 网络得到了一个局部极小值。
- 网络没有足够的神经元来拟合数据。
- 网络过拟合。
- 网络外推。

局部极小值问题可以通过 5～10 次随机初始化权值重新训练网络来解决。有最小训练误差的网络通常获得了全局最小值。其他三个问题一般可以通过分析训练集、验证集和测试集上的误差来区别。例如，如果验证集误差大于训练集误差，则可能是发生了过拟合现象。即使使用了提前结束训练，如果训练太快同样也可能发生过拟合现象。在这种情况下，可以通过使用较慢的训练算法来重新训练网络。17-27

如果训练集、验证集和测试集上的误差大小相似，但是都是很大的误差，那么就可能是网络能力不够强大而无法拟合数据。在这种情况下，需要增加网络隐层神经元的数量并且重新训练网络。如果使用贝叶斯正则化，这种情况表现为有作用的参数个数接近总的参数个数。当网络足够大时，有效参数个数应该比总的参数个数少。

如果验证集和训练集误差大小相似，但是测试集误差特别大，那么网络可能出现了外推。这表示测试数据不在训练数据和验证数据的范围内。这种情况下，可以通过收集更多的数据来解决这个问题。可以合并测试集和训练/验证集，然后收集新的测试数据。这样需要不断收集数据直到最后网络误差在三个数据集上相差不大。

如果训练集、验证集和测试集上的误差大小相似，但是都是很小的误差，那么这个多层网络就可以使用了。然而，依然需要注意网络可能外推的情况。如果多层网络的输入都是在训练数据范围外，外推情况就可能会出现。很难确保训练网络的数据能包括以后使用神经网络时的数据分布。

另一个检测外推的方法是用多层网络训练集训练一个伴生的竞争网络来聚类输入向量。然后，当输入作用到多层网络后，相同的输入也会作用到伴生的竞争网络。当输入向量与竞争网络最近的标准向量的距离比从标准到训练集中该簇内最远成员的距离还大时，可能就出现了外推。这种方法称为*异常点检测*(novelty detection)。

6. 敏感性分析

在一个多层网络被训练好后，通常评估输入向量中每个元素的重要性是很有用的。如果能够认定一个输入向量中给定的某个元素是不重要的，那么就可以排除它。这样可以简化网络、减小计算量并且有助于防止过拟合。没有一种方法能绝对确定每个输入的重要性，但是敏感性分析在这个问题上有所裨益。敏感性分析计算的是网络响应对输入向量中每个元素的偏导数。如果网络响应对某个具体的输入元素的偏导数很小，那么这个元素可以从输入向量中移除。

多层网络是非线性的，网络输出对输入元素的偏导数不会是一个常数。对训练集中每个向量的导数都是不同的，我们不能简单通过一个导数来决定敏感性。解决这个问题的一个思路是取在整个数据集上的导数绝对值的平均值，或者是其均方根导数。另外一个思路是计算误差平方和对输入向量每个元素的偏导数。这些方法都会对输入向量中每个元素计算出一个偏导数。最后一个方法可以用简单的反向传播算法的变体实现(见式(11.44)到式(11.47))。回顾式(11.32)： 17-28

$$s_i^m \equiv \frac{\partial \hat{F}}{\partial n_i^m} \tag{17.21}$$

其中，$\hat{F}$是单个误差的平方。想要把上式变化成对输入向量中每个元素的偏导数，使用链式法则：

$$\frac{\partial \hat{F}}{\partial p_j} = \sum_{i=1}^{S^1} \frac{\partial \hat{F}}{\partial n_i^1} \times \frac{\partial n_i^1}{\partial p_j} = \sum_{i=1}^{S^1} s_i^1 \times \frac{\partial n_i^1}{\partial p_j} \tag{17.22}$$

已知：

$$n_j^1 = \sum_{j=1}^{R} w_{j,j}^1 p_j + b_i^1 \tag{17.23}$$

那么，式(17.22)可以写成：

$$\frac{\partial \hat{F}}{\partial p_j} = \sum_{i=1}^{S^1} \frac{\partial \hat{F}}{\partial n_i^1} \times \frac{\partial n_i^1}{\partial p_j} = \sum_{i=1}^{S^1} s_i^1 \times w_{i,J}^1 \tag{17.24}$$

写成矩阵形式：

$$\frac{\partial \hat{F}}{\partial \boldsymbol{p}} = (\mathbf{W}^1)^{\mathrm{T}} \boldsymbol{s}^1 \tag{17.25}$$

这个是计算单个误差的平方的导数。要得到误差平方和的导数，需要对每个单独误差的平方的导数进行求和。得到的结果向量会包含误差平方和对每个输入向量元素的偏导数。如果发现得到的结果中有些偏导数比最大的偏导数要小很多，则可以考虑移除这些输入值。在移除潜在的无关输入后，可以重新训练网络，并和原始网络的性能进行比较。如果两个
17-29 网络性能相似，我们就使用通过去除不相关数据训练得到的简化网络。

17.3 结束语

前面的章节都侧重特定的网络结构和训练规则的基础知识，本章讨论了神经网络训练的一些实际问题。神经网络的训练是一个迭代过程，它包括数据收集、预处理、网络结构选择、网络训练和训练结果分析。

接下来的五个章节将通过一些实例研究来说明这些实践方面的内容。这些案例研究包
17-30 括了多方面的应用，如函数拟合、密度估计、模式识别、聚类和预测。

17.4 扩展阅读

[**Bish95**] C. M. Bishop，Neural Networks for Pattern Recognition，Oxford University Press，1995.

这是一本条理清晰的优秀教材，它从统计学的角度论述了神经网络。

[**BoJe94**] G. E. P. Box，G. M. Jenkins，and G. C. Reinsel，Time Series Analysis：Forecasting and Control，4th Edition，John Wiley & Sons，2008.

这是一本关于时间序列分析的经典教材。它注重的是实际问题，而不是理论推导。

[**HaBo07**] L. Hamm，B. W. Brorsen and M. T. Hagan，"Comparison of Stochastic Global Optimization Methods to Estimate Neural Network Weights，" Neural Processing Letters，Vol. 26，No. 3，December 2007.

这篇文章指出，使用多个启动的局部优化的程序，如最速下降或共轭梯度，其结果与全局优化方法不相上下，并且计算量较小。

[**HeOh97**] B. Hedé，H. Ölin，R. Rittner，L. Edenbrandt，"Acute Myocardial Infarction Detected in the 12-Lead ECG by Artificial Neural Networks，" Circulation，vol. 96，pp. 1798-802，1997.

这篇文章论述了使用神经网络通过心电图检测心机梗塞的应用。

[**Joll02**] I. T. Jolliffe，Principal Component Analysis，Springer Series in Statistics，2nd ed.，Springer，NY，2002.

关于主成分分析的最著名的文章。

[**LeCu98**] Y. LeCun，L. Bottou，G. B. Orr，K.-R. Mueller，"Efficient BackProp，" Lecture Notes in Comp. Sci.，vol. 1524，1998.

这篇文章论述了提升多层网络训练性能的实际技巧。

[**Moll93**] M. Moller，"A scaled conjugate gradient algorithm for fast supervised learning，" Neural Networks，vol. 6，pp. 525-533，1993.

17-31 这篇文章提出的比例共轭梯度算法收敛速度快，并具有最小的内存需求量。

[**NgWi90**] D. Nguyen and B. Widrow，"Improving the learning speed of 2-layer neural networks by choosing initial values of the adaptive weights，" Proceedings of the IJCNN，vol. 3，pp. 21-26，July 1990.

这篇论文描述了一种反向传播算法中权值和偏置值的初始化方法。它通过 S 型传输函

数的形状以及输入变量的范围来决定权值的大小，然后利用偏置值来将 S 型函数置于运作区域的中央。反向传播算法的收敛性可以通过此过程得到有效的提升。

[**PeCo93**] M. P. Perrone and L. N. Cooper, "When networks disagree: Ensemble methods for hybrid neural networks," in Neural Networks for Speech and Image Processing, R. J. Mammone, Ed. , Chapman-Hall, pp. 126-142, 1993.

这篇文章论述了如何使用网络委员会来得到一个比任一单个网络输出更准确的结果。

[**PuFe97**] G. V. Puskorius and L. A. Feldkamp, "Extensions and enhancements of decoupled extended Kalman filter training," Proceedings of the 1997 International Conference on Neural Networks, vol. 3, pp. 1879-1883, 1997.

这篇文章介绍的扩展 Kalman 滤波算法，是神经网络训练较快的序列算法之一。

[**RaMa05**] L. M. Raff, M. Malshe, M. Hagan, D. I. Doughan, M. G. Rockley, and R. Komanduri, "Ab initio potential-energy surfaces for complex, multi-channel systems using modified novelty sampling and feedforward neural networks," The Journal of Chemical Physics, vol. 122, 2005.

这篇文章描述了如何使用神经网络来进行分子动力学仿真。

[**ScSm99**] B. Schökopf, A. Smola, K. R. Muller, "Kernel Principal Component Analysis," in B. Schökopf, C. J. C. Burges, A. J. Smola(Eds.), Advances in Kernel Methods-Support Vector Learning, MIT Press Cambridge, MA, USA, pp. 327-352, 1999.

这篇文章介绍了一种使用核方法的非线性主成分分析方法。 17-32

实例研究 1：函数逼近

18.1 目标

从本章开始，将进行一系列神经网络的实例研究。神经网络的应用不胜枚举，无法对每个应用都给出分析，因此，我们将只讨论五个重要的应用领域：函数逼近(非线性回归)、密度函数估计、模式识别(模式分类)、聚类和预测(时间序列分析、系统辨识或动态建模)。对每一个实例研究，我们都会逐步完成神经网络的设计与训练。

本章中我们展示一个函数逼近问题。在函数逼近问题中，训练集包含一组因变量(响应变量)和一个或多个自变量(解释变量)。神经网络学习建立解释变量和响应变量之间的映射。在本章的实例研究中，研究的系统是一个智能传感器。智能传感器由一个或多个通过神经网络耦合在一起的标准传感器组成，用来产生某个单一参数校准后的测量值。本章讨论一个智
18-1 能定位传感器，它通过来自两个太阳能电池的电压值来估计某物体的一维位置。

18.2 理论与例子

本章介绍一个使用神经网络完成函数逼近的实例。函数逼近即定义一个输入变量集和输出变量集之间的映射。例如，通过房屋周边的一些特征，如税率、当地学校的师生比例以及犯罪率等来评估一间房屋的价格。又例如，在炼油厂里生产汽油时，根据反应器的温度和压力来估计辛烷值[FoGi07]。在本章的实例研究中，我们考虑一个智能位置传感系统。

18.2.1 智能传感系统描述

图 18.1 展示了这一实例中传感器的布局状况。一个物体悬挂在光源和两块太阳能电池之间，它在太阳能电池上投射出一定的阴影，这将使得太阳能电池的输出电压有所下降。

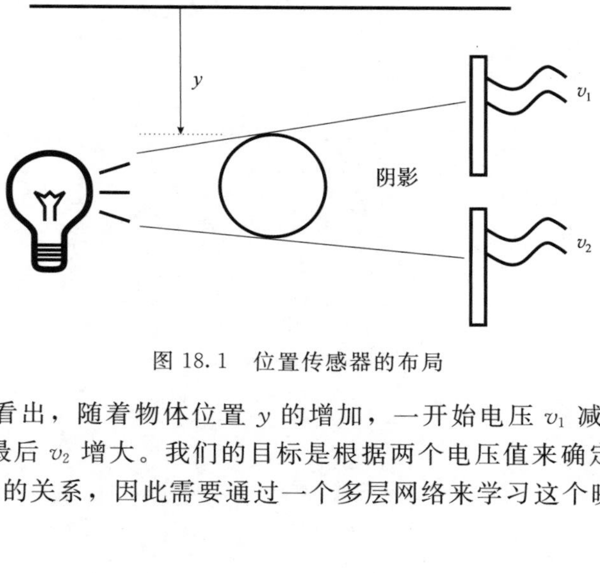

图 18.1 位置传感器的布局

从图 18.2 可以看出，随着物体位置 y 的增加，一开始电压 v_1 减小，随后电压 v_2 减小，接着 v_1 增大，最后 v_2 增大。我们的目标是根据两个电压值来确定物体的位置。显然这是一个高度非线性的关系，因此需要通过一个多层网络来学习这个映射。这是一类经典

的函数逼近问题，要学习的是一个函数的反函数。原函数是从 y 到 v_1 和 v_2 的映射，我们 18-2
要学习的则是从 v_1 和 v_2 到 y 的映射。

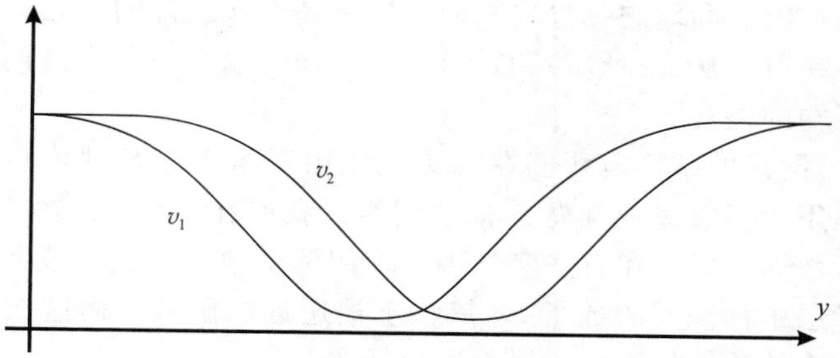

图 18.2　实例：太阳能电池的输出与目标位置的关系

18.2.2　数据收集与预处理

为了收集数据，我们采用了一个乒乓球作为遮挡物来进行实验。将它放置在不同的标定位置，并对两个太阳能电池的输出电压进行测量，总共获得了 67 组测量数据。图 18.3 展示了这些数据，图中每个圆圈表示一个标定位置的电压测量值(位置单位是英寸，电压单位是伏特)。图中曲线在 0V 处的平坦区域表示对应的电池被球的阴影完全覆盖。如果阴影大到足以同时覆盖两块电池，我们就不能从电池的输出电压值中推断球的位置了。 18-3

下一步是将数据划分为训练集、验证集和测试集。在本例中，由于我们将使用贝叶斯正则化训练方法，因此不需要验证集。我们留出 15%的数据用于测试。为了进行这个划分，我们按照目标的位置排列数据，然后每隔六七个数据点选择一个作为测试样本。最后总共得到 10 个测试样本。测试样本在网络训练过程中不以任何方式使用，但在网络训练完成之后，我们将使用它们预估网络未来的性能。

网络的输入向量包括两个太阳能电池的电压：

$$\mathbf{p} = \begin{bmatrix} v_1 \\ v_2 \end{bmatrix} \tag{18.1}$$

目标输出则是乒乓球所在的位置：

$$t = y \tag{18.2}$$

数据先通过式(17.1)进行缩放，使得输入数据和目标输出都在区间[−1，1]内。经缩放处理后的数据如图 18.4 所示。

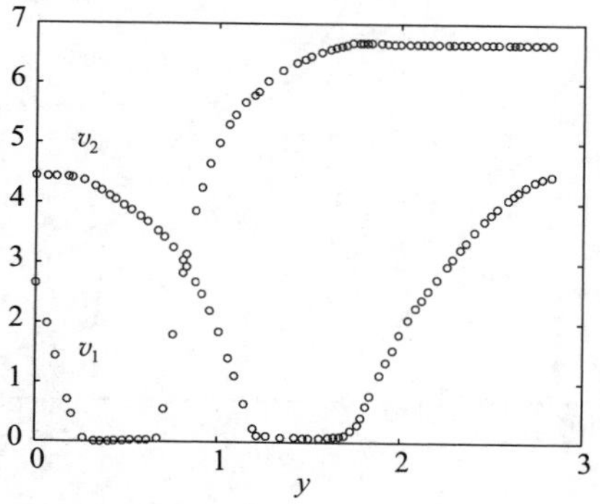

图 18.3　从太阳能电池采集到的数据

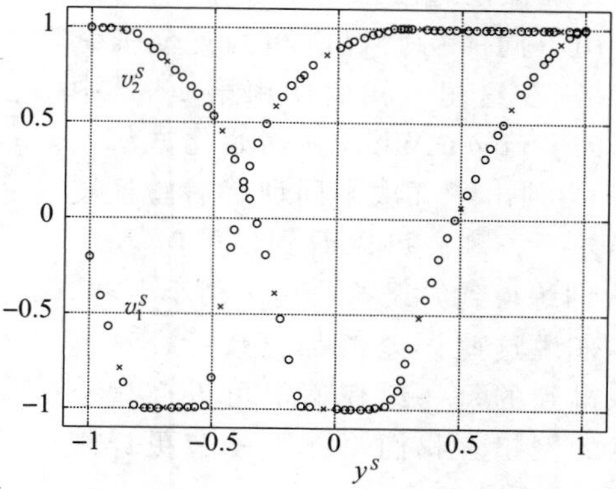

图 18.4　缩放处理后的数据

18.2.3 网络结构选择

18-4 由于太阳能电池电压和球的位置之间的映射是高度非线性的，我们将使用一个多层网络结构来学习这一映射。从式(18.1)和式(18.2)可知，输入向量中有两个元素，网络唯一的目标输出是球所在的位置。

图 18.5 展现了网络的结构。我们在隐层中使用双曲正切 S 型传输函数，在输出层使用线性函数。这是用于函数逼近问题的标准网络。我们在第 11 章中，已经证明了这个网络是一个通用的函数逼近器。在有些实例中会使用两个隐层，但一般我们会先尝试只有一个隐层的结构。隐层中神经元的数量 S^1 依赖于被逼近的函数，而这在网络训练前通常并不知道。在下一节中，我们将进一步讨论这个问题。

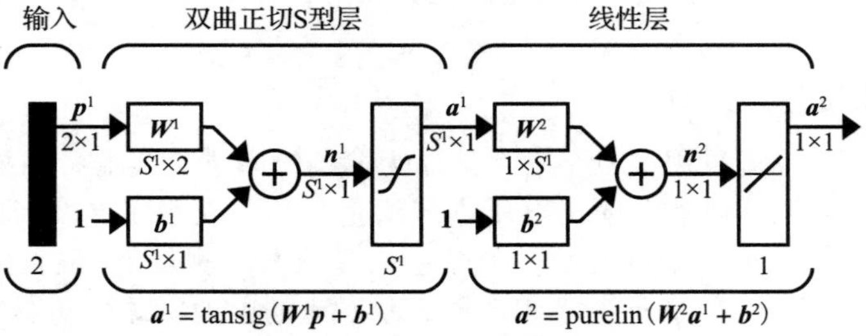

图 18.5 网络结构

18.2.4 网络训练

开始训练之前，我们先采用第 17 章中描述的 Widrow 和 Nguyen 的方法来初始化网络的权值。然后，使用贝叶斯正则化方法来训练网络。第 13 章讨论的贝叶斯正则化方法在训练多层网络进行函数逼近时非常有效。这个算法的设计使它训练的网络不需要验证集也具有很好的泛化性。这样，验证集可以加入训练集中，网络性能往往也优于提前终止法(在下一章中，我们将给出一个使用了验证集的提前终止法的例子)。

图 18.6 展示了使用贝叶斯正则化训练算法时的迭代次数与误差平方和的曲线图。在这个例子中，我们使用了一个包含 10 个隐层神经元($S^1=10$)的网络。网络的训练迭代了
18-5 100 次，此时网络性能的变化已非常小。

在迭代了 100 次后训练已经收敛，但我们要确保没有陷入局部极小。因此，需要使用不同的初始权值和偏置值训练几次网络(在这里，我们使用第 17 章中所提到的 Nguyen-Widrow 初始化方法)。表 18.1 中列出了五次不同训练后验证集上的误差平方和。可以看到，虽然第 2、4、5 次训练得到的误差值相对稍小一些，但总体来说这些误差值都很接近。这五次训练得到的每一组权值都可以产生令人满意的网络。我们将在下一节更详细地讨论这个问题。

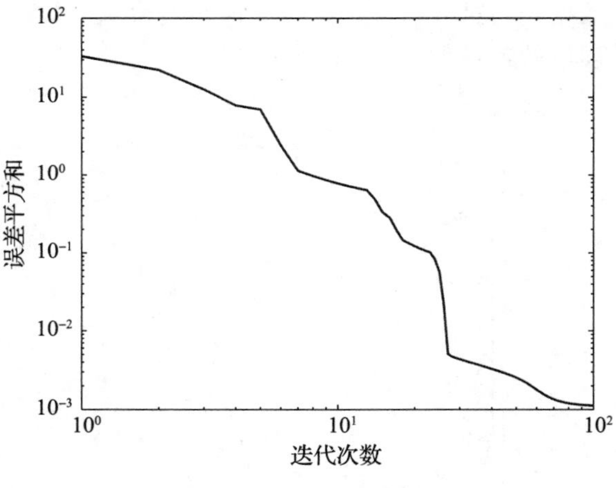

图 18.6 误差平方和与迭代次数($S^1=10$)

表 18.1　五次不同初始值条件下训练得到的最终误差平方和

1.121e-003	8.313e-004	1.068e-003	8.672e-004	8.271e-004

第 13 章中讨论的贝叶斯正则化算法会计算一个网络中的有效参数个数 γ。从图 18.7 中可以看出 γ 在训练过程中的变化。它最终收敛到了 17.4。在这个结构为 2-10-1 的网络中，一共有 41 个参数值，因此我们只用到了 40%的权值及偏置值。上面五次不同的训练中 γ 都收敛到 17 和 20 之间。这意味着，如果我们在意计算一个网络响应所需的计算量，可以使用一个规模较小的网络。 18-6

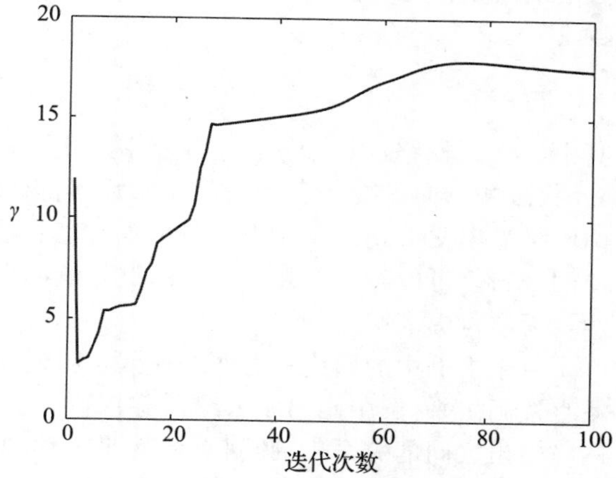

图 18.7　有效参数个数($S^1=10$)

为了确定一个较小规模的网络是否能够满足要求，我们训练了具有不同数量隐层神经元的网络。由于有效参数个数大概是 20，我们预计具有 5 个隐层神经元(21 个权值和偏置值)的网络就足以拟合这一映射。表 18.2 中列出了我们的实验结果。可以看出，除了 $S^1=3$ 的网络(网络的参数总数仅为 13)外，其他网络的性能大致相等。

表 18.2　五种不同隐层神经元个数情况下训练得到的最终误差平方和

$S^1=3$	$S^1=5$	$S^1=8$	$S^1=10$	$S^1=20$
4.406e-003	9.227e-004	8.088e-004	8.672e-004	8.096e-004

贝叶斯正则化算法使得我们可以训练几乎任意规模的网络，并确保只有一部分参数是有效使用的。如果在意计算网络输出所需的时间(例如在一些实时应用中)，那么我们可以使用 $S^1=5$ 的网络，否则，最初的 $S^1=10$ 的网络就可以满足要求。我们不需要在寻找最优神经元数量这个问题上耗费太多时间。训练算法将能够保证不会过拟合。

18.2.5　验证

将网络输出和目标输出以散点图的形式画出来是验证网络性能的一个重要方法，就像图 18.8 那样(采用标准化后的单位)。如果网络训练得好，那么散点图中的点将会靠近 45° 的直线(直线上网络输出等于目标输出)。在这个例子中，网络拟合得非常好。左图中显示 18-7

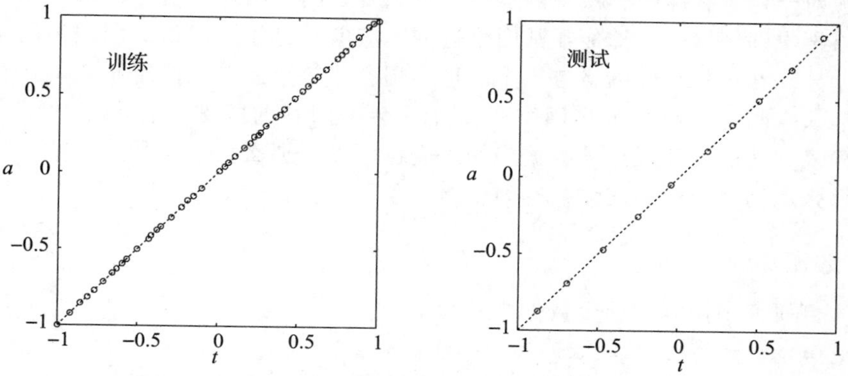

图 18.8　训练集和测试集上网络输出与目标输出的散点图

了训练数据拟合的情况，右图中显示了测试数据拟合的情况。由于对测试数据和训练数据拟合得一样好，可以确信网络没有过拟合。

网络误差的直方图是另一种有用的工具，图 18.9 便是一个例子。通过网络误差的直方图我们可以了解网络的精度。在这个直方图中，我们利用了对目标输出进行预处理的函数的反函数将网络输出转换回以英寸为单位的数值。预处理目标输出的式(17.1)的反函数是

$$\boldsymbol{a} = (\boldsymbol{a}^n + 1).* \frac{(\boldsymbol{t}^{\max} - \boldsymbol{t}^{\min})}{2} + \boldsymbol{t}^{\min} \tag{18.3}$$

其中，$\boldsymbol{a}^n$ 是网络的原始输出，训练网络就是希望该输出值与正则化后的目标输出一致，.* 代表两个向量按元素相乘。用原始的目标输出减去通过式(18.3)计算得到的未正则化的网络输出便得到以英寸为单位的误差值。图 18.9 中显示了在训练集和测试集上这一误差的分布。可以看出，几乎所有的误差值都小于 1/100 英寸。这已经超过了原始测量的精

18-8 度，无须再提高精度。

由于本例中的网络只有两个输入，我们还可以像图 18.10 那样将网络输入与输出的关系直接画出来(图中画出了未缩放并以伏特为单位的网络输入与未缩放并以英寸为单位的网络输出之间的关系)。圆圈表示当小球移动时电压值的变化轨迹。值得注意的是：贝叶斯正则化训练方法得到了一个光滑的网络响应曲面，即便它是高度非线性的。

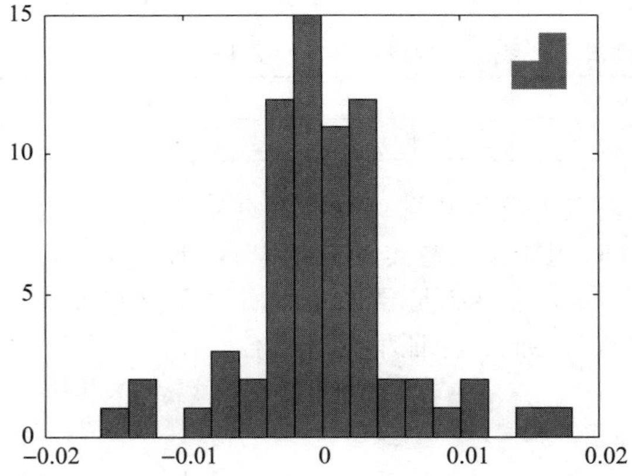

图 18.9　位置误差直方图(以英寸为单位)

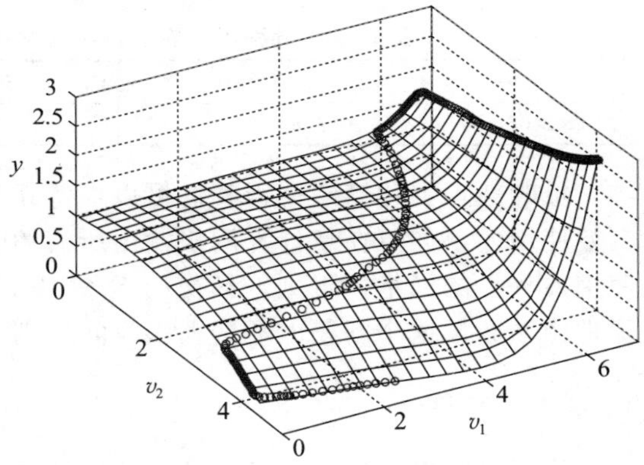

图 18.10　网络响应(原始单位)

在图 18.10 中，还需要注意的是，训练数据只分布在圆圈构成的轨迹上。网络在其他

18-9 区域的响应对于这个智能传感系统的运作并不重要，因为网络在这些区域的响应永远都用不到。如果再次训练网络，即便在圆圈附近的响应值总是相同，远离圆圈的网络响应也可能有较大差异。在许多神经网络应用中，这一理念非常重要。在网络正常的运行中，通常只会用到输入空间的一小部分。网络只需在它会被用到的区域拟合潜在的函数。这意味着，即使输入空间的维度很高，数据集的规模也可以不那么大。当然，在这种情况下，训练数据能够张成网络会用到的输入空间就至关重要。

18.2.6　数据集

这个实例研究中用到的两个数据文件如下：

- ball_p.txt——包含原始数据集中的输入向量。
- ball_t.txt——包含原始数据集中的目标向量。

这些数据文件和演示程序的获取方法请参见附录 C。 18-10

18.3 结束语

本章展示了多层神经网络在函数逼近中的应用。这个实例可以代表为数众多的一类神经网络应用，它们可以用“软传感器”或是“智能传感器”来描述。其思想是用一个神经网络对多个传感器的原始输出进行融合以得到一些感兴趣变量校准后的测量值。

一个在隐层采用 S 型传输函数、在输出层采用线性传输函数的多层网络非常适合这类应用，贝叶斯正则化方法在这样的场景中也表现卓越。

下一章中，我们将看到另一个神经网络的应用：概率估计。我们同样会使用多层神经网络来实现这一应用，但是在网络输出层采用的传输函数会有所不同。 18-11

18.4 扩展阅读

[**FoGi07**] L. Fortuna, P. Giannone, S. Graziani, M. G. Xibilia, “Virtual Instruments Based on Stacked Neural Networks to Improve Product Quality Monitoring in a Refinery,” IEEE Transactions on Instrumentation and Measurement, vol. 56, no. 1, pp. 95-101, 2007.

这篇论文描述了在一个炼油厂中将神经网络用作软传感器的例子。它利用反应器温度和压力的测量值来预测汽油产品的辛烷值。 18-12

第 19 章

Neural Network Design, Second Edition

实例研究 2：概率估计

19.1 目标

本章将阐述第二个基于神经网络的应用实例。前一章展示了使用神经网络方法来进行函数逼近，这一章将采用神经网络来估计概率函数。

概率估计是函数逼近的一种特例。在函数逼近中，我们使用神经网络在一组输入值和返回值之间建立了一个映射关系。在概率估计的问题中，返回值是一组概率值。因为概率是一组和为 1 的正实数，所以我们希望神经网络的输出能够满足这一条件。

本章讨论的应用实例是金刚石的化学气相沉积方法。在此方法中，我们将碳二聚体(即一对联结在一起的碳原子)投射向金刚石表面。我们希望基于所投射二聚体的属性，判定发生不同反应的概率。这里，输入参数是这些属性，比如平动能和入射角度；而返回参数是可能的反应(如化学吸附反应和散射反应等)发生的概率。 19-1

19.2 理论与例子

本章介绍一个使用神经网络方法来进行概率估计的应用实例。概率估计是基于一组输入参数，来判定发生特定事件的概率。例如，我们希望通过一组实验检测，来估计病人罹患特定疾病的概率。再例如，基于一组市场条件来判断一项金融资产价格上涨的概率。

在概率估计应用实例中，我们将训练神经网络来估计化学过程中的反应率。金刚石化学气相沉积(CVD)是人工合成金刚石的过程，其基本思想是引导气态碳原子停驻在基底表面上并结晶。为了研究这类过程，科学家们对反应率尤为关注，因为反应率决定了金刚石的合成速度。本实例中，我们将训练一个神经网络来计算碳二聚体与金刚石晶体基底接触时的反应率。

我们将先介绍化学气相沉积的过程，以及怎样为此过程采集仿真数据。之后，我们将展示如何通过训练神经网络来学习反应概率。完整细节请见文献[AgSa05]。

19.2.1 CVD 过程描述

在 CVD 过程中，碳二聚体被投射向金刚石基底。在这里，我们假设碳二聚体和金刚石基底能发生以下三种反应的一种：化学吸附反应(碳二聚体中的原子附着于基底表面)，散射反应(碳二聚体从基底弹开)或解吸附反应(碳二聚体短暂地附着于基底表面但之后分离)。此外，还有一种发生概率非常小的反应，但这里我们将其忽略(完整的讨论请见文献[AgSa05])。我们将会训练神经网络，基于碳二聚体的多种属性，来估计发生每种反应的概率。下面先介绍一下碳二聚体的属性。

图 19.1 列举了我们用于定义 CVD 过程的记号。图中圆点代表碳二聚体，从这个点延伸出来的指示线代表其初速度的方向；星形代表金刚石基底中央碳原子的位置；角度 θ 代表入射角度，即碳二聚体初速度的方向与金刚石表面法向量(z 轴)的夹角；碰撞参数 b 定
19-2 义为以下二者间的距离——金刚石表面中央碳原子的位置、碳二聚体的初速度方向与金刚

石表面的交点的位置(图 19.1 中的坐标轴原点)；角度 ϕ 表示 x 轴和坐标轴原点与中央碳原子的连线之间的夹角。

19.2.2 数据收集与预处理

用于训练神经网络的数据来自于分子动力学(MD)仿真。在分子动力学系统中，运用已知的物理规律计算单个原子的受力，从而模拟给定受力下原子和分子在介质中的运动[RaMa05]。在本章实例中，我们采用 324 个原子来建模 CVD 系统。其中，金刚石基底中的 282 个原子用于建模晶体表面，基底表面覆盖着 40 个氢原子，另外 2 个原子用于建模碳二聚体。如图 19.1 所示，(x，y)平面表示金刚石基底的位置。除了位于中央和边界上的碳原子之外，基底表层的每一个碳原子都覆盖着一个氢原子。任何反应都发生在中央原子的附近。

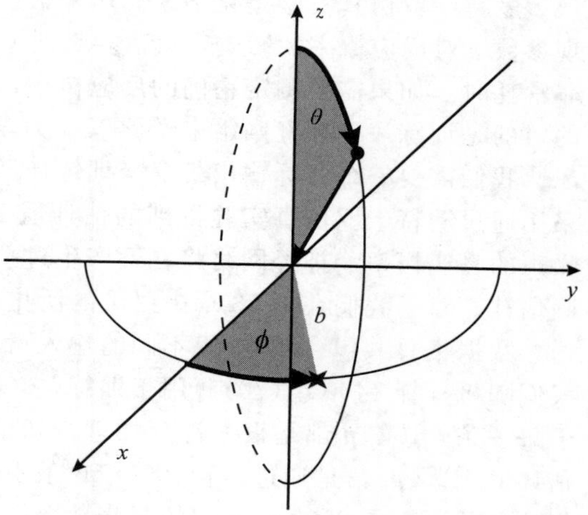

图 19.1　碳二聚体/金刚石基底接触反应的记号

在此研究中，我们希望能够确定发生化学吸附反应、散射反应和解吸附反应的概率与 b、θ、ϕ，碳二聚体的自转速度(v_{rot})、平移速度(v_{trans})之间的依赖关系。初始的试验条件为，碳二聚体的振动能量被设置为零点能量，晶体的温度恒定维持在 600K[RaMa05]。

这是一个有趣的函数估计问题，这里我们无从得知真实的反应概率，因为它们是未知 19-3
的。我们通过进行蒙特卡罗仿真实验来估计这些概率。我们先定义一些记号来标记将要计算的不同概率。首先，我们用 $P_X(\boldsymbol{p})$表示真实的反应概率，X 表示反应过程，$\boldsymbol{p}$ 表示由碳二聚体的属性组成的向量：

$$\boldsymbol{p}=\begin{bmatrix}\theta\\ \phi\\ b\\ v_{\mathrm{trans}}\\ v_{\mathrm{rot}}\end{bmatrix} \tag{19.1}$$

反应过程 X 可以是化学吸附反应(X=C)、散射反应(X=S)或者解吸附反应(X=D)。通过神经网络得到的概率估计值被记作 $P_X^{\mathrm{NN}}(\boldsymbol{p})$，通过蒙特卡罗仿真实验得到的概率估计值记作 $P_X^{\mathrm{MC}}(\boldsymbol{p})$。

蒙特卡罗估计值可由下式计算得到：

$$P_X^{\mathrm{MC}}(\boldsymbol{p})=\frac{N_X}{N_{\mathrm{T}}} \tag{19.2}$$

式中 N_X 表示 MD 仿真实验中导致反应 X 发生的轨迹数量，N_{T} 表示总轨迹数量。每个轨迹的仿真结果依赖于大量的输入参数，包括向量 $\boldsymbol{p}$ 中的所有参数、碳二聚体的初始方向、定义碳二聚体旋转平面的角度、碳二聚体的初始振动能量及相位、系统的温度以及确定金刚石表面振动相位的所有参数。因为我们只关心 $\boldsymbol{p}$ 对于反应概率的影响，所以在每次实验中，碳二聚体的初始振动能量被设置成零点能量，晶体温度维持在 600K，而其余参数都是随机设置的。(为了使表述更加清晰，我们用术语“蒙特卡罗”来指代每条轨迹中随机设置一些变量参数而得到的一组仿真实验结果。因为这些仿真计算遵从分子动力学原理，我们将每条轨迹的仿真实验称作一次“MD 仿真”。)

蒙特卡罗仿真实验是化学家们用来估计反应概率的标准方法。比如，如果他们想要发
19-4 现参数 ϕ 对反应概率的影响，就需要针对所有感兴趣的 ϕ 运行一系列仿真实验。这一过程非常耗时。如果需要测定精确的反应概率，就需要进行大量蒙特卡罗仿真实验。本章实例的目的是训练一个神经网络来学习以 $\boldsymbol{p}$ 为参数的真实反应概率的函数。

我们需要一个目标输出集合来训练神经网络。由于真实的概率 $P_X(\boldsymbol{p})$ 是未知的，我们采用通过蒙特卡罗仿真实验得到的估计值 $P_X^{\mathrm{MC}}(\boldsymbol{p})$ 作为目标输出。这些估计值可看作含有噪声的真实概率。神经网络将在不产生过拟合的前提下修正这些噪声从而得到 $P_X(\boldsymbol{p})$ 的精确估计。对于我们在第 13 章中讨论的泛化过程，这是一个很好的应用。

数据集总共包含 2000 组不同的输入/目标输出对 $\{\boldsymbol{p}, P_X^{\mathrm{MC}}(\boldsymbol{p})\}$。在这 2000 组数据中，我们随机选择 1400 组(70%)用于训练，300 组(15%)用于验证，另外 300 组用于测试。对于每一条轨迹，$\boldsymbol{p}$ 都是根据符合物理规律的概率分布随机生成的[RaMa05]。对于每一个估计值 $P_X^{\mathrm{MC}}(\boldsymbol{p})$，是通过运行 $N_{\mathrm{T}}=50$ 条不同的轨迹得到的。这意味着为了构建整个数据集，总共运行了 2000×50 次仿真来获得轨迹。

在输入数据中，θ 和 ϕ 的单位是弧度，b 的单位是埃，v_{trans} 的单位是埃每皮秒，v_{rot} 的单位是弧度每皮秒。在将这些数据输入神经网络进行训练之前，将根据式(17.1)进行归一化，这样每个输入向量的元素值都将在 −1 到 1 的范围之间。因为目标输出值代表概率，所以值都将在 0 到 1 的范围之间。在下一节中，我们将介绍一种网络结构，它的最后一层是我们在式(17.3)中介绍过的 softmax 传输函数。这个传输函数会输出 0 到 1 之间的数值，与原始未归一化目标输出值相匹配。

19.2.3 网络结构选择

对于这项应用，我们将采用多层网络结构。该网络的输入向量包含 5 个元素，如式(19.1)中所定义，网络的目标输出是包含 3 个元素的向量：

$$\boldsymbol{t} = \begin{bmatrix} P_{\mathrm{C}}^{\mathrm{MC}}(\boldsymbol{p}) \\ P_{\mathrm{S}}^{\mathrm{MC}}(\boldsymbol{p}) \\ P_{\mathrm{D}}^{\mathrm{MC}}(\boldsymbol{p}) \end{bmatrix} \tag{19.3}$$

我们也可以采用三个不同的网络，每个网络的目标输出都是不同的 $P_X^{\mathrm{MC}}(\boldsymbol{p})$。我们对两种方案都进行了试验，得到的结果是相似的。

在该例中，采用三输出的单个神经网络有一个优势。因为三个输出都代表概率，也就
19-5 是说，它们的值都在 0 到 1 的范围之间，而且和为 1。这就非常适用式(17.3)中 softmax 传输函数，如下所示：

$$a_i = f(n_i) = \exp(n_i) \div \sum_{j=1}^{S} \exp(n_j) \tag{19.4}$$

这个传输函数和之前用过的函数不太一样，在这个函数中，神经元的输出 a_i 受到所有的净输入 n_j 影响。(在其他的传输函数中，净输入 n_i 只会影响神经元输出 a_i。)但这并不会对网络的训练过程造成实质的困难。式(11.44)和式(11.45)中描述的反向传播算法依旧可以用于计算梯度。但是，该传输函数的偏导数不再是一个对角矩阵。对于 softmax 函数，其偏导数如下式所示：

$$\dot{\boldsymbol{F}}^m(\boldsymbol{n}^m)=\begin{bmatrix} a_1^m\left(\sum_{i=1}^{S_m}a_i^m-a_1^m\right) & -a_1^m a_2^m & \cdots & -a_1^m a_{S_m}^m \\ -a_2^m a_1^m & a_2^m\left(\sum_{i=1}^{S_m}a_i^m-a_2^m\right) & \cdots & -a_2^m a_{S_m}^m \\ \vdots & \vdots & & \vdots \\ -a_{S_m}^m a_1^m & -a_{S_m}^m a_2^m & \cdots & a_{S_m}^m\left(\sum_{i=1}^{S_m}a_i^m-a_{S_m}^m\right) \end{bmatrix} \quad (19.5)$$

完整的网络结构如图 19.2 所示。如式(19.1)所示的输入向量有 5 个元素，输出向量有 3 个元素，也与式(19.3)中所示的目标向量一致。隐层的传输函数是双曲正切 S 型函数，输出层的传输函数是 softmax 函数。隐层的神经元数量 S^1 尚未确定，这依赖于待逼近函数的复杂程度，但是我们还并不知道其复杂程度。一般来说，隐层的大小是在训练的过程中确定的。因此我们必须选择一个 S^1，使得网络能够精确地拟合训练数据，但是又不至于导致过拟合。在下一小节我们将会探讨如何选择隐层的大小。 19-6

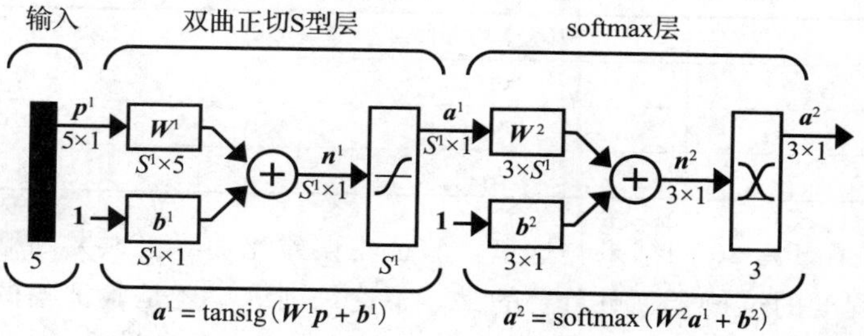

图 19.2 网络结构

19.2.4 网络训练

我们使用文献[Mill93]中描述的比例共轭梯度算法来训练网络。第 12 章中介绍的许多其他共轭梯度算法或 Levenberg-Marquardt 算法也可以取得很好的结果。由于这一问题的目标输出含有大量的干扰噪声，因此最后的拟合结果不会非常精确。我们采用第 13 章中介绍的提前终止法来防止过拟合：当验证集中的误差在超过 25 次迭代后都没得到改进时，停止训练。图 19.3 展示了一个典型的训练周期，显示了训练集和验证集上的均方误差。可以观察到，验证集上的误差在第 69 次迭代时达到最小。之后，训练算法继续迭代了 25 次，直到第 94 次迭代。由于在这 25 次迭代的过程中验证集误差没有再减小，我们将第 69 次迭代的权值保存下来作为最终的训练结果。

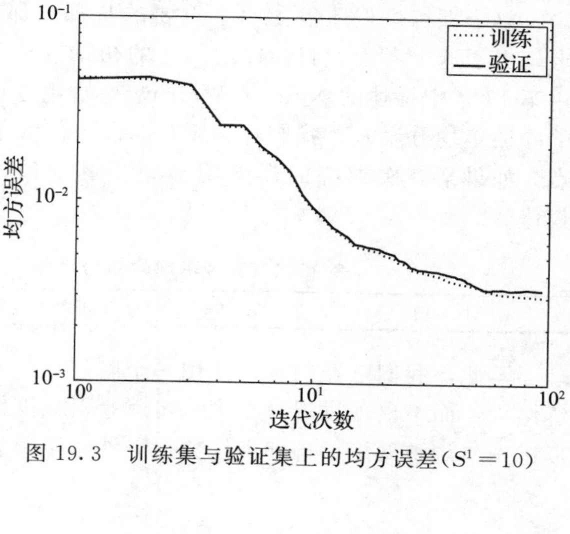

图 19.3 训练集与验证集上的均方误差($S^1=10$) 19-7

图 19.3 展示了当网络隐层包含 10 个神经元($S^1=10$)时的训练结果。为了验证这个数量是合理的，一种有效指标可以通过比较训练集和验证集的结果得到。

表 19.1 中列出了网络在训练集和验证集上的均方根误差，我们可以看到二者的结果几乎是一样的。验证集的数据是独立于训练集随机选取的，由于在两个数据集上的误差几乎一样，这表明该网络在相关输入范围内可以获得一致的拟合结果，没有出现过拟合的现象。

表 19.1　训练集和测试集均方根误差比较，$S^1=10$

	训练集均方根误差	验证集均方根误差
$P_C(\boldsymbol{p})$	0.049 6	0.043 9
$P_S(\boldsymbol{p})$	0.063 4	0.065 9
$P_D(\boldsymbol{p})$	0.058 6	0.060 4

此外，判断误差是否已经尽可能小，以及网络拟合是否充分也非常重要。在下一小节中将会讨论更多的相关内容，但在这里我们只尝试改变网络隐层神经元的数量。表 19.2 显示了当隐层只包含两个神经元时训练的结果。同样，训练集和验证集的误差保持一致，这表明没有过拟合。但是和 $S^1=10$ 的结果相比，误差相对要大一点。

表 19.2　训练集和测试集均方根误差比较，$S^1=2$

	训练集均方根误差	验证集均方根误差
$P_C(\boldsymbol{p})$	0.063 4	0.062 7
$P_S(\boldsymbol{p})$	0.066 9	0.070 4
$P_D(\boldsymbol{p})$	0.061 7	0.061 8

表 19.3 展示了 $S^1=20$ 的结果。这里，验证集误差比训练集误差略微大一点，这表明可能存在着一定程度的过拟合。更重要的是，不论是训练集还是验证集的误差都没有明显比 $S^1=10$ 的情况小。这表明对于该例来说，将隐层神经元数量设为 10 已经足够了。下一
19-8 小节中我们将对此进行更深入的研究。

表 19.2　训练集和测试集均方根误差比较，$S^1=2$

	训练集均方根误差	验证集均方根误差
$P_C(\boldsymbol{p})$	0.043 2	0.044 4
$P_S(\boldsymbol{p})$	0.060 3	0.064 3
$P_D(\boldsymbol{p})$	0.056 9	0.059 5

整个训练过程还包含一个重要的步骤，那就是我们需要确保网络没有陷入局部极小点。出于这个考虑，我们使用不同的初始权值和偏置值多次重新训练整个网络。（我们采用第 17 章中描述的 Nguyen-Widrow 初始化方法。）表 19.4 展示了五次不同的训练所得到的验证集均方误差。我们看到所有的误差值都很接近，所以每一次训练都达到了全局极小点。如果某一次训练的误差明显小于其他值，我们就应该采用得到该最小误差的网络权值。

表 19.4　五种不同的初始化条件下获得的最终验证集均方误差

3.074e-003	2.593e-003	3.031e-003	3.105e-003	3.050e-003

至此，我们已经确定，使用一个隐层具有 10 个神经元的神经网络可以得到较好的训练结果，而不出现过拟合。下一步就是对该网络的性能进行分析。根据分析结果，我们可以进一步调整网络结构和训练数据，然后重新训练网络。

19.2.5 验证

如图 19.4 所示，网络实际输出和目标输出构成的散点图是进行网络验证的一个重要工具。由图可见，目标输出和网络输出之间存在很强的线性关系，虽然有一些偏差。对于一个训练良好的网络，我们希望散点图上的点准确地落在实际输出与目标输出相等的直线上。为什么在图中存在这么大的偏差呢？因为我们所使用的目标输出并不是真实的反应概率 $P_X(\boldsymbol{p})$，而是蒙特卡罗估计值 $P_X^{MC}(\boldsymbol{p})$。也就是说，网络的目标输出中存在噪声。 19-9

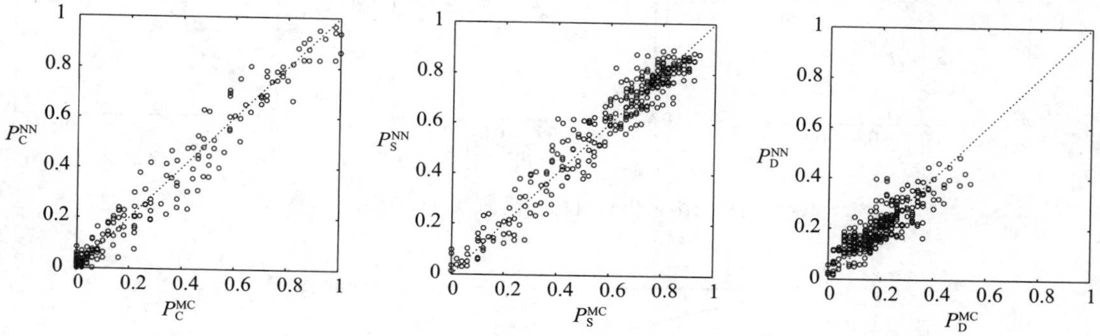

图 19.4 网络输出和目标输出的散点图($N_T=50$)

在 95%的情况下，我们期望 $P_X^{MC}(\boldsymbol{p})$和 P_X 有如下关系：

$$P_X-2\Delta\leqslant P_X^{MC}\leqslant P_X+2\Delta \tag{19.6}$$

式中：

$$\Delta=\sqrt{\frac{P_X\{1-P_X\}}{N_T}} \tag{19.7}$$

当 $N_T=50$ 时，上述关系如图 19.5 所示。 19-10

通过对比图 19.4 和图 19.5，可以发现实验数据的分布情况来源于 $P_X^{MC}(\boldsymbol{p})$的统计偏差。为了进一步验证这个发现，我们额外生成了一些测试数据，采用 500 次蒙特卡罗试验来生成每一个 $P_X^{MC}(\boldsymbol{p})$(即 $N_T=500$)。我们将这些测试数据输入之前在 $N_T=50$ 的原始数据集上训练得到的网络，得到的散点图如图 19.6 所示。可见，即使网络没有任何变化，偏差值也比图 19.4 所示的结果下降了很多。这表明我们的神经网络是在拟合真实的反应概率 $P_X(\boldsymbol{p})$，而不是 $P_X^{MC}(\boldsymbol{p})$上的统计波动。

在训练得到网络之后，研究输入参数对于反应概率的影响就变得很容易了。如图 19.7 所示，我们可以通过神经网络确定碰撞参数 b 对反应概率的影响。当碰撞参数增大时，发生化学吸附反应的概率降低，而发生散射反应和解吸附反应的概率增大。(在本次研究中，我们将 θ 设置为 5.4 弧度，ϕ 设置为 0.3 弧度，v_{rot} 设置为 0.004 弧度每皮秒，v_{trans} 设置为 0.004 埃每皮秒。)

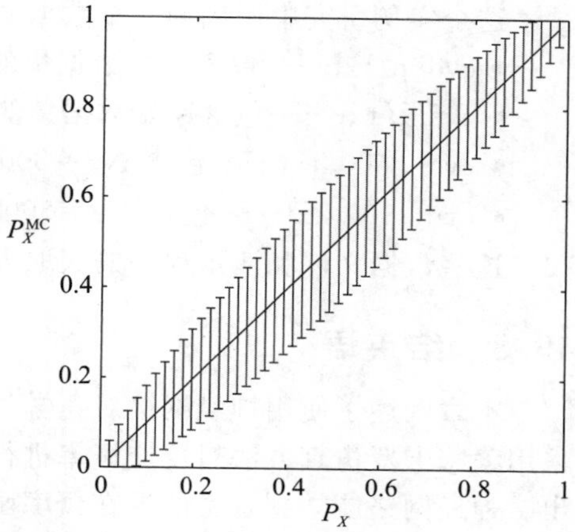

图 19.5 $P_X^{MC}(\boldsymbol{p})$的期望统计分布，$N_T=50$

如果采用标准的研究方法，要获得如图 19.7 所示的研究结果需要进行数千次仿真实验。而我们训练得到的神经网络完全掌握了参数 $\boldsymbol{p}$ 和反应概率之间的关系。因此，我们可以方便地计算网络在不同输入参数时的返回值，来进行广泛的研究工作。值得注意的是，神经网络从存在干扰噪声的数据集中获取到了深藏其中的真实函数。通过采用提前终止法，我们有效防止
19-11 了神经网络过拟合数据中的噪声。

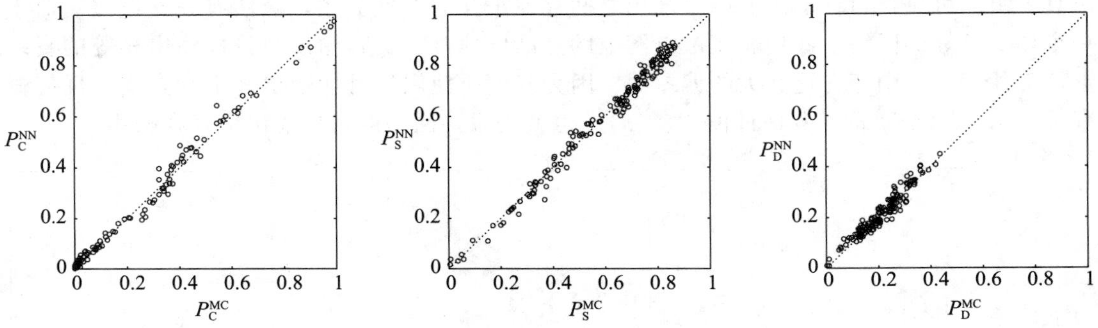

图 19.6　网络输出和目标输出的散点图($N_T=500$)

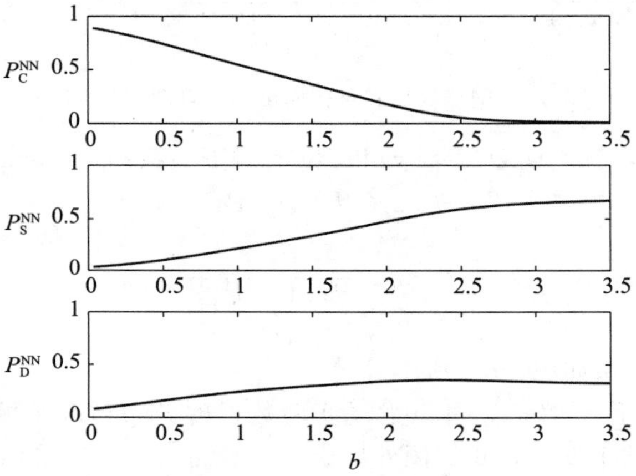

图 19.7　碰撞参数与反应概率的关系

19.2.6　数据集

这个实例研究中用到的 4 个数据文件如下：

- cvd_p. txt——包含原始数据集的输入向量。
- cvd_t. txt——包含原始数据集的目标输出向量。
- cvd_p500. txt——包含 $N_T=500$ 时测试数据集的输入向量。
- cvd_t500. txt——包含 $N_T=500$ 时测试数据集的目标输出向量。

19-12 这些数据文件和演示程序的获取方法请参见附录 C。

19.3　结束语

本章阐述了使用神经网络对化学气相沉积方法中的反应概率进行估计的应用。应用中采用蒙特卡罗仿真方法对反应概率进行估计，并将这些概率估计值用作神经网络的目标输出。神经网络能学到真实的潜在概率函数，而不过拟合由蒙特卡罗估计引入的误差。这主要归功于提前终止法：即当独立验证集上的误差开始增加时，停止网络训练。

在下一章中，我们将使用神经网络来解决模式识别问题，并且同样会使用多层神经网络来完成任务。 19-13

19.4 扩展阅读

[**AgSa05**] P. M. Agrawal，A. N. A. Samadh，L. M. Raff，M. Hagan，S. T. Bukkapatnam，and R. Komanduri，"Prediction of molecular-dynamics simulation results using feedforward neural networks：Reaction of a C2 dimer with an activated diamond (100) surface，" The Journal of Chemical Physics 123，224711，2005.

这篇文章描述了如何训练一个神经网络来预测金刚石化学气相沉积过程中反应概率的具体细节。

[**Mill93**] M. F. Miller，"A scaled conjugate gradient algorithm for fast supervised learning，" Neural Networks，vol. 6，pp. 525-533，1993.

比例共轭梯度算法是一种快速的神经网络批训练算法，每一次迭代只需要占用极小量的内存与计算资源。

[**RaMa05**] L. M. Raff，M. Malshe，M. Hagan，D. I. Doughan，M. G. Rockley，and R. Komanduri，"Ab initio potential-energy surfaces for complex，multi-channel systems using modified novelty sampling and feedforward neural networks，" The Journal of Chemical Physics，122，084104，2005.

这篇文章描述了如何使用神经网络来进行分子动力学仿真。 19-14

实例研究 3：模式识别

20.1 目标

本章介绍了神经网络在模式识别问题中的一个应用实例。在模式识别问题中，神经网络通常用于对输入进行目标分类，例如，通过分析葡萄酒的化学成分进而对其品种进行鉴别，或根据细胞大小的均匀性、肿块的厚度以及有丝分裂来区分良性肿瘤和恶性肿瘤。

本章将阐述多层神经网络在基于心电图的心脏病识别问题中的应用。我们将展示模式识别过程中的每一个步骤，包括数据收集、特征抽取、网络结构选择、网络训练以及网络
20-1 性能验证。

20.2 理论与例子

在模式识别（模式分类）问题中，我们的目的是将网络的输入样本划分到对应的类别中。下面列举的是一些模式识别问题的例子：

- 手写邮政编码识别
- 口语识别
- 根据症状进行疾病识别
- 指纹识别
- 白细胞分类

在本章的实例研究中，我们将对心电信号中预示心肌梗死（心脏疾病）的模式进行识别。

20.2.1 心肌梗死识别问题描述

心电图（EKG）是心电活动在时间上的记录。它通常由同一时间记录的不同信号所组成。标准的心电图通常使用 12 个导联来详细描述，但也可以仅包含一个单独的信号（也称为导联）。有时也会使用含有多达 15 个导联的心电图。每一个导联表示身体中两个电极之间的电活动。12 个导联的心电图由置于身体上的 10 个特殊位置的电极所确定。然而，通过这 10 个电极计算 12 个导联的诱发电位是非常复杂的，也超出了本实例的讨论范围。感兴趣的读者可以参考文献[Dubi00]，该文献对心电图有更为完整的介绍。

通过对心电图的仔细分析，医生通常可以判断心脏是否健康。心脏通过其不同部分肌肉的协调收缩运动来实现供血，心电信号的形状反映了心脏内电流的流通路径。如果心肌的某一部分因为冠状动脉血流量的缺乏而被损坏（称为心肌梗死（MI）或心脏病），那么心脏电流的流通路径也将随之发生变化。一位训练有素的医生能辨别出心脏被损坏时心电图上的信号变化，并能找到相应的损坏位置。

在本章的实例研究中，我们将采用由 15 导联心电图获得的数据来训练一个神经网络
20-2 模型，用于识别心肌梗死。

20.2.2 数据收集与预处理

本实例研究使用的心电信号数据来源于 PhysioNet 数据库[MoMa01]。该数据提取自

健康人和心肌梗死患者的 QT 数据集。每一个心电图包含 15 个导联，分别标注为 I、II、III、aVR、aVL、aVF、V1、V2、V3、V4、V5、V6、VX、VY、VZ。图 20.1 展示了一个健康人的心电信号中导联 I 的一小部分信号数据。

该数据集一共有 447 条心电记录，其中，79 条是健康人的心电记录，剩余的 368 条是心肌梗死患者的心电记录。医生对每条记录都做出了诊断，但其中的一些诊断结果可能是错误的。针对错误的诊断结果，我们将会在网络性能验证部分对其进行更多的讨论。

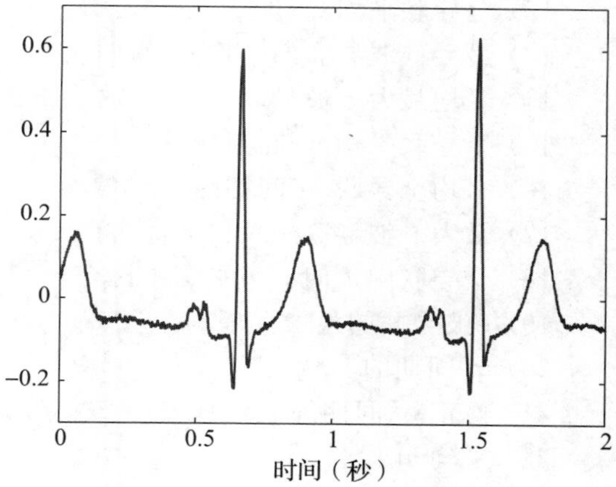

图 20.1 EKG 信号的实例

每个心电图包含 15 个以 1000Hz 的采样率测量数分钟获得的导联。这是一个非常庞大的数据集，因此将整个心电图数据直接作为神经网络的输入是不可行的。这里，与很多模式识别问题类似，在使用神经网络进行模式识别之前，我们需要一个特征提取的步骤。特征提取涉及将高维输入空间映射到一个较低维的空间，从而使得模式识别任务更为简化和鲁棒。

常用的数据降维方法有很多种，包括一些线性的方法，如第 17 章介绍的主成分分析方法，另外也有一些非线性的方法，如流形学习[TeSi00]等。在本实例中，我们将直接提取医生常用来检测心电信号异常的特征，而不是通过上述方法去生成一个低维特征空间。第一步是确定一个典型心电信号的波形周期，如图 20.2 所示。

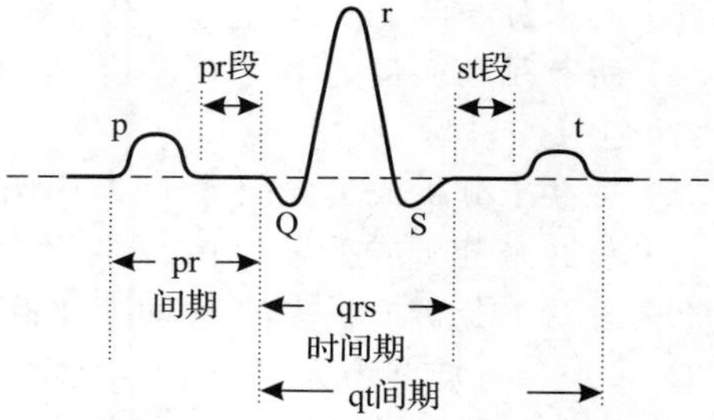

图 20.2 典型心电信号波形周期

20-3

20 世纪初，William Einthoven 首次对心电信号进行了测量与分析。他使用字母 p、q、r、s 和 t 指示图 20.2 的波形周期中不同的偏移，同时描述了许多心血管疾病的心电信号特征。这些发现让他获得了 1924 年的诺贝尔医学奖。他发现的这些特征也一直沿用至今。

在本实例中，我们采用了医生常使用的一些标准特征，以及波形周期中的一些特征[Raff06]。下面列出了我们将要使用到的 47 个特征。（振幅导联表示 VX、VY、VZ 的平方和的平方根。）

神经网络的输入特征：

1）年龄

2）性别(−1=女，1=男)

3）最大心率(次/分)

4）最小心率(次/分)

5）心跳平均时间间隔(秒)

6）平均心率的 rms 偏差(次/秒)

7）心率分布的半高全宽

8）最大 t 波导联的平均 qt 间期

9）全导联平均 qt 间期
10）最大 t 波导联的平均修正 qt 间期
11）全导联平均修正 qt 间期
12）全导联平均 qrs 间期
13）最大 p 波导联的平均 pr 间期
20-4 14）平均最大 p 波导联 pr 间期的 rms 偏差
15）全导联平均 pr 间期
16）平均全导联 pr 间期的 rms 偏差
17）最大 p 波导联中负向 p 波占比
18）全导联中负向 p 波平均占比
19）t 波导联的最大振幅
20）qt 间期的 rms 偏差
21）修正 qt 间期的 rms 偏差
22）平均 st 段长
23）st 段长的 rms 偏差
24）平均心率（次/分）
25）心率分布的 rms 偏差（次/分）
26）所有跳动振幅的平均 rt 角度
27）丢失 r 波数（次）
28）总共未分析或丢失的 qt 间期比例
29）总共未分析或丢失的 pr 间期比例
30）总共未分析或丢失的 st 间期比例
31）t 波与 q 波间最大值的平均个数
32）所有心跳 rt 角度的 rms 偏差
33）振幅导联的平均 qrs
34）振幅导联的 qrs 的 rms 偏差
35）振幅导联的平均 st 段
36）振幅导联的 st 段的 rms 偏差
37）振幅导联的平均 qt 间期
38）振幅导联的 qt 间期的 rms 偏差
39）振幅导联的校正 qt 间期的平均 bazetts 值
40）振幅导联的校正 qt 间期的 rms 偏差
41）振幅导联的平均 r-r 间期
42）振幅导联的 r-r 间期的 rms 偏差
43）qrs 波群下的平均面积
44）s-t 波末期下的平均面积
45）qrs 面积占 s-t 波面积的平均比率
46）振幅信号中所有心跳的 rt 角度的 rms 偏差平均值
47）振幅信号的 st 间期开始阶段的 st 段抬高

总体而言，数据集包含 447 条记录，每一条记录含有 47 个输入变量和一个目标值。目标值为 1 表示诊断结果为健康，目标值为－1 表示诊断结果为心肌梗死。

该数据集存在的一个问题是其仅含有 79 条健康诊断记录，而剩余的 368 条记录都是心肌梗死诊断记录。如果网络训练采用的性能指标是误差平方和，其中所有误差被赋予相同的权值，那么网络将更倾向于预测心肌梗死患者病例。针对该问题，理想的解决方法是收集更多健康人的数据。假设这一方法在本实例中是不可行的，我们能够做的仅仅是利用现有的数据。一个可能的解决方法是采用带权值的误差平方和作为性能指标，相比于心肌梗死患者，健康人数据的误差将被赋予更高的权值。在每一个健康人和心肌梗死患者的误差相同的情况下，它们对网络训练的总体贡献相同。另外一个简单的方法是复制数据集中的健康人病例，从而使得其病例数量和心肌梗死患者病例数量一致。虽然这种方法会导致额外的计算开销，但是对本实例来说这并不成问题。由于这是最简单的方案，这里我们将采用它。 20-5

数据收集完毕之后，接下来要做的就是将数据集划分为训练集、验证集以及测试集三部分。在本实例中，我们随机挑选 15%的数据为验证集，15%的数据为测试集。并且验证集和测试集中不含有重复拷贝的健康人病例，这些病例仅仅在训练集中含有。

数据集采用式(17.1)进行了归一化处理，从而将网络的输入值限定在[-1，1]区间内。由于神经网络的输出层采用了双曲正切 S 型传输函数，目标输出值被设置为-0.76 和+0.76，而不是-1 和 1，从而避免了 S 型函数的饱和性所带来的训练困难。这一内容已经在第 17 章中讨论过。

20.2.3 网络结构选择

图 20.3 展示了本实例所使用的网络结构。网络的两层都使用了双曲正切 S 型传输函数。这是一个用于模式识别的标准网络结构。有些时候采用两个隐层，但一般都先尝试使用单个隐层的网络结构。隐层中神经元的个数 S^1 取决于模式识别任务中所需决策边界的复杂程度。这在网络训练之前是无法得知的。我们将首先尝试 10 个隐层神经元，训练之后再进一步测试网络的性能。

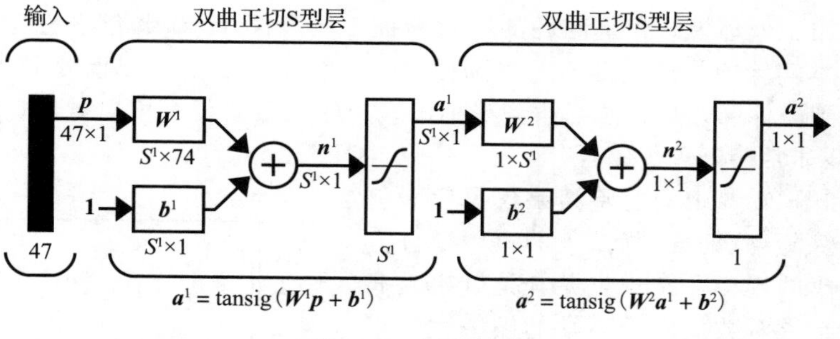

图 20.3 网络结构 20-6

20.2.4 网络训练

网络训练采用的算法是量化共轭梯度法[Mill93]。该算法针对模式识别问题非常有效。我们采用提前终止法防止网络过拟合。

图 20.4 展示了算法迭代次数对网络均方误差的影响。图中灰色的线表示验证集误差，黑色的线表示训练集误差。我们采用的网络结构中隐层的神经元个数为 10($S^1=10$)。从图 20.4中标出的圆圈可以看出迭代次数为 16 时验证集误差最小，网络参数也在此时被保存。值得注意的是验证集误差曲线在每一次迭代中并不总是呈下降趋势，而可能在下降到

某一个较低值前上升。在训练结束之前，超过 40 个迭代的验证集误差都没有降低。

20.2.5　验证

正如在前几章中讨论的一样，在函数逼近问题中网络验证的一个重要工具是刻画网络输出和目标输出的散点图。针对模式识别问题，由于网络输出和目标输出都是离散变量，散点图不能很好地处理该类问题。正如第 17 章所述，我们这里选择使用混淆矩阵，而不是散点图。图 20.5 所示为训练好的网络在测试集上测试结果的混淆矩阵。矩阵的左上单元显示测试集中的 14 个健康人病例样本有 13 个被正确分类，第 2 行第 2 列的矩阵单元显示在 71 个心肌梗死患者病例样本中有 66 个被正确分类。整个测试数据集的分类正确率为 92.9%。矩阵中第 1 行第 2 列的单元显示心肌梗死患者病例被误分类为健康人病例的个
20-7 数为 5。

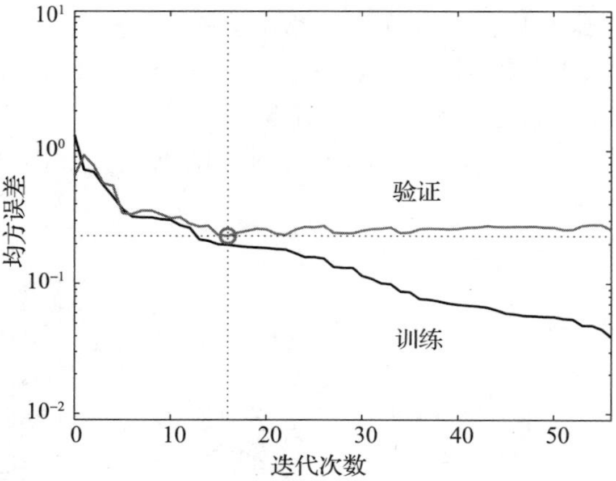

图 20.4　迭代次数对网络均方误差的影响（$S^1=10$）

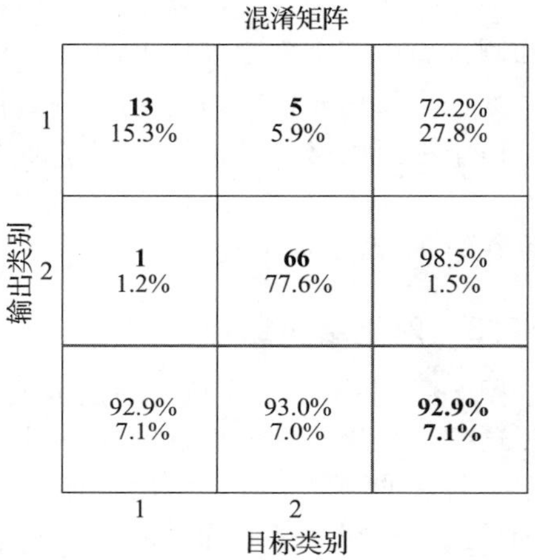

图 20.5　测试数据的混淆矩阵（一种数据划分）

另外一个用于处理模式识别问题的有效验证工具是第 17 章中介绍的受试者工作特征（ROC）曲线。本实验中测试数据的 ROC 曲线如图 20.6 中所示。理想的 ROC 曲线应该是由坐标（0，0）到坐标（0，1），然后再到坐标（1，1）的一条路径。可以看出，实验中测试数据的 ROC 曲线非常接近理想路径。

图 20.5 和图 20.6 中的实验结果仅仅代表将数据划分为训练集/验证集/测试集的一种划分方案。由于数据集的规模非常小，尤其是健康人病例，因此实验结果对数据划分方案的敏感性值得进一步考虑。我们采用了蒙特卡罗仿真进行敏感性分析。一共设计了 1000 个不同的数据划分方
20-8 案。对于每一种数据划分方案，我们采用了不同的随机初始权值训练神经网络。这 1000 次实验的平均结果如图 20.7 所示。

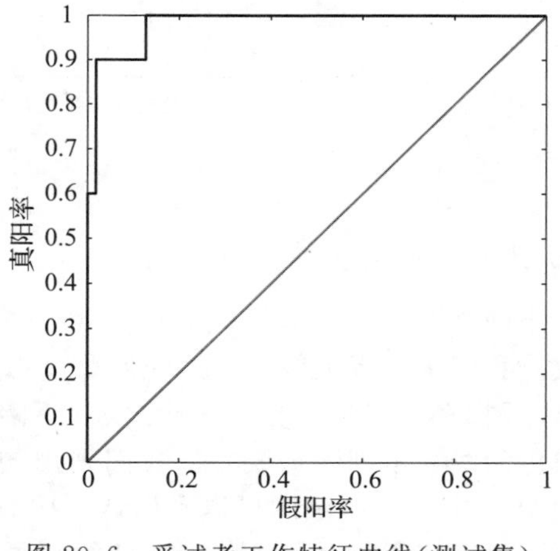

图 20.6　受试者工作特征曲线（测试集）

图 20.7 展示了 1000 次不同的网络模型和数据划分方案的平均实验结果。每个测试集中平均有 12 个健康人病例，其中网络诊断正确的病例个数多于 9 个。另外，每个测试集中有大约 54

个患者病例，其中约有 50 个病例得到正确的诊断。平均测试错误率约为 9.5%。值得注意的是在神经网络模型的训练中没有用到测试集中的病例，因此该测试结果可以看作网络对新病例预测表现的一个保守估计值。

蒙特卡罗仿真的平均测试结果和我们原来的测试结果是相似的。然而，除了分析平均测试结果，我们还需要进一步分析误差分布情况。图 20.8 是实验错误率的柱状示意图。从图中可以看出，实验的平均错误率为 9.5%，然而错误率分布在一个范围内，平均错误率的标准差为 3.5。 20-9

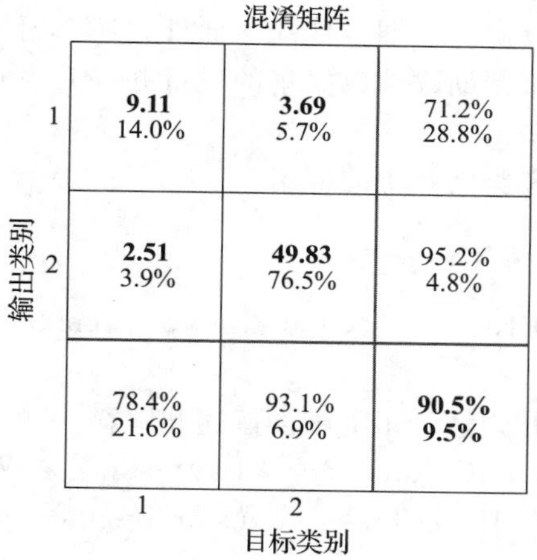

图 20.7 1000 次蒙特卡罗仿真过程的平均测试混淆矩阵

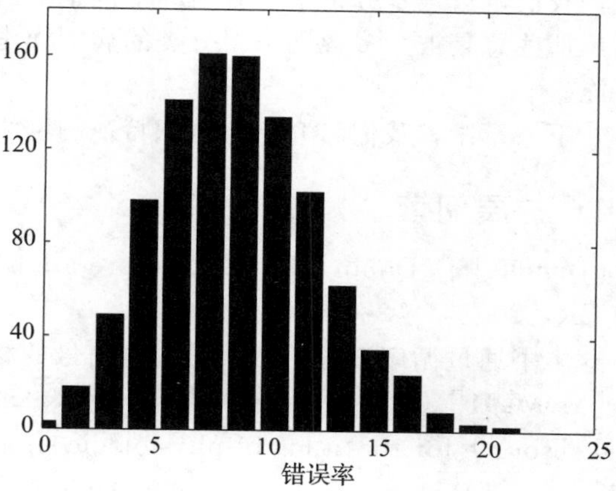

图 20.8 错误率柱状示意图(1000 次蒙特卡罗实验)

蒙特卡罗仿真过程可以有效地对数据集和训练过程进行验证。例如，在每次蒙特卡罗仿真中我们可以找到被误分类的病例。对那些总是被误分类的病例(和数据划分无关)可以进行针对性的研究。这些病例将在以下两个方面对我们有所帮助。首先，我们能够据此进一步完善数据集。通过医生对误分类病例进行重新评估，如果确认该病例在原始数据集中是错误标注的，该病例的类别标签便可得到修正。另外，如果该病例在原始数据集中是正确标注的，那么我们可以利用该病例去提升神经网络的分类性能。网络性能的提升可以从以下两个方面进行改善：该病例的出现让我们能够识别出一些新的特征去刻画心电图；可以通过采集更多的拥有相同特征的数据进一步增强神经网络模型的训练。

蒙特卡罗仿真过程同样也有助于网络性能的改善。通过将蒙特卡罗仿真过程中的每一个神经网络进行合并，我们通常能够得到更加精确的分类结果。所有神经网络的输入都保持一致，网络输出可以通过“投票”策略进行合并，即选择出现次数最多的网络输出作为整个网络的输出结果。

20.2.6 数据集

这个实例研究中用到的两个数据文件如下：

- ekg_p.txt——包含心电图数据的输入向量。
- ekg_t.txt——包含心电图数据的目标输出。

这些数据文件和演示程序的获取方法请参见附录 C。 20-10

20.3 结束语

本章阐述了多层神经网络在模式识别中的应用。在本章的实例研究中，模式识别网络用于识别心电信号数据，以对健康人病例和心肌梗死患者病例进行分类。

大多数模式识别任务都包含特征提取步骤，即将原始数据集进行降维处理。在本章中，从心电图信号中提取的特征由标准心电信号波形周期中的特征组成。

在网络的验证中我们使用了蒙特卡罗仿真过程。数据集被多次随机地划分为训练集/验证集/测试集组合，对于每一种不同的组合，分别设置随机的初始权值用于神经网络的训练。我们也进一步分析了所有情况下网络的性能以确定其期望性能。此外，还介绍了如何利用那些总是被大多数网络误分类的病例样本，来帮助改善数据集的质量并提升模式识别性能。

20-11 在下一章中，我们将介绍自组织特征图网络在聚类问题中的应用。

20.4 扩展阅读

[**Dubi00**] D. Dubin, Rapid Interpretation of EKG's, Sixth Edition, Tampa, FL: COVER, 2000.

这本书通过循序渐进的方式对心电信号的相关知识进行了清晰的阐述和解释。

[**MoMa01**] G. B. Moody, R. G. Mark, and A. L. Goldberger, "PhysioNet: a Web-based resource for the study of physiologic signals," IEEE Transactions on Engineering in Medicine and Biology, vol. 20, no. 3, pp: 70-75, 2001.

这篇论文描述了含有大量生理信号记录的 PhysioNet 数据库。数据库可以在 http://www.physionet.org/网站中找到相应资源。

[**Raff06**] 本章描述的数据集中的特征是由俄克拉荷马州立大学化学系教授 Dr. Lionel Raff 设计并提取的。

[**TeSi00**] J. B. Tenenbaum, V. de Silva, J. C. Langford, "A Global Geometric Framework for Nonlinear Dimensionality Reduction," Science, vol. 290, pp. 2319-2323, 2000.

流形学习有很多不同的方法，以将数据从一个高维空间降维到一个低维流形。这篇论
20-12 文介绍了一种称为等距映射的方法。

实例研究 4：聚类

21.1 目标

本章介绍一个使用神经网络进行聚类的实例研究。在聚类问题中，希望神经网络根据相似性对数据进行分组。例如，可以根据人们的购买模式对其进行分组进而实现市场划分，可以通过将数据分割为相关子集而实现数据挖掘，可以通过对具有关联表达模式的基因进行分组而实现生物信息学分析。

本章中，我们将聚类应用于林业问题中的森林覆盖类型分析。我们将使用第 15 章的自组织特征图网络来进行聚类。此外，我们也将展示多种可以与 SOFM 相结合的可视化工具。 21-1

21.2 理论与例子

本章介绍一个使用神经网络进行聚类的实例研究。在聚类问题中，我们通常没有可用的网络目标输出，因此，使用无监督训练算法对聚类网络进行训练。我们希望分析数据集进而寻找其中的隐含模式，而非训练网络产生一个目标响应。聚类有许多应用领域。在各种数据挖掘应用中，可通过对大规模数据集进行分析以识别数据子集内的相似性；在城市规划领域，议会按照相似房屋类型和土地使用情况对城市区域进行划分；在图像压缩领域，通过识别并组合一小组标准子图来表示大量的图像；在语音识别系统中，通过将说话人聚类到不同的类别以简化与说话人无关的识别问题；在销售领域，营销人员使用聚类来识别客户群中的不同群体；在书籍管理领域，聚类还被用于组织大规模书目数据库以便快速获取相关资料。

本实例中我们所使用的神经网络是在第 15 章中介绍的自组织特征图(SOFM)。该聚类网络的一个特性是能够使我们从多个维度对大规模数据集进行可视化。本实例研究中我们将关注其可视化能力。

21.2.1 森林覆盖问题描述

森林服务的一项重要工作是维持精准的自然资源清查信息。记录的一个关键特征是在野外发现的森林覆盖类型。由于这类数据通常需要从遥感数据中进行现场侦测或估计，因此收集所需的成本高。文献[BlDe99]介绍了如何根据更容易获取的独立变量预测森林覆盖类型。本章我们将使用该文献所介绍的数据进行聚类分析。我们将介绍使用 SOFM 进行数据分析是如何帮助我们可视化独立变量的高维空间并确定森林覆盖类型之间的关系的。

可用于表明森林覆盖类型的 10 个独立变量如表 21.1 所示。(文献[BlDe99]使用了 12 个独立变量，为便于表述，本实例研究仅选用了前 10 个。)这些独立变量相比于森林覆盖类型更容易被测量和估计。我们想要使用 SOFM 弄清这些独立变量能否被用于聚类数据以便划分具有不同森林覆盖类型的区域。 21-2

表 21.1 独立变量描述

变量编号	描述	单位	变量编号	描述	单位
1	海拔	米	6	与最近道路的水平距离	米
2	方位角	方位角度	7	夏至上午九点时山体阴影程度	索引 0 到 255
3	坡度	度	8	夏至午时山体阴影程度	索引 0 到 255
4	与最近地表水的水平距离	米	9	夏至下午三点时山体阴影程度	索引 0 到 255
5	与最近地表水的垂直距离	米	10	与最近野火燃点的水平距离	米

文献[B1De99]感兴趣的森林覆盖类型如表 21.2 所示。本实例研究中所使用的数据集包含了森林覆盖类型的信息，但是我们不会将其用于训练过程中，仅
21-3 将其用于测试 SOM 的聚类能力。

表 21.2 森林覆盖类型

标签	名称
0	高山矮曲林
1	云杉、冷杉
2	美国黑松
3	美国黄松
4	棉白杨、柳树
5	山杨
6	花旗松

21.2.2 数据收集与预处理

本实例研究中所使用的数据最初来自于文献[HeBa99]。该数据包含来自美国林业局(USFS)第二区资源信息系统(RIS)的一个 30×30(米^2)区域内的森林覆盖情况。原始数据集包含 12 个独立变量及森林覆盖类型的 581 012 个样本。本章只使用了前 20 000 个样本，并且仅使用了如表 21.1 所示的前 10 个变量。森林覆盖类型如表 21.2 所示。如前所述，我们没有将森林覆盖类型用于训练。

正如前面三个章节所介绍的，对于有监督学习而言，在收集完数据后把数据分为训练集、验证集和测试集。对于无监督学习而言，由于不需要验证集来终止训练，因此我们一般不按照这种方式划分数据。竞争训练通常执行固定次数的迭代，我们将整个数据集用于训练。

下一步是归一化数据。通过式(17.1)对数据进行缩放，使得输入的值在范围[－1，1]内。(对于 SOFM，也可以使用式(17.2)对数据进行缩放，使得输入变量的均值为 0，方差为 1。)

在进行网络训练之前，对输入数据进行可视化通常是有用的。比较方便的一种方式是散点图。图 21.1 所示是输入变量 7、8、9 的一组散点图。图中对角线上的子图是三个输入变量所对应的直方图，非对角线上的子图则是散点图。(受到页面大小的限制，图中仅
21-4 可视化了三个变量。)

从图 21.1 中可以发现如下几点。首先，我们想要知道数据在整个范围内是如何分布的。如果一些变量变化很小甚至没有变化，那么我们在分析中将其移除。其次，我们也能发现数据间的相关性。例如，当散点图中的点完全沿着一条直线时，则说明这两个变量是线性相关的。那么，就没有必要在分析中同时使用这两个变量。从图 21.1 中可以看出，变量之间具有一定的相关性，但它们并不是线性相关的。

21.2.3 网络结构选择

本实例研究中，我们将使用第 15 章介绍的 SOFM 网络进行聚类。具体网络结构的选择通常是部分地基于数据规模的，这样使得与每一个标准向量相关联的数据量会在一个合理范围内。(回忆一下，权值矩阵的每一行代表一个标准向量，输入与离其最近的标准向量相关联。)随着数据集规模的增加，神经元的个数也随之增加。一个经验法则是使神经元

的数量随数据点数的平方根增加。

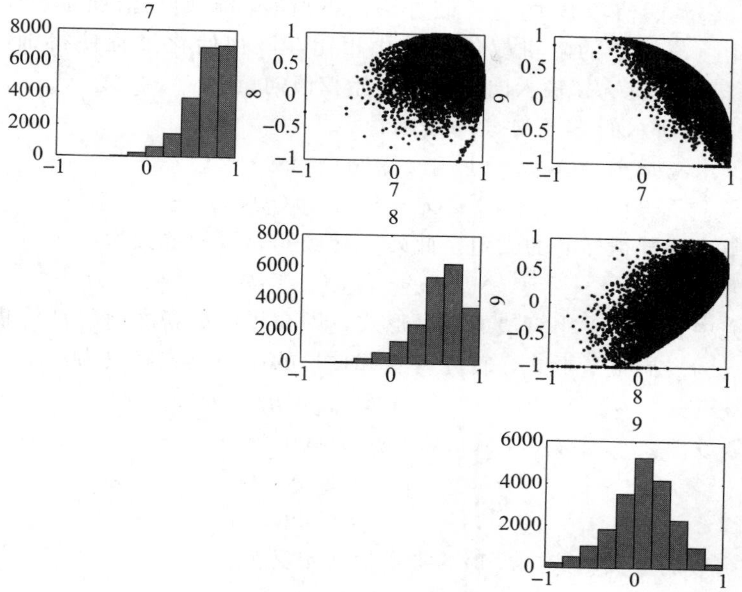

图 21.1　输入变量 7、8、9 对应的散点图

图 21.2 所示是所选择的神经网络结构。我们有 10 个输入变量（其定义如表 21.1 所示），神经网络包含 150 个神经元。特征图的大小是 15×10，它使用六边形排列的神经元，这意味着每个内部神经元将有六个邻居神经元。

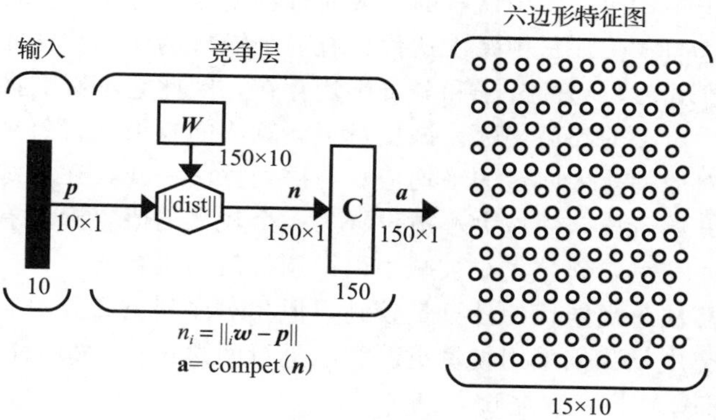

图 21.2　SOM 网络结构

网络训练完成之后，我们对结果进行分析来判断该网络结构是否满足要求。实际中，我们通常会尝试多个不同的网络结构。不同于有监督训练拥有明确的性能衡量标准（通常是误差平方和），SOFM 网络没有确定的最佳性能标准。通常我们寻找的是对数据集有深入了解的网络。最佳网络结构和 SOFM 网络训练标准的选择是一门艺术。通过本章后续部分对训练后网络结果的分析，这一点将会体现得更加明显。 21-5

21.2.4　网络训练

对神经网络进行训练之前，我们使用文献[Koho95]中介绍的线性初始化（linear initialization）方法对权值向量（**W** 的行）进行初始化。首先，计算输入向量的协方差矩阵。然后，找到该矩阵两个最大特征值所对应的特征向量。对输入向量取均值并加上两个特征向量的线性组合，将其赋值给 **W** 的行。该方法使得所有的初始权值向量位于两个特征向量所张成的空间中。与纯粹的随机权值初始化相比，该初始化过程使得训练能更快收敛。(也可以从训练集中随机选择输入向量作为初始权值向量。)

回想式(15.21)所示的 SOFM 学习规则：

$$\begin{aligned} {}_i\mathbf{w}(q) &= {}_i\mathbf{w}(q-1) + \alpha(\mathbf{p}(q) - {}_i\mathbf{w}(q-1)) \\ &= (1-\alpha){}_i\mathbf{w}(q-1) + \alpha\mathbf{p}(q), \quad i \in N_{i^*}(d) \end{aligned} \tag{21.1}$$

其中，i^* 是竞争中获胜神经元的索引。此外，神经元邻域的定义为：

$$N_i(d) = \{j, d_{ij} \leqslant d\} \tag{21.2}$$

本章的实例研究中，我们采用算法的批量形式，即在权值更新之前将训练集中的所有输入向量传给网络。为发展批量形式，首先将式(21.1)的序列形式修改为：

$${}_i\mathbf{w}(q) = {}_i\mathbf{w}(q-1) + h_{i^*,i}(\mathbf{p}(q) - {}_i\mathbf{w}(q-1)) \tag{21.3}$$

其中，$h_{i^*,i}$是邻域函数。能够产生式(21.1)的邻域函数为：

$$h_{i^*,i} = \begin{cases} \alpha & i \in N_{i^*}(d) \\ 0 & i \notin N_{i^*}(d) \end{cases} \tag{21.4}$$

使用上述邻域函数的定义，式(21.1)的批量形式定义为：

21-6

$${}_i\mathbf{w}(k) = \frac{\sum_{q=1}^{Q} h_{i^*(q),i}\,\mathbf{p}(q)}{\sum_{q=1}^{Q} h_{i^*(q),i}} \tag{21.5}$$

其中，k 表示迭代次数，$i^*(q)$是输入 $\mathbf{p}(q)$所对应的在竞争中获胜的神经元。注意，对于批量更新算法，由于每一次迭代中所有的输入向量都要传给网络，所以我们要区分其迭代次数与输入个数。这与式(21.1)中每次迭代仅有一个输入的序列算法不同。此外，需要注意的是由于学习率在式(21.5)的分子和分母中均存在，因此它不影响批量更新算法。

对于式(21.4)中定义的邻域函数，该批量更新算法的效果是将每个权值赋值为其在获胜神经元附近时所对应的输入向量的平均值。与序列算法一样，在训练过程中邻域大小将逐渐减小。在训练开始阶段，邻域大小被设置为一个较大的值直到所有权值移动到数据所在输入空间的区域。然后，邻域大小被减小以微调权值的位置。

尽管批量更新算法每次迭代的计算量较高，但相对序列更新算法它需要更少的迭代次数。本章的实例研究中，我们采用批量更新算法进行两次迭代。第一次迭代中邻域大小为 4，第二次迭代中邻域大小减小为 1。

21.2.5 验证

我们将考虑训练后的 SOM 性能的两种数值测量：分辨率和拓扑保持度。SOM 分辨率的一种量度是*量化误差*(quantization error)，即每一个数据向量与其获胜神经元之间的平均距离。如果平均距离过大，则说明有许多输入向量不能被任何标准向量充分表示。

SOM 拓扑保持度的一种量度是*地形误差*(topographic error)。它是指在特征图拓扑结构中，所有最近邻(获胜)神经元与次近邻神经元互不相邻的输入向量所占的比例。当该比例较小时，意味着在拓扑结构上相邻的神经元在输入空间也是相邻的。拓扑结构的保持是非常重要的，这样会便于稍后讨论的可视化工具提供数据集的有效洞察。

对于我们所训练的 SOM，其最终量化误差为 0.535，地形误差为 0.037。这意味着不到 4%的输入向量所对应的获胜神经元和次近邻神经元互不相邻。看起来训练完成之后，SOM 获得了正确的拓扑结构。

许多可视化方法可用于评估训练后的 SOM 网络。其中一个重要的工具是统一距离矩阵，或者 U 矩阵(u-matrix)。这是一幅显示特征图中相邻神经元之间距离的图像。每个神经元在 U 矩阵中都有一个对应的单元，而且每对神经元之间还对应一个额外的单元。神经元之间的单元根据相应权值向量之间的距离进行彩色编码。而代表神经元的单元则根据其周围单元的均值进行编码。图 21.3 所示是我们所训练的 SOM 的 U 矩阵。

21-7

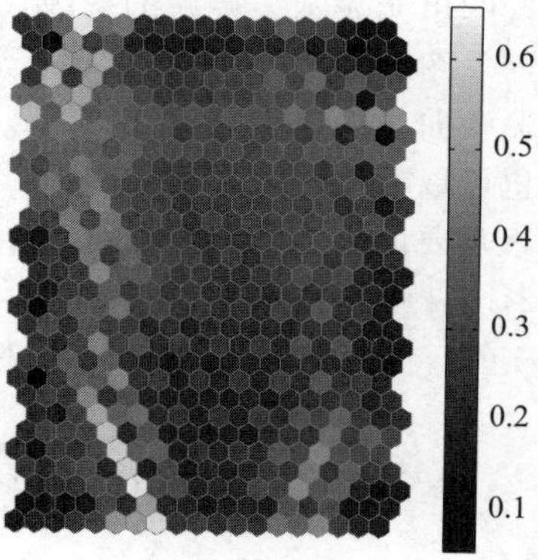

图 21.3　训练后 SOM 的 U 矩阵

图 21.3 中，浅色单元代表神经元之间距离大。从图中可以看出，特征图的左边有一串浅的彩色单元。这表明与特征图左边神经元相关联的簇明显不同于特征图中间和右侧的。对于该数据集，实际上我们知道每个数据点所对应的森林覆盖类型。我们可以使用与簇中心最近的输入向量相关联的覆盖类型对特征图单元进行标记。由此所得带标记的特征图如图 21.4 所示。

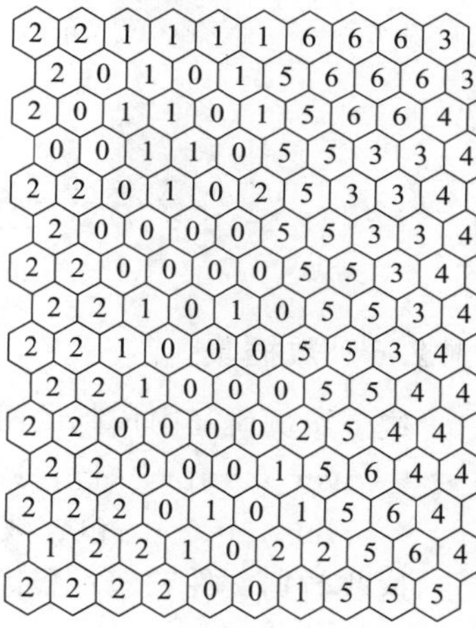

图 21.4　带标记的 SOM

通过对比图 21.3 和图 21.4 可以看出，森林覆盖类型 2(参见表 21.2)与特征图左侧区域相关。在特征图上从左往右看，我们发现中间区域是类型 0 和类型 1，继续往右则是类型 5、类型 3 和类型 4，类型 6 主要位于特征图的右上部分。很明显 SOM 已经学会根据森林覆盖类型对数据进行聚类。

为了更多地了解 SOM 是如何聚类数据的，我们可以生成一个命中直方图。在该图中，我们可以统计对于整个数据集每个神经元是获胜神经元的次数。由于我们使用的数据含有森林覆盖类型这一标记信息，因此也可以看出每类数据在特征图中的位置。命中直方图如图 21.5 所示。可以看出每个单元中均有一个带有一定灰度的六边形。六边形的大小表明对应的神经元是获胜神经元的次数。六边形的灰级指明其森林覆盖类型。颜色最深的六边形对应于森林覆盖类型 0，颜色最浅的六边形对应的森林覆盖类型为 6。可以看出特征图的各个区域具有一致的颜色。左侧区域的灰度中等，对应森林覆盖类型 2。特征图中间偏左区域的灰度最深，对应森林覆盖类型 0 和 1。特征图中部偏右区域的灰度最浅，对应森林覆盖类型 5 和 6，右侧区域的灰度处于中间，对应的森林覆盖类型是 3 和 4。

21-8

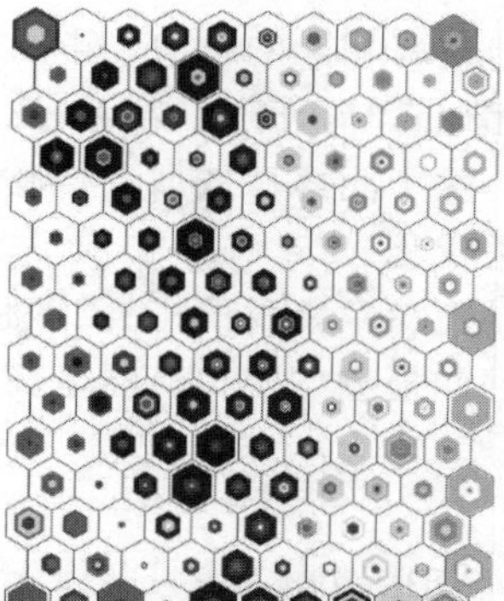

图 21.5　训练后 SOM 的命中直方图

对于很多问题，我们无法对每个输入向量进行标记。这里的重点是 SOM 能够把数据样本聚类到相似的覆盖类型，而不需要知道具体的覆盖类型是什么。这意味着由 10 个变量组成的输入向量与森林覆盖类型有足够的相关性，使得 SOM 能够做出有用的数据聚类。

另一个用于分析 SOM 的有用工具是成分平面。成分平面是代表 SOM 权值矩阵中一列的一张图。每一列对应输入向量中的一个元素，第 i 列的第 j 个元素代表输入 i 与神经元 j 之间的连接。在成分平面中，权值的每个元素由其所连接的神经元在特征图中所处位置的单元表示。单元的灰级代表权值向量中对应元素值的大小。

图 21.6 给出了经过训练后 SOM 的十个成分平面图(对应于权值矩阵的每一列或者说输入向量的每个元素)。首先可以看出每一列都是不同的，没有任何两列有相同的模式。也可以看出输入变量 1、4、5、6 和 10 对于从余下的数据中区分出第 2 类森林覆盖类型是很重要的。它们显示边界出现在第 2 类森林覆盖类型被聚类到的特征图的左侧。回到表
21-9 21.1，我们可以找到合适的变量来看是否能够推断出它们与第 2 类森林覆盖类型的连接。

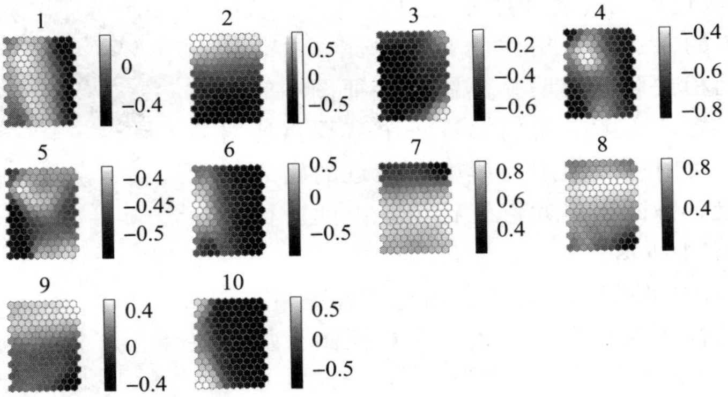

图 21.6 训练后 SOM 的成分平面图

21.2.6 数据集

这个实例研究中用到的两个数据文件如下：

- cover_p. txt——包含数据集中的输入向量。
- cover_t. txt——包含数据集中的目标(标签)输出。

21-10 这些数据文件和演示程序的获取方法请参见附录 C。

21.3 结束语

本章展示了使用 SOM 网络进行聚类，即对数据集中的输入向量进行分类以使得相似的向量在相同的簇中。本实例研究中，SOM 网络用于聚类森林数据。其核心思想是将具有相似森林覆盖类型的土地进行聚类。

除了能够对数据进行高效聚类外，SOM 网络另一个重要的优势是能对高维数据集进行可视化。

下一章，我们将神经网络应用到一个预测问题上。我们将采用带有外部输入的非线性
21-11 自回归模型(NARX)网络实现预测。

21.4 扩展阅读

[BlDe99] J. A. Blackard and D. J. Dean, "Comparative Accuracies of Artificial Neural Networks and Discriminant Analysis in Predicting Forest Cover Types from Cartographic Variables," Computers and Electronics in Agriculture, vol. 24, pp. 131-151, 1999.

这项研究对比了神经网络和判别分析，用于根据制图变量预测森林覆盖类型。它对位

于北科罗拉多州的罗斯福国家森林的四个荒野区域进行了评估。

［**HeBa99**］ S. Hettich and S. D. Bay，The UCI KDD Archive［http://kdd. ics. uci. edu］，Irvine，CA：University of California，Department of Information and Computer Science，1999.

数据库存档中的 UCI 知识发现。这是一个大型数据集的在线存储库，涵盖各种数据类型、分析任务和应用领域。它由加利福尼亚大学欧文分校(University of California，Irvine)维护。

［**Koho93**］ T. Kohonen，"Things you haven't heard about the Self-Organizing Map，" Proceedings of the International Conference on Neural Networks (ICNN)，San Francisco，pp. 1147-1156，1993.

这篇论文介绍了 SOM 学习规则的批量形式以及在 SOM 上的一些其他变形。

［**Koho95**］T. Kohonen，Self-Organizing Map，2nd ed.，Springer-Verlag，Berlin，1995.

这本书详细地介绍了自组织特征图的相关理论与实践。此外，书中用一个章节介绍了学习向量量化算法。 21-12

第 22 章

Neural Network Design，Second Edition

实例研究 5：预测

22.1 目标

本章将介绍利用神经网络进行预测的一个实例。预测是一种动态滤波，过去的一个或多个时间序列的值被用来预测将来的值。动态网络(如第 10 和 14 章所描述的网络)可用于滤波和预测。与前面的几个实例分析有所不同，动态网络的输入是一个时间序列。

预测有许多实际的应用。例如，财务分析师可能想要预测股票、债券或其他金融工具的未来价值。工程师可能希望预测喷气发动机即将发生的故障。预测模型也可用于系统识别(或动态建模)，即建立实体系统的动态模型。这些动态模型对于分析、仿真、监测和控制各种系统均非常重要，包括制造系统、化学过程、机器人和航天系统等。在本章中，我

22-1 们将描述如何设计一个可用于磁悬浮系统的预测模型。

22.2 理论与例子

本章介绍利用神经网络进行预测的一个实例。在该实例中，基于神经网络的预测器用于对一个动态系统进行建模。这种基于数据的动态建模被称为系统识别。系统识别可以应用于各种系统，比如经济、航空航天、生物、交通运输、通信、制造及化工过程等。在本章的实例中，我们将考虑一个简单的磁悬浮系统。磁悬浮技术已经在交通运输系统中应用很多年。我们通过在电磁铁上悬挂一个磁铁来模拟简单的磁悬浮系统。磁悬浮列车的工作原理与之类似。

22.2.1 磁悬浮系统描述

该磁悬浮系统的目的是控制悬浮于电磁铁上方的磁铁的位置，其中，磁铁受到了约束，只能在垂直方向上移动，如图 22.1 所示。

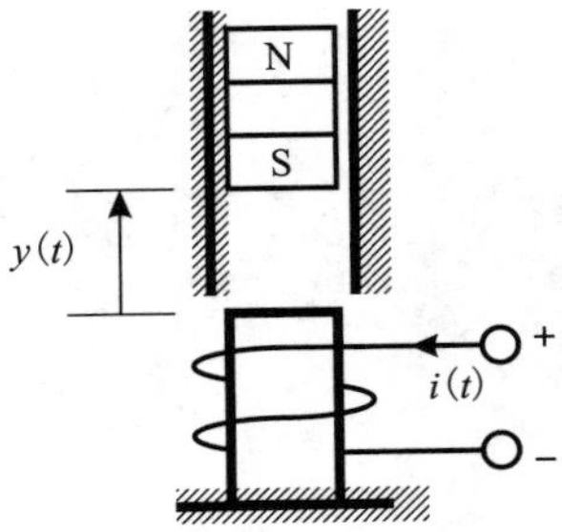

图 22.1 磁悬浮系统

该系统的运动方程为：

$$\frac{d^2 y(t)}{dt^2} = -g + \frac{\alpha}{M}\frac{i^2(t)\mathrm{sgn}[i(t)]}{y(t)} - \frac{\beta}{M}\frac{dy(t)}{dt} \tag{22.1}$$

其中，$y(t)$是磁铁和电磁铁之间的距离，$i(t)$为电磁铁中的电流，M为磁铁的质量，g为重力常数。参数β为粘性摩擦系数，该系数由供磁铁在其中移动的材料所确定，α是一个磁场强度常量，由电磁铁上线圈的匝数和磁铁的强度确定。在我们的实例

22-2 中，参数值设置为$\beta=12$，$\alpha=15$，$g=9.8$，$M=3$。

这个实例的目的是开发一个动态神经网络模型，它可以根据磁铁以往位置的值和输入电流的值来预测磁铁下一个位置的值。一旦模型被开发出来，它就可用于设计一个控制器，以正确决定施加到电磁铁上的电流值，进而保证磁铁可以移动到预期位置。在这个实例中，我们不会详细讨论控制器的设计，但是读者可以参考文献[HaDe02]和[NaMu97]。

22.2.2 数据收集与预处理

在该实例中，我们没有真正建立如图 22.1 所示的磁悬浮系统，而是通过计算机仿真实现式(22.1)。我们利用 Simulink 实现仿真，当然也可以使用其他仿真工具。在仿真中，允许的电流值范围设置在−1～4A 之间，每隔 0.01s 采集一次数据。

为了建立一个精确的模型，必须保证系统输入和输出覆盖该系统应用时的运行范围。对于系统识别的问题，我们通常会根据由一系列具有随机振幅和持续时间的脉冲信号组成的随机输入来生成训练数据。(由于输入的形式跟城市天际线很相似，它有时也被称为天际线函数。)另外，为了保证系统识别的精确性，必须谨慎选择脉冲的持续时间和振幅。图 22.2展示了所采集数据集的输入电流以及相应的磁铁位置。一共采集了 4000 个数据点。

天际线形式的输入函数的优点在于，它可以探索系统的瞬态和稳态运行。因为有些脉冲是长脉冲信号，系统在这些脉冲的末端将趋近稳定状态。脉冲宽度短一些的脉冲信号可 22-3
以探索系统的瞬时运行。

当稳态性能较差时，增加输入脉冲的持续时间是非常有用的。不幸的是，如果在训练数据集内有太多数据处于稳态条件下，训练数据可能无法代表典型的系统行为。这是由于输入和输出信号没有充分覆盖将要被控制的区域。它将导致瞬态性能不佳。因此我们需要谨慎选择训练数据，以便可以生成适当的瞬态和稳态性能。这可以通过使用具有不同脉冲宽度和振幅的输入序列来完成。

数据采集完成之后，下一步是将数据分成训练集、验证集和测试集。在本实例中，由于我们将使用贝叶斯正则化训练技术，所以并不需要验证集，只需预留 15%的数据用于测试。当输入是时间序列时，使用原始数据集中的连续片段作为测试序列是相对有用的。因此，我们选择最后 15%的数据作为测试集。

我们利用式(17.1)对数据进行归一化，使得输入和目标都在区间[−1，1]内。归一化后的数据如图 22.3 所示。

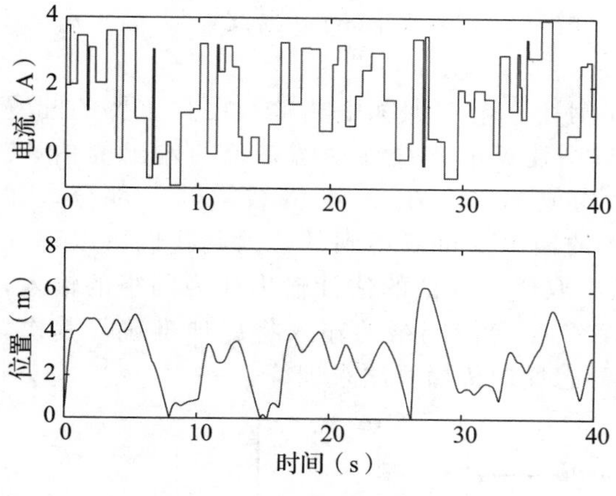

图 22.2 磁悬浮数据

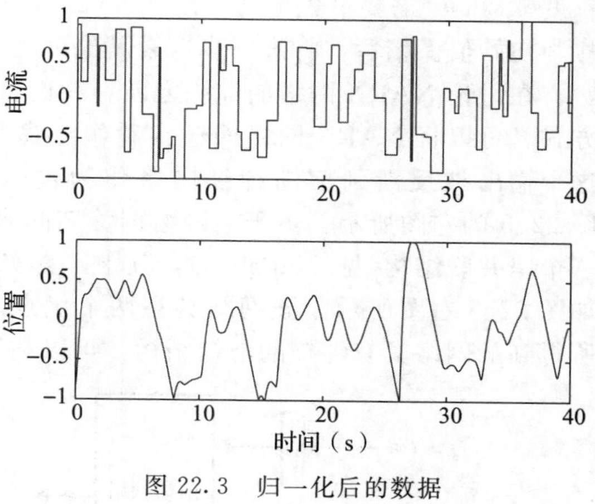

图 22.3 归一化后的数据

22.2.3 网络结构选择

有许多可用于预测的动态网络结构。一个广泛使用的结构是带有外部输入的非线性自 22-4
回归网络——NARX 网络，详见本书第 17 章。NARX 网络是一个回复动态网络，其反馈连接包裹着若干静态网络层。NARX 模型基于线性 ARX 模型，而 ARX 模型常被用于时间序列建模。

NARX 模型的定义方程如下：

$$y(t)=f(y(t-1),y(t-2),\cdots,y(t-n_y),u(t-1),u(t-2),\cdots,u(t-n_u)) \quad (22.2)$$

其中，因变量输出信号 $y(t)$的下一个值由输出信号的先前值和一个自变量(外部)输入信号 $u(t)$的先前值回归得到(本实例中，$y(t)$是磁铁的位置，$u(t)$是进入电磁铁的电流值)。我们可以通过使用一个前馈神经网络来拟合函数 $f()$，进而实现 NARX 模型。所得到的网络结构图如图 22.4 所示，一个两层的前馈网络用于近似函数 $f()$。网络最后一层的输出即是磁铁下一个位置值的预测。网络的输入则是进入电磁铁的电流。

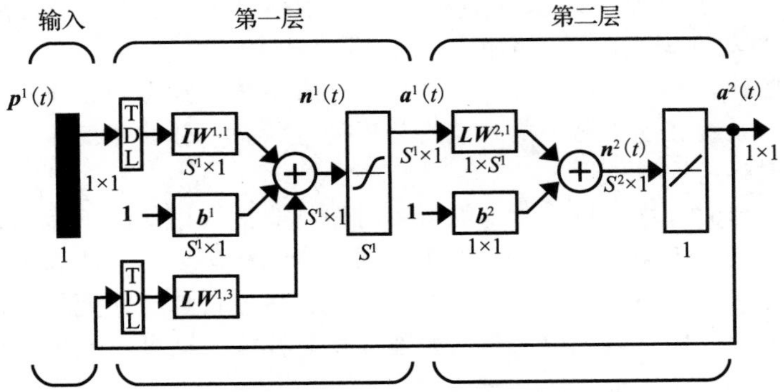

图 22.4　NARX 网络结构图

网络隐层的传输函数使用双曲正切 S 型函数，网络采用线性输出层。与标准的多层网络类似，隐层神经元的数目 S^1 由被近似的系统的复杂性所决定。我们将在下一节讨论该问题。

要定义网络结构，还需要设置抽头延迟线(TDL)的长度。作为输入的 TDL 将包含变
22-5 量 $u(t-1)$，…，$u(t-n_u)$，作为输出的 TDL 包含变量 $y(t-1)$，…，$y(t-n_y)$。TDL 的长度 n_u 和 n_y 需要事先定义。由于式(22.1)中的微分方程是二阶的，因此，以 $n_u=n_y=2$ 作为初始值。稍后，将进一步探索其他可能性。

在讨论 NARX 网络的训练之前，我们首先阐述一个在训练中非常有用且重要的配置方式。可以将 NARX 网络的输出看作对我们试图建模的非线性动态系统的输出的估计。这个输出被反馈到前馈神经网络作为输入，构成标准 NARX 网络结构的一部分，如图 22.5 的左图所示。由于在网络训练期间真实的输出是可以得到的，因此我们可以建立一个串并联结构(见[NaPa90])，其中，真实输出取代了反馈的估计输出作为网络的输入，如图 22.5 右图所示。该网络具有两个优点。首先，前馈网络的输入将更加准确。其次，所得到的网络具有纯粹的前馈结构，可以利用静态反向传播算法来训练。

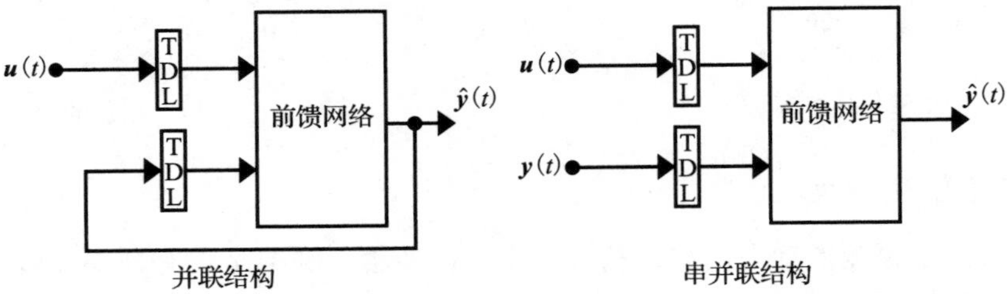

图 22.5　并联及串并联形式

通过串并联的形式，实际上我们可以使用标准多层网络来实现 NARX 模型。我们可以构造一个输入向量，它包含系统的先前输入和输出：

$$\boldsymbol{p}=\begin{bmatrix}u(t-1)\\u(t-2)\\y(t-1)\\y(t-2)\end{bmatrix}\tag{22.3}$$

目标即为下一个输出值：

$$\boldsymbol{t}=[y(t)]\tag{22.4}$$ 22-6

22.2.4 网络训练

我们使用第 13 章介绍的贝叶斯正则化训练方法来训练 NARX 网络，采用 Widrow/Nguyen 方法初始化网络权值(见 17.2.2 节)。预测问题类似于本书第 18 章所描述的函数估计问题，而贝叶斯正则化方法正是解决这两个问题的有效方法。

由于我们拥有 4000 个数据点，并且网络权值和偏置值的个数将小于 100(详见后续描述)，因此过拟合的可能性非常小。在这种情况下，并不需要使用贝叶斯正则化(或提前终止)。但是，因为贝叶斯正则化方法可以告诉我们有效参数的个数，所以只要该方法适当就可以使用。

图 22.6 展示了采用贝叶斯正则化训练方法的误差平方和(Sum Square Error，SSE)随迭代次数的变化。所采用的网络在隐层包含 10 个神经元($S^1=10$)。该网络被迭代训练了 1000 次，达到 1000 次后性能的改变非常小。我们采用不同的初始化条件训练了几个不同的网络，各个网络最终的 SSE 非常相似，由此可以说明网络没有到达局部极小点。

在图 22.7 中，可以看到有效参数的个数 γ 在网络训练期间的变化，它最终收敛到 39。在该 4-10-1 的网络中共有 61 个参数，因此说明不足 2/3 的权值和偏置值是有效的。如果有效参数的个数接近参数的总数，那么可以增加隐层神经元的个数，然后重新训练网络。然而，这里并不是这种情形。没有必要降低神经元的个数，因为网络的计算时间不是该应用的关键。降低神经元个数的另一个原因是防止过拟合。而就防止过拟合而言，39 个有效的参数相当于总共有 39 个参数。这正是使用贝叶斯正则化技术的精妙之处。只要网络中有足够数量的潜在参数，该方法就可以为每个问题选择合适的参数个数。 22-7

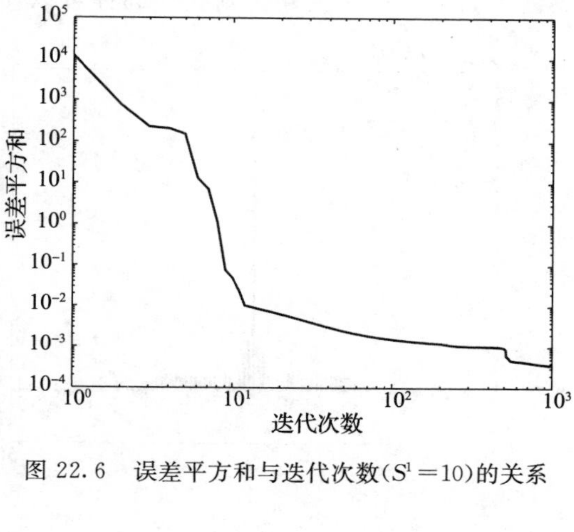

图 22.6 误差平方和与迭代次数($S^1=10$)的关系

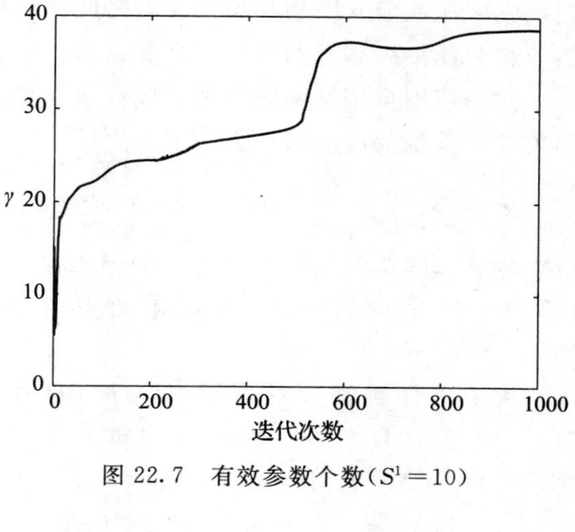

图 22.7 有效参数个数($S^1=10$)

22.2.5 验证

正如前面章节所讨论的，网络验证的一个重要工具是网络的输出与目标输出的散点图，如图 22.8 所示(采用标准化后的单位)。左图显示的是训练集的散点图，右图显示的是测试集的散点图。可以看出，测试数据的拟合结果与训练数据的拟合结果基本一致，因此可以断定该网络没有过拟合。

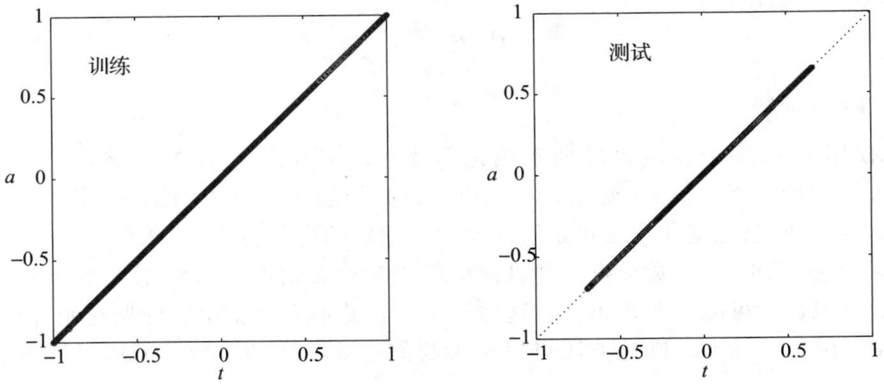

图 22.8　在训练集和测试集上网络输出与目标输出的散点图

对于预测问题，有其他的工具集来做模型验证。这些工具都基于精确预测模型的两个基本特性来建立。第一个特性是预测误差

$$e(t)=y(t)-\hat{y}(t)=y(t)-a^2(t) \tag{22.5}$$

应该与相邻时刻的预测误差互不相关。第二个特性是，预测误差与输入序列 $u(t)$ 互不相关(详见[BoJe86])。

22-8

如果预测误差是彼此相关的，则可以使用该相关性来提高预测的准确性。例如，假设相邻时刻的预测误差有正相关性，那么如果当前时刻有一个很大的正的预测误差，则表明下一时刻的预测误差也将是正的。通过降低下一个时刻的预测值，我们可以减少下一个时刻的预测误差。

同样的道理也适用于输入序列和预测误差之间的相关性。为了保证预测模型的精确性，应该保证输入序列和预测误差之间没有相关性。如果存在相关性，则我们同样可以使用该相关性来提高预测的准确性。

我们使用自相关函数测量时间序列上的相关性，该函数可以估计为：

$$R_e(\tau)=\frac{1}{Q-\tau}\sum_{t=1}^{Q-\tau}e(t)e(t+\tau) \tag{22.6}$$

解决磁悬浮问题的网络在训练后的预测误差(采用标准化后的单位)的自相关函数如图 22.9所示。

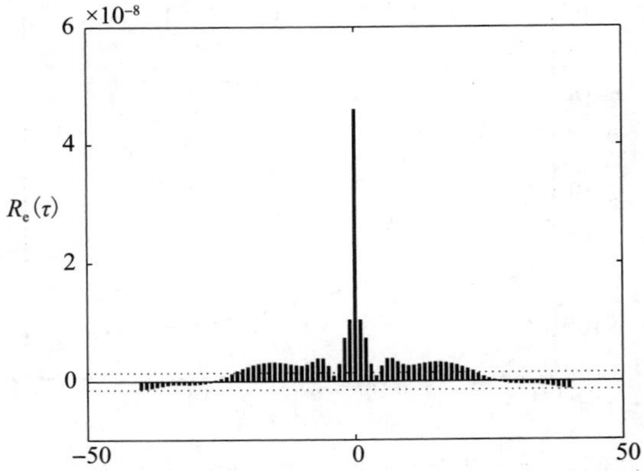

图 22.9　$R_e(\tau)(n_y=n_u=2,\ S^1=10)$

为了确保预测误差是不相关的(称作“白”噪声)，自相关函数在 $\tau=0$ 时是一个脉冲，在其他情况下，函数值等于 0。因为式(22.6)仅提供了真实自相关函数的估计，

所以，在 $\tau \neq 0$ 时，函数值永远不会精确地等于 0。如果误差序列是白噪声，那么 $R_e(\tau)$的置信区间(见[BoJe86])可以定义为： 22-9

$$\pm 2 \frac{R_e(0)}{\sqrt{Q}} \tag{22.7}$$

图 22.9 中的虚线表示置信界限。可以看到，预测误差的估计自相关函数在一些点上落在界限范围之外。这说明我们也许应该增加 n_u 和 n_y 的值。

我们使用互相关函数测量输入序列 $u(t)$和预测误差 $e(t)$之间的相关性，该函数可以估计为：

$$R_{ue}(\tau) = \frac{1}{Q-\tau}\sum_{t=1}^{Q-\tau} u(t)e(t+\tau) \tag{22.8}$$

本实例中针对磁悬浮问题训练后的网络的互相关函数 $R_{ue}(\tau)$(采用标准化后的单位)如图 22.10所示。

与估计的自相关函数一样，我们也可以定义互相关函数的置信区间以确定互相关函数是否接近于 0，定义如下：

$$\pm 2 \frac{\sqrt{R_e(0)}\sqrt{R_u(0)}}{\sqrt{Q}} \tag{22.9}$$

图 22.10 的虚线代表置信界限。互相关函数保持在该界限范围内，因此它并不能说明训练好的网络存在问题。 22-10

图 22.9 中预测误差的自相关函数指出误差之间存在相关，因此我们把 n_u 和 n_y 的值从 2 增加至 4，并重新训练神经网络预测器。得到的估计的自相关函数如图 22.11 所示。可以看到，除了在 $\tau=0$ 时，$R_e(\tau)$都落在置信界限之内，表明我们的模型可以正确运行。

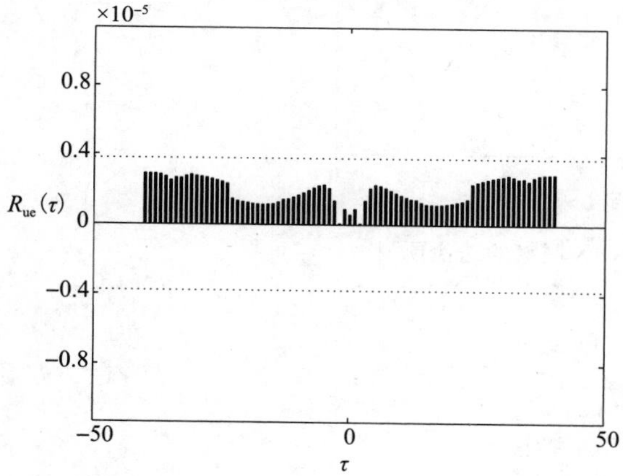

图 22.10 $R_{ue}(\tau)(n_y=n_u=2,\ S^1=10)$

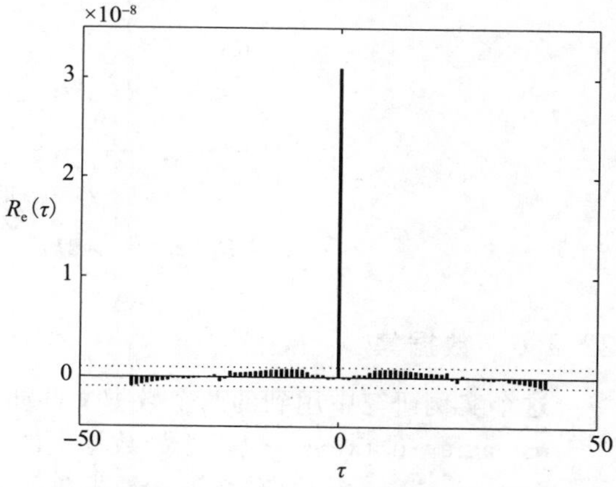

图 22.11 $R_e(\tau)(n_y=n_u=4,\ S^1=10)$

图 22.12 展示了随着延迟长度增加所得到的估计互相关函数。所有的点都在 0 置信区间内。可见误差和输入之间没有显著的相关性。 22-11

当 $n_u=n_y=4$ 时，预测误差为白噪声，并且预测误差和模型输入之间没有显著的相关性。这表明，我们得到了一个精确的预测模型。

最终预测模型的误差如图 22.13 所示。可以看到，误差是非常小的。然而，由于串并联配置，这些误差仅仅是向前预测一步的误差。一个更为严格的测试是将网络重新排列为原来的并联形式，然后在多个时刻执行迭代预测。接下来阐述并联运行的情况。

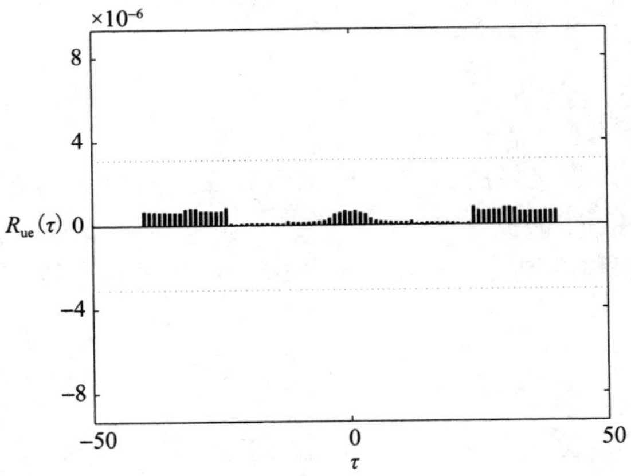

图 22.12 $R_{ue}(\tau)(n_y=n_u=4，S^1=10)$

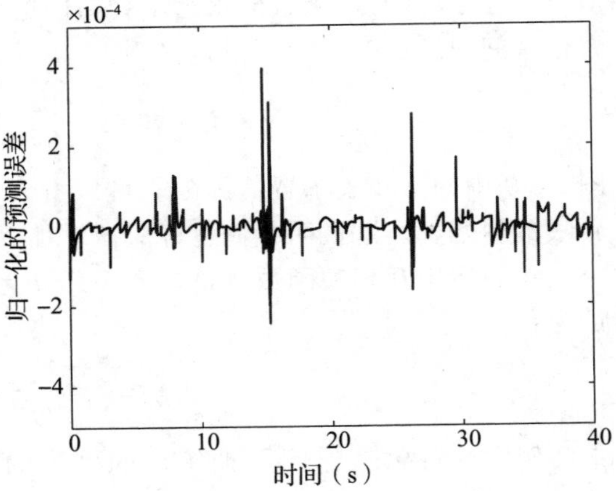

图 22.13 预测误差与时间的关系

图 22.14 展示了迭代预测结果。实线是磁铁的实际位置，虚线是由 NARX 神经网络预测的位置。由图可见，该网络的预测结果是非常精确的——甚至可以提前 600 个时刻
22-12 预测。

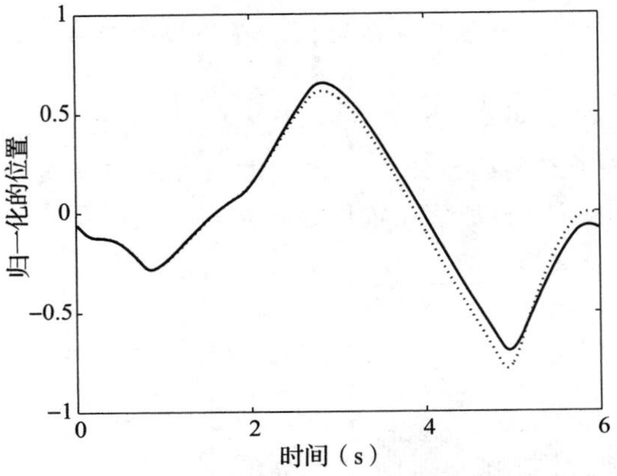

图 22.14 磁悬浮 NARX 网络的迭代预测

22.2.6 数据集

这个实例研究中用到的两个数据文件如下：

- maglev_u.txt——包含原始数据集的输入序列。
- maglev_y.txt——包含原始数据集的输出序列。

22-13 这些数据文件和演示程序的获取方法请参见附录 C。

22.3 结束语

本章阐述了多层神经网络在预测上的应用，其中一个时间序列的未来值由该序列和其他潜在序列的过去值预测得到。在该实例中，预测网络用于建模磁悬浮系统。这种动态系统的建模称为系统识别。

带有外部输入的非线性自回归模型(NARX 网络)非常适用于解决该问题，而且在这种
22-14 情况下，贝叶斯正则化训练算法也非常适用。

22.4 扩展阅读

[**BoJe94**] G. E. P. Box，G. M. Jenkins，and G. C. Reinsel，Time Series Analysis：Forecasting and Control，Fourth Edition，Wiley，2008.

这是一本关于时间序列分析和预测模型发展的经典教材。

[**HaDe02**] M. Hagan，H. Demuth，O. De Jesus，“An Introduction to the Use of Neural Networks in Control Systems，” International Journal of Robust and Nonlinear Control，vol. 12，no. 11，pp. 959-985，2002.

该综述性文章讲述了神经网络在控制系统中的实际应用。它阐述了三个神经网络控制器：模型预测控制、NARMA-L2 控制和模型参考控制。

[**NaMu97**] Narendra，K. S.；Mukhopadhyay，S.，“Adaptive control using neural networks and approximate models，” IEEE Transactions on Neural Networks，vol. 8，no. 3，pp. 475-485，1997.

这篇论文介绍了 NARMA-L2 模型和控制器。一旦 NARMA-L2 模型被训练好，就可以将它反过来用作一个已识别的系统的控制器。

[**NaPa90**] K. S. Narendra and K. Parthasarathy，“Identification and control of dynamical systems using neural networks，” IEEE Transactions on Neural Networks，vol. 1，no. 1，pp. 4-27，1990.

一篇关于神经网络应用于动态系统识别和控制的早期经典论文。 22-15

参考文献

[AgSa05] P.M. Agrawal, A.N.A. Samadh, L.M. Raff, M. Hagan, S. T. Bukkapatnam, and R. Komanduri, "Prediction of molecular-dynamics simulation results using feedforward neural networks: Reaction of a C2 dimer with an activated diamond (100) surface," *The Journal of Chemical Physics* 123, 224711, 2005. (Chapter 19)

[Albe72] A. Albert, *Regression and the Moore-Penrose Pseudoinverse*, New York: Academic Press, 1972. (Chapter 7)

[AmMu97] S. Amari, N. Murata, K.-R. Muller, M. Finke, and H. H. Yang, "Asymptotic Statistical Theory of Overtraining and Cross-Validation," *IEEE Transactions on Neural Networks*, vol. 8, no. 5, 1997. (Chapter 13)

[Ande72] J. A. Anderson, "A simple neural network generating an interactive memory," *Mathematical Biosciences*, vol. 14, pp. 197–220, 1972. (Chapter 1)

[AnRo88] J. A. Anderson and E. Rosenfeld, *Neurocomputing: Foundations of Research*, Cambridge, MA: MIT Press, 1989. (Chapter 1, 10)

[Barn92] E. Barnard, "Optimization for training neural nets," *IEEE Transactions on Neural Networks*, vol. 3, no. 2, pp. 232–240, 1992. (Chapter 12)

[BaSu83] A. R. Barto, R. S. Sutton and C. W. Anderson, "Neuronlike adaptive elements that can solve difficult learning control problems," *IEEE Transactions on Systems, Man, and Cybernetics*, vol. 13, pp. 834–846, 1983. (Chapter 4)

[Batt92] R. Battiti, "First and second order methods for learning: Between steepest descent and Newton's method," *Neural Computation*, vol. 4, no. 2, pp. 141–166, 1992. (Chapter 9, 12)

[Bish91] C. M. Bishop, "Improving the generalization properties of radial basis function neural networks," *Neural Computation*, vol. 3, no. 4, pp. 579-588, 1991. (Chapter 16)

[Bish95] C.M. Bishop, *Neural Networks for Pattern Recognition*, Oxford University Press,1995. (Chapter 17)

[BlDe99] J. A. Blackard and D. J. Dean, "Comparative Accuracies of Artificial Neural Networks and Discriminant Analysis in Predicting Forest Cover Types from Cartographic Variables," Computers and Electronics in Agriculture, vol. 24, pp. 131-151, 1999. (Chapter 21)

[BoJe94] G.E.P. Box, G.M. Jenkins, and G.C. Reinsel, *Time Series Analysis: Forecasting and Control*, 4th Edition, John Wiley & Sons, 2008. (Chapter 17, 22)

[BrLo88] D.S. Broomhead and D. Lowe, "Multivariable function interpolation and adaptive networks," *Complex Systems*, vol.2, pp. 321-355, 1988. (Chapter 16)

[Brog91] W. L. Brogan, *Modern Control Theory*, 3rd Ed., Englewood Cliffs, NJ: Prentice-Hall, 1991. (Chapter 4, 5, 6, 8, 9)

[Char92] C. Charalambous, "Conjugate gradient algorithm for efficient training of artificial neural networks," *IEEE Proceedings*, vol. 139, no. 3, pp. 301–310, 1992. (Chapter 12)

[ChCo91] S. Chen, C.F.N. Cowan, and P.M. Grant, "Orthogonal least squares learning algorithm for radial basis function networks," *IEEE Transactions on Neural Networks*, vol.2, no.2, pp.302-309, 1991. (Chapter 16)

[ChCo92] S. Chen, P. M. Grant, and C. F. N. Cowan, "Orthogonal least squares algorithm for training multioutput radial basis function networks," *Proceedings of the Institute of Electrical Engineers*, vol. 139, Pt. F, no. 6, pp. 378–384, 1992. (Chapter 16)

[ChCh96] S. Chen, E. S. Chng, and K. Alkadhimi, "Regularised orthogonal least squares algorithm for constructing radial basis function networks," *International Journal of Control*, vol. 64, no. 5, pp. 829–837, 1996. (Chapter 16)

[ChCo99] S. Chen, C.F.N. Cowan, and P.M. Grant, "Combined Genetic Algorithm Optimization and Regularized Orthogonal Least Squares Learning for Radial Basis Function Networks," *IEEE Transactions on Neural Networks*, vol.10, no.5, pp.302-309, 1999. (Chapter 16)

[DARP88] *DARPA Neural Network Study*, Lexington, MA: MIT Lincoln Laboratory, 1988. (Chapter 1)

[DeHa07] O. De Jesús and M. Hagan, "Backpropagation Algorithms for a Broad Class of Dynamic Networks," *IEEE Transactions on Neural Networks*, vol. 18, no. 1, pp., 2007. (Chapter 14)

[Dubi00] D. Dubin, *Rapid Interpretation of EKG's*, Sixth Edition, Tampa, FL: COVER, 2000. (Chapter 20)

[Fahl89] S. E. Fahlman, "Fast learning variations on back-propagation: An empirical study," in *Proceedings of the 1988 Connectionist Models Summer School*, D. Touretzky, G. Hinton and T. Sejnowski, eds., San Mateo, CA: Morgan Kaufmann, pp. 38–51, 1989. (Chapter 12)

[FoGi07] L. Fortuna, P. Giannone, S. Graziani, M. G. Xibilia, "Virtual Instruments Based on Stacked Neural Networks to Improve Product Quality Monitoring in a Refinery," *IEEE Transactions on Instrumentation and Measurement*, vol. 56, no. 1, pp. 95–101, 2007. (Chapter 18)

[FoHa97] D. Foresee and M. Hagan, "Gauss-Newton Approximation to Bayesian Learning," *Proceedings of the 1997 International Joint Conference on Neural Networks*, vol. 3, pp. 1930 - 1935, 1997. (Chapter 13)

[FrSk91] J. Freeman and D. Skapura, *Neural Networks: Algorithms, Applications, and Programming Techniques*, Reading, MA: Addison-Wesley, 1991. (Chapter 15)

[Gill81] P. E. Gill, W. Murray and M. H. Wright, *Practical Optimization*, New York: Academic Press, 1981. (Chapter 8, 9)

[GoLa98] C. Goutte and J. Larsen, "Adaptive Regularization of Neural Networks Using Conjugate Gradient," *Proceedings of the IEEE International Conference on Acoustics, Speech and Signal Processing*, vol. 2, pp. 1201-1204, 1998. (Chapter 13)

[Gros76] S. Grossberg, "Adaptive pattern classification and universal recoding: I. Parallel development and coding of neural feature detectors," *Biological Cybernetics*, vol. 23, pp. 121–134, 1976. (Chapter 1)

[Gros80] S. Grossberg, "How does the brain build a cognitive code?" *Psychological Review*, vol. 88, pp. 375–407, 1980. (Chapter 1)

[HaBo07] L. Hamm, B. W. Brorsen and M. T. Hagan, "Comparison of Stochastic Global Optimization Methods to Estimate Neural Network Weights," *Neural Processing Letters*, vol. 26, no. 3, December 2007. (Chapter 17)

[HaDe02] M. Hagan, H. Demuth, O. De Jesus, "An Introduction to the Use of Neural Networks in Control Systems," *International Journal of Robust and Nonlinear Control*, vol. 12, no. 11, pp. 959-985, 2002. (Chapter 22)

[HaMe94] M. T. Hagan and M. Menhaj, "Training feedforward networks with the Marquardt algorithm," *IEEE Transactions on Neural Networks*, vol. 5, no. 6, pp. 989–993, 1994. (Chapter 12)

[HeBa99] S. Hettich and S. D. Bay, *The UCI KDD Archive* [http://kdd.ics.uci.edu], Irvine, CA: University of California, Department of Information and Computer Science, 1999. (Chapter 21)

[Hebb 49] D. O. Hebb, *The Organization of Behavior*, New York: Wiley, 1949. (Chapter 1, 7)

[Hech90] R. Hecht-Nielsen, *Neurocomputing*, Reading, MA: Addison-Wesley, 1990. (Chapter 15)

[HeOh97] B. Hedén, H. Öhlin, R. Rittner, L. Edenbrandt, "Acute Myocardial Infarction Detected in the 12-Lead ECG by Artificial Neural Networks," *Circulation*, vol. 96, pp. 1798–1802, 1997. (Chapter 17)

[Himm72] D. M. Himmelblau, *Applied Nonlinear Programming*, New York: McGraw-Hill, 1972. (Chapter 8, 9)

[Hopf82] J. J. Hopfield, "Neural networks and physical systems with emergent collective computational properties," *Proceedings of the National Academy of Sciences*, vol. 79, pp. 2554–2558, 1982. (Chapter 1)

[HoSt89] K. M. Hornik, M. Stinchcombe and H. White, "Multilayer feedforward networks are universal approximators," *Neural Networks*, vol. 2, no. 5, pp. 359–366, 1989. (Chapter 11)

[Jaco88] R. A. Jacobs, "Increased rates of convergence through learning rate adaptation," *Neural Networks*, vol. 1, no. 4, pp 295–308, 1988. (Chapter 12)

[Joll02] I.T. Jolliffe, *Principal Component Analysis*, Springer Series in Statistics, 2nd ed., Springer, NY, 2002. (Chapter 17)

[Koho72] T. Kohonen, "Correlation matrix memories," *IEEE Transactions on Computers*, vol. 21, pp. 353–359, 1972. (Chapter 1)

[Koho87] T. Kohonen, *Self-Organization and Associative Memory*, 2nd Ed., Berlin: Springer-Verlag, 1987. (Chapter 15)

[Koho93] T. Kohonen, "Things you haven't heard about the Self-Organizing Map," *Proceedings of the International Conference on Neural Networks* (ICNN), San Francisco, pp. 1147-1156, 1993. (Chapter 21)

[Koho95] T. Kohonen, Self-Organizing Map, 2nd ed., Springer-Verlag, Berlin, 1995. (Chapter 21)

[LeCu85] Y. Le Cun, "Une procedure d'apprentissage pour reseau a seuil assymetrique," *Cognitiva*, vol. 85, pp. 599–604, 1985. (Chapter 11)

[LeCu98] Y. LeCun, L. Bottou, G. B. Orr, K.-R. Mueller, "Efficient BackProp," *Lecture Notes in Computer Science*, vol. 1524, 1998. (Chapter 17)

[Lowe89] D. Lowe, "Adaptive radial basis function nonlinearities, and the problem of generalization," *Proceedings of the First IEE International Conference on Artificial Neural Networks*, pp. 171 - 175, 1989. (Chapter 16)

[MacK92] D. J. C. MacKay, "Bayesian Interpolation," *Neural Computation*, vol. 4, pp. 415-447, 1992. (Chapter 13)

[MaNe99] J.R. Magnu and H. Neudecker, *Matrix Differential Calculus*, John Wiley & Sons, Ltd., Chichester, 1999. (Chapter 14)

[MaGa00] E. A. Maguire, D. G. Gadian, I. S. Johnsrude, C. D. Good, J. Ashburner, R. S. J. Frackowiak, and C. D. Frith, "Navigation-related structural change in the hippocampi of taxi drivers," Proceedings of the National Academy of Sciences, vol. 97, no. 8, pp. 4398-4403, 2000. (Chapter 1)

[McPi43] W. McCulloch and W. Pitts, "A logical calculus of the ideas immanent in nervous activity," *Bulletin of Mathematical Biophysics*, vol. 5, pp. 115–133, 1943. (Chapter 1, 4)

[Mill90] A.J. Miller, *Subset Selection in Regression*. Chapman and Hall, N.Y., 1990. (Chapter 16)

[Mill93] M.F. Miller, "A scaled conjugate gradient algorithm for fast supervised learning," Neural Networks, vol. 6, pp. 525-533, 1993. (Chapter 19)

[MoDa89] J. Moody and C.J. Darken, "Fast Learning in Networks of Locally-Tuned Processing Units," *Neural Computation*, vol. 1, pp. 281–294, 1989. (Chapter 16)

[Moll93] M. Moller, "A scaled conjugate gradient algorithm for fast supervised learning," *Neural Networks*, vol. 6, pp. 525-533, 1993. (Chapter 17)

[MoMa01] G.B. Moody, R.G. Mark, and A.L. Goldberger, "PhysioNet: a Web-based resource for the study of physiologic signals," *IEEE Transactions on Engineering in Medicine and Biolo-*

gy, vol. 20, no. 3, pp: 70-75, 2001. (Chapter 20)

[MiPa69] M. Minsky and S. Papert, *Perceptrons*, Cambridge, MA: MIT Press, 1969. (Chapter 1, 4)

[NaMu97] Narendra, K.S.; Mukhopadhyay, S., "Adaptive control using neural networks and approximate models," *IEEE Transactions on Neural Networks*, vol. 8, no. 3, pp. 475 - 485, 1997. (Chapter 22)

[NaPa90] K. S. Narendra and K. Parthasarathy, "Identification and control of dynamical systems using neural networks," *IEEE Transactions on Neural Networks*, vol. 1, no. 1, pp. 4–27, 1990. (Chapter 22)

[NgWi90] D. Nguyen and B. Widrow, "Improving the learning speed of 2-layer neural networks by choosing initial values of the adaptive weights," *Proceedings of the IJCNN*, vol. 3, pp. 21–26, July 1990. (Chapter 12, 17)

[OrHa00] M. J. Orr, J. Hallam, A. Murray, and T. Leonard, "Assessing rbf networks using delve," IJNS, 2000. (Chapter 16)

[Park85] D. B. Parker, "Learning-logic: Casting the cortex of the human brain in silicon," Technical Report TR-47, Center for Computational Research in Economics and Management Science, MIT, Cambridge, MA, 1985. (Chapter 11)

[PaSa93] J. Park and I.W. Sandberg, "Universal approximation using radial-basis-function networks," *Neural Computation*, vol. 5, pp. 305-316, 1993. (Chapter 16)

[PeCo93] M. P. Perrone and L. N. Cooper, "When networks disagree: Ensemble methods for hybrid neural networks," in *Neural Networks for Speech and Image Processing*, R. J. Mammone, Ed., Chapman-Hall, pp. 126-142, 1993. (Chapter 17)

[PhHa13] M. Phan and M. Hagan, "Error Surface of Recurrent Networks," *IEEE Transactions on Neural Networks and Learning Systems*, vol. 24, no. 11, pp. 1709 - 1721, October, 2013. (Chapter 14)

[Powe87] M.J.D. Powell, "Radial basis functions for multivariable interpolation: a review," *Algorithms for Approximation*, pp. 143-167, Oxford, 1987. (Chapter 16)

[PuFe97] G.V. Puskorius and L.A. Feldkamp, "Extensions and enhancements of decoupled extended Kalman filter training," *Proceedings of the 1997 International Conference on Neural Networks*, vol. 3, pp. 1879-1883, 1997. (Chapter 17)

[RaMa05] L.M. Raff, M. Malshe, M. Hagan, D.I. Doughan, M.G. Rockley, and R. Komanduri, "*Ab initio* potential-energy surfaces for complex, multi-channel systems using modified novelty sampling and feedforward neural networks," *The Journal of Chemical Physics*, vol. 122, 2005. (Chapter 17, 19)

[RiIr90] A. K. Rigler, J. M. Irvine and T. P. Vogl, "Rescaling of variables in back propagation learning," *Neural Networks*, vol. 3, no. 5, pp 561–573, 1990. (Chapter 12)

[Rose58] F. Rosenblatt, "The perceptron: A probabilistic model for information storage and organization in the brain," *Psychological Review*, vol. 65, pp. 386–408, 1958. (Chapter 1, 4)

[Rose61] F. Rosenblatt, *Principles of Neurodynamics*, Washington DC: Spartan Press, 1961. (Chapter 4)

[RuHi86] D. E. Rumelhart, G. E. Hinton and R. J. Williams, "Learning representations by back-propagating errors," *Nature*, vol. 323, pp. 533–536, 1986. (Chapter 11)

[RuMc86] D. E. Rumelhart and J. L. McClelland, eds., *Parallel Distributed Processing: Explorations in the Microstructure of Cognition*, vol. 1, Cambridge, MA: MIT Press, 1986. (Chapter 1, 11, 15)

[Sarle95] W. S. Sarle, "Stopped training and other remedies for overfitting," In *Proceedings of the 27th Symposium on Interface*, 1995. (Chapter 13)

[Scal85] L. E. Scales, *Introduction to Non-Linear Optimization*, New York: Springer-Verlag, 1985. (Chapter 8, 9, 12)

[ScSm99] B. Schölkopf, A. Smola, K.-R. Muller, "Kernel Principal Component Analysis," in B. Schölkopf, C. J. C. Burges, A. J. Smola (Eds.), *Advances in Kernel Methods-Support Vector Learning*, MIT Press Cambridge, MA, USA, pp. 327-352, 1999. (Chapter 17)

[Shan90] D. F. Shanno, "Recent advances in numerical techniques for large-scale optimization," in *Neural Networks for Control*, Miller, Sutton and Werbos, eds., Cambridge, MA: MIT Press, 1990. (Chapter 12)

[SjLj94] J. Sjoberg and L. Ljung, "Overtraining, regularization and searching for minimum with application to neural networks," Linkoping University, Sweden, Tech. Rep. LiTH-ISY-R-1567, 1994. (Chapter 13)

[StDo84] W. D. Stanley, G. R. Dougherty and R. Dougherty, *Digital Signal Processing*, Reston VA: Reston Publishing Co., 1984. (Chapter 10)

[Stra76] G. Strang, *Linear Algebra and Its Applications*, New York: Academic Press, 1980. (Chapter 5, 6)

[TeSi00] J. B. Tenenbaum, V. de Silva, J. C. Langford, "A Global Geometric Framework for Nonlinear Dimensionality Reduction," *Science*, vol. 290, pp. 2319-2323, 2000. (Chapter 20)

[Tikh63] A. N. Tikhonov, "The solution of ill-posed problems and the regularization method," *Dokl. Acad. Nauk USSR*, vol. 151, no. 3, pp. 501-504, 1963. (Chapter 13)

[Toll90] T. Tollenaere, "SuperSAB: Fast adaptive back propagation with good scaling properties," *Neural Networks*, vol. 3, no. 5, pp. 561–573, 1990. (Chapter 12)

[VoMa88] T. P. Vogl, J. K. Mangis, A. K. Zigler, W. T. Zink and D. L. Alkon, "Accelerating the convergence of the backpropagation method," *Biological Cybernetics*, vol. 59, pp. 256–264, Sept. 1988. (Chapter 12)

[WaVe94] C. Wang, S. S. Venkatesh, and J. S. Judd, "Optimal Stopping and Effective Machine Complexity in Learning," *Advances in Neural Information Processing Systems*, J. D. Cowan, G. Tesauro, and J. Alspector, Eds., vol. 6, pp. 303-310, 1994. (Chapter 13)

[Werbo74] P. J. Werbos, "Beyond regression: New tools for prediction and analysis in the behavioral sciences," Ph.D. Thesis, Harvard University, Cambridge, MA, 1974. Also published as *The Roots of Backpropagation*, New York: John Wiley & Sons, 1994. (Chapter 11)

[Werb90] P. J. Werbos, "Backpropagation through time: What it is and how to do it," *Proceedings of the IEEE*, vol. 78, pp. 1550–1560, 1990. (Chapter 14)

[WeTe84] J. F. Werker and R. C. Tees, "Cross-language speech perception: Evidence for perceptual reorganization during the first year of life," Infant Behavior and Development, vol. 7, pp. 49-63, 1984. (Chapter 1)

[WhSo92] D. White and D. Sofge, eds., *Handbook of Intelligent Control*, New York:Van Nostrand Reinhold, 1992. (Chapter 4)

[WiHo60] B. Widrow, M. E. Hoff, "Adaptive switching circuits,"*1960 IRE WESCON Convention Record*, New York: IRE Part 4, pp. 96–104, 1960. (Chapter 1, 10)

[WiSt 85] B. Widrow and S. D. Stearns, *Adaptive Signal Processing*, Englewood Cliffs, NJ: Prentice-Hall, 1985. (Chapter 10)

[WiWi 88] B. Widrow and R. Winter, "Neural nets for adaptive filtering and adaptive pattern recognition," *IEEE Computer Magazine*, March 1988, pp. 25–39. (Chapter 10)

[WiZi89] R. J. Williams and D. Zipser, "A learning algorithm for continually running fully recurrent neural networks," *Neural Computation*, vol. 1, pp. 270–280, 1989. (Chapter 14)

记　　号

基本概念

标量：小写斜体字母 a，b，c

向量：小写**黑斜体**字母 $\boldsymbol{a}$，$\boldsymbol{b}$，$\boldsymbol{c}$

矩阵：大写**黑斜体**字母 $\boldsymbol{A}$，$\boldsymbol{B}$，$\boldsymbol{C}$

语言

向量表示一列数字。

行向量表示矩阵的一行，可以作为向量(列)使用。

一般向量和变换(第5章和第6章)

$x = A(y)$

权值矩阵

标量元素

$w_{i,j}^{k}(t)$，i 表示行，j 表示列，k 表示层，t 表示时间或迭代次数

矩阵

$\boldsymbol{W}^{k}(t)$

列向量

$\boldsymbol{w}_{j}^{k}(t)$

行向量

${}_{i}\boldsymbol{w}^{k}(t)$

偏置向量

标量元素

$b_{i}^{k}(t)$

向量

$\boldsymbol{b}^{k}(t)$

输入向量

标量元素

$p_{i}(t)$

输入向量序列中的一个向量

$\boldsymbol{p}(t)$

输入向量集合中的一个向量

$\boldsymbol{p}_{q}$

净输入向量

标量元素

$n_{i}^{k}(t)$ 或 $n_{i,q}^{k}$

向量

$\boldsymbol{n}^{k}(t)$ 或 $\boldsymbol{n}_{q}^{k}$

输出向量

标量元素

$a_i^k(t)$ 或 $a_{i,q}^k$

向量

$\boldsymbol{a}^k(t)$ 或 $\boldsymbol{a}_q^k$

传输函数

标量元素

$a_i^k = f^k(n_i^k)$

向量

$\boldsymbol{a}^k = \boldsymbol{f}^k(\boldsymbol{n}^k)$

目标向量

标量元素

$t_i(t)$ 或 $t_{i,q}$

向量

$\boldsymbol{t}(t)$ 或 $\boldsymbol{t}_q$

标准输入/目标向量的集合

$\{\boldsymbol{p}_1,\boldsymbol{t}_1\},\{\boldsymbol{p}_2,\boldsymbol{t}_2\},\cdots,\{\boldsymbol{p}_Q,\boldsymbol{t}_Q\}$

误差向量

标量元素

$e_i(t) = t_i(t) - a_i(t)$ 或 $e_{i,q} = t_{i,q} - a_{i,q}$

向量

$\boldsymbol{e}(t)$ 或 $\boldsymbol{e}_q$

大小与维度

层数和每层神经元的数量

M, S^k

输入向量(及目标)的数量和维度

Q, R

参数向量(包括所有的权值和偏置值)

向量

$\boldsymbol{x}$

在第 k 次迭代

$\boldsymbol{x}(k)$ 或 $\boldsymbol{x}_k$

范数

$\|\boldsymbol{x}\|$

性能指标

$F(\boldsymbol{x})$

梯度和 Hessian 矩阵

$\nabla F(\boldsymbol{x}_k) = \boldsymbol{g}_k$ 和 $\nabla^2 F(\boldsymbol{x}_k) = \boldsymbol{A}_k$

参数向量的改变

$\Delta \boldsymbol{x}_k = \boldsymbol{x}_{k+1} - \boldsymbol{x}_k$

特征值与特征向量

λ_i 和 $\boldsymbol{z}_i$

近似性能指标(单个时间步长)

$\hat{F}(\boldsymbol{x})$

传输函数的导数

标量

$$\dot{f}(n) = \frac{\mathrm{d}}{\mathrm{d}n} f(n)$$

矩阵

$$\dot{\boldsymbol{F}}^m(\boldsymbol{n}^m) = \begin{bmatrix} \dot{f}^m(n_1^m) & 0 & \cdots & 0 \\ 0 & \dot{f}^m(n_2^m) & \cdots & 0 \\ \vdots & \vdots & & \vdots \\ 0 & 0 & \cdots & \dot{f}^m(n_{S^m}^m) \end{bmatrix}$$

Jacobian 矩阵

$\boldsymbol{J}(\boldsymbol{x})$

近似 Hessian 矩阵

$\boldsymbol{H} = \boldsymbol{J}^{\mathrm{T}}\boldsymbol{J}$

灵敏度向量

标量元素

$$s_i^m \equiv \frac{\partial \hat{F}}{\partial n_i^m}$$

灵敏度

$$\boldsymbol{s}^m \equiv \frac{\partial \hat{F}}{\partial \boldsymbol{n}^m}$$

Marquardt 敏感度矩阵

标量元素

$$\tilde{s}_{i,h}^m \equiv \frac{\partial v_h}{\partial n_{i,q}^m} = \frac{\partial e_{k,q}}{\partial n_{i,q}^m}$$

子矩阵(单个输入向量 $\boldsymbol{p}_q$)和全矩阵(全部输入)

$\tilde{\boldsymbol{S}}_q^m$ 和 $\tilde{\boldsymbol{S}}^m = [\tilde{\boldsymbol{S}}_1^m \ \tilde{\boldsymbol{S}}_2^m \cdots \boldsymbol{S}_Q^m]$

动态网络

灵敏度

$$s_{k,i}^{u,m}(t) \equiv \frac{\partial^e a_k^u(t)}{\partial n_i^m(t)}$$

权值矩阵

$\boldsymbol{IW}^{m,l}(d)$——在延迟 d 时输入 l 和第 m 层之间的输入权值。

$\boldsymbol{LW}^{m,l}(d)$——在延迟 d 时第 l 层和第 m 层之间的层权值。

索引集合

$DL_{m,l}$——抽头延迟线中第 l 层与第 m 层之间的延迟。

$DI_{m,l}$——抽头延迟线中输入 l 与第 m 层之间的延迟。

I_m——连接到第 m 层的输入向量下标。

L_m^f——直接前向连接到第 m 层的层下标。

L_m^b——直接反向连接到第 m 层(即第 m 层前向连接到)且连接中不包含延迟的层下标。

$E_{LW}^{U}(x) = \{u \in U \ni \exists (\boldsymbol{LW}^{x,u}(d) \neq 0, d \neq 0)\}$

$E_{S}^{X}(u) = \{x \in X \ni \exists (\boldsymbol{S}^{u,x} \neq 0)\}$

$E_{S}(u) = \{x \ni \exists (\boldsymbol{S}^{u,x} \neq 0)\}$

$E_{LW}^{X}(u) = \{x \in X \ni \exists (\boldsymbol{LW}^{x,u}(d) \neq 0, d \neq 0)\}$

$E_{S}^{U}(x) = \{u \in U \ni \exists (\boldsymbol{S}^{u,x} \neq 0)\}$

定义

输入层(X)——它有一个输入权值，或者包含任意延迟的权值矩阵。

输出层(U)——在训练中，它的输出与目标比较，或者通过带有延迟的矩阵与一个输入层连接。

反向传播及其改进的参数

学习率和冲量

α 和 γ

学习率增幅、降幅和百分比变化

η、ρ 和 ζ

共轭梯度方向调整参数

β_k

Marquardt 参数

μ 和 ϑ

泛化

正则化参数

α、β 和 $\rho = \dfrac{\alpha}{\beta}$

参数的有效个数

γ

选择模型

M

误差平方和与权值平方和

E_D 和 E_W

最大似然与最可能的权值

$\boldsymbol{x}^{ML}$ 和 $\boldsymbol{x}^{MP}$

特征图术语

神经元之间的距离

d_{ij}—— 神经元 i 和神经元 j 之间的距离

邻域

$N_i(d) = \{j, d_{ij} \leqslant d\}$

软　件

简介

在本书中，我们用到了一款数值计算与可视化软件包——MATLAB。但是 MATLAB 软件并不是使用本书所必需的。上机练习可以用任何编程语言来完成。另外，各章中的 Neural Network Design Demonstrations(神经网络设计演示，即 MATLAB 实验)虽然有助于理解本书内容，但并非关键所在。

MATLAB 使用广泛，而且它的矩阵/向量表示法和图形显示方法为神经网络的实验提供了方便的环境。我们用两种不同的方法使用 MATLAB。首先，我们为读者准备了一些可以用 MATLAB 完成的练习。神经网络的一些重要特性仅在大规模问题中才能体现出来，而这需要大量的计算，并不适合手工演算。利用 MATLAB 可以快速实现神经网络算法，也可以方便地测试大型问题。如果没有 MATLAB，可以使用任何其他编程语言来完成这些练习。

MATLAB 实验 使用 MATLAB 的第二种方法是利用 Neural Network Design Demonstrations 软件，它可以从网站 hagan. okstate. edu/nnd. html 下载。这些交互式演示程序解释了每章中的重要概念。在本书中，这些演示程序由本段开头的图标指示。

MATLAB 2010a 或更高的版本，或者对应的 MATLAB 学生版，需要安装在你计算机上名为 MATLAB 的文件夹中。请遵循 MATLAB 文档中的指示来建立这个目录或者文件夹，同时完成 MATLAB 安装过程。请仔细按照指示的步骤进行路径设置。

将 Neural Network Design Demonstrations 软件加载到你计算机的 MATLAB 目录下之后(或者已设置 MATLAB 路径包含演示程序所在文件夹)，就可在 MATLAB 提示符下输入 nnd 调用演示程序。通过主菜单可以方便地访问所有演示程序。

演示文件概述

运行演示程序

你可以在 MATLAB 提示符下输入演示程序的名字来运行它们。输入 help nndesign 可以显示你所能够选择的全部演示程序清单。

或者，你可以运行 Neural Network Design 的启动窗口(nnd)，然后点击“内容”键。接着你会看到一个图形化的内容表格。从那里，你可以通过窗口底部的按钮先选择章节，再由弹出的菜单选择某个演示程序。

声音

许多演示程序配有声音。在很多情况下，加入声音有助于对演示程序的理解。在另一些情况下，则仅仅是为了增加演示的趣味性。如果你需要关掉声音，可以使用如下 MATLAB 命令，这样所有的演示程序都将安静地运行：

nnsound off

要再将声音打开，可以使用如下命令：

nnsound on

你可能会注意到，有声的演示程序在关闭声音后通常会运行得更加快速。此外，除非声音已被关闭，否则在一些不支持声音播放的计算机上(运行演示程序)可能会出现声音错误。

演示程序清单

通用命令

nnd　启动屏幕

nndtoc　内容列表

nnsound-Neural Network Design　声音开关

第 2 章　神经元模型及网络结构

nnd2n1-One-input neuron　单输入神经元

nnd2n2-Two-input neuron　两输入神经元

第 3 章　一个说明性的实例

nnd3pc-Perceptron classification　感知机分类

nnd3hamc-Hamming classification　Hamming 分类

nnd3hopc-Hopfield classification　Hopfield 分类

第 4 章　感知机学习规则

nnd4db-Decision boundaries　决策边界

nnd4pr-Perceptron rule　感知机规则

第 5 章　信号与权值向量空间

nnd5gs-Gram-Schmidt　正交化

nnd5rb-Reciprocal basis　互逆基

第 6 章　神经网络中的线性变换

nnd6lt-Linear transformations　线性变换

nnd6eg-Eigenvector game　特征向量

第 7 章　有监督的 Hebb 学习

nnd7sh-Supervised Hebb　有监督的 Hebb 学习

第 8 章　性能曲面和最优点

nnd8ts1-Taylor series #1　泰勒级数 1

nnd8ts2-Taylor series #2　泰勒级数 2

nnd8dd-Directional derivatives　方向导数

nnd8qf-Quadratic function　二次函数

第 9 章　性能优化

nnd9sdq-Steepest descent for quadratic function　二次函数的最速下降

nnd9mc-Method comparison　方法比较

nnd9nm-Newton's method　牛顿法

nnd9sd-Steepest descent　最速下降法

第 10 章　Widrow-Hoff 学习

nnd10nc-Adaptive noise cancellation　自适应去噪

nnd10eeg-Electroencephalogram noise cancellation　脑电图去噪
nnd10lc-Linear pattern classification　线性模式分类

第 11 章　反向传播

nnd11nf-Network function　网络函数
nnd11bc-Backpropagation calculation　反向传播计算
nnd11fa-Function approximation　函数近似
nnd11gn-Generalization　泛化

第 12 章　反向传播算法的变形

nnd12sd1-Steepest descent backpropagation #1　最速下降反向传播
nnd12sd2-Steepest descent backpropagation #2　最速下降反向传播
nnd12mo-Momentum backpropagation　带冲量的反向传播算法
nnd12vl-Variable learning rate backpropagation　可变学习率的反向传播算法
nnd12ls-Conjugate gradient line search　共轭梯度线性搜索算法
nnd12cg-Conjugate gradient backpropagation　共轭梯度反向传播算法
nnd12ms-Maquardt step　Marquardt 步
nnd12m-Marquardt backpropagation　Marquardt 反向传播算法

第 13 章　泛化

nnd13es-Early stopping　提前终止
nnd13reg-Regularization　正则化
nnd13breg-Bayesian regularization　贝叶斯正则化
nnd13esr-Early stopping/regularization　提前终止与正则化

第 14 章　动态网络

nnd14fir-Finite impulse response network　有限脉冲响应滤波器网络
nnd14iir-Infinite impulse response network　无限脉冲响应滤波器网络
nnd14dynd-Dynamic derivatives　动态导数
nnd14rnt-Recurrent network training　回复网络

第 15 章　竞争网络

nnd16cc-Competitive classification　竞争分类
nnd16cl-Competitive learning　竞争学习
nnd16fm1-1-D feature map　一维特征图
nnd16fm2-2-D feature map　二维特征图
nnd16lv1-LVQ1　学习向量量化 1
nnd16lv2-LVQ2　学习向量量化 2

第 16 章　径向基网络

nnd17nf-Network function　网络函数
nnd17pc-Pattern classification　模式分类
nnd17lls-Linear least squares　线性最小二乘
nnd17ols-Orthogonal least squares　正交最小二乘
nnd17no-Nonlinear optimization　非线性优化

索　　引

索引中的页码为英文原书页码，与书中页边标注的页码一致。

C

D

E

F

G

H

I

J

K

L

M

N

R

S

T